大森徹の最強講義117講 生物

大森徹●著 ［生物基礎・生物］

文英堂

はじめに

「基礎的な内容でも丁寧に」,「高度な内容でもわかりやすく」, その両方を兼ね備え, 知りたいことはすべて載っている, まさに最強の参考書を書きたい。その長年の夢がようやく実現しました。日常学習から難関大学の入試レベルまで, 高校の生物に必要な内容はすべて網羅されています。

この本には, 次のような特徴があります。

1 1回60分程度の大森徹の生授業を体験できる。

この本は, 皆さんを目の前に講義をしているつもりで書きました。第1講から第117講まで, 順番に, できれば1回で1講という形で, 1つ1つ丁寧に読んで学習してほしいと思います。あせっていい加減に次々と知識を詰め込むのではなく, じっくりと1つ1つ着実に進んでください。

2 1つの単元ごとにまとめの「最強ポイント」がある。

1つの単元の最後に「最強ポイント」として, そこまでの部分のまとめがあります。その単元の中での最重要ポイントの究極のまとめです。その単元を振り返って, 頭の中を整理してください。

3 発展的な内容は「＋αパワーアップ」で文字通りパワーアップ！

教科書には載っていなくても知っておいて欲しい内容, 丸暗記する必要はなくても知っているだけで実験考察問題で役立つ内容, 大学での生物への橋渡し的な高度な内容まで, ページが許す限り詳しく, でもわかりやすく説明してあります。

4 典型的な計算・論述問題対策もバッチリ！

　入試でよく問われる計算問題については何に注意してどのように解くのかを丁寧に解説し，定番の論述問題についても書くべきポイント，ミスしやすい点なども明示しているので，試験の得点に直結します。

　生物を好きになってもらいたい，生命の奥深さと素晴らしさを実感して欲しい，そんな気持ちで，まさに全身全霊を込めて書きました。こうして2009年に本書の初版（『大森徹の最強講義117講生物Ⅰ・Ⅱ』）が誕生し，数多くの読者の方々に使っていただきました。そして学習指導要領の改訂に伴う新教科「生物基礎」「生物」に対応する改訂版への要望を数多くいただき，新課程で新たに加わった内容や生物学の研究の進展に対応して117講すべてを見直し，約60ページ分の加筆を行いました。

　今までの参考書に物足りなさを感じていた人，これから生物に真剣に取り組んでいこうと思っている人，ぜひこの『最強講義』で，最強の実力を養ってほしいと思います。

　最後に，この本の執筆の機会を与えてくださり，あらゆる我が儘を聞いてくださった文英堂編集部の方々，そしていつも信じて応援してくれる愛妻（幸子），その頑張る姿にいつも励まされる愛娘（香奈），心なごましてくれる愛犬（来夢・香音），愛猫（夢音・琴音）に心より感謝し，お礼申し上げます。

大森　徹

大森徹オフィシャルサイト
http://www.toorugoukaku.com

もくじ

第1章 細胞と組織

- 第1講 細胞の構造①（核・ミトコンドリア・葉緑体） …… 8
- 第2講 細胞の構造②（その他の細胞小器官） …… 15
- 第3講 細胞の研究史と細胞分画法 …… 22
- 第4講 生体物質①（水・タンパク質） …… 26
- 第5講 生体物質②（核酸・脂質・炭水化物・無機塩類） …… 34
- 第6講 細胞膜の構造と性質 …… 43
- 第7講 細胞と浸透現象 …… 50
- 第8講 選択透過性による現象と膜動輸送 …… 57
- 第9講 動物の組織 …… 62
- 第10講 植物の組織と器官 …… 71
- 第11講 体細胞分裂 …… 78
- 第12講 体細胞分裂に関する実験 …… 86
- 第13講 減数分裂 …… 90

第2章 代謝

- 第14講 代謝 …… 98
- 第15講 酵素の特性 …… 103
- 第16講 酵素の種類 …… 110
- 第17講 酵素の反応速度 …… 116
- 第18講 異化のしくみ①（発酵と呼吸） …… 124
- 第19講 異化のしくみ②（電子伝達系でのATP生成） …… 130
- 第20講 呼吸の実験 …… 134
- 第21講 植物の光合成のしくみ …… 141
- 第22講 光合成の実験 …… 148
- 第23講 光合成のグラフ …… 155
- 第24講 C_4植物とCAM植物 …… 164
- 第25講 細菌の炭酸同化 …… 170
- 第26講 窒素同化 …… 174

第3章 生殖・発生

- 第27講 生殖法 …… 182
- 第28講 植物の配偶子形成 …… 190
- 第29講 被子植物の受精と発生 …… 194
- 第30講 裸子植物の配偶子形成と受精・発生 …… 200
- 第31講 動物の配偶子形成 …… 203
- 第32講 動物の受精 …… 209
- 第33講 卵割 …… 213
- 第34講 ウニの発生 …… 218
- 第35講 両生類の発生 …… 221
- 第36講 両生類の器官形成 …… 226
- 第37講 原基分布図と移植実験 …… 231
- 第38講 誘導 …… 236
- 第39講 発生における細胞質の働き …… 245
- 第40講 発生における核の働き …… 250

	第41講 指の形態形成 ……………………	257
	第42講 再　生 ……………………………	261
	第43講 哺乳類の発生 ……………………	266

第4章 遺伝

第44講	メンデルの法則 …………………	272
第45講	いろいろな一遺伝子雑種 ………	279
第46講	二遺伝子雑種 ……………………	284
第47講	いろいろな二遺伝子雑種①（補足・条件・抑制）…	289
第48講	いろいろな二遺伝子雑種②（同義・相加的・被覆・互助）…	294
第49講	連　鎖 ……………………………	299
第50講	染色体地図 ………………………	304
第51講	性決定様式と伴性遺伝 …………	311
第52講	伴性遺伝以外の性に伴う遺伝 …	317
第53講	特殊な遺伝 ………………………	320

第5章 分子生物

第54講	核酸の構造 ………………………	324
第55講	DNAの複製 ………………………	329
第56講	遺伝子の本体を調べた実験 ……	336
第57講	タンパク質合成のしくみ ………	342
第58講	遺伝子発現のしくみ ……………	351
第59講	遺伝子と発生・形態形成 ………	361
第60講	変　異 ……………………………	370
第61講	バイオテクノロジー ……………	376

第6章 刺激と反応

第62講	ニューロンと膜電位 ……………	388
第63講	興奮の伝導と伝達 ………………	393
第64講	中枢神経 …………………………	402
第65講	神経経路 …………………………	407
第66講	自律神経と神経系による分類 …	411
第67講	受容器①（眼） …………………	416
第68講	受容器②（いろいろな視覚器）	424
第69講	受容器③（耳） …………………	429
第70講	受容器④（眼・耳以外の感覚器）	435
第71講	効果器①（筋肉） ………………	438
第72講	効果器②（筋収縮の記録・その他の効果器）…	446
第73講	行　動 ……………………………	450
第74講	個体間のコミュニケーション …	460

第7章 体液の恒常性

第75講	体液の組成 ………………………	464
第76講	酸素運搬と二酸化炭素運搬 ……	469
第77講	生体防御① ………………………	477
第78講	生体防御② ………………………	489
第79講	生体防御③ ………………………	496
第80講	排出器官と排出物 ………………	500
第81講	腎臓と尿生成 ……………………	505
第82講	肝　臓 ……………………………	512

第83講	消化系	514
第84講	循環系	519
第85講	呼吸系	525
第86講	内分泌	528
第87講	血糖調節・体温調節	537
第88講	体液濃度調節・性周期	544

第8章 植物の反応と調節

第89講	植物の運動	552
第90講	オーキシン	559
第91講	オーキシン以外の植物ホルモン	567
第92講	種子の発芽	576
第93講	植物の水分調節	582
第94講	花芽形成	587

第9章 生態

第95講	植生と植物の生活	598
第96講	遷移	605
第97講	バイオーム	615
第98講	個体群	623
第99講	個体群内の相互作用	632
第100講	異種個体群間の関係	639
第101講	生態系と物質生産	652
第102講	物質収支と物質循環	660
第103講	生態系の保全	665

第10章 進化と系統

第104講	生命の起源	680
第105講	地質時代①	685
第106講	地質時代②	693
第107講	ヒトの進化	699
第108講	進化の証拠①	707
第109講	進化の証拠②	715
第110講	進化のしくみ①	721
第111講	進化のしくみ②	727
第112講	分類の基準と原核生物の2ドメイン	734
第113講	真核生物ドメイン①（原生生物界）	743
第114講	真核生物ドメイン②（菌界・植物界）	751
第115講	真核生物ドメイン③（無胚葉・二胚葉動物）	760
第116講	真核生物ドメイン④（旧口動物）	766
第117講	真核生物ドメイン⑤（新口動物）	775

索引 782

第1章

細胞と組織

第1講 細胞の構造①
（核・ミトコンドリア・葉緑体）

地球上のすべての生物は，細胞が基本単位となっています。まずは，その細胞の構造から見ていきましょう。

1 生物の大雑把な分類

1 これから生物を勉強するために，細かいことは後で勉強することにして（⇨くわしくは第112～117講「分類・系統」），まず，生物を大雑把（おおざっぱ）に分類しておきましょう。

2 生物を細胞の構造によって分けると，**原核生物**（げんかく）か**真核生物**（しんかく）かに分類されます。そして，真核生物は，**動物・植物・菌類**・その他の4つに分けられます。

大腸菌や乳酸菌などの細菌は原核生物です。

ヒトやイモリやバッタ・タコ・ウニなどはもちろん**動物**，イネ・サクラ・シダ・コケなどは**植物**，酵母菌やアカパンカビなどは**菌類**になります。

そのいずれにも属さないもの，たとえば，アメーバ・ゾウリムシ・ミドリムシなどが「その他」です。細かい生物名は後で学習しましょう。

原核生物…大腸菌・乳酸菌など

真核生物 ┌ 動物（ヒト・イモリ・ウニ…）
　　　　├ 植物（サクラ・シダ・コケ…）
　　　　├ 菌類（酵母菌・アカパンカビ）
　　　　└ その他（アメーバ・ゾウリムシ）

しばらくは，真核生物の動物や植物の細胞について学習します。

2 真核生物の細胞

1 真核生物を構成する細胞を**真核細胞**といいます。動物や植物を構成する細胞はもちろん真核細胞です。

動物や植物の細胞を光学顕微鏡で観察すると，次のようになります。

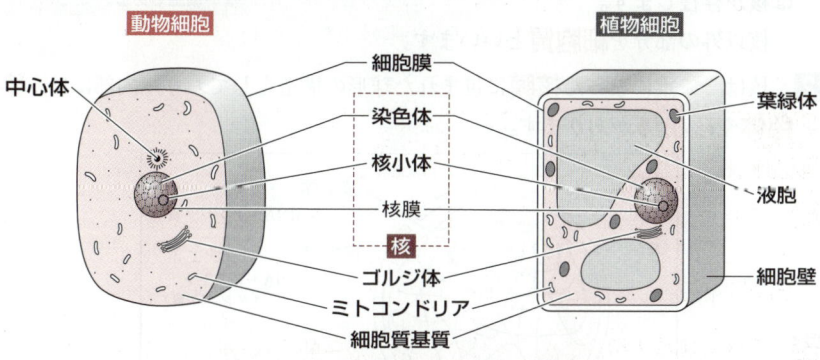

▲ 図 1-1 動物細胞と植物細胞の光学顕微鏡像

2 光学顕微鏡では見えない，あるいは観察しにくい構造もたくさんあります。そのような構造は，電子顕微鏡を使うことで細かい部分まで観察することができます。

電子顕微鏡で観察した細胞の構造は次の通りです。

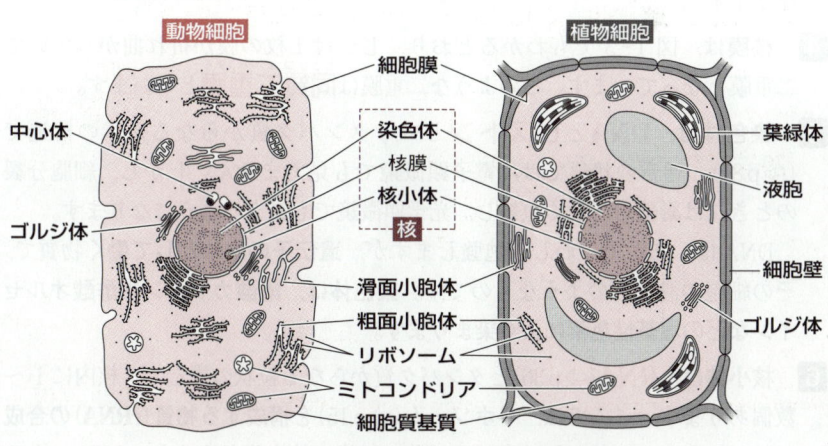

▲ 図 1-2 動物細胞と植物細胞の電子顕微鏡像

9

3 核

1 図1-1や図1-2で見たように、動物細胞にも植物細胞にも、1個の細胞には1個の<u>核</u>があります。じつは、動物や植物だけでなく、**真核細胞**には核が存在します。

> 1個の細胞に多数の核をもつような例外的な細胞（脊椎動物の骨格筋の細胞）や、哺乳類の赤血球のように核をもたない細胞もある。

核以外の部分を**細胞質**といいます。

2 核は、二重になった<u>核膜</u>に包まれた球形の構造をしており、内部には、**染色体**や**核小体**があります。

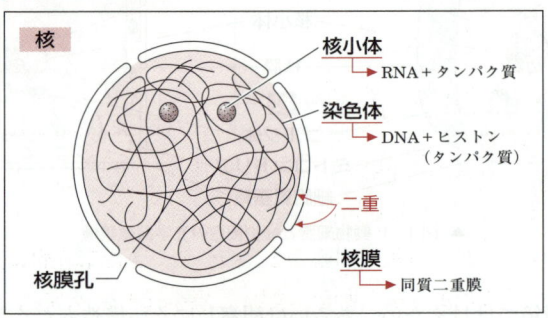

▲ 図1-3 核の構造

3 この核膜には、ところどころに**核膜孔**という孔があり、核と細胞質の間での<u>物質移動の通路</u>になります。

> 核でつくられたRNAも核膜孔を通って細胞質に出ていく（⇨p.342）。

4 核膜は、図1-3でもわかるとおり、じつは1枚の膜が折れ曲がっていて二重膜となっています。このような二重膜は**同質二重膜**といいます。

5 <u>染色体</u>は、**DNA**と**ヒストン**というタンパク質からなる糸状の構造で（⇨p.81）、通常の状態では、電子顕微鏡でも見えません。しかし、細胞分裂のときには凝縮して太く短縮し、光学顕微鏡でも見えるようになります。

DNAは、あとでくわしく勉強しますが、**遺伝子の本体として働く物質**で、その細胞の設計図のようなものです。染色体は、酢酸カーミンや酢酸オルセインなどの塩基性色素によく染まります。

6 核小体は、**RNA**（⇨p.36）とタンパク質からなる粒状の構造で、核内に1～数個あります。ここでは、リボソーム（⇨p.15）を構成する物質（**rRNA**）の合成が行われます。メチルグリーン・ピロニン液で核を染色すると、DNAのある

第1講 細胞の構造①（核・ミトコンドリア・葉緑体）

部分はメチルグリーンにより緑色に，RNAのある部分すなわち核小体の部分は赤色に染め分けられます。

核 ｛ 核膜…同質二重膜からなる。核膜孔あり。
染色体…DNAとタンパク質（ヒストン）からなる。
核小体…RNAとタンパク質からなる。

4 ミトコンドリア

1 細胞質には，さまざまな構造体（**細胞小器官**）があります。
まずは，**ミトコンドリア**です。

2 ミトコンドリアは，外膜と内膜の2枚の膜でできた二重膜に囲まれた構造をしています。このような二重膜を**異質二重膜**といいます。

外膜と内膜とは，成分や性質にも違いがある。

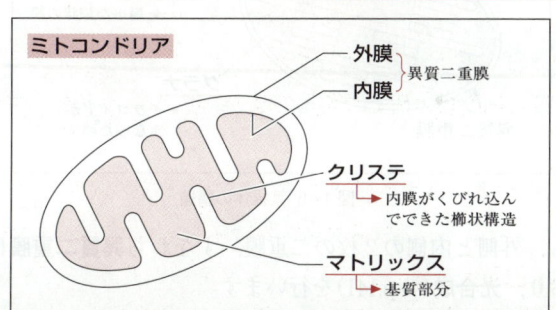

▲ 図1-4 ミトコンドリアの構造

3 さらに内膜は，ところどころくびれ込んで，櫛の歯のような構造をつくっています。このようなくびれ込んだ内膜の構造を**クリステ**といいます。また，内膜のさらに内側の隙間の部分（基質）は**マトリックス**といいます。

4 ミトコンドリアでは，呼吸（⇨p.126）のクエン酸回路や電子伝達系の反応が行われ，多量のATP（⇨p.98）がつくられます。簡単に言えば，エネルギーをつくり出す発電所のような場所です。

5 基質であるマトリックスの部分で**クエン酸回路**が行われ、**内膜の部分で**（もちろんくびれ込んだクリステの部分でも）**電子伝達系**が行われます。

6 このミトコンドリアには、核とは別の独自のDNAやリボソーム（⇨p.15）があり、**半自律的に分裂して増殖する**ことができます。

> 細胞から取り出して勝手に分裂するわけではないが、核とは別に分裂増殖できるので、半自律的という。

7 ミトコンドリアは、ヤヌスグリーンという染色液によって染色されます。

5 葉緑体

1 **葉緑体**は、次のような構造をしています。

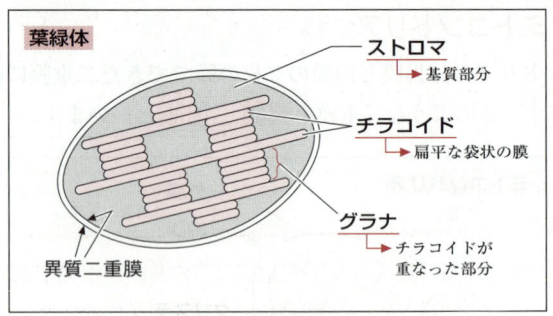

▲ 図1-5 葉緑体の構造

2 葉緑体も、外側と内側の2枚の二重膜、すなわち**異質二重膜**に囲まれた構造をしており、**光合成**（⇨p.141）を行います。

3 内部には扁平な袋状の膜があり、これを**チラコイド**といいます。チラコイドには**クロロフィル**や**カロテノイド**などの光合成色素があり、**光エネルギーを吸収**します。

　チラコイドが重なった構造を**グラナ**といいます。

4 葉緑体内部の隙間（基質）の部分を**ストロマ**といい、ここでは吸収した二酸化炭素から炭水化物などの有機物をつくる反応（**カルビン・ベンソン回路**）が行われます。

第1講　細胞の構造①(核・ミトコンドリア・葉緑体)

5　葉緑体のように光合成は行いませんが，似た仲間の構造体として，<u>有色体</u>，<u>白色体</u>，<u>アミロプラスト</u>などがあり，これらと葉緑体をまとめて<u>色素体</u>といいます。

6　有色体はカロテノイドなどの色素をもち，<u>根や果実</u>などの細胞にあります。

> ニンジンの根やトマト・ミカンの果実の色は，この有色体の色素の色。

7　色素体だが色素をもたないものを<u>白色体</u>といい，根や斑入り(白い斑点)の葉の細胞などにあります。白色体のなかには，光が当たることによって葉緑体に変わるものもあります。

また，白色体のなかで，特に大形で，内部にデンプン粒をつくるものを**アミロプラスト**といいます。

8　これら色素体には，<u>核とは別の独自のDNAやリボソームがあり，半自律的に分裂して増殖できます。</u>

9　オオカナダモの葉の細胞を観察すると，葉緑体が動いているのが観察されます。これは<u>原形質流動</u>という現象によるもので，生きている細胞でのみ観察されます。原形質流動は，ムラサキツユクサのおしべの毛やシャジクモの節間細胞(⇨p.749)などでもよく観察されます。

6　共 生 説

1　好気性細菌が他の細胞に入り込み共生してミトコンドリアに，シアノバクテリアの一種が他の細胞に入り込み共生して葉緑体になったのではないかという考え方があり，これを<u>共生説(細胞内共生説)</u>といいます。

その根拠として，1つは，<u>ミトコンドリアと葉緑体は，異質二重膜をもつ</u>ことが挙げられます。ある細胞が他の細胞に侵入しようとすると，次図のようになるはずで，確かに，生じた構造は異質二重膜になります。

> 他の細胞小器官は，細胞膜がくびれてできたと考えられている。

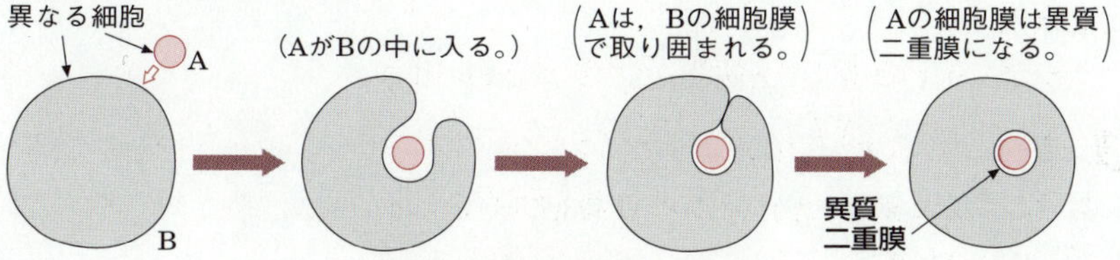

▲ 図1-6　異質二重膜のできかた

2 もう1つの根拠は，ミトコンドリアと葉緑体には，核以外の独自のDNAやリボソームがあり，半自律的に増殖することです。このような共生説は，**マーグリス**らによって提唱されています。

ミトコンドリアや葉緑体は，好気性細菌やシアノバクテリアが他の細胞に侵入して共生し，ミトコンドリアや葉緑体になったという考え方がある。その根拠をそれぞれ30字以内で2点述べよ。

ポイント　「異質二重膜」，「独自のDNA」，「半自律的に増殖」の3つの言葉がキーワード。

模範解答例　1．いずれも異質二重膜でおおわれた構造である。(21字)
　　　　　　　2．いずれも独自のDNAをもち，半自律的に増殖できる。
　　　　　　　　(25字)

【ミトコンドリアと葉緑体の共通点】
① いずれも**異質二重膜**で囲まれている。
② **独自のDNAやリボソーム**をもち，**半自律的に分裂増殖**する。

第2講 細胞の構造②
（その他の細胞小器官）

細胞にはさまざまな構造体があります。なかには，膜をもたない構造体や一重膜でできた構造体もあります。

1 膜構造をもたない構造体（リボソーム，中心体）

1 タンパク質を合成する場として働くのが**リボソーム**です。リボソームは非常に小さな顆粒状の構造で，RNAとタンパク質からできており，電子顕微鏡を使わないと観察できません。

→「rRNA（リボソームRNA）」という。

2 動物細胞や下等な植物細胞には**中心体**があります。

→シダ・コケなどのように，精子を形成する植物の細胞には存在する。また，高等植物には存在しない。

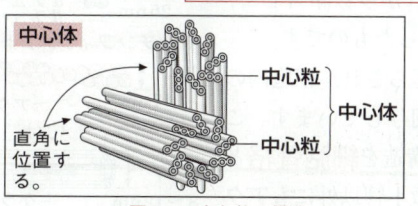

▲ 図2-1 中心体の構造

3 中心体は，細胞分裂のときに紡錘体（⇨p.78）の起点になったり，鞭毛形成などに関与したりします。

4 中心体は，2つの**中心粒（中心小体）**からなりますが，中心粒は微小な管が集まって形成されています。この微小な管を**微小管**といい，**チューブリン**と呼ばれるタンパク質からなります。微小管が3本で1セットになり，これが9セット集まって中心粒を形作っています。

【膜構造をもたない構造体】
- リボソーム…タンパク質合成の場。
- 中心体…紡錘体の起点，鞭毛形成に関与。

2 繊維状の構造体（細胞骨格）

1. 中心体のほか，**微小管**は紡錘体や星状体，さらに，真核生物の鞭毛や繊毛も構成しています。

2. 図2-2は真核生物の鞭毛や繊毛の断面図で，1つ1つの◎が微小管の断面を示します。鞭毛や繊毛では微小管が2本で1セットになり，これが9セット存在しています。また，それらの微小管の中心には2本の中心管（中心微小管）があるので，これを**9＋2構造**といいます。

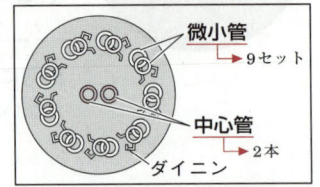
▲ 図2-2 鞭毛や繊毛の構造

この構造は，すべての真核生物の鞭毛，繊毛に共通しており，すべての真核生物が共通の祖先から進化したことを示す証拠となります。

3. 微小管は，**αチューブリン**と**βチューブリン**という2種類の球状タンパク質が1個ずつ結合したものが単位となり，これが多数結合して，直径25nmの中空の管状になったものです。

4. 微小管は，細胞質に張り巡らされ，細胞内の細胞小器官の移動などにも関与しています。このような細胞内の繊維状の構造を**細胞骨格**といいます。細胞骨格には，微小管以外にも**アクチンフィラメント**，**中間径フィラメント**の2種類があります。

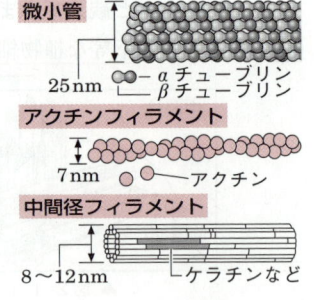
▲ 図2-3 細胞骨格の構造

5. **アクチンフィラメント**は，**アクチン**という球状タンパク質が結合して生じた直径7nm前後の細胞骨格です。

6. 細胞骨格を構成する微小管やアクチンフィラメントに**モータータンパク質**と呼ばれるタンパク質が結合しています。たとえば，微小管には**ダイニン**や**キネシン**というモータータンパク質が結合しています。これ

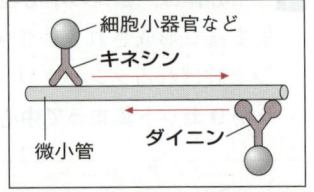
▲ 図2-4 微小管とモータータンパク質

らは，右図のような構造をしており，先端部の運動によって微小管に沿って移動します。ちょうど，微小管というレールの上を，モータータンパク質という電車が動くような感じですね。これらのモータータンパク質に細胞小器官や小胞が結合し，細胞内を移動します。

7　魚のうろこの色素顆粒(かりゅう)の凝集や拡散も，微小管とキネシンやダイニンの働きによります。鞭毛(べんもう)や繊毛の運動は，微小管とダイニンの相互作用で起こります。

色素顆粒がダイニンによって中心体の近くに集まると体色が明るくなり，キネシンによって色素顆粒が細胞内に分散すると体色が暗くなる。

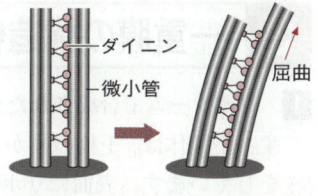

▲ 図 2-5 微小管とダイニンが鞭毛や繊毛を曲げる働き

8　アクチンフィラメントと反応するモータータンパク質は**ミオシン**といいます。これらの働きにより，筋収縮(⇨p.441)や**アメーバ運動**，**原形質流動(細胞質流動)**が起こります。動物の細胞分裂で見られる細胞質分裂(⇨p.80)もアクチンフィラメントが働いています。

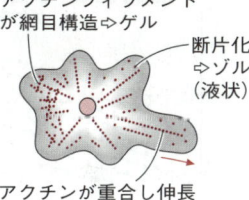

▲ 図 2-6 アメーバ運動

9　**中間径フィラメント**は，文字通り微小管とアクチンフィラメントの中間の太さで，直径は8～12nm程度です。中間径フィラメントを構成するタンパク質にはいろいろな種類がありますが，いずれも繊維状タンパク質で，主なものとしては**ケラチン**というタンパク質があります。

中間径フィラメントは，細胞膜や核膜の内側に分布し，細胞や核の形を保つ働きをしています。

最強ポイント

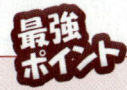

細胞骨格	構成タンパク質	モータータンパク質	働き
微小管	チューブリン	ダイニン，キネシン	鞭毛・繊毛運動，染色体の移動，細胞小器官の移動
アクチンフィラメント	アクチン	ミオシン	アメーバ運動，原形質(細胞質)流動，筋収縮
中間径フィラメント	ケラチン	(なし)	細胞の形の保持

3 一重膜の構造体(小胞体, ゴルジ体, リソソーム, 液胞)

1 リボソームで合成された**タンパク質**などの**輸送路**として働くのが**小胞体**です。小胞体は，1枚の膜からなる扁平な袋状の構造が網目状に広がった構造をしています。表面にリボソームが付着した小胞体(**粗面小胞体**)と，リボソームが付着していない小胞体(**滑面小胞体**)があります。

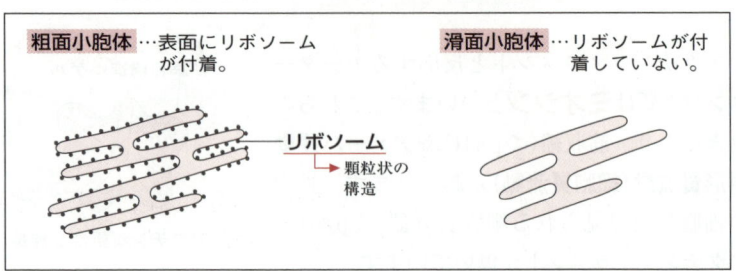

▲ 図2-7 小胞体の構造

2 小胞体に付着したリボソームでは，おもに，**分泌するタンパク質や膜の成分となるタンパク質**が合成され，そのまま小胞体内を運ばれ，**ゴルジ体**に移動します。

　小胞体に付着していないリボソームでは，おもに**細胞質基質で働くタンパク質**が合成されます。

3 滑面小胞体は，解毒作用に働いたり(肝臓細胞)，Ca^{2+}を貯蔵し細胞質中のCa^{2+}濃度を調節したり(筋細胞)する場合もあります。　　　特に，筋細胞の滑面小胞体を「筋小胞体」という。

4 **ゴルジ体**は，湾曲した扁平な袋が重なった構造です。小胞体から送られたタンパク質に糖を付け加えたり，**濃縮して貯蔵**したり，**細胞外に分泌**したりする働きがあります。

5 ゴルジ体で小胞が形成されます。この小胞内に，細胞外に分泌する物質が含まれている場合は**分泌顆粒**と呼ばれます。一方，この小胞内に，細胞内で働く加水分解酵素が含まれている場合は**リソソーム**と呼ばれます。

6 リソソームには，種々の物質を分解する加水分解酵素が含まれており，種々の物質を取り込んで，細胞内で分解する働きがあります。このような働きを**細胞内消化**といいます。

7 液胞は，有機酸・糖・無機塩類などを含む袋で，特に，成長した植物細胞で大きく発達します。 ← 動物細胞にも液胞は存在する。ただ，非常に小さく目立たない。

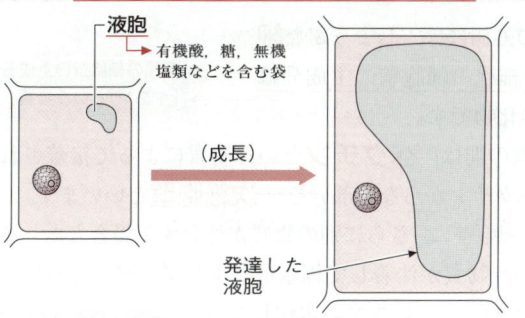

▲ 図2-8 液胞の成長

8 液胞内に含まれる液を**細胞液**（さいぼうえき）といいます。細胞液は，無機塩類などを多く含むため，**細胞の浸透圧の調節**にも働きます。花弁の細胞などでは，**アントシアン**という色素なども含まれます。これ以外にも，たとえば，タバコではニコチン，イヌサフランではコルヒチンなどが含まれます。

← 液胞液とは呼ばないので注意せよ！

← これらは窒素を含む塩基性の有機物で，総称して「アルカロイド」と呼ばれる。

 ペルオキシソームとカタラーゼ

　細胞質には，これ以外にも，**ペルオキシソーム**と呼ばれる小胞もある（構造的にはただの袋）。ペルオキシソームには**カタラーゼ**という酵素が含まれており，細胞内で生じた過酸化水素を水と酸素に分解する働きがある。過酸化水素は活性酸素の一種で，細胞にとっては非常に有害な物質である。これを処理する大切な酵素がカタラーゼなのである。

【一重膜で囲まれた構造体】
小胞体…物質の輸送路。
ゴルジ体…タンパク質の濃縮，分泌。
リソソーム…加水分解酵素を含み，細胞内消化。
液胞…有機酸・糖・無機塩類の貯蔵，浸透圧調節。

4 細胞壁

1. 植物や菌類の細胞膜の外側には，じょうぶな**細胞壁**があります。植物細胞の細胞壁の主成分は**セルロース**という炭水化物です。

> 菌類の細胞壁の主成分は「キチン」という物質。

2. また，細胞壁と細胞壁の間は，**ペクチン**という物質によって接着されています。セルロースとペクチンからなる部分を**一次細胞壁**といいます。

3. 細胞によっては，一次細胞壁に，さらに別の物質が沈着する場合もあります。たとえば，**リグニン**という物質が沈着して細胞壁がより厚く堅くなる場合があり，このような現象を**木化**といいます。木化している部分は，フロログルシン水溶液と濃塩酸によって赤色（赤紫色）に染まるので，簡単に検出されます。

> 道管・仮道管で見られる。木化することで「材」ができる。

クチンという物質が沈着することを**クチクラ化**といいます。これにより，水が通りにくくなります。

> 葉の表皮細胞などで見られる。

また，**スベリン**というロウのような物質が沈着すると，水や空気を通しにくくなり，中に空気が含まれた状態になります。これを**コルク化**といいます。

> 樹木の茎などで見られ，内部を保護する。コルク材はコルクガシ（⇨p.617）から樹皮をはがして加工したもの。

このようにして一次壁の内側にできる層を**二次細胞壁**といいます。

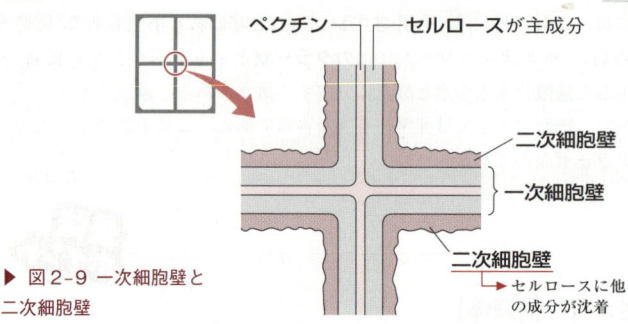

▶ 図2-9 一次細胞壁と二次細胞壁

5 原核生物の細胞

1. 核膜に囲まれた核をもたない細胞を**原核細胞**といい，原核細胞からなる生物を**原核生物**といいます。

② 原核生物には，**細菌**（大腸菌や乳酸菌，シアノバクテリア）と**古細菌**（メタン菌，超好熱菌）の２種類が属します。

> 「バクテリア」ともいう。
> 「アーキア」ともいう。

③ 原核細胞には，核膜以外にも，ミトコンドリアや葉緑体，小胞体，ゴルジ体，中心体など，ほとんどの細胞小器官がありません。
　原核細胞にも存在するのは，細胞膜，リボソームと細胞壁くらいです。

> 真核生物のものよりもやや小形。
> 細菌の細胞壁の主成分はセルロースやキチンではなく，「ペプチドグリカン」という物質。

④ では，ミトコンドリアがないのなら，呼吸ができないのでしょうか？
　いえいえ，原核生物でも呼吸が行えるものはたくさんいます。それは，ミトコンドリアという構造がなくても，呼吸に関係する酵素をもっているからです。この場合，**細胞質基質で解糖系とクエン酸回路が，細胞膜で電子伝達系**が行われます。

> 大腸菌もシアノバクテリアも呼吸を行う。

⑤ 同様に，葉緑体がなくても光合成を行える原核生物もたくさんいます（シアノバクテリアなどは光合成を行います）。やはり，葉緑体という構造はなくても，光合成に関係する色素や酵素をもっているからです。この場合，**チラコイドのような膜は存在し，そこにクロロフィルなどの色素をもっています。カルビン・ベンソン回路は細胞質基質**で行われます。

> 紅色硫黄細菌や緑色硫黄細菌も光合成が行える。

⑥ 真核生物がもつDNAはヒストンというタンパク質と結合していましたが，細菌のような**原核生物がもつDNAはヒストンと結合せず**，もちろん核膜にも囲まれていないので裸のままです。また，二重らせん構造をしているのは真核生物の場合と同じですが，原核生物では**両端がつながった環状**になっています。

> 「環状DNA」という。

【原核細胞の特徴】
① 核膜に囲まれた核をもたない。
② ミトコンドリア，葉緑体，ゴルジ体などももたない。
　（細胞膜，細胞壁，リボソームはある）
③ **DNAは環状**で，ヒストンと結合せず，裸のまま。

第3講 細胞の研究史と細胞分画法

ここでは，細胞研究の歴史と細胞分画法について見てみましょう。

1 細胞の発見

1 細胞は，イギリスの**フック**によって発見されました。フックは，自作の顕微鏡を使ってコルクの切片を観察し，その結果，小さな部屋がたくさんあることを発見しました。そこで，これらの部屋を**細胞**(cell)と名づけました。でも，実際に観察したのは，細胞壁の部分だけでした。

> ロバート・フック(1635～1703年)…ばねの伸びに関する「フックの法則」を発見したことでも有名。

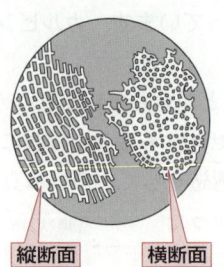
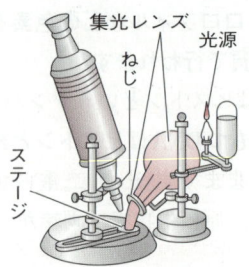

> フックが用いた顕微鏡は，現在のような透過光ではなく反射光で観察するものだったので，左図のように，細胞(細胞壁)の部分だけが白く，他は黒く見えた。

▲ 図3-1 フックが描いた細胞と用いた顕微鏡

フックは，この観察結果を「ミクログラフィア」(顕微鏡図譜)に記載しました(1665年)。

2 オランダの**レーウェンフック**(1632～1723年)も自作の顕微鏡でいろいろな物を観察し，細菌や赤血球，動物の精子などを発見しました。

3 イギリスの**ブラウン**(1773～1858年)は，細胞には**核**があることを発見しました(1831年)。

> 花粉の研究からブラウン運動を発見したり(1827年)，原形質流動を観察したりもしている。

2 細胞説

1 ドイツの植物学者**シュライデン**(1804〜1881年)は,「植物のからだは,細胞を基本単位とする」という**植物の細胞説**を提唱しました(1838年)。

翌年,ドイツの動物学者**シュワン**(1810〜1882年)は,「動物のからだの基本単位も細胞である」という**動物の細胞説**を提唱しました(1839年)。

> 神経鞘の細胞の「シュワン細胞」にその名前が残っている。胃液の消化酵素「ペプシン」の命名者でもある。

2 ドイツの**フィルヒョー(ウィルヒョー)**は,自然発生説を否定し,「すべての細胞は細胞から生じる」と唱えました(1858年)。

> 生物が無生物から生じるという考え方。パスツールによって実験的に否定された(⇨p.681)。

【細胞研究史と研究者】
① 細胞の発見…フック
② 微生物の発見…レーウェンフック
③ 核の発見…ブラウン
④ 植物の細胞説…シュライデン
⑤ 動物の細胞説…シュワン
⑥ 「すべての細胞は細胞から生じる」と唱える…フィルヒョー

細胞説とはどのような説か。50字以内で説明せよ。

ポイント 細胞が,構造のうえからも働き(機能)のうえからも基本単位であることを書く。字数に余裕があれば,シュライデンやシュワンも書く。

模範解答例 細胞が生物の構造や機能上の単位であるという考え方で,シュライデンおよびシュワンによって提唱された。(49字)

3 細胞分画法

1 細胞内の構造体を，その大きさや密度のちがいによって，細胞外に分けて取り出す方法が**細胞分画法**です。次の手順で行います。

〔細胞分画法の手順〕

① まず，氷で冷やしながら，細胞と等張かやや高張（⇨p.49）のスクロース溶液中でホモジェナイザーという器具を使って細胞をすりつぶします。生じた細胞破砕液を**ホモジェネート**といいます。

② 次に，冷却遠心分離機にかけ，低温（4℃）で500〜1000gで10分間遠心します。すると，まず**核**や植物細胞であれば**細胞壁**の断片などが沈殿します。

> 「g」は重力加速度のこと。500gであれば，重力の500倍を示す。

③ ②の上澄み液を3000gで10分間遠心すると，**葉緑体**が沈殿します。

④ さらに，この上澄み液を8000〜1万gで20分間遠心すると，**ミトコンドリア**が沈殿します。

⑤ そして，この上澄み液を10万gで1時間遠心すると，**リボソームや小胞体**などが沈殿します。この最後の分画を**ミクロソーム分画**といいます。

⑥ 10万gでも沈殿しなかった上澄み液には，**細胞質基質**が含まれます。

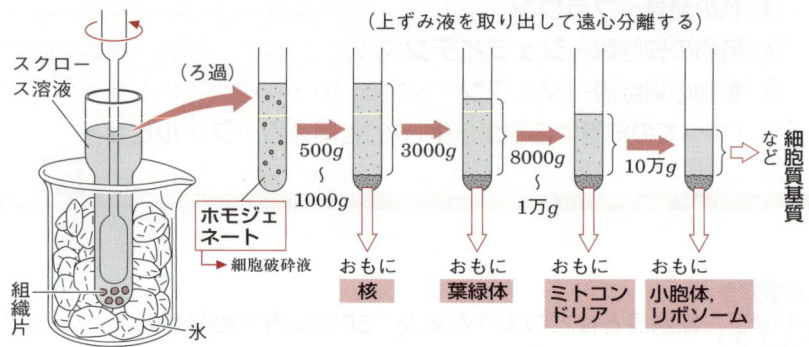

▲ 図3-2 細胞分画法による分画

2 これら一連の操作は**必ず低温で行います**。細胞をすりつぶしたり遠心分離したりする過程で，一重膜でできた構造体は壊れてしまうことが多く，リソソームなども壊れてしまいます。リソソームが壊れると，中から加水分解酵素が出てきてしまい，せっかく集めたミトコンドリアなどを分解してしまいます。そこで，このような**酵素による細胞構造体の分解を防ぐ**ために，低温

で実験しないといけないのです。もう1つは，発熱によりタンパク質が変性するのを防ぐという意味もあります。

3 また，等張あるいはやや高張液を用いるのは，**低張液では，細胞構造体が吸水して膨張・破裂してしまう危険がある**からです。

4 また，細胞構造体の大きさがあまり変わらない場合は**密度勾配遠心法**（⇨p.333）が用いられます。これは，たとえばスクロースや塩化セシウムなどの異なる密度の溶液を層状に重ねておき，そこへ試料を置いて遠心分離すると，それぞれの密度に見合った位置に分離します。

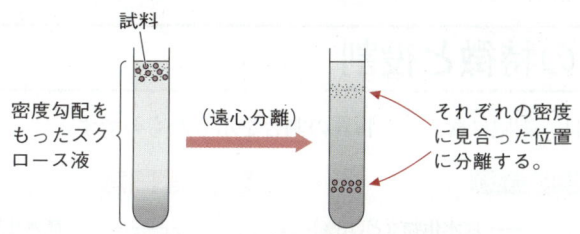

▲ 図3-3 密度勾配遠心法による分離

細胞分画法の実験は，必ず4℃以下の低温で行う。その理由を30字以内で述べよ。

ポイント 酵素による分解を防ぐことを書く。ただし，「細胞の分解を防ぐ」と書いてはダメ！「細胞構造体(細胞小器官)の分解を防ぐ」と書くベシ！

模範解答例 酵素作用を抑え，酵素による細胞小器官の分解を防ぐため。
(27字)

細胞分画法の実験で，等張液あるいはやや高張液を用いるのはなぜか。その理由を30字以内で述べよ。

ポイント 吸水による膨張破裂を防ぐことを書く。これも「細胞の破裂を防ぐ」ではダメ！「細胞構造体(細胞小器官)の破裂を防ぐ」と書くベシ！

模範解答例 吸水による，細胞小器官の膨張・破裂を防ぐため。(23字)

第4講 生体物質① (水・タンパク質)

生体には種々の物質が含まれており，最も多いのは水，次はタンパク質です。特徴や役割を見てみましょう。

1 水の特徴と役割

1 次の図は，細胞に含まれる物質の割合を示したものです。

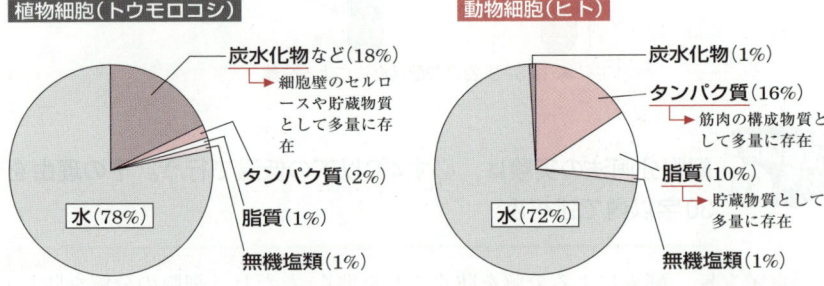

▲ 図4-1 細胞に含まれる物質の割合

2 このように，動物でも植物でも，最も多く含まれているのは**水**です。
　植物細胞では，**炭水化物**の占める割合が動物細胞よりも多いですが，これは，**セルロースを主成分とした細胞壁**があるためです。

3 水は，非常に比熱が大きい物質です。そのため，**細胞内の急激な温度変化をやわらげる**ことができます。

> 1gの物質の温度を1℃上昇させるのに必要な熱量。比熱が大きい物質＝あたたまりにくい物質

4 また，水は種々の物質の溶媒となります。化学反応は水に溶けた状態で起こるので，**化学反応の場**となることができます。
　物質を水に溶かして運んだりして，**物質の運搬**を容易にしたりもします。

5 水は地球上に普遍的に存在するので，種々の反応，たとえば**光合成**などの**材料**となります。

第4講 生体物質①(水・タンパク質)

 疎水結合とタンパク質の立体構造

　分子には親水性や疎水性のものがあり，周囲に水があることで，疎水性の性質をもつ分子が内側にもぐり込むことになる。たとえば，タンパク質を構成するアミノ酸のうち，疎水性のアミノ酸どうしが内側にもぐり込みながら結合する。これを**疎水結合**という。それによって，高分子物質の立体構造を安定化させることに役立つ。

　逆に，タンパク質を有機溶媒に浸すと，このような疎水結合ができなくなるため，立体構造が不安定になり変性してしまう。

【水の役割】
① 温度変化をやわらげる。
② 化学反応の場となる。
③ 運搬を容易にする。
④ 種々の反応の基質となる。
⑤ 高分子物質の立体構造を安定化させる。

2 タンパク質

1　タンパク質の最小単位は**アミノ酸**です。
　アミノ酸は，一般に右図のような構造をしており，炭素原子を中心に，−COOH（**カルボキシ基**），−NH₂（**アミノ基**），水素原子をもちます。**R**の部分は，アミノ酸の種類によって異なる部分で，**側鎖**といいます。この側鎖の違いによって，アミノ酸の性質も異なります。

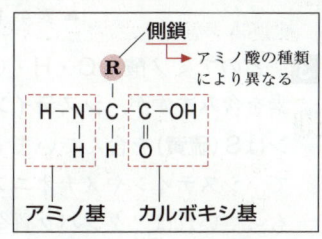

▲ 図4-2 アミノ酸の構造

2 タンパク質を構成するアミノ酸の種類は**20種類**あります。

グリシン (Gly)	アラニン (Ala)	バリン★ (Val)	ロイシン★ (Leu)	イソロイシン★ (Ile)
H | NH₂-CH-COOH	CH₃ | NH₂-CH-COOH	CH₃ CH-CH₃ | NH₂-CH-COOH	CH₃ CH-CH₃ CH₂ | NH₂-CH-COOH	CH₃ CH₂ CH-CH₃ | NH₂-CH-COOH
セリン (Ser)	**プロリン (Pro)**	**トレオニン★ (Thr)**	**アスパラギン酸 (Asp)**	**アスパラギン (Asn)**
OH CH₂ | NH₂-CH-COOH	CH₂ CH₂ CH₂ | NH-CH-COOH	CH₃ CH-OH | NH₂-CH-COOH	COOH CH₂ | NH₂-CH-COOH	NH₂ C=O CH₂ | NH₂-CH-COOH
グルタミン酸 (Glu)	**グルタミン (Gln)**	**ヒスチジン★ (His)**	**リシン★ (Lys)**	**システイン (Cys)**
COOH CH₂ CH₂ | NH₂-CH-COOH	NH₂ C=O CH₂ CH₂ | NH₂-CH-COOH	HN-CH C=CH CH₂ | NH₂-CH-COOH	NH₂ CH₂ CH₂ CH₂ CH₂ | NH₂-CH-COOH	SH CH₂ | NH₂-CH-COOH
アルギニン☆ (Arg)	**メチオニン★ (Met)**	**フェニルアラニン (Phe) ★**	**チロシン (Tyr)**	**トリプトファン (Trp) ★**
NH₂ C NH NH CH₂ CH₂ CH₂ | NH₂-CH-COOH	CH₃ S CH₂ CH₂ | NH₂-CH-COOH	H-C=C-H H-C C-H C CH₂ | NH₂-CH-COOH	OH H-C=C-H H-C C-H C CH₂ | NH₂-CH-COOH	H H H-C=C C-H H-C C C C NH C-H CH₂ | NH₂-CH-COOH

■は疎水性, ■は親水性／★はヒトの必須アミノ酸, ☆はヒトの成長期に追加される必須アミノ酸

▲ 表4-1 タンパク質を構成するアミノ酸

3 どのアミノ酸も**C・H・O・N**の4元素を含みますが, **システインとメチオニンはS（硫黄）**を含んでいます。したがって, システインやメチオニンを1つでももっていれば, タンパク質全体としては**C・H・O・N・S**の5元素からなることになります。

4 システインのもつ-SHからHがとれてSどうしが結合します。これをS-S結合(ジスルフィド結合)といいます。

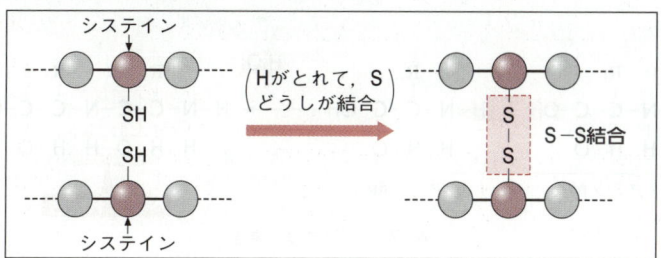

▲ 図4-3 S-S結合(ジスルフィド結合)

ヒトの必須アミノ酸

タンパク質を構成するアミノ酸のうち,**トレオニン,バリン,ロイシン,イソロイシン,ヒスチジン,メチオニン,リシン,トリプトファン,フェニルアラニン**の9種類(成長期ではアルギニンも加えた10種類)は,ヒトでは体内で合成することができず,食べ物として摂取しなければいけないアミノ酸で,**必須アミノ酸**という。他のアミノ酸は,これら必須アミノ酸をもとに,体内で生合成できる。

アミノ酸どうしの結合

20種類のアミノ酸のうち,**アラニン,バリン,ロイシン,イソロイシン,プロリン,フェニルアラニン,メチオニン,トリプトファン**は側鎖が疎水性の性質をもつ。このため,これらのアミノ酸は,脂質や疎水性アミノ酸どうしで結合(**疎水結合**)し,タンパク質の立体構造の安定に関与する。

上記以外のアミノ酸は側鎖が親水性のアミノ酸で,電離して正の電荷をもつ**塩基性アミノ酸**(リシン,アルギニン,ヒスチジン),電離して負の電荷をもつ**酸性アミノ酸**(アスパラギン酸,グルタミン酸),電離しない非電荷型の**中性アミノ酸**(アスパラギン,グルタミン,セリン,トレオニン,グリシン,システイン,チロシン)に分けられる。電荷をもつアミノ酸の側鎖どうしは,**イオン結合**で結合する。

タンパク質を構成しないアミノ酸

アミノ酸のなかには,タンパク質を構成しないアミノ酸もある。たとえば,**オルニチン**や**シトルリン**は尿素回路に関係するアミノ酸だが,タンパク質は構成しない。**チロキシン**は甲状腺から分泌されるホルモンで,ヨウ素(I)を含む一種のアミノ酸だが,タンパク質は構成しない。

5 隣り合ったアミノ酸のカルボキシ基の−OHとアミノ基の−HがとれてH_2Oとなり、CとNの間で結合が行われます。これを**ペプチド結合**といいます。

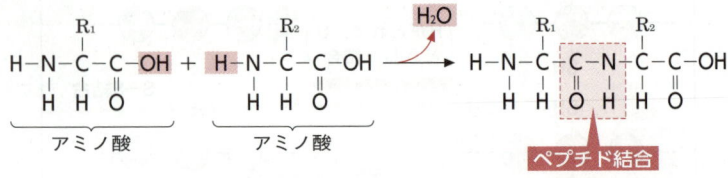

▲ 図4-4 ペプチド結合

6 アミノ酸どうしがペプチド結合すると、長い鎖が生じます。これを**ポリペプチド**といいます。ポリペプチド鎖の一端にはアミノ基があり、これを**N末端(アミノ基末端)**とよび、他方にはカルボキシ基があり、これを**C末端(カルボキシ基末端)**とよびます。

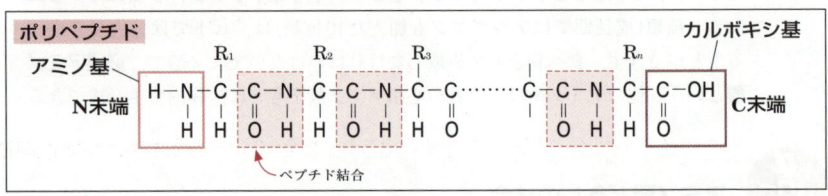

▲ 図4-5 N末端(アミノ基末端)とC末端(カルボキシ基末端)

7 ポリペプチド鎖が折りたたまれ、一定の立体構造をもったものがタンパク質です。

8 タンパク質の立体構造は、次の4段階に分けて考えます。
〔タンパク質の立体構造〕
① **一次構造**…アミノ酸の種類と配列順序のこと。
例 グルカゴンの一次構造 ── 血糖量を増加させる働きのあるホルモン。

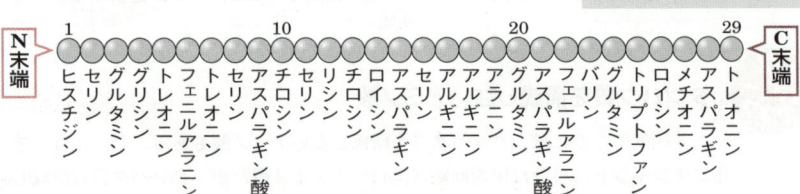

▲ 図4-6 グルカゴンの構造(一次構造)

2　二次構造…**水素結合**によって生じるらせんやじぐざぐの部分的な立体構造のこと。アミノ酸のN-H基とC=O基の間で水素結合が行われ，**らせん状の構造**(αヘリックス)やじぐざぐの**構造**(βシート)をとる。

> 電気陰性度(電子を引きつける力)が大きいOやNがH原子をはさんで生じる結合。
> -N-H…N-N-
> -N-H…O=C-
> -O-H…O-

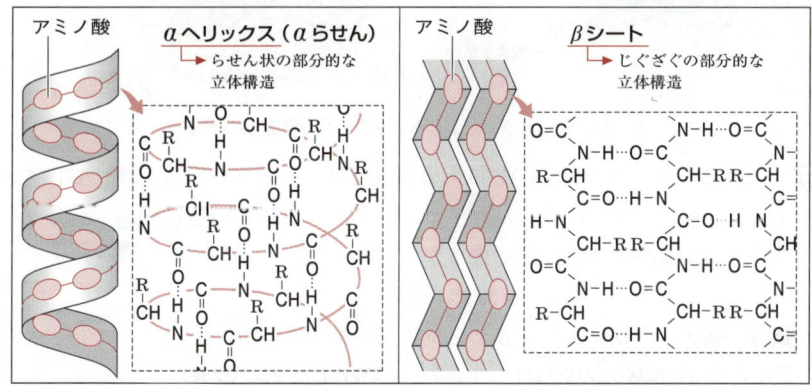

▲ 図4-7 αヘリックスとβシート(二次構造)

3　三次構造…側鎖間のS-S結合や疎水結合などによって形作られる全体的な立体構造のこと。

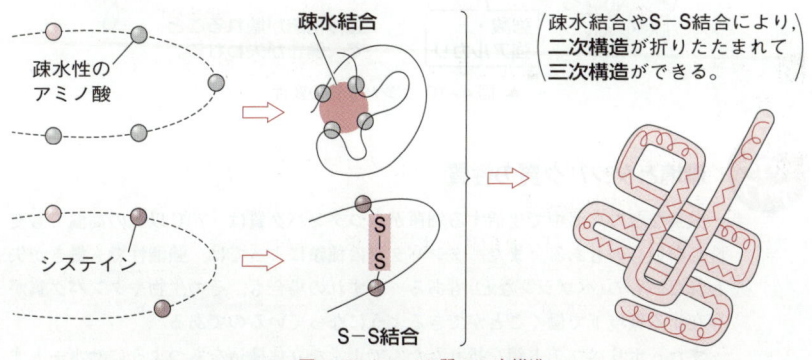

▲ 図4-8 タンパク質の三次構造

4　四次構造…三次構造をもつポリペプチド(**サブユニット**)が**複数結合して生じた構造**のこと。タンパク質の種類によって，三次構造までしかもたないもの(ミオグロビンなど)や四次構造までもつもの(ヘモグロビンなど)がある。ヘモグロビンは，三次構造をもつα鎖2本とβ鎖2本が集まってできた巨大なタンパク質である(⇨次ページの図4-9参照)。

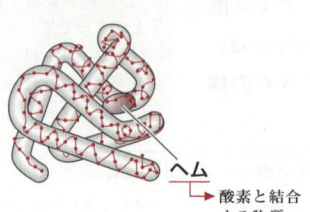
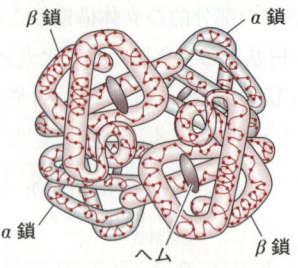

▲ 図4-9 ミオグロビンとヘモグロビンの構造（四次構造）

9 一般に，タンパク質は60℃以上の高温では，その立体構造が壊れてしまいます。これをタンパク質の**変性**といいます。タンパク質が変性すると，その働きが失われてしまいます。これを**失活**といいます。高温以外でも，強酸や強アルカリによってもタンパク質の変性が起こります。

> 正常な立体構造が失われるだけで，アミノ酸配列が変わるわけではない。

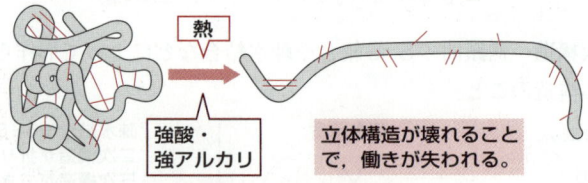

▲ 図4-10 タンパク質の変性

 環境とタンパク質の性質

　温泉などの高温中で生活する細菌がもつタンパク質は，70℃以上の高温でも変性しないものもある。また，タンパク質の種類によっては，強酸性でも働きが失われないもの（ペプシンなど）もある。いずれの場合も，その生物やタンパク質が存在する環境下で働くことができるようになっているのである。
　また，ポリペプチド鎖を折りたたんで正常な立体構造をもつようにサポートするさまざまなタンパク質があり，これらを**シャペロン**という。

10 おもなタンパク質の役割と種類についてまとめると，以下のようになる。
〔タンパク質の役割と種類〕
① **酵素**（⇨p.103）**の本体**として働くタンパク質
　例　アミラーゼ，ペプシン，カタラーゼ

２ **抗体**(⇒p.483)**の本体**として働くタンパク質…免疫グロブリン
３ **ホルモン**(⇒p.529)**の成分**として働くタンパク質
　例 インスリン，成長ホルモン
４ **種々の構造体**を構成するタンパク質
　例 アクチン，ミオシン(筋原繊維を構成⇒p.439)，コラーゲン(腱，軟骨などの結合組織に含まれる⇒p.65)，ケラチン(皮膚や爪に含まれる)，ヒストン(染色体を構成⇒p.81)，チューブリン(微小管を構成⇒p.15)，クリスタリン(水晶体を構成)
５ **物質運搬**などに働くタンパク質
　例 アルブミン(血しょう中に存在し，脂肪を運搬)，ヘモグロビン(赤血球中に存在し，酸素を運搬⇒p.469)，ミオグロビン(筋肉中に存在し，酸素の貯蔵に働く)，ダイニン，キネシン(モータータンパク質⇒p.16)
６ **光の受容**に働くタンパク質
　例 フィトクロム(植物の花芽形成や光発芽に関与⇒p.579)，ロドプシン(視細胞の桿体細胞中に存在⇒p.418)
７ **血液凝固**(⇒p.467)に関与するタンパク質
　例 フィブリノーゲン

① タンパク質を構成するアミノ酸は**20種類**。
② タンパク質を構成する元素はC・H・O・N・S。
③ アミノ酸の一般構造式は右図。
④ アミノ酸どうしは**ペプチド結合**。
⑤ 水素結合によって**αヘリックス**(らせん)や**βシート**(じぐざぐ構造)が生じる。
⑥ システインのSどうしの結合(S−S結合)や**疎水結合**によって全体的な立体構造(三次構造)が生じる。
⑦ 高温や強酸，強アルカリによってタンパク質の立体構造が壊れる(**変性**)。⇒その結果，タンパク質の働きが失われる(**失活**)。

〔アミノ酸の一般式〕

```
        R
        |
H－N－C－C－OH
    |   |   ||
    H   H   O
```

アミノ基　カルボキシ基

▲ かけるように！

第5講 生体物質②
(核酸・脂質・炭水化物・無機塩類)

水，タンパク質以外の生体物質について，どのような種類があり，どんな役割があるのか見てみましょう。

1 核酸の種類と働き

1 **糖**と**塩基**と**リン酸**が1分子ずつ結合したものを**ヌクレオチド**といい，ヌクレオチドが多数結合した物質を**核酸**といいます。

核酸に含まれる糖には**デオキシリボース**と**リボース**の2種類が，塩基には**アデニン，グアニン，シトシン，チミン，ウラシル**の5種類があります。

> 塩基は略号で，アデニン…**A**，グアニン…**G**，シトシン…**C**，チミン…**T**，ウラシル…**U**とする。

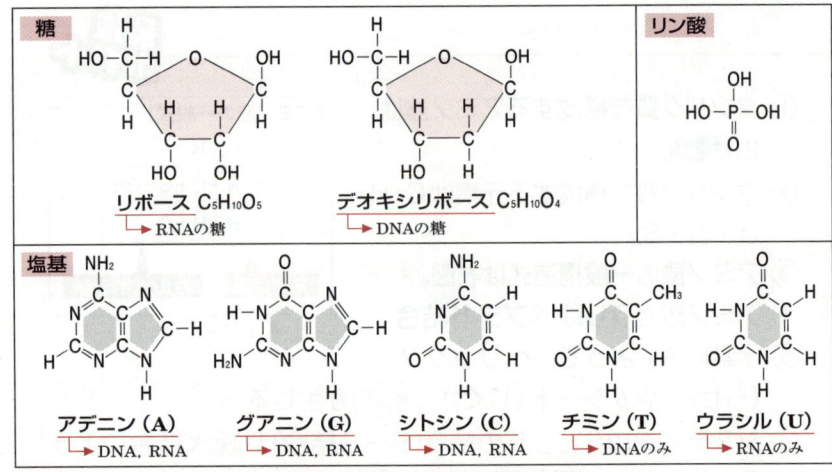

▲ 図5-1 DNAの構成成分の化学構造

核酸を構成する糖・塩基の種類とそのちがい

リボース(ribose)もデオキシリボース(deoxyribose)も炭素を5つもつ五炭糖である。リボースとデオキシリボースの違いは，2位(図5-1の構造式で右から

2番目のC)の位置に−OHがあるか−Hがあるかの違いである。すなわち，**リボースから酸素原子が1つ少ないのがデオキシリボース**なのである。「デ(de)」は「取る」という意味で，リボースからoxygen(酸素)を取った形だから，**デオキシリボース**という。

また，塩基のうち，アデニンとグアニンは**プリン系の塩基**，チミン・シトシン・ウラシルは**ピリミジン系の塩基**という。

2 核酸を構成する元素は，C・H・O・N・Pの5種類です。　→ 窒素は塩基に含まれている。

3 糖と塩基が1分子ずつ結合したものを**ヌクレオシド**といいます。

$\begin{cases} 糖＋アデニン＝アデノシン \\ 糖＋グアニン＝グアノシン \\ 糖＋チミン　＝チミジン \\ 糖＋シトシン＝シチジン \\ 糖＋ウラシル＝ウリジン \end{cases}$

このうちの**アデノシン，チミジン，ウリジン**は特に重要なので覚えておきましょう。

 ヌクレオシドの厳密な名称

厳密には，デオキシリボースとアデニンが結合したヌクレオシドは**デオキシアデノシン**，リボースとアデニンが結合したヌクレオシドは単に**アデノシン**と呼んで区別する。同様に，デオキシリボース＋グアニンはデオキシグアノシン，デオキシリボース＋シトシンはデオキシシチジン。

チミンの場合の糖は必ずデオキシリボースなので，あえてデオキシを付けず，**チミジン**という。

4 核酸には，**DNA**と**RNA**の2種類があります。

① **DNA**

DNA(Deoxyribo Nucleic Acid)は**デオキシリボ核酸**の略で，**遺伝子の本体として働く物質**です。DNAは，糖としてデオキシリボース，塩基としてアデニン(**A**)，グアニン(**G**)，シトシン(**C**)，チミン(**T**)を含みます。

DNAは，ヌクレオチド鎖が2本，向かい合わせの塩基どうしが水素結合で結合し，らせん形にまきついた**二重らせん構造**をしています(➪次ページの図5-2)。このとき，塩基の**アデニンとはチミン**が，**グアニンとはシトシン**が対をなします。このような関係を**相補的な関係**といいます。

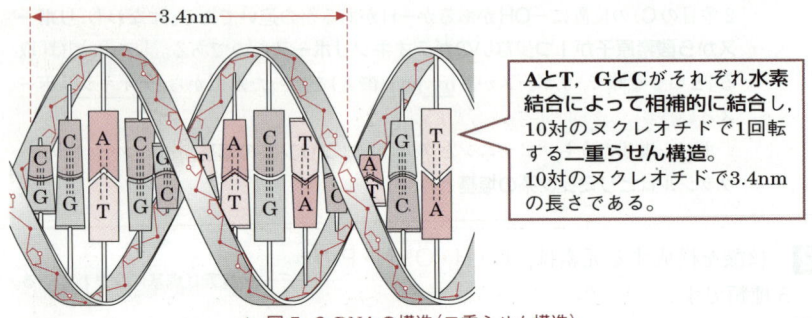

▲ 図5-2 DNAの構造（二重らせん構造）

 塩基間の水素結合

塩基どうしの水素結合は，次の図のように行われる。

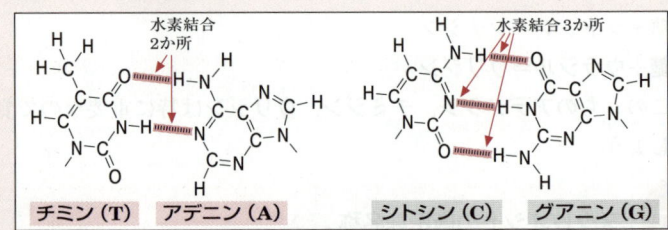

▲ 図5-3 塩基どうしの水素結合のようす

アデニンとチミンは2か所，グアニンとシトシンは3か所で，水素結合により結合することになる。すなわち，**DNA中にグアニンとシトシンが含まれる割合が多いほうがDNAの2本鎖の結合が強い**ことになる。

2 RNA

RNA（Ribo Nucleic Acid）は**リボ核酸**の略で，**mRNA**（伝令RNA，メッセンジャーRNA），**tRNA**（転移RNA，トランスファーRNA），**rRNA**（リボソームRNA）の3種類があり，いずれも**タンパク質合成**に関与します。RNAは糖として**リボース**，塩基としてアデニン，グアニン，シトシン，**ウラシル**を含みます。構造は基本的には1本のヌクレオチド鎖からなります。

> **mRNA**（伝令RNA）…DNAの遺伝情報を写し取りリボソームへ伝える。
> **tRNA**（転移RNA）…mRNAの遺伝暗号に従って，アミノ酸をリボソームに運ぶ。
> **rRNA**（リボソームRNA）…タンパク質と結合してリボソームを構成する。

第5講 生体物質②(核酸・脂質・炭水化物・無機塩類)

最強ポイント

① 糖＋塩基＋リン酸＝ヌクレオチド
② 糖＋塩基　　　　＝ヌクレオシド
③ DNAとRNAの違い

	名称	糖	塩基
DNA	デオキシリボ核酸	デオキシリボース	A・G・C・T
RNA	リボ核酸	リボース	A・G・C・U

④ DNA…2本のヌクレオチド鎖が向かい合わせの塩基どうしの水素結合で結合した**二重らせん構造**(AとT, GとCが対をなす⇨相補的な関係)。

2 脂質

1 **脂質**は，水には溶けないが有機溶媒(エーテルなど)には溶ける物質です。加水分解されて脂肪酸と**モノグリセリド**に分解される**脂肪**のような**単純脂質**以外に，加水分解の結果，脂肪酸とモノグリセリド以外にリン酸などを生じる**複合脂質**，加水分解されない脂質(**ステロイド**など)があります。

〔グリセリンに脂肪酸が1つ結合したもの。〕

2 おもな脂質は，次の3つです。
① **脂肪**…脂肪酸3分子とグリセリンが結合した単純脂質です。貯蔵エネルギー源となり，動物では皮下脂肪，植物では種子などに貯蔵されます。

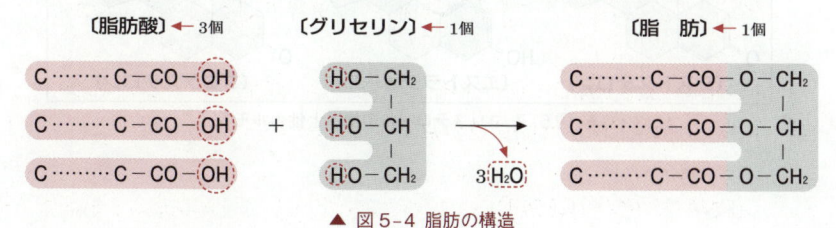

▲ 図5-4 脂肪の構造

2 **リン脂質**…グリセリンに脂肪酸が2分子とリン酸化合物が結合した複合脂質の一種です。**生体膜**(⇨p.43)の基本成分となります。

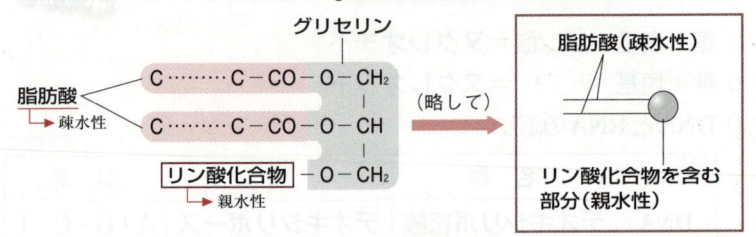

▲ 図5-5 リン脂質の構造

3 **ステロイド**…右の図のような構造(ステロイド骨格)をもつ化合物の総称で、最も代表的なものは**コレステロール**です。

　コレステロールは、脂肪を乳化する働きをもつ胆汁酸(胆液酸)や副腎皮質から分泌されるホルモン(糖質コルチコイドや鉱質コルチコイド)、生殖腺から分泌される性ホルモン(テストステロン、エストラジオール、プロゲステロンなど)の材料となります。

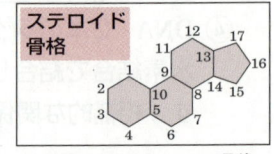

▲ 図5-6 ステロイド骨格

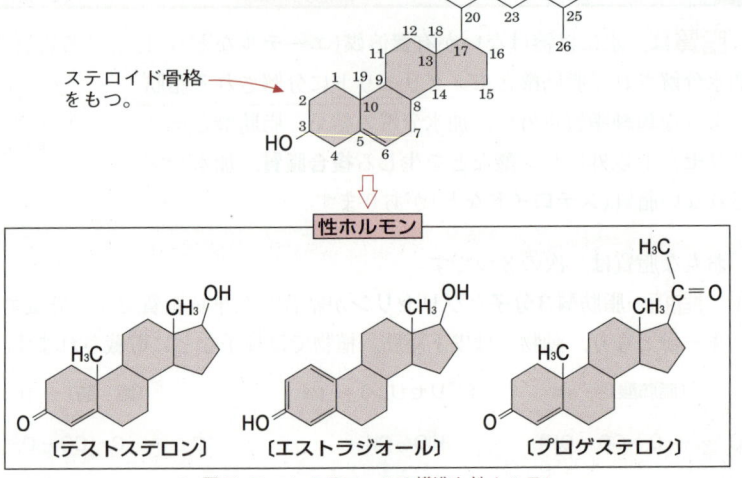

▲ 図5-7 コレステロールの構造と性ホルモン

第5講 生体物質②(核酸・脂質・炭水化物・無機塩類)

最強ポイント

① **脂肪**＝脂肪酸3分子＋グリセリン
② **リン脂質**…生体膜の成分
③ **コレステロール**…胆汁酸やステロイド系ホルモンの材料

3 炭水化物

1 C・H・Oからなり，$C_n(H_2O)_m$のように，炭素と水を含む分子式で表される物質を**炭水化物**といいます。

2 炭水化物は，最小単位の**単糖類**，単糖類が2つ結合した**二糖類**，単糖類が多数結合した**多糖類**などに分けられます。

3 単糖類には，炭素6つからなる**六炭糖**や，炭素5つからなる**五炭糖**などがあります。六炭糖には，**グルコース(ブドウ糖)**，**フルクトース(果糖)**，**ガラクトース**などがあります。

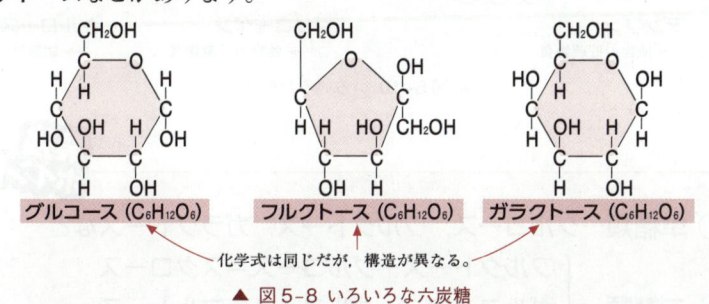

グルコース ($C_6H_{12}O_6$)　フルクトース ($C_6H_{12}O_6$)　ガラクトース ($C_6H_{12}O_6$)

化学式は同じだが，構造が異なる。

▲ 図5-8 いろいろな六炭糖

五炭糖には，デオキシリボース，リボースなどがあります。これらは核酸を構成する成分でしたね(⇒p.34)。

4 二糖類(単糖類が2つ結合)には，フルクトースとグルコースが結合した**スクロース(ショ糖)**，グルコースとグルコースが結合した**マルトース(麦芽糖)**，ガラクトースとグルコースが結合した**ラクトース(乳糖)**などがあります(⇒図5-9参照)。

スクロース
→ グルコース（左）とフルクトース（右）が結合
砂糖の主成分

マルトース
→ グルコースとグルコースが結合

ラクトース
→ ガラクトース（左）とグルコース（右）が結合

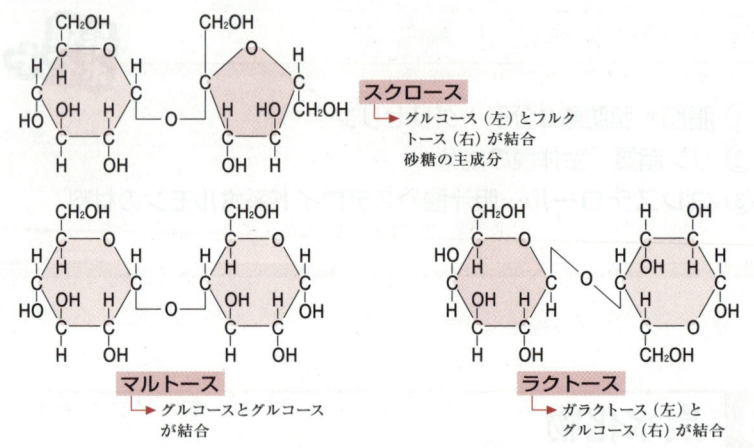

▲ 図5-9 いろいろな二糖類

5 多糖類（単糖類が多数結合）には，**デンプン**（植物の貯蔵物質），**グリコーゲン**（動物の貯蔵物質），**セルロース**（細胞壁の主成分）などがあります。これらは，いずれもグルコースが多数結合した多糖類です。

アミロース（直鎖状）　アミロペクチン（枝分かれがある）
グルコース
デンプン
→ 植物の貯蔵物質

グルコース
グリコーゲン
→ 動物の貯蔵物質

グルコース
セルロース
→ 細胞壁の主成分

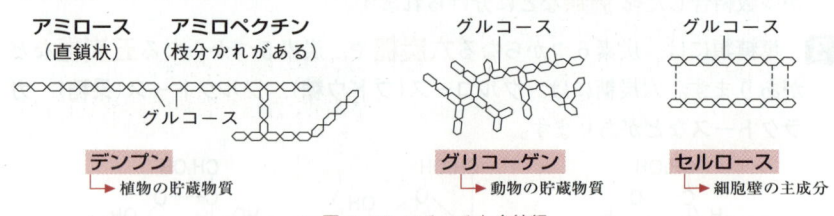

▲ 図5-10 いろいろな多糖類

最強ポイント

① **単糖類**…グルコース，フルクトース，ガラクトースなど
② **二糖類**…
　　フルクトース＋グルコース＝スクロース
　　グルコース　＋　グルコース＝マルトース
　　ガラクトース＋グルコース＝ラクトース
③ **多糖類**…デンプン，グリコーゲン，セルロースなど

第5講 生体物質②(核酸・脂質・炭水化物・無機塩類)

4 生体を構成する元素

1 たとえば，ヒトを構成する元素の割合(生重量)を調べると，酸素Oが66%，炭素Cが17%，水素Hが9.5%，窒素Nが4.5%で，これで全体の97%を占めます。残りは，Ca・S・P・Na・Cl・K・Mg・Feなどです。

> 乾燥重量で測定すると，C；49%，O；24%，N；13%，H；6.6%となる。

2 C・H・O・Nは，タンパク質，核酸，脂質，炭水化物を構成する元素として重要であることは既に説明しました。こんどは，他の元素について見てみましょう。

3 **Ca**(カルシウム)は**骨の成分**として存在するほか，**血液凝固**(⇨p.467)や**筋収縮**(⇨p.441)に関与します。

S(硫黄)はメチオニンやシステインに含まれ，**タンパク質を構成する元素**となります。

P(リン)は**核酸**や**リン脂質**に含まれます。

Na(ナトリウム)は体液中(血しょう中)に最も多く存在し，**体液の浸透圧や活動電位の発生**(⇨p.390)に関与します。

Cl(塩素)も体液中に多く存在し，**体液の浸透圧**に関与します。

K(カリウム)は細胞内に多く存在し，**細胞内浸透圧や膜電位の発生**に関与します。

Mg(マグネシウム)は**骨の構成元素**になります。

Fe(鉄)は**ヘモグロビンやシトクロム**(⇨p.131)**の構成元素**として重要です。

4 その他の微量元素として，酵素の補欠分子族(⇨p.108)の成分となる銅Cu，亜鉛Zn，チロキシン(⇨p.533)の構成元素となるヨウ素(I)などもあります。

5 植物を水耕栽培する際に，正常な生育に必要となる元素が10個あります。これを**植物の生育に必要な10大元素**といいます。

C・H・O・N・Mg・K・Ca・S・P・Fe

C・H・Oは，CO_2やH_2Oとして容易に取り込むことができますが，N・K・Pは，多量に必要とする割には比較的土壌中では不足しがちな元素です。そこで，これを主に肥料として与えればよいのです。このN・K・Pを**三大肥料**といいます。

われわれ動物とは異なり，Naが含まれていませんね。逆に，われわれ動物では，この10元素以外に，NaやClが必要となります。

第1章 細胞と組織

Mgは，植物では**クロロフィルの構成元素**として重要です。
Feは，クロロフィルを合成するときに必要となる元素です。

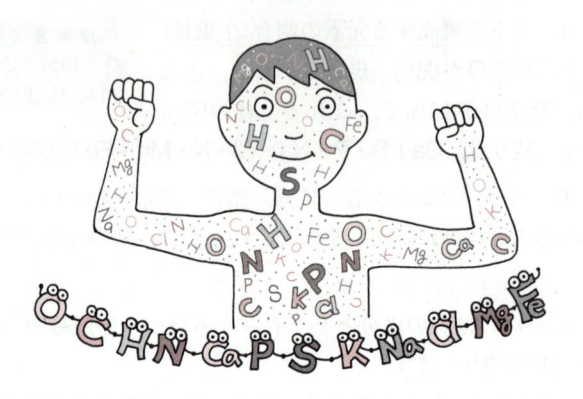

地殻をつくる元素と生体をつくる元素

地殻に含まれる元素を調べてみると，O（46％），Si（28％），Al（8％），Fe（6％），Ca（4％）などが主なものである。すなわち，ケイ素Siやアルミニウム Alなどは地殻には多く含まれているが，生体にはほとんど見られない。逆に，地殻にはほとんど含まれていないCが生体を構成する重要な元素となっている。

このことから，生命が誕生したとき，単純に地殻にある元素を使って生体が構成されたのではなく，それらのなかから選択して生体を構成する元素として使われたのだと考えられる。

最強ポイント

① 生体を構成する主な元素…C・H・O・N。
② これ以外で重要な元素…Ca・S・P・Na・Cl・K・Mg・Fe。
③ 植物の生育に必要な**10大元素**
　　…C・H・O・N・Mg・K・Ca・S・P・Fe
　　　チョン　　マゲ　書　かす　プフェー

第6講 細胞膜の構造と性質

細胞膜は細胞内と細胞外の単なる仕切りではありません。
細胞膜の構造と性質について見てみましょう。

1 細胞膜の構造

1 細胞膜だけでなく，核膜，葉緑体の膜，ミトコンドリアの膜，ゴルジ体の膜，液胞の膜など，細胞小器官を構成する膜は，すべて基本的には同じような構造をしており，これらを**生体膜**といいます。

2 **生体膜の主成分はリン脂質**です。リン脂質は，模式的には右の図のような構造をしています。●で示した部分は親水性，｜で示した部分は疎水性の性質を示します。

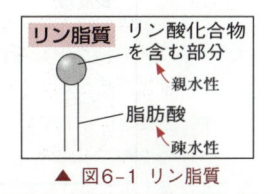

▲ 図6-1 リン脂質
（リン脂質：リン酸化合物を含む部分→親水性，脂肪酸→疎水性）

3 生体膜は，次のような構造をしています。

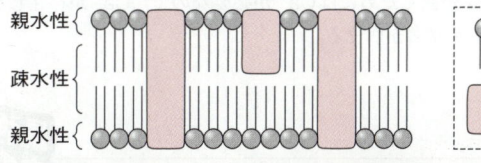

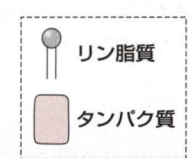

▲ 図6-2 生体膜の構造

すなわち，リン脂質が親水性部分を外側に向けて2層並び，ところどころにタンパク質が挟まり込んで点在しています。しかも，これらの分子は固定されたものではなく，自由に動き回れると考えられています。これを**流動モザイクモデル**といいます。

（シンガーとニコルソンによって提唱(1972年)。）

4 細胞膜では，外側に糖鎖やタンパク質が結合しており，これによって細胞どうしが接着したり，細胞どうしを識別したり，種々の物質を受容したりします。

+α パワーアップ カドヘリンと細胞選別

細胞膜に存在し，細胞どうしの接着(⇨p.69)に関与する物質の1つに，**カドヘリン**というタンパク質がある。カドヘリンにも複数の種類(120種類以上)があるのだが，同種のカドヘリンどうしが結合するという性質がある。したがって，同じ種類のカドヘリンをもつ細胞どうしは接着し，種類の異なるカドヘリンをもっている細胞どうしは接着しないことになる。

たとえば，表皮細胞にはE型カドヘリンが，神経細胞にはN型カドヘリンが存在する。そのため，表皮細胞と神経細胞をいったん解離して混合しても，**表皮細胞どうし，神経細胞どうしがそれぞれ接着する**ので，両者が別々に集まることになる。このように，細胞どうしが識別し合い，同種の細胞どうしが集合する現象を**細胞選別**という。

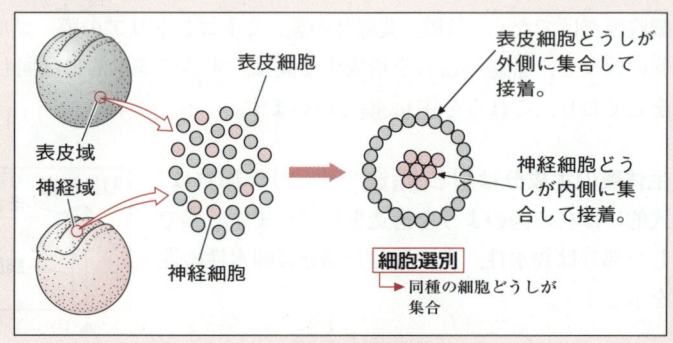

▲ 図6-3 細胞選別

また，カドヘリンが働くためにはCa^{2+}が必要なので，Ca^{2+}が存在しない培養液中では細胞どうしの接着が弱まる。

最強ポイント

① **生体膜**…細胞膜，ミトコンドリア膜，ゴルジ体膜などの総称。
② 生体膜の主成分…**リン脂質**と**タンパク質**。⇨リン脂質が2層並び，ところどころにタンパク質が点在する(**流動モザイクモデル**)。
③ 細胞膜表面に存在する糖やタンパク質が**細胞どうしの接着，識別**に関与する。

2 細胞膜の性質

1 膜の透過性には、大きく3種類あります。溶質も溶媒も自由に通す性質を**全透性**、溶質も溶媒も通さない性質を**不透性**、溶質は通さないが溶媒は通す性質を**半透性**といいます。

2 細胞壁は全透性の性質をもちますが、細胞膜は半透性に近い性質をもちます。すなわち、水などの溶媒は容易に通しますが溶質は通しにくいのです。

　実際には、細胞膜は完全な半透性ではなく、溶質の種類によっては通しやすいものと通しにくいものがあります。低分子のもの(たとえば酸素や尿素など)は、膜を通りやすいです。これはリン脂質分子の隙間を通れるからです。また、脂溶性の高いもの(メタノールなど)は通りやすいです。これは膜の主成分であるリン脂質に溶け込んで通過することができるからです。このように、溶質によって透過性が異なる性質を**選択(的)透過性**といいます。

3 細胞膜は、先ほどの例以外にも、たとえばグルコース(ブドウ糖)は通しますがスクロース(ショ糖)はほとんど通しません。また、通常Na^+は通りにくいのですがK^+は比較的通りやすいのです。

　このような選択透過性には、生体膜に埋め込まれているタンパク質が関与します。たとえば、タンパク質分子がちょうどトンネルのようになって特定の物質だけを通す場合、これを**チャネル**といいます。

　どのような物質を通すかによって、細胞膜にはいろいろな種類のチャネルがあります。たとえば、Na^+だけを通すチャネルはNa^+**チャネル**、K^+だけを通すチャネルはK^+**チャネル**といいます。また、このようなチャネルは開閉することができ、通常K^+チャネルは開いていますがNa^+チャネルは閉じており、その結果Na^+は通りにくいがK^+は通りやすいということになるのです。

> このようなチャネルの開閉によって、膜電位が生じる(⇨p.389)。

4 タンパク質分子が特定の物質と結合して、その物質を移動させる場合もあります。このとき、物質の移動にエネルギーを必要とする場合としない場合があります。エネルギーを必要としない場合、このタンパク質を**担体(キャリア、輸送体)**、エネルギーを必要とする場合、このタンパク質を**ポンプ**といいます。

細胞膜にはグルコースと結合してグルコースを運ぶ担体があるので、グルコースは細胞膜を通れることになるのです。

5　一般に、生体内では、**ATP**（⇨p.98）という物質がもつ化学エネルギーを用います。ポンプにも、ふつうはATPのエネルギーが使われます。また、ポンプにもいろいろな種類があり、たとえばH^+を運ぶポンプはH^+**ポンプ**といいます。Na^+を細胞外へ運ぶポンプもあり、これは**ナトリウムポンプ**（Na^+ポンプ）といいます（このポンプは同時にK^+を**細胞内**に運びます）。

```
----  濃度勾配に従った方向の輸送
      （ATP不要）
───→  濃度勾配に逆らった方向の輸送
      （ATP必要）
```

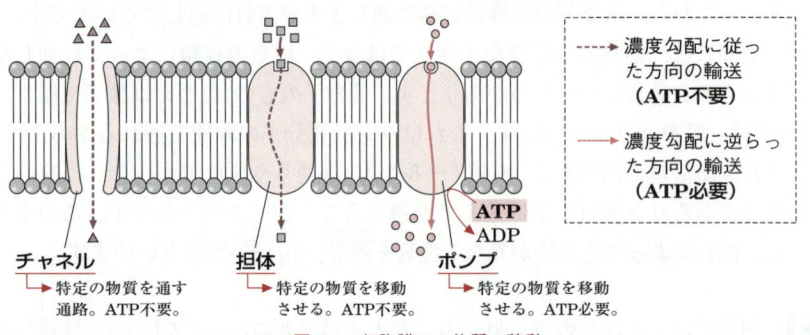

チャネル　　　　担体　　　　　　ポンプ
→特定の物質を通す　→特定の物質を移動　→特定の物質を移動
　通路。ATP不要。　　させる。ATP不要。　　させる。ATP必要。

▲ 図6-4　細胞膜での物質の移動

6　一般に、物質は濃度の高いほうから低いほうへ、濃度勾配に従って拡散します（⇨p.48）。膜を通して物質が移動する場合も、ふつうは、濃度勾配に従った方向にしか物質は移動しません。しかし、エネルギーを使って物質を移動させると、濃度勾配に逆らった方向にでも物質を運ぶことができます。このような輸送を**能動輸送**といいます。ポンプによる輸送は能動輸送です。それに対してエネルギーを使わず、濃度勾配に従った方向のみの輸送を**受動輸送**といいます。チャネルや担体による物質の輸送は受動輸送です。

+α パワーアップ　**アクアポリン**

リン脂質には疎水性部分があるので、水分子もリン脂質の層は通りにくい（まったく通れないわけではない）。そこで、特に水の透過が必要な細胞膜には、水分子を通すチャネル（**アクアポリン**）があり、水分子はここを通って容易に移動することができる。たとえば、腎臓の集合管の上皮細胞にはこのアクアポリンがあり、バソプレシンによって水の透過性が増大する。（1992年、ピーター・アグレによって発見された。アグレはこの功績により2003年ノーベル化学賞を受賞）

小腸の上皮細胞におけるグルコース取り込みのしくみ

タンパク質に特定の物質が結合して運ばれる場合，ポンプのように直接エネルギーを使って輸送する場合もあるが，直接はエネルギーを使わずに，他の物質が濃度勾配に従って移動するのを利用して輸送される場合もある。たとえば，小腸の上皮細胞がグルコースを細胞内に取り込むのは次のしくみによる。

まず，上皮細胞の体液側の膜（図 6-5 の右側）には Na^+ ポンプがあり，エネルギーを使って体液側に Na^+ を輸送している（①）。これにより，細胞内の Na^+ は低濃度になる。すると，管腔側の膜（図 6-5 の左側）では Na^+ が濃度勾配に従って細胞内に流入する（②）。このとき，管腔側の細胞膜にあるタンパク質は，Na^+ と同時にグルコースとも結合し，グルコースも輸送してしまう（③）。その結果，濃度勾配に逆らってでも，グルコースを細胞内に取り込むことができる。細胞内から体液側へは担体を用いて，濃度勾配に従ってグルコースが移動する（④）。

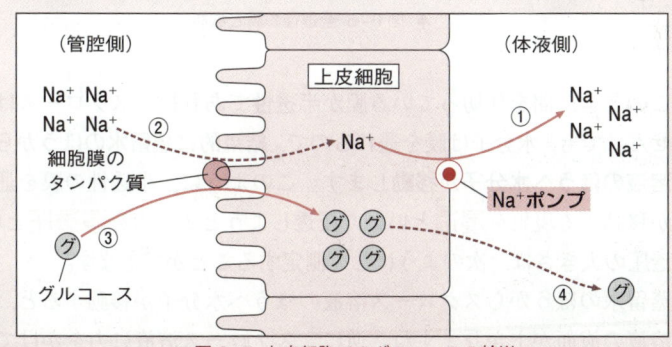

▲ 図 6-5 上皮細胞でのグルコースの輸送

この場合，Na^+ の濃度勾配がないと管腔側でグルコースは輸送できない。その Na^+ の濃度勾配を生じるためにポンプが必要なので，これも能動輸送の一種である。

最強ポイント

① 細胞膜は**半透性**，細胞壁は**全透性**の性質をもつ。
② 細胞膜は完全な半透性ではなく，**選択透過性**の性質をもつ。
③
- **能動輸送**…エネルギーを使い，濃度勾配に逆らってでも行われる輸送。例 ポンプによる輸送
- **受動輸送**…エネルギーを使わず，濃度勾配に従った方向にだけ行われる輸送。例 チャネルによる輸送

3 浸透圧

1 次の図のような装置の間を膜で仕切って，一方にはスクロース溶液，他方には蒸留水を入れたとします。間の膜が**全透性**であれば，水分子もスクロース分子も**拡散**し，やがて，溶液は均一の濃度になるはずですね。

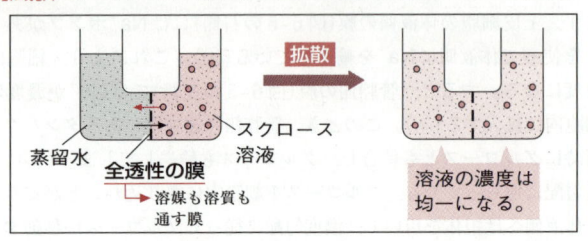

▲ 図6-6 全透性の膜と拡散

2 このとき，間を仕切っている膜が**半透性**であれば，スクロースは膜を通れません。でも，水分子は膜を通れるので，結果的に**蒸留水のほうからスクロース溶液のほうへ水分子が移動**します。このように，半透性の膜を通して水分子が移動する現象を**浸透**といい，浸透しようとする力を**浸透圧**といいます。浸透圧の大きさは，次のようにして測定することができます。

　蒸留水のほうからスクロース溶液のほうへ水分子が移動すると，スクロース溶液の液面が上がりますね。逆に，スクロース溶液に力をかけてやると液面が上がらないようになります。**このときかけた力の大きさが浸透圧の大きさに相当**します。

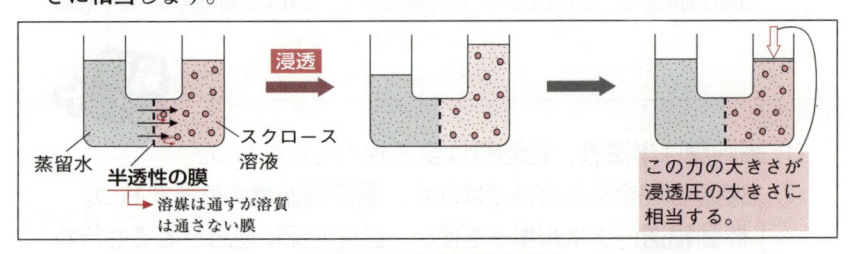

▲ 図6-7 半透性の膜と浸透圧

3 測定はこのようにして行えばいいわけですが，もともと浸透圧は，その溶液のほうへ水分子が移動しようとする力です。したがって，**スクロース溶液の浸透圧はスクロース溶液のほうへ水分子が移動しようとする力**になります。

4 浸透圧の大きさは，次のような式で求めることができます。

> 浸透圧を気圧ではなくパスカル(Pa)で表す場合は，気体定数として8.31×10^3 を用いる。1気圧＝1.0×10^5Pa

$$浸透圧〔atm〕＝気体定数（0.082）×溶液のモル濃度×絶対温度（273＋t℃）$$

5 すなわち，浸透圧の大きさはその溶液のモル濃度に比例するのです。簡単に考えれば，**浸透圧の高い溶液＝濃い溶液，浸透圧の低い溶液＝薄い溶液**ということになりますね。

6 では，先ほどの容器の一方に浸透圧3気圧のスクロース溶液を，他方に浸透圧5気圧のスクロース溶液を入れ，間を半透性の膜で仕切るとどうなるでしょう？

　浸透圧3気圧のスクロース溶液のほうへ3気圧の力で水分子が移動しようとし，浸透圧5気圧のスクロース溶液のほうへは5気圧の力で水分子が移動しようとします。その結果，差し引き2気圧の力で5気圧のスクロース溶液のほうへ水分子が移動することになります。

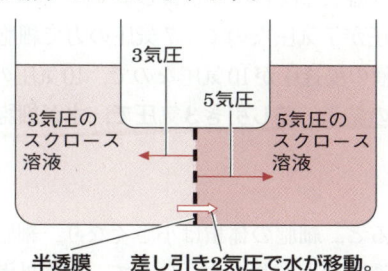

7 浸透圧の高い溶液を**高張液**，浸透圧の低い溶液を**低張液**といい，浸透圧が等しい溶液は**等張液**といいます。

> **最強ポイント**
> ① **浸透**…半透性の膜を通して水分子が移動すること。
> ② **浸透圧**…その溶液のほうへ水分子が移動しようとする力。
> ③ 浸透圧の大きさは，その溶液の**モル濃度**に**比例**する。

第7講 細胞と浸透現象

浸透圧が，実際の細胞ではどのように働き，どのような現象が起こるのかを見てみましょう。

1 動物細胞と浸透現象

1 動物細胞(たとえば赤血球；動物細胞には細胞壁がない)を種々の濃度のスクロース溶液および蒸留水につけたとき，動物細胞がどのように変化するかを見てみましょう。

2 ある動物細胞(細胞内浸透圧を仮に7気圧とします)を，細胞内より**高張**の10気圧のスクロース溶液に浸したとしましょう。

　細胞内液の浸透圧が7気圧なので，7気圧の力で細胞内へ水を入れようとします。でも，外液の浸透圧が10気圧なので，10気圧の力で細胞外へ水を出そうとします。その結果，**差し引き3気圧で，水が細胞外へ出る**ことになります。

3 水が細胞外へ出ると，細胞の体積は小さくなり，細胞内液の濃度は濃くなるので，細胞内浸透圧は上がります。やがて，**細胞外浸透圧と細胞内浸透圧が等しくなったところで平衡状態となります**(細胞外は厳密には細胞から水が出てきたぶんだけ薄くなっているはずですが，ほとんど無視できる程度の変化なので，外液浸透圧は10気圧のままと考えられます)。

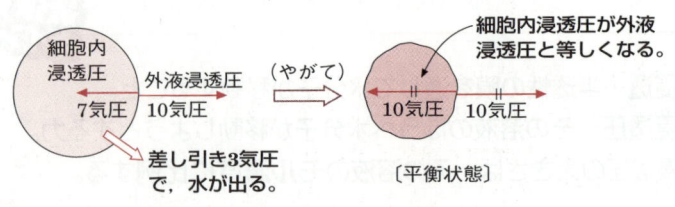

▲ 図7-1 動物細胞を高張液につけたときの変化

第7講 細胞と浸透現象

4 次に，細胞内浸透圧が7気圧の動物細胞を少しだけ**低張**である6気圧のスクロース溶液に浸したとしましょう。

細胞内浸透圧が7気圧なので，7気圧の力で細胞内に水を入れようとしますが，スクロース溶液の浸透圧が6気圧なので6気圧の力で水を出そうとします。結果的に，差し引き1気圧で，水が入ります。水が入ると細胞は膨張し，細胞内は薄まり浸透圧は低下します。最終的に細胞内浸透圧は外液と同じ6気圧になったところで平衡状態になります。

▲ 図7-2 動物細胞を低張液につけたときの変化

5 こんどは，細胞内浸透圧が7気圧の動物細胞を蒸留水(浸透圧0気圧)に浸したとしましょう。

差し引き7気圧で，細胞内に水が入ってきます。今までは細胞内外の浸透圧が等しくなるまで水が出入りし，最終的に細胞内外の浸透圧が等しくなって平衡状態になりましたね。でも，こんどは，どれだけ細胞内に水が入ってきて細胞内が薄まっても，細胞内が蒸留水になってしまうことはありえません。また，**ある程度水が入ってきて膨張すると，すぐに細胞膜は破れてしまいます。**

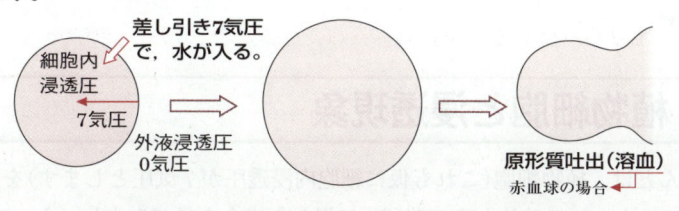

▲ 図7-3 動物細胞を蒸留水につけたときの変化

6 このように，動物細胞を低張液に浸して，動物細胞が吸水して膨張し，細胞膜が破れて細胞質が細胞外へ出てしまう現象を**原形質吐出**といいます。もし，このような現象が赤血球で起こると，赤血球の内容物であるヘモグロビンが出てきてしまいます。赤血球が原形質吐出した場合，特に**溶血**といいます。

51

7 通常，赤血球が浸かっている血しょうと等しい浸透圧をもつ食塩水を**生理(的)食塩水**といい，ヒトなど哺乳類では**約0.9%**，カエルなど両生類では**約0.65%**の食塩水が生理食塩水になります。

> **+α パワーアップ　生理的栄養塩類溶液とリンガー液**
>
> 細胞や組織などを短時間観察するだけであれば生理食塩水で十分だが，長時間保存するような場合は浸透圧が等しいだけではなく，塩類組成も血しょうと類似した組成の溶液を用いる。これを**生理的栄養塩類溶液**という。初めて生理的栄養塩類溶液を作成したのは**リンガー**で，1882年，リンガーが作成した生理的栄養塩類溶液を**リンガー液**という。近年では，さらにこれを改良して，リンガー液にグルコースを加えた溶液などが用いられる。

最強ポイント

① **溶血**…赤血球を低張液に浸すと吸水して膨張し，破裂する現象。
② **生理(的)食塩水**…血しょうと浸透圧の等しい食塩水。
　⇨哺乳類では約0.9％，両生類では約0.65％
③ **生理的栄養塩類溶液**…浸透圧だけでなく，塩類組成も血しょうに類似した溶液。**例** リンガー液

2　植物細胞と浸透現象

1　こんどは，植物細胞（これも仮に細胞内浸透圧が7気圧とします）を種々の濃度のスクロース溶液および蒸留水に浸した場合を見てみましょう。

　まずは，細胞内より高張の10気圧のスクロース溶液に浸したとします。最初は差し引き3気圧で，水が細胞外へ出ます。その結果，細胞膜に囲まれた部分の体積は減少します。しかし，細胞壁に囲まれた部分の体積は減少しないので，細胞膜と細胞壁の間に隙間が生じます。このような現象を**原形質分離**といいます。やがて，細胞内浸透圧が外液と同じ10気圧になるまで水が出て，平衡状態になります(⇨次ページの図7-4参照)。

第7講　細胞と浸透現象

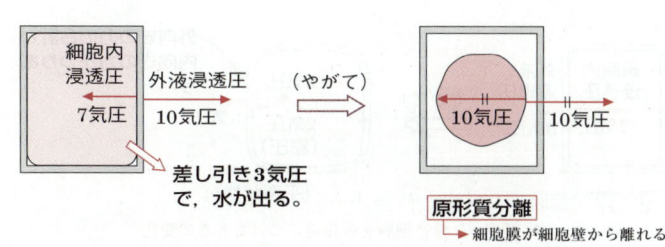

▲ 図7-4　植物細胞を高張液につけたときの変化

2 このときの細胞膜と細胞壁の間の隙間には何があるのでしょう？
ヒントは細胞壁の透過性です。

……そうですね。細胞壁は全透性の性質をもちます。したがって，細胞膜と細胞壁の間に隙間ができれば，外液（この場合は10気圧のスクロース溶液）が流れ込んできます。すなわち，隙間には外液が入っていることになります。

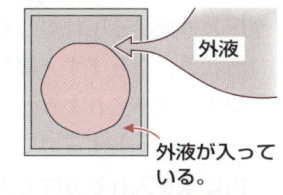

▲ 図7-5　原形質分離と外液

3 いっぽう，7気圧のスクロース溶液に浸していると，右図のように，角っこだけが少し細胞壁から離れ，他は細胞壁と細胞膜がぴったりくっついている状態になります。このような状態を**限界原形質分離の状態**といいます。実際には，**多数の細胞について観察し，約半数が原形質分離を起こしているときを限界原形質分離の状態**とします。

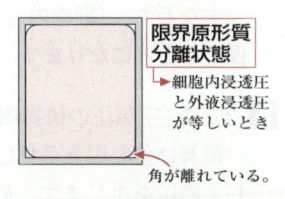

▲ 図7-6　限界原形質分離

4 次に，7気圧の浸透圧をもつ植物細胞を低張液の（たとえば3気圧）スクロース溶液に浸したとしましょう。

最初は差し引き4気圧で，細胞内に水が入ってきますね。その結果，細胞体積は増加します。最終的には細胞内浸透圧が外液と同じ3気圧になって平衡状態…と考えたくなりますが，そうはなりません。細胞が膨張すると，外側にある細胞壁を押し広げようとします。**細胞壁は堅いので，押し広げられたぶんだけ元へ戻ろうとして押し返します**。細胞壁が押し返すと，水を押し出す方向に力がかかりますね。この力を**膨圧**といいます。もし，膨圧が2気圧生じたとすると，結果的に細胞外へ水を出す方向の力が2気圧と3気圧で合計5気圧です。したがって，細胞内浸透圧も5気圧になったところで平衡状態となります。

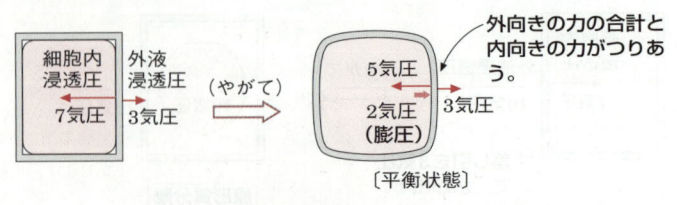

▲ 図7-7 植物細胞を低張液につけたときの変化

5 このように、植物細胞の場合は膨張すると膨圧が生じるので、細胞内浸透圧と外液浸透圧は等しくない状態で平衡状態になります。細胞内浸透圧が細胞内へ水を入れようとし、膨圧が水を押し返そうとするので、結果的に**細胞内に水を入れる方向の力は細胞内浸透圧から膨圧を差し引いた値となります**。

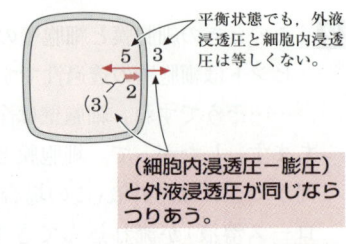

▲ 図7-8 外液浸透圧と他の力の関係

すなわち、（細胞内浸透圧－膨圧）と外液浸透圧が同じであれば平衡状態を保てることになります。

6 では、7気圧の植物細胞を蒸留水（浸透圧0）に浸すとどうなるでしょう。

最初は差し引き7気圧で、細胞内に水が入ります。その結果、細胞が膨張して膨圧を生じます。最終的には細胞内浸透圧から膨圧を引いた値が外液浸透圧と同じになって平衡状態になるんでしたね。この場合は外液は蒸留水なので浸透圧は0気圧です。したがって、細胞内浸透圧から膨圧を引いた値が0気圧になったとき、すなわち、細胞内浸透圧と膨圧が同じ値になったところで平衡状態になります。たとえば、膨圧が4気圧になったとすると、細胞内浸透圧も4気圧になったところで平衡状態になるわけです。

差し引き、細胞が水を吸う力を**吸水力**といいます。最終的には、吸水力＝0となって、平衡状態になります。

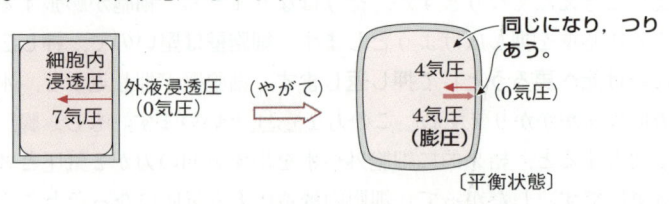

▲ 図7-9 蒸留水に浸した場合の変化

第1章 細胞と組織 / 第7講 細胞と浸透現象

+α パワーアップ

膨圧と壁圧

細胞が膨張すると，細胞膜が細胞壁を押し広げようとする。これが**膨圧**である。また，この反作用として，細胞壁が細胞膜を押し戻そうとする。これを**壁圧**という。実際には，この壁圧が水を押し返すことになるが，膨圧と壁圧は作用と反作用の関係にあるので同じ大きさである。よって，厳密には膨圧と同じ大きさの壁圧が水を押し返すわけだが，「膨圧」を「水を押し返す力」と表現している。

最強ポイント

① **原形質分離**…植物細胞を**高張液**に浸したときに生じる現象。
 ⇨最終的には，**細胞内浸透圧＝外液浸透圧**。
② **限界原形質分離の状態**…植物細胞を**等張液**に浸したときの状態。
③ **膨圧**…植物細胞を**低張液**に浸したときに水を押し返す方向に働く力。
④ **吸水力**…実際に細胞が水を吸う力。
 吸水力＝細胞内浸透圧－膨圧－外液浸透圧
⑤ （**細胞内浸透圧－膨圧**）が外液浸透圧と等しくなれば平衡状態。

---

3 体積と浸透圧の関係

1 体積と細胞内浸透圧は，ほぼ**反比例の関係**にあります。
　あるときの細胞内浸透圧をP，そのときの細胞体積をV，別のときの細胞内浸透圧をP'，そのときの細胞体積をV'とすると，次のような関係式が成り立ちます。
　$P \times V = P' \times V'$

2 先ほどの植物細胞で考えてみましょう。
　① 細胞内浸透圧が7気圧で限界原形質分離の状態のときの細胞体積を1.0倍とし，これを基準に考えることにします。すると，10気圧のスクロース溶液に浸して細胞内浸透圧が10気圧になったときの細胞体積比（V_1）は次の式で求められます。

$$7\text{気圧} \times 1.0 = 10\text{気圧} \times V_1$$
$$\therefore \quad V_1 = 0.7$$

[2] 3気圧のスクロース溶液に浸して細胞内浸透圧が5気圧になったときの細胞体積比(V_2)は,
$$7\text{気圧} \times 1.0 = 5\text{気圧} \times V_2$$
$$\therefore \quad V_2 = 1.4$$

[3] 蒸留水に浸して細胞内浸透圧が4気圧になったときの細胞体積比(V_3)は,
$$7\text{気圧} \times 1.0 = 4\text{気圧} \times V_3$$
$$\therefore \quad V_3 = 1.75$$

3 以上の結果をグラフにしてみましょう。縦軸に細胞内浸透圧および膨圧,横軸に細胞体積比をとります。

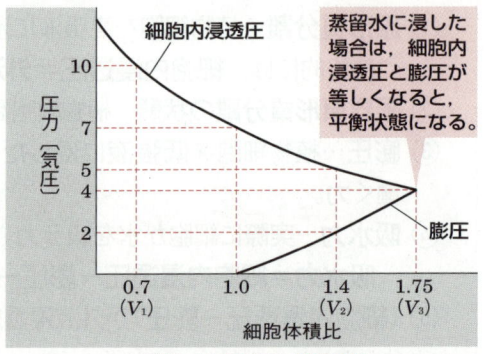

蒸留水に浸した場合は,細胞内浸透圧と膨圧が等しくなると,平衡状態になる。

▲ 図7-10 浸透圧－膨圧曲線

最強ポイント

① 細胞内浸透圧と細胞体積は,ほぼ反比例の関係にある。
$$PV = P'V'$$

② 植物の細胞内浸透圧,膨圧と細胞体積比の関係を示したグラフ(※蒸留水に浸した場合の吸水力)

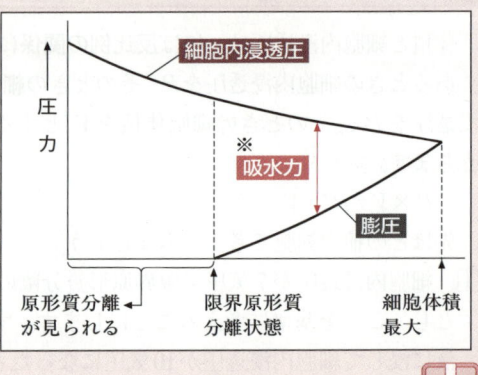

第 8 講 選択透過性による現象と膜動輸送

細胞膜がもつ選択透過性の性質によって，どのような現象が生じるのかを見てみましょう。

1 原形質復帰

1 7気圧の植物細胞を10気圧の**スクロース溶液**に浸すと，原形質分離を起こしましたね。この間の細胞体積(細胞膜に囲まれた部分の体積)を，横軸に時間を取って表すと，図8-1のようになります。

すなわち，最初は外液のほうが浸透圧が高いので水が出て細胞体積も小さくなりますが，やがて，**細胞内浸透圧が外液浸透圧と等しくなって平衡状態となり**，細胞体積も変化しなくなります。

細胞内浸透圧が外液浸透圧と等しくなり，脱水が止まる。

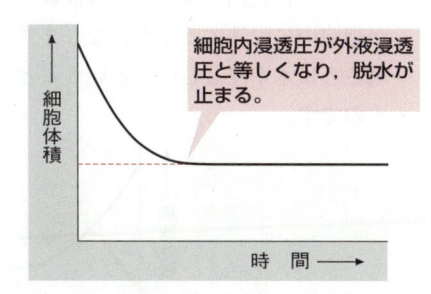

▲ 図8-1 原形質分離と細胞体積

2 では，7気圧の植物細胞を10気圧の**尿素液**に浸すとどうなるでしょうか。

最初は細胞から水が出て細胞体積は小さくなり，原形質分離が起こります。しかし，しばらく時間がたつと，再び細胞体積は回復してきます。

これは，**外液の溶質である尿素が細胞膜を通れる**からなのです。

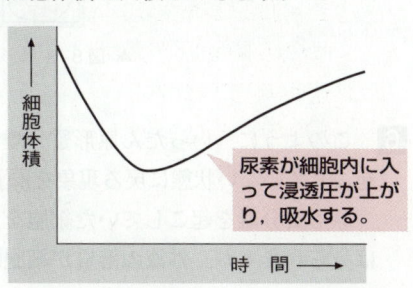

尿素が細胞内に入って浸透圧が上がり，吸水する。

▲ 図8-2 高張の尿素液に浸けたときの変化

3 この場合，水のほうが透過性が高いので，まずは細胞外へ水が移動し，外液とほぼ等張になります。外液の溶質が細胞膜を通れない場合は，そこで平衡状態となり，細胞体積の変化も止まります。しかし，**尿素は細胞膜を通れるので，しだいに細胞内に拡散してくる**のです。

4 等張になっているのに，なぜ物質が移動するのか？　という疑問がわくかもしれませんね。
　じつは，**それぞれの物質はそれぞれの濃度勾配に従って拡散しようとする**のです。つまり，全体の浸透圧がたとえ等しくても，尿素だけの濃度を見ると細胞外のほうが濃度が高いので，尿素は，尿素の濃度の濃いほう(外液)から尿素の濃度の薄いほう(細胞内)へ拡散するのです。

5 水が出て，ほぼ等張になっているところにさらに尿素が入ってくるわけですから，細胞内の浸透圧が外液よりも高張になってしまいます。すると，水が細胞内に浸透することになります。また，尿素が細胞内に拡散し，その結果さらに水が浸透し……ということが繰り返されて，細胞体積が回復していくのです。

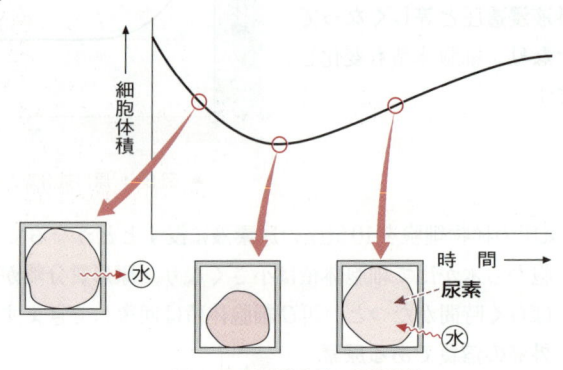

▲ 図8-3 原形質分離と細胞体積

6 このように，いったん原形質分離を起こしていた細胞が再び原形質分離を起こしていない状態に戻る現象を**原形質復帰**といいます。
　原形質分離を起こしていた細胞を低張液に浸けかえたりしても原形質復帰は見られますが，外液の溶質が細胞膜を透過できる場合にも原形質復帰が見られます。

第8講 選択透過性による現象と膜動輸送

7 外液の溶質がより透過性の高い物質であれば，より早く原形質復帰が見られることになります。

　同じ植物細胞を，浸透圧の等しいA液，B液，C液にそれぞれ浸し，時間経過とともに細胞体積の変化を調べて，次のグラフを得たとしましょう。このグラフでは，A液のほうがB液よりも原形質復帰が早いことから，B液よりもA液の溶質のほうが細胞膜を透過しやすい物質であることがわかります。一方，C液では原形質復帰が起こらないことから，C液の溶質は細胞膜を透過できない物質だということになります。

（グラフ：縦軸 細胞体積，横軸 時間）
- A液：A液の溶質が細胞膜を最も透過しやすい物質
- B液
- C液：C液の溶質は細胞膜を透過できない物質

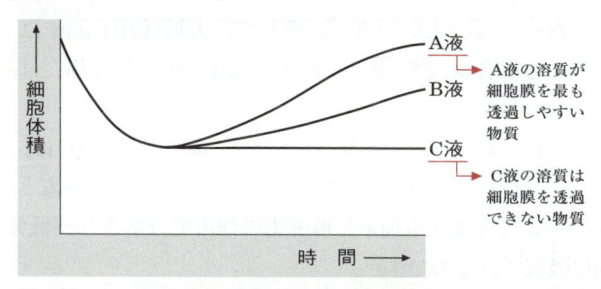

▲ 図8-4 外液の濃度と原形質復帰

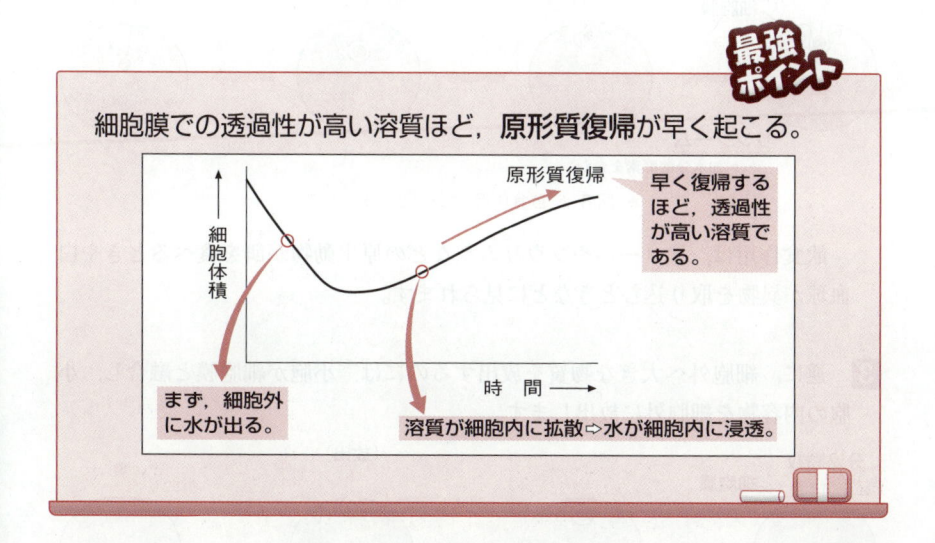

最強ポイント

細胞膜での透過性が高い溶質ほど，**原形質復帰**が早く起こる。

（グラフ：縦軸 細胞体積，横軸 時間，原形質復帰）
- 早く復帰するほど，透過性が高い溶質である。
- まず，細胞外に水が出る。
- 溶質が細胞内に拡散 ⇨ 水が細胞内に浸透。

2 大きな物質の取り込みと放出

1 細胞膜を通れないような大きな物質を細胞内に取り込んだり，細胞外へ放出したりするのには，**膜動輸送**(**サイトーシス**)と呼ばれる方法が用いられます。

2 大きな物質を取り込むのには，細胞膜がその物質を包み込み，小胞を形成して取り込むという方法が用いられます。このような作用を**飲食作用**(**エンドサイトーシス**)といいます。そして，大形(約 $0.1\,\mu m$ 以上)の固形の物質を取り込む場合は**食作用**，小粒子や液体を取り込む場合は**飲作用**といいます。

　飲食作用では，形成された小胞(**ファゴソーム**と呼ばれる)は，やがて，**リソソーム**(⇨p.18)と合体し(合体したものを**ファゴリソソーム**という)，内容物がリソソームに含まれる加水分解酵素の作用で分解され，低分子となって細胞質内に吸収されるのです。

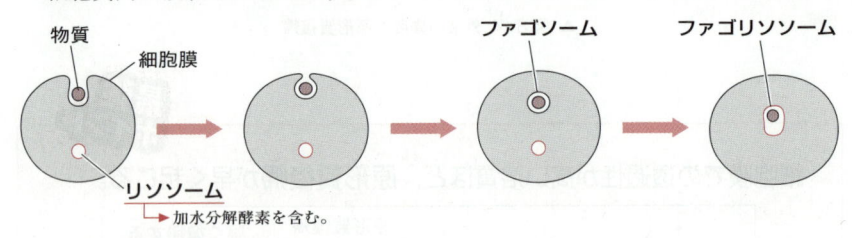

▲ 図8-5 飲食作用(エンドサイトーシス)

　飲食作用は，アメーバやゾウリムシなどの原生動物が餌を食べるときや白血球が異物を取り込むときなどに見られます。

3 逆に，細胞外へ大きな物質を放出するのには，小胞が細胞膜と融合し，小胞の内容物を細胞外に放出します。

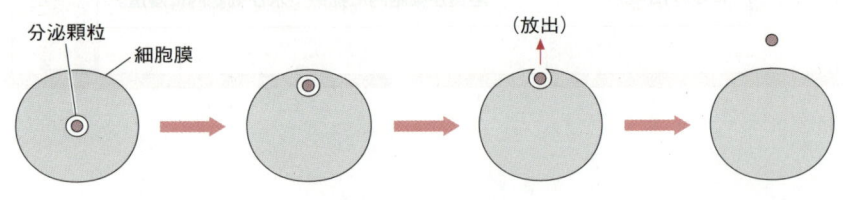

▲ 図8-6 開口分泌(エキソサイトーシス)

このような作用を**開口分泌（エキソサイトーシス）**といいます。ゴルジ体から生じた分泌顆粒（分泌小胞）の膜が細胞膜と融合して内容物を細胞外に分泌するわけです。

ホルモンや消化酵素の分泌，神経伝達物質の放出などは，この作用によって起こります。

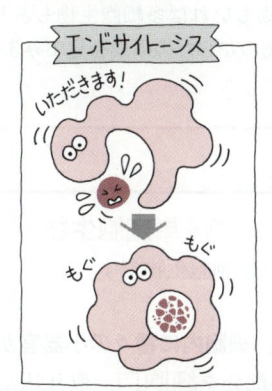

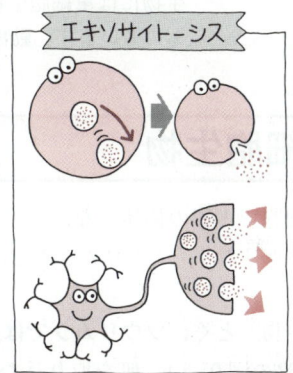

---

① **膜動輸送（サイトーシス）**…細胞膜から小胞を形成したり，小胞と細胞膜が融合したりして行われる。
② 膜動輸送（サイトーシス）の種類
　飲食作用（エンドサイトーシス）…細胞内への取り込み。
　　　食作用
　　　飲作用
　開口分泌（エキソサイトーシス）…細胞外への放出。

第9講 動物の組織

生物には単細胞生物もいれば多細胞生物もおり，中間的なものもいます。動物のからだの構成を見てみましょう。

1 単細胞生物

1 単一の細胞で1個の個体となっている生物を**単細胞生物**といいます。アメーバ，ゾウリムシ，ミドリムシなどは単細胞生物です。

2 単細胞生物，とくにゾウリムシでは，細胞内に種々の小器官が発達しています（⇨p.63の図9-1）。餌を取り込む部分を**細胞口**，取り込んだものを分解する袋状の構造を**食胞**といい，最終的に不消化排出物は**細胞肛門**から排泄します。細胞内に浸透した水を排出して浸透圧調節に働くのが**収縮胞**です。さらに**毛胞**からは細い糸を発射して，攻撃することもできます。また，**繊毛**を使って運動します。

3 ゾウリムシのもう1つの特徴は核が2つあることです。1つは**大核**あるいは**栄養核**と呼ばれ，通常の生活は，この大核の遺伝情報を使って行われます。もう1つは**小核**あるいは**生殖核**と呼ばれる核で，文字通り生殖のときに使われます。われわれ多細胞生物も，体細胞と生殖細胞とを分化させていますが，ゾウリムシは単細胞なので，細胞ではなく核を分業させているといえます。

4 ミドリムシは葉緑体をもち光合成を行いますが，**鞭毛**によって運動し，細胞壁はありません。**眼点**および**感光点**によって光の方向を判断し，明るいほうへ移動する性質があります。

> 1～数本で長いものは鞭毛，数が多くて短いものは繊毛と呼ぶ。

5 アメーバには鞭毛も繊毛もありませんが，原形質の一部が伸び出して運動します。これを**仮足**といいます。

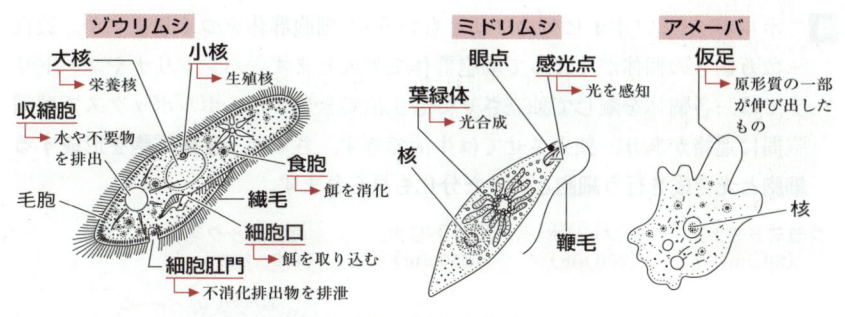

図9-1 単細胞生物のからだのつくり

ゾウリムシ
- 大核 → 栄養核
- 小核 → 生殖核
- 収縮胞 → 水や不要物を排出
- 毛胞
- 食胞 → 餌を消化
- 繊毛
- 細胞口 → 餌を取り込む
- 細胞肛門 → 不消化排出物を排泄

ミドリムシ
- 眼点
- 感光点 → 光を感知
- 葉緑体 → 光合成
- 核
- 鞭毛

アメーバ
- 仮足 → 原形質の一部が伸び出したもの
- 核

【ゾウリムシのおもな細胞小器官】
- 収縮胞…水の排出（浸透圧調節）
- 食　胞…食物の消化

【単細胞生物の運動器官】
ゾウリムシ（繊毛），ミドリムシ（鞭毛），アメーバ（仮足）

2 細胞群体

1 生物が何個体か集まって生活する場合，これを**群体**といいます。特に，単細胞生物がいくつか集まって生活している場合は**細胞群体**といいます。

2 クラミドモナスという緑藻は，通常は単細胞で生活しますが，環境が悪くなると何個かのクラミドモナスが集まって細胞群体をつくります。

3 パンドリナやユードリナも細胞群体をつくりますが，クラミドモナスと異なり，つねに細胞群体を形成しています。パンドリナで8個ないし16個，ユードリナで16個ないし32個の個体が集まって細胞群体を形成します。

4 ボルボックス(オオヒゲマワリともいう)も細胞群体をつくりますが，数百～数万個もの個体が集まって細胞群体を形成します。パンドリナやユードリナでは，各個体を離して独立させても生活できますが，ボルボックスでは細胞間に連絡があり，独立させては生活できず，さらに，**生殖細胞を形成する細胞と光合成を行う細胞といった分化も見られます。**

クラミドモナス (20μm)	パンドリナ (200μm)	ユードリナ (250μm)	ボルボックス (400〜800μm)

鞭毛

環境が悪くなると細胞群体を形成。

つねに細胞群体を形成。

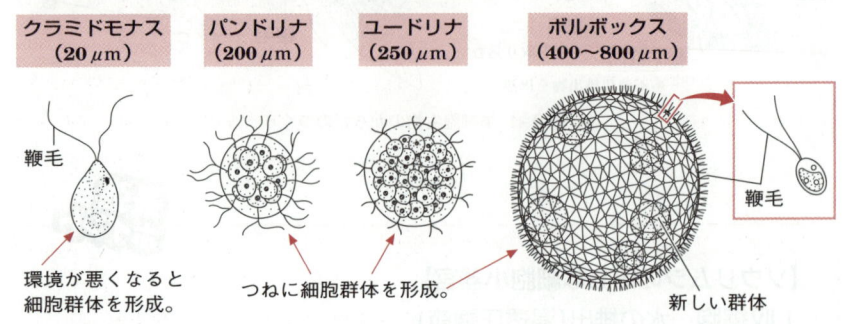

新しい群体

鞭毛

▲ 図9-2 いろいろな細胞群体

5 このような種々の細胞群体が存在することから，もともと単細胞の生物が，環境が悪くなったときだけ集まって生活するようになり，やがて常に集まって生活するようになって，さらに集まる数がふえ，**細胞どうしが分化し，連絡も取り合うようになり，多細胞生物に進化していった**と推測されます。

6 一方，もともと多細胞生物がさらに集まって生活している場合もあります。これは単に**群体**といい，**サンゴ・ホヤ・カツオノエボシ**などで見られます。

クラゲの一種(刺胞動物 ⇨p.764)。強い毒をもつ。

最強ポイント

① **群体**…複数の個体が集まって生活しているもの。
② **細胞群体**…単細胞生物の群体。
　例 パンドリナ・ユードリナ・ボルボックス
③ 単細胞生物から**細胞群体**を経て多細胞生物へと進化。
④ 多細胞生物の群体の例…**サンゴ・ホヤ**

3 動物の組織

1 多細胞生物において，同じような働きと形態をもつ細胞が集まった集団を**組織**といいます。

2 動物の組織は，**上皮組織・結合組織・神経組織・筋組織**という4つに分けられます。

3 からだの外表面および消化管などの内表面を覆うのが**上皮組織**です。いずれも**細胞どうしが密着している**のが特徴で，保護や栄養分の吸収，種々の物質の分泌，外界からの刺激の感知などに働きます。それぞれの働きに応じて，**保護上皮，吸収上皮，腺上皮，感覚上皮**などと呼ばれます。具体的には，皮膚の表皮の細胞，消化管の内壁を覆う細胞，汗腺・消化液の分泌線などの細胞，網膜の視細胞などの感覚細胞は，いずれも上皮組織に属します。

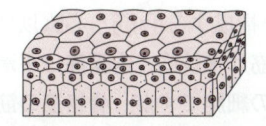

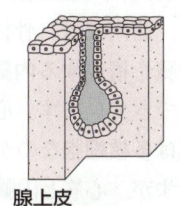

保護上皮
→ 皮膚の上皮など

吸収上皮
→ 消化管の内表面など

腺上皮
→ 汗腺・胃腺など

▲ 図9-3 いろいろな上皮組織

4 組織や器官の間にあって，それらを結び付けたり，からだを支えたりという役割をもつ組織が**結合組織**です。結合組織は，**細胞どうしが密着せず，細胞と細胞の間が種々の物質で満たされている**のが特徴です。結合組織を構成する細胞を**基本細胞**，その隙間を満たしている物質を**細胞間物質**といい，この物質の種類によって様々な特徴をもった結合組織が存在します。

5 結合組織には，**繊維性結合組織，骨組織（硬骨組織），軟骨組織，血液**などがあります。繊維性結合組織は繊維芽細胞という細胞が基本細胞で，細胞間物質には**膠原繊維**など多くの繊維が含まれます。腱や真皮などに存在します。　　　　　　　　　　　主成分はコラーゲン。

　骨は基本細胞が骨細胞で，細胞間は膠原繊維とリン酸カルシウムなどからなる硬い骨質で満たされています。鼻や耳，関節などにある軟骨は，基本細胞である軟骨細胞と軟骨質という細胞間物質からなります。**軟骨質は，骨質にくらべるとカルシウムが少なく弾力に富んでいる**のが特徴です。

血液は，基本細胞が赤血球や白血球などの血球で，細胞間物質にあたるのは血しょうです。

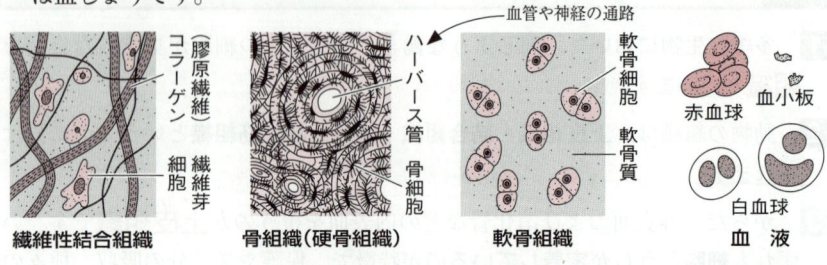

▲ 図9-4 いろいろな結合組織

6 筋肉を構成するのが**筋組織**です。筋肉を構成する最小単位の細胞を**筋繊維**といい，収縮性のタンパク質を多く含みます。──→ アクチンやミオシン。

筋肉は，縞模様のある**横紋筋**と縞模様のない**平滑筋**に大別されます。また，筋肉には，骨格に付着する**骨格筋**，心臓を構成する**心筋**，心臓以外の内臓を構成する**内臓筋**があります。骨格筋と心筋は横紋筋，内臓筋は平滑筋でできています。心筋や内臓筋の筋繊維は単核の細胞ですが，骨格筋の筋繊維は**多核細胞**なのが特徴です。なお，骨格筋は意志で収縮させられる**随意筋**ですが，心筋と内臓筋は意思で収縮させられない**不随意筋**です。

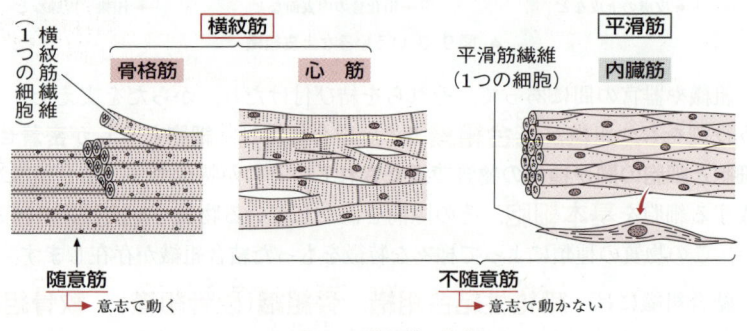

▲ 図9-5 筋組織と筋肉

+α パワーアップ　骨格筋の筋繊維が多核である理由

骨格筋の筋繊維のもととなる**筋芽細胞**は，他の筋繊維と同様単核である。しかし，これらの筋芽細胞どうしが多数融合して筋繊維となる。骨格筋の筋繊維が多核なのは，このように細胞どうしが融合して生じるからなのである。

7 神経を構成する組織が**神経組織**です。神経組織は，**神経細胞（ニューロン**という）を中心とする組織ですが，ニューロンの周囲にある**シュワン細胞**なども神経組織に属します。

ニューロン
シュワン細胞
核
核

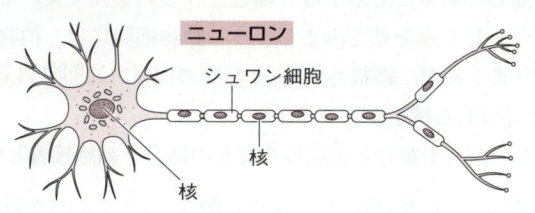

▲ 図9-6 神経細胞（ニューロン）のつくり

+α パワーアップ　グリア細胞

運動神経や感覚神経などの末梢(まっしょう)神経には**シュワン細胞**があるが，中枢神経には**オリゴデンドロサイト**（オリゴデンドログリアともいう）という細胞がニューロンの周囲に存在している。シュワン細胞やオリゴデンドロサイトなどの細胞を合わせて**グリア細胞**（**神経膠(こう)細胞**）といい，髄鞘の形成（⇨p.388）やニューロンへの栄養補給，異物の処理などに働いている。

最強ポイント

① **上皮組織**…細胞どうしが密着。
　　例　皮膚の表皮，消化管内面，網膜の視細胞
② **結合組織**…**基本細胞**と**細胞間物質**からなる。細胞どうしが密着しない。
　　例　骨，軟骨，真皮，腱，血液
③ **筋組織**…筋組織を構成する筋細胞を筋繊維という。
　　横紋筋 ｛ 骨格筋…多核…随意筋
　　　　　　心　筋 ｝ 単核…不随意筋
　　平滑筋…内臓筋
④ **神経組織**…**ニューロン**と**シュワン細胞**などからなる。

第1章　細胞と組織

第9講　動物の組織

4 細胞外物質と細胞接着

1️⃣ 組織は共通した働きと形態をもつ細胞どうしの集団です。では、それらが互いに結びつくしくみを見てみましょう。動物細胞には、植物細胞のような細胞壁はありませんが、細胞外（細胞と細胞の間）には**細胞外基質**（細胞外マトリクス）と呼ばれる構造があります。

　細胞どうしの結合や細胞と細胞外基質との結合を**細胞接着**といいます。

2️⃣ 細胞外基質は、主に**多糖類**（ヒアルロン酸など）とタンパク質からなる**糖タンパク質**で満たされています。

3️⃣ 細胞外基質で最も多いタンパク質は**コラーゲン**です。コラーゲンは細胞から分泌された**プロテオグリカン**という糖タンパク質からなる網目構造に埋め込まれた形で存在します。

> ヒトがもつ全タンパク質の約40％がコラーゲン！

4️⃣ 細胞外基質には**フィブロネクチン**という糖タンパク質もあります。

　フィブロネクチンは、**インテグリン**という細胞膜に組み込まれたタンパク質と結合し、インテグリンは細胞質基質で細胞骨格（⇨p.16）と結合したタンパク質とつながっています。

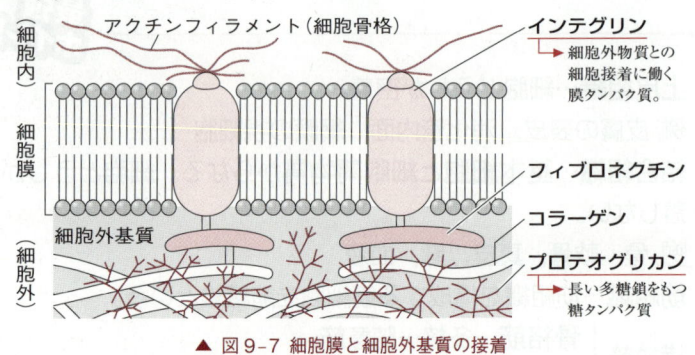

（細胞内）アクチンフィラメント（細胞骨格）
細胞膜
（細胞外）細胞外基質

- インテグリン
  ▶ 細胞外物質との細胞接着に働く膜タンパク質。
- フィブロネクチン
- コラーゲン
- プロテオグリカン
  ▶ 長い多糖鎖をもつ糖タンパク質

▲ 図9-7 細胞膜と細胞外基質の接着

5️⃣ 細胞と細胞の結合には、**密着結合**、**接着結合**、**デスモソーム**、**ギャップ結合**などがあります。

6️⃣ 消化管内壁では、細胞間の隙間を通って物質が出入りしないようにする必要があります。そのような上皮細胞で見られるのが**密着結合**です。

7️⃣ 密着結合は、膜を貫通する**クローディン**などの接着タンパク質によって文

字通り互いに緊密に密着し，細胞間を，小さな分子であっても通れないように綴じています。ちょうど，布と布を細かいミシン目で縫い合わせてあるような感じですね。

⑧　細胞質基質にある**アクチンフィラメント**と結合している**カドヘリン**（⇨p.44）どうしで行われる結合を**接着結合**といいます。

⑨　細胞質基質にある**中間径フィラメント**とつながったカドヘリンどうしで行われ，ボタン状に強固に結合させる構造を**デスモソーム**といいます。この場合の中間径フィラメントは非常に頑丈な**ケラチン**というタンパク質からなり，これによって強固に細胞質に根を生やしたような感じになっています。

⑩　中空のパイプのようなタンパク質による結合を**ギャップ結合**といいます。このタンパク質の穴を通って，イオン，糖，アミノ酸などが直接隣の細胞内に通過することができます。

⑪　植物細胞では隣り合う細胞どうしがつながる連絡路が細胞壁に存在し，これを**原形質連絡**といいます。これにより細胞間で効率よく物質の交換が行えるのです。動物細胞で見られるギャップ結合に似ていますね。

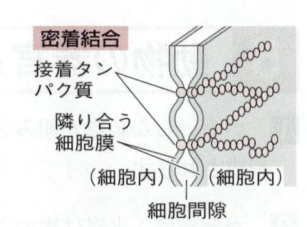

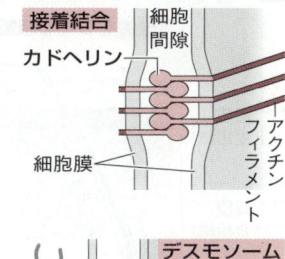

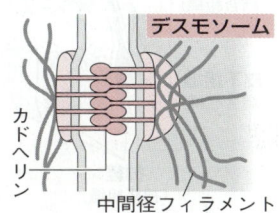

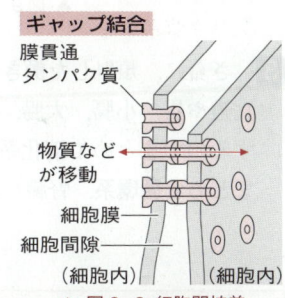

▲ 図9-8　細胞間接着

最強ポイント

① **密着結合**…細胞どうしを隙間なく密着させる。
② **接着結合**…同じ種類のカドヘリンどうしが結合。
③ **デスモソーム**…ボタン状の構造で強固に結合。
④ **ギャップ結合**…中空のタンパク質で細胞質どうしがつながる。

5 動物の器官と器官系

1 いろいろな組織が組み合わさって，胃，腎臓，心臓，目（眼）などの**器官**が形成されます。

2 たとえば，皮膚は次のように種々の組織からなります。

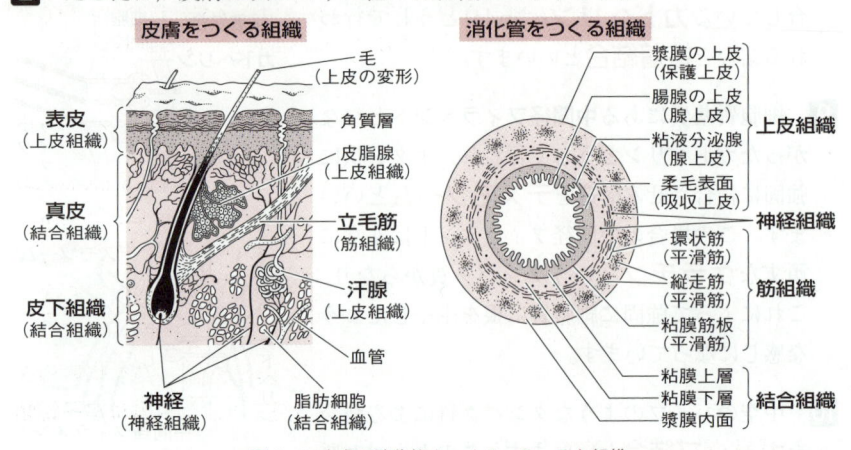

▲ 図9-9 皮膚と消化管をつくるいろいろな組織

3 さらに，類似した働きをもつ器官をまとめて**器官系**といいます。たとえば，食道や胃，小腸，大腸，肝臓，すい臓などはいずれも食物の消化吸収に関与するのでまとめて**消化系**といいます。同様に，心臓，血管，リンパ管などをまとめて**循環系**，腎臓やぼうこう，輸尿管を合わせて**排出系**といいます。

【動物のからだの構成】
細胞 → 組織 → 器官 → 器官系 → 個体

第10講 植物の組織と器官

動物と同じように植物にもいろいろな組織があり、器官があります。今度は植物の組織や器官を見てみましょう。

1　植物の組織

1　植物には細胞分裂を専門に行う組織があり、それを**分裂組織**といいます。

2　縦方向、すなわち背を伸ばす方向の成長を**伸長成長**、横方向すなわち太らせる方向の成長を**肥大成長**といいます。
　茎や根の先端にあって伸長成長に働くのが**頂端分裂組織**、茎や根の内部にあって肥大成長に働くのが**形成層**という分裂組織です。**形成層は被子植物の双子葉類、裸子植物にのみ存在します。**

3　頂端分裂組織には、茎の先端にある**茎頂分裂組織**と、根の先端にある**根端分裂組織**があります。

4　分裂組織以外を**永久組織**といいます。永久組織はさらに**表皮組織、柔組織、機械組織、通道組織**の4種類に大別されます。

> 永久組織の細胞も条件によっては再び分裂を行うこともあり、永久に分裂しないままというわけではないので、永久組織という名称はあまり使われなくなってきている。

5　外表面を覆っているのが表皮組織です。表皮組織を構成する細胞を表皮細胞といいます。表皮組織は一層の表皮細胞からなります。一般には**表皮細胞には葉緑体がありません**。また、表皮細胞の外表面には**クチクラ層**が発達しています。

6　根毛や、気孔を取り囲む**孔辺細胞**も表皮組織の一種です。孔辺細胞は表皮組織なのに、例外的に葉緑体をもちます。

> 根毛は根の表皮細胞の突起で、表面積を増大させ、水や無機塩類を吸収する。気孔は外界とのガス交換や水の蒸発（蒸散）を行う隙間。

7 柔組織を構成する柔細胞は，**細胞壁があまり厚くない**のが特徴です。光合成を行う<ruby>同化組織</ruby>，栄養分を貯蔵する<ruby>貯蔵組織</ruby>など，いろいろな生活活動を行う組織です。

8 機械組織を構成する細胞は**細胞壁が厚く，植物体を支持し強固にする役割**があります。細胞壁が一様に木化して厚くなった細胞からなる**厚壁組織**，細胞壁の隅が特に厚くなった細胞からなる**厚角組織**，木化した細長い細胞からなる**繊維組織**などがあります。

> 厚壁組織，繊維組織の細胞は死細胞，厚角組織の細胞は生細胞からなる。

9 水や養分を運ぶ通路として働くのが**通道組織**です。根で吸収した水や無機塩類が上昇する通路が**道管**や**仮道管**，葉で生成した同化産物が上昇あるいは下降する通路となるのが**師管**です。通道組織は，種子植物（被子植物と裸子植物）およびシダ植物にだけ存在します。

10 道管および仮道管はいずれも細胞壁が木化し，**原形質が消失した死細胞**からなります。

道管では**上下の細胞壁が消失**していて，ちょうど1本の長いホースのような形になっています。また，細胞壁の肥厚の仕方によって，らせんや階段状の模様が見られます。**道管は，被子植物にのみ存在します。**

仮道管は，1つ1つの細胞が先のとがった紡錘形で，**上下の細胞壁が残っている**ところが道管と大きく異なります。また，側面に多数の孔が見られます。仮道管は，被子植物，裸子植物，シダ植物に存在します。

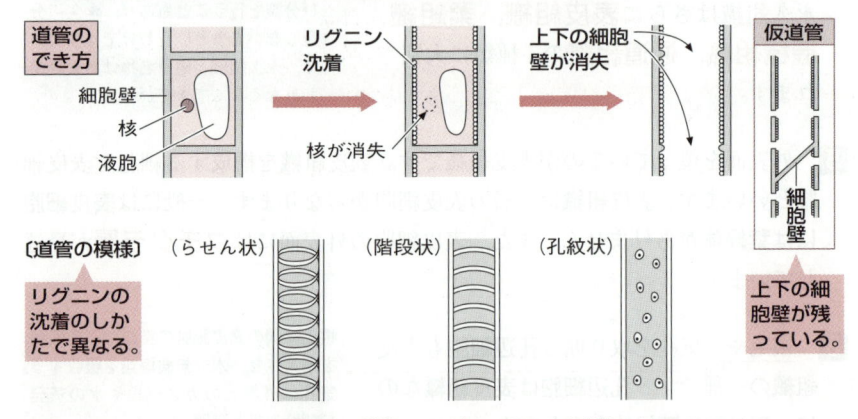

▲ 図10-1 道管のでき方といろいろな模様

⓫ 師管を構成する細胞は木化せず，原形質も存在する生細胞です。上下の細胞壁も残っていますが，小さな孔が開いているのが特徴で，このような細胞壁を**師板**といいます。また被子植物では，師管に隣接して**伴細胞**と呼ばれる細胞が存在します。

> 核は消失している。

> 伴細胞は柔組織に属し，師管細胞への栄養分の補給をすると考えられているが，くわしい働きは不明である。

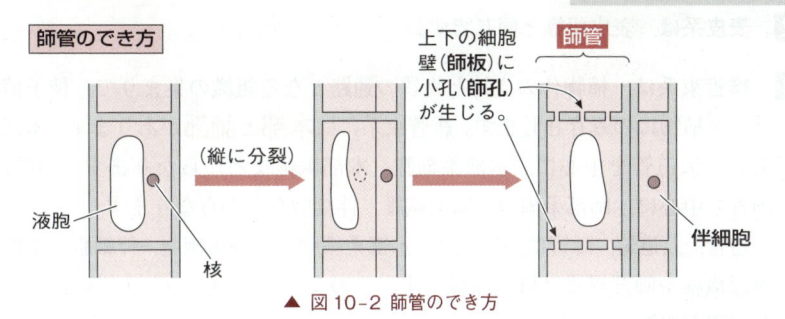

師管のでき方

（縦に分裂）→ 上下の細胞壁（師板）に小孔（師孔）が生じる。→ 師管／伴細胞

液胞／核

▲ 図10-2 師管のでき方

最強ポイント

分裂組織
- 頂端分裂組織
  - 茎頂分裂組織
  - 根端分裂組織
- 形成層（双子葉類と裸子植物のみ）

（永久組織）
- 表皮組織…一般には葉緑体なし（孔辺細胞には葉緑体あり）
- 柔組織…同化組織，貯蔵組織など
- 機械組織…厚壁組織，厚角組織，繊維組織など
- 通道組織…道管（被子植物のみ），仮道管，師管

2 組織系

1 動物ではいくつかの組織が集まると器官が形成されますが，植物では関連のある永久組織が集まって**組織系**を構成します。組織系は，**表皮系，維管束系，基本組織系**の3つに分けられます。

2 **表皮系**は，表皮組織と同じです。

3 **維管束系**は，植物体の支持と物質の通路となる組織の集まりで，種子植物とシダ植物にのみ存在します。維管束系には**木部**と**師部**があります。木部は，道管や仮道管を中心に，木部柔細胞，木部繊維などからなります。師部は，師管を中心に，師部柔細胞，師部繊維，伴細胞などからなります。

　道管，仮道管，師管は通道組織，木部柔細胞や師部柔細胞，伴細胞は柔組織，木部繊維や師部繊維は機械組織です。このように，関連のある組織が集まった集団が組織系なのです。

4 表皮系，維管束系を除いた残りが**基本組織系**です。柔組織を中心に同化や貯蔵など植物の基本的な働きをになうのが基本組織系ですが，機械組織も含まれています。

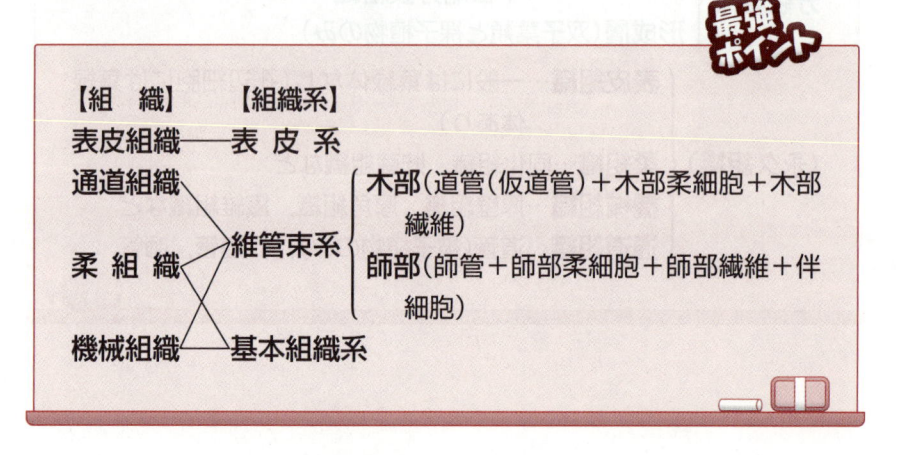

最強ポイント

【組　織】　【組織系】
表皮組織　──　表　皮　系
通道組織
　　　　　＼　維管束系 ┌ 木部（道管（仮道管）＋木部柔細胞＋木部繊維）
柔　組　織　╳　　　　　└ 師部（師管＋師部柔細胞＋師部繊維＋伴細胞）
　　　　　／
機械組織　──　基本組織系

3 植物の器官

1 植物の器官には，**栄養器官**と**生殖器官**があります。栄養器官には，葉・茎・根があります。生殖器官は花です。それぞれについて，くわしく見ていきましょう。

2 まずは，**葉**です。

葉の表面に近いほうにあるのが柵状組織，裏面に近いほうにあるのが海綿状組織です。いずれも葉緑体を多く含む同化組織です。**海綿状組織のほうが細胞の形や大きさが不ぞろいで，細胞間隙が多い**のが特徴です。

維管束系の師部は裏面に近いほう，木部は表面に近いほうに存在します。

葉のつくり

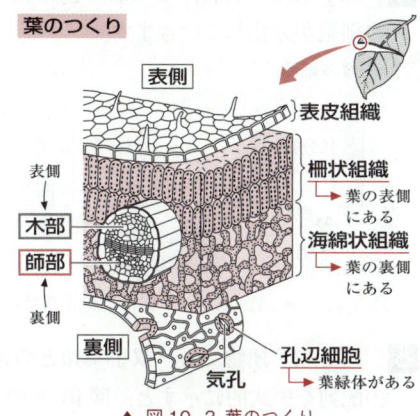

- 表皮組織
- 柵状組織 → 葉の表側にある
- 海綿状組織 → 葉の裏側にある
- 孔辺細胞 → 葉緑体がある
- 気孔

▲ 図10-3 葉のつくり

+α パワーアップ　水孔

気孔とよく似たものに**水孔**がある。どちらも孔辺細胞に囲まれている点では同じだが，気孔は水分を水蒸気として蒸散させるのに対し，**水孔は余分な水分を液体として排出(排水)する**点で異なる。また，気孔は開閉するが，水孔には開閉能力はない。水孔は，葉の先端や縁に存在する。

3 次は**茎**です。特に，双子葉類の茎を見てみましょう。

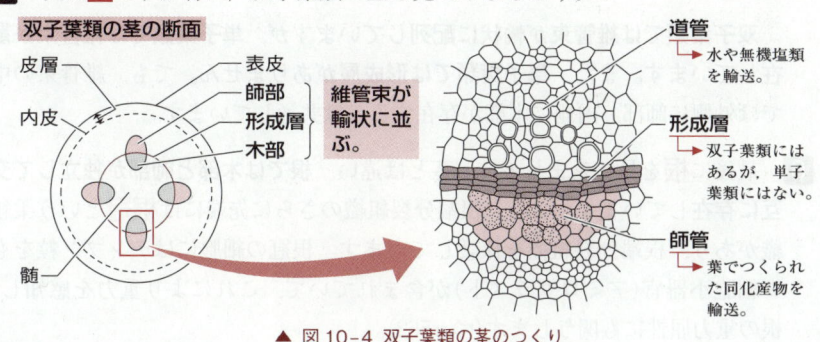

双子葉類の茎の断面

- 皮層
- 内皮
- 髄
- 表皮
- 師部
- 形成層
- 木部

維管束が輪状に並ぶ。

- 道管 → 水や無機塩類を輸送。
- 形成層 → 双子葉類にはあるが，単子葉類にはない。
- 師管 → 葉でつくられた同化産物を輸送。

▲ 図10-4 双子葉類の茎のつくり

表皮より内側に一層の細胞層があり、これを**内皮**といいます。表皮と内皮の間を**皮層**といいます。若い茎では、皮層の細胞に葉緑体があります。

> 内皮は、茎ではあまり明瞭に観察されない。内皮より内側を「中心柱」という。

師部と木部の間には、**分裂組織である形成層**があります。裸子植物の茎でも、ほぼ同様の構造が観察されます（もちろん裸子植物では道管は存在しません）。

4 双子葉類の場合、形成層で体細胞分裂が行われ、外側に師部、内側に木部の細胞が分化していきます。

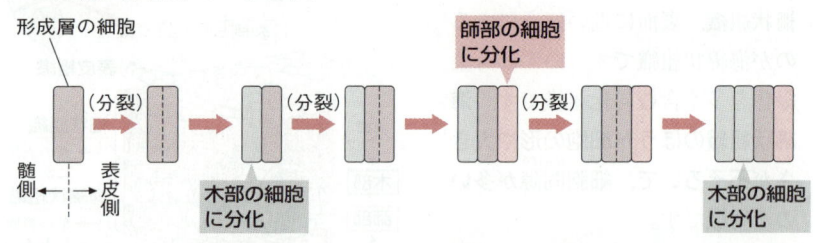

▲ 図10-5 形成層による師部・木部の形成

5 同じ被子植物でも、双子葉類との違いがわかるように、単子葉類の維管束の配列を模式的に示すと、図10-6のようになります。

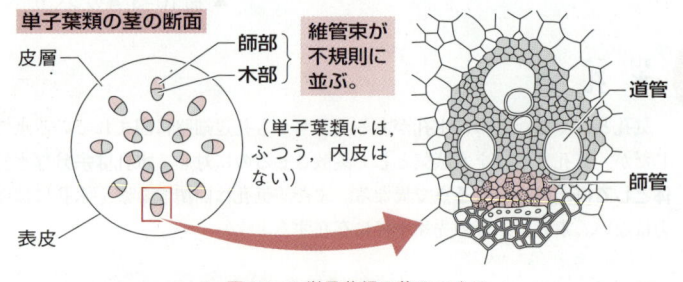

▲ 図10-6 単子葉類の茎のつくり

双子葉類では維管束が輪状に配列していますが、単子葉類では維管束が散在しています。また、**単子葉類では形成層がありません**。でも、維管束の中では外側に師部、内側に木部が存在するのは共通しています。

6 最後に**根**を見てみましょう。茎とは違い、**根では木部と師部が独立して交互に存在**しています。また、根端分裂組織のさらに先端には**根冠**という柔組織があり、根端分裂組織を保護しています。根冠の細胞にはデンプン粒をもつ細胞小器官（アミロプラスト）が含まれていて、これにより重力を感知し、根の重力屈性にも関与します（⇨p.562）。

第10講　植物の組織と器官

単子葉類の根もほぼ同様ですが，単子葉類では形成層はありません。

双子葉類の根の断面

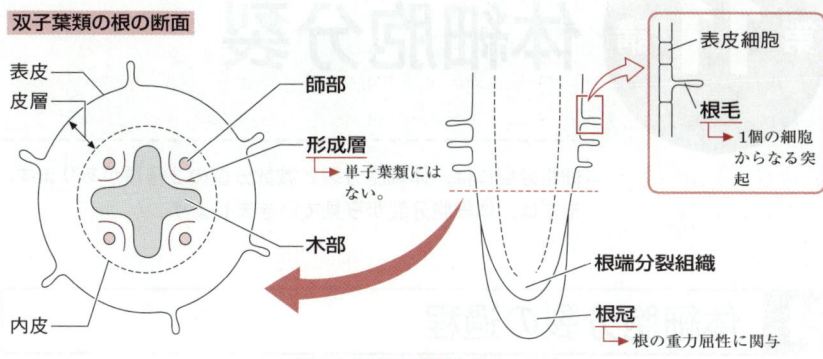

- 表皮
- 皮層
- 師部
- 形成層 → 単子葉類にはない。
- 木部
- 内皮
- 表皮細胞
- 根毛 → 1個の細胞からなる突起
- 根端分裂組織
- 根冠 → 根の重力屈性に関与

▲ 図10-7 双子葉類の根のつくり

+α パワーアップ　維管束の配列のしかたと中心柱

輪状の維管束をもつ中心柱を**真正中心柱**，散在した維管束をもつ中心柱を**不整中心柱**，木部と師部が別々に交互に並ぶ中心柱を**放射中心柱**という。被子植物の双子葉類と裸子植物の茎は真正中心柱，被子植物の単子葉類の茎は不整中心柱である。また，すべての根は放射中心柱をもつ。

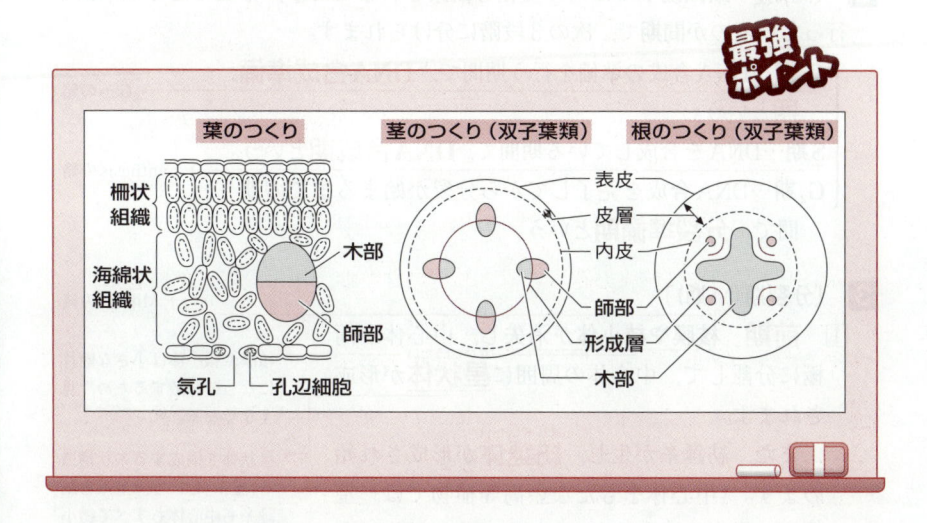

最強ポイント

葉のつくり
- 柵状組織
- 海綿状組織
- 木部
- 師部
- 気孔
- 孔辺細胞

茎のつくり（双子葉類）

根のつくり（双子葉類）
- 表皮
- 皮層
- 内皮
- 師部
- 形成層
- 木部

第11講 体細胞分裂

細胞分裂には，体細胞分裂と減数分裂の2種類があります。まずは，体細胞分裂から見ていきましょう。

1 体細胞分裂の過程

1 まず核分裂が起こり，続いて細胞質分裂が起こります。この核分裂が終了してから次の核分裂が開始するまでを**間期**といいます。核分裂が行われる時期を**分裂期（M期）**といい，さらに分裂期は，染色体の状態から，**前期，中期，後期，終期**の4段階に分けられます。

> 染色体や紡錘糸などの形成が見られる分裂を「有糸分裂」という。また，染色体や紡錘糸が形成されずに起こる分裂は「無糸分裂」（二分裂⇨p.184）という。

2 〔**間期**〕 顕微鏡下では何の変化も観察されませんが，分裂のための準備を行っているのが**間期**で，次の3段階に分けられます。

- **G_1期**…DNA合成の準備を行う期間で，**DNA合成準備期**という。　→ Gapの略
- **S期**…DNAを合成している期間で，**DNA合成期**という。　→ Synthesisの略
- **G_2期**…DNA合成を完了してから分裂が始まるまでの期間で，**分裂準備期**という。

3 〔**分裂期（M期）**〕　→ Mitosisの略

① **前期** **核膜や核小体が消失**し，中心体が両極に分離して，中心体の周囲に**星状体**が形成されます。

> 核膜や核小体は小さな断片になって分散するため，見えなくなる。

また，紡錘糸が生じ，**紡錘体**が形成され始めます。（中心体をもたない高等植物では，星状体は形成されません。ただし，高等植物でも紡錘糸は生じ，紡錘体は形成されます）

> 星状体を構成する糸状構造を「星糸」という。星糸も紡錘糸も中心体もすべて微小管が集合して生じたものである。

さらに，間期では観察されなかった**染色体が短く太く凝縮**します。現れてきた染色体はS期の間に合成（複製）された2本の染色体が動原体の部分で結合した状態になっています。

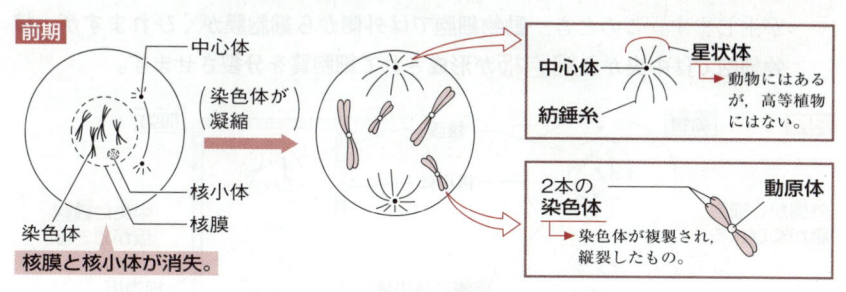

▲ 図11-1 体細胞分裂前期のようす

2 **中期** 紡錘糸が染色体の動原体に付着し，**紡錘体が完成**します。**染色体の動原体の部分が紡錘体の中央部に並びます**。

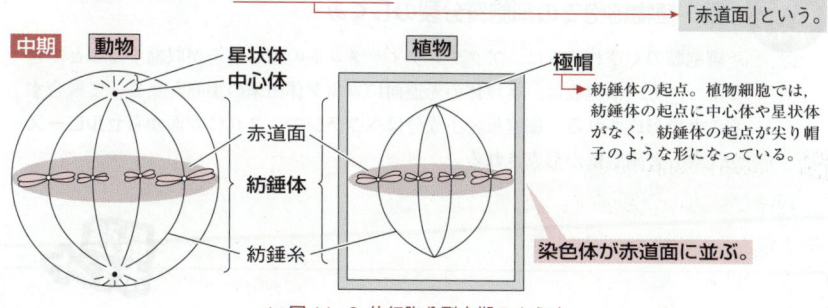

「赤道面」という。

▲ 図11-2 体細胞分裂中期のようす

3 **後期** 染色体が**縦裂面で分離**し，紡錘糸に引っ張られるように**両極に移動**します。このとき動原体は紡錘糸（微小管）の先端を分解して紡錘糸を短くし，染色体を極のほうへたぐり寄せる働きをします。

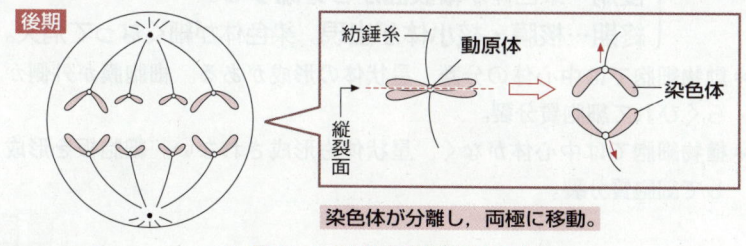

▲ 図11-3 体細胞分裂後期のようす

4 **終期** 染色体が両極に移動し終わると、染色体は再び細くなって見えなくなっていきます。そして、消失していた**核膜**や**核小体**が現れ、新しい核(**娘核**)ができあがります。さらに、細胞質も分裂し、新しい細胞(**娘細胞**)が生じます。このとき、動物細胞では外側から細胞膜がくびれますが、植物細胞では中央から**細胞板**が形成されて細胞質を分裂させます。

終期	動物		植物
	核膜		
	核小体		

外側から細胞膜がくびれる。

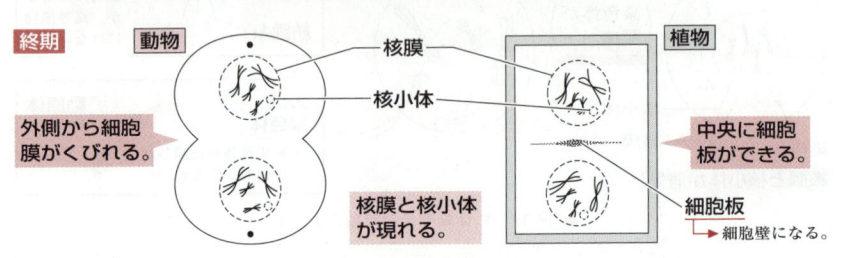

核膜と核小体が現れる。

中央に細胞板ができる。

細胞板 → 細胞壁になる。

▲ 図11-4 体細胞分裂終期のようす

+α パワーアップ 動・植物細胞での細胞質分裂のしくみ

細胞膜のくびれ込みは、アクチンフィラメントの環状構造が収縮することで起こる。一方、細胞板は、紡錘体の赤道面にゴルジ体由来の小胞が集まって融合することで形成される。細胞板の主成分は**ペクチン**で、これに両面から**セルロース**が沈着して細胞壁が形成される。

最強ポイント

間期…G_1期 → S期 → G_2期

分裂期
- 前期…核膜・核小体が消失。染色体が太く凝縮して出現し、縦裂する。
- 中期…染色体が紡錘体の赤道面に並ぶ。
- 後期…染色体が縦裂面から分離する。
- 終期…核膜・核小体が出現。染色体が細くなって消失。

＊動物細胞では中心体の分離、星状体の形成がある。細胞膜が外側からくびれて細胞質分裂。
＊植物細胞では中心体がなく、星状体も形成されない。細胞板を形成して細胞質分裂。

2 染色体

1 染色体は，**DNA**と**タンパク質**からなります。

「ヒストン」というタンパク質。

▲ 図11-5 染色体の構造

2 種によって，どのような形の染色体を何本もつかは決まっています。このような染色体の形，大きさ，数などの特徴を**核型**といいます。**核型は，分裂期の中期に観察します。**

3 同じ大きさで同じ形の対になった染色体を**相同染色体**といいます。図11-6は，ソラマメの根端分裂組織の細胞の分裂中期の細胞を極側から見た模式図です。この図では，同じアルファベットで印をつけた染色体どうし（たとえばAとa）が相同染色体です。

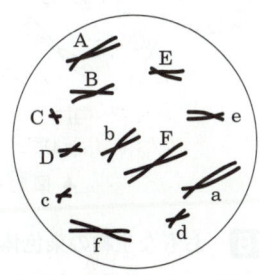

▲ 図11-6 ソラマメの根端分裂組織の細胞（分裂中期）

4 ソラマメでは，染色体の種類は6種類で，それぞれ2本ずつ相同染色体があります。つまり，6種類の染色体を2本ずつもつわけで，全部で $6 \times 2 = 12$ 本の染色体があります。

この染色体の種類を一般に「n」とおくことにします。すると，この場合は $n \times 2 = 2n$ となりますね。つまり，n 種類の染色体を2本ずつもてば **$2n$**，n 種類の染色体を3本ずつもてば **$3n$**，n 種類の染色体を1本ずつしかもたなければ **n** と表すことができます。このように記した染色体の数の状態を**核相**といいます。

また，核相が $2n$ のものは**複相**，核相が n のものは**単相**といいます。

5 体細胞分裂では，次のページの図11-7のように，母細胞の核相が $2n$ であれば，娘細胞の核相も $2n$ で変化しません。

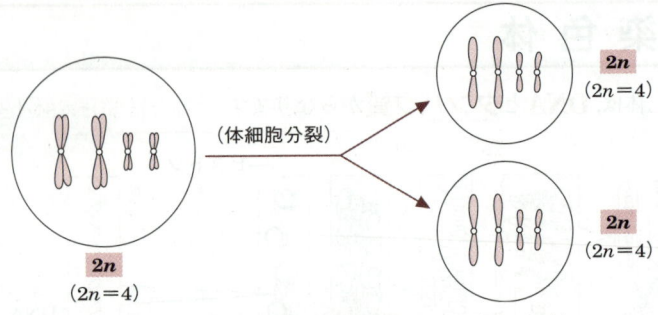

▲ 図11-7 体細胞分裂前後での核相のようす（2nの場合）

また，母細胞の核相が n であれば，娘細胞の核相も n となります。

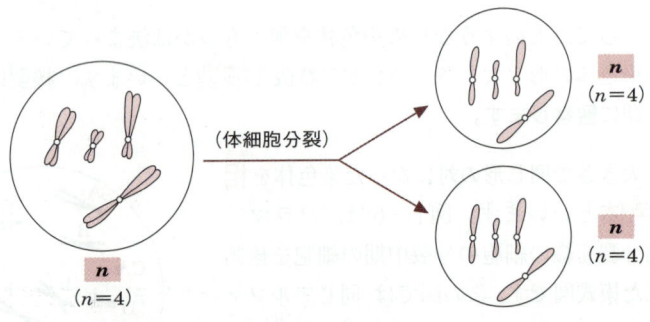

▲ 図11-8 体細胞分裂前後での核相のようす（n の場合）

6 おもな生物の染色体数は，次の通りです。

ウマノカイチュウ…$2n=2$　　キイロショウジョウバエ…$2n=8$
ヒト…$2n=46$　　　　　　　ソラマメ…$2n=12$
エンドウ…$2n=14$　　　　　タマネギ…$2n=16$

最強ポイント

① **相同染色体**…同形同大の対になった染色体。
② **核型**…その生物の染色体の形，大きさ，数などの特徴。
③ **核相**…染色体数の状態 ⇨ n，$2n$，$3n$ などと表す。
　＊体細胞分裂では，母細胞の核相と娘細胞の核相は同じ。

第11講 体細胞分裂

3 ゲノム

1 もともと**ゲノム**とは，その**個体の形成や生命活動を営むのに必要な最小限度の染色体**のことを意味していました。

2 相同染色体にはそれぞれ特定の位置に対応する対立遺伝子(⇨p.274)があります。したがって相同染色体それぞれの組から1本ずつ集めたものが，個体の形成や生命活動を営むのに必要な最小限度の染色体ということになります。つまり，n本の染色体がゲノムにあたります。

> ヒトの場合，染色体数は$2n=46$なので，23本の染色体がゲノムに相当する。

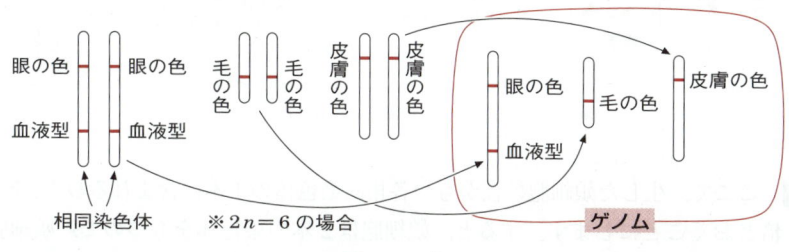

▲ 図11-9 ゲノム

3 しかし近年では，このn本（単相）の染色体に含まれる全遺伝情報をゲノムと呼ぶようになってきました。いずれにしても，$2n$本の染色体をもつ生物はゲノムを2セットもつわけです。

> 核酸の塩基配列(⇨p.324)。

4 ゲノムに含まれる遺伝情報がすべて遺伝子として働くわけではありません。たとえばヒトでは1ゲノムに約30億塩基の塩基配列がありますが，実際に遺伝子として働いているのはその約1.4〜1.5％と考えられています。

> DNAの塩基配列のうちタンパク質合成の際にアミノ酸配列を決める暗号として転写(⇨p.342)される領域。

> **最強ポイント**
>
> ゲノム…個体の形成や生命活動を営むのに必要なDNAの遺伝情報の1セット（n本の染色体に含まれる分に相当）。

4 体細胞分裂に伴うDNA量の変化

1 体細胞分裂における染色体の動きだけを、もう一度再現してみましょう。（仮に $2n=2$ の細胞とします）

まず、間期では染色体は細くて観察されませんが、もし観察されたとすると、次のようになっています。G_1期で1本だった染色体がS期で複製され、G_2期では2本の染色体になっています。

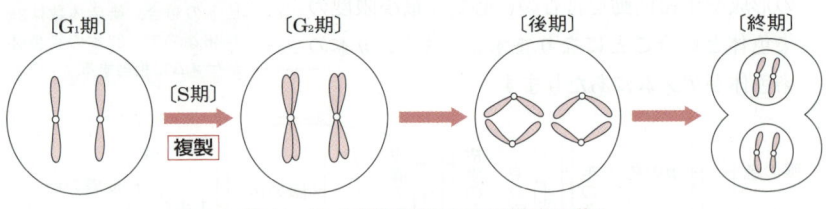

▲ 図11-10 体細胞分裂における染色体の動き

2 ここで、生じた娘細胞の核がもつ各相同染色体の1本に含まれるDNAを1倍とおくことにします。すると、娘細胞は2本の染色体をもつので、娘細胞の核のDNA量は2倍ですね。

核1個あたりの各時期のDNA量は、次のように表すことができます。

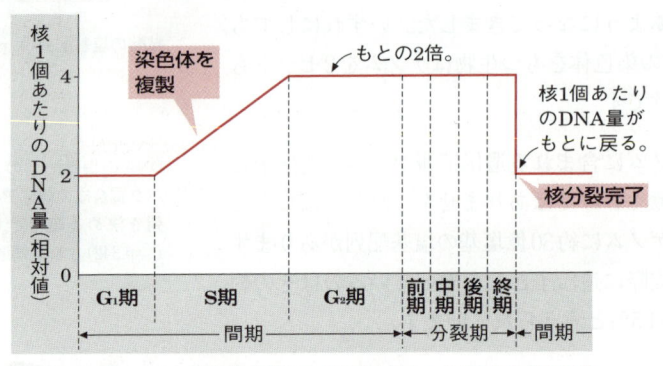

▲ 図11-11 体細胞分裂における核1個あたりのDNA量の変化

3 もしこれを核ではなく細胞1個あたりのDNA量のグラフにするとどうなるでしょう。終期の終わりで核分裂が完了し、その少し後で細胞質分裂が完了して新しい細胞が生じます。したがって、細胞1個あたりのDNA量のグラフは次のようになります（DNA量がもとに戻る時期に注目）。

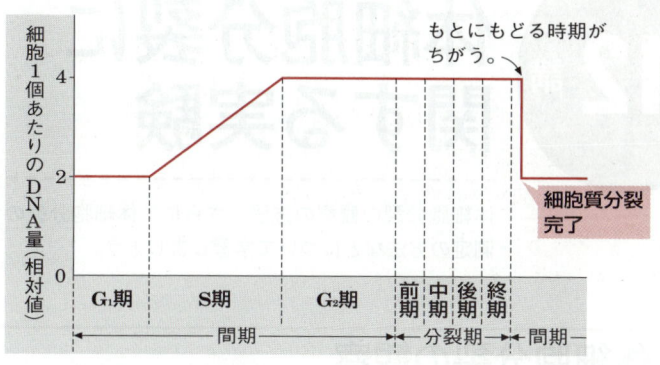

第11講 体細胞分裂

▲ 図11-12 体細胞分裂における細胞1個あたりのDNA量の変化

+α パワーアップ 新しい核や細胞ができる時期

図11-11, 12では，終期の終わりで新しい核が生じたと考え，終期が終わってしばらくしてから細胞質の分裂が完了して新しい細胞が生じたと考えている。しかし，どこで新しい核が生じたか，どこで新しい細胞が生じたかについてはいろいろな考え方がある。新しい核が生じる時期を後期の終わりとする考え方や終期の途中とする考え方もある。また，終期の終わりで新しい細胞が生じたとみなす場合もある。それによって，グラフもさまざまに変わる。

【体細胞分裂に伴うDNA量の変化のグラフ】 最強ポイント

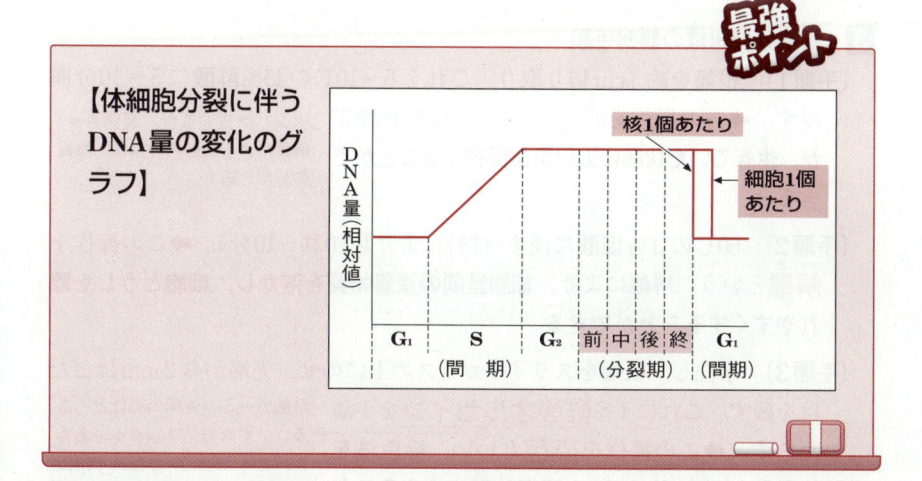

第12講 体細胞分裂に関する実験

体細胞分裂の観察の方法、さらに、体細胞分裂の各時期の測定の方法などについて学習しましょう。

1 体細胞分裂の観察

1 体細胞分裂は、文字通り体細胞を形成するときに行われる分裂で、高等植物では**根端分裂組織、茎頂分裂組織、形成層**などの分裂組織で、動物では**皮膚や骨髄**などで盛んに行われています。

> 骨髄では、赤血球や白血球などの血球が生成される。

2 体細胞分裂の観察によく用いられるのは、**タマネギ**などの**根端分裂組織**や**ムラサキツユクサの若いおしべの毛**などです。

> 茎頂分裂組織や形成層は植物体から取り出すのが容易ではないので、実験では使いにくい。

3 根端分裂組織の観察手順

〔手順1〕 根端を約1cm切り取り、これを5〜10℃の45%**酢酸**に5〜10分間浸す。➡この操作を**固定**(こてい)といい、細胞を殺すが、生きていた状態に近いまま保存することができる。

> タンパク質を変性・凝固させ、酵素による細胞内の構造・物質の分解を防ぐ。

〔手順2〕 60℃の3%**塩酸**に浸す(材料により数10秒〜10分)。➡この操作を**解離**(かいり)という。解離により、細胞壁間の接着物質を溶かし、細胞どうしを離れやすくすることができる。

〔手順3〕 水洗し、根端をスライドガラスの上にのせ、先端から2mmほどだけを残す。これに1%**酢酸オルセイン**を1滴たらす。➡この操作を**染色**といい、染色体を染色し(赤色に染まる)、観察しやすくすることができる。

> 酢酸カーミンを用いることもある。いずれも、オルセインあるいはカーミンという色素を酢酸に溶かしたもの。色素そのものは塩基性(核酸と結びつきやすい)なので、塩基性色素という。

〔手順4〕 カバーガラスをかけ，それをろ紙ではさんで，上から**親指で軽く押しつぶす**。➡これにより，**細胞どうしの重なりをなくすことができる**（細胞が重なっていると観察しにくい）。

4 酢酸オルセイン（酢酸カーミン）は，染色と同時に固定の働きもありますが，実験を丁寧に確実に行う場合は，前述のように行います。

5 このように，細胞どうしを離して最後に押しつぶして広げ，細胞どうしの重なりをなくす方法を**押しつぶし法**といいます。

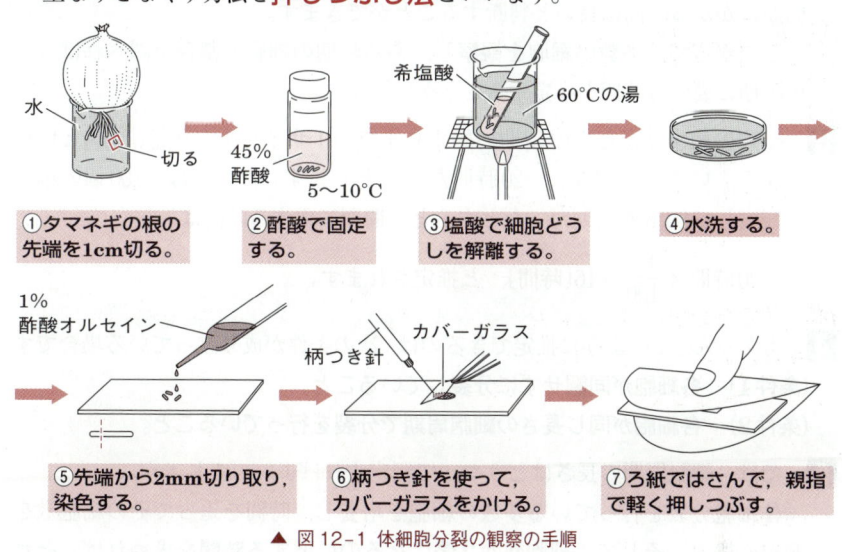

①タマネギの根の先端を1cm切る。
②酢酸で固定する。（45％酢酸、5～10℃）
③塩酸で細胞どうしを解離する。（希塩酸、60℃の湯）
④水洗する。
⑤先端から2mm切り取り，染色する。（1％酢酸オルセイン）
⑥柄つき針を使って，カバーガラスをかける。
⑦ろ紙ではさんで，親指で軽く押しつぶす。

▲ 図12-1 体細胞分裂の観察の手順

6 押しつぶし法を用いるのは，もともと細胞が何重にも重なっている組織を用いるからです。でも，ムラサキツユクサのおしべの毛は細胞が1列に並んで1本の毛を構成しているので，このような押しつぶし法を用いなくても簡単に観察することができます。（固定や染色は行います；図12-1の①〜⑥）

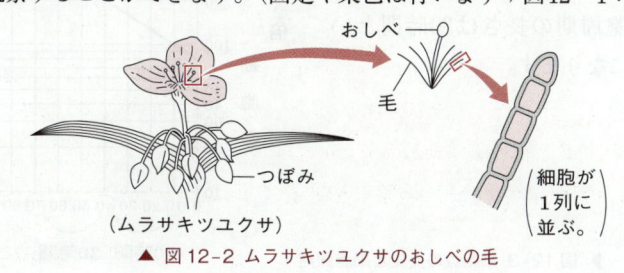

おしべ／毛／つぼみ／（ムラサキツユクサ）／細胞が1列に並ぶ。

▲ 図12-2 ムラサキツユクサのおしべの毛

2 体細胞分裂の各時期の測定

1 一般に，体細胞分裂は，各細胞が同調せずに行われます。したがって，ある瞬間で多数の細胞を観察すると，いろいろな時期の細胞がランダムに観察されます。

> 卵割の場合は，同調して分裂する。

2 このとき，たとえば間期が終了するのに長い時間を必要としたとすると，間期の細胞が多数観察されるはずです。逆に，間期の細胞が多数観察されれば，間期にかかる時間は長いと判断することができます。

したがって，多数の細胞を観察し，ある時期の細胞の割合を調べれば，その時期に要する時間を推定することができます。

3 G_1期の始まりから次のG_1期の始まりまでの1サイクルを**細胞周期**といいますが，いまこれが仮に，20時間だったとします。たとえば，100個の細胞を観察して80個が間期だったとすると，間期に要する時間は，

$$20時間 \times \frac{80}{100} = 16 〔時間〕$$　と推定されます。

4 もちろん，このように推定できるのは，次の条件が成り立っている場合です。
（条件1）　各細胞が同調せずに分裂していること。
（条件2）　各細胞が同じ長さの細胞周期で分裂を行っていること。

5 では，細胞周期の長さはどうやって測定すればよいのでしょう。

体細胞分裂を行っている多数の細胞を培養し，時間を追ってその細胞数を測定します。そして，**細胞数が2倍になるのに要する時間**を求めれば，それが細胞周期の長さです。

6 たとえば，右のグラフのような増殖を行う細胞の場合，細胞数が2倍になるのに30時間かかっているので，細胞周期の長さは30時間ということになります。

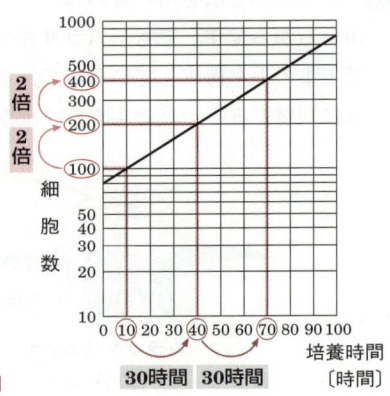

▶ 図12-3 細胞数の変化と細胞周期

第12講 体細胞分裂に関する実験

> **最強ポイント**
> ① 各時期に要する時間は，**その時期の細胞数の割合に比例**する。
>   ある時期に要する時間＝細胞周期の長さ×その時期の細胞数の割合
> ② 細胞数が **2 倍**になるのに要する時間が細胞周期の長さ。

3 DNA量と細胞数のグラフ

1 ある細胞集団で，G_1期の細胞が100個，S期の細胞が50個，G_2期の細胞が40個，分裂期の細胞が10個あったとします。体細胞分裂における各時期のDNA量（核1個あたり）は，次のグラフで表すことができます。

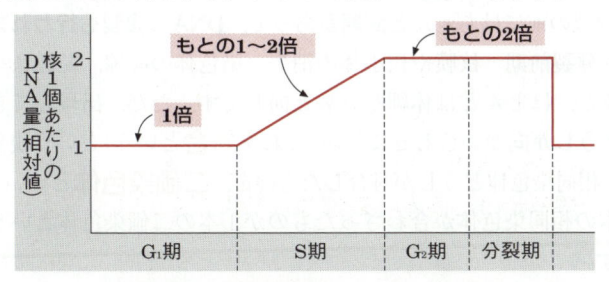

▲ 図12-4 体細胞分裂におけるDNA量の変化

2 したがって，核1個あたりのDNA量が1倍の細胞（G_1期の細胞）は100個，DNA量が2倍の細胞（G_2期と分裂期の細胞）は40＋10＝50個，S期の細胞はDNA量が1.25倍のもの，1.5倍のもの，1.75倍のものなどさまざまですね。それをグラフにすると，次のようになります。

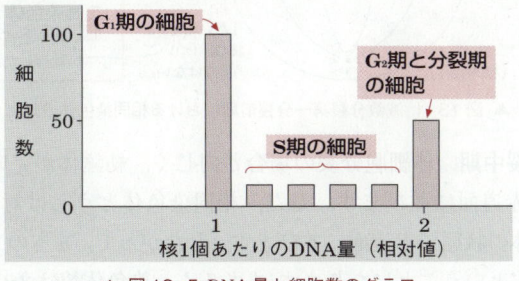

▲ 図12-5 DNA量と細胞数のグラフ

第13講 減数分裂

細胞分裂のもう1種類の様式が減数分裂です。体細胞分裂との違いを学習しましょう。

1 減数分裂の過程とDNA量の変化

1 減数分裂は連続する2回の分裂からなります。まずは，第一分裂について見てみましょう。

2 第一分裂の前にはちゃんと**間期**があって，**DNAの複製**も行われます。

① **第一分裂前期** 核膜や核小体の消失，染色体の凝縮，紡錘糸や星状体の形成など，ほとんどは体細胞分裂と同じです。ただ，出現してきた**相同染色体どうしが向かい合わせに並ぶ**(これを**対合**(たいごう)という)という現象が起こります。相同染色体どうしが対合したものを，**二価染色体**(にか)といいます。

4本の相同染色体が合わさったものが1本の二価染色体ということになります。

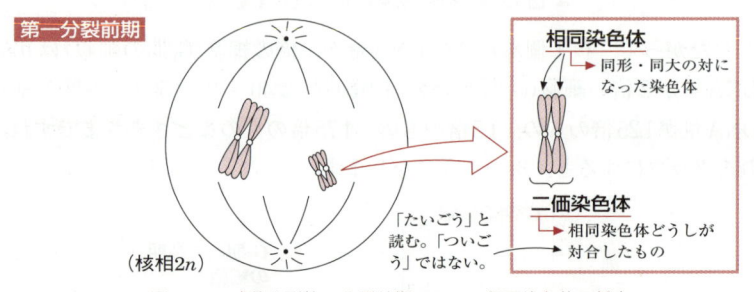

▲ 図13-1 減数分裂第一分裂前期における相同染色体の対合

② **第一分裂中期** 体細胞分裂の場合と同じく，紡錘体が完成し，染色体が紡錘体の赤道面に並びます。ただ，相同染色体どうしは対合したままで，二価染色体の状態で赤道面に並びます。したがって，n本の二価染色体が赤道面に並ぶということになります(もちろん，染色体数は$2n$本ですよ)。

3 **第一分裂後期** 体細胞分裂では染色体が縦裂面から分離しましたが，**減数分裂第一分裂では対合していた相同染色体どうしが離れ離れになって両極に移動します**。これを「対合面から分離する」と表現します。

4 **第一分裂終期** 核膜・核小体が出現したり，染色体が細くなるなど，体細胞分裂の場合と同じです。さらに細胞質分裂が起こり，新しい娘細胞が生じます。この時点で，**核相は n になっています**。

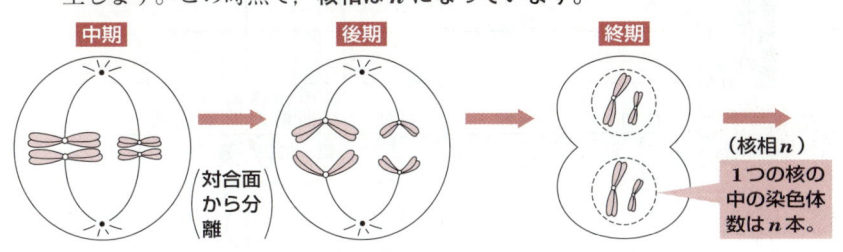

▲ 図13-2 減数分裂第一分裂中期～終期のようす

3 体細胞分裂では分裂期が終わると，次の分裂が始まる前に必ずDNAが複製されますが，**減数分裂の第二分裂の前には DNAが複製されません**。

1 **第二分裂前期** DNA複製がないまま第二分裂が始まります。現象は，核膜・核小体の消失，染色体の凝縮など，体細胞分裂の場合とまったく同じです。ただし，現れてきた染色体は n 本しかありませんね。

2 **第二分裂中期** 紡錘体が完成し，染色体が紡錘体の赤道面に並びます。これも体細胞分裂と同じです。

3 **第二分裂後期** 染色体が縦裂面から分離して両極に移動します。これも体細胞分裂の場合と同じです。同じ減数分裂でも，**第一分裂の後期では対合面から分離，第二分裂の後期では縦裂面から分離**することになります。

4 **第二分裂終期** ここでも体細胞分裂と同様，核膜・核小体が出現し，染色体が細くなります。さらに，細胞質分裂が行われ，娘細胞が生じます。**生じた娘細胞の核相は n です**。

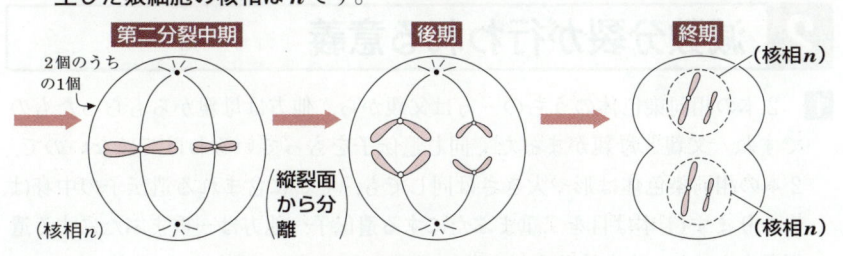

▲ 図13-3 減数分裂第二分裂中期～終期のようす

4 体細胞分裂の場合と同様に，まず，核1個あたりのDNA量の変化について見てみましょう。分裂前の細胞の核に含まれるDNA量を1とおくことにします。（終期の終わりで娘核が生じると考えます）

核1個あたりだと，もとの量の半分になる。

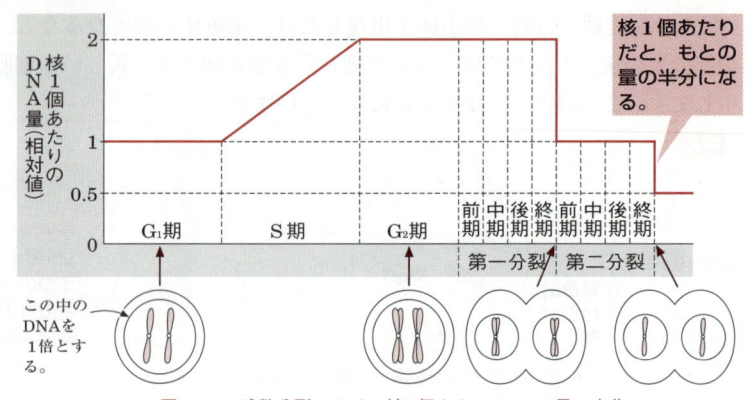

▲ 図13-4 減数分裂における核1個あたりのDNA量の変化

【減数分裂の特徴】
① **2回の分裂が連続して起こる。**
　（第二分裂の前に**DNA複製が行われない**）
② 相同染色体どうしが対合して**二価染色体**を形成する。
　（対合するのは第一分裂前期。第一分裂後期には対合面から分離）
③ 染色体数が**半減**する。
　（第一分裂で$2n \rightarrow n$になる。第二分裂では$n \rightarrow n$）

2 減数分裂が行われる意義

1 2本の相同染色体のうちの一方は父親から，他方は母親からもらったものですね。父親と母親がまったく同じ遺伝子をもっているわけではないので，2本の相同染色体は形や大きさは同じでも，そこに含まれる遺伝子の中身は異なります（1本は目を二重まぶたにする遺伝子，他方は一重まぶたにする遺伝子をもっていたりするわけです）。

第13講 減数分裂

2 それに対し，**動原体で結合している染色体に含まれる2本の染色体どうしは同じ遺伝子をもつ**はずです。なぜなら，もともと1本だった染色体がコピーされて2本の染色体になったからです。

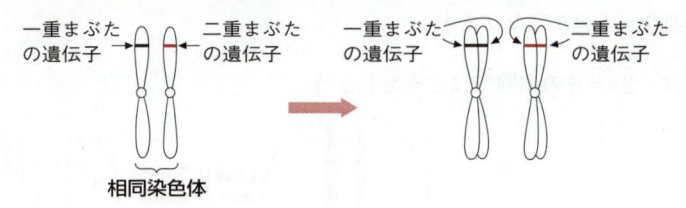

▲ 図13-5 染色体の遺伝子

3 $2n=2$ の細胞が減数分裂を行ったとき，生じた娘細胞がもつ染色体の組み合わせが何通りあるかを考えてみましょう。

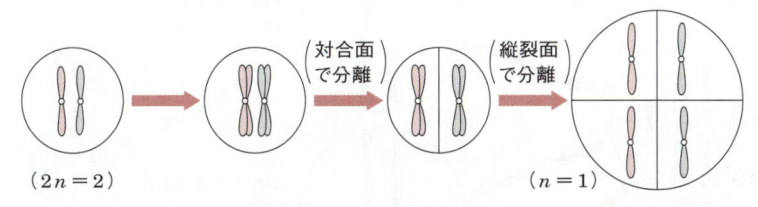

▲ 図13-6 $2n=2$ の細胞の減数分裂

このように，$2n=2$ の細胞から生じた娘細胞の染色体は ⌇ をもつか，⌇ をもつかの2通りです。

4 では，$2n=4$ の細胞ではどうでしょう。

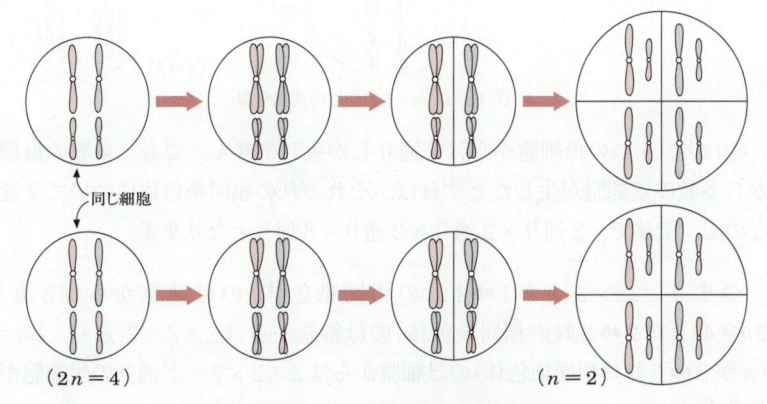

▲ 図13-7 $2n=4$ の細胞の減数分裂

1つの母細胞からは ⚏ ⚏ か ⚏ ⚏ か，あるいは ⚏ ⚏ か ⚏ ⚏ かの2通りです。

でも，母細胞が多数あり，娘細胞も多数生じたとすると，全体では2通り×2通り＝4通りになります。

5 では，$2n=6$ の細胞ではどうでしょう。

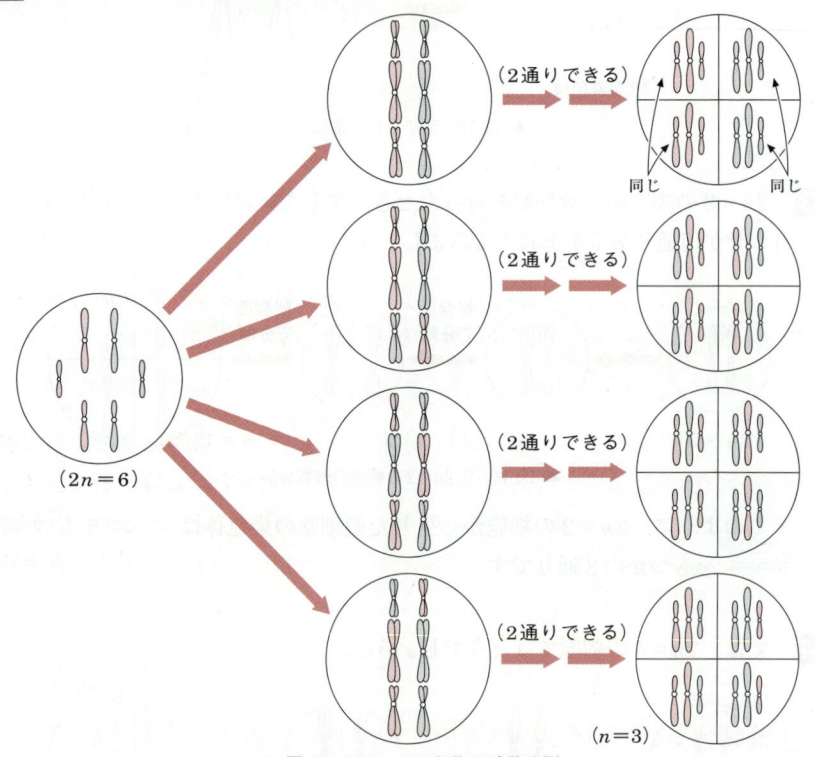

▲ 図13-8 $2n=6$ の細胞の減数分裂

やはり，1つの母細胞からは2通りしか生じません。でも，多数の母細胞から多数の娘細胞が生じたとすれば，それぞれの相同染色体について2通りなので，全体で，2通り×2通り×2通り＝8通りとなります。

6 つまり，$2n=2$（n が1 ➡ 1対の相同染色体）の母細胞からは2通り，$2n=4$（n が2 ➡ 2対の相同染色体）の母細胞からは $2\times2=2^2$ 通り，$2n=6$（n が3 ➡ 3対の相同染色体）の母細胞からは $2\times2\times2=2^3$ 通りの娘細胞が生じます。

では，$2n=8$ の母細胞からは？

……そうです。2^4 通りの娘細胞が生じます。一般に，**$2n$ の染色体をもつ母細胞からは 2^n 通りの娘細胞が生じます**。

7 実際には，相同染色体どうしが対合したときに染色体がねじれて，一部が入れかわる現象が起こります(これを**乗換え**といいます)。これによって，生じる娘細胞の種類はもっと多くなります。

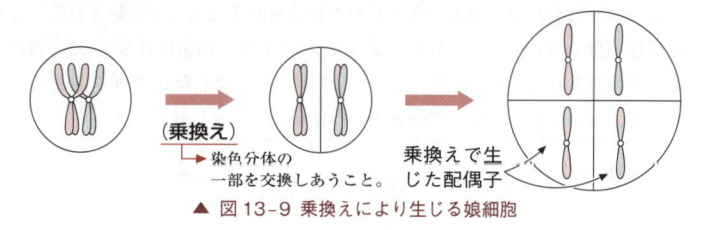

(乗換え)
→染色分体の一部を交換しあうこと。
乗換えで生じた配偶子

▲ 図13-9 乗換えにより生じる娘細胞

このように，減数分裂が行われると，**生じる娘細胞のもつ染色体の組み合わせ，ひいては遺伝子の組み合わせが多様化します**(多様性が増すという)。これが減数分裂が行われる大きな意義です。

8 もうひとつは，やはり**染色体数を半減する**ことです。減数分裂で生じた娘細胞(動物であれば，減数分裂の結果生じる精子や卵)どうしはやがて合体します。合体すると，染色体数が倍になってしまうので，あらかじめ染色体数を半減しておく必要があるのです。それにより，**生じる子供の染色体数を親と同じ染色体数に保つ**ことができます。

最強ポイント

【減数分裂の意義】
① 相同染色体の分離および乗換えにより，娘細胞の**遺伝子の組み合わせの多様性が増す**。(乗換えがなくても 2^n 通りが生じる)
② 合体によって倍加する染色体数をあらかじめ半減することで，**染色体数を一定に保つ**ことができる。

+α パワーアップ 染色体を接着するタンパク質 ── コヒーシンとシュゴシン

　体細胞分裂では前期で縦裂した染色体が現れ，中期で赤道面に並び，後期になると縦裂面から分離する。この後期になるまでは，縦裂面から分離しないようにする必要がある。これに関係するタンパク質が**コヒーシン**と**シュゴシン**である。コヒーシンは，複製によって生じた2本の染色体(DNA)どうしを結合させるリング状のタンパク質複合体である。やがて前期になると染色体の動原体以外にあるコヒーシンは**セパラーゼ**というタンパク質分解酵素によって分解される。しかし動原体部分のコヒーシンの分解はシュゴシン(名前の由来は日本語の「守護神」)によって阻害されている。後期になるとシュゴシンがなくなり，動原体部分のコヒーシンも分解されて，染色体は縦裂面から分離して両極に移動できるようになる。

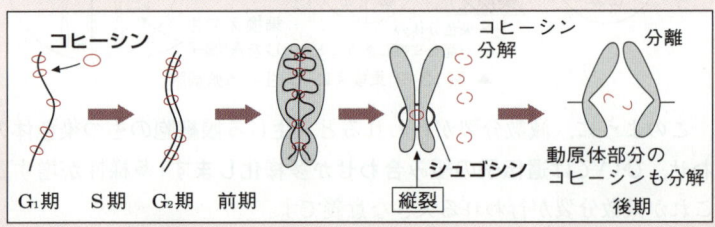

▲ 図13-10 体細胞分裂におけるコヒーシンとシュゴシン

　減数分裂の場合，第一分裂では後期になってもシュゴシンが残っているため縦裂面からは分離せず対合面でのみ分離し，第二分裂後期になるとシュゴシンがなくなり縦裂面から分離するようになる。

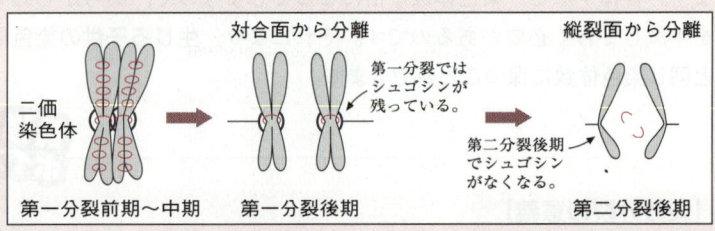

▲ 図13-11 減数分裂におけるコヒーシンとシュゴシン

　相同染色体どうしを対合させるのはコヒーシンやシュゴシンとは異なるしくみによる。これにはタンパク質をコードしないRNAが関与している。また相同染色体間での乗換えが起こることも，前期で対合した状態を後期になるまで保つために重要となる。

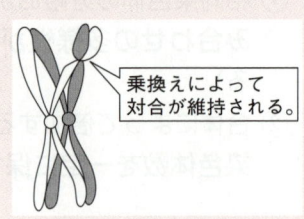

▲ 図13-12 乗換え

第2章

代謝

第14講 代 謝

生物は，細胞内で物質を分解したり合成したりしています。このような変化を「代謝」といいます。

1 代謝とエネルギーの出入り

1 代謝は，物質を分解する反応と物質を合成する反応とに大きく分けることができます。**分解する反応を異化**，**合成する反応を同化**といいます。

2 **異化**は，複雑な有機物を低分子の有機物や無機物に分解する反応で，一般にエネルギーを放出する反応を伴います。これを**発エネルギー反応**といいます。

逆に，**同化**は，低分子物質から複雑な有機物を合成する反応で，一般にエネルギーを吸収する反応を伴います。これを**吸エネルギー反応**といいます。

このようなエネルギーの変化や出入りを**エネルギー代謝**といいます。

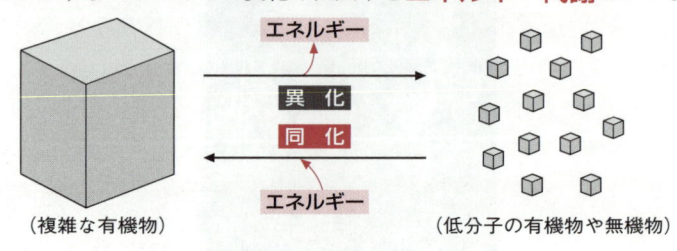

▲ 図14-1 代謝とエネルギー代謝

3 生体内のエネルギー代謝では，エネルギーの仲立ちをする物質として**ATP（アデノシン三リン酸）**が使われます。ATPは，**アデニンとリボース**が結合して生じた**アデノシン**に，**リン酸が3分子結合**した構造をしています。一方，アデノシンにリン酸が2分子結合したものを**アデノシン二リン酸（ADP）**，アデノシンにリン酸が1分子だけ結合したものを**アデノシン一リン酸（AMP）**といいます。

→「アデニル酸」ともいう。

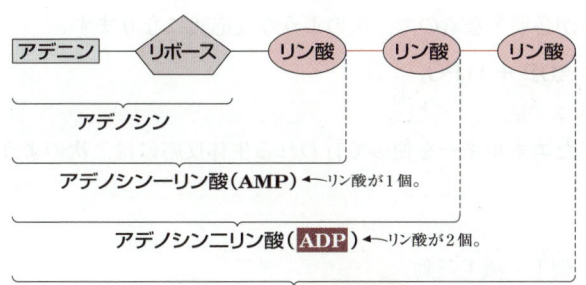

第14講 代謝

▲ 図14-2 ATPの構造

図中：
- アデニン — リボース — リン酸 — リン酸 — リン酸
- アデノシン
- アデノシン一リン酸（AMP）←リン酸が1個。
- アデノシン二リン酸（ADP）←リン酸が2個。
- アデノシン三リン酸（ATP）←リン酸が3個。

アデノシン3リン酸と書かないように！
Tはトリ（3）の意味。
Dはジ（2）
Mはモノ（1）

4 ATPのリン酸どうしの結合は，通常よりもたくさんエネルギーが蓄えられてある結合で，**高エネルギーリン酸結合**といいます。したがって，ATPがADPとリン酸に分解されると，多量のエネルギーが放出され，そのエネルギーがいろいろな生命活動に利用されます。

逆に，エネルギーを使って，ADPとリン酸を結合させてATPを合成します。

5 エネルギーは目に見えないのでイメージしにくいですが，ちょうど下の図のような感じで理解しておけばいいでしょう。つまり，ADPとリン酸とを結合させるのには労力（エネルギー）を使います。その結果生じたATPには，エネルギーが蓄えられたことになります。逆に，ATPを分解すると，蓄えてあったエネルギーが放出され，それによって何かの仕事ができるのです。

エネルギーが蓄えられている

結合が切れるとエネルギーが放出される

6 ATPの分解には水が必要となるので，次のような反応式になります。

$$ATP + H_2O \rightleftarrows ADP + H_3PO_4$$

7 ATPの分解で生じたエネルギーを使って行われる生体反応には，次のような反応があります。
1. 物質の合成
2. 運動(筋肉運動，鞭毛・繊毛運動)
3. 能動輸送
4. 発光(ホタル)
5. 発電(デンキウナギ)

8 このような，生物が利用するエネルギーは，もともとは太陽の光エネルギーです。この光エネルギーを有機物がもつ化学エネルギーに変換するのが，緑色植物が行う光合成ですね。でも，光合成でも，光エネルギーを使って，まずATPが合成されるのです。

9 このように，ATPはいろいろな反応に伴うエネルギーの仲介役としての役割があり，人間の社会にたとえるとお金のようなものなので，ATPは**エネルギー通貨**だ，といわれます。

10 以上をまとめて図示すると，次のようになります。

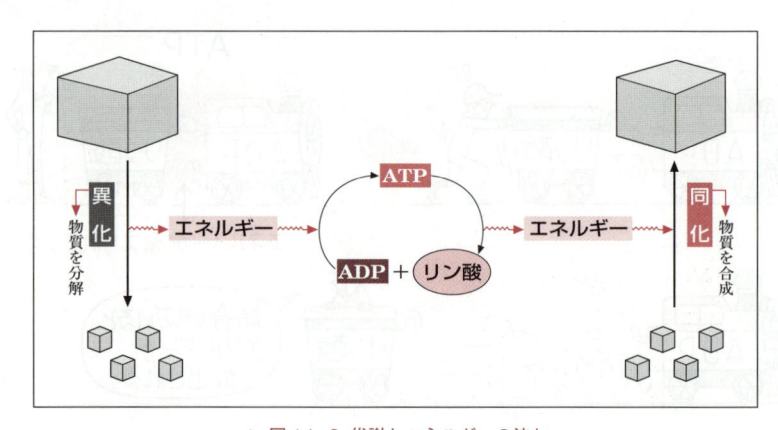

▲ 図14-3 代謝とエネルギーの流れ

ATPの構造と高エネルギーリン酸結合

ATPの構造式は，次のようになっている。

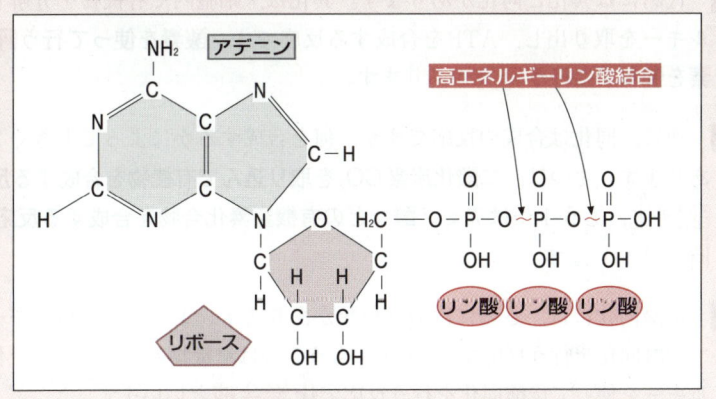

▲ 図14-4 ATP（アデノシン三リン酸）の構造

厳密には，隣り合ったリン酸基のPとOの間の結合が**高エネルギー結合**になっている。ふつうのリン酸結合では12.5kJ（キロジュール）程度のエネルギーしか蓄えられていないが，**高エネルギーリン酸結合**では29〜63kJものエネルギーが蓄えられている。

ふつうは，ATPから1分子のリン酸がとれて**ADP**となるが，もう1分子リン酸がとれて**AMP**になる場合もある。また，塩基の部分がアデニン以外の塩基である場合もあり，たとえば，塩基がグアニンであればグアノシン三リン酸（GTP）で，実際にはこのような物質を使って行われる反応もある。

また，AMPのリン酸基とリボースが環状になったものを**環状AMP（cAMP）**という。ホルモンが受容体に結合したとき，細胞への情報伝達として働き，リン酸化酵素などの活性化を促す。

最強ポイント

① **同化**＝合成の反応＝吸エネルギー反応
② **異化**＝分解の反応＝発エネルギー反応
③ **ATP**＝アデノシン三リン酸
④ **ATP**分解（合成）の反応式

$$ATP + H_2O \rightleftharpoons ADP + H_3PO_4$$

2 代謝の種類

1 代謝には異化と同化があります。異化は，細胞内で有機物を分解してエネルギーを取り出し，ATPを合成する反応です。酸素を使って行う呼吸や酸素を使わずに行う発酵があります。

2 逆に，同化は合成の反応ですが，何を合成するかによって大きく2種類があります。1つは，二酸化炭素CO_2を取り込んで有機物を合成する反応で炭酸同化，もう1つはアミノ酸などの有機窒素化合物を合成する反応で窒素同化といいます。

3 炭酸同化には，さらに次の2種類があります。1つは光エネルギーを使って炭酸同化を行う反応で光合成，もう1つは無機物の酸化で生じた化学エネルギーを使って炭酸同化を行う反応で化学合成といいます。

光合成にも，ふつうの植物の行う光合成と細菌が行う光合成の2種類があります。

種々の反応のしくみは，これから順に学習しましょう！

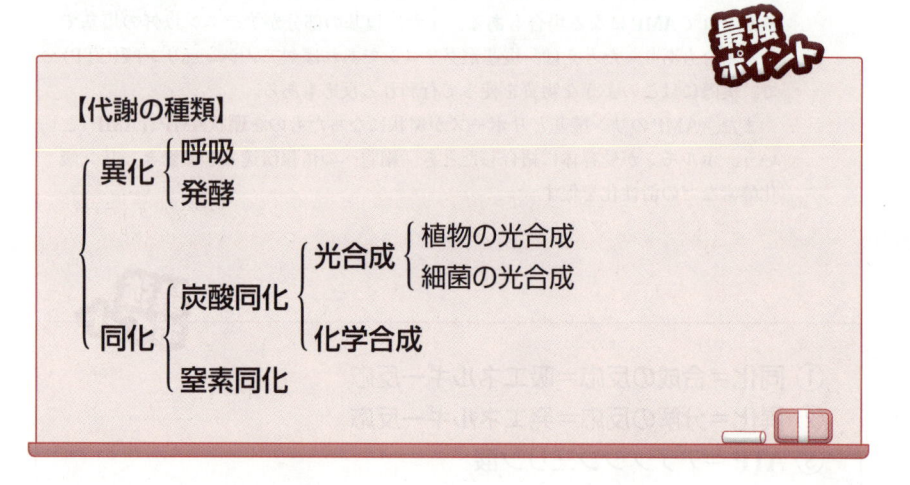

最強ポイント

【代謝の種類】

- 異化
  - 呼吸
  - 発酵
- 同化
  - 炭酸同化
    - 光合成
      - 植物の光合成
      - 細菌の光合成
    - 化学合成
  - 窒素同化

第15講 酵素の特性

第14講で挙げたいろいろな代謝の反応には，すべて酵素が関与します。酵素の特徴について見ていきます。

1 酵素とは？

1 たとえば，デンプンを試験管の中で分解しようと思ったら，塩酸を加え，さらに煮沸し，何時間も時間をかけなければ分解してくれません。

2 このように，通常の化学反応では，煮沸するなどしてエネルギーを与え，反応しやすい状態にしてやらないと，反応は開始されないのです。このとき必要なエネルギーを**活性化エネルギー**といいます。

3 そのようなデンプンの分解も，体内では，37℃前後の常温で，しかも何時間もかけずに行われます。それは**酵素**が働いているからです。酵素が関与する場合でも活性化エネルギーは必要ですが，**その必要な活性化エネルギーを低下させてくれるのが酵素なのです。**

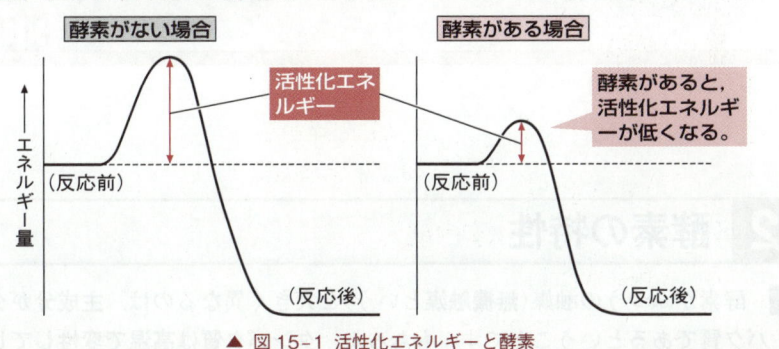

▲ 図15-1 活性化エネルギーと酵素

4 このように，活性化エネルギーを低下させ，反応を促進する物質を**触媒**といいます。先ほどのデンプンを分解させるときに加えた塩酸も触媒の働きをします。

触媒には，反応を促進する働きがありますが，**自分自身は変化しません。**

酵素も，反応を促進しますが，**酵素自身は変化しないので，消費されたりはしません**。酵素は生体でつくられて触媒として働く物質なので，**生体触媒**といいます。

5　**過酸化水素**は，そのままではほとんど反応が起こりませんが，**酸化マンガン(Ⅳ)(二酸化マンガン)**を加えると，急激に**水と酸素に分解されます**。これは，酸化マンガン(Ⅳ)が触媒として働いたからです。この酸化マンガン(Ⅳ)と同様に，過酸化水素を水と酸素に分解する反応を促進するのが**カタラーゼ**という酵素です。どちらの場合も，過酸化水素は水と酸素に変化しますが，酸化マンガン(Ⅳ)やカタラーゼは変化しません。

$$\text{過酸化水素} \longrightarrow \text{水} + \text{酸素}$$
$$\uparrow \text{酸化マンガン(Ⅳ)}$$

$$\text{過酸化水素} \longrightarrow \text{水} + \text{酸素}$$
$$\uparrow \text{カタラーゼ}$$

最強ポイント

① **触媒**とは，**自らは変化せず，反応を促進する物質**。
② 酵素は**生体触媒**。
③ 酵素は**活性化エネルギーを低下させる**ことで反応を促進する。

2　酵素の特性

1　酵素がふつうの触媒(**無機触媒**という)と大きく異なるのは，**主成分がタンパク質**であるということです。もちろん，**タンパク質は高温で変性してしまう**ので酵素も高温では働きを失ってしまいます。そのため，酵素には最もよく働くときの温度，すなわち**最適温度**が存在します。それに対し，無機触媒による反応では，温度が高くなればなるほど反応速度は上昇します。それをグラフにすると，次のようになります。

一般に，酵素の最適温度は35～40℃付近で，60℃を超えると酵素の主成分であるタンパク質が変性し，酵素は働きを失います（**失活**という）。

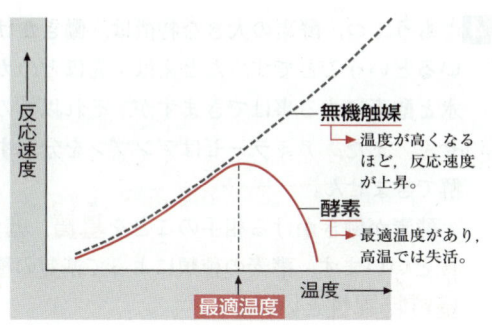

▶ 図15-2 触媒の反応速度と温度の関係

無機触媒
→ 温度が高くなるほど，反応速度が上昇。

酵素
→ 最適温度があり，高温では失活。

最適温度

+α パワーアップ 酵素の最適温度と生物種

ふつうの酵素の最適温度は35～40℃だが，たとえば温泉などの高温のもとで生活している耐熱性の細菌などには，90℃くらいでも変性せず，最適温度が70℃以上といった酵素も存在する。

また，酵素ではないが，1990年代をピークに世界中で問題になったBSE（牛海綿状脳症。狂牛病とも呼ばれた）の原因といわれる**プリオン**というタンパク質は，非常に熱に安定で，そのため，感染した動物の組織は加熱処理をしても病原性が失われない。

2 また，タンパク質は酸やアルカリによっても変性するので，酵素の働きも酸やアルカリの影響を受けます。最も酵素がよく働くときのpHを**最適pH**といいます。

3 一般に，酵素は中性付近（pH7前後）でよく働きます。たとえば唾液に含まれる酵素である**アミラーゼの最適pHは7**です。でも，胃液に含まれる**ペプシンという酵素の最適pHは2**で，強酸性でよく働きます。すい液に含まれる**トリプシンという酵素の最適pHは8**で，弱アルカリ性でよく働きます。また，同じアミラーゼでも，植物の種子などに含まれるアミラーゼの最適pHは6です。このように，最適pHは酵素によって異なります。

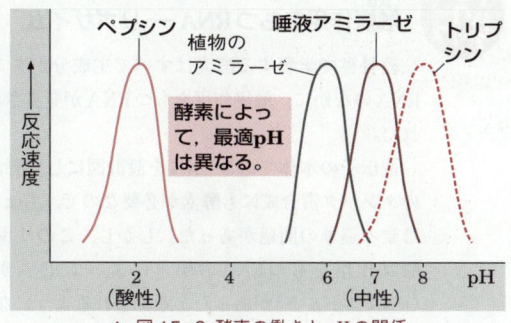

ペプシン　植物のアミラーゼ　唾液アミラーゼ　トリプシン

酵素によって，最適pHは異なる。

2（酸性）　4　6　7（中性）　8　pH

▲ 図15-3 酵素の働きとpHの関係

4 もう1つ，酵素の大きな特徴は，**働きかける相手が酵素によって決まっている**ということです。たとえば，先ほどのカタラーゼは過酸化水素に働いて水と酸素にする事はできますが，それ以外の物質に働きかけることはできません。また，アミラーゼはデンプンを分解する酵素ですが，タンパク質は分解できません。

　酵素が働きかける相手のことを**基質**，基質が変化して生じた物質を**生成物**といいます。酵素の種類によって基質の種類が決まっているので，これを**基質特異性**といいます。

5 酵素は，次のような過程で基質を生成物に変化させます。まず，酵素と基質が結合し，**酵素-基質複合体**を形成します。その結果，反応が起こり，基質が生成物に変化します。でも，**酵素は変化していないので，また次の基質と反応します**。

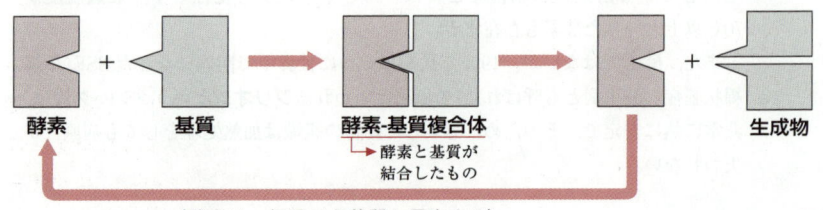

酵素　　基質　　　　酵素-基質複合体　　　　　　　　生成物
　　　　　　　　　→酵素と基質が
　　　　　　　　　　結合したもの

（酵素は，何回でも基質と反応する）
▲ 図15-4 酵素の働き方

6 このとき基質と結合する部位を**活性部位（活性中心）**といいます。つまり，酵素の活性部位と結合できる物質だけが酵素の作用を受けることになります。だから，酵素の種類によって基質の種類も決まってしまうのです。

+α パワーアップ　触媒作用をもつRNA ─ リボザイム

　教科書で学習する酵素はすべて主成分がタンパク質だが，核酸の一種であるRNAのなかに，触媒作用をもつRNAが発見され(1981年)，**リボザイム**と命名された。

　遺伝子の本体であるDNAを設計図にして酵素タンパク質が合成されるが，そのタンパク質合成にも酵素が必要なので，ちょうどニワトリが先か卵が先かと同じ堂々巡りの問題があった。しかし，このリボザイムの発見によって，大昔は，触媒作用をもつRNAの働きによってRNAからRNAがつくり出される世界(RNAワールド)があったと考えられるようになった(⇨p.684参照)。

> 【酵素の特性】
> ① 酵素の主成分は**タンパク質**である。
>   ⇨それゆえ，**最適温度**，**最適pH**が存在する（高温やpHの大きな変動によってタンパク質が変性し，酵素は**失活**する）。
> ② **基質特異性**がある。

3 酵素の成分

1 酵素の主成分はタンパク質ですが，タンパク質以外の低分子有機物を必要とする酵素もあります（必要としない酵素もあります）。このような低分子有機物を**補酵素**といいます。たとえば，NAD^+という物質は，乳酸脱水素酵素に結合している代表的な補酵素です。

> 「ニコチンアミド アデニン ジヌクレオチド」の略。

2 補酵素を必要とするとき，酵素本体のタンパク質部分を**アポ酵素**といい，アポ酵素と補酵素を合わせたものを**ホロ酵素**といいます。補酵素はタンパク質の本体部分であるアポ酵素と弱く結合しているので，容易に解離することができるのが特徴です。

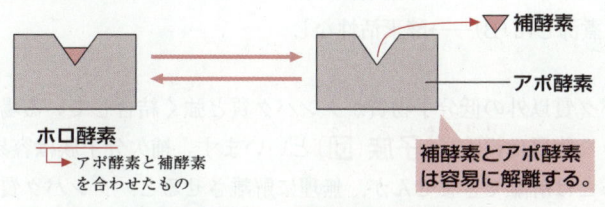

▲ 図15-5 ホロ酵素とアポ酵素

3 アポ酵素単独でも，補酵素単独でも酵素活性はありません。また，補酵素がアポ酵素の部分から解離すると，酵素活性はなくなります。しかし，再び結合すると，酵素活性は回復します。

4 このような補酵素の存在は，次のような実験によってわかりました。

〔補酵素の存在を確かめる実験〕

酵母菌をすりつぶして酵素(これを**チマーゼ**という)を抽出し，セロハンの袋に入れて水に浸す。すると，タンパク質部分(アポ酵素)と補酵素が解離し，**低分子の補酵素はセロハンの袋の外のビーカー内(A)に出るが，タンパク質はセロハンの袋内(B)に残る。**

> チマーゼはアルコール発酵(⇨p.125)に働く十数種類の酵素からなる酵素系。

このように，セロハン膜などを使って高分子物質と低分子物質に分ける方法を**透析**という。

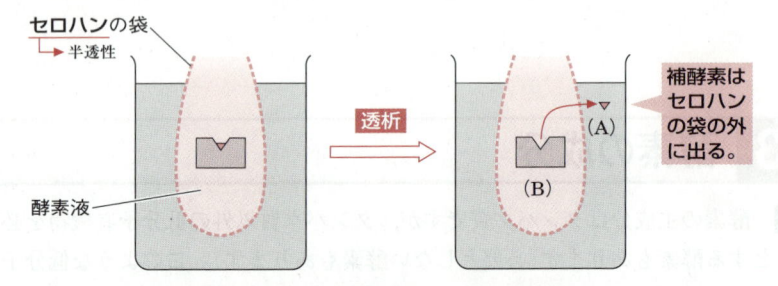

▲ 図15-6 補酵素の存在を確かめる実験

タンパク質は煮沸によって変性するが，**補酵素は熱に安定なので煮沸しても変性しない。** したがって，実験の結果は次のようになる。

- (A)のみ ⟶ 酵素活性なし
- (B)のみ ⟶ 酵素活性なし
- (A) + (B) ⟶ 酵素活性回復
- 煮沸した(A) + (B) ⟶ 酵素活性回復
- (A) + 煮沸した(B) ⟶ 酵素活性なし

5 タンパク質以外の低分子物質がタンパク質と強く結合している場合もあり，このような物質は**補欠分子族(団)** といいます。補欠分子族は容易にタンパク質本体とは解離できませんが，無理に解離させると，タンパク質が変性し，**再び結合させて酵素活性を回復させることができなくなります。**

6 補酵素や補欠分子族など，酵素に含まれるタンパク質以外の低分子物質を合わせて**補助因子**といいます。

+α パワーアップ　いろいろな補助因子の成分

　酵素には，タンパク質以外の成分をもつ酵素が多いが，タンパク質のみでできている酵素もある。たとえば，リゾチーム（細菌の細胞壁を分解する酵素，卵白やヒトの唾液などに含まれている。風邪薬のCMでもよく耳にする）という酵素は，タンパク質のみからなる。

　補酵素の多くは，ビタミンB群から合成されることが多く，NAD^+にはニコチン酸というビタミンB群の一種を含む。他にも，$NADP^+$という補酵素もニコチン酸を含む。また，ピルビン酸脱炭酸酵素は，ビタミンB_1からつくられるTPP（チアミン二リン酸）という補酵素をもつ。

　コハク酸脱水素酵素に含まれる**FAD**という物質は，アポ酵素と容易に解離できない補欠分子族の一種である。これはビタミンB_2を含む。

　補酵素や補欠分子族の成分として金属イオンを含む場合もある。たとえば，カタラーゼには鉄イオン，ATPアーゼにはマグネシウムイオン，炭酸脱水酵素には亜鉛イオンが含まれる。

　最近テレビのCMでよく耳にする「コエンザイム」は，補酵素のこと（「エンザイム」enzymeが酵素の意味）で，コエンザイムQ_{10}という補酵素は，ミトコンドリアに含まれる電子伝達系に関与する酵素の補酵素である（⇨p.131 CoQ）。もともとは体内でつくられる物質だが，年齢とともに不足気味になる。

最強ポイント

【酵素の成分】
① 主成分は**タンパク質**である。
② タンパク質以外の低分子物質（補酵素や補欠分子族などの**補助因子**）を必要とする酵素もある。
③ 補助因子
　　補酵素…タンパク質部分（アポ酵素）と容易に解離できる。
　　補欠分子族…タンパク質部分と容易に解離できない。

第16講 酵素の種類

酵素には基質特異性があるので，酵素は非常にたくさんの種類があることになります。

1 酵素の種類

1 酵素は，働きのうえから大きく**加水分解酵素**，**酸化還元酵素**，**除去酵素**，**転移酵素**などに分けられます。

2 まずは，**加水分解酵素**から見ていきましょう。

文字通り，水を加えて何かを分解する働きをもった酵素が加水分解酵素です。消化に関係する消化酵素はすべて加水分解酵素のなかまです。

おもな加水分解酵素を次に示します。＊は重要度で多いほど重要です。

（酵素名）	（働き）
＊＊＊アミラーゼ	デンプン ⟶ マルトース
＊＊ マルターゼ	マルトース ⟶ グルコース
＊ スクラーゼ	スクロース ⟶ グルコース＋フルクトース
＊ ラクターゼ	ラクトース ⟶ グルコース＋ガラクトース
＊＊＊ペプシン	タンパク質 ⟶ ペプトン（ポリペプチド）
＊＊＊トリプシン	タンパク質（ペプトン）⟶ ポリペプチド
＊ キモトリプシン	タンパク質（ペプトン）⟶ ポリペプチド
ペプチダーゼ	ポリペプチド ⟶ アミノ酸
＊＊ リパーゼ	脂肪 ⟶ 脂肪酸＋<u>モノグリセリド</u>
＊ エンテロキナーゼ	トリプシノーゲン ⟶ トリプシン
＊＊ ペクチナーゼ	ペクチンを分解。
＊＊ セルラーゼ	セルロースを分解。
＊＊＊ATPアーゼ	ATP ⟶ ADP＋リン酸
＊ ウレアーゼ	尿素 ⟶ 二酸化炭素＋アンモニア

（グリセリンに脂肪酸が1つ結合したもの。）

＊	アルギナーゼ	アルギニン ⟶ オルニチン＋尿素	尿素回路で働く。⇨p.504
＊	トロンビン	フィブリノーゲン ⟶ フィブリン	血液凝固に関与。
＊	DNAヌクレアーゼ	DNAをヌクレオチドに分解。	
＊	RNAヌクレアーゼ	RNAをヌクレオチドに分解。	
＊＊＊	制限酵素	DNAを特定の塩基配列部分で切断(⇨p.379)。	

3 次は，**酸化還元酵素**です。これも，文字通り，酸化や還元の反応を促進する酵素です。**酸素と結合させる反応・水素を取る反応・電子を取る反応が酸化**，酸素を取る反応・水素と結合させる反応・電子を加える反応が**還元**の反応です。

	（酵素名）	（働き）	
＊＊＊	脱水素酵素	有機酸から水素を奪う。	「デヒドロゲナーゼ」ともいう。呼吸に関与。
	（例：コハク酸脱水素酵素）	コハク酸 ⟶ フマル酸＋水素	
＊＊＊	カタラーゼ	過酸化水素 ⟶ 水＋酸素	
＊＊	オキシダーゼ	水素＋酸素 ⟶ 水	呼吸に関与。
＊	ニトロゲナーゼ	窒素＋水素 ⟶ アンモニア	窒素固定に関与。
＊	ルシフェラーゼ	ルシフェリン＋酸素 ⟶ 酸化ルシフェリン	ホタルが発光するときに，この反応が起こる。
＊	硝酸還元酵素	硝酸 ⟶ 亜硝酸＋酸素	窒素同化に関与。⇨p.174
＊	亜硝酸還元酵素	亜硝酸＋水 ⟶ アンモニア＋酸素	

　脱水素酵素は，奪った水素を必ず，水素を預かってくれる水素受容体に預けます。実際に水素受容体として働くのは，脱水素酵素の補酵素や補欠分子族です。脱水素酵素にもいろいろな種類があり，たとえば乳酸脱水素酵素は，乳酸から水素を奪い，奪った水素を自らの補酵素であるNAD$^+$に預けます。その結果，NAD$^+$はNADHとなります。

4 次は**除去酵素**です。

	（酵素名）	（働き）	
＊＊＊	脱炭酸酵素	有機酸から二酸化炭素を発生	「デカルボキシラーゼ」ともいう。呼吸に関与。
＊	炭酸脱水酵素	炭酸 ⟶ 二酸化炭素＋水	「カーボニックアンヒドラーゼ」ともいう。赤血球に含まれる。⇨p.475

5 転移酵素には，次のようなものがあります。

　　　（酵素名）　　　　　　　　（働き）

* アミノ基転移酵素　　　アミノ酸がもつアミノ基を有機酸に移す。　　「トランスアミナーゼ」ともいう。窒素同化に関与。

** クレアチンキナーゼ　　クレアチンリン酸のリン酸をADPに移す。　　筋収縮に関与。

* アデニル酸キナーゼ　　ADPのリン酸を他のADPに移す。　　筋収縮に関与。

* ホスホフルクトキナーゼ　フルクトースリン酸のリン酸を移す。　　呼吸に関与。

6 その他の酵素として，次のようなものがあります。

　　　（酵素名）　　　　　　　　（働き）

*** DNAポリメラーゼ　　DNAを鋳型にしてDNAを複製する。

*** RNAポリメラーゼ　　DNAを鋳型にしてRNAを合成する。

*** DNAリガーゼ　　　　DNAの切断端どうしを結合させる。

*** 逆転写酵素　　　　　RNAを鋳型にしてDNAを合成する。

* アミノアシルtRNA合成酵素　アミノ酸とtRNAを結合させる。　　「アミノ酸活性化酵素」ともいう。

* グルタミン合成酵素　　グルタミン酸とアンモニアからグルタミンを合成。　　窒素同化に関与。

* グルタミン酸生成酵素　グルタミンとケトグルタル酸からグルタミン酸を生成。　　窒素同化に関与。

最強ポイント

① 酵素の種類

　加水分解酵素…消化酵素，**ATP**アーゼなど
　酸化還元酵素…脱水素酵素，カタラーゼなど
　除去酵素，転移酵素などなど

② ｛ 酸化＝＋酸素，−水素，−電子
　　 還元＝−酸素，＋水素，＋電子

第16講　酵素の種類

2 基質と生成物の関係

1　一定量の基質，たとえば過酸化水素水に酵素カタラーゼを作用させ，時間とともに生成物である酸素の量を測定したとしましょう。すると，最初は時間とともに酸素は増加しますが，やがて，ある一定時間経過するとそれ以上生成物は増加しなくなります。これをグラフにすると，次のようなグラフになります。

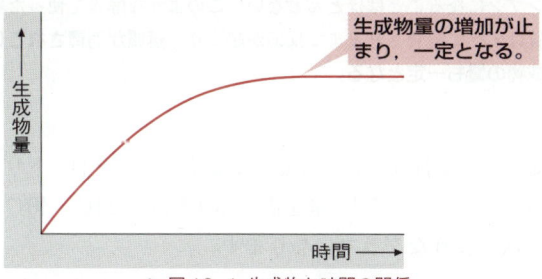

> 生成物量の増加が止まり，一定となる。

▲ 図 16-1　生成物と時間の関係

2　最終的に生成物の量が一定になるのはなぜでしょう。時間とともに基質，この場合過酸化水素はどんどん消費されていきます。やがて，**基質が消費されつくしてしまえば，それ以上生成物が増えなくなる**のは当然ですね。

したがって，生成物量が一定になったとき，たとえば酵素を追加しても生成物は増加しませんが，**基質を追加すれば生成物は再び増加し始めます**。

+α パワーアップ　酵素の可逆反応・不可逆反応と生成物の量

一般に，酵素が促進する反応は可逆反応である。たとえば，**コハク酸脱水素酵素**は，コハク酸から水素を奪いフマル酸にし，奪った水素はFADに預けて$FADH_2$が生じる。逆に，フマル酸に$FADH_2$の水素を結合させてコハク酸にすることもできる。

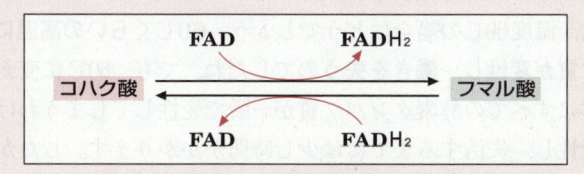

```
            FAD    FADH₂
             ↘    ↗
   コハク酸 ⇄ フマル酸
             ↗    ↘
            FAD    FADH₂
```

▲ 図 16-2　コハク酸の脱水素反応 (可逆反応)

最初にコハク酸を与えると，右向きの反応が起こって，生成物であるフマル酸が増加する。しかし，可逆反応なので，フマル酸が増えてくると左向きの反応も

113

起こり，最終的には右向きの反応と左向きの反応がつりあったとき，すなわち平衡状態に達すると，それ以上生成物も増加しなくなるわけである。したがって，最終的に生成物が増加しなくなるのは基質がすべて消費されたからではなく，**右向きと左向きの反応がつりあって平衡状態になったから**ということになる。

ただ，反応の種類によってはほとんど不可逆にしか反応が起こらない場合もある。たとえば，先ほどの**カタラーゼ**の場合，過酸化水素を水と酸素に分解するが，水と酸素が過酸化水素にもどることはない。また，**消化酵素**の反応もほとんど不可逆で，たとえば，アミラーゼはデンプンをマルトースに分解するが，マルトースがデンプンになることはほとんどない。このような酵素を使った場合は，最終的に基質はすべて消費されるまで反応が起こり，**基質が消費されてしまったところで生成物の量も一定となる。**

3 では，温度を変えて行うとどうなるでしょう。たとえば，トリプシンによって生じる生成物（ポリペプチド）量を調べる実験を，20℃，40℃，60℃で行ったとすると，次のようなグラフになります。

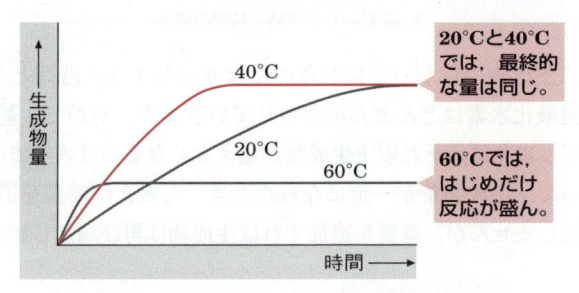

▲ 図16-3 温度を変えたときの生成物量と時間の関係

20℃と40℃では，最終的な量は同じ。

60℃では，はじめだけ反応が盛ん。

4 トリプシンの最適温度は35〜40℃なので，20℃よりも40℃のほうが反応速度が高く，それだけ速く基質が消費されます。でも，最初に与えた基質の量は同じなので，最終的な生成物量は同じになります。

では，温度60℃の場合はどうでしょう。**60℃くらいの高温になると酵素タンパク質が変性し，働きを失う**のでしたね。でも，60℃に変えたからといってすぐにすべての酵素タンパク質が一瞬で変性してしまうわけではありません。変性し，失活するまでには少し時間がかかります。したがって完全に失活するまでは反応も起こります。しかも温度が高いぶん，反応速度も高くなるのです。でも，やがて失活してしまうと，基質はまだまだ残っているにもかかわらず生成物は増えなくなります。

5 では，pHを変えるとどうなるでしょう。トリプシンを使って，pH7とpH8で実験すると，次のようなグラフになるはずです。

▶ 図16-4 pHを変えたときの生成物量と時間の関係

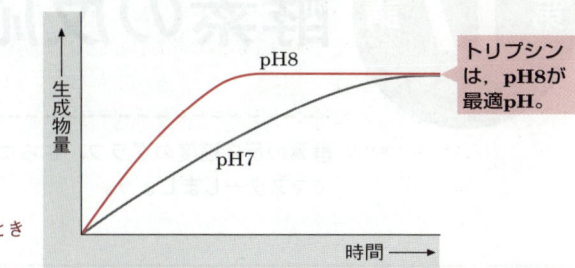

トリプシンは，pH8が最適pH。

6 トリプシンの最適pHは8なので，pH7よりもpH8のときのほうが反応速度も高く，それだけ速く基質が消費されます。もし，これが唾液アミラーゼであれば，逆になりますね。唾液アミラーゼの最適pHは7ですから。

7 では，トリプシン濃度を2倍にするとどうなるでしょう。酵素濃度が2倍であれば，約半分の時間で基質が消費されるので，次のようになります。

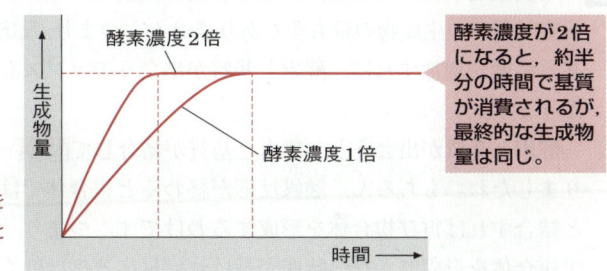

▶ 図16-5 酵素濃度を変えたときの生成物量と時間の関係

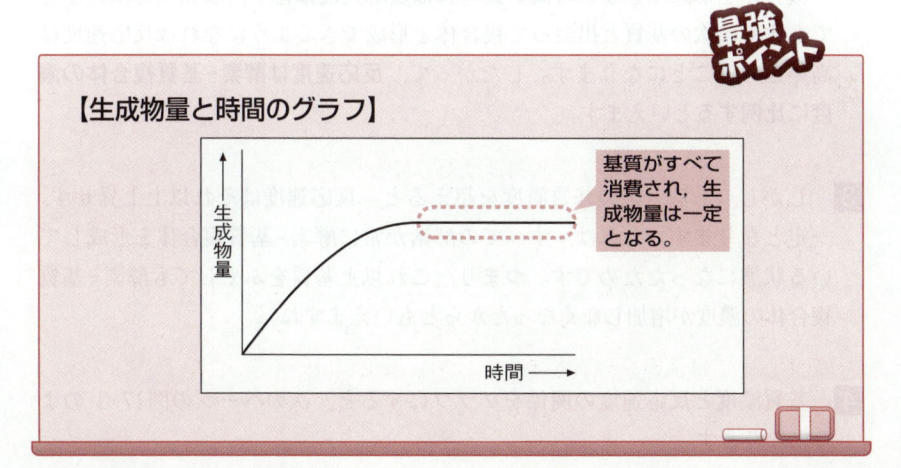

酵素濃度が2倍になると，約半分の時間で基質が消費されるが，最終的な生成物量は同じ。

最強ポイント

【生成物量と時間のグラフ】

基質がすべて消費され，生成物量は一定となる。

第17講 酵素の反応速度

酵素の反応速度のグラフ，さらに，酵素作用の阻害についてマスターしましょう。

1 基質濃度と反応速度の関係

1 基質濃度を変化させ，単位時間での生成物量，すなわち反応速度を測定したとしましょう。

2 基質濃度が低いときは，酵素と基質が出会うチャンスも少ないので，ある一定時間での生成物の量も多くありません。つまり，反応速度は低いはずです。基質濃度が増加すれば，酵素と基質が出会うチャンスも増え，反応速度は上がります。

　酵素と基質が出会うと，酵素と基質が結合して**酵素−基質複合体**をつくりましたね。もちろん，触媒反応が終わると複合体ではなくなり，次の基質と結合すれば再び複合体を形成するわけです。つまり，酵素が基質と出会えず複合体を形成できない時間が長ければ反応速度は低く，触媒反応が終了してもすぐに次の基質と出会って複合体を形成できるようになれば反応速度は高いということになります。したがって，**反応速度は酵素−基質複合体の濃度に比例する**といえます。

3 しかし，ある一定の基質濃度を超えると，反応速度はそれ以上上昇せず，一定となります。これは，すべての酵素が常に酵素−基質複合体を形成している状態になったためです。つまり，これ以上基質をふやしても酵素−基質複合体の濃度が増加しなくなったからともいえますね。

4 基質濃度と反応速度の関係をグラフにすると，次のページの図17-1 のようになります。

第17講　酵素の反応速度

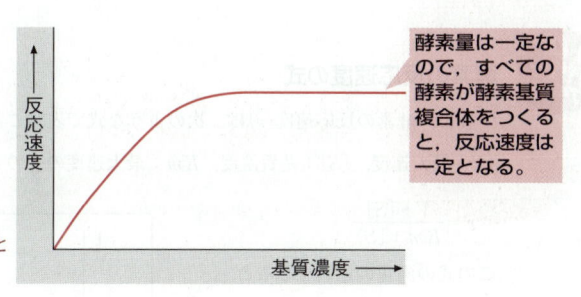

▶ 図17-1 基質濃度と反応速度の関係

（吹き出し）酵素量は一定なので、すべての酵素が酵素基質複合体をつくると、反応速度は一定となる。

定番論述対策 5

酵素濃度一定の酵素反応で、基質濃度がある値以上になると反応速度が上昇しなくなるのはなぜか。35字以内で述べよ。

ポイント　「すべての酵素」「常に」「酵素-基質複合体」の3つを必ず入れる。

模範解答例　すべての酵素が常に酵素-基質複合体を形成する状態になるから。（30字）

+α パワーアップ　酵素と基質の親和性

酵素をE、基質をS、生成物をPとすると酵素の反応は次のように示される。ESは**酵素-基質複合体**を示す。

$$E + S \longrightarrow ES \longrightarrow E + P$$

このとき$ES \longrightarrow E + P$の速度が同じであっても、ESの形成しやすさ（これを**酵素と基質の親和性**という）が異なると、反応速度のグラフも変わってくる。右のグラフではAのほうがESを形成しやすく、その結果、より低い基質濃度でもESを形成することができる（親和性が高い）ことを示す。このような親和性は、最大速度の$\frac{1}{2}$に達するときの基質濃度で比較することができる。この、最大速度の$\frac{1}{2}$のときの基質濃度を**Km**という記号で表す。

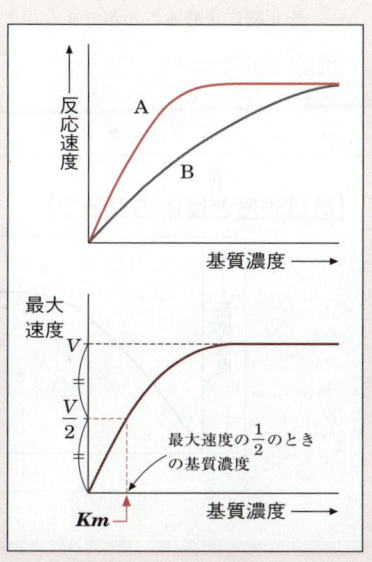

▲ 図17-2 酵素と基質の親和性と反応速度のグラフの関係

+α パワーアップ 酵素の反応速度の式

一般に，酵素の反応速度(v)は，次のような式で表すことができる。
(V；最大速度，$[S]$；基質濃度，Km；最大速度の$\frac{1}{2}$のときの基質濃度)

$$v = \frac{V \cdot [S]}{Km + [S]}$$

この式の両辺の逆数をとると，

$$\frac{1}{v} = \frac{Km + [S]}{V \cdot [S]}$$

$$\frac{1}{v} = \frac{Km}{V} \times \frac{1}{[S]} + \frac{1}{V}$$

となる。これは，縦軸$\frac{1}{v}$，横軸$\frac{1}{[S]}$，傾き$\frac{Km}{V}$，切片$\frac{1}{V}$の直線のグラフを示す。

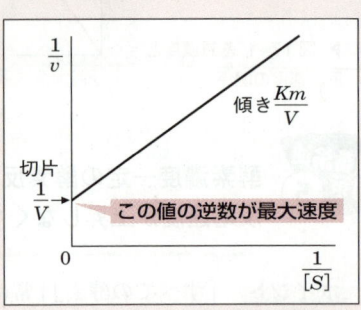

▲ 図17-3 基質濃度$[S]$と酵素の反応速度vの逆数のグラフ

（グラフ中：縦軸$\frac{1}{v}$，横軸$\frac{1}{[S]}$，傾き$\frac{Km}{V}$，切片$\frac{1}{V}$，この値の逆数が最大速度）

このグラフで，$[S]$が無限大(∞)のとき，すなわち$\frac{1}{[S]} \to 0$のときの$\frac{1}{v}$の値を読めば，その逆数が最大速度になる。このように，このグラフを使えば，最大速度を正確に求めることができる。

最強ポイント

【基質濃度と反応のグラフ】

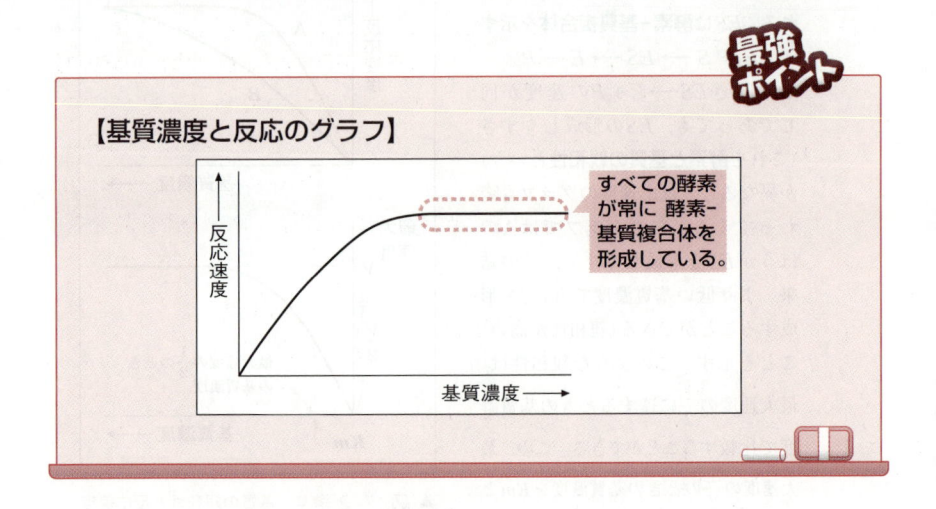

（グラフ：縦軸 反応速度，横軸 基質濃度）

すべての酵素が常に 酵素−基質複合体を形成している。

2 酵素の阻害作用

1 基質と類似した構造をもつ物質(阻害物質)が,酵素の活性部位と結合し,酵素作用を阻害することがあります。

2 この場合,この類似物質はちょうど椅子取りゲームのように酵素の活性部位をめぐって基質と競争するので,このような阻害を**競争的阻害**あるいは**拮抗阻害**といい,酵素作用を阻害した物質を**競争的阻害剤**あるいは**拮抗阻害剤**といいます。

たとえば,コハク酸脱水素酵素の基質はもちろんコハク酸ですが,コハク酸によく似たマロン酸はコハク酸脱水素酵素の競争的阻害剤となります。

3 基質の濃度が低いときは,酵素が競争的阻害剤と出会うチャンスが多いので酵素作用は大きく阻害されますが,基質濃度が高くなると,酵素が阻害剤と出会うチャンスが少なくなり,あまり酵素作用は阻害されなくなります。最終的に,基質濃度が非常に高ければ,阻害剤と出会うチャンスがほとんどなくなるため,最大速度は阻害剤を添加していても無添加の場合と同じになります。このように,**競争的阻害では最大速度には影響しない**のが特徴です。

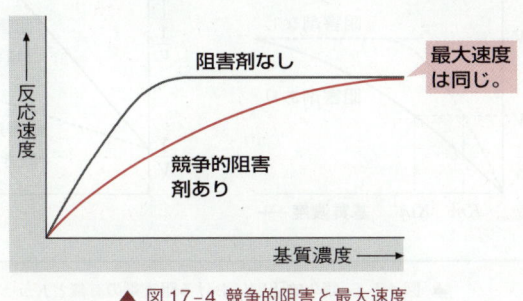

▲ 図17-4 競争的阻害と最大速度

4 一方，阻害剤が酵素の活性部位以外と結合し，酵素反応を阻害する場合もあります。このような阻害は，**非競争的阻害**あるいは**非拮抗阻害**といいます。

5 非競争的阻害の場合は，最大速度も低下させてしまうのが特徴です。

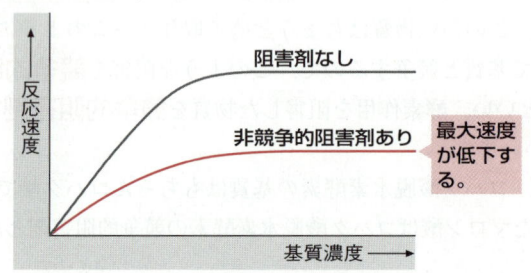

▲ 図 17-5 非競争的阻害と最大速度

+α パワーアップ 競争的阻害と非競争的阻害での最大速度のちがい

競争的阻害の場合，逆数のグラフをかくと次のようになる（右の図）。つまり，最大速度は無添加の場合と変わらず，Km（⇨p.118）の値は大きくなる。

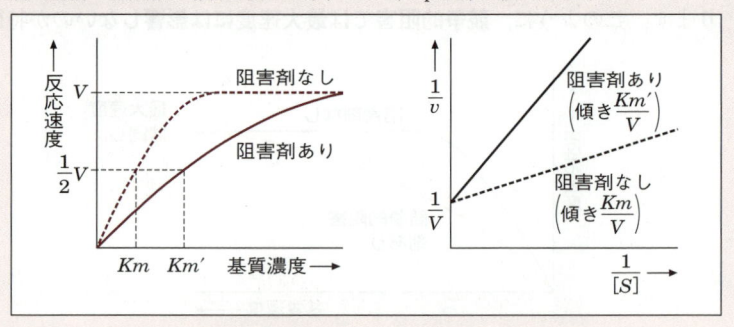

▲ 図 17-6 競争的阻害における阻害剤の有無とKm

一方，非競争的阻害の場合，逆数のグラフをかくと次のようになる（右の図）。つまり，最大速度は低下するが，Km の値は変わらない。

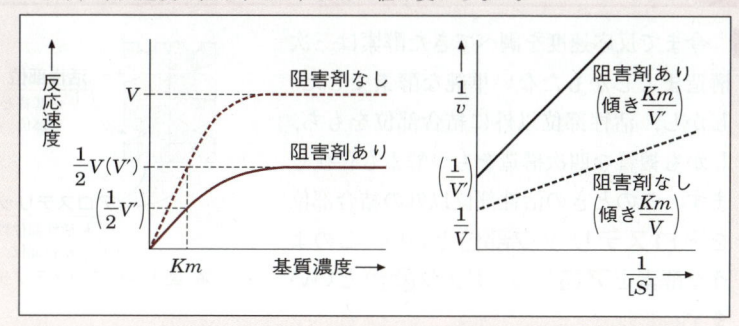

▲ 図17-7 非競争的阻害における阻害剤の有無と Km

最強ポイント

① **競争的阻害**…阻害剤が，酵素の活性部位と結合する。最大速度には影響を与えない。

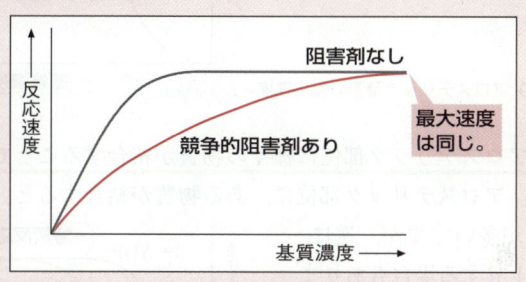

（グラフ：最大速度は同じ。）

② **非競争的阻害**…阻害剤が，酵素の活性部位以外と結合する。最大速度も低下させる。

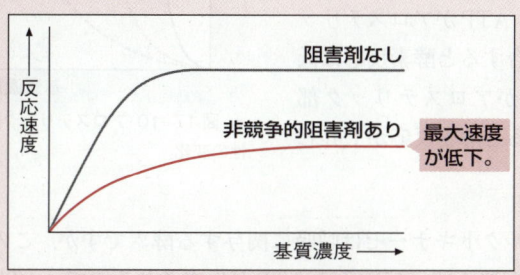

（グラフ：最大速度が低下。）

3 アロステリック酵素

1 今まで反応速度を調べてきた酵素は三次構造までしかもたない単純な酵素でした。しかし，活性部位以外に結合部位をもち，しかも複雑な四次構造をもつ酵素も存在します。このときの活性部位以外の結合部位を**アロステリック部位**といい，このような酵素を**アロステリック酵素**といいます。

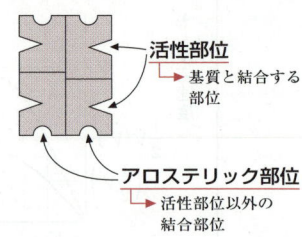

▲ 図17-8 アロステリック酵素

活性部位 → 基質と結合する部位
アロステリック部位 → 活性部位以外の結合部位

2 一般に，アロステリック酵素の反応速度のグラフは，今まで学習してきたような単純な双曲線ではなく，**S字形の曲線を描く**のが特徴です。

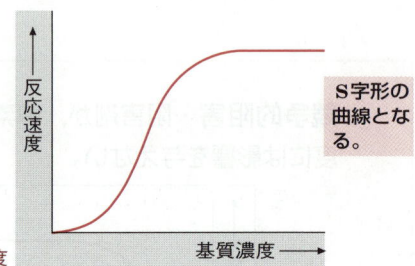

▶ 図17-9 アロステリック酵素の反応速度

S字形の曲線となる。

3 さらに，アロステリック部位に種々の物質が結合することで，酵素活性が変化します。アロステリック部位に，ある物質が結合すると，酵素反応が低下することが多いですが，逆に，酵素反応が上昇する場合もあります。たとえば，ホスホフルクトキナーゼは，アロステリック酵素の一種ですが，ATPがアロステリック部位に結合すると酵素反応は低下し，ADPがアロステリック部位に結合すると酵素反応が上昇します。

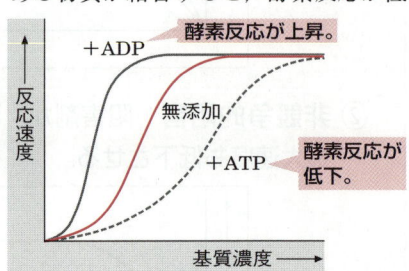

+ADP 酵素反応が上昇。
無添加
+ATP 酵素反応が低下。

▲ 図17-10 アロステリック酵素による酵素活性の変化

4 ホスホフルクトキナーゼは呼吸に関与する酵素ですが，この酵素によって呼吸の反応が進めば，ADPからATPが生成されるので，ATP濃度が上がります。すると，そのATPによってホスホフルクトキナーゼの活性が低下する

第 17 講　酵素の反応速度

ので，それ以上無駄に基質を消費してATPを生成しないようになります。逆に，ADPの濃度が上昇しているときはATPが不足しているときで，このようなときに，ADPによってホスホフルクトキナーゼの活性が上昇すれば，呼吸が活発になってATPの生産が促進されることになります。

　このように，アロステリック酵素は，**反応の結果生じた生成物によって活性が調節される**ことが多く，これによって**生成物の濃度を一定に保つこと**ができます。このような，**最終的な結果が原因に働いて調節する**，というしくみを**フィードバック調節**といいます。この場合は，ATPやADP濃度の変化によって，ホスホフルクトキナーゼの活性が調節されたわけです。

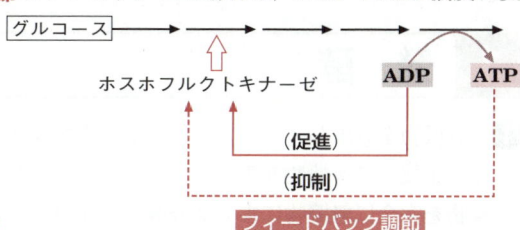

▶ 図17-11　フィードバック調節

定番論述対策 ⑥

生体内の反応にアロステリック酵素が関与する利点について，60字以内で述べよ。

ポイント　「生成物により活性調節」，「過剰な生成物の蓄積」「無駄な基質の消費を防ぐ」の3つ。

模範解答例　生成物によって活性が調節されるので，過剰な生成物の蓄積や無駄な基質の消費を防ぎ，生成物を一定濃度に保つことができる。(58字)

最強ポイント

① **アロステリック酵素**…アロステリック部位をもつ酵素。
　⇨酵素反応速度のグラフは**S字形**の曲線になる。
② 生成物によって酵素の活性が調節される。
　⇨これにより，**生成物の蓄積，無駄な基質の消費を防ぐ**ことができる。

第2章　代謝

第18講 異化のしくみ①
（発酵と呼吸）

細胞内で有機物を分解し，エネルギーを取り出す「異化」について，その種類としくみを見てみましょう。

1 発 酵

1 有機物を分解し，エネルギーを取り出す反応を**異化**といいます。異化には，酸素を使って有機物を完全に無機物にまで分解する**呼吸**と，酸素を使わず有機物を完全に無機物にまでは分解できない**発酵**があります。

まずは，発酵について見ていきましょう。代表的な発酵には，**乳酸発酵**と**アルコール発酵**があります。「発酵」は，微生物が行う，有機物を完全に無機物にまで分解できない反応で，人間に有益なものという意味で使われてきた言葉です。

> 人間に無益な悪臭を放つ物質を生じる反応は「腐敗」と呼ばれて区別された。

2 **乳酸発酵**は，**乳酸菌**が行います。乳酸菌は，グルコースを取り込むと，細胞内で最終的に**乳酸**にまで分解し，そのとき生じるエネルギーによってATPを生成します。もちろん，生成したATPを使って生命活動を行います。

3 乳酸発酵においては，まず，**1分子のグルコースが2分子のピルビン酸**に分解され，この間に**2分子のATPが生成**され，脱水素酵素の働きで水素原子がはずれます。さらに水素イオンと電子は補酵素であるNAD^+と結合し，$NADH+H^+$となります。さらに，ピルビン酸はこの$NADH+H^+$の水素と結合して乳酸になります。結果的に，**1分子のグルコースから2分子の乳酸が生じ，2分子のATPが生成される**ことになります。

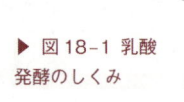

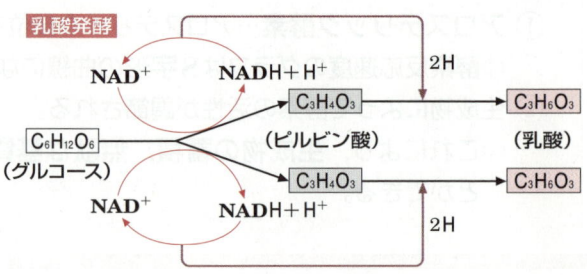

▶ 図18-1 乳酸発酵のしくみ

4 これらの反応は，すべて**細胞質基質**で行われます。反応式でまとめると，次のようになります。

$$C_6H_{12}O_6 \longrightarrow 2C_3H_6O_3$$

5 乳酸菌は，このような発酵しか行うことができず，酸素を用いた呼吸は行えません。

6 乳酸発酵と同様の反応が**動物の筋肉中**でも行われますが，このときは乳酸発酵とは呼ばず，**解糖**(かいとう)といいます。筋肉の細胞は呼吸も行えますが，**酸素が不足した状態では解糖を行います**。

7 **酵母菌**(こうぼきん)**(酵母)**が行うのがアルコール発酵です。**1分子のグルコースが2分子のピルビン酸**になり，この間に2分子のATPが生成されるところまでは乳酸発酵と同じです。このピルビン酸に脱炭酸酵素が働いて**二酸化炭素が発生**し，ピルビン酸はアセトアルデヒドに変化します。アセトアルデヒドはNADH+H⁺の水素と結合して**エタノール**(エチルアルコール)となります。

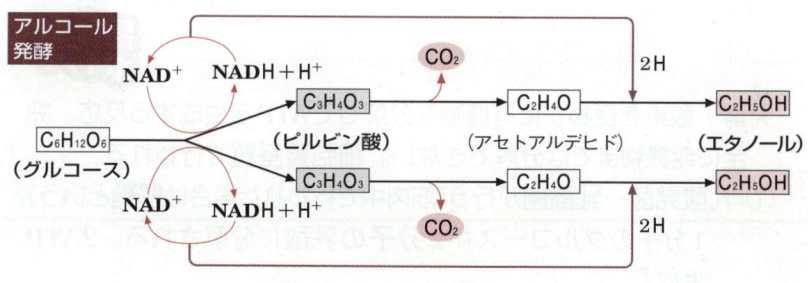

▲ 図18-2 アルコール発酵のしくみ

8 アルコール発酵と同様の反応は，発芽しかけの種子などでも行われます。酵母菌も発芽しかけの種子も，**酸素がない状態ではアルコール発酵しかできませんが，酸素があれば呼吸も行えます**。

9 アルコール発酵の反応はすべて**細胞質基質**で行われます。反応式でまとめると，次のようになります。

$$C_6H_{12}O_6 \longrightarrow 2CO_2 + 2C_2H_5OH$$

+α パワーアップ　解糖系

乳酸発酵でもアルコール発酵でも，グルコースからピルビン酸までは共通の反応で，**解糖系**という(解糖と混同しないように)。解糖系をもう少しくわしく見てみると，次のようになる。

厳密には1分子のグルコースは，まず**フルクトース**に変化し，さらに2分子のATPのエネルギーをもらって活性化する。その結果グルコースは，**フルクトース二リン酸**になる。次に，フルクトース二リン酸は分解されて**グリセルアルデヒドリン酸**となり，これが脱水素されて**PGA（ホスホグリセリン酸）**となる。さらに，この間にリン酸がADPに転移されATPとなり，ピルビン酸ができるまでに4ATPが生成される。

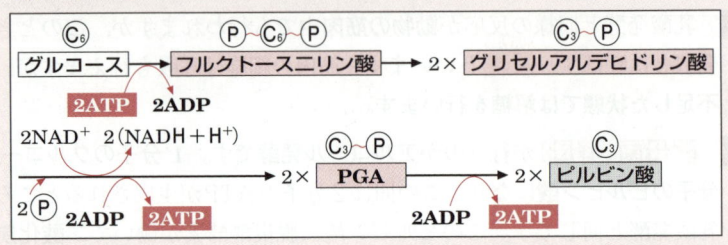

$$\text{グルコース}(C_6) \xrightarrow[\text{2ATP} \to \text{2ADP}]{} \text{フルクトース二リン酸}(P\text{-}C_6\text{-}P) \to 2\times \text{グリセルアルデヒドリン酸}(C_3\text{-}P)$$

$$\xrightarrow[2P,\ 2ADP \to 2ATP]{2NAD^+ \to 2(NADH+H^+)} 2\times \text{PGA}(C_3\text{-}P) \xrightarrow[2ADP \to 2ATP]{} 2\times \text{ピルビン酸}(C_3)$$

全体としては，2ATPを使い，4ATPを生成するので，差し引き**2ATPが生成**されたことになる。

最強ポイント

発酵…酸素を使わずに有機物を分解してATPを生成する反応。完全に無機物までは分解できない。**細胞質基質**で行われる。

① **乳酸発酵**…**乳酸菌**が行う（筋肉中で行われた場合は**解糖**という）。
　⇒ **1分子のグルコースが2分子の乳酸に分解される。2ATP生成。**

② **アルコール発酵**…**酵母菌**が行う。
　⇒ **1分子のグルコースが2分子の二酸化炭素と2分子のエタノール**に分解される。**2ATP生成。**

2　呼　吸

1 酸素を用いて有機物を完全に無機物にまで分解する反応が**呼吸**です。

2 呼吸は，大きく3段階の反応からなります。第1段階は**解糖系**で，1分子のグルコースが2分子のピルビン酸になります。ここまでは発酵とまったく

共通の反応で**酸素を必要とせず，細胞質基質で行われます。**

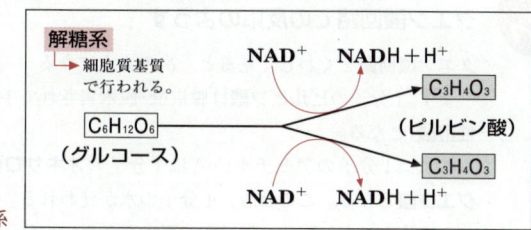

▶ 図18-3 解糖系

3 解糖系だけを反応式で示すと，次のようになります。

$$C_6H_{12}O_6 + 2NAD^+ \longrightarrow 2C_3H_4O_3 + 2(NADH+H^+)$$

4 生じたピルビン酸は**ミトコンドリア**に取り込まれ，第2段階の反応に入ります。ミトコンドリアの**マトリックス**の部分で，ピルビン酸は**クエン酸回路**という反応で消費され，1分子のピルビン酸あたり，3分子の二酸化炭素と5分子の水素に分解されます。このとき1分子の水素はFADに，4分子の水素はNAD$^+$に預けられます。また，この間に3分子の水が使われ，1分子のATPが生成されます。

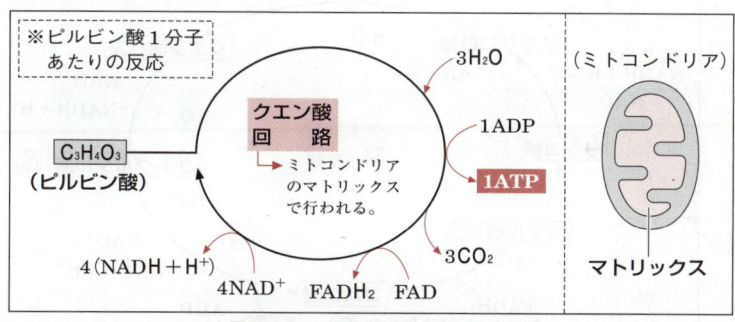

▲ 図18-4 クエン酸回路での反応(略図)

5 クエン酸回路だけを反応式で示すと次のとおりです。

$$C_3H_4O_3 + 3H_2O + FAD + 4NAD^+ \longrightarrow 3CO_2 + FADH_2 + 4(NADH+H^+)$$

6 1分子のグルコースからは2分子のピルビン酸が生じるので，6分子の水が使われ，**6分子の二酸化炭素，10分子の水素，2分子のATP**が生じることになります。1分子のグルコースから生じたピルビン酸(2分子)で示すと，次のようになります。

$$2C_3H_4O_3 + 6H_2O + 2FAD + 8NAD^+ \longrightarrow 6CO_2 + 2FADH_2 + 8(NADH+H^+)$$

+αパワーアップ クエン酸回路での反応のようす

クエン酸回路をくわしく見ると、次のようになる。

① まず、1分子の**ピルビン酸**は脱炭酸・脱水素されて1分子の**アセチルCoA（活性酢酸）**となる。
② 次に、1分子のアセチルCoAは1分子の**オキサロ酢酸**と反応して1分子の**クエン酸**となる。このとき、1分子の水が使われる。
③ 1分子のクエン酸は、脱炭酸・脱水素されて1分子の**ケトグルタル酸**になる。
④ 1分子のケトグルタル酸も、脱炭酸・脱水素されて1分子の**コハク酸**になる。この間に1分子の水が使われ、ATPが1分子生成される。
⑤ 1分子のコハク酸は、脱水素されて1分子の**フマル酸**になる。
⑥ 1分子のフマル酸と1分子の水が反応して1分子の**リンゴ酸**が生じる。
⑦ 1分子のリンゴ酸は脱水素されて1分子の**オキサロ酢酸**となり、これが次のアセチルCoAと反応して回路が形成される。

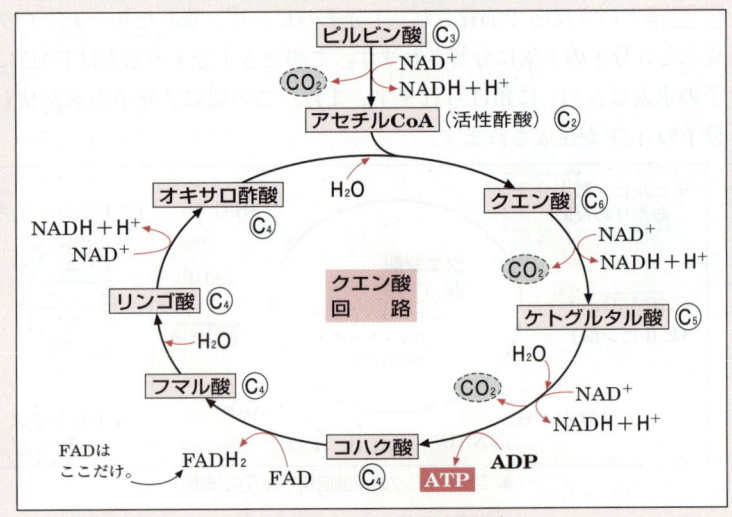

▲ 図18-5 クエン酸回路（詳細）

脱水素はすべて脱水素酵素、脱炭酸はすべて脱炭酸酵素の働きによる。コハク酸から脱水素されて生じた水素はFADに預けられるが、それ以外で生じた水素はNAD⁺に預けられる。

7 解糖系で生じた2分子の水素とクエン酸回路で生じた10分子の水素の合計12分子（24原子）の水素が**ミトコンドリアの内膜**で行われる第3段階の反応に使われます。第3段階では、これらの水素、さらに水素に含まれる電子を利用し最大**34分子のATPが生成**されます。最終的に、**水素は6分子の酸**

第18講　異化のしくみ①（発酵と呼吸）

素と結合して12分子の水になります。この反応を**電子伝達系**といいます。

```
電子伝達系     〔解糖系・クエン酸回路〕
  ↓                                    6O₂
  ミトコンドリ          24[H] ～～～
  アの内膜で行
  われる。
                        34ADP    34ATP    12H₂O
```

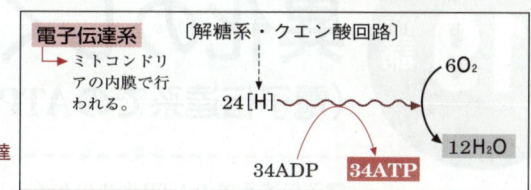

▶ 図18-6 電子伝達系での反応

⑧　電子伝達系だけを反応式にすると，次のようになります。
　　$10(NADH + H^+) + 2FADH_2 + 6O_2 \longrightarrow 12H_2O + 10NAD^+ + 2FAD$

⑨　以上の呼吸全体をまとめて反応式にすると，次のようになります。
　　$C_6H_{12}O_6 + 6H_2O + 6O_2 \longrightarrow 6CO_2 + 12H_2O$

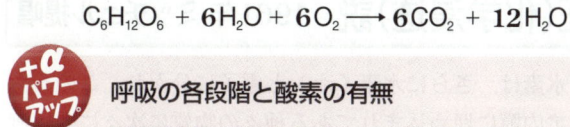

+α パワーアップ　呼吸の各段階と酸素の有無

電子伝達系は酸素を直接使って行われる反応なので，酸素がない状態では停止する。**クエン酸回路**は直接酸素を使う反応ではないが，酸素がない状態では停止してしまう。**解糖系**は，酸素がない状態でも停止しない。

電子伝達系が停止すると，NADHあるいはFADH₂の水素が使われなくなり，**NAD⁺やFADに戻れなくなる**。脱水素酵素はNAD⁺やFADがないと働かない酵素なので，これらの脱水素酵素が働かなくなるため，クエン酸回路も停止するのである。

では，解糖系は酸素がなくても停止しないのはなぜだろう。解糖系で生じたNADHは，酸素がない状態ではピルビン酸やアセトアルデヒドの還元に消費される。そのため，再びNAD⁺に戻ることができ，解糖系の脱水素酵素は酸素がない状態でも働き続けることができるのである。

最強ポイント

呼吸＝解糖系＋クエン酸回路＋電子伝達系

① **解糖系**…**細胞質基質**で行われる。**2ATP**生成。酸素なしでも行われる。

② **クエン酸回路**…ミトコンドリアの**マトリックス**で行われる。**2ATP**生成。直接酸素は使わないが，酸素がないと停止する。

③ **電子伝達系**…ミトコンドリアの**内膜**で行われる。最大**34ATP**生成。直接酸素を使う反応。酸素がないと停止する。

第19講 異化のしくみ②
(電子伝達系でのATP生成)

電子伝達系でのATP生成のしくみについて、もう少しくわしく学習しましょう。

1 化学浸透圧(化学浸透)説　1961年 ミッチェル提唱

1　電子伝達系に入った水素は、さらに水素イオンと電子に分かれ、このうちの電子がミトコンドリア内膜に埋め込まれてある種々の物質に次々に受け渡され、これらの物質が順に酸化還元を繰り返します。

2　この電子の流れによって生じたエネルギーにより、ミトコンドリアのマトリックスにあるH^+がミトコンドリア外膜と内膜の間にある間隙に輸送されます。その結果、**外膜と内膜の間隙のH^+濃度が上昇し、マトリックスとの間に濃度勾配**が生じます。これはATPのエネルギーは使いませんが、濃度勾配に逆らった輸送なので能動輸送の一種です。

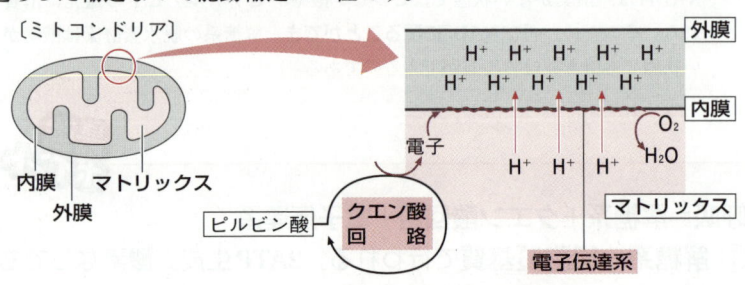

▲ 図19-1 ミトコンドリア内でのH^+の輸送

3　間隙からマトリックスへH^+が濃度勾配に従って移動する(すなわち受動輸送)力を利用して、ATPが生成されます。

▶ 図19-2 ミトコンドリアでのATPの生成

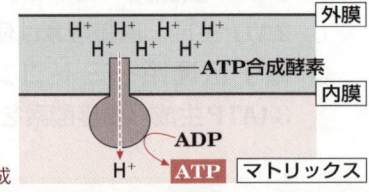

4　ちょうど，水をくみ上げて，その水が流れ落ちるのを利用して水車を回して仕事をするような感じです。つまり，水をくみ上げる（H^+の放出）のにエネルギーを使っておいて，水が流れ落ちる（H^+の流入）のを利用して仕事（ATP生成）を行うのです。

電子の伝達とATPの生成

電子伝達系での電子の伝達，およびATP生成を少しくわしく見てみよう。

脱水素酵素の働きで生じたNADHはミトコンドリアの内膜に運ばれ，Hから生じた電子が内膜中のタンパク質複合体に含まれるFMN（フラビンモノヌクレオチド）という物質に渡される。次に，電子はFeS（鉄と硫黄が結合した物質）からCoQ（補酵素Q）に，さらに，膜タンパク質の1つ**シトクロム**に含まれる鉄のイオンを酸化還元しながら順次渡され，内膜内を移動していく。この電子の流れのエネルギーを使って，マトリックス内のH^+が外膜と内膜の間に輸送される（NADH 1分子あたり約9個のH^+が，$FADH_2$ 1分子あたり6個のH^+が輸送される）。これらのH^+がATP合成酵素の粒子内を濃度勾配に従って流入すると，ADPからATPが生成される。流れてきた電子は最終的にはシトクロムオキシダーゼの働きで酸素と結合して水になる。

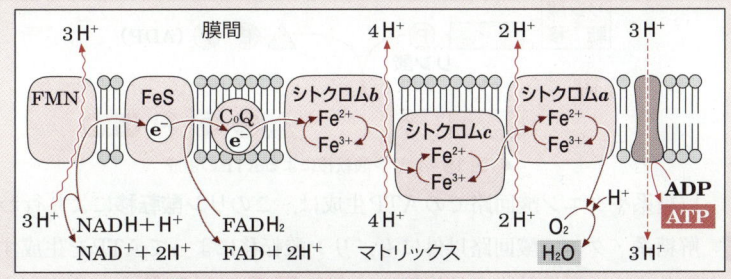

▲ 図19-3 電子伝達系における電子の流れとATP生成

このとき，3個のH^+の流入で1ATPが生成されるので，NADH 1分子からは3ATP，$FADH_2$からは2ATPが生成される計算になる。グルコース1分子あたり，解糖系およびクエン酸回路で生じたNADHは全部で10分子，$FADH_2$は2分子なので，これらが電子伝達系で使われると最大34ATPが生成されることになる。ただしこれは理論値で，実際には30ATP程度しか生成されない。このようなしくみでのATPの生成を**酸化的リン酸化**という。

> **最強ポイント**
>
> 【電子伝達系でのATP生成（酸化的リン酸化）】
> ① マトリックスから膜間隙へH$^+$を能動輸送で運ぶ。
> ② 膜間隙からマトリックスへのH$^+$流入時のエネルギーにより，ATP生成。

2　リン酸転移によるATP生成

1　これまで見たのは，電子伝達系でのATP生成でした。呼吸ではこれ以外に，解糖系やクエン酸回路でもATPが生成されていましたね。これらはまた別のしくみによって生成されます。

2　もともとATPがたくさんのエネルギーを蓄えることができるのは，**高エネルギーリン酸結合**をもっているからでしたね。

3　同様に，ATPでなくても高エネルギーリン酸結合をもっている物質があれば，そこからリン酸をADPに転移させることで，ATPが生成されるわけです。

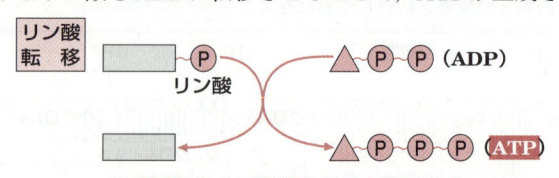

▲ 図19-4　リン酸転移によるATPの生成

　解糖系やクエン酸回路でのATP生成は，この**リン酸転移**により行われます。

4　解糖系・クエン酸回路以外にも，リン酸転移によってATPを生成する反応があります。脊椎動物の骨格筋には**クレアチンリン酸**という高エネルギーリン酸化合物が多量に含まれています。このクレアチンリン酸のもつリン酸を**クレアチンキナーゼ**という酵素の働きでADPに転移すると，クレアチンリン酸はクレアチンに，ADPはATPになります。

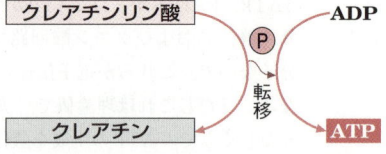

▲ 図19-5　骨格筋中でのATPの生成

第19講　異化のしくみ②（電子伝達系でのATP生成）

> **最強ポイント**
> 解糖系・クエン酸回路でのATP生成＝リン酸転移による。

3 ATP転換率

1 ある有機物から生じたエネルギーの何%がATP生成に用いられたかを表す値を **ATP転換率（エネルギー効率，エネルギー転換率）** といいます。

2 グルコース1モルを完全に酸化分解すると，2870kJのエネルギーが放出されます。一方，グルコース1モルからは呼吸によって最大38モルのATPが生成されましたね。

> 1モル(mol)は粒子6.02×10^{23}個。その質量は原子量（分子量）にgの単位をつけたものに等しいので1モルのグルコースは180g。

3 ATP 1モルの生成には約31kJのエネルギーが使われます。このときのATP転換率は何%でしょうか。

> J（ジュール）…エネルギーの単位。1 J = 0.239cal
> （1cal = 4.184 J）
>
> 実際には，29〜38kJ

$$\frac{31\text{kJ/モル} \times 38\text{モル}}{2870\text{kJ}} \times 100 ≒ 41 [\%]$$

となります。

4 このように，約4割のエネルギーはATP生成に使われ，残り6割は熱エネルギーとして放出されてしまいます。恒温動物では，この熱エネルギーを体温維持に利用しています。

> **最強ポイント**
> ① ATP転換率 ＝ $\dfrac{\text{ATP生成に用いられたエネルギー}}{\text{有機物の分解で生じたエネルギー}} \times 100$
> ② ATPに変換されなかったエネルギーは，熱エネルギーとして放出される。

第20講 呼吸の実験

ツンベルク管を使った脱水素酵素の実験および呼吸商の実験をマスターしましょう。

1 ツンベルク管を使った実験

1 右の図のような器具を**ツンベルク管**といいます。このツンベルク管を使った**脱水素酵素**の実験を紹介しましょう。

〔脱水素酵素の働きを調べる実験〕

1. 脱水素酵素を多く含んでいるもの，たとえばニワトリの胸の筋肉をすりつぶしてろ過したものを酵素液として，ツンベルク管の主室に入れます。

2. 脱水素酵素の基質となる**コハク酸**を含んだ物質としてコハク酸ナトリウム溶液を副室に入れます。さらに，**メチレンブルー**という**青色**の物質も副室に入れます。

3. 真空ポンプ(アスピレーター)につないで，管の中の空気を抜き取ります。

4. 副室をまわして，孔をふさぎます。次に管を倒して，副室の液を主室の液と混ぜます。

5. その結果，最初は青色だった液の色が次第に無色に変化します。

〔ツンベルク管〕
副室
コハク酸ナトリウム＋メチレンブルー
空気を抜く。
主室
酵素液

副室をまわして，孔をふさぐ。

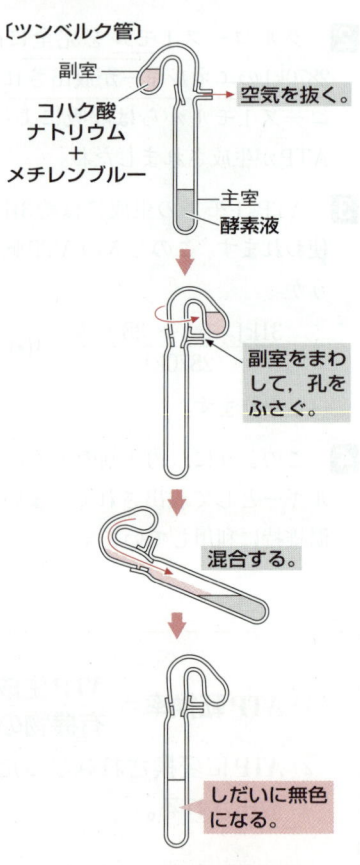

混合する。

しだいに無色になる。

▲ 図20-1 脱水素酵素の実験

第20講 呼吸の実験

2 このとき，どのような反応が起こったのかを見てみましょう。

酵素液に含まれている脱水素酵素，厳密には**コハク酸脱水素酵素**の働きで，**コハク酸から水素が奪われます**。奪われた水素はFADに預けられ，FADH$_2$となります。さらに，メチレンブルー(Mb)は水素と結合しやすい物質であるため，FADH$_2$の水素を奪い取り，**MbH$_2$（還元型メチレンブルー）** となります。もともと**Mbは青色**ですが，**MbH$_2$は無色**の物質なので，MbがMbH$_2$に変化するにつれて，管内の液も青色から無色に変化することになります。図示すると，次のようになります。

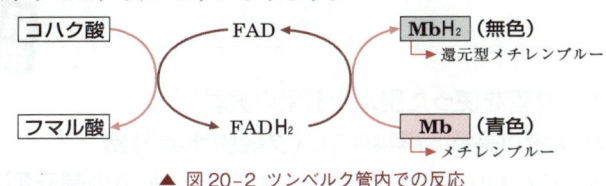

▲ 図20-2 ツンベルク管内での反応

したがって，青色が無色になるのにかかる時間を測定してやれば，脱水素酵素の反応速度を調べることができます。

3 実験終了後，副室をまわして孔(あな)を開けて空気を入れると，無色だった液が再び青色に戻ります。これは，**還元されていたメチレンブルーが，空気中の酸素によって酸化され，青色のメチレンブルーに戻ったから**です。

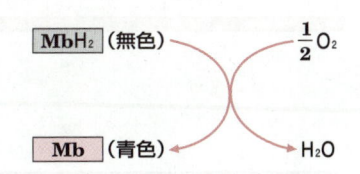

4 ですから，管の中に空気があると，**還元型メチレンブルーがすぐに酸化型メチレンブルーに戻ってしまい，無色に変化しなくなってしまいます**。だから，実験を始める前にあらかじめ真空ポンプで管の中の空気をぬく必要があるのです。

5 コハク酸脱水素酵素は，呼吸の**クエン酸回路**に関与する酵素です。実際の細胞内でもコハク酸脱水素酵素はコハク酸から水素を奪い，FADに預けます。実際の細胞ではFADH$_2$の水素は電子伝達系に使われ，最終的には酸素と結合して水になります。このツンベルク管での実験で，青色のメチレンブルーが水素を預かって無色になり，空気を入れた後再び青色になるまでの反応は，ちょうどクエン酸回路でコハク酸から水素が奪われ，最終的に電子伝達系で水ができるまでの反応を再現したといえます。

定番論述対策 ⑦ ツンベルク管を使ったコハク酸脱水素酵素の実験で,あらかじめ管の中の空気を抜くのはなぜか。40字以内で述べよ。

ポイント 「酸素」・「メチレンブルー」・「還元」・「酸化」の4つを入れる。

模範解答例 還元型メチレンブルーが空気中の酸素によって酸化されないようにするため。(35字)

最強ポイント

【ツンベルク管を使った脱水素酵素の実験】
① **コハク酸が基質**,酵素は**コハク酸脱水素酵素**。
② **メチレンブルー(Mb)が還元されると,無色の還元型メチレンブルー(MbH_2)になる。**
③ **あらかじめ空気を抜くのは,MbH_2が酸素によって酸化されるのを防ぐため。**

---

2 呼吸商

1 呼吸で吸収した酸素の体積と放出した二酸化炭素の体積比を**呼吸商**(**RQ**;Respiratory Quotient)といい,次のような式で求めることができます。

$$呼吸商 = \frac{放出した二酸化炭素の体積}{吸収した酸素の体積}$$

＊質量比ではなく,体積比であることに注意!!

兄さん(二酸)が上

2 呼吸商の値は,その呼吸に使われた呼吸基質によって異なる値となります。グルコースのような**炭水化物を呼吸に用いた場合の呼吸商は1.0**,**タンパク質(アミノ酸)の場合は0.8**,**脂肪の場合は0.7**となります。

3 気体の体積は反応式におけるモル数に比例するので，反応式の係数から求めることもできます。

① 炭水化物（グルコース）の場合
$C_6H_{12}O_6 + \underline{6}O_2 + 6H_2O \longrightarrow \underline{6}CO_2 + 12H_2O$
（グルコース）

∴ 呼吸商 $= \dfrac{6}{6} = 1.0$

② 脂肪（脂肪酸の一種のパルミチン酸の場合）
$C_{16}H_{32}O_2 + \underline{23}O_2 \longrightarrow \underline{16}CO_2 + 16H_2O$
（パルミチン酸）

∴ 呼吸商 $= \dfrac{16}{23} \fallingdotseq 0.7$

> 脂肪酸やアミノ酸は，含まれるCやHにくらべてOの割合が少ない。そのため，多くのO_2を必要とする。その結果，呼吸商の値が1.0よりも小さくなる。

③ タンパク質（アミノ酸の一種のバリンの場合）
$C_5H_{11}O_2N + \underline{6}O_2 \longrightarrow \underline{5}CO_2 + 4H_2O + NH_3$
（バリン）

∴ 呼吸商 $= \dfrac{5}{6} \fallingdotseq 0.8$

4 逆に，**呼吸商の値から，呼吸基質を調べることができます**。たとえば，イネやコムギのように，主に**デンプン**を蓄えている種子では，発芽のときに蓄えてあるデンプンを呼吸基質として利用します。そのような種子の呼吸商は**1.0**に近い値となります。

アブラナやゴマ，トウゴマのように，主に**脂肪**を蓄えてある種子では，呼吸商は**0.7**に近い値になります。マメ科の種子には**タンパク質**が多く，呼吸商も**0.8**に近い値になります。

> アブラナからはナタネ油，ゴマからはゴマ油，トウゴマからはヒマシ油が精製される。いずれも，被子植物の双子葉類。

5 複数の呼吸基質が使われた場合，たとえば炭水化物とタンパク質の両方が使われたような場合，呼吸商の値が1.0と0.8の間の値になってしまいます。また，炭水化物と脂肪が使われて，呼吸商が0.8になってしまうこともあります。したがって，タンパク質のみを呼吸基質に使えば呼吸商は0.8になりますが，呼吸商が0.8だからといって呼吸基質が必ずしもタンパク質だとは断定できません。

+α パワーアップ 脂肪・タンパク質を使った呼吸のしくみ

脂肪やタンパク質は，どのように呼吸に使われるのかを見てみよう。

脂肪は，まず脂肪酸とモノグリセリドに分解される。脂肪酸は端から順に炭素を2つもった部分が切り離され，アセチルCoA（活性酢酸）が多数生じる（この反応を**β酸化**という）。たとえば，パルミチン酸にはCが16個あるのでパルミチン酸1分子からアセチルCoAが8分子生じることになる。生じたアセチルCoAはクエン酸回路で消費される。一方，モノグリセリドはリン酸化されてPGA（ホスホグリセリン酸）となり，解糖系の反応に使われる（⇨ p.126）。このような反応によって，脂肪の場合は炭水化物の場合よりも非常に多くのATPが生成される。

タンパク質は，まずアミノ酸に分解される。このアミノ酸からアミノ基が取られ，有機酸が生じる（これを**脱アミノ**という）。たとえば，アラニンが脱アミノ作用を受けるとピルビン酸に，グルタミン酸が脱アミノ作用を受けるとケトグルタル酸になり，アスパラギン酸が脱アミノ作用を受けるとオキサロ酢酸になる。このようにして生じた有機酸は，やはりクエン酸回路で消費されることになる。

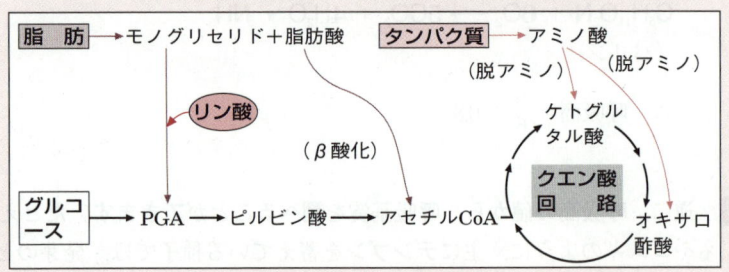

▲ 図20-3 呼吸基質と呼吸

これらの反応は可逆的なので，グルコースの分解で生じた有機酸をもとにして，脂肪やアミノ酸を生成することもできる。

最強ポイント

① 呼吸商 = $\dfrac{\text{放出した二酸化炭素の体積}}{\text{吸収した酸素の体積}}$

② （呼吸基質）（呼吸商）
- 炭水化物……1.0
- タンパク質…0.8
- 脂　肪………0.7

3 呼吸商を調べる実験

1 呼吸商を調べるには，次のような装置を使って実験します。

フラスコに呼吸の盛んな生物(たとえば発芽しかけの種子)を入れ，ビーカーに水酸化ナトリウム溶液あるいは蒸留水を入れた装置を2つ用意します。それぞれにゴム栓をして，細い管をつなぎ，細い管の1か所に着色液で印をつけます。

> 二酸化炭素を吸収する働きがある。水酸化カリウム溶液を用いることも多い。

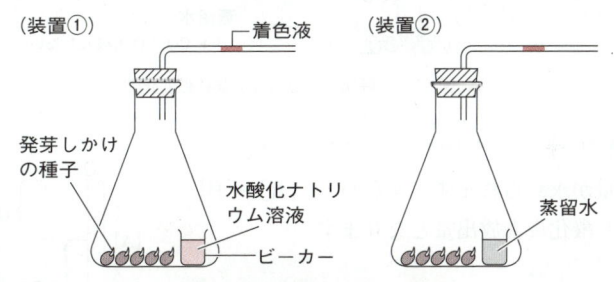

▲ 図20-4 呼吸商を調べる実験

呼吸により，フラスコ内の気体の体積が変化すれば，着色液が左または右に移動します。

2 水酸化ナトリウム溶液の入った装置①では，種子が放出した二酸化炭素が水酸化ナトリウム溶液に吸収されてしまうため，**種子が吸収した酸素のぶんだけフラスコ内の体積が減少し**，そのぶんだけ着色液が左へ動きます。このときの移動距離を[A]とします。

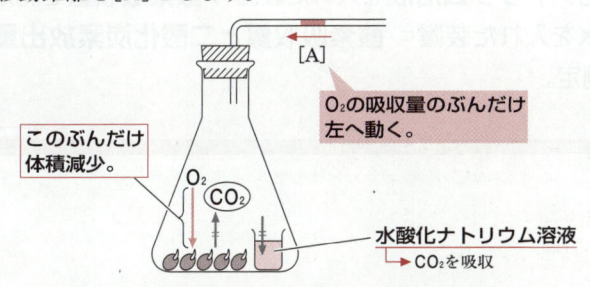

▲ 図20-5 呼吸による気体の体積の変化①

3 一方，水酸化ナトリウム溶液が入っていない装置②では，**種子が吸収した酸素と放出した二酸化炭素の差のぶんだけ体積が変化し**，そのぶんだけ着色

液が移動します。吸収する酸素のほうが多ければ着色液は左へ，放出する二酸化炭素のほうが多ければ着色液は右へ移動します。この移動距離を[B]とします(左に動いたら＋[B]，右に動いたら－[B]とすることにします)。

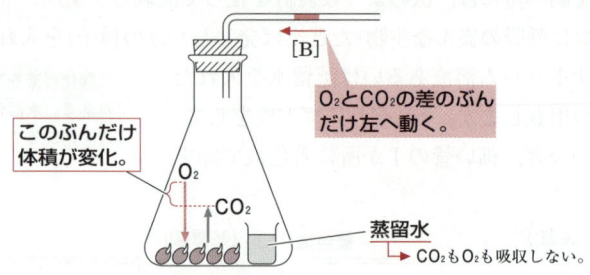

[B]
O_2とCO_2の差のぶんだけ左へ動く。
このぶんだけ体積が変化。
O_2
CO_2
蒸留水
→ CO_2もO_2も吸収しない。

▲ 図20-6 呼吸による気体の体積の変化②

4 [A]と[B]から，右図のようにして二酸化炭素放出量が求められます。すなわち，[A]－[B]の値が二酸化炭素放出量となります。

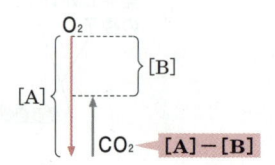

O_2
[A]
[B]
CO_2
[A]－[B]

5 したがって，これらを使うと呼吸商が求められます。

$$呼吸商＝\frac{二酸化炭素放出量}{酸素吸収量}＝\frac{[A]－[B]}{[A]}$$

> **最強ポイント**
>
> ｛ 水酸化ナトリウム溶液を入れた装置 ⇨ 酸素吸収量を測定。
> 　 蒸留水を入れた装置 ⇨ 酸素吸収量と二酸化炭素放出量の差を測定。

第21講 植物の光合成のしくみ

炭酸同化には光合成と化学合成があります。まずは光合成，それもふつうの植物の光合成を見ていきます。

1 光合成色素

1 光合成に必要な光エネルギーを吸収する色素を**光合成色素**あるいは**同化色素**といいます。光合成色素は，**クロロフィル・カロテノイド・フィコビリン**の3種類に分類されます。

2 クロロフィルには**クロロフィルa・クロロフィルb・クロロフィルcやバクテリオクロロフィル**などの種類があります。カロテノイドには**カロテン**と**キサントフィル**（フコキサンチン，ルテインなど）が，フィコビリンには**フィコシアニン**と**フィコエリトリン**があります。

　<u>ふつうの植物（コケ・シダ・種子植物）は，クロロフィルaとb，カロテンとキサントフィルをもちます。</u>

> 他の光合成色素をもつ生物については，「分類」の第112・113講で学習する。

3 クロロフィルaやbは下の図のような構造をしており，中にMg（マグネシウム）を含んでいるのが特徴です。

> ふつうの植物では，クロロフィルaとbが，ほぼ3：1の割合で含まれている。

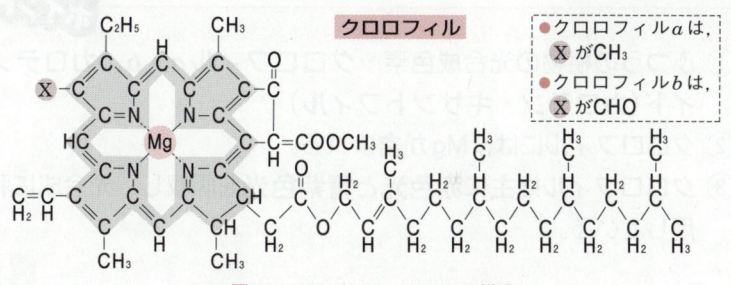

クロロフィル
- クロロフィルaは，XがCH$_3$
- クロロフィルbは，XがCHO

▲ 図21-1　クロロフィルa・bの構造

4️⃣ 光合成色素によって，どの波長の光をどれくらい吸収するかを示したグラフを**吸収曲線(吸収スペクトル)**といいます。また，どの波長の光によって，どれくらい光合成が行われるかを示したグラフを**作用曲線(作用スペクトル)**といいます。クロロフィルaとbの吸収曲線と光合成の作用曲線を示したものが次の図です。

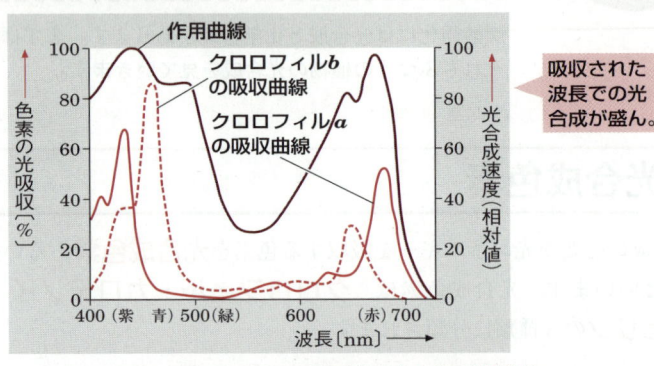

▲ 図21-2 色素の吸収曲線と光合成の作用曲線

5️⃣ 上のグラフから，クロロフィルaやbは主に**赤色光**と**青紫色光**を吸収しやすいこと，光合成も主に赤色光と青紫色光によって行われることがわかります。つまり，**吸収された赤色光や青紫色光が主に光合成に利用されている**ということになります。

6️⃣ 緑葉が緑色に見えるのは，緑葉に含まれるクロロフィルが赤色光や青紫色光を主に吸収し，逆に，緑色光などはあまり吸収せずに反射したり透過したりしているからです。

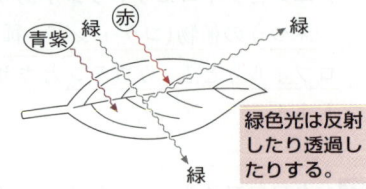

▲ 図21-3 緑葉が緑色に見えるわけ

最強ポイント

① ふつうの植物の光合成色素…**クロロフィルa・b，カロテノイド(カロテン・キサントフィル)**
② クロロフィルには，**Mg**が含まれる。
③ クロロフィルは主に**赤色光**と**青紫色光**を吸収し，光合成に利用している。

2 光合成のしくみ 〜チラコイドでの反応〜

1 まずは、葉緑体の構造の復習です。

▶ 図21-4 葉緑体の構造

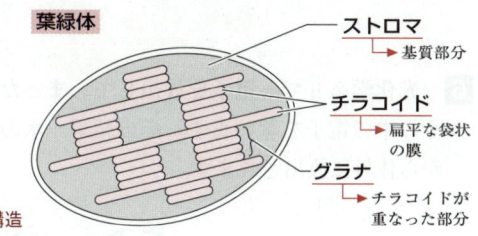

葉緑体
- ストロマ → 基質部分
- チラコイド → 扁平な袋状の膜
- グラナ → チラコイドが重なった部分

2 葉緑体のチラコイドには、クロロフィルaやクロロフィルb、カロテン、キサントフィルなどの光合成色素が、タンパク質と結合して埋め込まれています。このうち、**クロロフィルa**を**主色素**、それ以外を**補助色素**といいます。

3 光エネルギーは、これらの色素に吸収されますが、**最終的には主色素であるクロロフィルaにエネルギーが集約されます**。これを**光捕集反応**といい、ちょうど、種々の色素がアンテナのように幅広く光エネルギーを集め、そのエネルギーを中心に集めるような感じです。

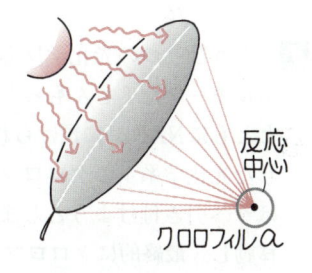

反応中心
クロロフィルa

4 クロロフィルaにエネルギーが集約されると、そのエネルギーによってクロロフィルaが活性化し、エネルギーをたくさんもった電子(e^-)が放出される反応が起こります(これを**光化学反応**といいます)。

+α パワーアップ　電子の励起とエネルギー

クロロフィルが活性化してエネルギーをたくさんもった電子が放出…、とはいったいどのような現象なのだろうか。

物質を構成する原子に存在する電子は、エネルギーを吸収することによって、1つ外側の電子軌道に移る。これを**励起状態**にあるという。逆に、通常の電子軌道にある状態を**基底状態**という。つまり、**エネルギーによって基底状態から励起状態になる**ことが活性化したということになる。この励起した電子は非常に不安定で、原子の外へ飛び出してしまう。したがって、飛び出した電子はエネルギーをもった状態であるといえる。

5 光化学反応には，光化学系Ⅰと光化学系Ⅱという2種類があります。

> 「Ⅰ」・「Ⅱ」といっても，反応の順番ではなく，先に解明されたほうが「Ⅰ」というだけ。

6 光化学系Ⅱで，電子を放出してしまったクロロフィルaは，水を分解してその中の電子を奪います。その結果，**水の分解によって酸素が発生し**，気孔から体外に放出されます。

7 もうひとつの光化学反応である光化学系Ⅰでも，クロロフィルaから，エネルギーをたくさんもった電子（e^-）が放出されます。この電子は水素イオンとともに$NADP^+$に預けられ，$NADPH + H^+$となります。一方，電子が飛び出した光化学系Ⅰのクロロフィルaは，光化学系Ⅱで放出された電子を自分のほうへ引き付けようとします。この力によって，電子は**電子伝達系**の中を移動し，最終的にクロロフィルaに渡されます。

もちろん，この電子伝達系により，ATPが生成されます。光合成での電子伝達系によるATP生成を**光リン酸化反応**といいます。

8 光合成における電子伝達系でのATP生成のしくみも，呼吸での電子伝達系の場合とほぼ同様です。

つまり，チラコイド膜に埋め込まれた種々の電子受容体の中を電子が流れたときのエネルギーを利用して，チラコイド膜内腔にH^+が運ばれます。そのため，チラコイド膜内腔のH^+濃度が上昇し，ストロマとの間にH^+の濃度勾配が生じます。次に，この濃度勾配によって，H^+がチラコイド膜腔からスト

ロマに移動する力によってATPが生成されることになります。

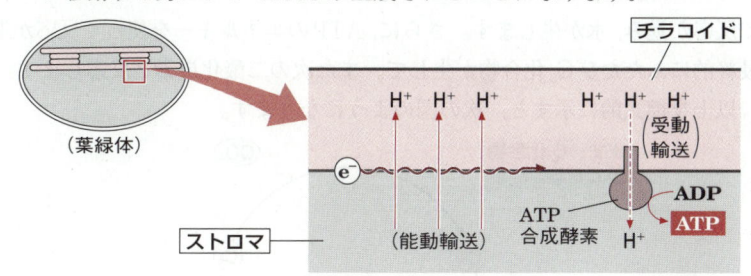

▲ 図21-5 チラコイドでのATPの生成

【葉緑体のチラコイドでの反応】
① **クロロフィルaが主色素**として働く。
② **光化学系Ⅱ**により水が分解され，**酸素**が発生する。
③ **光化学系Ⅰ**により，$NADP^+$から**NADPH**を生成する。
④ **電子伝達系**により，**ATP**を生成(＝光リン酸化反応)する。

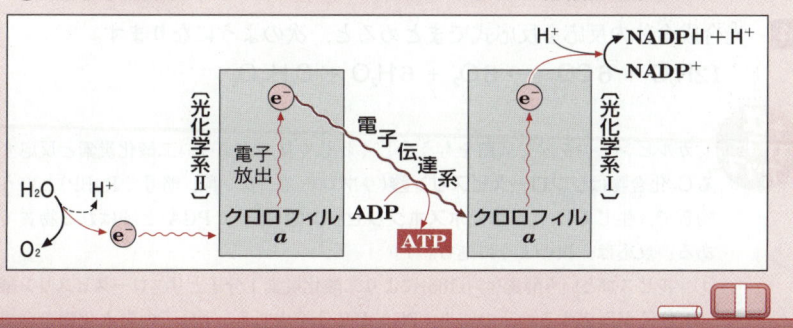

3 光合成のしくみ 〜ストロマでの反応〜

1 チラコイドでの反応で生じた**NADPH**と**ATP**，さらに，気孔から取り込んだ**二酸化炭素**を利用して，炭水化物が合成される反応が**ストロマ**で行われます。

2 まずは，吸収した二酸化炭素が**炭素を5つもつ物質**(C_5化合物)と反応し，**炭素を3つもつ物質**(C_3化合物)に変化します。 → Cの数が5＋1 →3×2

3 このC_3化合物とNADPH+H^+の水素が反応し，ATPのエネルギーを使って反応が進み，水が生じます。さらに，ATPのエネルギーを使って反応が進み，最終的にふたたびC_5化合物が生じて，また次の二酸化炭素と反応します。

以上を模式的に示すと，次の図のようになります。

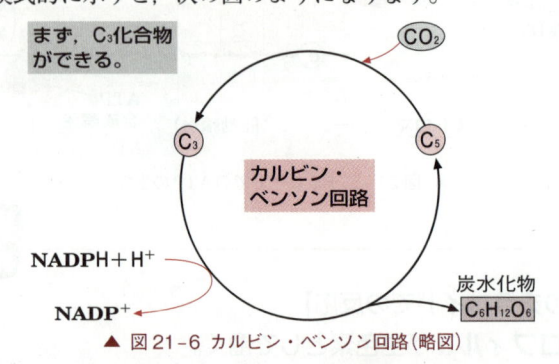

▲ 図21-6 カルビン・ベンソン回路（略図）

この回路反応を**カルビン・ベンソン回路**といいます。結果的に，二酸化炭素と水素を反応させているわけで，二酸化炭素の還元反応が行われていることになりますね。

4 光合成全体の反応を反応式でまとめると，次のようになります。

$$12H_2O + 6CO_2 \longrightarrow 6O_2 + 6H_2O + C_6H_{12}O_6$$

+αパワーアップ

カルビン・ベンソン回路をもう少しくわしく見てみよう。二酸化炭素と反応するC_5化合物は**リブロースビスリン酸**（リブロース二リン酸。略号でRuBP）という物質で，生じるC_3化合物は**ホスホグリセリン酸**（略号で**PGA**）と呼ばれる物質である。反応は，次のように進む。

① ルビスコという酵素（⇨p.166）により二酸化炭素1分子とリブロースビスリン酸1分子が反応する。その結果，PGAが2分子生じる。1分子の炭水化物の合成には6分子の二酸化炭素が使われるので，生じるPGAは12分子ということになる。

② 12分子のPGAは，12分子のNADPH+H^+の水素と12分子のATPのリン酸を受け取り，12分子の**グリセルアルデヒドリン酸**（GAP）という別のC_3化合物になり，6分子の水が生じる。

③ 12分子のグリセルアルデヒドリン酸のうちの2分子が回路から離れ，いくつかの中間物質を経て**フルクトースビスリン酸**（C_6化合物）となり，さらに，$C_6H_{12}O_6$で示される炭水化物となる。

④ 残りの10分子のグリセルアルデヒドリン酸は，何種類もの中間物質を経て，さらに，6分子のATPのリン酸を得て，再び6分子の**リブロースビスリン酸**となる。

第21講 植物の光合成のしくみ

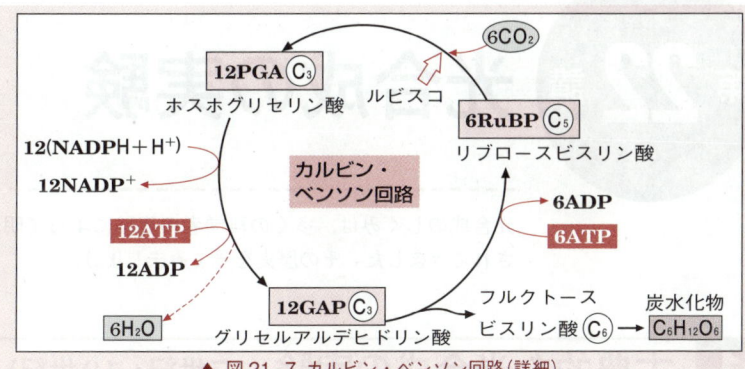

▲ 図21-7 カルビン・ベンソン回路（詳細）

光阻害

植物が行う光合成は、要約すると次のような反応である。「チラコイドで行われる反応によって水が分解されNADPHという還元力が生じ、これをストロマで行われるカルビン・ベンソン回路によって消費し、二酸化炭素を固定する」。しかし、一般に前半の反応にくらべると後半の二酸化炭素固定反応速度は小さく、どうしても還元力が過剰になってしまう。この**過剰な還元力は有害な活性酸素の生成を引き起こし、強い光がかえって光合成を低下させてしまう**。これを**光阻害**という。

乾燥による気孔閉鎖や低温によって二酸化炭素固定反応速度が低下すると、強光下でなくても同様に還元力過剰になる。

カロテノイド（カロテンやキサントフィル）は従来補助色素として働くと考えられてきたが、余分に吸収した光エネルギーを熱エネルギーに変換したりして、過剰な還元力による活性酸素の生成を抑制する働きがあることがわかってきている。

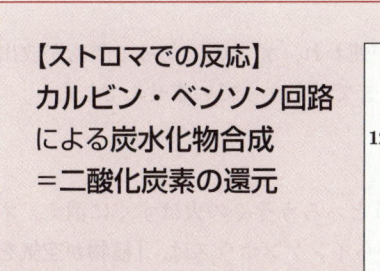

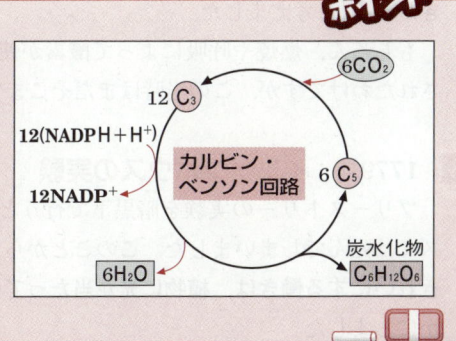

最強ポイント

【ストロマでの反応】
カルビン・ベンソン回路
による炭水化物合成
＝二酸化炭素の還元

第22講 光合成の実験

光合成のしくみは，多くの科学者の実験によって明らかにされてきました。その歴史を見てみましょう。

1 古典的な光合成の実験（17世紀〜19世紀）

1 1648年；ファン・ヘルモントの実験

植木鉢に乾燥した土90.7kgを入れ，重さ2.3kgのヤナギの苗を植え，5年間水だけで育てたところ，ヤナギは76.8kgへ74.5kgも増加しました。しかし，土は57g減少しただけでした。

このことからヘルモントは，「**植物のからだは水からつくられる**」と考えました。

2 1772年；プリーストリーの実験

密閉したガラス容器内でろうそくを燃やし，そこにネズミを入れておくと，やがてろうそくの火は消え，ネズミは死んでしまいます。しかし，植物（ハッカ）の枝を一緒に入れておくと，ろうそくが長く燃え続け，ネズミも長く生きることができました。

このことからプリーストリーは，「**植物にはまわりの空気をきれいにする働きがある**」と考えました。

もちろん，燃焼や呼吸によって酸素が使われ，光合成によって酸素が放出されたわけですが，この当時はまだそこまではわかっていませんでした。

3 1779年；インゲンホウスの実験

プリーストリーの実験を暗黒下で行うと，ろうそくの火はすぐに消え，ネズミは死んでしまいました。このことからインゲンホウスは，「**植物が空気をきれいにする働きは，植物に光が当たっているときにだけ起こる**」ことを明らかにしました。

4 1788年；**セネビエの実験**

二酸化炭素を含む水中に水草を入れて光を当てると気泡が発生しましたが，二酸化炭素を含まない水では気泡が発生しませんでした。このことからセネビエは，「**酸素を発生するには二酸化炭素が必要である**」ということを発見しました。

5 1804年；**ソシュールの実験**

密閉した容器に植物を入れて光を当てておくと，容器内の二酸化炭素が減少し，植物体の重量が増加しました。さらに，減少した二酸化炭素量よりも増加した植物体の重さのほうがはるかに大きいことから，ソシュールは，「**植物のからだは水と二酸化炭素からつくられる**」と考えました。

6 1862年；**ザックスの実験**

植物の葉の一部を光が当たらないように覆っておくと，光が当たったところでのみデンプンがつくられていました。このことからザックスは，「**植物は，光によってデンプンをつくっている**」ことを明らかにしました。

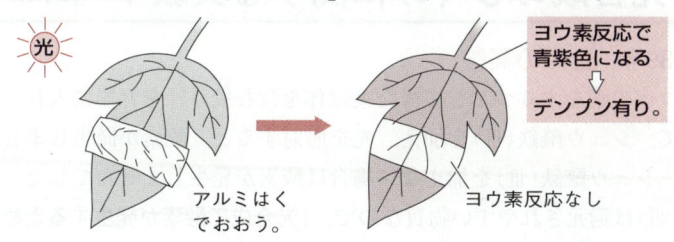

▲ 図22-1 ザックスの実験

7 1882年；**エンゲルマンの実験**

アオミドロの葉緑体の部分に光を当てると，好気性細菌が葉緑体周囲に集まったことから，「**葉緑体から酸素が発生している**」ことがわかりました。また，このとき，赤色光と緑色光を照射すると赤色光に好気性細菌が集まることや，プリズムで分けた光を照射すると赤色や青紫色の部分に好気性細菌が集まることから，「**特定の波長の光が有効である**」ことが明らかになりました。

▶ 図22-2 エンゲルマンの実験

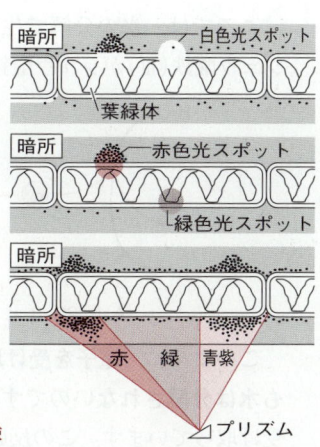

> 19世紀までの実験で，光合成について次のことが明らかにされた。
> 「植物は，**光**（赤色や青紫色）と**水**と**二酸化炭素**を使って，**酸素**を発生し，**デンプン**を合成する」
>
> $$\text{水と二酸化炭素} \xrightarrow{\text{（光）}} \text{酸素} + \text{デンプン}$$

2 光合成のしくみに関する実験（20世紀）

1 1939年；ヒルの実験

ハコベの葉をすりつぶして得た葉緑体を含む絞り汁を容器に入れ，空気を抜いて，シュウ酸鉄(Ⅲ)を加え，光を照射すると，酸素が発生しました。しかし，シュウ酸鉄(Ⅲ)を加えない場合は酸素が発生しませんでした。シュウ酸鉄(Ⅲ)は還元されやすい物質なので，「**光合成で酸素が発生するためには還元されやすい物質の存在が必要**」なことがわかりました。

ここでは，水の分解で生じた電子によってFe^{3+}が還元されてFe^{2+}となり，シュウ酸鉄(Ⅲ)がシュウ酸鉄(Ⅱ)に変化しています。

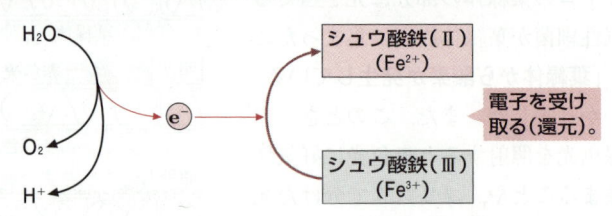

▲ 図22-3 ヒルの実験におけるシュウ酸鉄(Ⅲ)の還元

このように，電子を受け取る物質（電子受容体）がないと，光が照射されても水は分解されないのです。実際の反応では，最終的には$NADP^+$が電子を受け取っています。この反応を**ヒル反応**といいます。

+α パワーアップ ヒルの実験でシュウ酸鉄(Ⅲ)を加える理由

葉緑体中には，もともと$NADP^+$があるはずである。では，なぜ，ヒルの実験で，シュウ酸鉄(Ⅲ)を加えないと酸素が発生しないのだろうか。

この実験では，あらかじめ空気を抜いている。つまり，二酸化炭素もなくなっているのである。二酸化炭素がなければカルビン・ベンソン回路は進行しない。そのため，$NADPH+H^+$のHを消費する反応も行われない。すると，NADPHは$NADP^+$に戻れないので，$NADP^+$が供給されないことになる。したがって，もともと**葉緑体にあった電子受容体である$NADP^+$がないため，シュウ酸鉄(Ⅲ)を与えないと，水が分解されない**のである。

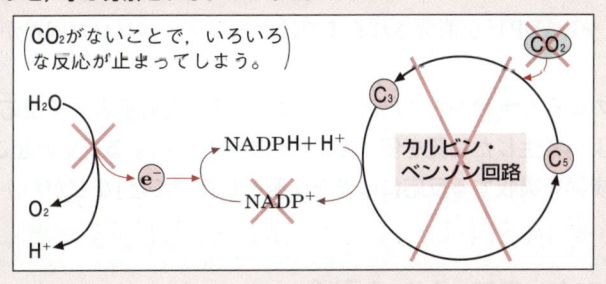

2 1941年；ルーベンの実験

酸素の同位体(^{18}O)をもつ水($H_2^{18}O$)とふつうの酸素(^{16}O)をもつ二酸化炭素($C^{16}O_2$)をクロレラに与えて光合成を行わせると，発生する酸素の中に$^{18}O_2$が見出されました。しかし，$H_2^{16}O$と$C^{18}O_2$を使って実験しても$^{18}O_2$は発生しませんでした。このことから，「**光合成で発生する酸素は二酸化炭素ではなく，水に由来する**」ことが明らかになりました。

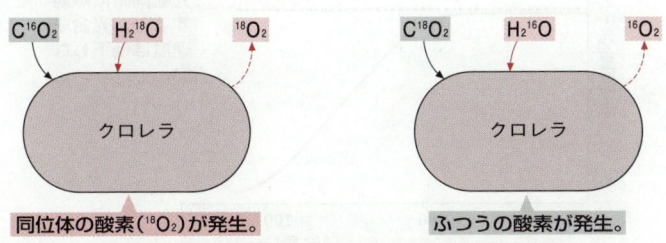

▲ 図22-4 ルーベンの実験におけるクロレラの光合成

3 1949年；ベンソンの実験

二酸化炭素がない条件で光を照射しておいた植物を，暗黒下で二酸化炭素のある条件に移すと，しばらくの間だけ二酸化炭素が吸収されます。

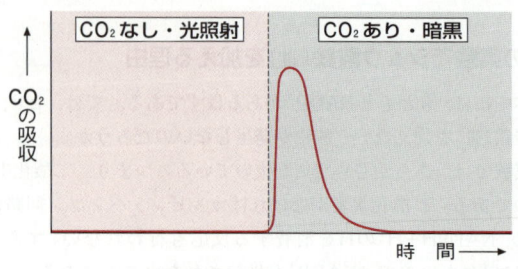

▲ 図22-5 ベンソンの実験

　暗黒下でもしばらくの間二酸化炭素が吸収されるのは，光照射で生じたATPやNADPHが消費されるまではカルビン・ベンソン回路が進行するからです。
　このような実験から，「光合成では，まず光を必要とする反応が起こり，それによって生じた物質を使って二酸化炭素を吸収する反応が起こる」こと，「二酸化炭素を吸収する反応には光を必要としないこと」などがわかりました。

4 1956年；エマーソンの実験

　クロレラに種々の波長の光を照射して光合成速度を測定すると，680nm（赤色光）より波長が長い光では，クロロフィル a に光が吸収されているにもかかわらず，光合成速度が低下します（この現象を**レッドドロップ**といいます）。このときより短波長の赤色光(650nm)を同時に照射すると，このような低下は起こらなくなります（これを**エマーソン効果**といいます）。

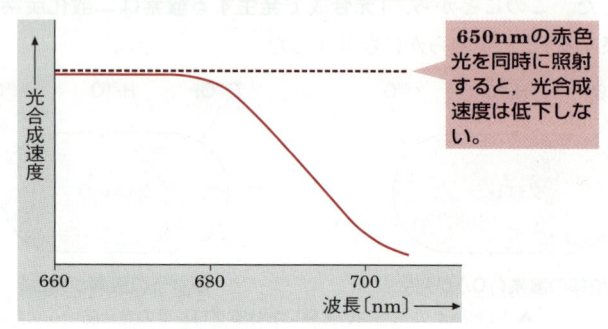

▲ 図22-6 レッドドロップとエマーソン効果

　このことから，「光化学反応では，2つの異なる反応過程が連続して起こる」ことがわかりました。

第22講 光合成の実験

+α パワーアップ エマーソン効果と光化学系Ⅱ・Ⅰ

2つの光化学反応のいずれの反応にも短波長の赤色光(650nm)が関与し、1つの光化学反応は長波長の赤色光も用いる反応であると考えると、エマーソン効果が説明できる。長波長の赤色光単独では光化学反応が十分進行しないが、短波長と長波長の赤色光を両方照射すれば2つの光化学反応が進行し、光合成も活発に行われる。

これらの研究がもとになり、長波長の赤色光を利用する**光化学系Ⅰ**と、主に短波長の赤色光を利用する**光化学系Ⅱ**が解明された。

5 1957年；カルビンの実験

放射性同位元素の炭素(^{14}C)を含む二酸化炭素($^{14}CO_2$)を一定時間クロレラに取り込ませ、熱したアルコールに浸して光合成反応を停止させます。こうして、光合成を行わせた時間ごとに^{14}Cを取り込んでいる物質を調べました。その結果、光合成を行わせる時間が短時間(1～5秒)であれば、^{14}Cは主にPGA(ホスホグリセリン酸)に取り込まれていました。

このことから、「吸収した二酸化炭素から最初に生じる物質はPGAである」ということがわかりました。

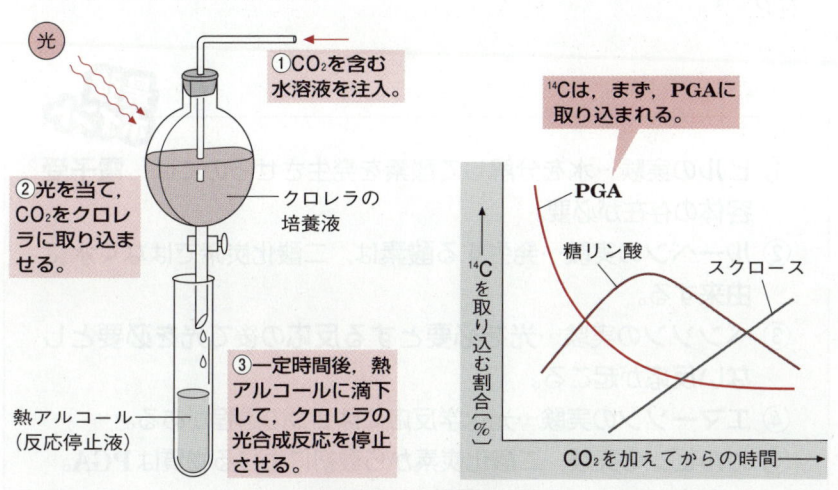

▲ 図22-7 カルビンの実験

また、$^{14}CO_2$を取り込ませて光合成を行わせておき、急に光照射を停止すると、PGAが一時的に増加し、**RuBP**(リブロースビスリン酸)が減少します。

このことから，光照射で生じた物質を用いてPGAからRuBPへの反応が進行することがわかります（PGAが増加したのは，RuBP→PGAの反応はすぐには止まらない一方でPGA→RuBPの反応がストップし，PGAがたまったため）。さらに，二酸化炭素を急に欠乏させると，PGAが減少し，RuBPが一時的に増加します。このことから，吸収した二酸化炭素を使ってRuBPからPGAへの反応が進行することがわかります。

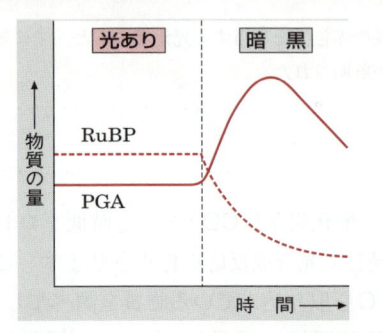

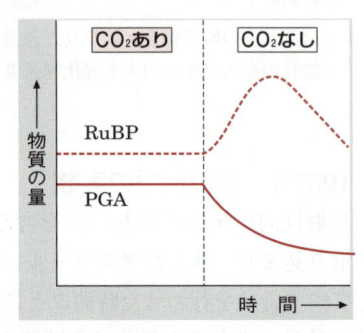

▲ 図22-8 カルビン・ベンソン回路の解明

このような実験の積み重ねによって，**カルビン・ベンソン回路**が解明されたのです。

最強ポイント

① **ヒルの実験**…水を分解して酸素を発生させるのには，**電子受容体**の存在が必要。
② **ルーベンの実験**…発生する**酸素**は，二酸化炭素ではなく**水に由来**する。
③ **ベンソンの実験**…**光を必要とする反応の後で光を必要としない反応**が起こる。
④ **エマーソンの実験**…光化学反応には**2つの過程**がある。
⑤ **カルビンの実験**…二酸化炭素から最初に生じる物質は**PGA**。
 ⇨ **カルビン・ベンソン回路の解明**

第23講 光合成のグラフ

光合成に影響を与える環境要因と光合成速度の関係を表すグラフについて学びましょう。

1 限定要因

1 光合成は，光化学反応，水の分解とNADPHの生成，光リン酸化反応（ATP生成），カルビン・ベンソン回路の4つの反応から成り立っていましたね。それぞれがどのような影響を受けるのか見てみましょう。

2 光化学反応は，もちろん**光の強さ**の影響を受けます。光化学反応で光を吸収しておけば，後の反応は，直接は光の強さの影響を受けません。

残りの反応はすべて酵素が関与する酵素反応なので，**温度**の影響を受けます。さらに，カルビン・ベンソン回路では二酸化炭素を使うため，**二酸化炭素濃度**の影響も受けるはずですね。

3 このように，光合成は，光の強さ・温度・二酸化炭素濃度という3つの要因の影響を受けるわけですが，そのうちの**最も悪い条件によって光合成速度は決められてしまいます**。たとえば，最適な温度で二酸化炭素濃度が十分あっても，光が0では光合成は行われません。この場合は，光の強さが最も悪い要因なので，光の強さによって光合成速度が決められてしまったわけです。

このように，光合成速度を決める（限定する）要因を**限定要因**といいます。

4 では，このとき，光合成速度を上昇させようと思ったら，どの要因をよい条件に変えてやればいいのでしょう。先ほどの例では光が0だったわけですから，当然光の強さをもっとよい条件にしてやれば光合成が活発に行われるはずです。でも，光を0のままにしておいて，いくら二酸化炭素濃度をふやしても，光合成速度は上昇しません。このように，**限定要因となっている要因（この場合は光）をよい条件に変えたときのみ光合成速度は上昇**し，限定要因以外の条件をさらによくしても光合成速度は変化しません。

5 ちょうど，次の図のような形の桶があったとして，この桶に入る水の量と同じように考えればいいですね。2種類の高さの枠があっても，**桶に入る水の量を決めるのは低いほうの枠**です（これが限定要因）。この低い枠を高くしてやると，桶に入る水の量が増加しますが，もともと低くなかった枠をそれ以上高くしても，桶に入る水の量は変わりません。

要因A
水
要因B

低いほうが限定要因。

限定要因でないほうをよくしても，入る水の量は変わらない。

限定要因をよくすると，入る水の量がふえる。

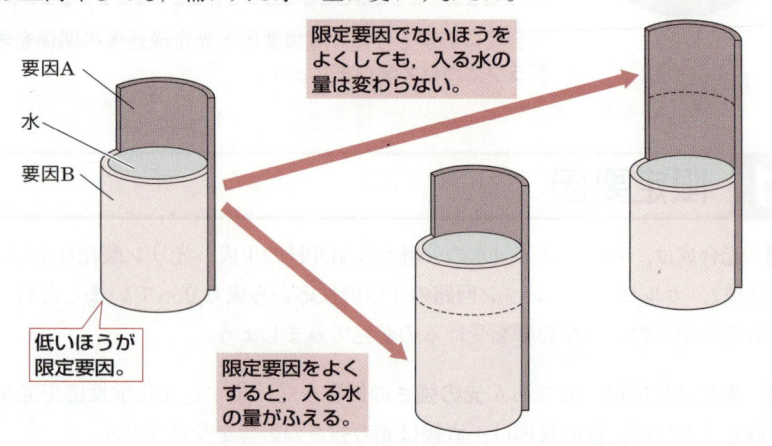

▲ 図23-1 光合成速度と限定要因のモデル

逆にいうと，**ある条件をよい条件に変えてみて，その結果，水の量が増加すれば，今変化させた条件が限定要因**だったとわかります。

6 これを光合成のグラフで考えてみましょう。

光の強さを変えて光合成速度を測定すると，右のようなグラフになります。

右のグラフでは，光の強さが5000ルクスになるまでは，光の強さを強くするにつれて光合成速度も上昇しています。つまり，**0～5000ルクスまでは光の強さが限定要因**だった

光が強くなると，光合成速度が増加。

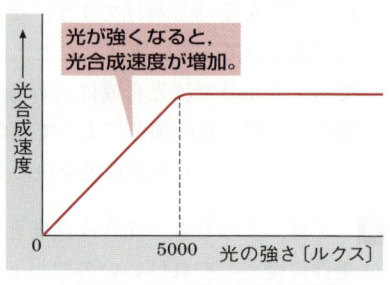

▲ 図23-2 光の強さと光合成曲線

ということになりますね。一方5000ルクス以上では，これ以上光を強くしても光合成速度が上昇しません。ということは，もう光の強さが限定要因ではなくなったということです。すなわち，**光の強さ以外（温度か二酸化炭素濃度）が限定要因**であるということになります。

第23講 光合成のグラフ

7 図23-2のグラフが，二酸化炭素は十分で，温度が15℃のときのグラフだとしましょう。では，温度だけをもっといい条件である20℃に変えるとどのようなグラフになるでしょう。下の左図ではなく右図のようになります。

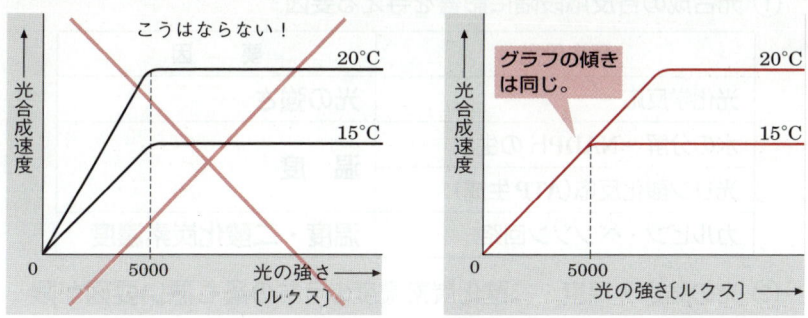

▲ 図23-3 温度と光合成曲線

8 15℃のときは5000ルクスまでは光の強さが限定要因だったわけですから，**限定要因以外である温度を20℃に変えても光合成速度は変化しません。**つまり，5000ルクスまではグラフの傾きは同じです。したがって，上の左図のようにはならないのです。

9 同様に，横軸に二酸化炭素濃度をとった場合，温度をとった場合のグラフは次の図①・図②のようになります。

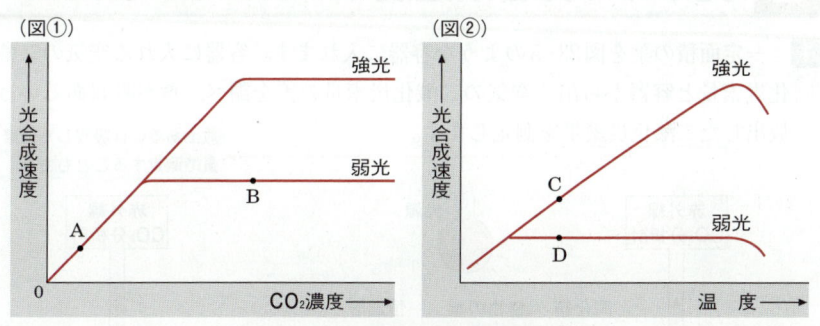

▲ 図23-4 CO_2濃度・温度と光合成速度

図①のA点では，二酸化炭素濃度が増加すると光合成速度が増加しているので**二酸化炭素濃度が限定要因**，B点では二酸化炭素濃度が増加しても光合成速度は変わらず光の強さが強くなると光合成速度が増加しているので**光の強さが限定要因**です。同様に，図②のC点では**温度が限定要因**，D点では**光の強さが限定要因**です。

① 光合成の各反応段階に影響を与える要因

反応段階	要因
光化学反応	光の強さ
水の分解→NADPHの生成	温度
光リン酸化反応（ATP生成）	
カルビン・ベンソン回路	温度・二酸化炭素濃度

② 光の強さ・温度・二酸化炭素濃度のうちの**最も悪い要因**が**限定要因**となる。
③ **限定要因となっている要因**をよい条件に変えた場合のみ光合成速度が上昇（限定要因以外をよい条件に変えても光合成速度は上昇しない）。

2 見かけの光合成速度

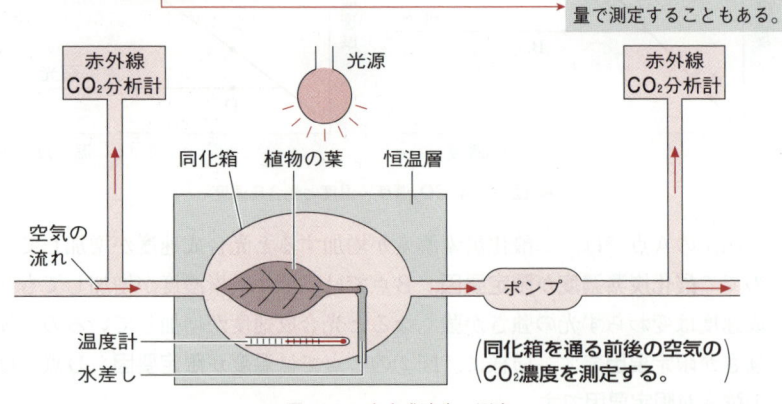

1 一定面積の葉を図23-5のような容器に入れます。容器に入れる空気の二酸化炭素量と容器から出る空気の二酸化炭素量の差を調べ，葉が吸収あるいは放出した二酸化炭素量を測定します。

放出あるいは吸収した酸素量で測定することもある。

▲ 図23-5 光合成速度の測定

第 **23** 講　光合成のグラフ

2　照射する光の強さを変化させ，測定された値をグラフにすると，次のようなグラフになります。

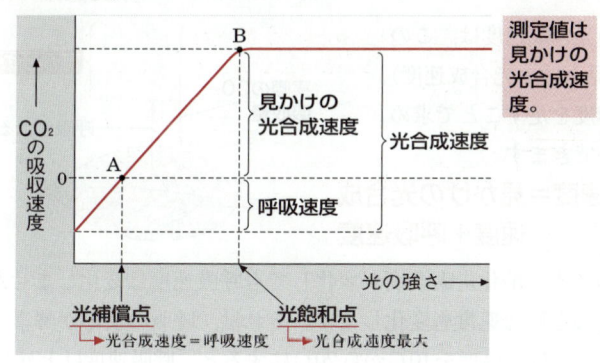

▲ 図 23-6　光-光合成曲線

3　ただし，光合成を行っているときも行っていないときも呼吸は行っています。したがって，このような装置で測定できるのは，光合成で吸収した二酸化炭素と呼吸で放出した二酸化炭素の差です。

　つまり，このようにして測定した値は本当の光合成速度を表しているわけではないので，これを**見かけの光合成速度**といいます。

4　図23-6のA点では，光合成速度と呼吸速度が同じ値で，見かけの光合成速度が0になっています。このときの光の強さを**光補償点**といいます。

　また，B点以上では，光の強さをこれ以上強くしても光合成速度は上昇しなくなっています。このような状態を**光飽和**の状態といい，光飽和の状態に達したときの光の強さを**光飽和点**といいます。

5　横軸に二酸化炭素濃度をとって見かけの光合成速度のグラフを描く場合もあります。この場合も次のようになります。

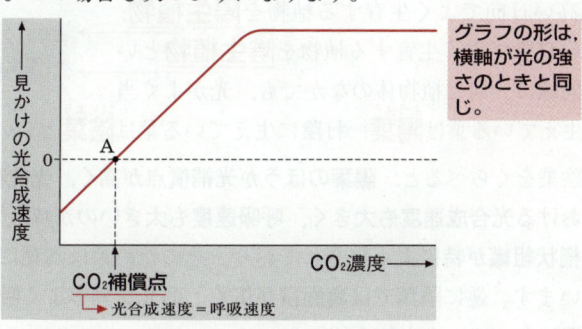

▲ 図 23-7　CO_2 濃度と光合成曲線

6 このときのA点は，光合成速度と呼吸速度が等しく，見かけの光合成速度が0になっており，このときの二酸化炭素濃度を**CO_2補償点**といいます。

7 実際の光合成速度は，この測定値（見かけの光合成速度）に呼吸速度を足すことで求めることができます。

光合成速度＝見かけの光合成　　　　速度＋呼吸速度

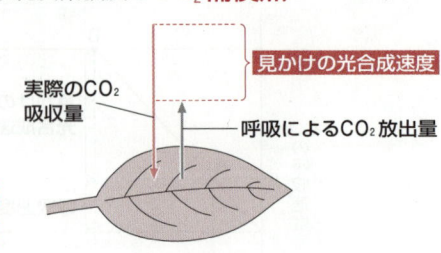

実際のCO_2吸収量　　見かけの光合成速度　　呼吸によるCO_2放出量

8 光の強さや二酸化炭素濃度が変化しても呼吸速度は変化しませんが，**温度が変化すると呼吸速度も変化します**。それは，呼吸の反応が酵素反応だからです。たとえば，温度を10℃から20℃にすると，呼吸速度は上昇します。

9 したがって，温度が10℃の場合と20℃の場合の見かけの光合成速度のグラフを比較すると，次のようになります。

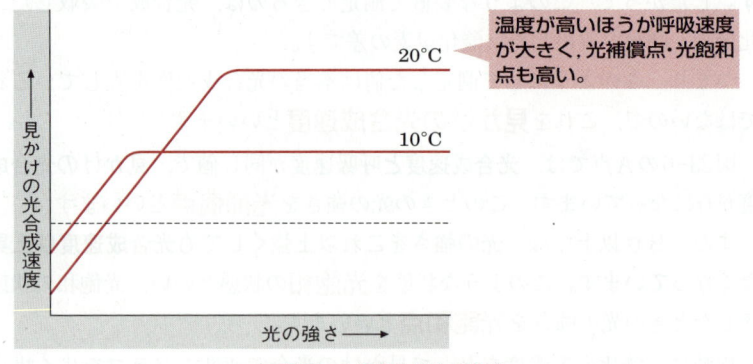

温度が高いほうが呼吸速度が大きく，光補償点・光飽和点も高い。

▲ 図23-8　温度と光合成曲線

10 照度の高い日向(ひなた)でよく生育する植物を**陽生植物(ようせい)**，照度の低い日陰でよく生育する植物を**陰生植物(いん)**といいます。同様に，同じ植物体のなかでも，光がよく当たる所に生えている葉を**陽葉(ようよう)**，日陰に生えている葉を**陰葉(いんよう)**といいます。

漢字に注意！「陽性」や「陰性」ではない!!

11 陽葉と陰葉をくらべると，**陽葉のほうが光補償点が高く，光飽和点も高く，光飽和における光合成速度も大きく，呼吸速度も大きい**のが特徴です。また，**陽葉では柵状組織が特によく発達しており，そのため葉は陰葉にくらべて厚くなっています**。逆に**陰葉では葉面積が広く，弱光を効率よく吸収するのに適した構造になっています**（⇒図23-9）。

第23講 光合成のグラフ

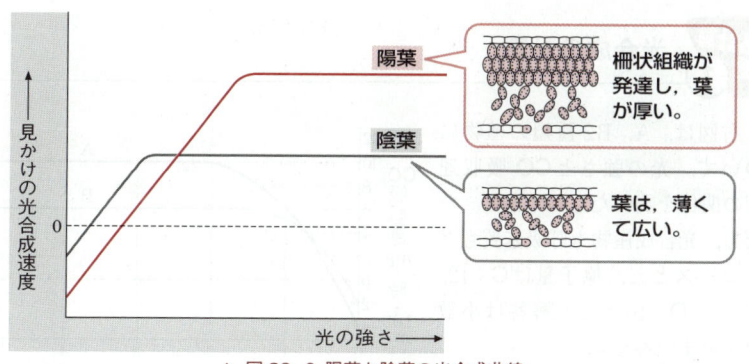

▲ 図23-9 陽葉と陰葉の光合成曲線

定番論述対策 ⑧ 光補償点を，次の用語を必ず使って40字以内で説明せよ。
〔用語〕 見かけの光合成速度，呼吸速度

ポイント 用語の説明では，最後の締めが大切。光補償点とは「…という点」ではなく，「…というときの光の強さ」のこと。必ず，「光の強さ」あるいは「照度」で締めくくる。もし「CO_2補償点は？」と問われたら，「…というときの二酸化炭素濃度」で締めくくる。

模範解答例 光合成速度と呼吸速度が等しく，見かけの光合成速度が0のときの光の強さ。(35字)

最強ポイント

① 測定値は，(真の)光合成速度から呼吸速度を差し引いた値
　⇨ 見かけの光合成速度
② 測定値(見かけの光合成速度)＋呼吸速度＝(真の)光合成速度
③ 光補償点…光合成速度と呼吸速度が等しく，見かけの光合成速度が0のときの光の強さ。
④

	光補償点	光飽和点	呼吸速度	葉の特徴
陽葉	高い	高い	大きい	柵状組織が発達し，厚い
陰葉	低い	低い	小さい	薄く，広い

定番計算例題 1 　光合成の計算

右図は，A，B2種類の植物について，光の強さとCO_2吸収速度の関係を調べたものである。ただし，光合成産物も呼吸基質もグルコースとし，原子量はC：12，H：1，O：16とし，解答は小数第1位まで答えよ。

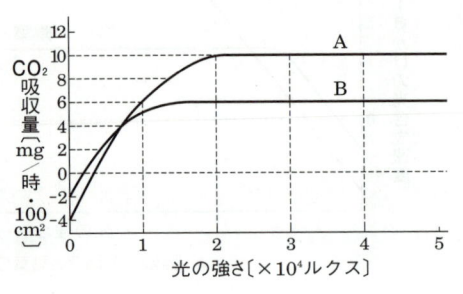

（グラフ：縦軸 CO_2吸収量〔mg／時・100cm²〕，横軸 光の強さ〔×10⁴ルクス〕。AとBの曲線）

問1　光飽和におけるAの光合成速度は，Bの光合成速度の何倍か。

問2　$1×10^4$ルクスの光を2時間照射したとき，Aの植物の200cm²の葉で合成されるグルコース量を求めよ。

問3　Aの植物の葉100cm²に，$3×10^4$の光を12時間照射し，その後12時間暗所に置いた。24時間後の乾燥重量はどう変化したか。

解説　**問1**　「光合成速度は？」と問われたら，見かけの光合成速度ではなく，(真の)光合成速度を答えます。光飽和におけるAの見かけの光合成速度は10，呼吸速度は光が0のところを読んで4，よって，Aの(真の)光合成速度は，10＋4＝14。同様に，光飽和におけるBの光合成速度は，6＋2＝8。よって，

$$\frac{14}{8} = 1.75〔倍〕$$

問2　問われているのは「合成」されるグルコース量なので，実際に光合成によって合成されたグルコース量，すなわち(真の)光合成速度です。よって，吸収する二酸化炭素量についても，本当に吸収した二酸化炭素量を，まず求めます。

$1×10^4$ルクスの光を照射したときのAの見かけの光合成速度は6，呼吸速度は4なので，6＋4＝10〔mg〕。これは，1時間あたり100cm²での値なので，2時間で200cm²では，10×2×2＝40〔mg〕。このCO_2が光合成によってグルコース($C_6H_{12}O_6$)になります。光合成の反応式より，6モルのCO_2(6×44)から1モルの$C_6H_{12}O_6$(180)が合成されるので，40mgからだと，

$$\frac{40 × 180}{6 × 44} = 27.27〔mg〕$$

第23講 光合成のグラフ

問3 乾燥重量の変化量とは，光合成と呼吸によって，差し引き蓄積したグルコース量のことです。差し引きの値なので，見かけの光合成速度を答えます。

3×10^4 の光を12時間照射したときのAの見かけの光合成量は，$10 \times 12 = 120$ 〔mg〕。12時間暗所に置いたときの呼吸量は，$4 \times 12 = 48$ 〔mg〕。よって，24時間で差し引き吸収された CO_2 量は，

$120 - 48 = 72$ 〔mg〕。

この CO_2 が，結果的に蓄積するグルコースになるので，

$$\frac{72 \times 180}{6 \times 44} = 49.09 \text{〔mg〕}。$$

問われているのは「乾燥重量はどう変化したか」なので，増加したのか減少したのかも答えること。これだけグルコースが蓄積したのだから，もちろん乾燥重量は増加したことになります。

答 問1 **1.8倍**　問2 **27.3 mg**　問3 **49.1 mg 増加**

最強ポイント

① 「光合成速度は？」と問われたら
　　　　　　　⇨ （真の）光合成速度を答える。
② 「合成量は？」と問われたら ⇨ （真の）光合成速度を答える。
③ 「増加量は？」と問われたら ⇨ 見かけの光合成速度を答える。
④ 「乾燥重量は？」と問われたら
　　　　　　　⇨ 見かけの光合成速度をグルコース量で答える。

第2章 代謝

第24講 C₄植物とCAM植物

今まで学習してきた植物とは少し異なる反応を行う光合成植物を見てみましょう。

1 C₄植物

1 今まで学習してきた植物では，二酸化炭素を吸収して最初に生成される物質は**PGA**(ホスホグリセリン酸)で，それは**炭素を3つもつ化合物**でした。ところが，**二酸化炭素から最初に生成される物質が炭素を4つもつ化合物**であるという植物もあるのです。このような植物を**C₄植物**と呼びます。
　一方，今まで学習してきたような光合成を行う植物を**C₃植物**といいます。

2 C₄植物の光合成の反応を見てみましょう。
　気孔から取り込まれた二酸化炭素は，C₃植物であれば，炭素を5つもつ**RuBP**(リブロースビスリン酸)と反応するのでしたね。ところが，C₄植物の場合は，**吸収された二酸化炭素は，まず炭素を3つもつ化合物と反応します。**その結果，炭素を4つもつ化合物(**オキサロ酢酸**)が生じるのです。　　　　　　　　　ホスホエノールピルビン酸
　ここまでの反応を**葉肉細胞**で行います。

3 次に，生じた炭素4つの化合物は，同じ炭素4つの化合物(リンゴ酸)となり，**葉肉細胞から維管束鞘細胞へと移行**します。そして，維管束鞘細胞で炭素4つの化合物から再び炭　　　　　　維管束のまわりにある細胞。
素3つの化合物(ピルビン酸)に戻り，このとき二酸化炭素が生じます。生じた二酸化炭素は，C₃植物と同じくカルビン・ベンソン回路中に取り込まれ，RuBPと反応してPGAとなります。
　このあとは，C₃植物とまったく同じカルビン・ベンソン回路が行われることになります。

第24講　C_4植物とCAM植物

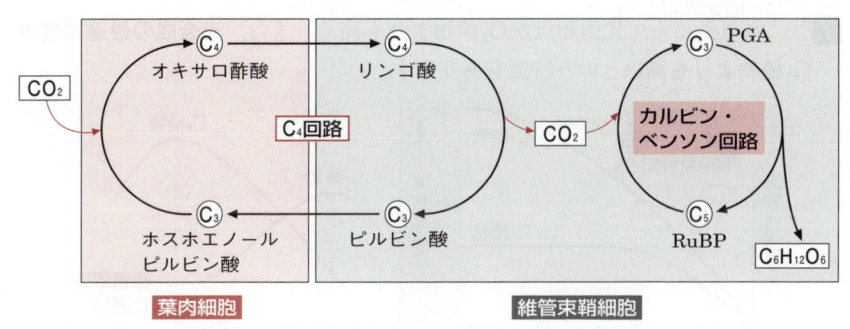

▲ 図24-1　C_4植物の光合成のしくみ

4 最終的には維管束鞘細胞でカルビン・ベンソン回路により炭水化物を生成するため，C_3植物とは異なり，C_4植物では**維管束鞘細胞にも葉緑体が存在します**。

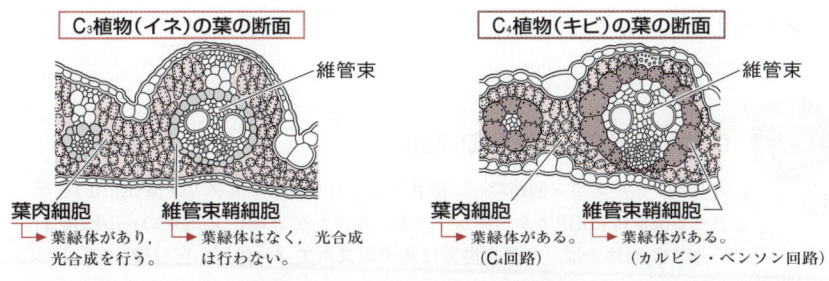

▲ 図24-2　C_3植物とC_4植物の葉の断面

5 最初に二酸化炭素とC_3化合物からC_4化合物が生じ，再びC_3化合物に戻る反応をC_4回路といいます。このようなC_4回路をもつことは，どのような意義があるのでしょう？

6 実は，地球上の二酸化炭素濃度は約0.04％程度で，植物にとっては非常に不足気味の濃度なのです。言いかえると，一般の植物（C_3植物）にとっては二酸化炭素濃度が限定要因となって，光合成速度は抑えられている状態なのです。しかし，C_4回路をもつことによって，外界の二酸化炭素をいったんC_4回路によってどんどん取り込み，二酸化炭素を濃縮することができます。このようにして濃縮した二酸化炭素を使ってカルビン・ベンソン回路を行うことができるので，**C_4植物では二酸化炭素濃度が限定要因とならず，C_3植物にくらべて非常に高い光合成速度を示すことができる**という特徴をもっているのです。

7 これ以外にも，光飽和点がC_3植物よりも高く，また，**光合成の最適温度がC_4植物よりも高い**という特徴もあります。

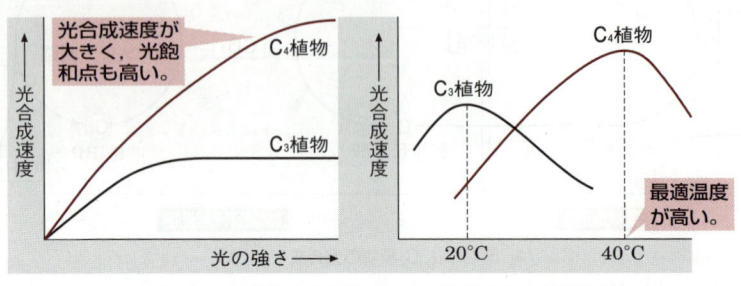

▲ 図24-3 C_3植物とC_4植物のちがい（光飽和点と最適温度）

8 このようなC_4植物の代表例としては，**サトウキビ**や**トウモロコシ**があります。

> これ以外にも，ヒユ・ススキ・メヒシバ・アワ・チガヤ・ハゲイトウ・マツバボタンなどがC_4植物として知られている。

+α パワーアップ C_4植物の光合成効率が高い理由

カルビン・ベンソン回路で，二酸化炭素とリブロースビスリン酸（RuBP）を反応させる酵素はRuBPカルボキシラーゼ／オキシゲナーゼ（RubisCO，**ルビスコ**）という。C_4回路では，二酸化炭素はまず**ホスホエノールピルビン酸**（PEP）という物質と反応してオキサロ酢酸（C_4）となるが，このときに働く酵素（PEPカルボキシラーゼ）は，ルビスコにくらべると，非常に二酸化炭素との親和性が高い酵素，つまり，**わずかな二酸化炭素であっても効率よく反応することのできる酵素**なのである。そのため，二酸化炭素濃度が低い大気中からでも効率よく二酸化炭素を取り込み，二酸化炭素を濃縮することができるわけである。

C_4植物がC_3植物よりも光合成速度が大きくなるのには，もう1つ理由がある。

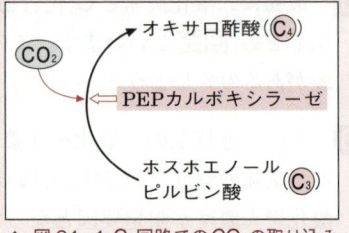

▲ 図24-4 C_4回路でのCO_2の取り込み

一般に，光が非常に強くなると，かえって光合成速度が低下してしまう**強光阻害**という現象が起こる。この原因となるのが**光呼吸**という反応である。光呼吸とは，RuBPが二酸化炭素とではなく酸素と結合してしまい，ホスホグリコール酸とPGA（ホスホグリセリン酸）になり，ホスホグリコール酸はその後二酸化炭素を放出し，NADPHとATPを消費してPGAに戻るという反応である。

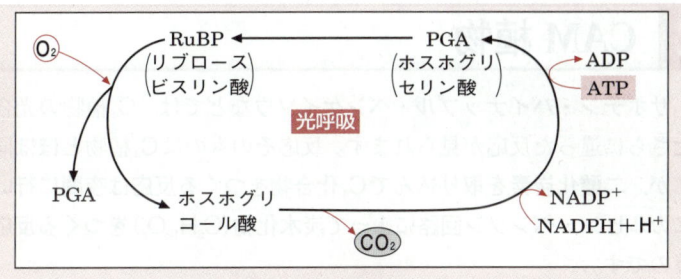

```
        RuBP ←─────────── PGA
   O₂ ↗ (リブロース)      (ホスホグリ)  ← ADP
       ビスリン酸         セリン酸      ATP
                  光呼吸
   ↓                                    
  PGA   ホスホグリ                    ← NADP⁺
        コール酸  ─────→              NADPH＋H⁺
                    CO₂
```

▲ 図24-5 光呼吸のしくみ

結果的に，酸素が消費されて二酸化炭素が放出されるので「呼吸」という名称で呼ばれるが，本当の呼吸のように有機物を分解してATPを生成しているわけではない。むしろ，炭酸同化に必要な二酸化炭素を放出し，大切なATPを消費してしまうという反応なので，この光呼吸が起こってしまうと炭酸固定の能率が低下してしまうことになる。

強光下で，葉肉内の二酸化炭素濃度が低下するとRuBPが酸素と反応しやすくなり，この光呼吸が活発に行われるようになってしまう。したがって，C_3植物では強光下で光合成が活発に行われるようになると同時に光呼吸も活発に行われるようになるため，強光阻害が起こってしまう。しかし，C_4植物ではC_4回路によって二酸化炭素を濃縮し，二酸化炭素濃度を高めることができるため，RuBPは酸素とはほとんど反応せず，光呼吸もほとんど行われない。そのため，強光下での光合成速度がC_3植物よりも大きくなる。

最強ポイント

【C_4植物】
① CO_2から最初に生じる物質がC_4化合物である植物。
② C_4植物の光合成…CO_2を取り込んで**濃縮する反応（C_4回路）**
　　⇨炭水化物（$C_6H_{12}O_6$）を合成する反応（カルビン・ベンソン回路）
③ C_4回路は**葉肉細胞**で，カルビン・ベンソン回路は**維管束鞘細胞**で行う。
④ CO_2濃度が限定要因とならないので，**強光下での光合成速度が非常に大きい。**
　　例 トウモロコシ・サトウキビ

2 CAM植物

1 サボテン・パイナップル・ベンケイソウなどでは，C_4植物の光合成とはまたさらに違った反応が見られます。反応そのものはC_4植物とほぼ同様なのですが，**二酸化炭素を取り込んでC_4化合物をつくる反応は夜間に行い**，最終的に**カルビン・ベンソン回路によって炭水化物（$C_6H_{12}O_6$）をつくる反応は昼間行う**のです。

2 もう少しくわしく見てみると，夜間に気孔を開いて二酸化炭素を吸収し，吸収した二酸化炭素とC_3化合物が反応して生じたオキサロ酢酸（C_4化合物）はさらに**リンゴ酸**（これもC_4化合物）となり，液胞中に蓄えられます。これらの植物は，昼間には気孔を閉じて二酸化炭素の吸収を行いませんが，夜間に蓄えてあったリンゴ酸からCO_2を取り出し，これを使ってカルビン・ベンソン回路が行われるのです。

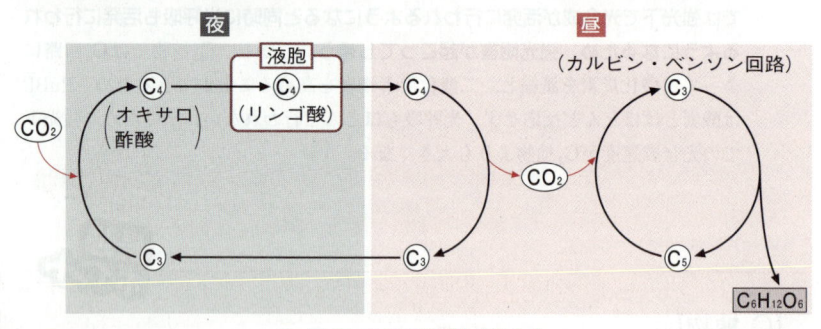

▲ 図24-6 CAM植物の光合成

3 このような反応はベンケイソウを用いた研究から発見されたので，これをベンケイソウ型代謝（Crassulacean Acid Metabolism）と呼び，このような反応を行う植物を**CAM植物**といいます。

4 CAM植物の場合，二酸化炭素からC_4化合物を生成する反応も，カルビン・ベンソン回路も，行われる場所は**葉肉細胞**です。C_4植物では，二酸化炭素を取り込む反応と炭水化物を合成する反応とを場所を変えて行う（前者を葉肉細胞，後者を維管束鞘細胞で行う）のに対し，CAM植物では時間を変えて行う（前者は夜間，後者は昼間に行う）のです。

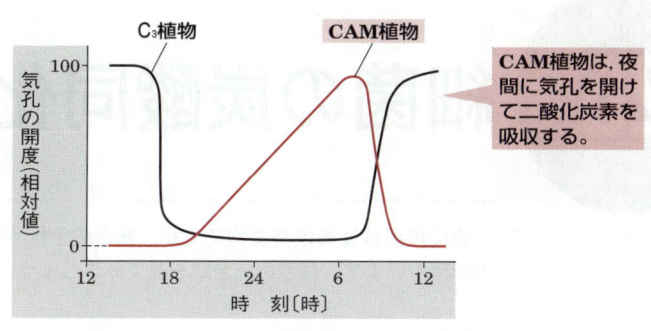

▲ 図24-7 C₃植物とCAM植物の時刻による気孔の開度の変化

5 このような反応を行う利点は何でしょう？

　CAM植物は，サボテンのように**非常に乾燥しやすい場所で生育する植物**というのが特徴です。非常に乾燥する場所では，昼間に気孔を開けると，蒸散によって体内の水分が急激に奪われてしまいます。そこで，比較的湿度の上がる夜間に気孔を開けて二酸化炭素を吸収しておき，昼間は気孔を閉じた状態で，夜間に蓄えた二酸化炭素によって炭水化物を合成しているのです。これによって，蒸散による水分損失を防ぎ，乾燥地帯での生育に適応することができるわけです。

【CAM植物】
① 夜間にCO_2を吸収し，昼間にカルビン・ベンソン回路で炭水化物($C_6H_{12}O_6$)を合成する植物。
② **CAM植物の光合成**
　CO_2を吸収して液胞中に**リンゴ酸**の形で蓄える(**夜間**)⇨リンゴ酸から生じたCO_2でカルビン・ベンソン回路を行う(**昼間**)。
③ **CAM植物の光合成は，すべて葉肉細胞で行われる。**
　例 サボテン・ベンケイソウ・パイナップル(どれも，乾燥地の植物)

第25講 細菌の炭酸同化

一般に細菌は従属栄養生物ですが，光合成を行う独立栄養の細菌もいます。細菌の光合成を見てみましょう。

1 細菌の光合成

1 温泉などが湧き出ている水の中には，光合成を行える細菌（**光合成細菌**）が生息しています。たとえば，**紅色硫黄細菌**や**緑色硫黄細菌**といった細菌です。

> これ以外にも，紅色非硫黄細菌や緑色非硫黄細菌と呼ばれるものもいる。これらの細菌は硫化水素ではなく，水素や乳酸などから水素（電子）を得ているので，酸素も硫黄も生じない。

2 これらの細菌は，**バクテリオクロロフィル**という光合成色素で光を吸収して光合成を行います。

> シアノバクテリアはクロロフィルをもち，酸素を発生する光合成を行う。ここではシアノバクテリア以外の光合成細菌について学習する。

3 二酸化炭素から炭水化物を合成するためには水素（電子）が必要ですが，これらの生物は，その水素（電子）を硫化水素の中の水素から得ています。つまり，**硫化水素を光エネルギーで分解し，生じた水素で二酸化炭素を還元して炭水化物（$C_6H_{12}O_6$）を合成します。**

　緑色植物では水を分解するので酸素が発生しますが，紅色硫黄細菌や緑色硫黄細菌では硫化水素を分解するので酸素は発生せず，**硫黄**が生じます。

4 光合成細菌の光合成を反応式で示すと，次のようになります。

$$12H_2S + 6CO_2 \longrightarrow 12S + 6H_2O + C_6H_{12}O_6$$

定番論述対策 9 植物の光合成と光合成細菌の光合成の違いについて100字以内で説明せよ。

ポイント 最も重要な違いは，水素源（電子源）が，水か，硫化水素かということ。

第25講　細菌の炭酸同化

模範解答例　植物の光合成では，二酸化炭素の還元に必要な<u>水素源が水</u>であるため水の分解によって酸素が発生するが，光合成細菌の光合成では，<u>水素源が硫化水素</u>であるため硫化水素の分解によって硫黄が生じる。(91字)

5　細菌は原核生物なので，葉緑体はありません。でも，**チラコイド様の膜**があり，ここで光を吸収したり硫化水素を分解したり，ATPをつくったりといった反応を行います。カルビン・ベンソン回路は，**細胞質基質**で行われます。

植物の光合成

$12H_2O$ → $6O_2$ 　水を使うので酸素が発生。
$6CO_2$
→ $12H_2$ → カルビン・ベンソン回路
光 → ATP / ADP
クロロフィルで光を吸収する。
→ $6H_2O$　$C_6H_{12}O_6$

紅色硫黄細菌・緑色硫黄細菌の光合成

$12H_2S$ → $12S$ 　硫化水素を使うので硫黄が生じる。
$6CO_2$
→ $12H_2$ → カルビン・ベンソン回路
光 → ATP / ADP
バクテリオクロロフィルで光を吸収する。
→ $6H_2O$　$C_6H_{12}O_6$

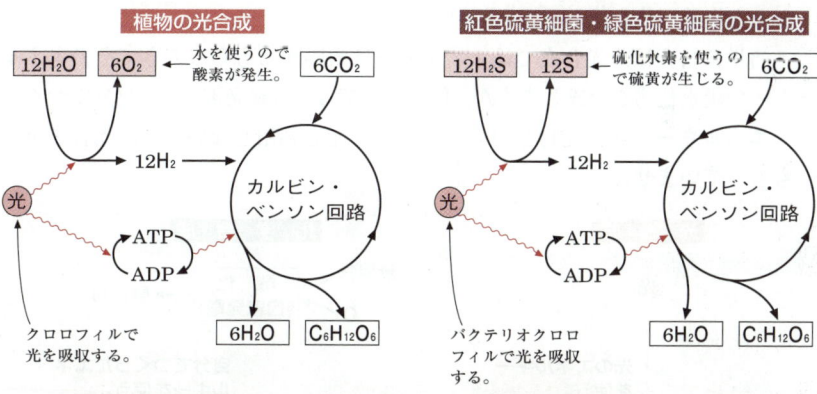

▲ 図25-1　植物の光合成と光合成細菌の光合成

最強ポイント

【植物と光合成細菌の光合成の違い】

	植物	紅色硫黄細菌・緑色硫黄細菌
エネルギー源	光	光
使う物質	水・二酸化炭素	硫化水素・二酸化炭素
生じる物質	酸素・水・炭水化物	硫黄・水・炭水化物
光合成色素	クロロフィル	バクテリオクロロフィル

2 化学合成

1 植物も光合成細菌も,エネルギー源としては光を利用します(だから光合成といいます)。ところが,光エネルギーを使わないで炭酸同化を行う生物も存在します。

2 でも,炭酸同化にはエネルギーが必要です。そのエネルギーを太陽からもらってくるのではなく,自らつくり出しているのです。**具体的には無機物を酸化し,そのとき生じる化学エネルギーを使って炭酸同化を行います。**このような炭酸同化を**化学合成(かがく)**といいます。

簡単に言えば,光合成ではエネルギーは太陽からもらってきてそのエネルギーで炭水化物を合成しますが,化学合成では,自家発電して,自分でつくったエネルギーで炭水化物をつくるのです。光を利用しないので,光合成色素ももっていません。

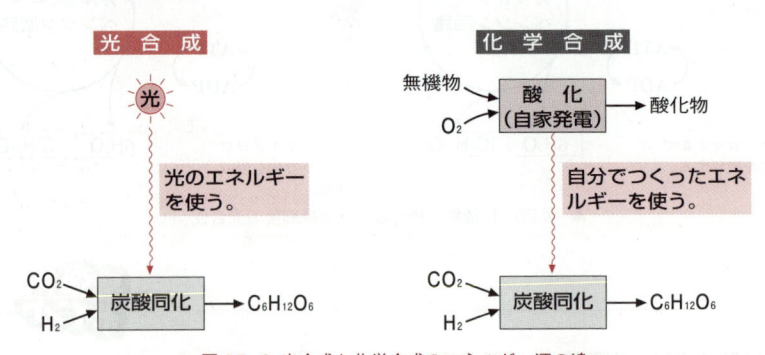

▲ 図25-2 光合成と化学合成のエネルギー源の違い

3 たとえば,**亜硝酸菌**はアンモニウムイオン(NH_4^+)を酸化して,そのとき生じる化学エネルギーを使って炭酸同化を行います。**硝酸菌**は亜硝酸イオン(NO_2^-)を酸化して,そのとき生じる化学エネルギーを使って炭酸同化を行います。**硫黄細菌**は硫化水素(H_2S)を酸化して,そのとき生じる化学エネルギーを使って炭酸同化を行います。

このように,化学合成を行う細菌を**化学合成細菌**といいます。

> これら以外にも,鉄細菌(二価の鉄を酸化してエネルギーを得る),水素細菌(水素を酸化してエネルギーを得る),一酸化炭素細菌(一酸化炭素を酸化してエネルギーを得る)などもいる。

第25講 細菌の炭酸同化

4 これらの細菌が行う<u>無機物酸化</u>の部分の反応式は，次のようになります。

亜硝酸菌：$2NH_4^+ + 3O_2 \longrightarrow 2NO_2^- + 2H_2O + 4H^+$

硝酸菌：$2NO_2^- + O_2 \longrightarrow 2NO_3^-$

硫黄細菌：$2H_2S + O_2 \longrightarrow 2S + 2H_2O$

5 亜硝酸菌と硝酸菌をまとめて**硝化菌**(しょうかきん)(硝化細菌)といい，これらの細菌によって，NH_4^+ から最終的に NO_3^- が生じる反応を**硝化**(しょうか)といいます。

6 硫黄細菌とp.170で登場した紅色硫黄細菌や緑色硫黄細菌とを混同しないようにしましょう。**硫黄細菌は化学合成を行う細菌，紅色硫黄細菌や緑色硫黄細菌は光合成を行う細菌**です。どちらも硫化水素を使いますが，硫黄細菌はエネルギーを生じさせるための無機物として利用します。紅色硫黄細菌や緑色硫黄細菌は二酸化炭素の還元に必要な水素源として利用します。

+α パワーアップ 深海底での生産者

1977年，太陽光がまったく届かない深海底で，大量の生物が生息していることが発見された。この深海底では，もちろん光合成はできない。では，いったい誰がこの場所での生態系の生産者なのだろう。

調査の結果，この深海底では，岩石の割れ目から**硫化水素**を含む熱水が噴出しており，この硫化水素を酸化して生じたエネルギーで**化学合成**を行う**硫黄細菌**がこれらの生態系を支えていることがわかった。通常の生態系の生産者は緑色植物であるが，ここでは化学合成細菌が生産者なのである。原始の地球で，最初の生物が現れたのも，このような深海の**熱水噴出孔**だったのではないかと考えられている(⇨p.683)。

最強ポイント

【炭酸同化の種類】

光合成
（エネルギー源が光）
- 水素源が水…植物，シアノバクテリア
- 水素源が**硫化水素** ┤ 紅色硫黄細菌
                      └ 緑色硫黄細菌

化学合成（エネルギー源は無機物の酸化で生じる化学エネルギー）
- 亜硝酸菌，硝酸菌
- 硫黄細菌

第26講 窒素同化

植物は独立栄養なので，自分でアミノ酸を合成し，タンパク質をつくります。そのしくみを見てみましょう。

1 窒素同化のしくみ

1 われわれ動物は，肉を食べて，そのタンパク質中のアミノ酸を吸収して，自らのタンパク質を合成します。ふつうの植物は肉は食べません。しかし，植物体もタンパク質を合成します。

外界から窒素を含む物質を取り込み，生物体を構成する窒素化合物を合成することを**窒素同化**といいます。

2 植物は，根から主に硝酸をイオンの形で吸収します。NO_3^-（**硝酸イオン**）は細胞内でNO_2^-（**亜硝酸イオン**），さらにNH_4^+（**アンモニウムイオン**）に還元されます。このようにして生じたNH_4^+は，**有機酸と反応してアミノ酸になります**。NH_4^+を吸収し，そのまま有機酸と反応する場合もありますが，主にはNO_3^-を吸収します。

3 アミノ酸は，多数の**ペプチド結合**をして**タンパク質**となります。また，アミノ酸は，**核酸やATP，クロロフィルなどの材料**としても使われます。

アミノ酸やタンパク質，核酸，ATP，クロロフィルは，すべて窒素を含む有機物なので，**有機窒素化合物**と呼ばれます。

4 植物が主に取り込む硝酸イオンは，どのようにして生じるのでしょう。

生物の枯死体中のタンパク質は，土壌中の細菌（腐敗細菌）によって分解されてNH_4^+が生じます。NH_4^+は土壌中の**亜硝酸菌**によって酸化されてNO_2^-に，さらに**硝酸菌**によって酸化されてNO_3^-になります。もちろん，これらの細菌は，第25講で学習した化学合成細菌で，無機物の酸化を行い，生じるエネルギーで炭酸同化を行っているのですが，結果として亜硝酸や硝酸が生じます。

5 以上をまとめると，次の図のようになります。

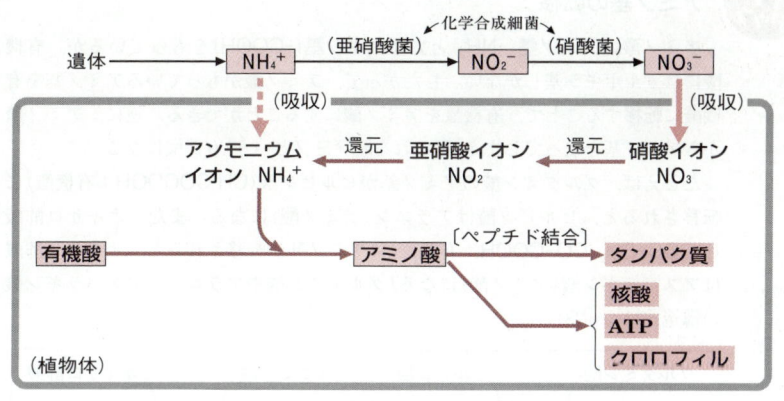

▲ 図26-1 窒素同化のしくみ（略図）

6 窒素同化の反応をもう少しくわしく見てみましょう。

NO_3^-を吸収してNH_4^+に還元すると，生じたNH_4^+は，まず**グルタミン酸**と反応して**グルタミン**になります。この反応には，ATPのエネルギーが必要で，**グルタミン合成酵素**が関与します。

生じたグルタミンと**ケトグルタル酸**（クエン酸回路に登場した有機酸の一種）とが反応し，グルタミンはグルタミン酸に，ケトグルタル酸もグルタミン酸になります。この反応には，**グルタミン酸合成酵素**が関与します。

生じたグルタミン酸に含まれるアミノ基が種々の有機酸に移されて，種々のアミノ酸が生じます。このときには，**アミノ基転移酵素（トランスアミナーゼ）**が働きます。

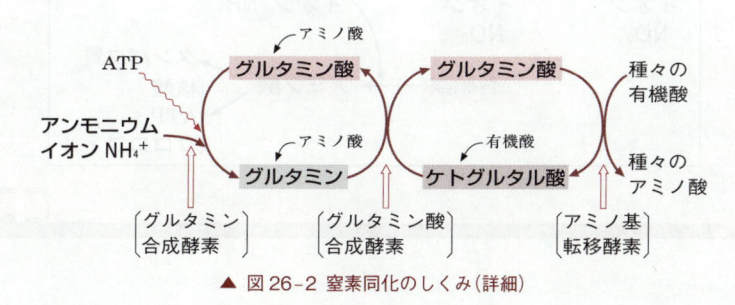

▲ 図26-2 窒素同化のしくみ（詳細）

+αパワーアップ アミノ基の転移

アミノ酸は**アミノ基**($-NH_2$)と**カルボキシ基**($-COOH$)をもっているが，有機酸にはカルボキシ基しかない。したがって，アミノ酸がもっているアミノ基を有機酸に**転移**することで，有機酸をアミノ酸にすることができる。逆に，アミノ酸からアミノ基を取ってしまえば（これを**脱アミノ**という）有機酸になる。

たとえば，グルタミン酸のアミノ基がピルビン酸（$CH_3COCOOH$；有機酸）に転移されると，ピルビン酸はアラニン（アミノ酸）になる。また，オキサロ酢酸（$HOOC-CH_2-CO-COOH$；有機酸）にアミノ基が転移されると，オキサロ酢酸はアスパラギン酸（アミノ酸）になる（グルタミン酸やアラニン，アスパラギン酸の構造式は⇨p.28）。

```
グルタミン酸       ピルビン酸        グルタミン酸        オキサロ酢酸
         ↘  -NH₂  ↙                       ↘  -NH₂  ↙
ケトグルタル酸     アラニン         ケトグルタル酸      アスパラギン酸
```

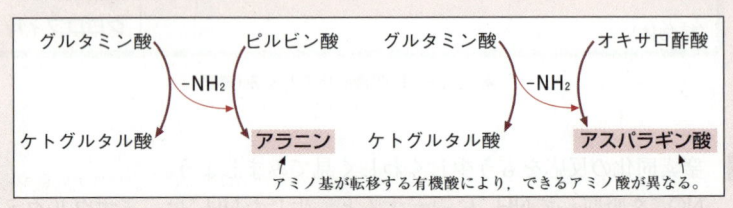

アミノ基が転移する有機酸により，できるアミノ酸が異なる。

▲ 図26-3 アミノ基転移によるアミノ酸の合成

最強ポイント

植物の窒素同化…**硝酸イオン**を還元して生じた**アンモニウムイオン**と**有機酸**を反応させて**アミノ酸**を合成。

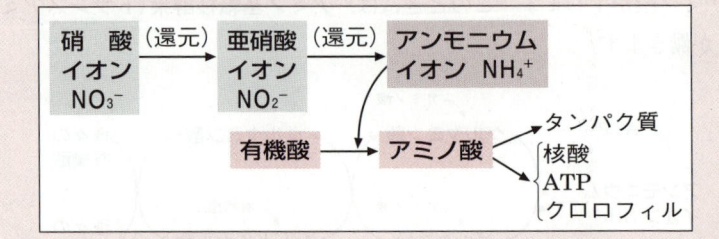

```
硝酸イオン  ─(還元)→  亜硝酸イオン  ─(還元)→  アンモニウムイオン NH₄⁺
  NO₃⁻                    NO₂⁻                        ↓
                                        有機酸  →  アミノ酸  →  タンパク質
                                                          ├ 核酸
                                                          ├ ATP
                                                          └ クロロフィル
```

2 窒素固定

1 空気中の約8割(78%)は窒素ガス(N_2)ですが，この窒素をふつうの生物は利用することができません。しかし，一部の生物は，この空気中の窒素ガス(遊離の窒素といいます)を還元してアンモニウムイオン(NH_4^+)にし，窒素同化に利用することができるのです。

このように，遊離の窒素をアンモニウムイオンに還元することを**窒素固定**といいます。

> このときに働く酵素を「ニトロゲナーゼ」という。

2 窒素固定を行う生物の代表例として，**根粒菌・アゾトバクター・クロストリジウム・ネンジュモ**などが挙げられます。

3 **根粒菌**はマメ科植物の根に共生する細菌で，マメ科植物と共生している場合のみ窒素固定を行うことができます。

根粒菌は，窒素固定で生じたNH_4^+の一部をマメ科植物に供給します。逆に，マメ科植物は炭水化物を根粒菌に供給します。

> このように，お互いに利益のある関係を「相利共生」という(⇨p.649)。根粒菌はマメ科植物と共生している場合にのみ窒素固定を行う。共生していない場合は，NH_4^+などの無機窒素化合物を取り込んで生きている。

4 アゾトバクターやクロストリジウムは単独で窒素固定が行える細菌です。**アゾトバクター**は通気のよい土壌に生息し，**呼吸を行う好気性の細菌**で，**クロストリジウム**は通気の悪い酸素の乏しい土壌に生息し，**発酵を行う嫌気性の細菌**です。

ネンジュモも単独で窒素固定が行えます。ネンジュモはシアノバクテリアの一種で光合成も行えます。

+α パワーアップ 窒素固定を行う細菌

上に挙げた以外にも，**放線菌・紅色硫黄細菌・緑色硫黄細菌・アナベナ**なども窒素固定が行える。放線菌はハンノキの根に共生する細菌，紅色硫黄細菌・緑色硫黄細菌は光合成細菌，アナベナはネンジュモと同じくシアノバクテリアの一種である(同じシアノバクテリアの仲間でも，ユレモなどは窒素固定できない)。

+α パワーアップ 窒素固定に関係する酵素

窒素を還元してアンモニウムイオンにする反応に関与する酵素を**ニトロゲナーゼ**という。ニトロゲナーゼは酸素によって失活してしまうので，好気性で窒素固定を行う生物は，酸素からニトロゲナーゼを守るしくみをもっている。たとえば，ネンジュモは**異質細胞**（異形細胞⇨p.738）という特殊な細胞をもち，ここでのみ窒素固定を行う。また，根粒では，**レグヘモグロビン**という鉄を含むタンパク質が合成され，これが酸素と結合して根粒内の酸素濃度を低下させる。

最強ポイント

① **窒素固定**…遊離の**窒素** N_2 を NH_4^+ に還元する反応。
② 窒素固定生物ベスト4
 1. **根粒菌**（マメ科植物の根に共生する細菌）
 2. **アゾトバクター**（好気性細菌）
 3. **クロストリジウム**（嫌気性細菌）
 4. **ネンジュモ**（シアノバクテリアの一種）

---

3 生物の栄養形式

1 これまで見てきたように，生物は生きていくために必ず炭素源と窒素源の2種類が必要ですが，その炭素源や窒素源をどのような形で取り込むかが生物によって異なります。

2 植物や藻類は，炭素源として二酸化炭素，窒素源としては NO_3^- や NH_4^+ を取り込みます。つまり，いずれも取り込む物質は**無機物**で，無機物をもとに必要な有機物を自ら合成します。このような栄養形式を**独立栄養**といい，そのような栄養形式の生物を**独立栄養生物**といいます。植物や藻類以外にも，光合成細菌や化学合成細菌は独立栄養生物になります。

3 それに対して，必要な物質を有機物に依存する栄養形式を**従属栄養**といい，そのような栄養形式の生物を**従属栄養生物**といいます。動物や一般の細菌類，菌類は従属栄養生物です。

動物は，**炭素源としてデンプンのような炭水化物**，**窒素源としてはタンパク質**を取り込みます。つまり，炭素源も窒素源も**有機物**に依存しています。

一般の細菌類や菌類は，**炭素源としては有機物である炭水化物が必要**ですが，**窒素源についてはNH_4^+のような無機物**を取り込みます。炭素源については有機物に依存しているので，従属栄養生物に属します。

4 同じ同化でも，CO_2やNH_4^+のような無機物から，グルコースやアミノ酸のような低分子有機物を合成することを<u>一次同化</u>といいます。

これに対して，グルコースやアミノ酸から，自らのからだを構成するデンプンやタンパク質のような高分子有機物を合成することを<u>二次同化</u>といいます。

5 つまり，独立栄養生物は一次同化と二次同化を行うことができますが，動物のような従属栄養生物は一次同化を行うことができず，二次同化だけ行うことができます。

+α パワーアップ いろいろな栄養形式の植物

植物は，一般に光合成を行う独立栄養生物であるが，例外もある。**ナンバンギセル・ヤッコソウ・ギンリョウソウ**といった植物である。これらは植物でありながら**光合成は行わず，他の植物に寄生して生活する**。つまり，従属栄養生物ということになる。同じ寄生植物でも，**ヤドリギ**は光合成は行うが，寄生した植物から水や無機塩類を吸収する。そこで，これは**半寄生**という。

また，**モウセンゴケ・ハエジゴク・ウツボカズラ**などは**食虫植物**で，昆虫を捕まえてこれを消化し，アミノ酸を吸収して生きているが，通常は光合成も窒素同化も行う独立栄養生物である。ただ，無機窒素源の乏しい環境で生育するため，不足する窒素源を昆虫から摂取しているのである。

最強ポイント

① **独立栄養生物**…必要な炭素源，窒素源を**無機物**で取り込む生物。
　例 植物，藻類，光合成細菌，化学合成細菌，シアノバクテリア
② **従属栄養生物**…炭素源や窒素源として**有機物**を必要とする生物。
　例 動物，一般の細菌類，菌類，寄生植物
③ 無機物 ─────→ 低分子有機物 ─────→ 高分子有機物
　　　　（一次同化）　　　　　　（二次同化）

定番計算例題 ② 窒素同化によるタンパク質の合成量

植物に硝酸イオン50gを与えると,その62%が吸収され,吸収した硝酸イオンの80%がタンパク質に取り込まれた。生じたタンパク質の窒素含有率を16%とすると,生じたタンパク質は何gか。ただし,原子量はN:14,O:16とする。

解説 窒素に注目して式をたてよう。

硝酸イオン(NO_3^-)中の窒素の割合は

$$\frac{14}{14+16\times 3}=\frac{14}{62}$$

なので,50gの硝酸イオンの中の窒素は,

$$50\,g \times \frac{14}{62}$$

このうちの62%が吸収され,さらに,そのうちの80%がタンパク質に取り込まれたので,タンパク質に取り込まれた窒素は,

$$50\,g \times \frac{14}{62} \times 0.62 \times 0.8 \cdots\cdots ①$$

一方,生じたタンパク質をxgとすると,このタンパク質の中の窒素は,

$$x\,g \times 0.16 \cdots\cdots\cdots\cdots\cdots ②$$

①で求めた窒素が②の窒素になったので,①=②とおける。よって,

$$50\,g \times \frac{14}{62} \times 0.62 \times 0.8 = x\,g \times 0.16$$

$$\therefore\ x = 35\,[g]$$

答 35g

第3章

生殖・発生

第27講 生殖法

生殖の方法にもさまざまな種類があります。それぞれの例と特徴を見ていきましょう。

1 生殖細胞

1 生物の最も基本的な特徴は，自己複製を行う，すなわち，子孫を残すことです。これを**生殖**といいます。そして，生殖のためにつくられた細胞を**生殖細胞**といいます。これに対して，からだを構成する細胞は**体細胞**です。

生殖細胞には，大きく配偶子と胞子の2種類があります。

2 原則として，**細胞どうしが合体することで次の個体になれる**ような生殖細胞を**配偶子**といいます。逆に，**合体せず，単独で次の個体になれる**ような生殖細胞を**胞子**といいます。

3 配偶子には，同じ大きさで同じ形の**同形配偶子**，大きさが異なる**異形配偶子**などがあります。

4 異形配偶子のうち，大きいほうは**大配偶子**，小さいほうは**小配偶子**といいます。異形配偶子のなかでも，特に極端に大きさが異なり，大きさだけでなく形も異なる場合が**卵**と**精子**です。卵には運動性がなく，**精子は鞭毛などをもち運動性があります**。

卵や精子に分化していない異形配偶子には鞭毛があり，運動性があります。大配偶子や卵を形成するほうが雌，小配偶子や精子を形成するほうが雄ということになります。また，同形配偶子にも鞭毛があり，運動性があります。

5 配偶子どうしの合体を**接合**といい，接合によって生じた細胞を**接合子**といいます。

同形配偶子どうしの接合を**同形配偶子接合**，異形配偶子どうしの接合を**異形配偶子接合**といいます。卵と精子の接合は特に**受精**と呼ばれ，卵と精子の受精によって生じた接合子を特に**受精卵**といいます。

第 27 講　生殖法

6　**同形配偶子接合**を行う生物としては，**クラミドモナス・アオミドロ・ゾウリムシ**などが挙げられます。

> クラミドモナスとアオミドロは緑藻類，ゾウリムシは原生動物。

7　**異形配偶子接合**を行う生物としては，**ミル・アオサ・アオノリ**などが挙げられます。

> ミル・アオサ・アオノリは，いずれも緑藻類。

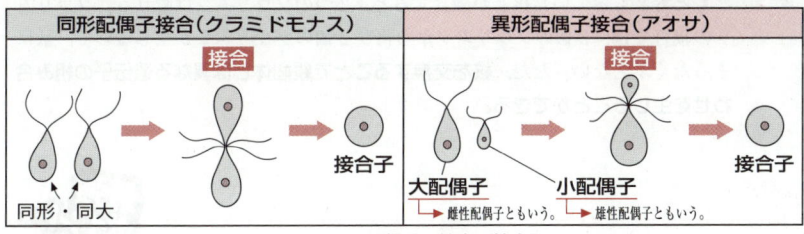

同形配偶子接合（クラミドモナス）	異形配偶子接合（アオサ）
接合 → 接合子　同形・同大	接合 → 接合子　大配偶子（雌性配偶子ともいう。）・小配偶子（雄性配偶子ともいう。）

▲ 図 27-1　配偶子の接合と接合子

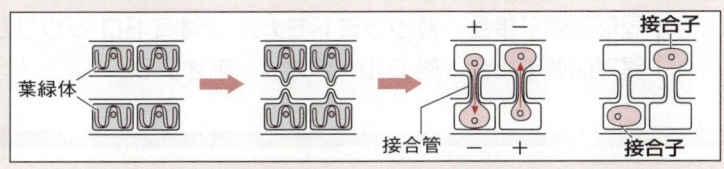

+α パワーアップ　アオミドロの接合

アオミドロの接合は，次のようにして行われる。

葉緑体　接合管　接合子

▲ 図 27-2　アオミドロの接合

つまり，アオミドロの本体を構成する体細胞がそのまま生殖細胞（配偶子）として接合を行う。接合管を通って出て行く側を＋（雄性），受け入れる側を－（雌性）とするが，個体としての性の分化はなく，ある部分では＋，別の部分では－になる場合もある。できた接合子は減数分裂してから発芽し，新個体を形成する。

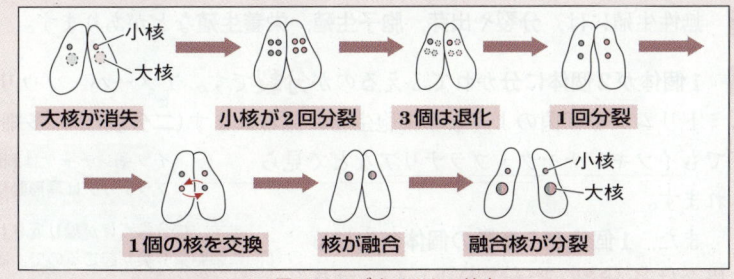

+α パワーアップ　ゾウリムシの接合

ゾウリムシの接合は，次のようにして行われる。

小核　大核　→　大核が消失　→　小核が2回分裂　→　3個は退化　→　1回分裂　→　1個の核を交換　→　核が融合　→　融合核が分裂（小核　大核）

▲ 図 27-3　ゾウリムシの接合

ゾウリムシには、**大核**(**栄養核**)と**小核**(**生殖核**)の２つの核があるが、接合するときには大核が消失する。また、小核が２回の核分裂を行って４個の核になり、そのうちの３個は退化消失する。残った１個の核が再び核分裂を行って２核になり、このうちの１個ずつをもう一方のゾウリムシとの間で交換する。交換した核ともともともっていた核とが融合すると、２つのゾウリムシは離れる。ゾウリムシの接合では、２個のゾウリムシから再び２個のゾウリムシが生じるので、数はまったくふえない。ただ、**核を交換することで親個体とは異なる遺伝子の組み合わせを生じることができる。**

最強ポイント

① **生殖細胞**
- 配偶子…**合体**によって次の個体になれる生殖細胞。
- 胞子…合体せず**単独**で次の個体になれる生殖細胞。

② **接合**…配偶子どうしの合体(卵と精子の接合は特に**受精**と呼ぶ)。
- 同形配偶子接合　例 クラミドモナス・アオミドロ・ゾウリムシ
- 異形配偶子接合　例 ミル・アオサ・アオノリ

2 生殖方法

1 配偶子を介して行われる生殖方法を**有性生殖**といいます。
それに対して、配偶子を介さずに行われる生殖方法を**無性生殖**といいます。

2 無性生殖には、**分裂**や**出芽**、**胞子生殖**、**栄養生殖**などがあります。

3 １個体が２個体に分かれてふえるのが**分裂**です。アメーバ・ゾウリムシ・ミドリムシや細菌のような単細胞生物に見られます(**二分裂**)が、多細胞生物でも**イソギンチャク・プラナリア**などで見られます。

> イソギンチャクは刺胞動物、プラナリアは扁形動物。

また、１個体から多数の個体が生じる場合は**多分裂**(**複分裂**)といい、マラ

> まず、核分裂だけが繰り返され、一度に細胞質分裂が起こるので、同時に多数の細胞が生じる。

第27講　生殖法

リア病原虫（⇨p.743）やトリパノソーマ・ミズクラゲなどで見られます。

> マラリア病原虫・トリパノソーマは原生動物、ミズクラゲは刺胞動物。マラリア病原虫は文字通り伝染病のマラリアの原因となる生物。トリパノソーマは眠り病の原因となる生物。

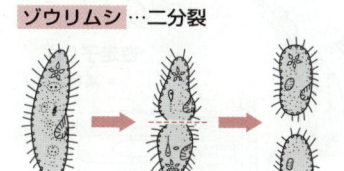

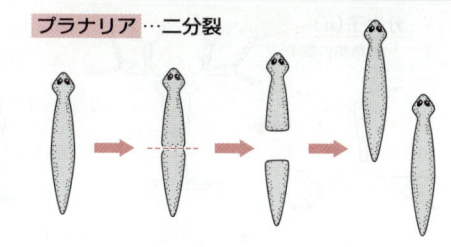

ゾウリムシ…二分裂

プラナリア…二分裂

マラリア病原虫…多分裂（複分裂）

マラリア病原虫　赤血球

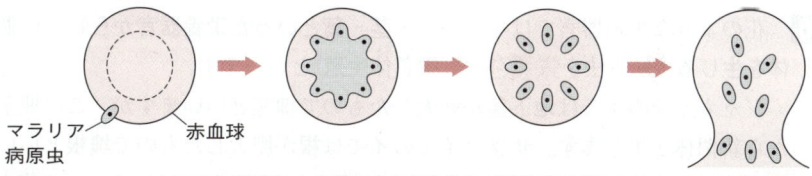

▲ 図27-4　分裂によるふえ方（二分裂と多分裂）

4 親のからだの一部から芽が出るようにふくらみができ、それが大きくなって、やがて親から離れてふえる方法を**出芽**といいます。**酵母菌**やヒドラ・サンゴ・ホヤなどで見られます。

> 酵母菌は子のう菌類、ヒドラ・サンゴは刺胞動物、ホヤは原索動物。

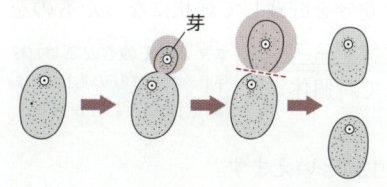

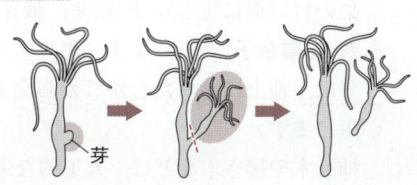

酵母菌　芽

ヒドラ　芽

▲ 図27-5　出芽によるふえ方

5 胞子から次の個体を生じる生殖方法が**胞子生殖**です。胞子には、減数分裂で生じる**真正胞子**（シダやコケがつくる）と、体細胞分裂によって生じる**分生子**（**分生胞子**, **栄養胞子**）があります。菌類（アオカビやコウジカビなど）では、真正胞子と分生子の両方がつくられます。狭義では、胞子生殖は分生子による生殖だけを指します。

185

また、藻類がつくる胞子（真正胞子）には鞭毛があり、運動性があることが多く、このような胞子を**遊走子**といいます。

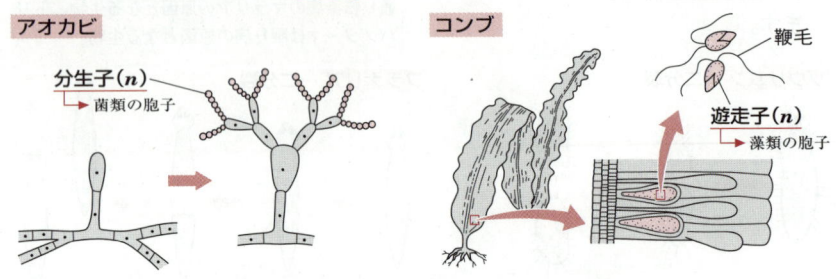

▲ 図27-6 胞子生殖によるふえ方（分生子と遊走子）

6 花のような生殖器官ではなく、根・茎・葉といった栄養器官から新しい個体を生じる生殖方法を**栄養生殖**（栄養体生殖）といいます。

ジャガイモのイモは**地下茎**が肥大したもので**塊茎**といいますが、この塊茎から新個体が生じます。サツマイモのイモは**根**が肥大したもので**塊根**といいますが、この塊根から新個体が生じます。タマネギの食用部分は、地下茎の基部を多肉化した**鱗片葉**が取り囲んだもので**鱗茎**といいますが、この鱗茎から新個体が生じます。チューリップ、ユリなどの**球根**と呼ばれるものもこの鱗茎にあたります。

地面を這うように伸びる長い茎を**走出枝**（ほふく茎，ストロン）といいますが、オランダイチゴ・ユキノシタなどでは、この走出枝に新しい芽が生じて新個体ができます。

葉の付け根に生じる芽（側芽，腋芽）が養分を貯蔵して球状になったものを**むかご（零余子）**といいます。ヤマノイモやオニユリでは、地上に落ちたむかごから発芽して新個体が生じます。

> ヤマノイモのむかごは「肉芽」、オニユリのむかごは「鱗芽」ということがある。

挿し木や接ぎ木などは、人工的な栄養生殖といえます。

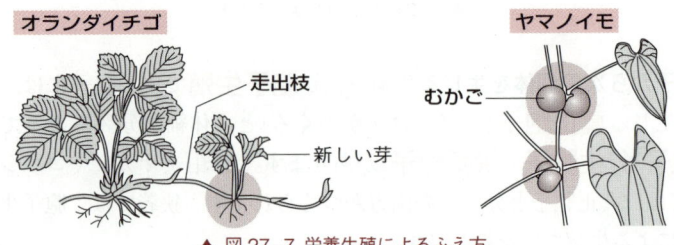

▲ 図27-7 栄養生殖によるふえ方

7 　有性生殖では，配偶子どうしの合体によって**親とは異なる遺伝子の組み合わせが生じ**，**遺伝的多様性を増す**ことができます。それによって，環境が変化しても**新しい環境に適応できる個体が生き残る可能性も増大**します。

　一方，無性生殖では，新しい遺伝子の組み合わせが生じないため，環境が変化した場合には適応できない可能性があります。しかし，無性生殖では，細胞どうしを合体させるといった手間を必要としないので，**容易に新個体をつくって増殖**することができます。この点では，無性生殖のほうが優れています。

8 　多くの生物では，有性生殖と無性生殖の両方を行います。

　たとえば，ゾウリムシは分裂で増殖して数をふやしますが，やがて，分裂能力が低下してくると接合を行い，これによって再び分裂能力を獲得します。酵母菌は出芽でふえますが，接合も行います。ヒドラも出芽でふえますが，ちゃんと受精も行います。菌類は胞子生殖を行いますが，接合も行います。**高等動物は受精しか行いません**。つまり，有性生殖だけしか行いません。

＋α パワーアップ　単為生殖と生活環

　ふつうは，卵は精子と合体してから分裂を始めて次個体になる。ところが，卵が合体しないで分裂を始めて，次個体になってしまう場合もある。このような発生を**単為発生**といい，単為発生によって次個体を生じる生殖方法を**単為生殖（処女生殖）**という。多様な遺伝子構成をもつ配偶子を生じるという点では有性生殖の一種と考えることもできるが，受精を伴わないという点では無性生殖の一種と考えることもできる。

　単為発生は，ミツバチの雄を生じるときやアリマキなどで見られる。

① ミツバチの生活環

　女王バチ（もちろん雌，$2n$）が減数分裂を行って卵（n）を生じ，通常はこれと精子（n）が受精して次個体が生じるが，受精卵から生じた個体はすべて雌で働きバチ（$2n$）となる。ところが，一部の卵は受精せずに分裂を始めて次個体になる（**単為発生**）。こうして生じた個体は，すべて雄バチとなる。したがって，生じた雄

バチの核相は n ということになる。この雄バチ(n)は, 減数分裂をしないで精子(n)を生じる。

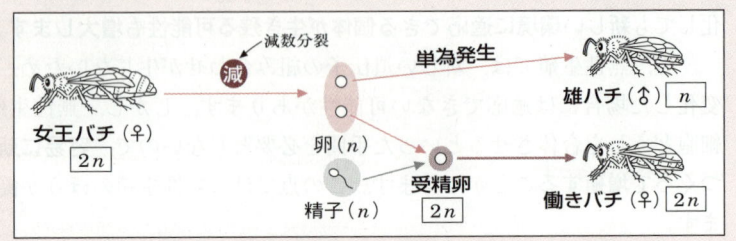

▲ 図27-8 ミツバチの生殖

② アリマキ(アブラムシ)の生活環

　春にうまれたアリマキの個体は, すべて翅をもたない個体で, すべて雌($2n$)。この雌から減数分裂をしないで生じた核相 $2n$ の卵が**単為発生**し, 再び翅のない雌が生じる。このようなことを春から夏まで何度も繰り返すが, 秋になると $2n$ の卵以外に, 1本染色体を放出して $2n-1$ の卵を生じる。$2n$ の卵からは翅をもった雌, $2n-1$ の卵からは翅をもった雄が生じる。この雌が今度は減数分裂を行って n の卵をつくり, 雄も減数分裂を行って n の精子($n-1$ の細胞は消失)をつくる。この精子と卵が受精して受精卵をつくり, この受精卵で冬を越す。再び春になると雌が生じ, 単為発生で増殖する。

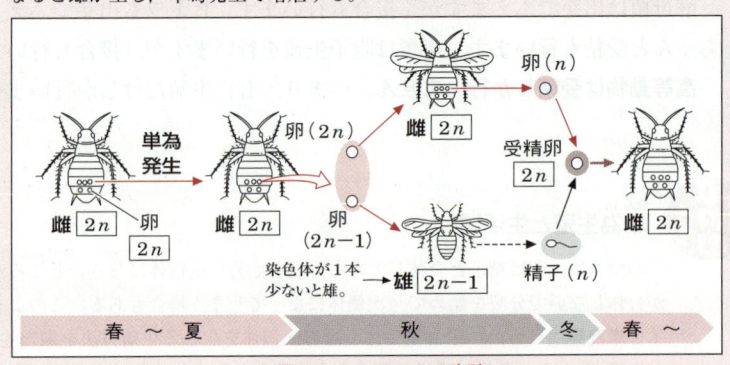

▲ 図27-9 アリマキの生殖

※単為発生には, ミツバチの雄を生じるときのように単相の卵が単為発生する場合と, アリマキのように複相の卵が単為発生する場合とがある。複相の卵が単為発生する例には, アリマキ(節足動物・昆虫類)以外に, ワムシ(袋形動物)やミジンコ(節足動物・甲殻類), 植物でもドクダミ・ヒメジョオン・シロバナタンポポ・セイヨウタンポポなどがある。

　卵からの単為発生の例は知られているが, 精子からの単為発生(童貞生殖?)は自然では存在しないようである。やはり, 発生には栄養分が必要だからだろう。

+α パワーアップ 人為単為発生

人工的に単為発生させることを**人為単為発生**という。1899年に**ロイブ**がウニを使った実験で人為単為発生に成功した。ウニの未受精卵を酪酸と高張な海水に浸すことで、未受精卵に発生を開始させ、正常な幼生にまで発生させることに成功したのである。

カエルの卵では血液をつけた針で刺すことで、カイコガの卵ではブラシでこするといった操作で、人為単為発生を行わせることができる。

このように、種々の生物で単為発生が行われるが、哺乳類では単為発生は行われない。これは、哺乳類では雄由来でないと発現しない遺伝子と雌由来でないと発現しない遺伝子があるからで、このように雌雄いずれかの遺伝子の発現が抑制される(塩基をメチル化することで抑制される)現象を、両親のどちらから受け継いだかがその遺伝子に刷り込まれているということから**ゲノムインプリンティング**(⇨p.359)という。

このような理由から哺乳類では単為発生は不可能だと思われていたが、2004年、卵と精子ではなく卵と卵からマウスを誕生させることに成功した(東京農業大学の河野友宏教授による)。これは、この遺伝子発現の抑制を解除し、一方の卵に精子の役割をもたせることに成功したからである。こうして誕生したマウスは、「Kaguya(かぐや)」と名付けられた。

最強ポイント

① **有性生殖**…配偶子を介して行われる生殖方法。**遺伝的多様性**を生じるのには有利。

② **無性生殖**…配偶子を介さないで行われる生殖方法。**容易に増殖**するのには有利。
- 分裂(アメーバ・ゾウリムシなど)
- 出芽(酵母菌・ヒドラなど)
- 胞子生殖(アオカビ・コウジカビなど)
- 栄養生殖(ジャガイモ；塊茎，サツマイモ；塊根，ヤマノイモ・オニユリ；むかご，オランダイチゴ・ユキノシタ；走出枝)

第28講 植物の配偶子形成

動物では減数分裂によって配偶子が形成されますが，被子植物では違います。どのように違うのでしょうか。

1 被子植物の雄性配偶子形成

1 おしべの葯の中には，多数の**花粉母細胞**（核相$2n$）があり，これが減数分裂を行って4つの細胞からなる**花粉四分子**（核相n）が生じます。

2 花粉四分子の1つ1つの細胞は**体細胞分裂**を行って2つの細胞になりますが，この分裂は大きさの不均等な分裂で，小さいほうの細胞はもう一方の大きいほうの細胞の中に入り込んだ形になります。

大きいほうの細胞を**花粉管細胞**といい，その中の核を**花粉管核**（核相n）といいます。また，小さいほうの細胞を**雄原細胞**といい，その中の核を**雄原核**（核相n）といいます。このように，2つの細胞をもったものを**成熟花粉**とよびます。

3 成熟花粉は葯から放出されて，やがてめしべの先（柱頭）に付着します。この現象を**受粉**といいます。

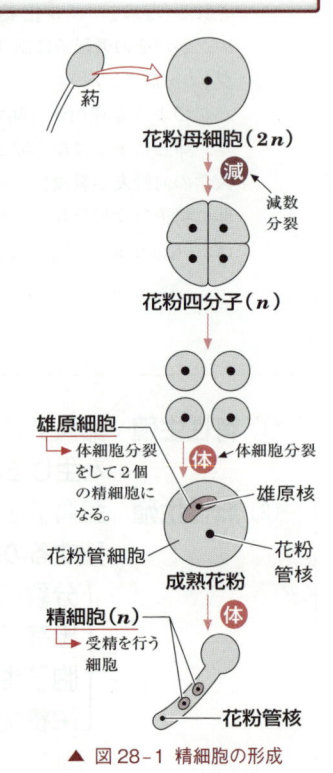

4 受粉した成熟花粉は**花粉管**という管をめしべの中に伸ばしていきます。この間に，雄原細胞は体細胞分裂を行って2つの**精細胞**（核相n）になります。この精細胞がやがて受精を行う細胞，すなわち**配偶子**に相当します。

▲ 図28-1 精細胞の形成

第 28 講　植物の配偶子形成

5　このように，被子植物の雄性配偶子は動物の精子と違って運動性をもたず，かわりに**花粉管の伸長**によって運ばれます。これによって，**外界の水を使わなくても雄性配偶子が運ばれる**ことになり，それだけ陸上生活に適応しているといえます。

6　花粉母細胞から精細胞まで何回**核分裂**が行われたでしょう？
　花粉母細胞から花粉四分子まで減数分裂が行われますが，その間に**2回**の**核分裂**が起こっています。その後**1回**の**体細胞分裂**を行って雄原細胞ができ，雄原細胞が**1回**の**体細胞分裂**を行って精細胞が生じたので，**合計4回の核分裂**が行われたことになります。

7　ここまでの過程におけるDNA量の変化をグラフにしてみると，次のようになります。

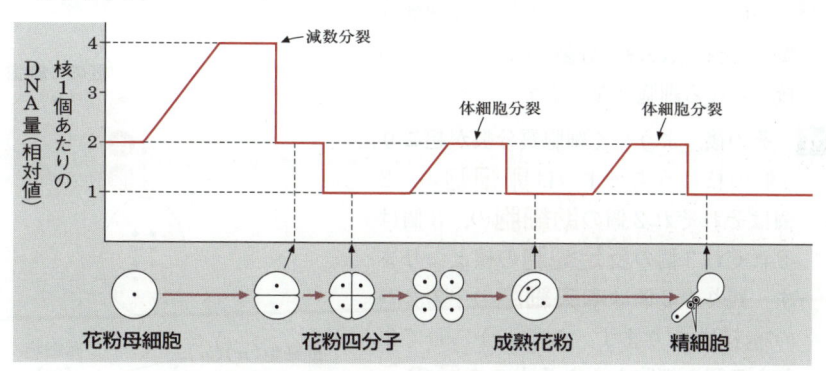

▲ 図28-2　精細胞形成時のDNA量の変化（被子植物）

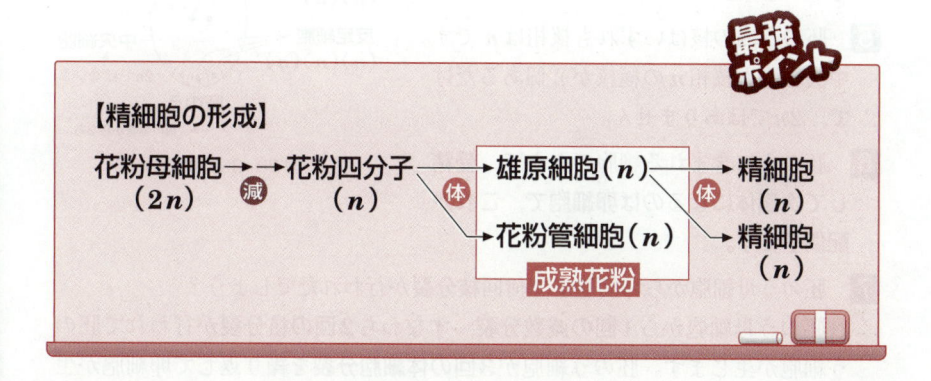

最強ポイント

【精細胞の形成】

花粉母細胞 $(2n)$ →（減）→ 花粉四分子 (n) →（体）→ 雄原細胞 (n) →（体）→ 精細胞 (n)
　　　　　　　　　　　　　　　　　　　　　　→ 花粉管細胞 (n) 　　　　　　　→ 精細胞 (n)
　　　　　　　　　　　　　　　　　　　　　　　　成熟花粉

2 被子植物の雌性配偶子形成

1 めしべの子房の中には**胚珠**という入れ物があり，1つの胚珠の中に1つの**胚のう母細胞**($2n$)があります。

> めしべの中にはいくつかの胚珠があるが，1つの胚珠には1つの胚のう母細胞が入っている。

2 胚のう母細胞が減数分裂を行って4個の細胞になりますが，3個は退化し，1個だけが発達して**胚のう細胞**(n)となります。

3 胚のう細胞は，さらに3回の体細胞分裂(ただし核のみの分裂)を行って8個の核からなる細胞となります。

4 その後，ようやく細胞質分裂が起こり，8個の核のうちの1つは**卵細胞**の，2個はそれぞれ2個の**助細胞**の，3個はそれぞれ3個の**反足細胞**の核となります。残りの2個は**中央細胞**の中の2つの**極核**となります。このようにして生じた**7個**の細胞からなるものを**胚のう**といいます。

5 胚のう内の核はいずれも核相はnです。中央細胞も核相nの極核が2個あるだけで，$2n$ではありません。

6 胚のうに含まれる細胞のなかで，**受精して次個体になるのは卵細胞**で，これが**配偶子**です。

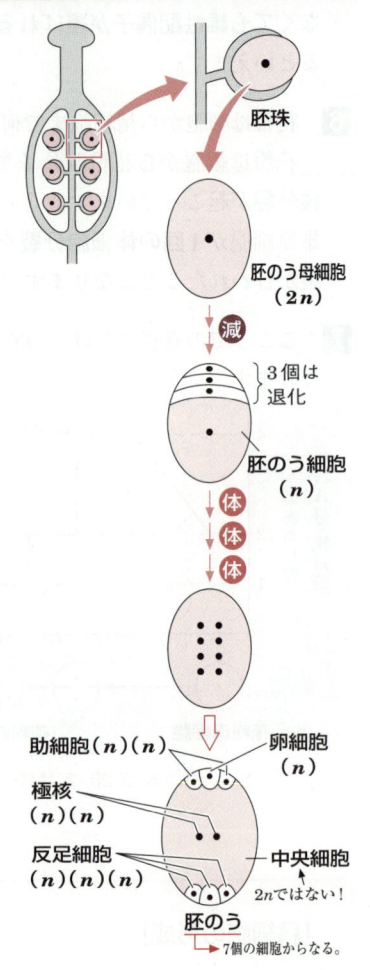

▲ 図28-3 胚のうの形成

7 胚のう母細胞から卵細胞まで何回**核分裂**が行われたでしょう？
　胚のう母細胞から**1回の減数分裂**，すなわち**2回の核分裂**が行われて胚のう細胞が生じます。胚のう細胞が**3回の体細胞分裂**を繰り返して卵細胞が生じるので，**計5回の核分裂**が行われたことになりますね。

第28講　植物の配偶子形成

8　胚珠は珠皮で覆われていますが，1か所孔が開いていて，ここを**珠孔**といいます。この珠孔は花粉管が入ってくる入り口ですが，この珠孔に近い側に**卵細胞が生じます**。つまり，珠孔が上にあれば卵細胞も上に，珠孔が下にあれば卵細胞も下に形成されることになります。

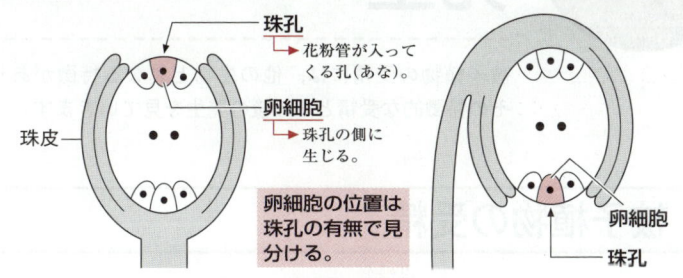

▲ 図28-4　珠孔の位置と卵細胞の位置

9　胚のう母細胞から卵細胞までの過程におけるDNA量の変化は，次のようになります。

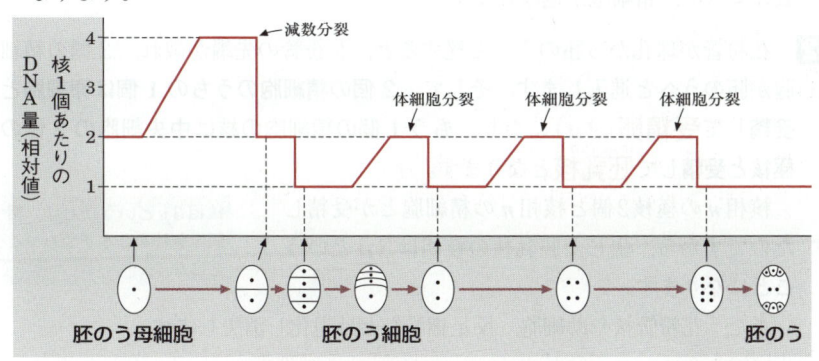

▲ 図28-5　卵細胞形成時のDNA量の変化

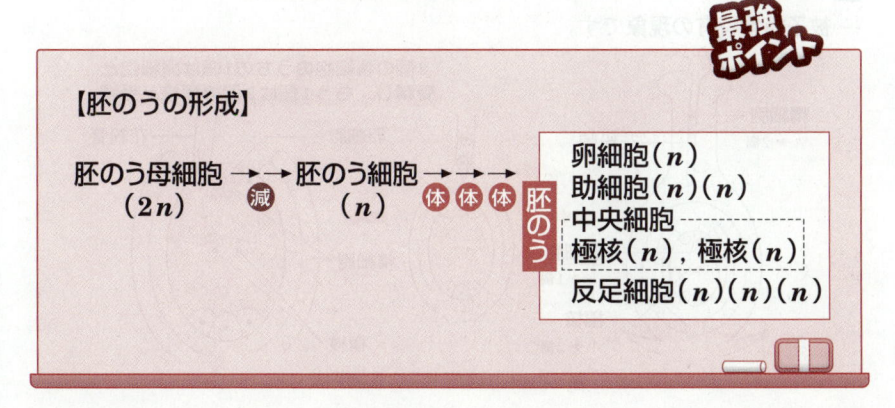

【胚のうの形成】

胚のう母細胞 $(2n)$ →(減)→ 胚のう細胞 (n) →(体)(体)(体)→ 胚のう
- 卵細胞 (n)
- 助細胞 $(n)(n)$
- 中央細胞
  - 極核 (n), 極核 (n)
- 反足細胞 $(n)(n)(n)$

第29講 被子植物の受精と発生

被子植物の受精には，他の生物と異なる特徴があります。その特徴的な受精とその後の発生を見ていきます。

1 被子植物の受精

1 花粉がめしべの柱頭に付く(**受粉**する)と，**花粉管**が花柱の中を胚珠へと伸びていきます。花粉管の先頭に花粉管核，続いて精細胞があり，花粉管の伸長によって，精細胞が運ばれます。

2 花粉管が珠孔から胚のうへと達すると，花粉管の先端が破れ，2個の精細胞が胚のうへと進入します。そして，**2個の精細胞のうちの1個は卵細胞と受精して受精卵($2n$)になり，もう1個の精細胞の核は中央細胞の2個の極核と受精して胚乳核**となります。

　核相nの極核2個と核相nの精細胞とが受精したのですから，生じた胚乳核の核相は$3n$ということになります。

> 核相$3n$ということは，相同染色体を3本ずつもつことになる。

　また，花粉管核や助細胞，反足細胞などは退化し消失します。

3 このように，同時に2か所で行われる受精を**重複受精**といいます。これは**被子植物特有の現象**です。

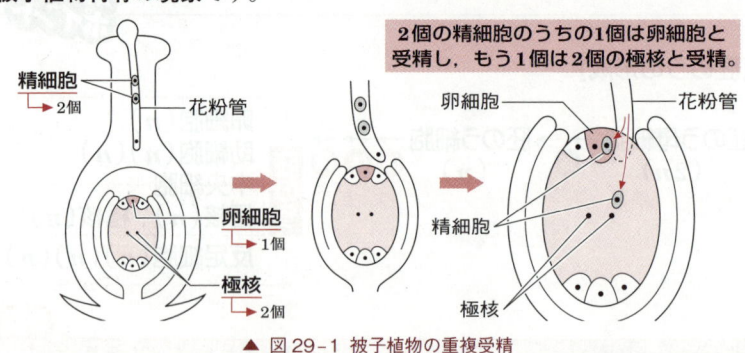

▲ 図29-1 被子植物の重複受精

第29講 被子植物の受精と発生

+α パワーアップ 花粉管の伸長とエネルギー

花粉は，まず吸水して膨張し，花粉孔から花粉管の伸長が始まる。花粉管の先端の細胞壁は柔らかく変形しやすいので，**吸水することで膨張して伸長する**。しかし，そのままでは膨張しすぎて破裂してしまうので，古い部分から細胞壁を丈夫にしていく。この作業には，**エネルギー源が必要**である。そのため，蒸留水中で発芽させた花粉管よりもスクロースなどの糖を添加した培地で発芽させた花粉管のほうがより伸長する。また，吸水しなければ伸長もできないので，濃いスクロース溶液中よりも少し薄いスクロース溶液中のほうが，伸長は促進される。

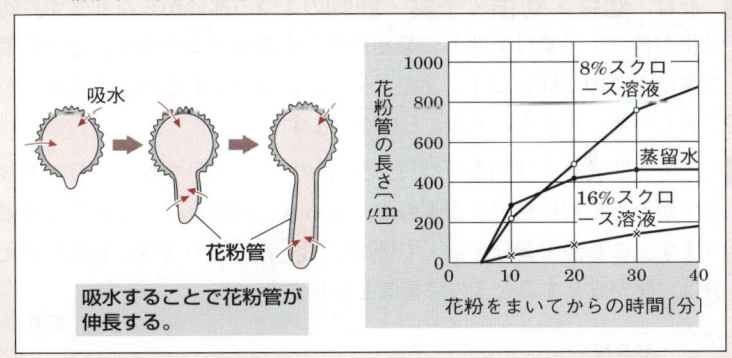

吸水することで花粉管が伸長する。

+α パワーアップ 助細胞と胚乳核

① **助細胞の役割** 花粉管が胚のうへと接近する際，**助細胞が**ルアーと呼ばれるタンパク質を放出し，それによって花粉管が助細胞のいずれか一方へと誘引される。花粉管は助細胞の1つを破壊して胚のう内へ侵入する。ここから，1つの精細胞は卵細胞へ，他方は中央細胞へと侵入して受精が行われる。文字通り助細胞が受精を助けているわけである。

② **胚乳核の形成** 厳密には，中央細胞にある2つの極核どうしがまず合体して核相$2n$の**中心核**となり，これが精細胞の核と合体して**胚乳核**になる。

最強ポイント

① 被子植物の受精
 - 精細胞(n) + 卵細胞(n) ⟶ 受精卵($2n$)
 - 精細胞(n) + 極核(n) + 極核(n) ⟶ 胚乳核($3n$)

② **重複受精**…同時に2か所で行われる受精様式。被子植物のみ。

2 被子植物の発生

1 精細胞と卵細胞との受精で生じた受精卵は，まず1回，大きさの不均等な体細胞分裂を行って，大小2個の細胞になります。

2 小さいほうの細胞は体細胞分裂を繰り返して**胚球**になり，さらに**胚**へと発達します。一方，大きいほうの細胞は体細胞分裂を繰り返して**胚柄**となりますが，やがて退化・消失します。

3 胚は，**幼芽・幼根・子葉・胚軸**の4つの部分からなります。幼根からは根が伸び，子葉は発芽して最初に展開する葉になります。その子葉を支える茎になるのが胚軸です。また，子葉のつけ根にある幼芽から本葉が出てきて新しい茎や葉が成長することになります。

4 一方，胚乳核も体細胞分裂（ただし核のみの分裂）を繰り返して多核となりますが，ある程度核分裂が進むと，いっきに細胞質分裂が起きて多細胞になります。これが栄養分を蓄えて発達し，**胚乳**となります。胚乳に蓄えた栄養分は，胚が成長するときの栄養源となります。

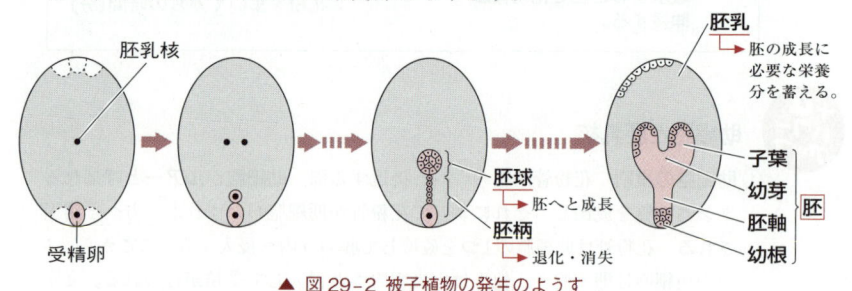

▲ 図29-2 被子植物の発生のようす

5 胚珠を包んでいた**珠皮**は種子を包む**種皮**になり，**種子**が完成します。さらに，**子房壁**が発達して**果皮**となり**果実**が生じます。

▲ 図29-3 種子と果実の形成

6 被子植物の双子葉類では子葉は2枚ありますが，単子葉類では子葉が1枚しかありません。単子葉類であるイネ科では，**幼葉鞘**と呼ばれる筒状の器官がこれに相当します。

7 胚乳核が発達して，やがて**栄養分を蓄えた胚乳を形成**する種子を**有胚乳種子**といいます。イネ・ムギ・カキ・トウモロコシなどの種子は，有胚乳種子です。

それに対し，胚乳核も生じ，途中まで分裂もするのですが，やがて分裂を停止し，**栄養分を子葉に蓄え**，その結果胚乳が発達しない種子もあります。これを**無胚乳種子**といい，マメ科(エンドウ・ダイズ・レンゲソウ・シロツメグサ)，アブラナ科(アブラナ・ナズナ)，クリ，アリガメ，ヒマワリ，モモ，リンゴ，アーモンド，クルミなどの種子は無胚乳種子です。

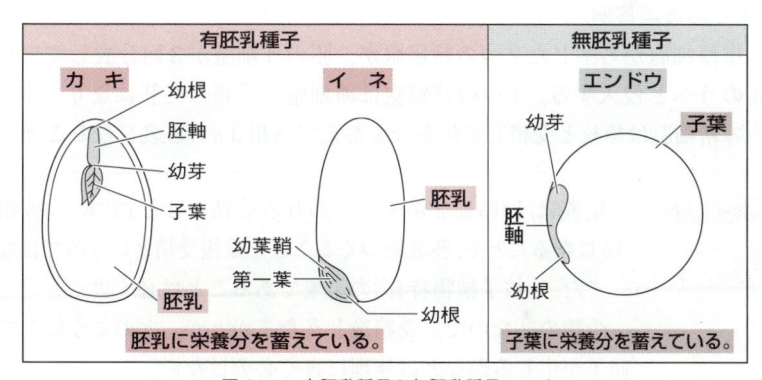

▲ 図29-4 有胚乳種子と無胚乳種子のつくり

+α パワーアップ 子房以外の部分から生じる果実

多くの果実は，子房が発達して生じたもので，これを**真果**という。ウメ・カキ・モモ・ブドウなどの果実は真果である。それに対し，子房以外の部分(花托など)が肥大成長して生じた果実を**偽果**という。

ナシやリンゴの果実は花托が発達し，子房が発達した部分(俗にいう「しん」の部分がじつは真果)を取り巻いている。オランダイチゴでは，花托の部分だけが発達して果実となり，子房に包まれた部分はゴマのように付着している部分である(図29-5)。ナシ・リンゴ，オランダイチゴは，いずれも食用にしている部分は子房から生じた部分ではない。

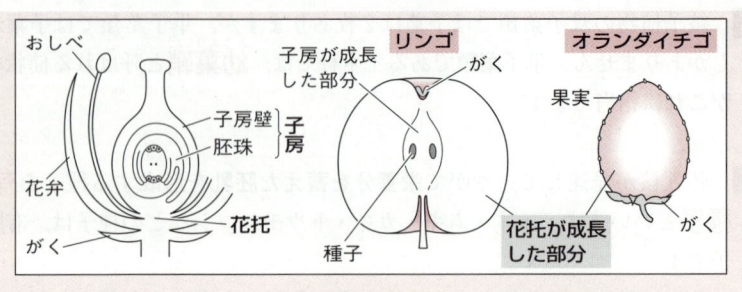

▲ 図29-5 偽果のつくり

定番論述対策 10 重複受精について，次の字数でそれぞれ説明せよ。
（100字）（50字）（25字）

（よくある誤答例）
　雄原細胞から生じた2つの精細胞が，胚のう細胞が3回分裂して生じた胚のうへと侵入する。1つの精細胞は卵細胞と受精して胚になり，もう1つの精細胞は極核と受精して栄養分を蓄えて核相$3n$の胚乳になること。

ポイント　定義は「同時に2か所で行われる受精のこと」である。核相が$3n$になることや，胚乳をつくることを重複受精というのではない。
　また，「被子植物特有」の現象であることは必ず書く。
　受精の話なので，受精後どうなるかとか，どのようにして配偶子が生じるかなどは無理に書く必要はない。
　核相を書く場合は「$2n$」で1文字，「$3n$」で1文字と数えてよい。

模範解答例　（100字）
　2つの精細胞のうちの1つが卵細胞と受精して核相$2n$の受精卵になる受精と，もう1つの精細胞が中央細胞の2つの極核と受精して核相$3n$の胚乳核になる受精とが同時に2か所で行われる被子植物特有の受精様式。（96字）

（50字）
　精細胞と卵細胞の受精と，もう1つの精細胞と2つの極核との受精とが同時に行われる被子植物特有の受精。（49字）

（25字）
　同時に2か所で行われる被子植物特有の受精様式。（23字）

+αパワーアップ 静止中心

　根端分裂組織において幹細胞が分裂を続けることができるのにはどのようなしくみがあるのだろうか。根端分裂組織の中には**静止中心**(quiescent center)と呼ばれる数個の細胞からなる部位がある。静止中心は，分裂組織の一部でありながらほとんど分裂を行わないという不思議な部位である。静止中心をレーザーで破壊すると隣接している**コルメラ始原細胞**(平衡細胞⇨p.562に分化する幹細胞)の分裂能力がなくなり，平衡細胞に分化してしまう。このような実験から，静止中心は周囲にある幹細胞の分化を抑制し，その結果，幹細胞の分裂能力を維持していることがわかった。同様の部位は茎頂分裂組織でも見られ，こちらは**形成中心**という。形成中心ではWUSという転写因子のタンパク質を支配する遺伝子が，静止中心ではWUSによく似たタンパク質WOX5を支配する遺伝子がそれぞれ発現している。

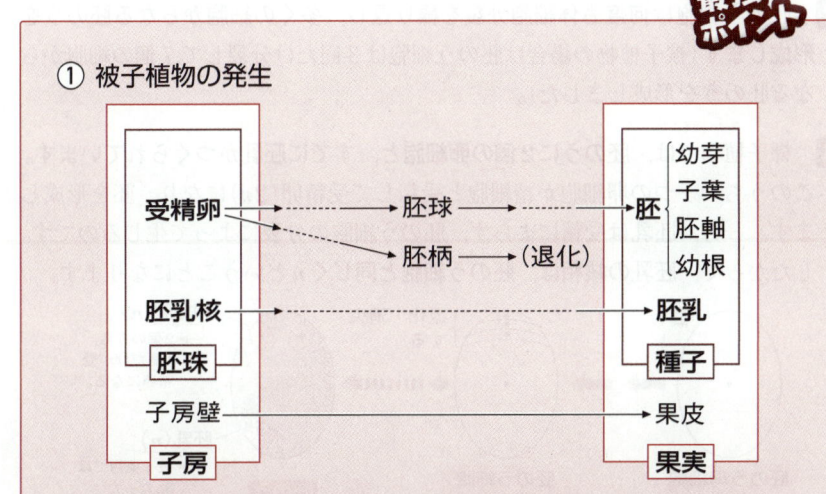

最強ポイント

① 被子植物の発生

```
                   ┌→ 胚球 ─→┐       ┌ 幼芽
  受精卵 ──┤         →  胚 ┤ 子葉
           └→ 胚柄 ─→(退化)    ┤ 胚軸
                                    └ 幼根
  胚乳核 ───────────→ 胚乳
  [胚珠]                        [種子]

  子房壁 ───────────→ 果皮
  [子房]                        [果実]
```

② **無胚乳種子**…胚乳が発達せず，栄養分を**子葉**に蓄える種子。
　例　マメ科，アブラナ科(アブラナ・ナズナ)，クリ，アサガオ

第30講 裸子植物の配偶子形成と受精・発生

被子植物と裸子植物では，配偶子形成や受精にも違いがあります。裸子植物について見てみましょう。

1 裸子植物の配偶子形成と受精・発生

1 胚珠内で，胚のう母細胞が減数分裂して1個の胚のう細胞を形成するまでは被子植物とまったく同じです。

2 **胚のう細胞は何度も体細胞分裂を繰り返し，多くの細胞からなる胚のうを形成します**(被子植物の場合は胚のう細胞は3回だけ分裂して7個の細胞からなる胚のうを形成しました)。

3 裸子植物では，**胚のうに2個の卵細胞と，すでに胚乳がつくられています**。このうちの1つの卵細胞が精細胞と受精して受精卵($2n$)になり，胚を形成します。一方，胚乳は受精によらず，胚のう細胞の分裂によって生じるのです。したがって，**胚乳の核相は，胚のう細胞と同じくn**ということになります。

| 胚のう母細胞 ($2n$) | 胚のう細胞 (n) | 胚のう |

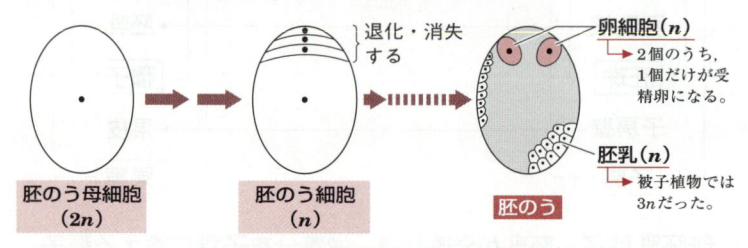

退化・消失する

卵細胞(n) → 2個のうち，1個だけが受精卵になる。

胚乳(n) → 被子植物では$3n$だった。

▲ 図30-1 裸子植物の胚のうの形成

4 まだ卵細胞と精細胞が受精する前なのに，すでに胚乳を形成してしまっています。でもこの後ちゃんと花粉が飛んできて，卵細胞と精細胞が受精して胚が生じるという保証はどこにもありません。せっかく蓄えた栄養分が胚の成長に使われない可能性があるわけです。

そういう意味では，かなり無駄なことをしていることになりますね。

第30講　裸子植物の配偶子形成と受精・発生

5 それにくらべると，被子植物は，卵細胞と精細胞が受精して胚が生じるメドが立ったときに胚乳核を生じて，それから栄養分を蓄えだすので，胚乳形成に使ったエネルギーが無駄になる確率は少ないといえます。

6 裸子植物のなかでも，**イチョウとソテツ**だけは雄性配偶子が精細胞ではなく**精子**です。そのため，イチョウとソテツだけは，裸子植物でも受精に水が必要となります。これは，シダ植物の名残を示すもので，そういう点から，イチョウやソテツは生きている化石（⇨p.713）といわれます。

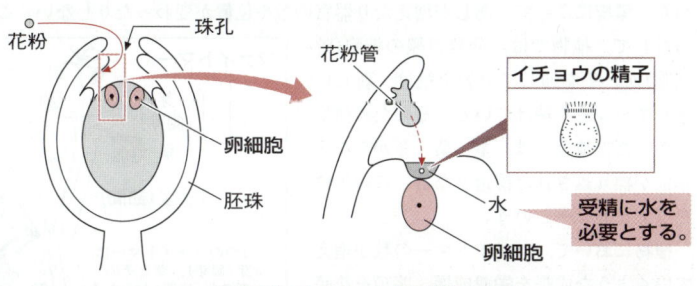

▲ 図30-2　イチョウの受精のようす

7 イチョウ・ソテツ以外の裸子植物（マツやスギ）では，精子ではなく**精細胞**が形成されます。

+α パワーアップ **イチョウとソテツの精子の発見**

種子植物であるイチョウやソテツが精子を形成していることを発見したのは日本人である。イチョウの精子は1896年**平瀬作五郎**によって発見され，ソテツの精子は同じく1896年**池野成一郎**によって発見された。

定番論述対策⑪　被子植物の胚乳形成が裸子植物の胚乳形成よりも優れている点について100字以内で述べよ。

ポイント　胚乳を形成するためには，多量のエネルギーを消費しなければいけないことに着目する。

模範解答例 裸子植物では受精前に胚乳を形成するので，受精しなかった場合は胚乳形成に使われたエネルギーは無駄になる。しかし被子植物では受精してから胚乳を形成するので，<u>エネルギー消費の無駄を少なくすることができる</u>。(99字)

+α パワーアップ ファイトマー

脊椎動物などの動物のからだは遺伝情報によって比較的厳密に構造が決まっており，環境によって，あしが増えたり器官の数や位置が変わったりしない。これに対して，植物では，分裂組織の細胞(幹細胞)が一生を通じて分裂を続け，新しい茎や葉をつくり続けている。そのため植物のからだの地上部は，茎・葉・芽からなる単位が繰り返された構造となる。この単位を**ファイトマー**という。

植物において，ファイトマーの数が増えていくような成長を**栄養成長**，茎頂を花芽に分化させ，生殖器官である花を形成し，種子を形成する過程を**生殖成長**という。

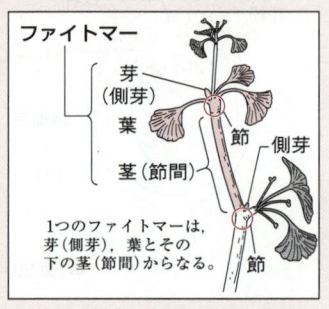

▲ 図30-3 ファイトマー

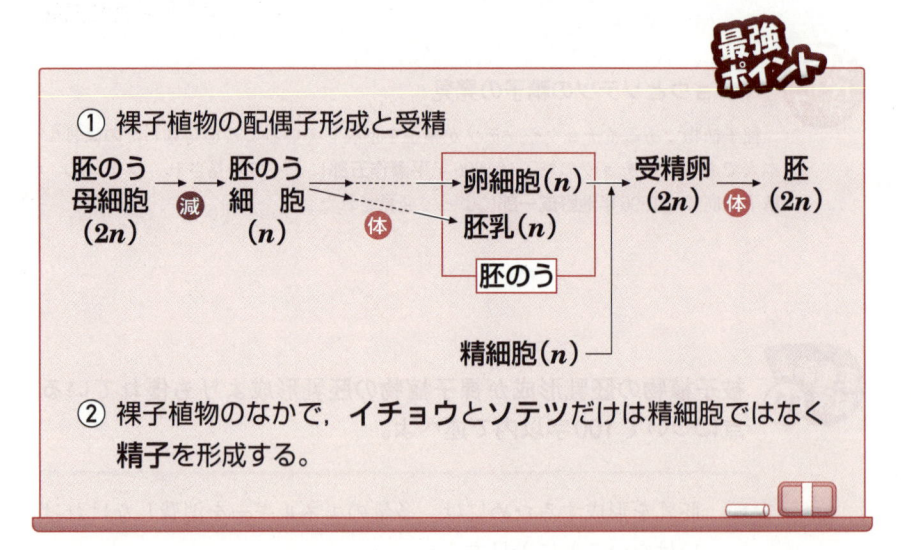

1つのファイトマーは，芽(側芽)，葉とその下の茎(節間)からなる。

最強ポイント

① **裸子植物の配偶子形成と受精**

胚のう母細胞($2n$) →(減)→ 胚のう細胞(n) →(体)→ 卵細胞(n) / 胚乳(n) [胚のう]
精細胞(n) → 受精卵($2n$) →(体)→ 胚($2n$)

② 裸子植物のなかで，**イチョウ**と**ソテツ**だけは精細胞ではなく**精子**を形成する。

第31講 動物の配偶子形成

動物の配偶子，すなわち卵や精子の形成のしくみとその違いについて見てみましょう。

1 精子形成

1 発生の比較的初期の段階で，将来体細胞になる細胞とは別に，将来生殖細胞に分化する細胞が生じます。その細胞を，**始原生殖細胞($2n$)**といいます。

雄の場合，この始原生殖細胞は，精巣に分化する部分(生殖隆起)に移動してきます。そして，やがて精巣が生じ，この中で始原生殖細胞は体細胞分裂を繰り返し，多数の**精原細胞($2n$)**が生じます。

2 精原細胞は成長し，**一次精母細胞($2n$)**となります。この一次精母細胞が減数分裂の第一分裂によって核相nの**二次精母細胞**になり，減数分裂の第二分裂によって核相nの**精細胞**になります。結果的に，**1個の一次精母細胞からは同じ大きさの4個の精細胞が生じます。**

3 生じた精細胞は，細胞質の大部分を捨て去り，鞭毛を形成して**精子**に変形(変態)します。こうして，小形で運動性のある精子が完成します。

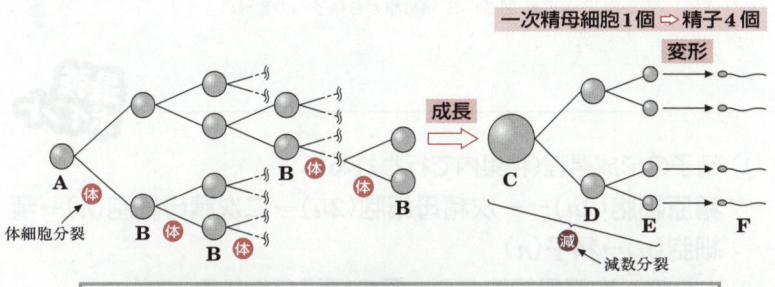

一次精母細胞1個 ⇨ 精子4個

A：始原生殖細胞($2n$)　B：精原細胞($2n$)　C：一次精母細胞($2n$)
D：二次精母細胞(n)　E：精細胞(n)　F：精子(n)

▲ 図31-1 精子の形成過程

4 　完成した精子は，頭部・中片・尾部からなり，頭部には**先体**と呼ばれる構造と核，頭部と中片のさかい目あたりには**中心粒（中心小体）**（⇨p.15）があり，中片に**ミトコンドリア**が含まれています。尾部は鞭毛からなり，この鞭毛を使って精子が移動します。

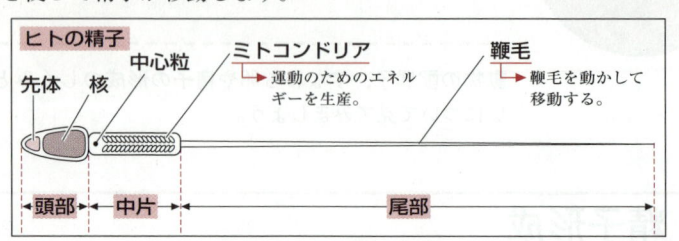

▲ 図31-2 精子の構造

+αパワーアップ　精細胞から精子への変形のしくみ

精細胞から精子への変形をもう少しくわしく見てみよう。

精細胞にあるゴルジ体にいくつかの小胞が生じ，これらが集まって**先体胞**という小胞が生じ，これが核の表面に付着して**先体**を形成する。また，**中心粒（中心小体）**の1つが細胞膜付近に移動し，鞭毛の中軸となる糸（**軸糸**という）が伸び，**鞭毛**が形成される。その後，中心粒は先体の反対側に移動する。

先体胞にはいろいろな物質が含まれていて，受精の際に働く。

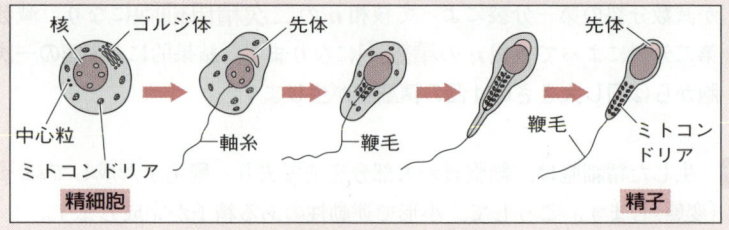

▲ 図31-3 精細胞から精子への変形のようす

最強ポイント

① 精子の形成過程（精巣内で行われる）
　精原細胞（$2n$）→一次精母細胞（$2n$）→二次精母細胞（n）→精細胞（n）→精子（n）
② 1つの一次精母細胞から4個の精子が生じる。

2 卵形成

1 雌の場合，生じた**始原生殖細胞**($2n$)が，将来卵巣になる部分(生殖隆起)に移動してきます。やがて卵巣が生じると，卵巣内で体細胞分裂が繰り返され，多数の**卵原細胞**($2n$)が生じます。

2 卵原細胞は大きく成長し，**一次卵母細胞**($2n$)となります。この成長の間に，発生に必要な卵黄を蓄えます。

3 この一次卵母細胞が減数分裂の第一分裂を行うのですが，これが**極端に大きさの異なる不均等な分裂**で，一次卵母細胞とはば同じ大きさの大きな**二次卵母細胞**(n)と小さな細胞に分裂します。この小さいほうの細胞を**第一極体**(n)といいます。

4 二次卵母細胞は減数分裂の第二分裂を行いますが，これも極端な不等分裂で，大きな**卵**(n)と小さな細胞に分裂します(これを，極体が「放出される」と表現します)。第二分裂で生じた小さいほうの細胞を，**第二極体**(n)といいます。

5 したがって，卵形成では，精子形成の場合とは異なり，**1個の一次卵母細胞からは1個の卵しか生じない**ことになります。

6 また，極体が生じる部分を**動物極**といいます。逆にいうと，極体は必ず動物極に生じます。動物極の反対側を**植物極**といいます。

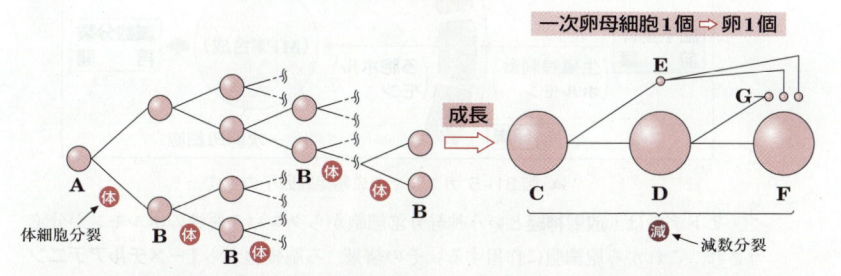

A；始原生殖細胞($2n$)　B；卵原細胞($2n$)　C；一次卵母細胞($2n$)
D；二次卵母細胞(n)　E；第一極体(n)　F；卵(n)　G；第二極体(n)

▲ 図31-4 卵の形成過程

+αパワーアップ 一次卵母細胞

卵原細胞から一次卵母細胞への成長をもう少しくわしく見てみよう。

一次卵母細胞に成長するときには，**mRNA**(⇨p.36)の合成や，多数の核小体(⇨p.10)が生じて**rRNA**(⇨p.36)の合成が盛んに行われる。さらに，タンパク質や脂質合成も盛んになり，それらの生成物から卵黄顆粒が形成されて蓄えられる。

卵母細胞が成長するのには，別の補助細胞が必要である。**ろ胞細胞**や昆虫類では**哺育細胞**(⇨p.365)という細胞が関与する。

また，多くの場合，一次卵母細胞は減数分裂第一分裂の前期でいったん減数分裂の進行を停止する。したがって，一次卵母細胞はすでにDNA合成も完了していることになる。

+αパワーアップ 一次卵母細胞の減数分裂の再開

一次卵母細胞で停止している減数分裂を再開させるしくみは，動物によって多少異なる。

カエルなどでは，**脳下垂体前葉**から分泌される生殖腺刺激ホルモンにより，卵巣で一次卵母細胞を囲む**ろ胞細胞**が刺激され，ろ胞細胞からの**ろ胞ホルモン**の分泌を促す。ろ胞ホルモンが一次卵母細胞に作用すると，一次卵母細胞の細胞内に**成熟促進因子**(MPF：Maturation-promoting-factor)がつくられ，これによって減数分裂が再開する。

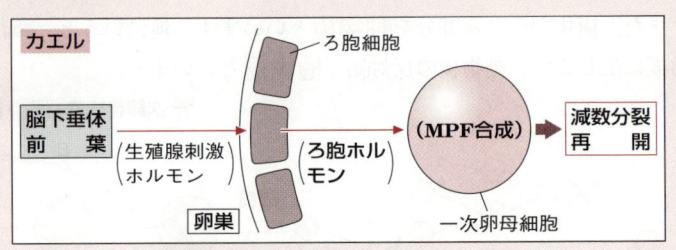

▲ 図31-5 カエルでの成熟促進因子の生成

ヒトデでは，**放射神経**という神経分泌細胞からタンパク質性のホルモンが分泌され，これがろ胞細胞に作用する。その結果，ろ胞細胞から**1-メチルアデニン**という物質が分泌され，これが一次卵母細胞の細胞膜に作用する(したがって，1-メチルアデニンを細胞内に注入しても作用は現れない)。そして，1-メチルアデニンの作用で，細胞内にMPFがつくられて減数分裂が再開する。

第 31 講 動物の配偶子形成

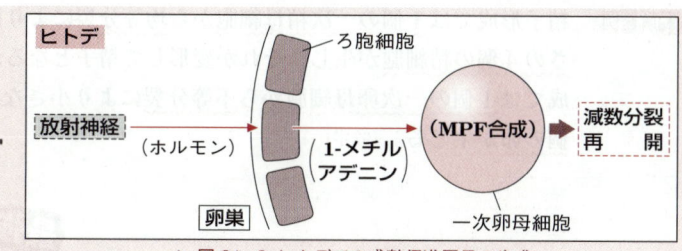

▲ 図31-6 ヒトデでの成熟促進因子の生成

+α パワーアップ 第一極体の分裂

第一極体は，減数分裂の第二分裂を行う場合と行わない場合がある。第二分裂を行った場合は，さらに小さな2つの細胞に分裂するが，これは第二極体とはいわない（単に，**極体**としかいわない）。第一極体も第二極体も，受精には関与せず，やがて**退化・消失**する。

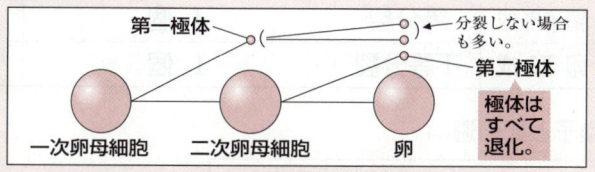

▲ 図31-7 第二極体と極体

+α パワーアップ ヒトの卵形成と排卵数

ヒトでは，胎児期にすでに卵原細胞の増殖は完了しており，出生時に約200万個の卵原細胞があるといわれる。しかし，大部分は一次卵母細胞には成熟せずに退化し，思春期で約20万個になる。そして，最終的に排卵される卵は，一生の間にたった400個程度である。

定番論述対策 12

精子形成と卵形成における両者の違いについて，100字以内で述べよ。

> **ポイント**　「1個の母細胞から4個生じるか1個しか生じないか」「大きさの等しい均等分裂か不等分裂か」の2点について書く。

模範解答例 精子形成では1個の一次精母細胞から均等分裂により同じ大きさの4個の精細胞が生じ，それが変形して精子となるが，卵形成では1個の一次卵母細胞から不等分裂により小さな極体と1個の卵が生じる。(92字)

最強ポイント

① 卵形成の過程
卵原細胞($2n$)→一次卵母細胞($2n$)→二次卵母細胞(n)→卵(n)
　　　　　　　　　　　　　　　↓　　　　　　　　　↓
　　　　　　　　　　　　　第一極体(n)　　第二極体(n)

② 精子形成と卵形成の違い

	分裂	1個の母細胞から生じる数	変形
精子形成	等分裂	4個	する
卵形成	不等分裂	1個	しない

③ 精子と卵の違い

	大きさ	運動性
精子	小さい	あり
卵	大きい	なし

第32講 動物の受精

卵は，精子と受精して受精卵となります。受精におけるさまざまな現象を見てみましょう。

1 ウニの受精

1 ウニでは，減数分裂の完了した卵に精子が進入し，受精が行われます。

ウニの未受精卵の周囲にはゼリー層があり，ここを精子が通り抜けて卵に到達します。精子の先端が卵の表面に達すると，その部分の表面が盛り上がります。ここを**受精丘**といいます。最初の精子が卵内に進入を始めると，その部分から**受精膜**が形成され，**他の精子の進入を防ぎます**。また，受精膜には，発生初期の胚を保護する役割もあります。

2 卵内に進入した精子に含まれていた中心体から**星状体**が形成されると，精子の核(**精核**)は星状体を先頭にして卵の核(**卵核**)に接近し，やがて核どうしが融合して**受精卵**が完成します。

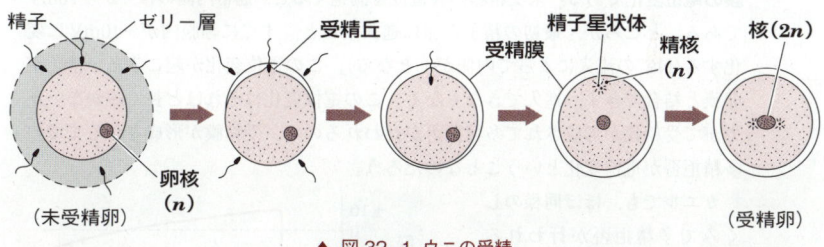

▲ 図32-1 ウニの受精

＋α パワーアップ 精子の進入と受精膜の形成（ウニ）

精子がゼリー層に入ると，先体が破れ，ゼリー層の物質を溶かしながら卵へと接近する。卵自身の細胞膜の内側には**表層粒**と呼ばれる小胞があり，細胞膜のすぐ外側には卵膜(卵黄膜)が付着している。精子が卵膜に接近すると，精子の先端から**先体突起**という突起が生じ，卵膜と結合し，さらに卵の細胞膜と融合して精

子の卵内部への進入が始まる。精子の先体で起こる一連の反応を**先体反応**という。

先体突起と細胞膜の結合部位から順に**表層粒の崩壊**が始まる。表層粒が崩壊すると、中から種々の物質が放出され、卵膜を細胞膜から分離させていく(この2つの膜の間には海水が流入する)。そして、表層粒から放出された物質によって卵膜が硬化し、**受精膜**が形成されていく。つまり、受精膜という新しい膜が突然つくられるのではなく、もともとあった**卵膜が変化して受精膜となる**のである。

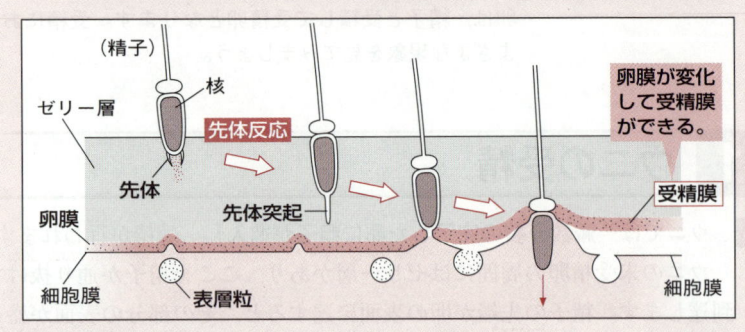

▲ 図32-2 先体反応と受精膜の形成

+α パワーアップ 多精拒否のしくみ

最初の精子が進入すると、受精膜が形成されて他の精子進入を防ぐが、受精膜が形成される前にも他の精子進入を防ぐしくみ(**多精拒否**という)がある。それは、**膜の電位変化**である。未受精卵の膜電位を測定すると、通常内側のほうが-70 mVである。ところが、最初の精子が卵に進入すると、すぐに細胞内が$+10$ mVに変化する(Na^+の流入によって内側が+となる)。この電位変化が起こると、精子が卵膜と結合できず、進入できなくなる。この電位変化はそれほど長く続かないが、やがて受精膜が形成されて多精拒否が行われるので、受精膜が形成されるまでの多精拒否が電位変化ということなのだろう。

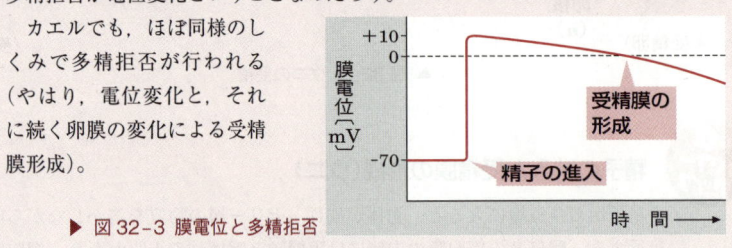

カエルでも、ほぼ同様のしくみで多精拒否が行われる(やはり、電位変化と、それに続く卵膜の変化による受精膜形成)。

▶ 図32-3 膜電位と多精拒否

> ① ウニでは，**減数分裂が完了した卵**と精子が受精する。
> ② 最初の精子が進入すると，**電位変化と受精膜形成**によって，他の精子の進入を防ぐ。

2 カエルの受精

1 ウニでは減数分裂が完了した卵と精子が受精しましたが，多くの動物では，**減数分裂が完了する前に精子が進入します**。たとえば，カエルやイモリ，ヒトでは，**減数分裂第二分裂中期**でいったん減数分裂が停止しており，その状態で排卵されます。そして，第二分裂中期の**二次卵母細胞へ精子が進入**します。

2 精子が進入することで減数分裂第二分裂が再開され，第二分裂が完了して第二極体と卵となります。その後，精核と卵核が合体して受精が完了します。精子が進入するのは第二分裂中期ですが，**核どうしが合体するのは減数分裂が完了してから**です。

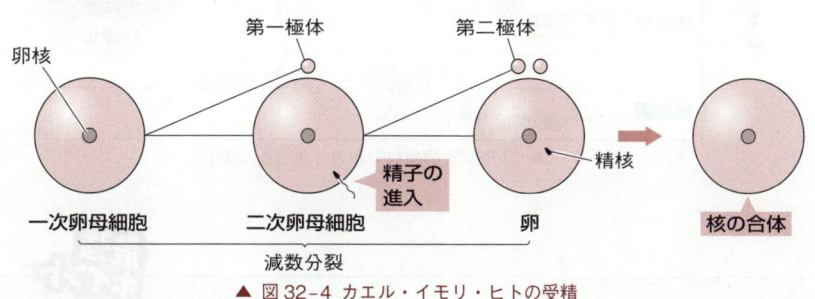

▲ 図32-4 カエル・イモリ・ヒトの受精

精子が進入する時期

上で説明したように，どの時期の細胞に精子が進入するかは，動物の種類によって異なる。**ウニでは減数分裂が完了した卵**に，**両生類や哺乳類では減数分裂第二**

分裂中期(二次卵母細胞)に，ヒトデや貝・昆虫類では減数分裂第一分裂中期(一次卵母細胞)に精子が進入する。

しかし，いずれにしても，核どうしが融合するのは卵の減数分裂が完了してからになる。すべてを覚えておかないといけないわけではないが，動物によって異なることは知っておこう。

+α パワーアップ 哺乳類の受精と多精拒否

哺乳類の未受精卵の周囲は厚い**透明帯**(ウニの卵膜に相当)に包まれていて，さらに外側はろ胞細胞という細胞が密につまった**卵丘**に囲まれている。

透明帯には，ZP1，ZP2，ZP3と呼ばれる糖タンパク質が網目状構造をつくって存在している。精子がそのうちのZP3と結合すると先体反応が起こり，透明帯を通過するのに必要な物質が放出される。透明帯を通過すると，精子は卵表面に対して横付けするように位置し，やがて精子の膜と卵の細胞膜とが融合する。膜の融合が始まると，卵の細胞膜の内側にある**表層粒が崩壊する**。すると，表層粒から放出された物質によって透明帯が硬化し，他の精子の通過を阻止する。また，透明帯に存在するZP2が分解し，ZP3が変化して精子と結合できなくなり，他の精子での先体反応を阻止する。哺乳類の場合も，最初の精子進入によって**膜電位が変化**し，最初の多精拒否が行われ，続いて起こる**透明帯の変化**によっても多精拒否が行われる。

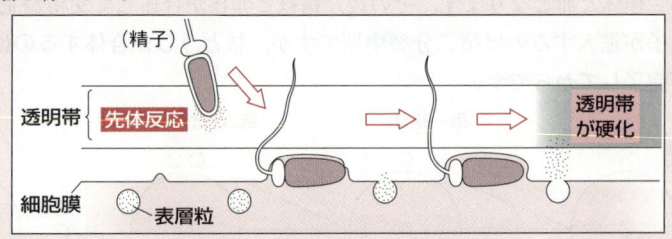

▲ 図32-5 表層粒の崩壊と透明帯の変化

最強ポイント

① カエル・イモリ・ヒトでは減数分裂第二分裂中期の**二次卵母細胞**に精子が進入する。⇨精子進入後，**第二極体**が生じる。
② 核どうしが合体するのは，**減数分裂完了後**。

第33講 卵割

受精が完了して生じた受精卵は，体細胞分裂を始めます。この分裂の特徴を見てみましょう。

1 卵割の特徴

1 受精卵から始まる初期の体細胞分裂を特に**卵割**といい，卵割によって生じた娘細胞を**割球**といいます。

2 ふつうの体細胞分裂では，分裂で生じた娘細胞は間期の間にもとの母細胞と同じ大きさに成長し，それから次の分裂が行われます。ところが卵割では，**生じた娘細胞（割球）は成長せずに次の分裂が行われる**のです。その結果，分裂に伴い細胞の大きさは小さくなっていきます。これは，もともと卵が体細胞にくらべて非常に大きいため，ふつうの体細胞の大きさになるまで卵割を行っているといえます。

> ふつう，動物の体細胞は50μm前後だが，たとえば，ヒトの卵は140μm，カエルの卵では3mm（3000μm）もある。

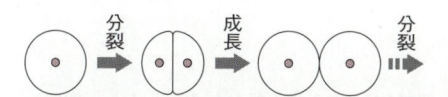

ふつうの体細胞分裂	卵割
娘細胞はもとと同じ大きさに成長する。	割球は成長せずに分裂を続ける。

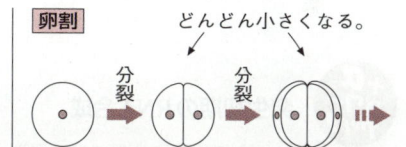

▲ 図33-1 ふつうの体細胞分裂と卵割の違い

3 卵割では，間期の間に成長しないので，ふつうの体細胞分裂にくらべると**間期の長さは非常に短い**のも特徴です。

> 間期のうちのG_1期やG_2期がほとんどない。DNAを合成するS期はある。

卵割の場合のDNA量変化をグラフにすると，次のようになります。

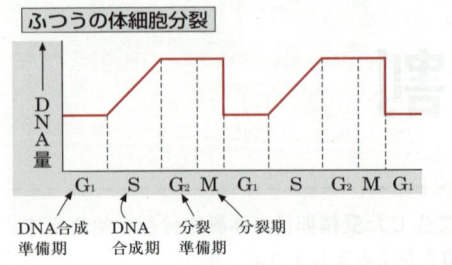

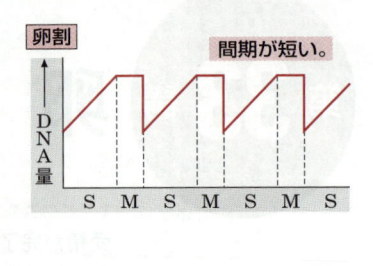

▲ 図33-2 ふつうの体細胞分裂と卵割でのDNA量の変化の違い

4 また、発生の初期には各割球がほぼ同時に分裂を開始します。そのため、細胞数の変化をグラフにすると、次図の右のような階段状のグラフになります。このような分裂を**同調分裂**といいます。

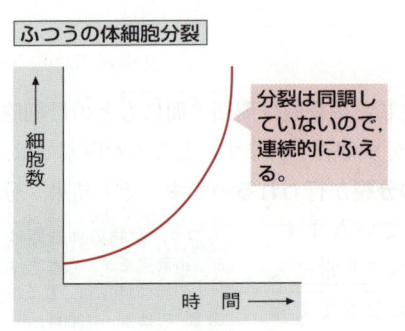

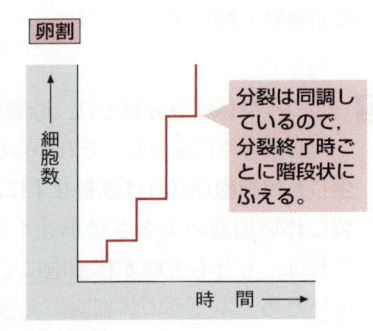

▲ 図33-3 ふつうの体細胞分裂と卵割での細胞数の変化の違い

+α パワーアップ 発生初期のRNA合成

ふつうの体細胞分裂では、間期の間にRNAの合成も行われる。しかし、卵割の場合は、卵割が始まるずっと以前(卵が形成される前、それも減数分裂が起こる前)に細胞分裂に使われる**RNAはあらかじめ合成して蓄えてある**。そのため、卵割では新たにRNAを合成する必要がない。そのぶん、間期の長さが短いことになる。しかし、この蓄えられていたRNAは**胞胚期**くらいにはなくなってしまうので、胞胚期を過ぎると新しいRNA合成が行われ、胞胚期以降の発生が進行する。(ちょうど、春休みに1学期の予習を終わらせておけば、1学期は毎回予習しなくても済むが、2学期からは毎回予習をしなければいけない…、といった感じ)

第 **33** 講 卵　割

> 【卵割の特徴】
> ① 生じた娘細胞(割球)は，**成長せずに次の分裂を開始する。**
> ② 間期が**短い。**（DNA複製は行われる）
> ③ 発生の初期には**同調分裂**する。

2 卵割様式の種類

1 卵割の様式は，卵黄の量と分布状態によって異なります。卵黄は発生に必要な栄養分ですが，粘性が高いため，細胞質分裂のときには邪魔になり，**卵黄の多い部分では細胞質分裂が起こりにくくなる**からです。では，順に見ていきましょう。

2 ウニやヒトなどの卵は，**卵黄の量が少なく，卵内に均等に分布**しています。このような卵を**等黄卵**といいます。等黄卵では，2細胞期，4細胞期，8細胞期になっても，各割球の大きさが等しくなるような卵割が行われます。これを**等割**といいます。

哺乳類や，ウニやヒトデのような棘皮動物，ホヤ，ナメクジウオのような原索動物の卵は等黄卵である。

[等黄卵]（ウニ・ヒト）

〔受精卵〕　　〔2細胞期〕　〔4細胞期〕　〔8細胞期〕

核　卵黄　→量少なく，均等に分布

割球の大きさは，すべて同じ。

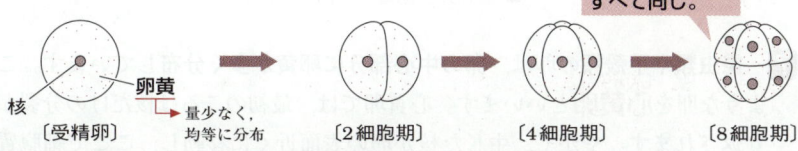

▲ 図33-4　ウニ・ヒトの卵割

3 カエルやイモリの卵は，**比較的卵黄の量が多く，植物極側に片寄って分布**しています。このような卵を**端黄卵**といいます。カエルやイモリの卵の場合は，2細胞期，4細胞期までは割球の大きさは同じですが，8細胞期になるとき，卵黄の多い植物極をさけて，赤道面よりも動物極側で分裂するため動物極側の割球はやや小さく，植物極側の割球はやや大きくなります。このような卵割を**不等割**といいます。

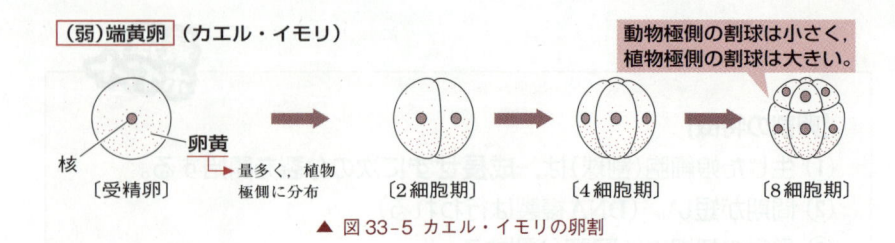

(弱)端黄卵 (カエル・イモリ)

動物極側の割球は小さく，植物極側の割球は大きい。

核　卵黄　〔受精卵〕　量多く，植物極側に分布　〔2細胞期〕　〔4細胞期〕　〔8細胞期〕

▲ 図33-5 カエル・イモリの卵割

4 等割も不等割も，卵全体が分裂するので，これらの卵割を**全割**といいます。

5 鳥類や爬虫類・魚類の卵は，非常に卵黄の量が多く，植物極側に片寄って分布し，卵黄の少ない部分は動物極側のほんの一部分のみです。これも**端黄卵**といいますが，カエルやイモリの卵を**弱端黄卵**，鳥類・爬虫類・魚類の卵を**強端黄卵**と呼んで区別する場合もあります。

カエル・イモリ・サンショウウオのような両生類の卵は弱端黄卵。

6 強端黄卵の場合は，動物極側のほんの一部分だけ(ここを**胚盤**という)が分裂を行うので，このような卵割を**盤割**といいます。

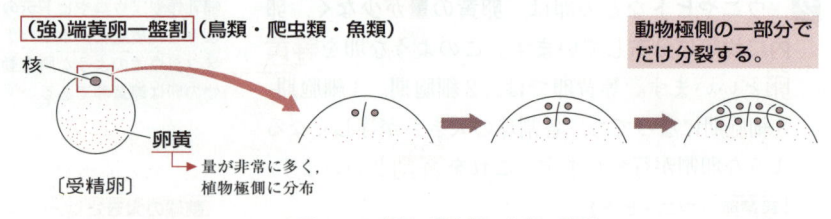

(強)端黄卵―盤割 (鳥類・爬虫類・魚類)

動物極側の一部分でだけ分裂する。

核　卵黄　〔受精卵〕　量が非常に多く，植物極側に分布

▲ 図33-6 鳥類・爬虫類・魚類の卵割

7 昆虫類や甲殻類の卵は，卵の中心部分に卵黄が多く分布しています。このような卵を**心黄卵**といいます。心黄卵では，最初のころは核だけの分裂が繰り返されます。やがて，生じた核が卵の表面近くに移動し，ここで細胞質分裂が行われます。このような卵割を**表割**といいます。

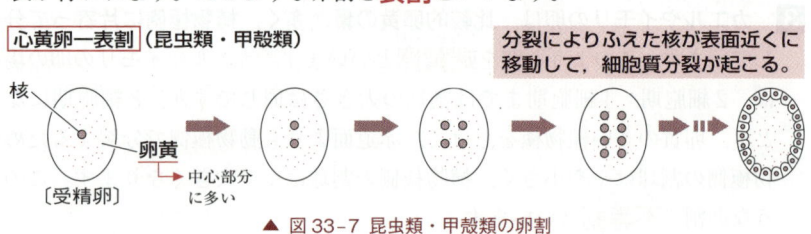

心黄卵―表割 (昆虫類・甲殻類)

分裂によりふえた核が表面近くに移動して，細胞質分裂が起こる。

核　卵黄　〔受精卵〕　中心部分に多い

▲ 図33-7 昆虫類・甲殻類の卵割

8 盤割も表割も，卵全体ではなく一部分でだけ分裂するので，このような卵割は**部分割**といいます。

+α パワーアップ 放射卵割とらせん卵割

これまで述べたような分け方とは別に，割球の配列パターンによって分ける分け方もある。

ウニやカエルなど多くの動物の卵割では，第一卵割も第二卵割も動物極と植物極を通り，互いに直交し，第三卵割は赤道面に平行に前の2つの卵割面に直交して行われる（これを**放射卵割**という）。ところが，動・植物極の軸に垂直にならずやや斜めに傾いた方向に卵割する様式があり，これを**らせん卵割**という。頭足類（イカやタコ）以外の軟体動物（貝類）や環形動物はこのらせん卵割を行う（⇨ p.320〜321「遅滞遺伝」およびp.760参照）。

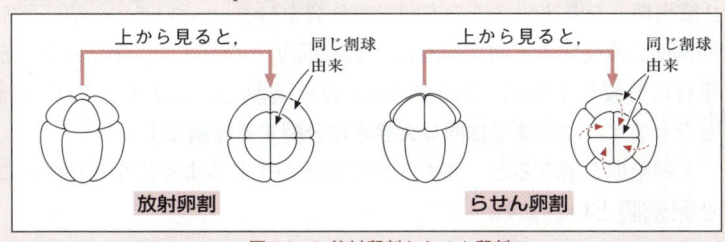

▲ 図33-8 放射卵割とらせん卵割

最強ポイント

【卵の種類と卵割様式のまとめ】

卵の種類	卵割様式		例
等黄卵	全割		哺乳類，棘皮動物，原索動物
（弱）端黄卵			両生類
（強）端黄卵	部分割	盤割	鳥類，爬虫類，魚類
心黄卵		表割	昆虫類，甲殻類

第34講 ウニの発生

ウニの受精卵から成体になるまでの変化を見てみましょう。

1 受精卵から胞胚期まで

1 ウニの受精卵から始まる**第一卵割**は，動物極と植物極を結ぶ面で行われ，**2細胞期**となります。この方向での分裂を**経割**といいます。第二卵割も第一卵割面に直交する方向に経割し，**4細胞期**となります。第三卵割は赤道面に**平行に分裂**しますが，この方向の分裂を**緯割**といいます。これで**8細胞期**となります。ここまでは同じ大きさに分裂する**等割**です。

8細胞期を過ぎると，胚の内部に空所が生じるようになります。この空所を**卵割腔**といいます。

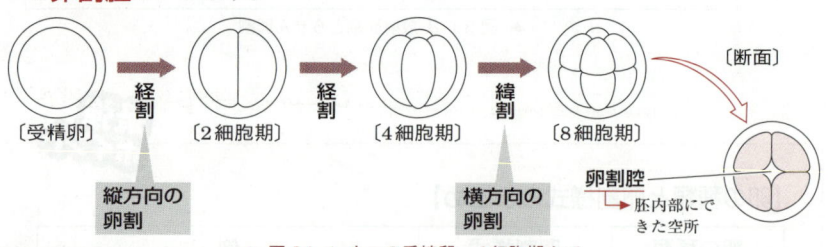

▲ 図34-1 ウニの受精卵〜8細胞期まで

2 第四卵割は，**動物極側(動物半球)**については経割で等割ですが，**植物極側(植物半球)**では緯割で**不等割**が行われます。その結果，大・中・小の3種類の大きさの割球からなる**16細胞期**となります。

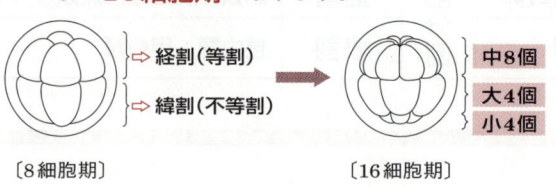

中8個
大4個
小4個

▲ 図34-2 ウニの第四卵割と16細胞期

第34講 ウニの発生

3 卵割が進むと，割球の大きさも小さくなり，桑の実のような状態の**桑実胚期**になります。さらに卵割が進むと，**外側が一層の細胞からなる**ボールのような状態の**胞胚期**となります。胞胚期になると，卵割腔の空所も大きく発達します。この時期の空所は**胞胚腔**と呼ばれるようになります。胞胚期になると，周囲に繊毛が生じてきます。

また，胞胚期までは胚の周囲には受精膜が残っていますが，胞胚期の後期になると，**受精膜を破って胞胚期の胚が出てきます。このような現象を<ruby>ふ化</ruby>**といいます。さらに，胞胚期の後期には，植物極側から，細胞が胞胚腔の内部に遊離し始めます。

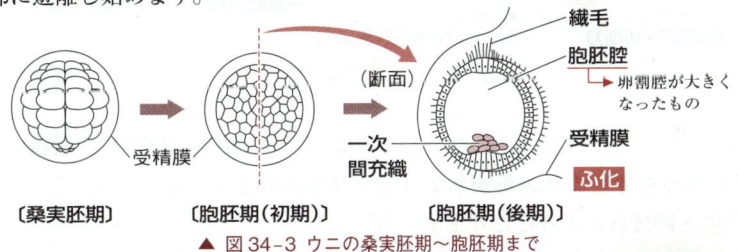

〔桑実胚期〕 〔胞胚期（初期）〕 〔胞胚期（後期）〕

▲ 図34-3 ウニの桑実胚期〜胞胚期まで

最強ポイント

【ウニの初期発生の特徴】
① （経割）→（経割）→（緯割）で8細胞になる。
② 第四卵割では，**動物半球は経割で等割，植物半球は緯割で不等割**を行い，16細胞になる。
③ **胞胚期にふ化**する。

---

2 胞胚期から幼生期まで

1 植物極側から細胞が内部に陥入し始め，新たな入り口が生じます。この入り口を**原口**といい，陥入によって生じた空所を**原腸**といいます。そして，原口や原腸が生じた時期を**原腸胚期**といいます。

植物極側から遊離した細胞は**一次間充織**と呼ばれ，やがて**骨片**に分化します。一方，原腸の先端からも細胞が遊離しますが，これは**二次間充織**と

呼ばれ，やがて**筋肉**や**生殖腺**に分化します。
　原腸胚後期で外層を取り巻く細胞層が**外胚葉**，原腸壁となる細胞が**内胚葉**，一次間充織や二次間充織が**中胚葉**になります。このようにして，**原腸胚期に三胚葉が分化**します。

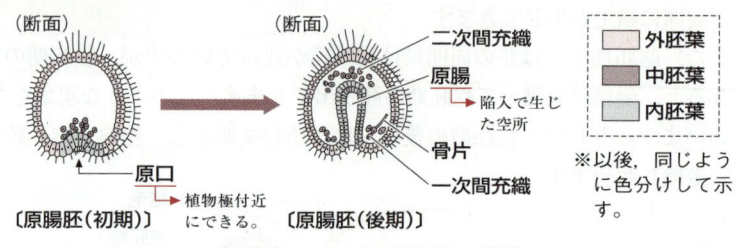

〔原腸胚(初期)〕　〔原腸胚(後期)〕
二次間充織／原腸／陥入で生じた空所／骨片／一次間充織
原口／植物極付近にできる。
□外胚葉　■中胚葉　□内胚葉
※以後，同じように色分けして示す。

▲ 図34-4 ウニの原腸胚期と三胚葉

2　原腸の先端が外層と接したところに口ができ，**原口は肛門**に，原腸は消化管になります。全体の形がちょうどプリズムのような形になり，**プリズム幼生**と呼ばれるようになります。
　さらに，外胚葉が腕を伸ばし，**プルテウス幼生**になります。幼生になると，自らの口で餌を食べ，自立生活ができるようになります。このプルテウス幼生がさらに変態して成体になります。

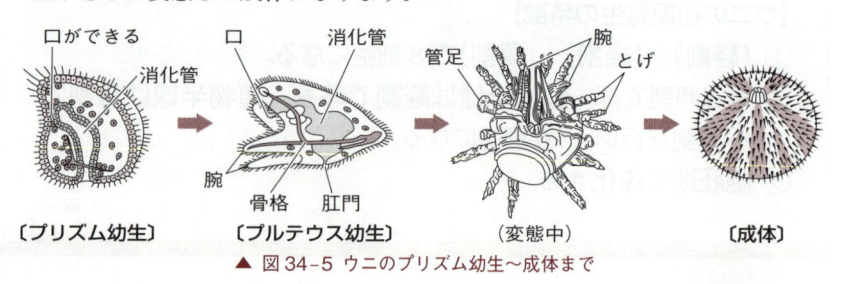

〔プリズム幼生〕　〔プルテウス幼生〕　（変態中）　〔成体〕
口ができる／消化管／口／消化管／腕／骨格／肛門／管足／腕／とげ

▲ 図34-5 ウニのプリズム幼生～成体まで

【ウニの胞胚期～成体までの発生の特徴】
① 胞胚→原腸胚→プリズム幼生→プルテウス幼生→成体
② 原腸胚期で三胚葉が分化する。
③ 原口はやがて**肛門**になる。

第35講 両生類の発生

ウニとの違いに注意しながら，カエルやイモリのような両生類の発生を見てみましょう。

1 受精卵から原腸胚期まで

1 両生類の受精卵から始まる第一卵割，第二卵割はどちらもウニと同様に**経割**で，**4細胞期**になります。第三卵割も**緯割**するのはウニと同じですが，両生類の卵は，端黄卵で，植物極側に卵黄が多いので，**赤道面よりも動物極に近い側で緯割して8細胞期**となります。その結果，動物極側の割球は植物極側の割球よりも小さくなります。

第四卵割は動物極側も植物極側も経割して16細胞期となります。そして，8細胞期を過ぎると，胚の内部に**卵割腔**が生じるようになるのもウニと同じです。

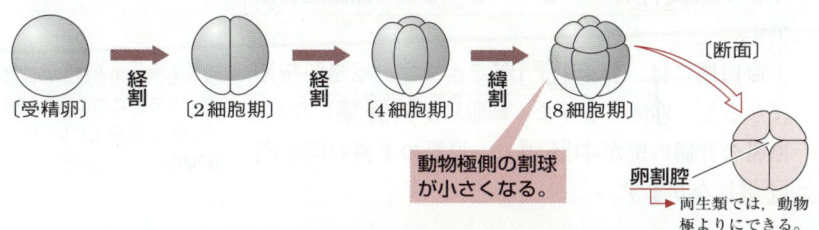

▲ 図35-1 両生類の受精卵〜8細胞期まで

2 さらに卵割が進み，**桑実胚期**を経て**胞胚期**になります。胞胚期の内部には，卵割腔が発達してできた**胞胚腔**の空所があります。

胞胚を切断した断面図(図35-2)を見ると，ウニとの違いがよくわかります。つまり，ウニの胞胚は外層が一層の細胞で囲まれていましたが，**両生類の胞胚は多層の細胞でできています**。また，胞胚腔も断面では円形ではなく半円形に近い形です。

> 両生類では植物極側の細胞が動物極側の細胞にくらべて大きいため，植物極には空所が生じないことによる。

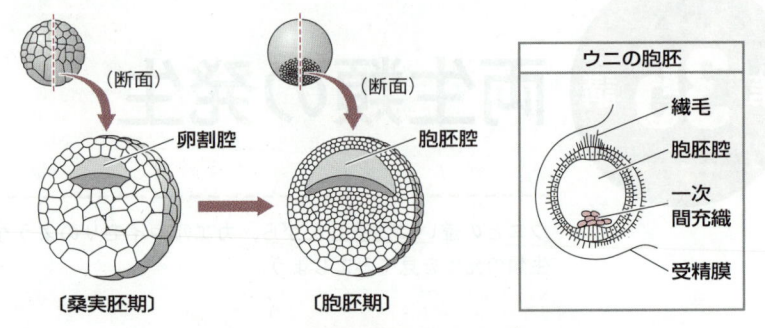

▲ 図35-2 両生類の桑実胚期〜胞胚期まで

3 　胞胚期を過ぎると，赤道面よりもやや植物極に近い側に原口が生じ始め，**原腸胚期**となります。そして，原口から細胞が内部に陥入して**原腸**が発達します。それに伴い，胞胚腔は徐々に狭められていきます。

　最初，原口は外側から見ると，ひらがなの「へ」のように見えますが，やがて両側からも陥入し半円形に，最終的には下側からも陥入し，原口が円形となります。この部分は卵黄を豊富に含む細胞からなり，ちょうどワインなどのコルクの栓のように見えるので**卵黄栓**といいます。こうなると**原腸胚後期**です。

> プラグを差し込んでいるように見えるので，「卵黄プラグ」ともいう。

　原口側には，将来**肛門**ができます。原腸胚後期になると，外側を取りまく細胞層が**外胚葉**になり，原腸の背側の壁が**中胚葉**に，原腸の下側の壁が**内胚葉**になります。

> ウニも両生類も原口は肛門側になる。このような動物を「新口動物」という（⇨ p.760）。

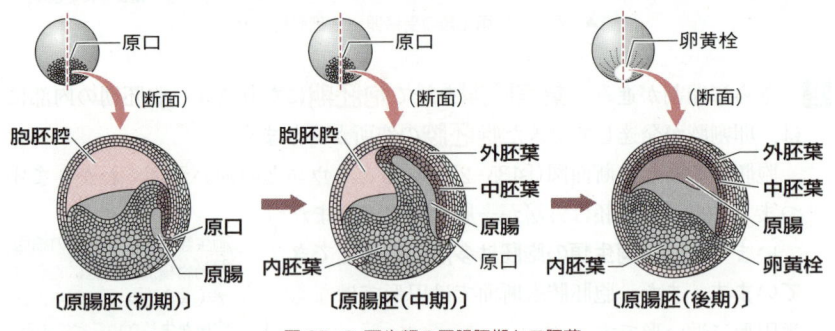

▲ 図35-3 両生類の原腸胚期と三胚葉

【ウニと両生類の胞胚期・原腸胚期の比較】

胞胚期…胞胚腔のできる位置が違う。

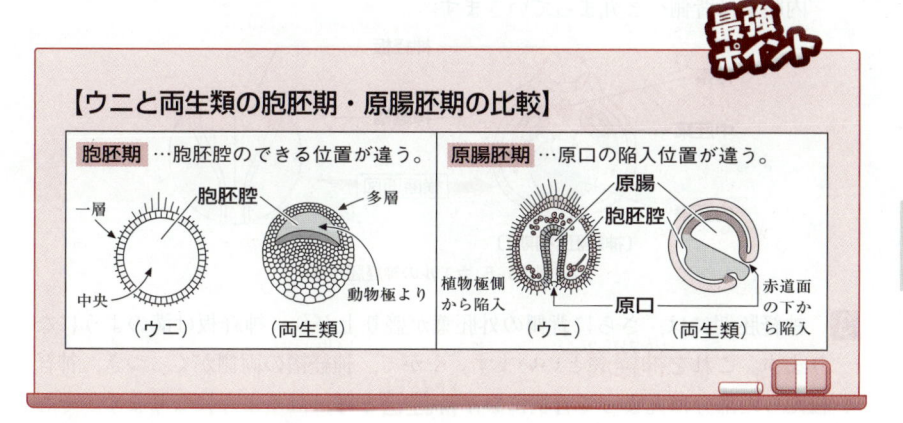

一層　胞胚腔　　　　　多層
中央　　　　　　　　　動物極より
（ウニ）　　　　　（両生類）

原腸胚期…原口の陥入位置が違う。

原腸　胞胚腔
植物極側　　　　　　　赤道面
から陥入　　　原口　　の下から陥入
（ウニ）　　　　　（両生類）

2 神経胚期から尾芽胚期まで

1 先ほどの原腸胚後期の断面図は，からだの正中面での断面図，すなわち縦断面です。これを横断面にしてみましょう。横断面とは，胴体の輪切りです。

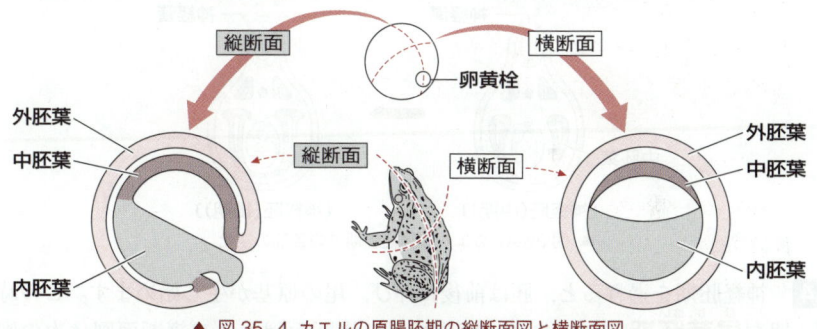

縦断面　　　　　　横断面
　　　　卵黄栓

外胚葉　　　　　　　　　　　　外胚葉
中胚葉　　　縦断面　横断面　　中胚葉
内胚葉　　　　　　　　　　　　内胚葉

▲ 図35-4　カエルの原腸胚期の縦断面図と横断面図

2 ここからは，この横断面の図で見ていきます。

原腸胚期が終了すると，外胚葉が背側に向かって移動し，両側が盛り上がります。背側にこのような盛り上がりが生じると**神経胚期**になります。このとき，平たくなった部分を**神経板**，その両側の盛り上がりを**神経褶**といいます(⇨図35-5)。

中胚葉は腹側に向かって伸び，一部がちぎれます。背側に残った切れ端が**脊索**になる部分です。残りはさらに腹側に伸びながら外側へと広がって，内部に新しい空所をつくります。

内胚葉は背側へと丸まっていきます。

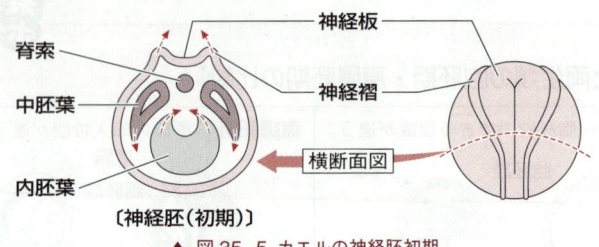

▲ 図35-5 カエルの神経胚初期

3 神経胚期には，さらに背側の外胚葉が盛り上がり，神経板は溝のようになります。これを**神経溝**といいます。やがて，神経褶の両側がくっつき，神経板だった部分は丸まって管状になり**神経管**と呼ばれるようになります。そして，**神経堤細胞**(⇨p.226)も生じます。

中胚葉は，さらに腹側に伸び，もう一度ちぎれて切れ端をつくり，さらに伸びて腹側で左右が合わさります。

内胚葉は，丸まって管状の空所をつくります。

このようにして，**神経胚後期**となります。

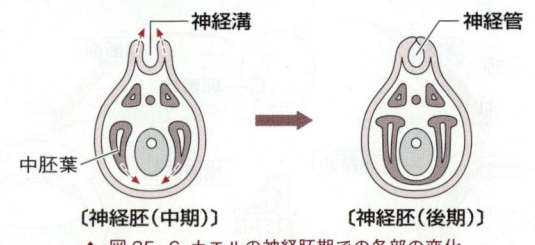

▲ 図35-6 カエルの神経胚期での各部の変化

4 神経胚期を過ぎると，胚は前後に伸び，尾の原基が生じ始めます。この時期を**尾芽胚期**といいます。尾芽胚期の横断面図および縦断面図は次の図35-7のとおりです。

神経胚後期あるいは尾芽胚期で，外側を取りまく細胞層を**表皮**，神経板だった部分が丸まって管状になった部分を**神経管**といいます。中胚葉は背側から順に，**脊索**，**体節**，**腎節**，**側板**という4つの部分に分化します。内胚葉は丸まって**消化管(腸管)**を形成します。また，中胚葉に囲まれた隙間が，体壁と内臓の間の隙間になる部分で，これを**体腔**といいます。

尾芽胚期を過ぎるとふ化し，**幼生(オタマジャクシ)** になり，さらに，**変態**して成体になります。

第35講 両生類の発生

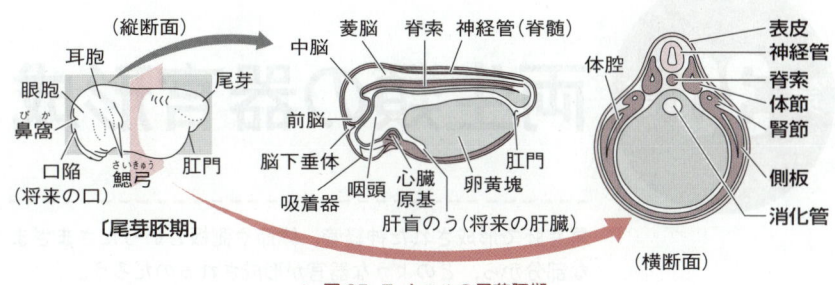

▲ 図35-7 カエルの尾芽胚期

+α パワーアップ 尾芽胚期各部の横断面のようす

尾芽胚期の横断面のようすは，切断する場所によって異なる。

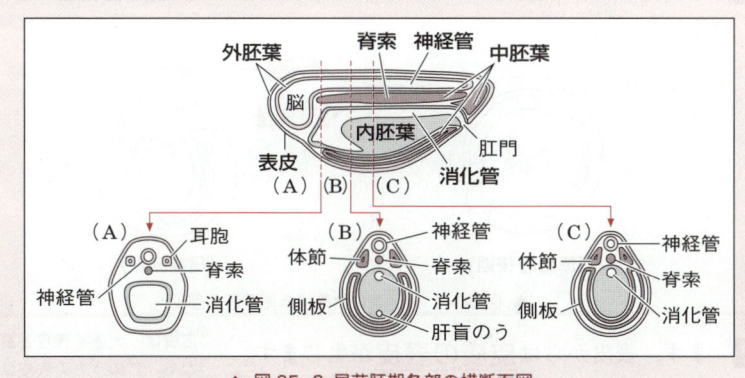

▲ 図35-8 尾芽胚期各部の横断面図

【両生類の原腸胚期〜成体までの発生の特徴】
① 原口は肛門側になる。
② 原腸胚期→神経胚期→尾芽胚期→幼生→成体
③
- 外胚葉→表皮・神経管
- 中胚葉→脊索・体節・腎節・側板
- 内胚葉→消化管

第3章 生殖・発生

225

第36講 両生類の器官形成

尾芽胚で形成された神経管，体節や側板といったさまざまな部分から，どのような器官が形成されるのだろう。

1 外胚葉から生じる器官

1 原腸胚後期に**外胚葉**だった部分は，尾芽胚期には**表皮**と**神経管**に分化していました。

〔原腸胚後期〕　〔尾芽胚期〕

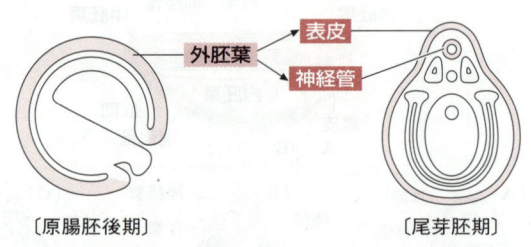

▲ 図36-1 外胚葉に由来する尾芽胚の部位

2 まず，表皮からは**皮膚の表皮**が生じます。さらに，そこから付随して，**羽毛，毛，汗腺，爪，爬虫類の鱗**なども生じます。

また，眼の**角膜**や**水晶体**(⇨p.241「イモリにおける眼の形成」参照)，耳の**外耳**や**内耳**も表皮から生じます。

皮膚は，大きく表皮と真皮からなる。このうちの表皮は外胚葉の表皮から生じる。真皮は中胚葉から生じる。

同じ鱗でも，魚類の鱗は真皮で，中胚葉起源。

中耳は内胚葉起源。

3 一方，神経管の前方は**脳胞**という膨らみになり，後方は**脊髄**になります。

脳胞は前から順に，**前脳・中脳・菱脳**という3つに分かれ，さらに前脳からは**大脳**や**間脳**，および**脳下垂体後葉**が生じ，菱脳からは**小脳**や**延髄**が生じます。前脳の一部からは**眼の網膜**も生じます(⇨p.241「イモリにおける眼の形成」参照)。

また，運動神経や副交感神経も生じます。

表皮ではE型カドヘリン，神経管ではN型カドヘリンが発現する(⇨p.44)。神経堤細胞はどちらも発現せず表皮や神経管と離れる。

4 さらに外胚葉からは，表皮と神経管の境目から**神経堤細胞(神経冠細胞)**

という細胞群も生じます。

　神経堤細胞は胚の内部を移動して，感覚神経や交感神経，皮膚の色素細胞，副腎髄質などを形成します。

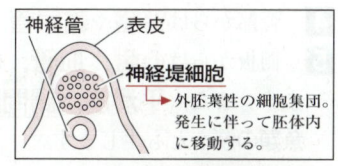

▲ 図36-2 神経堤細胞

【外胚葉から分化する主な器官ベスト7】
- 表　皮 ⇨ 皮膚の表皮，眼の角膜・水晶体
- 神経管 ⇨ 脳，脊髄，眼の網膜
- 神経堤細胞 ⇨ 交感神経

2 中胚葉から生じる器官

1 原腸胚後期に**中胚葉**だった部分は，尾芽胚期には**脊索，体節，腎節，側板**の4つの部分に分化していました。

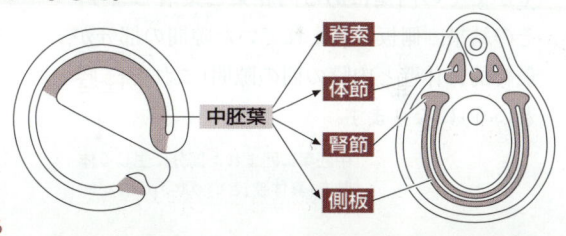

▶ 図36-3 中胚葉に由来する尾芽胚の部位　〔原腸胚後期〕　〔尾芽胚期〕

2 脊索は，尾芽胚期まではからだを支持する働きをしますが，やがて**脊索自身は退化・消失**します（それ以後は脊椎（背骨）がからだを支える働きをするようになります）。

> 脊索を生じるのは原索動物と脊椎動物だけ。原索動物のナメクジウオおよび脊椎動物の無顎類では一生残って機能する。原索動物のホヤおよび脊椎動物の無顎類以外では，成体になる前に退化する。

3 体節からは，**脊椎**（背骨）や**肋骨**などの**骨**，**軟骨**，**骨格筋**，**皮膚の真皮**（厳密には背側の皮膚の真皮）などが生じます。

4 腎節からは腎臓や輸尿管，輸精管，生殖腺髄質などが生じます。
5 側板からは心臓，血管，血球のような循環系に関与するものが形成されます。また，平滑筋，腸間膜，腹膜，副腎皮質，輸卵管，生殖腺皮質，腱，魚類の鱗なども生じます。

体内で，腸をつるして定着させている膜のことで，腸への血管やリンパ管，神経が分布している。

腹腔や胃や腸などの内臓の表面を取りまく薄い膜のこと。

+α パワーアップ 心臓の形成

心臓は，左右の側板が合わさった所に，次の図のようにして，心臓のもとになる原基が形成され，つくられていく。

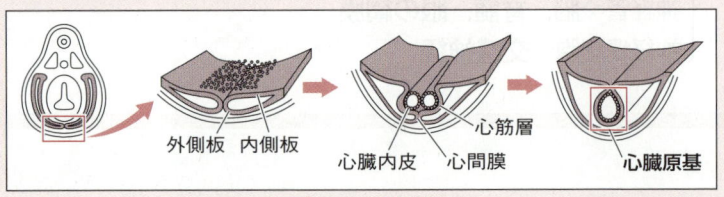

外側板　内側板　心臓内皮　心間膜　心筋層　心臓原基

▲ 図36-4 心臓の形成

6 側板の外側は，やがてその外側にある外胚葉表皮と接着します。また，側板の内側は，やがてその内側にある内胚葉と接着します。その結果，側板に囲まれていた隙間の部分が，最終的に体壁と内臓の間の隙間（これを**体腔**という）になります。

中胚葉に囲まれた部分に生じる体腔を「真体腔」という（⇨p.761）。

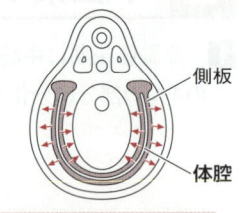

側板
体腔

側板に囲まれていた隙間が体腔になる。

▲ 図36-5 体腔の形成

最強ポイント

【中胚葉から生じる主な器官ベスト10】
- 脊索 ⇨ 退化・消失
- 体節 ⇨ 骨，骨格筋，真皮
- 腎節 ⇨ 腎臓，輸尿管
- 側板 ⇨ 心臓，血管，血球，平滑筋，腸間膜

3 内胚葉から生じる器官

1 原腸胚後期に**内胚葉**だった部分は，尾芽胚期には**消化管**(腸管)の周囲に存在します。

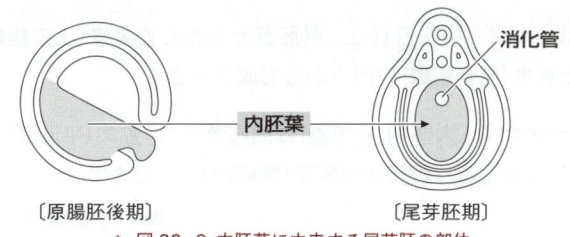

▲ 図36-6 内胚葉に由来する尾芽胚の部位

2 内胚葉からは，**食道，胃や腸などの上皮**(内壁)や**肝臓**，胆のう，**すい臓**などが生じます。また，**肺**，えら，気管など呼吸系も生じます。これ以外にも，**甲状腺**，副甲状腺，胸腺，耳の中耳や耳管も内胚葉から生じます。

3 内胚葉からも多くの器管が分化して複雑ですが，**消化管とそこから突出した袋状のものが，さまざまな器官に分化する**わけで，おおざっぱには次の図のように示すことができます。

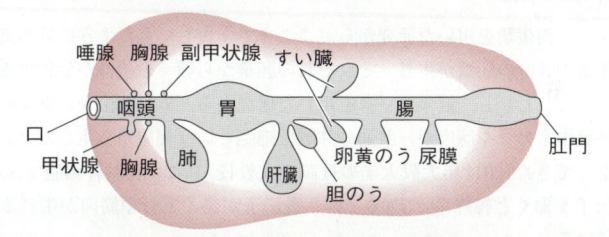

▲ 図36-7 内胚葉から分化する器官

【内胚葉から生じる主な器官ベスト5】
内胚葉 ⇨ 消化管上皮，肝臓，すい臓，肺，甲状腺

4 複数の胚葉起源をもつ器官

1 これまで見てきたように，それぞれの胚葉からいろいろな器官が分化しますが，1種類の胚葉だけで1つの器官が形成されるとは限りません。

2 たとえば，皮膚という器官は，**外胚葉から生じた表皮(上皮組織)**と**中胚葉から生じた真皮(結合組織)**の両方から形成されます。

3 同様に，胃や腸も，**内壁(上皮組織)は内胚葉**から，**筋肉(平滑筋)は中胚葉(側板)**から，外表面を覆う**腹膜は中胚葉(側板)**から生じます。

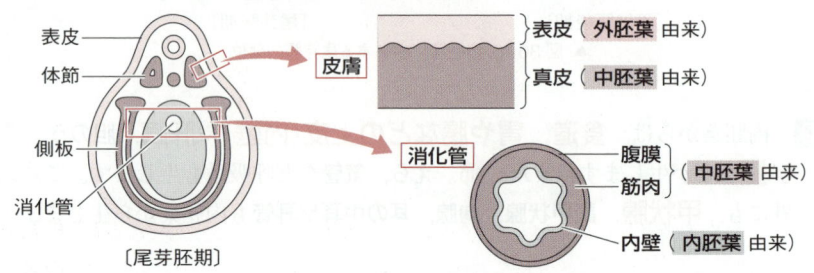

▲ 図36-8 表皮や消化管の各部の胚葉起源

+αパワーアップ
体軸幹細胞

ウニや両生類を用いた研究から，ここまで学習してきたように外胚葉，中胚葉，内胚葉の3つの胚葉が生じ，それぞれの胚葉から種々の組織が分化すると考えられてきた。しかし，近年マウスを用いた研究から，外胚葉由来の胴部の神経系と中胚葉由来の骨や筋肉が，共通の**体軸幹細胞**という細胞から生じるということがわかってきた(2011年大阪大学の近藤寿人教授)。この体軸幹細胞で$Sox2$という遺伝子が働くと神経系，$Tbx6$という遺伝子が働くと骨や筋肉が生じると考えられている。

最強ポイント

- 表皮(外胚葉由来)＋真皮(中胚葉由来)→皮膚
- 内壁(内胚葉由来)＋平滑筋(中胚葉由来)＋腹膜(中胚葉由来)
  →胃，腸

第37講 原基分布図と移植実験

発生のしくみについては，昔からさまざまな考え方があり，多くの実験が行われてきました。

1 モザイク卵と調節卵

1 17〜18世紀ごろには，卵あるいは精子の中に，親と同じ形のものが縮小されて入っていて，これが大きくなっていくと考えられていました。このような考え方を**前成説**といいます。

2 しかし，いろいろな生物の発生過程の観察から，からだの各部は発生過程を通じてしだいにつくられていくと考えられるようになりました。このような考え方を**後成説**といいます。

3 それでは，からだの各部分はどのようにしてつくられていくのでしょうか。
それぞれの細胞が将来何に分化するかを，細胞の**発生運命（予定運命）**といいます。この発生運命を調べるために，**ルー**（1850〜1924年；ドイツ）は，次のような実験をしました。

〔ルーの実験〕
カエルの2細胞期に，一方の割球を熱した針で焼き殺し，死んだ割球をそのままにして，殺さなかった割球を発生させると，ちょうどからだの半分の構造をもった胚（これを**半胚**という）が生じた。

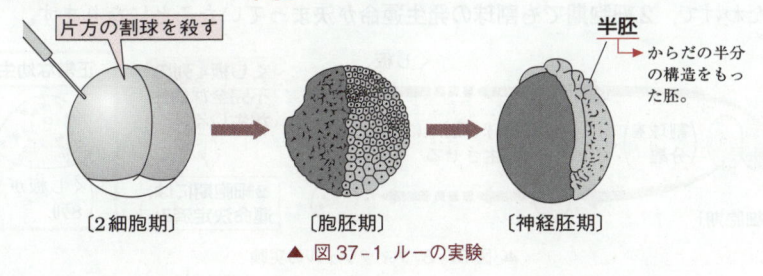

▲ 図37-1 ルーの実験

4 この結果は，2細胞期にはすでに発生運命が決まっているかに見えます。しかし，これは死んでしまった割球が付着していたことが原因であったことが後にわかりました。死んだ割球をはずして発生させると，完全な幼生が生じたのです。つまり，失われた割球から生じるはずの部分を，残った割球が補うことができたということです。これは，**カエルでは2細胞期ではまだ各割球の発生運命は決まっていない**ことを示します。

5 **ドリューシュ**（1867～1941年）は，ウニの2細胞期や4細胞期に割球を分離し，各割球を別々に発生させました。すると，どの割球からも小さいながら完全な幼生が生じました。これも，**ウニでは2細胞期や4細胞期では各割球の発生運命はまだ決まっていない**ことを示します。

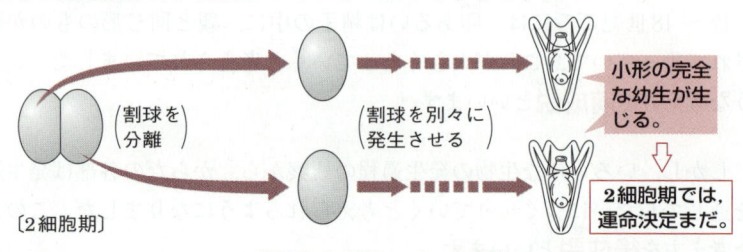

▲ 図37-2 ドリューシュの実験

6 **フィッシェル**は，クシクラゲを使って実験しました。クシクラゲの正常な幼生は8列のくし板という運動器官をもちます。クシクラゲの2細胞期や4細胞期に割球を分離して，各割球を発生させると，いずれの割球からも一部の器官を欠いた不完全な幼生しか生じませんでした（2細胞期に割球を分離すると，生じた幼生は4列のくし板しかもたず，4細胞期に割球を分離すると，生じた幼生は2列のくし板しかもちませんでした）。すなわち，クシクラゲでは，失った部分を補うことができなかったわけで，**2細胞期でも割球の発生運命が決まっていた**ことになります。

> 有櫛動物に属する動物。他のクラゲのなかま（刺胞動物）とは異なり，刺胞をもたない（⇨p.764）。

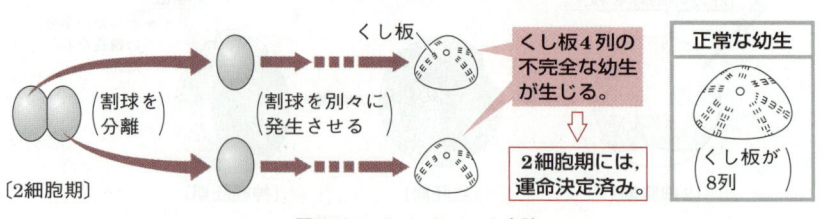

▲ 図37-3 フィッシェルの実験

7 クシクラゲのように，発生初期に割球を分離すると完全な胚が生じなくなるような卵を**モザイク卵**，ウニやカエルのように，割球を分離しても完全な胚が生じるような卵を**調節卵（調整卵）**といいます。

8 これらの違いは本質的な違いではなく，割球の発生運命の決定が非常に早いかどうかの違いです。調節卵であっても，発生が進めば調節能力が失われていきます。

最強ポイント

① **モザイク卵**…発生初期に割球を分離すると，**不完全な胚**が生じるような卵。
 ⇨各割球の発生運命の決定が**非常に早い**卵。
② **調節卵**…発生初期に割球を分離しても，**完全な胚**が生じるような卵。
 ⇨各割球の発生運命の決定が**比較的遅い**卵。
 ⇨発生が進むと調節能力が失われる。

2 原基分布図と移植実験

1 **フォークト**（1888～1941年；ドイツ）は，イモリの胚胚期の胚表面の各部を，生体に無害な色素で染色し，それぞれの部分が何に分化するかを調べました（1926年）。このような実験方法を**局所生体染色法**といいます。

中性赤，ナイル青などが代表的。いずれも生体に無害で，他の部分に拡散したりしない特徴をもつ。

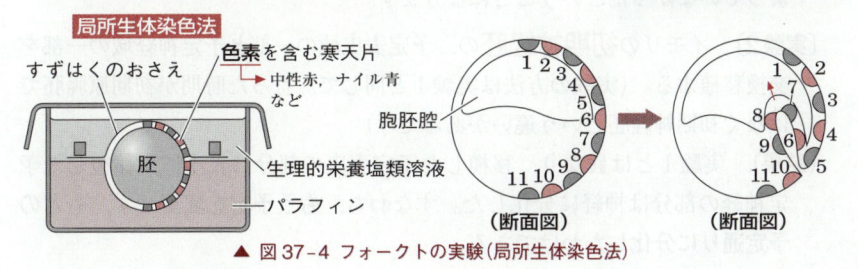

局所生体染色法
すずはくのおさえ　色素を含む寒天片　→中性赤，ナイル青など
胚　胞胚腔　生理的栄養塩類溶液　パラフィン
（断面図）　（断面図）

▲ 図37-4 フォークトの実験（局所生体染色法）

2 このような実験の結果描かれたのが，次の図のような**原基分布図**(予定運命図)です。

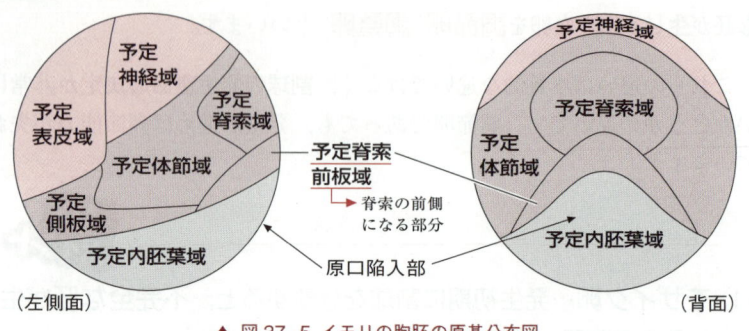

▲ 図37-5 イモリの胞胚の原基分布図

3 **シュペーマン**(1869～1941年)は，体色の異なる2種類のイモリ(クシイモリとスジイモリ)を使って，次のような移植実験を行いました(1918年)。

〔実験1〕　イモリの**初期原腸胚**の，予定表皮域の一部と予定神経域の一部を交換移植する。

(結果)　移植された予定表皮の部分は神経に，移植された予定神経の部分は表皮に分化した。すなわち，**発生運命を変更して，移植先の運命に従って分化した**ということである。

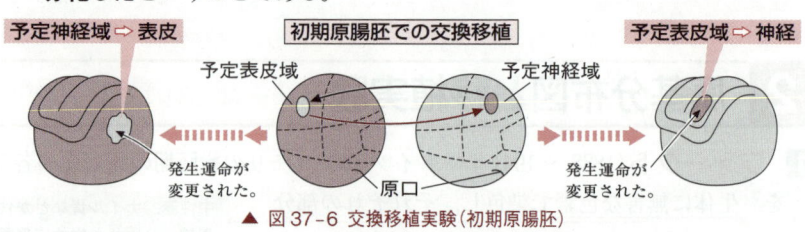

▲ 図37-6 交換移植実験(初期原腸胚)

➡ということは，イモリの**初期原腸胚では，表皮や神経の運命はまだ決まっていなかった**ということになります。

〔実験2〕　イモリの**初期神経胚**の，予定表皮域の一部と予定神経域の一部を交換移植する。(実験の方法は実験1と同じで，行った時期が初期原腸胚ではなく初期神経胚という違いがあるだけ)

(結果)　実験1とは異なり，移植した予定表皮の部分は表皮に，移植した予定神経の部分は神経に分化した。すなわち，**もう予定を変更せず，もとの予定通りに分化した**わけである。

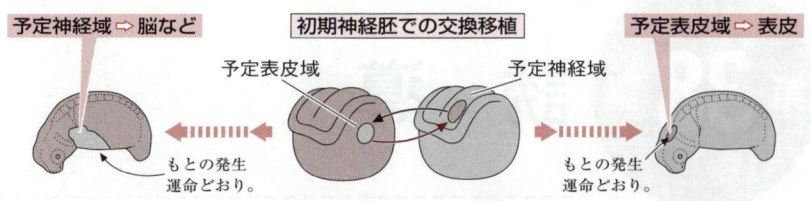

▲ 図37-7 交換移植実験(初期神経胚)

➡ ということは、**初期神経胚ではすでに運命が決定していた**ことになります。

〔実験3〕 イモリの後期原腸胚の、予定表皮域の一部と予定神経域の一部を交換移植する。

（結果） 今度は、移植片がもとの発生運命に従って分化する場合と移植先の運命に従って分化する場合の2通りの結果になり、移植先の運命に従う場合であっても通常よりも時間がかかったりした。

➡ ということから、後期原腸胚では、**少し運命が決まりつつあるものの、まだ完全には決まっていなかった**ということになります。

最強ポイント

① **原基分布図**…**フォークト**が、イモリの胞胚期の胚表面に、**局所生体染色法**を用いて作成した。

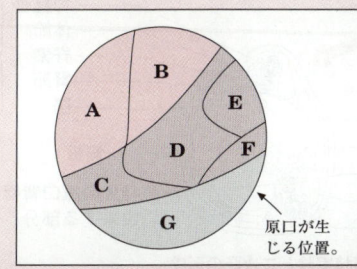

A; 予定表皮域　　E; 予定脊索域
B; 予定神経域　　F; 予定脊索前板域
C; 予定側板域　　G; 予定内胚葉域
D; 予定体節域

② **シュペーマンの交換移植実験**（イモリの予定表皮域と予定神経域の交換移植）

- 原腸胚初期では移植先の運命に従って分化…運命は**未決定**。
- 神経胚初期では移植片自身の運命に従って分化…運命は**決定済み**。

⇨ 外胚葉の発生運命は、**原腸胚初期〜神経胚初期の間に決定する**。

第38講 誘　導

イモリの外胚葉の発生運命は，原腸胚初期から神経胚初期の間に，どのようにして決まるのでしょうか。

1 原口背唇部の移植実験

1 **シュペーマン**と**マンゴルド**は，イモリの原腸胚初期に，原口よりも背側に位置する部分（**原口背唇部**）を他の初期原腸胚の胞胚腔に移植しました。その結果，移植片は，本来の発生運命に従って，おもに**脊索**になり，移植片を中心に第二の胚（**二次胚**）が形成されました（1924年）。

※1924年，若くして事故死。

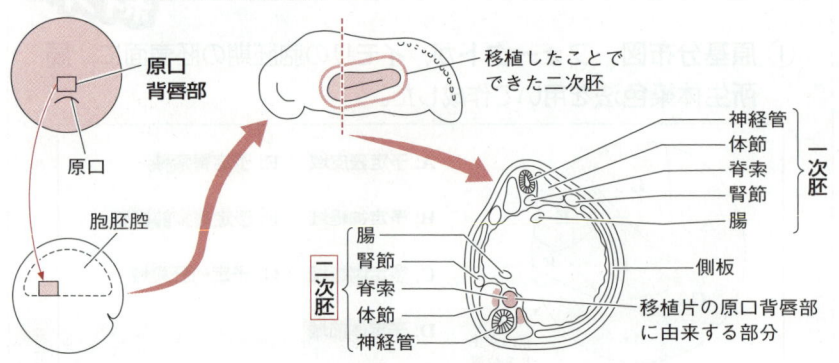

▲ 図38-1 原口背唇部の移植実験と二次胚の形成

2 これは，予定表皮や予定神経の部分は原腸胚初期にはまだ発生運命は未決定であったのに対し，同じ原腸胚初期でも**原口背唇の部分は運命がすでに決まっていた**ことを示します。そして，**移植片である原口背唇の部分が，接する予定表皮の外胚葉に働きかけて神経管を形成させた**のです。

3 このように，接する部域の発生運命を決定する働きを**誘導**といい，誘導の働きをもつ部域を**形成体（オーガナイザー）**といいます。

第38講 誘導

4 つまり，本来，予定神経の部分は，原腸胚期に，陥入によって裏打ちされた自らの原口背唇の部分からの作用によって神経に分化するように運命が決定されるのです。

一方，予定表皮の部分は，原口背唇の部分からの作用を受けないため，神経にはならず表皮に分化するよう運命が決定するのです。

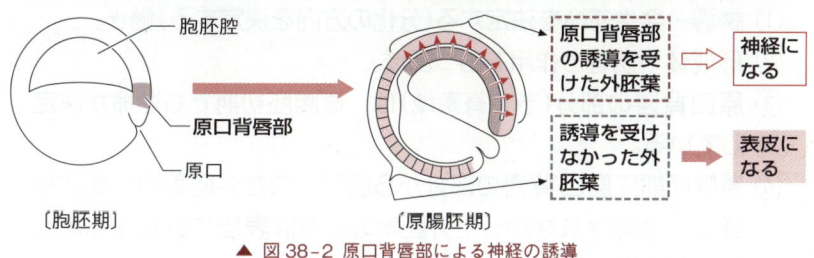

▲ 図38-2 原口背唇部による神経の誘導

5 原腸胚初期に，予定外胚葉域のみを取り出して培養すると，原口背唇部からの誘導がないため神経は分化せず，**表皮**が分化します。

ところが，予定外胚葉域を細胞にまでバラバラにしてよく洗ってから（細胞間物質をなくす）培養すると，**神経**が分化してくるのです。

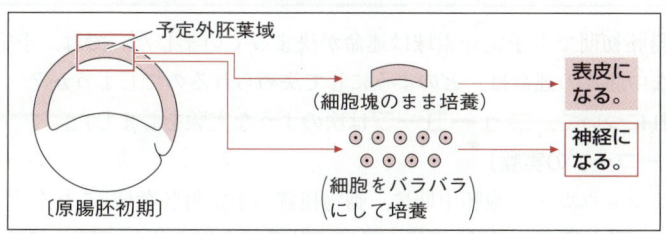

▲ 図38-3 予定外胚葉域の細胞の分化

6 なぜ，このようになるのでしょう。じつは，予定外胚葉域の細胞は本来神経に分化する能力をもっており，細胞間にある物質の作用によって神経への分化が抑制され，表皮に分化するのです。そして，この**細胞間物質の作用を抑制するのが，原口背唇部からの誘導物質**なのです。

つまり，予定外胚葉域は，原口背唇部からの誘導によって，神経への分化の抑制が抑制されて神経に分化するのです。

7 細胞間にあり神経への分化を抑制している物質の正体は**BMP**（骨形成因子）という物質で，原口背唇部から分泌される誘導物質が**ノギン**および**コーディン**というタンパク質です。

第3章 生殖・発生

8 BMPが予定外胚葉の細胞にある受容体と結合すると表皮への分化が引き起こされますが、ノギンやコーディンがBMPと結合し、BMPの受容体への結合を妨げると、神経への分化が引き起こされます。

> **最強ポイント**
> ① **誘導**…発生運命を決定する(分化の方向を決定する)働き。
> ② **形成体**…誘導の作用をもつ部域。
> ③ **原口背唇の部分**(予定脊索域)は、原腸胚初期でも運命が決定している。
> ④ 原腸胚期に**原口背唇の部分**から誘導された外胚葉の部域は**神経**に、誘導されなかった外胚葉の部域は**表皮**に分化するよう運命が決定する。

2 中胚葉誘導

1 原腸胚初期でも予定脊索域は運命が決まっていました。では、予定脊索のような中胚葉の運命は、どのようにして決められるのでしょうか?
　これについて、**ニューコープ**は次のような実験をしました。

〔ニューコープの実験〕
　サンショウウオの胞胚中期に、動物極側の予定外胚葉域(これを**アニマルキャップ**と呼ぶ)と植物極側の予定内胚葉域を取り出して別々に培養した。その結果、予定外胚葉域は表皮に分化した。
　次に、予定外胚葉域と予定内胚葉域を接着させて培養すると、予定外胚葉域から表皮以外に、心臓や血球、筋肉、脊索などの中胚葉組織が分化した。

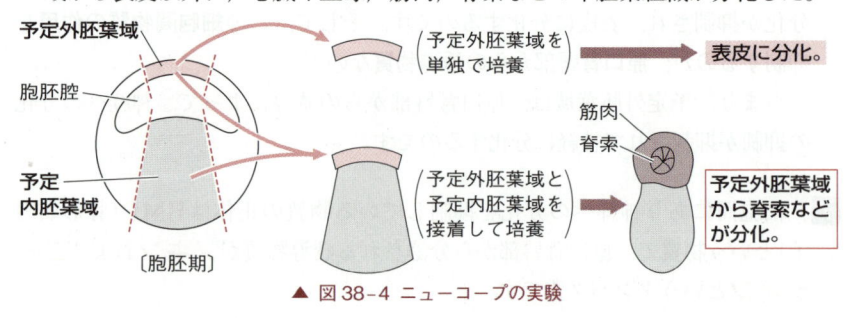

▲ 図38-4 ニューコープの実験

2 これは，予定内胚葉域の細胞が，接する動物極側の細胞に働きかけて中胚葉性組織を誘導したからで，このような現象を**中胚葉誘導**といいます。この中胚葉誘導は，桑実胚の時期から行われ，胞胚後期には完了しています。

3 さらに，同じ予定内胚葉域でも，腹側および背側と予定外胚葉域を接着させて培養すると，**腹側の予定内胚葉域(A)** と接着させた場合は，予定外胚葉域から**心臓**や**血球**などが分化し，**背側の予定内胚葉域(B)** と接着させた場合は，予定外胚葉域から**脊索**が主に分化します。

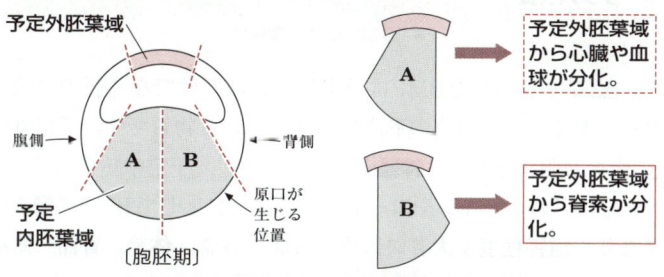

▲ 図38-5 腹側と背側の予定内胚葉域による誘導

つまり，同じ予定内胚葉域でも，腹側と背側とでは誘導するものが異なるのです。

4 中胚葉が誘導されるまでの現象をもう少しくわしく見てみましょう。
両生類では受精が行われると表層が回転するという**表層回転**が起こります（⇒p.247）。未受精卵の段階では植物極表層に局在していた**ディシェベルド**というタンパク質が，表層回転によって将来の背側に移動します。

5 もともと細胞質には**βカテニン**というタンパク質が存在しているのですが，ディシェベルドの働きでβカテニンの分解が抑制されます。その結果，将来の腹側ではβカテニンが分解されて減少し，背側ではβカテニンが分解されずに残ることになります。

6 やがて発生が進み胞胚期あたりになると，βカテニンおよび植物半球に存在する**VegT**や**Vg-1**というタンパク質の働きで**ノーダル遺伝子**の発現が促されます。その結果，ノーダル遺伝子から生じた**ノーダルタンパク質**は植物半球（予定内胚葉域）で将来の背側から腹側にかけて濃度勾配をつくります。

7 このノーダルタンパク質の濃度の違いによって異なる中胚葉を誘導することで，中胚葉誘導が起こります。

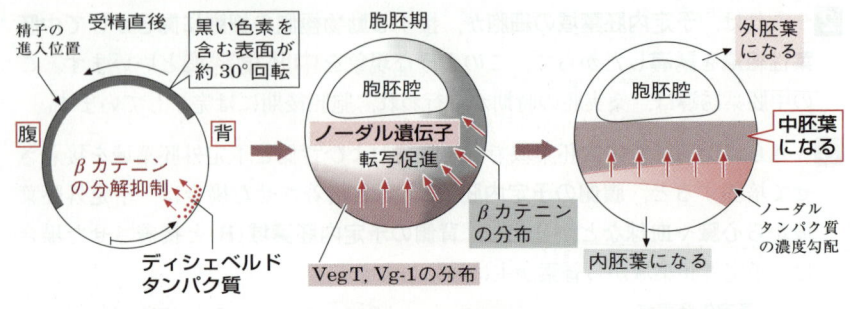

▲ 図38-6 中胚葉誘導

8 また，p.237で登場したBMPは予定外胚葉域だけでなく胚の全域で分泌されており，さまざまな器官の形成に関与している物質です。予定外胚葉域で**BMPの働きが阻害されると神経が分化します**が，予定中胚葉域では，原口背唇部から分泌される**ノギン**や**コーディン**の濃度に応じてBMPの働きの阻害程度も異なり，**阻害程度が大きいほうから順に脊索，体節，腎節，側板が分化**します。

9 ノーダルタンパク質の濃度勾配および，BMPの阻害程度の両方のしくみによって，異なる中胚葉が分化するのです。

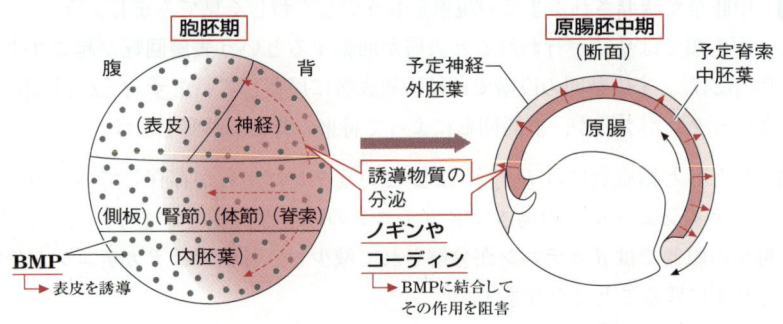

▲ 図38-7 神経誘導のしくみ

+α パワーアップ　アクチビン

誘導作用をもつ物質の1つとして最初に注目されたのが，1989年，**浅島誠**教授(当時横浜市立大学)が発見した**アクチビン**という物質である。浅島教授の研究により，胞胚期の予定外胚葉域(アニマルキャップ)をいろいろな濃度のアクチビンで処理すると，その濃度に応じてさまざまな器官が分化することが確かめられた。

アクチビン濃度 [ng/mL]	0	1	5	50	100
分化した主な組織	表皮	血球	筋肉	脊索	心臓

その後，さまざまな誘導物質が発見されており，実際にはそれら多くの物質の相互作用によって，いろいろな器官が誘導されると考えられる。

> 【ニューコープの実験】
> 胞胚期に，
> ・予定外胚葉域のみ培養 → **表皮**のみ分化
> ・予定外胚葉域＋予定内胚葉域を培養
>   → 予定外胚葉域から**中胚葉性組織**が分化
> ⇨ **予定内胚葉域**が，接する動物極側を**中胚葉に誘導**する。

3 誘導の連鎖～イモリにおける眼の形成

1 これまで見てきたように，まずは予定内胚葉が中胚葉を誘導し，その結果生じた予定脊索域が神経を誘導します。このように，誘導が次から次へと連鎖的に起こって，複雑な器官が形成されるのです。ここでは，その最も典型的な例として，イモリの眼の形成を見ていきます。

2 予定脊索域（原口背唇部）によって誘導されて生じた神経管の前方は，尾芽胚期になると，**脳胞**という膨らみになります。そして，この脳胞の両側の一部がさらに膨らんで**眼胞**が生じます。

3 さらに，眼胞の先端がくぼんで**眼杯**となります。この眼杯が新しい形成体として，**表皮**から**水晶体**を誘導します。眼杯自身は**網膜**に変化します。

4 生じた水晶体がまた新しい形成体として，**表皮**から**角膜**を誘導します。

5 一方,眼杯自身は**網膜**に分化します。

脳　眼胞　　　眼杯　　　　水晶体　網膜　　　　　水晶体
　　　　　　→眼胞が　　　　　　→眼杯が　　　　　角膜
　　　　　　　変形し　　　　　　　分化
　　　　　　　たもの

表皮
　　　　　　　　　　　眼杯が表皮から　　水晶体が表皮から
　　　　　　　　　　　水晶体を誘導。　　角膜を誘導。

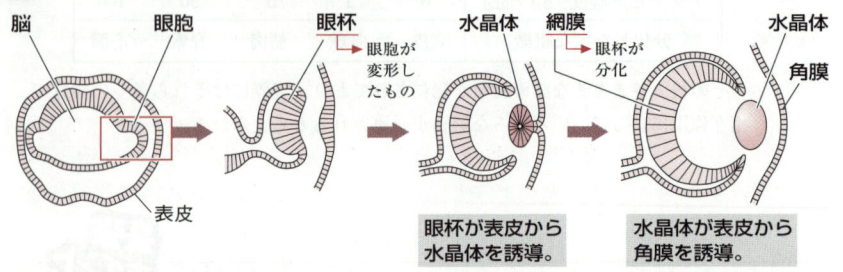

▲ 図 38-8 誘導の連鎖によるイモリの眼の形成

+α パワーアップ 眼杯から網膜への分化

眼杯から網膜への分化にも誘導作用が必要である。眼杯によって誘導されて生じた水晶体が,今度は眼杯に対して誘導を行い,網膜が形成される。

+α パワーアップ 誘導する側と誘導される側

イモリの眼胞を切除してしまうと,その部分には水晶体も角膜も網膜も形成されない。一方,眼胞を頭部の表皮の裏側に移植すると,その部分の表皮が誘導されて水晶体になり,移植した部分に眼が形成される。

眼胞を頭部以外の,たとえば腹部の表皮の裏側に移植するとどうなるだろう。この場合,表皮は水晶体には誘導されない。

つまり誘導という現象は,誘導する側だけでなく,**誘導を受ける側がその誘導作用に応答する能力をもっていなければ現れない**のである。頭部の表皮には眼杯からの誘導作用に応答する能力があるが,頭部以外の表皮にはそのような能力がないため,いくら眼杯から誘導されても水晶体には分化しないのである。

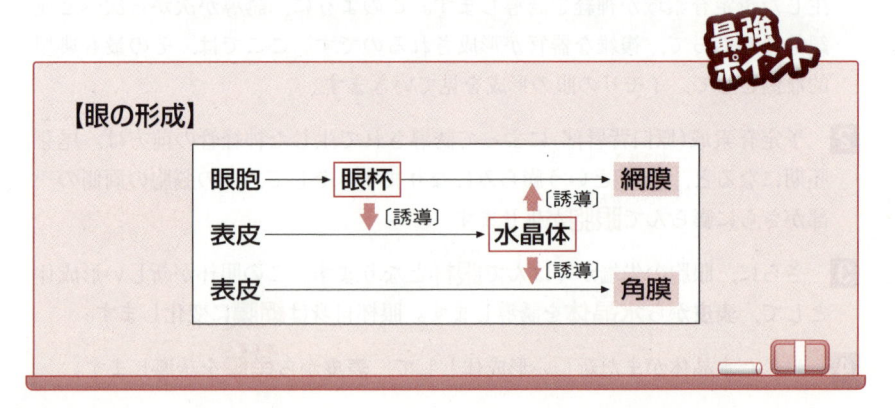

最強ポイント

【眼の形成】

眼胞 → 眼杯 ────────→ 網膜
　　　　↓〔誘導〕　↑〔誘導〕
表皮 ─────→ 水晶体
　　　　　　　　↓〔誘導〕
表皮 ────────→ 角膜

4 ウニの発生で見られる誘導

1 ウニでは，16細胞期になると動物極側に中割球8個，植物極側に大割球4個，小割球4個が生じるのは学習しましたね（⇨p.218）。

これらの3種類の割球の発生運命を調べてみると，中割球からは表層の細胞群（外胚葉）が，大割球からは表層と原腸壁および二次間充織（外胚葉と内胚葉，中胚葉）が，小割球からは一次間充織（後に骨片に分化；中胚葉）が生じることがわかりました。

中割球 → 外胚葉
大割球 → 内胚葉
　　　 → 中胚葉
小割球 → 中胚葉（骨片）

〔16細胞期〕

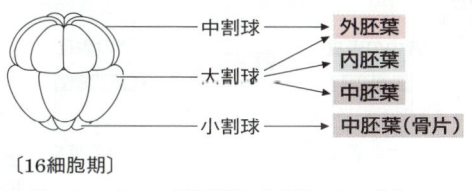

▲ 図38-9 ウニ16細胞期胚の各割球からの分化

2 16細胞期に小割球を取り出し，他の16細胞期胚の動物極側に移植すると，移植された小割球は予定通り骨片になり，接する中割球の一部から原腸が生じます。

小割球 → 骨片
中割球 → 原腸
　　　 → 外胚葉

小割球は予定通り骨片になる。

〔16細胞期〕

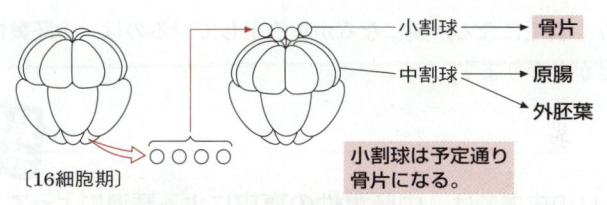

▲ 図38-10 ウニ16細胞期胚の小割球の移植

このことから，ウニでは，16細胞期の段階で，**小割球は骨片に分化する運命がすでに決定している**こと，さらに，**接する割球に働いて原腸を誘導する**ことがわかります。

> **最強ポイント**
>
> ウニでは，**小割球**が接する割球を**原腸**に誘導する。

第3章 生殖・発生

5 ニワトリの皮膚で見られる誘導

1 ニワトリの皮膚は，外胚葉性の表皮と中胚葉性の真皮とからなっていて，背中や腹部の皮膚は羽毛を形成し，肢の皮膚は鱗を形成します。

2 ニワトリの胚の背中と肢の皮膚を，表皮と真皮に分け，それを交換して培養します。すると，背中の真皮と肢の表皮の組み合わせでは羽毛が，肢の真皮と背中の表皮の組み合わせでは鱗が形成されます。

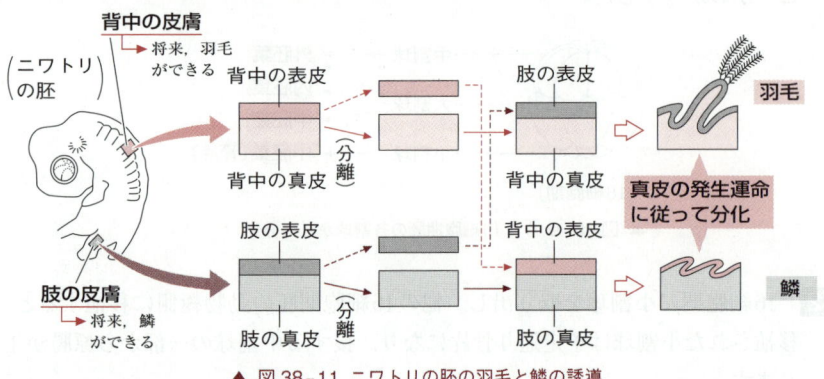

▲ 図38-11 ニワトリの胚の羽毛と鱗の誘導

つまり，羽毛になるか鱗になるかを決定しているのは，**中胚葉性の真皮**であることがわかります。

最強ポイント

ニワトリの皮膚では，**中胚葉性の真皮**による誘導によって，羽毛が生じるか，鱗が生じるかが決定する。

第39講 発生における細胞質の働き

卵の細胞質には，発生に関する何かが含まれているのでしょうか。ウニと両生類の例を中心に見てみましょう。

1 ウニの卵の細胞質と発生

1 ウニの卵は調節卵で，2細胞期や4細胞期に割球を分離しても，それぞれの割球から完全な幼生が生じます。しかし，8細胞期で割球を分離すると，いずれの割球からも完全な幼生は生じません。これは，なぜでしょうか。

2 ウニでは，未受精卵の段階で，動物極と植物極を結ぶ方向（卵軸方向という）に2種類の物質が濃度勾配をもって分布しています。一方は動物極側ほど濃度が高く，他方は植物極側ほど濃度が高いように分布しています。

▶ 図39-1 ウニの未受精卵での物質の濃度勾配

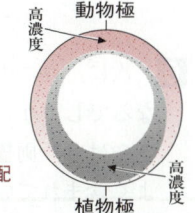

3 そして，この両者の物質がバランスよく含まれることが，正常な発生には必要なのです。これは，次のような実験（ヘルスタディウスの実験）から明らかにされました。

4 ウニの未受精卵を動物極と植物極を結ぶ面（**卵軸**という）で2分し，それぞれの卵片に受精させます。その結果，一方は核相$2n$，他方は核相nになりますが，いずれの卵片にも先ほどの2種類の物質がバランスよく含まれているため，いずれの卵片からも完全な幼生が生じます。

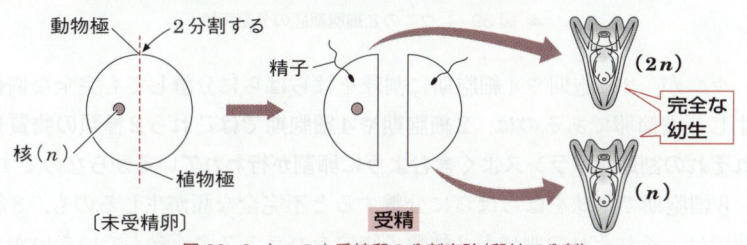

▲ 図39-2 ウニの未受精卵の分割実験（卵軸で分割）

5 ところが、ウニの未受精卵を卵軸に垂直に2分し、それぞれの卵片に受精させて発生を行わせると、動物極側の卵片からは胞胚期で発生が止まってしまう異常胚が生じ、植物極側の卵片からは不完全な幼生が生じます。

→ これを「永久胞胚」という。

原腸が肥大したり、腕が短かったりする。また、原腸が肥大しすぎて陥入できず、原腸が外へ飛び出してしまう「外原腸胚」という異常な胚になることもある。

　これは、いずれの卵片にも2種類の物質がバランスよく含まれていないからです。また、植物極側の卵片からは不完全ながら幼生が生じたので、**より重要なのは植物極側の物質**ということになります。

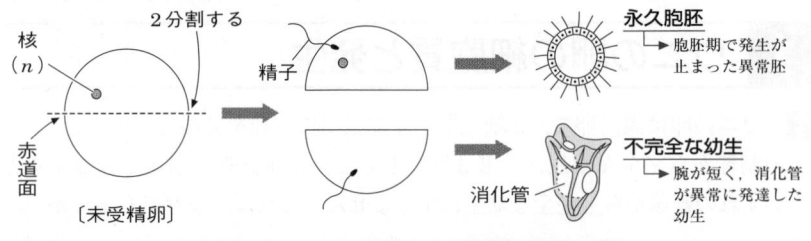

▲ 図 39-3　ウニの未受精卵の分割実験（赤道面で分割）

6 次に、ウニの8細胞期に、両極を通る方向で4細胞ずつに分離するとどうなるでしょう。または赤道面で4細胞ずつに分離するとどうなるでしょう。
　やはり、両極を通る方向で分離した4細胞には、2種類の物質がバランスよく含まれているので、完全な幼生が生じます。これに対して、赤道面で分離した4細胞には、2種類の物質がバランスよく含まれていないため、いずれからも異常な胚が生じます。

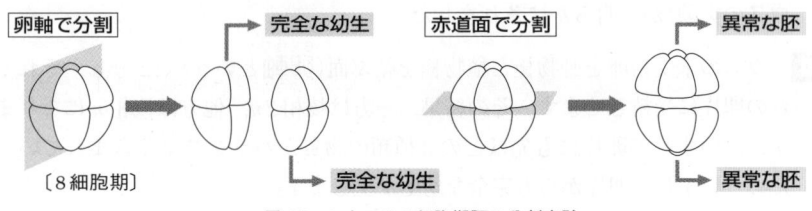

▲ 図 39-4　ウニの8細胞期胚の分割実験

7 ウニが、2細胞期や4細胞期に割球をばらばらに分離しても完全な個体が生じる調節卵であるのは、**2細胞期や4細胞期ではこれら2種類の物質をそれぞれの割球がバランスよく含むように卵割が行われているからな**のです。
　8細胞期で割球をばらばらに分離すると不完全な胚が生じるのも、8細胞期では、それぞれの割球が2種類の物質をバランスよく含んでいないからな

のです。実際，8細胞期であっても動物極側の割球と植物極側の割球を組み合わせて発生させてやれば，完全な幼生が生じます。

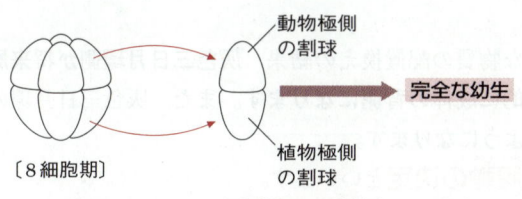

▲ 図39-5 ウニの8細胞期胚の分離割球からの発生

> **最強ポイント**
>
> ウニでは，未受精卵の段階で，**卵軸に沿った方向に2種類の物質が濃度勾配をもって分布。**⇨**両方の物質をバランスよく含むと，正常に発生。**

2 両生類の卵の細胞質と発生

1 カエルやイモリの卵も，ウニと同じく調節卵です。2細胞期で割球を分離しても完全な幼生が生じます。しかし，4細胞期で割球を分離すると，いずれの割球からも完全な幼生は生じません。これは，なぜでしょう。

2 両生類の未受精卵には，動物半球側の表層に黒色の色素顆粒を含んだ層が存在しています。このため動物半球は黒く，植物半球は乳白色に見えます。

3 精子が進入すると，表層の色素層が約30°回転します（**表層回転**）。その結果，精子進入点の反対側に灰色の三日月形の部分が生じます。これを**灰色三日月環**といいます。

「灰色三日月」，「灰色新月環」ともいう。

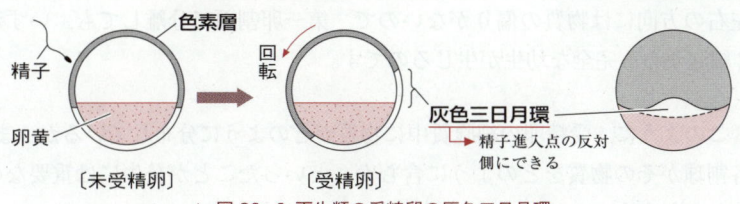

▲ 図39-6 両生類の受精卵の灰色三日月環

4 この表層の色素層の回転によって，植物極付近に局在していたディシェベルド(⇨p.239)が将来の背側に移動します。

5 このような物質の配置換えの結果，灰色三日月環側が将来原口背唇部側になり，最終的に成体の背側になります。また，灰色三日月環の**反対側**が将来腹側になるようになります。
　これを**背腹軸の決定**といいます。

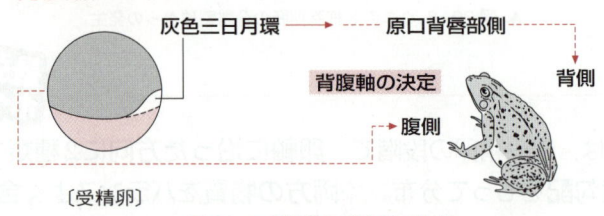

▲ 図39-7 受精卵の背腹軸の決定

6 通常，第一卵割はこの灰色三日月環を含む面で起こり，第二卵割は第一卵割面に直交する方向に起こります。

第一卵割
→ 灰色三日月環を通る。

第二卵割
→ 第一卵割面に直交。灰色三日月環は通らない。

灰色三日月環

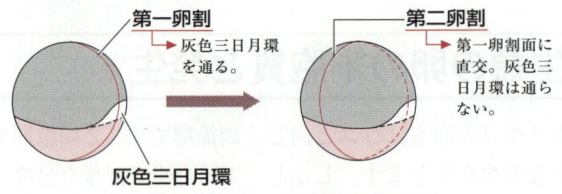

▲ 図39-8 灰色三日月環と卵割の方向

7　4細胞期に，第一卵割面で2分して2細胞ずつを培養すると，完全な幼生が生じます。しかし第二卵割面で2分して2細胞ずつを培養すると，いずれからも完全な幼生は生じません。
　これは，受精卵の段階で細胞質の配置換えが起こり，将来の背腹軸に沿って物質が方向性をもって不均等に分布しているからだと考えられます。でも，左右の方向には物質の偏りがないので，第一卵割面で分離しても，いずれの2細胞からも完全な幼生が生じるのです。

8 このように，受精卵の細胞質中に物質がどのように分布しているか，また，各割球がその物質をどのように含むか，といったことが発生には重要なのだとわかります。

第39講　発生における細胞質の働き

> **最強ポイント**
>
> 両生類では ┌ ① 精子の進入によって表層の色素層が回転し、**灰色三日月環**が生じる。
> 　　　　　 └ ② 灰色三日月環側が将来の**背側**になる。

3 ツノガイの卵の細胞質と発生

1 ツノガイの卵割は，少し風変わりです。
第一卵割の前に細胞質の一部が突起を形成します。この突起を**極葉**といいます。そして，極葉とならなかった部分を2分するように第一卵割が起こります。第一卵割が終了すると，極葉は一方の割球に吸収されます。極葉を吸収した割球は大きく，他方は小さい割球となります。

＞ 軟体動物の一種。文字通り，つの（角）のような形の貝殻をもつ。

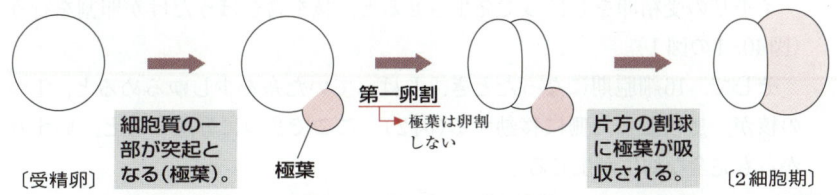

〔受精卵〕→ 細胞質の一部が突起となる（極葉）。→ 極葉　第一卵割（極葉は卵割しない）→ 片方の割球に極葉が吸収される。〔2細胞期〕

▲ 図39-9 ツノガイの第一卵割

2 この極葉を切除して発生させると，一部の器官を欠いた不完全な幼生となります。このことから，**極葉の細胞質には，ある特定の器官の形成に必要な物質が含まれている**と考えられます。

＞ 頂毛や繊毛環後部を欠く。
＞ 貝の仲間の幼生は「トロコフォア幼生」という。

> **最強ポイント**
>
> ツノガイ ┌ ① 卵割前に**極葉**という突起が生じる。
> では　　 └ ② 極葉の中に特定の器官形成に必要な物質が存在する。

第40講 発生における核の働き

発生における核の働き，すなわち，核に含まれる遺伝子と発生の関係を見ていきましょう。

1 イモリの受精卵をしばる実験

1 もともと受精卵の核の中には，からだのすべてを形成するのに必要なすべての遺伝子が含まれています。その受精卵が体細胞分裂を行うので，生じた各細胞にも受精卵と同じだけの遺伝子が含まれています。

2 これについて**シュペーマン**は，イモリを用いて次のような実験を行いました。

〔シュペーマンの実験〕

イモリの受精卵をしばって発生させると，核を含むほうだけが卵割を行う（図40-1の図1）。

そして，16細胞期になったとき，しばっていた糸を少しゆるめると，1つの核が，無核だった側に移動する（図2）。ここで2つに分離すると，いずれからも完全な幼生が生じる。

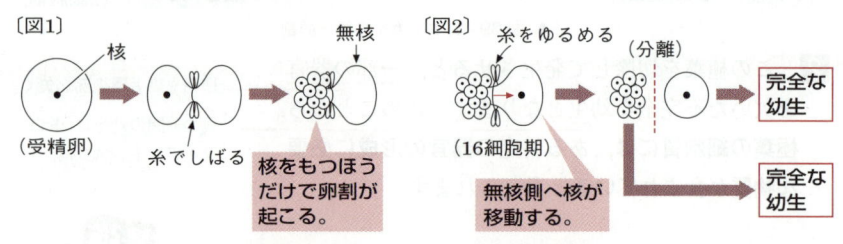

▲ 図40-1 イモリの受精卵をしばる実験

3 この結果は，16細胞期の段階では，その核は**受精卵の核と同じ能力をもっている**ことを示しています。このように，1個の細胞からでも個体全体を形成する能力を**分化全能性**といいます。イモリでは，16細胞期になっても各細胞が分化全能性をもっているといえます。

> **最強ポイント**
>
> イモリの16細胞期の核は、受精卵と同等の能力をもつ。
> ＝**分化全能性**をもっている

2 アフリカツメガエルの核移植実験

1 もっと発生が進んだ核についても実験が行われました。

〔実験〕
　アフリカツメガエルの未受精卵から核を除き、そこへいろいろな発生段階の核を移植した。たとえば、胞胚期の細胞の核、原腸胚期の核、尾芽胚期の核、幼生の小腸上皮細胞の核など。

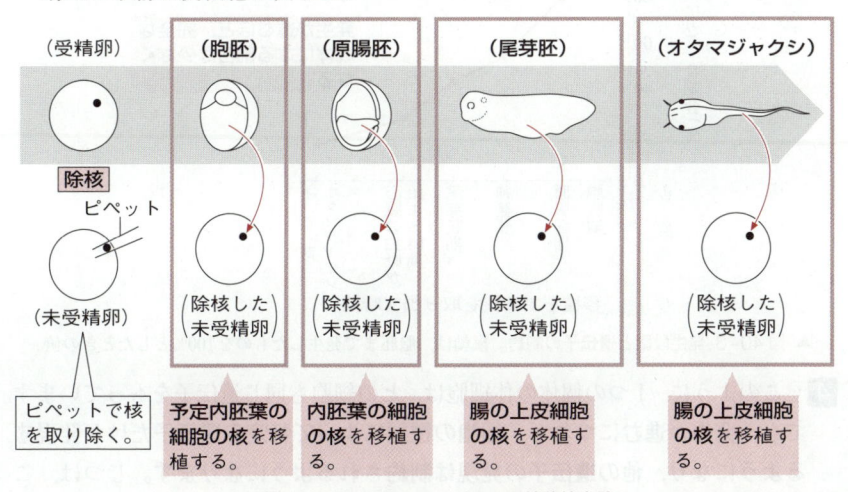

▲ 図40-2 アフリカツメガエルの核移植実験

（結果） 核を移植された未受精卵は発生を開始し、一部は完全な幼生になった。ということは、**細胞分裂が行われても、生じた各細胞には受精卵と同じだけの遺伝子がすべて残っている**ことになる。特に、幼生の小腸の上皮細胞の核からでも完全な幼生が生じたということは、小腸上皮細胞のように分化

した細胞にも小腸の遺伝子だけでなく，目の遺伝子も脳の遺伝子も含まれているということがわかる。

2 このようにして生じた幼生は，**すべて核提供個体と同じ遺伝子をもっていることになります**。このように遺伝的にまったく等しい生物を**クローン生物**といいます。もともと，分裂や出芽，栄養生殖で生じた個体どうしはクローン生物ですが，この場合は，核移植によって人工的につくり出されたクローン生物ということになります。

3 ただ，どの時期の核を移植するかで，完全な成体にまで発生できる割合が異なります。図40-3のグラフのように，**発生段階が進んだ核であるほど完全な成体にまで発生できる割合は少なくなります**。これは，発生が進むと，遺伝子の発現が制約されるようになるということを示しています。逆にいえば，遺伝子の発現が制約されているような核であっても，未受精卵に移植することで発現の制約が解除されるのですが，**発生が進むと制約の解除が困難になる**ともいえます。

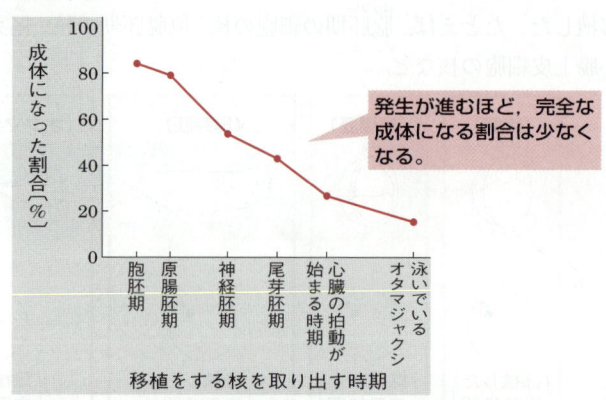

▲ 図40-3 発生段階と遺伝子の制約　縦軸は，胞胚まで発生したものを100%としたときの値。

4 このように，1つの個体の体細胞は，どの細胞も同じ遺伝子をもっています。でも，**発生が進むにつれて，細胞の種類によって特定の遺伝子だけが発現するようになり，他の遺伝子の発現は制約されるようになります**。じつは，これが分化という現象なのです。つまり，ある特定の遺伝子だけが発現し，それによって特定の物質が生成され，細胞は形態や働きの異なる細胞に分かれていく，すなわち分化していくのです。

細胞の種類によって特定の遺伝子が発現することを**選択的遺伝子発現**といいます。

5 これは，次のようにたとえることができます。

からだのあらゆる部分の設計図を納めた本があるとします。その本の中には，脳の設計図のページや小腸の設計図のページなどがあります。もともと受精卵の核に，この設計図の本があるのですが，分化した細胞の核にも同じ本があります。ただ，細胞の種類によって，その本のうちのどのページが開くかが異なるのです。脳の細胞では脳のページが，小腸の細胞では小腸のページが開いているのです。

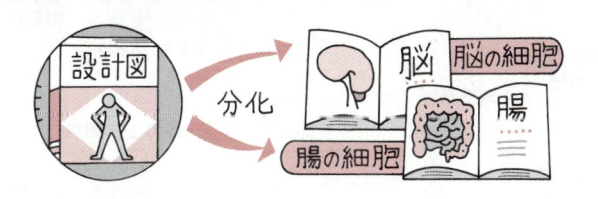

6 そして，発生が進むにつれて，必要のないページは固く閉じられていきます。最初は軽くクリップで，次にテープを貼り，最後は接着剤で固定されていくといった感じです。これが遺伝子の発現が制約されるということになります。だから，発生の初期の細胞の核であれば，簡単にクリップが外れて全ページを開くことができるのに，発生が進むとなかなか接着剤をはがせないので，制約の解除が困難になるのです。

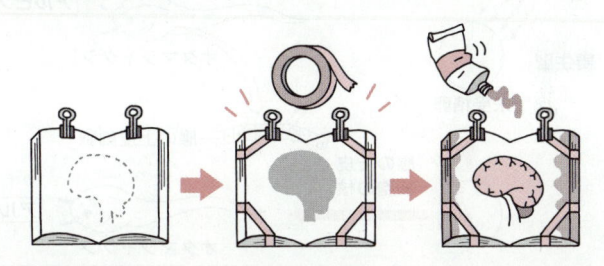

＋α パワーアップ　未受精卵の核の働きをなくす方法

ピペットを使って未受精卵から核を除く以外にも，**紫外線を照射して核の働きを失わせる**という方法もある。核に含まれる核酸が，紫外線によって働きを失ってしまうからである。ただ，この方法を使った場合，紫外線照射によって本当に未受精卵の核が不活性化されているかどうかが，見た目では判別できない。そこで，たとえば次のような方法を用いる。

核の中には核小体があるが，この核小体を2個もつ野生型と核小体を1個しかもたない変異型を用意する。核小体を2個もつ野生型の個体から未受精卵を採取し，紫外線照射する。そして紫外線照射した未受精卵に，核小体を1個しかもたない変異型の幼生の小腸上皮細胞の核を移植する。

　核移植を受けた卵から生じた幼生が，**核小体を1個しかもたなければ，移植した核が発生して幼生になった**。すなわち未受精卵の核は確かに不活性化しているといえる。

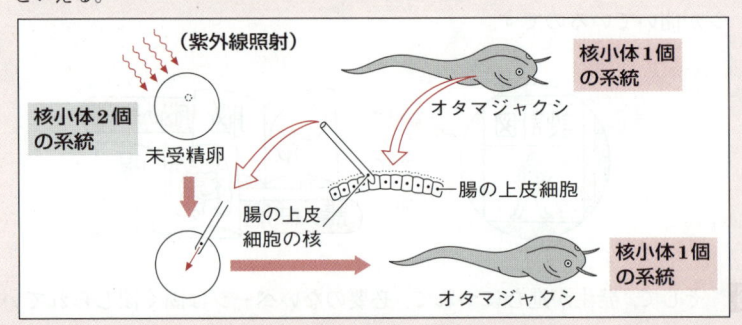

　もう1つの方法に，**体色の違いを利用する方法**もある。アフリカツメガエルは，野生型（黒色）に対してアルビノ（白色）の変異型がある。野生型の未受精卵に紫外線を照射し，ここへアルビノの幼生の小腸上皮細胞の核を移植する。ここから発生した幼生が**アルビノであれば，移植した核が発生した**ことがわかる。

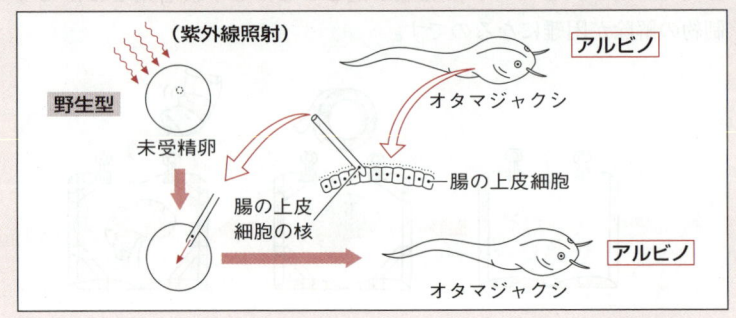

最強ポイント

① 核を除いたアフリカツメガエルの未受精卵に，さまざまな段階の細胞の核を移植すると，一部は完全な幼生に発生する。
② 遺伝的にまったく等しい生物＝**クローン生物**

3 ドリー羊

1 アフリカツメガエルと同様の実験が哺乳類において行われ，誕生したのが**ドリー羊**です。**ウィルムット**や**キャンベル**らによって行われた実験の内容は次のとおりです。

> 「ドリー」という名は，実験に乳腺の細胞を使ったことから，アメリカのドリー・パートンという胸の大きな歌手の名前にちなんでつけられた。ちなみに，核移植は277個の細胞で行われ，そのうちの29個が胚まで発生し，結果的に1匹のドリーが誕生した。成功率は$\frac{1}{277}$でしかない。

〔ドリー羊の実験〕

まず，あるヒツジ（Aとする）の乳腺から細胞を取り出して培養する。次に，別のヒツジ（B）から未受精卵を取り出して核を除く。そして，先に培養した乳腺の細胞の核をこの除核した未受精卵に移植し，これを，また別のヒツジ（C）の子宮に入れて発生させる。その結果誕生したのがドリー羊である。

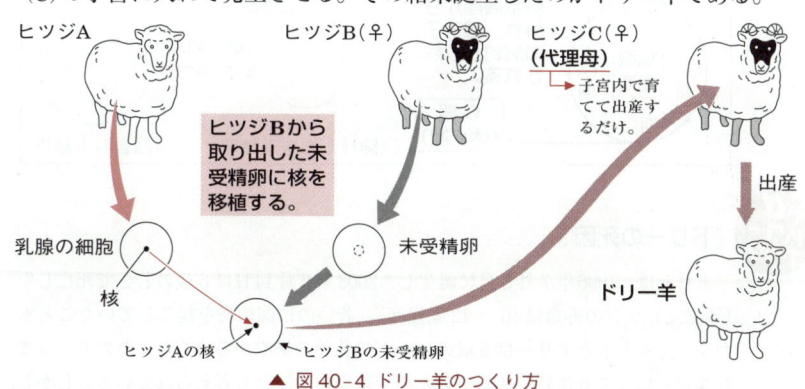

▲ 図40-4 ドリー羊のつくり方

2 誕生したドリー羊は，A〜Cのいずれの核遺伝子をもっているのでしょう？ そうです。ヒツジAの核遺伝子をもっているはずです。すなわち，ドリーは**ヒツジAのクローン**です。もちろん，乳腺の細胞の核からでも完全なヒツジが誕生したのは，**分化した細胞の核にも発生に必要なすべての遺伝子が含まれているから**です。

> 厳密には，ヒツジBの未受精卵の細胞質に含まれるミトコンドリア遺伝子をもっているので，核内遺伝子はヒツジAのクローンだが，ミトコンドリア遺伝子はヒツジBのものである。

+α パワーアップ 細胞周期と遺伝子制約の解除

ドリー羊を誕生させる実験で乳腺の細胞を培養したが，動物細胞の培養には，ふつう血清が必要である（血清中に，増殖に必要な因子などが含まれているから）。

ところが，この実験では血清の濃度を下げて（通常の$\frac{1}{20}$の濃度に下げて）培養した。もともと増殖中の細胞は，いろいろな細胞周期の時期の細胞が混ざっているわけだが，低濃度血清中で培養すると，細胞は，増殖因子が少ない状態，すなわち飢餓状態におかれる。その結果，細胞周期から外れた**休止期**と呼ばれる時期（G_0期という）になってしまい，これによって，**遺伝子の制約が解除される**。さらに，乳腺細胞の核を，除核した未受精卵に移植する際，実際には核だけを移植したのではなく，培養した乳腺細胞と未受精卵を電気刺激によって融合させるという方法を用いた。これによって，核を物理的に傷つける危険がなく，また，この電気が受精の際と同様の刺激になって発生が開始されるようになる。

アフリカツメガエルなどの場合は，核を未受精卵に移植するだけで制約が解除されたが，哺乳類では核を未受精卵に移植しただけでは制約が解除されないので，このような操作が必要なのである。

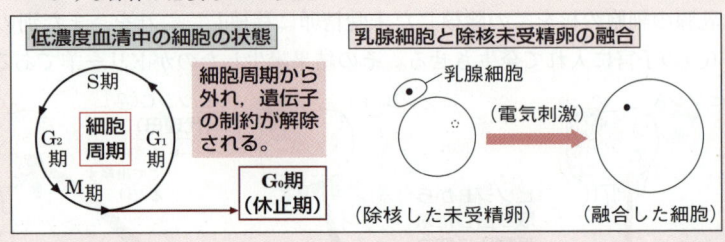

| 低濃度血清中の細胞の状態 | 乳腺細胞と除核未受精卵の融合 |

+α パワーアップ ドリーの死因

ドリーは，1996年7月5日に誕生し，2003年2月14日に6歳の若さで死亡した（通常，ヒツジの寿命は10〜12歳程度）。若いのに関節炎を起こしていたこともわかり，もともとドリーは6歳のヒツジの乳腺の細胞からつくられたので，うまれながらにして6歳に老化していたのではないか，とも考えられている。しかし，最終的な死因は，ふつうのヒツジにもよくある肺腺腫という病気で，クローン技術とは関係ないともいわれている。

最強ポイント

【アフリカツメガエルの核移植実験およびドリー羊の実験の結論】
① 分化した細胞の核にも，受精卵と同じ，**発生に必要なすべての遺伝子**が含まれている。
② 発生が進むと特定の遺伝子のみが発現し，**他の遺伝子の発現が制約される**ようになる。

第41講 指の形態形成

何気なく見ている指ですが，どうして親指と人差し指が間違って逆に形成されたりしないのでしょう。

1 位置情報

1 特定の部域から分泌される拡散性の物質が，その部域からの距離によって濃度勾配をつくります。各細胞が，この濃度勾配を情報として読み取って，特定の部域からの位置を知ることができるのです。これを**位置情報**といい，位置情報を担っている物質を総称して**モルフォゲン（形態形成物質）**といいます。

2 たとえば，ニワトリの前肢(翼)の正常発生では，後方から順に第3指，第2指，第1指の3本の指が形成されます。その発生過程で，肢芽後部にある**極性化活性域(ZPA)** と呼ばれる部分から何らかのモルフォゲンが分泌されて濃度勾配をつくり，この物質の特定の濃度の位置に，濃度が高いほうから順に第3指，第2指，第1指が形成されるのです。

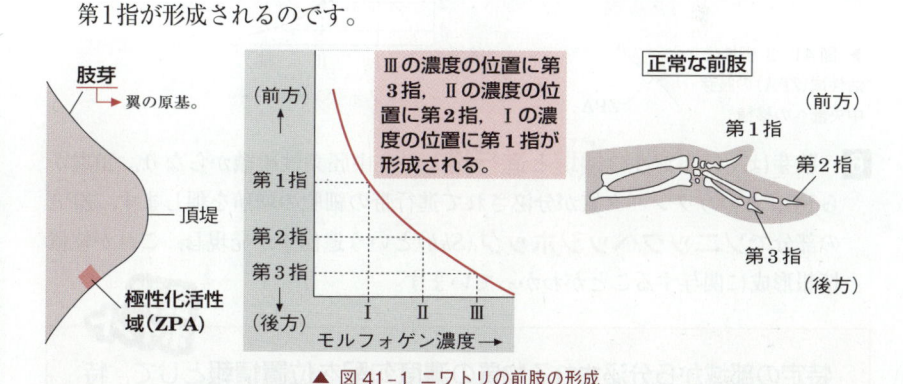

Zone of Polarizing Activity

Ⅲの濃度の位置に第3指，Ⅱの濃度の位置に第2指，Ⅰの濃度の位置に第1指が形成される。

▲ 図41-1 ニワトリの前肢の形成

3 つまり，このような物質の濃度勾配によって**各細胞の特定の遺伝子が発現**し，それぞれの位置で特定の細胞に分化して，形態形成が進行するのです。

4 では，図41-2のように，他のZPAを肢芽前部に移植するとどうなるでしょう。本来のZPAと移植されたZPAの両方からモルフォゲンが分泌されて濃度勾配を形成するため，正常な3本の指に鏡像対称的な3本の指が余分に形成され，計6本の指が生じます。

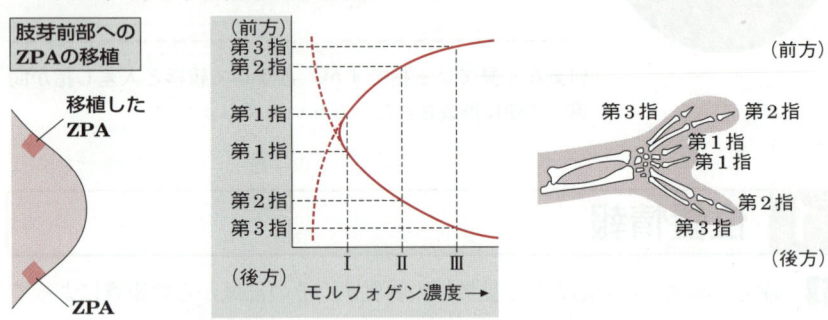

▲ 図41-2 極性化活性域（ZPA）の肢芽前部への移植

5 さらに，図41-3のように，肢芽の中央の位置にZPAを移植すると，図のような濃度勾配が形成されるため，後方から順に，第3指，第2指，第2指，第3指，第3指，第2指，第1指が形成されることになります。

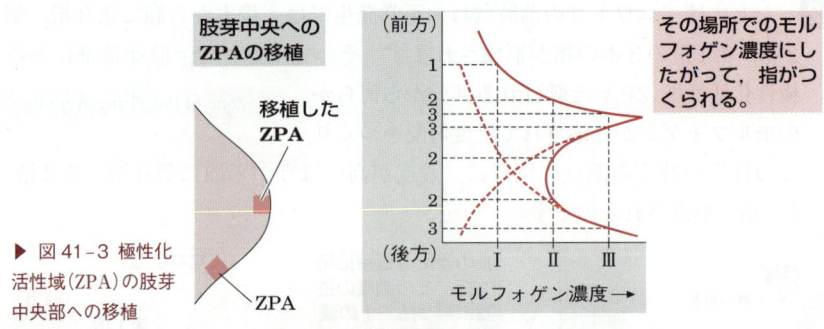

その場所でのモルフォゲン濃度にしたがって，指がつくられる。

▶ 図41-3 極性化活性域（ZPA）の肢芽中央部への移植

6 肢芽は，外胚葉性の頂堤（ちょうてい）と進行帯（しんこうたい）という中胚葉性組織からなり，頂堤からFGFというタンパク質が分泌されて進行帯の細胞の増殖を促します。ZPAの部分で**ソニックヘッジホッグ**（*Shh*）という遺伝子が発現し，これが位置情報形成に関与することがわかっています。

> **最強ポイント**
> 特定の部域から分泌される物質の**濃度勾配**を**位置情報**として，特定の構造が形成されるようになる。

2 アポトーシス

1 ふつう，細胞の死というと，怪我をしたりして傷ついて死んでしまうようなものを想像しますが，そのような死ではなく，特定の細胞に対して死ぬ時期が最初から予定されている**プログラム細胞死**というものがあります。プログラム細胞死の代表的なものが<u>アポトーシス</u>です。アポトーシスでは，さまざまな構造は正常なままDNAが断片化し，細胞が縮小・断片化して周囲の細胞に影響を与えずに死んでいきます。

> 怪我などが原因で細胞が死ぬ（「壊死する」という）ことは「ネクローシス」という。ネクローシスは事故死のようなもので，細胞膜が破壊されて細胞内の物質を放出し，その物質によってまわりに炎症などを引き起こすことがある。

2 指が形成されるときは，最初はグローブのような塊で，次第に指と指の間の部分の細胞がアポトーシスによって死んでいき，正常な指が形成されるのです。すなわち，指は植物の枝や根のように伸びて形づくられるのではなく**アポトーシスによって正常な形が形成される**のです。

アポトーシスする部位　　　指と指の間の細胞が死んでなくなる。

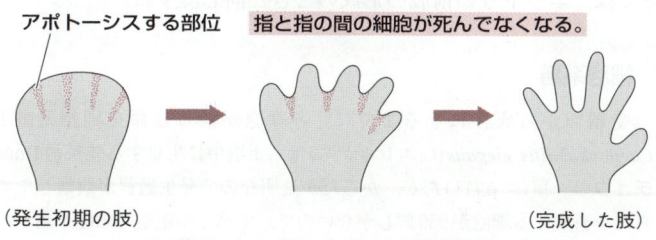

（発生初期の肢）　　　　　　　　　　　　　　　（完成した肢）

▲ 図41-4 アポトーシスによる指の形成

3 アヒルの肢には，指と指の間に水かきがありますが，ニワトリでは水かきがありません。すなわち，ニワトリでは水かき部分の細胞がアポトーシスによって死んでしまい，水かきがなくなるのに，アヒルではアポトーシスが起こらないため，水かきが残っているのです。

アヒルの肢　　　　　　　ニワトリの肢

水かきがある。　　　　　　水かきがない。

アポトーシスが起こらなかったから。　　　アポトーシスが起きて，指の間の細胞が死ぬから。

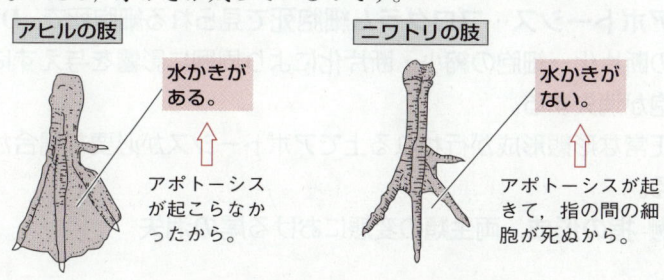

▲ 図41-5 アヒルとニワトリの肢の比較

4 アポトーシスは，これ以外にも，たとえばカエルがオタマジャクシから成体に変態するときの尾の細胞でも見られます。すなわち，もともとオタマジャクシの尾を形成していた細胞が，変態の時期になるとアポトーシスで死んでいき，正常な成体の形になるのです。

アポトーシスによって，尾の細胞が死んでなくなる。

（オタマジャクシ）　　　　　　　　　　　　　（成体）

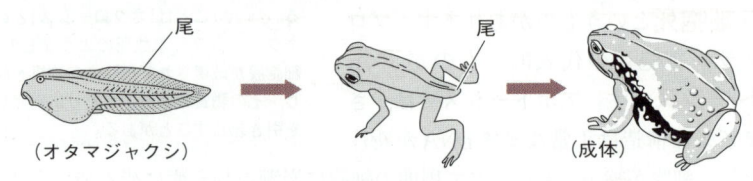

▲ 図41-6　オタマジャクシからカエルに変態するときの尾の消失

5 変態の時期になると，オタマジャクシの甲状腺から**チロキシン**が分泌され，これによってアポトーシスを引き起こす遺伝子にスイッチが入るのです。やはり最終的には，さまざまな物質によって特定の遺伝子の発現が起こるという点では，ニワトリの前肢の形成のときと同じですね。

+α パワーアップ　細胞系譜

受精卵から成体になるまでに，各細胞が辿る運命を**細胞系譜**という。*Caenorhabditis elegans*（C.エレガンス）は，土壌中に生息する体長約1mmの**センチュウ**の一種（⇒p.771）だが，からだが透明なので発生過程が観察しやすく，からだを構成する細胞が959個しかないので，すべての細胞の細胞系譜がわかっている。発生過程でつくり出される細胞は全部で1090個あり，そのうちの131個は発生過程で死んでいく。これもプログラム細胞死で，アポトーシスによる。

最強ポイント

① **アポトーシス**…**プログラム細胞死**で見られる細胞死で，**DNA**の断片化→細胞の縮小・断片化により周囲に影響を与えずに細胞が消失する。

② 正常な形態形成が行われる上でアポトーシスが必要な場合がある。
　　例　**指の形成**，両生類の変態における**尾の消失**

第42講 再生

一度切れたトカゲの尻尾がまたはえてくる。再生も不思議な現象ですね。再生のしくみを探ってみましょう。

1 プラナリアの再生

1 プラナリア(ウズムシ)はきれいな川の上流に見られる生物ですが,非常に再生能力が高く,2つに切断するとそれぞれの切断片から1個の個体が再生して2匹になります。4つに切断すると4匹が再生し,8つに切断すれば8匹が再生してくるのです。

> 扁形動物に属する。ウズムシの名は体表の繊毛を使って移動する際に渦が見られることに由来。

2 もともと,プラナリアの体内には未分化な細胞(**幹細胞**)が多数存在しています。からだが切断されると,この未分化な細胞が傷口に集まってきて分裂し,未分化な細胞からなる**再生芽**を形成します。

3 この再生芽の細胞がやがて分化して,失われた部分が補われるように再生します。

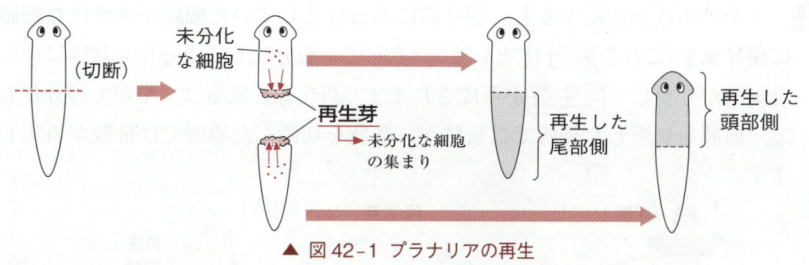

▲ 図42-1 プラナリアの再生

4 もともとプラナリアには,頭部から尾部にかけて一定の方向性があり(これを**極性がある**という),これに従って何が再生されるかが決まります。

5 そのため,プラナリアを3つに切断すると,その真ん中の切断片から,もともと頭があったほうには頭部が,もともと尾があったほうには尾部が再生

します。ただ，余りにも断片が小さすぎると，極性の差がほとんどないため，両方の切り口から頭部が再生する場合もあります。

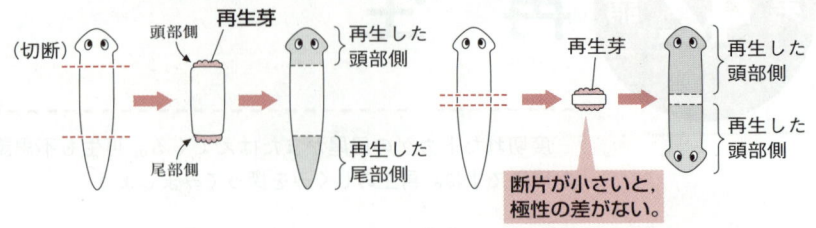

▲ 図42-2 プラナリアを3つに切断したときの再生のようす

> **最強ポイント**
>
> 【プラナリアの再生】
> ① 体内の未分化な細胞が傷口に集まって分裂し，**再生芽**を形成。
> ② **極性**に従って，再生芽が何に**再分化**するかが決定する。

2 イモリの肢の再生

1 イモリの肢を切断すると，**切り口にある分化していた細胞が未分化な細胞に戻ります**（これを**脱分化**という）。そして，脱分化して未分化な状態に戻った細胞が分裂して**再生芽**が形成されます。再生芽の細胞は，やがて再分化して，前肢を切断した場所では前肢が，後肢を切断した場所では後肢が再生します。

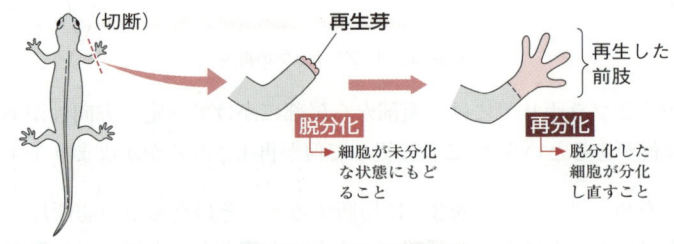

▲ 図42-3 イモリの肢の再生

2 ここで，前肢に生じた再生芽を後肢の切り口に移植するとどうなるでしょう？　もともと前肢に生じた再生芽であっても，後肢の切り口に移植されると，その場所の影響を受け，後肢に再生します。

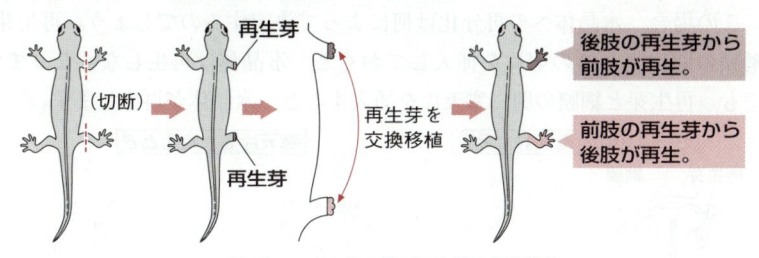

▲ 図 42-4　イモリの肢の再生芽の交換移植

【イモリの肢の再生】
① 分化していた細胞が**脱分化**し，これが分裂して**再生芽**を形成する。
② 再生芽は，その周囲の**場所**に影響されて再分化する。

3 イモリの眼の再生

1 イモリの眼の水晶体を取り除くと，**虹彩の上縁の細胞**が色素を放出し，未分化な細胞へと**脱分化**します。さらに，未分化な細胞が分裂増殖して**再生芽**を形成します。この再生芽がやがて水晶体へと再分化し，水晶体が再生します。

このとき放出された色素はマクロファージが取り込んで処理する。

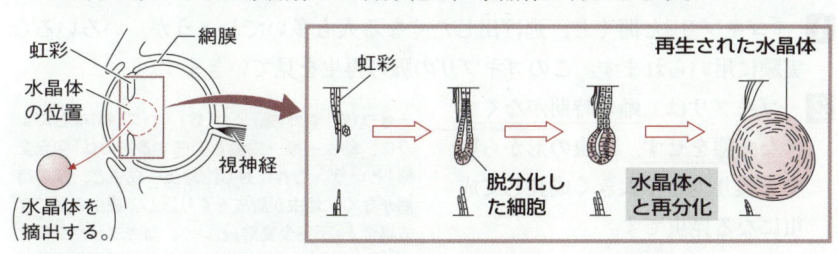

▲ 図 42-5　イモリの眼の再生

2 これも、「分化した細胞にもすべての遺伝子が含まれている」から起こる現象ですね。虹彩に分化した細胞の中にも、水晶体の遺伝子がちゃんと含まれているわけです。

3 この場合、水晶体への再分化は何によって決定するのでしょう。再生芽と網膜の間にガラスの切片を挿入しておくと、水晶体は再生しなくなります。でも、再生芽と網膜の間に寒天片を挿入すると、水晶体が再生します。

▲ 図42-6 水晶体の再生の実験

4 この実験から、**再生芽が水晶体に再分化するように働きかけるのは網膜**で、この網膜からガラスは通過できないが寒天片は通過できるような物質(水溶性の物質)が出され、再分化が促されると考えられます。

> **最強ポイント**
> ① イモリの眼の**水晶体**の再生では、**虹彩の細胞**が脱分化して増殖し、再生芽を形成する。
> ② 再生芽は、**網膜**からの働きかけによって水晶体へと再分化する。

4 ゴキブリの脚の再生

1 「ゴキブリ」と聞くと、逃げ出したくなる人も多いでしょうが、いろいろな実験に用いられます。このゴキブリの脚の再生を見ていきます。

2 ゴキブリは、蛹の時期がなく大きな変態をせず、幼虫の形から脱皮を繰り返して大きく成長して成虫になる昆虫です。

ゴキブリの脚を切断すると、た

> チョウ(蝶)やガ(蛾)・カ(蚊)・ハエ(蠅)などのように、幼虫→蛹→成虫と変態するものは「完全変態」という。これに対し、幼虫→成虫と、蛹の時期がなく、幼虫が脱皮をくり返して成虫の形になる場合を「不完全変態」という。ゴキブリやシロアリ・トンボ・カゲロウ・セミなどは不完全変態。

第42講 再生

だ傷口がいえるだけですが，やがて脱皮して次に現れた脚はちゃんと再生しています。また，ゴキブリの脚には剛毛が先端に向かう一定の方向にはえています。

3 2匹のゴキブリの脚を図42-7のように切断し，それらを3と8が接するようにつなぎ合わせると，3と8との間をうめるように，4〜7の部分が再生します。

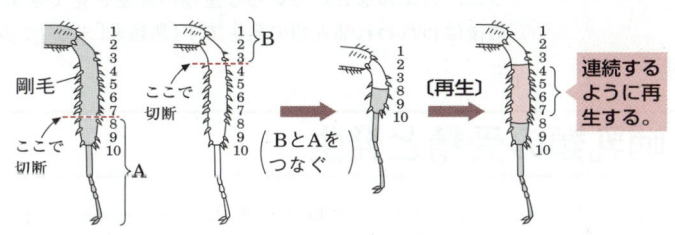

▲ 図42-7 ゴキブリの脚の再生

4 では，次の図のように，7と4が接するようにつなぎ合わせるとどうなるでしょう？　この場合は，7と4の間をうめるように，6，5の部分が再生します。ただし，剛毛のつき方を見ればわかるように，**再生した部分は方向が逆転しています**。これは，脚の各細胞は部分によって異なる位置情報をもち，**その位置情報の連続性を回復するように再生が行われる**からです。

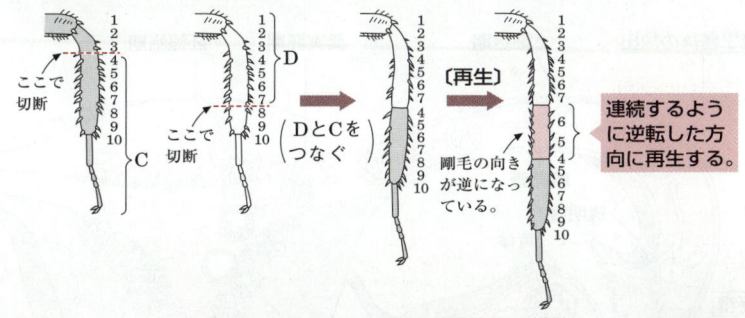

▲ 図42-8 再生による逆転と位置情報の連続性

【ゴキブリの脚の再生】
① 失われた部分を**挿入するように**再生する。
② 脚の**位置情報の連続性**が回復するように再生が行われる。

第43講 哺乳類の発生

ウニ，カエルなどいろいろな生物の発生を見てきましたが，最後はわれわれ哺乳類の発生です（鳥類も「+α」で少し）。

1 哺乳類の受精と発生

1 卵巣から排卵された卵は，卵管へと取り込まれます。一方，子宮に入ってきた精子は輸卵管を泳ぎ，**卵管膨大部**で卵と出会い，ここで受精します。受精卵は卵割を繰り返しながら，輸卵管の中を子宮へと運ばれていきます。受精後4日目には桑実胚期，5日目には**胚盤胞期**という時期に達します。そして，6〜8日目には子宮内膜に**着床**します。

> 哺乳類では，排卵された卵は，減数分裂第二分裂中期の段階（二次卵母細胞）の卵である。

> ウニやカエルでは，胞胚期に相当する時期。

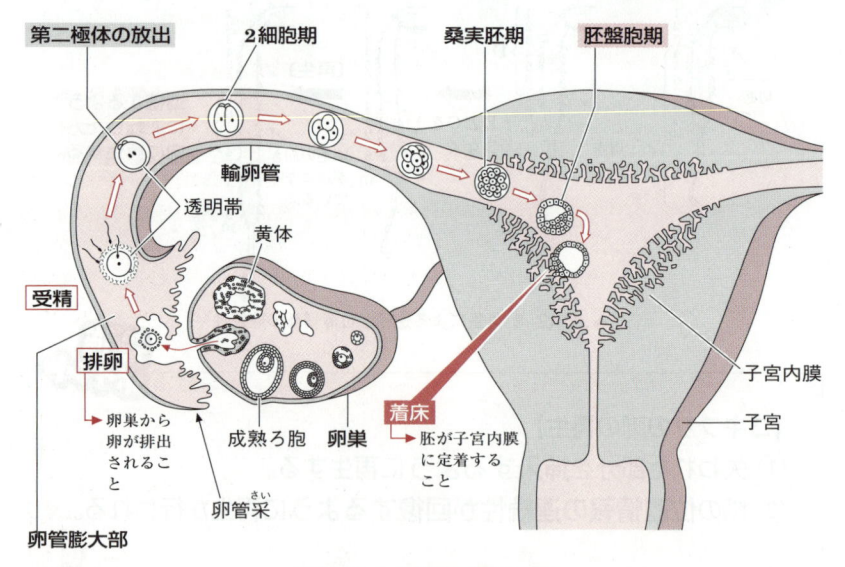

▲ 図43-1 哺乳類の受精と着床

第43講 哺乳類の発生

2 胚盤胞は，**内部細胞塊**と**栄養膜**からなり，このうちの**内部細胞塊**の一部から胎児が生じます。また，栄養膜はやがて**胎盤**（⇨p.269）を形成します。

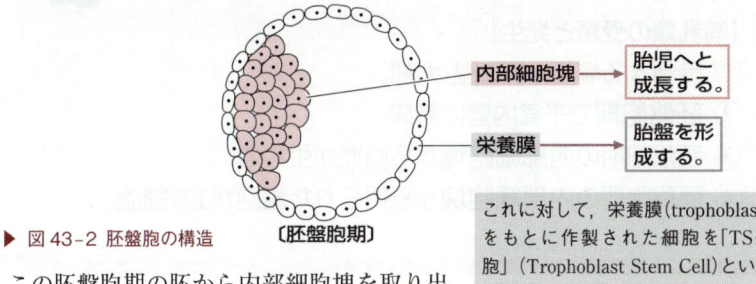

▶ 図43-2 胚盤胞の構造

〔胚盤胞期〕

内部細胞塊 → 胎児へと成長する。
栄養膜 → 胎盤を形成する。

これに対して，栄養膜（trophoblast）をもとに作製された細胞を「TS細胞」（Trophoblast Stem Cell）という。TS細胞は胎盤には分化できるが，胚の細胞には分化できない。

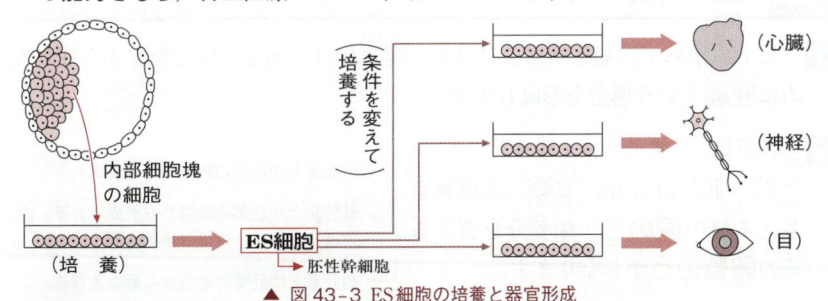

3 この胚盤胞期の胚から内部細胞塊を取り出し，人工的に培養して得られたのが**ES細胞**（**胚性幹細胞**）です。ES細胞は，からだのあらゆる細胞（胎盤以外）に分化する能力をもち，再生医療において注目されています。

▶ 図43-3 ES細胞の培養と器官形成

内部細胞塊の細胞 →（培養）→ ES細胞（胚性幹細胞）→ 条件を変えて培養する →（心臓）（神経）（目）

＋α パワーアップ 体性幹細胞と臍帯血

　ES細胞とは，Embryonic（胚性）Stem Cell（幹細胞）の略である。**幹細胞**とは，自ら増殖し，さらに種々の細胞へ分化する能力をもったもとの細胞のことで，ES細胞は文字通り「**胚**」**性の幹細胞**だが，成体にも幹細胞は存在する。たとえば，骨髄中には**造血幹細胞**があり，あらゆる血球に分化することができる。それ以外にも**神経幹細胞，肝臓幹細胞，皮膚幹細胞，生殖幹細胞**などがある。これらは**体性幹細胞**と呼ばれる。これらを用いた再生医療への道も研究されている。

　近年注目されているのは，へその緒に残っている血液（**臍帯血**という）の利用である。臍帯血の中には，造血幹細胞をはじめとする複数の幹細胞が含まれていて，血球，心筋，肝臓，腎臓，神経細胞などに分化する能力がある。赤ちゃんがうまれたときにこの臍帯血を取り出して冷凍保存しておき，その赤ちゃんが成長した後，もし白血病などになった場合，その臍帯血の幹細胞を移植すれば，本人のものであるため拒絶反応も起こらず，また，倫理的にも問題はないと考えられる。

> 【哺乳類の受精と発生】
> ① 受精する場所は**卵管膨大部**。
> ② **胚盤胞期**で子宮内壁に着床。
> ③ 胚盤胞期の**内部細胞塊**から胎児が生じる。
> ④ 胚盤胞期の**内部細胞塊**から得られた細胞が**ES細胞**。

2 胚 膜

1 ヒトに限らず，哺乳類および鳥類，爬虫類は，胚を乾燥や衝撃から守るために**胚膜**という構造を形成します。

2 胚膜は，一番外側に形成される**しょう膜**，胚に最も近い**羊膜**，老廃物を蓄える袋の**尿のう**，栄養分を蓄える袋の**卵黄のう**からなります。

→ 外胚葉と中胚葉の細胞から形成される。
→ 外胚葉と中胚葉の細胞から形成される。内部は羊水という液体で満たされている。
→ 内胚葉と中胚葉の細胞から形成される。

3 しょう膜の一部と尿のうの膜(尿膜)が合わさって**しょう尿膜**となり，哺乳類では，ここから**胎盤**が形成されます。胎盤は，胎児と母体の間でのガス交換などに働きます。

→ 内胚葉と中胚葉の細胞から形成される。鳥類や爬虫類では，多量の卵黄が蓄えられている。哺乳類では栄養分は母体から供給されるので，卵黄のうは小さく退化していて，機能しない。

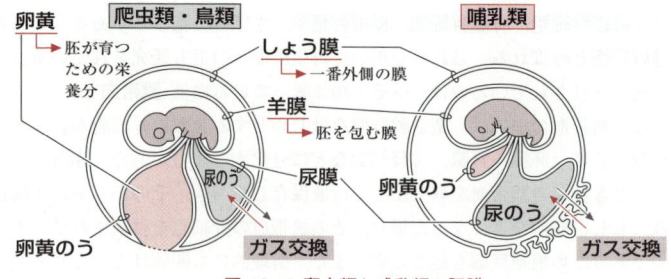

▲ 図43-4 爬虫類と哺乳類の胚膜

+α パワーアップ 胎盤の構造

胎盤は，下の図43-5のような構造をしている。つまり，母体側の動脈と静脈が**柔毛間腔**という隙間に向かって開口しており，その柔毛間腔には胎児側の毛細血管が張り出している。**胎児の血管と母体の血管が直接つながっているわけではない。**

母体の動脈の末端から柔毛間腔に向かって，まるで噴水のように動脈血が吹き出され，柔毛間腔は母体の血液で満たされている。そして，この血液から酸素や栄養分が胎児の毛細血管に取り込まれる。逆に，胎児からは二酸化炭素や老廃物が母体の血液へと移動する。これら以外にも，**アルコールや，ある種の抗体なども母体から胎児へと移行する。**だから，妊娠中には飲酒を控える必要があるのである。薬などの成分も胎盤を通して胎児に移行することがあるので，妊娠中に薬を飲む場合は注意が必要である。

ちなみに，胎児と胎盤をつないでいるのがへその緒（**臍帯**）である。

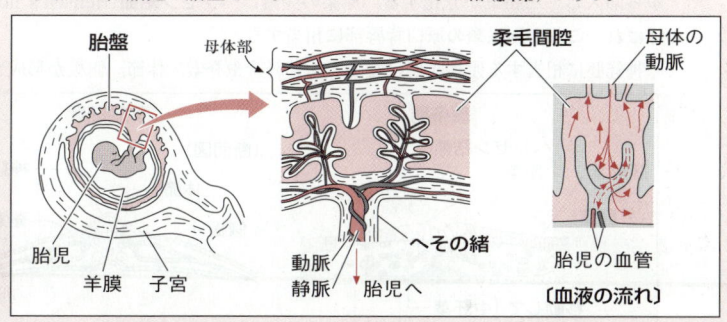

▲ 図43-5 胎盤の構造

+α パワーアップ 鳥類の発生

卵巣から排卵された卵は輸卵管で受精する。鳥類の卵は強端黄卵なので，盤割が行われる。卵割を繰り返して輸卵管の中を運ばれる過程で**卵白**が付け加えられ，さらに**卵殻**が形成され，胞胚期まで発生が進んだあたりで産卵される。この時期には盤割で生じた細胞層が**胚盤葉上層**と**胚盤葉下層**という2層に分かれ，その間に胞胚腔が生じている。

卵白はほとんどが水分だが，糖鎖をもつタンパク質やリゾチーム（⇨p.109）が含まれており，抗菌作用をもつ。**カラザ**は，抗菌作用の強い卵白の中心に胚と卵黄を位置させるハンモックのようなもので，胚と卵黄を微生物から守ったり，外部の衝撃から守ったりする役割がある。

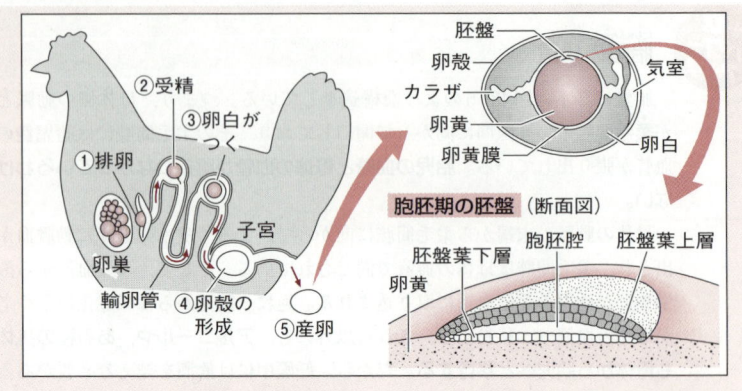

▲ 図43-6 鳥類の卵の形成・初期発生(産卵まで)

　原腸胚期に相当する原条期になると、胚盤葉上層の一部が**原条**と呼ばれる部分から陥入し、三胚葉が分化する。原条の先端は**ヘンゼン結節**(Hensen's node)と呼ばれ、これが両生類の原口背唇部に相当する。
　神経胚に相当する頭褶胚期になると、神経管や脊索、体節、側板が形成される。

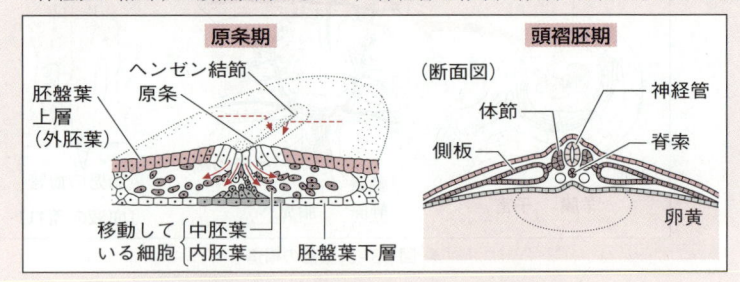

▲ 図43-7 鳥類の初期発生(原条期・頭褶胚期)

最強ポイント

① **胚膜**を形成する動物…爬虫類、鳥類、哺乳類
② 胚膜の役割…胚を**乾燥や衝撃**から守る。
③ 胚膜＝**しょう膜＋羊膜＋尿のう＋卵黄のう**
④ しょう膜＋尿のう＝**しょう尿膜** ⇒ **胎盤**形成(哺乳類のみ)

第4章

遺 伝

第44講 メンデルの法則

親から子へと，さまざまな特徴が遺伝します。その遺伝現象について法則性を発見したのはメンデルです。

1 メンデルの研究

1 親のさまざまな特徴が子に伝わる現象が**遺伝**です。メンデル以前は，特徴を示す「何か」が両親から混合して子に伝わり，一度混合したものは二度と元の状態には戻らない，というように考えられていました。これを**遺伝の混合説**といいます。たとえば，コーヒーと牛乳を混ぜるとコーヒー牛乳ができ，もうただの牛乳には戻らないといった感じで考えられていたのです。

たしかに，うまれてきた子は，全体的に見ると両親の両方の特徴を受け継いでおり，父親とまったく同じ子などはうまれません。

2 しかし，**メンデル**は，全体的に見るのではなく，1つ1つの**形質**について分析し，それぞれの特徴を伝えるのは粒子状の因子（**遺伝要素**；これがのちに**遺伝子**と呼ばれるようになる）だと考えました。また，多数のデータを集め，記号化・数式化を行い統計的に処理するなど，当時としては画期的な発想で研究を行いました。

> 種子の形，花の色など生物がもつ様々な特徴を「形質」という。特に，遺伝する形質を「遺伝形質」という。

> メンデルはelement（要素）という語を用いたが，ヨハンセンがgene（遺伝子）という語を用いるようになり，今日にいたっている。

3 また，メンデルは**エンドウ**を使って実験をしましたが，エンドウは遺伝の実験材料としては都合のよい次のような特徴をもっています。
　① まず，竜骨弁と呼ばれる花弁がおしべとめしべを包み込む構造をしているため，昆虫が入り込むこ

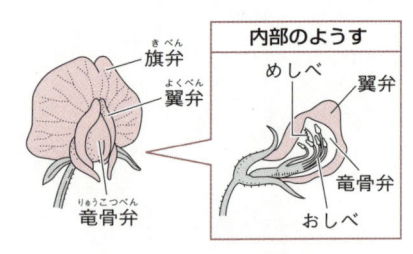

▲ 図44-1 エンドウの花のつくり

とができず，**自然の状態では自家受粉のみが行われる**。その結果，**純系が維持されやすい**。一方，人工受粉を行えば**容易に雑種をつくることもできる**。

2　また，**栽培が容易で，1世代が短く，容易に多数の子孫を得ることができ，識別しやすい形質を多くもつ**。

4　メンデルは，いろいろな形質をもつエンドウを多数用意し，8年間にもわたって交雑実験を行い，1865年に『雑種植物の研究』という論文を発表しました。しかし，その当時の学者からは認められませんでした。

論文を発表してから35年後，メンデルの死後16年たった1900年に，**ド・フリース，コレンス，チェルマク**がそれぞれ別々にメンデルの業績を再発見し，ようやく認められるようになったのです。

【メンデルの成功の秘訣】
① 全体的に見るのではなく，**1つ1つの形質**について注目したこと。
② **粒子状の遺伝要素**を想定したこと。
③ 多数のデータを**統計的に処理**したこと。
④ 材料として**エンドウ**を選んだこと。

【遺伝の材料として優れたエンドウの特徴】
① 自然状態では**自家受粉のみが行われる**こと。
② 人工的に**容易に雑種がつくれる**こと。
③ **識別しやすい多くの形質がある**こと。
④ **栽培しやすく，1世代が短い**こと。

【メンデルの業績の再発見】
ド・フリース，コレンス，チェルマクが別々に再発見。

2 メンデルの法則 〜優性の法則・分離の法則〜

1 メンデルが注目した形質は7種類です。
　たとえば、種子の形という形質については「丸」（しわがない）か「しわ」かの2種類があります。このように、同時に現れることのない（丸でなおかつしわという種子はありえない）形質を**対立形質**といいます。

　（形　質）　　　　（対立形質）
　種子の形………丸　　　　しわ
　子葉の色………黄色　　　緑色
　種皮の色………灰色　　　無色
　草丈……………高い　　　低い
　さやの形………ふくれ　　くびれ
　さやの色………緑色　　　黄色
　花のつき方……腋生　　　頂生

> 花が葉のつけねにつく場合を「腋生」、茎の先端につく場合を「頂生」という。

2 丸の種子のみをつける純系としわの種子のみをつける純系を両親(P)として**交雑**すると、**雑種第一代(F_1)** には丸種子のみが生じます。
　F_1は両親から丸の遺伝子としわの遺伝子の両方をもらっているはずなのに、丸種子しか生じないのです。すなわち、「丸」か「しわ」かという対立形質を現す遺伝子（これを**対立遺伝子**という）が両方ある場合は、その**一方**（この場合は丸の遺伝子）の**働きだけが現れる**のです。これをメンデルの**優性の法則**といい、F_1に現れたほうの形質（この場合は丸）を**優性形質**、現れなかったほうの形質（この場合はしわ）を**劣性形質**といいます。また、優性形質を現す遺伝子を**優性遺伝子**、劣性形質を現す遺伝子を**劣性遺伝子**といいます。

> 親の代を「P」で示す。Pは、ラテン語のparens（親）の略。

> 2個体間で受精させて次世代を生じさせることを「交配」といい、特に遺伝的に異なる2個体間の交配を「交雑」という。

> 子どもの代を「F」で示す。Fはラテン語のfilius（子）の略。純系どうしの交雑で生じた雑種を特に「雑種第一代」という。

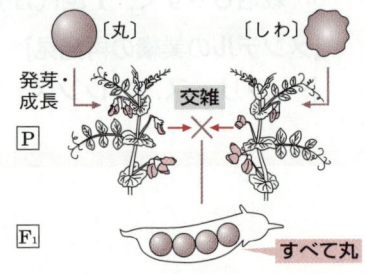

▲ 図44-2 エンドウの種子の形の遺伝

3 対立遺伝子は、右の図のように、相同染色体の対応する位置に1つずつ存在します。

4 対立形質について、漢字は「優」や「劣」という字を書きますが、決して優性形質のほうが優れているとか劣性形質のほうが劣っているという意味ではありません。

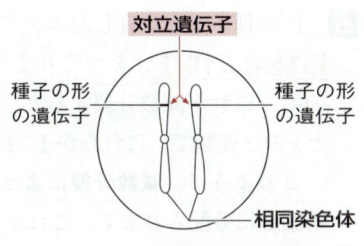

▲ 図44-3 対立遺伝子の位置

5 ふつう、**優性遺伝子をアルファベットの大文字で、劣性遺伝子を同じアルファベットの小文字で表します。**

いま、丸種子の遺伝子をR、しわ種子の遺伝子をrとすると、丸種子の純系はRR、しわ種子の純系はrrとなります。RRが減数分裂を行って生じる配偶子はR、rrが減数分裂を行って生じる配偶子はrです。

これらの配偶子どうしが受精してF_1が生じるので、F_1はRrとなります。このとき、優性遺伝子であるRのほうの働きのみが現れるため、F_1は丸種子となるのです。

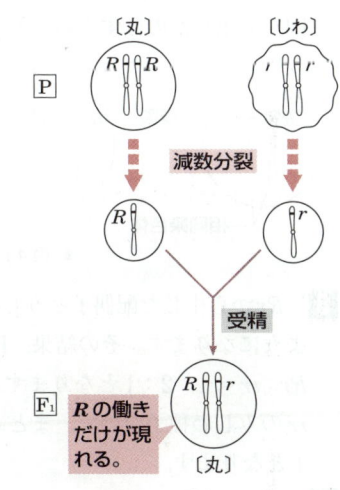

▲ 図44-4 遺伝のしくみ

+α パワーアップ　種子の形がしわになるしくみ

丸かしわかはどうやって生じるのだろうか。じつは、R遺伝子が働くと子葉中に糖からデンプンが合成される。つまり、デンプンを合成する酵素が生成される。R遺伝子がなければ、そのような酵素が生成されず、糖のままでデンプンは合成されない。デンプンは水に溶けないが、糖は水に溶ける。そのため、**糖が多いと浸透圧が高くなり、種子を形成する過程で吸水によって多くの水を含んでしまう。**やがて種子が完成し、成長する段階になると、乾燥してほとんど水を含まない状態になる。このとき、もともと水分含量が多かった種子は失われる水分量も多いため収縮してしまい、しわが生じるのである。

6 F_1の種子から生育したエンドウを自家受精して**雑種第二代（F_2）**をつくります。F_1はRrだったので、これが減数分裂すると、生じる配偶子はRとrの2種類で、これらが1:1の割合で生じます。

> 雑種第一代（F_1）どうしの交配で生じた子を「雑種第二代」という。親から見れば、孫の代にあたる。

このように、減数分裂によって、対立遺伝子はそれぞれ離れ離れになって娘細胞に分配されます。これをメンデルの**分離の法則**といいます。

7 減数分裂において相同染色体どうしが離れ離れになるので、相同染色体上にある対立遺伝子も離れ離れになるのは当然なのですが、メンデルの時代には減数分裂の仕組みなどがまだわかっておらず、それでこのような分離の法則を見出したのはすごいことですね。

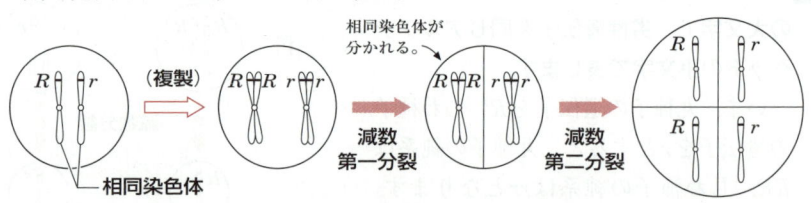

▲ 図44-5 減数分裂と遺伝子の分離

8 Rrから生じた配偶子どうしを受精させると、右のようになります。その結果、F_2（雑種第二代）はRR：Rr：rr＝1：2：1となります。RRもRrも丸種子で、rrのみしわ種子なので、まとめると、丸：しわ＝3：1となります。

Rr	×	Rr
	R	r
R	RR	Rr
r	Rr	rr

9 メンデルは、まず、このように1対の遺伝子に注目して雑種をつくり（これを**一遺伝子雑種**という）、**優性の法則**、**分離の法則**を発見しました。さらに、2対の遺伝子に注目して雑種をつくり（これを**二遺伝子雑種**という）、**独立の法則**も発見していますが、独立の法則は後ほど見ていきましょう（⇨p.284）。

> **最強ポイント**
> ① 2つの対立遺伝子が共存するときは、一方の遺伝子の働きのみが現れる。⇨**優性の法則**
> ② 対立遺伝子は、減数分裂によってそれぞれ**離れ離れになって**娘細胞に分配される。⇨**分離の法則**

3 遺伝の基礎用語

1 これから使う遺伝の基礎用語を確認しましょう。

2 遺伝子を示す記号を**遺伝子記号**といい，アルファベットで表します。
➡遺伝子の構成を遺伝子記号を用いて表したものを**遺伝子型**といいます。
➡RR, Rr, R, r などが遺伝子型です。

3 遺伝子の働きによって現れてくる特徴や性質を**表現型**といいます。
➡「赤花」,「丸種子」などが表現型です。原則的には日本語で書きますが，便宜的に記号を使う場合もあります。その場合は，たとえばR遺伝子によって現された表現型であれば，〔R〕というように〔 〕をつけて表します。

4 注目する対立遺伝子について同じ遺伝子をもつ状態を**ホモ接合**といい，そのような個体を**ホモ接合体**といいます。　　　　　　　　「同型接合体」ともいう。
➡RRやrr, $AABB$, $AAbb$などはホモ接合体です。

5 注目する対立遺伝子について異なる遺伝子をもつ状態を**ヘテロ接合**といい，そのような個体を**ヘテロ接合体**といいます。　　　　　「異型接合体」ともいう。
➡RrやAa, $AaBb$などはヘテロ接合体です。

6 共通の祖先をもち，遺伝子型が同じ個体群を**系統**といいます。また，同一系統の個体間で何代交配を重ねても同じ形質を示す系統を**純系**といいます。つまり，すべての対立遺伝子がホモ接合になっている個体群が純系です。**実際には系統も純系も同じような意味で用いられることが多く**，いずれにしても**ホモ接合体**だと考えればいいです。

また，すべての対立遺伝子についてホモ接合でなくても，注目している対立遺伝子についてのみホモ接合であっても純系，系統と呼ぶ場合も多くあります。

遺伝の練習 1 一遺伝子雑種の遺伝

エンドウの子葉の色には，黄色と緑色がある。黄色の子葉をもつ種子から生じた純系個体と，緑色の子葉をもつ種子から生じた純系個体を交配すると，生じたF_1はすべて黄色であった。このF_1と緑色の子葉をもつ種子から生じた個体を交配すると，どのような種子が生じるか。表現型とその分離比を答えよ。

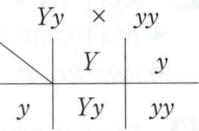

解説 異なる純系どうしを交配してF_1に現れたほうが**優性形質**なので，この場合は黄色が優性とわかります。黄色の遺伝子をY，緑色の遺伝子をyとすることにします。

YY × yy
（黄色）（緑色）
Yy
（黄色）

黄色の純系の遺伝子型はYY，緑色の純系の遺伝子型はyyなので，生じるF_1の遺伝子型はYyとなります。このF_1に緑色の子葉をもつ種子から生じた個体(yy)を交配するので，Yy×yyの交配になります。よって，右表のようになり，生じる子は$Yy:yy=1:1$。問われているのは表現型なので，黄色：緑色＝1：1となります。

Yy × yy

	Y	y
y	Yy	yy

答 黄色：緑色＝1：1

最強ポイント

【遺伝の基礎用語】
- **遺伝**…親の形質が子に伝えられる現象。
- **形質**…生物がもつ特徴。例 種子の形，花の色など
- **対立形質**…同時には現れない対になった形質。
  例 丸種子としわ種子，赤花と白花など
- **対立遺伝子**…対立形質を支配する遺伝子。
- **優性形質**…異なる純系どうしの交配でF_1に現れた形質(ヘテロ接合体で現れる形質)。
- **劣性形質**…異なる純系どうしの交配でF_1に現れないほうの形質(ヘテロ接合体で現れないほうの形質)。
- **優性遺伝子**…優性形質を支配する遺伝子。アルファベットの大文字で記す。
- **劣性遺伝子**…劣性形質を支配する遺伝子。優性遺伝子と同じアルファベットの小文字で記す。

第45講 いろいろな一遺伝子雑種

メンデルの法則に従わないように見える遺伝も，少し条件を加えてやれば，メンデルの法則に従っています。

1 不完全優性

1 マルバアサガオの赤花（遺伝子型をRRとします）と白花（遺伝子型をrrとします）を交配します。すると，右の図のようになり，生じるF_1の遺伝子型はRrなので，優性の法則に従えば，すべて赤花になるはずです。ところが，F_1はすべて**桃色花**になります。

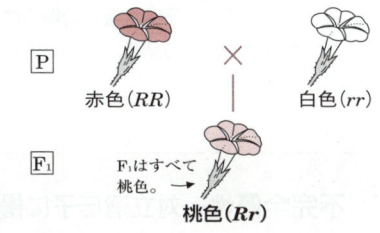

P 赤色(RR) × 白色(rr)
F_1 F_1はすべて桃色。 桃色(Rr)

▲ 図45-1 マルバアサガオの花色の遺伝

2 これは，優性の法則に従わない例外で，**赤花の遺伝子と白花の遺伝子に優劣関係がなく**，そのため，両方の中間的な桃色花になったのです。

3 このような遺伝子の関係を**不完全優性**といい，その結果生じた桃色花のようなF_1を**中間雑種**といいます。

遺伝の練習2　不完全優性

上で生じたF_1を自家受精したとき，生じるF_2の表現型とその分離比を求めよ。

解説　$Rr \times Rr$の交配なので，右図のようになり，F_2の遺伝子型とその比は$RR:Rr:rr=1:2:1$となります。RRは赤花，rrは白花となり，**Rrは不完全優性のため桃色花**となります。

Rr ×	Rr	
	R	r
R	RR	Rr
r	Rr	rr

答　赤花：桃色花：白花　$= 1:2:1$

4 不完全優性で生じる中間雑種の例として，マルバアサガオ以外に，オシロイバナの花の色（桃色花），ヒトのABO式血液型のAB型などがあります。

+αパワーアップ 中間雑種が桃色花になる理由

赤花と白花を交配しても，F_1 がすべて赤花になる植物もある。優性の法則に従う場合と，従わず中間雑種になる場合は何が違うだろうか。

赤い花になるのは，細胞内で**赤色の色素**が合成されるためである。つまり，赤花の遺伝子を R，白花の遺伝子を r とすると，RR であれば両方の R 遺伝子から酵素が生成され，この酵素の働きで赤色色素が合成されるため赤花になる。一方，rr であればいずれの遺伝子からも正常な働きをもった酵素が生成されず，赤色色素も合成されない。そのため，白花となる。Rr であれば RR にくらべて，生成される酵素は半分量になる。Rr であっても赤花になる場合は，半分の量の酵素によっても赤花となるだけの十分量の色素が合成されるからなのである。そのため，RR でも Rr でも同じ赤花という表現型になる。

ところが，**不完全優性の場合は，半分の量の酵素からでは生成される色素の量が少なく**，その結果，うすい赤色の桃色花になってしまうのである。

最強ポイント

不完全優性…対立遺伝子に**優劣関係がないため**，ヘテロ接合体では，両遺伝子の働きの**中間的な表現型**になる。⇨メンデルの優性の法則に当てはまらない例外。

---

2 複対立遺伝子

1 ふつう，1つの形質に関しては2つの対立遺伝子が関与します。ところが，1つの形質に関して3つあるいは3つ以上の対立遺伝子が関与する場合があります。このような遺伝子を**複対立遺伝子**といいます。

2 たとえば，ヒトのABO式血液型には，A 遺伝子，B 遺伝子，O 遺伝子の3つの複対立遺伝子が関与しています。

3 A **遺伝子と** B **遺伝子の間は不完全優性の関係ですが，** O **遺伝子は** A **遺伝子および** B **遺伝子に対して劣性**です。そのため，遺伝子型が AA も AO も A 型に，遺伝子型が BB も BO も B 型になります。そして，遺伝子型が OO の場合にO型となり，遺伝子型が AB の場合はAB型になります。

第 45 講　いろいろな一遺伝子雑種

> **遺伝の練習3**　複対立遺伝子 ①
> AB型とO型の両親からA型の子がうまれる確率を求めよ。

解説　血液型がAB型になるのは遺伝子型がABの場合のみ，血液型がO型になるのは遺伝子型がOOの場合のみです。したがって，$AB \times OO$の交配なので，右表のようになります。つまり，$AO : BO = 1 : 1$となり，A型がうまれる確率は$\frac{1}{2}$となります。**答** $\frac{1}{2}$

$AB \times OO$		
	A	B
O	AO	BO

> **遺伝の練習4**　複対立遺伝子 ②
> A型とB型の両親からO型の長男がうまれた。次男がAB型になる確率を求めよ。

解説　血液型がA型になるのは，遺伝子型がAAの場合とAOの場合の2通りがあります。同様に，B型になるのは，BBの場合とBOの場合の2通りです。しかし，**O型（遺伝子型OO）の子がうまれるためには，両親がO遺伝子をもっている必要があります。**

以上より，両親の遺伝子型はAOとBOだったとわかります。$AO \times BO$の交配なので，右表のようになり，うまれる可能性がある子の比率は$AB : AO : BO : OO = 1 : 1 : 1 : 1$となります。

よって，AB型がうまれる確率は$\frac{1}{4}$となります。

$AO \times BO$		
	A	O
B	AB	BO
O	AO	OO

このとき，長男がO型だったから残りはABかAOかBOの3通りしかない…などと考えてはいけませんよ。**子をうむとき，毎回4通りのいずれかがうまれるわけで**，長男がO型で，次男もO型で三男もO型の可能性だってあるのです。**答** $\frac{1}{4}$

+α パワーアップ　ABO式血液型を決めるもの

ABO式血液型は，**赤血球表面の物質**（糖鎖）の違いによる分け方である。A遺伝子によりA型物質（N-アセチルガラクトースアミン）を赤血球表面に付着させる酵素が生成される。同様に，B遺伝子によってB型物質（ガラクトース）を赤血球表面に付着させる酵素が生成される。一方，O遺伝子からはどちらの酵素も生成されず，A型物質もB型物質も付着しない。また，AB型では両方の遺伝子が働き，両方の酵素が生成されるため，A型物質とB型物質の両方が付着する。

4 これ以外に，アサガオの葉の形にも複対立遺伝子が関与します。アサガオの葉の形には，並葉にする遺伝子，立田葉にする遺伝子，柳葉にする遺伝子の3つの遺伝子が関与します。並葉の遺伝子が他の遺伝子よりも最も優性で，立田葉の遺伝子は柳葉の遺伝子よりも優性です。並葉の遺伝子をA，立田葉の遺伝子をA'，柳葉の遺伝子をaとすると，$A>A'>a$という関係になります。

並葉(AA) 立田葉($A'A'$) 柳葉(aa)
　AA', Aaも。　　$A'a$も。

▲ 図45-2 アサガオの葉の形

> **遺伝の練習5** 複対立遺伝子③
> 並葉の純系と立田葉の純系を交配して生じたF_1に柳葉の純系を交配すると，どのような葉をもつアサガオがどのような比で生じるか。

解説 並葉の純系はAA，立田葉の純系は$A'A'$。よって，生じるF_1はAA'となります。これに柳葉の純系(aa)を交配するので右表のようになり，$Aa:A'a=1:1$が生じます。Aaは並葉，$A'a$は立田葉となるので，並葉：立田葉＝1：1となります。

AA'	×	aa
	A	A'
a	Aa	$A'a$

答 並葉：立田葉＝1：1

> **最強ポイント**
> 1つの形質に3つ以上の対立遺伝子が関与する場合これらの遺伝子を**複対立遺伝子**という。例 **ABO式血液型**，**アサガオの葉の形**

3 致死遺伝子

1 ハツカネズミの体毛には黄色と黒色があり，黄色が優性です（黄色遺伝子をY，黒色遺伝子をyとする）。ところが，**黄色遺伝子をホモにもつ(YY)と**，そ

の個体は胎児の段階で死んでしまい，うまれてきません。したがって，黄色の体毛をもつ個体は Yy しか存在しないのです。このような遺伝子を **致死遺伝子** といいます。

> ハツカネズミの例は，個体が死に至るという現象だが，なかには，細胞が生存できないという致死遺伝子もある。そのような現象が配偶子の段階で起これば，特定の遺伝子をもった配偶子は生存できないことになる。

2 Y という遺伝子は体毛に関しては優性の黄色を発現する遺伝子ですが，同時に死に至らせるという働きもあるのです。**死に至らせるという働きに関しては，ホモのときにだけ現れるのですから劣性**ということになります。

3 実際には，殺す遺伝子というよりは，生存に必要な物質を合成できない遺伝子といえます。ハツカネズミの場合，Yy や yy であれば生存に必要な物質が合成され，YY の場合だけはその物質が合成されないため生存できないということです。そして，その物質合成に関しては y が 1 つでもあれば行えるので，y が優性，Y が劣性ということになります（Y のほうに大文字を使っているのは，体毛に関して優性だから）。

4 したがって，このような致死遺伝子は **劣性致死遺伝子** と呼ばれます（優性致死遺伝子であれば，Y を 1 つでももてば生存できなくなるので，黄色の体毛のハツカネズミが存在しないことになってしまう）。

遺伝の練習6 致死遺伝子

体毛が黄色のハツカネズミどうしを交配すると，生じるハツカネズミの体毛とその分離比はどうなるか。

解説 黄色のハツカネズミは Yy しか存在しないので，$Yy × Yy$ の交配になり，その結果，$YY : Yy : yy = 1 : 2 : 1$ となりますが，**YY は死んでしまうので，うまれてきません。** よって，生じる子は $Yy : yy = 2 : 1$ で，黄色：黒色 $= 2 : 1$ となります。

Yy	×	Yy
	Y	y
Y	YY	Yy
y	Yy	yy

答 黄色：黒色 $= 2 : 1$

最強ポイント

個体や細胞を死に至らせる遺伝子を **致死遺伝子** という。

第46講 二遺伝子雑種

これまでは1対の対立遺伝子を見てきましたが，今度は同時に働く2対の対立遺伝子について見ていきます。

1 独立の法則

1 メンデルは，2対の対立形質に注目した交雑実験も行いました。

エンドウについて種子の形が丸で子葉の色が黄色の純系と種子の形がしわで子葉の色が緑色の純系を交雑すると，**F_1はすべて丸で黄色**が生じます。すなわち，形については丸が優性，子葉の色については黄色が優性です。そこで，種子の形について丸の遺伝子をR，しわの遺伝子をr，子葉の色について黄色の遺伝子をY，緑色の遺伝子をyとして考えてみましょう。

2 丸で黄色の純系の遺伝子型は$RRYY$，しわで緑色の純系の遺伝子型は$rryy$で，$RRYY$から生じる配偶子はRY，$rryy$から生じる配偶子はryです。したがって，F_1は$RrYy$となります。

3 F_1を自家受精すると，F_2は，丸で黄色：丸で緑色：しわで黄色：しわで緑色＝9：3：3：1となりました。これは，次のように考えると説明できます。

F_1から生じる配偶子が$RY：Ry：rY：ry＝1：1：1：1$であるとすると，F_1どうしの交配は次表のようになり，生じるF_2は確かに9：3：3：1となります。

$RrYy \times RrYy$

	RY	Ry	rY	ry
RY	$RRYY$	$RRYy$	$RrYY$	$RrYy$
Ry	$RRYy$	$RRyy$	$RrYy$	$Rryy$
rY	$RrYY$	$RrYy$	$rrYY$	$rrYy$
ry	$RrYy$	$Rryy$	$rrYy$	$rryy$

$$RRYY : RRYy : RrYY : RrYy : RRyy : Rryy : rrYY : rrYy : rryy$$
$$= \underbrace{1 : 2 : 2 : 4}_{\text{丸・黄色}} : \underbrace{1 : 2}_{\text{丸・緑色}} : \underbrace{1 : 2}_{\text{しわ・黄色}} : \underbrace{1}_{\text{しわ・緑色}}$$
$$\quad 9 \qquad\qquad 3 \qquad 3 \qquad 1$$

4 じつは，このように，$RrYy$から生じる配偶子が$RY : Ry : rY : ry = 1 : 1 : 1 : 1$となるのは，$R(r)$と$Y(y)$が別々の染色体上にあるからです。

$R(r)$と$Y(y)$が別々の相同染色体上にある。

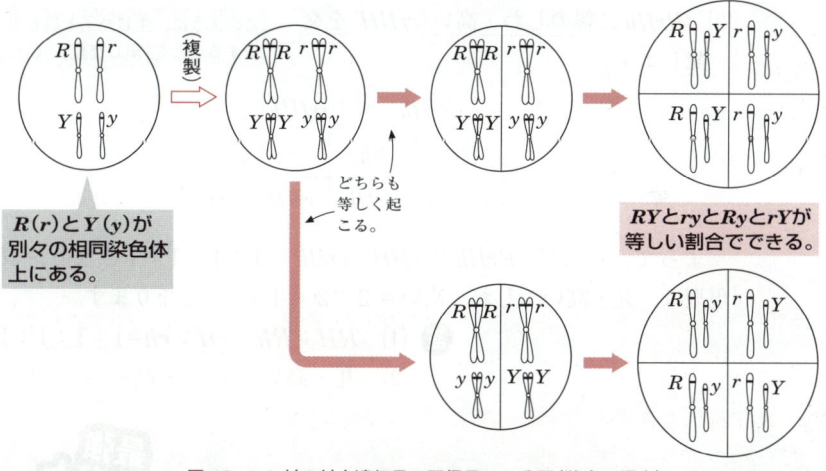

（複製）

どちらも等しく起こる。

RYとryとRyとrYが等しい割合でできる。

▲ 図46-1 2対の対立遺伝子の配偶子への分配（独立の場合）

5 つまり，$R(r)$と$Y(y)$は互いに影響されず，それぞれ独立して自由に組み合わさって配偶子に分配されます。これをメンデルの**独立の法則**といいます。ただし，これは，注目している遺伝子が別々の染色体上にある場合にだけ成り立つ法則です（同一染色体上にある場合は⇨第49講）。

遺伝の練習7　二遺伝子雑種の遺伝

エンドウの種子の形が丸で草丈が低い純系と種子の形がしわで草丈が高い純系を交配すると，F_1の種子はすべて丸で草丈が高い個体が生じた。ただし，これらの形質は独立の法則に従って遺伝するものとし，種子の形に関してR, r, 草丈に関してH, hの遺伝子記号を使って答えよ。

(1) F_1から生じる配偶子の遺伝子型とその比を答えよ。
(2) このF_1に，親のしわで草丈が高い個体を交配すると，次代の表現型とその分離比はどうなるか。

解説 F_1が「丸・高い」になったので，種子の形については丸が優性，草丈に関しては高いほうが優性とわかります。したがって，遺伝子記号は丸がRで，しわがr，草丈が高いがHで，低いがhです。よって，丸で低い純系の遺伝子型は$RRhh$，しわで高い純系の遺伝子型は$rrHH$，F_1の遺伝子型は$RrHh$となります。

(1) 問題文にあるように，独立の法則に従うので，$RrHh$から生じる配偶子は$RH:Rh:rH:rh=1:1:1:1$となります。

(2) $RrHh$に親のしわ・高い($rrHH$)を交配します。

> このように，生じた子と親を交配することを「戻し交配」という。

$RrHh \times rrHH$

	RH	Rh	rH	rh
rH	$RrHH$	$RrHh$	$rrHH$	$rrHh$

よって，$RrHH:RrHh:rrHH:rrHh=1:1:1:1$となり，表現型は，丸・高い：しわ・高い$=2:2=1:1$　となります。

答 (1) $RH:Rh:rH:rh=1:1:1:1$
(2) 丸・高い：しわ・高い$=1:1$

最強ポイント

メンデルの独立の法則…注目する遺伝子が別々の染色体上にある場合，それぞれの遺伝子は独立して配偶子に入る。⇨その結果，形質は，他の形質に影響されずそれぞれ独立に遺伝する。

---

2 検定交雑（検定交配）

1 エンドウの種子が「丸で黄色」の場合，遺伝子型としては$RRYY$，$RRYy$，$RrYY$，$RrYy$の4通りの可能性がありますね。遺伝子型がどれなのかはどのようにすると調べることができるでしょう。

2 この丸・黄色にしわ・緑を交配してみます。もし，この丸・黄色の遺伝子

型が$RrYY$であったとすると，次のような交配になります。

$$RrYY \times rryy$$

	RY	rY
ry	$RrYy$	$rrYy$

よって，丸・黄色：しわ・黄色 = 1：1 で生じます。

3 このように，劣性ホモ接合体を交配すると，RYの配偶子からは丸・黄色が，rYの配偶子からはしわ・黄色が生じることになります。

　逆にいうと，劣性ホモ接合体を交配して丸・黄色が生じればRYの配偶子があったはず，しわ・黄色が生じればrYの配偶子があったはずと判断できますね。

　すなわち，丸・黄色：しわ・黄色＝1：1と生じたのだから，**配偶子は**RY：rY＝1：1だったとわかります。さらに，**配偶子として**RYやrY**をつくったということは，遺伝子型が**$RrYY$**だったということもわかります。**

4 このように，ある個体(Xとします)に劣性ホモ接合体を交配して子をつくってみると，Xがつくる配偶子やX自身の遺伝子型などを調べることができます。そこで，劣性ホモ接合体を交配することを**検定交雑（検定交配）**といいます。

遺伝の練習8 **検定交雑①**

　丸・黄色を検定交雑した結果，丸・黄色：丸・緑色＝1：1になったとすると，この場合の丸・黄色から生じた配偶子の遺伝子型とその比を求めよ。また，この場合の丸・黄色の遺伝子型を答えよ。ただし，丸をR，しわをr，黄色をY，緑色をyとする。

解説 検定交雑の結果が丸・黄色：丸・緑色＝1：1だったので，丸・黄色から生じていた配偶子はRY：Ry＝1：1とわかります。配偶子にRYやRyを生じたということは，丸・黄色の遺伝子型は$RRYy$だったと判断できます。念のために，$RRYy$を検定交雑してみましょう。

$$RRYy \times rryy$$

	RY	Ry
ry	$RrYy$	$Rryy$

確かに，丸・黄色：丸・緑色 = 1：1 となりますね。

答 （配偶子） $RY：Ry = 1：1$
（丸・黄色の遺伝子型） $RRYy$

遺伝の練習9 検定交雑 ②

丸・黄色を検定交雑した結果，丸・黄色：丸・緑色：しわ・黄色：しわ・緑色 = 1：1：1：1 になったとすると，この場合の丸・黄色から生じた配偶子の遺伝子型とその比を求めよ。また，この場合の丸・黄色の遺伝子型を答えよ。ただし，丸をR，しわをr，黄色をY，緑色をyとする。

解説 検定交雑の結果が丸・黄色：丸・緑色：しわ・黄色：しわ・緑色 = 1：1：1：1 だったので，丸・黄色から生じていた配偶子は $RY：Ry：rY：ry = 1：1：1：1$ とわかります。配偶子に RY，Ry，rY，ry の4種類を生じたということは，丸・黄色の遺伝子型は $RrYy$ だったと判断できます。念のために，$RrYy$ を検定交雑してみましょう。

$RrYy \times rryy$

	RY	Ry	rY	ry
ry	$RrYy$	$Rryy$	$rrYy$	$rryy$

確かに，丸・黄色：丸・緑色：しわ・黄色：しわ・緑色 = 1：1：1：1 となりますね。

答 （配偶子） $RY：Ry：rY：ry = 1：1：1：1$
（丸・黄色の遺伝子型） $RrYy$

最強ポイント

検定交雑（検定交配）…注目する形質に関して劣性ホモ接合体と交雑すること。⇨検定交雑で生じた**子の表現型とその比率**から，検定個体がつくった**配偶子の遺伝子型とその比**がわかる。

第47講 いろいろな二遺伝子雑種①
（補足・条件・抑制）

1対の遺伝子だけでなく，2対の遺伝子が働きあってはじめて表現型が決まるという場合があります。

1 補足遺伝子

1 スイートピーの花の色には紫色と白色がありますが，これらの花色にはC(c)とP(p)という2対の対立遺伝子が関与しています。

2 紫色の花になるのは，紫色の色素が合成されるからですが，この色素合成には，図47-1のような2段階の反応が関係します。すなわち，前駆物質を色素源に変化させる酵素合成を支配するのが遺伝子C，色素源を紫色の色素に変化させる酵素合成を支配するのが遺伝子Pです。CやPのような優性遺伝子は正常な酵素を合成することができますが，cやpのような劣性遺伝子にはそのような働きがありません。

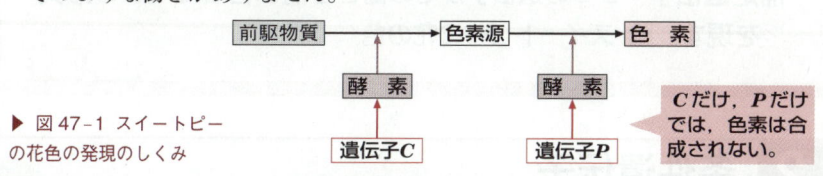

▶ 図47-1 スイートピーの花色の発現のしくみ

前駆物質 → 色素源 → 色素
酵素（遺伝子C） 酵素（遺伝子P）
Cだけ，Pだけでは，色素は合成されない。

3 したがって，CとPが共存する場合（$CCPP$, $CCPp$, $CcPP$, $CcPp$）は紫花になり，それ以外（$CCpp$, $Ccpp$, $ccPP$, $ccPp$, $ccpp$）はすべて紫色の色素が合成されないため，白花になってしまうのです。

4 このように2種類の遺伝子が互いにその働きを補い合って1つの形質を現すとき，これらの遺伝子を**補足遺伝子**といいます。

> **遺伝の練習 10** 補足遺伝子による遺伝
> スイートピーの白花の系統（$CCpp$）と別の白花の系統（$ccPP$）を交配すると，F_1はすべて紫花になった。このF_1を自家受精すると，F_2の表現型とその分離比はどうなるか。ただし，C(c)とP(p)は別々の染色体上に存在している。

解説 $CCpp \times ccPP$ の交配なので，F_1 は $CcPp$ となります。遺伝子 $C(c)$ と $P(p)$ は，問題文にある通り，**別々の染色体上にあります**。すなわち，**独立の法則が成り立つ**ので，$CcPp$ から生じる配偶子は，$CP:Cp:cP:cp = 1:1:1:1$ となります。

この $CcPp$ を自家受精するので，次の表のような交配になります。

$CcPp \times CcPp$

	CP	Cp	cP	cp
CP	●	●	●	●
Cp	●	○	●	○
cP	●	●	○	○
cp	●	○	○	○

●は紫花
○は白花

よって，●：○ = 9：7。

このように，本来であれば，〔CP〕：〔Cp〕：〔cP〕：〔cp〕= 9：3：3：1 に分離するはずですが，〔Cp〕と〔cP〕と〔cp〕が同じ表現型になってしまうので，9：7という比率になります。　**答** 紫花：白花 = 9：7

最強ポイント

補足遺伝子…**2つの遺伝子がその働きを補い合って1つの形質を現す**。例 スイートピーの花の色

---

2 条件遺伝子

1 カイウサギやハツカネズミの体毛の色には灰色，黒色，白色があり，これらには $C(c)$ と $G(g)$ の2対の対立遺伝子が関与します。

2 C は黒色にする遺伝子，G は灰色にする遺伝子ですが，**G が灰色を発現するためには C の存在が必要なのです**。このように，ある遺伝子の働きが現れるためには他の遺伝子が存在することが条件として必要な場合，これを**条件遺伝子**といいます。

3 これは，次のように考えることができます。
色素源を黒色に変化させる反応に遺伝子 C が関与し，この黒色をさらに灰色に変化させる反応に遺伝子 G が関与しているのです。

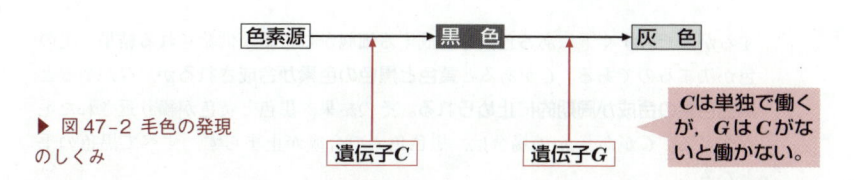

第47講 いろいろな二遺伝子雑種①(補足・条件・抑制)

```
色素源 ──→ 黒 色 ──→ 灰 色
           ↑          ↑
         遺伝子C     遺伝子G
```

Cは単独で働くが，GはCがないと働かない。

▶ 図47-2 毛色の発現のしくみ

4 その結果，Cをもたない場合($ccGG$, $ccGg$, $ccgg$)は白色，CがあってGがない場合($CCgg$, $Ccgg$)は黒色となり，CとGが共存する($CCGG$, $CCGg$, $CcGG$, $CcGg$)と灰色になるのです。

遺伝の練習11　条件遺伝子による遺伝

ウサギの体色には，独立の関係にある$C(c)$，$G(g)$の2対の対立遺伝子が関与している。CとGがそろうと灰色，CがあってGがないときは黒色，Cがないときは白色になる。黒色の系統と白色の系統を交配すると，F_1はすべて灰色となった。このF_1どうしを交配すると，F_2の表現型とその分離比はどうなるか。

解説 黒色の系統の遺伝子型は$CCgg$，白色の系統は$ccGG$と$ccgg$の2種類が考えられますが，F_1に灰色(遺伝子CとGをもつ)が生じたので，この場合の白色の系統は$ccGG$であったはずです($CCgg×ccgg$では灰色の子は生じないから)。

よって，$CCgg×ccGG$の交配で，F_1は$CcGg$となります。このF_1どうしを交配するので，次のようになります。

$CcGg$ × $CcGg$	CG	Cg	cG	cg
CG	◎	◎	◎	◎
Cg	◎	●	◎	●
cG	◎	◎	○	○
cg	◎	●	○	○

◎は灰色
●は黒色
○は白色

よって，◎：●：○ = 9：3：4。

答 灰色：黒色：白色 = 9：3：4

+α パワーアップ　毛色が灰色になるしくみ

前述のような理解で問題は解けるのだが，実際にはもっと複雑である。体毛が灰色の毛をくわしく見ると，1本の毛に黒色の部分と黄色の部分があり，これによって全体的には灰色に見えている。毛は，根元にある毛根の細胞の分裂で伸長

するが，そのすぐ下にある色素を合成する細胞から色素が供給される結果，毛の色が決まるのである。Cがあると**黄色と黒色の色素が合成される**が，Gがあると**黒色色素の合成が周期的に止められる**。その結果，黒色と黄色が繰り返された毛が生じる。Cがありggの場合は，黒色色素の合成が止まらず，すべて黒色の毛となる。

> **条件遺伝子**…ある対立遺伝子が**存在することが条件**で，他の対立遺伝子の形質が現れる。
>   例 カイウサギやハツカネズミの体色に関与する灰色遺伝子

3 抑制遺伝子

1 カイコガの繭の色には白色と黄色があり，これらの色には独立の関係にある$I(i)$と$Y(y)$の2対の対立遺伝子が関与します。

2 Yは繭を黄色に，yは繭を白色にする遺伝子で，Yがない場合は白色になります。ところが，**遺伝子IはYの遺伝子の働きを抑制する働きがあり，そのため，YがあってもIが共存すると黄色にはなれず，白色になる**のです。
　このように，他の対立遺伝子の働きを抑制する働きのある遺伝子を**抑制遺伝子**といいます。iには，そのような抑制の働きはありません。

3 その結果，$iiYY$や$iiYy$はY遺伝子が働いて黄色に，$iiyy$や$IIyy$，$Iiyy$はyの働きで白色になります。$IIYY$，$IiYY$，$IIYy$，$IiYy$は，IによってYの働きが抑制されるため，黄色ではなく白色になります。

> 遺伝の練習12　**抑制遺伝子による遺伝**
>
> 　カイコガの繭の色には，白色と黄色がある。Yは黄色，yは白色を発現する遺伝子で，IはYの働きを抑制する遺伝子である。また，$I(i)$と$Y(y)$は独立の関係にある。遺伝子型が$IIyy$で白色の繭をつくるカイコガと遺伝子型が$iiYY$で黄色の繭をつくるカイコガを交配すると，F_1はすべて白色になった。このF_1どうしを交配すると，F_2の繭の色とその分離比はどうなるか。

第47講　いろいろな二遺伝子雑種①(補足・条件・抑制)

解説　$IIyy$と$iiYY$を交配したので，F_1は$IiYy$です。この$IiYy$どうしを交配するので，次のようになります。

$IiYy × IiYy$

	IY	Iy	iY	iy
IY	○	○	○	○
Iy	○	○	○	○
iY	○	○	●	●
iy	○	○	●	○

○は白色
●は黄色

原則的にはこのような表をつくって確認していけばよいのですが，独立の関係にある場合のF_2は9：3：3：1になるので，〔IY〕：〔Iy〕：〔iY〕：〔iy〕= 9：3：3：1と考えることもできます。

このなかで〔IY〕と〔Iy〕と〔iy〕は白色，〔iY〕は黄色になるので，白色：黄色 =（9 + 3 + 1）：3 = 13：3　となります。ただし，独立の場合にしか使えないので注意すること。　**答**　白色：黄色 = 13：3

+α パワーアップ　繭の色と抑制遺伝子が働くしくみ

抑制遺伝子の働きによる繭の色も，実際にはもう少し複雑である。

繭を着色させる色素は，カイコガが食べるクワの葉に含まれる色素(カロテノイド)に由来する。この色素が消化管から血液中に吸収され，さらに繭をつくる絹糸腺に取り込まれると黄色の繭になる。Y遺伝子は消化管から血液中に色素を吸収させる遺伝子で，I遺伝子は色素が絹糸腺に取り込まれるのを抑制する遺伝子である。

最強ポイント

抑制遺伝子…他の対立遺伝子の**働きを抑制**する働きのある遺伝子。
例 カイコガの繭の色の黄色遺伝子を抑制する遺伝子

第48講 いろいろな二遺伝子雑種② （同義・相加的・被覆・互助）

遺伝子の相互作用について，もう少し見てみましょう。少し複雑なので，きちんと理解しておいてください。

1 同義遺伝子

1 ナズナの果実の形には，右の図のような，うちわ形とやり形があり，この形には独立の関係にある$T_1(t_1)$，$T_2(t_2)$の2対の対立遺伝子が関与しています。

〔うちわ形〕　〔やり形〕
うちわ形が優性形質。

▲ 図48-1 ナズナの果実の形

2 T_1はうちわ形にする遺伝子，T_2もうちわ形にする遺伝子，t_1はやり形，t_2もやり形にする遺伝子です。すなわち，**T_1とT_2，t_1とt_2はそれぞれ同じ働きをする遺伝子**なのです。このように，同じ働きをする遺伝子を**同義遺伝子**といいます。

3 この場合は$T_1T_1T_2T_2$も$T_1T_1T_2t_2$も$T_1t_1T_2T_2$も$T_1t_1T_2t_2$も$T_1T_1t_2t_2$も$T_1t_1t_2t_2$も$t_1t_1T_2T_2$も$t_1t_1T_2t_2$もうちわ形になります。
やり形になるのは，$t_1t_1t_2t_2$だけです。

遺伝の練習 13　同義遺伝子による遺伝

ナズナの果実の形について，T_1はうちわ形に，t_1はやり形にする遺伝子，T_2はうちわ形に，t_2はやり形にする遺伝子である。遺伝子型が$T_1T_1T_2T_2$のうちわ形とやり形を交配して生じたF_1を自家受精してF_2をつくった。F_2の表現型と分離比を答えよ。ただし，$T_1(t_1)$と$T_2(t_2)$は独立の関係にある。

解説　やり形になるのは$t_1t_1t_2t_2$だけなので，$T_1T_1T_2T_2$と$t_1t_1t_2t_2$を交配します。生じるF_1は$T_1t_1T_2t_2$なので，$T_1t_1T_2t_2$を自家受精してF_1をつくります。

独立の関係なので，〔T_1T_2〕:〔T_1t_2〕:〔t_1T_2〕:〔t_1t_2〕= 9：3：3：1
このうち〔T_1T_2〕，〔T_1t_2〕，〔t_1T_2〕はいずれもうちわ形，〔t_1t_2〕のみやり形になるので，うちわ形：やり形 =（9 + 3 + 3）：1 = 15：1 となります。表をつくるより，このほうがスピードアップにつながります。

答 うちわ形：やり形 = 15：1

同義遺伝子…異なる対立遺伝子が**同じ働きをもつ**。
　例 ナズナの果実の形を決める遺伝子

2 相加的遺伝子

1 イネの種子には芒が有るものとないものがあり，独立の関係にある $L_1(l_1)$ と $L_2(l_2)$ の2対の遺伝子が関与しています。L_1 または L_2 が1つでもあれば芒有りになりますが，L_1 と L_2 が共存すると（$L_1L_1L_2L_2$，$L_1L_1L_2l_2$，$L_1l_1L_2L_2$，$L_1l_1L_2l_2$）長い芒，L_1 または L_2 のどちらかしかない場合（$L_1L_1l_2l_2$，$L_1l_1l_2l_2$，$l_1l_1L_2L_2$，$l_1l_1L_2l_2$）は短い芒となります。L_1 や L_2 がない場合（$l_1l_1l_2l_2$）は無芒となります。

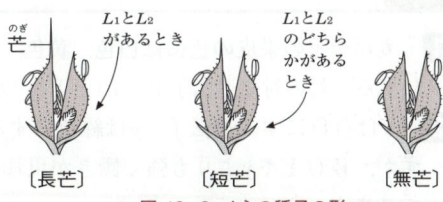

▲ 図 48-2 イネの種子の形
〔長芒〕　〔短芒〕　〔無芒〕
L_1 と L_2 があるとき　　L_1 と L_2 のどちらかがあるとき

2 芒が有るかないかだけを見れば，$l_1l_1l_2l_2$ 以外すべて芒有りとなるので，同義遺伝子と見ることもできます。さらに，L_1 と L_2 の両優性遺伝子が合わさるとその形質がより加算されるので，これを**相加的遺伝子**といいます。

> **遺伝の練習 14** 相加的遺伝子による遺伝
>
> イネの芒には，独立の関係にある2対の対立遺伝子 $L_1(l_1)$，$L_2(l_2)$ が関与し，L_1 または L_2 の一方があれば短芒，L_1 と L_2 が共存すると長芒，両優性遺伝子がない場合は無芒となる。遺伝子型が $L_1L_1L_2L_2$ で長芒の系統と遺伝子型が $l_1l_1l_2l_2$ で無芒の系統を交配すると，F_1 はすべて長芒となった。この F_1 を自家受精して生じる F_2 の表現型の分離比はどうなるか。長芒：短芒：無芒の比率で答えよ。

解説　$L_1L_1L_2L_2$ と $l_1l_1l_2l_2$ を交配すると，F_1 は $L_1l_1L_2l_2$ となる。この F_1 を自家受精すると，独立の関係なので，

$$[L_1L_2]:[L_1l_2]:[l_1L_2]:[l_1l_2] = 9:3:3:1$$

このなかで $[L_1L_2]$ は長芒，$[L_1l_2]$ と $[l_1L_2]$ は短芒，$[l_1l_2]$ は無芒となるので，長芒：短芒：無芒 = 9：(3 + 3)：1 = 9：6：1　となります。

答　長芒：短芒：無芒 = 9：6：1

> **最強ポイント**
> **相加的遺伝子**…2種類の対立遺伝子が共存すると形質が加算される。
> 例　イネの芒をつくる遺伝子

3　被覆遺伝子

1　カボチャの果皮の色には白色，黄色，緑色があり，これらには独立の関係にある2対の対立遺伝子 $W(w)$ と $Y(y)$ が関与します。

2　Y は黄色にする遺伝子，y は緑色にする遺伝子，W は白色にする遺伝子ですが，W は Y や y よりも強く働きが現れるので，W が1つでもあると白色になります。

3　すなわち，$WWYY$，$WWYy$，$WwYY$，$WwYy$，$WWyy$，$Wwyy$ は，すべて W の働きにより白色になります。$wwYY$ と $wwYy$ は Y の働きにより黄色，$wwyy$ のみが緑色になります。

このように，**ある優性遺伝子が別の対立遺伝子よりも働きが強く表れる場合，これを被覆遺伝子**といいます。

> **遺伝の練習15**　**被覆遺伝子による遺伝**
>
> カボチャの果皮には，独立の関係にある2対の対立遺伝子 $W(w)$ と $Y(y)$ が関与する。白色にする遺伝子 W は，黄色にする遺伝子 Y や緑色にする遺伝子 y よりも働きが強い。遺伝子型が $WWYY$ で白色の個体と遺伝子型が $wwyy$ で緑色の個体を交配し，生じた F_1 を自家受精した。生じる F_2 の表現型とその分離比を答えよ。

解説　$WWYY$ と $wwyy$ の交配で生じた F_1 は $WwYy$ です。これを自家受精すると，独立の関係なので，

〔WY〕：〔Wy〕：〔wY〕：〔wy〕= 9 : 3 : 3 : 1

このなかで〔WY〕と〔Wy〕は白色，〔wY〕は黄色，〔wy〕は緑色となるので，

白色：黄色：緑色 = (9 + 3) : 3 : 1 = 12 : 3 : 1　となります。

答 白色：黄色：緑色 = 12 : 3 : 1

> **最強ポイント**
>
> **被覆遺伝子**…ある優性遺伝子が，他の対立遺伝子よりも強く働きを現す。例 カボチャの果皮の白色遺伝子

4 互助遺伝子

1 ニワトリのとさかの形には，クルミ冠，マメ冠，バラ冠，単冠の4種類があり，独立の関係にある2対の対立遺伝子 $P(p)$ と $R(r)$ が関与します。

〔クルミ冠〕　〔マメ冠〕　〔バラ冠〕　〔単冠〕

▲ 図48-3 ニワトリのとさかの形

2 P はマメ冠，R はバラ冠の遺伝子ですが，P と R が共存すると（$PPRR$，$PPRr$，$PpRR$，$PpRr$）クルミ冠になります。$pprr$ は単冠となります。

3 このように，それぞれの対立遺伝子は単独でそれぞれの形質を発現しますが，両優性遺伝子が共存すると別の形質が発現する場合，これを**互助遺伝子**といいます。

> **遺伝の練習 16** 　**互助遺伝子による遺伝**
>
> P はニワトリのとさかをマメ冠に，R はバラ冠にする遺伝子であるが，P と R が共存するとクルミ冠になる。両優性遺伝子がない場合は単冠になる。マメ冠の系統とバラ冠の系統を交配して生じた F_1 どうしを交配してつくった F_2 の表現型とその分離比を答えよ。

解説 マメ冠の系統の遺伝子型は $PPrr$，バラ冠の系統の遺伝子型は $ppRR$ なので，F_1 の遺伝子型は $PpRr$ となります。この F_1 どうしを交配すると，独立の関係なので，$[PR]:[Pr]:[pR]:[pr] = 9:3:3:1$ このなかで $[PR]$ はクルミ冠，$[Pr]$ はマメ冠，$[pR]$ はバラ冠，$[pr]$ は単冠となるので，クルミ冠：マメ冠：バラ冠：単冠 $= 9:3:3:1$ となります。

答 クルミ冠：マメ冠：バラ冠：単冠 $= 9:3:3:1$

> **最強ポイント**
>
> **互助遺伝子**…2対の対立遺伝子がそれぞれ別々の形質を発現し，両優性遺伝子が**共存すると別の形質**が発現する。
> 例 ニワトリのとさかの形を決める遺伝子

+α パワーアップ 自家不和合性

被子植物が，自らと同じ遺伝子型をもつ花粉が受粉しても花粉が発芽しなかったり，発芽しても花粉管が伸長せず，結果として種子が形成されないという現象があり，これを**自家不和合性**という。自家受精を防ぎ，遺伝的多様性を増す意義があると考えられている。

自家不和合性に関する遺伝子座を S とすると，S には多くの複対立遺伝子があり，S_1, S_2, S_3…と示される。自家不和合性には**配偶体型**と**胞子体型**がある。配偶体型とは被子植物においての配偶体，すなわち花粉の段階で遺伝子が発現し，めしべと共通の遺伝子をもつ花粉の花粉管が伸長せず受精に関与しなくなるものである。一方胞子体型とは，被子植物における胞子体すなわち，減数分裂する前のおしべの段階で遺伝子が発現し，めしべと共通の遺伝子をもつおしべに生じた花粉の花粉管が伸長せず受精に関与しなくなるものである。たとえば S_1S_2 のおしべから生じた花粉が S_1S_3 のめしべに受粉した場合，配偶体型では S_1S_2 から生じた花粉のうちでめしべと共通の遺伝子をもった S_1 の花粉のみ花粉管が伸長しないが，胞子体型では，S_1S_2 は S_1S_3 のめしべと共通の遺伝子(S_1)をもっているため，このおしべから生じた花粉は S_1 でも S_2 でも花粉管が伸長せず受精に関与しなくなる。

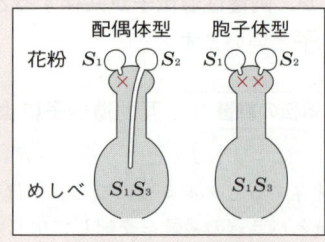

▲ 図48-4 自家不和合性

第49講 連鎖

ここからは，同一染色体上に遺伝子がある場合の遺伝について見ていきましょう。

1 ベーツソン，パネットの実験(1905年)

1 **ベーツソン**と**パネット**は，スイートピーの紫花で長花粉の純系と赤花で丸花粉の純系を交配しました。すると，F_1 はすべて紫花・長花粉となりました。つまり，紫花が赤花に対して優性，長花粉が丸花粉に対して優性です。紫花の遺伝子を B，赤花の遺伝子を b，長花粉の遺伝子を L，丸花粉の遺伝子を l とおくことにします。

2 最初の交配に用いた紫花・長花粉の純系は $BBLL$，赤花・丸花粉の純系は $bbll$ で，F_1 は $BbLl$ となります。この F_1 を自家受精すると，**F_2 では紫花・長花粉：紫花・丸花粉：赤花・長花粉：赤花・丸花粉が $9:3:3:1$ とはならず**，おおよそ $226:17:17:64$ となりました。メンデルの独立の法則に従えば，$9:3:3:1$ という比率になるはずなので，この場合は**独立の法則に従っていない**ことになります。

3 独立の法則が成り立つのは，注目している対立遺伝子が別々の染色体上にある場合だけなので，この場合の B (b) と L (l) の遺伝子は，別々の染色体上にあるのではなく，同一染色体上にあったことになります。

4 独立の法則に従い，互いに独立して娘細胞に分配されるのであれば，$BbLl$ から生じる配偶子は $BL:Bl:bL:bl=1:1:1:1$ となるはずですが，この場合は B と L (b と l) が同一染色体上にあり，その結果 BL や bl という配偶子が Bl や bL よりもたくさん生じたのです。

5 このように，**同一染色体上に存在する遺伝子は互いに一緒に行動します**。このような現象を**連鎖**といいます。

6 先ほどのF₂の比率は，$BbLl$から生じる配偶子が$BL:Bl:bL:bl = 8:1:1:8$であったと考えるとつじつまがあいます。

	8BL	Bl	bL	8bl
8BL	64◎	8◎	8◎	64◎
Bl	8◎	1○	1◎	8○
bL	8◎	1○	1△	8△
8bl	64◎	8○	8△	64▼

◎は紫花・長花粉
○は紫花・丸花粉
△は赤花・長花粉
▼は赤花・丸花粉

∴ 紫花・長花粉：紫花・丸花粉：赤花・長花粉：赤花・丸花粉 = 226：17：17：64

最強ポイント

連鎖…同一染色体上にある遺伝子が一緒に行動する現象。
⇨連鎖している遺伝子は，メンデルの独立の法則に**従わない**。

---

2 連鎖している場合の配偶子

1 AとB（aとb）が同一染色体上にあり，連鎖している場合，どのような配偶子が生じるかを考えてみましょう。

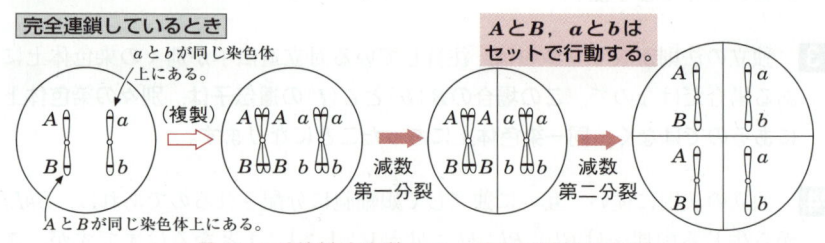

▲ 図49-1 連鎖（完全連鎖）している場合の配偶子の生じ方

2 図49-1のように，AとB（aとb）が同一染色体上にあると，ABとabの2種類の配偶子しか生じないはずです。ところが，減数分裂第一分裂前期で相同染色体どうしが対合したときに，2本の染色分体の間で部分的に入れ替わることがあります。このような現象を**乗換え**といいます。

乗換えが起こると，一部の遺伝子が入れ替わります。これを**組換え**といいます。この場合は，組換えの結果，*Ab*や*aB*という配偶子が少数生じます。

組換えが起こるとき

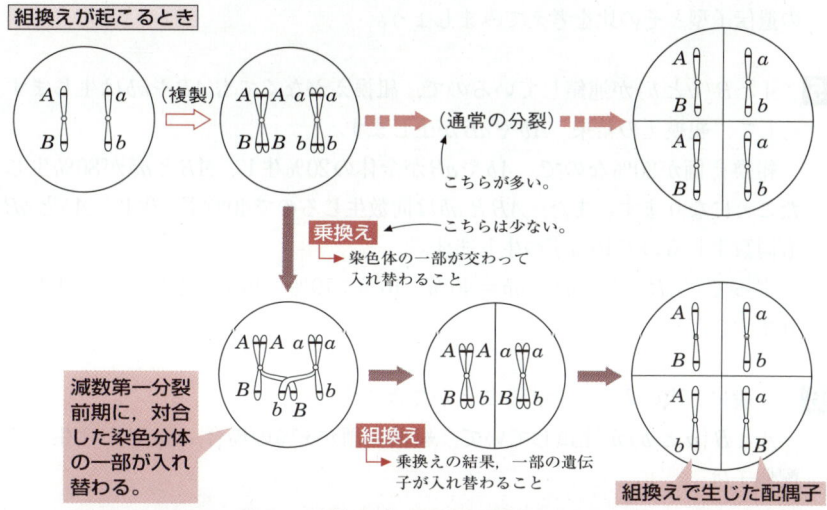

▲ 図49-2 組換えが起こる場合の配偶子の生じ方

3 組換えの結果生じた配偶子の割合を**組換え価**といい，次の式で求めることができます。

$$組換え価〔\%〕= \frac{組換えの結果生じた配偶子の数}{全配偶子の数} \times 100$$

遺伝の練習 17 | **組換え価の計算**

*AaBb*から生じた配偶子が*AB*：*Ab*：*aB*：*ab*＝9：1：1：9であった場合，組換え価を求めよ。

解説 **多く生じた配偶子は，もともと連鎖していたから生じたものです。**この場合，*A*と*B*（*a*と*b*）が連鎖していたことになります。組換えがなければ，*Ab*や*aB*は生じません。つまり，**組換えの結果生じたのが少数派の*Ab*や*aB*です**。よって，組換え価は次の式で求められます。

$$\frac{1+1}{9+1+1+9} \times 100 = 10〔\%〕$$

答 10%

4 逆に，組換え価から配偶子の比率を求めることができます。

A と B（a と b）が連鎖し，組換え価が20%の場合，$AaBb$ から生じる配偶子の遺伝子型とその比を考えてみましょう。

5 A と B（a と b）が連鎖しているので，組換えがなくても AB や ab は生じます。そして，組換えの結果，Ab や aB が生じます。

組換え価が20%なので，Ab や aB が全体の20%生じ，AB と ab が80%生じたことになります。また，AB と ab は同数生じるので40%ずつ生じ，Ab と aB も同数生じるので10%ずつ生じます。

よって，$AB : Ab : aB : ab = 40\% : 10\% : 10\% : 40\% = 4 : 1 : 1 : 4$ となります。

6 一般に，次のように考えることができます。

A と B（a と b）が連鎖していて，組換え価が x %の場合，$AaBb$ から生じる配偶子は，

$$AB : Ab : aB : ab = \frac{100-x}{2} : \frac{x}{2} : \frac{x}{2} : \frac{100-x}{2}$$

遺伝の練習18 組換え価からの配偶子の比率の求め方 ①

A と B（a と b）が連鎖しており，組換え価が30%の場合，$AaBb$ から生じる配偶子の遺伝子型とその比を求めよ。

解説 組換えの結果生じる Ab と aB の合計が30%なので，Ab は15%，aB も15%です。組換えがなくても生じる AB と ab の合計が70%なので，AB は35%，ab も35%生じます。

よって，$AB : Ab : aB : ab = 35\% : 15\% : 15\% : 35\% = 7 : 3 : 3 : 7$

答 $AB : Ab : aB : ab = 7 : 3 : 3 : 7$

---

7 また，組換えが生じない場合，すなわち，**組換え価が 0 %の場合を完全連鎖**（組換えが生じる場合を**不完全連鎖**）といいます。

8 では，A と b（a と B）が連鎖している場合はどうでしょう。今度は，組換えがなくても Ab や aB がたくさん生じ，組換えの結果生じる AB や ab が少数生じることになります。

第49講 連鎖

遺伝の練習 19 組換え価からの配偶子の比率の求め方 ②

A と b（a と B）が連鎖していて，組換え価が次の(1)，(2)の場合に，$AaBb$ から生じる配偶子の遺伝子型とその比を求めよ。
(1) 組換え価が10％の場合
(2) 組換え価が0％の場合

解説 (1) 組換えの結果生じる AB と ab の合計が10％，組換えが起こらなくても生じる Ab と aB の合計が90％になります。よって，

$$AB : Ab : aB : ab = \frac{10}{2} : \frac{100-10}{2} : \frac{100-10}{2} : \frac{10}{2} = 1 : 9 : 9 : 1$$

(2) **組換え価が0％＝完全連鎖**の場合は，組換えの結果生じるはずの AB と ab が生じないので，Ab と aB の2種類が同じ割合で生じます。あえて式にすると，次のようになります。

$$AB : Ab : aB : ab = \frac{0}{2} : \frac{100-0}{2} : \frac{100-0}{2} : \frac{0}{2} = 0 : 1 : 1 : 0$$

答 (1) $AB : Ab : aB : ab = 1 : 9 : 9 : 1$
(2) $Ab : aB = 1 : 1$

最強ポイント

【$AaBb$ から生じる配偶子のまとめ】
① A と B（a と b）が連鎖している場合
　$AB : Ab : aB : ab = m : n : n : m$　（$m > n$, $m \neq n$）※完全連鎖の場合は $n = 0$
② A と b（a と B）が連鎖している場合
　$AB : Ab : aB : ab = m : n : n : m$　（$m < n$, $m \neq n$）※完全連鎖の場合は $m = 0$
③ A（a）と B（b）が独立の関係になる場合
　$AB : Ab : aB : ab = 1 : 1 : 1 : 1$

第50講 染色体地図

「遺伝子がどこにどのように存在するのか」について，どのような研究がなされたのでしょうか。

1 染色体説

1 メンデルが仮定した遺伝要素(遺伝子)は，通常は対になっていて，分離の法則に従って娘細胞に分配され，受精によって再び対になります。染色体も対になった相同染色体があり，減数分裂によって娘細胞に分配され，受精によって対に戻ります。このように，**遺伝子のふるまいと染色体のふるまいが一致すること**から，**サットン**は，1903年，「**遺伝子は染色体に存在する**」という**染色体説**を提唱しました。

2 さらに，サットンは，生物がもつ遺伝形質は染色体数よりもずっと多いことから，**1本の染色体には複数の遺伝子が存在する**と予想しました。

3 このように，遺伝子が染色体にあると考えると，連鎖や独立の関係をうまく説明できること，伴性遺伝を性染色体で説明できる(⇨第51講参照)こと，さらに，唾腺染色体の横縞と染色体地図がうまく対応すること(⇨p.310)，などにより，染色体説は確かなものとなっていきました。

4 同一染色体にあって互いに連鎖している遺伝子群を**連鎖群**といいます。たとえば，下の図50-1のようになっている場合，「眼の色の遺伝子と毛の長さの遺伝子と肢の長さの遺伝子は同じ連鎖群に属する」，「毛の色の遺伝子と翅の長さの遺伝子は同じ連鎖群に属する」，「体色の遺伝子と触角の長さの遺伝子は同じ連鎖群に属する」といいます。

したがって，この図の場合は，**連鎖群の数は3つ**ということになります。

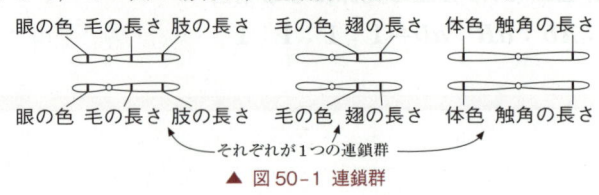

▲ 図50-1 連鎖群

5 一般に，**連鎖群の数は染色体の種類の数**，すなわちnの数に等しくなります。たとえば，エンドウは$2n=14$なので連鎖群は7つ，キイロショウジョウバエは$2n=8$なので連鎖群は4つとなります。

> **最強ポイント**
> ① **染色体説**…**サットン**が提唱。遺伝子は**染色体**にあるという説。
> ② **連鎖群**…連鎖している遺伝子群。連鎖群の数はnの数。

2 染色体地図

1 **モーガン**は，キイロショウジョウバエを用いて，連鎖と組換えの現象を研究しました。研究を進めるなかで，**遺伝子間の距離が大きければ，その間で組換えが起こる確率も高くなる**と考え，組換え価をもとに，各遺伝子の配列順序や相対的な距離を1本の線上に表そうと考えました。

2 たとえば，遺伝子$a-b$間の組換え価が10％，$b-c$間の組換え価が2％，$a-c$間の組換え価が8％だとすると，最も離れているのはaとbで，最も近接しているのはbとcなので，次のように表すことができます。このような図を**染色体地図**といいます。

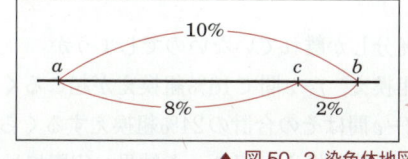

▲ 図50-2 染色体地図

$a-b$間の組換え価が最も大きいので，最も離れている。

3 染色体地図を作成するために，同一連鎖群に属する3種類の遺伝子を対象にして各遺伝子間の組換え価を求め，遺伝子の相対的な位置関係を調べる方法を**三点交雑**といいます。

4 上の例では，$b-c$間が2％，$a-c$間が8％で，ちょうど$a-b$間がその合計の10％になっていましたが，実際には次のような場合もあります。

$d-e$ 間が22％，$d-f$ 間が8％，$f-e$ 間が16％

この場合も，もちろん最も離れているのは $d-e$ 間で，最も近接しているのは $d-f$ 間なので，染色体地図は次のようになります。

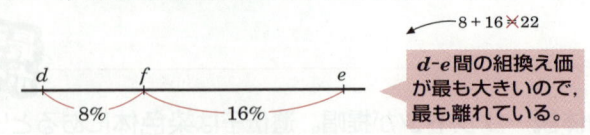

```
        d          f                    e
        |----------|--------------------|
             8%            16%
```
← 8 + 16 ≠ 22

$d-e$ 間の組換え価が最も大きいので，最も離れている。

5 $d-f$ 間の組換え価と $f-e$ 間の組換え価の合計よりも $d-e$ 間の組換え価の値が小さくなるのは，次のような現象が起こっているからです。

つまり，$d-f$ 間で染色体が乗換え，さらに $f-e$ 間でも乗換えが起こっているのです。このような現象を**二重乗換え**といいます。

2か所で乗換えが起こっている。

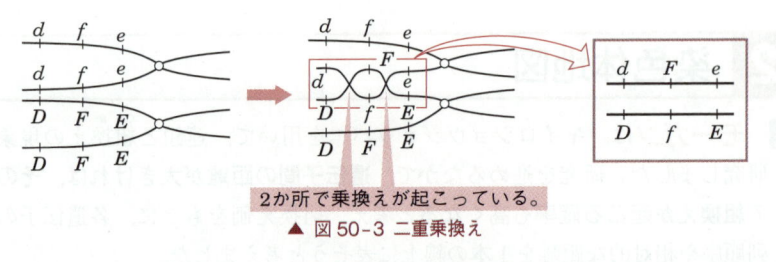

▲ 図 50-3 二重乗換え

上の図50-3のように，$d-f$ 間で染色体が乗換え，さらに $f-e$ 間でも乗換えが起こると，$d-e$ 間では組換えは起こっていないことになります。つまり，$d-f$ 間では組換え，$f-e$ 間でも組換えしているのに，$d-e$ 間では組換えしていないのです。そのために，$d-f$ 間の組換え価と $f-e$ 間の組換え価の合計よりも $d-e$ 間の組換え価の値が小さくなってしまうのです。

6 では，$d-e$ 間の距離は22％分しか離れていないのでしょうか。

違います。$d-f$ 間で8％組換え，$f-e$ 間で16％組換えが起こるくらい距離が離れているので，本当は $d-e$ 間はその合計の24％組換えするくらいの距離があるはずなのです。ただ，二重乗換えが起こった結果，実際には22％だけしか組換えしなかったのです。したがって，距離としては24％分離れていると考えます。

7 すなわち，**遺伝子間の距離は，結果的に遺伝子が組換えしなくても，その遺伝子と遺伝子の間でどれだけ乗換えが起こるか**，に比例しているといえます。ただ，途中で乗換えがどれだけ起こっているのかは調べられないので，

結果的に組換え価をもとに距離を求めるわけです。そして，先ほどの例のように，$d-e$ 間の組換え価は22％だったけど，他の遺伝子の組換え価から，距離は24％分離れていると修正していくのです。

8 1926年，モーガンはこのような方法を用いて，キイロショウジョウバエの各染色体における遺伝子の位置を調べ，その配列順序を示した染色体地図を作成しました。これにより，モーガンは，**遺伝子は染色体上に一定の順序で配列している**という考えを提唱しました。

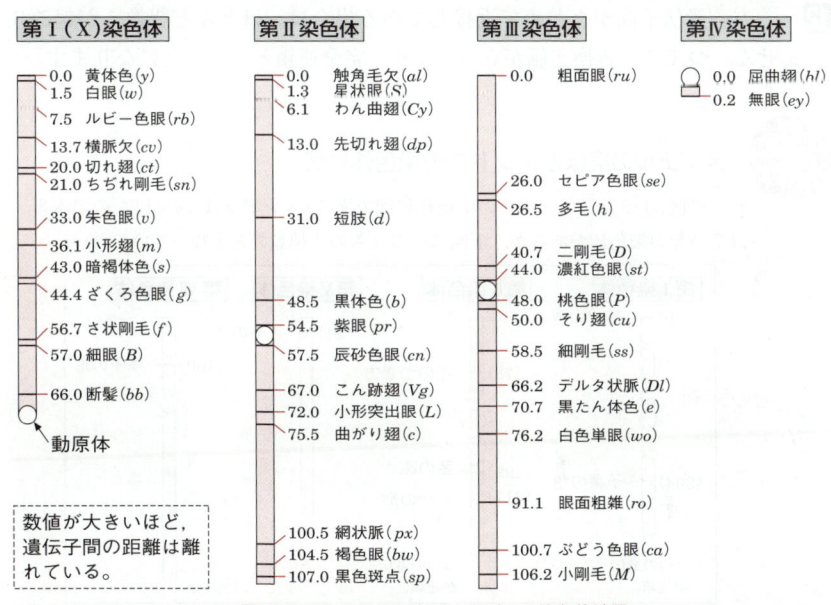

> このような考え方を「遺伝子説」とすることもある。

第Ⅰ（X）染色体
- 0.0 黄体色(y)
- 1.5 白眼(w)
- 7.5 ルビー色眼(rb)
- 13.7 横脈欠(cv)
- 20.0 切れ翅(ct)
- 21.0 ちぢれ剛毛(sn)
- 33.0 朱色眼(v)
- 36.1 小形翅(m)
- 43.0 暗褐体色(s)
- 44.4 ざくろ色眼(g)
- 56.7 さ状剛毛(f)
- 57.0 細眼(B)
- 66.0 断髪(bb)
- 動原体

第Ⅱ染色体
- 0.0 触角毛欠(al)
- 1.3 星状眼(S)
- 6.1 わん曲翅(Cy)
- 13.0 先切れ翅(dp)
- 31.0 短肢(d)
- 48.5 黒体色(b)
- 54.5 紫眼(pr)
- 57.5 辰砂色眼(cn)
- 67.0 こん跡翅(Vg)
- 72.0 小形突出眼(L)
- 75.5 曲がり翅(c)
- 100.5 網状脈(px)
- 104.5 褐眼(bw)
- 107.0 黒色斑点(sp)

第Ⅲ染色体
- 0.0 粗面眼(ru)
- 26.0 セピア色眼(se)
- 26.5 多毛(h)
- 40.7 二剛毛(D)
- 44.0 濃紅色眼(st)
- 48.0 桃色眼(P)
- 50.0 そり翅(cu)
- 58.5 細剛毛(ss)
- 66.2 デルタ状脈(Dl)
- 70.7 黒たん体色(e)
- 76.2 白色単眼(wo)
- 91.3 眼面粗雑(ro)
- 100.7 ぶどう色眼(ca)
- 106.2 小剛毛(M)

第Ⅳ染色体
- 0.0 屈曲翅(hl)
- 0.2 無眼(ey)

> 数値が大きいほど，遺伝子間の距離は離れている。

▲ 図50-4 キイロショウジョウバエの染色体地図

9 染色体地図に示した数値は，組換えが1％起こる距離を1.0としたもので，**モーガン単位**といい，染色体の一番端からの相対的な距離を示してあります。実際の組換え価は50％を超えることはありませんが，先ほど説明したように，乗換えが2回以上起こる場合があるので，各遺伝子間の組換え価を合計して修正した結果，モーガン単位は50.0以上の数値にもなります。

10 比較的近い2つの遺伝子の間の距離は組換え価をほぼ正しく表します。たとえば，図50-4の第Ⅰ染色体にある白眼(w)とルビー色眼(rb)の遺伝子間の距離は，7.5－1.5＝6 で，組換え価は約6％と考えることができます。

11 しかし，離れている２つの遺伝子間の場合は違います。たとえば，図50-4の第Ⅱ染色体にある星状眼(S)の遺伝子と網状脈(px)の遺伝子間の距離は，100.5－1.3＝99.2ですが，組換え価が99.2％なんてことはありません！　組換え価は50％を超えることはありません。

このくらい距離が離れていると，同一染色体上にあっても組換え価は限りなく50％に近くなってしまい，独立の場合と区別するのが困難になります。したがって，このような場合は，組換えが起こっているのかどうか，他の遺伝子との関係から判断することになります。

12 一方，遺伝子間がきわめて近接している場合は，ほとんど組換えが起こりません。つまり，組換え価が０％となり，完全連鎖ということになります。

＋αパワーアップ　メンデルの実験とエンドウの染色体地図

下の図50-5は，エンドウの染色体地図である(エンドウは $2n＝14$ なので本当は７種類の染色体があるが，下図はそのうちの４種類のみを描いている)。

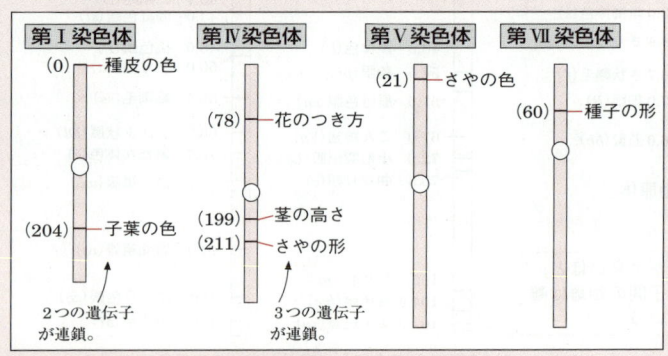

第Ⅰ染色体
(0) 種皮の色
(204) 子葉の色
２つの遺伝子が連鎖。

第Ⅳ染色体
(78) 花のつき方
(199) 茎の高さ
(211) さやの形
３つの遺伝子が連鎖。

第Ⅴ染色体
(21) さやの色

第Ⅶ染色体
(60) 種子の形

▲ 図50-5　エンドウの染色体地図

何か意外な感じがしないだろうか。メンデルが調べた７種類の形質に関する遺伝子はすべて独立の法則が成り立っている，すなわち，別々の染色体上にあるはずなのに，種皮の色と子葉の色の遺伝子，花のつき方と茎の高さ・さやの形の遺伝子は，それぞれ明らかに連鎖している。種皮の色と子葉の色の遺伝子は同一染色体上にあっても非常に離れているため，組換え価も大きく配偶子が１：１：１：１に近い値になったのかもしれない。一方，茎の高さの遺伝子とさやの形の遺伝子はかなり近接しているので，独立の場合とはかなり違った数値になったはずである。しかし，メンデルは，すべての形質に関して独立の法則が成り立ったと報告している。さて，これは単なる実験誤差？　それとも捏造？

第50講 染色体地図

> **最強ポイント**
> ① 染色体地図…遺伝子の配列順序と相対的な位置関係を1本の線上に図示したもの。⇨**モーガン**が，キイロショウジョバエを材料に，**三点交雑**を行って作成した。
> ② 組換え価が大きい⇨遺伝子間の距離が大きい。
> ③ 二重乗換えが起こると，乗換えの割合よりも組換え価の値が小さくなる。

3 唾腺染色体（唾液腺染色体）

1 双翅目の昆虫（ハエやカの仲間）の幼虫の唾腺の細胞には，ふつうの染色体の100～150倍という大きさの巨大染色体があり，これを**唾腺染色体**といいます。

> 昆虫は4枚翅をもつが，後翅が退化して前翅の2枚しかもたない仲間を「双翅目」という。

> 1933年に，アメリカのペインターがユスリカの幼虫で発見した。

2 唾腺染色体はDNAの複製が繰り返し起こっても染色体が分離しないために生じたもので，間期でも観察されるという特徴があります。また，相同染色体どうしが対合しているので，キイロショウジョバエは$2n=8$ですが，唾腺染色体は4本にしか見えません。

> そのため，「多糸染色体」とも呼ばれる。

唾腺染色体のでき方

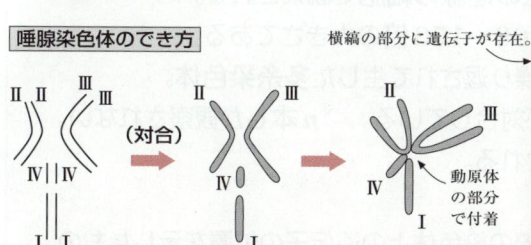

相同染色体どうしが対合しているので，4本しかないように見える（実際は$2n=8$）。

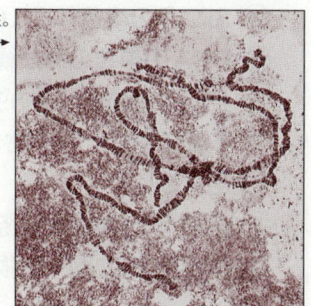

▲ 図50-6 キイロショウジョウバエの唾腺染色体のでき方

3 唾腺染色体には，**酢酸カーミン**や**酢酸オルセイン**によく染まる横縞が多数見られ，この**横縞の部分が遺伝子の存在する場所**と考えられています。

4 唾腺染色体の横縞をもとに，実際の染色体での遺伝子の位置を示した染色体地図を**細胞学的地図**といいます。これは，唾腺染色体の横縞が欠損した突然変異体の研究から調べられたものです。

> 唾腺染色体を発見したペインターが作成した。

それに対して，組換え価をもとに作成した染色体地図を**遺伝学的地図**，**遺伝地図**あるいは**連鎖地図**といいます。

5 細胞学的地図と遺伝学的地図を対応させてみると，次のようになります。

キイロショウジョウバエの染色体地図

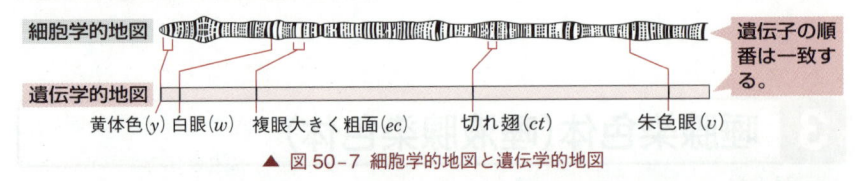

細胞学的地図

遺伝学的地図

黄体色(y) 白眼(w)　複眼大きく粗面(ec)　切れ翅(ct)　朱色眼(v)

> 遺伝子の順番は一致する。

▲ 図50-7 細胞学的地図と遺伝学的地図

このように，細胞学的地図と遺伝学的地図の**遺伝子の順序は一致しますが，距離は必ずしも一致しません**。これは，染色体の場所によって，遺伝子の組換えが起こりやすい場所と起こりにくい場所があるからだと考えられています。上の図50-7の例では，黄体色(y)と白眼(w)の遺伝子間では，実際の距離よりも組換えが起こりにくいことを示しています。

最強ポイント

【唾腺染色体】
① 双翅目の昆虫の**幼虫の唾腺の細胞**で観察される。
② ふつうの染色体の**100～150倍**の大きさである。
③ DNAの複製のみが繰り返されて生じた**多糸染色体**。
④ 相同染色体どうしが対合している。⇨ n 本しか観察されない。
⑤ 多数の横縞が観察される。

【染色体地図】
① **細胞学的地図**…実際の染色体上の遺伝子の位置を示したもの。
② **遺伝学的地図**…組換え価をもとに作成したもの。

第51講 性決定様式と伴性遺伝

雄になるか雌になるかはどのように決まるのでしょう。性に伴う遺伝の特徴と見抜き方をマスターしましょう。

1 性染色体と常染色体

1 雄と雌とで，組み合わせの異なる染色体をもっている場合があります。そのような染色体を**性染色体**，これ以外の染色体を**常染色体**といいます。

2 図51-1は，キイロショウジョウバエの染色体です。A(A′)〜C(C′)の染色体は雌雄に関係なく対になっていますが，D(D′)とEは雄と雌とで組み合わせが異なります。このD(D′)とEが性染色体，A(A′)〜C(C′)が常染色体です。

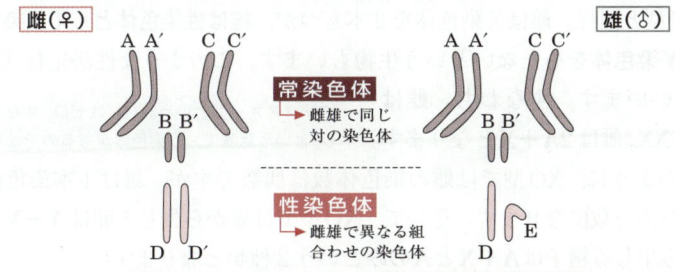

▲ 図51-1 キイロショウジョウバエの常染色体と性染色体

3 図51-1の性染色体のうち，D(D′)は**雌雄に共通**しています。この性染色体を**X染色体**といいます。雌はX染色体を2本もちます。一方，Eは**雄にしかない性染色体**で**Y染色体**といいます。雄はX染色体とY染色体をもちます。

4 このように，**性染色体が対になっているほうが雌**で，**性染色体がそろっていないほうが雄**になるような性決定様式を**XY型**といいます。

5 常染色体の1組をAとすると(たとえば，キイロショウジョウバエでは3本の常染色体をAとします)，雌の染色体構成は**2A＋XX**，雄の染色体構成は**2A＋XY**と表すことができます。雌から生じる卵の染色体構成は**A＋X**，雄から生じる精子の染色体構成は**A＋X**と**A＋Y**の2種類です。

A＋Xの卵とA＋Xの精子が受精すれば2A＋XXとなり雌が，A＋Xの卵とA＋Yの精子が受精すれば2A＋XYとなり雄が生じることになります。

6　キイロショウジョウバエと同じくXY型の性決定を行う生物に，**ヒトやネズミなど大部分の哺乳類**，**メダカ**などがあります。次の図51-2は，ヒトの染色体を模式的に示したものです。ヒトは，22対(44本)の常染色体と，XYあるいはXXという性染色体をもちます。

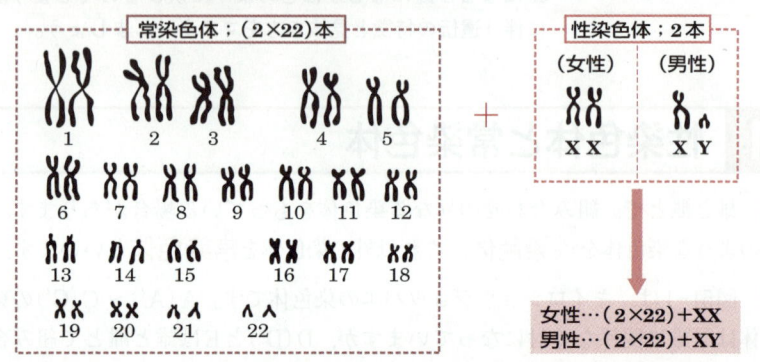

▲ 図51-2 ヒトの染色体

7　XY型と同様，雌はX染色体を2本もつが，**雄は性染色体としてX染色体のみでY染色体をもたない**という生物もいます。このような性決定様式を**XO型**（エックスオー）といいます。すなわち，雌は**2A＋XX**，雄は**2A＋X**となります。

> エックスオー型という。「O」はゼロ，すなわち「なし」という意味で，O染色体があるのではない。

　このように，XO型では雌の染色体数は偶数ですが，雄は1本染色体が少ないため奇数になります。そして，XO型では雌から生じる卵は**A＋X**ですが，雄から生じる精子は**A＋X**と**A**のみという2種類となります。

　ヘリカメムシ，バッタなどは**XO型**です。

8　XY型もXO型も，**性染色体がそろっていないほうが雄になる**という点では共通しており，これらを**雄ヘテロ型**といいます。

9　逆に，**性染色体がそろっていないほうが雌になる場合は雌ヘテロ型**といいます。雌ヘテロ型の場合は，雌雄に共通する性染色体を**Z染色体**，雌だけがもつ性染色体を**W染色体**といいます。

10　雌の性染色体がZWで，雄はZZの場合の性決定様式は**ZW型**といいます。**ニワトリなどの鳥類，カイコガ**はZW型です。

11　雌の性染色体がZ染色体のみで，雄はZZの場合の性決定様式は**ZO型**（ゼットオー）です。**ミノガ**などはZO型です。この場合は雌の染色体数が奇数になります。

※性決定様式をまとめると，次のポイントのようになります。

最強ポイント

性決定様式		体細胞の染色体構成	生殖細胞	代 表 例
雄ヘテロ型	XY型	2A+XX（♀）	A+X	ショウジョウバエ ヒト メダカ
		2A+XY（♂）	A+X A+Y	
	XO型	2A+XX（♀）	A+X	バッタ ヘリカメムシ
		2A+X（♂）	A+X A	
雌ヘテロ型	ZW型	2A+ZW（♀）	A+Z A+W	カイコガ ニワトリ
		2A+ZZ（♂）	A+Z	
	ZO型	2A+Z（♀）	A+Z A	ミノガ
		2A+ZZ（♂）	A+Z	

第4章 遺伝

+α パワーアップ ヒトの雌雄を決める遺伝子 *SRY*

ヒトではXYが雄，XXが雌になるが，XXY（**クラインフェルター症**）だとか，Xを1本しかもたない（**ターナー症**）といった染色体異常がある。この場合，性決定はどうなるのだろうか。

XXYは雄に，X1本の場合は雌になる。すなわち，ヒトではY染色体があれば雄に，Y染色体がない場合は雌になるのである。これは，Y染色体上に精巣を分化させる働きのある ***SRY***（Sex-determining Region of Y chromosome）と名づけられた（1990年）遺伝子があるからである。Y染色体があると *SRY* 遺伝子の働きで生殖腺原基が精巣に分化し雄となるが，Y染色体がなければ生殖腺原基は自動的に卵巣に分化し，雌となる。

+α パワーアップ キイロショウジョウバエの雌雄の決まり方

ヒトもキイロショウジョウバエも同じXY型の性決定である。ヒトではY染色体さえあれば雄になるが，キイロショウジョウバエでは少し異なる。

キイロショウジョウバエでは，**常染色体の組の数とX染色体の数の比率**が関係

する。正常な場合，常染色体が2組でX染色体が2本，すなわち，常染色体の組数：X染色体数＝1：1で雌になる。常染色体が3組あってX染色体が3本ある場合も常染色体の組数：X染色体数＝1：1なので，雌になる。これに対して，常染色体が2組でX染色体が1本，すなわち，常染色体の組数：X染色体数＝2：1で雄になる。常染色体が4組でX染色体が2本あっても常染色体の組数：X染色体数＝2：1なので雄になる。

このように，キイロショウジョウバエでは，Y染色体の有無は関与しない。

＋α パワーアップ　孵卵時の温度で性が決定する生物

すべての生物が性染色体によって性を決定させているわけではない。たとえば，ワニやカメでは，**孵卵するときの温度**によって性が決定する。ミシシッピーワニでは，温度が高いと雄，低いと雌が生じる。一方，アカウミガメでは温度が高いと雌，低いと雄になる。また，カミツキガメでは温度が高くても低くても雌，中間の温度(約26℃前後)で雄が生じる。

2　伴性遺伝

1　雌雄に共通する性染色体(雄ヘテロ型であればX染色体，雌ヘテロ型であればZ染色体)上にある遺伝子による遺伝を**伴性遺伝**といいます。

2　ヒトの赤緑色覚異常の遺伝子(a)は正常遺伝子(A)に対して劣性で，X染色体上に存在します。いま，X染色体上にあるA遺伝子をX^A，a遺伝子をX^aと表すことにすると，女性ではX^AX^A，X^AX^a，X^aX^aの3通りがあり，X^AX^AとX^AX^aは，いずれも表現型は正常になります。また，X^aX^aの表現型は赤緑色覚異常となります。

3　$A(a)$はY染色体上には存在しないので，男性ではX^AYとX^aYの2通りです。X^AYは正常，X^aYは赤緑色覚異常となります。

| 遺伝の練習20 | 伴性遺伝(ヒトの赤緑色覚異常の遺伝) |

赤緑色覚異常の女性と正常な男性からうまれた女性と正常な男性からうまれる男の子が赤緑色覚異常になる確率は何％か。

解説　赤緑色覚異常の女性はX^aX^a，正常男性はX^AYです。したがって，

第51講　性決定様式と伴性遺伝

この両親からうまれた女性はX^AX^aです。この女性と正常男性(X^AY)から生じる子は，右のようになります。

X^AX^a ×	X^AY	
	X^A	Y
X^A	X^AX^A	X^AY
X^a	X^AX^a	X^aY

女の子は$X^AX^A:X^AX^a=1:1$で，すべて正常。男の子は$X^AY:X^aY=1:1$で，正常：赤緑色覚異常＝1：1です。問われているのは，「うまれる男の子で赤緑色覚異常になる確率」なので，$\frac{1}{2}$となります。　**答 50%**

遺伝の練習21 伴性(はんせい)遺伝（キイロショウジョウバエの眼色の遺伝）

キイロショウジョウバエの赤眼遺伝子は白眼遺伝子に対して優性で，これらはX染色体上に存在する。いま，次の2種類の交雑実験をした。それぞれの交雑から生じる子の眼の色とその比を雌雄に分けて答えよ。
（交雑1）　赤眼の純系の雌と白眼の純系の雄を交雑した。
（交雑2）　白眼の純系の雌と赤眼の純系の雄を交雑した。

解説　赤眼遺伝子をR，白眼遺伝子をrとおくことにします。

（交雑1）　赤眼の純系の雌はX^RX^R，白眼の純系の雄はX^rYなので，生じる子は右のようになり，雌はX^RX^rで赤眼，雄はX^RYで赤眼となります。

	X^r	Y
X^R	X^RX^r	X^RY

（交雑2）　白眼の純系の雌はX^rX^r，赤眼の純系の雄はX^RYなので，生じる子は右のようになり，雌はX^RX^rで赤眼，雄はX^rYで白眼となります。

	X^R	Y
X^r	X^RX^r	X^rY

答　（交雑1）　雌…すべて赤眼，雄…すべて赤眼
　　　（交雑2）　雌…すべて赤眼，雄…すべて白眼

4　練習21でやった交雑1と交雑2は，親の表現型がちょうど逆になっていますね。つまり，交雑1では雌が赤眼で雄が白眼でしたが，交雑2では雌が白眼で雄が赤眼でした。このように，**両親の表現型を逆にして交雑すること**を**正逆交雑(せいぎゃくこうざつ)**といいます。　→「逆交雑」，「相反交雑」ともいう。

5　練習21でやったように，交雑1と交雑2とでは結果が異なりました。このように，**伴性遺伝の場合は正逆交雑すると結果が異なる場合があります。**

また，交雑2の結果のように，雌は赤眼だけど雄は白眼というように，**生じた子が雌か雄かで表現型が異なる場合がある**，というのも伴性遺伝の大き

な特徴です。逆にいえば，雌の子と雄の子とで表現型が異なれば伴性(はんせい)遺伝だと考えることができます。

> **遺伝の練習22** 正逆(せいぎゃく)交雑と伴性遺伝
>
> 性決定様式XY型のある昆虫の形質について，次の交雑結果から，伴性遺伝と判断できるものには○，常染色体上の遺伝子による遺伝と判断できるものには×，いずれとも判断できないものには△を記せ。
> （交雑1） 黒体色の雌と黄体色の雄を交配するとF_1はすべて黒体色となり，黄体色の雌と黒体色の雄を交配すると，F_1の雄は黄体色，雌は黒体色となった。
> （交雑2） 長翅(ちょうし)の雄と短翅(たんし)の雌を交配すると，F_1はすべて長翅となった。
> （交雑3） 丸斑紋の雌と細斑紋の雄を交配すると，F_1はすべて丸斑紋となった。

解説 （交雑1） 正逆交雑で結果が異なること，生じた雌と雄とで表現型が異なることから明らかに**伴性遺伝**と判断できます。

（交雑2） 長翅が優性とわかるので，交雑を遺伝子$A(a)$を使って再現します。遺伝子が常染色体上にあると仮定すると，$AA \times aa \to Aa$となります。一方，X染色体上にあると仮定すると，$X^A Y \times X^a X^a \to X^A X^a, X^a Y$となり，雌は長翅，雄は短翅となるはずです。

よって，遺伝子は**常染色体上にある**と判断できます。

（交雑3） 丸斑紋が優性とわかるので，遺伝子$B(b)$を使って再現します。遺伝子が常染色体上にあると仮定すると，$BB \times bb \to Bb$となります。一方，X染色体上にあると仮定すると，$X^B X^B \times X^b Y \to X^B X^b, X^B Y$となります。つまり，どちらで考えてもつじつまが合うので，どちらの遺伝なのかは判断できないことになります。

答 交雑1…○，交雑2…×，交雑3…△

最強ポイント

① **伴性遺伝**…雌雄で共通する**性染色体（X染色体やZ染色体）**上にある遺伝子による遺伝。
② **正逆交雑**…親の雌雄の**表現型を逆にして交雑すること**。⇨伴性遺伝の場合は，正逆交雑を行うと**結果が異なる場合がある**。
③ 生じた子の雌雄で**表現型が異なれば伴性遺伝**と判断できる。

第52講 伴性遺伝以外の性に伴う遺伝

伴性遺伝以外にも，性に伴う遺伝がいくつかあります。これらは，伴性遺伝とは区別して理解しておきましょう。

1 X染色体の不活性化

1 雄ヘテロ型の性決定を行う哺乳類の場合，雌は性染色体としてXを2本もち，雄はXを1本しかもちません。ふつうにX染色体上の遺伝子が発現すると，雌ではX染色体上の遺伝子については雄の2倍の量の遺伝子が発現することになってしまいます。そこで，**雌がもつ2本のX染色体のうちのいずれか一方しか遺伝子が発現しないよう，もう一方のX染色体は不活性化される**という現象が起こります。このような現象を**ライオニゼーション**といいます。

→ Mary Lyonによって発見された現象。

2 ヒトやネコでは，このX染色体の不活性化が，各細胞でランダムに起こります。たとえば，$X^A X^a$ という遺伝子型の女性について見てみると，ある細胞では X^A のほうが発現し，〔A〕の表現型を示しますが，別の細胞では X^a のほうが発現し，〔a〕の表現型を示すのです。

3 ネコに見られる**三毛猫**(茶毛と黒毛と白毛からなる)は，このような現象によって生じます。常染色体上にあるS遺伝子が働くと白斑が生じます。X染色体上にあるD遺伝子が働くと茶色，d遺伝子が働くと黒色になります。

たとえば，$SSX^D X^D$ であれば茶色に白斑が入ったネコになります。$SSX^D X^d$ ではどうでしょう？ X染色体の一方が不活性化されるので，X^D が働いている部分では茶色，X^d が働いている部分では黒色の毛になります。さらに，Sが働くので白斑が生じ，ネコ全体で見ると茶色，黒色，白色の3色の毛をもつ三毛猫になるのです。

4 このように，X染色体が2本あり，どちらかが不活性化されるから三毛になるわけです。ですから，三毛猫はふつうは**雌にしか生じません**。雄で三毛猫になるためには，雄でありながらX染色体を2本もつ**XXY**という染色体異常でなければなりません。そのため，雄の三毛猫は非常にまれにしか生じないのです。

> **+α パワーアップ**
>
> **X染色体を不活性化する遺伝子**
>
> X染色体には *Xist* (X-inactive specific transcript)という翻訳されないRNAをコードする遺伝子がある。この *Xist* から生じたRNAがX染色体を覆うように結合し，X染色体を不活性化する。不活性化されたX染色体をバー小体(Barr body)という。

> **最強ポイント**
>
> **ライオニゼーション**…雄ヘテロ型の哺乳類において，2本のX染色体のうちの**1本が不活性化される**（どちらのX染色体が不活性化されるかはランダム）。

2 限性遺伝

1 雌雄に共通した性染色体(X染色体やZ染色体)上の遺伝子による遺伝は伴性遺伝でしたが，**雌雄に共通しない性染色体（Y染色体やW染色体）上の遺伝子による遺伝は限性遺伝**といいます。

2 熱帯魚として知られるグッピーには，背びれに斑紋があるものとないものがあります。これは斑紋を生じさせる遺伝子 *M* があるかないかによって決まり，*M* 遺伝子があれば斑紋あり，*M* 遺伝子がなければ斑紋なしになりますが，この *M* 遺伝子は**Y染色体上にのみ存在**します。

したがって，斑紋はY染色体をもつ**雄にのみ現れる**のです。このように現れる性が限られるので限性遺伝と呼ばれます。

3 また，カイコガ(性決定様式はZW型)の幼虫に，斑紋のある個体(虎蚕といいます)と斑紋がない個体とがあります。斑紋を生じさせる遺伝子はW染色

体上にあるので，この遺伝子があるW染色体をもつ個体，すなわち雌にだけ斑紋が生じます。これも限性遺伝です。

> **最強ポイント**
>
> **限性遺伝**…Y染色体やW染色体上の遺伝子による遺伝。
> ⇨ **XY型**では**雄**にのみ現れ，**ZW型**では**雌**にのみ現れる。
> 例 グッピーの背びれの斑紋の有無

3 従性遺伝

1 遺伝子は常染色体上にあるのですが，その**遺伝子の発現のしかたが雄と雌とで異なる**場合があります。たとえば，ヒツジの角の有無に関しては，H（有角）とh（無角）という遺伝子が関与します。雄ではHが優性として働きますが，雌ではhが優性として働きます。したがって，HHであれば雌雄とも有角，hhであれば雌雄とも無角ですが，Hhの場合，雄ではHが働くので有角，雌ではhが働くので無角となるのです。

雌(♀)：Hh → 無角　雌ではhが優性。
遺伝子型は同じでも，形質は異なる。
雄(♂)：Hh → 有角　雄ではHが優性。

▲ 図52-1 ヒツジの角の遺伝子の働き方

2 このような遺伝を**従性遺伝**といいます。遺伝子の発現が性ホルモンによって影響されるため，このような現象が起きます。

> **最強ポイント**
>
> **従性遺伝**…遺伝子の優劣関係が**雌雄で異なる**遺伝（ただし，遺伝子は**常染色体上**にある）。
> 例 ヒツジの角の有無

第53講 特殊な遺伝

一見特殊に見える遺伝も，きちんと遺伝子によって説明することができます。代表的なものを見てみましょう。

1 遅滞遺伝

1 モノアラガイの貝の巻き方には右巻きと左巻きがあり，右巻きが優性です。右巻きの遺伝子をR，左巻きの遺伝子をrとすると，RRの雄とrrの雌を交配して生じるF_1はRrとなります。このF_1の表現型は，Rrなのだから右巻き…となるはずですが，なんと，**左巻きに**なります。

これは，**雌親の遺伝子型によって子の表現型が決められてしまう**という特殊な遺伝だからです。

2 このF_1(Rr)どうしを交配して得られるF_2の遺伝子型は，$RR:Rr:rr=1:2:1$ですね。

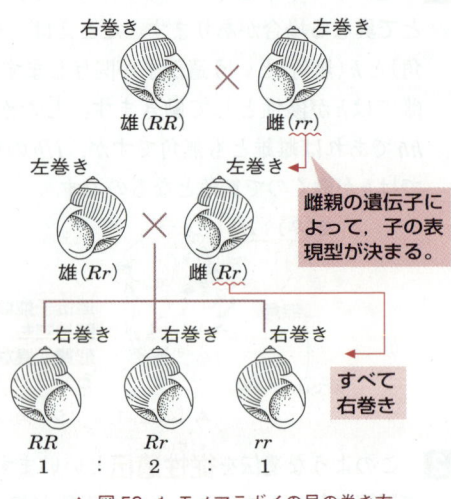

▲ 図53-1 モノアラガイの貝の巻き方

でも，このF_2の表現型は**F_2の雌親**(Rr)**の遺伝子型によって決められてしまう**のです。遺伝子型Rrによる表現型は右巻きなので，F_2の表現型はすべて**右巻き**となります。

3 このように，最初の雌親(rr)の遺伝子の働きがF_1に現れ，F_1(Rr)の遺伝子の働きはF_2に現れることになります。つまり，**遺伝子の働きが一代遅れてから現れて**いますね。そこでこのような遺伝を**遅滞遺伝**と呼びます。

+α パワーアップ　らせん卵割と遺伝子

貝の仲間の卵割は**らせん卵割**（⇨p.217）と呼ばれる卵割だが，この卵割の1回目でどのように卵割するかによって貝の巻き方が決まってしまう。そして，この卵割のしかたを決めるのは，卵細胞中の**mRNA**なのである。p.214でも書いたように，胞胚までは，受精前の，すなわち雌親の遺伝子が働いて転写されて生じたmRNAが使われる。したがって，この卵割のしかたも子供自身の遺伝子型ではなく，**雌親の遺伝子型に支配される**ことになる。

これと同じように，昆虫の前後軸を決定する**ビコイドやナノス**（⇨p.365）遺伝子も雌親の遺伝子が受精前に転写されるので遅滞遺伝することになる。

最強ポイント

遅滞遺伝…雌親の遺伝子型によって子の表現型が決められる遺伝。
　例　モノアラガイの貝の巻き方

2　細胞質遺伝

1　これまで見てきた遺伝は，すべて核の中の染色体上に存在する遺伝子による遺伝でした。ところが，細胞質中にも**遺伝子をもつ細胞小器官**があります。それが**色素体**（**葉緑体**など）と**ミトコンドリア**です。

2　オシロイバナの葉には，葉全体が緑色のものと葉全体が白色のもの，緑色の葉に白色の部分があるもの（斑入りという）があります。これには，**葉緑体中の遺伝子が関係**しています。正常にクロロフィルを形成する色素体（葉緑体）と，正常にクロロフィルを形成できない色素体（白色体）が混在すると，斑入りの葉となります。

3　受精の際に精細胞の細胞質は卵細胞内にはほとんど入らないため，細胞質に存在する色素体の遺伝子は卵細胞を介してのみ子に伝えられます。

そのため，全緑葉の枝に生じた花のめしべに形成される卵細胞には正常にクロロフィルを形成する色素体（Gとします）のみがあります。このめしべに全白葉の枝から生じた花の花粉を受粉させると，生じるF_1はすべて全緑葉に

なります。これは斑入り葉の枝から生じた花の花粉を受粉させても同じです。卵細胞の細胞質にあるGのみが子に伝わるからです。

4 斑入り葉の枝から生じた花からは，どの花の花粉を受粉させても全緑葉，斑入り葉，白葉の3種類が生じます。これは，斑入り葉の枝に生じた花に形成された卵細胞の細胞質に，Gと，正常にクロロフィルを形成できない色素体（gとします）が混在しており，生じた受精卵が分裂する際に，偶然Gのみやgのみの細胞，およびGとgが混在する細胞の3種類が生じるからです。もちろんどのような比率で生じるかはそのときによって異なります。

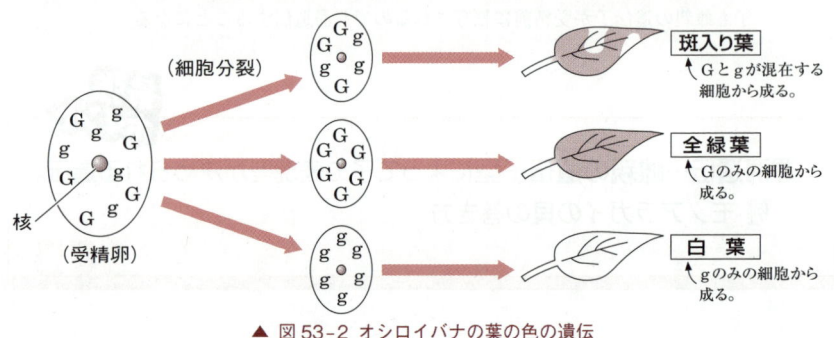

▲ 図53-2 オシロイバナの葉の色の遺伝

+α パワーアップ 雄性配偶子の細胞質の処理

精細胞の細胞質は卵細胞内にはほとんど入らない…と先ほど書いたが，実際には，少量ではあるが雄性配偶子の細胞質も卵細胞に入る。したがって，雄由来の葉緑体やミトコンドリアも少数は受精卵に入ってしまう。しかし，卵細胞内のリソソーム（⇨p.18）によって，これらは分解されてしまい，結果的には卵細胞由来の葉緑体やミトコンドリアだけが子に伝わる。ヒトのミトコンドリアもすべて母親由来で，それを利用して人類の母系の系統を調べることができる（⇨p.705）。

最強ポイント

細胞質遺伝…細胞質中の**色素体（葉緑体）やミトコンドリア**に含まれる遺伝子による遺伝。**卵細胞**を介して子に伝えられる。
 例 オシロイバナの葉の色

第5章

分子生物

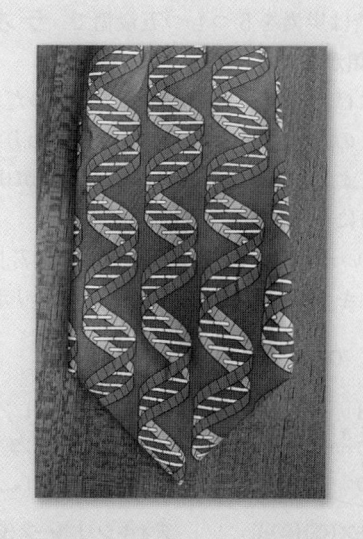

第54講 核酸の構造

遺伝子の本体といわれるDNAは，どのような構造をしているのでしょうか。少しくわしく見てみましょう。

1 核酸の単位

1 糖と塩基とリン酸からなる単位を**ヌクレオチド**といいます。そして，このヌクレオチドが多数結合したものを**核酸**といい，核酸には，**DNA**と**RNA**の2種類があります。

2 核酸を構成する糖は炭素を5つもつ五炭糖で，**デオキシリボース**と**リボース**という2種類があります。

デオキシリボースは，リボースからO原子が1つだけはずれた構造をしています(次の図54-1のように，O原子から時計まわりに，Cに$1'$～$5'$という番号をつけておきます。すると，$2'$のCの下の部分がリボースではOH，デオキシリボースではHになっていますね)。

「デ」には，「脱」という意味があり，「オキシ」は「酸素」を意味します。つまり，リボースからデ・オキシしたものだから，デオキシリボースというのです。

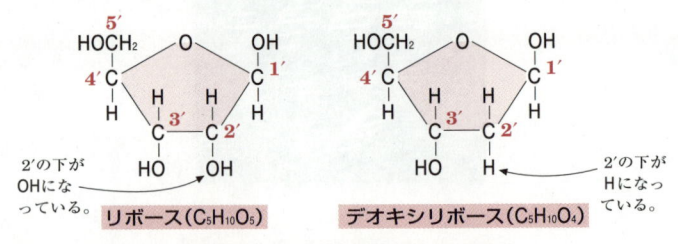

リボース($C_5H_{10}O_5$)　　デオキシリボース($C_5H_{10}O_4$)

$2'$の下がOHになっている。　　$2'$の下がHになっている。

▲ 図54-1 核酸を構成する糖の構造

3 塩基には，次のページの図54-2のように，**アデニン，グアニン，チミン，シトシン，ウラシル**の5種類があります。それぞれ，略号で**A，G，T，C，U**と記され，これらの並び(**塩基配列**)が遺伝情報となります。

第54講 核酸の構造

アデニン（A）　　グアニン（G）　　チミン（T）　　シトシン（C）　　ウラシル（U）

▲ 図54-2 核酸を構成する塩基の構造

+α パワーアップ

塩基の種類

アデニンとグアニンは，似た構造をしている。これらに共通した構造を**プリン核**といい，これらの塩基を**プリン系の塩基**という。

また，チミン・シトシン・ウラシルのような構造を**ピリミジン核**というので，これらの塩基を**ピリミジン系の塩基**という。

プリン核	ピリミジン核
アデニン・グアニンに共通	チミン・シトシン・ウラシルに共通

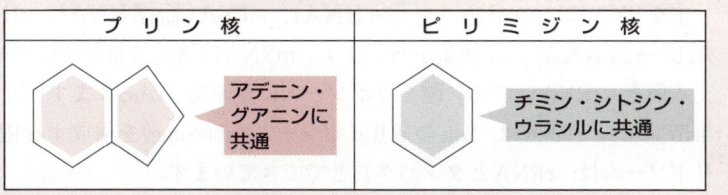

▲ 図54-3 プリン核とピリミジン核

4　糖と塩基が結合したものを**ヌクレオシド**といいます。厳密には，下の図54-4のように，糖の1′の位置の炭素に塩基が結合してヌクレオシドとなります。

おもなヌクレオシドには次の8種類があり，それぞれ次のような名称がつけられています。

ヌクレオシド

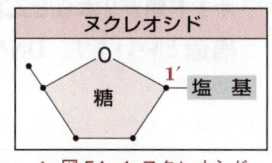

▲ 図54-4 ヌクレオシド

〔　糖　　　　　＋　塩基　　＝　ヌクレオシド　〕
　リボース　　　　＋　アデニン　＝　アデノシン
　リボース　　　　＋　グアニン　＝　グアノシン
　リボース　　　　＋　ウラシル　＝　ウリジン
　リボース　　　　＋　シトシン　＝　シチジン
　デオキシリボース　＋　アデニン　＝　デオキシアデノシン
　デオキシリボース　＋　グアニン　＝　デオキシグアノシン
　デオキシリボース　＋　チミン　　＝　チミジン
　デオキシリボース　＋　シトシン　＝　デオキシシチジン

第5章　分子生物

325

5 このうち，アデノシンは**ATP**を構成する物質でもあります。アデノシンにリン酸が3つ結合したものがATP（アデノシン三リン酸）でしたね。

6 このようなヌクレオシドにリン酸が結合したものが**ヌクレオチド**です。厳密には，右の図54-5のように，糖の5′の位置にリン酸が結合してヌクレオチドとなります。

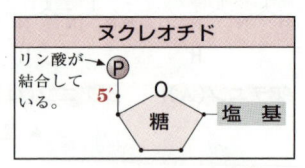

▲ 図54-5 ヌクレオチド

7 このようなヌクレオチドが多数結合して，RNAやDNAが生じるわけですが，**RNA**は**リボ核酸**の略で，糖としてリボース，塩基としてA，G，C，Uをもちます。RNAは，ヌクレオチドが多数結合した**ヌクレオチド鎖が1本**だけでできた物質です。

　主なRNAには，**mRNA（伝令RNA）**，**tRNA（転移RNA）**，**rRNA（リボソームRNA）** の3種類があります。mRNAは遺伝情報をリボソームに伝える働き，tRNAはアミノ酸をリボソームに運ぶ働きがあります（くわしくは第57講で）。rRNAは，名前の通りリボソーム（ribosome）を構成するRNAです。リボソームは，rRNAとタンパク質とでできています。

8 **DNA**は**デオキシリボ核酸**の略で，糖としてデオキシリボース，塩基としてA，G，C，Tをもちます。DNAは，ヌクレオチドが多数結合した**ヌクレオチド鎖が2本らせん状に巻きついた構造**をしており，これを**二重らせん構造**といいます。DNAは遺伝情報をもった遺伝子の**本体**です。

最強ポイント

ヌクレオチド ＝ 糖 ＋ 塩基 ＋ リン酸
ヌクレオシド ＝ 糖 ＋ 塩基

	名称	糖	塩基	構造
RNA	リボ核酸	リボース	A, G, C, U	1本鎖
DNA	デオキシリボ核酸	デオキシリボース	A, G, C, T	二重らせん構造

2 DNAの構造

1 ヌクレオチドどうしは、糖と次のヌクレオチドのリン酸との間で結合しますが、厳密には、糖の3′の位置に次のヌクレオチドのリン酸が結合していき、ヌクレオチド鎖ができあがります。

5′の位置の炭素がある側を **5′末端**、3′の位置の炭素がある側を **3′末端** と呼びます。

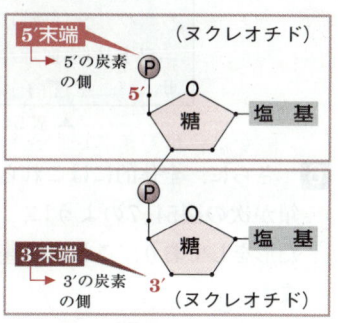

▲ 図54-6 ヌクレオチドの結合

2 RNAではこのようなヌクレオチド鎖が1本でできていますが、DNAではこのようなヌクレオチド鎖が2本向かい合わせに並び、さらに向かい合わせの塩基どうしが結合しています。

3 この塩基どうしの結合では、結合する相手が決まっています。**アデニンとはチミンが、グアニンとはシトシンが結合**し、他の組み合わせでは結合しません。このような関係を **相補的な関係** といいます。また、塩基どうしは **水素結合** によって結合しています。

> **+α パワーアップ**
>
> **塩基の結合**（⇨p.36）
>
> 塩基どうしの結合では、**アデニンとチミンは2か所が、グアニンとシトシンは3か所**が水素結合によって結びつきます。したがって、アデニンとはチミンあるいはウラシルが、グアニンとはシトシンが相補的に結合することになります。

4 **シャルガフ**は、いろいろな生物のDNAの塩基の割合を調べ、どの生物でもアデニンとチミンの割合がほぼ等しい、また、グアニンとシトシンの割合がほぼ等しいことをつきとめました(1949年)。これを **シャルガフの規則** といいます(⇨p.328の表54-1)。

5 また、2本の鎖は互いに逆方向を向いて結合します。すなわち、一方のヌクレオチド鎖の5′末端側には、他方のヌクレオチド鎖の3′末端が対応します。

生　物　名	A	T	C	G
ヒ　　　ト（肝臓）	30.3	30.3	19.9	19.5
ウ　　　シ（肝臓）	28.8	29.0	21.1	21.0
ニワトリ（赤血球）	28.8	29.2	21.5	20.5
サ　　　ケ（精子）	29.7	29.1	20.4	20.8

▲ 表54-1　DNAの塩基組成〔モル％〕

6 さらに，全体的にはこれら2本のヌクレオチド鎖が次の図54-7のように，らせん状に巻きついた形をしており，これを**二重らせん構造**といいます。

> 10塩基対で1回転（1ピッチという）という規則正しいらせん状で，1ピッチは3.4nm（1nmは10^{-6}mm）という長さになっている。

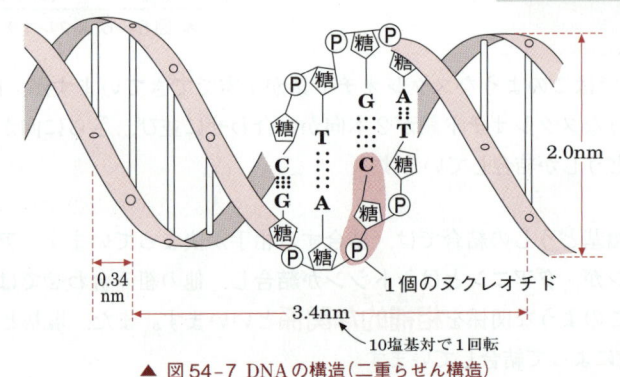

▲ 図54-7　DNAの構造（二重らせん構造）

7 このような構造は，シャルガフによる塩基組成の分析結果や，**ウィルキンズ**のX線回折の結果などをもとに，1953年に**ワトソンとクリック**によって提唱されました。

> X線を照射して，得られる像から物質の立体構造を調べる方法。

最強ポイント

① ヌクレオチドどうしは，**糖とリン酸**との間で結合。
② **DNA**では，2本のヌクレオチド鎖が，塩基どうしの**水素結合**で結合。
③ 塩基どうしの結合は**相補的**（ $A \Leftrightarrow T(U)$，$G \Leftrightarrow C$ ）。
④ **DNA**は**二重らせん構造** ⇨ **ワトソンとクリック**が提唱。

第55講 DNAの複製

細胞分裂で学習したように，分裂周期の間期のS期でDNAは複製されます。そのしくみを見てみましょう。

1 DNAの複製のしくみ

1 DNAの複製に際しては，まず，DNAの塩基どうしの水素結合が切れ，二重らせん構造がほどけます。二重らせんをほどいて一本鎖にする酵素を**DNAヘリカーゼ**といいます。

2 そして，それぞれの鎖を鋳型にして，各塩基に相補的な塩基をもったヌクレオチドが結合していきます。

さらに，隣り合ったヌクレオチドどうしが結合して新しい鎖が合成されます。このとき，ヌクレオチドどうしの結合に働く酵素は，**DNAポリメラーゼ**といいます。

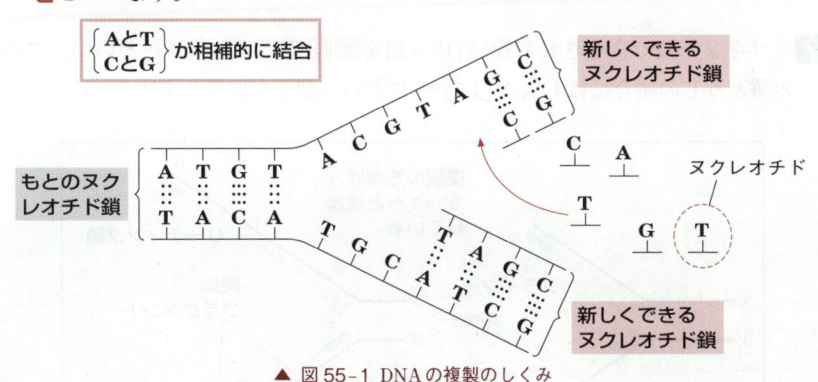

▲ 図55-1 DNAの複製のしくみ

3 このようにして生じた新しい2本鎖DNAのうち，**1本は鋳型となったもとの鎖で，1本だけが新しく合成された鎖**です。このような複製を**半保存的複製**といいます。

4 DNAの複製に関与するDNAポリメラーゼは，次のような特徴をもちます。
① 複製を開始するために，短いヌクレオチド鎖（**プライマー**という）を必要とする。
② 必ず3′末端側に次のヌクレオチドを結合させる。

5 したがって，鎖は必ず**5′から3′の方向へ合成される**ことになります。そのため，3′→5′の方向の鎖を鋳型にして合成される新しい鎖は5′→3′へと順にヌクレオチドが結合して伸びていきますが，5′→3′の方向の鎖を鋳型にして合成される新しい鎖は次のようにして伸長していくことになります。
① まず，ある程度二重らせんがほどけたところにプライマーが結合する。
② そこを起点にして，3′から5′へ向かってヌクレオチドが結合して，短い鎖をつくる。
③ ある程度ほどけたところにまたプライマーが結合して，3′→5′へと短い鎖をつくる。最終的にこの短い鎖どうしを結合させて新しい鎖が完成する。

6 このように，DNAの複製は，2本鎖のうちの1本鎖では連続的に，もう1本の鎖では不連続的に行われます。連続的に伸長する鎖を**リーディング鎖**，不連続的に伸長する鎖を**ラギング鎖**といいます。　　leading（先行）　　lagging（遅延）

7 ラギング鎖で合成される短いDNA鎖を**岡崎フラグメント**といい，この短鎖どうしの結合には**DNAリガーゼ**という酵素が関与します。

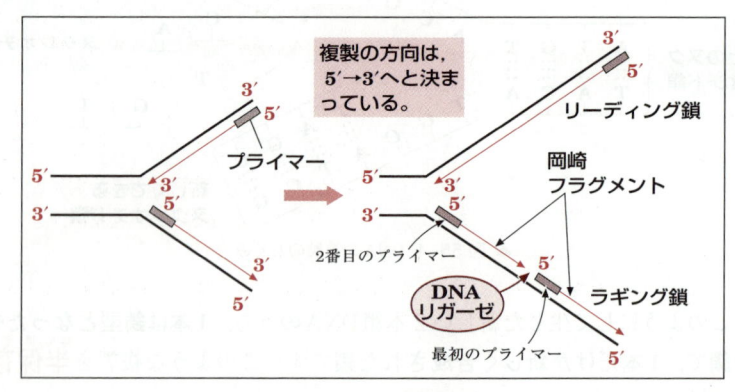

▲ 図55-2 DNAの複製の方向

第55講　DNAの複製

> **最強ポイント**
> ① DNAの複製＝半保存的複製
> ② 鋳型鎖をもとに新しいヌクレオチド鎖を合成する酵素…DNAポリメラーゼ
> ③ 新生鎖は$5'→3'$の方向に（$3'$末端が）伸長する。

+α パワーアップ

テロメア

　プライマーには，DNAのプライマーとRNAのプライマーがある。DNAの複製で最初に合成されるのはRNAプライマーである。このRNAプライマーは最終的には分解されてDNAに置き換えられる。しかし$5'$末端側の一番端のプライマーだけはDNAに置き換えることができず，その分だけ鋳型鎖よりも短くなってしまう。

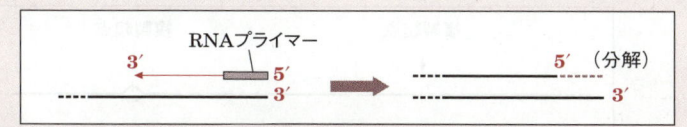

▲ 図55-3 RNAプライマー

　もともとDNAの末端には哺乳類ではTTAGGG，センチュウではTTAGGC，ナズナではTTTAGGGのような特定の塩基配列の繰り返し部分があり，これを**テロメア**(telomere)という。上に示した現象によってこのテロメアの部分が複製のたびに少しずつ短くなっていき，一定以下の長さになると細胞分裂が停止する。このことから，このような現象が細胞の老化や寿命に関係しているのではないかと考えられている。

　この短くなったテロメアを伸長させる**テロメラーゼ**(telomerase)という酵素がある。通常の体細胞ではこの酵素はほとんど発現していないが，生殖細胞ではこの酵素によりテロメアの長さが維持されている。また，がん細胞でもテロメラーゼが発現しており，これが無制限に分裂を続けるがん細胞の不死化に関連していると考えられている。

　原核生物やミトコンドリア，葉緑体のDNAは環状なので，複製によってDNAが短くなることはなく，テロメアも存在しない。

+α パワーアップ 複製起点

DNAの複製は決まった場所から始まり，この場所を**複製起点**といい，複製起点とその周辺の領域を**レプリケーター**という。環状DNAでは複製起点は1か所だけで，複製起点から両方向に複製が進行する。

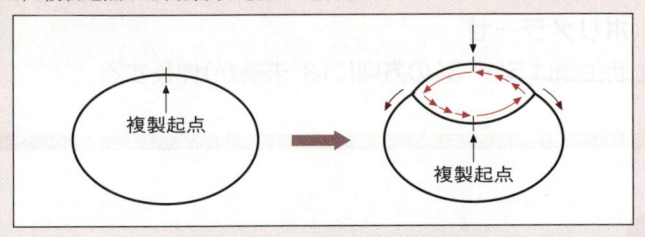

▲ 図55-4 原核生物のDNA複製

真核生物のDNAには，1染色体あたり複製起点が数十〜数百か所あり，それぞれの複製起点から両側に複製が進行する。1つの複製起点から複製される範囲を**レプリコン**（replicon）という。多くの複製起点をもち同時に多くのレプリコンで複製が進行することで，非常に長いDNAでも速やかに複製を完了させることができる。

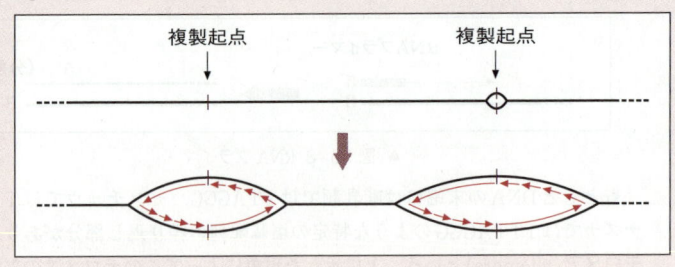

▲ 図55-5 真核生物のDNA複製

2 DNAの半保存的複製の証明

1 DNAの複製が半保存的複製であることを実験で証明したのは**メセルソン**と**スタール**です。彼らは，次のような実験を行いました。

【手順1】大腸菌を，^{15}Nを含む塩化アンモニウムを窒素源とした培地で何代も培養する。➡大腸菌のDNAの塩基の窒素が^{15}Nに置き換わる。

【手順2】この大腸菌を，^{15}Nを含まないふつうの培地に移す。➡移し替えてから新しくつくったDNAには^{14}Nが含まれることになる。

第55講 DNAの複製

【手順3】移し替えてから一定時間ごとにDNAを取り出して，**塩化セシウムを使った密度勾配遠心法**により分離させる。➡ ^{15}N をもつか ^{14}N をもつかによって，DNAが分画される。

> 塩化セシウム溶液に強い遠心を行うと，塩化セシウムの密度勾配ができる。ここにDNAを入れて遠心すると同じ密度の部分にDNAがとどまる。

2 半保存的複製をすれば，新しくつくられるDNA鎖は必ず ^{14}N を含むことになるので，DNAは次の図55-6のように複製されるはずです。(赤色が ^{15}N を含むヌクレオチド，黒色は ^{14}N を含むヌクレオチドを表します。)

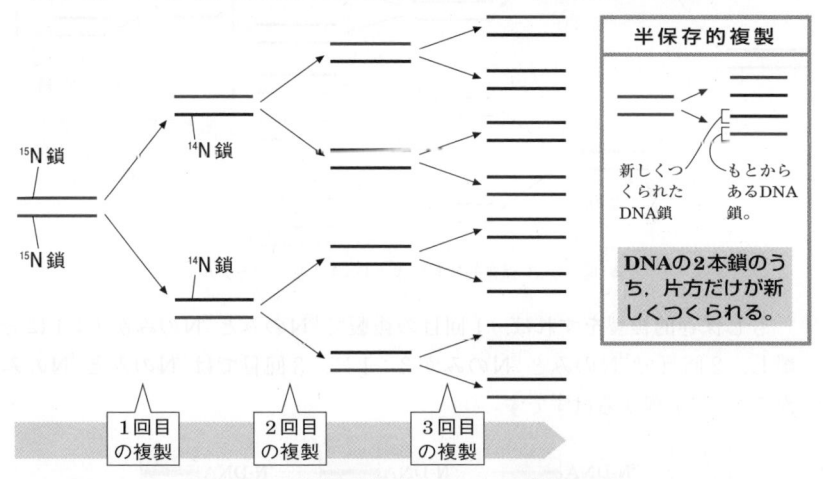

▲ 図55-6 半保存的複製によるDNAの複製のモデル

3 つまり，1回複製すれば ^{15}N のみと ^{14}N のみのDNAの中間の密度のDNAだけが生じます。2回複製すれば中間の密度のDNAと ^{14}N のみのDNAが1：1の割合で生じ，3回複製すれば中間の密度のDNAと ^{14}N のみのDNAが1：3の割合で生じるはずです。

4 実際に行われた結果を図示したものが次の図55-7です。半保存的複製として予想した通りの結果になっています。

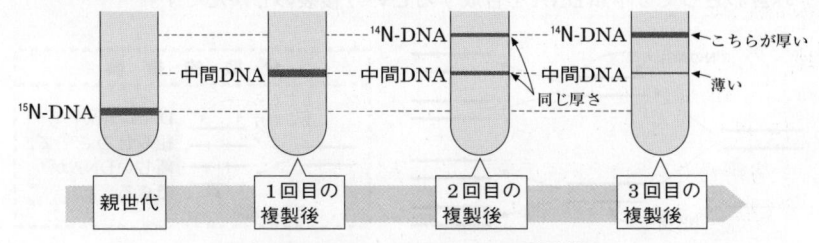

▲ 図55-7 メセルソンとスタールの実験結果

5 半保存的複製以外に，保存的複製や分散的複製という可能性も考えられていました。保存的複製とは，DNAの2本鎖がそのまま保存され，新しいDNAをゼロからつくっていくというものです。

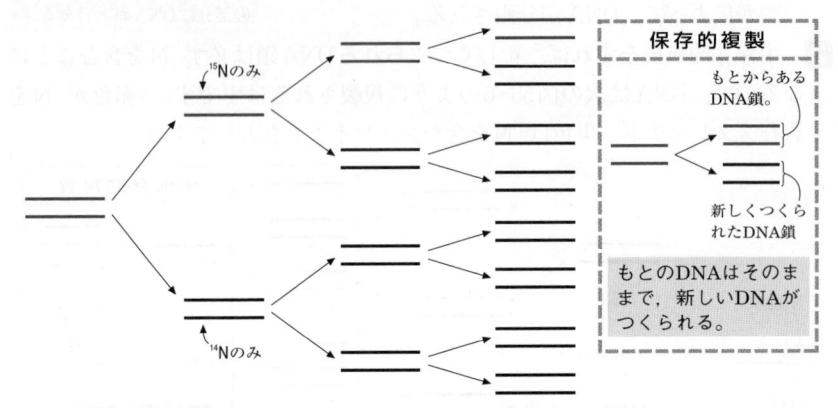

▲ 図55-8 保存的複製によるDNAの複製のモデル

もし保存的複製をすれば，1回目の複製で ^{14}N のみと ^{15}N のみが1：1に分離し，2回目で ^{14}N のみと ^{15}N のみが3：1に，3回目では ^{14}N のみと ^{15}N のみが7：1に分離するはずです。

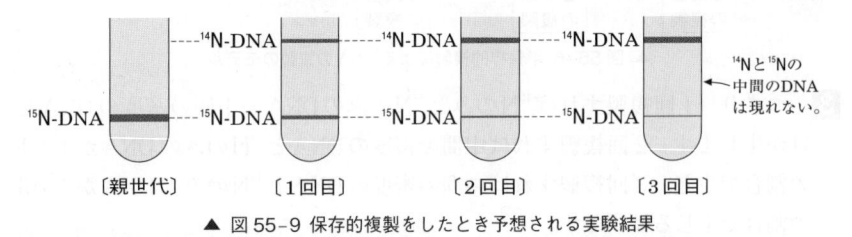

▲ 図55-9 保存的複製をしたとき予想される実験結果

6 分散的複製とは，DNAが細かな断片となり，もとの部分と新しい部分が組み合わさって2本鎖DNAを合成するという複製のしかたです。

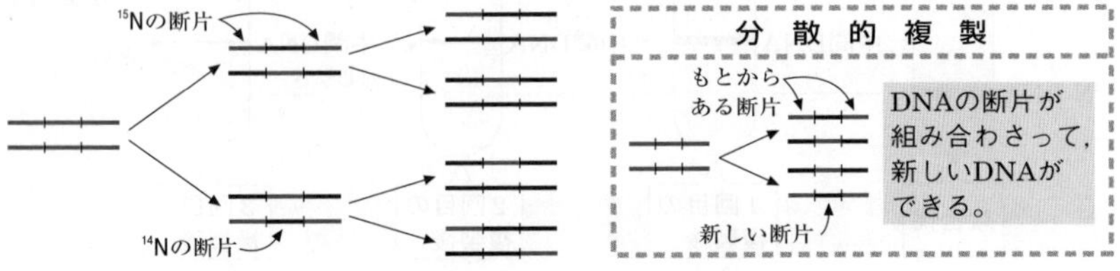

▲ 図55-10 分散的複製によるDNAの複製のモデル

もし分散的複製をすれば，1回目では中間の密度を中心に分離し，2回目では中間と^{14}Nのみの部分のさらにその間を中心に，3回目では^{14}Nのみの部分と2回目の中心のさらにその間を中心にいくらかのばらつきをもって分離するはずです。

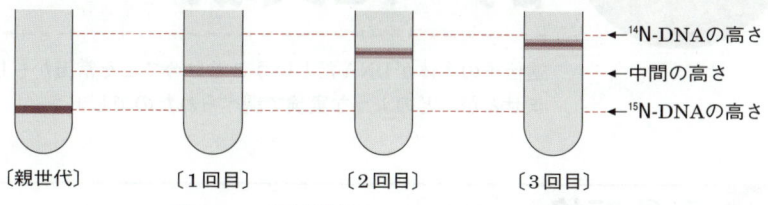

←^{14}N-DNAの高さ
←中間の高さ
←^{15}N-DNAの高さ

〔親世代〕　〔1回目〕　〔2回目〕　〔3回目〕

▲ 図55-11 分散的複製をしたとき予想される実験結果

7　実際の実験結果はそのようにはならなかったわけで，これにより保存的複製や分散的複製の可能性が否定され，半保存的複製が正しいことが証明されました。

> 【DNAの半保存的複製の証明】
> ① **メセルソンとスタール**が実験的に証明。
> ② 使った材料…**大腸菌**
> ③ 塩化セシウムを使った**密度勾配遠心法**を用いて，DNAを密度の違いにより分離して調べた。

第5章　分子生物

第56講 遺伝子の本体を調べた実験

遺伝子の本体がDNAだということは今でこそ常識かもしれませんが,どのような実験で調べられたのでしょう。

1 形質転換

1 肺炎双球菌という細菌は,文字どおり,動物に肺炎を起こさせる細菌です。この肺炎双球菌には,多糖類の鞘があり,寒天培地で培養したときに周囲がなめらかな**コロニー**を形成する**S型菌**と,鞘がなくふちが滑らかでないコロニーを形成する**R型菌**とがあります。

> 細菌などが分裂増殖して生じた集団を「コロニー」という。1つのコロニーは,1つの細菌の増殖によって形成される。
>
> Smoothの「S」。
>
> Roughの「R」。

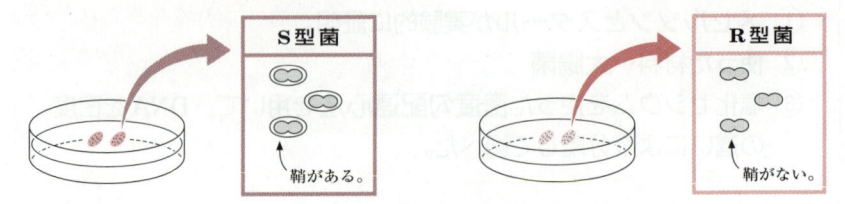

▲ 図56-1 肺炎双球菌の種類

2 S型菌は,その鞘のおかげで動物体内でも白血球の食作用から免れることができるので,動物体内で増殖できます。そのため,S型菌を接種されると,その動物は肺炎にかかって死亡します。

一方,R型菌には鞘がないため,動物体内では白血球の食作用によってすぐに処理され,増殖できません。そのため,R型菌を接種されても発病しません。

3 **グリフィス**は,肺炎双球菌とネズミを使って,次の図56-2のような実験をしました(1928年)。

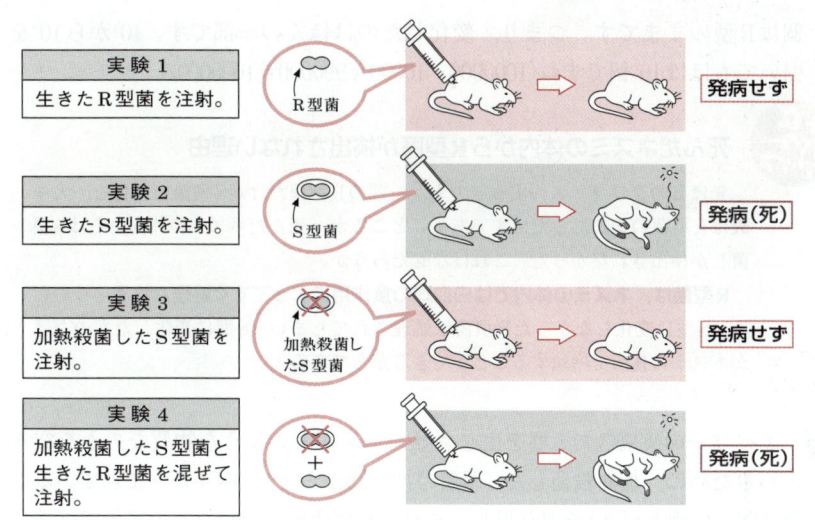

実験1	生きたR型菌を注射。
実験2	生きたS型菌を注射。
実験3	加熱殺菌したS型菌を注射。
実験4	加熱殺菌したS型菌と生きたR型菌を混ぜて注射。

結果：実験1→発病せず、実験2→発病(死)、実験3→発病せず、実験4→発病(死)

▲ 図56-2 グリフィスの実験

〔この実験からわかること〕

1. 実験1より，R型菌には病原性がないこと，実験3より，加熱殺菌されたS型菌にも病原性がないことがわかります。

2. ところが，実験4では，その病原性がないR型菌と加熱殺菌されたS型菌を混合して注射すると，ネズミは発病したのです。しかも，死んだネズミの体内からは生きているS型菌が多数発見されました。

　➡グリフィスは，**加熱殺菌されたS型菌の何らかの作用によって，R型菌がS型菌に変化した**のだろうと考えました。

4 <u>アベリー(エイブリー)</u>は，肺炎双球菌を寒天培地で培養する次のような実験を行いました(1944年)。

(寒天培地にまいたもの)		生じたコロニー S型	R型
実験1：R型菌10^6個	→	0	10^6
実験2：加熱殺菌したS型菌10^6個	→	0	0
実験3：R型菌10^6個＋加熱殺菌したS型菌10^6個	→	10^4	10^6

〔この実験からわかること〕

　実験3で，グリフィスの実験と同じようにS型菌が出現しました。でも，決してR型菌がすべてS型菌に変化するのではありません。上の実験では10^6個のR型のうち10^4個だけがR型からS型に変化したのです。残りの10^6-10^4

個はR型のままです。つまり，変化したのはほんの一部です。10^6から10^4を引いてもほぼ10^6個ですね（$1000000 - 10000 = 990000 \fallingdotseq 1000000$）。

> **+αパワーアップ 死んだネズミの体内からR型菌が検出されない理由**
>
> 　先ほどのグリフィスの実験4でも，一部のR型菌だけがS型菌に変化し，大多数はR型菌のままだったはずである。ところが，死んだネズミの体内からはS型菌しか検出されなかった。これはなぜだろうか。
> 　**R型菌は，ネズミの体内では白血球の食作用によってすぐ処理される**。そのため，S型に変化しなかったR型菌は処理されてしまい，S型に変化したものだけがネズミの体内で増殖することができるからである。

5　アベリーの実験3でS型を生じさせた原因がどのような物質なのかを突き止めるために，加熱殺菌したS型菌の抽出物から主にDNAが含まれている部分（DNA分画という）を取り出し，これとR型菌の混合物を寒天培地で培養すると，R型菌以外にS型菌が出現しました。このことから，R型をS型に変化させる原因物質はDNAだと推測されます。

6　ところが，DNA分画といってもDNAだけがあるのではなく，少量ですがタンパク質なども混ざっています。その少量混ざっているタンパク質がR型をS型に変化させる原因物質であるという可能性も残ります。
　そこで，DNA分画に混ざっている**タンパク質をタンパク質分解酵素によって分解したもの**，あるいは**DNA分解酵素でDNAを分解したもの**を使って，R型菌と混合して寒天培地で培養しました。その結果，タンパク質分解酵素を加えたものを使ってもS型菌は出現しましたが，**DNA分解酵素を加えたものを使った場合はS型菌は出現しませんでした**。

7　これらの実験によって，R型をS型に変化させる原因物質が**DNA**であることがわかりました。このように，他系統のDNAの働きで形質が変化する現象を**形質転換**といいます。

> **最強ポイント**
>
> 形質転換…他系統のDNAを取り込み，自らのDNAと組換えることで，形質が変化する現象。

2 ファージの増殖

1 ファージは，ウイルスの一種です。ウイルスは，単独では代謝など生命活動を行わないので生物ではありません。ところが，生物体に感染すると自己増殖が行えます。自己増殖が行えるというのは，生物の最も重要な特徴です。つまり，ウイルスは生物と無生物の中間的な存在なのです。

2 細菌に感染し，その細菌を破壊して増殖するウイルスを特に**バクテリオファージ**といいます。T2ファージは大腸菌に感染するウイルスの一種で，次の図56-3のような構造をしています。

> Bacteriophageは，bacterium（細菌）＋phagein（食べる）からつけられた名前。

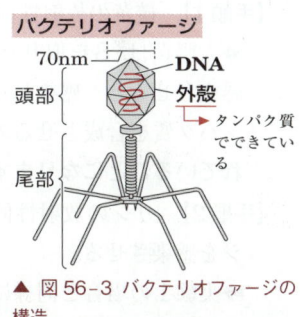

3 T2ファージは次のようにして増殖します。

① まず，ファージが大腸菌表面に付着し，頭部にある**DNAを大腸菌内に注入**します。

② ファージのDNAは，大腸菌のヌクレオチドを使って**自らのDNAを複製**させます。

③ また，ファージのDNAは，大腸菌のアミノ酸を使って**自らのタンパク質を合成**させます。

④ 新しいDNAとタンパク質によって新しい子ファージができると，大腸菌を破壊して（これを**溶菌**という）外に出てきます。

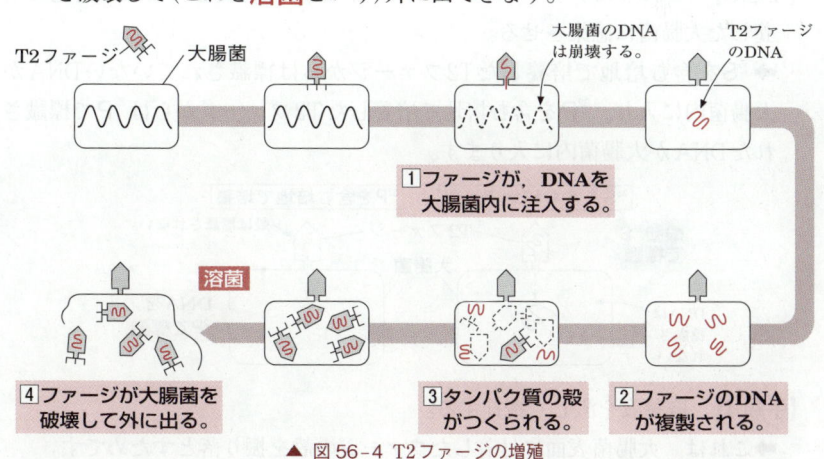

▲ 図56-3 バクテリオファージの構造

①ファージが，DNAを大腸菌内に注入する。
②ファージのDNAが複製される。
③タンパク質の殻がつくられる。
④ファージが大腸菌を破壊して外に出る。

▲ 図56-4 T2ファージの増殖

4 バクテリオファージは，DNAとタンパク質だけでできているので，そのどちらかが遺伝子の本体のはずです。

　　DNAを構成する元素はC・H・O・N・Pの5元素，**タンパク質**を構成する元素はC・H・O・N・Sの5元素なので，両者で異なるPおよびSに印をつけて，そのどちらが大腸菌内に入り，新しい子ファージを形成するかを調べれば，遺伝子の本体がDNAとタンパク質のどちらなのかをはっきりさせることができます。

> メチオニンとシステインはSを含むアミノ酸なので，これらのアミノ酸が含まれると，タンパク質にもSが含まれることになる。

5 そこで，**ハーシー**と**チェイス**は次のような実験を行って，遺伝子の本体がDNAであることをつきとめました(1952年)。

【手順1】 硫黄の放射性同位元素(^{35}S)を含む培地で大腸菌を培養する。

　➡大腸菌は^{35}Sを取り込み，^{35}Sで標識されます。その大腸菌にファージを感染させると，感染したファージは大腸菌がもつ^{35}Sを使ってファージのタンパク質を合成させるので，**生じた子ファージのタンパク質は^{35}Sで標識されていることになります。**

【手順2】 リンの放射性同位元素(^{32}P)を含む培地で培養した大腸菌にファージを感染させる。

　➡実験1の場合と同様に，まず大腸菌が^{32}Pを取り込み，^{32}Pで標識されます。そして，その大腸菌にファージを感染させると，**新しい子ファージのDNAは^{32}Pで標識されていることになります。**

【手順3】 これらのファージを，それぞれ，放射性物質を含まない培地で培養した大腸菌に感染させる。

　➡^{35}Sを含む培地で培養したT2ファージからは標識されていないDNAが大腸菌内に入り，^{32}Pを含む培地で培養したT2ファージからは^{32}Pで標識されたDNAが大腸菌内に入ります。

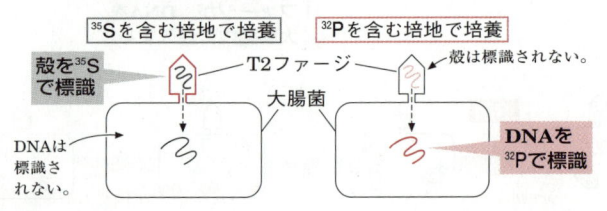

^{35}Sを含む培地で培養	^{32}Pを含む培地で培養
殻を^{35}Sで標識 → T2ファージ ← 殻は標識されない。	
大腸菌	
DNAは標識されない。	DNAを^{32}Pで標識

【手順4】 培養液を激しく撹拌する。

　➡これは，大腸菌表面に付着したファージの殻を振り落とすためです。

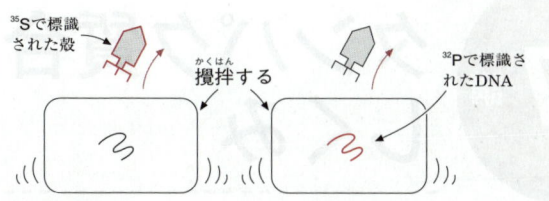

第56講　遺伝子の本体を調べた実験

【手順5】　遠心分離する。

➡大腸菌は沈殿し，ファージの殻は上澄みに分離します。

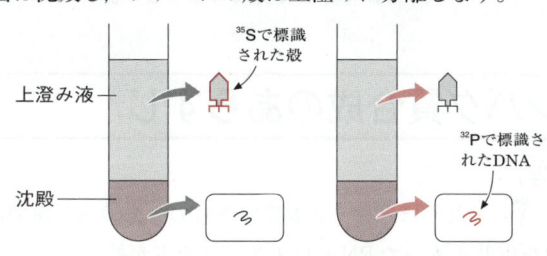

〔結果〕
^{35}Sで標識されたファージを使った場合は**上澄み**に多くの放射能が検出され，^{32}Pで標識されたファージを使った場合は**沈殿**に多くの放射能が検出される。さらに，それぞれの条件での培養を続けると，^{32}Pで標識されたファージを使った場合のみ，生じた子ファージの一部に放射能が検出される。

〔この実験からわかること〕
　ファージは感染すると**DNA**を大腸菌内に注入し，そのDNAをもとにして子ファージが生じると考えられます。すなわち，遺伝子の本体は**DNA**であると証明されました。

【ハーシーとチェイスの実験】
{ タンパク質を ^{35}Sで
　DNAを　　^{32}Pで } 標識したファージを大腸菌に感染させる。
⇨ ^{32}Pを含むDNAが大腸菌内に注入され，新しい子ファージが誕生する。

第57講 タンパク質合成のしくみ

遺伝子(DNA)からタンパク質が形成されるまでのしくみについて、くわしく見てみましょう。

1 タンパク質合成のあらすじ

〔第1段階‐転写〕

1 2本鎖DNAの一部がほどけ、**2本鎖のうちの一方の鎖が鋳型**になって、これに相補的な塩基をもったRNAのヌクレオチドが結合し、遺伝情報を写し取ったRNAが合成されます。このRNAを**mRNA(メッセンジャーRNA；伝令RNA)** といいます。このとき、鋳型になったほうの鎖を**アンチセンス鎖(鋳型鎖)**、鋳型にならなかったほうの鎖を**センス鎖**(非鋳型鎖)といいます。

> 真核生物では転写によって前駆RNAが合成されてスプライシング(⇨p.345)を経た後にmRNAが生じる。

2 この過程を**転写**といい、**RNAポリメラーゼ**という酵素が関与します。また、このときのDNAの塩基とmRNAの塩基の対応関係は右の通りです。

(DNA)		(mRNA)
A	→	U
T	→	A
G	→	C
C	→	G

つまり、**DNAのA(アデニン)に対して、mRNAはU(ウラシル)が対応**します。それ以外は、DNAの2本鎖のときと同じです。

〔第2段階‐翻訳〕

1 真核生物では、生じたmRNAは核膜孔を通って細胞質に出て、リボソームに付着します。細胞質中には特定のアミノ酸と結合した別のRNAがあり、これを**tRNA(トランスファーRNA；転移RNA)** といいます。

2 mRNAの塩基配列に相補的な塩基をもったtRNAが、mRNAのところまでアミノ酸を運んできます。

3 mRNAの隣り合う**3つの塩基が遺伝暗号**となり、**1つのアミノ酸に対応**し

第57講 タンパク質合成のしくみ

ます。このような、3つで1組の塩基（三つ組塩基）を**トリプレット**といい、特にmRNAのトリプレットを**コドン**といいます。また、このコドンに相補的な塩基をもったtRNAのトリプレットを**アンチコドン**といいます。

4 運ばれてきたアミノ酸どうしは、順次**ペプチド結合**してペプチド鎖となります。このように、mRNAの塩基配列にもとづいてアミノ酸が配列してタンパク質のペプチド鎖が合成される過程を**翻訳**といいます。

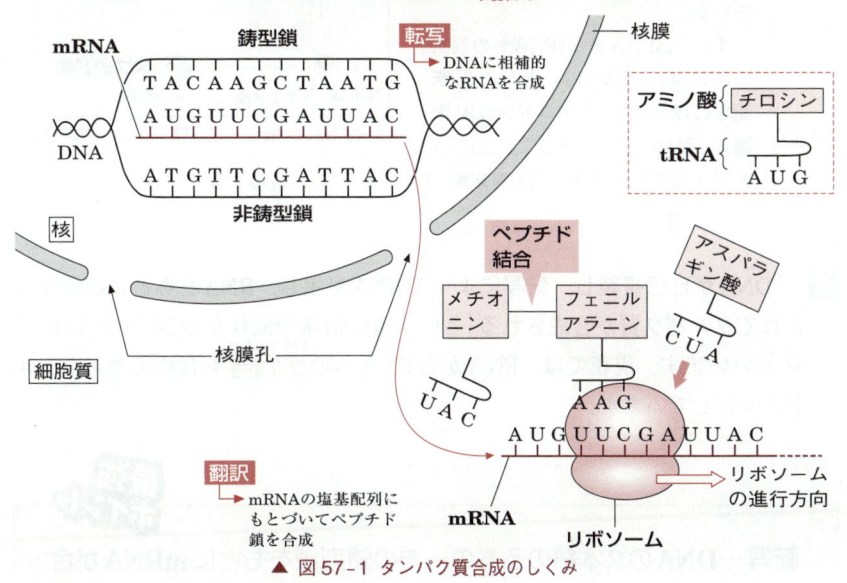

▲ 図57-1 タンパク質合成のしくみ

+α パワーアップ

tRNAの構造

tRNAは右の図のような構造をしており、アミノ酸との結合部位の反対側にmRNAのコドンと対応するアンチコドンをもつ。アミノ酸とtRNAを結合させるには、**アミノアシルtRNA合成酵素（アミノ酸活性化酵素）**という酵素とATPのエネルギーが必要である。20種類のアミノ酸に対応するように、この酵素も20種類あり、それぞれ決まったアミノ酸やtRNAとのみ反応して、それぞれのtRNAに特定のアミノ酸を結合させる。

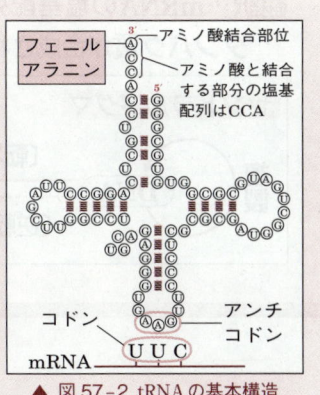

▲ 図57-2 tRNAの基本構造

+α パワーアップ RNAの方向性

DNAの2本鎖には方向性があったが，mRNAやtRNAにも方向性がある。mRNA合成の際には，DNAの鋳型鎖の**3′末端**側から転写され，生じるmRNAは**5′末端**側から合成される。

また，mRNAからtRNAへの翻訳の際には，mRNAのコドンの**5′末端**側にtRNAのアンチコドンの**3′末端**側が対応する。そして，mRNAの5′末端側にペプチド鎖の**N末端**（アミノ基末端）が対応する。

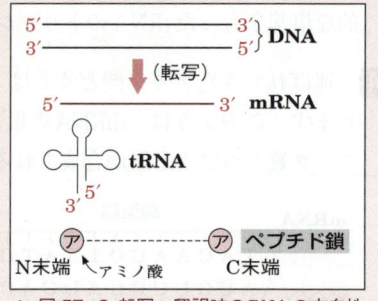

```
5′─────────3′  ┐
3′─────────5′  ┘ DNA
        ↓ (転写)
5′─────────3′    mRNA

         tRNA
        3′ 5′
         ⑦┈┈┈┈┈⑦  ペプチド鎖
       N末端 ↑アミノ酸 C末端
```

▲ 図57-3 転写・翻訳時のRNAの方向性

5 「DNAが自己複製し，転写によってRNAが生じ，RNAをもとに翻訳が行われてタンパク質が合成される」という遺伝情報の流れを**セントラルドグマ**といいます。現在では，RNAからDNAへの**逆転写**も含めてセントラルドグマとしています。

最強ポイント

転写…DNAの2本鎖のうちの一方の鋳型鎖をもとにmRNAが合成される過程。

翻訳…mRNAの塩基配列をもとにtRNAがアミノ酸を運搬し，**タンパク質**が合成される過程。

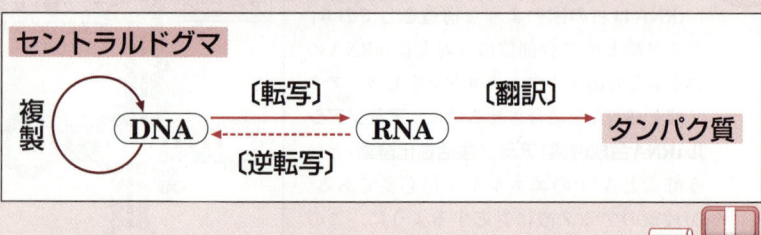

セントラルドグマ

複製 ⟲ DNA →〔転写〕→ RNA →〔翻訳〕→ タンパク質
       ←〔逆転写〕←

2 真核生物と原核生物の転写・翻訳の違い

1 真核生物では，転写は核内で起こり，転写が完了してから生じたmRNAが細胞質中に移動して，細胞質中のリボソームで翻訳が行われます。つまり，転写と翻訳は行われる場所も違うし，時間的にも同時ではありません。

2 ところが細菌などの原核生物では，もともと核膜がなく，核と細胞質の違いもないので，転写されている途中のmRNAにリボソームが付着して翻訳が行われ，転写と翻訳は同時に同じ場所で行われます。

3 次の図は，原核生物の転写・翻訳のようすを模式的に描いたものです。

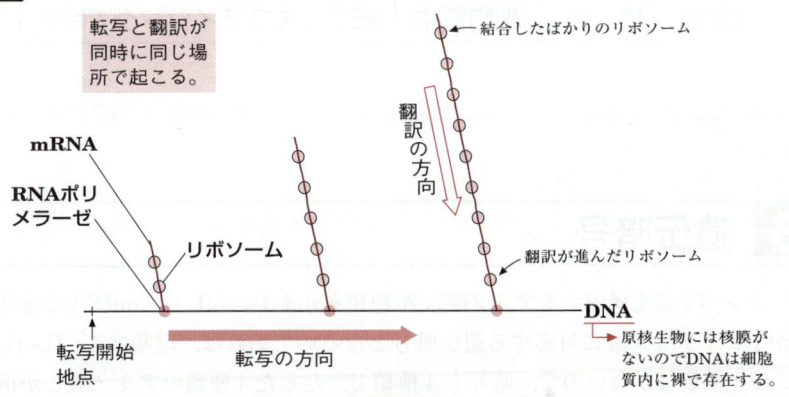

▲ 図57-4 原核生物のタンパク質合成

4 真核生物の遺伝子には，最終的に翻訳される部分(**エキソン**という)と，転写はされるが翻訳されない部分(**イントロン**という)とがあります。

イントロンの部分はいったん転写されますが，その後除去されます。この過程を**スプライシング**といいます。細菌などの原核生物にはイントロンの部分はないので，スプライシングも行われません。

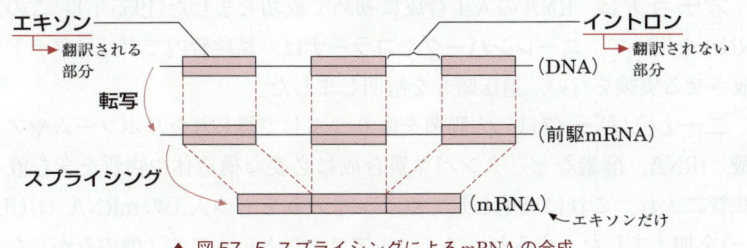

▲ 図57-5 スプライシングによるmRNAの合成

+α パワーアップ 古細菌の転写・翻訳

同じ原核生物でも**古細菌**(⇨p.739)のなかには，イントロンをもち，スプライシングが行われるものもいる。そのようなことからも真核生物は細菌（バクテリア）と古細菌（アーキア）とでは，古細菌に近いといえる。

最強ポイント

	転写	翻訳	イントロン
細菌	同時に同じ場所で		存在しない
真核生物	核内	細胞質中	転写後スプライシングで除去

3 遺伝暗号

1 タンパク質を構成するアミノ酸は20種類あります。もしも，mRNAの塩基が1つでアミノ酸に対応する遺伝暗号となるのであれば，塩基はA，U，G，Cの4種類しかないので，暗号も4種類で，たった4種類のアミノ酸しか指定できないことになります。また，2つの塩基で1つのアミノ酸を指定する遺伝暗号だとしても$4^2=16$種類のアミノ酸しか指定できません。

しかし，3つの塩基で1つのアミノ酸を指定する暗号であれば$4^3=64$種類の暗号が可能で，20種類のアミノ酸を十分指定できることになります。

このようなことから，**ガモフ**は3つの塩基で1つの暗号となっているという**トリプレット説**を提唱しました(1955年)。

2 **オチョア**は，RNAの人工合成に初めて成功しました(1955年)。この人工RNAを用いて，**ニーレンバーグ**や**コラーナ**は，試験管内でポリペプチドを合成させる実験を行い，遺伝暗号を解明しました。

3 **ニーレンバーグ**は，大腸菌をすりつぶして得られたリボソームやアミノ酸，tRNA，酵素など，タンパク質合成に必要な構造体や物質を含む液を試験管に入れ，これに塩基としてウラシルのみをもつ人工のmRNA（UUUUU…）を加えました。すると，フェニルアラニンというアミノ酸のみからなるペ

プチドが合成される事を発見しました(1961年)。このことから，UUUは，フェニルアラニンを指定するコドンであることがわかりました。

4 コラーナは，アデニンとシトシンの繰り返しの塩基配列をもつ人工のmRNA(ACACA…)を用いて，ニーレンバーグと同様にタンパク質合成を行わせました。その結果，トレオニンとヒスチジンが繰り返されるペプチドが合成されました。この場合，ACACACAC…から考えられるコドンはACAとCACの2種類なので，ACAあるいはCACのいずれかが，トレオニンあるいはヒスチジンの暗号であることがわかります。

5 コラーナは次に，CAAの繰り返しの塩基配列をもつ人工のmRNA(CAACAACAA…)を用いて実験しました。その結果，トレオニンのみからなるペプチド，アスパラギンのみからなるペプチド，グルタミンのみからなるペプチドの3種類が生じました。この場合，CAACAACAA…から考えられるコドンはCAA，AAC，ACAの3種類です。

つまり，CAA，AAC，ACAのいずれかがトレオニン，アスパラギン，グルタミンの暗号であることがわかります。

> 人工RNAの場合は，どこから読み始めるかによって，次の3通りの読み枠が生じる。
> |CAA|CAA|CAA|
> 実際のRNAには開始コドンがあるので，読み枠は1つに決まる。

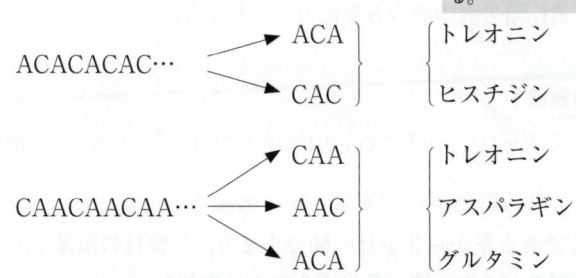

ACACACAC… → ACA } トレオニン
　　　　　　→ CAC } ヒスチジン

CAACAACAA… → CAA } トレオニン
　　　　　　→ AAC } アスパラギン
　　　　　　→ ACA } グルタミン

6 これらの2つの実験から，共通する暗号であるACAが共通しているアミノ酸であるトレオニンの暗号だと判断されます。同時に，最初の実験のもう1つの暗号であるCACがヒスチジンの暗号であることもわかります(1963年)。

7 このような実験を積み重ね，64種類の暗号がすべて解明されました(1966年)。

8 次のページの表は**mRNAのコドンとアミノ酸**の対応を示したもので，**遺伝暗号表**といいます。左の縦にコドンの1文字目，上の横に2文字目，右横の縦に3文字目が書いてあります。

1番目の塩基	2番目の塩基				3番目の塩基
	U	C	A	G	
U	UUU フェニルアラニン UUC フェニルアラニン UUA ロイシン UUG ロイシン	UCU セリン UCC セリン UCA セリン UCG セリン	UAU チロシン UAC チロシン UAA（終止） UAG（終止）	UGU システイン UGC システイン UGA（終止） UGG トリプトファン	U C A G
C	CUU ロイシン CUC ロイシン CUA ロイシン CUG ロイシン	CCU プロリン CCC プロリン CCA プロリン CCG プロリン	CAU ヒスチジン CAC ヒスチジン CAA グルタミン CAG グルタミン	CGU アルギニン CGC アルギニン CGA アルギニン CGG アルギニン	U C A G
A	AUU イソロイシン AUC イソロイシン AUA イソロイシン AUG メチオニン（開始）	ACU トレオニン ACC トレオニン ACA トレオニン ACG トレオニン	AAU アスパラギン AAC アスパラギン AAA リシン AAG リシン	AGU セリン AGC セリン AGA アルギニン AGG アルギニン	U C A G
G	GUU バリン GUC バリン GUA バリン GUG バリン	GCU アラニン GCC アラニン GCA アラニン GCG アラニン	GAU アスパラギン酸 GAC アスパラギン酸 GAA グルタミン酸 GAG グルタミン酸	GGU グリシン GGC グリシン GGA グリシン GGG グリシン	U C A G

▲ 表57-1　mRNAの遺伝暗号表

それでは，遺伝暗号表の読み方を練習しましょう。

遺伝暗号の練習1

上の遺伝暗号表を見て，mRNAのコドンがGAUに対応するアミノ酸は何か？

解説　1番目の塩基がGである一番下の欄を右に見ていき，2番目の塩基がAである左から3番目の欄で止まり，3番目の塩基がUである一番上のアスパラギン酸が該当するアミノ酸となる。

答 アスパラギン酸

遺伝暗号の練習2

DNAの鋳型鎖の塩基配列ATAから転写されて生じたmRNAのコドンに対応するアミノ酸は何か？

解説　ATAを転写するとUAU，これを遺伝暗号表から読むとチロシンとなる。

答 チロシン

遺伝暗号の練習 3
トリプトファンと結合している tRNA のアンチコドンの塩基は何か？

解説 トリプトファンを遺伝暗号表から探すと，mRNA のコドンは UGG とわかる。tRNA は，このUGGに相補的な塩基をもつので，ACC がアンチコドンの塩基配列となる。　**答 ACC**

9 遺伝暗号は64種類ありますが，アミノ酸は20種類しかないので，複数のコドンが同じ種類のアミノ酸を指定していることがわかります。たとえば，CCU，CCC，CCA，CCG はいずれもプロリンを指定するコドンです。

　このように，コドンの3文字目は比較的融通がきくようで，3文字目が他の塩基に置き換わっても同じ種類のアミノ酸を指定する場合が多いようです。

遺伝暗号の練習 4
ロイシンを指定するコドンは何通りあるか？

解説 遺伝暗号表中の1番目の塩基がUとCを読む。
　答 6通り（UUA，UUG，CUU，CUC，CUA，CUG）

遺伝暗号の練習 5
フェニルアラニン・イソロイシン・セリンというペプチドを指定する mRNA の塩基配列は何通りあるか？

解説 フェニルアラニンは UUU，UUC の2通り，イソロイシンは AUU，AUC，AUA の3通り，セリンは UCU，UCC，UCA，UCG，AGU，AGC の6通りあるので，全部で 2×3×6=36通りとなる。　**答 36通り**

10 UAA，UAG，UGA の3種類は**終止**（または**終了，停止**）**暗号**と呼ばれるもので，mRNA にこのコドンがあると，**その部分にはアミノ酸は対応せず，翻訳はその手前で終わってしまいます。**

11 AUG はメチオニンを指定するコドンであると同時に，翻訳の開始を意味する**開始コドン**でもあります。mRNA のなかで**最初に登場する AUG の部分から翻訳が始まります。**2回目以降に登場した AUG はメチオニンを指定するだけのコドンとして働きます。

遺伝暗号の練習6

次のような伝令RNAに対応するアミノ酸は何個か？
ACCAUGUAUAUGAAGGGUUGAAACGAAGGU

解説 最初に登場したAUG（メチオニン）から順に，UAU（チロシン）・AUG（メチオニン）・AAG（リシン）・GGU（グリシン）となるが，次のコドンがUGAで終止コドンなので，その後ろは翻訳されない。よって，対応するアミノ酸は5つである。　**答** 5個

+α パワーアップ　開始コドンとタンパク質

AUGが開始コドンなので，タンパク質合成は必ずメチオニンから始まるが，このメチオニンはタンパク質合成が完了すると切り離されてしまう。したがって，完成したタンパク質の1番目のアミノ酸が常にメチオニンなどということはない。

最強ポイント

① **遺伝暗号の解明に関与した学者**…**オチョア，ニーレンバーグ，コラーナ**
② **遺伝暗号表**…**mRNAのコドンとアミノ酸の対応を示した表。**
③ 同じ種類のアミノ酸を**複数のコドン**が指定する場合も多い。
（特に3文字目が異なっても同じアミノ酸を指定する場合が多い）
④ 翻訳の終わりを意味する**終止コドン**が**3種類**ある。
⑤ **AUGは開始コドン**であると同時に，**メチオニンを指定するコドン**でもある。

第58講 遺伝子発現のしくみ

遺伝子が働いてどのようにして表現型が現れるのでしょう。また，遺伝子が働いたり働かなかったりの調節は？

1 一遺伝子一酵素説

1 野生型のアカパンカビは，糖・無機塩類・ビオチン（ビタミンの一種）という単純な栄養だけで生育できます。これらの栄養だけしか含まない培地を**最少培地**といいます。それに対して，すべての栄養分を含んだ培地を**完全培地**といいます。

> 子のう菌というカビの仲間。酵母菌の多くや馬鹿苗病菌（⇨p.567）も子のう菌の仲間である。

野生型のアカパンカビは，最少培地に含まれている糖から，次のような反応によって，生育に必要なアルギニンというアミノ酸を合成することができます。

$$糖 \longrightarrow オルニチン \longrightarrow シトルリン \longrightarrow アルギニン$$

2 アカパンカビの胞子にX線を照射すると，完全培地では生育できるが最少培地では生育できない株が現れます。このような突然変異株を**栄養要求性突然変異株**といいます。ビードルとテータムは，栄養要求性突然変異株のうち，アルギニンを添加すると生育できるもの（これを**アルギニン要求株**という）について，最少培地にオルニチン，シトルリン，アルギニンをそれぞれ添加して生育を調べ，次のような結果を得ました（1942年）。

	無添加	オルニチン	シトルリン	アルギニン
Ⅰ型	−	＋	＋	＋
Ⅱ型	−	−	＋	＋
Ⅲ型	−	−	−	＋

3 アルギニン要求株にはⅠ～Ⅲの3つの型があります。Ⅰ～Ⅲ型の突然変異株は，それぞれアルギニン合成過程のどこが欠けてしまったのか考えてみましょう。（突然変異は1か所のみに起こったと仮定します）

　Ⅰ型は，**オルニチンまたはシトルリンを添加すれば生育できます**。オルニチンからアルギニンを生成することができるということは，オルニチン以降の反応には欠陥がないことがわかります。しかし，最少培地では生育できないので，糖とオルニチンの間に欠陥があると判断できます。

　　（Ⅰ型）　糖　─✗→　オルニチン　─→　シトルリン　─→　アルギニン
　　　　　　　　　　↑
　　　　　　　　　（欠陥）

4 **Ⅱ型**は，**シトルリンを添加すれば生育できる**ので，シトルリン以降には欠陥がありません。でも，オルニチンを添加しても生育できないので，オルニチンとシトルリンの間に欠陥があることが判断できます。このような生育実験では，糖とオルニチンの間がどうなっているのかはわかりませんが，突然変異が生じたのが1か所のみであるとすれば，糖とオルニチンの間は正常と判断されます。

　　（Ⅱ型）　糖　─→　オルニチン　─✗→　シトルリン　─→　アルギニン
　　　　　　　　　　　　　　　　　↑
　　　　　　　　　　　　　　　（欠陥）

5 **Ⅲ型**は，シトルリンを添加して生育できないので，シトルリンとアルギニンの間に欠陥があると判断できます。突然変異が1か所のみとすればそれ以外は正常だと判断されます。

　　（Ⅲ型）　糖　─→　オルニチン　─→　シトルリン　─✗→　アルギニン
　　　　　　　　　　　　　　　　　　　　　　　　↑
　　　　　　　　　　　　　　　　　　　　　　（欠陥）

6 このような実験で，X線照射によって変異を起こすのは遺伝子ですが，遺伝子に変異が生じたことで正常な酵素合成が行われなくなり，その結果特定の反応が行われなくなって変異形質が発現したと考えられます。

　つまり，**一つの遺伝子は一つの酵素合成を支配し，その酵素の働きにより特定の反応が促進されて特定の形質が発現する**と考えられます。このような考え方を**一遺伝子一酵素説**といい，**ビードル**と**テータム**によって提唱されました（1945年）。

7 ヒトの遺伝病であるフェニルケトン尿症やアルカプトン尿症，アルビノなどは，一遺伝子一酵素説で説明できます。

体内でフェニルアラニンやチロシンなどのアミノ酸は，次の図のように変換されます。

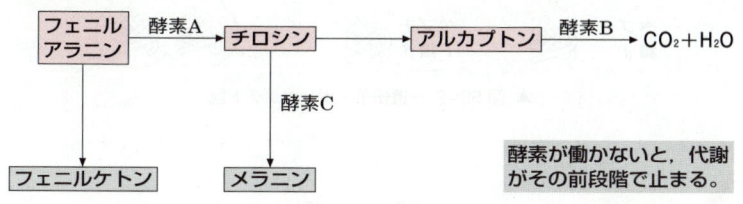

```
フェニル    酵素A    チロシン    　    アルカプトン    酵素B    CO₂+H₂O
アラニン  ────→           ────→                    ────→
                    │酵素C
                    ↓
フェニルケトン      メラニン
```

酵素が働かないと，代謝がその前段階で止まる。

▲ 図58-1 フェニルケトン尿症・アルカプトン尿症・アルビノと代謝経路

8 フェニルアラニンをチロシンに変える酵素Aを支配する遺伝子に変異が生じるとフェニルアラニンが蓄積し，これがフェニルケトンとなって尿中に排出されるようになります。これが**フェニルケトン尿症**です。

9 アルカプトンをCO_2とH_2Oに分解する酵素Bに変異が生じると，アルカプトンが尿中に排出されるようになります。これが**アルカプトン尿症**です。

10 チロシンをメラニンに変える酵素Cを支配する遺伝子に変異が生じると，メラニンが生成されず，毛や皮膚が白くなります。これが**アルビノ（白子症）**です。

11 実際には，必ずしも遺伝子が酵素形成を支配するとは限りません。眼の水晶体を構成する**クリスタリン**というタンパク質や微小管を構成する**チューブリン**というタンパク質も筋原繊維を構成する**アクチン**というタンパク質も，その合成は遺伝子によって支配されていますが，酵素ではありません。遺伝子が単にタンパク質合成を支配することもたくさんあります。

12 また，複数のポリペプチドが組み合わさってタンパク質となるような，四次構造をもつタンパク質の場合は，複数の遺伝子によって1つのタンパク質合成が支配されます。

たとえば，赤血球に含まれるヘモグロビンは，2種類のポリペプチドからなります。一つの遺伝子が一種類のポリペプチドの合成を支配するので，ヘモグロビンは2種類の遺伝子に支配されることになります。このような場合でも，一つの遺伝子が一つのポリペプチド合成を支配しているとはいえます。これを**一遺伝子一ポリペプチド説**といいます（図58-2）。

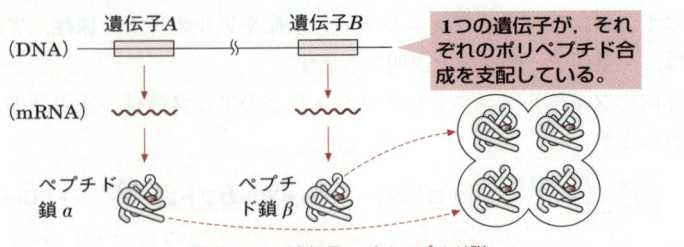

▲ 図58-2 一遺伝子一ポリペプチド説

(1つの遺伝子が、それぞれのポリペプチド合成を支配している。)

＋α パワーアップ 選択的スプライシングと一遺伝子一ポリペプチド説

　真核生物では、1つの遺伝子内に複数のエキソンとイントロンがあり、転写された後イントロンの部分は除去される（⇨p.345）。このとき、たとえば下の図のように、エキソンの部分が異なった組み合わせで結合し、1つの遺伝子から複数種類のmRNAが生じ、その結果、複数種類のポリペプチドが合成される場合がある。これを**選択的スプライシング**という。

　これは、遺伝子の数をふやすことなく遺伝情報量を増加させるしくみだと考えられているが、この場合、1つの遺伝子から複数種類のポリペプチドが合成されるので、一遺伝子一ポリペプチド説も成り立たなくなる。

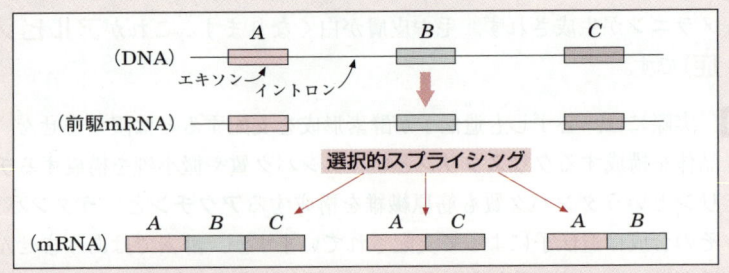

▲ 図58-3 選択的スプライシングによるmRNAの合成

　また、tRNAやrRNAも遺伝子から転写してつくられるが、この場合は、遺伝子がタンパク質やポリペプチドを支配せず、RNA合成だけを支配していることになる。

　このように見ていくと、「遺伝子とは？」という定義を定めるのが困難になってくる。しかし、入試レベルでは、**「1つのポリペプチド合成を支配する塩基の並び」**が1つの遺伝子と考えておけば、だいたいあてはまる。

> 【一遺伝子一酵素説】
> ① 一つの遺伝子が一つの酵素合成を支配するという考え。
> ② **ビードル**と**テータム**によって提唱された。
> ③ **一遺伝子一ポリペプチド**とすると遺伝子全般に適用できる。

2 原核生物の遺伝子発現のしくみ

1 大腸菌は，通常の培地（グルコースは含まれるがラクトースは含まれない培地）で生育しているときは，ラクトース分解酵素（β-ガラクトシダーゼ）を合成したりはしません（ラクトースがないので当然といえば当然ですが）。ところが，グルコースなし，ラクトース有りの培地に変えると，ラクトース分解酵素を合成し始めます。つまり，ラクトース分解酵素の合成を支配する遺伝子が発現し始めるのです。そのしくみは，次のように考えることができます。

2 酵素などのタンパク質を支配する遺伝子を**構造遺伝子**といいます。原核生物では，関連する機能をもつ複数の構造遺伝子が隣り合って存在していて，それらが1本のmRNAとして転写されます。このように同時に転写調節を受けるような構造遺伝子群を**オペロン**といいます。構造遺伝子群の直前には**リプレッサー**というタンパク質と結合する部位（領域）があり，これを**オペレーター**といいます。さらに，その近くにはRNAポリメラーゼと結合する部位があり，これを**プロモーター**といいます。プロモーターの部位にRNAポリメラーゼが結合して初めて**構造遺伝子群の転写**が開始されます。

さらに，少し離れた場所に**調節遺伝子**という遺伝子があり，この遺伝子の働きで，リプレッサーというタンパク質が合成されます。

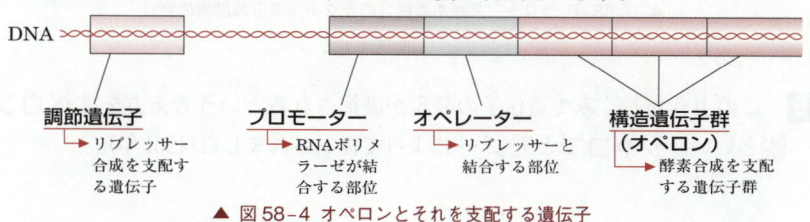

▲ 図58-4 オペロンとそれを支配する遺伝子

- 調節遺伝子 → リプレッサー合成を支配する遺伝子
- プロモーター → RNAポリメラーゼが結合する部位
- オペレーター → リプレッサーと結合する部位
- 構造遺伝子群（オペロン） → 酵素合成を支配する遺伝子群

3 通常の培地(グルコースあり,ラクトースなし)で生育している大腸菌では,**調節遺伝子からつくられたリプレッサーがオペレーターの部位に結合してい**ます。オペレーターとリプレッサーが結合していると,RNAポリメラーゼはプロモーターの部位に結合することができず,その結果,構造遺伝子群は転写されず,ラクトース分解酵素などは合成されません。

〔ラクトースなし〕

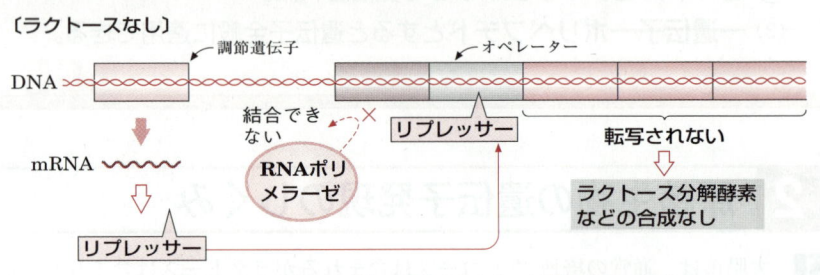

▲ 図58-5 ラクトースがない場合のラクトース分解酵素の合成

4 大腸菌を,通常の培地から〔グルコースなし,ラクトースあり〕の培地に移すと,**ラクトースから生じた代謝産物がリプレッサーと結合し,リプレッサーを不活性化してオペレーターの部位から離します。**その結果,RNAポリメラーゼがプロモーターの部位に結合し,構造遺伝子群の転写が行われ,ラクトース分解酵素などが合成されることになります。

〔ラクトースあり〕

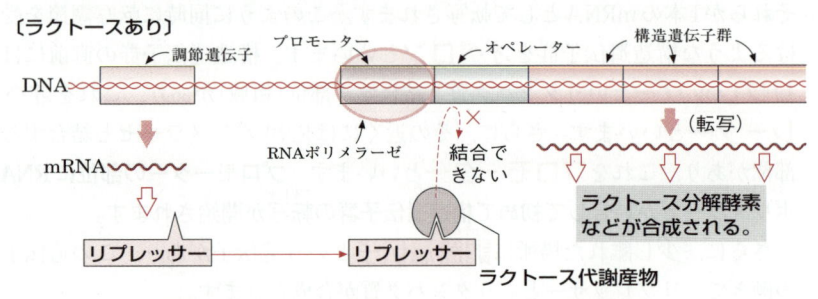

▲ 図58-6 ラクトースがある場合のラクトース分解酵素の合成

5 このようなしくみで遺伝子の発現が調節されるという考え方を**オペロン説**といい,**ジャコブとモノー**によって提唱されました(1961年)。

第58講 遺伝子発現のしくみ

+αパワーアップ トリプトファン合成酵素の誘導

大腸菌は，トリプトファンが含まれない通常の培地ではトリプトファンを合成する酵素を生成し，自らトリプトファンを合成して生育する。

ところが，培地にトリプトファンを添加すると，トリプトファンを合成する酵素を生成しなくなる。つまり，トリプトファン合成酵素を支配する遺伝子が発現しなくなる。

このしくみは，次のように考えることができる。

トリプトファン合成に関して，調節遺伝子から生成されたリプレッサーは不活性型（**アポリプレッサー**）で，通常の培地では，オペレーターの部位と結合できない。そのため，RNAポリメラーゼがプロモーターと結合して構造遺伝子群を転写させ，トリプトファン合成酵素がつくられ，トリプトファンが合成される。

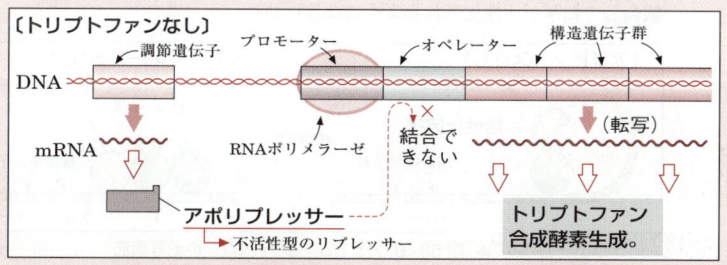

▲ 図58-7 通常培地でのトリプトファン合成酵素生成

ところが，培地にトリプトファンを添加すると，アポリプレッサーがトリプトファンと結合して活性型のリプレッサーになり，オペレーターと結合する。そのため，RNAポリメラーゼはプロモーターと結合できなくなり，構造遺伝子群の転写が行われなくなる。

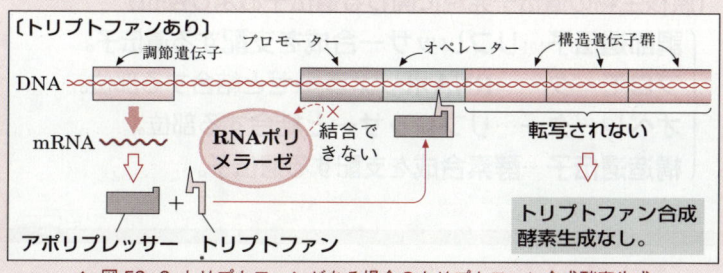

▲ 図58-8 トリプトファンがある場合のトリプトファン合成酵素生成

+α パワーアップ 活性化因子による転写調節

ラクトースオペロンもトリプトファンオペロンも，リプレッサーという抑制タンパク質が関与していた。リプレッサーのような抑制因子による調節を負の調節という。それに対して特定のタンパク質が結合することでプロモーターにRNAポリメラーゼが結合できるようになり転写が促進される場合もある。このようなタンパク質を**活性化因子**といい，活性化因子による転写の調節を正の調節という。

正の調節の例として**アラビノースオペロン**がある。この場合の活性化因子は2量体（2つのサブユニットからなるタンパク質）で，領域I_1とI_2に活性化因子が結合することで転写が促進される。アラビノースがないときは下図左のように2量体の1つが別の領域と結合していて転写が促進されないが，アラビノースが存在すると，アラビノースがこの活性化因子と結合し，活性化因子がI_1とI_2の位置に結合して転写が活性化されるようになる（図右）。

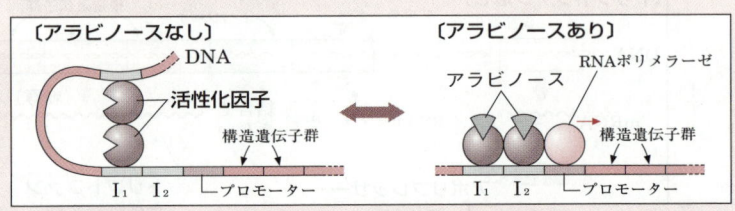

▲ 図58-9 アラビノースオペロンの転写調節

最強ポイント

【原核生物の遺伝子発現に関わる遺伝子および部位】
- 調節遺伝子…リプレッサー合成を支配する遺伝子。
- プロモーター…**RNA**ポリメラーゼと結合する部位。
- オペレーター…リプレッサーと結合する部位。
- 構造遺伝子…酵素合成を支配する遺伝子。

3 真核生物の遺伝子発現のしくみ

1 真核生物のDNAは，**ヒストン**というタンパク質と結合して**ヌクレオソーム**を形成し，折りたたまれて**クロマチン繊維**となり，さらに何重にも折りたたまれた状態になっています。このような状態では，RNAポリメラーゼと結合できず，転写も行われません。真核生物の転写の際には，**DNAの一部がほどけた状態になり，この部位に含まれる遺伝子だけが転写されます。**

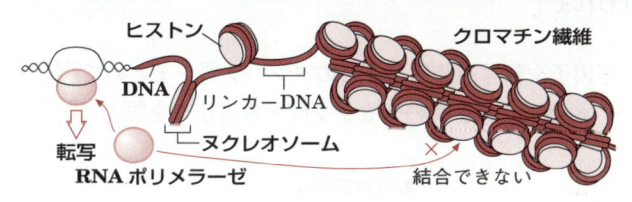

▲ 図58-10 真核生物でのDNAの転写

+α パワーアップ　ヒストンのメチル化，アセチル化

ヒストンタンパク質には，ヌクレオソームからちょうどしっぽのように突き出した部分があり，これを**ヒストンテール**という。

この部分にはリシンなどの正(+)の電荷をもつ塩基性のアミノ酸が多く含まれている。DNAはリン酸がH^+を放出して負(-)に帯電しており，正の電荷をもつヒストンと結合しやすい。

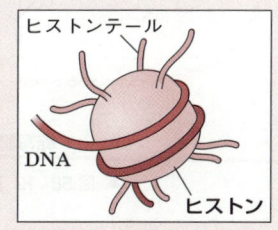

▲ 図58-11 ヌクレオソーム

このヒストンテールのリシンにアセチル基が結合する(**アセチル化**という)と，リシンの正(+)の電荷が中和されDNAから離れやすく(その結果RNAポリメラーゼが接近しやすくなる)なり，**転写が活性化される**。また，ヒストンタンパク質にメチル基が結合する(**メチル化**という)場合もあるが，この場合は結合する部位によって**クロマチン繊維を凝縮させて転写を不活性化させる場合と，クロマチン繊維をほどいて転写を活性化させる場合がある**。

また，**DNAの塩基(シトシン)にメチル基が結合する**現象も知られており，この場合は，ヒストンタンパク質のアセチル化を抑制・不活性型のメチル化を促進し，**遺伝子発現を抑制する**。シトシンのメチル化は，一部の遺伝子が父親由来あるいは母親由来の一方しか働かないように遺伝子に修飾を施す**ゲノムインプリンティング(遺伝子刷込み⇒p.189)** において中心的な役割を果たしている。ゲノムインプリンティングされた遺伝子は，細胞分裂が起こっても変化しないが，配偶子形成の際には初期化され，新たな修飾パターンに書き換えられる。

2 真核生物では，RNAポリメラーゼは**基本転写因子**というタンパク質と複合体をつくってプロモーターに結合します。この基本転写因子がないとRNAポリメラーゼはプロモーターと結合できません。

3 さらに，プロモーター以外にも**転写調節領域**（転写調節配列）があり，ここに結合する調節タンパク質を**転写調節因子**といいます。転写調節因子が転写調節領域に結合することで，転写の促進や抑制，あるいは転写量などの調節が行われます。

4 基本転写因子や転写調節因子などのタンパク質をまとめて**調節タンパク質**といい，調節タンパク質の合成を支配する遺伝子を**調節遺伝子**といいます。

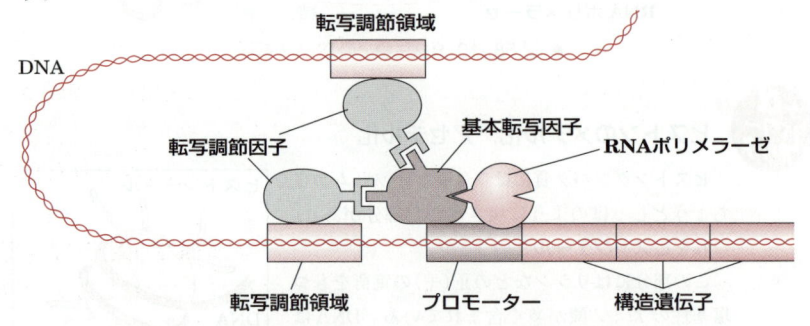

▲ 図58-12 真核生物の遺伝子発現に関わる因子や遺伝子

+α パワーアップ

RNA干渉

遺伝子発現は転写の段階で調節されることが多いが，翻訳の段階で調節される場合もある。その1つが**RNA干渉**（RNAi：RNA Interference）と呼ばれる現象である。これは短鎖RNAによって翻訳が阻害される現象で，1998年にファイアーとメローによってセンチュウ（⇨p.771）を用いた研究から発見された。

核内で生じたり外部から侵入した2本鎖RNAがダイサーという酵素によって短鎖RNA（microRNAあるいはsmall interfering RNA）に切断され，アルゴノートというタンパク質とともにRISCという複合体を形成する。RISCは相補的な塩基配列をもつmRNAを分解したりリボソームの移動を妨げ，翻訳を阻害する。

RNA干渉を利用することで特定の遺伝子の発現量を低下させる（これを**遺伝子ノックダウン**という）ことができ，病気の発症を抑制する遺伝子治療が期待されている。

第59講 遺伝子と発生・形態形成

発生に伴って，遺伝子がどのように発現し，それぞれの生物に特有の形態が形成されるのでしょう。

1 初期発生と遺伝子発現

1 下の図59-1のグラフは，カエルの受精前から，受精，原腸胚期までのDNA，mRNA合成の変化のようすを示したものです（⇨第33講「卵割」参照）。

2 「卵割」のところで学習したように，受精～胞胚期まではmRNAが合成されません。つまり，受精卵の遺伝子は発現していないことになります。したがって，胞胚期までのタンパク質合成は，受精前（減数分裂前）に転写されたRNAを使って行われます。

　すなわち，**胞胚期までは，受精前（減数分裂前）の卵母細胞の遺伝子が発現して形質を発現**しており，胞胚期までの表現型は，第53講「特殊な遺伝」で学習した遅滞遺伝をするのです。

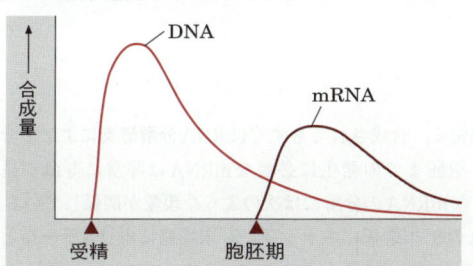

（図59-1 発生におけるDNA・mRNAの合成）

mRNAがつくられ始める胞胚期までは，受精前につくられていたmRNAが働いてタンパク質が合成される。
⇩
卵母細胞（母親）の遺伝子が発現。

▲ 図59-1 発生におけるDNA・mRNAの合成

3 たとえば，カエルの体色に関して，A は黒色，a は白色の遺伝子で，A が a に対して優性であるとします。いま，aa の雌から生じた a の卵が，A の精子と受精したとします。受精卵から胞胚期までは，減数分裂する前の aa の遺伝子が発現するので，白色になります。そして，原腸胚期以降は受精卵の Aa の遺伝子が発現するので黒色になります。

> **初期発生時の遺伝の練習**
> 前ページで説明したカエルの体色に関して，Aa から生じた A と a の卵が，それぞれ a の精子と受精した。それぞれの受精卵から生じた胚の，胞胚期までの体色および成体の体色は何色か？

解説　生じた卵が A であろうが a であろうが，**胞胚期までは，減数分裂する前の Aa の遺伝子が発現して表現型が決まる**ので，いずれの卵から生じた胚も胞胚期までは黒色。

原腸胚期以降は，受精卵の遺伝子が発現するので，A の卵と a の精子が受精して生じた Aa の成体は黒色，a の卵と a の精子が受精して生じた aa の成体は白色となります。

答　胞胚期までの体色…どちらも黒色
成体の体色；Aa…黒色，aa…白色

最強ポイント

受精卵〜胞胚期までの形質発現は，減数分裂前の**卵母細胞の遺伝子の発現（転写された mRNA）**によって行われる。

+α パワーアップ　RNA分解のしくみ

一般に mRNA は寿命が短く，合成されてもすぐに RNA 分解酵素によって分解されてしまう。しかし，胞胚までの発生に必要な mRNA は非常に寿命が長い RNA といえる。このような mRNA の分解には次のような現象が関係している。

転写されて生じた RNA の 5′ 末端側に**キャップ**，3′ 末端側に**ポリAテール**という構造が付加される。キャップはメチル化したグアノシン（グアニン＋リボース）と3つのリン酸からなる構造，ポリAテールは，アデノシン一リン酸（AMP）が70〜250個結合した構造である。このような構造が付加されている RNA は，RNA 分解酵素の作用を受けず，分解されない。

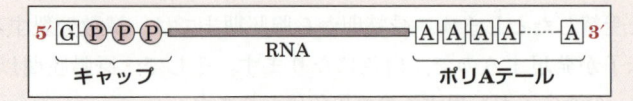

5′ G-P-P-P-P ──RNA── A-A-A-A……A 3′
　　　キャップ　　　　　　　　　ポリAテール

2 ホルモンと遺伝子発現

1 ユスリカやショウジョウバエのような双翅目の昆虫の唾腺の細胞には，ふつうの染色体の100～150倍の大きさの特殊な巨大染色体(**唾腺染色体**)が観察されます。このことは，第50講で学習しましたね。

この唾腺染色体には，**DNAが高密度に分布した横縞が観察され，この部分が遺伝子の存在する場所**と考えられています。また，この横縞には，ところどころに膨らんだ部分があり，この部分を**パフ**といいます。

2 唾腺染色体に放射性のウリジンを与えると，このパフの部分にだけ取り込まれます。このことから，**パフの部分ではDNAの二重らせんがほどけ，転写が行われている**ことがわかります。つまり，パフの部分は遺伝子が活性化している部分なのです。

「ウラシル＋リボース」で，RNA合成の材料として使われる。

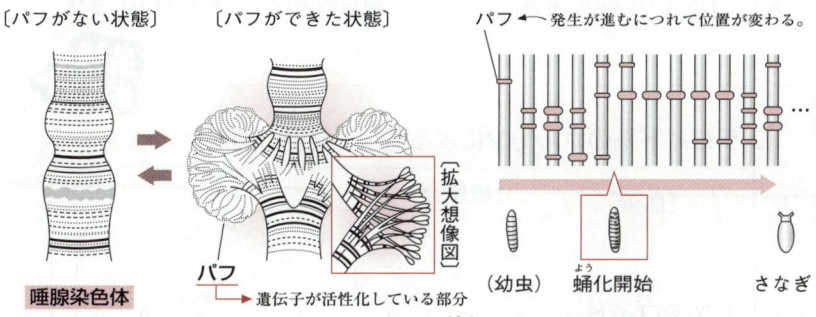

▲ 図59-2 ショウジョウバエの幼虫の蛹化開始前後でのパフの変化

3 上の図59-2からわかるように，発生段階によってパフの位置が変化します。仮に，蛹化を促進する**エクジソン**というホルモンを蛹化前の幼虫に与えると，蛹化のときに現れる位置にパフが生じるようになります。

4 また，他の器官(腸やマルピーギ管)でも同様の巨大染色体が観察されますが，パフが形成される位置は異なります。これは，**発生の段階や器官によってそれぞれ特定の遺伝子が活性化され，各細胞に独自の形質が発現していく**ことを示しています。これを**選択的遺伝子発現**といいます(⇨第40講「発生における核の働き」参照)。

5 遺伝子のなかには細胞の生存に必要な遺伝子，たとえばATP合成に関与する遺伝子のように，どの細胞でも常に発現している遺伝子もあります。このように常に遺伝子が発現することを**構成的発現**といい，構成的発現している遺伝子を**ハウスキーピング遺伝子**といいます。

　それに対し，ここで扱われた遺伝子のように，遺伝子の発現が調節されていることを**調節的発現**といいます。

6 エクジソンはステロイド系（⇨p.529）のホルモンで，細胞膜を通過して細胞内に入ると，エクジソンと特異的に結合する受容体タンパク質と結合して，これを活性化します。そして結合した状態で核内に入り，調節タンパク質としてDNAの特定の領域に結合し，蛹化に必要な遺伝子の転写を促進します。

7 このようなホルモンによる遺伝子発現の調節は，脊椎動物でも見られます。たとえば，**エストロゲン（ろ胞ホルモン）**もステロイド系のホルモンで，細胞膜を通過して細胞内に入ると受容体タンパク質と結合し，これが核内に入り，DNAの特定の領域に結合して，複数の遺伝子の転写を促します。

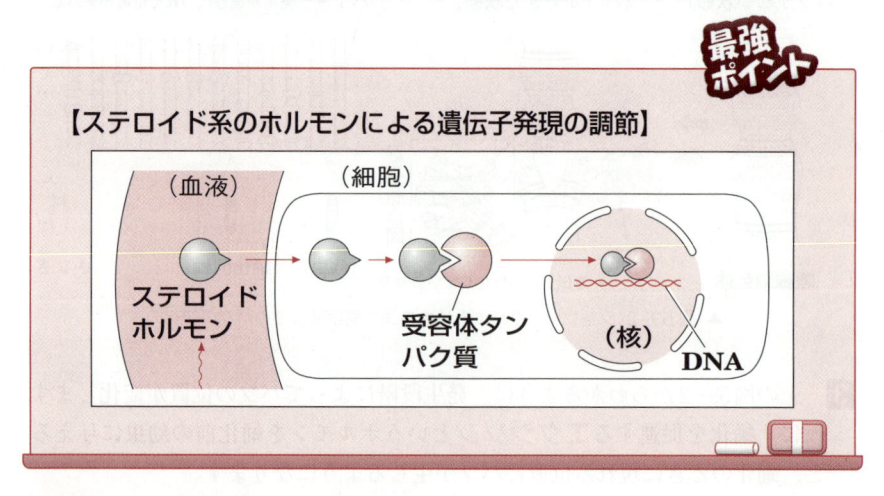

【ステロイド系のホルモンによる遺伝子発現の調節】

（血液）　（細胞）

ステロイドホルモン → 受容体タンパク質 → （核）DNA

3　形態形成と遺伝子

1 発生過程で，新たな形態が生じる現象を**形態形成**といいます。

　たとえば，ショウジョウバエでは，次のように規則正しく遺伝子が順に発現して形態形成が行われます。

第59講 遺伝子と発生・形態形成

2 まず最初に，前後などの体軸を決定する遺伝子（**軸決定遺伝子**）が働きます。これには，**ビコイド**や**ナノス**と呼ばれる遺伝子が関与します。卵形成時（受精前）に，母親の卵巣内の**哺育細胞**から卵母細胞に，これらの遺伝子から転写されたmRNAが送り込まれ，ビコイド遺伝子のmRNAは卵の前端部に，ナノス遺伝子のmRNAは**卵の後端部**に局在するようになります。

> 微小管に結合したモータータンパク質のキネシンの働きによる。

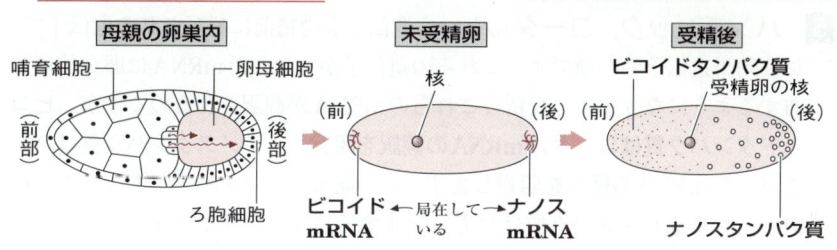

▲ 図59-3 ショウジョウバエの体軸の決定に関係する遺伝子

3 受精後，これらのmRNAから翻訳が起こり，合成されたビコイドタンパク質およびナノスタンパク質が卵内で濃度勾配をつくります。

そして，ビコイドタンパク質の濃度が高いほうが将来頭側になり，これによって，前後軸が決定されたことになります。

このように受精前の卵形成時に転写されたmRNAの働きで発現する遺伝子を**母性効果遺伝子**といいます。

4 その結果，未受精卵におけるmRNAおよび受精後におけるタンパク質は下の図のように分布します。

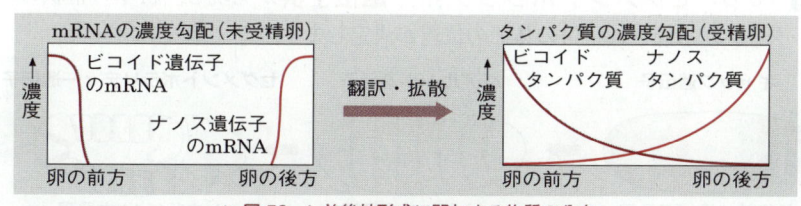

▲ 図59-4 前後軸形成に関与する物質の分布

遺伝の練習23　母性効果遺伝子と前後軸の形成

正常ビコイド遺伝子をB，ホモ接合体で正常に頭部が形成されない異常遺伝子をbとする。Bbの雌とbbの雄を受精させて生じた幼虫で，正常に頭部が形成されない幼虫の割合は？

解説 Bbの雌から生じた卵はBとbが1：1だが，受精する前にB遺伝子が転写されて正常なmRNAが蓄積している。そのためbの精子と受精してBbとbbの受精卵が生じるが，いずれにも正常なビコイドmRNAが存在するので，いずれの幼虫も正常に頭部が形成される。

答 0%

5 **ハンチバック，コーダル**という遺伝子も受精前に転写される遺伝子で，母性効果遺伝子の一種です。これらの遺伝子から生じたmRNAは卵全体に分布するようになります。受精後これらのmRNAが翻訳されるのですが，**ビコイドタンパク質はコーダルmRNAの翻訳を阻害し，ナノスタンパク質はハンチバックmRNAの翻訳を阻害します**。その結果，ハンチバックタンパク質は前方，コーダルタンパク質は後方に分布するようになります。これらのタンパク質が転写を調節するタンパク質として働き，頭部形成あるいは腹部形成に関与する遺伝子を次々と活性化していくのです。

6 これらの母性効果遺伝子の次に働くのが**分節遺伝子**です。これにより体節の位置が決定されます。まず最初に働く分節遺伝子が**ギャップ遺伝子群**で，これにより胚の大まかな領域が区画されます。

7 次に働くのが**ペアルール遺伝子群**で，これにより7つの帯状のパターンがつくられます。

8 さらに**セグメントポラリティー遺伝子群**が発現し，14本の帯状のパターンが形成され，14の体節の位置が決定します。

ギャップ遺伝子	ペアルール遺伝子	セグメントポラリティー遺伝子
前後軸に沿って発現	しま状に7本発現	しま状に14本発現

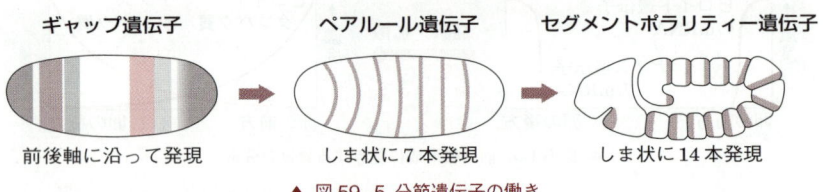

▲ 図59-5 分節遺伝子の働き

9 さらに，体節を分化させる遺伝子が発現します。体節は，前後軸に沿って，繰り返される節状の構造のことで，各体節にそれぞれ決まった器官が形成されます。たとえば，ショウジョウバエでは，頭部には触角，胸部の3つの体節それぞれに1対ずつの脚，胸部の第2体節には1対の翅がそれぞれ形成さ

れます。このような体節の分化を決定する調節遺伝子群を**ホメオティック遺伝子群**といいます。

10 活性化した分節遺伝子産物の位置情報により，種々のホメオティック遺伝子が体軸に沿って発現します。そして，ホメオティック遺伝子の産物は，触角，脚（あし），翅（はね）などを形成する遺伝子の調節タンパク質として働き，それぞれの器官が形成されます。

それぞれの器官形成には多くの遺伝子が関与しますが，それらを制御する調節遺伝子により，他の遺伝子の発現が連鎖的に引き起こされ，器官が形成されます。

11 ホメオティック遺伝子に突然変異（⇨p.371）が生じると，本来とは異なる場所に別の器官が生じるといった突然変異（これを**ホメオティック突然変異**といいます）が生じます。

たとえば，ショウジョウバエでは，通常は第2体節からのみ翅が形成されるので2枚しか翅が形成されませんが，**ウルトラバイソラックス突然変異体**では，第3体節が第2体節に変異しているため，両方の体節から翅が形成され，4枚翅が形成されてしまいます。

また，**アンテナペディア突然変異体**では，本来触角が形成される体節に脚が形成されてしまいます（図59-6）。

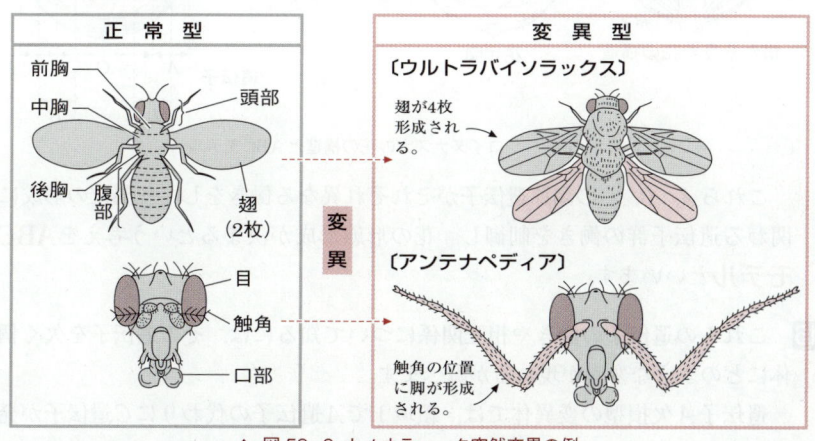

▲ 図59-6 ホメオティック突然変異の例

12 これらのホメオティック遺伝子から生じるタンパク質には60個のアミノ酸からなる共通性の高い領域があり，これを**ホメオドメイン**といいます。また，ホメオドメインを指定する180塩基対の塩基配列を**ホメオボックス**といいます。

13 不思議なことに，ショウジョウバエにあるホメオティック遺伝子群は，ほとんどの動物にも類似する遺伝子群が存在し，前後軸に沿った形態形成に中心的な役割をもっています。そこでこれらを総称して***Hox*(ホックス)遺伝子群**といいます。

14 植物でも，形態形成に関与するホメオティック遺伝子が発見されています。たとえば，シロイヌナズナという植物の花の形態形成には，A，B，Cの3種類のホメオティック遺伝子が関係しています。

15 本来がくが生じる一番外側の領域を領域1，以下内側に向かって順番に，花弁，おしべ，めしべが生じる領域を2，3，4とします。正常な花では，領域1では遺伝子Aのみ，領域2ではAとB，領域3ではBとC，領域4ではCのみが発現していることになります。

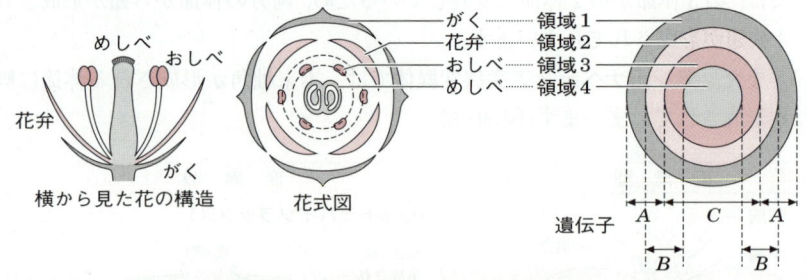

▲ 図59-7 シロイヌナズナの花の構造とABCモデル

これらA，B，Cの調節遺伝子がそれぞれ異なる働きをして各部位の形成に関わる遺伝子群の働きを制御し，花の形態形成が決まるという考えを**ABCモデル**といいます。

16 これらの遺伝子の働きや相互関係について知るには，その遺伝子を欠く個体にどのような変異が現れるか調べます。

遺伝子A欠損型の変異体では，領域1でA遺伝子の代わりにC遺伝子が発現するようになり，めしべが形成されます。領域2でもA遺伝子の代わりにC遺伝子が発現し，もともとB遺伝子は発現しているので，おしべが形成さ

れることになります。領域3，4はもともと遺伝子Aは発現していないので影響なくおしべとめしべが形成され，外側から順に，めしべ，おしべ，おしべ，めしべという不思議な花が形成されます。

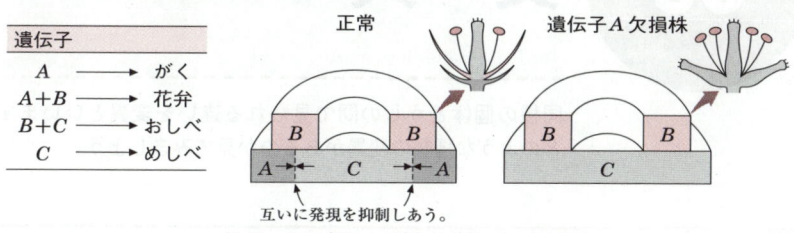

遺伝子	
A	→ がく
$A+B$	→ 花弁
$B+C$	→ おしべ
C	→ めしべ

▲ 図59-8　正常型とA遺伝子欠損型の花の構造

17 この場合，遺伝子Aが発現していると遺伝子Cの発現が抑制，逆に遺伝子Cが発現している領域では遺伝子Aの発現が抑制されており，遺伝子AとCの間では，一方の働きが失われると，他方の遺伝子が発現するようになるという関係があるのです。

18 茎頂分裂組織の中央領域には分裂を繰り返す幹細胞がありますが，C遺伝子が発現することで抑制されるようになります。

　C遺伝子が変異すると領域1や2では正常と同じくがく，花弁が生じ，領域3ではC遺伝子の代わりにA遺伝子が発現するので花弁が形成されます。また，C遺伝子による抑制が行われないため幹細胞の増殖が続き，「がく，花弁，花弁」のセットが繰り返されるようになります（2次花，3次花）。これがいわゆる八重咲きと呼ばれる花です。

図59-9　C遺伝子欠損型の花の構造▶

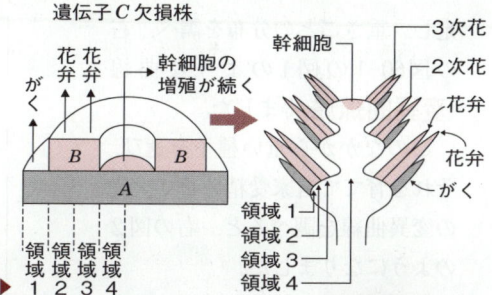

最強ポイント

｛ショウジョウバエの形態形成…**軸決定の遺伝子**→**分節決定の遺伝子**→**体節分化の遺伝子**が順に発現する。
　ホメオティック遺伝子…**体節の分化**を決定する調節遺伝子。

第60講 変異

同種の個体どうしの間で見られる違いを変異といいます。どのような種類の変異があるのか見てみましょう。

1 環境変異

1 遺伝子の違いではなく，**生育したときの環境の違い**などで生じた，**遺伝しない変異**を**環境変異**といいます。環境変異については，デンマークの**ヨハンセン**が次のようにして調べました。

2 ヨハンセンは，市場で買ってきたインゲンマメの種子の重さを測定し，重さごとの分布を調べ，右の図60-1の図1のような曲線（**変異曲線**）を得ました。

このなかから重い種子を選び，それを育てて自家受精させて次代の変異曲線を調べると，右の図2のようになりました。

さらに，重い種子を選択して自家受精すると右の図3のようになりました。つまり，この場合，選択の効果があったといえます。

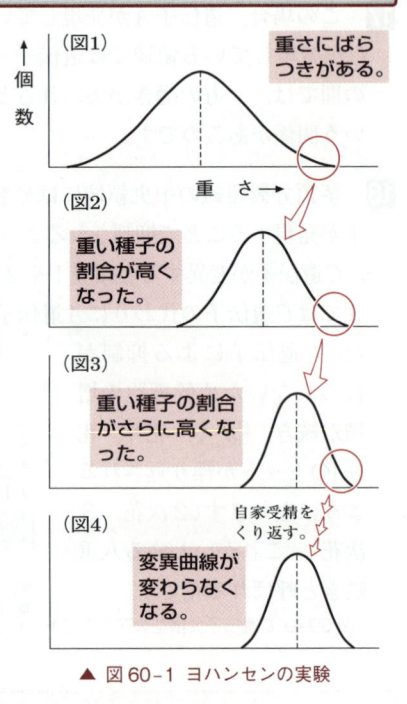

（図1）重さにばらつきがある。
（図2）重い種子の割合が高くなった。
（図3）重い種子の割合がさらに高くなった。
（図4）自家受精をくり返す。変異曲線が変わらなくなる。

▲ 図60-1 ヨハンセンの実験

3 ところが，重い種子を選択して**自家受精するということを繰り返す**と，重い種子を選んでも，次代の変異曲線が前の代の変異曲線と変わらなくなりました（図4）。つまり，選択の効果がなくなってしまったのです。

4 最初の集団には遺伝的にもばらつきがあったはずですが，代々自家受精を

繰り返すと純系が得られます。**選択の効果がなくなったのは純系になったか**らです。純系になっても種子の重さには変異が見られますが，これは**遺伝しない変異**で，**環境変異**であると考えられます。

5 ヨハンセンは，この実験から，**純系になると選択の効果はなくなり，このとき見られる変異は環境変異だけだ**という**純系説**を提唱しました（1903年）。

> **最強ポイント**
>
> 純系説…ヨハンセンが提唱。純系になると重い種子を選んでも変異曲線は**前の代と変わらない**。⇨**選択の効果がなくなる**。
> ⇨このとき見られる変異は**環境変異**である。

2 染色体突然変異

1 遺伝する変異を**遺伝的変異**といいます。これは**突然変異**によって生じます。突然変異はオランダの**ド・フリース**によって発見されました。ド・フリースは，オオマツヨイグサを代々栽培していると，葉や花弁に親とは異なる形質が生じることに気が付き，これが遺伝する変異であることを確かめました（1901年）。

2 このような突然変異は自然状態でもある一定の頻度で起こりますが，この突然変異を人為的に行わせるのに成功したのは**マラー**です（1927年）。マラーは，キイロショウジョウバエにX線を照射し，自然状態の150倍の頻度で突然変異を誘発させました。

X線以外にもγ線，紫外線や種々の化学物質（マスタードガス，亜硝酸，ブロモウラシル，アクリジン色素など）によっても突然変異が誘発されます。

3 突然変異には，染色体の構造や数が変化する**染色体突然変異**と，DNAの塩基配列が変化する**遺伝子突然変異**があります。ここでは，まず染色体突然変異から見ていきましょう。

4 染色体の構造の変異には，染色体の一部がなくなる**欠失**，一部が繰り返される**重複**，一部が逆方向になる**逆位**，他の染色体の一部が結合した**転座**などがあります（図60-2）。

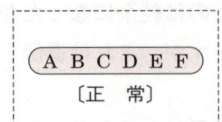

```
 ┌─────────┐        欠失  ( A B C E F )         重複  ( A B C D C D E F )
 │ A B C D E F │              Dがない↑                      CDが重複↑↑
 │  〔正 常〕  │
 └─────────┘        逆位  ( A B E D C F )       転座  ( A B C D E F G H )
                              CDEが逆↑                     GHが結合↑
```

▲ 図60-2 染色体突然変異の種類

5 染色体数は通常は $2n$ 本で，n 本を基本数とすると二倍体ですが，基本数の3倍になる**三倍体**（染色体数が $3n$ 本），4倍になる**四倍体**（$4n$ 本），1倍になる**一倍体（半数体；n 本）**などに変異する場合があります。染色体数がこのようになることを**倍数性**といい，そのような個体を**倍数体**といいます。

> **+α パワーアップ** **タネナシスイカのつくり方**
>
> タネナシスイカは倍数体を利用してつくる。まず，通常の二倍体の幼植物の芽を**コルヒチン処理**し，四倍体をつくる。その個体のめしべに，通常の二倍体から生じた花粉を受粉させ，三倍体の植物体を得る。この植物体のめしべに二倍体から生じた花粉を受粉させると，受粉が刺激となって子房壁が発達し果肉が形成されるが，三倍体では正常な減数分裂が行われず，正常な卵細胞も生じない。そのため，種子は形成されず，種なしのスイカになるのである。

6 染色体数が $2n$ 本より 1～数本多くなったり少なくなったりすることを，**異数性**といい，そのような個体を**異数体**といいます。

たとえば，ヒトの第21番目の常染色体が1本多く，染色体数が47本ある異数体があります。これは**ダウン症**と呼ばれます。

また，男性で，X染色体が1本余分にあり，性染色体構成がXXYという異数体があります。これは**クラインフェルター症**と呼ばれます。

逆に，女性で，X染色体が1本少なく，性染色体構成がXという異数体もあります。これは**ターナー症**と呼ばれます。

これらの異数体は，男性あるいは女性の配偶子が形成されるときに，染色体が正常に分配されない**染色体不分離**を起こすことが原因で生じます。

最強ポイント

染色体突然変異 ｛ 構造の変異…欠失，重複，逆位，転座
　　　　　　　　 数の変異…倍数体，異数体

3 遺伝子突然変異

1 染色体の形も数も正常ですが，染色体を構成するDNAの塩基配列に変化が生じたものが**遺伝子突然変異**です。

2 遺伝子突然変異には，塩基が他の塩基に置き換わる**置換**，塩基が1つなくなる**欠失**，塩基が1つ付け加わる**挿入(付加)**などがあります。

3 置換の場合は，その部分のアミノ酸が他のアミノ酸に変わるだけの変異ですみます。このような遺伝子突然変異を**点突然変異**といいます。

4 たとえば，正常なヘモグロビンβ鎖の6番目のアミノ酸を指定するDNAの塩基配列はCTCですが，**鎌状赤血球貧血症**では，真ん中のTがAに置換し，CACとなっています。このため，生じるmRNAのコドンがGAGからGUGに変わり，その部分のアミノ酸がグルタミン酸からバリンに置き換わってしまっています(図60-3)。

正常な赤血球のヘモグロビンβ鎖								
	CAA	GTA	GAG	TGG	GGA	CTC	CTC	DNA
	GTT	CAT	CTC	ACC	CCT	GAG	GAG	
	GUU	CAU	CUC	ACC	CCU	GAG	GAG	mRNA
	バリン	ヒスチジン	ロイシン	トレオニン	プロリン	グルタミン酸	グルタミン酸	アミノ酸
	1	2	3	4	5	6	7	

6番目のアミノ酸を指定するDNAの塩基配列が1個だけちがう。

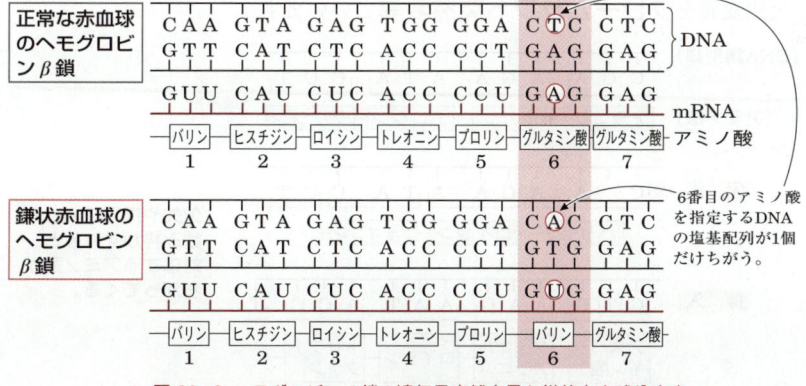

鎌状赤血球のヘモグロビンβ鎖								
	CAA	GTA	GAG	TGG	GGA	CAC	CTC	
	GTT	CAT	CTC	ACC	CCT	GTG	GAG	
	GUU	CAU	CUC	ACC	CCU	GUG	GAG	
	バリン	ヒスチジン	ロイシン	トレオニン	プロリン	バリン	グルタミン酸	
	1	2	3	4	5	6	7	

▲ 図60-3 ヘモグロビンβ鎖の遺伝子突然変異と鎌状赤血球貧血症

5 このように，たった1つの塩基が置換しているだけですが，アミノ酸の種類も変わり，ヘモグロビンの立体構造にも影響が及ぼされ，酸素分圧の低い静脈血では赤血球の形が鎌状に変形してしまい，毛細血管の部分で詰まったり，赤血球が壊れやすくなったりして，重度の貧血症状を引き起こしてしまいます。

+αパワーアップ 鎌状赤血球貧血症とマラリア

鎌状赤血球貧血症の遺伝子をホモにもつ人は，前ページで述べたような症状が激しく，その多くは成人に達するまでに死亡してしまう。一方，このような遺伝子をヘテロにもつ人は，赤血球中に正常なヘモグロビンと異常なヘモグロビンの両方をもつが，症状は軽かったり無症状である。

マラリアという病気は**マラリア病原虫**という原生動物が赤血球に寄生して起こる致死率の高い伝染病である。鎌状赤血球貧血症の遺伝子をヘテロにもつ赤血球はマラリア病原虫が寄生しにくく，また，寄生された赤血球は脾臓で病原虫とともにすみやかに処理されてしまうため，マラリアに対して抵抗性がある。正常な遺伝子をホモにもち，正常ヘモグロビンのみをもつ場合は，マラリアに対して抵抗性がなく，マラリアに感染すると死亡してしまう割合が高くなる。

その結果，マラリアが流行している地域（東アフリカなど）では，鎌状赤血球貧血症の遺伝子をヘテロにもつヒトが生存に有利で，その遺伝子頻度も高くなる。

6 遺伝子突然変異のなかでも，欠失や挿入の場合は，それ以降の3つ組塩基の**読み枠**がすべてずれてしまうので，アミノ酸配列が大きく変わってしまいます。このように，欠失や挿入によって読み枠がずれてしまうような遺伝子突然変異を**フレームシフト突然変異**といいます。

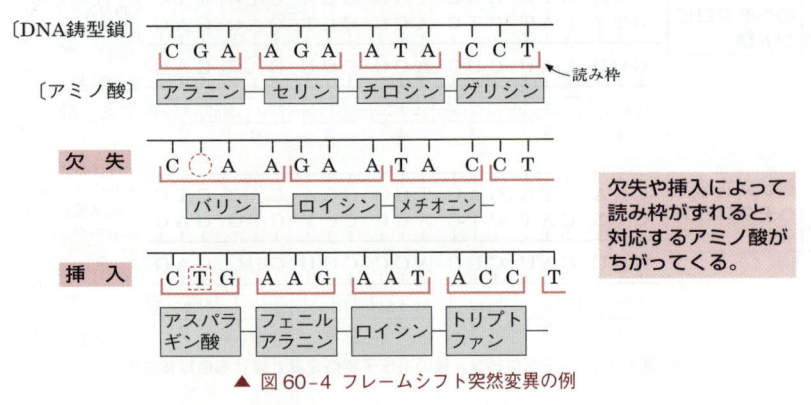

▲ 図60-4 フレームシフト突然変異の例

7 このように塩基が1つ変化しただけで大きな変異が生じる場合もありますが，塩基が1つ変化しても影響しない場合も多くあります。

8 アミノ酸を指定するコドンは複数あるので，塩基が1つ別の塩基に置き換わっても遺伝暗号が同じアミノ酸を指定している場合は，まったく正常と同じタンパク質が生成されることになります。

9 塩基が別の塩基に置き換わって，指定するアミノ酸が変化しても，その部分がそのタンパク質の機能にそれほど重要でない場合は，正常なタンパク質の機能がほとんど損なわれないということもあります。

10 そして，もともとDNAの中にはタンパク質を支配している部分(タンパク質をコードしている領域)とコードしていない領域があります。タンパク質をコードしていない領域(たとえばイントロン)の部分に変異が生じても合成されるタンパク質には影響がありません。

11 このため，同じ種で，遺伝子が発現する形質上は違いがなくても，少しずつ塩基配列が異なる個体が多数存在していることになります。ヒトでは，1300塩基対に1つくらいの割合で個人によって異なる塩基対をもつ場合があるといわれます。

12 このような，個体間で見られる1塩基単位での塩基配列の違いを**一塩基多型**(single-nucleotide polymorphism：**SNP**(スニップ))といいます。このようなわずかな違いが，体質の違いなどに関係し，同じ薬を飲んでも効きやすいヒトとそうでないヒトといったことに影響するのではないかと考えられています。さらに研究が進めば，患者さんの遺伝情報を調べ，その患者さんに合った薬の投与，患者さんに合わせた治療法といった，個人に合った医療(これを**テーラーメイド(オーダーメイド)医療**といいます)を行うことが可能になるかもしれません。

最強ポイント

遺伝子突然変異 { 塩基の置換 ⇨ 点突然変異
塩基の欠失・挿入(付加)
　　⇨ フレームシフト突然変異

一塩基多型(SNP)…同種個体間の1塩基単位の塩基配列の違い
　⇨ ヒトでは約1300塩基に1か所

第61講 バイオテクノロジー

近年，次々と新しい細胞工学，遺伝子工学が発展してきています。その一端を見てみましょう。

1 植物の組織培養とその応用

1 根の組織の一部を，糖・無機塩類・植物ホルモン（オーキシンとサイトカイニン⇨第90講，91講参照）を含んだ培地で培養すると，**分化していた細胞が脱分化して未分化な状態に戻り**，さらに分裂を繰り返して未分化な細胞の塊が生じます。このような未分化な細胞集団を**カルス**といいます。これをさらに**適当な条件で培養すると，再分化して完全な植物体になります**。

2 このとき，たとえばタバコを使った例では，次のように，ホルモン濃度に応じて何が再分化するかが異なります。

一般に，オーキシンの濃度を高くしてサイトカイニンの濃度を低くすると根が，オーキシンの濃度を低くしてサイトカイニンの濃度を高くすると茎や葉が分化します。

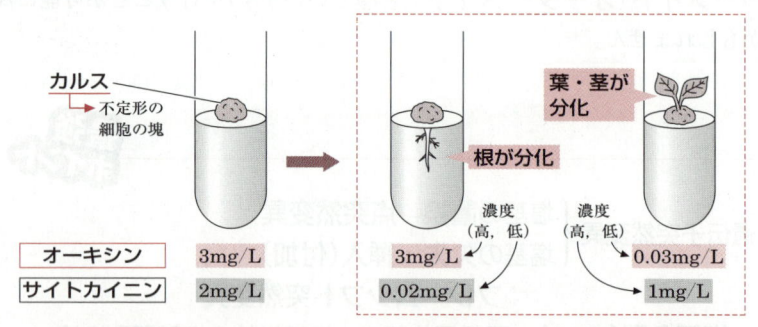

オーキシン	3mg/L	3mg/L	0.03mg/L
サイトカイニン	2mg/L	0.02mg/L	1mg/L

▲ 図61-1 オーキシン・サイトカイニンの濃度と器官の分化（タバコの例）

3 この組織培養の技術を使って，植物の**茎頂分裂組織**を無菌的に培養すると，ウイルスに感染していない植物（これを**ウイルスフリー**といいます）を大量に得ることができます。このような組織培養を特に**茎頂培養**といいます。

4 異種間で交雑を行うと，受精して胚までは形成されても，それ以降の発生が停止し，植物体には生育しない場合が多いです。そこで，異種間の交雑で生じた胚を取り出して培養すると，通常では得られない異種間の**雑種植物**を得ることができます。このような組織培養を特に**胚培養**といいます。

たとえば，ハクサイとキャベツ(カンラン)をかけ合わせ，胚培養してつくり出した異種間雑種を**ハクラン**といいます。

5 葯を培養すると，葯に含まれる花粉が脱分化して増殖し，再分化して植物体になります。これを**葯培養**あるいは**花粉培養**といいます。葯培養で生じた植物体は**半数体(核相がn)**です。

この植物が幼植物のときに**コルヒチン**で処理すると，染色体数が倍加し，二倍体が生じます。このような方法で生じた二倍体は，すべての遺伝子がホモ接合となった**純系**です。

> ユリ科のイヌサフランの鱗茎に含まれる物質で，細胞分裂時の紡錘糸形成を阻害し，染色体数を倍加させる働きがある。

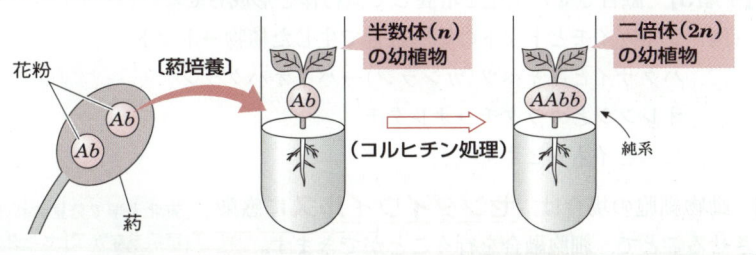

▲ 図61-2 葯培養とコルヒチン処理による純系植物の培養

最強ポイント

植物の**組織培養**…無機塩類・糖・オーキシン・サイトカイニンを含む培地で植物の組織の一部を培養すること。
 ⇨ 脱分化→分裂→再分化して完全な植物体が形成される。
① **茎頂培養**…茎頂分裂組織を培養。**ウイルスフリー**の植物体が形成できる。
② **胚培養**…異種間の交雑で生じた胚を培養。自然では生じない**異種間雑種**が形成できる。
③ **葯培養**…葯の中の**花粉**を培養。生じた幼植物を**コルヒチン**処理すると，完全な**純系の二倍体**が形成できる。

2 細胞融合

1 2つの細胞どうしを1つの細胞に融合することを**細胞融合**といいます。細胞融合により，これまでにない生物をつくることができます。

〔植物を使った細胞融合の手順と例〕

【手順1】 植物の組織片を**ペクチナーゼ**で処理し，さらに**セルラーゼ**で処理して，細胞壁をもたない裸の細胞をつくる。このような細胞壁をもたない細胞を**プロトプラスト**という。

> 細胞壁どうしを接着させている多糖類がペクチンで，ペクチンを分解する酵素がペクチナーゼ。ペクチナーゼにより，細胞どうしを解離させる。

【手順2】 2種のプロトプラストを，**ポリエチレングリコール**(PEG)という薬品を含む培養液に浸して細胞融合させる。

> 細胞壁の主成分であるセルロースを分解する酵素。

【手順3】 融合させた細胞を培養して植物体を形成させる。

(例) ジャガイモとトマトの細胞融合で生じた植物→ポマト
　　　ハクサイとキャベツ(カンラン)→バイオハクラン
　　　オレンジとカラタチ→オレタチ
　　　ヒエとイネ→ヒネ

2 動物細胞の場合は，**センダイウイルス**に感染させることで，細胞融合を行うことができます。

> 東北大学で発見され，仙台市にちなんで「センダイウイルス」と名づけられた。

　たとえば，B細胞から分化した抗体産生細胞は，1種類の抗体を産生しますが，増殖はしません。そこで，抗体産生細胞と，盛んな増殖能力をもつがん細胞を融合させると，1種類の抗体を産生し，かつ増殖する雑種細胞(**ハイブリドーマ**という)をつくることができます。

3 1種類のハイブリドーマからは1種類の抗体のみが大量に得られます。このようにしてつくられた抗体を**モノクローナル抗体**といいます。

最強ポイント

植物の細胞融合…ペクチナーゼ，セルラーゼで処理して作成したプロトプラストをポリエチレングリコールで処理。
動物の細胞融合…センダイウイルスに感染させる。

3 遺伝子組換え

1 細菌が，外来のDNAを分解し，バクテリオファージなどの感染を防ぐためにもっている酵素を**制限酵素**といいます。制限酵素には様々な種類があり，それぞれ特異的な**塩基配列を認識して，切断します**。

制限酵素が認識する塩基配列の部分は，回文配列をしています。

> 「たけやぶやけた」のように，左から読んでも右から読んでも同じになる文を「回文」という。制限酵素が認識する塩基配列も，ひっくり返しても同じ塩基配列になっている。

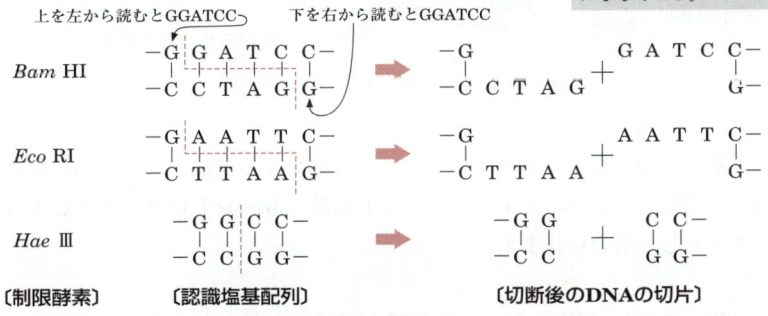

```
                  上を左から読むとGGATCC  下を右から読むとGGATCC
  Bam HI          -G A T C C-              -G        G A T C C-
                  -C C T A G G-            -C C T A G      G-

  Eco RI          -G A A T T C-            -G        A A T T C-
                  -C T T A A G-            -C T T A A      G-

  Hae Ⅲ          -G G C C-                -G G       C C-
                  -C C G G-                -C C       G G-

  〔制限酵素〕    〔認識塩基配列〕         〔切断後のDNAの切片〕
```

▲ 図61-3 制限酵素によるDNAの切断の例

2 DNA断片どうしをつなぎ合わせる酵素を**DNAリガーゼ**といいます。

3 遺伝子としてRNAをもち，宿主細胞に感染すると逆転写してDNAをつくり，これを宿主DNAに組み込んで増殖するウイルスを**レトロウイルス**といいます。また，RNAからDNAをつくる酵素を**逆転写酵素**といいます。

4 これらの酵素(制限酵素，DNAリガーゼ)を用いて**遺伝子組換え**が行われます。ヒト成長ホルモン遺伝子を大腸菌に組み込む場合は，次のようにして行われます。

〔大腸菌へのヒト成長ホルモン遺伝子の取り込み〕（⇨図61-4）

【手順1】　大腸菌には，本体のDNAとは別に小さな環状DNAがあり，これを**プラスミド**という。このプラスミドを取り出し，制限酵素を使って一部を切断する。

【手順2】　ヒト成長ホルモンの遺伝子の部分を同じ制限酵素で切り出す。

【手順3】　手順1でつくったプラスミドと手順2のDNA断片を混合し，切断端どうしの塩基対を形成させ，さらにDNAリガーゼで連結させる。

【手順4】　組換えたプラスミドを大腸菌に注入して，大腸菌を培養する。

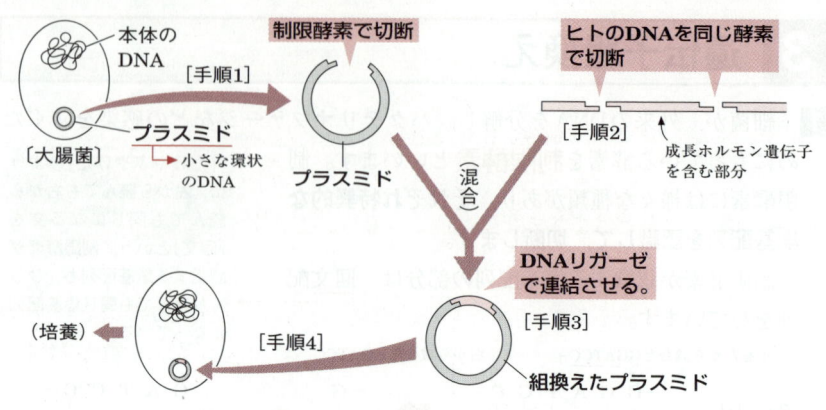

▲ 図61-4 人工的な遺伝子組換えの方法

5 手順1で使ったプラスミドのように，目的とする遺伝子を細胞内に運ぶものを**ベクター**といいます。プラスミド以外にも，レトロウイルスなどもベクターとして用いられます。

6 植物への遺伝子導入では，**アグロバクテリウム**という土壌細菌のプラスミド（T_1プラスミド）がよく用いられます。アグロバクテリウムは，植物細胞に感染すると自身の遺伝子の一部を宿主細胞に導入する性質をもっているので効率よく遺伝子導入を行うことができます。

+α パワーアップ　遺伝子の組み込みと逆転写

　大腸菌へのヒト成長ホルモン遺伝子の組み込みの場合，実際には，手順2でヒト成長ホルモン遺伝子をそのまま使うのではなく，ヒト成長ホルモン遺伝子から転写されて生じたmRNAを，逆転写酵素によって逆転写させ，mRNAに相補的なDNA鎖をつくる。これを**相補的DNA**（cDNA；complementary DNAともいう）という。この相補的DNAを鋳型にして，DNAポリメラーゼによって複製させた2本鎖DNAをつくり，これを制限酵素で切断して切り出す。

　このようにするのは，大腸菌のような原核生物にはイントロンがなく，そのため，スプライシングのしくみがないので，成長ホルモンの遺伝子をそのまま使うと，イントロンの部分まで翻訳されてしまい，目的とするタンパク質が合成されないからである。

第61講 バイオテクノロジー

7 同様の手法で，多細胞生物に別の生物の遺伝子を組み込んだ生物もつくられており，このような生物を**トランスジェニック生物**といいます。

たとえば，ラットの成長ホルモンの遺伝子を組み込んだマウスがつくられました。このマウスは，通常の約2倍の大きさになり，**スーパーマウス**といいます。また，オワンクラゲの発光タンパク質(**GFP**)の遺伝子を組み込んだ個体はタバコなどさまざまな動植物でつくられています。

8 黒毛マウスと白毛マウスの初期胚を混合し，他の雌の子宮に移植すると，黒毛と白毛のまだらのマウスが生じます。この個体には黒毛マウスと白毛マウスの両方の細胞が混ざっています。このように，**遺伝子型の異なる細胞からなる個体**を**キメラ**(chimera)といいます。キメラであっても生じる配偶子の遺伝子は黒毛か白毛かいずれか片方なので，キメラどうしを交配してもうまれてくる子は黒毛か白毛かのいずれかで，キメラはうまれてきません。

9 ヒトの皮膚細胞にある特定の遺伝子を導入することで，ES細胞と同じくあらゆる臓器に分化する能力をもった細胞をつくることに成功しました (2007年11月)。この細胞は，**人工多能性幹細胞**(**iPS細胞**)と呼ばれます。

> induced Pluripotent Stem Cell 京都大学の山中伸弥教授により作成された。山中教授は2012年ノーベル医学・生理学賞受賞。

受精卵から生じたES細胞を用いる場合は倫理上の問題が大きかったのですが，このiPS細胞は皮膚のような体細胞を用いるので，倫理上の問題も避けられ，iPS細胞を使った今後の再生医療への大きな期待が高まっています。

10 また，特定の遺伝子を欠損させたマウスを**ノックアウトマウス**といいます。特定の遺伝子を欠損させてどのような症状が現れるかを調べることで，その遺伝子の本来の働きを明らかにすることができます。

最強ポイント

【遺伝子組換えに用いるもの】
- **制限酵素**…DNAを特定の塩基配列で**切断**する酵素。
- **DNAリガーゼ**…DNA断片を**つなぎ合わせる**酵素。
- **ベクター**…遺伝子を運ぶもの。**プラスミドやレトロウイルス**を用いる。

第5章 分子生物

4 PCR法

1 特定の遺伝子を増幅させることを**遺伝子クローニング**といいます。

2 従来は，特定の遺伝子を大腸菌などに組み込んで，大腸菌の増殖によって，その遺伝子も増幅させるという方法が用いられていました。

3 しかし，より短時間で，より大量に特定の塩基配列を増幅させる技術が開発されました。それが，**PCR法（ポリメラーゼ連鎖反応法）**と呼ばれる方法です。この方法は，次のようにして行われます。

> Polymerase Chain Reactionの略。

① まず，DNAを95℃で処理します。すると，2本の鎖が1本鎖にほどけます。
② 次に，**プライマー**（DNAプライマー）を与え，温度を55℃に下げ，増幅させたい部分の両端にプライマーを結合させます。

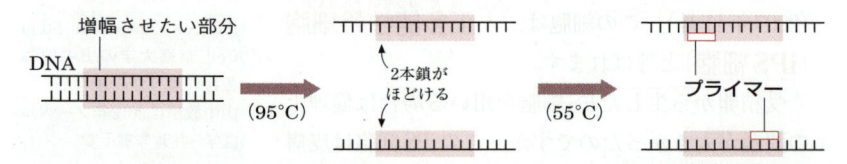

③ 72℃程度の温度で**DNAポリメラーゼ**を働かせ，DNAを複製させます。

> このような高温でも変性しない特殊なDNAポリメラーゼを用いる。高温で作用させるので，非常に速く反応が進む。

④ 生じた2本鎖DNAを再び95℃で1本鎖にほどき，同様の操作を繰り返します。

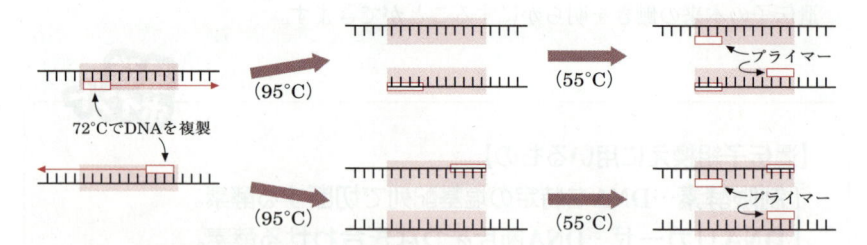

4 PCR法により，2～3時間で約20回の複製を行わせることができます。その結果，2～3時間で，必要とする特定の遺伝子を$2^{20} ≒ 100$万倍に増幅させることができるのです。

第61講 バイオテクノロジー

> **最強ポイント**
> **PCR法**…特定の塩基配列を，人為的に短時間で大量に増幅させる方法。⇨〔高温で1本鎖にほどく→**プライマー**を結合させる→**DNAポリメラーゼ**で複製する〕を繰り返す。

5 電気泳動法

1 帯電した物質を，電流が流れる溶液の中で分離する方法を**電気泳動法**といいます。

2 ヌクレオチドを構成しているリン酸部分はH^+を放出して酸性になり，**負**の電荷をもっています。これによってDNAも負の電荷をもっています。そのためDNAを含む溶液の両端に＋極と－極をつないで電流を流すと，DNAは＋極に向かって移動(泳動)します。

3 アガロース(寒天)ゲルやポリアクリルアミドゲルで小さな溝(ウェル)をあけた厚さ数mmのシートをつくって泳動用の緩衝液に浸し，ウェルの中にDNAの溶液を流し込んで電圧をかけると，DNAはゲルの中を移動します。このとき，長いDNAの断片はゲルを構成する繊維にひっかかりやすいため移動が遅くなります。つまり，ウェルから**＋極側へ大きく移動したものほど短い断片**といえます。

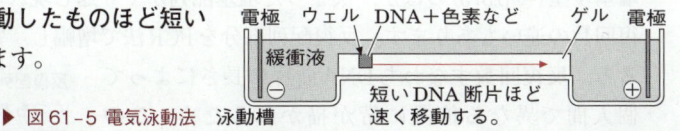

> 多少酸や塩基を加えてもpHが一定に保たれる溶液で，電気を通す。

▶ 図61-5 電気泳動法　泳動槽　短いDNA断片ほど速く移動する。

4 PCR法で増やしたDNAを制限酵素で切断すると，いくつかの長さの断片からなるDNAの溶液ができます。この溶液を電気泳動にかければ，＋極に近いほうから順に短いDNA断片を分けることができます。

> 分離されたDNAは，DNA染色液でゲルを染色すると断片の長さに応じた位置に帯(バンド)として現れる。

5 このような電気泳動法と制限酵素を用いて，次のような実験が行えます。たとえば10kbp（10000塩基対）のDNAの断片があり，この断片の塩基配列の

うちEcoRI(エコアールワン)という制限酵素が認識する場所が図61-6の①のようだったとします。このとき10kbpの断片をEcoRIを用いて切断して電気泳動にかけたときの結果は，図中Aのようになります。BamHI(バムエイチワン)という制限酵素が認識する場所が②のようだったとすると，BamHIで切断して電気泳動にかけたときの結果はBのようになります。

① EcoRI

2 kbp　　5 kbp　　3 kbp

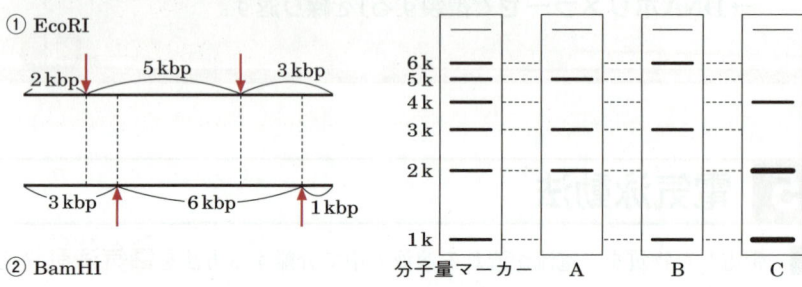

3 kbp　　6 kbp　　1 kbp

② BamHI

分子量マーカー　A　B　C

▲ 図61-6 制限酵素で切断したDNA断片の電気泳動

6 では，このDNA断片を2つの酵素の両方で処理した溶液を電気泳動にかけるとどうなるでしょう。

図①(または②)の左から2kbp，3kbp，7kbp，9kbpの4か所で切断されるため，1kbp，2kbp，4kbpの3種類の断片が生じます。さらに1kbpと2kbpの断片は4kbpの断片の2倍の量(数)生じることになります。これを電気泳動にかけると図Cのようになります。帯が太いのは量が多いことを示します。こういった実験をもとにそれぞれの制限酵素が認識する部位を推定することができます。

7 この電気泳動法は犯罪捜査でも利用されます。個人間のDNAの違いは，一塩基多型(⇨p.375)のほか，決まった塩基配列がくり返し現れる**反復配列**の反復回数の違いもあります。反復配列部分をPCR法で増幅し，電気泳動にかけると，反復回数すなわちDNA断片の長さによって個人間で異なる位置に帯が描かれるため，このDNAの反復配列パターンを調べることで個人を特定することができます。この方法を**DNA型鑑定**といいます。

> 反復配列はゲノムの中にいくつもあるので，実際には正確に鑑定するために多くの箇所の反復配列についてDNA型を調べる。

8 また，DNA型鑑定は血縁鑑定でも用いられています。このとき，同一人物でも父親由来のDNAと母親由来のDNAの2つをもつことが重要な要素となります。

第61講 バイオテクノロジー

> **最強ポイント**
>
> 【電気泳動法】
> ① ＋極に向かって，**短いDNA断片ほど速く**(遠くへ)移動する。
> ② 同じDNA領域を制限酵素で切断し，電気泳動の分離パターンで2つの試料が同一人物かどうか，血縁関係にあるかを識別できる。

6 サンガー法

1 塩基配列を調べる方法の１つに**サンガー法**というものがあります。

> サンガー(英)が考案。ジデオキシ法ともいう。

2 まず塩基配列を調べたいDNAの１本鎖(仮にATGTCとします)を鋳型にして，相補的な鎖を合成させ(DNAを複製させ)ます。DNAの複製なので，**DNAポリメラーゼ，プライマー**(⇨p.330)，そしてDNAの材料となる**4種類のヌクレオチド**(正確には**ヌクレオシド三リン酸**⇨p.386)を与えます。

3 このとき，糖がデオキシリボースではなく**ジデオキシリボース**をもった４種類の特殊なヌクレオチド(ジデオキシリボヌクレオシド三リン酸。以下，A，T，G，Cに□をつけて示す)も加えておきます。このジヌクレオシド三リン酸には，たとえば Ⓐ は赤，Ⓣ は緑，Ⓖ は黄，Ⓒ は青といった**蛍光色素で標識を付けておきます**。

> ヌクレオシド(糖＋塩基)にリン酸が3つ結合したもの＝ヌクレオチド(糖＋塩基＋リン酸)にリン酸が2つ結合したもの。

4 複製が行われる際にこの特殊なヌクレオチドが取り込まれると，そこでDNA複製がストップしてしまいます。たとえばATGTCを鋳型にしてTACまで複製し，次のAのときに Ⓐ を取り込むと次のGは結合できず，複製は Ⓐ までで終わってしまいます。もとのDNA分子ごとにさまざまな箇所で複製が止まり，いろいろな長さまで合成されたDNA鎖が生じます。

```
ATGTC        ATGTC
TACⒶ         TACⒸ
```

5 これらを電気泳動にかけます。それぞれの断片には蛍光色素の標識があるので，その蛍光の色を見れば，一番後ろ(3′末端)にある塩基がわかります。

温度を上げて1本鎖にしたもの。 →
- TACA**G**　黄
- TAC**A**　赤
- TA**C**　青
- T**A**　赤
- **T**　緑

6 この蛍光の色を＋極に近いところから順に読み取って塩基と対応させます。この場合は＋極に近い側から緑・赤・青・赤・黄と並ぶので，TACAGと読み取れます。これは複製された側の塩基配列なので，これの相補的な塩基ATGTCが，目的とする，調べたかった塩基配列です。

＋α パワーアップ　ジデオキシリボヌクレオシド三リン酸

DNAの合成では，実際にはリン酸が3つ結合したヌクレオチド(ヌクレオシド三リン酸)が材料となり，そこからリン酸が2つとれる際に生じるエネルギーを用いてヌクレオチド鎖を伸ばしていく。DNAを構成する通常のヌクレオチドでは，デオキシリボースは下左図のように3′の位置のCにOHが結合している(リボースから1つ2′の位置で酸素がとれている)が，サンガー法で加える特殊なヌクレオチドは，3′の位置のCにOHではなくHが結合している(リボースから2か所で酸素がとれている。下図右)。このような糖を**ジデオキシリボース**という。

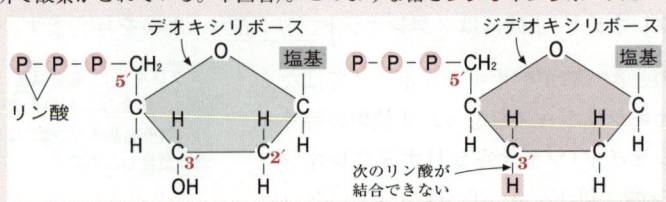

▲ 図61-7　デオキシリボースとジデオキシリボースのヌクレオシド三リン酸

3′に次のリン酸が結合してヌクレオチド鎖が伸長するので，この位置にOHがないと，次のリン酸が結合できず，ヌクレオチドの伸長が停止するのである。

> **最強ポイント**
> サンガー法…DNA合成を止めるヌクレオチドを混ぜてDNA合成を行い，塩基配列を解読する。

第6章 刺激と反応

第62講 ニューロンと膜電位

神経を構成する単位もやっぱり細胞です。まずは，神経細胞(ニューロン)について見ていきましょう。

1 ニューロン

1 神経を構成する神経細胞を**ニューロン**といい，一般に，次の図62-1のような構造をしています。ふつうの細胞とちがって，核を含む**細胞体**，細かく枝分かれをした多数の突起である**樹状突起**，1本の長い**軸索**をもつのがニューロンです。

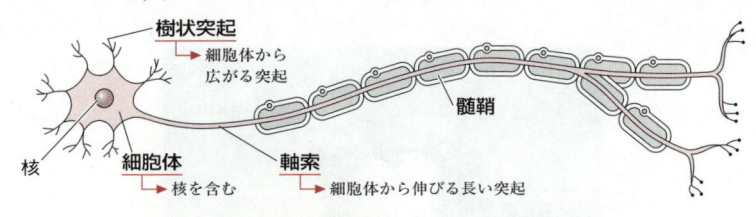

樹状突起 → 細胞体から広がる突起
核 → 核を含む
細胞体
軸索 → 細胞体から伸びる長い突起
髄鞘

▲ 図62-1 神経細胞(ニューロン)の構造

2 軸索の周囲には，**シュワン細胞**でできた**神経鞘**が取り巻いています。軸索と神経鞘を合わせたものを**神経繊維**といいます。

中枢神経ではオリゴデンドロサイトという細胞からなる。

軸索そのものを神経繊維と呼ぶこともある。

3 このシュワン細胞の細胞膜が伸びて軸索に何重にも巻きついている場合があります。このようにして形成された部分を**髄鞘**といいます。

髄鞘の部分はミエリンという脂質が主成分となっているので，髄鞘を「ミエリン鞘」ともいう。

核　軸索　シュワン細胞の細胞膜が巻きつく　シュワン細胞の核
シュワン細胞　髄鞘　神経鞘　髄鞘　軸索　神経鞘　ランビエ絞輪

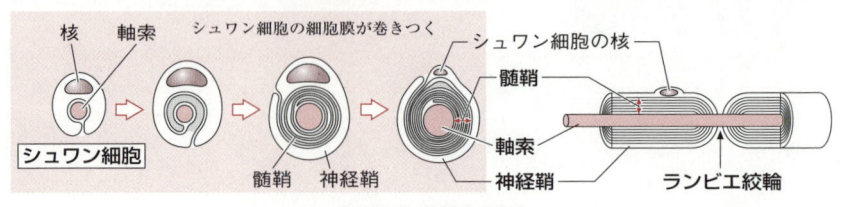

▲ 図62-2 髄鞘のでき方

第62講 ニューロンと膜電位

4 軸索の周囲にシュワン細胞があっても，何重にも取り巻かず，髄鞘を形成していない場合もあります。髄鞘を形成している神経繊維を**有髄神経繊維**，髄鞘を形成していない神経繊維を**無髄神経繊維**といいます。**有髄神経繊維は脊椎動物にしか存在しません**。無脊椎動物の神経繊維は，すべて無髄神経繊維です。

> 脊椎動物の神経がすべて有髄神経繊維というわけではない。脊椎動物の神経でも，たとえば交感神経の神経繊維は無髄神経繊維である。

5 また，有髄神経繊維であっても，軸索がむき出しになっている部分もあり，ここを**ランビエ絞輪**といいます。

6 ニューロンにもいろいろな種類があり，次のようなニューロンも存在します。

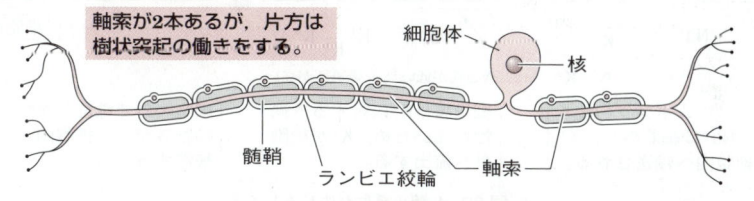

軸索が2本あるが，片方は樹状突起の働きをする。

細胞体／核／髄鞘／ランビエ絞輪／軸索

▲ 図62-3 感覚ニューロン（感覚神経細胞）の構造

最強ポイント

① ニューロン＝細胞体＋樹状突起＋軸索
② 軸索＋神経鞘＝神経繊維
③ 有髄神経繊維…シュワン細胞の細胞膜が何重にも取り巻き，髄鞘を形成している神経繊維⇨脊椎動物のみがもつ。

第6章 刺激と反応

2 膜電位

1 ニューロンの細胞膜には**ナトリウムポンプ**があり，ATPのエネルギーを使ってNa^+を細胞外に，K^+を細胞内に輸送しています。その結果，**細胞内にはNa^+が少なく，K^+が多く，細胞外にはNa^+が多く，K^+が少ない**という濃度勾配が生じています。

2 細胞膜は，静止状態ではNa$^+$に対する透過性が低く，Na$^+$はほとんど細胞膜を透過できません。でも，K$^+$は比較的透過性が高く，**濃度勾配に従って細胞内から細胞外へK$^+$が拡散します。**

このようにしてK$^+$が細胞外に流出することで，**細胞外が正，細胞外にくらべると細胞内が負という電位差が生じます。**これを**静止電位**といいます。通常，細胞内が細胞外に対して−60mV前後の静止電位が生じています。 → 「分極」という。

- ナトリウムポンプの働きで，Na$^+$は細胞外へ，K$^+$は細胞内へ輸送される。
- 細胞膜はK$^+$に対する透過性が高いため，K$^+$が細胞外へ流出する。
- 細胞内外で電位差が生じ，細胞外が正，細胞内が負に帯電する。

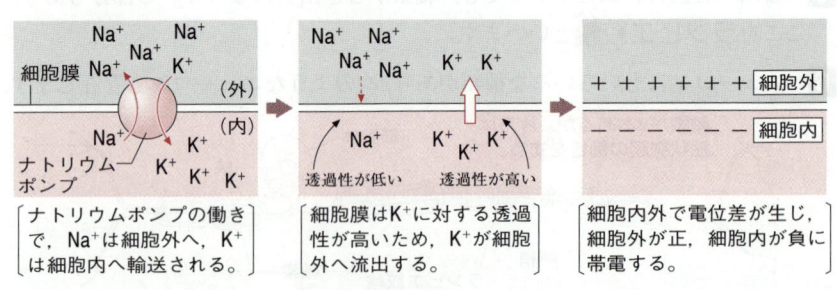

▲ 図62-4 静止電位が生じるしくみ

3 このような細胞膜が刺激を受けると，一時的にNa$^+$に対する**細胞膜の透過性が高まり，濃度勾配に従って細胞外から細胞内へNa$^+$が流入します。**その結果，**細胞内外の電位が逆転し，細胞内が正，細胞外が負となります。**このような状態を**興奮**といいます。 → 「脱分極」という。

でも，すぐさまNa$^+$に対する透過性は低下し，逆に，K$^+$に対する透過性が高まります。そのため，K$^+$が細胞外に流出し，再び細胞外が正，細胞内が負に戻ります。この電位変化を**活動電位**といいます。

4 細胞外を基準にして，細胞内の電位変化を測定すると，図62-5のように

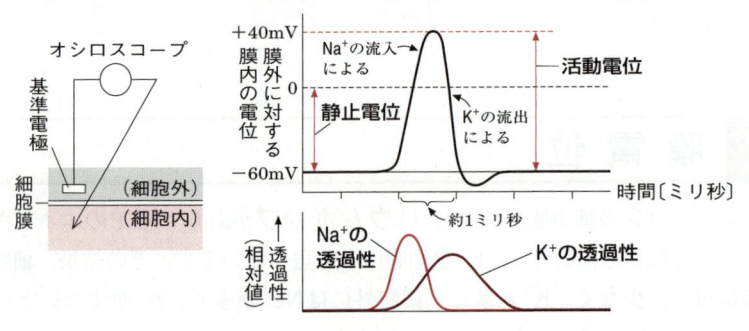

▲ 図62-5 活動電位とその発生のしくみ

なります。**活動電位の大きさは，静止状態からの電位変化の大きさ**なので，この図の場合，40mVではなく，100mVとなります。

5 Na^+やK^+に対する透過性の変化は，実際には**チャネル**(⇨p.45)の開閉によるものです。**静止状態ではNa^+チャネルは閉じているため，Na^+に対する透過性は低くなっています**。そして，刺激を受けると，一時的にNa^+チャネルが開くためNa^+に対する透過性が高まり，Na^+が細胞内に流入します(その結果，細胞内が正，細胞外が負になります)。しかし，すぐにNa^+チャネルが閉じるため，Na^+に対する透過性はふたたび低下します。

6 K^+チャネルも静止状態では大部分が閉じていますが一部だけは常に開いているものがあり，**静止状態ではこの開いているK^+チャネルを通ってK^+が細胞外へ流出します**。刺激を受けると，Na^+チャネルが開くのに少し遅れて，閉じていたK^+チャネル(電位依存性K^+チャネル)も開くようになるため，Na^+の流入の後でK^+の流出が起こります。それによって，細胞外が正，細胞内が負になりますが，静止状態のとき以上にK^+チャネルが開いているため，いったん，静止状態のとき以上に細胞内が負になります(**過分極**という)。しかし，やがて開いていたK^+チャネルが閉じ，もとの静止状態に戻るのです。

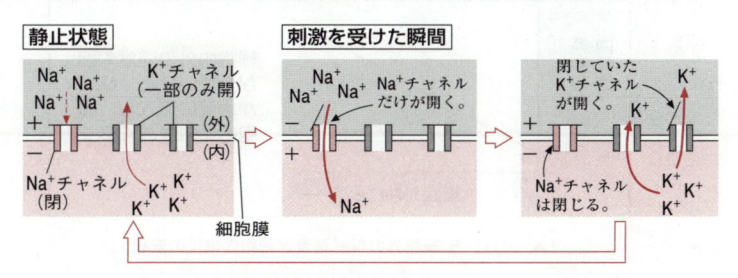

▲ 図62-6 興奮時のNa^+チャネルとK^+チャネルのようす

+α パワーアップ K^+の濃度勾配と静止電位

　これまで説明したように，静止状態ではK^+が流出して細胞外が正になる。しかし，細胞外が正になるとプラスの電荷をもったK^+は，プラスとプラスで反発し合うので流出しにくくなる。そして，流出しようとする力と細胞外のプラスの力がつりあったところでK^+の流出は止まる。つまり，**細胞内外のK^+の濃度勾配が大きいと，流出しようとする力も大きくなるので，より多くのK^+が流出し，より大きな静止電位が生じることになる**。

実際，人工的に細胞外のK$^+$濃度を上昇させ，細胞内外のK$^+$の濃度勾配を小さくすると，静止電位の大きさは小さくなる。そして，細胞内外のK$^+$の濃度勾配がなくなると，流出しようとするK$^+$もなくなり，静止電位も0となってしまう。細胞外のK$^+$の濃度をさらに高くすると，通常とは逆に細胞外から細胞内へK$^+$が流入し，細胞内が正，細胞外が負という静止電位が生じるようになってしまう。

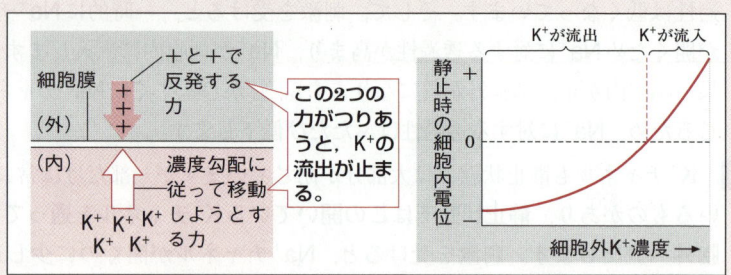

▲ 図62-7 細胞外のK$^+$濃度と静止電位の変化

同様に，活動電位の大きさはNa$^+$の濃度勾配によって決まる。興奮時には，細胞外のNa$^+$濃度が高いから濃度勾配に従ってNa$^+$が流入し，細胞内に正の電位が生じる。実際，人工的に細胞外のNa$^+$の濃度を上昇させ，細胞内外のNa$^+$の濃度勾配を大きくして刺激を与えると，活動電位の大きさも大きくなる。

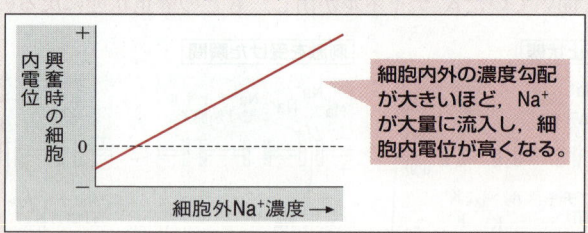

▲ 図62-8 細胞外のNa$^+$濃度と細胞内電位の変化

最強ポイント

静止電位…K$^+$が流出することで生じる。⇨細胞外が正，細胞内が負。

活動電位…一時的にNa$^+$が流入することによって起こる電位変化。⇨一時的に細胞外が負，細胞内が正になる。

第63講 興奮の伝導と伝達

第62講で学習した「興奮」は，どのようにして伝わっていくのでしょう。くわしく見てみましょう。

1 全か無かの法則

1 1本の軸索に与える刺激の強さを変えて活動電位の大きさがどのように変わるか調べてみると，刺激が弱い場合は活動電位はまったく生じません。刺激の強さが一定の強さになると初めて活動電位が生じます。でも，それ以上刺激の強さを強くしても，活動電位の大きさは大きくなりません。

2 活動電位を生じさせるのに必要な最低限度の刺激の強さを**閾値**といいます。つまり，**刺激の強さが閾値未満では活動電位は生じず，閾値以上では一定の大きさの活動電位が生じる**のです。これを**全か無かの法則**といいます。刺激の強さと生じる活動電位の大きさ，すなわち興奮の大きさについてグラフにしたものが右の図です。

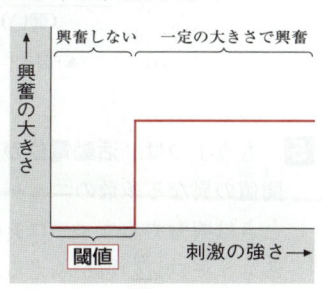

▲ 図63-1 興奮の大きさと閾値

3 細胞外を基準にして，細胞内の電位のグラフで興奮のようすを表すと，下のようになります。最初の小さな変化は活動電位ではなく，電気刺激そのものによる変化で，この変化がある一定以上になると活動電位が生じます。

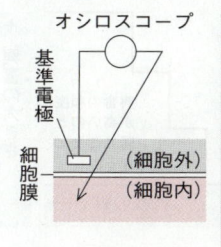

▶ 図63-2 電気刺激と活動電位の発生

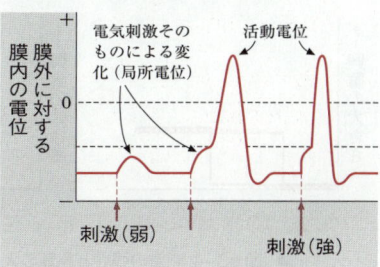

4 刺激の強さで活動電位の大きさが変わらないとなると、どうやって刺激の強さを伝えることができるのでしょうか？　それには、2つの方法を用いています。

1つは、**刺激の強さが強くなると、発生する活動電位の頻度が高くなる**のです。つまり、ニューロンは、刺激の強弱を活動電位の大きさではなく、活動電位の頻度に変換して伝えているのです。

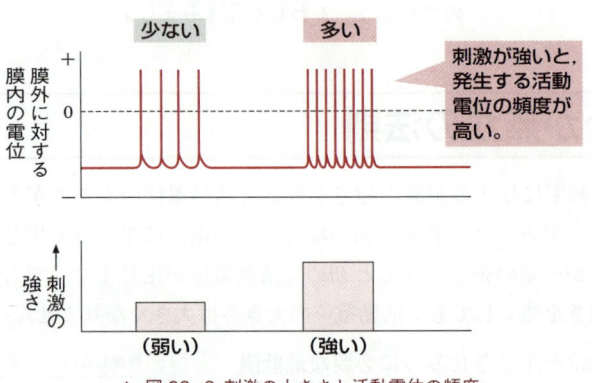

▲ 図63-3 刺激の大きさと活動電位の頻度

5 もう1つは、**活動電位が生じる細胞の数が変化する**ことです。神経には、閾値の異なる多数のニューロンが含まれています。刺激がそれほど強くないときは興奮するニューロンの数も少ないのですが、刺激が強くなると興奮するニューロンの数がふえるため、全体としては大きな興奮を伝えることができるのです。

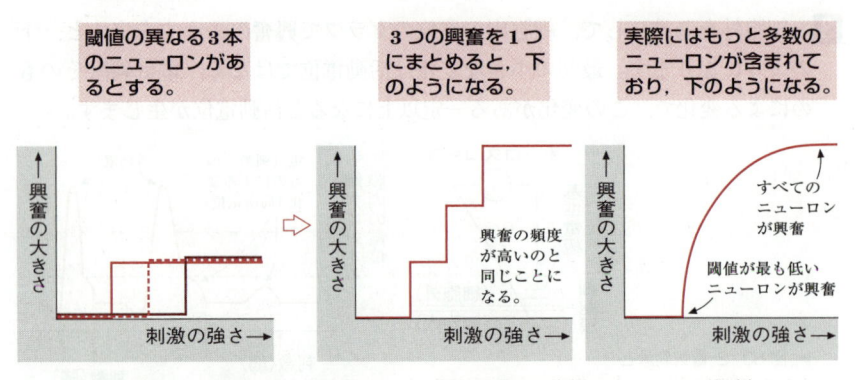

▲ 図63-4 刺激の強さと興奮の大きさ（閾値の異なる複数のニューロンが興奮）

第63講　興奮の伝導と伝達

定番論述対策 ⑬　ニューロンは全か無かの法則が成り立つといわれるが，神経に与える刺激を強くすると，反応も大きくなった。これはなぜか。80字以内で説明せよ。

ポイント　「閾値が異なる」，「多数のニューロン」，「興奮するニューロンの数がふえる」の3つを必ず入れること。

模範解答例　1本のニューロンについては全か無かの法則が成り立つが，神経には閾値の異なる多数のニューロンが含まれており，刺激を強くすると興奮するニューロンの数がふえるから。(79字)

最強ポイント

全か無かの法則…閾値未満では反応せず，閾値以上では**一定の大きさの反応を示すこと**。⇨ **1本のニューロンでは，全か無かの法則が成り立つ**。

【刺激の強弱の伝え方】
① **1本のニューロンでは，活動電位が生じる頻度が変わる**。
② **神経全体では，活動電位を生じる細胞の数が変わる**。
　⇨神経には閾値の異なる多数のニューロンが含まれるため，刺激が大きくなると興奮するニューロンの数もふえ，全体としては大きな反応を示す。

2　興奮の伝導

1　軸索の1か所に刺激を与え，興奮が生じると，その両側の隣接した静止部との間に電位差が生じることになります。その結果，隣接部との間に微弱な電流が流れます。これを**活動電流**といいます。一般に，電流は＋から－へ流れると表現しますので，この場合，**細胞外では静止部から興奮部へ，細胞内では興奮部から静止部へ**活動電流が流れることになります。

2 すると，活動電流によって隣接した静止部が興奮し，そこで活動電位を生じます。さらに，その隣接した静止部との間に活動電流が流れ，また隣接部が興奮する……というようにして，興奮している部分が次から次へと伝わっていくことになります。

このような興奮の伝え方を**興奮の伝導**といいます。

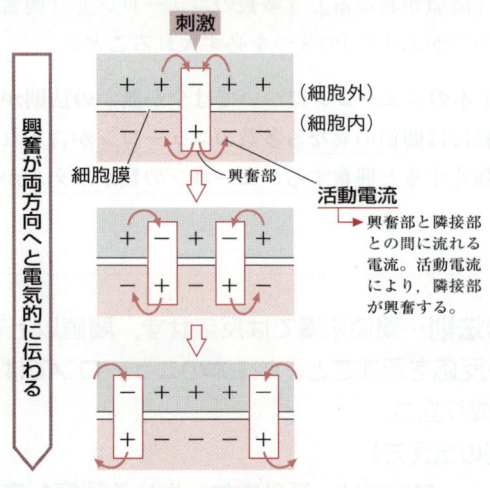

興奮が両方向へと電気的に伝わる

刺激
（細胞外）
（細胞内）
細胞膜　興奮部
活動電流
興奮部と隣接部との間に流れる電流。活動電流により，隣接部が興奮する。

▲ 図63-5 興奮の伝導のようす

+α パワーアップ 興奮の伝導と不応期

興奮していた部分が静止状態に戻って，新しい興奮部とこの静止部との間に再び活電電流が流れると，せっかく静止状態に戻った部分がまた興奮してしまい，興奮が逆流してしまうことになる。

しかし，実際には，静止状態に戻った直後は，新しい刺激を受容できない状態にあるので，興奮が逆流することはない。新しい刺激を受容できない時間帯を**不応期**という。厳密には，刺激によっていったん開閉したNa^+チャネルは，しばらくの間は開くことができないので，新しい刺激を受容できないことになるのである。

3 伝導のようすは，次のようにして測定します。

基準の電極と測定の電極の両方を細胞膜表面に置き，基準電極（□）から見た測定電極（↓）の電位の差をグラフにします（図63-6）。

第63講　興奮の伝導と伝達

① 電極を置いた場所にまだ興奮が到達していないとき

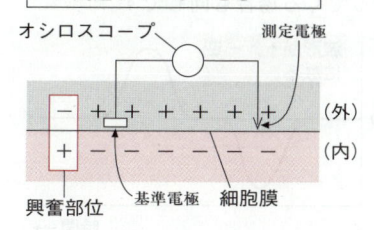

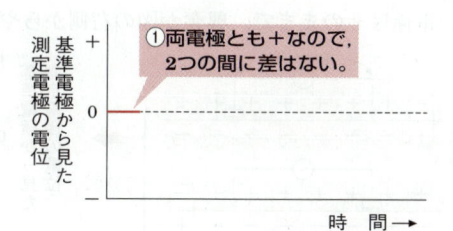

オシロスコープ　　測定電極

興奮部位　基準電極　細胞膜

① 両電極とも＋なので，2つの間に差はない。

基準電極から見た測定電極の電位

時　間→

② A点に興奮が到達したとき

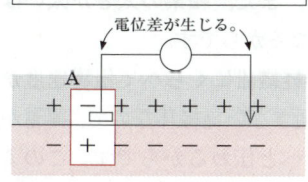

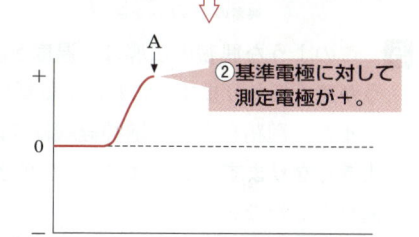

電位差が生じる。

② 基準電極に対して測定電極が＋。

③ B点に興奮が到達したとき

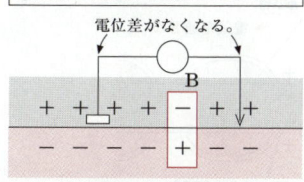

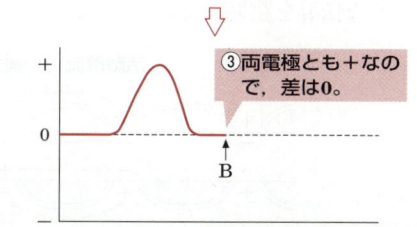

電位差がなくなる。

③ 両電極とも＋なので，差は0。

④ C点に興奮が到達したとき

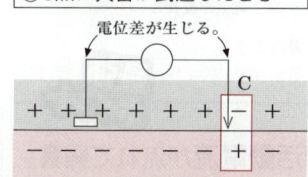

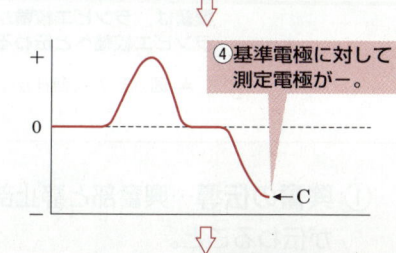

電位差が生じる。

④ 基準電極に対して測定電極が－。

⑤ D点に興奮が到達したとき

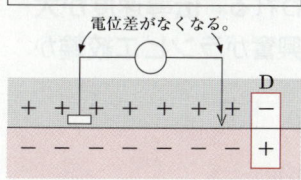

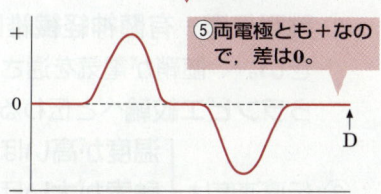

電位差がなくなる。

⑤ 両電極とも＋なので，差は0。

▲ 図63-6　興奮の伝導に伴う電位変化のようす

第6章　刺激と反応

4 基準の電極と測定電極の位置を逆にすると，グラフは次のようになります。電極はそのままで，興奮が図の右側からやってくる場合も同じです。

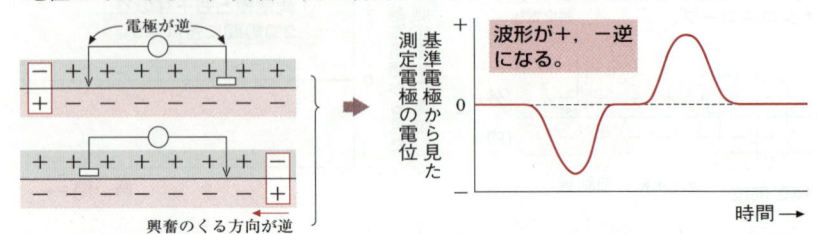

波形が＋，－逆になる。

5 このような興奮の伝導は，温度が高いほうが，また，軸索の太さが太いほうが速く伝わります。これは電気抵抗が小さくなるからです。

また，髄鞘をもつ有髄神経繊維では，無髄神経繊維にくらべて伝導速度が大きくなります。これは，髄鞘の部分は電気を通さない絶縁体なので，興奮が，髄鞘をもたないランビエ絞輪からランビエ絞輪へと伝わるからです。このような伝導を**跳躍伝導**といいます。

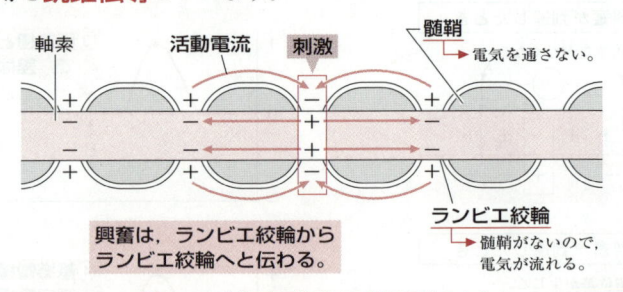

▲ 図63-7 有髄神経繊維での跳躍伝導のようす

最強ポイント

① **興奮の伝導**…興奮部と静止部との間で**活動電流**が流れて興奮が伝わること。

② **跳躍伝導**…**有髄神経繊維**において行われる。**伝導速度が大きい。**⇦髄鞘が電気を通さないため，興奮が**ランビエ絞輪**からランビエ絞輪へと伝わる。

③ 伝導速度は { 温度が高いほうが / 軸索が太いほうが / 髄鞘があるほうが } 大きい。

第63講 興奮の伝導と伝達

3 シナプスと興奮の伝達

1 ニューロンとニューロンの連接部を**シナプス**といいます。ニューロンと筋肉の連接部は、特に**神経筋接合部**といいます。

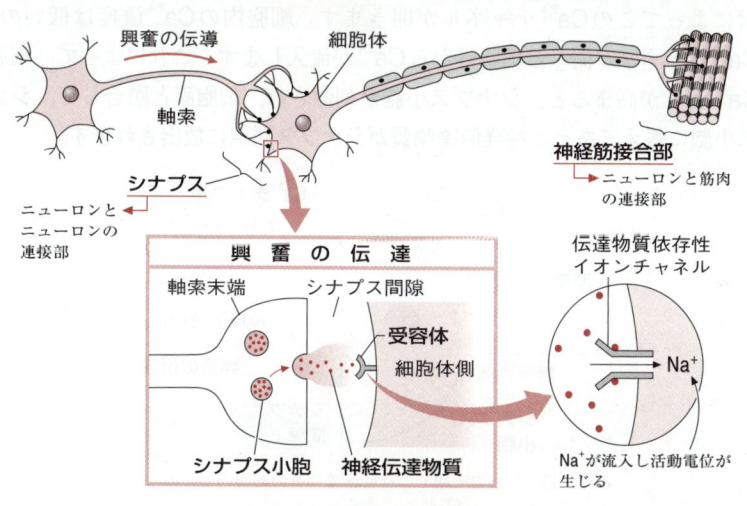

▲ 図63-8 シナプスでの興奮の伝達

2 神経の軸索末端まで興奮が伝導すると、軸索末端にある**シナプス小胞**から化学物質が放出されます。このような化学物質を**神経伝達物質**といいます。

この神経伝達物質が次のニューロンや筋肉の細胞膜表面にある**伝達物質依存性イオンチャネル（リガンド依存性イオンチャネル）** と結合すると、Na^+ が流入し、活動電位が生じます。このような活動電位を**興奮性シナプス後電位（EPSP）** といいます。

> 受容体と特異的に結合する物質を、「リガンド」という。

> excitatory postsynaptic potential の略

このように、化学物質による興奮の伝え方を**興奮の伝達**といいます。

3 神経伝達物質には、**アセチルコリン**や**ノルアドレナリン**などがあります。運動神経や副交感神経の末端からはアセチルコリン、交感神経の末端からはノルアドレナリンが放出されます。

> これら以外にも、ドーパミン、セロトニン、エンドルフィン、γ-アミノ酪酸（GABA）など、多くの種類がある。

第6章 刺激と反応

4 シナプス小胞は軸索末端にしかないので，**興奮の伝達は軸索末端から次のニューロンの細胞体側あるいは筋肉細胞のほうへのみ行われ**，逆の方向には行われません。

5 軸索末端には電位依存性のCa^{2+}チャネルがあり，末端まで伝導してきた興奮によってこのCa^{2+}チャネルが開きます。細胞内のCa^{2+}濃度は低いので，Ca^{2+}チャネルが開くと細胞外からCa^{2+}が流入します。これによって，細胞内Ca^{2+}濃度が高まると，シナプス小胞が刺激され，細胞膜と融合して，シナプス小胞に蓄えてあった神経伝達物質がシナプス間隙に放出されます。

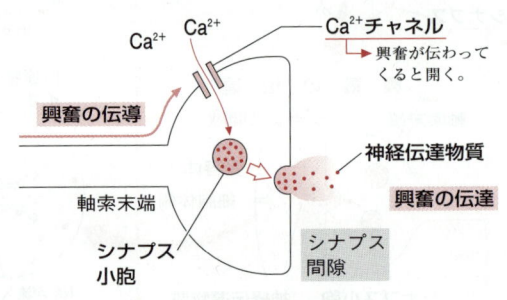

▲ 図63-9 軸索末端での神経伝達物質の放出のしくみ

6 神経伝達物質は，ニューロンの細胞体側や筋細胞の細胞膜にあるイオンチャネルと結合しますが，すぐに酵素（アセチルコリンの場合はコリンエステラーゼ）によって分解され，イオンチャネルから離れます。神経伝達物質がイオンチャネルから離れないと，いつまでも興奮が続いたり，次の神経伝達物質を受容できなくなります。また，放出された神経伝達物質は，軸索末端へ回収され，再利用されたりもします。

7 また，伝達によって次のニューロンの膜電位を脱分極させる神経を**興奮性ニューロン**，膜電位を過分極させる神経を**抑制性ニューロン**といいます。抑制性の神経伝達物質（グリシンやγ-アミノ酪酸など）の場合はCl^-チャネルが開き，Cl^-が流入するため，細胞内がより負になり，興奮の伝達が抑制されます。このような電位を**抑制性シナプス後電位（IPSP）**といいます。実際には，1つのニューロンに多くのニューロンが連接しており，興奮性と抑制性のニューロンによる電位変化の総和によって，次のニューロンの興奮が決まります。

inhibitory postsynaptic potentialの略

第63講　興奮の伝導と伝達

① 単独のEPSP（閾値以下）　② ほぼ同時に複数のEPSP　③ IPSPによるEPSPの打ち消し

運動ニューロンはここで活動電位が発生する。

シナプス前ニューロン
シナプス後ニューロン

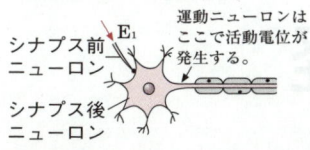

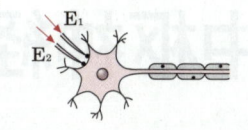

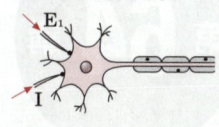

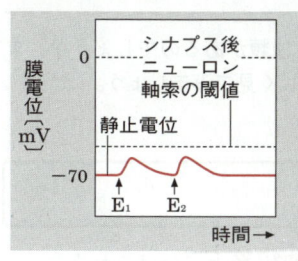

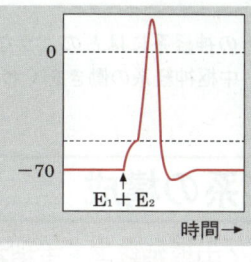

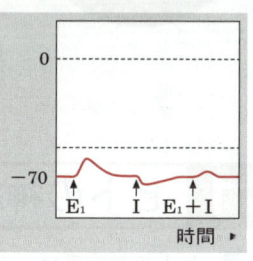

膜電位(mV)
シナプス後ニューロン軸索の閾値
静止電位
-70　　E_1　E_2　時間→
-70　　E_1+E_2　時間→
-70　　E_1　I　E_1+I　時間→

▲ 図63-10 興奮性シナプス・抑制性シナプスとシナプス後電位

最強ポイント

伝　導	電気的	両側に起こる
伝　達	化学的	軸索末端からのみ行われる

神経伝達物質 { アセチルコリン（運動神経や副交感神経）
　　　　　　　ノルアドレナリン（交感神経）

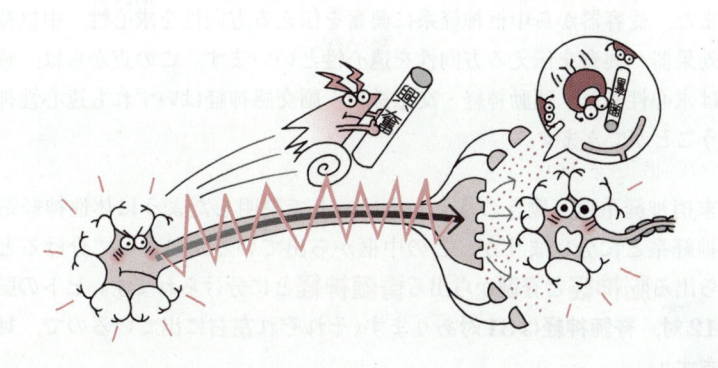

第6章　刺激と反応

401

第64講 中枢神経

ヒトの神経系にはどのような種類があるのでしょうか。また，中枢神経系の働きをくわしく見てみましょう。

1 ヒトの神経系の構成

1 ヒトの神経系は，大きく**中枢神経系**と**末梢神経系**とに分けられます。

ニューロン(神経細胞)が多数集まり，情報をまとめ判断を下す文字通り中枢の役割をするのが中枢神経系で，**脳**と**脊髄**に大別されます。脳のおもな部分は，**大脳・間脳・中脳・小脳・延髄**の5つです。

中枢神経系と末梢の器官である受容器や効果器(筋肉，分泌腺など)を結ぶのが末梢神経で，**体性神経**と**自律神経**に分けられます。

2 体性神経系には，受容器から中枢へ興奮を伝える**感覚神経**と，中枢から骨格筋に興奮を伝える**運動神経**があります。

「脳脊髄神経系」と呼ばれることもある。

一方，直接には大脳の支配を受けないのが自律神経です。自律神経には**交感神経**と**副交感神経**の2種類があります。

また，受容器から中枢神経系に興奮を伝える方向性を**求心性**，中枢神経から効果器へ興奮を伝える方向性を**遠心性**といいます。この点からは，感覚神経は求心性神経，運動神経・交感神経・副交感神経はいずれも遠心性神経ということができます。

3 末梢神経系は，働きのうえからは，上で説明したように体性神経系と自律神経系とに分けますが，どの中枢から出ているかについて分けると，脳から出る**脳神経**と脊髄から出る**脊髄神経**とに分けられます。**ヒトの脳神経は12対，脊髄神経は31対**あります(それぞれ左右に出ているので，対で数えます)。

以上の神経系の種類分けをまとめると，次のようになります。

第64講　中枢神経

最強ポイント

- 中枢神経系
  - 脳（大脳・間脳・中脳・小脳・延髄）
  - 脊髄
- 末梢神経系
  - 体性神経系
    - 感覚神経
    - 運動神経
  - 自律神経系
    - 交感神経
    - 副交感神経

※末梢神経系
- 脳神経…脳から出る末梢神経（12対）
- 脊髄神経…脊髄から出る末梢神経（31対）

2　大脳の働き

1 大脳は**皮質**と**髄質**からなりますが，髄質は伝達の経路になっているだけで，中枢としての働きはありません。**皮質のほうに細胞体が集中して存在**し，中枢としての働きをもちます。

このように，細胞体が集中している部分はやや灰色っぽい色をしており，ここを**灰白質**といいます。逆に神経繊維が多く白っぽい色をしている部分を**白質**といいます。**大脳**では，**皮質が灰白質，髄質が白質**となっています。

2 大脳皮質は，さらに**新皮質・古皮質・原皮質**に分けられます。古皮質と原皮質を合わせて**辺縁皮質**といいます。辺縁皮質には，欲求や情動，本能行動などの中枢があります。

> 以前は，古皮質は旧皮質，原皮質は古皮質と呼ばれていた。魚類では大脳皮質は古皮質しかなく，両生類で原皮質が，爬虫類以上で新皮質が付け加えられた。

3 新皮質は，場所のうえからは，**前頭葉・頭頂葉・側頭葉・後頭葉**の4つに分けられます。また，働きのうえからは，視覚や聴覚のような感覚を生じる**感覚野**（**感覚領**），随意運動の指令をだす**運動野**，判断や記憶・理解・推理といった高度な精神活動を行う**連合野**に分けられます。

感覚野のなかで，視覚を生じる視覚野は後頭葉に，聴覚を生じる聴覚野は側頭葉に，皮膚感覚を生じる体性感覚野は頭頂葉にあります。また，随意運動の運動野は前頭葉に，記憶の連合野は側頭葉に，思考・判断・推理の連合野や言語の連合野は前頭葉にあります（図64-1）。

第6章　刺激と反応

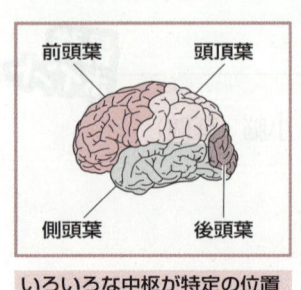

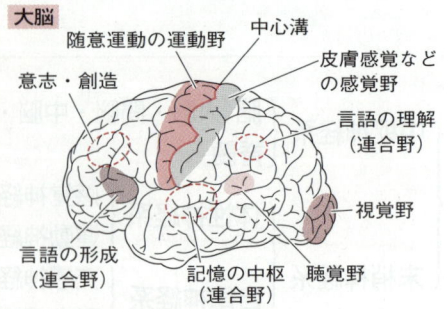

▲ 図 64-1 大脳新皮質上の各中枢の位置

> **最強ポイント**
>
> 大脳皮質（灰白質）
> - 新皮質
>   - 感覚野…感覚を生じる
>   - 運動野…随意運動の指令
>   - 連合野…思考・判断・推理など高度な精神活動
> - 古皮質＋原皮質＝辺縁皮質…本能・情動行動
>
> 大脳髄質（白質）…興奮の伝導路

3 大脳以外の中枢の働き

1 間脳は，視床と視床下部とに分けられます。視床は受容器から大脳に伝わる興奮の中継を行う部分です。視床下部は，自律神経の最高中枢で，体温や血糖量や浸透圧などの中枢として働きます。

2 中脳は，眼球運動や瞳孔反射の中枢，姿勢保持の反射の中枢です。

3 小脳は，随意運動の調節やからだの平衡を保持する中枢です。

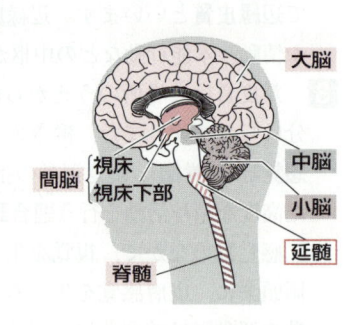

▲ 図 64-2 ヒトの脳の構造

第64講 中枢神経

　随意運動の指令は大脳ですね。随意運動の調節とはどこが違うのでしょう。たとえば、「消しゴムで字を消せ！」と命令を下すのは大脳です。でも、消しゴムをもつために指をどういう角度にすればよいのか、どの程度力を入れるのかなども調節しないといけないですね。これが随意運動の調節で、小脳が行っています。

4 **延髄**は、心臓の拍動や呼吸運動の調節、消化液分泌などの**中枢**です。心臓、呼吸、消化液…ということは、生命維持に直接関係する非常に重要な働きをしているといえますね。

5 延髄も生命維持に重要ですが、この延髄以外に**間脳**、**中脳**も生命維持に関係する部位で、これら3つを合わせて**脳幹**といいます。

6 **脊髄**は、**脊髄皮質**と**脊髄髄質**に分けられます。
　脊髄皮質は神経繊維が多く白質、脊髄髄質には細胞体が多いので灰白質です。大脳の場合と逆であることに注意しましょう。脊髄髄質は、しつがい腱反射や屈筋反射の中枢です。

最強ポイント

- 間脳 ┤ 視床　………感覚の情報の中継点
　　　└ 視床下部 ………自律神経の最高中枢
- 中脳………………眼球運動、瞳孔反射、姿勢保持の中枢
- 小脳………………随意運動の調節、平衡を保つ中枢
- 延髄………………心臓拍動、呼吸運動、消化液分泌の中枢
- 脊髄 ┤ 皮質（白質）……感覚神経、運動神経の伝導経路
　　　└ 髄質（灰白質）…しつがい腱反射、屈筋反射の中枢
- 脳幹…間脳＋中脳＋延髄

第6章　刺激と反応

4 脊椎動物の脳の比較

1 魚類(硬骨魚類)，両生類，爬虫類，鳥類，哺乳類の脳を背面から見たものが，次の図64-3です。

	魚類	両生類(カエル)	爬虫類(ヘビ)
背面図			
側面図			

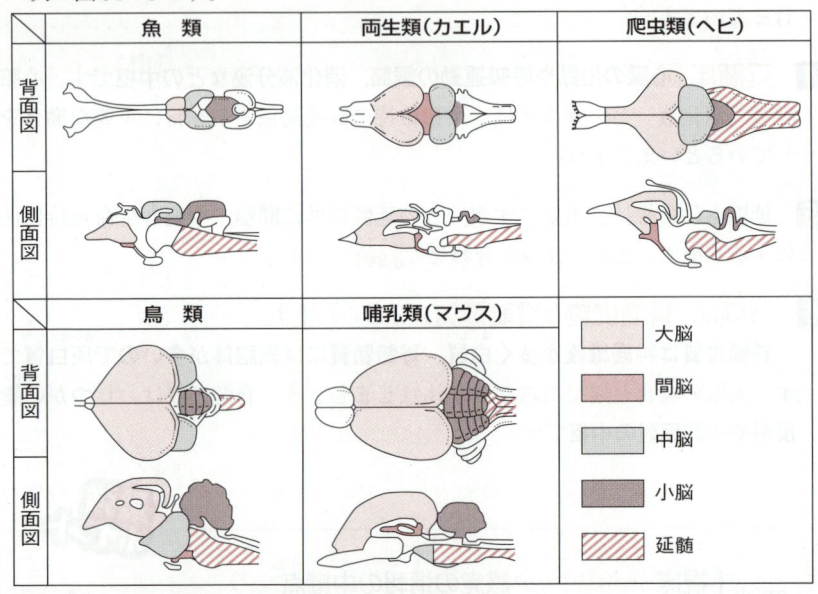

	鳥類	哺乳類(マウス)	
背面図			大脳 / 間脳 / 中脳 / 小脳 / 延髄
側面図			

▲ 図64-3 脊椎動物の脳の構造

2 どの脊椎動物でも，**間脳は背面からはほとんど見えません**(両生類では少し見えます)。また，**哺乳類**では，**中脳も背面からは見えません**(大脳が中脳の上まで張り出しているから)。

3 大脳の先端部に嗅神経が出ている部分があり，これを**嗅葉**といいます。この部分が**魚類，両生類，爬虫類**(特に魚類)では発達しています。

また，運動能力に特に優れている**魚類や鳥類**では，**小脳の占める割合**が他の脊椎動物にくらべて大きいのも特徴です。

最強ポイント

① どの脊椎動物でも，**間脳は背面からはほとんど見えない。**
② 哺乳類では，**中脳も背面からは見えない。**
③ 魚類や鳥類では，**小脳の占める割合が大きい。**

第65講 神経経路

末梢神経と中枢神経は，どのようにして連絡しているのでしょうか。これには，2通りの経路があります。

1 脊髄反射

1 大脳を経由しないで無意識で起こる反応を**反射**といい，反射を起こさせる興奮の経路を**反射弓**といいます。同じ反射でも，瞳孔反射のように中脳が中枢となる反射，消化液分泌の反射のように延髄が中枢となる反射，そして，脊髄が中枢となる反射（**脊髄反射**）などがあります。

2 ひざ頭の下をたたくと，ひざ下の足が跳ね上がります。このような反射を，特に**しつがい腱反射**といいます。しつがい腱反射の中枢となるのは**脊髄**です。

3 脊髄は，下の図65-1のような構造をしています。脊髄には**背根（後根）**と**腹根（前根）**という神経の通路があり，**背根**には**感覚神経**が，**腹根**には**運動神経**が通っています。

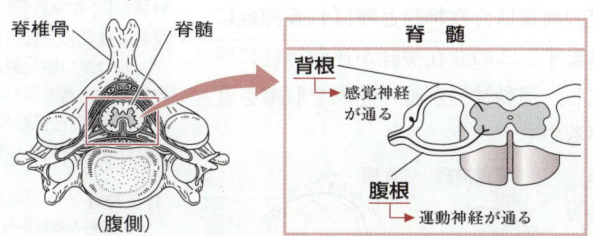

▲ 図65-1 ヒトの脊髄の構造

4 ひざ頭の下には**しつがい腱**という腱があり，これをたたくと太ももの筋肉が伸張します。筋肉が伸張することで筋肉中にある**筋紡錘**という受容器が興奮します。

> この筋紡錘のように，受容器自身の状態を刺激として感知する受容器を「自己受容器」という。自己受容器には，筋紡錘以外にも，腱の伸びを感知する腱紡錘がある。

第6章 刺激と反応

407

5 筋紡錘の興奮は，背根を通る感覚神経によって伝えられます。感覚神経は背根から脊髄髄質(灰白質)に入り，運動神経とシナプスを形成します。運動神経は腹根を通り，太ももの筋肉に連接しています。

6 筋紡錘で生じた興奮は，感覚神経→運動神経→太ももの筋肉へと伝えられ，太ももの筋肉を収縮させます。その結果，足が上がるのです。

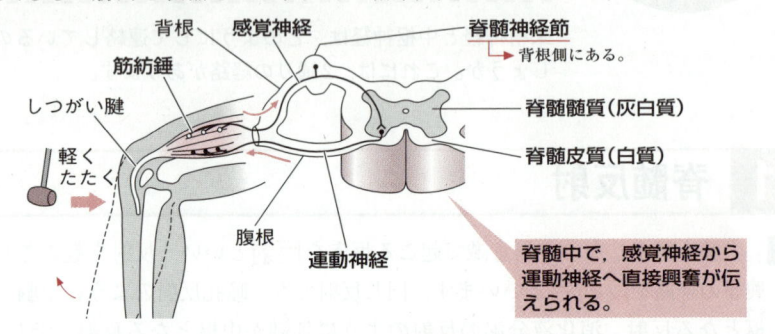

▲ 図65-2 しつがい腱反射のしくみ

脊髄神経節
→ 背根側にある。

脊髄中で，感覚神経から運動神経へ直接興奮が伝えられる。

7 脊髄が中枢となる反射の代表例として，しつがい腱反射以外に，**屈筋反射**があります。たとえば，熱いものに触れると，思わずその手をひっこめるというものです。

8 熱いものに触れると，皮膚の受容器が興奮します。この興奮が感覚神経によって伝えられ，脊髄髄質(灰白質)に入ります。ここまでは，先ほどのしつがい腱反射と同じです。しつがい腱反射の場合は，感覚神経が直接運動神経に興奮を伝達しましたが，**屈筋反射の場合は，感覚神経の興奮は介在神経と呼ばれる神経に伝達されます**。この介在神経が運動神経に興奮を伝達し，運動神経が腕の筋肉を収縮させ，手が曲がるのです。

感覚神経と運動神経とを連絡する神経を「介在神経」という。一般に，反射にはこの介在神経が関与するが，しつがい腱反射のように，受容器と効果器が同じ筋肉にあるような反射(自己受容反射という)には介在神経が関与しない。

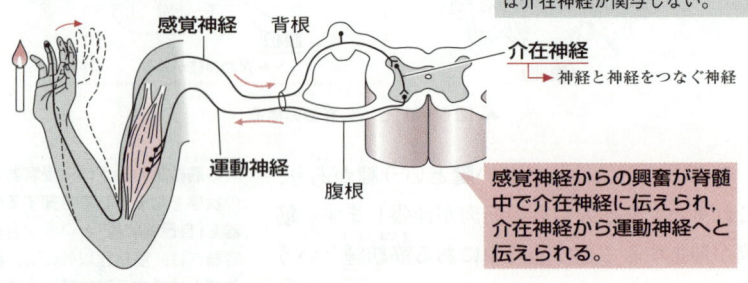

介在神経
→ 神経と神経をつなぐ神経

感覚神経からの興奮が脊髄中で介在神経に伝えられ，介在神経から運動神経へと伝えられる。

▲ 図65-3 屈筋反射のしくみ

第65講　神経経路

> **最強ポイント**
>
> ① **反射**…大脳を経由せずに行われる無意識な反応。
> ② **反射弓**…反射を起こさせる神経経路。
> ③ **しつがい腱反射**
> 　　受容器(筋紡錘)→感覚神経→運動神経→効果器(筋肉)
> ④ **屈筋反射**
> 　　受容器→感覚神経→**介在神経**→運動神経→効果器(筋肉)

2 随意運動の経路

1. 今度は，何かに触れたり，針を刺したりしたとき，触覚や痛覚が大脳で生じるまでの経路を見てみましょう。

2. 受容器から感覚神経を経由して脊髄髄質(灰白質)に興奮が伝わるところまでは反射の場合と同じです。そこで，この感覚神経は次の感覚神経に興奮を伝達します。次の感覚神経は，脊髄皮質(白質)を通って上昇し，間脳の視床で，さらに次の感覚神経に興奮を伝達します。そして，次の感覚神経は大脳皮質(灰白質)にある感覚野に興奮を伝達し，ここで痛覚や触覚が生じます。

3. このとき，触覚(圧覚)の情報を伝える感覚神経は延髄の部分で，痛覚や温度覚の情報を伝える感覚神経は脊髄の部分で交叉し，左右が逆転します。

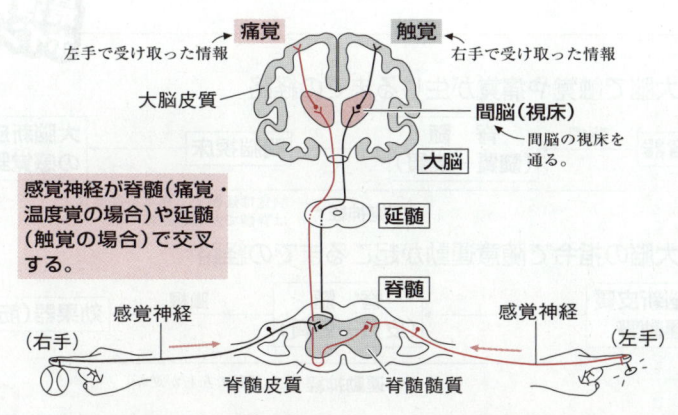

▲ 図65-4　随意運動の際の受容器から大脳への興奮の伝達経路

その結果，左で受容した情報は大脳の右半球へ，右で受容した情報は大脳の左半球へと伝わります。

4　大脳の感覚野へ伝わった情報は連合野に送られ処理されます。その結果は随意運動の運動野に伝えられ，ここから運動神経が筋肉へと情報を伝えます。

5　運動神経が脊髄皮質(白質)を通って下降し，最終的には，脊髄髄質(灰白質)で次の運動神経に興奮を伝達します。そして，その運動神経は，腹根を通って筋肉に情報を伝えます。このように，**感覚神経や運動神経が脊髄を上下するときは，脊髄皮質(白質)を通ります。また，脊髄髄質(灰白質)では次の神経とのシナプスが形成**されます。

6　運動神経は，延髄の部分で左右が逆転します。したがって，大脳右半球からの情報は左へ，大脳左半球からの情報は右へ伝えられることになります。

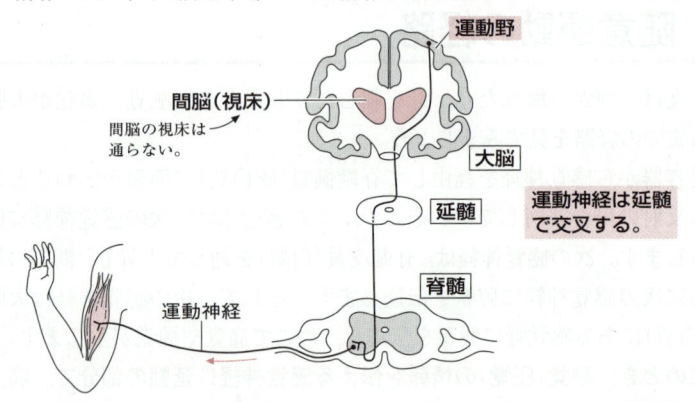

▲ 図65-5 随意運動の際の大脳から筋肉への興奮の伝達経路

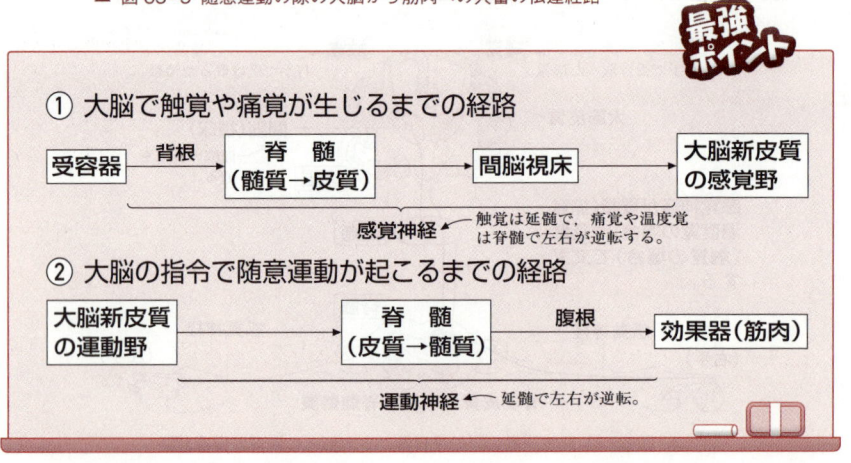

最強ポイント

① 大脳で触覚や痛覚が生じるまでの経路

受容器 →背根→ 脊髄(髄質→皮質) → 間脳視床 → 大脳新皮質の感覚野

感覚神経 ← 触覚は延髄で，痛覚や温度覚は脊髄で左右が逆転する。

② 大脳の指令で随意運動が起こるまでの経路

大脳新皮質の運動野 → 脊髄(皮質→髄質) →腹根→ 効果器(筋肉)

運動神経 ← 延髄で左右が逆転する。

第66講 自律神経と神経系による分類

末梢神経のうち、自律神経(交感神経と副交感神経)はどのように連絡し、どのような働きがあるのでしょうか。

1 自律神経

1 自律神経には**交感神経**と**副交感神経**がありますが、一般に、**交感神経はエネルギーを消費し、緊張状態・闘争的な状態をつくり出します**。具体的には、心臓の拍動を促進し、血糖量を上昇させ、消化液の分泌は抑制し、瞳孔を散大させ、血管を収縮して血圧を上昇させ、立毛筋を収縮して毛を逆立てるといった感じです。

反対に、**副交感神経は栄養分を吸収し、エネルギーを蓄え、休息的なリラックスした状態をつくり出します**。

2 多くの場合、同じ器官や組織に交感神経と副交感神経の両方が分布し、互いに**拮抗的に**働きますが、なかには交感神経しか分布していない場合もあります。

> 心臓の拍動に対して「促進」的に働く場合と「抑制」的に働く場合のように、正反対に働くことを「拮抗作用」という。

たとえば、**体表の血管には交感神経しか分布していません**。交感神経が働くと体表の血管は収縮し、交感神経が働かないときは自動的に体表の血管は弛緩します。同様に、**立毛筋**

> 顔面や陰部以外の体表の血管には副交感神経は分布していないが、体内部の動脈には副交感神経も分布しており、その場合は副交感神経によって血管が弛緩する。

にも交感神経しか分布していないので、交感神経によって立毛筋は収縮し、交感神経が働かないと自動的に弛緩します。

3 各器官や組織に対する自律神経の働きをまとめると、次のページの表のようになります。

	交感神経	副交感神経
心臓の拍動	促　進	抑　制
消化管の運動	抑　制	促　進
消化液の分泌	抑　制	促　進
瞳　孔	散　大	縮　小
汗腺からの発汗	促　進	——
立毛筋	収　縮	——
呼吸運動	浅く・速く	深く・遅く
気管支	拡　張	収　縮
すい臓からのホルモン	グルカゴン分泌促進	インスリン分泌促進
副腎髄質からのホルモン	アドレナリン分泌促進	——
ぼうこう	弛　緩	収　縮
ぼうこう括約筋	収縮（排尿抑制）	弛緩（排尿促進）
肛門括約筋	収縮（排便抑制）	弛緩（排便促進）

唾液の分泌に関しては，交感神経によって粘性の高い唾液の分泌が促進され，副交感神経によって粘性が低く酵素を多く含む唾液の分泌が促進される。

4 次に，自律神経のつながり方を見てみましょう。

　交感神経も副交感神経も，中枢神経から出てくると，いったん次の自律神経に連接します。神経どうしが連接してシナプスを形成している場所は細胞体が集まってこぶ状になっているので，ここを**神経節**といいます。

　また，神経節で連接する前の神経を**節前神経**，連接したあとの神経を**節後神経**と呼びます。交感神経の場合は中枢神経系の近くに神経節があるので，**節前神経のほうが節後神経よりも短い**のが特徴です。一方，副交感神経の場合は，目的の器官の近くに神経節があるので，**節前神経のほうが節後神経よりも長い**のが特徴です。

> 交感神経の場合は，交感神経節，腹腔神経節，上腸間膜神経節，下腸間膜神経節と呼ばれる神経節がある。

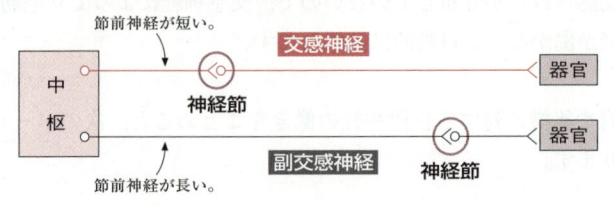

▲ 図66-1 交感神経と副交感神経の連接のしかた

5 交感神経も副交感神経も**最高中枢は間脳視床下部**です。でも，交感神経系は最終的には脊髄から出てきて，各器官に分布します。一方，副交感神経中で，**動眼神経**と呼ばれるものは中脳から，**顔面神経・舌咽神経・迷走神経**と呼ばれる副交感神経は延髄から，また，**仙椎神経**と呼ばれるものは脊髄から出ます。

> 脊髄は，首のあたりの頚髄，胸のあたりの胸髄，腰のあたりの腰髄，おしり近くの仙髄や尾髄に分けられる。仙椎神経は脊髄の仙髄の部分から出る。

6 これらをまとめて図示したものが下図です。

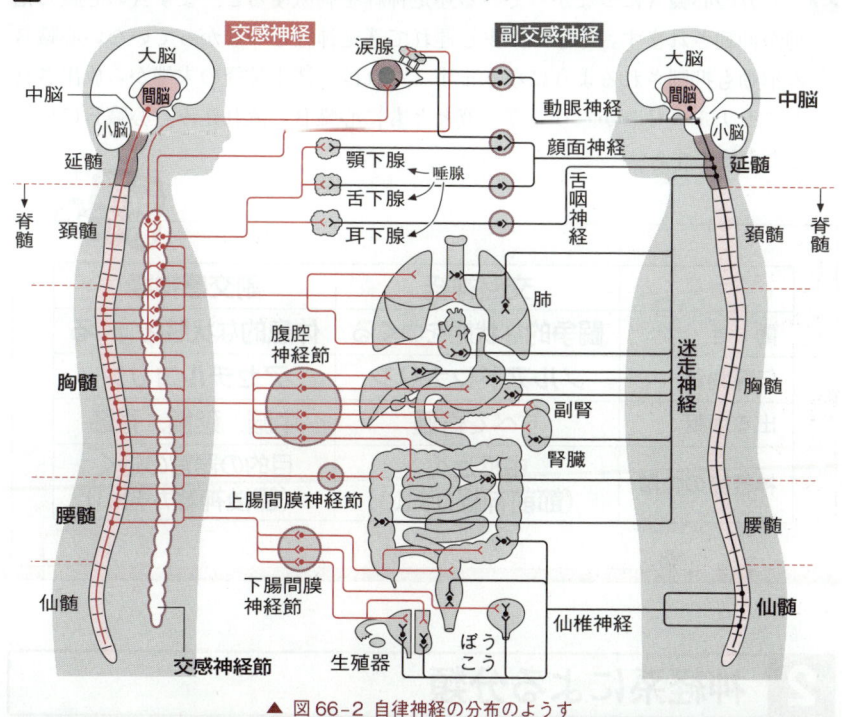

▲ 図66-2 自律神経の分布のようす

7 一般に，**交感神経**の末端から放出される神経伝達物質は**ノルアドレナリン**，副交感神経の場合は**アセチルコリン**です。

> 同じ交感神経でも，一般に，節後神経ではノルアドレナリンが，節前神経ではアセチルコリンが放出される。また，汗腺に分布している交感神経の場合は節前も節後もアセチルコリンが放出される。

8 神経の末端から化学物質が放出されることを確かめたのは**レーウィ**です(1921年)。2匹のカエルからそれぞれ心臓を摘出し，次の図66-3のようにチューブで連結してリンガー液を流します。

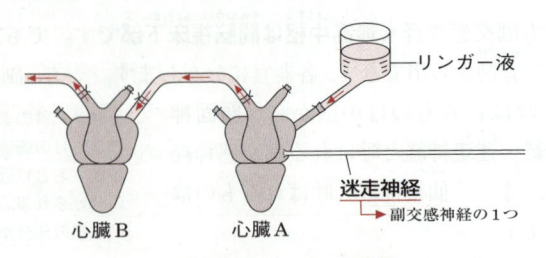

▲ 図66-3 レーウィの実験

9 一方の心臓Aにつながっている迷走神経を刺激すると，まずAの心臓の拍動が抑制されます。そして，少し遅れて迷走神経とつながっていない心臓Bの拍動も抑制されるようになります。これは，迷走神経の末端から放出されたアセチルコリンが，リンガー液とともに心臓Bに流れ込み，心臓Bに作用したためです。

最強ポイント

	交感神経	副交感神経
働き	闘争的な状態をつくる	休息的な状態をつくる
伝達物質	ノルアドレナリン	アセチルコリン
出る中枢	すべて脊髄	中脳，延髄，脊髄
神経節の位置	中枢近く（節前神経が短い）	目的の器官の近く（節後神経が短い）

2 神経系による分類

1 原生動物や海綿動物には，神経系は存在しません。ヒドラやイソギンチャクのような刺胞動物には神経系が存在しますが，中枢神経系がなく，神経細胞は網目状に散在しています。これを**散在神経系**といいます。

2 散在神経系に対し，中枢神経系をもつ神経系を**集中神経系**といいます。

3 プラナリアのような扁形動物では，頭部に神経節があり，からだの両側を神経が通り，さらに，神経が左右を連絡するため，かご状の神経系を形成しています。そこで，これを**かご形神経系**といいます。

第66講　自律神経と神経系による分類

4　ミミズやゴカイのような環形動物とバッタやエビなどの節足動物では，体節ごとに1対の神経節があり，さらに神経節どうしは前後左右に連絡してはしご状をしています。そこで，このような神経系を**はしご形神経系**といいます。特に発達した頭部の神経節は，脳と呼ばれます。

5　貝やイカのような軟体動物では，3か所に1対ずつの神経節があり，それらを神経が連絡しているので，はしご形神経系と発達の程度は同じですが，はしごの形にはなっていないので，特に**神経節神経系**といいます。

6　ウニやヒトデのような棘皮動物では，中枢神経が放射状に並ぶので，**放射状神経系**といいます。

7　ナメクジウオのような原索動物と脊椎動物では，発生の初期に生じた神経管から中枢神経系が形成されるので，**管状神経系**といいます。

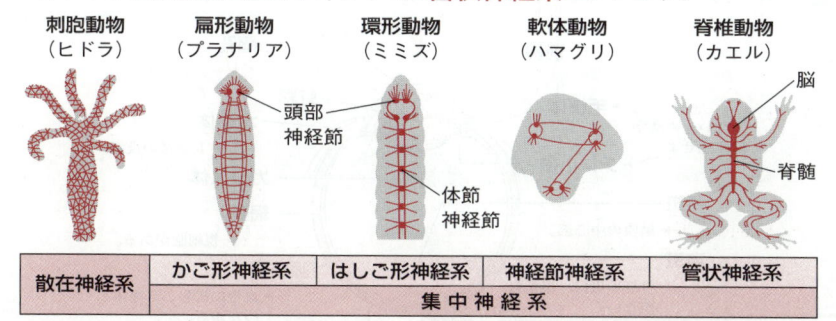

刺胞動物（ヒドラ）	扁形動物（プラナリア）	環形動物（ミミズ）	軟体動物（ハマグリ）	脊椎動物（カエル）
散在神経系	かご形神経系	はしご形神経系	神経節神経系	管状神経系
	集中神経系			

▲ 図66-4　いろいろな動物の神経系

最強ポイント

- 神経系なし…原生動物・海綿動物
- 散在神経系…刺胞動物
- 集中神経系
  - かご形神経系…扁形動物
  - はしご形神経系…環形動物・節足動物
  - 神経節神経系…軟体動物
  - 放射状神経系…棘皮動物
  - 管状神経系…原索動物・脊椎動物

第67講 受容器①（眼）

ヒトの五感は視覚・聴覚・嗅覚・味覚・触覚です。まずは，視覚を感知する眼(め)について学習しましょう。

1 眼の構造と視細胞

1 次の図は，ヒトの眼の水平断面を頭側(真上)から見た模式図です。

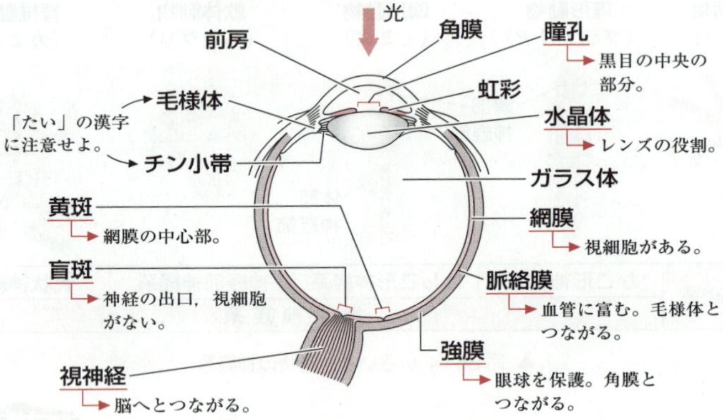

光
前房
角膜
瞳孔
黒目の中央の部分。
虹彩
毛様体
「たい」の漢字に注意せよ。
水晶体
レンズの役割。
チン小帯
ガラス体
黄斑
網膜の中心部。
網膜
視細胞がある。
盲斑
神経の出口，視細胞がない。
脈絡膜
血管に富む。毛様体とつながる。
強膜
眼球を保護。角膜とつながる。
視神経
脳へとつながる。

▲ 図67-1 ヒトの眼の水平断面図

2 眼で受容した光の情報を脳へ伝える神経が**視神経**(し)で，**視神経の先に脳があります**。ということは，上の図67-1は右眼の断面ということになります。左眼であれば，視神経が右側に接続します。

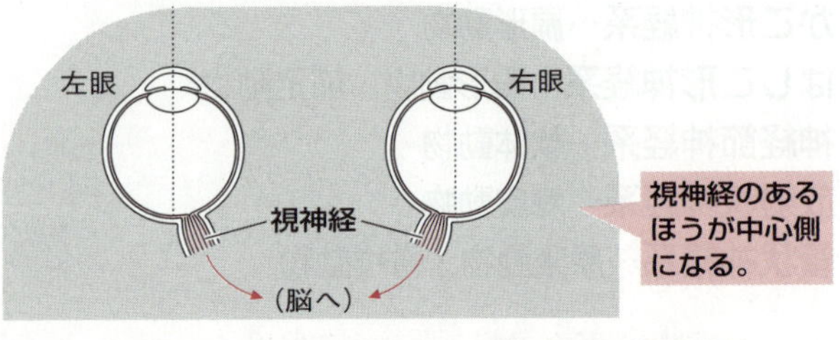

左眼
右眼
視神経
(脳へ)
視神経のあるほうが中心側になる。

▲ 図67-2 ヒトの眼における視神経と脳の位置関係

第67講 受容器①(眼)

3 角膜→前房→水晶体→ガラス体を通った光は，網膜に達します。次の図は，網膜の一部の模式図です。網膜の奥のほうに，光を受容する2種類の視細胞があり，ここで受容された情報が連絡神経→視神経へと伝達されます。

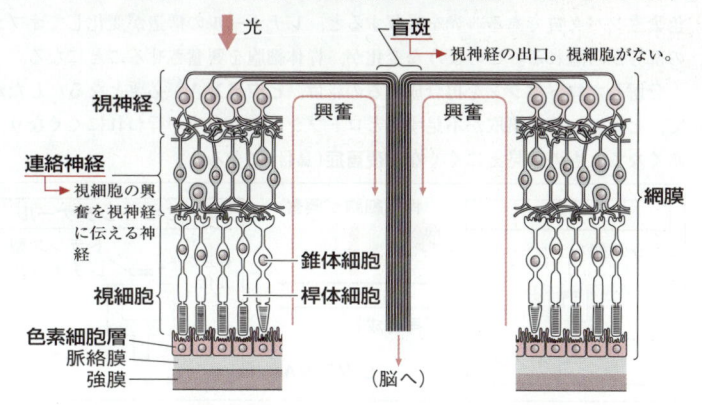

▲ 図67-3 ヒトの網膜の構造と興奮の伝達経路

4 この視神経は網膜の表面を通り，やがて集まり，束となって網膜を貫いて脳へと接続しています。したがって，視神経の出口であるこの場所には光を受容する視細胞が存在しないので，光を受容することができません。そこで，ここを盲斑といいます。

5 光を受容する視細胞には，錐体細胞と桿体細胞という2種類があります。先端がとがった円錐形をしているほうが錐体細胞，先端がとがっていないほうが桿体細胞です。

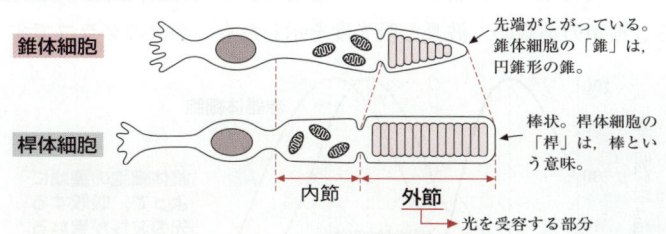

▲ 図67-4 ヒトの眼の視細胞の種類

6 桿体細胞にはロドプシンという色素タンパク質が含まれていて，これが光を吸収します。そして，ロドプシンが光を吸収することで桿体細胞が興奮します。受容する光の量によって興奮の大きさが異なるため，桿体細胞は光の強弱，すなわち明暗を区別することができます。

+α パワーアップ 桿体細胞の興奮とロドプシン

ロドプシンは，**レチナール**という色素と**オプシン**というタンパク質が結合した色素タンパク質である。光を吸収すると，レチナールの構造が変化してオプシンの部分から離れる。このような変化が，桿体細胞を興奮させることになる。

分解したロドプシンを再合成するのには，**ビタミンA**が必要となる。したがって，ビタミンAの摂取が不足するとロドプシンの再合成が行われにくくなり，薄暗くなるとものが見えにくくなる**夜盲症**(鳥目)になる。

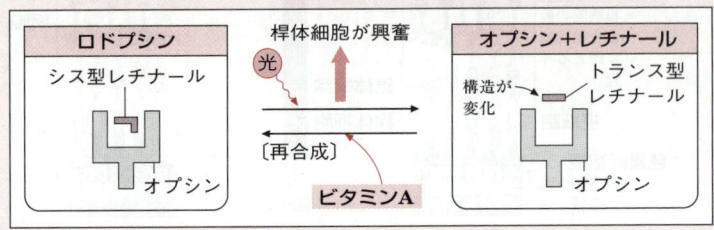

▲ 図67-5 光の吸収に伴うロドプシンの分解と再合成

7 **錐体細胞**には，3種類の細胞があります。それぞれ，560 nm付近の波長を吸収しやすい色素タンパク質をもつ細胞(**赤錐体細胞**)，530 nm付近の波長を吸収しやすい色素タンパク質をもつ細胞(**緑錐体細胞**)，420 nm付近の波長を吸収しやすい色素タンパク質をもつ細胞(**青錐体細胞**)の3種類です。これら3種類の細胞の，波長と吸光度を示したものが次のグラフです。

> 錐体細胞には「フォトプシン」という物質が含まれている。ロドプシンもフォトプシンもオプシンとレチナールが結合した色素タンパク質だが，オプシンの構造の違いによって区別される。いずれも，外節の部分に含まれている。

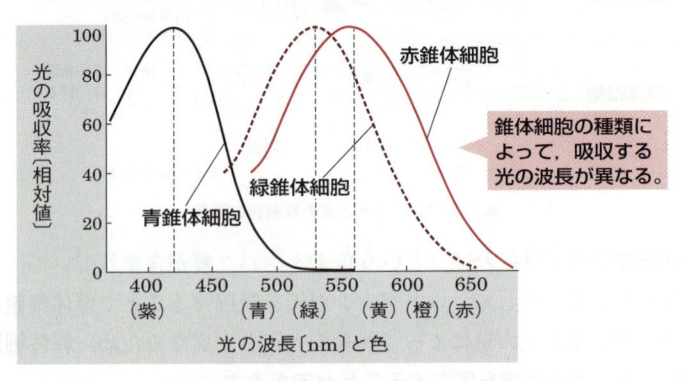

▲ 図67-6 錐体細胞の種類と吸収する波長の違い

第67講　受容器①（眼）

8　これら3種類の錐体細胞がどれくらいの割合で反応するかによって，色を識別します。たとえば，緑錐体細胞と赤錐体細胞がおおよそ3：7の割合で反応すると，大脳ではこれを橙色と認識するといった具合です。

9　もちろん，それぞれの反応の大きさの程度によって，明暗も識別されます。つまり，錐体細胞は**色彩の識別と明暗の識別の両方に働きます**。ただし，**錐体細胞は，おもに，明るい場所，すなわち強光下で働く細胞で，弱光下ではほとんど働きません**。そのため，薄暗くなると色が判断できなくなるのです。
　逆に，**桿体細胞は，おもに弱光下で働きます**。

10　また，**錐体細胞は網膜の中央部に集中して存在します**。この部分を**黄斑**といいます。一方，桿体細胞は黄斑以外の周辺部に分布しています。視細胞の分布のようすを表したのが次のグラフです。

盲斑には，視細胞がない。

錐体細胞は，黄斑付近に集中。

桿体細胞は，黄斑の周辺部に多い。

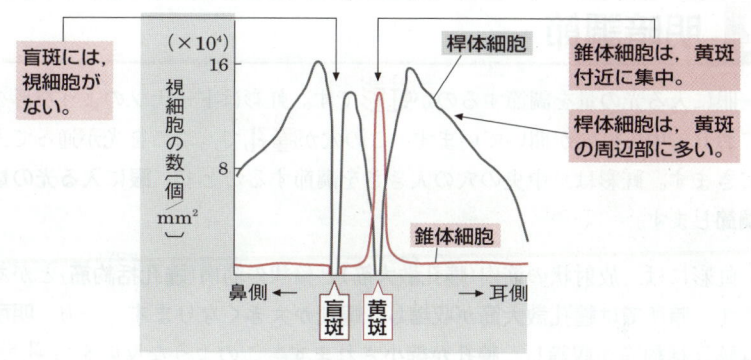

桿体細胞

錐体細胞

視細胞の数（個/mm²）（×10⁴）
16
8

鼻側 ←　盲斑　黄斑　→ 耳側

▲ 図67-7　ヒトの眼（右眼）における視細胞の分布のようす

定番論述対策 14　弱い光の星を見るとき，その星を凝視すると，かえって見えにくくなる。これはなぜか。

ポイント　「黄斑」「錐体細胞」「桿体細胞」の3つがキーワード。凝視するときには黄斑に像を結ぶ。

模範解答例　凝視すると黄斑に像を結ぶが，黄斑には強光下で働く錐体細胞が集中して分布しており，弱光下で働く桿体細胞が存在しないから。

> 最強ポイント
>
> ① 盲斑…視神経が束となって網膜を貫き出て行く出口。視細胞が存在しないので，光を受容できない。
> ② 視細胞の種類
>
> | 桿体細胞 | 弱光下で働く，明暗の区別 | 黄斑以外の周辺部に分布 |
> |---|---|---|
> | 錐体細胞 | 強光下で働く，明暗と色彩の区別 | 黄斑に集中 |
>
> ＊桿体細胞に含まれる色素タンパク質は**ロドプシン**。

2 明暗調節

1 眼に入る光の量を調節するのが**虹彩**です。虹彩はドーナツのような形をしており，中央に穴が開いています。この穴が**瞳孔**で，ここを光が通って入ってきます。虹彩は，中央の穴の大きさを調節することで，**眼に入る光の量を調節**します。

2 虹彩には，放射状の筋肉（**瞳孔散大筋**）と輪状の筋肉（**瞳孔括約筋**）とがあります。暗所では瞳孔散大筋が収縮し，**瞳孔が大きくなります**。一方，明所では瞳孔括約筋が収縮し，**瞳孔が縮小されます**。このような反射を**瞳孔反射**といい，瞳孔反射の中枢は**中脳**にあります。

交感神経は瞳孔散大筋を，副交感神経は瞳孔括約筋を収縮させるので，明るさに関係なく，交感神経が働くと瞳孔が散大(拡大)し，副交感神経が働くと瞳孔が縮小することになります（⇨ p.412 参照）。

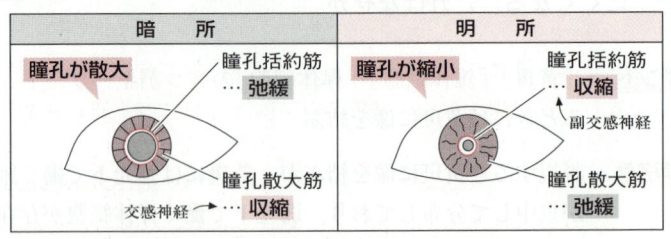

▲ 図67-8 光の量と瞳孔の大きさの調節

3 暗い場所から急に明るい場所に行くと，最初はとてもまぶしく感じますが，やがて慣れて，同じ明るさなのにまぶしく感じなくなります。このような現象を**明順応**といいます。

　まず，急に大量の光を吸収したことで**ロドプシンが急激に分解されて，桿体細胞が過度に興奮し**，初めのうちはまぶしく感じますが，やがて，ロドプシンの量が減少して視細胞の感度が低下（閾値が上昇）することで，まぶしく感じなくなるのです。

4 逆に，明るい場所から急に薄暗い場所に行くと，最初はよく見えませんが，しばらくすると，同じ暗さなのに見えるようになってきますね。このような現象を**暗順応**といいます。

　初めのうちは，明るい場所でロドプシンが分解されて減少していたため桿体細胞が反応することができず，よく見えないのですが，やがて，減少していた**ロドプシンが再合成**され，ロドプシンの量がふえて視細胞の感度が上昇（閾値が低下）することで，薄暗くても見えるようになるのです。

5 明るい場所から急に暗い場所に移動したとき（暗順応）の錐体細胞と桿体細胞の閾値の変化をグラフにしたものが，次の図67-9です。

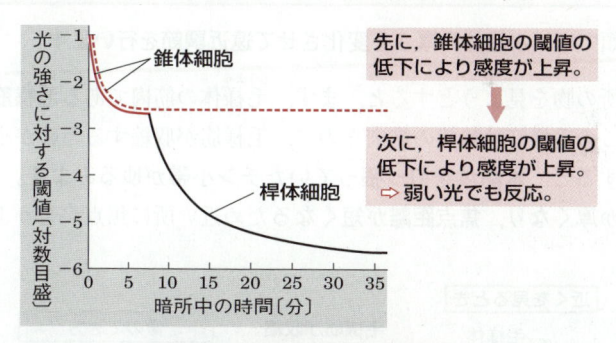

▲ 図67-9　暗順応時の視細胞の感度

　上のグラフのように，暗順応の場合，まず，**錐体細胞の閾値の低下により感度が上昇**し，次に**桿体細胞の閾値の低下により感度が上昇**します。そのため，弱い光に反応できるようになるのに時間がかかるのです。

　ビタミンAが不足し，ロドプシンの再合成が行えず桿体細胞が正常に働かなくなった夜盲症のヒトで実験すると，上の図の赤点線のようになります。

> ① 瞳孔反射…中枢は中脳。
>   ・交感神経によって瞳孔散大筋収縮→瞳孔散大
>   ・副交感神経によって瞳孔括約筋収縮→瞳孔縮小
> ② 明順応と暗順応
>   ・明順応…ロドプシンが分解されてロドプシンの量が減少し，視細胞の感度が低下して，明るい場所でもまぶしく感じなくなる現象。
>   ・暗順応…ロドプシンの再合成によりロドプシンの量がふえ，視細胞の感度が上昇して，暗い場所でも物が見えてくる現象。

3 遠近調節

1 哺乳類では，水晶体の厚さを変化させて遠近調節を行います。

2 近い所の物を見ようとすると，まず，毛様体の筋肉である**毛様筋が収縮**します。この毛様筋は輪状の筋肉なので，毛様筋が収縮すると輪が小さくなります。すると，**水晶体を引っ張っていたチン小帯がゆるみ**ます。その結果，**水晶体が厚くなり，焦点距離が短くなる**ため近い所に焦点が合うようになります。

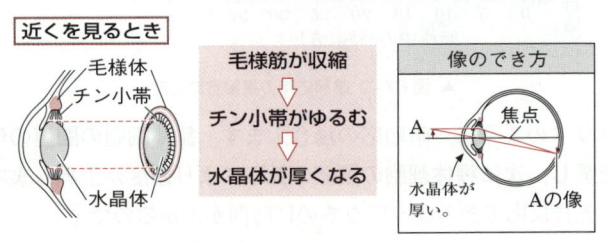

▲ 図67-10 近くの物を見るときの調節

3 逆に，遠くを見ようとすると，**毛様筋が弛緩**し，毛様体の輪が広がります。

すると，チン小帯が水晶体を引っ張るため水晶体が薄くなり，焦点距離が長くなるため，遠くに焦点が合うようになります。

遠くを見るとき

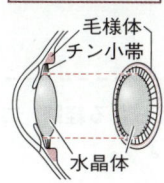

毛様体が弛緩
↓
チン小帯が引かれる
↓
水晶体が薄くなる

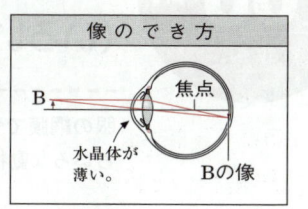

▲ 図67-11 遠くの物を見るときの調節

+α パワーアップ 近視と遠視のちがい

眼球の奥行きが長かったり，水晶体の屈折率が大きかったりするために，**網膜よりも手前（ガラス体側）に像を結んでしまうのが近視**で，この場合は**凹レンズ**によって矯正する。逆に，眼球の奥行きが短かったり，水晶体の屈折率が小さかったりするために，**網膜よりも奥に像を結んでしまうのが遠視**で，遠視の場合は**凸レンズ**によって矯正する。

また，水晶体の弾力性が低下し，近い所の物を見るときも水晶体が厚くならないのが老眼で，近い所の物が，遠視と同じく網膜よりも奥に像を結ぶ。

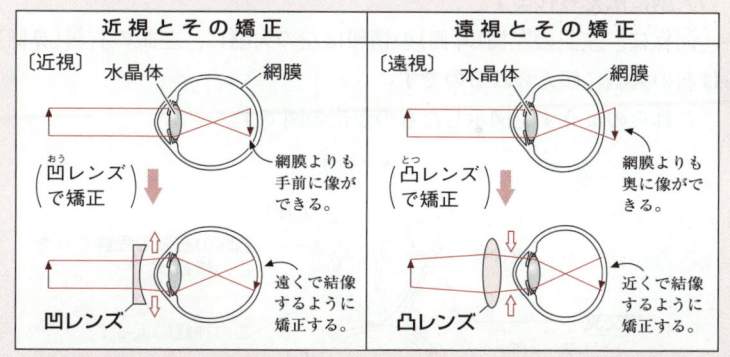

▲ 図67-12 近視と遠視のしくみ

最強ポイント

【近い所に焦点を合わせる場合の調節】（遠い場合は逆）
毛様体の毛様筋が収縮→チン小帯がゆるむ→水晶体が厚くなる

第68講 受容器② (いろいろな視覚器)

眼の網膜で受容した情報が脳へ伝えられる経路，およびいろいろな動物の視覚器を見てみましょう。

1 視覚情報の伝達経路

1 網膜の視細胞で受容された情報は，連絡神経を経て視神経に伝わるのでしたね。視神経は盲斑を通って眼球から出て，最終的には大脳の視覚中枢（視覚野）に達します。この視神経のつながり方を見てみましょう。

2 右眼の右側（耳側）で受容された情報は，視神経によって右の大脳に伝えられます。しかし，右眼の左側（鼻側）で受容された情報は，視神経によって左の大脳に伝えられます。

同様に，左眼の左側（耳側）の情報は左の大脳に，左眼の右側（鼻側）の情報は右の大脳に伝えられるのです。

これらのようすを図示したものが次の図です。

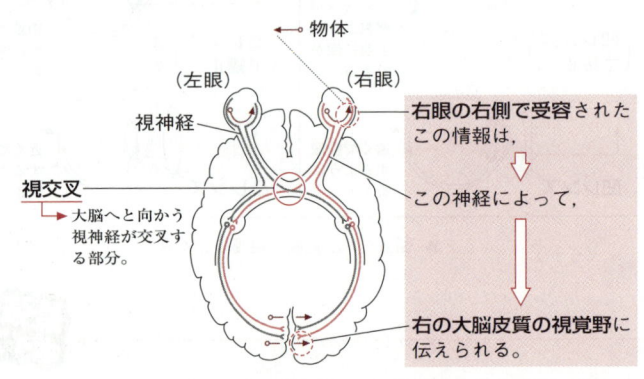

▲ 図68-1 眼から大脳への情報の伝わり方

3 このように，視神経の一部は途中で交叉することになりますが，交叉する部分を**視交叉**といいます。

第68講　受容器②(いろいろな視覚器)

4　では，網膜に映った像のどの部分が大脳のどの部分に伝えられるのかを見てみましょう。

　眼で見て，見える範囲を視野といいます。水晶体を通すと，像は上下左右が逆になって網膜に結像します。したがって，視野の右側にある物体は，眼の左側の網膜に，視野の左側にある物体は，眼の右側の網膜に映ります。

　仮に，眼の前に○→のような模様をかいた紙を置いたとすると，それぞれの網膜には，次の図68-2のように結像します。

→ 物体

（左眼）　（右眼）

上下左右が逆になって網膜上に像ができる。

視神経

視交叉

網膜の左側の情報だけが伝えられる。

網膜の右側の情報だけが伝えられる。

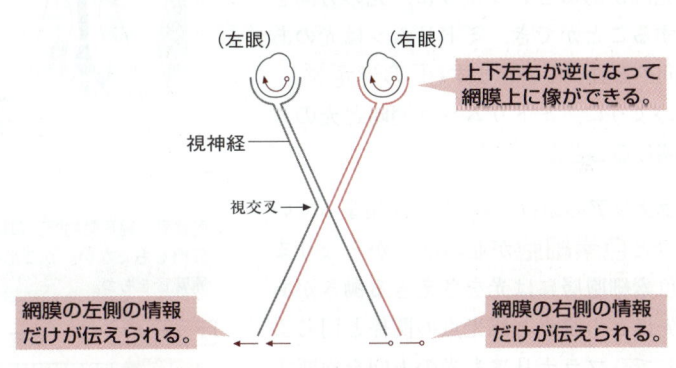

▲ 図68-2　視交叉と物の認識のしくみ

5　それぞれの視神経によって大脳に情報が伝えられると，図68-2のように，視野の右側の像は大脳の左へ，視野の左側の像は大脳の右へ伝えられることになります。そして，これらの情報が大脳の連合野に送られて統合され，○→という形だと認識されるのです。

6　このとき，同じ←が左へ2度，同じ○→が右へ2度送られていることになります。でも，右眼と左眼で見ているものにはわずかにずれがあり，それによって，物体までの距離や物体の立体視が可能となるのです。片眼で見ると，距離感がつかめないのはこのためです。

最強ポイント

① 視神経の一部は**交叉**して，左右逆の大脳へ情報を伝える。
② 視野の**右側の物体の像**は**左の大脳**へ，**左側の物体の像**は**右の大脳**へ伝えられる。
③ 同じ物体を両眼で見るから，**立体視**ができる。

第6章　刺激と反応

2 種々の動物の視覚器

1 ミドリムシの鞭毛の近くには，**感光点**や**眼点**という部分があります。感光点が光を受容しますが，眼点には光をさえぎる働きがあります。この2つの組み合わせにより，眼点によって光がさえぎられれば眼点の方向に光源があるというように，光の方向を判断することができ，ミドリムシは光のある方向へと動いていきます(**正の光走性**)。

このように，ミドリムシは**明暗と光の方向を感じる**ことができます。

> 原生生物界，ミドリムシ門に属する単細胞生物。葉緑体をもち光合成を行うが，細胞壁はなく，鞭毛によって運動する。

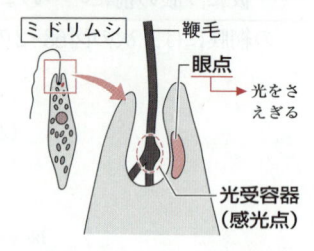

▲ 図68-3 ミドリムシの視覚器

2 プラナリアの眼は，**視細胞**が集まっている部分と**色素細胞**が並ぶ部分からなります。色素細胞層には光をさえぎる働きがあり，先ほどの眼点と感光点の関係と同じようにして，プラナリアも光の方向を判断することができます。像を結んだりはできないので，形をとらえることはできません。このようなプラナリアの眼を**杯状眼**といいます。

プラナリアも，**明暗と光の方向を感じる**ことができます。

> 動物界，扁形動物門。口はあるが肛門をもたない。かご形神経系，原腎管をもつ。

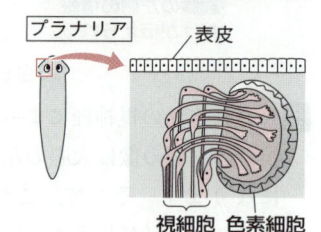

▲ 図68-4 プラナリアの杯状眼

3 ミミズには眼がありませんが，ミミズの表皮には光を受容する**視細胞**が存在します。1つ1つの視細胞は光の有無しか判別できませんが，そのような視細胞が体表全体に分布しているので，身体全体としては光の方向が判断でき，ミミズは暗いほうへと動いていきます(**負の光走性**)。

ミミズも，**明暗と光の方向を感じる**ことができます。

> 動物界，環形動物門の貧毛綱。はしご形神経系，体節器，閉鎖血管系をもつ。

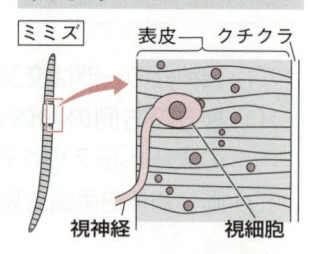

▲ 図68-5 ミミズの視細胞

第68講 受容器②(いろいろな視覚器)

4 オウムガイの眼は，視細胞が並んで網膜を形成しているので像を結び，形をとらえることができます。水晶体はありませんが，ちょうど針穴写真機と同じ原理で結像することができるのです。このような眼を穴眼(ピンホール眼)といいます。

> 動物界，軟体動物門の頭足綱。中生代に栄えたアンモナイトに似ており，生きている化石といわれる。

オウムガイ

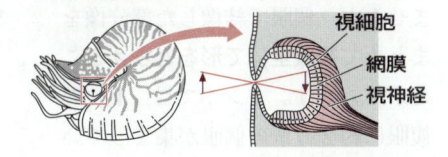

▲ 図68-6 オウムガイの穴眼

5 イカやタコの眼は，ヒトの眼と同様に，水晶体も網膜もあり，ピントの調節も行うことができます。このように，結像ができてピントの調節も行える眼をカメラ眼といいます。

> 動物界，軟体動物門の頭足綱。神経節神経系，閉鎖血管系をもつ。

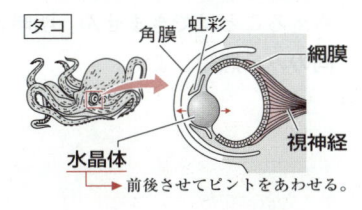

タコ　角膜　虹彩　網膜　視神経　水晶体
→前後させてピントをあわせる。

▲ 図68-7 タコのカメラ眼

　同じカメラ眼でも，ヒトのカメラ眼とイカ・タコのカメラ眼には，いくつか違うところがあります。たとえば，ヒトでは水晶体の厚みを変えてピントの調節を行いますが，イカやタコでは，水晶体を前後させることで水晶体と網膜の距離を変えて，ピントの調節を行います。

+α パワーアップ カメラ眼と相似器官

　ヒトのカメラ眼とイカ・タコのカメラ眼では，さらにいくつかの違いがある。たとえば，ヒトでは神経管由来の眼杯から網膜が生じるが，イカやタコでは表皮の一部が陥没して網膜を形成する。また，ヒトの眼では網膜の表面に視神経があるので，視神経が網膜を貫く出口として盲斑が必要だが，イカやタコでは網膜の奥に視神経があり，そのまま脳へとつながるため，視神経の出口としての盲斑が存在しない。

　このように，形態的によく似ておりよく似た働きがあっても，発生起源や内部構造が異なる器官を相似器官という(相似器官については，p.711でくわしく説明する)。

第6章 刺激と反応

6 昆虫の**複眼**(ふくがん)は,小さな**個眼**(こがん)がたくさん集まって構成されたものです。個眼は焦点距離を変えることはできませんが,個眼で結像した部分像をまとめて**複眼全体で形をとらえる**ことができます。トンボでは,1つの複眼に約2万個の個眼が集まっています。

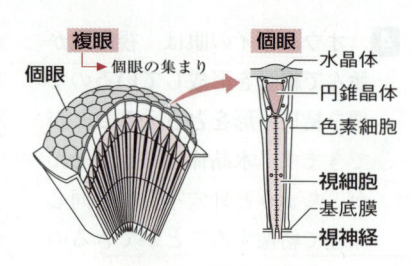

▲ 図68-8 昆虫類の複眼

7 クモなどでは,個眼によく似た**単眼**(たんがん)をもちます。これは複眼と違い,形をとらえることはできません。**明暗と光の方向のみを感知**します。

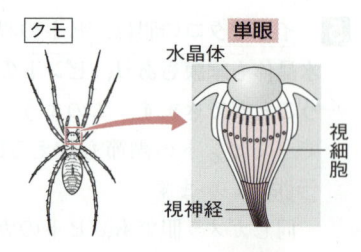

▲ 図68-9 クモの単眼

【いろいろな動物の視覚器】

生 物	視覚器	働 き
ミドリムシ	眼点と感光点	明暗と光の方向
プラナリア	杯状眼	明暗と光の方向
ミミズ	視細胞が体表に散在	1つ1つの視細胞は明暗のみ
オウムガイ	穴 眼	形態視
イカ・タコ	カメラ眼	形態視
昆 虫	複 眼	形態視
ク モ	単 眼	明暗と光の方向

第69講 受容器③（耳）

音が伝わり，認識されるまでにも複雑なしくみがあります。また，耳には音を受容する以外の働きもあります。

1 耳の構造と音が伝わるしくみ

1 ヒトの耳は**外耳**，**中耳**，**内耳**の3つの部分からなります。**耳殻**から**鼓膜**までが外耳で，鼓膜よりも内部に中耳と内耳があります。

2 中耳には**耳小骨**という小さな骨を収めた**鼓室**という空間があり，これは**エウスタキオ管（ユースタキー管，耳管）**によって鼻や咽頭(のど)の奥とつながっています。エウスタキオ管には鼓膜内外，すなわち**外耳と鼓室の気圧を等しくする**働きがあります。

3 内耳には，**うずまき管**，**前庭**，**半規管**と呼ばれる器官がありますが，これらはすべて骨が迷路のように複雑に入り組んだ構造をしており，**骨迷路**と呼ばれます。骨迷路の内部には入り組んだ膜があり，これを**膜迷路**といいます。

4 このような耳の構造を図示したものが，次の図69-1です。

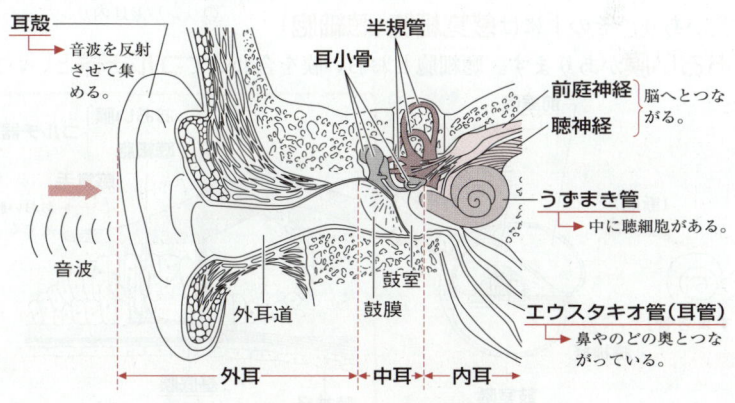

▲ 図69-1 ヒトの耳の構造

音が伝わるしくみについて，見ていきましょう。

5 まず，音は耳殻で集められ，外耳道を通って**鼓膜**に達します。ここで，音，すなわち空気の振動が**鼓膜の振動**に変わります。

　鼓膜の振動は中耳にある小さな3つの骨である**耳小骨**の振動に変わります。耳小骨は，鼓膜に近いほうから**つち骨，きぬた骨，あぶみ骨**と呼ばれ，それぞれ関節でつながっています。この耳小骨によって**振動が増幅され**，内耳に伝えられます。

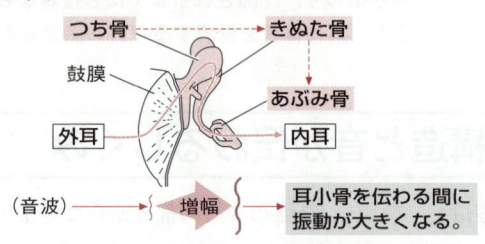

▲ 図69-2　耳小骨での振動の増幅

6　内耳にあるうずまき管の入り口には，**卵円窓（前庭窓）**という薄い膜の部分があり，ここと耳小骨のあぶみ骨が連接しています。ですから，あぶみ骨に伝わってきた振動は，内耳の卵円窓へと伝わります。

　うずまき管の内部は3層になっており，上が**前庭階**，下が**鼓室階**，その間にあるのが**うずまき細管**です。うずまき管の内部は，すべてリンパ液で満たされています。

膜迷路の内部のリンパ液を「内リンパ」，骨迷路の内部で膜迷路の外のリンパ液を「外リンパ」という。前庭階や鼓室階のリンパ液は外リンパ，うずまき細管のリンパ液は内リンパ。

　うずまき細管と鼓室階の間には**基底膜**という膜があり，その上には**感覚細胞（聴細胞）とおおい膜**があります。聴細胞とおおい膜を合わせて**コルチ器**といいます。

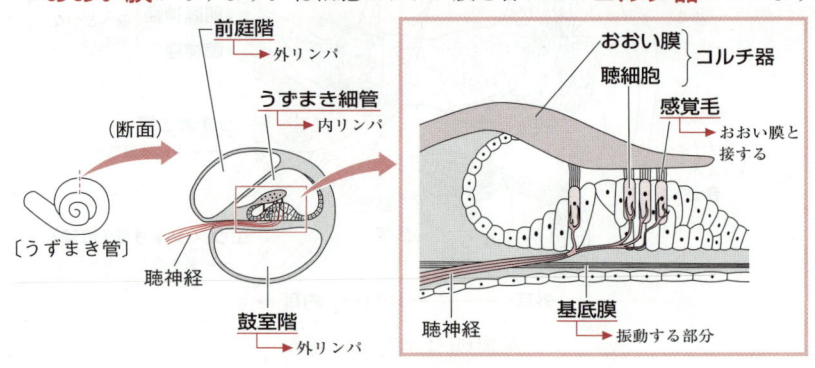

▲ 図69-3　うずまき管内部の構造

7 耳小骨の振動が卵円窓を振動させると，うずまき管内部のリンパ液が振動します。この振動によって**基底膜**が振動すると，**聴細胞にある感覚毛がおおい膜に押されます**。これによって聴細胞が興奮し，この興奮が聴神経によって大脳の聴覚中枢に伝えられます。

リンパ液の振動は前庭階，鼓室階と伝わり，最終的には**正円窓**という膜を振動させ，振動は中耳のほうに抜けていきます。つまり，振動がはね返ったりしないようになっているのです。

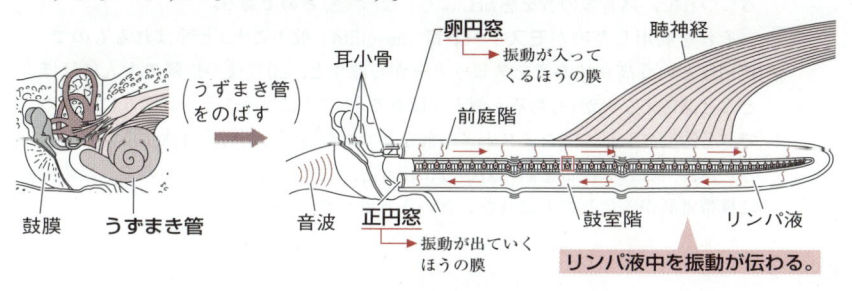

▲ 図69-4 うずまき管内での振動の伝わり方

8 うずまき管の中にある基底膜は，うずまき管の入り口に近いほうの幅が細く，うずまき管の奥（先端に近いほう）のほうの幅が広くなっています。そして，波長の短い**高音域の音は，うずまき管の入り口のほうの基底膜を振動させ**，その部分の聴細胞を興奮させます。また，**波長の長い低音域の音は，うずまき管の奥のほうの基底膜を振動させ**，その部分の聴細胞を興奮させることになります。このようにして，どの部分の聴細胞が興奮したかによって音の高低が認識されるのです。

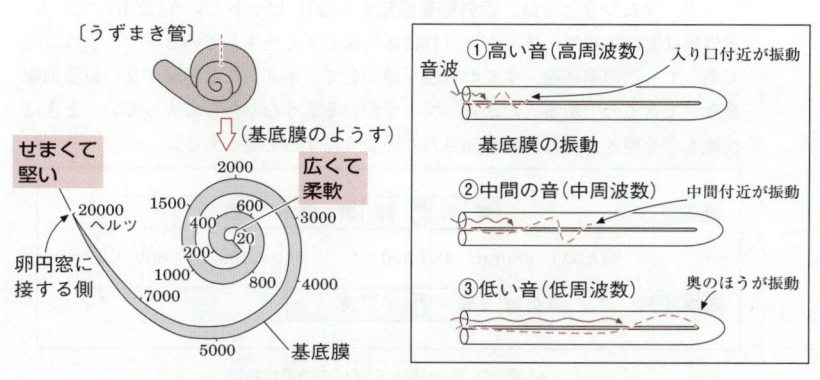

▲ 図69-5 基底膜の幅と音の高さ

+α パワーアップ 高音を感知する聴細胞の特徴

　高音は波長が短い，つまり単位時間での振動数が多い音である。そのような音を受容するためには，感覚毛がおおい膜によって押されて変形してもすぐにもとに戻るだけの弾力性に富んでいる必要がある。実際，**高音域を感知する聴細胞の感覚毛のほうが低音域を感知する聴細胞の感覚毛よりも短くて太い**という特徴がある。しかし，そのような弾力性は年齢とともに衰えてくる。その結果，年を取るにつれて，高音域の音を感知しにくくなってくるのである。

　それを利用したのが**モスキート音**（mosquito：蚊のこと）と呼ばれるもので，17kHz（キロヘルツ）という高音域の音をスピーカーから流すと，20代後半以降の大人にはほとんど聞こえないが（もちろん個人差はある），若者には聞こえ，耳障りになるので，公園やコンビニエンスストアの前などでたむろする若者を排除する効果がある。逆に，これを携帯電話の着信音に使うと，大人には聞こえないので，授業中に携帯電話が着信してもばれないという悪用もできる。

+α パワーアップ ヒト以外の動物の可視(かし)範囲と可聴(かちょう)範囲

　ヒトは，波長が380nm～760nm（ナノメートル）の光しか感知することができず，これより波長が短い紫外線や波長が長い赤外線は見ることができない。

　しかし，**ミツバチ**や**モンシロチョウ**などでは感知できる波長域がヒトよりも短いほうにずれている。つまり，**紫外線が感知できる**かわりに赤色は感知できないのである。モンシロチョウの翅(はね)は，ヒトが見ても雄と雌の区別はつかないが，紫外線を感知するフィルムを使うと，雄の翅は黒く，雌の翅は明るく写る。おそらくモンシロチョウには雄の翅と雌の翅は違って見えるのであろう。

　一方，**マムシ**などでは，**赤外線を感知**する器官（**ピット**という）をもっている。赤外線は実は熱線で，体温が高ければ赤外線も多く発生している。マムシは暗闇(くらやみ)であってもこの赤外線，すなわち熱を感知して，ネズミなど体温が高い恒温動物を攻撃できるのである。だから，マムシがいるような草むらに入っていくときは，長靴などを履き，赤外線が感知されないようにする必要がある。

		紫	青	青緑	緑	黄	橙	赤	
ヒト	見えない	380nm	480	500		640	700	800	見えない
ミツバチ		紫外線	青	青緑	黄				

▲ 図69-6　ヒトとミツバチの可視範囲

また，ヒトは20〜20000Hz(ヘルツ)の音しか感知できないが，**コウモリやイルカ**はヒトには感知できない**超音波を感知できる**。これらの動物では，超音波を発して反射音を捕らえ，障害物や獲物の位置を知ることができる。

> **最強ポイント**
>
> ① 音の情報が伝わる経路
>   耳殻で集音→外耳道→**鼓膜の膜の振動**→**耳小骨**(つち骨→きぬた骨→あぶみ骨)の振動→**卵円窓の膜の振動**→うずまき管内の**リンパ液の振動**→**基底膜の振動**→聴細胞の感覚毛がおおい膜に押される→**聴細胞が興奮**→**聴神経**によって大脳の聴覚中枢へ
> ② うずまき管の**入り口**に近いほうで**高音域**を感知。
> ③ **エウスタキオ管**で，鼓膜内外の**気圧を調節**。

2 音の感知以外の耳の働き

1 内耳にある**半規管**や**前庭**は**平衡受容器**(平衡感覚器，平衡器)で，これらの内部にも**リンパ液**が入っています。 　→半規管や前庭内のリンパ液は内リンパになる。

半規管は，次の図69-7のような構造をしており，感覚細胞(有毛細胞)に**クプラ**というゼラチンでできた帽子のようなものが乗っています。身体が動き始めると半規管も動きますが，内部のリンパ液はすぐには動かないので，クプラは身体の動きとは逆方向にたなびきます。すると，これが感覚細胞を刺激し，身体が動き出したことが感知されます。

このようにして，**身体の動きの方向やその速さ，回転感覚**などを受容するのが**半規管**です。

半規管は互いに直交した方向に3つあります。これによって，3次元のどちらの方向に身体が動いてもその動きを感知できます。

2 前庭の卵形のう，球形のうの部分には，下の図69-7に示したような構造があります。つまり，感覚毛をもった感覚細胞の上にゼリー状の物質があり，その上に**平衡石（耳石）**と呼ばれる固形物が乗っています。身体が傾くと平衡石が動き，それによって感覚毛が曲がります。この刺激によって，**身体の傾き，重力方向**を感知します。

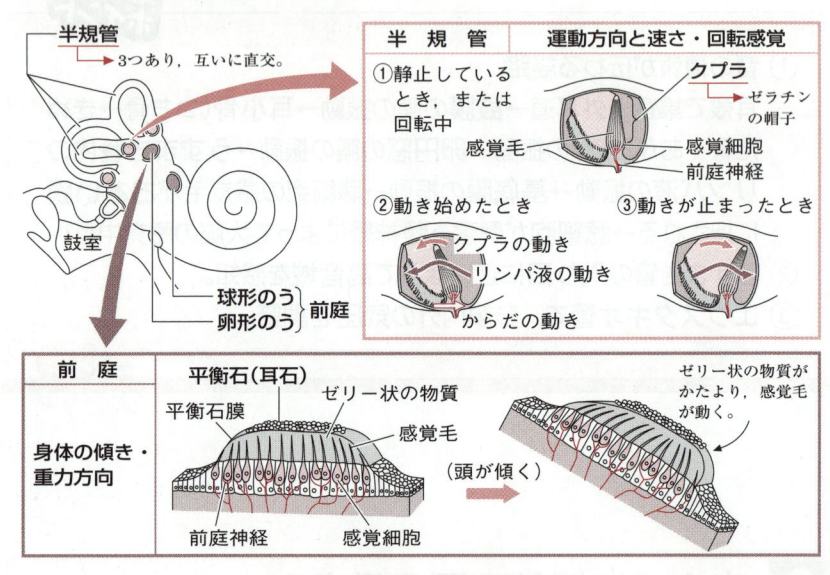

▲ 図69-7 半規管・前庭の構造と働き

【耳の働き】
① うずまき管…音の受容
② 半規管…運動方向や速さ，回転感覚の受容
③ 前庭…身体の傾き，重力方向の受容

第70講 受容器④（眼・耳以外の感覚器）

ヒトの五感のうち，残りの嗅覚・味覚・触覚に関する受容器について，見てみましょう。

1 眼・耳以外の受容器

1 それぞれの受容器が受容する刺激を**適刺激**といいます。

たとえば，眼の適刺激は光ですが，ヒトでは波長が約380nm〜760nmの光が適刺激(可視光)ということになります。また，耳のうずまき管では，振動数が約20〜20000Hzの音を適刺激として受容します。

2 皮膚には，接触による圧力を適刺激とする**圧点(触点)**，高い温度を適刺激とする**温点**，低い温度を適刺激とする**冷点**，強い圧力や熱，化学物質などを適刺激とし，痛覚を生じる**痛点**などの**感覚点**があります。

圧点の本体は，皮膚の浅い所では**マイスナー小体**，深い所では**パチニ小体**という受容器です。

温点の本体は**ルフィーニ小体**，冷点の本体は**クラウゼ小体**と呼ばれる受容器です。

痛点は，感覚神経の神経繊維の末端がそのまま受容器となっています。

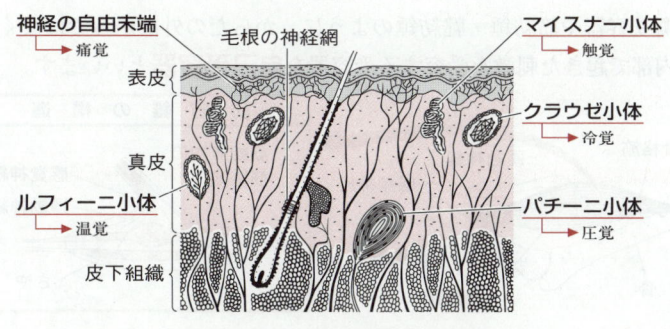

▲ 図70-1 皮膚の感覚点と感覚

3 鼻腔上部の嗅上皮にある嗅細胞は，空気中の化学物質を適刺激として受容し，嗅覚を生じます。

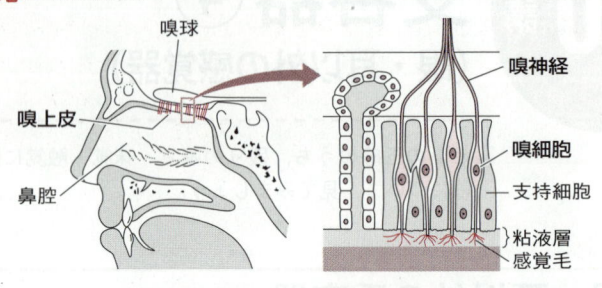

▲ 図70-2 ヒトの嗅覚器官

4 舌には，多数の味覚芽（味蕾）という味覚器があり，この中にある味細胞が液体中の化学物質を適刺激として受容し，味覚を生じます。

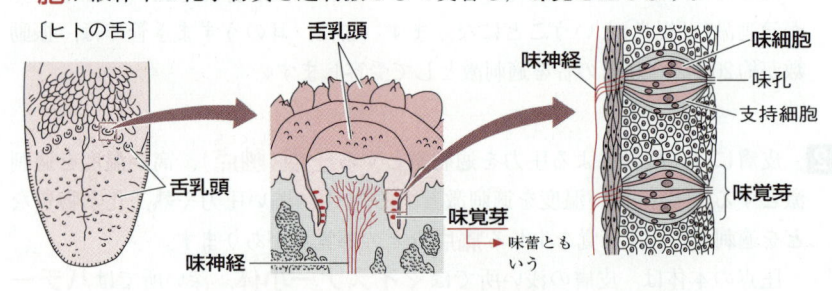

〔ヒトの舌〕

▲ 図70-3 ヒトの味覚器官

5 筋肉の伸長を適刺激として受容するのが筋紡錘で，腱の伸展を適刺激として受容するのが腱紡錘です。これらの受容器は，姿勢保持や運動の調節に働きます。

　平衡受容器や筋紡錘・腱紡錘のように，からだの外部からではなく，からだの内部で起きた刺激を受容する受容器を自己受容器といいます。

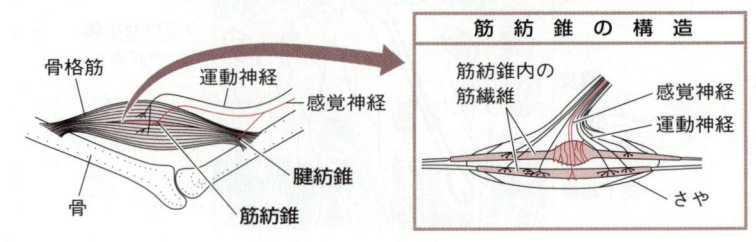

▲ 図70-4 ヒトの筋紡錘

第70講 受容器④（眼・耳以外の感覚器）

+αパワーアップ いろいろな動物の受容器

貝類の足や甲殻類の第一触角の付け根には，**平衡胞**という平衡感覚を感知する器官がある。平衡胞には，感覚毛をもった感覚細胞があり，袋状の内部にある平衡石の動きでからだの傾きを感知する。平衡胞は，ヒトの前庭とよく似ている。

バッタやセミの腹部，コオロギやキリギリスの肢，ガの胸部には**鼓膜器**という聴覚器があり，力には触角の基部に**ジョンストン器官**という聴覚器がある。また，魚類は，**側線（側線器）**という触覚器をもち，水圧の強弱により水流の強さや方向を感知する。

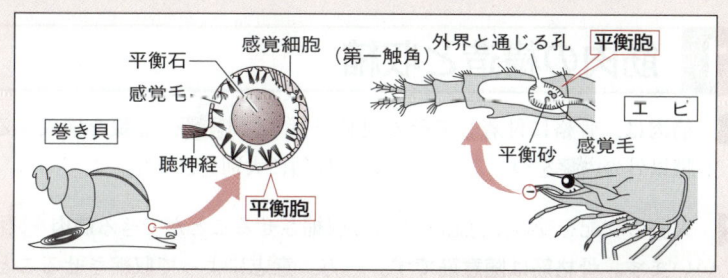

▲ 図70-5 巻き貝とエビの平衡胞

最強ポイント

【ヒトの受容器と感覚】

受容器		受容細胞	適刺激	感覚
眼	網膜	視細胞	可視光線	視覚
耳	うずまき管	聴細胞	可聴音	聴覚
鼻	嗅上皮	嗅細胞	空気中の化学物質	嗅覚
舌	味覚芽	味細胞	液体中の化学物質	味覚
皮膚	圧点（触点）	マイスナー小体 パチーニ小体	接触による圧力	触覚・圧覚
	温点	ルフィーニ小体	高い温度	温覚
	冷点	クラウゼ小体	低い温度	冷覚
	痛点	感覚神経	強い圧力，熱，化学物質	痛覚

第6章 刺激と反応

第71講 効果器①（筋肉）

刺激に対して最終的に応答を起こす器官を効果器といい、筋肉が代表例です。まずは筋肉について見ましょう。

1 筋肉の構造と収縮

1 筋肉は、骨格に付着してその運動を行う**骨格筋**、心臓を構成する**心筋**、心臓以外の内臓をつくる**内臓筋**の3種類に大別されます。

2 大脳の支配を受け、意志によって収縮させることができる筋肉を**随意筋**といいます。**骨格筋は随意筋**です。一方、意志によって収縮させることができない筋肉を**不随意筋**といい、**心筋も心臓以外の内臓筋も不随意筋**です。
　また、骨格筋と心筋には横じま模様があるので**横紋筋**といいます。心臓以外の内臓筋には横じま模様がなく、**平滑筋**といいます。

3 筋肉を構成する細胞（筋細胞）を**筋繊維**といいます。骨格筋の筋繊維は多核細胞ですが、**心筋や平滑筋の筋繊維は単核細胞**です。

> 細胞は枝分かれし、隣の細胞と接着している。そのため、心筋全体が1つの網のような構造になっている。

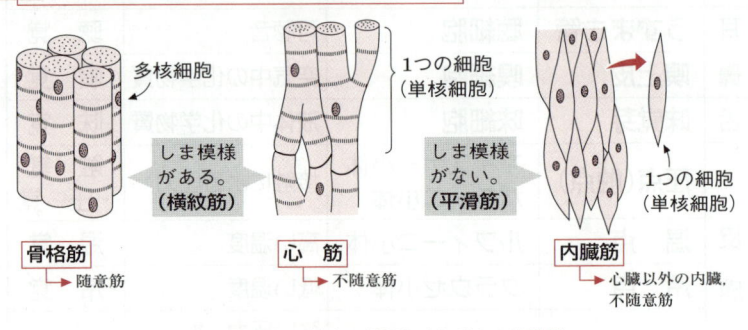

骨格筋：多核細胞、しま模様がある。（横紋筋）→随意筋
心筋：1つの細胞（単核細胞）、しま模様がない。（平滑筋）→不随意筋
内臓筋：1つの細胞（単核細胞）→心臓以外の内臓、不随意筋

▲ 図71-1　筋肉の種類とそれぞれの筋繊維

4 筋繊維には、核やミトコンドリアなどの細胞小器官以外に、**筋小胞体**と呼ばれる筋肉特有の小胞体があります。

第71講 効果器①(筋肉)

5 また、筋繊維の中には、筋原繊維という細い繊維状の構造が多数含まれています。筋原繊維は、**アクチン**というタンパク質を主成分とする**アクチンフィラメント**と、**ミオシン**というタンパク質からなる**ミオシンフィラメント**からできています。

　筋原繊維は**Z膜**という網目状のタンパク質複合体でしきられており、アクチンフィラメントはその一端がZ膜と付着しています。Z膜からZ膜までの構造を**筋節（サルコメア）**といいます。

> ドイツ語のZwischen(隔てる)の略。

　ミオシンフィラメントが並ぶ部分は暗く見えるので**暗帯**といいます。逆に、ミオシンフィラメントを含まない部分は明るく見えるので**明帯**といいます。

> 「A帯(anisotropic band)」ともいう。

> 「I帯(isotropic band)」ともいう。

　また、暗帯には、ミオシンフィラメントとアクチンフィラメントが重なる部分と、ミオシンフィラメントのみからなる部分があります。暗帯の中央部はミオシンフィラメントのみからなる部分で、暗帯の中ではやや明るく見え、ここを**H帯**といいます。

> ヘンゼン(Hensen)が観察したことによって命名(1868年)。

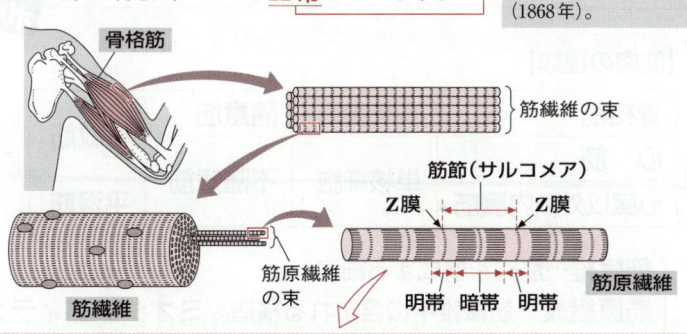

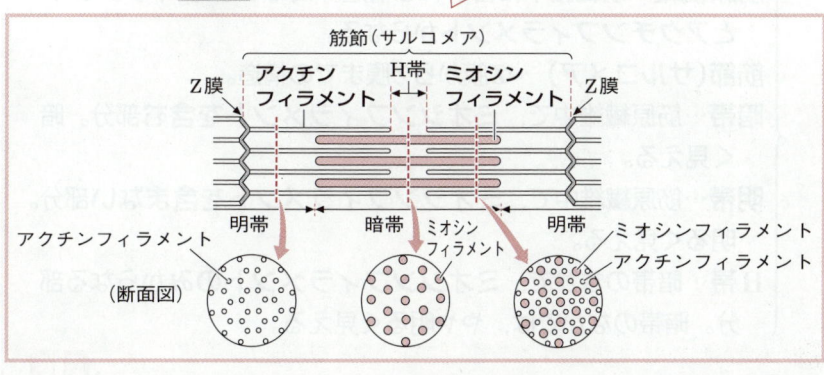

▲ 図71-2 筋原繊維の構造

6 アクチンフィラメントは，粒状のアクチンタンパク質以外にも，**トロポニン**というタンパク質（実際には複数からなる**トロポニン複合体**）や，繊維状の**トロポミオシン**と呼ばれるタンパク質が結合して構成されています。

一方，ミオシンフィラメントを構成するミオシンタンパク質の分子は，2つの頭部と細長い尾部からなり，これが多数結合してミオシンフィラメントを構成しています。ミオシン分子の頭部の部分は，**ATPを分解する酵素（ATPアーゼ）** の働きをもっており，これによってATPが分解され，生じたエネルギーで頭部が動きます。

アクチンフィラメント	ミオシンフィラメント
トロポニン―アクチン トロポミオシン アクチン分子　5nm	ミオシン分子―尾部―頭部

▲ 図71-3 アクチンフィラメントとミオシンフィラメントの構造

最強ポイント

【筋肉の種類】

骨格筋	多核細胞	随意筋	横紋筋
心　筋	単核細胞	不随意筋	
心臓以外の内臓筋			平滑筋

筋繊維…筋肉を構成する細胞。
筋原繊維…筋繊維中に含まれる構造。**ミオシンフィラメントとアクチンフィラメント**からなる。
筋節（サルコメア）…**Z膜からZ膜まで**の構造。
暗帯…筋原繊維中で，**ミオシンフィラメントを含む**部分。暗く見える。
明帯…筋原繊維中で，**ミオシンフィラメントを含まない**部分。明るく見える。
H帯…暗帯のなかで，**ミオシンフィラメントのみ**からなる部分。暗帯のなかでは，やや明るく見える。

第71講　効果器①(筋肉)

2 筋収縮のしくみ

1 運動神経の軸索末端まで興奮が伝導すると，シナプス小胞から**アセチルコリン**が放出されます。アセチルコリンが筋繊維の細胞膜表面にある受容体と結合すると，Na^+が流入し，活動電位が生じます。

　筋繊維の細胞膜は，一部が内部にくびれこんでいます。ここを**T管**といいます。筋繊維に生じた興奮は，このT管によって，最終的に**筋小胞体**に伝えられます。

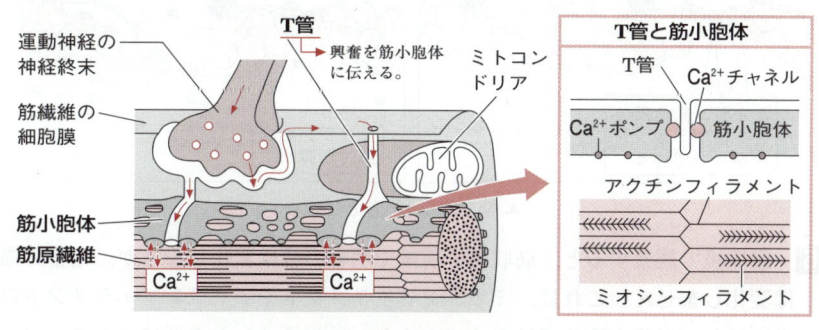

▲ 図71-4　運動神経末端から筋繊維への興奮の伝わり方

2 筋小胞体が刺激を受けると，筋小胞体の膜にあるCa^{2+}チャネルが開き，筋小胞体内に蓄えられていた**Ca^{2+}が細胞質中に放出されます**。

3 放出されたCa^{2+}がアクチンフィラメントに結合すると，ミオシンフィラメントの頭部とアクチンフィラメントが結合できるようになります。

4 ミオシン頭部がもつATPアーゼの働きによってATPが分解されると，ミオシン頭部がアクチンフィラメントをたぐりよせるように動き，**アクチンフィラメントがミオシンフィラメントの間に滑り込んで筋収縮が行われます**。

| **ATPがミオシン頭部に結合する。** | **ATPアーゼにより，ATPが分解される。** | **ミオシン頭部が，アクチンフィラメントと結合する。** | **ミオシン頭部がアクチンフィラメントをたぐりよせる。** |

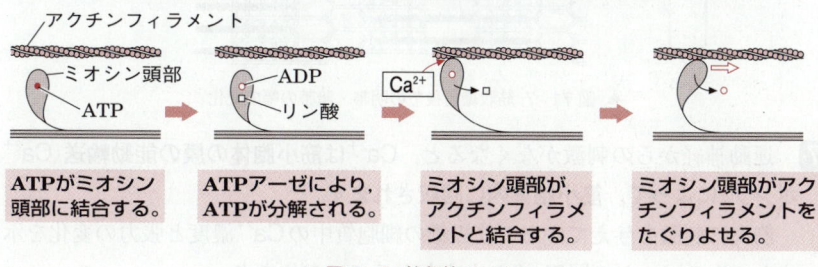

▲ 図71-5　筋収縮のしくみ

5 Ca^{2+}がないときは，**トロポミオシン**が，アクチンフィラメントとミオシン頭部の結合を阻害しています。Ca^{2+}がトロポニンと結合すると，トロポミオシンの位置がずれ，その結果，アクチンのミオシン結合部位が露出してアクチンフィラメントとミオシン頭部との結合が可能になります。

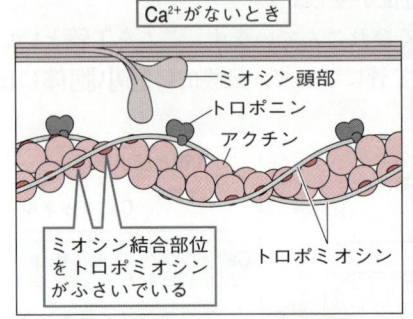

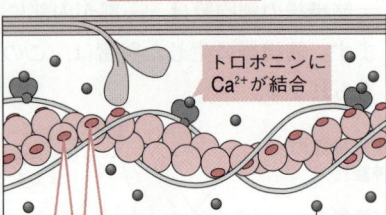

▲ 図71-6 筋収縮とCa^{2+}

6 顕微鏡で観察すると，筋収縮の前後で**明帯の幅は変化しますが，暗帯の幅は変化しません**。これは，ミオシンフィラメントやアクチンフィラメント自身の長さが変化するのではなく，ミオシンフィラメントの間にアクチンフィラメントが滑り込んで筋収縮するからです。

これは，**ハクスリー**によって，「**滑り説**」として提唱されました(1954年)。

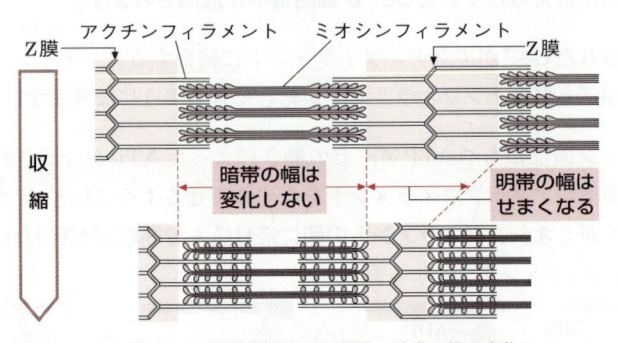

▲ 図71-7 筋収縮前後での明帯・暗帯の幅の変化

7 運動神経からの刺激がなくなると，Ca^{2+}は**筋小胞体の膜の能動輸送**(Ca^{2+}ポンプ)によって，筋小胞体内に回収されます。

筋肉に刺激を与えてからの筋繊維の細胞質中のCa^{2+}濃度と張力の変化を示すと，次のページの図71-8のようなグラフになります。

第71講　効果器①（筋肉）

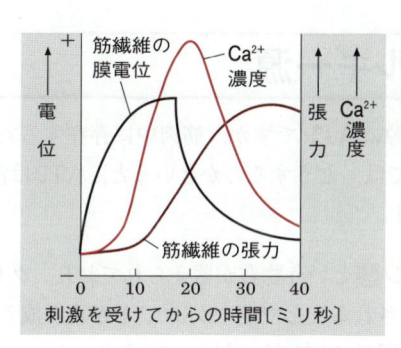

膜電位の変化が刺激となって，筋小胞体からCa²⁺が放出される。

⇩

筋繊維中のCa²⁺濃度が一定値を越えると，筋収縮が起こり，張力が発生する。

▲ 図71-8　筋収縮時のCa²⁺濃度と張力の変化

+α パワーアップ

平滑筋の筋収縮

これまで見てきたのは，骨格筋のような横紋筋についてだが，平滑筋の収縮のしくみもほぼ同様である。

平滑筋にも，アクチンフィラメントやミオシンフィラメントがあるが，横紋筋のように**規則正しく配列しておらず**，そのため，しま模様にならない。

最強ポイント

【筋収縮のしくみ】

① **筋小胞体**からCa^{2+}が放出される。
② Ca^{2+}がアクチンフィラメント上の**トロポニン**と結合する。
③ **トロポミオシン**がアクチンのミオシン結合部位から外れる。
④ **ミオシンフィラメントの頭部**とアクチンフィラメントが結合する。
⑤ ミオシンフィラメントの頭部がもつ**ATPアーゼ**の働きで**ATP**を分解。
⑥ ミオシンフィラメントの頭部の運動により，アクチンフィラメントが滑り込む。

⇨**滑り説**

※筋収縮しても，**暗帯**の長さは変わらない。

第6章　刺激と反応

3 筋収縮のエネルギー源

1 筋収縮の直接のエネルギー源は**ATP**ですが，筋肉中に存在するATPの量はそれほど多くありません。では，どうするのかというと，ATPは消費されてもすぐに再合成されるのです。

2 筋肉中には**クレアチンリン酸**という物質が蓄えられており，クレアチンリン酸のリン酸がADPに転移されることで速やかにATPが再合成されます。このとき関与する酵素を**クレアチンキナーゼ**といいます。

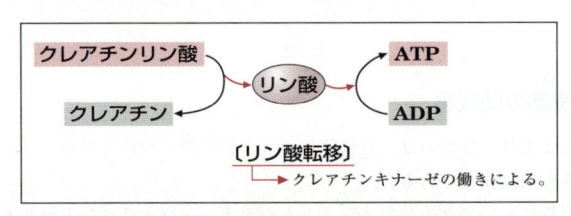

▲ 図71-9 筋肉中でのATPの再合成

3 クレアチンリン酸の消費で生じた**クレアチン**は，グリコーゲンの分解で生じたATPからのリン酸転移によって**クレアチンリン酸**に**再合成されます**。

4 酸素の供給が十分あるときは，グリコーゲンは**呼吸**によって二酸化炭素と水にまで分解されます。酸素の供給が不十分な場合は，グリコーゲンは**解糖**によって分解され，**乳酸**が生じます。

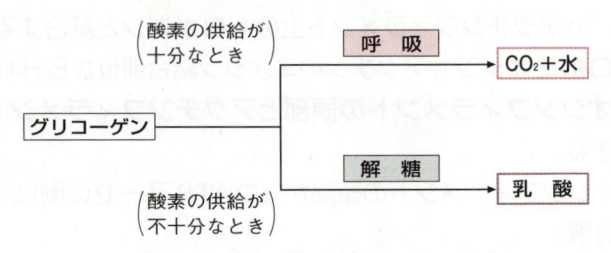

▲ 図71-10 酸素の供給とグリコーゲンの分解

5 解糖で生じた乳酸は，血液によって**肝臓**にまで運ばれます。そして，肝臓に運ばれた乳酸の約 $\frac{1}{5}$ は呼吸で二酸化炭素と水にまで分解されます。残りの約 $\frac{4}{5}$ の乳酸は再び**グリコーゲンに再合成されます**。この再合成に必要なエネルギーは，$\frac{1}{5}$ の乳酸を呼吸で分解したときに生じるATPによって供給され

第71講　効果器①(筋肉)

ます。不要になった老廃物を分解して生じたエネルギーを用いてリサイクルするような感じですね。

+α パワーアップ ADPのリン酸によるATPの再合成

ATPの再合成には，これら以外にも，ADPのリン酸が別のADPに転移することでATPを再合成するという方法もある。この場合，リン酸を奪われたADPはAMPになり，リン酸が転移されたADPはATPになる。この反応に関与する酵素は，**アデニル酸キナーゼ**という。

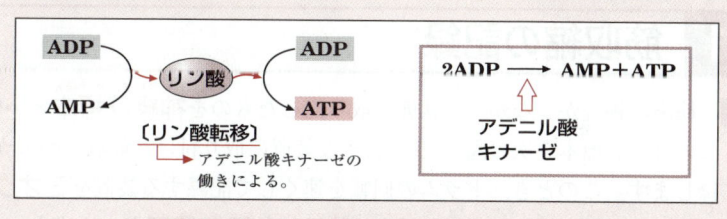

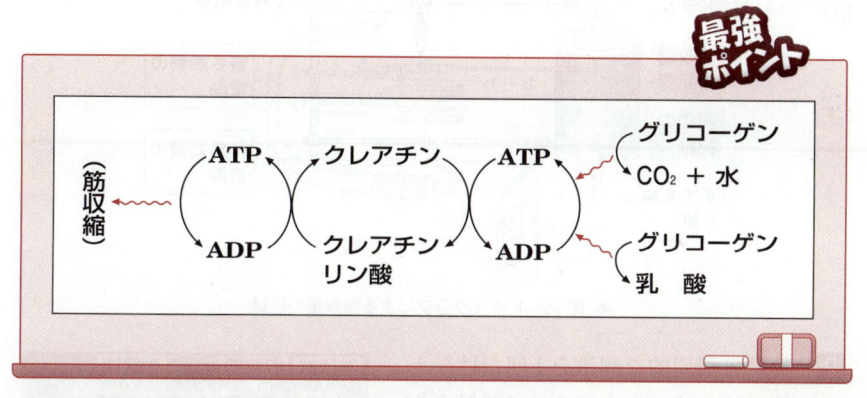

```
ADP ──→ リン酸 ──→ ADP
 ↓                    ↓
AMP                  ATP
    〔リン酸転移〕
    → アデニル酸キナーゼの
      働きによる。

2ADP ──→ AMP＋ATP
         ↑
       アデニル酸
       キナーゼ
```

▲ 図71-11　アデニル酸キナーゼによるATPの再合成

最強ポイント

```
          ATP ── クレアチン ── ATP ←──  グリコーゲン
         ↗    ↘              ↗   ↘         ↓
(筋収縮)                                  CO₂ + 水
         ↖    ↙              ↖   ↙
          ADP ── クレアチン ── ADP ←──  グリコーゲン
                 リン酸                    ↓
                                         乳酸
```

第6章　刺激と反応

445

第72講 効果器②
（筋収縮の記録・その他の効果器）

筋収縮の記録には特徴的なパターンが見られます。また，効果器には，筋肉以外のものもあります。

1 筋収縮の記録

1 筋肉に神経がつながった状態で取り出したものを**神経筋標本**といいます。この神経筋標本を次の図72-1のような装置に取り付け，筋収縮のようすを記録します。このとき，ドラムの回転を速くして記録する装置を**ミオグラフ**，ドラムの回転を低速にして記録する装置を**キモグラフ**といいます。

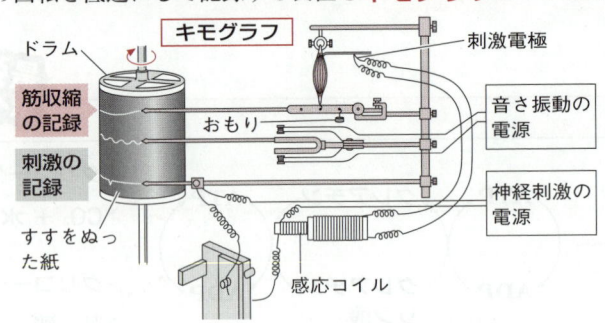

▲ 図72-1 キモグラフによる筋収縮の記録

2 神経に瞬間的な刺激を1回だけ与えて筋収縮させ，ミオグラフで記録すると右の図72-2のようになります。このような収縮を**単収縮**といい，単収縮のようすを示した曲線を**単収縮曲線**といいます。また，刺激を与えてから筋収縮が始まるまでの時間を**潜伏期**，筋収縮が始まってから収縮のピークに達するまでを**収縮期**，収縮のピークから元に戻るまでを**弛緩期**といいます。

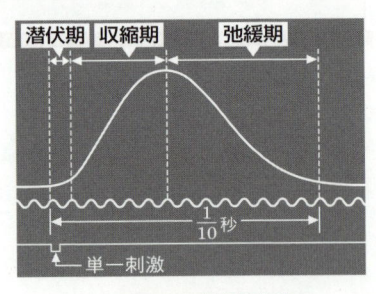

▲ 図72-2 単収縮曲線

3 潜伏期には，神経を刺激してから軸索末端まで興奮が伝導する時間，神経筋接合部における伝達に必要な時間，筋肉に興奮が伝達されてから収縮するまでの時間の3種類の時間が含まれています。

4 神経に与える刺激の頻度を変え，キモグラフによって筋収縮のようすを記録すると，下の図72-3のようになります。

5 1回の刺激による収縮が単収縮でしたね。断続的な刺激（1秒間に5回程度）による収縮を**不完全強縮**，1秒間に10回以上の高頻度の断続的な刺激による収縮を**完全強縮**といいます。

単収縮
→ 1回の刺激による。

不完全強縮
→ 断続的な刺激による。

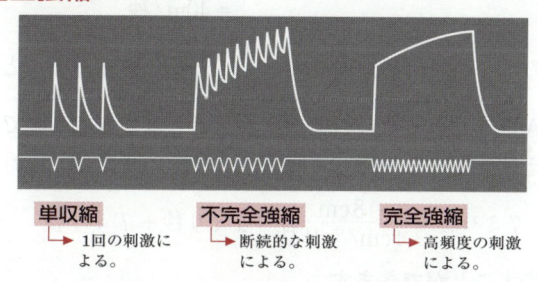

完全強縮
→ 高頻度の刺激による。

▲ 図72-3 刺激の頻度と収縮パターン

定番計算例題3　興奮の伝導速度と伝達に要する時間

神経筋接合部から8cm離れた点（A点）を刺激すると7ミリ秒後に，2cm離れた点（B点）を刺激すると5.5ミリ秒後に筋肉が収縮を始めた。また，直接筋肉に電気刺激すると，3ミリ秒後に収縮が始まった。
(1) この神経における興奮の伝導速度〔m/秒〕を求めよ。
(2) 神経筋接合部における伝達に要する時間を求めよ。

解説 (1) 8cm離れたA点を刺激して7ミリ秒後に収縮したからといって，伝導速度は$\dfrac{8\text{cm}}{7\text{ミリ秒}}$では求められません。なぜなら，神経を刺激してから収縮が始まるまでの時間（7ミリ秒）には，次の3種類の時間が含まれているからです。つまり，
「神経を興奮が伝導する時間」と
「神経筋接合部での伝達時間（xミリ秒とします）」と
「筋肉に刺激が伝えられてから収縮が始まるまでの時間（Tミリ秒とします）」の3種類です。

A点を刺激した場合は，
8cm間の伝導時間＋xミリ秒＋Tミリ秒＝7ミリ秒 ……… ①
B点を刺激した場合は，
2cm間の伝導時間＋xミリ秒＋Tミリ秒＝5.5ミリ秒 ……… ②
①－②で，(8－2)cm間の伝導時間＝(7－5.5)ミリ秒
よって，

$$伝導速度 = \frac{(8-2)\text{cm}}{(7-5.5)\text{ミリ秒}} = 4\text{cm/ミリ秒}$$
$$= 40\text{m/秒}$$

このように，伝導速度は，$\dfrac{2点間の距離}{反応時間の差}$ で求めることができます。

(2) A点，B点どちらのデータからでも求めることができますが，たとえば，A点を刺激して収縮するまでの時間(ミリ秒)は，

$$7\text{ミリ秒} = \frac{8\text{cm}}{4\text{cm/ミリ秒}} + x\text{ミリ秒} + T\text{ミリ秒}$$

と表すことができます。
ここで，Tミリ秒は，実験より3ミリ秒とわかるので，
　　xミリ秒＝7ミリ秒－2ミリ秒－3ミリ秒
　　　　　＝2ミリ秒

答 (1) **40m/秒**　　(2) **2ミリ秒**

最強ポイント

① 筋収縮のようす…ミオグラフやキモグラフで記録する。
　{ 単収縮…瞬間的な1回の刺激によって起こる収縮。
　{ 強　縮…断続的な刺激によって起こる収縮。
　　　　→{ 不完全強縮(毎秒5回程度)
　　　　　{ 完全強縮(毎秒10回以上)

② 伝導速度＝$\dfrac{2点間の距離}{反応時間の差}$

2 筋肉以外の効果器

1 効果器は筋肉だけではありません。筋肉以外で運動に関与するものとして，**鞭毛**や**繊毛**があります。一般に，数が少なく長いものは鞭毛と呼び，ミドリムシや精子は鞭毛により運動します。数が多い場合は繊毛と呼び，ゾウリムシは繊毛による運動をします。また，輸卵管や気管の内壁上皮には繊毛があり，卵を運搬したり，気管に入った異物を排除したりします。

2 運動に関係しない効果器としては，**発光器官**や**発電器官**などがあります。ホタルでは，腹部にある発光器官で発光して異性との交信を行います。発光に必要なエネルギーは発光物質（**ルシフェリン**）を酸化して得ますが，その際の酸素は，気管の末端から発光細胞に供給される構造になっています。

3 シビレエイなどがもつ発電器官には，えらにある筋組織が変化した**発電板**という構造が多数重なっています。平常時は細胞外が＋，細胞内が－の静止電位ですが，神経から興奮が伝わると，**神経が分布する側のみ膜電位が逆転**し，ちょうど電池が直列につながったようになって電流が流れます。

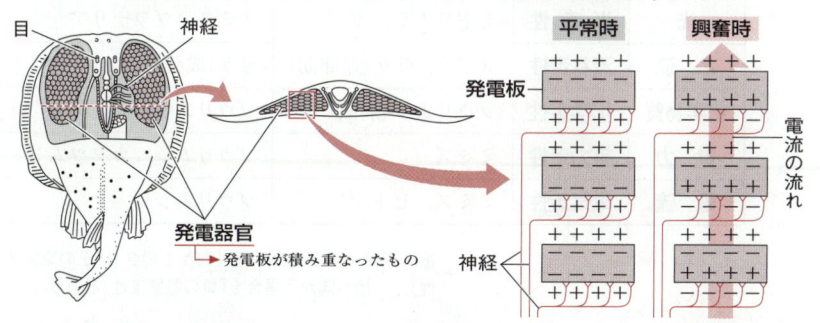

▲ 図72-4 シビレエイの発電器官と発電のしくみ

【筋肉以外の効果器】
① **鞭毛**（ミドリムシ，精子），**繊毛**（ゾウリムシ，輸卵管・気管の内壁上皮細胞）
② **発光器官**（ホタル，ウミホタル，ホタルイカ）
③ **発電器官**（シビレエイ，デンキウナギ）

第73講 行　動

動物の行動には，生まれながら備わっている**生得的行動**と，経験に基づく習得的行動があります。

1 生得的行動

1 刺激に対して一定方向へ移動運動することを**走性**（そうせい）といいます。刺激の方向に向かう場合は**正の走性**，刺激から遠ざかる場合は**負の走性**といいます。次に，代表的な走性を示します。

刺　激	走　性	正の走性の例	負の走性の例
光	光走性	ミドリムシ，ガ	ミミズ，プラナリア
水　流	流れ走性	メダカ，サケ（産卵期）	サケ（成長期）
化学物質	化学走性	ゾウリムシ（弱酸）	ゾウリムシ（強酸）
重　力	重力走性	ミミズ	ゾウリムシ，カタツムリ
電　流	電気走性	ミミズ，ヒトデ	ゾウリムシ

電気走性の場合は，＋極へ向かう場合を「正の電気走性」，−極へ向かう場合を「負の電気走性」という。

+α パワーアップ　メダカの保留走性

メダカを入れた水槽の周囲に縦縞模様の円筒を置き，これをゆっくり回転させると，メダカは回転と同じ向きに泳ぐようになる。これは，自分は実際には動いていなくても，背景が動いたため，流れによって流されたと誤解し，自らの位置を保とうとするためと考えられる。

これを**保留走性**という。

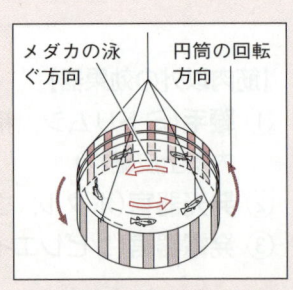

▲ 図73-1　保留走性の実験

第73講 行動

2 刺激に対して，**大脳とは無関係に**，神経系の比較的単純な経路により無意識的に起こる反応が反射です。これも生得的行動の一種です。

3 動物は，個体や種族維持のために生得的行動を示すことがあります。**多くの走性や反射が連続して組み合わさって起こる一連の行動**を固定的動作パターンといいます。→ かつては「本能行動」と呼ばれていた。

この行動が実際に発現するには，成長の程度やホルモンなどの体内の生理的な条件と，外部の刺激が必要です。特定の行動を引き出す刺激を鍵刺激といいます。→「信号刺激（サイン刺激）」ともいう。

4 イトヨの雄は，繁殖期になると腹部が赤くなり，巣をつくって縄張りをもつようになります。→ 脊椎動物門，硬骨魚綱，トゲウオ目に属する淡水魚。→「婚姻色」という。

この縄張りに腹部の赤い他の雄が侵入すると，それに対して攻撃行動を行います。このとき，形がそっくりの模型を近づけても，その模型の腹部が赤くなければ攻撃しませんが，形が似ていなくても下半分を赤く塗った模型に対しては攻撃します。このことから，イトヨの攻撃行動を引き起こす刺激，すなわち鍵刺激は腹部の赤色だとわかります（**ティンバーゲン**の実験：1948年）。

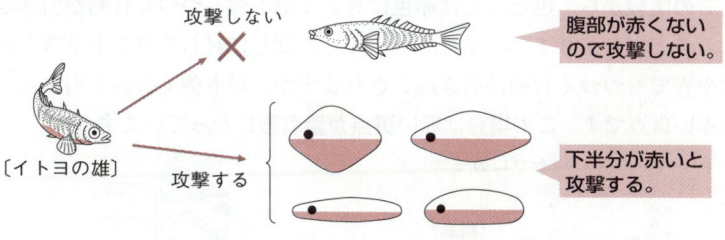

〔イトヨの雄〕 攻撃しない × 腹部が赤くないので攻撃しない。
攻撃する 下半分が赤いと攻撃する。

▲ 図73-2 イトヨの攻撃行動の実験

5 イトヨの雄は，お腹の中に卵を抱き腹部が膨らんだ雌に対しては**ジグザグダンス**という求愛の行動をとります。この場合の鍵刺激は，**丸く膨らんだ腹部**です。このジグザグダンスに対して，雌はからだをそらして応じます。

すると，雄は雌を巣に誘導し，雌は雄についていきます。雄が巣の入り口を示すと，雌は巣に入ります。そして，雄は，巣に入った雌の尾の付け根を口先でつついて産卵を促します。雌は産卵すると巣から出て行きますが，そこへ雄が入り，卵に精子をかけます。

このように，**最初の鍵刺激で引き起こされた行動が次の行動の鍵刺激となって，一連の行動が連鎖的に引き起こされる**のです。

イトヨのこの一連の求愛行動も**ティンバーゲン**によって明らかにされました（1951年）。

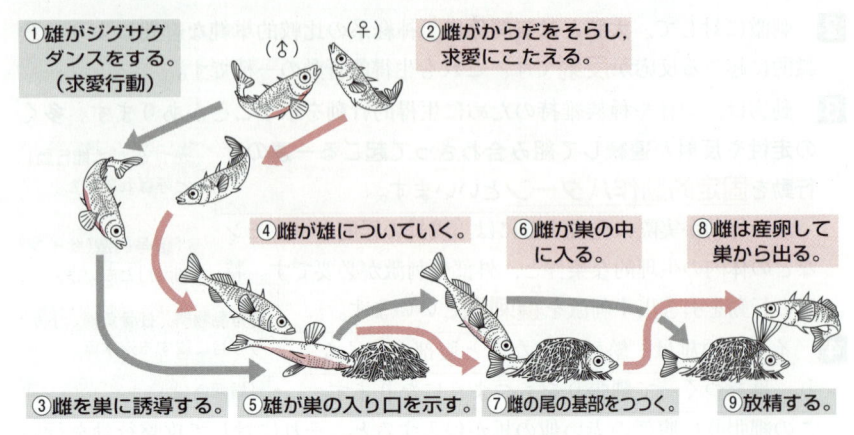

① 雄がジグザグダンスをする。（求愛行動）
② 雌がからだをそらし，求愛にこたえる。
③ 雌を巣に誘導する。
④ 雌が雄についていく。
⑤ 雄が巣の入り口を示す。
⑥ 雌が巣の中に入る。
⑦ 雌の尾の基部をつつく。
⑧ 雌は産卵して巣から出る。
⑨ 放精する。

▲ 図73-3 イトヨの求愛行動

6 セグロカモメの雛は，親鳥のくちばしにある赤い斑点をつついてえさをねだるという行動を行います。親鳥の頭部の模型をつくり，雛がつついてえさをねだる行動を行う割合を調べると，次の図73-4のようになります。

　この実験から，色としては赤色に対して最も強くつつく行動が引き起こされることがわかります。また，黄色のくちばしに対してコントラストの強い黒や青でもつつく行動は引き起こされますが，最も強く行動を引き起こすのは赤い斑点です。この場合は**赤い斑点が鍵刺激**になっています。

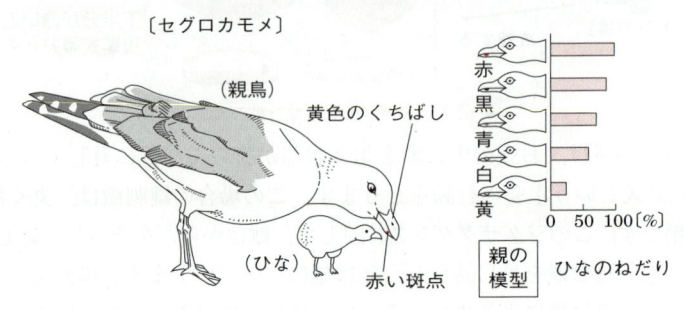

▲ 図73-4 セグロカモメの雛のつつきの実験

7 メンフクロウは，暗闇の中でも獲物の位置を正確に特定することができます。これは，**左右の耳に到達する音の時間差の情報**と，**左右の耳で感知する音の強度の差の情報**を分析することで，獲物の方角や高さを突き止めることができるからです。このように環境中の何かの刺激を目印にして特定の方向を定めることを**定位**といいます。

> 走性のような刺激に対する単純な反応も定位に含まれる。

第73講　行　動

8 コウモリやイルカは，ヒトには聞こえない超音波を発して，物体に当たって跳ね返ってきた反響音(エコー)を受容することで，夜間や濁った水の中であっても障害物を避けたり，獲物の位置を感知することができます。このような能力・定位行動を**反響定位(エコーロケーション)**といいます。

9 コウモリの一種であるキクガシラコウモリの鳴き声は，周波数が一定の<u>CF音</u>の後，周波数が時間とともに低くなる<u>FM音</u>で構成されています。

<u>c</u>onstant-<u>f</u>requency sound
<u>f</u>requency-<u>m</u>odulated sound

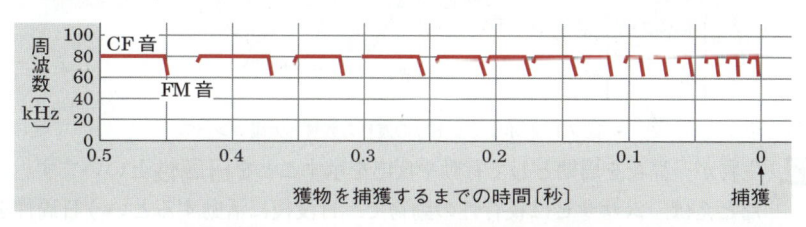

▲ 図73-5 キクガシラコウモリの鳴き声のソナグラム

ソナグラムは，時間を横軸，周波数を縦軸，音の強さを線の太さで表したもの。

10 右のグラフは，1回の鳴き声についてそのCF音とFM音，そしてそれぞれの反響音を示したものです。

鳴き声が当たった対象物との間の距離が大きいと，**FM音とその反響音の時間のずれ**が大きくなるので，これにより**対象物との距離**がわかります。

また，動きながら発する音は，周波数が変化して聞こえるドップラー効果によって，反響音のほうの周波数が高くなる(自分に近づいてくるときの救急車のサイレンの音は高く，遠ざかっていく救急車のサイレンの音は低く聞こえますよね)ので，**CF音とその反響音の周波数の違い**により，**対象物との相対速度**を感知することができるのです。

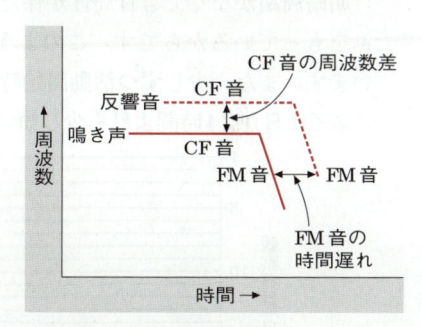

▲ 図73-6 鳴き声と反響音のソナグラム

第6章　刺激と反応

453

11 ホシムクドリは渡りの時期になると，一定方向を向いて羽ばたく「渡りの興奮」という行動を示します。このとき，鏡を用いて太陽の光を90°ずらすと，向く方向も同様に90°ずれてしまいます。

このことから，ホシムクドリは動く太陽の位置を基準に一定の方角に定位していることがわかり，このようなしくみを**太陽コンパス**といいます。

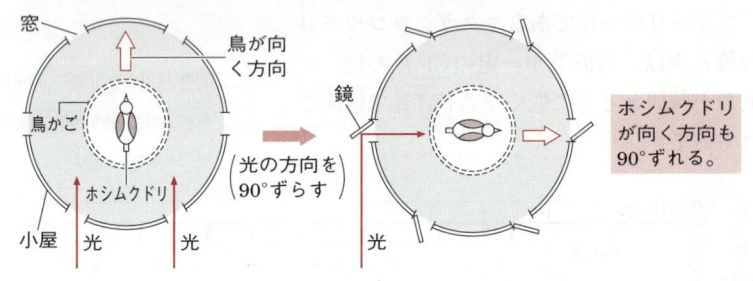

▲ 図73-7 ホシムクドリの渡りの興奮と太陽コンパス

12 生物が一昼夜を周期として行動や反応を示すことを**日周性**（にっしゅうせい）といいます。

たとえば，ムササビは夜行性の動物で，日没後に活動するという日周性を示します。明暗周期をなくし，全暗条件でムササビの活動を記録すると，下の図73-8のように，日周性は保たれますが，少しずつ活動開始時刻が早まっていきます。

明暗周期がなくても日周性が保たれるのは，自律的に時間を測定するしくみをもっているからです。このようなしくみを**生物時計（体内時計）**といいます。また，少しずつ活動開始時刻が早まったのは，この場合の生物時計による1日が24時間よりも少し短いからです。

活動開始時刻が少しずつ早くなる。
⇓
24時間よりも少し短い周期で活動している。

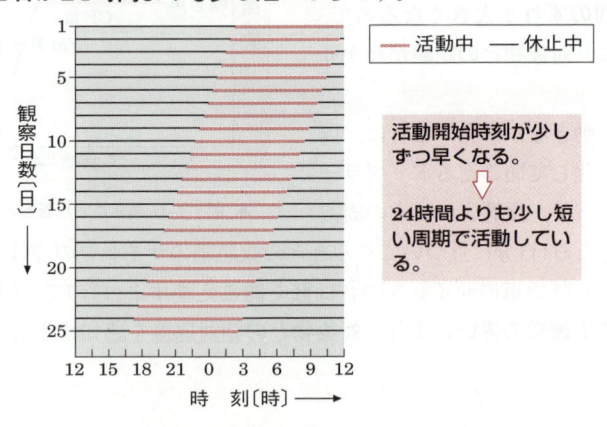

▲ 図73-8 暗黒下でのムササビの活動

13 このように，外部の周期的刺激から遮断された条件で示すおおよそ24時間のリズムを**概日リズム**といいます。通常は生物時計によって現れる概日リズムを，外界の周期的刺激によって24時間に修正することで，外界の周期に合った日周性を現しています。

「サーカディアンリズム」ともいう。

+α パワーアップ 概日リズムの制御

鳥類では，脳にある**松果体**を摘出すると概日リズムが現れなくなることから，松果体が概日リズムを制御していると考えられる。

哺乳類では，視床下部にある**視交叉上核**という部分に生物時計があり，これが松果体を制御しているといわれている。ヒトのもつ体内時計は約25時間の長さで，朝の光を浴びることで1日の長さである24時間に同調させている。朝きちんと起きて朝日を浴びるのは，1日のリズムを保つために大切なのである。

最強ポイント

【生得的行動】
① **走性**…刺激に対して**一定方向へ移動運動**すること。
② **反射**…刺激に対して**大脳とは無関係**に，神経系の比較的単純な経路によって無意識的に起こる反応。
③ **固定的動作パターン**…走性や反射が組み合わさって起こる一連の行動。

【生得的行動に関する重要用語】
① **鍵刺激**…特定の行動を引き起こす刺激。
② **反響定位（エコーロケーション）**
③ **太陽コンパス**…太陽の位置を基準にして方向を定めるしくみ。
④ **日周性**…一昼夜を周期とした行動や反応を示すこと。
⑤ **生物時計**…生物が固有にもっている時間を測定するしくみ。
⑥ **概日リズム**…外部の周期的刺激から遮断された条件で示す約24時間のリズム

第6章 刺激と反応

2 習得的行動

1 生まれてから後の経験や訓練によって新しい行動を習得することを**学習**といい，学習によって得た行動を**学習行動**といいます。

2 アヒルやガチョウなどのひなは，ふ化後はじめて見た動くものを親とみなしてついて歩くという後追い行動を行います。後追い行動そのものは生得的な行動ですが，初めて見た動くものを親と認識するのは学習です。

これは，生後のごく早いある特定の時期(**臨界期**)に行われ，**一度成立すると変更ができない**という特殊な学習で，**刷込み**といいます。刷込みは，**ローレンツ**によって提唱されました(1935年)。

「**インプリンティング**」ともいう。

サケは，海で成長後，産卵のために自分が生まれた母川に戻ってきますが，これは，ふ化後，川の水の匂いを覚えていたためで，これも刷込みによると考えられています。

3 何度も同じ刺激を繰り返すと，**その刺激に対する感受性が低下します**。この現象を**慣れ**といいます。

たとえば，アメフラシの水管を刺激すると，えらを引き込める反射を行いますが，繰り返し刺激すると，慣れにより引き込め反射は低下します。慣れが生じた段階で，別の場所を刺激し，再び水管を刺激すると引き込め反射も回復します。この現象を**脱慣れ**といいます。これにより，引き込め反射が低下したのは，筋肉の疲労によるものではないといえます。

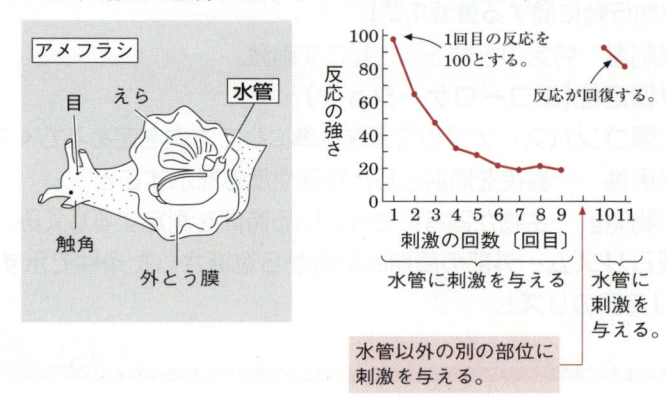

▲ 図73-9 アメフラシの引き込め反射と慣れ

第73講 行動

4 さらに他の場所(たとえば尾部)への刺激を強くすると，水管への刺激が弱くても敏感に引き込め反射が生じるようになります。これを**鋭敏化(えいびんか)**といいます。これは，**他の場所からの刺激を伝える介在神経が，水管からの感覚神経の神経終末とシナプスを形成し，反応を増強させる**からです。

5 このとき，介在ニューロンからの神経伝達物質(この場合は**セロトニン**という物質)が水管の感覚ニューロンの軸索末端(神経終末)にある受容体に結合すると，カリウムチャネルが不活性化し，K^+の流出が抑制されます。

ニューロンは，K^+が流出することで活動電位から静止電位に戻るのでしたね(⇨p.390)。このため，K^+の流出が抑制されると，活動電位の持続時間が長くなります。

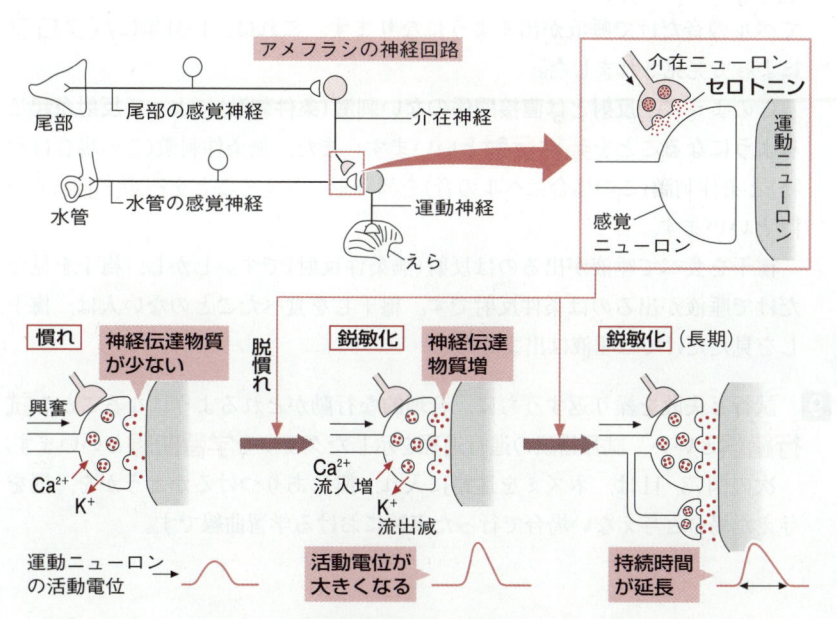

▲ 図73–10 慣れ・脱慣れ・鋭敏化の成立のしくみ

6 軸索末端にはCa^{2+}チャネルがあり，興奮によってCa^{2+}チャネルが開き，Ca^{2+}が流入することで，神経伝達物質の放出が起こるのでした（⇨p.400）。神経終末での活動電位の持続時間が長くなると，神経伝達物質の放出量も増加し，えらにつながる運動神経の興奮の頻度が上昇し，えらの筋肉の収縮も強くなるのです。

　慣れの場合は，放出される神経伝達物質の量が減少し，シナプスにおける伝達効率が低下していたわけです。

7 このように，シナプスでの伝達効率が変化することを**シナプス可塑性**といいます。

　さらに介在神経からの刺激が繰り返されると，水管からの感覚神経の軸索末端の分岐が増加し，シナプスの数が増えていきます。このような現象が長期の記憶につながるのです。

　やはり記憶を定着させるためには「繰り返し」学習することが大切なのですねっ!!

8 イヌに食物を与えると唾液が出ます。これは，**延髄による反射**（**無条件反射**）です。食物を与える直前にベルの音を聞かせることを繰り返すと，やがてベルの音だけで唾液が出るようになります。これは，1904年に**パブロフ**によって発見されました。

　このように，**反射とは直接関係のない刺激（条件刺激）によって反射が起こるようになることを条件反射**といいます。また，無条件刺激（この場合は食物）と条件刺激（この場合はベルの音）を繰り返し与えることを**古典的条件づけ**といいます。

　梅干を食べて唾液が出るのは反射（無条件反射）です。しかし，梅干を見ただけで唾液が出るのは条件反射です。梅干しを食べたことのない人は，梅干しを見ただけでは唾液は出ません。

9 試行と失敗を繰り返すうちに，合理的な行動がとれるようになることを**試行錯誤**といい，試行錯誤の進行過程を示したグラフを**学習曲線**といいます。

　次の図73-11は，ネズミを迷路に入れ，餌にありつけるかどうかを，罰を与えた場合と与えない場合で行った実験における学習曲線です。

第73講 行動

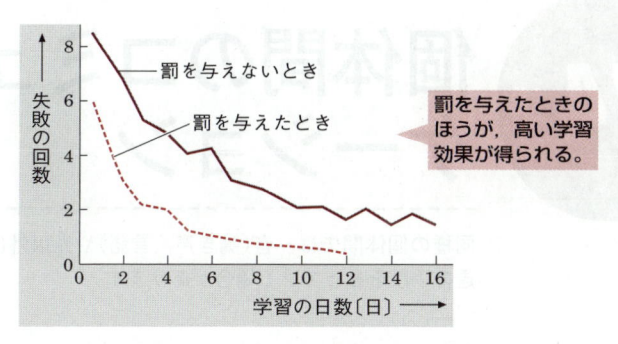

（グラフ）
失敗の回数 縦軸
罰を与えないとき
罰を与えたとき
罰を与えたときのほうが，高い学習効果が得られる。
学習の日数〔日〕

▲ 図73-11 ネズミの迷路実験における学習曲線

　試行錯誤によって，自身の行動と報酬あるいは罰を結びつけて学習することを**オペラント条件づけ**といいます。　→ operate（操作する）

10　過去の経験をもとに，未経験なことに対しても先を見通して目的に合った適切な新しい行動をとる能力を**知能**といい，知能による行動を**知能行動（認知）**といいます。

【習得的行動】
① **学習行動**…生まれてから後の**経験**や**訓練**によって習得した行動。
　　刷込み…臨界期にのみ成立する学習
　　慣れ…シナプス可塑性による反応の低下，強化（脱慣れ）
　　条件反射…古典的条件づけ
　　試行錯誤…オペラント条件づけ
② **知能行動（認知）**…過去の経験をもとに，未経験なことに対しても**先を見通して**行う目的に合った適切な行動。

第6章 刺激と反応

第74講 個体間のコミュニケーション

同種の個体間では，音（鳴き声，言語）や光以外にも情報伝達の手段をもっている場合があります。

1 フェロモン

1 動物が体外に分泌し，同種の他個体に作用する物質を**フェロモン**といいます。

2 カイコガの雌は，腹部にある分泌腺からフェロモンを分泌します。雄はこれを触角で受容すると，翅（はね）を激しく羽ばたかせながら（**婚礼ダンス**という）雌に接近します。

このように，**異性を誘引**するフェロモンを**性フェロモン**といいます。

+α パワーアップ　婚礼ダンスの役割

婚礼ダンスのときに翅を激しく羽ばたかせるのは，フェロモンを触角のほうへ集め，フェロモンの来る方向を知るためである。2つの触角に平等にフェロモンが受容できる方向に雌がおり，その方向へとからだを動かしながら，雌のほうへ接近していく。

3 集団を維持するために多数の個体を集めるフェロモンを**集合フェロモン**といいます。ゴキブリの糞（ふん）には，この集合フェロモンが含まれています。

ゴキブリは集団でいるほうが成長が速く，ゴキブリの集合フェロモンは**発育の調節**に関係しているといわれています。

4 **目的地までの経路を教える**のが**道しるべフェロモン**です。餌（えさ）を見つけたアリは，腹部の先端から道しるべフェロモンを地面に放出しながら巣へ帰ります。すると，そのフェロモンを触角で受容しながら通ってきた道をたどり，他の個体が餌場（えさば）へと向かいます。シロアリも移動に道しるべフェロモンを用いることが知られています。

第74講　個体間のコミュニケーション

5 ミツバチやアブラムシは，侵入者が来たことを仲間に知らせる**警報フェロモン**を放出します。

6 また，ミツバチの女王バチやシロアリの女王アリは，他の**雌個体の卵巣の発達を妨げる**フェロモンを放出します。これを**階級維持フェロモン**といいます。　→「女王物質」とも呼ばれる。これにより，女王のみが産卵でき，女王としての地位が維持できる。

最強ポイント

フェロモン…動物が体外に分泌し，同種の他個体に作用する物質。

フェロモンの種類	生物例
性フェロモン	カイコガ
集合フェロモン	ゴキブリ
道しるべフェロモン	アリ，シロアリ
警報フェロモン	ミツバチ，アブラムシ
階級維持フェロモン	ミツバチ，シロアリ

2　8の字ダンス

1 餌場を発見したミツバチの働きバチは，巣に帰るとしり振りダンスを踊って仲間に餌場の位置を伝えます。

2 餌場が近いときは右の図74-1のような**円形ダンス**を踊ります。

3 餌場が遠いとき（100m以上離れているとき）は**8の字ダンス**を踊ります（図74-2）。
　8の字ダンスの**直進部分の方向が餌場のある方向を**示します。ただ，巣の中では直接餌場の方向が示せないので，太陽を基準に，太陽とのなす角度で餌場の方向を教えます。このとき，**重力と反対方向を太陽の方向**とみなしてダンスを踊ります。

円形ダンス ← 餌場が近いとき

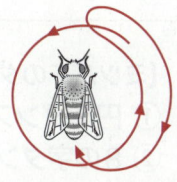

▲ 図74-1　円形ダンス

第6章　刺激と反応

4 たとえば，巣箱から見て東の方向に餌場があり，太陽が真南にあるとすると，餌場の方向は太陽から左90°の方向になります。巣の中では重力と反対方向，すなわち真上を太陽の方向とみなすので，ミツバチは，真上から左90°の方向を示しながら8の字ダンスを踊ります。

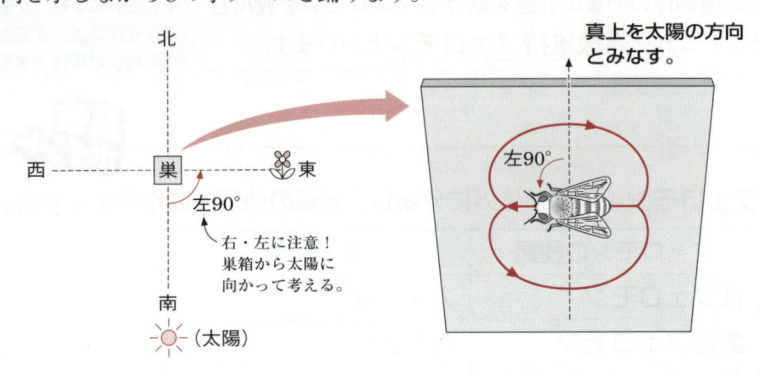

▲ 図74-2 ミツバチの8の字ダンスと餌場の方向

5 このとき，ダンスを踊る速さが餌場までの距離も示し，**餌場まで比較的近い場合はダンスを踊る速さが速くなります**。

6 餌場を見つけた個体が8の字ダンスをするとき，他の個体はダンスを踊っている個体に触角で触れながら踊り手の後を追い，餌場の方向，距離，そして，からだについている花の香りを受容するのです。

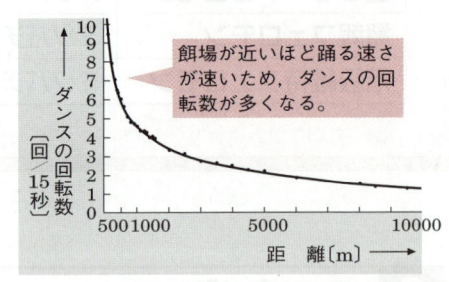

餌場が近いほど踊る速さが速いため，ダンスの回転数が多くなる。

▲ 図74-3 8の字ダンスの回数と餌場までの距離

【ミツバチのダンス】
① **円形ダンス**…餌場が近い場合。
② **8の字ダンス**…餌場が遠い(100m以上離れている)場合。
⇨ 重力の反対方向とダンスの直線方向がなす角度が，**太陽と餌場のなす角度**に等しい。ダンスの速さが**速い**と餌場までの距離が**短い**ことを示す。

第7章

体液の恒常性

第75講 体液の組成

動物体内に存在する液体である体液には，どのような種類があって，どのような働きがあるのでしょうか。

1 体液の組成

1 体液は，存在する場所によって，**血液，リンパ液，組織液**の3種類に大別されます。血管を流れるのが**血液**，リンパ管を流れるのが**リンパ液**，組織や細胞間にあるのが**組織液**です。

まずは，血液からくわしく見てみましょう。

2 血液は，有形成分の**血球**と液体成分の**血しょう**からなります。血液体積の約45%が血球で，血球はさらに，**赤血球，白血球，血小板**の3種類からなります。血液体積の約55%を占めるのが血しょうです。

> ヒトの血液の重さは，体重の約 $\frac{1}{13}$。

3 血しょうの90%は水で，7〜8%をタンパク質が占めます。血しょう中のおもなタンパク質としては，**アルブミン**や**グロブリン，フィブリノーゲン**などがあります。また，Naなどの無機塩類が約0.9%，グルコースが約0.1%含まれています。

> 水によく溶け，血液の浸透圧を保ったり，種々の物質と結合してその物質を運搬したりする働きがある。

> これが「血糖」。

4 リンパ液も，有形成分の**リンパ球**と液体成分の**リンパしょう**からなります。リンパ管は最終的には血管と合流するので，リンパ液も血液の一部になってしまいます。

5 血しょうの一部が毛細血管からしみ出たものが**組織液**です。組織液は，細胞と細胞の間や細胞と血管の間の物質交換の仲立ちを行います。組織液は，やがて，大部分は毛細血管内に，一部はリンパ管内に取り込まれます。

> 毛細血管の壁を通れないような高分子のタンパク質は組織液には含まれない。

第75講 体液の組成

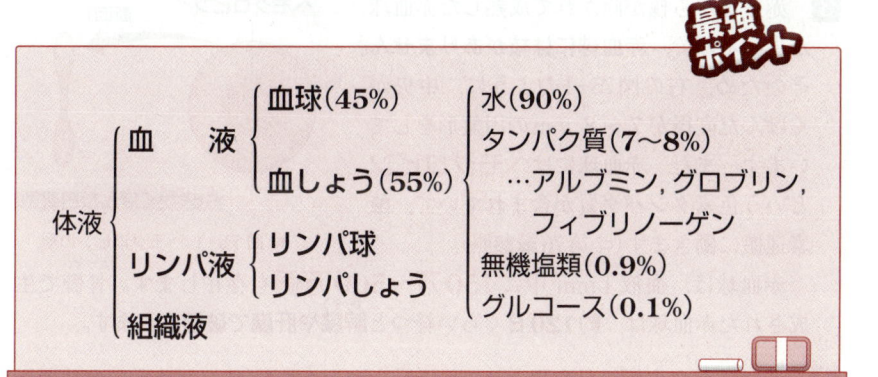

最強ポイント

体液 ｛ 血液 ｛ 血球（45%）
　　　　　　　血しょう（55%）
　　　リンパ液 ｛ リンパ球
　　　　　　　　リンパしょう
　　　組織液

血しょう ｛ 水（90%）
　　　　　　タンパク質（7〜8%）
　　　　　　　…アルブミン，グロブリン，フィブリノーゲン
　　　　　　無機塩類（0.9%）
　　　　　　グルコース（0.1%）

2 血球の生成と特徴

1. 血球は，いずれも**骨髄**にある**造血幹細胞**（**血球芽細胞**）から生じます。

　　　血球は，胎児の時期には脾臓や肝臓でも生成されるが，成人では骨髄で生成される。

2. 造血幹細胞が増殖し，**赤芽球**，**骨髄芽球**，**単芽球**，**リンパ芽球**，**巨核芽球**などに分化します。赤芽球（赤芽細胞）から核が除かれて**赤血球**が生じます。骨髄芽球からは**好中球**，**好酸球**，**好塩基球**の3種類が生じます。単芽球はさらに**単球**となり，**マクロファージ**や**樹状細胞**となります。リンパ芽球からは**T細胞**や**B細胞**や**NK細胞**といったリンパ球が生じます。また，巨核芽球の仮足がちぎれて，その破片から**血小板**が生じます。

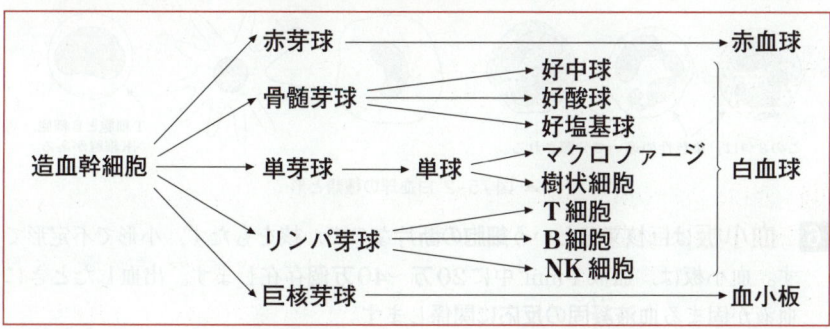

　　　赤血球に核がないのは哺乳類だけで，哺乳類以外の赤血球には核がある。

　　　それぞれの染色性（中性色素，酸性色素，塩基性色素）によって名づけられた名称。それぞれの色素によく染まる顆粒をもつので，これら3種類を「顆粒球（顆粒白血球）」という。

```
造血幹細胞 ┬→ 赤芽球 ──────────────→ 赤血球
          │                  ┌→ 好中球    ┐
          ├→ 骨髄芽球 ───────┼→ 好酸球    │
          │                  └→ 好塩基球  │
          │                     マクロファージ │ 白血球
          ├→ 単芽球 →  単球 ┬→              │
          │                  └→ 樹状細胞    │
          │                  ┌→ T細胞      │
          ├→ リンパ芽球 ────┼→ B細胞      │
          │                  └→ NK細胞     ┘
          └→ 巨核芽球 ──────────────→ 血小板
```

3 赤芽球から核が除かれて成熟した赤血球が生じるので、**赤血球には核がありません**。そのため、右の図75-1のように、中央がくぼんだ直径が7〜8μmの円盤形をしています。また、赤血球には**ヘモグロビン**という色素タンパク質が含まれていて、酸素運搬に働きます（⇨第76講参照）。

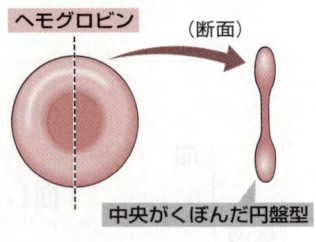

▲ 図75-1 ヘモグロビンの形

赤血球は、血液1mm³中に**450万〜500万個**も存在します。骨髄で生成された赤血球は、**約120日**くらい経つと**脾臓や肝臓**で破壊されます。

4 赤血球と血小板以外をまとめて**白血球**といいます（リンパ球も白血球の一種です）。白血球は、血液1mm³中に**6000〜8000個**存在します。白血球のなかで最も数が多いのは**好中球**で、盛んな**食作用**があり、感染部位にいち早く到達し、食作用によって細菌などを処理します。

好酸球、好塩基球は数も少なく、それほど食作用も盛んではありません。これらの血球は、アレルギー反応に関係しているといわれています。

好中球も好酸球も好塩基球も、核がくびれたような形をしているのが特徴です。

5 **マクロファージ**は大形の白血球で、盛んな食作用があります。**樹状細胞**も食作用をもった白血球ですが、マクロファージや樹状細胞については、第77・78講「生体防御①・②」でくわしく学習しましょう。

リンパ球は小形の白血球で、**リンパ節**や**脾臓**中に多く存在します。リンパ球には食作用はありませんが、生体防御に関係します。これも第77・78講の生体防御でくわしく学習します。

好酸球　好中球　好塩基球　マクロファージ　樹状細胞　リンパ球

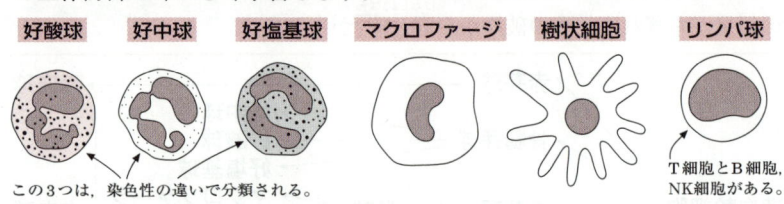

この3つは、染色性の違いで分類される。

T細胞とB細胞、NK細胞がある。

▲ 図75-2 白血球の種類と形

6 **血小板**は巨核芽球という**細胞の断片**なので、核をもたず、小形で不定形です。血小板は、血液1mm³中に**20万〜40万個**存在します。出血したときに血液が固まる**血液凝固**の反応に関係します。

第75講 体液の組成

最強ポイント

① 血球は，すべて骨髄の**造血幹細胞（血球芽細胞）**に由来する。
② それぞれの血球の特徴

	核	大きさ（直径）	数	破壊	寿命	働き
赤血球	なし	7～8μm	450万～500万個	脾臓 肝臓	120日	酸素運搬
白血球	あり	8～20μm	6000～8000個	脾臓	3～20日	食作用 免疫に関与
血小板	なし	2～3μm	20万～40万個	脾臓	7～8日	血液凝固

3 血液凝固のしくみ

1 出血すると血小板が壊れ，中から**血小板因子**が放出されます。また，組織からは**トロンボプラスチン**という物質が放出されます。

2 これらと，血しょう中に存在するCa^{2+}の働きにより，血しょう中にあった**プロトロンビン**が**トロンビン**という酵素に変化します。

3 トロンビンは，血しょう中の**フィブリノーゲン**を繊維状の**フィブリン**に変化させます。生じたフィブリンは血球とからみついて**血餅**となり，血液が凝固します。

4 試験管に血液を入れて放置すると，血液は凝固し，血餅が沈殿します。このときの上澄み液を**血清**といいます。血清は，血しょう成分から主にフィブリノーゲンを除いたものといえます。

血清 → うす黄色の液体。血しょう成分からフィブリノーゲンを除いたもの。
試験管
血餅 → 赤褐色のかたまり。

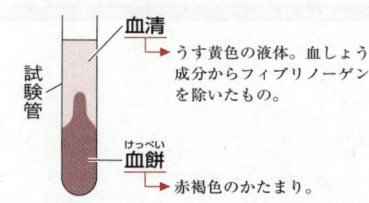

▲ 図75-3 試験管中での**血液の凝固**

第7章 体液の恒常性

5 肝臓で生成される**ヘパリン**やヒルの唾液に含まれる**ヒルジン**という物質は，**トロンビン**の作用を阻害して血液凝固を阻止する働きがあります。

6 血液にクエン酸ナトリウムを加えると，血しょう中のCa^{2+}がクエン酸カルシウムとなってしまうため，血液凝固が阻止されます。

　低温にすると，酵素反応が低下するため，血液は凝固しにくくなります。また，**血液を棒でかき混ぜ，フィブリンを除いてしまうこと**でも血液凝固を阻止することができます。

最強ポイント

① 血液凝固のしくみ

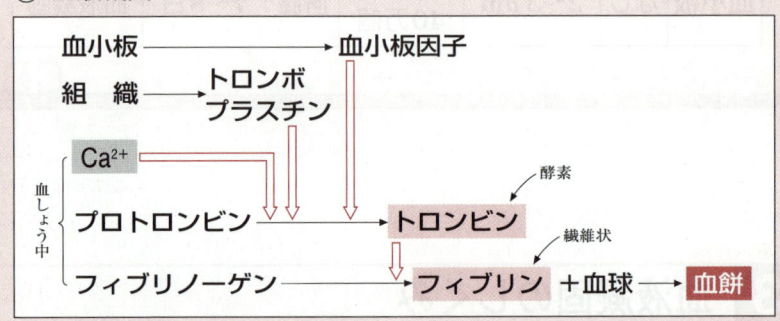

```
血小板 ──────────→ 血小板因子
組　織 ──→ トロンボ
          プラスチン
           ↓  ↓  ↓
Ca²⁺ ──────┐
           ↓              酵素
プロトロンビン ──→ トロンビン
                         繊維状 ↓
フィブリノーゲン ──→ フィブリン ＋血球 → 血餅
```
（血しょう中）

② **血清 ≒ 血しょう － フィブリノーゲン**

③ 血液凝固の阻止
　1. **ヘパリン**や**ヒルジン**を加える（トロンビンの作用阻害）。
　2. **クエン酸ナトリウム**を加える（Ca^{2+}を除く）。
　3. **低温**に保つ（酵素作用を低下させる）。
　4. **棒でかき混ぜる**（フィブリンを除く）。

第76講 酸素運搬と二酸化炭素運搬

血液によって，酸素や二酸化炭素が運搬されます。そのしくみについて，見てみましょう。

1 ヘモグロビン

1 酸素と可逆的に結合し，酸素の運搬や貯蔵に働く色素タンパク質を**呼吸色素**といいます。脊椎動物では，赤血球に**ヘモグロビン**という赤色の呼吸色素が含まれています。

2 ヘモグロビンは，鉄をもつ**ヘム**という色素に，**グロビン**というポリペプチド鎖が結合した三次構造をもつサブユニットが4つ結合した四次構造をもつタンパク質で，下の図76-1のような構造をしています。

> このような構造を「ポルフィリン核」という。シトクロム（⇒ p.131）の成分にもなっている。クロロフィルもよく似た構造をもつが，鉄Feの部分がマグネシウムMgに置き換わっている。

> α鎖というポリペプチド2本とβ鎖というポリペプチド2本からなる。

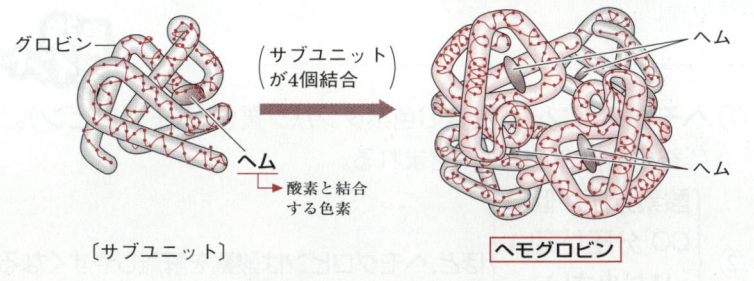

▲ 図76-1 ヘモグロビンの構造

+α パワーアップ 無脊椎動物の呼吸色素

無脊椎動物である軟体動物や節足動物の甲殻類は，**ヘモシアニン**という呼吸色素をもつ。これは，銅（Cu）をもつ色素タンパク質で，青色をしており，赤血球ではなく血しょうに含まれている（これらの動物の血液には赤血球がない）。した

がって，これらの動物では，**血しょうが酸素を運搬する。**

また，ユスリカの幼虫やミミズ，ゴカイは**エリトロクルオリン**という呼吸色素をもつ。これは，ヘモグロビンと同じく鉄を含む色素タンパク質で，赤色をしている。これらの動物も赤血球をもたないので，呼吸色素は血しょう中にあり，血しょうが酸素を運搬する。

3 ヘモグロビン（Hb）は**酸素分圧の高い所では酸素と結合しやすく，酸素分圧の低い所では酸素を解離しやすい**という性質をもっています。

$$Hb + O_2 \rightleftarrows HbO_2$$

　　ヘモグロビン　　　　　酸素ヘモグロビン
　　（暗紅色）　　　　　　　（鮮紅色）

4 ヘモグロビンと酸素の**親和性**は，酸素分圧以外にも，二酸化炭素分圧，pH，温度の影響を受けます。**二酸化炭素分圧が高いほど，またpHの値が小さいほど，また温度が高いほど，ヘモグロビンは酸素を解離しやすくなります。**

活発な筋肉運動が行われると，体温は上昇し，呼吸が盛んになるので酸素分圧は低下し，二酸化炭素分圧は上昇します。また，解糖により乳酸が生成して酸性になるのでpHの値は小さくなります。このような場所でヘモグロビンが酸素をたくさん解離してくれれば，組織の細胞に，より多くの酸素が供給されることになります。

最強ポイント

① **ヘモグロビン**…鉄を含む色素タンパク質（ヘム＋グロビン）。
　⇨脊椎動物の赤血球に含まれる。

② ｛酸素分圧が低い／CO_2分圧が高い／pHが小さい／温度が高い｝ほど，ヘモグロビンは酸素を解離しやすくなる。

2 酸素解離曲線

1 ヘモグロビンと酸素との結合のようすを表したグラフを**酸素解離曲線**といいます。酸素解離曲線は，右の図76-2のような**S字形**のグラフになります。

2 **二酸化炭素分圧が高いほどヘモグロビンは酸素を解離しやすくなる**ので，二酸化炭素分圧が40mmHgの場合と70mmHgの場合のグラフを比較すると，二酸化炭素分圧が70mmHgのときのグラフが右側のグラフ，40mmHgのときのグラフが左側のグラフです。

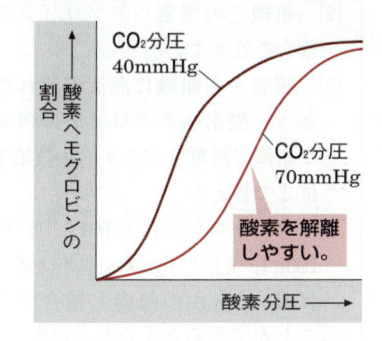

▲ 図76-2 CO_2分圧と酸素解離曲線

3 **pHが小さいほどヘモグロビンは酸素を解離しやすくなる**ので，pHが7.0と6.8のグラフを比較すると，pHが6.8のグラフが右側のグラフです。

また，**温度が高いほどヘモグロビンは酸素を解離しやすい**ので，温度が37℃と38℃のグラフを比較すると，温度が38℃のグラフが右側のグラフだとわかります。

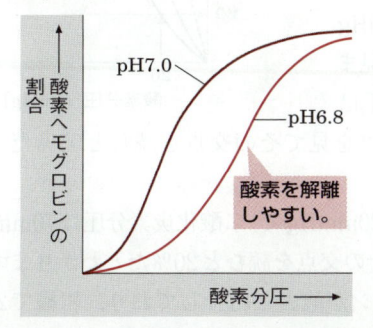

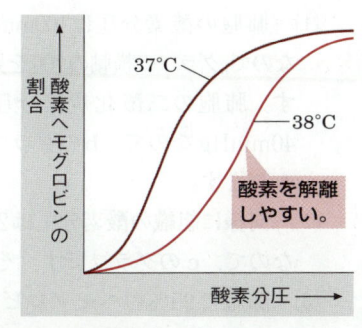

▲ 図76-3 pH，温度と酸素解離曲線

定番計算例題 4　酸素解離曲線

肺胞の酸素分圧が100mmHg，CO_2分圧が40mmHg，組織の酸素分圧が20mmHg，CO_2分圧が70mmHgとする。次のページのグラフの**a**〜**c**のいずれかがCO_2分圧20mmHg，40mmHg，70mmHgだとして，あとの問いに答えよ。

(1) 肺胞での酸素ヘモグロビンの割合を答えよ。
(2) 組織での酸素ヘモグロビンの割合を答えよ。
(3) 肺胞から組織に血液が流れたとき，酸素ヘモグロビンの何%が組織で解離されたか。小数第1位まで答えよ。
(4) ヘモグロビンは血液1L中に約100g存在し，1gのヘモグロビンは最大1.5mLの酸素と結合することができるとすると，組織に供給される酸素は血液1Lあたり何mLか。小数第1位まで答えよ。

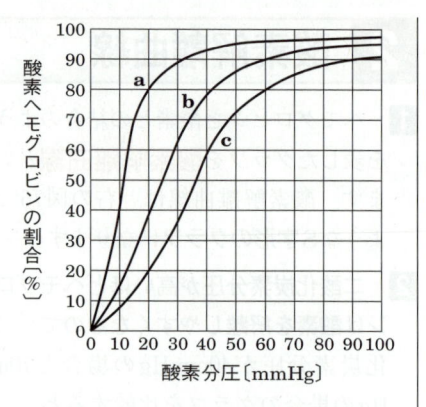

解説 二酸化炭素分圧が高くなるほどグラフは右にシフトするので，**a**が二酸化炭素分圧20mmHg，**b**が40mmHg，**c**が70mmHgのグラフだとわかります。

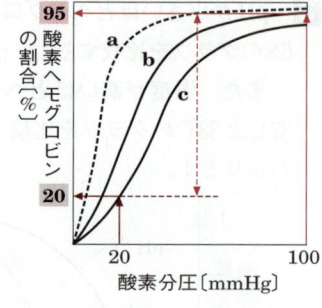

(1) 肺胞の酸素分圧は100mmHgなので，グラフの横軸の100を見ます。肺胞の二酸化炭素分圧は40mmHgなので，**b**のグラフを見てその交点を読むと95%だとわかります。

(2) 同様に組織の酸素分圧は20mmHgで，二酸化炭素分圧は70mmHgなので，**c**のグラフです。その交点を読むと20%だとわかります。

(3) 肺胞で95%のヘモグロビンが酸素と結合しており，組織で20%のヘモグロビンがまだ酸素と結合したままなので，酸素を解離したヘモグロビンは95% − 20% = 75%になります。これは，すべてのヘモグロビンのなかでの割合です。**問われているのは「酸素ヘモグロビンの何%か」**です。つまり，肺胞で酸素と結合していた酸素ヘモグロビンは95%なので，95%のうちの何%かを聞いているのです。よって，次のような式で求められます。

$$\frac{95-20}{95} \times 100 = 78.94\cdots ≒ 78.9 [\%]$$

(4) ヘモグロビンが100％酸素と結合したとすると，そのときの酸素の体積が1.5mLということです。95％であれば1.5mL×0.95，20％であれば1.5mL×0.2です。よって，組織で解離した酸素は，

$$1.5\text{mL} \times (0.95 - 0.2) = 1.125\,[\text{mL}]$$

ただし，これはヘモグロビン1gについての値で，血液1L中には100gのヘモグロビンが含まれているので，

$$1.125\text{mL} \times 100 = 112.5\,[\text{mL}]\,となります。$$

答 (1) 95%　　(2) 20%　　(3) 78.9%　　(4) 112.5mL

+αパワーアップ 酸素解離曲線のS字形がもつ意味

ヘモグロビンの酸素解離曲線はなぜS字形を描くのだろうか。

ヘモグロビンは$α$鎖2本と$β$鎖2本からなっているが，それぞれに1分子ずつヘムが結合しており，このヘムの鉄原子と酸素が結合する。1つのヘムと酸素が結合すると，他のグロビンの立体構造が変化し，2つ目のヘムはより酸素と結合しやすくなる。2つ目のヘムと酸素が結合すると，3つ目はさらに酸素と結合しやすくなる。このように，サブユニット間の相互作用が働く結果，S字形のグラフになる。つまり，**複数のサブユニットからなる四次構造をもっているタンパク質の反応の場合にS字形のグラフを描く**のである（⇨p.122「アロステリック酵素」）。

ミオグロビンは骨格筋の細胞（筋繊維）に含まれる色素タンパク質であるが，この酸素解離曲線は図76-4のように，ヘモグロビンとは異なり，S字形にはならず，**双曲線のグラフ**を描く。ヘモグロビンを構成する1本のポリペプチド鎖とよく似た構造をもつタンパク質がミオグロビンなのである。つまり，**ミオグロビンは三次構造までしかもたないタンパク質な**のである。そのため，S字形は描けない。S字形を描くからこそ，組織での酸素飽和度が一気に低下し，より多くの酸素を組織に供給することができる。S字形を描かないミオグロビンでは，少々酸素分圧が低下しても酸素飽和度が低下せず，酸素と結合したままである。したがって，ミオグロビンは酸素の運搬ではなく，**筋肉中で酸素を貯蔵する働き**をしている。

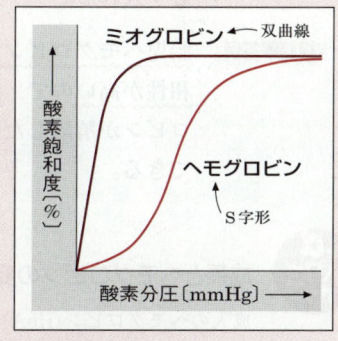

▲ 図76-4 ヘモグロビンとミオグロビンの酸素解離曲線

4 哺乳類の胎児は，下の図76-5のように，母体の血液から胎盤を通して酸素を受け取ります。胎盤は組織の末端なので，酸素分圧が低くなっています。ここを母体の血液が流れると，ヘモグロビンは酸素を解離します。母体のヘモグロビンが解離した酸素と，胎児ヘモグロビンは結合しなければいけないので，**胎児ヘモグロビンは母体ヘモグロビンよりも酸素に対する親和性が高い**という特徴をもちます。そのため，母体のヘモグロビンと胎児のヘモグロビンの解離曲線を比較すると，図76-6のようになります。

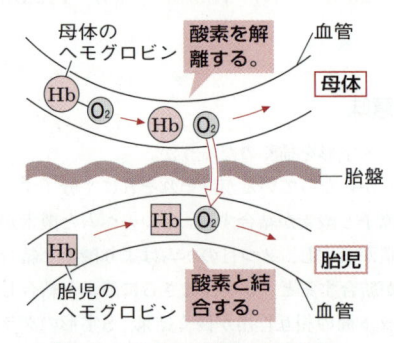

▲ 図76-5 胎盤での酸素の受け渡し 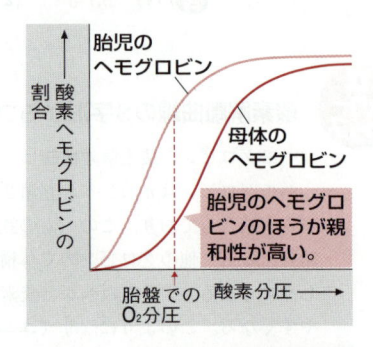　　▲ 図76-6 母体と胎児の酸素解離曲線

定番論述対策 15
胎児が上の図76-6のようなヘモグロビンをもつ利点を述べよ。

ポイント　「親和性が高い胎児ヘモグロビン」，「酸素分圧が低い胎盤」を必ず入れる。

模範解答例　胎児ヘモグロビンは母体のヘモグロビンよりも酸素に対する親和性が高いので，酸素分圧の低い胎盤において，母体のヘモグロビンが解離した酸素と結合し，酸素を胎児に供給することができる。

+α パワーアップ　成長とヘモグロビンの変化

成人のヘモグロビン（HbA）が $α$ 鎖2本と $β$ 鎖2本からできていたのに対し，胎児ヘモグロビン（HbF）は $α$ 鎖2本と $γ$ 鎖2本からできている。HbAは誕生時には20％程度しかないが，生後4か月で90％を占めるようになる。

5　高地のアンデス地方に生息するラマという動物のヘモグロビンの酸素解離曲線と，平地に生息する動物のヘモグロビンの酸素解離曲線を比較すると，右の図76-7のようになります。

　これも酸素の少ない高地で，より多くの酸素と結合するための適応だと考えることができます。

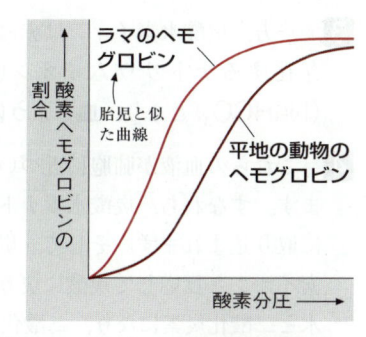

▲ 図76-7 生息地による酸素解離曲線の違い

最強ポイント

① 二酸化炭素分圧が高いほど，pHの値が小さいほど，温度が高いほど，ヘモグロビンの酸素解離曲線は右にシフトする。
② 肺胞での酸素ヘモグロビンの割合－組織での酸素ヘモグロビンの割合＝組織で解離した酸素の割合
③ 胎児のヘモグロビンの酸素解離曲線は，成人よりも左にシフトする。

3　二酸化炭素の運搬

1　組織で放出された二酸化炭素は，いったん赤血球に取り込まれます。赤血球に取り込まれた二酸化炭素の一部はヘモグロビンと結合し，そのまま赤血球によって運ばれます。

2　大部分の二酸化炭素は，**赤血球中で水と反応して炭酸（H_2CO_3）となり**，さらに電離して**炭酸水素イオン（HCO_3^-）と水素イオン**になります。二酸化炭素と水から炭酸を生じさせるのは，**炭酸脱水酵素（カーボニックアンヒドラーゼ）**という酵素です。

　水素イオンは，ヘモグロビンと結合して赤血球によって運ばれます。

3 一方，炭酸水素イオンは赤血球から血しょう中に放出され，血しょう中に存在するナトリウムイオン（Na$^+$）と結合して**炭酸水素ナトリウム（NaHCO$_3$）**となり，血しょうによって運ばれます。

4 これらの血液が肺胞に近づいてくると，今までの逆の方向へ反応が進行します。すなわち，炭酸水素ナトリウムは炭酸水素イオンになり，再び赤血球に取り込まれます。そして，炭酸水素イオンは，ヘモグロビンから離れた水素イオンと反応して炭酸に戻ります。さらに炭酸は，炭酸脱水酵素の働きで水と二酸化炭素になり，二酸化炭素は肺胞へと渡されます。

ヘモグロビンと結合していた二酸化炭素もヘモグロビンと解離し，肺胞に渡されます。

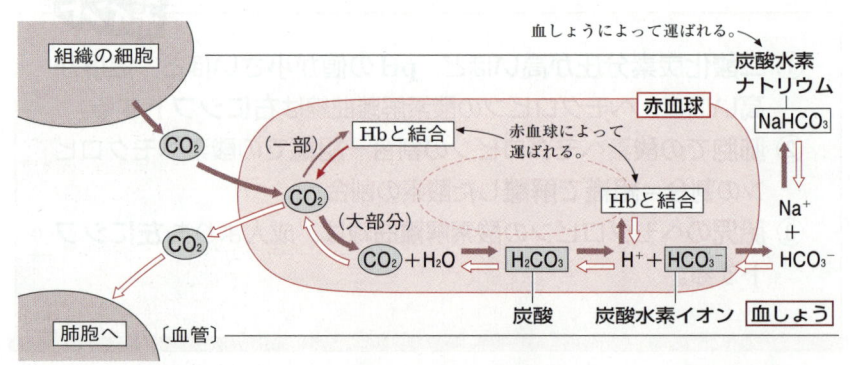

▲ 図76-8 二酸化炭素の運搬

【二酸化炭素の運搬】
① おもに，**炭酸水素ナトリウム**の形で血しょうによって運ばれる。（一部は赤血球によって運ばれる）
② 赤血球内に存在する**炭酸脱水酵素**が関与する。

第77講 生体防御①

ウイルスや細菌などの病原体から体を守るしくみには，3段階あります。

1 物理的・化学的防御

1 まずは皮膚や粘膜などの物理的・化学的防御によって，病原体などの異物が体内に侵入するのを防ぐためのしくみがあります。

2 皮膚は右図のように，表面を覆っている**表皮**と深部の**真皮**からなります。

> 表皮は外胚葉由来，真皮は中胚葉の体節由来でしたね。

　表皮の最深部には1層の円柱形の細胞からなる**基底層**という部分があります。
　ここで盛んに細胞分裂が行われて，分裂で生じた細胞は表層へと押し上げられていきます。この間に**ケラチン**というタンパク質が合成され，やがて最外層に達するとケラチンで充満した細胞からなる**角質層**を形成します。

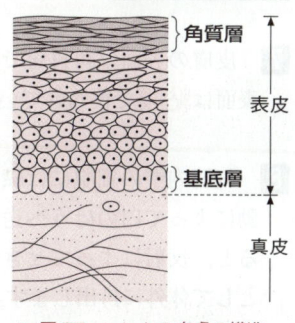

▲ 図77-1 ヒトの皮膚の構造

3 角質層はすでに死んでしまった死細胞からなり，表面の細胞はつねに剥がれ落ち，また新たに補充されるということを繰り返しています。

> これが「垢」。

　ウイルスは生きている細胞にしか感染できないので，死細胞からなる角質層によって，ウイルスの侵入を防ぐことができます。

4 角質層の細胞間は脂質で満たされており，水分保持に寄与しています。

> セラミドと呼ばれる脂質。化粧品のCMでよく耳にしませんか？

第7章 体液の恒常性

477

5 また，皮脂腺や汗腺からの分泌物によって皮膚表面が**弱酸性**(pH3〜5)に保たれています。多くの病原体は酸性では増殖が抑制されるので，これにより病原体の繁殖を抑えることができます。

> 「弱酸性ビ〇〇」って洗顔・スキンケアの有名なブランドがありますよね。

6 また汗や涙，鼻汁や唾液などには**リゾチーム**という酵素が含まれています。リゾチームは細菌の**細胞壁を構成する多糖類を加水分解する酵素**なので，これによって細菌の増殖を防ぐことができます。

> これもTVのCMで「塩化リゾチーム配合の風邪薬」って聞きませんか？。

+αパワーアップ　ディフェンシン

唾液などの中には，リゾチーム以外にも**ディフェンシン**というタンパク質も含まれている。
ディフェンシンは，細菌や菌類の細胞膜に結合して，細胞膜に孔をあけるなどといった方法で抗菌作用を発揮する。

7 皮膚の表面は角質層で覆われていますが，口，消化管，鼻，気管などの内表面は**粘膜**で覆われていて，病原体が付着するのを防いでいます。

8 気管内壁の細胞には繊毛(せんもう)があり，異物をからめ取った粘液は，この繊毛運動によって口のほうへ送られます。気管に異物が入ったり炎症が起きたりすると，反射によってせきやくしゃみが起こり，異物をからめ取った粘液を痰(たん)として体外に排出します。

9 また，胃には，強酸性の**胃酸**(塩酸)が分泌されていて，食物に含まれる病原体のほとんどはこれにより殺菌されます。このように，胃内は，胃酸によって強酸性になっているので，この中で働く酵素には最適pHが2で，強酸性下で高い活性をもつ**ペプシン**が使われているのでしょうね。また，この塩酸は，**ペプシノーゲン**(⇨p.517)をペプシンに活性化する役割もあります。

+α パワーアップ 表皮でのそれ以外の防御

皮膚の基底膜の細胞間には**メラノサイト**という細胞がある。これは暗褐色の**メラニン色素**を合成し，周囲の細胞に供給する働きがある。このメラニン色素によって分裂中の基底膜細胞が紫外線による DNA 障害から免れるようになる。

また基底膜と角質層の間には**ランゲルハンス細胞**という細胞もある。これは樹状細胞（⇨ p.466）の一種で，免疫応答に関与する。

ランゲルハンス細胞は，すい臓のランゲルハンス島（⇨ p.534）を発見したランゲルハンスが発見した細胞なので，その名前がついているが，ランゲルハンス島の細胞とはまったく違うので混同しないように。もっとも，ランゲルハンス自身はランゲルハンス細胞を，形がニューロン（神経細胞）の樹状突起に似ていたためニューロンの一種と思い込んでいたそうである。

最強ポイント

【体外からの異物侵入に対する防御】
① 物理的防御…**角質層**（死細胞），粘膜の粘液
② 化学的防御…粘液の酵素（**リゾチーム**），胃液や汗の酸

---

2 自然免疫

1 物理的・化学的防御を突破して体内に侵入してしまった異物に対して働くのが，生まれながらにしてもっている**自然免疫**です。

2 自然免疫では，白血球の一種である**好中球**や，**単球**から分化した**マクロファージ**や**樹状細胞**が働きます。これらの細胞には**食作用**があり，体内に侵入した異物を包み込んで消化・分解することで，異物を排除します。

3 白血球の中でも最も数が多いのが**好中球**で，盛んな食作用によって異物を処理します。

好中球は，異物を取り込むと，取り込んだ異物とともに死んでしまいます。

死んだ好中球の集まりが膿となります。

4 マクロファージや樹状細胞，好中球，NK細胞の細胞膜表面には**TLR**（Toll-Like Receptor：**トル様受容体**）というタンパク質があり，これが，細菌やウイルスに特徴的なパターンを認識します。TLRと結合したものは外部から侵入した異物（**非自己**）とみなされ，食作用によって処理されます。

5 **NK細胞**はウイルスに感染した細胞やがん細胞を直接攻撃し，細胞を死滅させて排除する働きがあります。

TLR（トル様受容体）

TLRには複数の種類（ヒトでは10種類）があり，たとえばTLR2やTLR4は細菌の細胞壁に含まれる**ペプチドグリカン**（⇨p.740）および**リポ多糖類**（糖脂質）を認識し，TLR5は細菌の鞭毛の構成タンパク質（**フラジェリン**）を認識する。

また，細胞膜表面だけではなく細胞内の小胞内に存在するTLRもある。たとえばTLR3は細胞内の小胞内表面にあり，取り込んだウイルスがもつ2本鎖RNAを認識する。

炎症

異物の侵入が起こると，局所の細胞から**ヒスタミン**や**プロスタグランジン**という警報物質が分泌される。これらの物質により血管が拡張して血流が増加し，局所が赤くはれたり熱をもつようになる。また，神経が刺激されることで痛みも生じる。このような反応を**炎症**という。このとき，毛細血管の内皮細胞の結合が緩み，透過性が高まって血液の水分が漏れ出る量が増えて水ぶくれが生じたりすることもある。さらに毛細血管から好中球やマクロファージが血管外に出て，炎症が起こっている場所に移動する。

また，マクロファージは，**インターロイキン**（IL-1）（⇨p.483）という物質を分泌し，好中球などの細胞を増殖させ，さらに間脳視床下部（⇨p.531）に働きかけて全身の体温を上昇させる。この発熱により食作用がさらに活発になり，組織の修復も促進される。風邪をひいて発熱したときに安易に解熱剤を飲んで熱を下げると，せっかくの自然免疫が抑えられてしまう危険性がある。素人考えでむやみに薬に頼るよりも，暖かくして安静にして寝ているのが一番かも。

> **最強ポイント**
>
> 【自然免疫】
> ① 白血球のうち好中球・マクロファージ・樹状細胞が食作用で体内に侵入した異物を排除。
> ② NK細胞がウイルスに感染した細胞やがん細胞を排除。
> ③ 非特異的に異物を認識し排除。TLR(トル様受容体)

3 獲得免疫

1 体内に侵入し，自然免疫をもかいくぐった病原体に対しては，いよいよ免疫の主役ともいうべき**獲得免疫（適応免疫）**が働きます。自然免疫は特異性も低く，過去に侵入した異物に対して迅速に対応するという働きもありませんが，獲得免疫は**高い特異性があり，免疫記憶が形成される**という特徴があります。

2 獲得免疫は，さらに大きく次の2種類に大別されます。

侵入してきた非自己成分に対してタンパク質からなる**抗体**を産生して行う**体液性免疫**と，抗体の産生が見られない**細胞性免疫**の2種類です。

獲得免疫には，**T細胞**や**B細胞**が関与します。T細胞は**胸腺**で分化・増殖します。

> 鳥類ではファブリキウスのう(Bursa of Fabricius)で分化することから，この名が付いた。哺乳類では骨髄(Bone Marrow)で分化・成熟することから，これを語源とすることもある。

> Thymus(胸腺)で分化することから，この名が付いた。ヘルパーT細胞やキラーT細胞などがある。

> **最強ポイント**
>
> ｛自然免疫（特異性や免疫記憶の形成なし）
> 　獲得免疫（特異性や免疫記憶の形成あり）
> 　　┌ 体液性免疫…抗体の産生あり
> 　　└ 細胞性免疫…抗体の産生なし

4 体液性免疫のしくみ

1 病原体などの非自己成分(**抗原**)が体内に侵入すると,樹状細胞がこれを捕まえて細胞内に取り込み,消化(**食作用**)します。しかし,完全に消化してしまうのではなく,その**一部分の断片を細胞膜の表面に突き出します**。これを**抗原提示**するといいます。

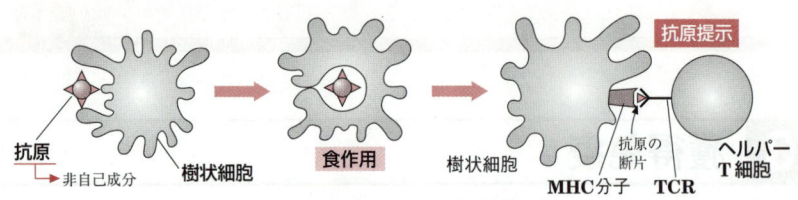

▲ 図77-2 樹状細胞からの抗原提示

2 このとき樹状細胞は,抗原の断片を細胞膜上にある**MHC分子**(MHC抗原⇨p.490)という膜タンパク質に結合して提示します。MHC分子は**主要組織適合遺伝子複合体**(MHC:Major Histocompatibility Complex)とよばれる遺伝子によってつくられ,個体ごとに固有のアミノ酸配列をもちます。

3 一方,白血球のうちリンパ球に属する**T細胞**には**T細胞レセプター**(T Cell Receptor:TCR)という膜タンパク質があり,ヘルパーT細胞は,このTCRで樹状細胞のMHCと特異的に反応し,抗原提示を受けます。MHCが自己のタンパク質断片などと結合している場合にはTCRは反応しません。TCRは図77-3のような構造をしています。

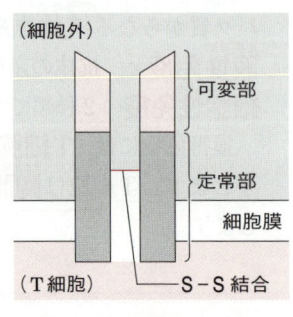

▲ 図77-3 T細胞レセプター

+α パワーアップ NK細胞(ナチュラルキラー細胞)

NK細胞は,リンパ球の一種だが,B細胞やT細胞のような抗原受容体(BCR⇨p.483やTCR)をもたず,MHCの関与なしでウイルスに感染した細胞やがん細胞を殺す作用をもつ(自然免疫)。

第77講　生体防御①

4 ヘルパーT細胞と反応した樹状細胞は**インターロイキン**という物質を分泌して，ヘルパーT細胞の増殖を促します。
　樹状細胞からの抗原提示を受けたヘルパーT細胞は，増殖するとともに，インターロイキンを分泌して**B細胞**に刺激を与えます。

> **+αパワーアップ**
>
> **インターロイキン**
>
> 　細胞が分泌して，他の細胞に働きかけるような物質を総称して**サイトカイン**という。(サイトカイニンではないっ！　サイトカイニンは植物ホルモン⇨p.570)
> 　このうち，特に白血球が分泌するサイトカインを**インターロイキン**という。免疫で働く白血球(leukocyte／ロイコサイト)の細胞間(inter)で作用するので，インターロイキン(interleukin：IL)という。インターロイキンにもいろいろな種類があり，マクロファージや樹状細胞が分泌し，ヘルパーT細胞を活性化するインターロイキン-1(IL-1)，ヘルパーT細胞が分泌し，キラーT細胞を活性化するインターロイキン-2(IL-2)，同じくヘルパーT細胞が分泌し，B細胞の増殖を促すインターロイキン-4(IL-4)などがある。

5 B細胞の細胞膜にも**B細胞レセプター**(B Cell Receptor：BCR)というタンパク質があり，このレセプターと結合した非自己成分を取り込み，MHCと結合させて提示します。

6 この非自己成分と結合したMHCを提示しているB細胞にヘルパーT細胞のTCRが反応すると，ヘルパーT細胞がインターロイキンを分泌してB細胞の増殖，分化を促します。

7 刺激を受けたB細胞は，分裂・増殖し，さらに**抗体産生細胞**(こうたいさんせい)に分化します。抗体産生細胞は，細胞内で**抗体**を産生し，血しょう中に分泌します。

> 「形質細胞」，「プラズマ細胞」ともいう。

8 抗体は**免疫グロブリン**と呼ばれるタンパク質で，次のような構造をしています(図77-4も参照)。つまり，**H鎖**(Heavy「重い」の略)と呼ばれる長いペプチド鎖2本と**L鎖**(Light「軽い」の略)と呼ばれる短いペプチド鎖2本の計4本が，S-S結合して結びついた構造をしています。

> アミノ酸の一種であるシステインがもつ硫黄(S)どうしで行われる結合(⇨p.29)。

第7章　体液の恒常性

483

9 H鎖の先端部およびL鎖の先端部は，抗体の種類によってアミノ酸配列が異なり，立体構造も異なる部分で，ここを**可変部**といいます。逆に，それ以外は同じアミノ酸配列で，ここを**定常部（不変部）**といいます。

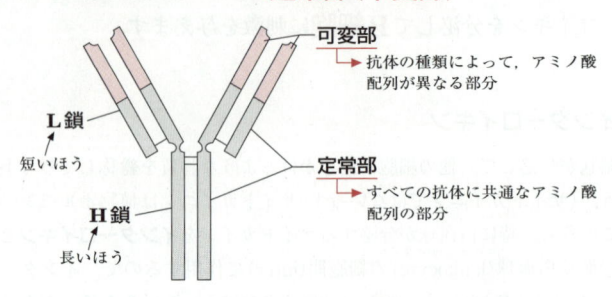

```
       可変部
       → 抗体の種類によって，アミノ酸
         配列が異なる部分
   L鎖
  短いほう
       定常部
       → すべての抗体に共通なアミノ酸
         配列の部分
   H鎖
  長いほう
```

▲ 図77-4 抗体の構造

10 分泌された抗体は，**可変部の部分で抗原と特異的に結合**し，抗原の働きを不活性化します。このような抗原と抗体による反応を**抗原抗体反応**といいます。生じた抗原と抗体の複合体は，マクロファージによって処理されます。

11 以上をまとめて図解すると，次のようになります。

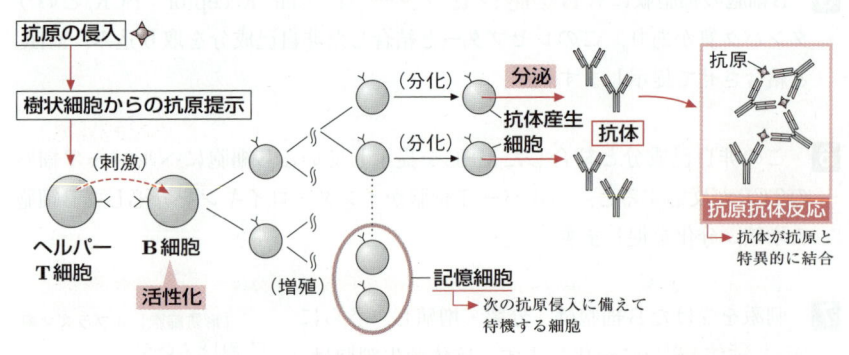

▲ 図77-5 抗原抗体反応のしくみ

+α パワーアップ　免疫グロブリンの種類

定常部のアミノ酸配列もすべて同じわけではなく，定常部の構造などによって免疫グロブリンは，IgG, IgM, IgA, IgE, IgDの5種類に大別される。このうち，抗原抗体反応に最もメインに働くのは**IgG**である。また，花粉症などのアレルギー反応は，IgEによって引き起こされる。

12 1回目の抗原侵入で増殖したB細胞の一部は抗体産生細胞に分化しますが，抗体産生細胞に分化してしまった細胞の寿命は短く，すぐに死んでしまいます。

13 ところが，増殖したB細胞の一部は，抗体産生細胞に分化せず，次の抗原侵入に備えて待機してくれます。このような細胞を**記憶B細胞**といいます。
　また，増殖したヘルパーT細胞も一部が**記憶ヘルパーT細胞**として残ります。

14 2回目，同じ抗原が侵入すると，この増殖した記憶細胞から反応が始まるので，**1回目**(**一次応答**)よりも非常に速く，しかも大量に抗体を産生することができます(**二次応答**)。このようすをグラフにすると，次のようになります。このような現象を**免疫記憶が形成されている**といいます。

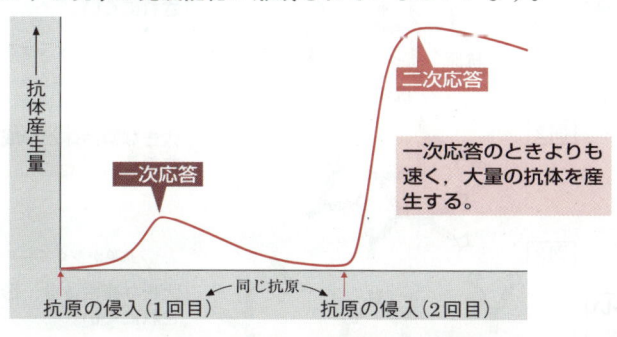

▲ 図77-6 一次応答と二次応答

最強ポイント

① **体液性免疫**のあらすじ
　抗原侵入→**樹状細胞**が捕食→**ヘルパーT細胞**に抗原提示→**B細胞**を刺激→B細胞が増殖し，**抗体産生細胞**に分化→抗体分泌→**抗原抗体反応**

② **抗体**…**免疫グロブリン**というタンパク質。
　⇨ { **H鎖2本**と**L鎖2本**からなる。
　　　可変部で抗原と特異的に結合する。

③ **免疫記憶**…1回目の抗原侵入によって増殖したT細胞やB細胞の一部が**記憶細胞**として残り，2回目以降同じ抗原が侵入すると，1回目よりも速く，大量に抗体を産生。

5 沈降曲線

1 抗原抗体反応の結果，抗原と抗体の結合した複合体が形成されますが，抗原と抗体がある濃度比のときに，多数の抗原と抗体が結合して大きな複合体が形成されます(図77-7の図2)。

2 また，抗体にくらべて抗原の量が少ない場合は，図77-7の図1のような複合体が数多く生じます。逆に，抗体にくらべて抗原の量が多い場合は，図3のような複合体が多く生じます。

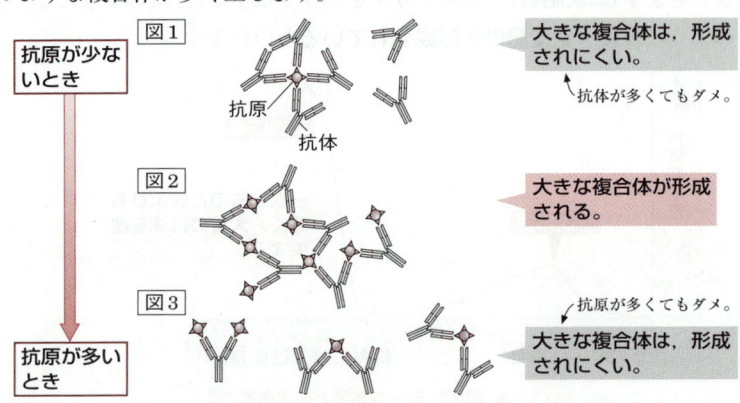

▲ 図77-7 抗原の濃度と抗原-抗体複合体の形成

3 寒天上で抗原と抗体を反応させたとき，図77-7の図2のような大きな複合体が生じると，目で見えるような沈降線が生じます。

シャーレに寒天を入れ，そこに3か所穴を開け，抗原Aおよび抗原Aと結合する抗体 a を下の図77-8のように入れます。すると，**抗原Aと抗体 a が一定の濃度比で出会った部分に大きな抗原-抗体複合体が生じ，沈降線が形成されます。**

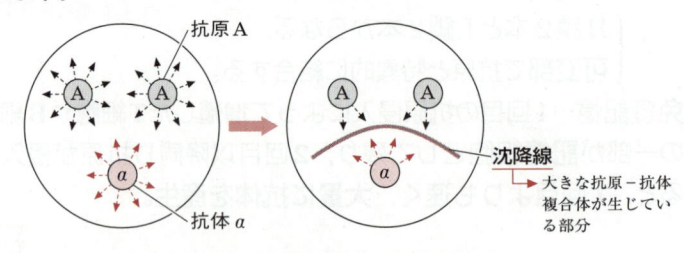

▲ 図77-8 抗原抗体反応と沈降線の形成

4 では，抗原A・抗体 a 以外に，抗原Bおよび抗原Bと反応する抗体 β を下の図77-9のように入れておくとどうなるでしょう。この場合，下図右のような沈降線が形成されます。

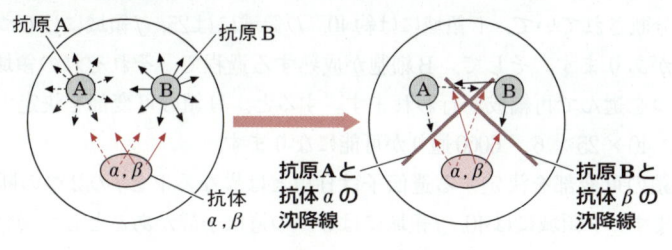

▲ 図77-9 2種類の抗原抗体反応と沈降線

エピトープ

タンパク質のような大きい分子の場合，その一部を抗原として認識するため，1つのタンパク質に複数の抗原認識部位が存在する。そのため1つのタンパク質に複数の種類の抗体が結合することになる。1つの抗体が結合する部位，すなわち抗原として認識する部位を**エピトープ**（epitope：抗原決定基）という。BCR（B細胞受容体）で6～10個のアミノ酸配列，TCR（T細胞受容体）で9～15個のアミノ酸配列を認識する。

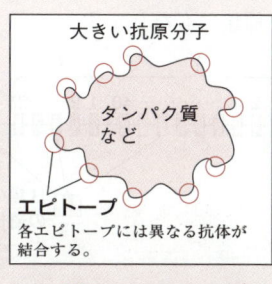

▲ 図77-10 エピトープ
各エピトープには異なる抗体が結合する。

> **最強ポイント**
> 抗原と抗体が一定の濃度比になった部分で**大きな抗原−抗体複合体**が形成され，**沈降線**が生じる。

6 抗体の多様性

1 抗体はその可変部の部分で特異的に抗原と結合します。ということは，抗原がもし1万種類あれば，抗体の可変部も1万通り必要になります。そのような抗体の多様性は，どのようなしくみで生じるのでしょう。

2 抗体の可変部のアミノ酸配列を決定する遺伝子は，いくつかの断片に分断されていて，その断片の中から1つずつを選び，**遺伝子を再編成**します。

3 具体的には，H鎖の可変部を決定する遺伝子はVとDとJという3つの断片に分断されていて，V領域には約40，D領域には25，J領域には6つの遺伝子群があります。そして，B細胞が成熟する過程で，それぞれの領域から1つずつを選んで再編成が行われます。すると，H鎖の可変部を決定する遺伝子は，$40 \times 25 \times 6 = 6000$通りが可能になります。

4 L鎖の可変部を決定する遺伝子はH鎖とは異なるVとJの2つの断片からなります。V領域には40，J領域には5つの遺伝子群があるとした場合，L鎖の可変部を決定する遺伝子は，$40 \times 5 = 200$通りです。

5 抗体は，H鎖とL鎖からなるので，抗体の可変部は全部で，$6000 \times 200 = 1200000$種類にもなります。

実際にはL鎖でさらに複雑なしくみが働き，これより多い種類ができる。

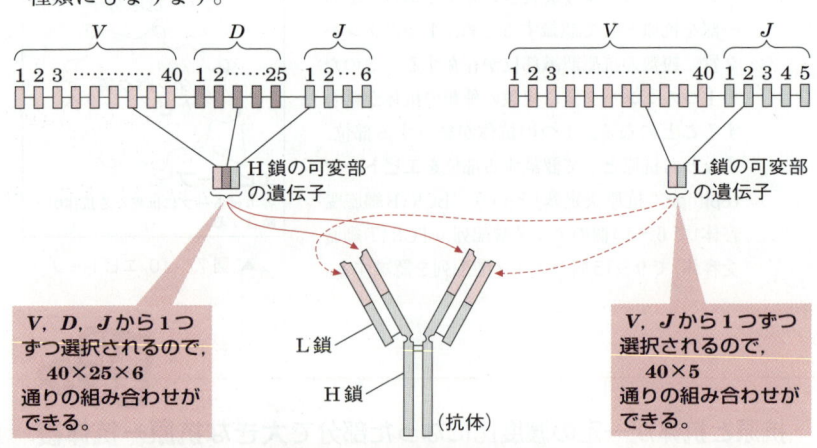

▲ 図77-11 抗体の多様性と遺伝子

6 このような抗体の多様性について研究・解明し，ノーベル賞を受賞したのが，**利根川進**です(1987年)。

【抗体の多様性のしくみ】
可変部のアミノ酸配列を支配する**遺伝子の再編成**による ⇨ 利根川進により解明。

第78講 生体防御②

抗体の関与しない免疫（細胞性免疫）と，免疫に関連する身近な現象について見てみましょう。

1 細胞性免疫

1 獲得免疫のなかで，抗体が関与しない免疫が**細胞性免疫**です。細胞性免疫のしくみは次の通りです。

2 侵入した抗原を，まず**樹状細胞**が捕捉し，ヘルパーT細胞およびキラーT細胞に抗原提示を行います。

3 抗原提示を受けたヘルパーT細胞は，**キラーT細胞**を刺激します。刺激を受けたキラーT細胞は増殖し，さらに活性化します。活性化した**キラーT細胞は直接非自己細胞を攻撃して死滅させます**。

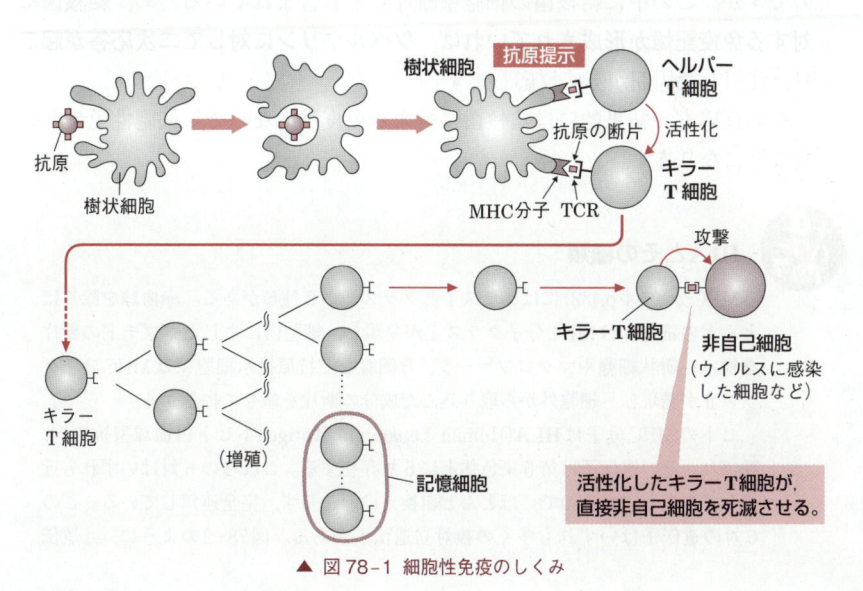

「細胞障害性T細胞」ともいう。

▲ 図78-1 細胞性免疫のしくみ

+α パワーアップ キラーT細胞の作用

「キラーT細胞が直接抗原と反応して，抗原を不活性化」の部分をもう少しくわしく説明すると次のようになる。

キラーT細胞の細胞質中には**パーフォリン**（perforin）というタンパク質が含まれている。キラーT細胞がTCRによって非自己細胞と結合すると，このパーフォリンを放出し，非自己細胞の細胞膜に孔をあける。次にこの孔から**グランザイム**（granzyme）という酵素を細胞内に注入する。グランザイムは一連の酵素を活性化して**アポトーシス**（⇨p.259）を誘導することで，非自己細胞を殺してしまう。

4 増殖したキラーT細胞の一部は活性化せず，記憶細胞（記憶キラーT細胞）として残ります。また増殖したヘルパーT細胞の一部も記憶ヘルパーT細胞として残ります。つまり，細胞性免疫であっても，免疫記憶は形成されます。

5 結核菌に対する免疫，皮膚や臓器移植に伴う拒絶反応，ウイルスに感染した細胞に対する免疫などは，細胞性免疫です。

6 結核菌に対する予防注射が**BCG**（Bacille Calmette-Gúerin）の予防注射です。
この結核菌に対する免疫記憶が形成されているかどうかをチェックするのが**ツベルクリン**の注射です。ツベルクリンは，結核菌の培養液を薄めたものですが，この中に結核菌の細胞壁断片なども含まれているため，**結核菌に対する免疫記憶が形成されていれば，ツベルクリンに対して二次応答が起こり，注射した周囲が赤く反応します。**

この反応も，結果的には結核菌に対する免疫反応なので，細胞性免疫ということになります。

+α パワーアップ HLAとその種類

MHC分子（⇨p.482）にはクラスⅠとクラスⅡの2種類がある。赤血球を除くほとんどの細胞にはMHC分子クラスⅠが発現し，細胞内に生じたペプチドの断片を提示。樹状細胞やマクロファージ，B細胞など抗原提示細胞にはMHC分子クラスⅡが発現し，細胞外から取り込んだ成分の断片を載せて提示する。

ヒトのMHC分子は**HLA**（Human Leukocyte Antigen；ヒト白血球型抗原）と呼ばれ，その遺伝子は第6染色体上に6対存在する。これらの6対はいずれも近接して存在しているので，ほとんど組換えは起こらず，完全連鎖している。この6対の遺伝子はいずれも多くの複対立遺伝子がある。図78-2のように，A遺伝

子には27種類，C遺伝子には10種類，B遺伝子には59種類，DR遺伝子には24種類，DQ遺伝子には9種類，DP遺伝子には6種類の複対立遺伝子がある。よって，その組み合わせは，$27 \times 10 \times 59 \times 24 \times 9 \times 6 = 20645280$ 種類（約2000万種類）になる。したがって，他人とHLAが一致する確率は非常に低いのだが，完全連鎖であるため，兄弟，姉妹間では，父親から $\frac{1}{2}$，母親から $\frac{1}{2}$ で同じ遺伝子を兄弟，姉妹が受け継ぐことになり，兄弟，姉妹でHLAが一致する確率は $\frac{1}{4}$ になる。

〔第6染色体〕 複対立遺伝子
A ;27種類
C ;10種類
B ;59種類
DR ;24種類
DQ ; 9種類
DP ; 6種類

▲ 図78-2 ヒトのHLA遺伝子

白血球のMHC分子は抗原提示にも働く。

最強ポイント

① **細胞性免疫のあらすじ**
抗原侵入→樹状細胞が捕食→ヘルパーT細胞に抗原提示→キラーT細胞を刺激→キラーT細胞が増殖し，さらに活性化→活性化したキラーT細胞が直接抗原と反応

② **細胞性免疫の例ベスト4!!**
皮膚・臓器移植に伴う拒絶反応，ウイルスに感染した細胞に対する免疫，結核菌に対する免疫，ツベルクリン反応

2 免疫寛容

1 非自己の成分や細胞に対しては免疫反応が起こるのに，なぜ自己の成分や細胞に対しては免疫反応が起こらないのでしょうか。そもそも，どうやって自己と非自己とを区別しているのでしょうか。

2 じつは，**免疫系が未熟な時期に体内に存在する物質や細胞を自己と認識する**ようなしくみがあるのです。もちろん，自己の成分や細胞は，免疫系が未熟な時期から体内に存在するので，これらに対しては免疫反応が起こらないようになるのです。自己に対して免疫反応を行わなくなる現象を**免疫寛容**といいます。

「トレランス」ともいう。

3 もう少しくわしく見ると、リンパ球が成熟する段階で、いったんあらゆる種類のリンパ球が生じます（第77講で学習した遺伝子の再編成が、B細胞が成熟するときにもT細胞が成熟するときにも起こります）。その結果、自己の成分と反応してしまうようなリンパ球もつくられてしまいます。ところが、<u>自己成分と強く反応したリンパ球は死んでしまい、除去される</u>のです。

> これもアポトーシス（⇨p.259）

4 こうして、免疫系が成熟したころには、自己と反応するリンパ球は残っておらず、逆にいうと、この段階で残っているのは非自己と反応するリンパ球のみだということになります。これらの残ったリンパ球が非自己成分と反応すると増殖し、B細胞であれば、さらに抗体産生細胞に分化します。

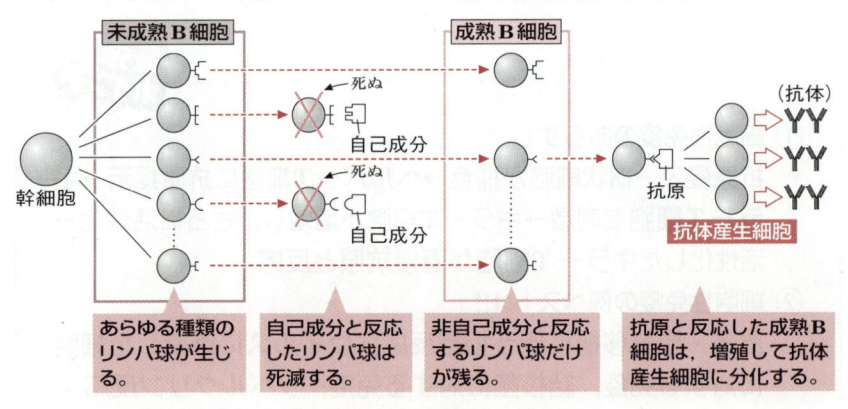

▲ 図78-3 免疫寛容とリンパ球

5 この免疫寛容がうまくいかないと、自己の物質や細胞に対して抗原抗体反応や拒絶反応が起こってしまいます。このような病気を**自己免疫疾患**といいます。<u>慢性関節リウマチやバセドー病、重症筋無力症</u>などは、自己免疫病によると考えられています。

> 関節内の組織に対して自己免疫が起こり、関節痛などの症状を引き起こすのが関節リウマチ、甲状腺にある甲状腺刺激ホルモンの受容体に対する抗体が生じ、抗体が受容体と結合して甲状腺ホルモンの分泌を促進してしまうのがバセドー病、アセチルコリン受容体に対する抗体がつくられ、アセチルコリンによる筋肉への伝達が正常に行われなくなり、筋力が低下するのが重症筋無力症。

6 このように、自己と反応するリンパ球は除かれるはずですが一部は残ってしまいます。このような自己反応性リンパ球には**制御性T細胞**（Treg細胞）が働いて作用を低下させます。これを末梢性免疫寛容といいます。

7 自己免疫病は本来免疫反応すべきでない自己に対して免疫反応を起こしてしまう病気ですが，逆に，非自己に対しても免疫反応を起こさなくなるのが**免疫不全**です。**エイズ（AIDS：後天性免疫不全症候群）**はその例で，**HIV**（Human Immunodeficiency Virus）というウイルスによって生じます。HIVはヘルパーT細胞に感染し，ヘルパーT細胞の機能を失わせてしまいます。ヘルパーT細胞は，細胞性免疫にも体液性免疫にも中心的な役割を果たすリンパ球なので，ヘルパーT細胞の機能が低下すると免疫力が低下し，さまざまな日和見感染（通常は病原性のないような細菌やウイルスによって発症してしまう病気）などを引き起こします。ヘルパーT細胞の細胞膜には，CD4というタンパク質が存在するのですが，HIVはこのCD4を目印にヘルパーT細胞に感染します。

最強ポイント

① **免疫寛容**…自己に対して免疫反応が行われなくなる現象。⇨免疫系が未熟な時期に体内に存在するものに対して成立する。

② **自己免疫疾患**…自己に対して免疫反応が起こり攻撃してしまうこと。
   例 慢性関節リウマチ，重症筋無力症

③ **エイズ（AIDS）**…**HIV**が**ヘルパーT細胞**に感染し，免疫機能が低下する病気。その結果**日和見感染**などを起こしやすくなる。

---

3 人工免疫

1 弱毒化した抗原（これを**ワクチン**という）を接種し，**免疫記憶を形成させ，病気の予防に役立てる**のが**予防接種**です。結核菌に対するBCGや日本脳炎やインフルエンザに対する予防注射などは，この予防接種です。

2 他の動物につくらせた抗体を含む血清を注射して病気の治療に役立てるのが**血清療法**です。即効性はありますが，自ら抗体をつくるわけではないので，**免疫記憶は形成されません**。予防ではなく治療のために行うのが血清療法です。ジフテリアや破傷風菌，ヘビ毒に対する血清療法があります。

+α パワーアップ ワクチン接種とジェンナー

ワクチン接種を初めて行ったのは**ジェンナー**(1796年)だといわれている。ジェンナーは，牛の天然痘である牛痘にかかったことのあるヒトは，その後天然痘にかからないという事実をもとに，ある8歳の少年に牛痘を接種した。少年は牛痘にかかったが，回復し，その後ジェンナーが少年に天然痘を接種したにもかかわらず，その少年は天然痘にはかからなかった(ジェンナーが自分の息子に牛痘を接種したというのは誤り)。1980年，天然痘は地球上から根絶された。

3 従来の予防注射は，弱毒化あるいは不活性化した病原体やウイルスをワクチンとして接種していましたが，抗原の遺伝情報をもつDNAやRNAなどの核酸を接種して免疫記憶を成立させる**核酸ワクチン**も開発されています。

+α パワーアップ 血清療法と北里柴三郎

血清療法を確立したのは，**北里柴三郎**と**ベーリング**である。北里柴三郎は，1889年に世界で初めて破傷風菌の純粋培養に成功し，さらに，その菌体を少量ずつ動物に注射しながら血清中に抗体を生み出すという画期的な手法を開発した。そして，その手法をジフテリアに応用し，ジフテリア菌の培養に成功していたベーリングとともに「動物におけるジフテリア免疫と破傷風免疫の成立について」という論文を発表した(1890年)。ベーリングは，この業績によってノーベル賞を受賞したが，北里は受賞できなかった。

4 血清療法では，ウマなど他の動物に抗体を形成させ，その抗体を含む血清を人体に注射します。ところが，ウマの抗体はヒトにとっては非自己のタンパク質なので，この抗体が抗原になってしまい，ウマの抗体に対する免疫記憶が形成されてしまいます。そのため，**一度血清療法を受けたヒトが，同じ血清療法を再び行うと，激しい二次応答が起こってしまいます。**

+α パワーアップ キメラ抗体

他の動物につくらせた抗体をヒトに接種すると，抗体が抗原と認識され排除されてしまう。厳密には，抗体の定常部のアミノ酸配列が，ヒト抗体とは異なるため，この部分を抗原と認識してしまう。そこで，遺伝子組換えの技術を応用し，他の動物の抗体の可変部とヒト抗体の定常部をつなぎ合わせた抗体(これを**キメラ抗体**という)をつくり，これを接種するという方法が開発されている。

	接種するもの	免疫記憶	目的
予防接種	弱毒化した**抗原**(**ワクチン**)	形成される	予防
血清療法	抗体を含む**血清**	形成されない	治療

4 アレルギー

1 免疫反応が過敏に起こることで生じる，生体に不都合な反応を**アレルギー**といい，アレルギーを引き起こす物質(抗原)を**アレルゲン**といいます。

アレルギーには，アレルゲンの刺激を受けると直ちに症状が現れる**即時型アレルギー**と，1〜2日経って症状が現れる**遅延型アレルギー**があります。

2 即時型アレルギーは**体液性免疫**によるもので，花粉症や喘息は即時型アレルギーです。即時型アレルギーでは，アレルゲンに対して産生された抗体(IgE)が**肥満細胞**(マスト細胞：mast cell)という白血球や**好塩基球**に結合し，これらの細胞からの**ヒスタミン**放出を促します。これによって，花粉症では鼻汁(はなみず)，鼻づまり，喘息では息苦しくなる症状の悪化を引き起こしたりします。

> ヒスタミンは血管の拡張や血管の透過性を高めたり，気管支の平滑筋を収縮させる作用がある。

3 即時型アレルギーのなかで，2回目のアレルゲンに対して特に激しい症状を表す場合**アナフィラキシー**といいます。症状が全身に及び，急激な血圧低下や呼吸困難，意識低下などが生じることをアナフィラキシーショックといい，同じ種類のハチに2回刺された場合などに見られます。

4 一方，遅延型アレルギーは**細胞性免疫**によるもので，**ツベルクリン反応**や**アトピー性皮膚炎**は遅延型アレルギーです。

アレルギー…過敏な免疫反応による不都合な症状。
① 即時型アレルギー…**花粉症**，喘息，アナフィラキシー
② 遅延型アレルギー…**ツベルクリン反応**，アトピー性皮膚炎

第79講 生体防御③

免疫反応を利用して分けたのが血液型です。代表的な血液型であるABO式とRh式について学習します。

1 ABO式血液型

1 赤血球表面にある**凝集原**と血しょう中の**凝集素**の組み合わせによって分けた血液型がABO式の血液型です。

> 1901年、ラントシュタイナーによって発見された。ラントシュタイナーは、後にRh式の血液型も発見(1940年)している。

2 抗原に相当する物質が凝集原で、**A**と**B**の2種類があります。抗体に相当する物質が凝集素でαとβの2種類があります。**凝集原Aと凝集素α、凝集原Bと凝集素βが出会うと抗原抗体反応が起こり**、その結果、赤血球どうしが集まってしまう**凝集反応**が起こります。

3 凝集原Aをもつヒトを A 型、凝集原Bをもつヒトを B 型といい、凝集原AとBの両方をもつヒトがAB型、凝集原をもたないヒトがO型です。各血液型の凝集原と凝集素の組み合わせをまとめると、次のようになります。

	存在場所	A型	B型	AB型	O型
凝集原	赤血球の表面	A	B	AとB	なし
凝集素	血清中	β	α	なし	αとβ

+α パワーアップ 凝集素が存在するわけ

ABO式血液型の場合、なぜ最初から抗体に相当する凝集素が存在するのだろうか。これは、凝集原AやBに似た物質をもつ細菌が存在し、出生間もない時期に自然にこういった細菌に感染し、その結果抗体が産生されるのである。抗体(ここでは凝集素)を産生するとき、A型のヒトはもともと凝集原Aをもっているので、凝集素αは免疫寛容によってつくられず、凝集素βだけがつくられる。O型

のヒトは，凝集原をもたないので，細菌の感染によって，凝集素αも凝集素βもつくられるようになるのである。

4 血液型を判定するために，**A型血清**や**B型血清**を用います。

A型血清はA型のヒトの血清，すなわち**凝集素βを含む血清**のことで，凝集原Bと反応するので**抗B血清**とも呼ばれます。

一方，B型血清はB型のヒトの血清，すなわち**凝集素αを含む血清**のことで，凝集原Aと反応するので**抗A血清**とも呼ばれます。

定番計算例題 5　血液の凝集反応と血液型の決定

> 100人の集団で調べると，A型血清で凝集反応を示すヒトが30人，抗A血清で凝集反応を示すヒトが50人，いずれの血清でも凝集反応を示さないヒトが30人であった。各血液型の人数を求めよ。

解説　**A型血清は凝集素βを含む血清**です。凝集素βで反応するのは凝集原Bをもつヒトなので，B型とAB型。

抗A血清は凝集原Aと反応する血清で，凝集素αを含む血清です。抗A血清で反応するのは凝集原Aをもつヒトなので，A型とAB型。

いずれの血清でも凝集反応を示さないのは，凝集原をもたないO型。

よって，B+AB=30　A+AB=50　O=30　A+B+AB+O=100
これを解けばよいことになります。

答　A型…40人，B型…20人，AB型…10人，O型…30人

+α パワーアップ　ABO式血液型と輸血

「O型は誰にでも輸血でき，AB型は誰からでも輸血をしてもらえる」という話を聞いたことがあるかもしれない。少量であれば，輸血する血中の凝集素は量的にも多くないのであまり問題にはならず，凝集原をもたないO型は誰にでも輸血できるというのである。一方，赤血球は$1mm^3$中に450万〜500万も存在するので，輸血する側の赤血球に存在する凝集原が輸血を受ける側の凝集素と反応してしまうと問題になる。したがって，凝集原AもBももつAB型はAB型以外には輸血できない。逆に，凝集素をもたないAB型は誰からでも輸血をしてもらえるということになる。

しかし，実際には，異なる血液型間での輸血には，まったく問題がないわけではないので，現在ではそのような輸血は行われていない。

+α パワーアップ 凝集原の実体とでき方

凝集原AやBの実体は**糖鎖**で，第9染色体上に存在する複対立遺伝子が支配する。4つの糖（ガラクトース；N-アセチルグルコサミン；ガラクトース；グルコースと並ぶ）からなる鎖が前駆体で，そのガラクトースにフコースという糖を結合させるのが第19染色体上に存在するH遺伝子であり，これによりH抗原という物質がつくられる。じつは，O型のヒトはこのH抗原だけをもつ。第9染色体上にあるA遺伝子から生じた酵素によってH抗原にN-アセチルガラクトサミンが付加されると**凝集原A**になり，B遺伝子から生じた酵素によってH抗原にガラクトースが付加されると**凝集原B**になる。

また，H抗原がつくられない場合もあり，これは**ボンベイ型**という。

最強ポイント

① **ABO式血液型**

	存在場所	A型	B型	AB型	O型
凝集原	赤血球の表面	A	B	AとB	なし
凝集素	血清中	β	α	なし	αとβ

② $\begin{cases} 凝集原A + 凝集素\alpha \Rightarrow 凝集反応 \\ 凝集原B + 凝集素\beta \Rightarrow 凝集反応 \end{cases}$

③ $\begin{cases} A型血清 = 抗B血清 = 凝集素\beta を含む血清 \\ B型血清 = 抗A血清 = 凝集素\alpha を含む血清 \end{cases}$

---

2 Rh式血液型

1 アカゲザル（Rhesus monkey）の血球をウサギに注射し，生じた抗体とヒトの血液を混ぜ，そのときの反応の有無によって分けた血液型が**Rh式の血液型**です。この反応を示すヒトは，アカゲザルと共通の因子（これを**Rh因子**という）をもっているヒトです。また，ABO式と異なり，Rh式血液型では，Rh抗体は先天的には誰ももっていません。

	存在場所	Rh⁺型	Rh⁻型
Rh因子	赤血球の表面	あり	なし
Rh抗体	血清中	なし	なし

2 Rh⁻型のヒトも先天的にはRh抗体をもたないので，Rh⁺型の血液をRh⁻型に輸血しても1回目には大きな問題は生じません。しかし，**1回目の輸血でRh抗体が産生され，免疫記憶が形成される**ので，2回目以降の輸血では激しい抗原抗体反応が起こり，赤血球が破壊される**溶血反応**が起こります。

3 輸血以外で問題になるのが**母児間のRh式血液型不適合**です。

Rh⁻型の女性がRh⁺型の胎児を宿した場合，1回目の妊娠では問題は生じませんが，1回目の出産時にRh⁺型の血液が母体に混ざってしまい，**母体にRh抗体が産生される**場合があります。この女性が2回目以降の妊娠でRh⁺型の胎児を宿すと，**母体のRh抗体が胎盤を通して胎児に移行**し，胎児の赤血球を破壊してしまいます。そのため，胎児の造血作用が盛んになり，未熟な赤血球(**赤芽球**)がふえ，胎児が重度の貧血症状を現すようになります(これを**新生児溶血症**あるいは**赤芽細胞症**という)。

4 現在では，第1子出産直後(72時間以内)に，Rh抗体をRh⁻型の母親に接種し，母体に侵入したRh因子を除去することでRh抗体が産生されないようにし，第2子が新生児溶血症になるのを防ぐことができます。

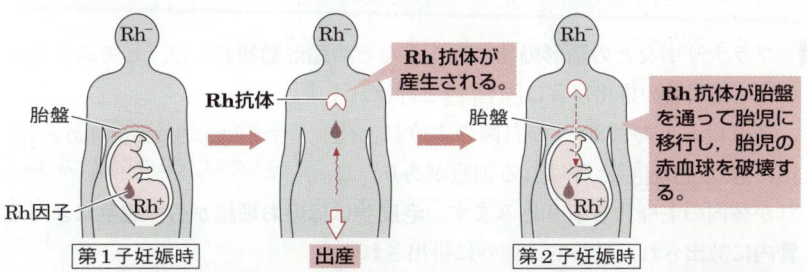

▲ 図79-1 Rh式血液型不適合と新生児溶血症

最強ポイント

① **Rh式血液型**…アカゲザルと共通する**Rh因子**の有無で分ける。
② **Rh⁺型の子を出産したことのあるRh⁻型の女性がRh⁺型の胎児を宿した場合に，Rh式血液型不適合**が起こることがある。

第80講 排出器官と排出物

老廃物を排出する器官と排出物は，動物の種類によって違います。排出器官と排出物について学習しましょう。

1 排出器官

1 脊椎動物の排出器官は腎臓ですが，ここではまず，それ以外の動物の排出器官を見てみましょう。

2 単細胞生物である**ゾウリムシ**などは，**収縮胞**という細胞器官をもちます。これは主に**細胞内に浸透した水を排出する器官**です。

3 多細胞動物のなかでも，**海綿動物**や**刺胞動物**は，特別な排出器官をもたず，**排出物は体表から直接排出します**。

> イソカイメンやカイロウドウケツ，ホッスガイなど。
> ヒドラ，クラゲ，イソギンチャクなど。

4 プラナリアなどの**扁形動物**とワムシなどの**輪形動物**および，ヒモムシなどのひも形動物の排出器官は**原腎管**と呼ばれます。
　これは，下の図80-1の右図のように，先端に**ほのお細胞**と呼ばれる細胞があり，これが体内の老廃物を取り込みます。**老廃物はほのお細胞がもつ繊毛によって管内に放出され**，最終的に体外に排出されます。

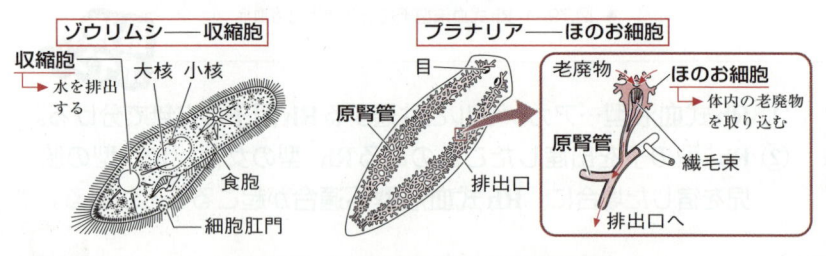

> この細胞にある繊毛が炎のようにゆらめくのでこの名前がついた。

▲ 図80-1 ゾウリムシとプラナリアの排出器官

第80講　排出器官と排出物

5　ミミズやゴカイなどの**環形動物**，**軟体動物**，節足動物の**甲殻類**，**原索動物**などは**腎管**という排出器官をもちます。

6　環形動物には多数の体節がありますが，この**体節ごとに2つずつ**腎管があり，環形動物の場合は特に**体節器**と呼ばれます。

7　軟体動物の貝の仲間がもつ腎管は**ボヤヌス器**と呼ばれます。また，節足動物の**甲殻類**がもつ腎管は触角の根もとにあるので，**触角腺**と呼ばれます。

> 同じ軟体動物でも，イカやタコなどの頭足類の腎管は「腎のう」と呼ばれる。

> 緑色をしているので，「緑腺」とも呼ばれる。

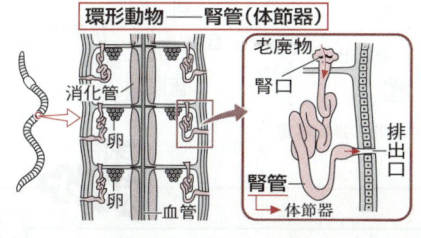

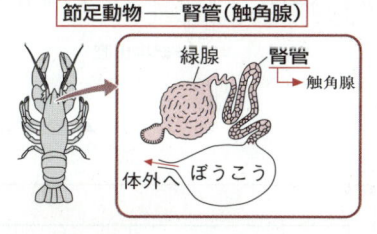

▲ 図80-2　ミミズとザリガニの排出器官

8　節足動物の**甲殻類以外**（昆虫類，多足類，クモ類）がもつ排出器官は，**マルピーギ管**です。これは，腸の一部である中腸と後腸の境目に開いた細長い盲管で，**管内にこし出された老廃物は，マルピーギ管を通って腸内に排出され，最終的には肛門から体外に排出されます。**

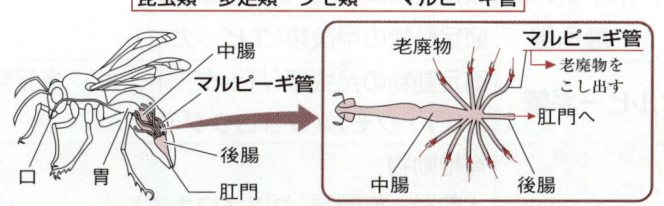

▲ 図80-3　ハチの排出器官

9　脊椎動物の排出器官は腎臓ですが，さらに3段階に分けられます。
爬虫類や鳥類，哺乳類では，発生過程でまず最初に**前腎**という構造が生じます。しかし，これは退化して次に**中腎**という構造が生じます。でも，これも退化して，最終的に**後腎**という構造が生じ，この後腎が腎臓として機能します。

ところが，軟骨魚類や硬骨魚類，両生類では，中腎(ちゅうじん)までしか生じず，**中腎**が腎臓として機能します。また，無顎類では前腎(ぜんじん)しか生じず，**前腎**が腎臓として機能します。

| 前腎…無顎類 | 中腎…軟骨魚類・硬骨魚類・両生類 | 後腎…爬虫類・鳥類・哺乳類 |

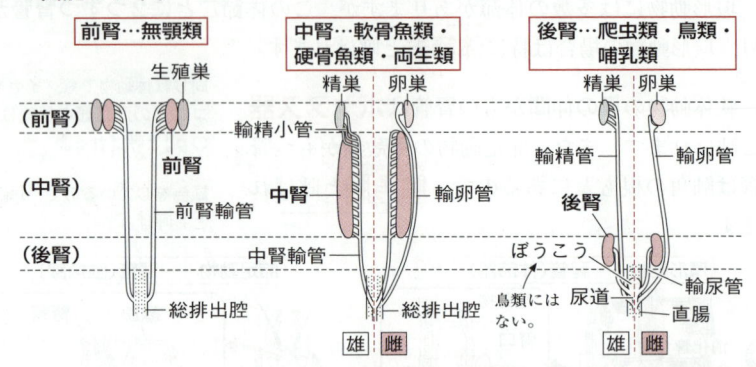

▲ 図80-4 脊椎動物の排出器官

最強ポイント

収縮胞		原生動物(ゾウリムシ)
体表		海綿動物(イソカイメン，カイロウドウケツ)
		刺胞動物(ヒドラ，クラゲ，イソギンチャク)
原腎管		扁形動物(プラナリア)・輪形動物(ワムシ)
腎管	体節器	環形動物(ミミズ，ゴカイ)
	ボヤヌス器	軟体動物(ハマグリ，アサリ)
	触角腺	節足動物の甲殻類(エビ，カニ)
マルピーギ管		節足動物の昆虫類(バッタ，トンボ)・多足類(ムカデ)・クモ類(ジョロウグモ)
腎臓		脊椎動物 　前腎…無顎類(ヤツメウナギ) 　中腎…軟骨魚類(サメ)・硬骨魚類(コイ，マグロ) 　　　　・両生類(カエル，イモリ) 　後腎…爬虫類(ヘビ，トカゲ)・鳥類(ニワトリ) 　　　　・哺乳類(ヒト，ネズミ)

2 排出物

1 炭水化物や脂肪が酸化分解されると二酸化炭素と水が生じますが，タンパク質が酸化分解されると，二酸化炭素と水以外に**有害なアンモニア**が生じます。脊椎動物でのアンモニアの排出のしかたは，その種類と生活場所によって違っています。

2 水中生活している**無顎類**や**硬骨魚類**，**両生類の幼生**では，大量の水ですみやかにアンモニアを拡散させることができるので，**アンモニア**のまま排出します。

3 陸上生活を行う両生類の成体や哺乳類では，排出に伴う水の損失を防ぐため，窒素老廃物をいったん体内に蓄えて濃縮する必要があります。そこで，アンモニアを比較的無害な**尿素**に変化させて排出します。

4 陸上の卵内で発生するヘビやトカゲなどの**爬虫類**や**鳥類**では，卵内の**浸透圧上昇**を防ぐため，アンモニアを水に不溶性の**尿酸**に変化させて排出します。また，ふ化後も尿酸で排出することにより，**排出に伴う水の損失をより防ぎ**，水の摂取が困難な環境での生活を可能にしています。

5 **軟骨魚類**は，体液の浸透圧を外界の海水とほぼ等張にするため，アンモニアを**尿素**に変化させて**尿素を血液中に溶かしています**。

定番論述対策 16 鳥類や爬虫類が尿酸で排出する利点について，60字以内で述べよ。

ポイント 「水に不溶性」，「浸透圧上昇」，「排出に伴う水の損失」がカギ。

模範解答例 尿酸は水に不溶性なので，卵内での浸透圧上昇の危険を防ぎ，ふ化後も排出に伴う水の損失を防ぐことができる。(51字)

最強ポイント

① 主な窒素排出物が**アンモニア**…無顎類，硬骨魚類，両生類の幼生
② 主な窒素排出物が**尿素**…両生類の成体，哺乳類，軟骨魚類
③ 主な窒素排出物が**尿酸**…爬虫類，鳥類

3 尿素の生成

1 尿素は**肝臓**内で，次のような反応によって生成されます。

①　**オルニチン**というアミノ酸1分子に1分子のアンモニアと1分子の二酸化炭素が結合して1分子の水が生じ，**シトルリン**というアミノ酸が生成します。

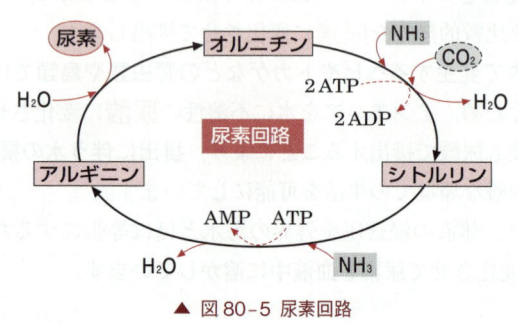

②　シトルリンに1分子のアンモニアが結合し，1分子の水が生じて**アルギニン**となります。このアルギニンが**アルギナーゼ**という酵素によって加水分解されて**尿素**と**オルニチン**となります。この反応は，**尿素回路(オルニチン回路)**と呼ばれます。

> 尿素回路を解明したのはクレブス。クレブスはクエン酸回路も解明した。

▲ 図80-5 尿素回路

2 この反応を反応式にすると，次のようになります。

$$2\,NH_3 + CO_2 + H_2O \longrightarrow 2\,H_2O + \underset{尿素}{CO(NH_2)_2}$$

最強ポイント

① 尿素を生成する器官は**肝臓**。
② 尿素を生成する反応は**尿素回路**。

オルニチン ⟶ シトルリン ⟶ アルギニン ⟶ オルニチン
　　　　　　　アンモニア　　　　　　　　　　　尿素

第81講 腎臓と尿生成

ヒトの排出器官は腎臓で，尿をつくって排出しています。腎臓のつくりと尿生成のしくみを見てみましょう。

1 腎臓の構造

1 腎臓は，ヒトでは腰のあたりに1対（2個）あります。内部は，**皮質**と**髄質**，そして**腎う**からなり，次の図のような構造をしています。

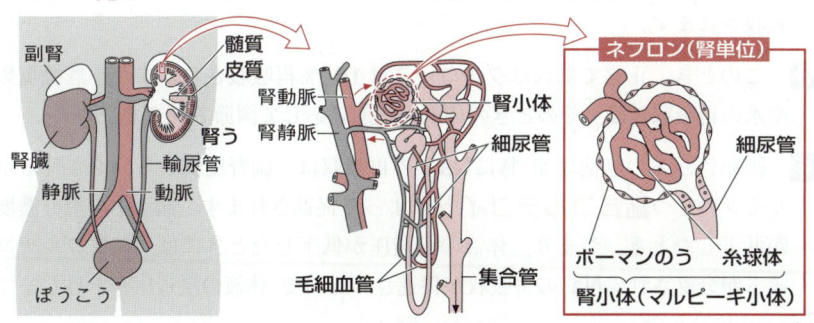

▲ 図81-1 ヒトの腎臓の構造

2 上の図の**糸球体**と**ボーマンのう**を合わせて**腎小体**といいます。また，**糸球体**と**ボーマンのう**と**細尿管（腎細管）**を合わせて**ネフロン（腎単位）**といいます。「マルピーギ小体」ともいう。

ヒトでは，1つの腎臓に約100万個の腎単位があります。

最強ポイント

① 糸球体＋ボーマンのう＝腎小体（マルピーギ小体）
② 糸球体＋ボーマンのう＋細尿管＝ネフロン（腎単位）
③ 1つの腎臓に腎単位は100万個。

2 尿の生成

1 腎動脈によって腎臓に入った血液は，細く曲がりくねった**糸球体**という血管を通ります。ここでは，血圧が非常に高くなるため，糸球体の血管壁を通して様々な血しょう成分がこしだされます。この現象を**ろ過**といいます。**血液の有形成分(赤血球，白血球，血小板)はろ過されません**し，血しょう成分の中でも**高分子のタンパク質はろ過されません**。それ以外の，水，無機塩類，グルコース，尿素などは，糸球体から**ボーマンのう**へとろ過されます。ろ過された液を**原尿**といいます。

2 原尿は，ボーマンのうから細尿管へと運ばれますが，この**細尿管を通過する間に，水や無機塩類，グルコースなどが細尿管の周りを取り巻く毛細血管へと戻ります。この現象を再吸収**といいます。また，水は，集合管からも再吸収されます。

3 このとき，正常であれば**グルコースは100%再吸収されますが**，無機塩類や水の再吸収量は，そのときの体液の状態に応じて調節されます。

4 細尿管からの無機塩類(特にNa⁺)の再吸収は，副腎皮質から分泌されるホルモンの1つ**鉱質コルチコイド**によって促進されます。血液中の塩分濃度が低下したとき，つまり，体液の浸透圧が低下したときには，鉱質コルチコイドが分泌されてNa⁺の再吸収が促進されるので，体液の浸透圧が上昇します。

5 水は細尿管からも集合管からも再吸収されますが，このうち集合管からの水の再吸収を促進するのが，脳下垂体後葉から分泌される**バソプレシン**というホルモンです。バソプレシンは，集合管の水の透過性を高めて水の再吸収を促進します。つまり，体液の浸透圧が上昇したときには，バソプレシンが分泌されて水の再吸収が促進されるので，体液浸透圧が低下します。

6 また，**クレアチニン**などの老廃物が，毛細血管から細尿管へと分泌されます。これを**分泌添加**あるいは**追加排出**といいます。

> クレアチニンは，クレアチン(⇒p.444)の分解で生じる物質。これ以外にも，パラアミノ馬尿酸という物質も分泌添加される。

7 このようにして，細尿管で再吸収されず，分泌添加された成分が含まれる液体が**尿**となり，**腎う**に集まります。さらに，**尿は，輸尿管を通って腎臓からぼうこうへ運ばれ**，そこでいったんためられて，最終的には尿道を通って体外に排出されます。

第81講　腎臓と尿生成

定番論述対策 17　多量の塩分を摂取すると，尿量が減少する。そのしくみを100字以内で説明せよ。

ポイント　変化(浸透圧上昇)，感知(間脳視床下部)，方法(バソプレシン分泌)，作用(集合管での水の再吸収促進)の4点を書く。

模範解答例　体液浸透圧の上昇を間脳視床下部が感知すると，脳下垂体後葉からのバソプレシン分泌が促進される。バソプレシンは，腎臓の集合管での水分の再吸収を促進するので，尿量が減少する。
(84字)

最強ポイント

【尿生成のしくみ】
① 糸球体→ボーマンのう…**血球，タンパク質以外がろ過**
② 細尿管→毛細血管…**水，無機塩類，グルコース**が**再吸収**(水は**集合管**からも再吸収)される
　⇨ ┃水の再吸収は**バソプレシン**が促進。
　　 ┃無機塩類の再吸収は**鉱質コルチコイド**が促進。
③ 毛細血管→細尿管…**クレアチニン**などが分泌添加。

第7章　体液の恒常性

3　尿生成に関する計算とグラフ

1　ある物質の尿中での濃度が，血しょう中での濃度の何倍に濃縮されたかを示す値を**濃縮率**といい，次の式で求めることができます。

$$濃縮率 = \frac{尿中での濃度}{血しょう中での濃度}$$

2　濃縮率の値が大きい物質は，細尿管であまり再吸収されずに尿中に排出される物質です。

507

3 水と同じ割合で再吸収されると，血しょう中での濃度と尿中での濃度が同じ値になるので，濃縮率は1.0になります。

4 糸球体からボーマンのうへろ過された液，すなわち**原尿の量を求める**ために，イヌリンという物質を使って実験します。**イヌリンという物質は，ろ過はされますが細尿管で再吸収も分泌添加もされない物質**です。

5 再吸収も分泌添加もされなければ，原尿中のイヌリンの量と尿中のイヌリンの量は同じはずです。原尿中のイヌリンの量は，**原尿量×原尿中でのイヌリンの濃度**で示すことができます。同様に，尿中のイヌリンの量は，**尿量×尿中でのイヌリンの濃度**で示すことができます。

> 濃度 = $\dfrac{溶質量}{溶液量}$
> ∴ 溶質量 = 溶液量 × 濃度

$$原尿中のイヌリンの量 = 尿中のイヌリンの量$$

原尿量 × 原尿中でのイヌリンの濃度 = 尿量 × 尿中でのイヌリンの濃度

よって，

$$原尿量 = \dfrac{尿量 \times 尿中でのイヌリンの濃度}{原尿中でのイヌリンの濃度}$$

となります。

　一般に，糸球体からボーマンのうへろ過される物質では，原尿中での濃度と血しょう中での濃度はほぼ同じ値になります。したがって，先ほどの式の分母は，血しょう中でのイヌリンの濃度に置き換えることができます。
　すなわち，

$$原尿量 = \dfrac{尿量 \times 尿中でのイヌリンの濃度}{血しょう中でのイヌリンの濃度}$$

ここで，$\dfrac{尿中でのイヌリンの濃度}{血しょう中でのイヌリンの濃度}$ は，イヌリンの濃縮率に相当するので，

原尿量 = 尿量 × イヌリンの濃縮率

となります。

6 たとえば，1日の尿量が1.5L，イヌリンの血しょう中での濃度が0.1 mg/mL，イヌリンの尿中での濃度が12.0 mg/mLだとすると，1日の原尿量は，

$$1.5\mathrm{L} \times \dfrac{12.0\,\mathrm{mg/mL}}{0.1\,\mathrm{mg/mL}} = 180\mathrm{L}$$

となります。

この場合，180Lの原尿がいったんろ過され，180L − 1.5L = 178.5Lが再吸収されたことになります。ですから，再吸収率は，じつに

$$\frac{178.5\text{L}}{180\text{L}} \times 100 \fallingdotseq 99.2\%$$

となります。

7 血しょう中のグルコース（血糖⇨p.537）濃度と，原尿中のグルコース量および尿中のグルコース量の関係を示したものが次のグラフです。

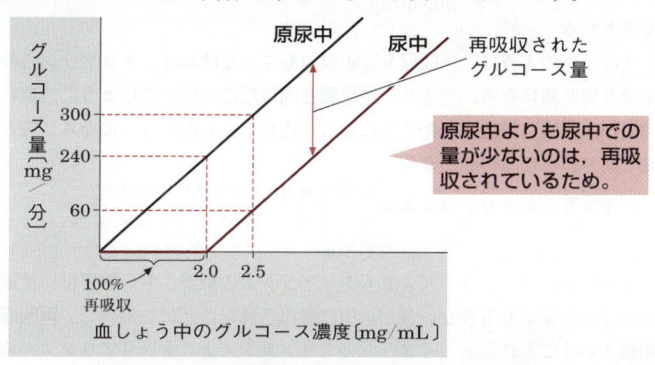

▲ 図81-2 血糖濃度と原尿中・尿中のグルコース濃度

8 血しょう中のグルコース濃度（血糖量）が約2mg/mL以下であれば，グルコースは100%再吸収され，尿中のグルコースは0mgです。しかし，グルコースを再吸収する量にも限界があるため，血しょう中のグルコース濃度が高くなりすぎると，再吸収しきれないグルコースが尿中に排出されるようになります。

9 このように，何かの原因で血しょう中のグルコース濃度が高くなりすぎ，尿中にグルコースが排出されるのが**糖尿病**です。

10 上のグラフから原尿量を求める方法について考えましょう。たとえば，血しょう中でのグルコース濃度が2.5mg/mLを見ると，このときの原尿中のグルコースの量は300mgと読めます。グルコースの血しょう中での濃度と原尿中での濃度は等しいので，原尿中でのグルコース濃度が2.5mg/mLのときに，原尿中のグルコースの量が300mgで，

$$1\text{分間での原尿量} = \frac{300\,\text{mg}}{2.5\,\text{mg/mL}} = 120\,[\text{mL}]$$

となります。1日では，120mL × 60 × 24 = 172800mL = 172.8Lとなります。

濃度 = $\frac{溶質量}{溶液量}$ ∴ 溶液量 = $\frac{溶質量}{濃度}$

ここでは

原尿量 = $\frac{原尿中のグルコース量}{原尿中でのグルコース濃度}$

となる。

+α パワーアップ

クリアランス

単位時間で尿中に排出された物質が，どれだけの血しょう量に由来するかを示した値を**クリアランス（清掃率）**という。クリアランスをC〔mL〕，血しょう中でのある物質（Xとします）の濃度をP〔mg/mL〕，単位時間での尿量をV〔mL〕，尿中でのXの濃度をU〔mg/mL〕とすると，

$$C\text{〔mL〕} = \frac{V\text{〔mL〕} \times U\text{〔mg/mL〕}}{P\text{〔mg/mL〕}}$$

で表される。

イヌリンのように，再吸収も分泌添加もされなければ，クリアランスの値は原尿量と同じ値になる。つまり，**原尿量と同じだけの量の血しょうに含まれていた物質が，尿中に排出された**ことになる。式の上でも次のようになり，確かに原尿量と同じ値になるのがわかる。

$$\text{イヌリンのクリアランス} = \frac{\text{尿量} \times \text{尿中でのイヌリンの濃度}}{\text{血しょう中でのイヌリンの濃度}}$$

$$= \text{原尿量}$$

イヌリンのクリアランスよりもクリアランスの値が小さい物質は，原尿中に含まれていた量よりも少ない量が尿中に排出されたことになるので，**再吸収された物質**ということになる。イヌリンのクリアランスよりもクリアランスの値が大きい物質は，原尿に含まれていた量以上の量が尿中に排出されたわけだから，**分泌添加された物質**だということになる。

最強ポイント

公式① 濃縮率 ＝ $\dfrac{\text{尿中での濃度}}{\text{血しょう中での濃度}}$

公式② 原尿量 ＝ 尿量 × イヌリンの濃縮率

定番計算例題 6 　原尿量の計算

　右の表は，あるヒトの血しょうおよび尿中の尿素やイヌリンの濃度〔mg/mL〕を示したものである。1時間の尿量を100mLとして，次の問いに答えよ。

物　質	血しょう	尿
尿　素	0.3	20
イヌリン	1.0	120

(1) 1時間での原尿量〔L〕を求めよ。
(2) 1時間で再吸収された尿素は，こし出された尿素の何％か。小数第一位まで答えよ。

解説　(1) 公式②に当てはめるだけ！

　　　　原尿量＝尿量×イヌリンの濃縮率

$$= 100\,\mathrm{mL} \times \frac{120\,\mathrm{mg/mL}}{1.0\,\mathrm{mg/mL}} = 12000\,\mathrm{mL} = 12\,\mathrm{L}$$

(2) まず，原尿中の尿素の量を求めます。

　「原尿中の尿素の量＝原尿量×原尿中での尿素の濃度」ですが，原尿中での尿素の濃度は血しょう中での尿素の濃度と等しいので，

　　$12000\,\mathrm{mL} \times 0.3\,\mathrm{mg/mL} = 3600\,\mathrm{mg} = 3.6\,\mathrm{g}$

　「尿中の尿素の量＝尿量×尿中での尿素の濃度」

　　$100\,\mathrm{mL} \times 20\,\mathrm{mg/mL} = 2000\,\mathrm{mg} = 2.0\,\mathrm{g}$

　よって，再吸収された尿素の量は，

　　3.6g − 2.0g = 1.6gです。

　問われているのは，「再吸収された尿素（1.6g）が，こし出された尿素＝原尿中の尿素（3.6g）の何％か」なので，

$$\frac{1.6\,\mathrm{g}}{3.6\,\mathrm{g}} \times 100 \fallingdotseq 44.4\%$$

となります。

答 (1) **12L** 　(2) **44.4％**

第82講 肝臓

消化管の学習にはいる前に，消化管以外の消化系器官である肝臓の働きを見てみましょう。

1 肝臓

1 肝臓は，人体最大の臓器で，体重の約$\frac{1}{50}$（成人男子で約1.2kg）の重さがあります。非常に再生能力が強く，$\frac{3}{4}$を切除しても，約4か月で再生するといわれます。

2 肝臓は，直径約1mmの六角柱状の**肝小葉**と呼ばれる基本単位からなります。1つの肝小葉に，40万～50万個の**肝細胞**があります。

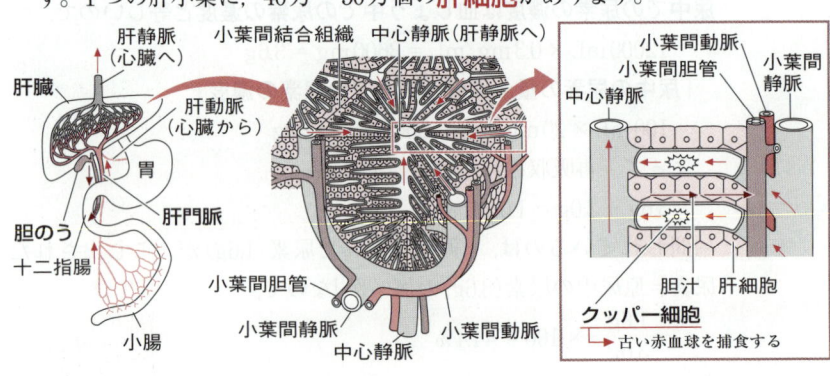

▲ 図82-1 ヒトの肝臓の構造

3 肝臓にはさまざまな働きがあります。

まず，**古くなった赤血球を破壊する**働きがあります。肝臓内には**クッパー細胞**と呼ばれる細胞が存在し，古くなった赤血球はクッパー細胞の食作用によって処理されます。

> 胎児期には，新しい赤血球を生成する働きもある。

また，**有害物質を無毒化する**働きがあり，これを**解毒作用**といいます。p.504の排出のところで学習した，尿素回路によってアンモニアから尿素を生成するのも解毒作用の一種といえます。

④ 血しょうタンパク質である**アルブミン**や**フィブリノーゲン**，**プロトロンビン**および血液凝固を阻止する**ヘパリンを生成**するのも肝臓です。

グルコースからグリコーゲンを合成したり，逆にグリコーゲンをグルコースに**分解**したりするのも，脂肪を乳化する働きのある**胆汁(胆液)を生成**するのも肝臓です。

> 肝臓で生成し，いったん胆のうに蓄えられ，最終的には胆のうから出される。

このように，肝臓は非常に代謝が盛んな臓器なので，それに伴って多量の**熱**も発生します。恒温動物ではこの熱が体温の維持に役立ちます。

> 最も発熱量が多いのは骨格筋。2番目に発熱量が多いのが肝臓。

⑤ また，**脂溶性ビタミン(ビタミンAやD，E)を貯蔵**したり，**血液を一時貯蔵し，循環する血液量を調節**するといった働きもあります。

+α パワーアップ 胆汁の成分

胆汁は，**胆汁酸**と**胆汁色素**からなる。胆汁酸はコレステロールから生成される物質で，これが脂肪の乳化に働く。胆汁色素はヘモグロビンの分解産物である**ビリルビン**からなる。これが消化管内で不消化排出物と合わさり，大便の色になる。

+α パワーアップ 解毒作用の方法

解毒作用にもいろいろあるが，たとえば，アルコールはアルコール脱水素酵素によって**アセトアルデヒド**に，アセトアルデヒドは，さらにアセトアルデヒド脱水素酵素によって**酢酸**になる。酢酸はクエン酸回路に入り，最終的には二酸化炭素と水に分解される。これ以外にも，P450と呼ばれる酵素群によって有害物質を酸化する方法や，硫酸やグルクロン酸という物質と結合させる(**抱合**という)という方法もある。

最強ポイント

【肝臓の主な働き】
① 古くなった**赤血球の破壊**　② **解毒作用**
③ **尿素の生成**　④ **グリコーゲンの合成・分解**
⑤ **アルブミン，フィブリノーゲン，ヘパリンの生成**
⑥ **胆汁の生成**　⑦ **熱発生**により体温の維持
⑧ **脂溶性ビタミンの貯蔵**　⑨ **血液の貯蔵，循環血液量の調節**

第83講 消化系

口から入った食べ物を消化し，その消化した栄養分を吸収・運搬する過程を見てみましょう。

1 細胞内消化と細胞外消化

1 複雑な有機物を小さい有機物に分解する過程が**消化**です。消化には，**細胞内消化**と**細胞外消化**があります。

2 細胞内消化は，文字通り細胞内に食べ物を取り込んで消化することで，アメーバ，ゾウリムシなど単細胞生物で見られます。

> 多細胞動物でも，海綿動物では，えり細胞がプランクトンなどをつかまえ，それが変形細胞に取り込まれて細胞内で消化される。

細胞内に取り込まれた食べ物は**食胞**(しょくほう)という袋状の構造に取り込まれ，これが**リソソーム**と融合することで，リソソームに含まれていた加水分解酵素によって分解されます。

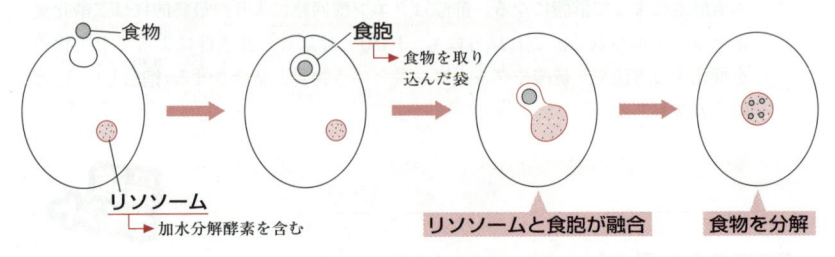

▲ 図83-1 細胞内消化のようす

3 それに対し，**細胞外に消化酵素を分泌して細胞外で消化する**のが細胞外消化です。一般に，多細胞動物は消化管内という細胞外で消化を行います。

4 また，消化には，歯などによって食物を物理的に小さくする**機械的消化**と，酵素によって食物を化学的に分解する**化学的消化**とがあります。

第83講 消化系

【消化の種類】
① 消化する**場所**による分け方
　細胞内消化…細胞内へ食物を取り込んで**リソソーム**によって消化。
　細胞外消化…消化管内へ**消化酵素**を分泌して消化。
② 消化の**方法**による分け方
　機械的消化…歯などで食物を物理的に分解。
　化学的消化…酵素によって食物を化学的に分解。

2 ヒトの消化系

1 消化・吸収に関与する一連の器官を**消化系**といいます。ヒトでは，口，食道，胃，小腸，大腸といった食べ物が通る**消化管**および，消化に関与する物質を分泌する肝臓，胆のう，すい臓などをまとめて消化系といいます。

2 口から食べた食べ物は，まず，歯による機械的な消化によって細かく砕かれます。さらに，唾液中に含まれるアミラーゼによって，デンプンは**マルトース(麦芽糖)**に**分解**されます。唾液を分泌する唾腺には，耳下腺，舌下腺，顎下腺の3種類があります。

3 飲み込んだ食べ物は食道を通ります。ここでは，食道の筋肉による**ぜん動運動**によって，食べ物が胃へと送られます。

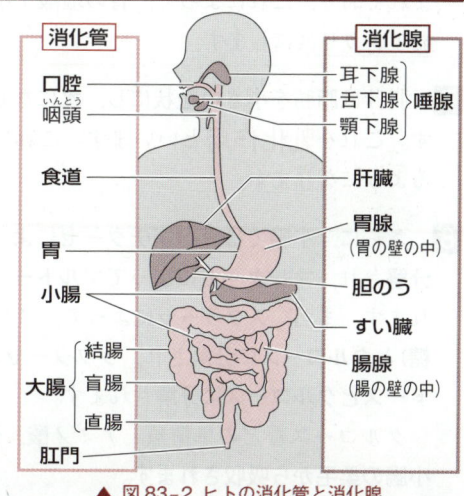

▲ 図83-2 ヒトの消化管と消化腺

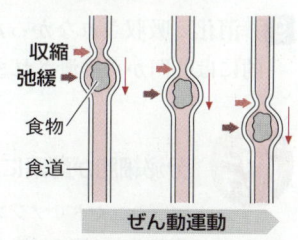

▲ 図83-3 食道でのぜん動運動

第7章 体液の恒常性

4 胃腺からは，タンパク質を分解する**ペプシン**のほか，**塩酸**も分泌されます。塩酸によって，食べ物と一緒に入ってきた細菌を殺し，ペプシンが働きやすい強酸性の環境がつくられます。

> ペプシンの最適pHは2。

　胃でも，ぜん動運動によって食べ物がかき混ぜられ，胃液と混ざりやすくなります。

5 胃の次は小腸ですが，小腸の最初の部分を特に**十二指腸**といいます。ここには，すい臓からのすい液，胆のうからの胆汁などが分泌されます。

6 すい液中には，タンパク質を分解するトリプシン，脂肪を分解するリパーゼ，デンプンを分解するアミラーゼなどが含まれています。

　トリプシンによってタンパク質はポリペプチドに分解され，リパーゼによって脂肪は脂肪酸とモノグリセリドに分解されます。また，すい液には炭酸水素ナトリウムも含まれており，これによって，胃の塩酸を中和し，弱アルカリ性にします。

> グリセリンに脂肪酸が1分子結合したもの。

> トリプシンの最適pHは8，リパーゼの最適pHは9。

7 胆汁は**脂肪を小さい粒状にし，水になじみやすいようにする**働きがあります。これを**乳化作用**といいます。これによって，リパーゼが働きかけられるようになります。

8 さらに，小腸では，ペプチターゼによってポリペプチドがアミノ酸にまで分解され，マルターゼによってマルトースはグルコース（ブドウ糖）に分解されます。また，スクラーゼによって，スクロース（ショ糖）がフルクトース（果糖）とグルコースに分解され，ラクターゼによってラクトース（乳糖）がガラクトースとグルコースに分解されます。

　グルコースなどの単糖類，アミノ酸，脂肪（脂肪酸＋モノグリセリド）は，**小腸の柔毛から吸収されます**。

9 消化，吸収されなかったものは大腸を通り，ここで**水分が吸収され**，最終的には肛門から排泄されます。

+α パワーアップ　分泌細胞が酵素によって分解されないわけ

ペプシンやトリプシンは，タンパク質を分解する酵素だが，それをつくっている胃腺やすい臓の細胞も主成分はタンパク質である。どうしてそれらの分泌細胞

が酵素によって分解されないのだろうか。それは，それらの酵素が，細胞内では，まだ働きのない**ペプシノーゲン**や**トリプシノーゲン**という形で合成されるからである。ペプシノーゲンは，胃腺の細胞から分泌されて胃の中で塩酸によってペプシンへと活性化される。トリプシノーゲンは，小腸内の**エンテロキナーゼ**という酵素によって活性化される。また，すい液中には，同じくタンパク質を分解する**キモトリプシン**も含まれているが，これもすい臓中では**キモトリプシノーゲン**という形で，分泌された後，トリプシンによってキモトリプシンへと活性化する。

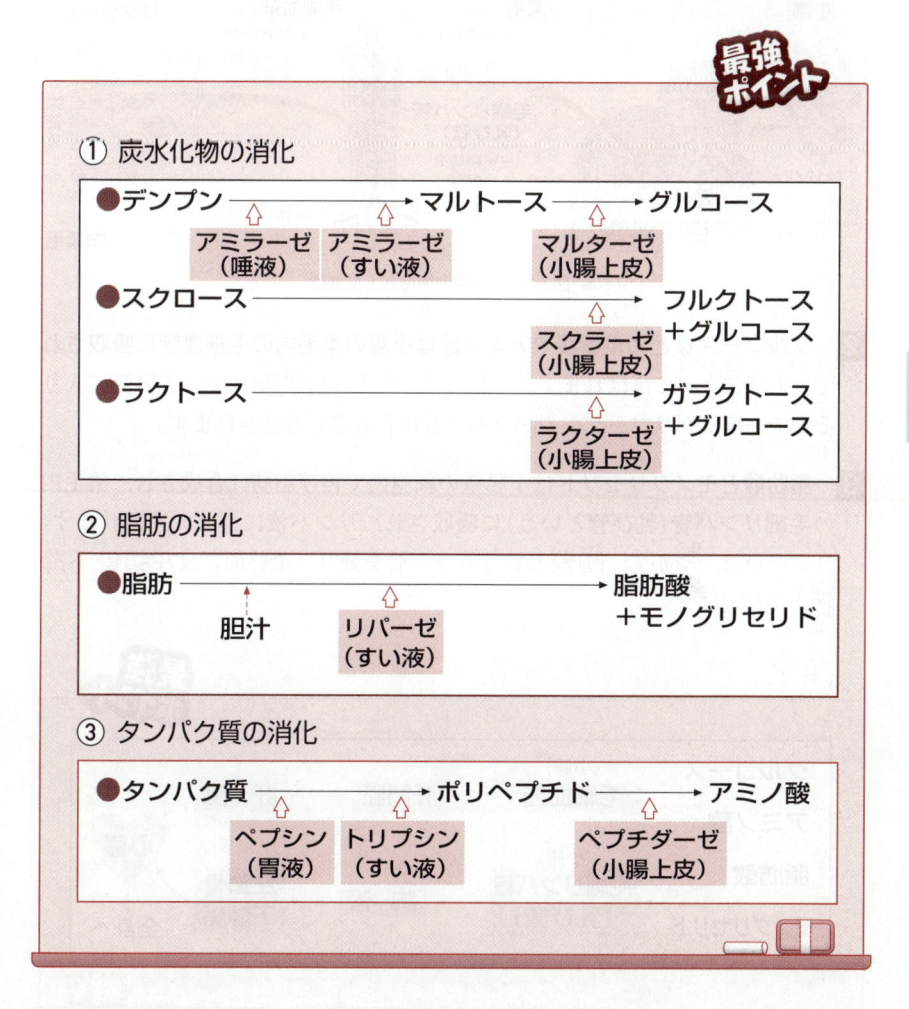

最強ポイント

① 炭水化物の消化

- デンプン ―→ マルトース ―→ グルコース
  - アミラーゼ（唾液）
  - アミラーゼ（すい液）
  - マルターゼ（小腸上皮）
- スクロース ―→ フルクトース ＋ グルコース
  - スクラーゼ（小腸上皮）
- ラクトース ―→ ガラクトース ＋ グルコース
  - ラクターゼ（小腸上皮）

② 脂肪の消化

- 脂肪 ―→ 脂肪酸 ＋ モノグリセリド
  - 胆汁
  - リパーゼ（すい液）

③ タンパク質の消化

- タンパク質 ―→ ポリペプチド ―→ アミノ酸
  - ペプシン（胃液）
  - トリプシン（すい液）
  - ペプチダーゼ（小腸上皮）

3 吸収と運搬

1 栄養分を吸収するのは主に**小腸**です。小腸には輪状のひだがあり，そのひだには，高さが約1mmの**柔毛（柔突起）**が多数存在します。さらに，その柔毛には**微柔毛**が多数存在し，**表面積を拡大して吸収効率を高める**のに役立っています。

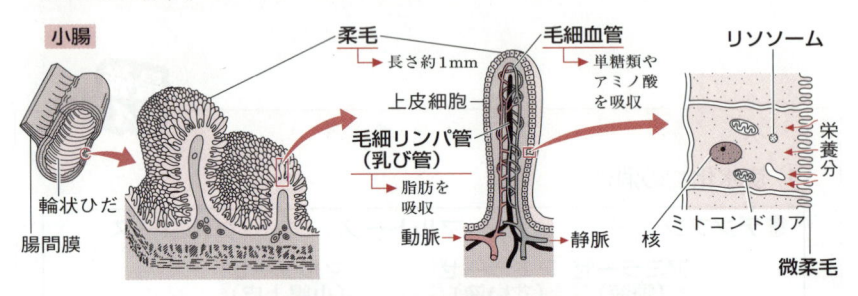

▲ 図83-4 小腸の構造と上皮細胞

2 グルコースなどの単糖類やアミノ酸は小腸の柔毛内の毛細血管に吸収されて，血液によって運ばれます。それらは，やがて**肝門脈**を通って肝臓に入り，そこで一部はグリコーゲンやタンパク質に合成され貯蔵されます。

3 脂肪酸とモノグリセリドは小腸壁の細胞内で再び脂肪に合成され，柔毛内の**毛細リンパ管（乳び管という）**に吸収され，リンパ液によって運ばれます。リンパ液は，やがて，**胸管**というリンパ管を通り，最終的には**左鎖骨下静脈**と合流します。

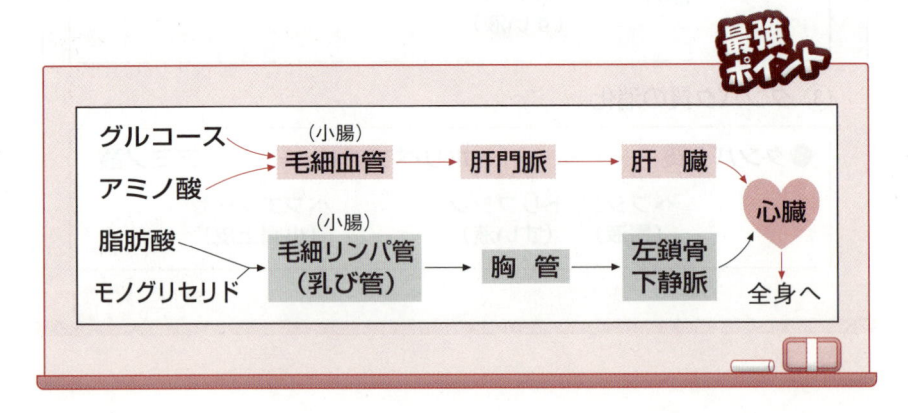

最強ポイント

グルコース ─┐
アミノ酸 ──┴→ 毛細血管（小腸）→ 肝門脈 → 肝臓 →┐
                                                   ├→ 心臓 → 全身へ
脂肪酸 ────┐   │
モノグリセリド┴→ 毛細リンパ管（乳び管）（小腸）→ 胸管 → 左鎖骨下静脈 →┘

第84講 循環系

体液を循環させる血管系やリンパ系と，体液の循環のしくみについて見ていきましょう。

1 血管系による分類

1 血管系によって動物を分類すると，大きく3種類に分けられます。

まずは，血管系をもたない動物です。**海綿動物，刺胞動物，扁形動物，輪形動物，線形動物**には**血管系がありません**。

2 次に，血管系はあり，動脈も静脈もあるのですが，動脈の末端が開口しており，血液は血管から組織中へと流れ，また静脈あるいは直接心臓に帰ってくる，すなわち**動脈と静脈をつなぐ毛細血管がない**という血管系があります。これを**開放血管系**といいます。

開放血管系は，節足動物，軟体動物などに見られます。昆虫では，動脈の末端から出た血液は，心臓の側面にある穴から心臓に戻ります。

> 軟体動物のなかでも，厳密には頭足類（イカやタコの仲間）以外（ハマグリ，アサリなど）が開放血管系。これら以外にも，原索動物の尾索類（ホヤ）も開放血管系。

3 動脈と静脈が毛細血管によって連絡されている血管系が**閉鎖血管系**です。脊椎動物，環形動物などに見られます。

> 脊椎動物，環形動物以外に，軟体動物の頭足類，原索動物の頭索類（ナメクジウオ），ひも形動物（ヒモムシ）なども閉鎖血管系をもつ。

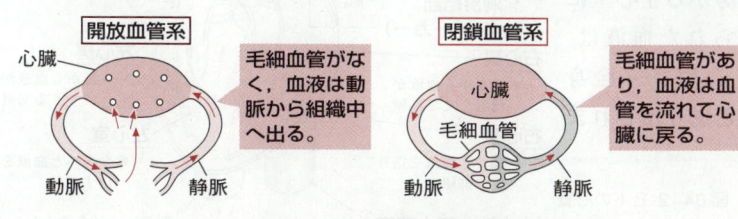

▲ 図84-1 開放血管系と閉鎖血管系

> 最強ポイント
>
> ① **血管系なし**　例 海綿動物，刺胞動物，扁形動物，輪形動物，線形動物
> ② **開放血管系**…毛細血管のない血管系。
> 　　　　　　　例 節足動物，軟体動物の頭足類以外
> ③ **閉鎖血管系**…毛細血管をもつ血管系。
> 　　　　　　　例 脊椎動物，環形動物，軟体動物の頭足類

2 ヒトの心臓の構造と自動性

1 心臓の中で，血液を送り出す部屋を**心室**，血液が心臓に帰ってくる部屋を**心房**といいます。ヒトの心臓には心房，心室がそれぞれ左右に2つずつあるので，全部で4つの部屋からなります。

2 心室とつながっていて，心臓から送り出す血液を通す血管を**動脈**といいます。逆に，心房とつながっており，心臓へ帰る血液を通す血管を**静脈**といいます。

3 右の心房，すなわち**右心房**は，全身からの血液が帰ってくる部屋です。右心房に帰った血液はそのまま下の**右心室**へ送られます。右心室は**肺へ血液を送り出す**部屋です。

肺からの血液が帰ってくる部屋が**左心房**です。左心房から左心室に送られた血液は，**左心室**から全身へと送り出されます。

▶ 図84-2 ヒトの心臓の構造

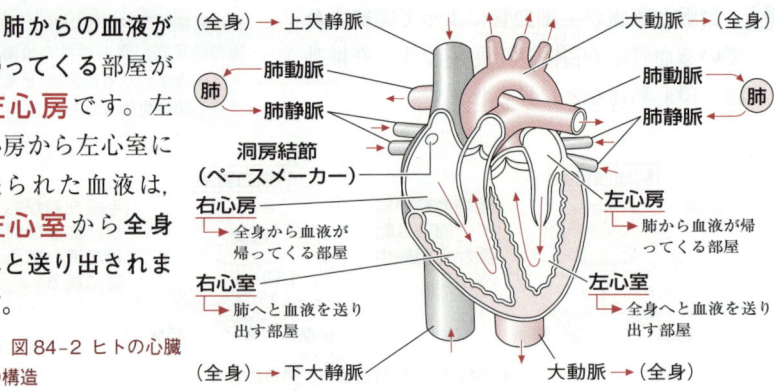

（全身）→ 上大静脈　　大動脈 →（全身）
肺動脈（肺）　　　　　肺動脈（肺）
肺静脈　　　　　　　　肺静脈
洞房結節（ペースメーカー）
右心房
→全身から血液が帰ってくる部屋
右心室
→肺へ血液を送り出す部屋
左心房
→肺から血液が帰ってくる部屋
左心室
→全身へと血液を送り出す部屋
（全身）→ 下大静脈　　大動脈 →（全身）

第84講 循環系

4 心臓の拍動の中枢は**延髄**にあり，自律神経やホルモンによって調節されます。ですが，心臓自身にも拍動を続ける性質があり，これを**心臓の自動性**といいます。

5 これは，心臓には自ら興奮し拍動のリズムをつくり出す部分があるからで，このような場所を**ペースメーカー**といいます。

　ヒトの心臓のペースメーカーは，右心房の上部にある**洞房結節**と呼ばれる部分で，次のように興奮が伝わるしくみ(**刺激伝導系**)によって規則的に拍動が行われるのです。

興奮の伝達
洞房結節 …… 心房が収縮
↓
房室結節
↓
ヒス束
↓
プルキンエ繊維 … 心室が収縮

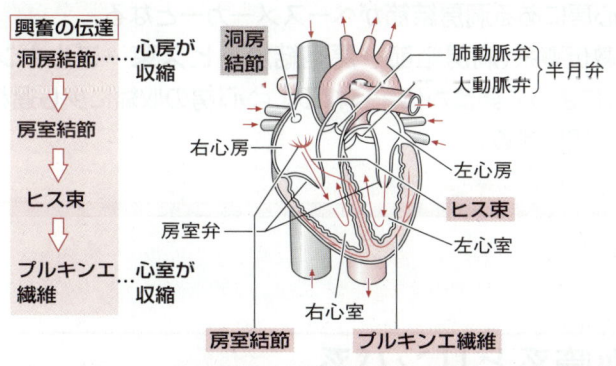

▲ 図84-3 ヒトの心臓の刺激伝導系

+α パワーアップ　心室の圧力と容積の関係

　拍動を繰り返す心臓の心室内部の圧力と容積をグラフにとると，右図のような形になる。aからbにかけては，半月弁(大動脈弁と肺動脈弁)も房室弁も閉じており，心室の収縮によって圧力が上昇する。心室の圧力が動脈の圧力を上回ると半月弁が開き(b)心室から血液が流出し，心室の容積が減少する(b→c)。心室の圧力が動脈の圧力を下回ると半月弁が閉じ，さらに心室の圧力が低下して心房の圧力を下回ると房室弁が開き(d)，心房から血液が流入して心室の容積が増加(d→a)する。心室の圧力が心房の圧力を上回ると房室弁が閉じる(a)。このように心筋(心臓の壁)の収縮と弁の開閉が連動することで，血液の循環がなされている。

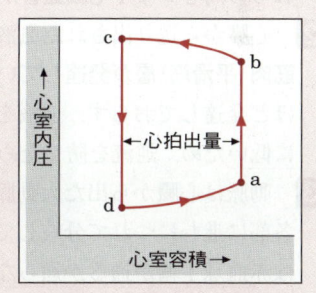

▲ 図84-4 心室の圧力と容積の変化

6 洞房結節でつくり出された興奮によって，まず心房が収縮します。また，興奮は**房室結節**から**ヒス束**という部分を通り，**プルキンエ繊維**によって心室全体に伝えられて心室が収縮します（図84-3）。このため，**心房より少し遅れて心室が収縮する**ことになります。これにより，心房から心室へと血液がスムーズに流れることができるのです。

> **最強ポイント**
> ① 心臓には**自動性**がある。
> ② 右心房にある**洞房結節**がペースメーカーとなる。
> ③ 刺激伝導系（洞房結節→房室結節→ヒス束→プルキンエ繊維）によって興奮が伝えられる。⇨**心房の収縮に少し遅れて心室が収縮する。**

3 血管系とリンパ系

1 血液を循環させる器官系が**血管系**です。血管系は**動脈**と**静脈**，そして，それらの間をつなぐ**毛細血管**からなります。

2 心臓から送り出された血液が流れる**動脈**は，高い圧力に耐えられるように，**筋肉（平滑筋）層が発達**しています。**静脈**にも平滑筋の層はありますが，動脈ほど発達しておらず，血液を送る圧力が非常に低いため，逆流を防ぐための**弁**があります。

> からだの部位や姿勢などによって大きく異なる。また，骨格筋が伸縮する際に太くなったときの圧力も血流を助け，筋ポンプと呼ばれる。

3 動脈は心臓から出た大動脈から，からだの各部に進むにつれて分岐していき，最終的には赤血球1個が通るか通らないかくらい細い**毛細血管**につながります。毛細血管は一層

> 赤血球は柔軟に変形することで狭い毛細血管も通ることができる。

の**内皮細胞**からなり，もちろん筋肉層はありません。この内皮細胞間の隙間から血しょう成分の一部が漏れ出ることができ（⇨組織液 p.464），全身の組織の細胞と物質のやりとりをします。さらに，感染や損傷により組織の細胞から**ヒスタミン**や**プロスタグランジン**といった**警報物質**が分泌されると，毛細

第84講 循環系

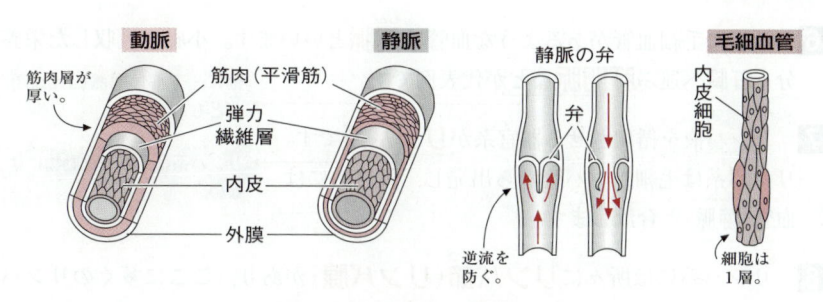

図84-5 動脈・静脈・毛細血管の構造
（動脈：筋肉層が厚い。筋肉（平滑筋）、弾力繊維層、内皮、外膜／静脈／静脈の弁：弁、逆流を防ぐ。／毛細血管：内皮細胞、細胞は1層。）

血管の内皮細胞の結合が緩み，漏れ出る水分量が増加して，水ぶくれの状態になります。このような反応を**炎症**（⇨p.480）といいます。

4 酸素を多く含む血液を**動脈血**，酸素が少なく二酸化炭素を多く含む血液を**静脈血**といいます。動脈の中を流れる血液を動脈血というのではありません。

5 したがって，全身から帰る血液が流れる大静脈には静脈血が流れますが，**右心室から肺へ向かう肺動脈にも静脈血が流れている**ことになります。

肺に二酸化炭素を渡し，**肺から酸素を受け取って帰ってくる肺静脈には動脈血が流れています**。

もちろん，左心室から全身へと血液を送り出す大動脈にも動脈血が流れています。

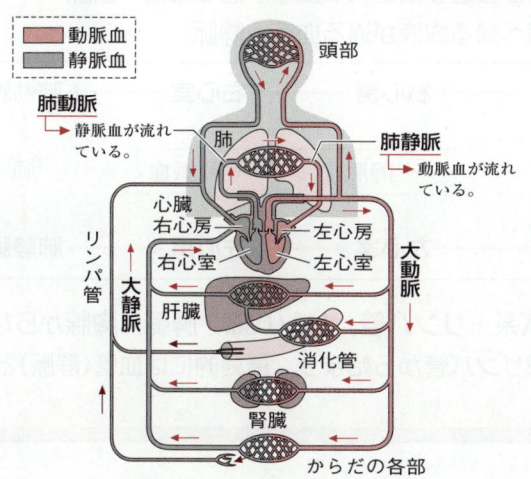

図84-6 ヒトの血管系とリンパ系
（動脈血／静脈血／頭部／肺動脈：静脈血が流れている。／肺／肺静脈：動脈血が流れている。／心臓／右心房／左心房／右心室／左心室／リンパ管／大静脈／大動脈／肝臓／消化管／腎臓／からだの各部）

第7章 体液の恒常性

6 両端に毛細血管があるような血管は**門脈**といいます。小腸で吸収した栄養分を肝臓へ運ぶ**肝門脈**などが代表例です。

> 他に、下垂体門脈（⇨p.532）などもある。

7 リンパ液を循環させる器官系が**リンパ系**です。リンパ系は毛細リンパ管から出発し、最終的には血管（静脈）と合流します。

> リンパ系は、無脊椎動物にはない。

8 リンパ系には所々に**リンパ節（リンパ腺）**があり、ここに多くのリンパ球が存在し、**白血球による食作用**などによって細菌や異物の除去を行います。リンパ節は、首やわきの下、ももの付け根などに多く存在し、この場所で侵入した細菌を食い止める関所のような働きをします。

9 また、**脾臓**や**胸腺**もリンパ系の器官です。脾臓では、古くなった血球の破壊や、異物の除去などが行われます。ちょうど、血液をクリーニングするような器官です。

> ヒトでは、胃の近くの左上腹部にあり、150g程度の器官。

　胸腺は、免疫で学習したように、リンパ球の一種であるT細胞の分化に必要な器官です。

最強ポイント

① **血管系**…心臓、動脈、静脈からなる。
　　{ 心臓から送り出される血液が通る血管…**動脈**
　　{ 心臓へ帰る血液が通る血管…**静脈**

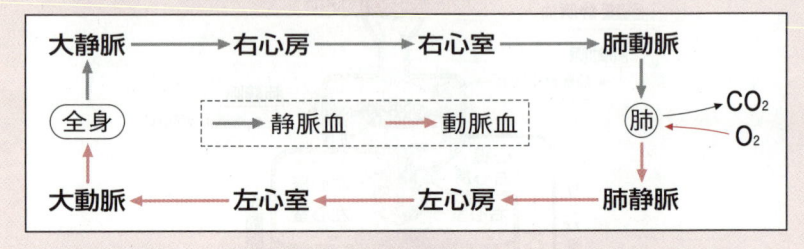

大静脈 → 右心房 → 右心室 → 肺動脈
全身　　　→ 静脈血　→ 動脈血　　　肺 ← CO_2／O_2
大動脈 ← 左心室 ← 左心房 ← 肺静脈

② **リンパ系**…リンパ管、リンパ節、脾臓、胸腺からなる。
　⇨毛細リンパ管から始まり、最終的には血管（静脈）と合流する。

第85講 呼吸系

ここでは，外界とのガス交換を行う呼吸器について学びます。呼吸器は，動物の種類によって異なります。

1 肺の構造

1 第2章で学んだ「呼吸」は，細胞内で有機物を分解してエネルギーを取り出すという反応でした。それに対して，これから学ぶ呼吸は，**外界とのガス交換**という意味での呼吸です。第2章で学んだ呼吸を特に**内呼吸**（細胞呼吸）といい，これから学ぶ呼吸は**外呼吸**といいます。

2 外呼吸のための器官が**呼吸器**です。脊椎動物の**両生類の成体・爬虫類・鳥類・哺乳類**がもつ呼吸器は，もちろん**肺**です。肺は，消化管の一部が突出して生じたもので，**内胚葉由来の器官で，魚類がもつうきぶくろと相同な器官**です。

> ハイギョ（肺魚）では，うきぶくろが肺の働きを兼ね，うきぶくろで呼吸する。

3 口や鼻から取り込まれた空気は，**気管**を通って肺へ送られます。気管は左右の**気管支**に分かれ，さらに，多数の**肺胞**へとつながります。この肺胞に毛細血管が取りまき，肺胞と毛細血管の間でガス交換が行われます。

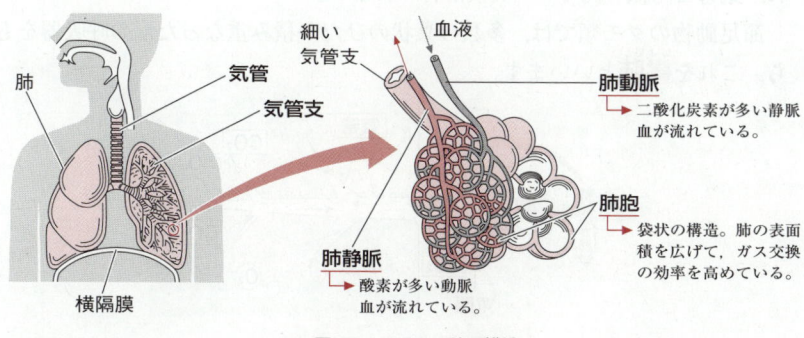

▲ 図85–1 ヒトの肺の構造

肺／気管／気管支／細い気管支／血液／横隔膜

肺動脈　二酸化炭素が多い静脈血が流れている。

肺胞　袋状の構造。肺の表面積を広げて，ガス交換の効率を高めている。

肺静脈　酸素が多い動脈血が流れている。

第7章 体液の恒常性

> 最強ポイント
>
> ① ┌ **外呼吸**…外界との**ガス交換**。
>   └ **内呼吸**…細胞内で**有機物を分解してエネルギーを取り出す**反応。
> ② **肺**…脊椎動物の両生類（成体）・爬虫類・鳥類・哺乳類の呼吸器。
>   ⇨ **内胚葉起源**，魚類のうきぶくろと相同，多数の**肺胞**からなる。

2 肺以外の呼吸器

1 海綿動物や刺胞動物，扁形動物，輪形動物，線形動物，および環形動物のミミズなどは，体表から酸素を取り込み，体表から二酸化炭素を放出します。つまり，特別な呼吸器をもたず，**直接体表で呼吸**しています。

また，呼吸器をもつ動物でも，皮膚を通した呼吸も行っています。

2 水中生活を行う軟体動物や節足動物の甲殻類，脊椎動物の魚類・両生類の幼生および環形動物のゴカイなどは，**えら**で呼吸します。

3 陸上生活を行う節足動物の昆虫類・多足類のもつ呼吸器を**気管**といいます。気管は，体表の表皮が落ち込んで樹枝状の細い管となったもので，その入り口を**気門**といいます。気門から取り込まれた空気が気管によって全身に運ばれ，気管と組織の間でガス交換が行われます。

節足動物のクモ類では，多数の葉状のひだが積み重なった形の呼吸器をもち，これを**書肺**といいます。

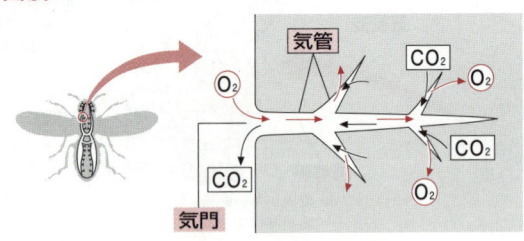

▲ 図85-2 気管とガス交換

4 棘皮動物では，**水管系**と呼ばれる特殊な器官系が発達しています。体内に管が分布しており，肛門近くに開いた孔で外界の海水と連絡しています。呼吸器としてだけでなく，循環系，排出系としても働きます。

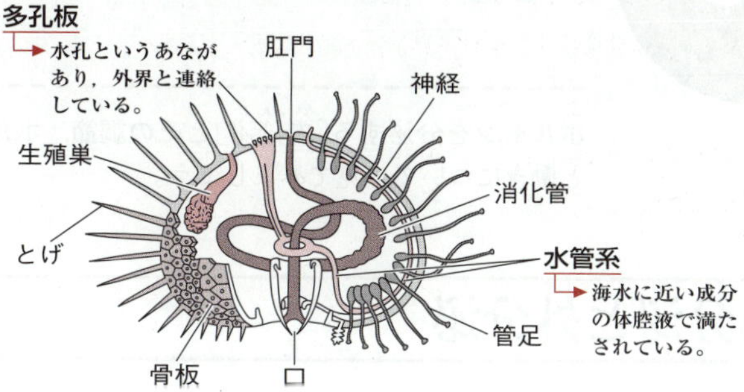
多孔板
水孔というあながあり，外界と連絡している。
肛門
神経
生殖巣
消化管
とげ
水管系
海水に近い成分の体腔液で満たされている。
管足
骨板
口

▲ 図 85-3 ウニの水管系

棘皮動物のナマコの仲間では，左右１対の樹枝状の細管をもち，これを特に**呼吸樹**といいます。

「水肺」ともいう。肛門から取り込んだ海水が呼吸樹（水肺）へ出入りし，ガス交換を行う。

最強ポイント

【肺以外の呼吸器】

① **えら**…脊椎動物の魚類・両生類幼生，節足動物の甲殻類，環形動物のゴカイなど。
② **気管**…節足動物の昆虫類・多足類・クモ類（クモ類では，**書肺**という）
③ **水管系**…棘皮動物（ナマコでは**呼吸樹**）

第86講 内分泌

ホルモンを分泌する「内分泌」とその調節，ホルモンの種類と働きについて，見てみましょう。

1 内分泌と外分泌

1 ホルモンを分泌することを内分泌といいます。

内分泌があれば外分泌もあります。消化液や汗，涙の分泌のように，**排出管(導管)によって運ばれて消化管内や体外に分泌することを外分泌**といい，外分泌を行う分泌腺を**外分泌腺**といいます。

2 それに対して，ホルモンの分泌のように，**排出管によらず，直接体液中(血液中)に分泌することを内分泌**といい，内分泌を行う分泌腺を**内分泌腺**といいます。

3 間脳視床下部には，ホルモンを分泌する神経細胞があり，このような神経細胞を**神経分泌細胞**といいます。そして，神経分泌細胞が分泌するホルモンを**神経分泌物質**といいます。

神経分泌物質は，神経分泌細胞の細胞体で合成され，これが軸索を通って運ばれて最終的には血液中に分泌されます。やはり，これも内分泌といえます。

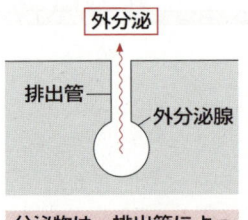

外分泌	内分泌	神経分泌(内分泌)
排出管／外分泌腺	内分泌腺／血液	神経分泌細胞／細胞体／軸索／血液
分泌物は，排出管によって運ばれる。	分泌物は，直接血液中に出される。	神経分泌細胞でつくられた分泌物は，血液中に出される。

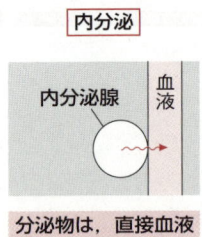

▲ 図86-1 分泌の種類

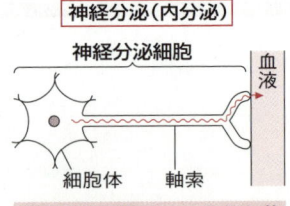

4 **ホルモン**は，特定の内分泌腺から直接血液中に分泌されて全身に運ばれますが，働きかける器官は決まっています。たとえば，甲状腺刺激ホルモンは，名前の通り，甲状腺にだけ作用します。このように，ホルモンが働きかける器官を**標的器官**といいます。

これは，標的器官の細胞にのみ，それぞれのホルモンと結合する**受容体（レセプター）**があり，その受容体と結合することではじめて，ホルモンの作用が現れるからです。

+α パワーアップ　受容体のある場所とホルモン

受容体は，細胞膜表面にある場合と細胞内にある場合がある。細胞内に受容体がある場合は，当然のことながら，そのホルモンが細胞膜を通って細胞内に入る必要がある。つまり，細胞内に受容体をもつホルモンは，細胞膜を通ることができるホルモンに限られる。逆に，細胞膜表面に受容体をもつホルモンは，細胞膜を通ることができないホルモンといえる。

甲状腺から分泌されるホルモンである**チロキシン**と，**ステロイド系（脂質）のホルモン**（副腎皮質から分泌されるホルモンと生殖腺から分泌されるホルモン）のみ，その受容体は標的器官の細胞内にある。

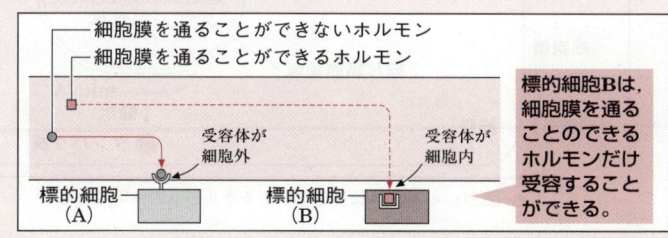

▲ 図86-2 細胞内での受容体の位置

+α パワーアップ　ホルモンの作用のしくみ

受容体と結合したホルモンは，どのようなしくみで作用を表すのだろうか。いろいろな方法があるが，まず細胞膜の受容体と結合するホルモンが作用を表す代表的なしくみとして，**Gタンパク質**や**cAMP**（環状アデノシン一リン酸）によるものがある。ホルモンが細胞膜の受容体に結合すると，細胞膜の内側に結合したGタンパク質が活性化する。活性化したGタンパク質が**アデニル酸シクラーゼ**という酵素を活性化し，この酵素の働きによりcAMPの生成が促進される。cAMPはATPからリン酸2つが取れて生じたAMPが環状になった物質である。cAMP

はタンパク質キナーゼを活性化し，これにより特定の酵素のリン酸化が促進され，種々の生理作用が現れる。

cAMPのような細胞内での情報伝達物質は**セカンドメッセンジャー**と呼ばれる。

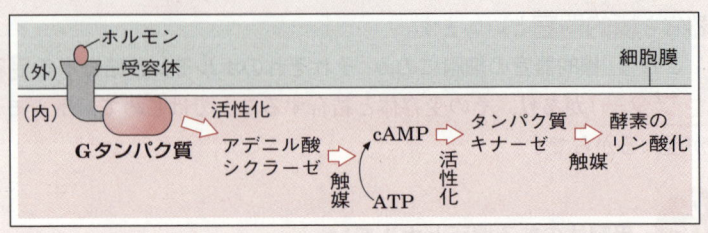

▲ 図86-3 cAMPを介するホルモンの作用のしくみ

一方，細胞内の受容体（細胞質基質にある場合と核内にある場合がある）と結合したホルモンの場合は，ホルモンと受容体の複合体が**転写調節因子**として機能し，DNAに結合して転写を促進し，その結果特定のタンパク質合成を促すことで作用を表す。

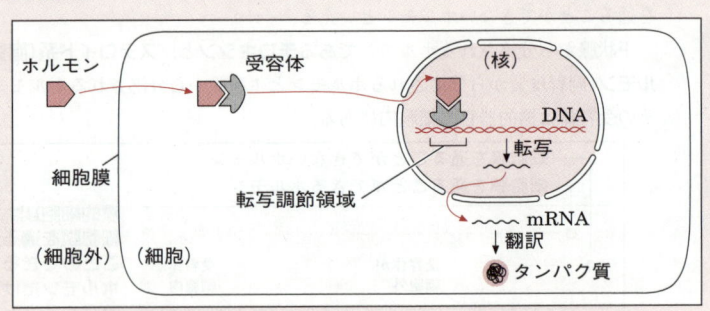

▲ 図86-4 細胞内に受容体があるホルモンの作用のしくみ

最強ポイント

① ｛ **外分泌**…汗や涙，消化液の分泌のように，**排出管**によって運ばれ，**体外や消化管内に分泌**されること。
内分泌…ホルモンの分泌のように，排出管によらず**直接体液中に分泌**されること。

② **標的器官**…それぞれのホルモンが働きかける器官。標的器官にのみ，そのホルモンの**受容体**が存在する。

2 脳下垂体

1. **脳下垂体**は名前の通り，脳（間脳）の下に垂れ下がった内分泌腺で，**前葉**，**中葉**，**後葉**に分けられます。

2. **脳下垂体前葉**からは，**甲状腺刺激ホルモン・副腎皮質刺激ホルモン・生殖腺刺激ホルモン**といった刺激ホルモンが分泌され，それぞれの内分泌腺からのホルモン分泌を促進します。

   > ろ胞刺激ホルモンと黄体形成ホルモンの2種類をあわせて「生殖腺刺激ホルモン」という。

   また，脳下垂体前葉からは，成長を促進する**成長ホルモン**，乳腺の発達や乳汁分泌を促進する**プロラクチン**なども分泌されます。

   > このホルモンの分泌が過多の場合，巨人症や末端肥大症になり，ホルモンが不足した場合，小人症になる。

3. **脳下垂体中葉**からは体色変化に関与する**黒色素胞刺激ホルモン**が分泌されます。

   > 「黄体刺激ホルモン」とも呼ばれる。

   > 「インテルメジン」とも呼ばれる。

4. 脳下垂体前葉や中葉からのホルモン分泌は，**間脳視床下部**からの神経分泌物質によって調節されます。たとえば，甲状腺刺激ホルモンの分泌を促す神経分泌物質は**甲状腺刺激ホルモン放出ホルモン（放出因子）**と呼ばれます。

   神経分泌物質がすべて分泌促進に働く放出ホルモンというわけではありません。黒色素胞刺激ホルモンの分泌を抑制する**黒色素胞刺激ホルモン抑制ホルモン（抑制因子）**というものもあります。

5. **脳下垂体後葉**からは，腎臓の集合管での水分再吸収を促す**バソプレシン**や，子宮筋を収縮させる**オキシトシン**が分泌されます。これらのホルモンは，**間脳視床下部の神経分泌細胞で合成**されたものが脳下垂体後葉に運ばれ，そこから放出されます。

   > 「抗利尿ホルモン」とも呼ばれる。また，毛細血管を収縮させ，血圧を上昇させる働きもあり，「血圧上昇ホルモン」とも呼ばれる。不足すると尿崩症になる。

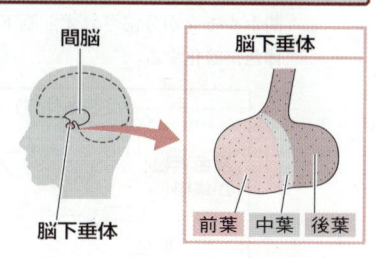

▲ 図86-5 脳下垂体の構造

+α パワーアップ 黒色素粒と体色暗化の調節

黒色素胞刺激ホルモンは，体色変化を行う動物の皮膚にある黒色素胞（色素細胞）に働いて，**黒色素粒（メラニン顆粒）を拡散**させ，体色を暗化させる働きがある。
眼からの光刺激があると，間脳視床下部は黒色素胞刺激ホルモン抑制ホルモン

を分泌し，黒色素胞刺激ホルモンの分泌を抑制する。その結果，黒色素粒は凝集し，体色は明化する。一方，眼からの光刺激がないと，黒色素胞刺激ホルモン抑制ホルモンが分泌されず，脳下垂体中葉から黒色素胞刺激ホルモンが分泌され，体色が暗化する。

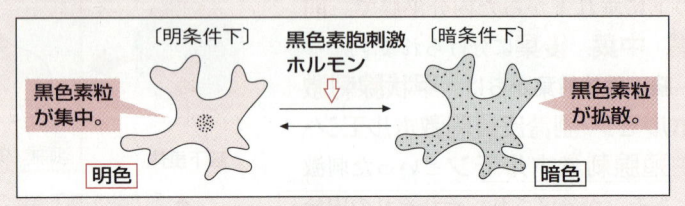

▲ 図86-6 黒色素粒による体色の調節

+α パワーアップ　神経分泌細胞のホルモンの分泌

間脳視床下部の神経分泌細胞で合成された放出ホルモンや抑制ホルモンは血液中に分泌され，下垂体門脈という血管を通って運ばれ，脳下垂体前葉や中葉に作用する。また，脳下垂体後葉のホルモンを合成する神経分泌細胞の軸索は脳下垂体後葉にまでのびていて，脳下垂体後葉の毛細血管へ分泌される。

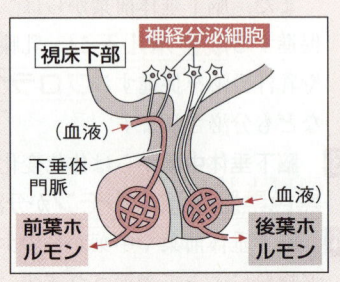

▲ 図86-7 視床下部から脳下垂体へのホルモンの経路

最強ポイント

内分泌腺	ホルモン	働き
脳下垂体前葉	成長ホルモン	成長促進
	プロラクチン	乳腺発達，乳汁分泌促進
	甲状腺刺激ホルモン	甲状腺からのチロキシン分泌促進
	副腎皮質刺激ホルモン	副腎皮質からの糖質コルチコイドの分泌促進
	生殖腺刺激ホルモン ろ胞刺激ホルモン	ろ胞からのエストロゲン分泌促進
	黄体形成ホルモン	排卵促進，黄体の形成促進
脳下垂体中葉	黒色素胞刺激ホルモン	体色暗化
脳下垂体後葉	バソプレシン	腎臓の集合管での水分再吸収促進
	オキシトシン	子宮筋収縮促進

3 脳下垂体以外の内分泌腺

1 **甲状腺**は，のどの気管の前方に位置する内分泌腺です。甲状腺からは**代謝を促進する****チロキシン**が分泌されます。チロキシンは，**両生類では変態促進，鳥類では換羽促進**に働きます。チロキシンはヨウ素を含むアミノ酸で，甲状腺刺激ホルモンによって分泌が促進されます。

> 厳密には，アミノ酸の一種であるチロシンの誘導体である。口から摂取しても，消化されずそのまま吸収されて効果を発揮することができる。チロキシン分泌が過多の場合バセドー病，不足の場合クレチン症と呼ばれる病気になる。

2 甲状腺には図86-8のようなろ胞があり，甲状腺刺激ホルモンによって刺激されチロキシンを活発に分泌しているときは左図のように，チロキシン分泌が低下している場合は右図のようになります。

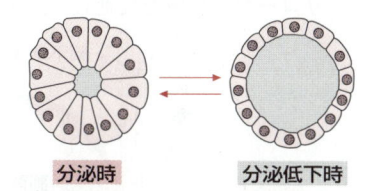

分泌時 ／ 分泌低下時

▲ 図86-8 甲状腺のろ胞の変化

3 甲状腺からは，血液中のカルシウムイオンを減少させる働きのある**カルシトニン**も分泌されます。

4 甲状腺の裏側に存在するのが**副甲状腺**です。副甲状腺からは，骨からのカルシウムイオン溶出を促進し，血液中のカルシウムイオンを増加させる働きのある**パラトルモン**が分泌されます。

> 「上皮小体」とも呼ばれる。

> パラトルモン不足による病気を「テタニー症」という。

5 カルシトニンとパラトルモンは，互いに拮抗的に働くホルモンで，血液中のカルシウムイオン濃度が減少するとパラトルモンが，カルシウムイオン濃度が増加するとカルシトニンの分泌が促進されます。

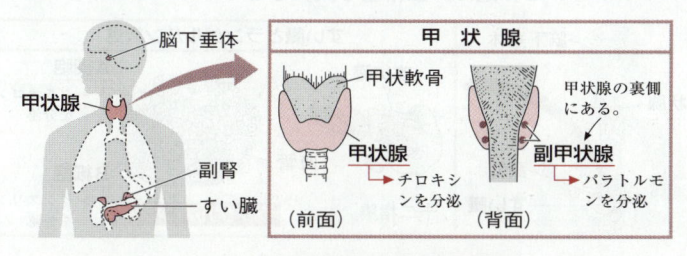

脳下垂体／甲状腺／副腎／すい臓

甲状腺　甲状軟骨　甲状腺の裏側にある。
甲状腺 →チロキシンを分泌（前面）
副甲状腺 →パラトルモンを分泌（背面）

▲ 図86-9 甲状腺と副甲状腺の構造

第7章 体液の恒常性

6 副腎は腎臓の上部に位置し，外側の**皮質**と内側の**髄質**に区別されます。

> 炎症やアレルギーを抑制したり，ストレスに対応する作用もある。

皮質からは，タンパク質の糖化を促進する**糖質コルチコイド**と，腎臓の細尿管でのNa⁺再吸収を促進する**鉱質コルチコイド**が分泌されます。どちらも，ステロイド系のホルモンです。

> 糖質コルチコイドは，副腎皮質刺激ホルモンによって分泌が促進されるが，鉱質コルチコイドの分泌は，血液中のNa⁺不足や血圧の低下によって腎臓から分泌される物質により調節される。鉱質コルチコイド不足による病気を「アジソン病」という。

7 副腎の髄質からは，**アドレナリン**が分泌されます。アドレナリンは，肝臓でのグリコーゲン分解を促進して，血糖量を増加させるホルモンです。

> アミン（炭化水素の水素原子がアミノ基に置換した有機物）の一種。

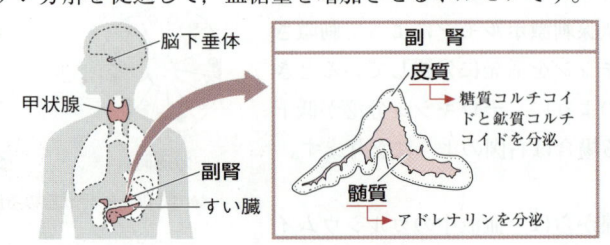

▲ 図86-10 副腎の構造

8 すい臓には，すい液を分泌する外分泌腺とホルモンを分泌する内分泌腺の両方が存在します。すい臓の内部を顕微鏡で観察すると，ちょうど丸い島のように見えるのが内分泌腺で，これを**ランゲルハンス島**といいます。ランゲルハンス島には**A細胞**と**B細胞**があり，A細胞からは**グルカゴン**，B細胞からは**インスリン**が分泌されます。

> ドイツの医学者であったランゲルハンスが発見した（1869年）。

グルカゴンは，肝臓でのグリコーゲン分解を促進するホルモンです。先ほど登場したアドレナリンと同じ働きですね。一方，インスリンは，グルカゴンやアドレナリンとは逆で，血糖量を減少させるホルモンです。

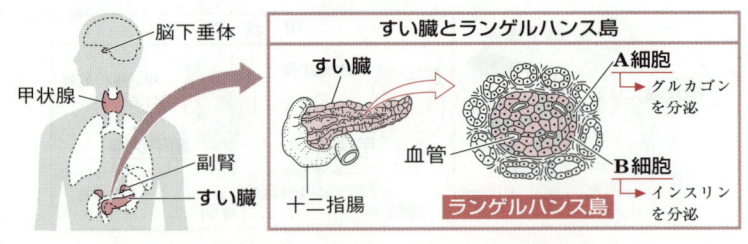

▲ 図86-11 すい臓とランゲルハンス島の構造

第86講 内分泌

9 生殖腺は，男性では**精巣**，女性では**卵巣**です。
　精巣から分泌されるホルモンを総称して**雄性ホルモン**とか**アンドロゲン**といい，男性の二次性徴を発現する働きがあります。実際には複数のホルモンが分泌されていますが，最も代表的なホルモンは**テストステロン**といいます。

10 卵巣の**ろ胞**から分泌されるホルモンを総称して**雌性ホルモン**とか**ろ胞ホルモン，エストロゲン**といいますが，代表的なものは**エストラジオール**というホルモンです。エストラジオールには，女性の二次性徴発現や子宮内膜の増殖を促進する働きがあります。
　ろ胞壁が変化して生じた**黄体**からは**黄体ホルモン**と総称されるホルモンが分泌されますが，代表的なホルモンは**プロゲステロン**です。プロゲステロンには，子宮内膜を維持し，妊娠を継続させる働きがあります。

11 消化管からもホルモンは分泌されます。十二指腸からは**セクレチン**が分泌され，すい臓からのすい液の分泌を促進します。また，胃からは**ガストリン**が分泌され，胃からの胃液の分泌を促進します。

最強ポイント

内分泌腺			ホルモン	働き
甲状腺			チロキシン	代謝を促進
			カルシトニン	Ca^{2+}の減少を促進
副甲状腺			パラトルモン	Ca^{2+}の増加を促進
副腎皮質			糖質コルチコイド	タンパク質の糖化を促進
			鉱質コルチコイド	腎臓の細尿管でのNa^+再吸収を促進
副腎髄質			アドレナリン	肝臓でのグリコーゲン分解を促進
ランゲルハンス島	すい臓	A細胞	グルカゴン	肝臓でのグリコーゲン分解を促進
		B細胞	インスリン	細胞内へのグルコース吸収／細胞内での酸化分解／肝臓でのグリコーゲン合成　を促進
生殖腺	卵巣	ろ胞	エストロゲン	雌の二次性徴発現，子宮内膜増殖促進
		黄体	プロゲステロン	子宮内膜の維持
	精巣		テストステロン	雄の二次性徴発現，精子形成促進
十二指腸			セクレチン	すい液の分泌を促進
胃			ガストリン	胃液の分泌を促進

第7章　体液の恒常性

4 ホルモン分泌の調節

1 甲状腺から分泌されるチロキシンは，脳下垂体前葉から分泌される甲状腺刺激ホルモンによって，その分泌が促進されます。甲状腺刺激ホルモンは，間脳視床下部から分泌される甲状腺刺激ホルモン放出ホルモンによって分泌が促進されます。

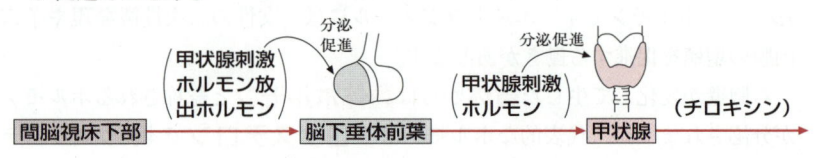

▲ 図86-12 チロキシン分泌の促進

2 血液中のチロキシンの量が増加すると，間脳視床下部や脳下垂体前葉が感知し，甲状腺刺激ホルモン放出ホルモンや甲状腺刺激ホルモンの分泌量を減少させます。その結果，甲状腺からのチロキシン分泌も抑制されます。

逆に，血液中のチロキシンの量が減少すると，甲状腺刺激ホルモン放出ホルモンおよび甲状腺刺激ホルモンの分泌量が増加し，チロキシン分泌は促進されます。

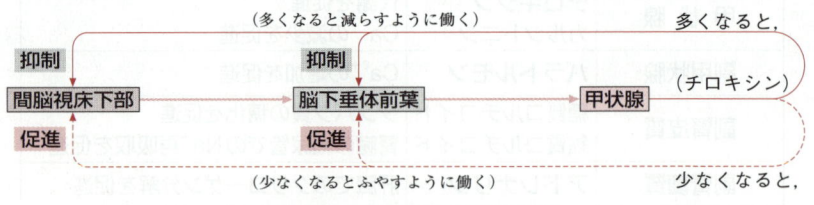

▲ 図86-13 チロキシン分泌の調節

3 このように，結果が原因に戻って行う調節を**フィードバック調節**といいます。ふつうは，多い場合は減らすように，少ない場合はふやすようにフィードバックしますが，いずれも**負のフィードバック**といいます。減少させることを「負」というのではなく，**現状の逆に働くことを「負」といいます**。

> **最強ポイント**
> フィードバック調節…結果が原因に対して行う調節。⇨ふつうは「負」の調節（多い場合は減少させ，少ない場合は増加させる）。

第87講 血糖調節・体温調節

ヒトでは，血糖や体温は常にほぼ一定に保たれています。そのしくみについて見てみましょう。

1 恒常性

1 からだの外部の環境(**外部環境**)に対して，細胞を取りまく体液を**体内環境(内部環境)**といいます。

外部環境
→からだの外部の環境

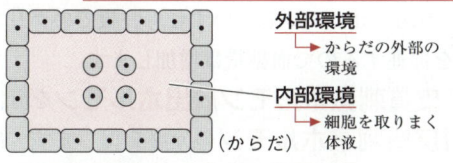

内部環境
→細胞を取りまく体液

(からだ)

▲ 図87-1 外部環境と内部環境

これは，ベルナール(独)によって提唱された(1865年)。ベルナールは，肝臓でのグリコーゲン合成の研究や内分泌説の提唱，『実験医学序説』の著者としても有名である。

2 内部環境(体液の浸透圧・pH・塩分組成など)は，常にほぼ一定の範囲内に保たれており，これを**恒常性(ホメオスタシス)**といいます。

これは，キャノン(米)によって提唱された(1932年)。

最強ポイント

① **体内環境**…細胞を取りまく体液。
② **恒常性**…内部環境をほぼ一定の範囲内に保つしくみ。

2 血糖調節

1 血しょう中のグルコースを**血糖**といいます。血糖は，からだ中の細胞の呼吸基質として利用される重要な物質です。血糖量は，血しょう**100mL中にほぼ100mg**という値に調節されています。

血液1mLは約1gなので，100mg/100mL ≒ 0.1g/100gとなり，血糖濃度は約0.1%といえる。

2 食事をすれば，一時的には血糖量が増加しますが，すぐに正常な値に戻ります。このしくみについて見てみましょう。

まず，血糖量の変化を感知するのは**間脳視床下部**です。間脳視床下部が血糖量増加を感知すると，**副交感神経**によってすい臓ランゲルハンス島の**B細胞**が刺激され，B細胞からの**インスリン**の分泌が促されます。また，B細胞は，直接血糖量上昇を感知してインスリンを分泌することもできます。

インスリンは，組織細胞へのグルコースの取り込み，さらに細胞内でのグルコースの酸化分解を促進します。また，肝臓では，グルコースからグリコーゲンへの合成を促進します。このような方法によって，血糖量は減少します。

3 逆に，血糖量が減少してくると，これを感知した**間脳視床下部**が**交感神経**によって**副腎髄質**およびすい臓ランゲルハンス島**A細胞**を刺激します。そして，副腎髄質からは**アドレナリン**，ランゲルハンス島A細胞からは**グルカゴン**が分泌されます。これらのホルモンは，いずれも肝臓でのグリコーゲンからグルコースへの分解を促進するので血糖量は増加します。

また，間脳視床下部は**副腎皮質刺激ホルモン放出ホルモン**を分泌して，脳下垂体前葉からの**副腎皮質刺激ホルモン**の分泌を促します。副腎皮質刺激ホルモンは副腎皮質を刺激して**糖質コルチコイド**の分泌を促します。糖質コルチコイドは，タンパク質の糖化を促進し，血糖量を増加させます。

> タンパク質を分解して生じたアミノ酸から脱アミノによって有機酸を生じ，有機酸から糖を新生する反応。

これ以外にも，**成長ホルモン**もグリコーゲン分解を促進するので，血糖量を増加させる働きがあります。

4 次のグラフは，食事前後の血糖量と，すい臓から分泌される2種類のホルモン（インスリンとグルカゴン）の血中濃度の変化を示したものです。

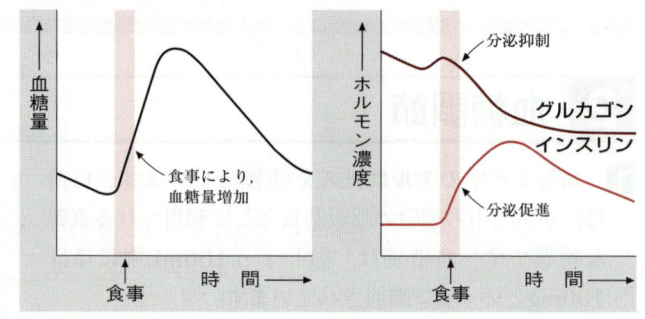

▶ 図87-2 食事前後の血糖量の変化とホルモン濃度の変化

第87講　血糖調節・体温調節

　食後，一時的に血糖量が増加しますが，インスリン分泌が促進され，グルカゴン分泌が抑制されて，しばらくすると血糖量が正常値にもどります。

+α パワーアップ

糖尿病

　血糖量が増加したままで正常値に下げることができず，そのため，腎臓ではろ過されるグルコース量が多すぎて細尿管で再吸収しきれず，尿中にグルコースが含まれるようになるのが**糖尿病**である。
　糖尿病の原因としては，インスリンの分泌が不足している場合もあるが，インスリンの受容体がインスリンとうまく結合できない場合や，受容体の数が減少している場合などもある。
　糖尿病には，インスリン不足によるもの（インスリン依存型：1型糖尿病）と，それ以外が原因のもの（インスリン非依存型：2型糖尿病）があるが，後者のほうが多い。

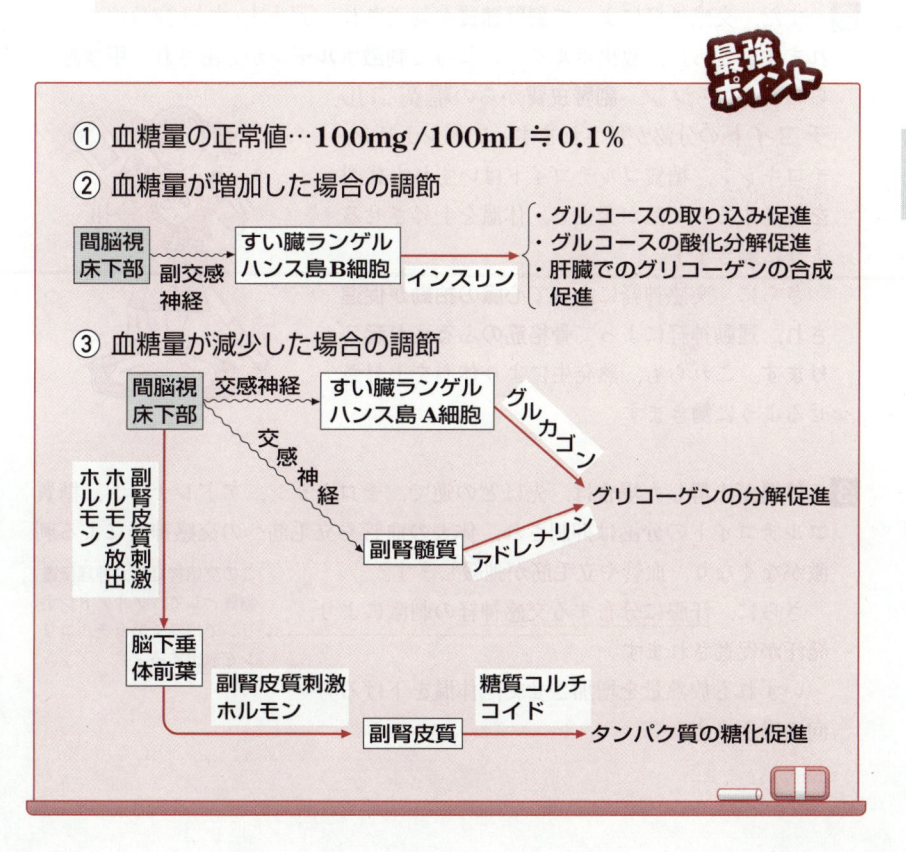

最強ポイント

① 血糖量の正常値…100mg/100mL ≒ 0.1%

② 血糖量が増加した場合の調節

間脳視床下部 —副交感神経→ すい臓ランゲルハンス島B細胞 —インスリン→
・グルコースの取り込み促進
・グルコースの酸化分解促進
・肝臓でのグリコーゲンの合成促進

③ 血糖量が減少した場合の調節

間脳視床下部 —交感神経→ すい臓ランゲルハンス島A細胞 —グルカゴン→ グリコーゲンの分解促進

間脳視床下部 —交感神経→ 副腎髄質 —アドレナリン→ グリコーゲンの分解促進

間脳視床下部 —副腎皮質刺激ホルモン放出ホルモン→ 脳下垂体前葉 —副腎皮質刺激ホルモン→ 副腎皮質 —糖質コルチコイド→ タンパク質の糖化促進

第7章　体液の恒常性

3 体温調節

1 恒温動物では、体温は常にほぼ一定範囲に保たれています。

たとえば、気温が下がったことは皮膚の**冷点**が受容します。この情報が感覚神経によって**間脳視床下部**に伝えられます。このような外界の刺激以外にも、温度が下がった血液が間脳視床下部に流れると、間脳視床下部の体温中枢が刺激されます。

すると、**交感神経**によって、**皮膚の血管や立毛筋が収縮**します。そして、血管の収縮により、体表から奪われる熱が減少します。また、立毛筋の収縮により毛が立つと、毛と毛の間の空気によって、やはり体表から奪われる熱が減少します。

2 また、交感神経によって**副腎髄質**が刺激され、**アドレナリン**分泌が促されます。さらに、放出ホルモンによって**刺激ホルモン**が分泌され、**甲状腺**からの**チロキシン**、**副腎皮質**からの**糖質コルチコイド**の分泌が促されます。アドレナリン、チロキシン、糖質コルチコイドはいずれも代謝を促進するので熱が発生し、体温を上昇させるように働きます。

さらに、交感神経によって**心臓の拍動が促進**され、運動神経によって**骨格筋のふるえが起こ**ります。これらも、熱発生により体温を上昇させるように働きます。

3 **体温が上昇した場合**は、先ほどの逆で、チロキシン、アドレナリン、糖質コルチコイドの分泌は抑制され、体表の血管や立毛筋への交感神経による刺激がなくなり、血管や立毛筋が弛緩します。

さらに、汗腺に分布する交感神経の刺激により、発汗が促進されます。

いずれも放熱量を増加させて、体温を下げる方向に働きます。

> この交感神経は、神経伝達物質として、ノルアドレナリンではなくアセチルコリンを放出する。

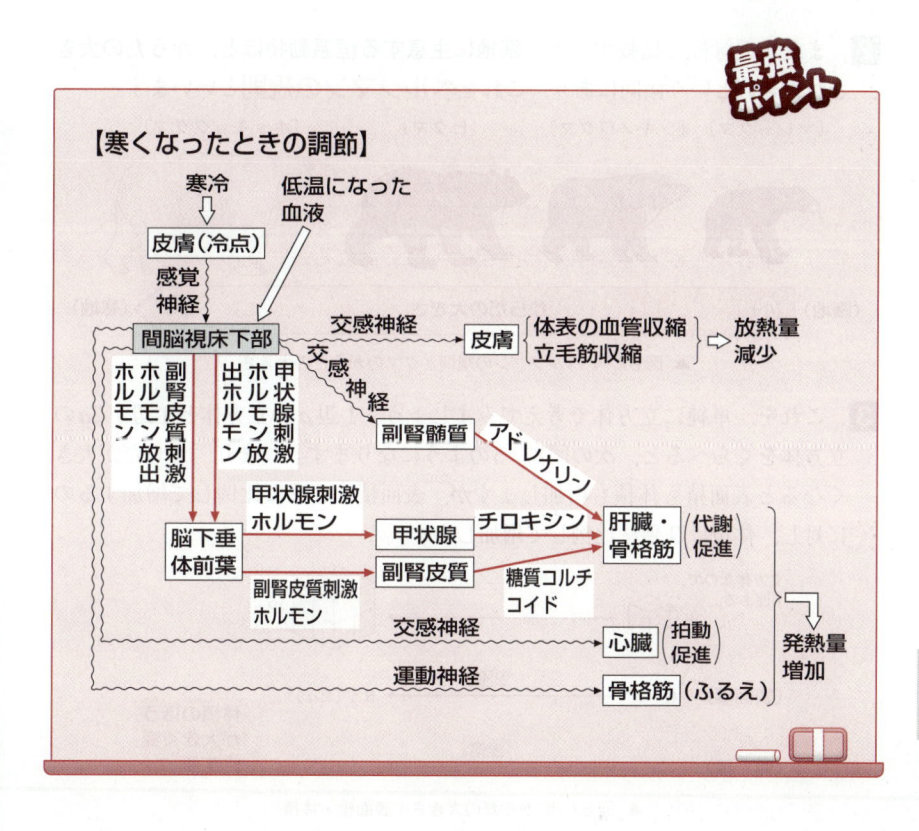

【寒くなったときの調節】

```
寒冷 → 皮膚（冷点） → 感覚神経 → 間脳視床下部
低温になった血液 → 間脳視床下部

間脳視床下部 → 交感神経 → 皮膚 ｛体表の血管収縮／立毛筋収縮｝ ⇒ 放熱量減少
間脳視床下部 → 交感神経 → 副腎髄質 → アドレナリン → 肝臓・骨格筋 ｛代謝促進｝
間脳視床下部 → 副腎皮質刺激ホルモン放出ホルモン／甲状腺刺激ホルモン放出ホルモン → 脳下垂体前葉
脳下垂体前葉 → 甲状腺刺激ホルモン → 甲状腺 → チロキシン → 肝臓・骨格筋
脳下垂体前葉 → 副腎皮質刺激ホルモン → 副腎皮質 → 糖質コルチコイド
間脳視床下部 → 交感神経 → 心臓 ｛拍動促進｝
間脳視床下部 → 運動神経 → 骨格筋（ふるえ）
⇒ 発熱量増加
```

4 恒温動物の温度適応

1 近縁種で比較すると，寒地に生息する恒温動物ほど，耳などの突出部が小さいという傾向にあり，これを**アレンの規則**といいます。

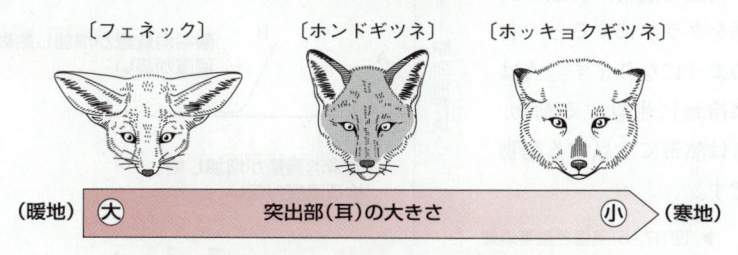

〔フェネック〕　〔ホンドギツネ〕　〔ホッキョクギツネ〕

（暖地）大 ← 突出部（耳）の大きさ → 小（寒地）

▲ 図87-3 アレンの規則とキツネの耳の大きさ

2 また，近縁種で比較すると，**寒地に生息する恒温動物ほど，からだの大きさが大きい**という傾向にあり，これを**ベルクマンの規則**といいます。

〔マレーグマ〕　〔ツキノワグマ〕　〔ヒグマ〕　〔ホッキョクグマ〕

（暖地）小　　　　からだの大きさ　　　　大（寒地）

▲ 図87-4 ベルクマンの規則とクマのからだの大きさ

3 これを，単純に立方体で考えてみましょう。1辺 a の立方体と1辺が $2a$ の立方体をくらべると，次の図87-5のようになります。つまり，からだが大きくなると表面積も体積も増加しますが，表面積は2乗に比例して増加するのに対し，体積は3乗に比例して増加します。

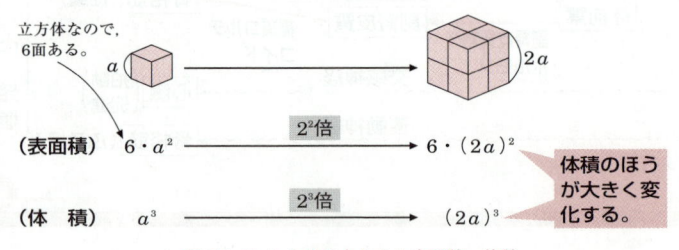

立方体なので，6面ある。

（表面積）　$6 \cdot a^2$ 　—2^2倍→　$6 \cdot (2a)^2$

（体　積）　a^3 　—2^3倍→　$(2a)^3$

体積のほうが大きく変化する。

▲ 図87-5 からだの大きさと表面積・体積

4 表面積が増加すれば放熱量が増加してしまいますが，体積が増加すれば熱生産が増加することになります。したがって，からだが大きくなると表面積が増加する以上に体積が増加し，$\dfrac{表面積}{体積}$ すなわち $\dfrac{熱放散}{熱生産}$ の割合が小さくなるので，寒冷地に適応できることになります。

5 気温と酸素消費量の関係をグラフにすると，右のようになります。Aは寒冷地に生息する動物，Bは熱帯に生息する動物です。

▶ 図87-6 気温と酸素消費量の関係

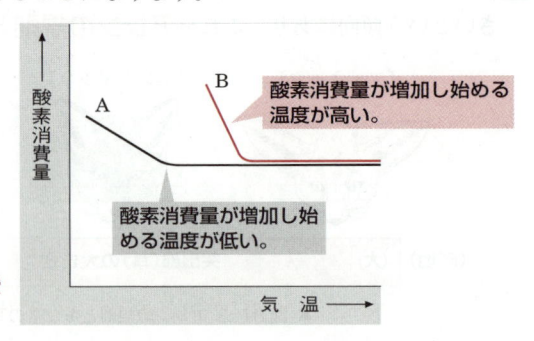

酸素消費量が増加し始める温度が高い。

酸素消費量が増加し始める温度が低い。

第87講 血糖調節・体温調節

6 気温が下がり，体温が低下し始めると，呼吸が盛んになり，代謝が促進されて熱生産が促されます。そのため，酸素消費量も増加します。

7 熱帯に生息する動物（B）にくらべると，寒冷地に生息する動物（A）のほうが，酸素消費量が増加し始める温度が低く，傾きが緩やかであるのが特徴です。これは，寒冷地の動物のほうがからだが大きく，突出部分が少なく，また皮下脂肪や体毛を発達させて，熱放散を抑制するしくみが発達しているためです。

最強ポイント

① **アレンの規則**…寒冷地の動物ほど，耳などの突出部分が小さい傾向にある。
② **ベルクマンの規則**…寒冷地の動物ほど**大形**である傾向にある。
③ 気温と酸素消費量の関係…寒冷地の動物のほうが，気温の低下に対する酸素消費量の増加割合が少ない。

第88講 体液濃度調節・性周期

体液濃度調節のしくみをマスターしましょう。さらに，女性の性周期のフィードバック調節を理解してください。

1 ヒトの体液濃度調節

1 多量の汗をかいたり塩分を摂取したりして体液の塩類濃度が上昇すると，**間脳視床下部**がこれを感知し，**脳下垂体後葉**からの**バソプレシン**分泌を促進します。

バソプレシンは，**腎臓の集合管での水の再吸収を促進**し，体液濃度を低下させます。その結果，尿の塩類濃度は上昇し，尿量は減少します。

2 逆に，多量の水を飲んだりして体液濃度が低下すると，**副腎皮質**からの**鉱質コルチコイド**分泌が促進されます。

鉱質コルチコイドは，腎臓の**細尿管**での**Na$^+$の再吸収を促進**するので，体液濃度が上昇します。その結果，尿の塩類濃度は低下します。

+αパワーアップ 鉱質コルチコイドの分泌調節のしくみ

鉱質コルチコイドの分泌は，副腎皮質刺激ホルモンによって促進されるのではない。腎臓の細動脈と細尿管の接する部位に**傍糸球体装置**と呼ばれる特殊な装置があり，血液中のNa$^+$濃度が低下すると，傍糸球体装置から**レニン**というホルモンが分泌される。

レニンは，血液中に存在する**アンギオテンシノーゲン**というタンパク質を**アンギオテンシン**に変換する。そして，アンギオテンシンが副腎皮質に作用して，鉱質コルチコイドの分泌を促す。

最強ポイント

① 体液の濃度が上昇した場合

間脳視床下部 → 脳下垂体後葉 →（バソプレシン）→ 集合管での水分の再吸収を促進

② 体液の濃度が低下した場合

副腎皮質 →（鉱質コルチコイド）→ 細尿管での Na^+ の再吸収を促進

2 硬骨魚類の体液濃度調節

1 淡水生の硬骨魚は，体液にくらべて**外界のほうが低い濃度**（低張⇨p.49）である淡水中で生活しています。硬骨魚の体表のほとんどは鱗で覆われていて，水は通りませんが，鱗で覆われていないえらや口腔粘膜を通して濃度の低い**外界から体内へ水が浸透**し，体液濃度が低下する傾向にあります。

2 そこで，淡水生の硬骨魚は，腎臓から体液よりも低濃度の尿を多量排出し，また，えらにある**塩類細胞**という細胞から能動輸送で塩類を吸収して，体液濃度の低下を防いでいます。

3 海生の硬骨魚は，体液にくらべて**外界のほうが高い濃度**（高張⇨p.49）である海水中で生活しています。そのため，淡水生とは逆に，えらや口腔粘膜を通して，**濃度の高い海水中へ体内から水が奪われ**，体液濃度が上昇する傾向にあります。

4 そこで，海生の硬骨魚は，**海水を積極的に飲んで水を補給**し，同時に吸収された余分な塩類は，えらの**塩類細胞**から**能動輸送によって排出**します。

また，水が不足しがちなので，できるだけ水を再吸収して濃い尿を生成すればよいはずです。ところが，硬骨魚では体液より高い濃度の尿を生成する能力がありません。そこで，海生の硬骨魚にとって最も濃い尿として，腎臓からは**体液と等しい濃度の尿（等張尿）を少量排出**します。これらの方法によって，海生硬骨魚は浸透圧の上昇を防いでいます。

5 淡水生の硬骨魚を海に入れると死んでしまいます。これは，外液の濃度が低い淡水中では，上に述べたようなしくみで体液濃度をほぼ一定に維持することができますが，外液の濃度が高くなると，調節能力を超えてしまって体

液濃度が上昇し，生存できる範囲を超えてしまうからです。同様に，海生の硬骨魚を淡水に入れると死んでしまいます。

6 しかし，ウナギのように川と海とを行き来するような硬骨魚では，川では淡水生と同様の，海では海生と同様の体液の濃度調節を行うことができるので，両方の環境で生存することができます。

これらをグラフにすると，次のようになります。線分が途切れた外液濃度で，その硬骨魚は生存できなくなったことを意味します。

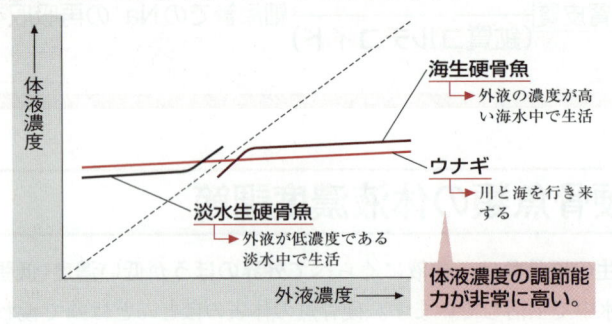

▲ 図88-1 硬骨魚の体液濃度と外液の関係

定番論述対策 18
(1) 淡水生硬骨魚の浸透圧（体液濃度）調節のしくみについて，100字以内で説明せよ。
(2) 海生硬骨魚の浸透圧（体液濃度）調節のしくみについて，120字以内で説明せよ。

ポイント　「水がどちらへ移動するか」，「どのような尿を排出するか」，「塩類を吸収するのか排出するのか」について書く。

模範解答例
(1) 淡水生硬骨魚では，外界より体液濃度が高いので，水が体内に浸透する傾向にある。そこで，腎臓からは低濃度の尿を多量に排出し，えらの塩類細胞からは能動輸送で塩類を吸収して，体液の濃度低下を防いでいる。(97字)
(2) 海生硬骨魚では，外界より体液濃度が低いので，水が体外に奪われる傾向にある。そこで，海水を飲んで水を補給し，吸収された余分な塩類はえらの塩類細胞から能動輸送で排出する。また，腎臓から少量の体液と等濃度の尿を排出して体液の濃度上昇を防いでいる。(120字)

第88講 体液濃度調節・性周期

+αパワーアップ ウミガメの涙と塩類腺

ウミガメやカモメは，海水を飲んでも余分な塩類を**塩類腺**という分泌腺から排出する。ウミガメが産卵時に涙を流しているような姿がよく見られるが，じつは塩類腺から余分な塩類を出して体液の調節をしているのである。

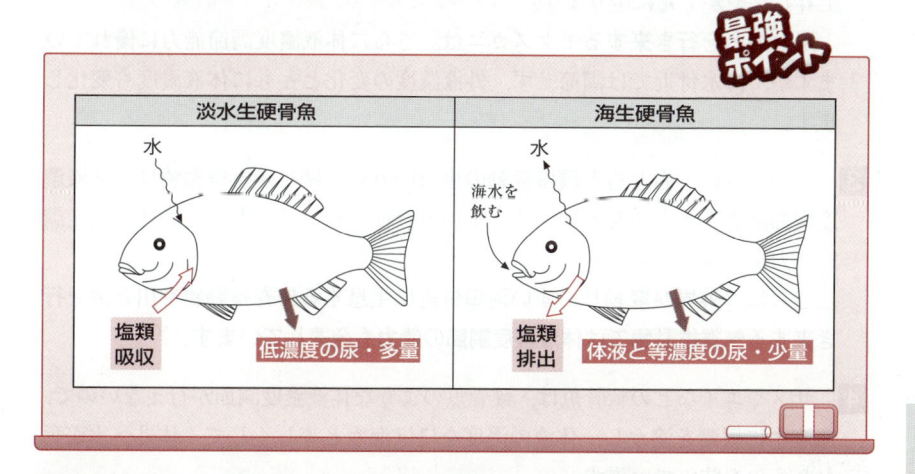

最強ポイント

淡水生硬骨魚
- 水
- 塩類吸収
- 低濃度の尿・多量

海生硬骨魚
- 海水を飲む
- 水
- 塩類排出
- 体液と等濃度の尿・少量

3 無脊椎動物と軟骨魚の体液濃度

1 次の図は，外洋に生息するケアシガニ，河口付近に生息するミドリイソガザミ，川と海とを行き来するモクズガニという3種類について，外液濃度を変化させて体液濃度がどのように変化するかを調べたものです。

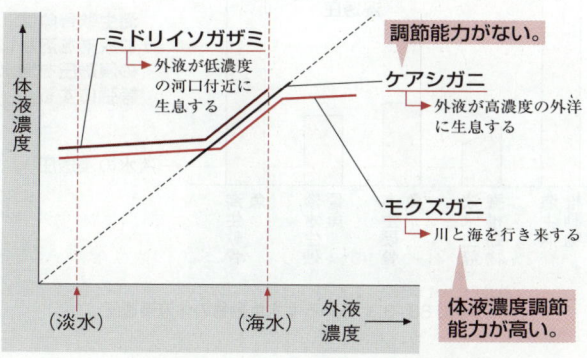

- ミドリイソガザミ → 外液が低濃度の河口付近に生息する
- 調節能力がない。
- ケアシガニ → 外液が高濃度の外洋に生息する
- モクズガニ → 川と海を行き来する
- 体液濃度調節能力が高い。

（縦軸）体液濃度　（横軸）外液濃度　（淡水）（海水）

▲ 図88-2 カニの体液濃度と外液の関係

第7章 体液の恒常性

2 外洋に棲むケアシガニは，体液濃度の調節能力をもたないので，外液濃度が変化すると体液濃度も変化してしまいます。やはり，線分が途切れた外液濃度で生存できなくなったことを意味します。

河口付近に生息するミドリイソガザミは，淡水付近では外液よりもやや高い体液濃度を保っていますが，あまりに外液濃度が高くなると，体液濃度も上昇し，やがて死に至ります。

川と海とを行き来するモクズガニは，さらに体液濃度調節能力に優れていますが，海水付近では調節せず，外液濃度の変化とともに体液濃度も変化します。

3 このように，もともと環境変動の少ない外洋に棲む無脊椎動物は，体液濃度調節能力をもちませんが，淡水生の無脊椎動物では，ある程度体液濃度調節能力をもっています。

さらに，外界が変動しやすい河口付近に生息する無脊椎動物や川と海を行き来する無脊椎動物では体液濃度調節の能力も発達しています。

4 サメやエイなどの軟骨魚は，硬骨魚のような体液濃度調節が行えないので，血液中に尿素を溶かし，体液の濃度をほぼ海水と等しくして，体外へ水が奪われるのを防いでいます。

5 いろいろな水生動物の体液濃度（浸透圧）をグラフにすると，次のようになります。赤色部分は塩類（主にNa^+）による浸透圧，白色部分は尿素による浸透圧を意味します。

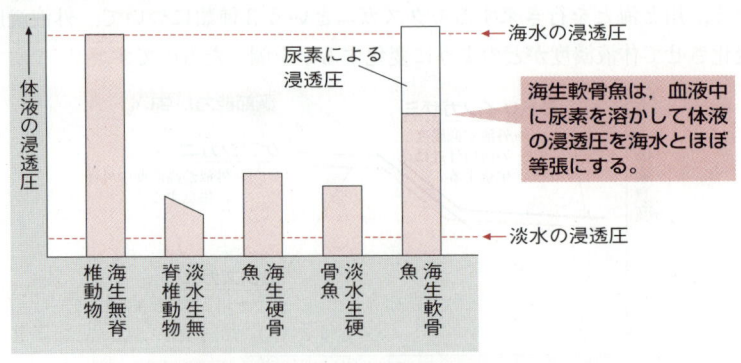

▲ 図88-3 いろいろな水生動物の体液浸透圧

> ① **外洋**に棲む無脊椎動物は，体液濃度調節能力がない。
> ② **淡水生**の無脊椎動物や**河口付近に生息**する無脊椎動物，川と海を行き来する無脊椎動物は，体液濃度調節能力がある。
> ③ **軟骨魚**は，**尿素**を溶かして体液濃度を海水とほぼ等しくしている。

4 性周期

1 まず，性周期に関与する内分泌腺を見てみましょう。

卵巣には，卵細胞を包んでいる袋状の**ろ胞**という内分泌腺があります。このろ胞から卵が放出される，すなわち**排卵**が起こると，ろ胞壁から**黄体**と呼ばれる内分泌腺が形成されます。もちろん，最高中枢は**間脳視床下部**で，脳下垂体前葉も関与します。

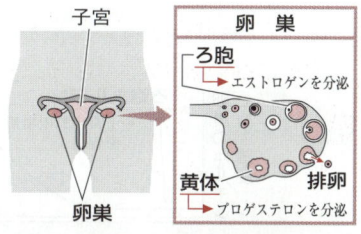

▲ 図88-4 ヒトの卵巣の構造

2 間脳視床下部から**ろ胞刺激ホルモン放出ホルモン**が分泌されると，脳下垂体前葉から**ろ胞刺激ホルモン**の分泌が促進されます。ろ胞刺激ホルモンは，文字どおりろ胞に刺激を与え，ろ胞の成熟を促します。

3 ろ胞が成熟してくると，ろ胞自身から**ろ胞ホルモン（エストロゲン）**が分泌されます。エストロゲンは，子宮内膜の増殖を促します。さらに，ろ胞ホルモンが間脳視床下部にフィードバックし，ろ胞刺激ホルモンの分泌抑制および黄体形成ホルモンの分泌を促進するよう働きかけます。

4 これにより，間脳視床下部からのろ胞刺激ホルモン放出ホルモンの分泌は抑制され，**黄体形成ホルモン放出ホルモン**の分泌が促進されます。

5 黄体形成ホルモン放出ホルモンの作用で，脳下垂体前葉からの**黄体形成ホルモン**の分泌が促進されると，成熟したろ胞から卵が放出されます。さらに，黄体形成ホルモンは，残ったろ胞壁を**黄体**に変化させるように働きます。

6 黄体が形成されると，黄体自身から**黄体ホルモン（プロゲステロン）**が分泌されます。黄体ホルモンは子宮内膜を維持し，妊娠を継続させるように

働きます。さらに、**黄体ホルモンは、黄体形成ホルモンおよびろ胞刺激ホルモンの分泌を抑制するように間脳視床下部にフィードバックします。**

7 妊娠が成立した場合は、黄体が存続し続け、黄体ホルモンを出し続けるので、新たなろ胞刺激ホルモンは分泌されず、次のろ胞は成熟しません。

しかし、妊娠しなかった場合は、黄体が退化し、黄体ホルモンの分泌量も減少します。その結果、子宮内膜がはがれおちて出血し、**月経**が起こります。また、ろ胞刺激ホルモンの分泌抑制が解除され、次の周期が始まるのです。

8 脳下垂体前葉および卵巣から分泌されるホルモンの血液中の濃度の変化をグラフにすると、次のようになります。↑が排卵された時点を示します。

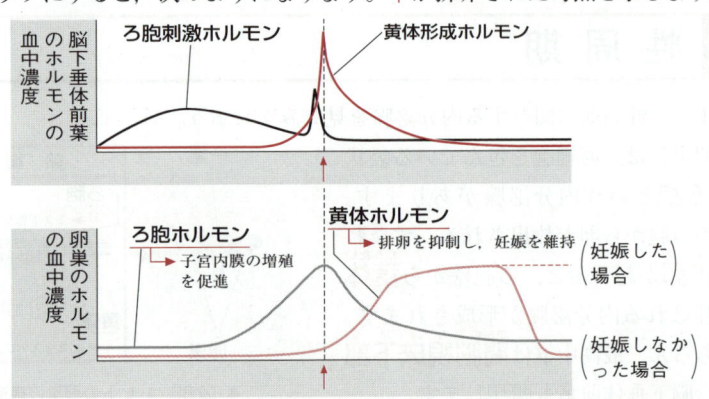

▲ 図88-5 ヒトの排卵前後における性ホルモンの濃度

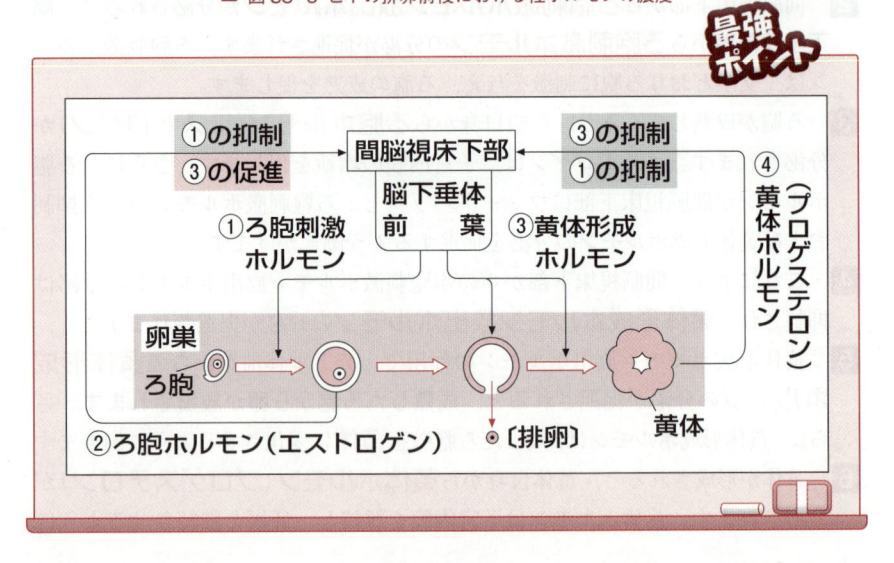

第8章

植物の反応と調節

第89講 植物の運動

植物も茎が曲がったり，花弁が開いたり，葉が閉じたりといった運動を行います。植物の運動を見てみましょう。

1 屈性と傾性

1 刺激の来る方向に対して一定方向に屈曲する性質を**屈性**といいます。屈性にはいろいろな種類がありますが，どれも，**成長を伴う成長運動によって起こります**。

屈性は，屈曲する方向によって，**刺激源のほうへ向かって屈曲**する場合は**正の屈性**，**刺激源から遠ざかるように屈曲**する場合は**負の屈性**といいます。

2 たとえば，植物体を水平にすると，茎は上に向かって，根は下に向かって伸びます。

これは，**重力が刺激**となり，茎ではその重力源（地球の中心）から遠ざかるように屈曲したので**負の重力屈性**，根は重力源のほうへ向かうように屈曲したので**正の重力屈性**を示したといえます。

3 植物に横から光を当てると，茎は光のほうへ，根は光から遠ざかるほうへ屈曲します。つまり，**茎は正の光屈性，根は負の光屈性**を示します。

```
     重力屈性                            光 屈 性

 茎…重力とは逆の方向に              茎…光のほうへ屈曲
   屈曲⇨負の重力屈性                    ⇨正の光屈性
                        （光）
                         →
                                    根…光から遠ざか
   根…重力の方向に屈曲                 る方向へ屈曲
      ⇨正の重力屈性                    ⇨負の光屈性
```

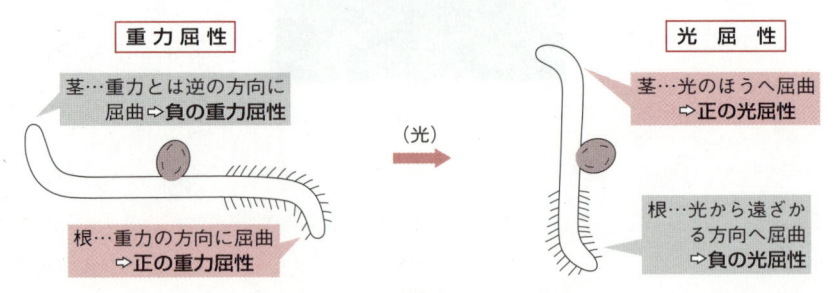

▲ 図89-1 植物の重力屈性と光屈性

第 89 講　植物の運動

4　アサガオのつるは支柱に巻きつきますが，これは，茎が支柱に接触すると，**接触した側よりも接触しない側での成長が促進されるため**です。つまり，接触という刺激源のほうへ向かって屈曲したことになるので，この場合，**正の接触屈性**を示したといえます。

5　花粉管は助細胞から分泌される化学物質のほうへ向かって伸びていきます（⇨p.195）。これは，**正の化学屈性**だといえます。

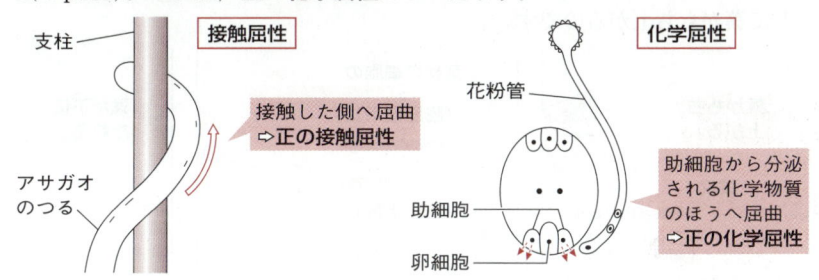

▲ 図 89-2　植物の接触屈性と化学屈性

6　刺激の来る方向とは無関係に，一定方向に運動する性質を**傾性**といいます。

7　屈性はすべて成長運動によりますが，傾性の場合は，**成長運動**の場合と膨圧の変化によって起こる**膨圧運動**の場合があります。

8　チューリップの花は，温度が高くなると開き，温度が下がると閉じるという運動を行います。これは，**温度が高くなると，花弁の内側がよく成長し，温度が下がると，花弁の外側がよく成長する**からです。この運動は温度が刺激ですが，刺激の方向とは無関係に，温度が上がれば花が開くという一定方向に運動するので，温度屈性ではなく**温度傾性**といいます。

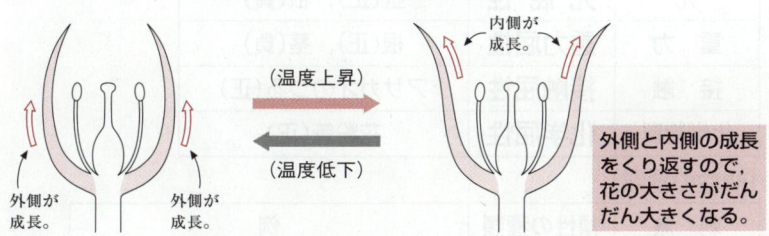

▲ 図 89-3　温度傾性によるチューリップの花の開閉

9　オジギソウの葉に触れると，葉は折りたたまれて下にたれます。これは，接触が刺激となっていますが，上から触っても下から触っても，触ると葉は下にたれるので，接触屈性ではなく**接触傾性**だといえます。

花の開閉運動は成長を伴う成長運動によりましたが、オジギソウの葉の開閉運動は、葉柄の付け根にある葉枕を構成する細胞の膨圧が可逆的に変化することで起こります。つまり、葉に触ると葉枕の細胞の膨圧が低下し葉が下にたれますが、接触刺激がなくなると膨圧が再び上昇して葉がもち上がるのです。

> オジギソウの葉の開閉運動は、昼間開き、夜閉じるというように、1日の変化に伴っても見られる。この場合は、接触刺激とは関係なく、体内時計によって開閉運動が行われる。このような運動は「就眠運動」と呼ばれる。

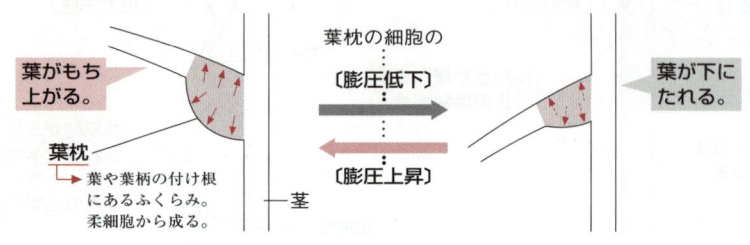

葉がもち上がる。
葉枕 → 葉や葉柄の付け根にあるふくらみ。柔細胞から成る。
葉枕の細胞の〔膨圧低下〕
〔膨圧上昇〕
茎
葉が下にたれる。

▲ 図89-4 接触傾性によるオジギソウの葉の開閉運動

10 このように、可逆的な膨圧の変化によって起こる運動を**膨圧運動**といいます。

最強ポイント

{ 屈性…刺激の方向に対して**一定方向に屈曲**する性質。
{ 傾性…刺激の方向に対して**無関係に一定方向に運動**する性質。

【屈性の種類】

刺激	屈性の種類	例
光	光屈性	茎(正)、根(負)
重力	重力屈性	根(正)、茎(負)
接触	接触屈性	アサガオのつる(正)
化学物質	化学屈性	花粉管(正)

【傾性の種類】

刺激	傾性の種類	例
温度	温度傾性	チューリップの花弁の開閉運動
接触	接触傾性	オジギソウの葉の開閉運動

2 光屈性の研究

1 植物の茎は，光の方向に屈曲する正の**光屈性**を示します。この正の光屈性について，多くの学者によるさまざまな実験が行われました。

2 光屈性の実験には，幼葉鞘がよく用いられます。幼葉鞘とは，イネ科植物において，種子から最初に出てくる筒状の器官で，第一葉を包んでいるものです。幼葉鞘は，光に対して敏感に光屈性を示します。

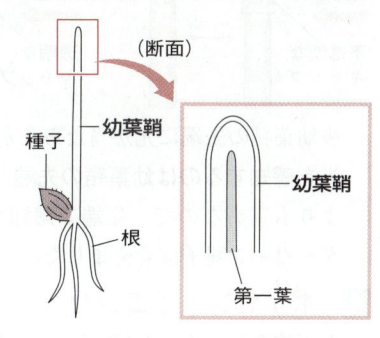

▲ 図89-5 イネの幼葉鞘

3 進化論でも有名な**ダーウィン**とその子は，クサヨシ(カナリアソウ)の幼葉鞘を用いて，次のような実験を行いました(1880年)。

(実験1) 幼葉鞘の先端を切除し，光を照射する。➡屈曲しない(ほとんど成長もしない)。

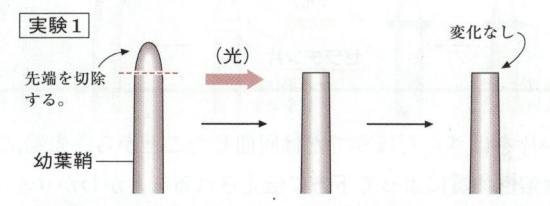

➡幼葉鞘の先端を切除すると屈曲しないこの実験から，「**光屈性には，先端が何か重要な役割をしているらしい…**」ということがわかります。でも，屈曲しない(ほとんど成長しない)のは，切除したときの傷が原因など，いろいろなことが考えられるので，光を感知する部分が幼葉鞘の先端だとは，まだいえません。

(実験2) 先端に不透明なキャップをかぶせて光を照射する。➡屈曲しない。

(実験3) 先端に透明なキャップをかぶせて光を照射する。➡屈曲する。

＊実験3は，キャップをかぶせた接触刺激や重さが原因ではないことを確かめる実験2の対照実験。

(実験4) 先端以外を砂に埋めて光が当たらないようにし，光を照射する。➡屈曲する。

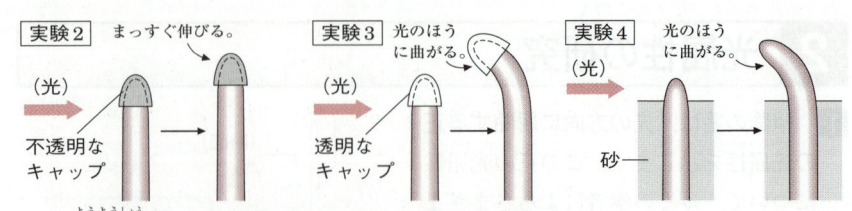

| 実験2 | まっすぐ伸びる。 | 実験3 | 光のほうに曲がる。 | 実験4 | 光のほうに曲がる。 |

（光）　不透明なキャップ
（光）　透明なキャップ
（光）　砂

➡幼葉鞘の先端に光が当たらなかったときだけ屈曲しないこれらの実験から，**光を感知するのは幼葉鞘の先端**だとわかります。また，屈曲する部分は先端よりも下方なので，**先端で感知された情報が下方に伝えられて屈曲する**と，ダーウィン親子は考えました。

4 **ボイセン・イエンセン**は，マカラスムギの幼葉鞘を用いて，次のような実験を行いました（1910〜1913年）。

（実験5）　先端を切り取り，雲母片をはさんでのせ，光を照射する。➡屈曲しない。

> 雲母という岩石の薄い切片で，水溶性物質などを通さない。

（実験6）　先端を切り取り，ゼラチン片をはさんでのせ，光を照射する。➡屈曲する。

> 動物の骨や腱などの結合組織の主成分であるコラーゲンに熱を加えて抽出したもので，水溶性物質を通す。ゼリーやグミなどの材料として用いられている物質である。

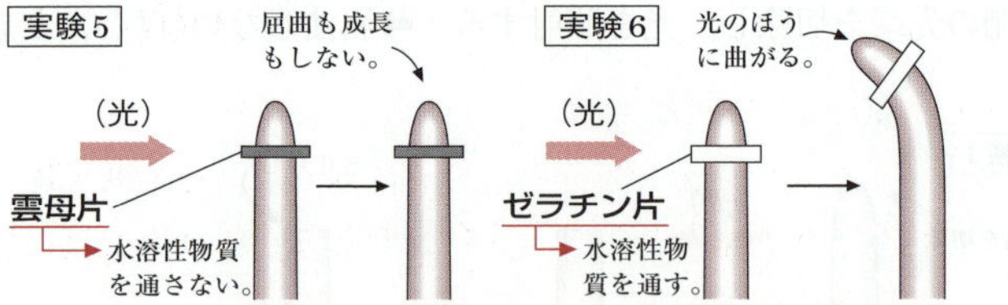

実験5　雲母片　屈曲も成長もしない。　水溶性物質を通さない。
実験6　ゼラチン片　光のほうに曲がる。　水溶性物質を通す。

➡ゼラチン片をはさんだほうでだけ屈曲したことから，先端部で感知された情報は，**水溶性物質によって下方に伝えられる**ことがわかります。

（実験7）　雲母片を光と反対側に差し込み，光を照射する。➡屈曲しない。
（実験8）　雲母片を光の来る側に差し込み，光を照射する。➡屈曲する。
（実験9）　雲母片を先端から光の来る方向に垂直に差し込み，光を照射する。
　　　　　➡屈曲しない。
（実験10）　雲母片を先端から光の来る方向に平行に差し込み，光を照射する。
　　　　　➡屈曲する。

実験7　屈曲も成長もしない。　雲母片
実験8
実験9　成長するが屈曲はしない。
実験10

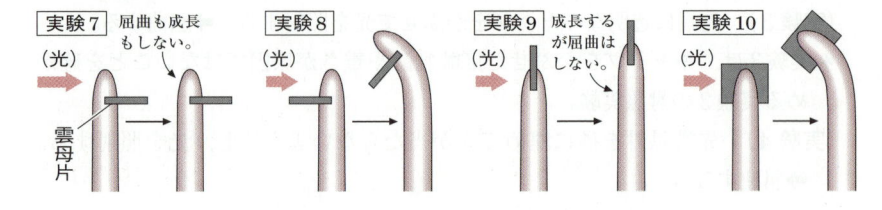

➡雲母片によって光の反対側への物質の移動を妨げたり（実験9），下方への物質の移動を妨げたりする（実験7）と屈曲しないことから，光の情報を伝える物質は，**先端で光と反対方向に移動し，光の当たらない側を下方に移動する**と考えられます。

5 **パール**は，マカラスムギの幼葉鞘の先端を切り，暗黒中で片側にずらして置くという実験を行いました（1919年）。➡幼葉鞘の先端を置いたほうと逆のほうに屈曲した。

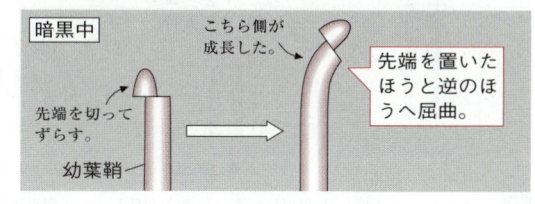

➡先端部でつくられ下方に移動した物質は**成長を促進する物質**で，これが不均一になることで屈曲が起こると考えられます。

6 **ウェント**は，マカラスムギを使って，次の実験を行いました（1928年）。

（**実験11**）　暗黒中で先端部だけを寒天片にのせておき，その寒天片を，先端部を切除した幼葉鞘の片側にずらしてのせ，光は照射しない。

テングサ（紅藻類）の粘液質を凍結乾燥させてつくったもので，おもに多糖類からなる。

➡寒天片をのせていないほうへと屈曲する。

（**実験12**）　先端部だけを2個の寒天片にのせて光を照射する。その寒天片をそれぞれ先端部を切除した幼葉鞘にのせ，光は照射しない。➡光と反対側の寒天片をのせたほうがよく成長し，屈曲する。

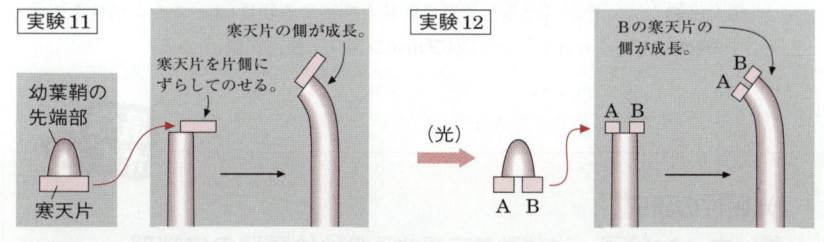

➡幼葉鞘の先端でつくられた成長促進物質は，**先端で光と反対方向に移動して，下方に移動する**と考えられます。

7 ウェントは，この成長促進物質の濃度によって幼葉鞘の屈曲度が違うことを利用して，成長促進物質の濃度を推定する方法を考案しました。これを**アベナ屈曲テスト**といいます。

マカラスムギの学名が $Avena\ sativa$ L. で，アベナを用いてその屈曲を調べる実験ということで，このような名前で呼ばれる。

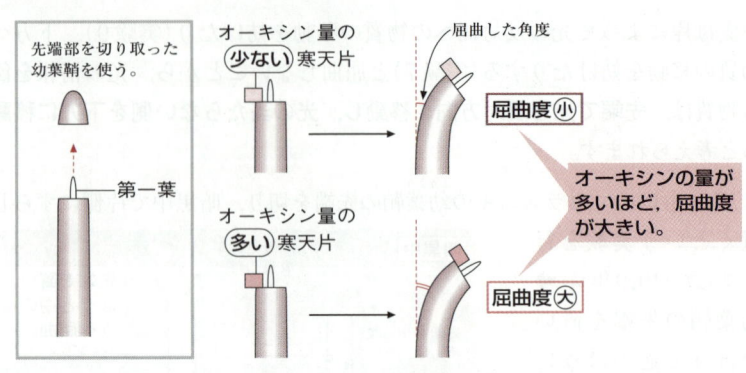

図中ラベル:
- 先端部を切り取った幼葉鞘を使う。
- 第一葉
- オーキシン量の少ない寒天片
- オーキシン量の多い寒天片
- 屈曲した角度
- 屈曲度小
- 屈曲度大
- オーキシンの量が多いほど，屈曲度が大きい。

▲ 図89−6 アベナ屈曲テスト

8 このように，生物体の反応を利用して，物質量を推定するような方法を**生物検定法（バイオアッセイ）** といいます。

9 ウェントは，寒天片中から成長促進物質を取り出すことにも成功しました（1929年）。これが，後に**ケーグル**らによって**オーキシン**と名づけられることになる植物ホルモンです。

+α パワーアップ 光屈性のしくみに関するもう1つの説

ウェントの実験では，先端でつくられた成長促進物質が光と反対側に片寄ることで光屈性が起こることを示している。しかし，精密な機器で測定したところ，光側と陰側とでオーキシンの濃度にはほとんど差がなかったという研究結果もある。そのため，光が当たると光側で成長を抑制する物質（オーキシン活性を阻害する物質）がつくられるという説（ブルインスマ・長谷川説）もある。

最強ポイント

【光屈性の研究】
ダーウィン父子…光刺激を感知するのは**幼葉鞘の先端部**。
ボイセン・イエンセン…情報を下方に伝えるのは**水溶性物質**。
パール…先端部でつくられた物質は**成長促進物質**。
ウェント…先端部でつくられた物質は**先端で光と反対方向に移動し，影側を通って下方に移動する**。

第90講 オーキシン

代表的な植物ホルモンであるオーキシンについて，くわしく見てみましょう。

1 オーキシンの特徴

1 天然のオーキシンは**インドール酢酸(IAA)**という物質です。人工的に合成されたオーキシンとしては**ナフタレン酢酸(NAA)**，**2,4-D**などがあります。

インドール酢酸と類似する働きのある物質を総称して，**オーキシン**といいます。

> インドール酢酸(Indoleacetic acid)は，ヒトの尿から発見された物質。

> 2,4-ジクロロフェノキシ酢酸の略。双子葉類では異常な成長を促進して枯死させる働きがあるが，イネなどの単子葉類にはあまり影響がないため，水田や芝生などの除草剤として用いられる。ベトナム戦争では枯葉剤として森林に散布され，製造過程で生じ混入したダイオキシンによって多くの奇形児がうまれ，大きな問題となった。

2 オーキシンは茎や幼葉鞘の先端でつくられ，下方の伸長部へ移動し，伸長部で働きます。この移動の方向について，次のような実験があります。

〔オーキシンの移動方向を調べる実験〕

先端と伸長部の間を切断し，次の図90-1のように，オーキシンを含んだ寒天片とオーキシンを含まない寒天片を3つのパターンで置いた。

➡ その結果，オーキシンは，重力方向とは関係なく，**先端側から基部方向へのみ移動**し，その逆方向へは移動しないことがわかった。

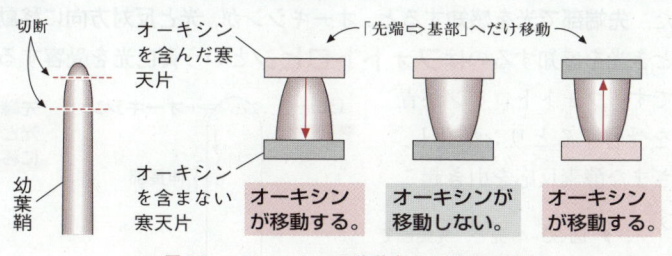

▲ 図90-1 オーキシンの移動方向を調べる実験

3 このように，方向性のある移動を**極性移動**といいます。

4 オーキシンの移動は**ATPのエネルギーを必要とする能動輸送**によるもので，右図のような方向に輸送されます。
- 1 先端でつくられたオーキシンの一部は，茎の外側の部分を通って伸長部へ移動します。
- 2 また一部は，茎の中心柱の部分を通って根の先端に達します。
- 3 根冠にまで達したオーキシンは，そこで折り返し，根の外側の部分を通って根の伸長部へ移動します。

▲ 図90-2 オーキシンの移動

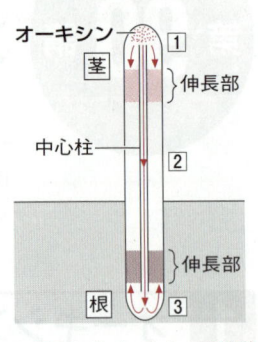

5 このように，オーキシンは極性移動しますが，先端部では重力方向に移動します。そのため，植物体を水平にすると，次の図90-3のように移動することになります。
- 1 まず先端部で重力方向に移動し，外側を通って伸長部へ移動します。
- 2 また一部は，中心柱を通って(この中心柱を通るときは重力方向にはあまり移動しない)，根に達します。
- 3 根冠内では重力方向に移動し，外側を通って根の伸長部へ移動します。

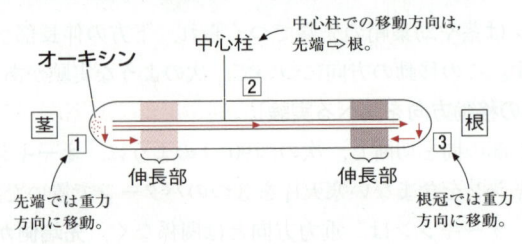

▲ 図90-3 植物体を水平にしたときのオーキシンの移動

6 また，**先端部で光を感知すると，オーキシンが，光と反対方向に移動します。**このとき光を感知するのは**フォトトロピン**という**青色光を受容するタンパク質**です。フォトトロピンが青色光を受容するとリン酸化し，さまざまな酵素反応を引き起こします。

▲ 図90-4 光と，先端部でのオーキシンの移動の方向

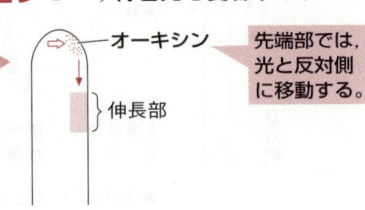

7 オーキシンは成長を促進する作用がありますが，**濃度が高すぎると逆に成長を抑制します**。また，成長に最も適したオーキシンの最適濃度は，下の図90-5のように，器官によって異なります。

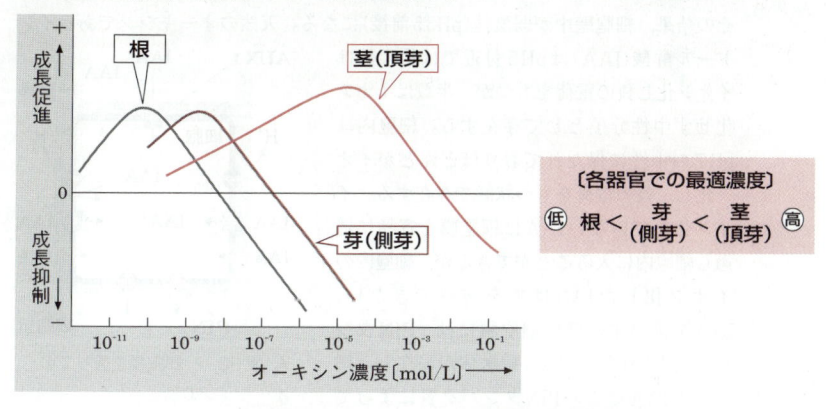

▲ 図90-5 オーキシンに対する各器官の感受性

そのため，同じ濃度でも，器官によって成長を促進したり，抑制するように働いたりします。たとえば，図90-5で10^{-7}mol/Lの濃度のときを見てみると，茎では成長促進に，根では成長抑制に作用します。

8 植物体を水平に保つと，茎でも根でも下側の伸長部のオーキシン濃度が上がります。しかし，茎の最適濃度はかなり高いので，少しくらいオーキシン濃度が上がってもまだ成長促進に働きます。その結果，**茎では下側の成長が上側よりも促進されて，上に向かって屈曲します**（**負の重力屈性**）。

一方，根は，最適濃度がかなり低いので，オーキシン濃度が上がってしまった下側の伸長部の成長が抑制され，むしろオーキシン濃度が低くなった上側の成長が促進されます。その結果，根は下に向かって屈曲します（**正の重力屈性**）。

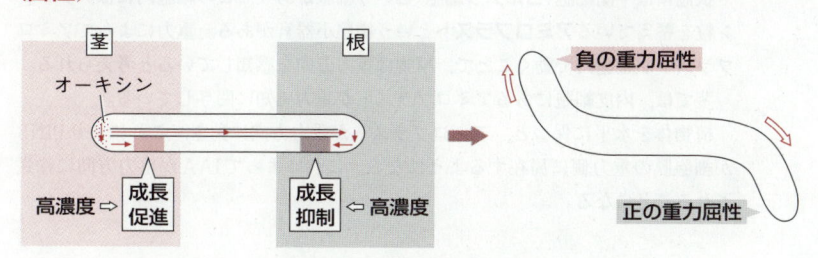

▲ 図90-6 重力屈性が起こるしくみ

+αパワーアップ オーキシンの極性移動

細胞膜にあるH^+ポンプにより細胞内から細胞外(細胞壁中)にH^+が放出され，その結果，細胞壁中が弱酸性(pH5.5前後)になる。天然のオーキシンであるインドール酢酸(IAA)はpH5付近では約半数はイオン化し負の電荷をもつが，半数はイオン化せず中性分子として存在する。細胞内はpH7の中性に保たれておりほとんどがイオン化し，負の電荷をもつ状態で存在する。イオン化していないIAAは細胞膜を容易に透過し細胞内に入ることができるが，細胞内のイオン化したIAAは膜を透過できない。IAAを排出する側の細胞膜には，**PINタンパク質**と呼ばれるIAA輸送体が局在し，細胞内のIAAはこのPINタンパク質によって細胞外に排出される。また，AUX1という輸送タンパク質があり，細胞外のIAAはこれによっても細胞内に取り込まれる。

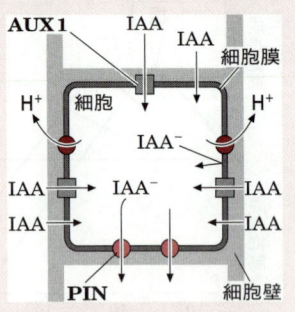

▲ 図90-7 細胞膜を通じてのオーキシンの輸送

PINタンパク質にはPIN1からPIN8まで8種類が存在し，それぞれが異なる組織で発現することで，IAAの極性移動に関与している。茎や根の中心柱の細胞ではPIN1が細胞膜の下側に局在することで，重力に関係なく，茎の先端から根にIAAが輸送されることになる。さらに先の細胞にあるPIN4によりIAAは根冠に輸送され，根冠の細胞でPIN3により方向を変え，表皮および皮層の細胞の上方(基部方向)の細胞膜にあるPIN2によって根の伸長部へと輸送される。

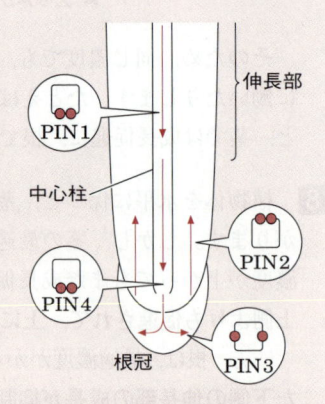

▲ 図90-8 根におけるオーキシンの輸送

根冠には**平衡細胞(コルメラ細胞)**という細胞があり，この細胞内には，デンプン粒を蓄えている**アミロプラスト**という細胞小器官がある。重力によってアミロプラストが細胞内で動くことで，植物は重力方向を感知していると考えられる。

茎では，内皮細胞にあるアミロプラストが重力感知に関与している。

植物体を水平に保つと，アミロプラストが重力方向に動き，これによりPIN3が細胞膜の重力側に局在するようになる。これによってIAAが重力方向に輸送されることになる。

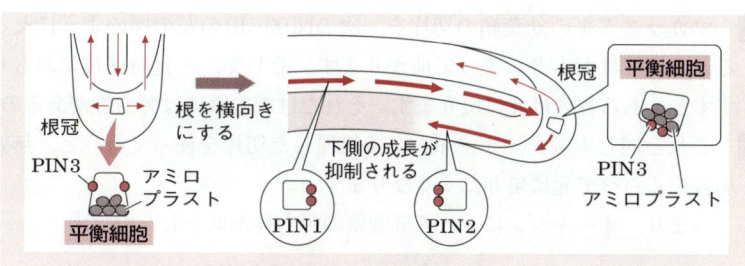

▲ 図90-9 重力屈性のしくみ

根の重力屈性には，オーキシンではなく根冠から分泌される成長阻害物質が関与しているという説もある。

最強ポイント

【オーキシンの種類】
① **インドール酢酸**（天然オーキシン）
② **ナフタレン酢酸，2,4-D**（人工オーキシン）

【オーキシンの特徴】
① **先端**でつくられて，**伸長部**に移動し，伸長部で働く。
② 先端から基部方向へ**極性移動**する（能動輸送によって輸送される）。極性移動には**PINタンパク質**が関与。
③ 器官によって，最適濃度が異なる。
　⇨オーキシンの最適濃度(**根＜芽＜茎**)

2 オーキシンの作用

1 オーキシンのように植物自身がつくり出し，微量で成長や生理的な働きを調節する物質を**植物ホルモン**といいます。オーキシンの働きとしてまず挙げられるのは成長促進ですが，直接的には，植物細胞の細胞壁に作用して**細胞壁をゆるめて変形しやすくします**。これは，次のような実験からわかります。

2 マカラスムギの幼葉鞘の切片を，次の図90-10の左の図のようにセットすると，切片はおもりによって曲がります。そして，一定時間後におもりをはずすと，ある程度は元に戻ります。それだけ細胞壁には弾力性があるのです。

3 これと同じ実験を，オーキシンで処理した切片を使って行うと，無処理の場合にくらべて元に戻りにくくなります。

つまり，オーキシンによって細胞壁の弾力性が低下したのです。

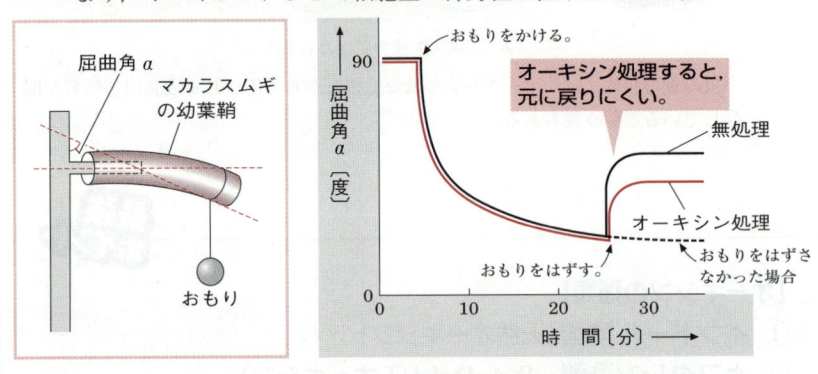

▲ 図90-10 マカラスムギの幼葉鞘の弾力性を調べる実験

オーキシンにより細胞壁がゆるむしくみ

細胞壁には，細胞壁の主成分であるセルロースの繊維間をつないでいる多糖類（**マトリックス多糖類**という）があり，これが分解されると細胞壁はゆるむ。オーキシンは細胞膜のH^+ポンプを活性化し，細胞内からH^+を細胞壁のほうへ排出させ，これによって細胞壁が酸性化する。細胞壁に含まれるマトリックス多糖類分解酵素の最適pHは酸性側にあり，細胞壁が酸性化すると，これらの酵素が活性化してマトリックス多糖類が分解され，細胞壁がゆるむと考えられている（**酸成長説**）。

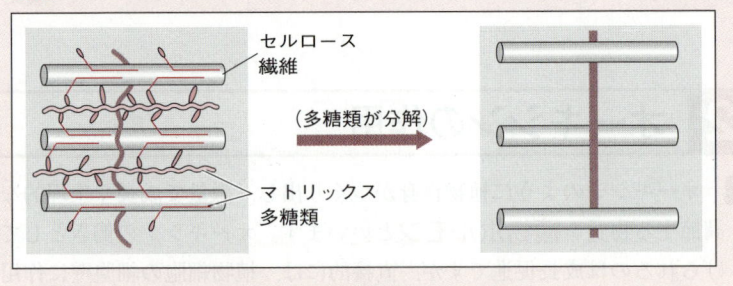

▲ 図90-11 細胞壁がゆるむしくみ

4 細胞壁がゆるむと，**膨圧**(⇨p.53)**が低下します**。膨圧は，もともと水を押し戻す方向に働く力なので，**膨圧が低下すると吸水が促されます**。その結果，細胞の体積が増加し，細胞が伸長するので，成長が促進されることになるのです。

5 先端にある芽を**頂芽**，葉柄の基部にある芽を**側芽**といいます。**頂芽が存在しているときは，側芽の成長は抑制されます**。このような現象を**頂芽優勢**といいます。

> 頂芽優勢には，後で学習するサイトカイニンも関与する。

頂芽を切除すると，側芽が成長を開始しますが，頂芽を切除してその切り口にオーキシンを与えると側芽は成長しません。このことから，頂芽優勢にオーキシンが関与していることがわかります。

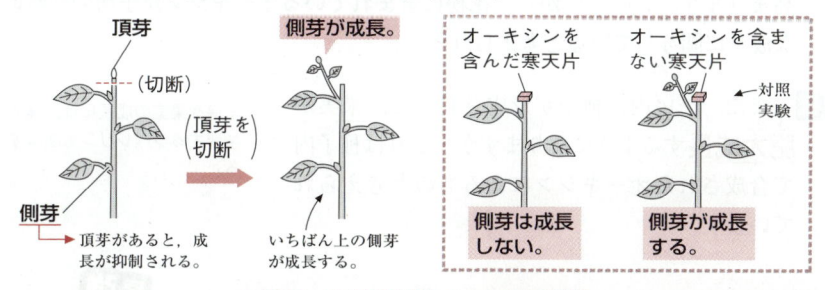

▲ 図90-12 頂芽優勢とオーキシンの関係

6 落葉や落果は，葉や果実の付け根の部分に**離層**と呼ばれる部分が形成されることで起こります。離層の部分は細胞が小さくなっており，維管束に含まれる**繊維**組織もなく，セルラーゼが活性化して細胞壁も弱くなっています。そのため，この離層の部分で容易に切断され，落葉や落果が起こるのです。

> 後で学習するアブシシン酸やエチレンは，離層形成を促進する方向に働く。

オーキシンは，この離層の形成を抑制し，**落葉・落果を抑制**する働きがあります。

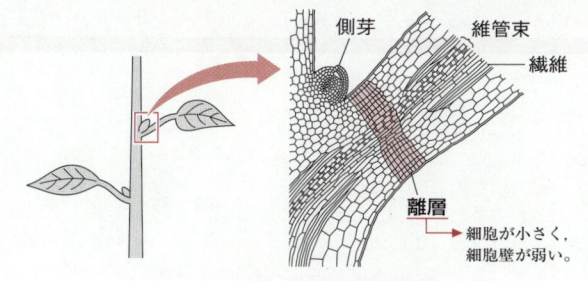

▲ 図90-13 植物の葉の離層

7 本来，根が形成されないような場所に形成される根を**不定根**といいます。

切り取った茎を挿し木するとき，オーキシンを与えておくと，不定根の発根が促進されます。このことから，**オーキシンには不定根を形成させる働きがあること**がわかります。

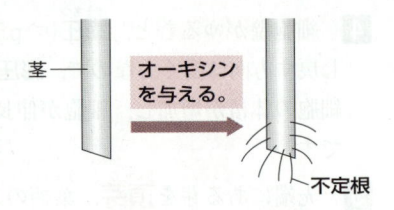

▲ 図90-14 挿し木と不定根

8 一般に，めしべの柱頭に花粉が付く（受粉）と，一時的に子房の成長が高まります。受粉していなくても，オーキシンを柱頭に与えると，子房の成長が高まります。このことから，**花粉に含まれているオーキシンが子房の一時的な成長に関与している**と考えられます。

9 また，子房内に種子が形成されると，果実が**肥大成長**するようになりますが，これは種子内で合成されたオーキシンによるものと考えられています。

> 子房や果実の成長には，後で学習するジベレリンも関与する。

【オーキシンのおもな作用】
① **細胞伸長促進**（細胞壁をゆるめ，膨圧を低下させて吸水を促す）
② **頂芽優勢**（側芽の成長抑制）
③ **離層形成の抑制**（落葉・落果の抑制）
④ **不定根の発根促進**
⑤ **子房・果実の成長促進**

第91講 オーキシン以外の植物ホルモン

オーキシン以外の植物ホルモンとして，おもなものは4種類あります。それらの働きを見ていきましょう。

1 ジベレリン

1 イネの苗が異常に伸びてしまう（徒長という）病気があり，これを**馬鹿苗病**（イネ馬鹿苗病）といいます。**黒沢英一**は，この病気の原因が**馬鹿苗病菌**（ジベレラ *Gibberella*）というカビが分泌する物質であることを突き止めました（1926年）。

> 当時，台湾総督府農事試験場の技師。

2 さらに，**藪田貞治郎**と**住木諭介**は，カビが分泌する物質を結晶として取り出すことに成功し，この物質を**ジベレリン**と名づけました（1938年）。

> 当時，東京帝国大学農学部教授。

後に，このジベレリンは，植物も合成する植物ホルモンの一種であることがわかりました。

3 ジベレリンには，植物の**伸長成長を促進**する作用がありますが，ジベレリン単独ではあまり効果はなく，オーキシンと協調することで働きます。

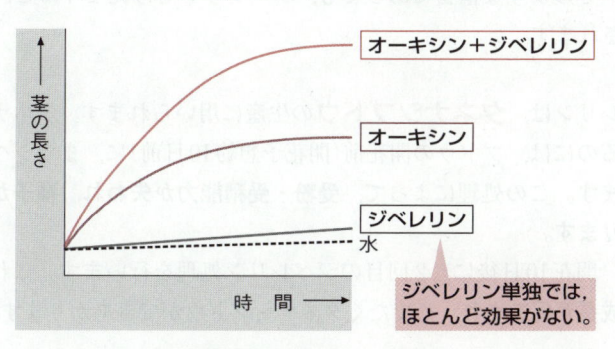

▲ 図91-1 ジベレリンの働き方

+α パワーアップ オーキシンとジベレリンの働き方のちがい

細胞壁を構成するセルロースの繊維が縦横斜めに張り巡らされていて，細胞壁は強度を保っている。オーキシンは，このセルロース繊維の間のマトリックス多糖類を分解して細胞壁をゆるめる（⇨p.564）。

一方，ジベレリンには，**セルロース繊維の方向を水平方向(横方向)にする働き**がある。したがって，ジベレリンとオーキシンが共同すると，オーキシン単独のとき以上に縦方向に細胞が伸長するのである。

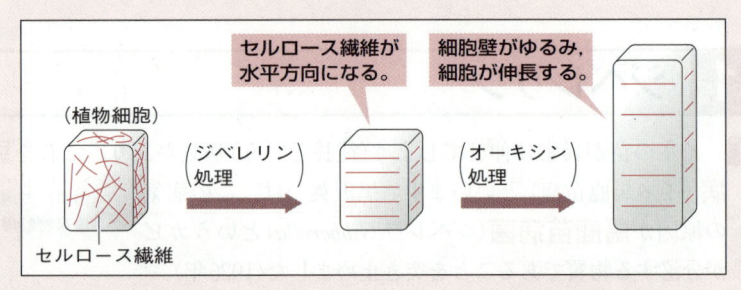

▲ 図91-2 ジベレリンとオーキシンによる細胞壁の伸長

これ以外にも，ジベレリンは，**細胞の浸透圧を上昇させる**働きをもつ。オーキシンは膨圧を低下させることで吸水を促すが，ジベレリンは浸透圧を上昇させて吸水を促すのである。また，ジベレリンには，オーキシンの合成を促すという作用もあり，さまざまな作用の結果，細胞の伸長成長を促進する。

4 遺伝的に背丈が伸びない植物を**矮性植物**といいます。これは，ジベレリン合成に関与する遺伝子に欠陥があり，ジベレリンが正常に合成されないからです。そのような植物であっても，ジベレリンを与えてやると，伸長成長が促進されます。

5 ジベレリンは，**タネナシブドウ**の生産に用いられます。タネナシブドウをつくるのには，ブドウの開花前（開花予想約10日前）に，まずジベレリンで処理します。この処理によって，**受粉・受精能力が失われ，種子が形成されなくなります。**

次に，開花10日後に，2回目のジベレリン処理を行います。これによって，**果実の成長が促進され**，めでたくタネナシブドウができあがります。

第91講 オーキシン以外の植物ホルモン

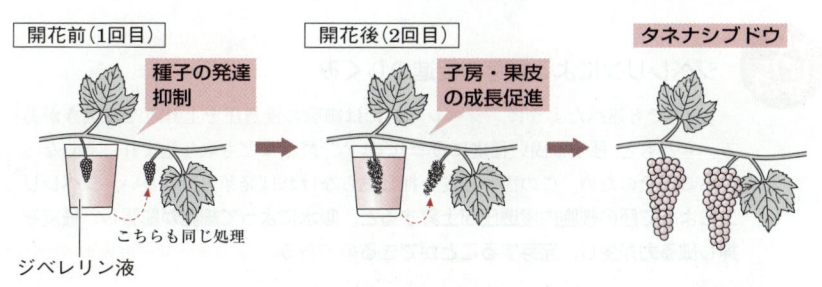

▲ 図91-3 ブドウのジベレリン処理

6 タネナシブドウのように，受精していなくても果実を形成することを**単為結実**といいます。ジベレリンには，単為結実を促す効果があるのです。

7 一般に，種子は成熟すると，いったん休眠状態に入ります。休眠している間は種子は発芽しませんが，いろいろな条件によって休眠が打ち破られ，発芽できるようになります。ジベレリンには，この休眠を打ち破る作用（**休眠打破**という）があります。

8 イネやムギなどでは，**ジベレリン**によって**アミラーゼ**が**合成され**，このアミラーゼが胚乳に貯蔵されているデンプンを分解します。そして，分解によって生じた糖が呼吸基質や新しい細胞の材料となり，**発芽が促進**されます（⇨p.577）。

＋α パワーアップ　ジベレリンと遺伝子発現

ジベレリンがないときは，DELLAと呼ばれるタンパク質が調節遺伝子の転写を抑制している。ジベレリンがあるとジベレリンの受容体（GID1）と結合し，これがDELLAタンパク質と複合体を形成する。この複合体が形成されるとタンパク質分解酵素によってDELLAタンパク質が分解され，DELLAタンパク質による転写抑制が解除され，転写が促進されるようになる。

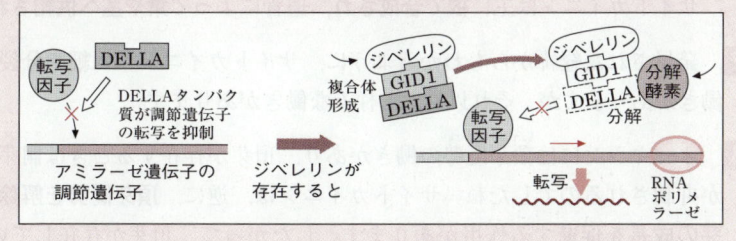

▲ 図91-4 ジベレリンが作用するしくみ

第8章 植物の反応と調節

+α パワーアップ ジベレリンによる発芽の促進のしくみ

p.568でも述べたように，ジベレリンには細胞の浸透圧を上昇させる働きがある。もともと，種子は固い種皮に覆われていて，酸素なども取り込まれにくくなっている。そのため，この固い種皮を押し破らなければ発芽もできない。**ジベレリンによって胚の細胞内浸透圧が上昇すると，吸水によって細胞が膨張し，種皮を押し破る力が生じ，発芽することができる**のである。

最強ポイント

【ジベレリンの特徴】
① **イネの馬鹿苗病菌**から発見された植物ホルモン。
② **オーキシンと共同して伸長成長**を促す。
③ **単為結実**を促す。⇨**タネナシブドウ**の作成に利用。
④ **休眠打破，発芽促進**。

---

2 サイトカイニン

1 1955年に，DNAの加熱分解産物の中から，細胞分裂を促進する物質が発見され，**カイネチン**と命名されました。その後，同様の作用を示す物質が次々と発見され，それらを総称して**サイトカイニン**と呼ぶようになりました。
　サイトカイニンは主に**根**で合成され，道管によって葉や茎へ供給されます。

2 発見された経緯からもわかるように，サイトカイニンには**細胞分裂促進**の働きがありますが，それ以外にも様々な働きがあります。

3 オーキシンには頂芽優勢の働きがあり，頂芽が存在するときは側芽の成長が抑制されるのでしたね。サイトカイニンは，逆に，**頂芽優勢を解除し，側芽の成長を促進**する作用があります。したがって，頂芽が存在していても，側芽にサイトカイニンを与えると，側芽の成長が始まります。

第91講 オーキシン以外の植物ホルモン

+α パワーアップ 頂芽優勢とサイトカイニン

以前は，頂芽優勢は，頂芽で合成された高濃度のオーキシンが側芽に運ばれ，そこで側芽の成長を抑制すると考えられていた。しかし，オーキシンは側芽には直接運ばれないことがわかり，この考え方は誤りだとされている。

現在では，側芽の成長に直接関与しているのは，茎で合成され側芽に供給された**サイトカイニン**で，頂芽が存在することで側芽の成長が抑制されるのは，頂芽で合成されたオーキシンが，側芽周辺でのサイトカイニンの合成を妨げているからだと考えられている。

+α パワーアップ アーバスキュラー菌根菌とストリゴラクトン

アーバスキュラー菌根菌（**AM菌**：Arbuscular Mycorrhizal fungi）は，多くの植物と共生する菌類（糸状菌）で，植物の根が届かないような場所に存在する無機塩類（リン酸など）を吸収して植物に供給し，代わりに植物の光合成産物の炭素源を受け取る。植物は根から**ストリゴラクトン**という物質を分泌してAM菌に自らの存在を教え，共生関係を築いている。

このストリゴラクトンは側芽の成長を抑制する植物ホルモンとしての働きもあり，頂芽優勢に関与している。頂芽で生成されたオーキシンが，サイトカイニンの合成を抑制するとともにストリゴラクトンの生成を促進し，これにより側芽の成長が抑制される。土壌中の無機塩類が不足すると植物はストリゴラクトンを分泌してAM菌との共生関係を促進するが，同時にストリゴラクトンにより自らの側芽の成長を抑制し，無機塩類不足に適応していることになる。

+α パワーアップ 頂芽優勢の解除

サクラなどの樹木の枝から細い枝が多数，ちょうど箒のように出ていることがあり，日本では「天狗の巣」，西洋では「魔女の箒」と呼ばれている。

これは，樹木の枝に**天狗巣病菌**というカビ（子のう菌）が感染し，カビが生産したサイトカイニンの作用で頂芽優勢が解除され，側芽成長調節のバランスが崩れた結果生じる形態異変だと考えられている。

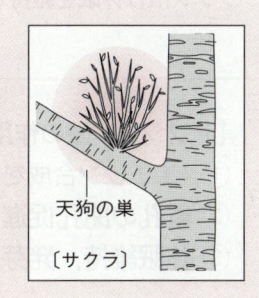

〔サクラ〕 天狗の巣

第8章 植物の反応と調節

4 植物の葉を切り離しておくと，葉は，すぐに黄色くなってきます。これはクロロフィルなどが分解されてしまうからです。このときサイトカイニンを与えると，しばらくは緑色を保つことができます。

　このように，サイトカイニンには，**クロロフィルの分解を抑制**し，**葉の老化を抑制**する作用があります。

【サイトカイニンの作用】
① 細胞分裂促進
② 側芽の成長促進
③ 葉の老化抑制

---

3 アブシシン酸

1 **アブシシン酸**は，もともとワタの落果を促進する物質として発見されました。この発見の経緯からもわかるように，アブシシン酸には**落果を促進**する，つまり，**離層**(⇨p.565)の形成を促進する作用があるわけですが，これはアブシシン酸の直接の作用によるものではなく，アブシシン酸がエチレン合成を促し，生じたエチレンが離層形成を促進します。

2 植物体内の水が不足するとアブシシン酸が合成され，**気孔が閉じる**ようになります(気孔の開閉のしくみは第93講で学習します)。

3 休眠している種子のアブシシン酸濃度が高く保たれていることから，アブシシン酸は**休眠を維持**し，**発芽を抑制**する働きがあると考えられます。

【アブシシン酸の作用】
① (エチレン合成を介して)落果・落葉の促進(離層形成促進)
② 気孔の閉孔促進
③ 休眠維持，発芽抑制

4 エチレン

1 19世紀後半，イギリスでは街路灯にガス灯が使われていましたが，このガス灯付近の植物の落葉が早まってしまう現象が見られました。また，灯油ストーブのある部屋にある緑色のレモンが早く黄色くなり，成熟する現象も観察されました。

調べたところ，照明用のガスに含まれる，あるいは灯油の不完全燃焼で生じる**エチレン**が原因であることがわかりました。

2 また，熟したバナナと未熟なオレンジを同じ容器に入れておくと，オレンジの果実の成熟が早まるといった現象も観察され，植物自身もエチレンを分泌していることがわかり，エチレンも植物ホルモンの一種と考えられるようになりました。

3 発見の経緯でわかるように，エチレンには**落葉を促す**，つまり，**離層形成を促進**する作用や**果実を成熟させる**作用があります。

4 エチレンは，果実の成熟を促しますが，熟した果実自身からも分泌されます。たとえば，熟したリンゴと他の植物を同じ容器に入れておくと，熟したリンゴから分泌されたエチレンによって落葉が促されるといった現象が観察されます。

エチレンのように，体外に気体として放出される揮発性のホルモンというのは，他の植物ホルモンと異なりますね。

5 これら以外にも，エチレンには**伸長成長を抑制**し，**肥大成長を促進**する働きがあります。

> **+αパワーアップ**
>
> **伸長成長抑制・肥大成長促進とエチレンの作用**
>
> ジベレリンにはセルロース繊維を水平方向（横方向）にする作用がある（⇨ p.568）が，エチレンには**セルロース繊維を縦方向にする**作用がある。その結果，エチレンが働くと，細胞は縦方向には成長せず，横方向に成長するので，エチレンの作用は伸長成長抑制，肥大成長促進ということになる。

6 また，オーキシンの濃度が高くなると，エチレン合成が促されます。したがって，オーキシンの濃度が高くなって成長が抑制されるのは，じつはエチレンによる作用である可能性もあります。

> **【エチレンの作用】**
> ① 落果・落葉促進（離層形成促進）
> ② 果実の成熟促進
> ③ 伸長成長抑制，肥大成長促進

5 その他の植物ホルモン

1 **ブラシノステロイド**は1970年に発見された植物ホルモンで，名前の通り，ステロイド系（脂質）の植物ホルモンです。

2 ブラシノステロイドは茎や葉の伸長成長を促進したり，道管・仮道管への分化促進，発芽促進，エチレン合成促進などオーキシンやジベレリン，サイトカイニンと類似の作用を，より低濃度で示します。

3 昆虫などに食害を受けると，**システミン**という18個のアミノ酸からなる短いペプチドが生じます。システミンは師管を通って輸送され，細胞膜にある受容体に結合します。すると，**タンパク質分解酵素の阻害物質の合成を促進する ジャスモン酸**の合成が誘導されます。

　タンパク質分解酵素の阻害物質を含む植物を食べた昆虫は，タンパク質を分解しにくくなるため，食害を防止することになります。システミンやジャスモン酸も，植物ホルモンの一種です。

4 またジャスモン酸はさらに揮発性の物質に変化し，周辺の植物にも働きかけることができます。ちょうど昆虫による食害を他の植物体にも報告し，危険を知らせていることになります。植物どうしがこんな方法でコミュニケーションをとっているなんてすごいと思いませんか？

> ジャスモン酸から合成されるジャスモン酸メチルはジャスミンの香りの主成分。

5 さっきは，昆虫による食害でしたが，今度は病原菌が侵入した場合です。病原菌が表皮やクチクラ層を突破して侵入し，その構成成分の一部が細胞膜の受容体に結合すると，**ファイトアレキシン**の合成が誘導されます。

6 ファイトアレキシンは侵入してきた病原菌の細胞壁に穴をあけたり，増殖を阻害したりする働きがあり，強い抗菌作用を発揮します。

植物は，動物のような免疫系をもたない代わりに，このような方法によって病原菌から身を守っているのですね。

> 最強ポイント
>
> ① **ブラシノステロイド**…茎や葉の伸長成長など，オーキシンやジベレリン，サイトカイニンと類似の作用。
> ② **ジャスモン酸**…昆虫による**食害を防止**（タンパク質分解酵素の阻害物質の合成を促進），揮発性の物質で他の植物に情報伝達。
> ③ **ファイトアレキシン**…体内に侵入した細菌に対する抗菌作用。

第92講 種子の発芽

発芽って，種子から芽が出るだけの現象？　いえいえ，発芽だけでもさまざまなしくみが備わっています。

1 発芽の過程

1 成熟した種子は，いったん休眠するのでしたね。種子は，**水・適温・酸素**などの環境条件が整い，さらに，**ジベレリンが増加することで休眠が打破され，発芽が始まります**。

2 種子を水につけて，時間を追って種子の重さを測定すると，次のようになります(図92-1)。

1 まず，最初に物理的な吸水が起こり，重くなります。

2 いったん吸水が止まり，重さが変化しなくなりますが，この間に貯蔵物質を分解する酵素合成など，発芽の準備が行われます。

3 幼根が種皮を破り，発芽の過程が始まります。種皮が破れたことで再び吸水が盛んになり，重くなっていきます。

➡種皮が破れると，内部に酸素が供給されやすくなり，細胞の呼吸が活発に行われるようになります。

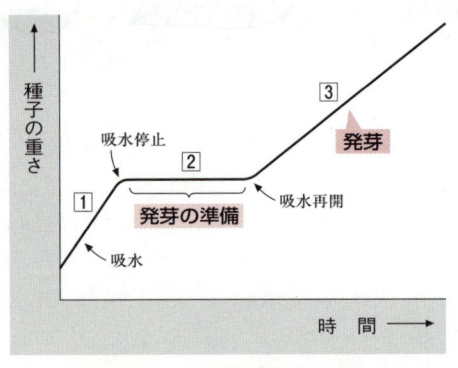

▲ 図92-1 種子の発芽と種子の重さ

3 **2**の**2**に書いた貯蔵物質を分解する酵素合成の具体的な例として，イネやムギなどで見られるアミラーゼ合成があります。

4 イネやムギの種子は，下の図92-2のような構造をしています。胚や胚乳および胚乳の外側には，糊粉層と呼ばれる部分があります。

5 アミラーゼ合成の誘導のしくみは次のようになっています。

① 種子が吸水すると，**胚**からジベレリンが分泌されます。

② これが**糊粉層**の細胞の，**アミラーゼ遺伝子**を活性化します。

③ アミラーゼ遺伝子が転写，翻訳され，アミラーゼが合成されます。

④ 合成されたアミラーゼは，糊粉層から**胚乳**へ分泌されます。

⑤ アミラーゼは，胚乳中の**デンプンを分解**します。

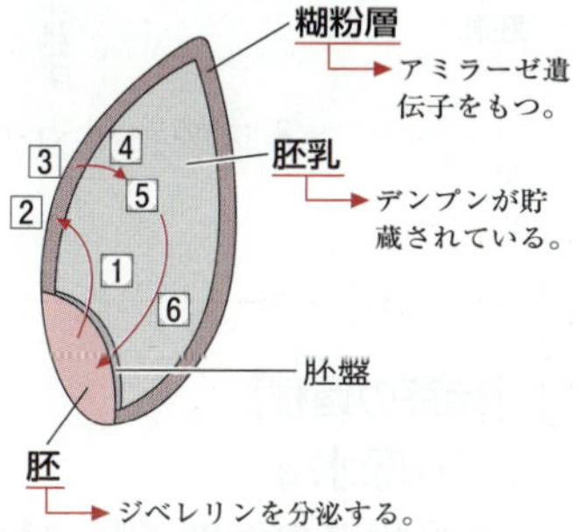

⑥ デンプンの分解によって生じた糖は**胚盤**を通して胚に取り込まれ，呼吸基質や新しい細胞の材料として利用され発芽が行われるようになります。

▲ 図92-2 イネの種子とアミラーゼ合成

6 このような，ジベレリンによるアミラーゼ合成の誘導は，次のような実験から解明されました。

〔アミラーゼ合成誘導を調べる実験〕（図92-3）

① オオムギの種子を2つに切断し，胚のあるほう（胚つき半種子）と胚のないほう（胚なし半種子）に分ける。

② 胚つき半種子を，デンプンを含んだ寒天培地に置いておくと，胚乳とその周辺のデンプンが分解される。
➡胚から分泌された**ジベレリン**によって，**アミラーゼ合成が誘導された**からです。

③ 胚なし半種子を，デンプンを含んだ寒天培地に置いておいても，デンプンの分解は見られない。
➡胚がないとジベレリンが分泌されず，アミラーゼ合成も起こらないからです。

④ 胚なし半種子を，デンプンとジベレリンを含んだ寒天培地に置いておくと，胚乳とその周辺のデンプンが分解されます。
➡胚がなくてもジベレリンがあればアミラーゼ合成が誘導されるからです。

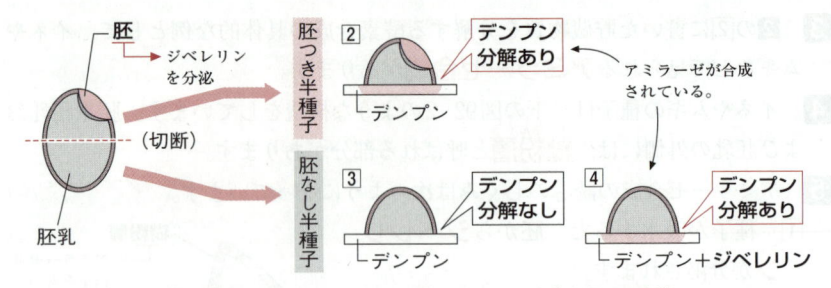

▲ 図92-3 ジベレリンによるアミラーゼの合成を調べる実験

【発芽の過程】
① 吸水
② 発芽の準備（例 ジベレリン分泌→アミラーゼ合成誘導→
　　デンプン分解）
③ 幼根が種皮を破る

2 光発芽種子

1 種子の発芽に必要な条件は，水・適温・酸素です。しかし，これらの条件以外に，光が関与する種子もあります。
　発芽に光を必要とする種子を**光発芽種子**といいます。レタス・タバコなどは光発芽種子です。逆に，光がないほうが発芽しやすい種子もあり，これを**暗発芽種子**といいます。カボチャ・ケイトウなどは暗発芽種子です。

> レタス・タバコ以外にも，マツヨイグサ・シロイヌナズナ・ヤドリギ・シソ・セロリ・ゴボウ・イチジクなども光発芽種子である。

> カボチャ・ケイトウ以外にも，タマネギ・スイカなども暗発芽種子である。光の作用に関わらず発芽する種子を暗発芽種子と呼ぶこともある。

2 光発芽種子は，光がないと休眠が打破されない種子だといえます。

3 レタスの種子の発芽に最も有効な光の波長を調べると，**赤色光**（660 nm付近の波長の光）であることがわかりました。

4 レタスの種子を暗黒条件に置いておくと発芽しませんが、赤色光を短時間照射すると、発芽できるようになります。

ところが、赤色光を照射した直後に**遠赤色光**(730 nm付近の波長)を照射すると、**赤色光の効果が打ち消され、発芽しなくなります**。

赤色光と遠赤色光を交互に照射すると、**一番最後に照射した光によって発芽の有無が決まります**。

光処理	発芽率〔%〕
R	70
R → FR	6
R → FR → R	74
R → FR → R → FR	6
R → FR → R → FR → R	76
R → FR → R → FR → R → FR	7
R → FR → R → FR → R → FR → R	81
R → FR → R → FR → R → FR → R → FR	7

R：赤色光
　（red）
FR：遠赤色光
　（far red）

▲ 表92-1 レタスの種子の発芽と光条件

5 このような現象には、**フィトクロム**と呼ばれる色素タンパク質が関与しています。

フィトクロムには、赤色光を吸収しやすい**赤色光吸収型**(P_R型)と、遠赤色光を吸収しやすい**遠赤色光吸収型**(P_{FR}型)があり、**P_R型は不活性で、P_{FR}型が活性型**です。さらに、これらは相互に可逆的に変換します。

つまり、赤色光を照射するとP_R型が赤色光を吸収し、その結果P_R型はP_{FR}型に変換します。遠赤色光を照射するとP_{FR}型が遠赤色光を吸収し、その結果P_{FR}型はP_R型に戻ってしまいます。

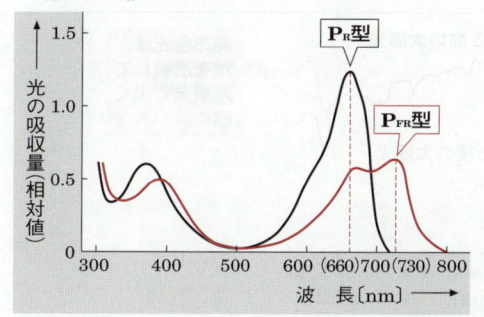

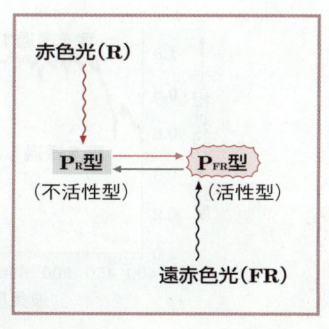

▲ 図92-4 フィトクロムの型と吸収する光の波長

6 また,暗黒条件でも,ジベレリンを与えれば発芽します。

以上のことから,次のように考えることができます。

つまり,赤色光が照射されると,P_R型のフィトクロムが赤色光を吸収してP_{FR}型に変換します。もともとP_R型のフィトクロムは,細胞質内に存在するのですが,赤色光を受容してP_{FR}型になると核内に移動します。核内に移動したP_{FR}は調節タンパク質とともに基本転写因子と結合し,遺伝子発現を促します。その結果ジベレリン合成が促され,休眠が打破されます。ところが,赤色光照射の直後に遠赤色光を照射すると,P_{FR}型がジベレリン合成を促す前に,不活性型のP_R型に戻ってしまうので,赤色光の効果が打ち消されたことになるのです。

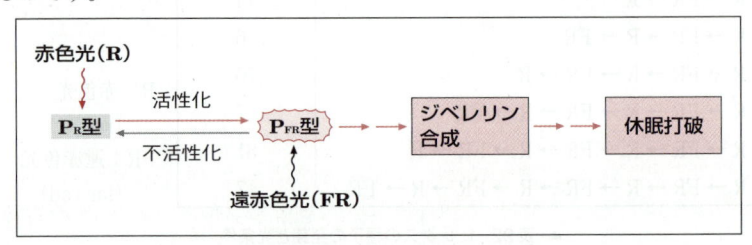

▲ 図92-5 光条件と発芽のしくみ

7 一般に,光発芽種子は小さい種子であることが多く,それだけ栄養分の貯蔵量も少ないのが特徴です。そのような種子が地中深い所で発芽してしまうと,地表面に達する前に貯蔵栄養分がなくなってしまう危険性があります。発芽に光を必要とするのは,光が当たる程度の浅い場所で発芽するための適応なのでしょうね。

8 また,太陽光は,葉を透過すると赤色光などは葉に吸収されるので,植物が繁茂している下の地面には赤色光はほとんど届きませんが,遠赤色光は比

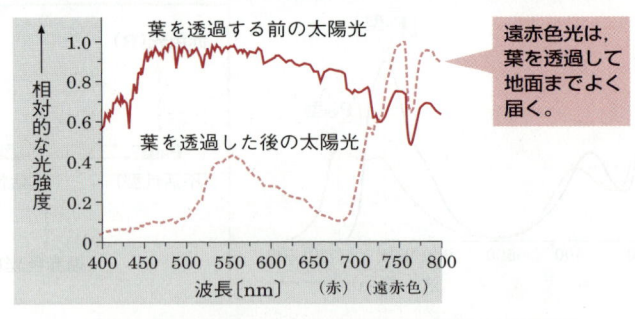

▲ 図92-6 葉を透過する前後の太陽光の光強度と波長の関係

較的届きます。赤色光で発芽が促され，遠赤色光がその効果を打ち消すことで，他の植物が繁茂している場所で発芽しないよう調節されているのです。

9 発芽には適温が必要でしたが，その温度は種子によって異なります。たとえば，コムギは20～25℃，イネは30～35℃が発芽に適した温度です。

ところが，適温に保っても発芽しない種子もあります。このような種子は，**いったん5℃前後の低温のもとで1か月～数か月すごしたあとで適温にすると発芽します**。

10 このように，いったん低温を感じることが必要な種子を**低温要求種子**といいます。低温要求種子は，温帯北部から亜寒帯などの比較的冬の寒さが厳しい地域で生育する植物の種子に多く見られます。これは，低温を経験しないで発芽してしまうと，冬がくる前に発芽してしまうことになり，発芽して生じた幼植物が厳しい冬の寒さに耐えられず枯死してしまうのを防ぐための適応だと考えられます。

11 このような低温要求種子にジベレリンを与えると，低温を経験しなくても発芽するようになります。このことから，**低温を経験することでジベレリン合成が促され，休眠が打破される**のだと考えられます。

最強ポイント

【光発芽種子（例レタス・タバコ）と光条件】
① **赤色光**照射で発芽，**遠赤色光**はその効果を打ち消す。
② 光を吸収するのは**フィトクロム**。

第93講 植物の水分調節

植物には心臓のようなポンプはありませんが，吸収された水は植物体の上部にまで上がります。そのしくみは？

1 水の移動

1 植物は，土壌中の水を根の**根毛**から吸収します。根毛は，根の表皮細胞の一部が伸びだしたもので，**根と土壌が接する表面積を広くしています。**

2 ふつう，**土壌中の浸透圧よりも根毛の吸水力のほうが大きいので**，その差に従って，水が根毛内に浸透します。また，吸水力は，**根毛＜皮層＜木部**の順に大きくなっているので，吸収された水は内部のほうへと移動し，道管に入ります。

+α パワーアップ 吸収された水の経路

根毛から吸収された水が皮層を通るときには2通りの経路がある。1つは**細胞内を通って移動する経路**（下の図の経路A），もう1つは，**細胞壁や細胞間隙を通って移動する経路**（図の経路B）である。

皮層の最も内側には**内皮**という一層の細胞層があり，この内皮細胞壁には水を通しにくい部分（**カスパリー線**という）がある。そのため，Bの経路で移動してきた水も，内皮の部分ではいったん内皮の細胞内に入ることになる。

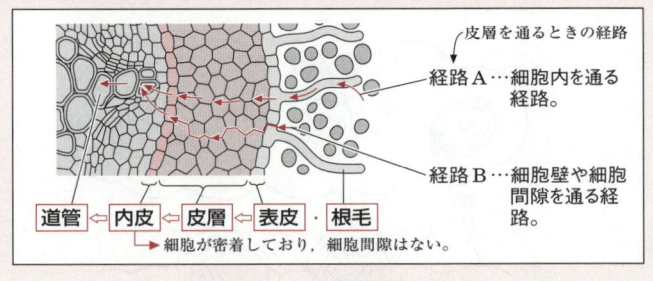

皮層を通るときの経路
経路A…細胞内を通る経路。
経路B…細胞壁や細胞間隙を通る経路。

道管 ⇐ 内皮 ⇐ 皮層 ⇐ 表皮・根毛
→ 細胞が密着しており，細胞間隙はない。

▲ 図93-1 根での水の吸収と移動

第93講　植物の水分調節

3　木部の道管に入った水は，道管内を上昇して葉へと行き，最終的にはその大部分が蒸散(じょうさん)によって体外に排出されます。

4　道管内を水が上昇するしくみは，次のように考えられています。

一番大きな原動力となっているのは**蒸散**です。蒸散によって葉肉(ようにく)細胞の水が奪われると，**葉肉細胞の吸水力が大きくなり**，葉脈の道管から葉肉細胞へと水が移動することになります。

また，水分子どうしはひきつけあう力（**凝集力**(ぎょうしゅうりょく)という）が大きく，**道管内の水はつながっています**。そのため，道管から葉肉細胞へと水が移動すると，根から水が上昇することになるのです。

5　次の図93-2は，1日の蒸散量と根からの吸水量の変化を示したものです。

図からもわかるように，明るくなると蒸散が活発になり，少し遅れて吸水も盛んになっています。また，夕方になって蒸散量が減少すると，少し遅れて吸水量も減少しています。

これは，**吸水の原動力が蒸散である**ことを示しています。

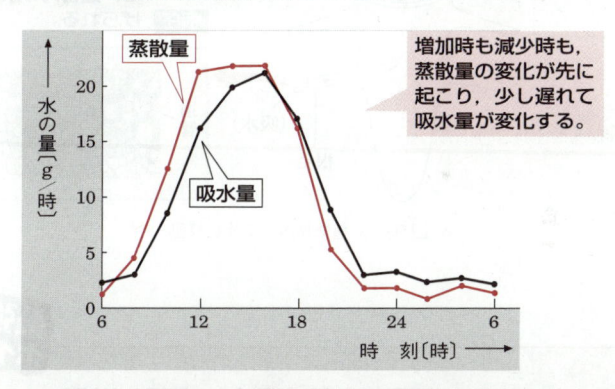

> 増加時も減少時も，蒸散量の変化が先に起こり，少し遅れて吸水量が変化する。

▲ 図93-2　蒸散量と吸水量の1日の変化

6　また，根では，水が道管へと移動することで，**道管内の水を押し上げようとします。この力を根圧**(こんあつ)といいます。この根圧によって水を押し上げることも，道管内を水が上昇する原因の1つです。

> 根圧の力はそれほど大きいものではなく，特に蒸散が盛んに行われているときは，ほとんど根圧の寄与はないと考えられている。やはり，水が上昇する原動力は蒸散だといえる。

植物体内での水の移動をまとめると，次の図93-3のようになります。

水分子の凝集力によって、水は、根一茎一葉と、とぎれることなく、すべてつながっている。

道管　木部　師部

水分子の凝集力

気孔

木部
師部

蒸散

蒸散によって、根からの吸収が起こる。

吸水の原動力

表皮　表
道管
気孔　裏

水が道管へ移動することで、道管内の水が押し上げられる。

根圧

(吸水)　道管

根毛

▲ 図93-3 植物体内での水の移動

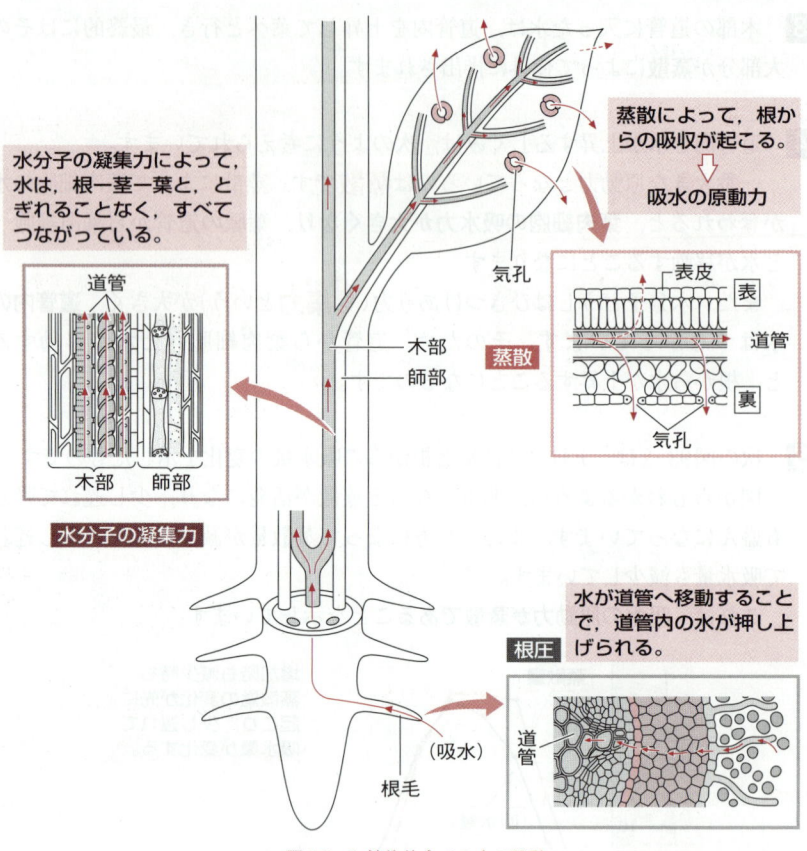

最強ポイント

① 根での水の移動…**根毛→皮層→内皮→木部の道管**
② 水が道管内を上昇する原因
   a. **蒸散**によって水を引き上げること。
   b. 水分子の**凝集力**が大きいこと。
   c. **根圧**によって水を押し上げようとすること。
③ 水が道管内を上昇する原動力は**蒸散**。

2 気孔の開閉

1 蒸散は，おもに葉の気孔を通して行われます。その気孔は，ふつう葉の裏面に多くあります。

> スイレン(ヒツジグサ)のように，水面に葉を浮かべるような植物では，気孔は葉の表側にのみある。

2 気孔は，向かい合った孔辺細胞にはさまれた隙間です。

孔辺細胞は，右の図93-4のように，気孔側の細胞壁が厚くなっているのが特徴です。そのため，吸水して膨圧が上昇すると，細胞壁の薄い外側に向かって膨張し，細胞が湾曲するように変形してしまいます。

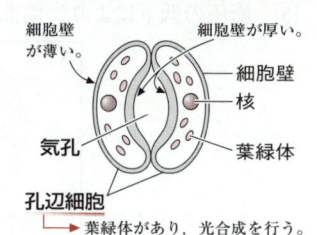

▲ 図93-4 気孔の構造

3 気孔は，一般に，昼間開いて夜閉じます。光が当たると開きますが，中でも青色光が有効で，青色光を吸収するフォトトロピンが関与します。

> CAM植物(ベンケイソウ・サボテン・パイナップルなど)のように，昼間気孔を閉じ，夜間に気孔を開ける植物もある(⇨p.168参照)。

また，アブシシン酸によって気孔は閉じます。

> 光屈性(⇨p.560)にも関与。

さらに，植物体内の水分が不足すると気孔は閉じます。

このように，気孔はいろいろな条件によって開閉するのですが，そのしくみについて見てみましょう。

4 水が十分あり，光が当たっているときには気孔が開きます。この気孔が開くしくみは，次のように考えられています。

① 青色光をフォトトロピンが吸収します。
② また，光が当たると孔辺細胞でも光合成が行われ，孔辺細胞周囲のCO_2濃度が低下します。
③ フォトトロピンによる青色光受容やCO_2濃度の低下などが原因となって，プロトンポンプが活性化し，H^+が細胞外に輸送されます。すると孔辺細胞内が負となるため孔辺細胞内にK^+が取り込まれます。
④ これによって，孔辺細胞の浸透圧が上昇します。
⑤ 浸透圧の上昇により，孔辺細胞は吸水し，膨圧が上昇します。
⑥ 膨圧の上昇により，孔辺細胞が湾曲するように変形し，気孔が開きます。

5 逆に，植物体内の水分が不足すると，次のようにして，気孔は閉じます。
① 植物体内の水不足を感知すると，**アブシシン酸**が合成されます。
② アブシシン酸の働きで，K^+やCl^-が孔辺細胞外へ流出します。
③ その結果，**孔辺細胞の浸透圧が低下**します。
④ 浸透圧が低下したことで孔辺細胞から水が出るので，**膨圧が低下**します。
⑤ 膨圧の低下により，湾曲していた孔辺細胞が元に戻り，気孔は閉じます。

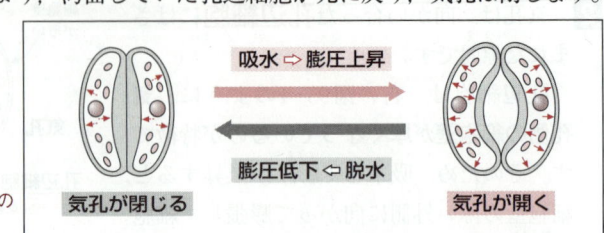

▶ 図93-5 気孔の開閉のしくみ

（吸水 ⇨ 膨圧上昇／膨圧低下 ⇨ 脱水／気孔が閉じる／気孔が開く）

6 蒸散には，葉から気化熱を奪い，日中の葉面温度の上昇を防ぐ働きもあります。また，気孔を開くことで光合成に必要なCO_2を取り込むこともできます。

7 葉の表皮細胞には**クチクラ層**があり，蒸散を防いでいます。そのため，蒸散はおもに気孔から行われます。ただ，わずかですがクチクラを通した蒸散もあり，これを**クチクラ蒸散**といいます。

8 また，余分に吸収された水は，葉の縁や先端にある**水孔**という穴から液体のままで排出されます。水孔も気孔と同じく，2個の孔辺細胞に囲まれていますが，開閉運動は行わず，常に開いた状態になっています。

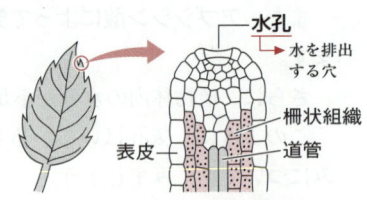

▲ 図93-6 水孔の構造（水孔／水を排出する穴／柵状組織／表皮／道管）

最強ポイント

気孔が開くとき	気孔が閉じるとき
昼　間	夜　間
水分十分	水分不足
	アブシシン酸
膨圧上昇	膨圧低下

第94講 花芽形成

決まった季節に花を咲かせる植物は，いったい，どのようにして季節を感知しているのでしょう。

1 光周性

1 生物が，日長の長短の周期的な変化に対して反応する性質を<u>光周性</u>といいます。

動物では，昆虫や鳥類などの生殖腺の発達や休眠，鳥のさえずりなどで光周性が見られます。

植物では，休眠，塊根や塊茎の形成，そして花芽形成などで光周性が見られます。

2 頂芽や側芽は，通常は<u>葉芽</u>に分化します。このようにして成長することを<u>栄養成長</u>といいます。

環境条件が整うと，頂芽や側芽が<u>花芽</u>に分化し，やがて花になります。このような成長を<u>生殖成長</u>といいます。

3 植物の花芽形成には次の3タイプがあります。連続した暗期の長さがある一定時間以下になると花芽形成を行う<u>長日植物</u>，連続した暗期の長さがある一定時間以上になると花芽形成を行う<u>短日植物</u>，日長や暗期の長さに関係なく花芽形成を行う<u>中性植物</u>の3タイプです。

4 長日植物や短日植物で花芽形成に必要な最長あるいは最短の暗期の長さを<u>限界暗期</u>といいます。つまり，**暗期の長さが限界暗期以下で花芽形成するのが長日植物，限界暗期以上で花芽形成するのが短日植物**だといえます。<u>限界暗期の長さは植物の種類によって異なります。</u>

> たとえば，短日植物のアサガオでは8～9時間，同じ短日植物のコスモスでは11～12時間，長日植物のダイコンでは13～14時間，同じ長日植物でもホウレンソウは10～11時間が限界暗期。いずれにしても，限界暗期の長さは8～14時間の間くらいである（限界暗期が2時間だとか24時間だとかいう植物は存在しない）。

5　1日の暗期の長さと，開花までの日数を示すと，次の図94-1のようになります。

AとBは短日植物ですが，Aの限界暗期は10時間，Bの限界暗期は13時間といえます。

CとDは長日植物で，Cの限界暗期は11時間，Dの限界暗期は14時間です。また，中性植物は，暗期の長さに関係なく，開花までの日数は一定です。

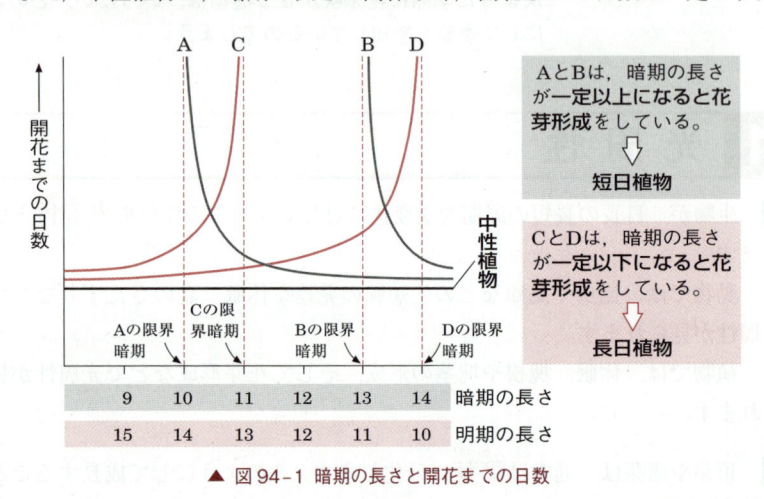

AとBは，暗期の長さが一定以上になると花芽形成をしている。
⇩
短日植物

CとDは，暗期の長さが一定以下になると花芽形成をしている。
⇩
長日植物

暗期の長さ	9	10	11	12	13	14
明期の長さ	15	14	13	12	11	10

▲ 図94-1　暗期の長さと開花までの日数

6　それぞれのタイプの代表的な植物を挙げると，次のようになります（園芸植物などで，品種によって野生種と性質が異なることもあります）。

（長日植物）
　アヤメ・ダイコン・アブラナ・ナズナ・ホウレンソウ・コムギ・オオムギ・ヒヨス・レタス・ハクサイ・キャベツ・ヒメジョオン・カーネーション・キンセンカ・ムクゲ・ヤグルマソウなどは長日植物です。

（短日植物）
　オナモミ・アサガオ・タバコ・ダイズ・キク・イネ・コスモス・シソ・アサ・ダリア・イチゴ・サツマイモ・ブタクサ・ベゴニア・アカザ・アオウキクサなどは短日植物です。

（中性植物）
　トマト・トウモロコシ・エンドウ・セイヨウタンポポ・キュウリ・ナス・ソバ・ワタ・ハコベ・ツタ・タマネギ・メロン・ブドウ・シクラメン・オリーブ・パパイアなどは中性植物です。

7 次の図94-2は，日本における，1日の明期および暗期の長さの変化を示したものです。

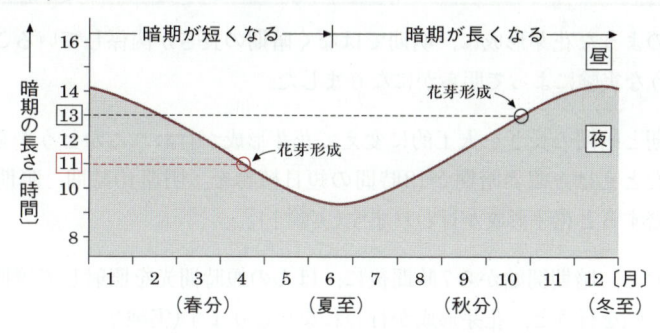

▲ 図94-2 日本における1日の明期と暗期の長さ

種子が発芽してある程度成長すると，植物は光周期を感じることができるようになります。たとえば，限界暗期が13時間の短日植物であれば10月くらいに花芽形成し，その後開花することになります。このように，一般に**短日植物は秋に開花する植物が多い**です。

一方，限界暗期が11時間の長日植物であれば4月くらいに花芽形成し，その後開花するので，一般に**長日植物は春〜初夏に開花する植物が多い**です。

また，中性植物は，日長変化とは異なる条件（たとえば温度や発芽してからの日数など）によって花芽形成するので，開花の時期も季節とはあまり関係ありません。

最強ポイント

① **光周性**…日長の長短の周期的な変化に対して反応する性質。
② **長日植物**…連続した暗期が**限界暗期以下**で花芽形成する植物。
　　例 アヤメ・ダイコン・アブラナ・ナズナ・ホウレンソウ・コムギ
③ **短日植物**…連続した暗期が**限界暗期以上**で花芽形成する植物。
　　例 オナモミ・アサガオ・タバコ・ダイズ・キク・イネ
④ **中性植物**…明期や暗期とは異なる条件で花芽形成する植物。
　　例 トマト・トウモロコシ・エンドウ・セイヨウタンポポ・キュウリ・ナス・ソバ

2 花芽形成のしくみ

1 このような花芽形成に，明期ではなく暗期の長さが関係していることは次のような実験によって明らかになりました。

2 明期と暗期の長さを人工的に変えて花芽形成が行われるかどうかを調べます。たとえば，限界暗期が13時間の短日植物を，明期10時間，暗期14時間で栽培すると花芽形成が行われます(実験1)。

3 しかし，暗期開始から7時間後に，ほんの短時間光を照射して暗期を中断する実験を行うと，花芽形成が行われなくなります(実験2)。

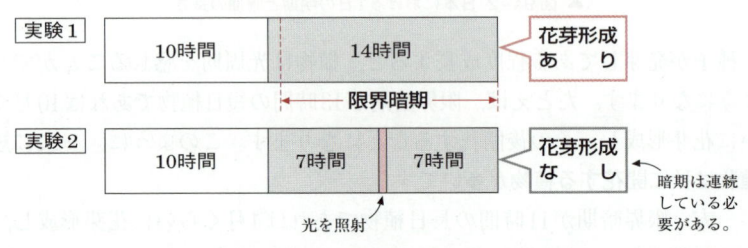

▲ 図94-3 花芽形成と暗期の関係を調べる実験

4 上の2つの実験の場合，明期の長さはどちらも同じ10時間なのに，実験2では花芽形成が行われなくなっています。このことから，花芽形成には明期ではなく暗期が関係していることがわかります。

また，実験2では光を照射した時間はほんのわずかなので，暗期の合計はほぼ14時間ありますが，花芽形成が行われなかったことから，**連続した暗期の長さが関係している**ことがわかります。このように，短時間光を照射して暗期を中断する操作を**光中断**といいます。

5 それでは，植物体は，光周期をどの部分で感知するのでしょう。それは，次のような実験で確かめられました。

6 短日植物を長日条件で栽培し，1枚の葉に黒い袋をかぶせて短日条件にする(**短日処理**といいます)と，花芽形成が行われます(実験3⇨図94-4)。

しかし，それ以外の，たとえば芽を短日条件にしても花芽形成は行われません(実験4)。

このような実験から，**光周期を感知するのは葉である**ことがわかります。

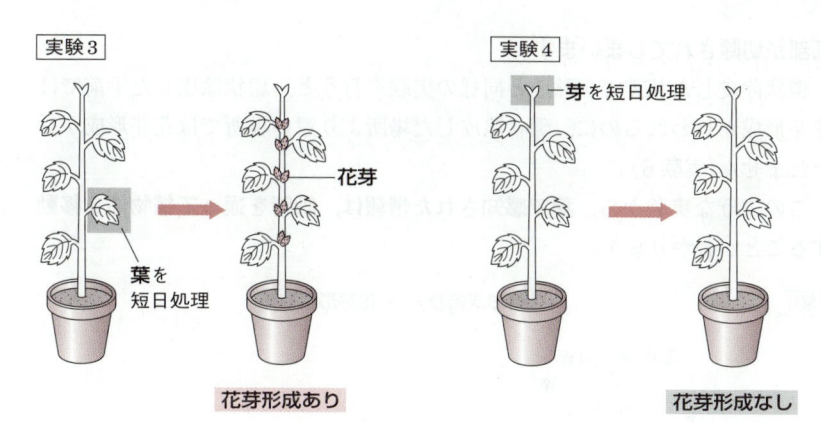

実験3		実験4	
葉を短日処理	→ 花芽 花芽形成あり	芽を短日処理	→ 花芽形成なし

▲ 図94-4 光周期を感知する部位を調べる実験（オナモミ）

7 次に，2つの短日植物を接ぎ木し，一方の個体の1枚の葉に短日処理を行います。すると，短日処理をしていないもう一方の個体にも花芽形成が行われます（実験5）。すなわち，**葉で感知された情報が他の個体にも移動した**のです。

また，短日処理をする個体が短日植物で，もう一方が長日植物であっても，両方に花芽形成が行われます。つまり，花芽形成を行わせる物質は，**短日植物でも長日植物でも共通している**らしいということがわかります。

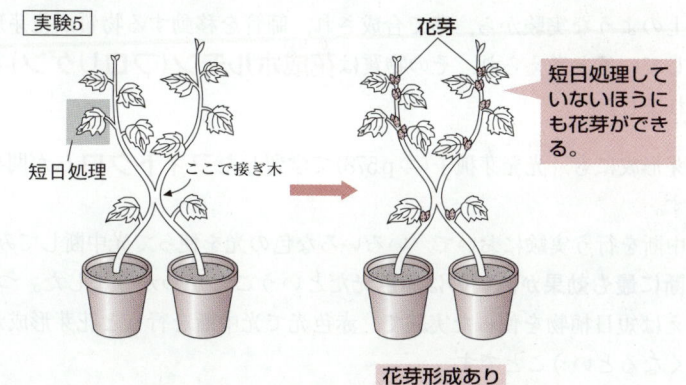

実験5	
短日処理　ここで接ぎ木	→ 花芽　短日処理していないほうにも花芽ができる。花芽形成あり

▲ 図94-5 葉で感知された情報の移動を調べる実験

8 では，植物体のどの部分を通ってその情報が移動したのでしょう。それを調べるために，植物体の一部を**環状除皮**します。環状除皮とは，形成層より外側を輪状にはぎ取ることです。これにより，形成層の外側，すなわち，

師部が切除されてしまいます。

環状除皮した状態で実験5と同様の実験を行うと，環状除皮した手前では花芽形成が行われるのに，環状除皮した場所より遠い場所では花芽形成が行われません(実験6)。

このような実験から，**葉で感知された情報は，師管を通って植物体を移動すること**がわかります。

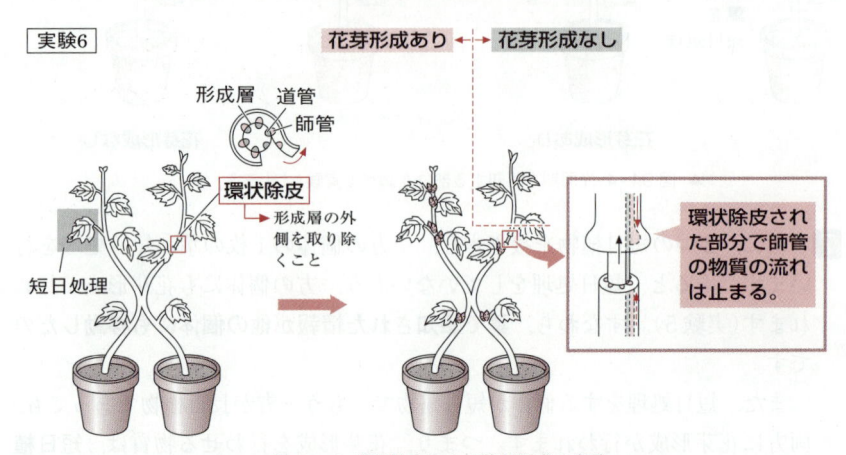

実験6

▲ 図94-6 環状除皮による花芽形成の実験

9 以上のような実験から，葉で合成され，師管を移動する物質が花芽形成に関与していると考えられ，その物質は**花成ホルモン(フロリゲン)** と名づけられました。

10 花芽形成にも，光発芽種子(⇨p.578)で学習した**フィトクロム**が関与しています。

光中断を行う実験において，いろいろな色の光を使って光中断してみると，**光中断に最も効果が高いのは赤色光**だということがわかりました。つまり，たとえば短日植物を使った実験で，赤色光で光中断を行うと花芽形成が行われなくなるということです。

しかし，赤色光で光中断した直後に遠赤色光を照射すると，赤色光の効果が打ち消され，花芽形成が行われるようになります。同様に，赤色光と遠赤色光を交互に照射すると，最後に照射した光によって花芽形成の有無が変わります。

これらのことをまとめたのが，次の図94-7です。

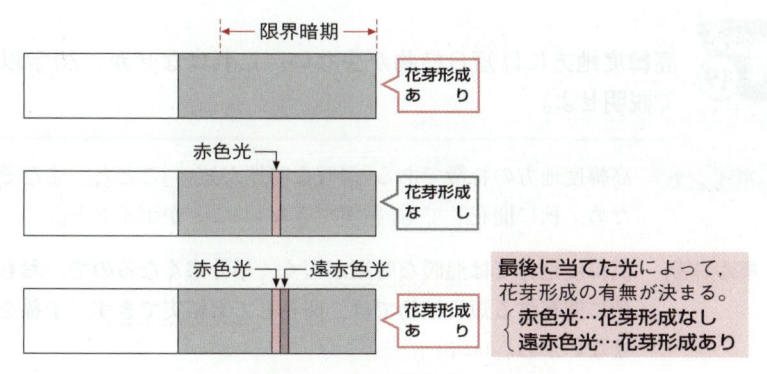

▲ 図94-7 花芽形成と照射する光

11 赤色光を照射すると**赤色光吸収型**のフィトクロム（P_R）が赤色光を吸収し，その結果，**遠赤色光吸収型**（P_{FR}）に変わります。活性があるのはP_{FR}で，P_{FR}の働きにより短日植物の花芽形成は抑制されると考えられます。

しかし，赤色光を照射した後すぐに遠赤色光を照射すると，P_{FR}はP_Rに戻り，花芽形成の抑制が解除されると考えられます。

+α パワーアップ　謎の物質フロリゲンの正体

花芽形成を行わせる花成ホルモンをフロリゲンと名づけたのは，旧ソ連の**チャイラヒャン**で，1937年のことである。しかし，その実体はなかなか解明されず，長い間謎の物質であった。しかし，ついに2007年に，長日植物のシロイヌナズナを使った研究から，フロリゲンの正体が明らかになってきた。これによると，まず，フィトクロムの働きで，*CO*という遺伝子の発現が調節され，これにより*FT*遺伝子が維管束の師部周辺の細胞で発現し，**FTタンパク質**がつくられる。このFTタンパク質は師管を通り，茎頂に運ばれ，FDというタンパク質と複合体を形成する。そして，複合体が*AP1*（*APETALA1*）という遺伝子の転写を誘導し，花芽形成が開始するというのである。

短日植物のイネの場合は，*FT*遺伝子ではなく*Hd3a*という遺伝子が関与しているが，FTタンパク質と**Hd3aタンパク質**は非常に類似しているようである。つまり，FTタンパク質あるいはHd3aタンパク質こそがフロリゲンの正体だということである。

命名されてから，じつに70年間解けなかった謎が，ついに明らかになった。

定番論述対策 19 高緯度地方には短日植物が少ない。これはなぜか。70字以内で説明せよ。

ポイント 高緯度地方の特徴である「温暖な時期が短い」ことと，またそのため，秋に開花しても「結実できない」ことがポイント。

模範解答例 高緯度地方では温暖な時期が短く，早く寒くなるので，おもに秋に開花する短日植物では，開花しても結実できず，子孫を残せないから。(62字)

定番論述対策 20 植物が，花芽形成に温度ではなく日長変化を手がかりにする利点を100字以内で述べよ。

ポイント 日長変化が「季節変化の情報として安定したもの」であることを書く。

模範解答例 日長変化は，温度よりも安定した季節変化の情報源なので，日長を手がかりにすることにより，それぞれの植物にとって最適な季節にいっせいに開花し，確実に子孫を残すことができる。(84字)

最強ポイント

① 光周期は**葉**で感知され，葉で**花成ホルモン**がつくられる。これが**師管**を通って芽に移動し，花芽形成を誘導する。
② 花芽形成には，**フィトクロム**も関与している。
  - 光中断の効果が最も高いのは**赤色光**。
  - 赤色光の効果は**遠赤色光**の照射によって打ち消される。
  - **最後に照射した光**によって，花芽形成の有無が決まる。

3 春化

1 長日植物であるコムギには，春に種子をまく**春まきコムギ**と，秋に種子をまく**秋まきコムギ**があります。

2 秋まきコムギを春にまいても，成長して大きくはなりますが長日条件になっても花芽形成が行われません。これは，**秋まきコムギの花芽形成には光周期だけでなく温度も関係している**からです。

3 つまり，秋まきコムギの場合は，発芽して小さな植物体になったときに，**一定時間低温を感じ**，さらにその後長日条件になって初めて花芽形成が行われるのです。

4 したがって，秋まきコムギを春にまいた場合は，小さな植物体を一定期間冷蔵庫に入れるような処理をしてやると，長日条件を感じ，花芽形成を行うようになります。

5 このように，特定の時期に低温を感じることで起こる生理的変化を**春化（春化作用）**といいます。

また，人工的に低温を感じさせる処理を行うことを**春化処理（バーナリゼーション）**といいます。

> ラテン語の「春」(ver) を元につくられた語。

6 秋まきコムギに，低温で処理する代わりにジベレリンを与えると，長日条件を感じて花芽形成を行うようになります。やはり，低温を経験することでジベレリンが合成されるのだと考えられます。p.581の低温要求種子の場合とよく似ていますね。

最強ポイント

① 花芽形成に，光周期だけでなく**温度**が関係する植物もある。

② { 春化…特定の時期に**低温**を感じることで起こる生理的変化。
　　春化処理…一定期間人工的に**低温処理**を行うこと。

4 植物の光受容体

1 今までに登場してきた植物の光受容体についてまとめておきましょう。

2 赤色や遠赤色光を吸収し，花芽形成や光発芽に関与するのが**フィトクロム**(phytochrome)でした。

→ chrome は色素の意味。

3 青色光を吸収し，光屈性や気孔開孔に関与するのが**フォトトロピン**(phototropin)でした。

→ 屈性のことを tropism，光屈性を phototropism という。

4 フォトトロピンは，これらのほか，**葉緑体の光定位運動**にも関与します。
　強い光が当たると，細胞の中で葉緑体が光に対し平行の方向に，弱い光の場合は垂直方向に整列するという運動が見られます。これが葉緑体の光定位運動です。この反応にもフォトトロピンが関与しているのです。

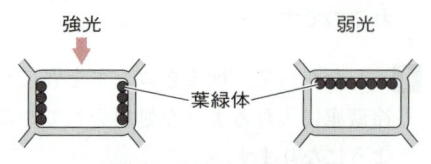

強光　　　弱光
葉緑体

▲ 図94-8 葉緑体の光定位運動

5 青色光を吸収する光受容体としてもう1つ，**クリプトクロム**(cryptochrome)という物質があります。

→ 長年性質が不明だったためギリシャ語の「隠れた」(kryoutos)と色素(chrome)から名付けられた。動物の体内にも存在する。

6 薄暗いところで発芽した植物は，いわゆる「もやし」のようにひょろ長くなりますが，光を照射すると，そのような状態になるのが抑制されます。このとき，青色光を吸収するクリプトクロムが関与します。これ以外にも動植物の体内時計の光調節にも関与します。

最強ポイント

光受容体	吸収する光	関与する反応
フィトクロム	赤色・遠赤色光	花芽形成・光発芽
フォトトロピン	青色	光屈性・気孔開孔　葉緑体光定位運動
クリプトクロム	青色	茎の徒長抑制

第9章

生 態

第95講 植生と植物の生活

地球を覆うさまざまな植物は物質生産や冬越しなどのためにとる形によって分類することができます。

1 植生とその調べ方

1 ある場所に植物が生育しているとき，その植物全体を**植生**といいます。
　陸上の植生は大きく**森林・草原・荒原**に分けられ，それぞれ気候に応じたいくつかの種類に分けることができます（⇨第97講）。

2 ある植生を構成する植物のうちで，**背が高く，量も多く，最も地表面を広く覆っている種**を**優占種**といいます。
　ある植生は，優占種によって分類することができます。たとえば，実際にはいろいろな種類の植物が生えていても，ススキを優占種とする群落はススキ群落と呼ばれます。

3 また，ある植生には出現するが，他の植生にはほとんど出現しないような種があれば，それはその植生を特徴付ける種になります。このような種を**標徴種**といいます。

4 優占種は，**方形区法**という方法によって，次のようにして調べられます。

「方形枠法」，「区画法」，「コドラート法」とも呼ばれる。

　まず，一定面積（たとえば $1\,\mathrm{m}^2$）の方形区を複数設定します。方形区ごとに生えている植物の種類を調べ，各植物が調査した方形区のうちの何か所に出現したかを求めます。この値を**頻度**といいます。
　次にそれぞれの方形区内で，葉が地表面を覆っている割合を調べます。この割合を**被度**といいます。その植物の葉が方形区の $\frac{3}{4}$ 以上を占めていたら被度5，$\frac{1}{2}\sim\frac{3}{4}$ なら被度4，$\frac{1}{4}\sim\frac{1}{2}$ なら被度3，$\frac{1}{10}\sim\frac{1}{4}$ なら被度2，$\frac{1}{100}\sim\frac{1}{10}$ なら被度1，$\frac{1}{100}$ 未満の場合は被度＋，0の場合は－とします。
　さらに，最も被度が高い植物の被度を100％として，各植物の被度％を計算

第95講　植生と植物の生活

します。

被度＋	被度1	被度2	被度3	被度4	被度5
$\frac{1}{100}$未満	$\frac{1}{100}\sim\frac{1}{10}$	$\frac{1}{10}\sim\frac{1}{4}$	$\frac{1}{4}\sim\frac{1}{2}$	$\frac{1}{2}\sim\frac{3}{4}$	$\frac{3}{4}$以上

葉が地面を覆う割合

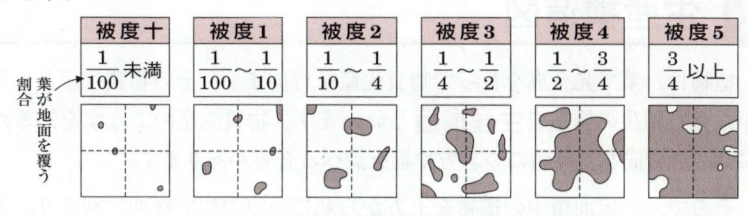

▲ 図95-1 植物の葉が地面を覆う割合と被度

5　たとえば，ある植生において10個の方形区を設け，各植物の頻度と被度を調査した結果，次の表95-1のようになったとします。

　これをもとに，各植物について被度％と頻度％を求めます。この平均値を**優占度**とよび，**優占度が最も高い植物が優占種**ということになります。この調査した植生はシロツメクサが優占種ということになります。

> 高さについても調査する場合がある。その場合は，被度・頻度・高さの3つの平均を計算する。

方形区	各方形区における被度										平均被度	被度〔％〕	頻度〔％〕	優占度
	I	II	III	IV	V	VI	VII	VIII	IX	X				
シロツメクサ	3	2	5	4	3	3	4	5	2	3	3.4	100	100	100
エノコログサ	1	4	−	2	1	2	1	1	4	−	1.6	47	80	63.5
メヒシバ	1	1	1	1	1	2	−	1	1	−	0.9	26	80	53.0
タンポポ	1	2	1	−	1	−	−	1	−	1	0.7	21	60	40.5

▲ 表95-1 シロツメクサを優占種とする植生における植物の被度と頻度

6　植生の外観上の特徴を**相観**といいます。相観は，被度が最も大きくて目立つ優占種で決まります。

> **最強ポイント**
>
> ① **植生**…ある場所について，その場所で生育する植物全体。
> ② **優占種**…その植生で，最も**背が高く**，量も多く，**葉が最も地表面を覆っている種**⇒優占種によって植生を分類する。
> ③ **標徴種**…他の植生には出現せず，その植生を特徴付ける種。

第9章　生態

2　生産構造図

1　植物は，葉で光合成を行って物質生産を行います。その物質生産という面から見た植生の構造を**生産構造**といいます。物質生産のようすを知るためには，光合成を行う葉のつき方や量を調べる必要があります。

2　そこで，一定面積中の植物を上方から順に一定の幅で層別に刈取り，各層ごとに光合成を行う器官(葉)と光合成を行わない器官(葉以外)に分け，それらの重さを測定します。このような測定方法を**層別刈取法**といいます。

3　また，刈取る前に，各高さごとに照度を測定しておき，植生最上部での照度を100％とした相対照度を求めておきます。こうして得られた相対照度および，各高さごとの光合成器官と非光合成器官の重さを示した図を**生産構造図**といいます。

4　多くの草本植物について生産構造図を描いてみると，大きく2つのタイプに分けられます。

　1つは，広い葉がほぼ水平につくため，上部で光がさえぎられやすく，そのため下部にはあまり葉が付いていないタイプで，これを**広葉型**といいます。アカザやオナモミ・ミゾソバなどはこの広葉型の生産構造図になります。

> アカザ…被子植物双子葉類アカザ科の一年生草本。
> オナモミ…被子植物双子葉類キク科の一年生草本。典型的な短日植物。
> ミゾソバ…被子植物双子葉類タデ科の一年生草本。

5　もう1つは，細い葉が斜めについているため，比較的下部まで光が届き，下部にも葉が多く付いているタイプで，こ

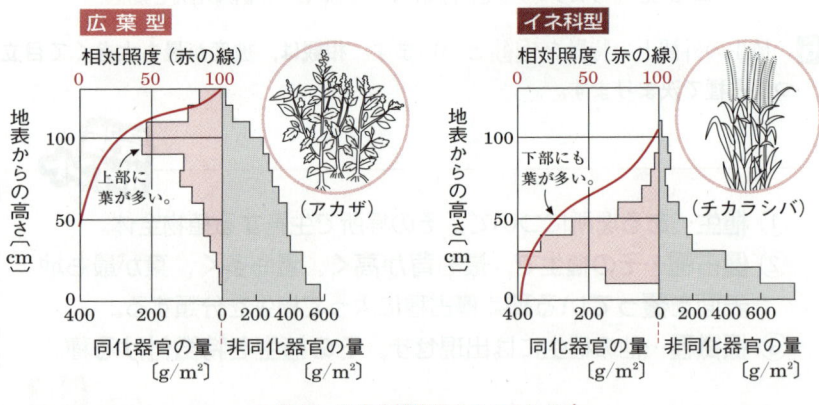

▲ 図95-2　生産構造図の2つのタイプ

れを**イネ科型**といいます。チカラシバやススキ・チガヤなどは，このイネ科型の生産構造図になります。

> チカラシバ…被子植物単子葉類イネ科の多年生草本。
> ススキ…被子植物単子葉類イネ科の多年生草本。秋の七草のひとつ。
> チガヤ…被子植物単子葉類イネ科の多年生草本。

6 物質生産の面から，もう少しくわしく生産構造図を見てみましょう。

一定の単位面積の上に，植生の葉面積の合計がどのくらい存在しているかを**葉面積指数**といいます。葉面積指数は次の式で求められます。

$$葉面積指数 = \frac{その面積上の葉面積の合計}{その土地の面積}$$

簡単にいえば，**ある面積上に葉が何層ついているかを示す値**です。広葉型の場合は，1枚1枚の葉が広くて面積も大きいですが，葉が付いている層が上部に限られているため，葉面積指数はあまり大きくありません。一方，イネ科型の場合は，1枚1枚の葉は細いですが，葉が付いている層が何層にもあるため，葉面積指数は大きくなります。すなわち，**物質生産という点からはイネ科型の植物のほうが有利**だといえます。

7 また，葉の量が多いだけでなく，**光合成を行わない非光合成器官の量が少ないほうが物質生産には有利**ですね。収入が多いだけでなく，支出が少ないほうがたくさん貯金ができます。そこで，(非光合成器官の量／光合成器官の量)の値を調べてみます。この値が小さいほど物質生産に有利だといえます。**イネ科型は，広葉型にくらべると光合成器官が多く，非光合成器官の割合が少ない**のが特徴です。すなわち，(非光合成器官の量／光合成器官の量)の値は，イネ科型のほうが小さくなります。

+αパワーアップ 葉面積指数の決まり方

葉が行う光合成量から葉が行う呼吸量を引いた値を**剰余生産量**という。たとえば，葉が4層ある植物があったとする。上部の葉ほど強い光が当たるので，光合成量も多いと考えられる。一方，呼吸量は光の強さに関係ないので一定である。この場合，各層の剰余生産量を求めて合計すると，22になった(⇨図95-3左)。

もっと葉がたくさん付いているとどうなるだろうか。葉が7層付いている場合を想定する。葉の層が多くなると，先ほど以上に下部の葉にはあまり光が当たらなくなる。その結果，剰余生産量の合計は先ほどの4層の場合よりも小さくなってしまう(⇨図95-3右)。剰余生産量がマイナスになった葉は，やがては枯死してしまうので，結果的に先ほどと同じ4層になってしまう。

このようにして，葉面積指数は植生によってほぼ一定の値になるのである。

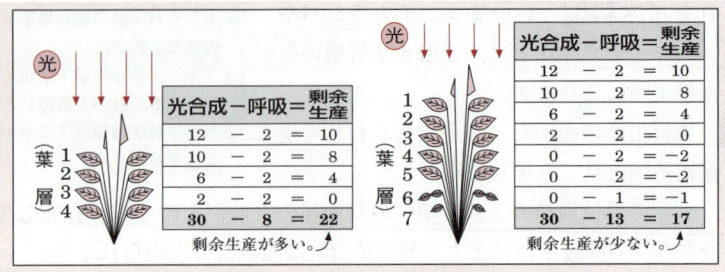

▲ 図95-3 植物の葉層と剰余生産

+α パワーアップ 剰余生産の分配のしかた

葉で生じた剰余生産は植物体の各部に分配されて使われる。

たとえば、ヒマワリについて剰余生産の分配率を調べると、下の図95-4の図1のようになる。つまり、生育の初期には葉、茎に分配し、葉や茎の成長に使われるが、やがて花、種子への分配率が高くなり、次代を担う種子を形成する。ヒマワリは一年生植物なので、秋には種子への分配が多くなるが、ススキのような多年生植物の場合は、秋になると根など地下部への分配率が高くなる（図2）。

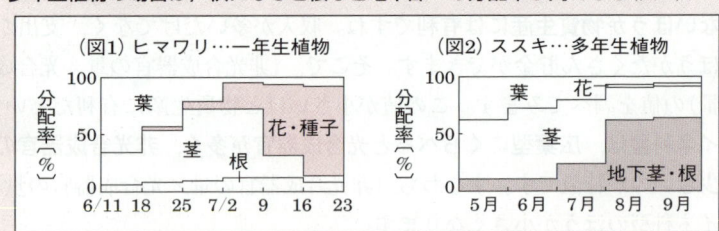

▲ 図95-4 植物の生育時期と剰余生産の分配のようす

最強ポイント

【生産構造図の2タイプ】
① **広葉型**…広い葉がほぼ**水平**につく。上部の葉で光がさえぎられ、下部の照度は急激に低下。例 アカザ・オナモミ・ミゾソバ
② **イネ科型**…細い葉が斜めにつく。下部まで光が届きやすく、下部まで葉がつきやすい。例 チカラシバ・ススキ・チガヤ

第95講　植生と植物の生活

3 生活形

1 生物の生活様式や生育環境を反映した形態のことを**生活形**といいます。特に，植物は移動できないため生活している環境の影響を強く受けます。似た環境で生育する植物の形態が似ていることが多いのは，このためです。

2 **ラウンケル**(ラウンケア)は，低温や乾燥といった生育に不適切な時期に耐える部分(休眠芽・抵抗芽)の位置に注目して生活形を分類しました。

①　休眠芽が**地表面から30cm以上**の高さにある植物を**地上植物**といいます。ふつうの樹木は地上植物です。

②　休眠芽が**地表から30cm以下**の高さにある植物を**地表植物**といいます。コケモモ・ハイマツ・シロツメクサなどが地表植物です。

> コケモモ…被子植物双子葉類ツツジ科。高山にはえる低木。
> ハイマツ…裸子植物。高山にはえる低木。地面を這うように広がるマツなのでこの名前がついた。
> シロツメクサ…被子植物双子葉類マメ科の多年生草本。ヨーロッパ原産の帰化植物。「クローバー」とも呼ばれる。

③　休眠芽が**地表に接している**植物を**半地中植物**といいます。ススキやタンポポ・オランダイチゴ・マツヨイグサなどが半地中植物です。

タンポポやマツヨイグサなどの場合は，節と節の間が極端に短くなった茎から葉が重なり合って出ている状態で冬を越します。このような形態の葉を**ロゼット葉**といいます。

> タンポポ…被子植物双子葉類キク科の多年生草本。日本古来のものはカントウタンポポやカンサイタンポポで，セイヨウタンポポはヨーロッパ原産の帰化植物。
> オランダイチゴ…被子植物双子葉類バラ科の多年生草本で食用にする。南米原産。走出枝(ほふく茎)で栄養生殖する。
> マツヨイグサ…被子植物双子葉類アカバナ科の二年生草本。チリ原産の帰化植物。「宵待草」や「月見草」とも呼ばれる。

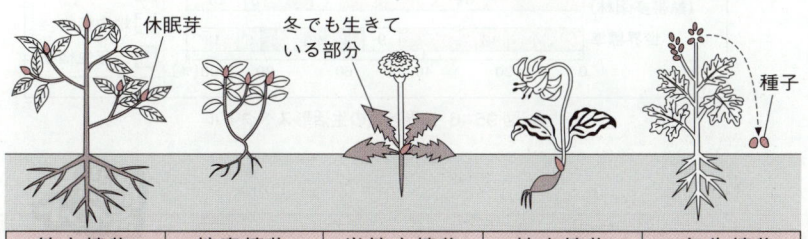

地上植物	地表植物	半地中植物	地中植物	一年生植物
休眠芽が地表から30cm以上の高さにある。	休眠芽が地表から30cm以下にある。	休眠芽が地表に接している。	休眠芽が地中にある。	種子で越冬する。

▲ 図95-5　ラウンケルの生活形による植物の分類

4 休眠芽が**地中にある**植物を**地中植物**といいます。ユリやチューリップが地中植物です。

> 被子植物単子葉類ユリ科の多年生草本。地下に鱗茎を生じる。

5 生育に不適当な時期を**種子**で過ごす植物が**一年生植物**です。エノコログサ・ブタクサ・ヒマワリなどは一年生植物です。

> エノコログサ…被子植物単子葉類イネ科の一年生草本。「ネコジャラシ」とも呼ばれる。
> ブタクサ…被子植物双子葉類キク科の一年生草本。アメリカからの帰化植物。

3 以上を図にしたのが図95-5です。茶色の部分が不適当な時期(冬)でも生き残っている部分,赤色が休眠芽を示します。

+α パワーアップ 生活形スペクトル

各地域における植物の生活形の割合を示したものを**生活形スペクトル**といい,その地域の環境要因を反映する。

冬期の寒さが厳しい地域では地上植物の割合が少なく,**半地中植物の割合が多くなる**。半地中植物は,休眠芽が地表面に接する形で耐え,暖かくなると地下茎などから成長を急速に再開させる。これが寒さの厳しい地域では最も有利だからである。また,寒さだけでなく風なども強く厳しい環境である高山帯(⇨ p.621)では,**高木が生育できない**ため,地上植物は存在しない。

一方,乾燥に一番耐えることができるのは種子である。そのため,乾燥しやすい地域では,**一年生植物の割合が高くなる**。

また,気温も雨量も十分にある地域では**地上植物の占める割合が高くなる**。

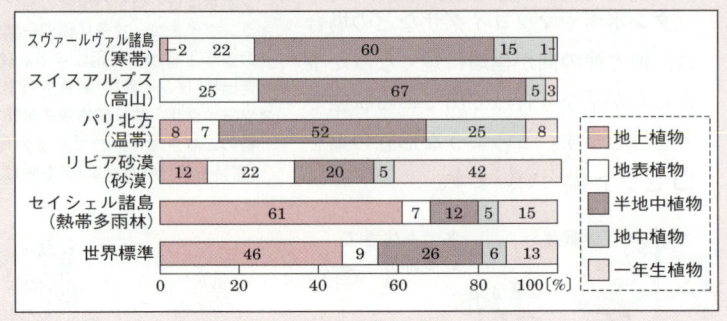

地域	地上植物	地表植物	半地中植物	地中植物	一年生植物
スヴァールヴァル諸島(寒帯)	2	22	60	15	1
スイスアルプス(高山)		25	67	5	3
パリ北方(温帯)	8	7	52	25	8
リビア砂漠(砂漠)	12	22	20	5	42
セイシェル諸島(熱帯多雨林)	61	7	12	5	15
世界標準	46	9	26	6	13

▲ 図95-6 世界各地の生活形スペクトル

最強ポイント

ラウンケルの生活形…休眠芽の地表面からの高さで分類。
一年生植物・地中植物 ➡ 半地中植物 ➡ 地表植物 ➡ 地上植物

第96講 遷移

今日ススキの草原だった所も50年後には松林になっているかもしれません。植生は時間とともに変化します。

1 森林の階層構造

1 植生の移り変わりを**遷移**といいます。植物が生育しておらず，**土壌**も形成されていない状態から始まる遷移を**一次遷移**といい，**乾性遷移**と**湿性遷移**とがあります。

また，森林を伐採した跡地や山火事の跡地のような場所から始まる遷移を**二次遷移**といいます。

> 「土壌」とは，単に土という意味ではなく，岩石の風化で生じた土砂および生物の遺体さらには遺体の分解産物などの有機物からなっている。土壌の形成には，細菌や菌類などの微生物以外にミミズ，トビムシ，ダニなども関係している。

2 日本の気候では，遷移が進行していくと，最終的には**森林**が形成されます（⇨p.620）。まずは，その森林のようすを見てみましょう。

3 植生における垂直的な配列状態を**階層構造**といいます。森林では特に階層構造が発達しています。

森林の地上部の階層構造は，**高木層，亜高木層，低木層，草本層，地表層**の5層に分けられます。これを**森林の階層構造**といいます（⇨図96-1の左の図）。森林では，それぞれの高さで茂っている葉によって光がさえぎられるため，相対照度の変化は図96-1の右の図のようになります。

> 熱帯多雨林では，高木層のさらに上部に大高木層や巨大高木層といった層が存在することがある。逆に，針葉樹林では2層程度にしか発達しないこともある。また，地下の部分は「地中層」あるいは「根系層」という。

4 高木が葉を茂らせている部分を**樹冠**といい，何本もの高木によって樹冠が連なった部分を**林冠**といいます。一方，森林の内部の地表面近くを**林床**といいます。

森林の階層構造 / 森林内部の相対照度の変化

- 樹冠 → 高木の葉が茂っている部分
- 林冠 → 樹冠が連なった部分
- 林床 → 草本層と地表層をまとめた部分

高木層／亜高木層／低木層／草本層／地表層／地中層（「コケ層」ともいう。）

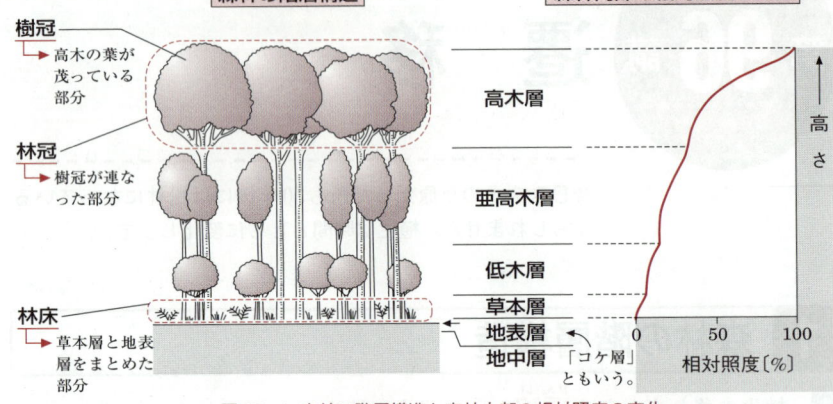

▲ 図96-1 森林の階層構造と森林内部の相対照度の変化

5 発達した植生の地中では**土壌**が形成されています。その土壌の構造を見ておきましょう。

土壌の最上層は落葉や落枝が堆積し，それらの分解が行われている**落葉分解層**，その下にはそれらが分解者（⇨p.653）による分解で生じた有機物（**腐植質・腐植**）に富んだ**腐植土層（腐植層）**があります。さらにその下は岩石が風化した層で，有機物を含みません。その下には風化される前の岩石である**母岩（母材）**があります。

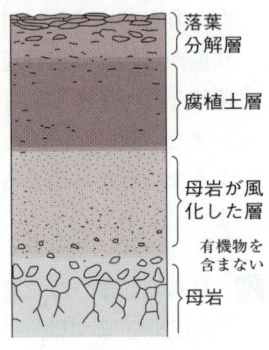

落葉分解層／腐植土層／母岩が風化した層（有機物を含まない）／母岩

▲ 図96-2 土壌の構造

6 風化によってできた細かい岩石と腐植がまとまって生じた粒状構造を**団粒構造**といいます。団粒構造は隙間が多く通気性（酸素の供給）に優れているとともに，保水力に富み，土壌侵食の防止にも役立ちます。植物の根は主にこの団粒構造の多い腐植土層に広がります。

最強ポイント

① **森林の階層構造**…高木層，亜高木層，低木層，草本層，地表層，地中層
② **林冠**…高木の葉が茂った部分（**樹冠**）が連なった部分。
③ **林床**…森林内の地表面近く。
④ **土壌**…腐植と風化した岩石からなり，層をなす。

第96講 遷移

2 乾性遷移

1 火山噴火で生じた溶岩が冷えて固まったような場所から始まるのが**乾性遷移**です。このような状態を**裸地**といいます。

岩石の風化が進むと，**地衣類**（⇨p.753），さらに**コケ類**が生えるようになります。このような状態を**荒原**といいます。

2 地衣類やコケ類の菌糸がさらに岩石を砕き，また，これらの遺体が分解されて，次第に**土壌**が形成されていきます。すると，成長の早い**一年生草本**が優占する**草原**が形成されますが，やがて，地下部が残り春には地下部から成長が始まる**多年生草本**が優占する草原となります。

> エノコログサやメヒシバなどが代表例。

> ススキやイタドリ，セイタカアワダチソウなどが代表例。

3 さらに年月が経ち，土壌の形成が進んで保水力も高まると，光補償点の高い樹木の芽生えも成長し，陽生のウツギなどの低木が優占する**低木林**が形成されます。

その後，高木が優占する**陽樹林**の状態になります。日本の関東以西あたりでは**アカマツ・クロマツ・コナラ・クヌギ・ハンノキ**などの陽樹林が，中部以北の山岳地帯や北海道では，**シラカンバ・ダケカンバ**などの陽樹林が形成されます。

> 被子植物双子葉類ユキノシタ科の落葉低木。

> アカマツ…裸子植物。幹が赤褐色で，クロマツよりも内陸部に多く，根元にマツタケが生じることがある。

> クロマツ…裸子植物。幹が黒灰色で，海岸などで見かけるのはたいていこのクロマツである。

> コナラ…被子植物双子葉類ブナ科の落葉樹。どんぐりをつける木のひとつ。まきや木炭として利用される。

> クヌギ…被子植物双子葉類ブナ科の落葉樹。これもどんぐりをつける木。木炭の原料やシイタケ栽培にも利用される。

> ハンノキ…被子植物双子葉類カバノキ科の落葉樹。家具や鉛筆の材料として利用される。根に放線菌の共生(p.649)。

> シラカンバ…被子植物双子葉類カバノキ科の落葉樹。「白樺」のこと。幹皮が白く，紙のようにはがる。

> ダケカンバ…被子植物双子葉類カバノキ科の落葉樹。樹皮は灰褐色。

4 陽樹林が形成されると，その**林冠**によって光がさえぎられるため，**林床**の照度は低下します。すると，**陽樹の芽生えはそのような照度の低下した林床では生育できなくなります**。一方，光補償点の低い陰樹の芽生えはこのような林床でも生育できます。そのため，陽樹と陰樹が入り交ざった**混交林**となります。

5 やがて，最初に生えていた陽樹は寿命などで枯死していくので，陽樹の割合は減少し，陰樹の割合が増加し，最終的には陰樹を中心とした**陰樹林**が形

成されます。

日本では，関東以西でシイ・カシ・クスノキ・ツバキ・タブノキなどの陰樹林が，東北ではブナ，中部以北の山岳地帯ではシラビソ・コメツガ・トウヒ，特に北海道ではエゾマツ・トドマツなどの陰樹林が形成されます。

- シイ…被子植物双子葉類ブナ科の常緑樹。スダジイとツブラジイとがある。どんぐりをつける木の一種。シイタケの原木として利用される。
- カシ…被子植物双子葉類ブナ科の常緑樹。アラカシ・シラカシ・ウラジロガシなどがある。どんぐりをつける木の一種。いずれも材は堅く，船舶，農具，家具，木炭などの材料となる。ウバメガシの木炭は特に硬質で「備長炭」と呼ばれる。
- クスノキ…被子植物双子葉類クスノキ科の常緑樹。防虫剤として用いられていた樟脳（しょうのう）の材料。
- ツバキ…被子植物双子葉類ツバキ科の常緑樹。種子からツバキ油をとる。
- タブノキ…被子植物双子葉類クスノキ科の常緑樹。沿岸地に多くはえる。

被子植物双子葉類ブナ科の落葉樹。建築の材料やパルプなどに利用される。

いずれも裸子植物マツ類の常緑樹。

+αパワーアップ　陰樹と陽樹の名称の付け方

陰樹の葉は光補償点が低い。これは正しいだろうか？　じつは，同じ陰樹であっても，上部の光がよく当たる所には**陽葉**が，下部の光が届きにくい部分には**陰葉**がついている。決して，陰樹の葉すべてが陰葉ではない。

では，なぜ陽樹，陰樹という呼び方をするのだろう。それは，幼木(芽生え)のときの性質からつけられた名称なのである。幼木(芽生え)のときに陽生植物の特徴をもつ樹木を**陽樹**，幼木(芽生え)のときに陰生植物の特徴をもつ樹木を**陰樹**というのである。陽樹林から陰樹林へと移り変わるときにもこの「幼木」が生育できるかどうかが重要なポイントとなる。

6 陰樹林が形成されても林床の照度は低いので，**陽樹の幼木は生育できず，陰樹の幼木**だけが生育します。そのため，陰樹林として安定します。このように安定した状態を**極相（クライマックス）**といい，極相が森林のとき，この森林を**極相林**といいます。

7 遷移の初期に生育する種を**先駆種（パイオニア種）**，極相で生育する種を**極相種**といいます。一般に，先駆種は，乾燥した土壌や無機塩類の少ない土壌にも適応でき，成長は早いですが耐陰性は低く，その種子は小さく分散しやすいという特徴をもちます。

一方，極相種は，耐乾性は低く，無機塩類の豊富な土壌を必要とし，成長は遅いですが耐陰性は高く，その種子は大きく，分散力は小さいという特徴をもちます。

第96講 遷移

+α パワーアップ 種子の大きさと生き残り戦略

種子が小さければ遠くに散布できるし，また，多くの種子をつくることができる。種子が大きければ遠くに散布できず，形成する種子の数も少なくなる。先駆種の種子が小さいのは，それだけ多くの種子を遠くに散布することで，いち早く新たな裸地に侵入することができるという利点がある。では，極相種の種子が大きいのはどのような意味があるのだろう。

種子が大きければ，それだけ栄養分をたくさん蓄えることができる。種子は，発芽し，葉を展開して自ら光合成を始めるまでは，種子に蓄えてある栄養分を使用する。すなわち，種子が大きければ，それだけ芽生えを大きくしてから葉を展開することができるのである。すでに他の植物が繁茂している中で生育するためには，少しでも上部に葉を展開する必要がある。

逆に，他の植物がまだ繁茂していない場合は，早く葉を展開して光合成を始めるほうがより有利だといえる。そのため，**先駆種の種子は小さく，極相種の種子は大きい**という特徴があるのである。

8 このような遷移はゆっくりと長い年月をかけて進行します。では，どのようにしてこれらの遷移は調査されたのでしょう。

日本で遷移の調査によく使われるのは伊豆大島です。ここでは何度も火山の噴火が起こり，一次遷移が繰り返されています。たとえば，100年前に噴火が起こった場所では裸地から100年後のようす，200年前に噴火が起こった場所では裸地から200年後のようすが観察されるのです。このようにして噴火した年度が異なる地点を調べることで，遷移のようすが調査できます。

9 遷移に伴う植物の種類数の変化を調べると次のようになります。

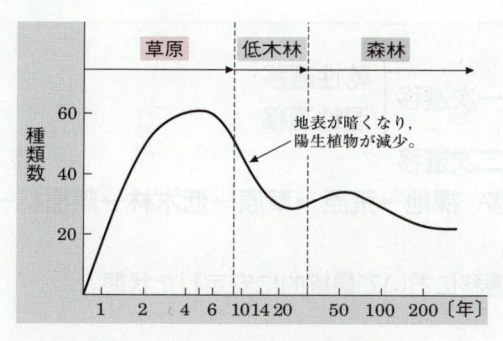

▲ 図96-3 植生を構成する植物種数の変化

10 このように，草原の段階の後期に種類数はピークになります。
　草原の段階では決して草本植物だけが生育しているのではなく，じつは陽樹の幼木や陰樹の芽生えも生育しています。草本植物が目立っているから相観が草原というだけです。遷移（せんい）が進むと地表面が暗くなって陽生植物が生育できなくなり，種類数は減少します。

11 やがて陰樹林を主とした極相林になりますが，極相林が陰生植物のみで構成されているわけではありません。また極相に達したからといって何も変化しないのではありません。極相林の林冠を構成している高木もやがて寿命で枯れたり，台風などで倒れたりして空間が生じることがあります。このような空間を**ギャップ**といいます。

12 このようなギャップが小さい場合は，その林床に生育していた陰樹の幼木がそのまま成長するだけですが，大きいギャップが生じると，林床に多くの光が届くようになり，それまで土壌中で休眠していた陽樹の種子や飛来した陽樹の種子が発芽して成長し，そのまま林冠を構成するようになります。このようなギャップにおける樹種の入れ替わりを**ギャップ更新**といいます。

13 このようにして，極相林であってもあちこちでギャップ更新が起こり，陰樹だけでなく陽樹も混ざった部分がモザイク状に存在しています。でも，これによって極相林の樹種の多様性が保たれています。

最強ポイント

① 遷移 ｛一次遷移｛乾性遷移／湿性遷移｝／二次遷移｝

② 乾性遷移…裸地→荒原→草原→低木林→陽樹林→混交林→陰樹林

③ 極相…遷移において最終的に安定した状態。

第96講 遷移

3 湿性遷移

1 池や湖沼などから始まるのが**湿性遷移**です。
　まず，池や湖沼に生育する植物のようすから見てみましょう。

2 ウキクサのように，水面に植物体が浮かんでいるものを**浮水植物**といいます。
　また，クロモのように，植物体全体が水中にあるものを**沈水植物**といいます。
　ヒツジグサのように，茎などは水中にあり葉だけが水面に浮かんでいるものを**浮葉植物**，ヨシやガマのように，葉が水面より上に突き出しているものを**抽水植物**といいます（⇨図96-4）。

- 被子植物単子葉類ウキクサ科。
- 被子植物単子葉類トチカガミ科。金魚鉢に入れる水草としておなじみ。
- 野生のスイレンのこと。被子植物双子葉類スイレン科。
- 被子植物単子葉類イネ科。「アシ」ともいう。「人間は考える葦である。」のアシ。
- 被子植物単子葉類ガマ科。因幡の白兎の話で大黒様が「ガマの穂綿にくるまれ」といったガマ。

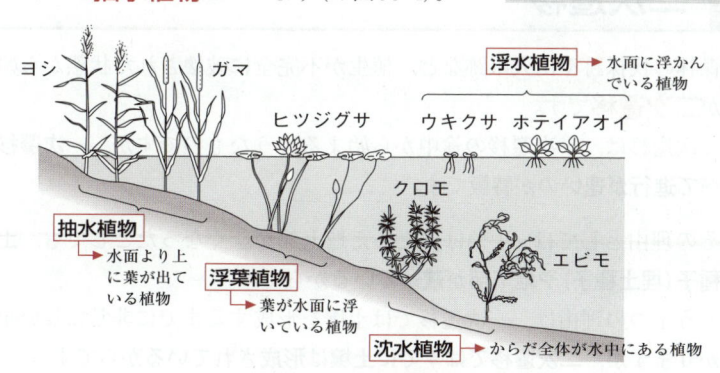

▲ 図96-4 池や湖沼の植物

3 湿性遷移は，次のようにして進みます。
　栄養塩類の乏しい状態を**貧栄養湖**といいます。貧栄養湖は栄養塩類が少ないのでプランクトンも少ないですが，透明度は高い湖です。
　まず周囲から土砂が入り込み，プランクトンも入り込んで，次第に栄養塩類の豊富な**富栄養湖**となります。富栄養湖は，貧栄養湖にくらべると透明度は低下します。また，**沈水植物**が見られます。

4 さらに，土砂の堆積が進んで浅くなり，**湿原**となります。湿原になると透明度はさらに低下し，沈水植物は生育できなくなります。代わって**浮葉植物**や**抽水植物**が繁茂するようになります。

5 時間とともに，周囲から陸地化が進み，やがて，湿原から**草原**へと遷移します。

草原以降は，乾性遷移と同様に遷移が進み，極相となります。

> **最強ポイント**
>
> 湿性遷移…貧栄養湖→富栄養湖→湿原→草原→（以後，乾性遷移と同様）

4 二次遷移

1 森林の伐採跡や山火事跡など，植生が不完全に破壊された状態から始まるのが**二次遷移**です。

二次遷移は，一次遷移の途中から始まるようなものですが，**一次遷移にくらべて進行が速い**のが特徴です。

2 その理由としては，1つは，たとえ地上部がなくなったとしても，**土中には種子（埋土種子）や地下部が残っている**からです。

もう1つの理由は，一次遷移では土壌を形成するまでに非常に長い年月がかかりますが，**二次遷移ではすでに土壌は形成されている**からです。

+α パワーアップ 極相林と二次遷移

極相といっても，まったく変化がないわけではない。高木の枯死や倒木によって林冠の一部に空白（**ギャップ**）が生じることがある。すると，その部分の林床の照度は高くなるので，陽樹の芽生えが成長できるようになる。その場所の土壌中で休眠していた陽樹の種子や飛来した陽樹の種子が成長して林冠を占めるようになる。このようなギャップ更新（⇨p.610）を経て，やがて陰樹へと移行する。これはまさに二次遷移の一例である。

このように，極相に達した植生といっても全体がずっと同じ状態にあるわけではなく，部分的に二次遷移を繰り返しながら安定した状態を保っているのである。

第96講 遷移

> **最強ポイント**
> ① **二次遷移**…植生が不完全に破壊された状態から始まる遷移。
> ② 二次遷移の進行が速い理由
> ⇨ { **埋土種子**や**地下部**が残っていること。
>   すでに**土壌**が形成されていること。

5 フラスコの中での遷移

1 フラスコにペプトン(タンパク質を酵素でアミノ酸や低分子のペプチドに分解したもの)を入れ，そこへ池の水を入れて培養すると，まずペプトンを分解する**細菌**が増殖して水が濁ります。次いで，細菌を食べる繊毛虫(ゾウリムシなど)などの**原生動物**が増殖し，細菌は減少して水の透明度は上がります。

細菌の働きでペプトンが分解されてアンモニアのような無機塩類が生じ，透明度も上がったことでクロレラのような**緑藻**が増殖し，少し遅れて**シアノバクテリア**が増殖するようになります。

2 さらに，多細胞動物で，細菌や繊毛虫・緑藻などを食べる多細胞動物の**ワムシ**が増殖します。

これらの微生物が増減し，やがてそれらの数も一定となって安定します。すなわち**極相**となるのです。このような生物の移り変わりは，フラスコ内での遷移といえますね。

第9章 生態

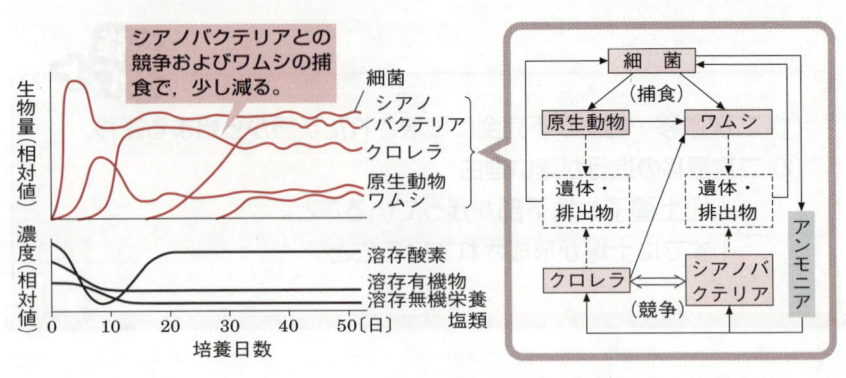

シアノバクテリアとの競争およびワムシの捕食で，少し減る。

細菌
シアノバクテリア
クロレラ
原生動物
ワムシ

溶存酸素
溶存有機物
溶存無機栄養塩類

生物量（相対値）
濃度（相対値）
培養日数〔日〕

細菌 ←（捕食）→ 原生動物／ワムシ
遺体・排出物
クロレラ ↔ シアノバクテリア（競争）
アンモニア

▲ 図96-5 フラスコ内での微生物の遷移と連鎖関係

最強ポイント

フラスコ内での遷移…微生物をフラスコ内で培養すると，微生物が増減を繰り返し安定していく。

第97講 バイオーム

遷移が進めば最終的には極相に達します。では，どのような場所でどのような植生が生じるのでしょう。

1 世界のバイオーム

1 植生は，**気温**と**降水量**の影響を受けて成立します。そのため，同じような気温と降水量の地域ではよく似た相観（⇒p.599）の植生が見られます。植生は，相観によって**森林**，**草原**，**荒原**などに大別され，森林はさらに**熱帯多雨林**，**照葉樹林**，**夏緑樹林**，**針葉樹林**などに分類されます。
　このような植生と，そこに生息する動物などを含めた生物のまとまりを**バイオーム**（生物群系）といいます。

2 気温（年平均気温）や降水量（年降水量）とバイオームの関係を図示すると，次のようになります。

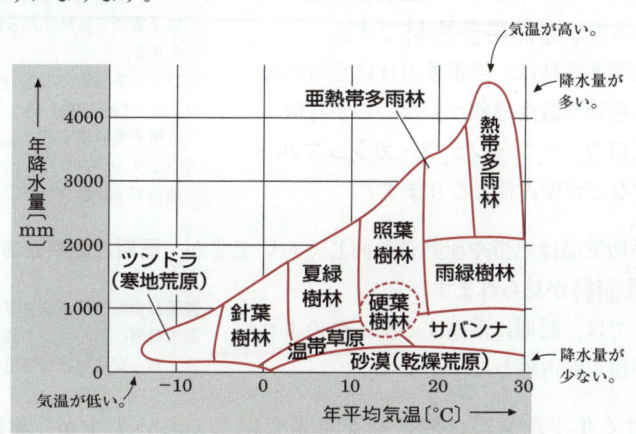

▲ 図97-1 気温・降水量とバイオームの分布

3 年平均気温が25℃以上で，降水量も2000mm以上の**高温多湿の熱帯地域**（アマゾンやインドネシアなど）では，**熱帯多雨林**が見られます。

熱帯多雨林では，特に，階層構造(⇨p.605)がよく発達し，構成種も極めて多いのが特徴です。特定の優占種はありませんが，**ヒルギ**や**フタバガキ**などが代表的な樹木です。森林の内部は非常に暗く，**つる**植物や**着生植物**が多く見られます。また，河口付近や海岸にはヒルギなどが**マングローブ林**を形成しています。

> 被子植物双子葉類ヒルギ科。メヒルギやオヒルギがある。

> 被子植物双子葉類のフタバガキ科。ラワン材として利用される。

> 他の植物や岩など，土壌以外に固着生活する植物を「着生植物」という。根や葉から雨水とともに栄養塩類を吸収する。ランの仲間などに多く見られる。

＋α パワーアップ　マングローブ林の植物の特徴

マングローブ林は特定の種の名称ではなく，熱帯や亜熱帯の河口や海岸に生育する植生の総称である。これらの植物は，海底に根を下ろし海水につかっているので，細胞内浸透圧をふつうの植物より数倍も高く保っている。また，干潮時には露出するような根をもち，この根でガス交換を行うことができる。そのため，そのような根は**呼吸根**と呼ばれる。

ヒルギの種子は，親の木の上で発芽してから落下し，泥に刺さってすぐに根を伸ばし，波にさらわれるのを防ぐという特徴がある。

4 東南アジアや沖縄などの**亜熱帯の地域**に見られるのが**亜熱帯多雨林**です。

亜熱帯多雨林は，熱帯多雨林にくらべるとつる植物や着生植物が少ないのが特徴です。**ビロウ・ヘゴ・ソテツ・ガジュマル・アコウ**などが優占種となります。

> ビロウ…被子植物単子葉類ヤシ科。単子葉類でありながら常緑の高木となる。
> ヘゴ…シダ植物。木生のシダ。
> ソテツ…裸子植物。雄性配偶子として精子を形成することでも有名。
> ガジュマル・アコウ…いずれも被子植物双子葉類クワ科。

5 年平均気温は熱帯や亜熱帯と同じくらいですが，**雨期と乾期がある地域**では**雨緑樹林**が見られます。

ここでは，乾期に落葉する**チーク**のような落葉樹が優占種となります。

> 被子植物双子葉類クマツヅラ科の落葉広葉樹。堅く寸法の狂いが少ないことから家具材として用いられる。

6 同じく年平均気温は熱帯や亜熱帯と同じくらいですが，**年降水量が200mm～1000mmの地域**では森林は形成されず，イネ科の草本を主体とした**草原**が形成されます。ここを**サバンナ**(**熱帯草原**)といいます。

サバンナは草本が主体ですが，**アカシア**などの低木も点在しています。

第97講 バイオーム

7 年平均気温が15℃前後の暖温帯（暖帯）で見られるのが**照葉樹林**です。

　照葉樹林を構成する樹木は**常緑広葉樹**で、その葉は**クチクラ層**がよく発達していて光沢があることからこの名前がついています。

　日本では関東以西で見られ、**シイ・カシ・クスノキ・ツバキ・タブノキ**などが優占種となります。

8 年平均気温は照葉樹林が成立する地域とあまり変わりませんが、**地中海沿岸のように、冬に雨が多く夏乾燥しやすい地域**で見られるのが**硬葉樹林**です。

　硬葉樹林を構成する樹木は、照葉樹林を構成する樹木と同じく常緑でクチクラ層がよく発達した光沢のある葉をもちますが、**やや小形で硬い葉**であるのが特徴です。**オリーブやコルクガシ**などが優占種となります。

> オリーブ…被子植物双子葉類モクセイ科。果実は食用にしたり、オリーブ油をとるなどで知られている。
> コルクガシ…被子植物双子葉類ブナ科。名前の通り、樹皮からコルクをとるのに用いられる。

9 年平均気温が5〜10℃付近の冷温帯（温帯）で見られるのが**夏緑樹林**です。

　名前の通り、夏は緑色の葉をつけますが、秋になると落葉する**落葉広葉樹**が主体です。

　日本では、東北や北海道南部で見られ、**ブナやミズナラ**が優占種となります。

> 被子植物双子葉類ブナ科の落葉樹。一般に、バイオームを代表する樹種として挙げられるのは陰樹であることが多いが、ミズナラは陽樹。ただし、比較的耐陰性が強いのと、夏緑樹林では他のバイオームにくらべると林床の照度がそれほど低下しないので、ミズナラも極相林を構成することができる。

10 年平均気温は夏緑樹林が成立する地域とあまり変わりませんが、**年降水量が200mm〜1000mm**の地域に見られるのが**温帯草原**です。

　中央アジアの温帯草原は**ステップ**、北米大陸の温帯草原は**プレーリー**、南アメリカのアルゼンチンに見られる温帯草原は**パンパス**と呼ばれます。

11 年平均気温が0℃前後の亜寒帯で見られるのが**針葉樹林**です。

　名前の通り、広い葉ではなく針のように細くとがった葉をつける**常緑の針葉樹**からなります。

　日本では、北海道東北部や中部地方の亜高山帯で見られ、**シラビソ・コメツガ・トウヒ**、北海道では**エゾマツ・トドマツ**などが優占種となります。

　シベリアでは、**落葉針葉樹であるカラマツ**を優占種とする針葉樹林が見られます。

第9章　生態

+α パワーアップ 常緑樹と落葉樹の戦略

植物にとって，葉は光合成を行う最も重要な器官のはずである。その大切な器官である葉を秋に落としてしまうと，春にもう一度葉をつくり直さなければいけない。そのような出費を払うのはなぜだろうか。

雨緑樹林や夏緑樹林が成立する地域は，**乾期や冬期という厳しい環境を乗り越える必要がある地域**である。葉には，光合成以外にも蒸散という重要な役割がある。乾期には根から十分な水分が吸収できず，それなのに蒸散を行っていたのでは水分が不足する。また，寒さが厳しい場所では雪が積もる。雪が溶けるまでは土中の水分はやはり不足してしまう。したがって，そのような場所では，**乾期や冬期に葉を残しておく利益よりも出費のほうが大きいため，落葉したほうが有利**だといえる。

つまり，不適切な時期を耐えるために，ストレスにも耐えうるような丈夫な常緑の葉をつけるか，あるいは薄くて簡単な葉をつけておき，不適当な時期には捨て，そのぶん，適当な時期になったときに容易につくれるようにするか，のいずれかを選択しているといえる。

それほど**冬期の低温が厳しくない地域**では，低温のストレスに耐えられるだけの丈夫な葉をつくる出費よりも，温暖な季節になってすぐに光合成をして得られる利益のほうが大きいので，**常緑のほうが有利**だといえる。

さらに，**低温の時期が長い地域**では，温暖になってから葉をつくっていたのでは光合成が行える期間があまりにも短くなって利益が少なくなってしまい，1回の夏ではコストを回収できないため，**常緑のほうが有利**となる。ただし，広葉ではなく**針葉**をつけるようになる。針葉は，広葉にくらべると蒸散量が少ないので，冬期の乾燥にも耐えることができる。また，雪が葉に積もりにくく，寒冷時にも凍結しにくいといった特徴もある。

しかし，**もっと寒さが厳しくなると**，カラマツのような**落葉の針葉樹**となる。

いずれも，葉を残すか落とすかによって生じる利益と出費によって，どのような戦略をとるかが異なってくるのである。

12 年平均気温が-5℃以下の寒帯で見られるのが**ツンドラ（寒地荒原）**です。地中に**永久凍土層**をもつ地域で見られます。

> 夏になっても氷点下が続き，溶けない状態の土壌や岩盤の層を「永久凍土層」という。

ツンドラは低温で，微生物による遺体の分解が進まず，栄養塩類が非常に乏しいため高木は生育できず，**地衣類やコケ類が主体**となります。

13 年平均降水量が200mm以下の地域で見られるのが**砂漠**です。**乾燥荒原**とも呼ばれます。

1日の温度変化も激しく、**一年生草本**や**多肉植物**など耐乾性の強い植物がまばらにはえる程度です。

メキシコなどの砂漠地帯では、**サボテン**が見られます。

> 被子植物双子葉類サボテン科に属する植物の総称。メキシコ原産の多年生草本。茎が多肉で葉緑体をもち、とげは葉が変形したもの。CAM植物として光合成の単元でも学習した（⇨p.168）。

14 このように、植生は、その環境要因の影響を強く受けて成立しています。環境要因の違いによって生じた生物の分布のようすを**生態分布**といいます。図97-2は、世界におけるバイオームの生態分布を示したものです。

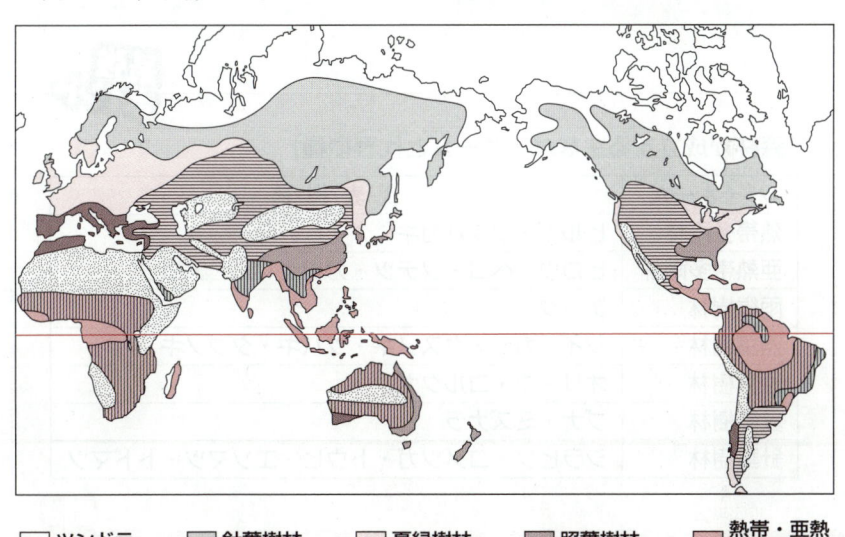

凡例: ツンドラ、針葉樹林、夏緑樹林、照葉樹林、熱帯・亜熱帯多雨林、砂漠、温帯草原、サバンナ、雨緑樹林、硬葉樹林

▲ 図97-2 世界のバイオームの生態分布

+α パワーアップ　暖かさの指数とバイオーム

降水量が十分な地域では、どのような森林が形成されるかは気温によって決まる。この気温条件を示す指標として、**暖かさの指数**というものがある。

これは、月の平均気温が5℃以上の月について、月平均気温から5℃を差し引いた値を積算したものである。5℃を引くのは、植物の正常な生育には5℃以上の温度が必要だと考えられているからである。

暖かさの指数とバイオームの関係は、次の表97-1のようになる。

暖かさの指数	バイオーム
240以上	熱帯多雨林
180〜240	亜熱帯多雨林
85〜180	照葉樹林
45〜85	夏緑樹林
15〜45	針葉樹林

▲ 表97-1 暖かさの指数とバイオーム

【森林が成立する主なバイオームと代表樹種】

バイオーム	代　表　樹　種
熱帯多雨林	ヒルギ・フタバガキ
亜熱帯多雨林	ビロウ・ヘゴ・ソテツ・ガジュマル・アコウ
雨緑樹林	チーク
照葉樹林	シイ・カシ・クスノキ・ツバキ・タブノキ
硬葉樹林	オリーブ・コルクガシ
夏緑樹林	ブナ・ミズナラ
針葉樹林	シラビソ・コメツガ・トウヒ・エゾマツ・トドマツ

2 日本のバイオーム

1 生態分布には，緯度の違いによる**水平分布**と高度の違いによる**垂直分布**があります。まずは，日本における水平分布を見てみましょう。

2 日本においては，降水量はどの地域でも十分あるので，**日本の生態分布では気温の違いが大きな要因となります**。日本のバイオームの水平分布を示したものが次の図97-3です。

第97講　バイオーム

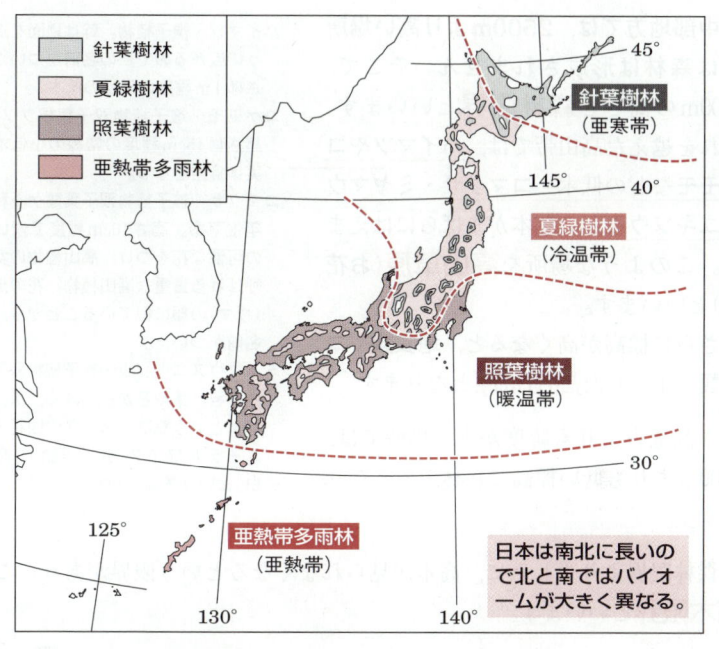

▲ 図97-3 日本のバイオームの水平分布

凡例:
- 針葉樹林
- 夏緑樹林
- 照葉樹林
- 亜熱帯多雨林

針葉樹林（亜寒帯）
夏緑樹林（冷温帯）
照葉樹林（暖温帯）
亜熱帯多雨林（亜熱帯）

日本は南北に長いので北と南ではバイオームが大きく異なる。

3　今度は，垂直分布です。一般に，標高が100m上がると，気温は約0.6℃下がります。下の図97-4は，中部地方の垂直分布を示したものです。

4　中部地方では，海抜700mあたりまでを**丘陵帯**（低地帯，平地帯），700m〜1700mを**山地帯**（低山帯），1700m〜2500mを**亜高山帯**，2500m以上を**高山帯**といいます。

日本の中部地方の垂直分布:
- 高山帯（森林は形成されない。）
- 森林限界 2500m
- 亜高山帯
- 1700m
- 山地帯
- 700m
- 丘陵帯

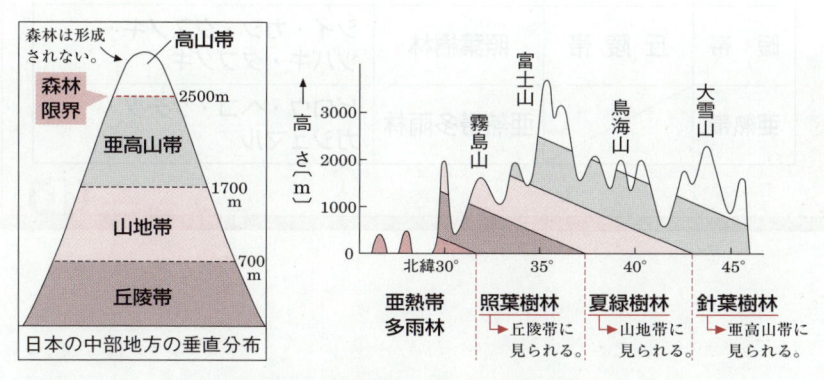

北緯30°：亜熱帯多雨林 → 丘陵帯に見られる。
35°（霧島山，富士山）：照葉樹林 → 山地帯に見られる。
40°（鳥海山）：夏緑樹林 → 亜高山帯に見られる。
45°（大雪山）：針葉樹林 → 亜高山帯に見られる。

▲ 図97-4 日本のバイオームの垂直分布

第9章　生態

5 中部地方では，2500mより高い場所では森林は形成されません。そこで，2500mの高さを<u>森林限界</u>といいます。これを越えた高山帯では，<u>ハイマツやコケモモ</u>などの低木，<u>コマクサ・ミヤマウスユキソウ</u>などの草本がまばらにはえます。このような場所を<u>高山草原</u>（お花畑）といいます。

さらに標高が高くなると，**地衣類**やコケ類を主とした<u>高山荒原</u>となります。

6 中部地方よりも緯度が高い場所では，2500mよりも低い標高で森林限界となります。

7 森林限界より少し上に，高木が見られなくなるという限界があり，これを<u>高木限界</u>といいます。

> ハイマツ…裸子植物。幹は地面を這うように広がるのでこの名前がついた。高さは1m程度の常緑の低木。
> コケモモ…被子植物双子葉類ツツジ科。高さは15cm程度の常緑の小低木。果実は食用となる。
> コマクサ…被子植物双子葉類ケシ科の多年生草本。高さ10cm程度で淡い紅色の可憐な花をつけ，高山植物の女王と呼ばれる貴重な高山植物。花の形が駒（ウマ）の顔に似ていることから，この名前がついた。
> ミヤマウスユキソウ…被子植物双子葉類キク科。葉や茎が白っぽく，深山の薄雪草という意味。スイスの国花であるエーデルワイス（ドイツ語で「高貴な白」という意味）の仲間。

最強ポイント

気候帯	中部地方の垂直分布	バイオーム	代表樹種
亜寒帯	亜高山帯	針葉樹林	シラビソ・コメツガ・トウヒ
温帯	山地帯	夏緑樹林	ブナ・ミズナラ
暖帯	丘陵帯	照葉樹林	シイ・カシ・クスノキ・ツバキ・タブノキ
亜熱帯		亜熱帯多雨林	ビロウ・ヘゴ・ソテツ・ガジュマル

第98講 個体群

同種の生物の集団について考えていきましょう。生物の集団が生殖により大きくなるとき，何が起きるでしょう。

1 成長曲線と密度効果

1 同種の生物の集まりを**個体群**といい，単位面積や単位体積(生活空間)あたりの個体数を**個体群密度**といいます。

生殖によって個体数が増加し，個体群密度が高くなっていきますが，これを**個体群の成長**といい，そのようすを表したグラフを**個体群の成長曲線**といいます。

2 一般に，成長曲線は下の図98-1のようにS字形のグラフになります。これは，個体群密度が高くなるにつれて，**食べ物の不足**，**生活空間の不足**，**老廃物の増加による環境の汚染**などといった要因によって個体数の増加が抑えられるからです。このような，個体数の増加を妨げる要因を**環境抵抗**といいます。

また，個体群密度の上限を**環境収容力**といいます。

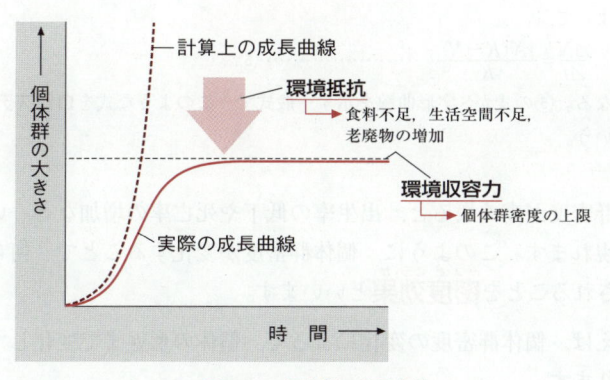

▲ 図98-1 個体群の成長曲線

+α パワーアップ ロジスティック式

もしも，個体数の増加にまったく制限がなければ，個体数は等比級数的に増加するはずである。

ある時間 Δt に ΔN だけ個体数がふえたとすると，個体数の増加速度は $\dfrac{\Delta N}{\Delta t}$ で表すことができる。この比は，そのときの個体数 N の生殖活動に基づくので，N に比例するはずである。よって，増加速度は次の式で表される。

$$\dfrac{\Delta N}{\Delta t} = r \cdot N \quad (r は比例定数) \cdots\cdots① $$

しかし，実際には環境抵抗が働く。この抑制の働き（r'）は個体数 N に比例して大きくなるので，次のように表せる。

$$r' = hN \quad (h は比例定数) \cdots\cdots② $$

このため，実際の増加速度は，①の式の r から r' を引いた係数に比例することになり，次のようになる。

$$\dfrac{\Delta N}{\Delta t} = (r - r')N $$

これに②の式を代入すると，

$$\dfrac{\Delta N}{\Delta t} = (r - hN)N = rN - hN^2 \cdots\cdots③ $$

一般に，r は h よりも大きいので，個体数 N が少ないときは増加速度は大きいが，個体数がふえるに従って hN^2 の値が大きくなるので，増加速度は低下することになる。

増加速度が 0 になるのは $r - hN = 0$ のときで，このときの個体数が上限値なので，その上限値を K で示すと，

$$r - hK = 0 \quad \therefore \quad h = \dfrac{r}{K} \cdots\cdots④ $$

④を③の式に代入すると，

$$\dfrac{\Delta N}{\Delta t} = \left\{ r - \left(\dfrac{r}{K} \right) \cdot N \right\} N = r \left(1 - \dfrac{N}{K} \right) N $$

よって，

$$\dfrac{\Delta N}{\Delta t} = \dfrac{rN(K-N)}{K} \cdots\cdots⑤ $$

となる。⑤の式がＳ字形曲線を示す一般式で，このような式を**ロジスティック式**という。

3 個体群密度が高くなると，出生率の低下や死亡率の増加など，いろいろな影響が現れます。このように，個体群密度が変化することで，何らかの影響が及ぼされることを**密度効果**といいます。

4 たとえば，個体群密度の変化によって，個体の形態まで変化してしまう場合もあります。

第98講 個体群

トノサマバッタやサバクトビバッタ(これらをワタリバッタといいます)では，幼虫のときの密度が高いと，翅(はね)が長く，後肢が短く，集合性があり，移動能力の大きな個体になります。このようなタイプを**群生相**(ぐんせいそう)といいます。

一方，幼虫のときの密度が低いと，翅が短く，後肢が長く，単独生活を行い，移動能力の低い個体になります。このようなタイプを**孤独相**(こどくそう)といいます。

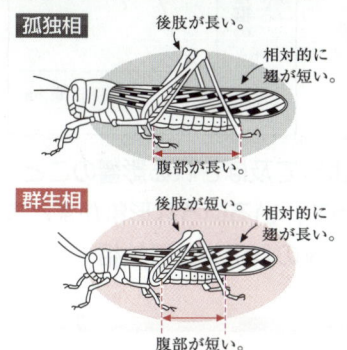

項　目	孤独相	群生相
産 卵 数	多 い	少ない
卵の大きさ	小さい	大きい
幼虫の活動	不活発	活　発
前翅の相対的な長さ	短 い	長 い
後肢の長さ	長 い	短 い
腹部の長さ	長 い	短 い
体　色	緑・褐色	黒・褐色
集合性	な い	強 い
移動能力	小さい	大きい
脂肪含有量	少ない	多 い

▲ 図98-2 トノサマバッタの孤独相と群生相

5 このように，個体群密度の変化によって，形態や行動など，形質がまとまって変化する現象を**相変異**(そうへんい)といいます。

6 密度効果は植物にも見られます。植物の種子を，密度を変えて蒔(ま)き栽培します。すると，密度を高くした場合，最初は個体数が多いので全体の総重量は低密度の場合よりも大きくなります。しかし，密度が高いと，光や栄養塩類などをめぐる競争が激しくなり，個々の個体の成長は悪く，枯死(こし)する個体も多くなります。そのため，最終的には，**どの密度であっても全体の総重量はほぼ同じになってしまいます**。これを**最終収量一定の法則**(さいしゅうしゅうりょういっていのほうそく)といいます。

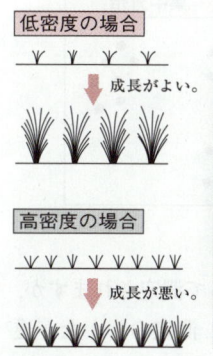

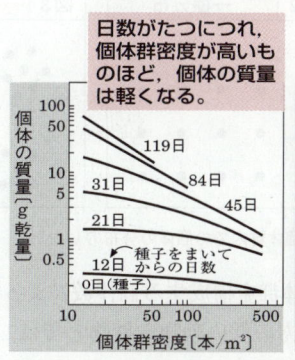

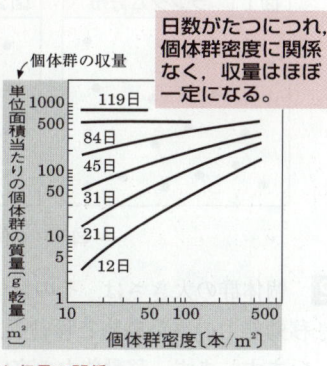

▲ 図98-3 植物の個体群密度と収量の関係

① **成長曲線**…S字形になる。
　⇨個体数の増加を抑える要因
　（環境抵抗）
　　┌ 食べ物の不足
　　│ 生活空間の不足
　　└ 排出物などによる汚染 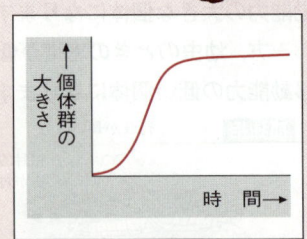
② **密度効果**…個体群密度の変化によって及ぼされる影響のこと。
③ **相変異**…個体群密度の変化によって，いろいろな形質がまとまって変化すること。例 ワタリバッタの群生相と孤独相

2 個体群の大きさの測定

1 　個体群における各個体の分布のしかたはさまざまです。たとえば，下の図98-4の図1のようにランダムに分布している場合（**ランダム分布**）もあれば，図2のようにほぼ均一に分布する場合（**一様分布**）や，図3のように1か所に集まって分布する場合（**集中分布**）もあります。

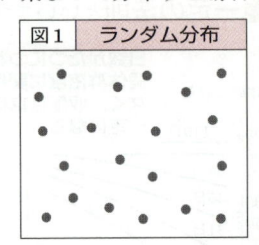

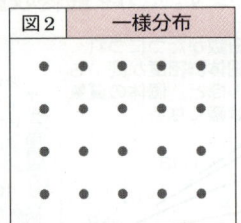

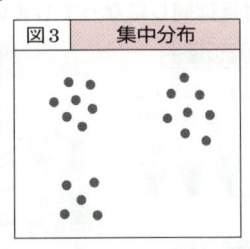

▲ 図98-4 個体群内での個体の分布のしかた

2 　個体群の大きさは，その個体群を構成する個体数によって測定されますが，移動能力の高い動物と移動能力の低い動物や植物とでは，測定のしかたが違います。まず，移動能力の高い動物の場合を見てみましょう。

第98講 個体群

次のような方法で個体数を推定することができます。
① わなをしかけ，複数の個体(m匹)を捕獲し，標識をつける。
② 標識した個体をもとの集団へ戻す。
③ 数日後に再びわなをしかけ，複数の個体(N匹)を捕獲し，そのうちで標識が付いている個体の数(n匹)を数える。

3 個体群に，各個体がランダムにあるいは一様に分布していれば，個体群全体の個体数(M匹)とm，N，nの間には次のような関係が成り立つはずです。

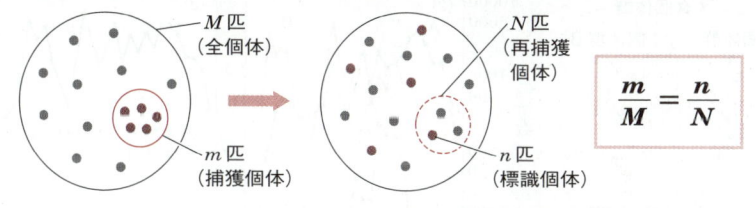

M匹（全個体）
N匹（再捕獲個体）
m匹（捕獲個体）
n匹（標識個体）

$$\frac{m}{M} = \frac{n}{N}$$

▲ 図98-5 個体群の個体数と捕獲(再捕獲)個体数の関係

このようにして個体群の大きさを推定する方法を**標識再捕法**といいます。

4 この方法によって個体数を推定するためには，標識した個体がもとの集団内で**ランダムに混ざり合っていなければいけません**。そのため，**移動能力が低い動物**，たとえば**固着生活するような動物には適応できません**。

5 さらに，標識個体と非標識個体とで，**捕獲率に差がないこと**，調査している集団と他の集団との間で**移出移入がないこと**，**1回目の捕獲時と2回目の捕獲時とで個体数に変動がないこと**，といった前提条件が必要になります。

6 移動能力の低い動物やもともと移動能力のない植物などの場合は，次のような方法で個体数を推定します。
① その生物の生息域を一定の広さの区画に区切る。
② いくつかの区画内の個体数を調べる。
③ その平均値に区画の数をかける。
このような調査方法を**区画法**といいます。

7 標識再捕法では，他の集団との間で移出移入がないというのが前提条件でした。しかし実際の個体群ではある程度は独立していても，移出移入が見られる個体群が複数モザイク状に分布している場合があります。これらの集合を**メタ個体群**といいます。

8 このような場合は，各個体群の個体数が大きく変動したとしても，他の個体群との間での移出や移入によって，メタ個体群全体としては大きく変動せずに安定します。

9 たとえば，あるメタ個体群にA，B，Cの個体群があったとします(図98-6①)。各個体群の個体数は大きく変動し，Cの個体群は絶滅しました(図②)。しかしメタ個体群全体としては比較的安定しています(図③)。

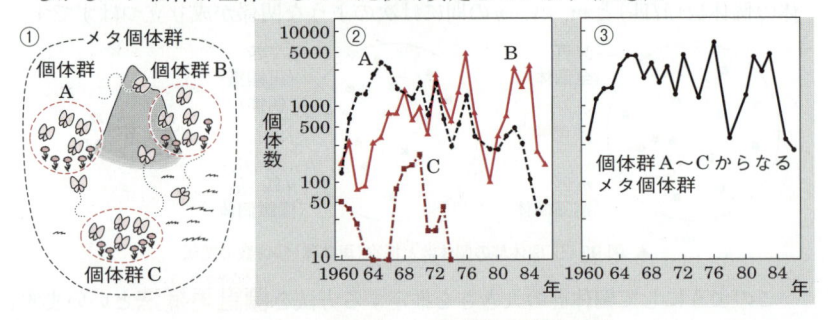

▲ 図98-6 個体群とメタ個体群の個体数の変動

【標識再捕法】

$$\frac{1回目に捕獲した数}{全個体数} = \frac{2回目の捕獲での標識個体の数}{2回目に捕獲した数}$$

---

3 生命表と生存曲線

1 生まれた卵や子の，成長に伴う死亡数や生存数を示した表を**生命表**といいます。

2 生命表をもとに，その生存数を表したグラフを**生存曲線**といいます。次の図98-7は，アメリカシロヒトリの生命表とその生存曲線を示したものです。生存曲線のグラフ中には死亡要因も示しました。

発育段階	はじめの生存数	期間内の死亡数	期間内の死亡率〔%〕
卵	4287	134	3.1
ふ化幼虫	4153	746	18.0
一齢幼虫	3407	1197	35.1
二齢幼虫	2210	333	15.1
三齢幼虫	1877	463	24.7
四齢幼虫	1414	1373	97.1
七齢幼虫	41	29	70.7
前 蛹	12	3	25.0
蛹	9	2	22.2
羽化成虫	7	7	100.0

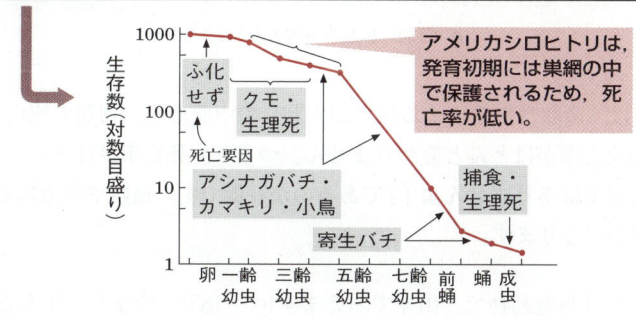

▲ 図98-7 アメリカシロヒトリの生命表と生存曲線

3 アメリカシロヒトリは，若齢幼虫までは，巣網の中で保護されて集団生活を行うため，死亡率は低くなります。

そして，老齢幼虫の時期になると，蛹になる場所を探しに巣網から出てくるため，鳥など天敵に捕食されやすくなり，死亡率が高くなります。

4 ふつう，生存曲線は出生数を1000個体に換算し，縦軸は対数目盛りでとります。さらに，いろいろな生物について比較するため横軸を相対年齢で示すと，それぞれの生物の産卵(子)数，親の保護の程度などによって，生物の生存曲線は大きく次の3タイプに分けることができます(⇨図98-8)。

5 A型は，産卵(子)数が少なく，親が子を保護するため初期の死亡率が低いのが特徴で，ヒトや大形の哺乳類はA型になります。生理的寿命(理想的な条件下での寿命)と実際の平均寿命の差が一番小さいタイプです。

6 C型は，産卵数が非常に多く，親がほとんど卵や子を保護しないため，初期の死亡率が高いのが特徴で，カキなどの水生無脊椎動物やイワシなどの魚類はC型になります。

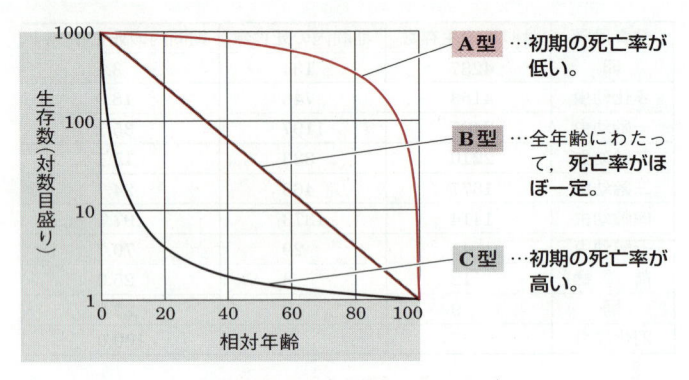

```
   1000 ┤                              A型 …初期の死亡率が
        │                                    低い。
生      │
存  100 ┤                              B型 …全年齢にわたっ
数      │                                    て，死亡率がほ
（      │                                    ぼ一定。
対   10 ┤
数      │                              C型 …初期の死亡率が
目      │                                    高い。
盛    1 ┤
り）    └────────────────────────
         0   20   40   60   80  100
                 相対年齢
```

▲ 図98-8 生存曲線の3つのタイプ

7 B型は，産卵数や親による保護がAとCの中間型で，初期の死亡率と中期，後期の死亡率がほとんど変わりません。つまり，**死亡率がほぼ一定(死亡数が一定なのではありませんよ！)** であるのが特徴です。**鳥類や爬虫類およびヒドラ**はB型になります。

8 ヒドラは刺胞動物で，出芽でふえます(⇨p.185)。つまり，生じた子はしばらくは母体に付着して生活するため，ある程度は親に保護されているような形になります。そのため，水生の無脊椎動物でありながら，B型になるのです。

9 一般に，昆虫はC型やB型になることが多いのですが，**ミツバチはA型に近くなります**。ミツバチは社会性昆虫(⇨p.635)で，卵や幼虫の時代は巣の中で働きバチによって保護されているからです。

10 個体群の発育段階ごとの個体数を示したものを**齢構成**といい，これを図示したものを**齢ピラミッド(年齢ピラミッド)** といいます。

11 齢ピラミッドは，大きく次の3つのタイプに分けられます。
　幼若型(若齢型) は，将来生殖可能な齢になる世代(幼若層)の個体数が，現在の生殖可能な世代(生殖層)の個体数よりも多いので，**今後，個体群全体の個体数が増加する**ことが予想されます。
　安定型は，現在の生殖可能な齢の個体数と将来生殖可能な齢になる個体数があまり変わらないので，**今後も個体群全体の個体数はあまり変化せず，安定している**ことを示しています。

第98講 個体群

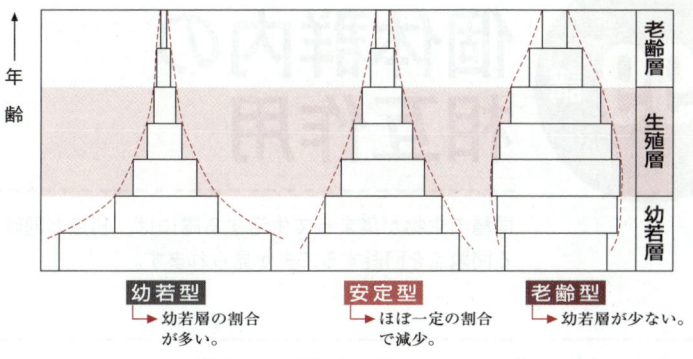

▲ 図98-9 齢ピラミッドの3つのタイプ

幼若型：幼若層の割合が多い。
安定型：ほぼ一定の割合で減少。
老齢型：幼若層が少ない。

老齢型（老化型）は，将来生殖可能な齢になる個体数が現在よりも少ないので，**今後個体群全体の個体数が減少する**ことが予想されます。現在の日本の人口の齢構成は老齢型になっています。

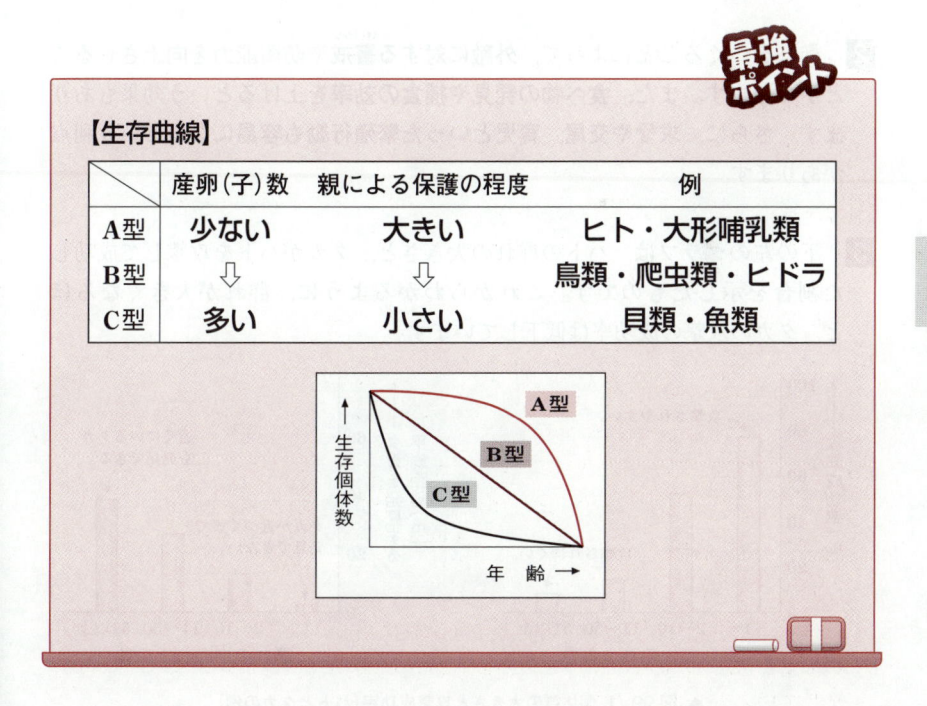

最強ポイント

【生存曲線】

	産卵(子)数	親による保護の程度	例
A型	少ない	大きい	ヒト・大形哺乳類
B型	⇩	⇩	鳥類・爬虫類・ヒドラ
C型	多い	小さい	貝類・魚類

第9章 生態

第99講 個体群内の相互作用

同種の生物が集まって生活する際には、利点と同時に生じる問題点を回避する工夫が見られます。

1 群れ

1 同一個体群の中、すなわち同種の生物の間にどのような関係があるかを見てみましょう。

同種の動物が集まって、統一的な行動をとる場合があります。このような集団を**群れ**といいます。

2 群れをつくることによって、**外敵に対する警戒や防衛能力を向上させる**ことができます。また、**食べ物の発見や捕食の効率を上げる**という効果もあります。さらに、**求愛や交尾、育児といった繁殖行動も容易になる**という利点があります。

3 下の左のグラフは、ハトの群れの大きさと、タカがハトを攻撃して成功した割合を示したものです。これからわかるように、群れが大きくなるほど、タカの攻撃の成功率は低下しています。

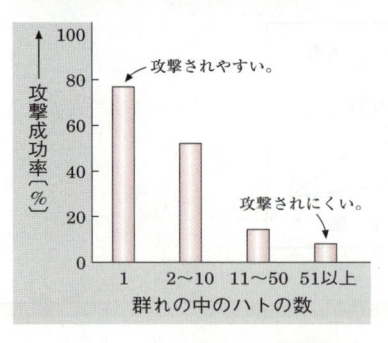

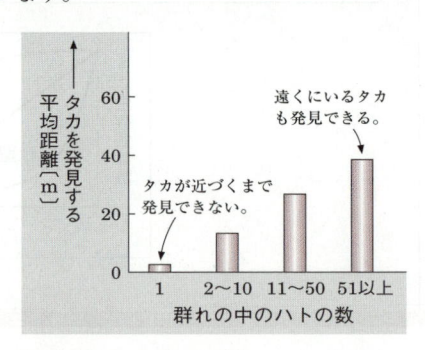

▲ 図99-1 個体群の大きさと攻撃成功率（ハトとタカの例）

第99講 個体群内の相互作用

4 このようになるのは，群れが大きくなるとそれだけ早く外敵を発見することができるようになるからです。図99-1の右の図は，タカがどれくらい近づいたときにハトが逃げ出したかをハトの群れの大きさごとに示したものです。群れが大きいと，遠くにいるタカに対しても反応するようになることがわかります。

5 このように，群れが大きくなることによる利点がいくつかあります。しかし，群れが大きくなると，**個体群内での争いがふえる**といった不利益も生じてきます。

6 群れを大きくすると，より早く外敵を発見することもでき，それだけ1匹あたりの警戒に要する時間は短くなります。しかし，群れを大きくすると争いの時間は長くなります。警戒のための時間や争いに費やす時間を除いた時間が，餌（えさ）をとるのに使える時間です。結果的に，この採餌（さいじ）時間が最も長くなるときの群れの大きさが最適の大きさということになります。

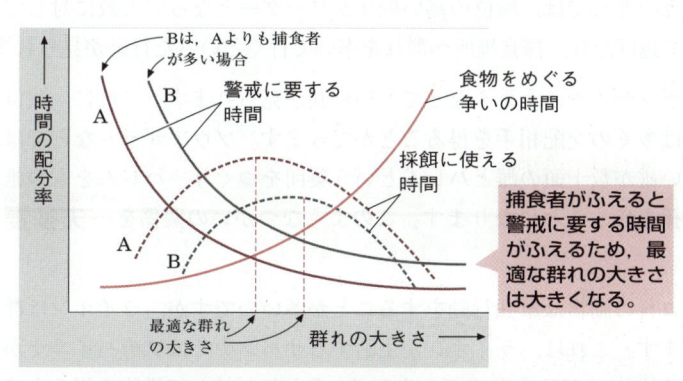

捕食者がふえると警戒に要する時間がふえるため，最適な群れの大きさは大きくなる。

▲ 図99-2 群れの大きさと警戒・争い・採餌に要する時間

【群れをつくる利点】
① 外敵に対する**警戒や防衛**を容易にすることができる。
② **食べ物の確保**を容易にすることができる。
③ **繁殖活動**を容易にすることができる。

2 種内競争を減らすしくみ

1 群れの中では，どうしても争い，すなわち**種内競争**が起こります。そのような争いを少なくするための方法の1つが**順位制**です。

たとえば，数羽のニワトリを一緒にすると，最初はお互いつつきあって，争いが起こります。しかし，やがて優位劣位の序列すなわち順位ができてきます。順位ができると，順位の高い個体が優先的に食べ物を確保し，交尾も優先的に行うようになります。劣位の個体は無用な争いを避け，序列に従って行動するようになります。このようなしくみを**順位制**といいます。順位制は，鳥類だけでなく，哺乳類などでも見られます。

2 順位制における順位の高い個体が，群れを率先して導くような行動をとる場合があります。このような個体を**リーダー**といい，このようなしくみを**リーダー制**といいます。

シカの群れでは，順位の高い個体がリーダーとなって天敵に対して群れを率いて逃げたり，採食場所へ群れを率いて行くといった行動が見られます。

3 ニホンザルやオオカミなどでも順位制が見られます。一般に，順位の高い個体は多くの交配相手を得ることができます。ゾウアザラシなどでは，順位の高い雄が数十頭の雌と**ハレム**という集団をつくり，ハレムをもつ雄が多くの子孫を残すことになります。このようなつがいの関係を**一夫多妻**といいます。

4 ネコ科の動物は単独行動をすることが多いのですが，ライオンは群れで生活します。これは，ライオンが生活するサバンナではブチハイエナが似た生態的地位（⇨p.639）を占めているので，それに対抗して獲物を得るためには群れのほうが都合がよいからではないかと考えられています。ライオンの群れは，血縁関係にある複数の雌と血縁関係の無い1頭の雄からなり，ライオンがつくるこのような群れを**プライド**といいます。群れで生まれた赤ちゃんライオンには本当の母親以外も授乳をし，群れ全体で子育てをします。このように，親以外の個体も協力して子育てに関与する繁殖様式を**共同繁殖**といいます。成長した雄はやがて群れから離れますが，雌は群れに残り，母と娘を中心とした母系の血縁関係をもつ集団で群れは構成されます。

成長した雄が群れから離れ，他のプライドで子孫をつくることで，近親交配を避けることができます。

5 鳥類は一夫一婦であることが多いのですが，鳥類の約3.2%程度は共同繁殖を行うことが知られています。エナガという鳥は5組ほどのつがいが1つのグループをつくっており，ひなが孵らなかったり，天敵にひなが食べられてしまったような仲間が子育てに参加する共同繁殖を行います。このような個体を**ヘルパー**といいます。ヘルパーは世話をしているひなの血縁者であることが多いのですが，そうでない場合もあります。

6 ミツバチやシロアリなどでは，原則的に血縁関係にある同種の個体が密に集合して**コロニー**と呼ばれる集団を形成して生活しています。この集団では，生殖を行う個体は少数で，大多数の個体は同じ母親(女王)から生まれた子たちで，生殖を行わない**ワーカー**として子育て，巣作り，採餌，防衛などを行います。このように明確な分業(**カースト分化**，**カースト制**)が見られる血縁集団を形成・維持して生活する昆虫を**社会性昆虫**といいます。

7 たとえばミツバチでは，女王バチと雄バチ以外は，生殖は行わない働きバチ(ワーカー)で，文字通り，子育ても，巣作りも採餌も防衛もすべて行います(⇨ p.187)。

　ヤマトシロアリでは，生殖を行うのは女王アリと王アリで，巣作りと採餌を行う働きアリ，防衛を行う兵アリがいます。また女王アリや王アリが死ぬと置換生殖虫が生じ，これが次の女王アリや王アリになります。ニンフと呼ばれる老齢幼虫は，やがて翅をもった有翅虫となり，ペアをつくって元の巣から旅立ち，新しい巣をつくってそこで女王アリと王アリになります。

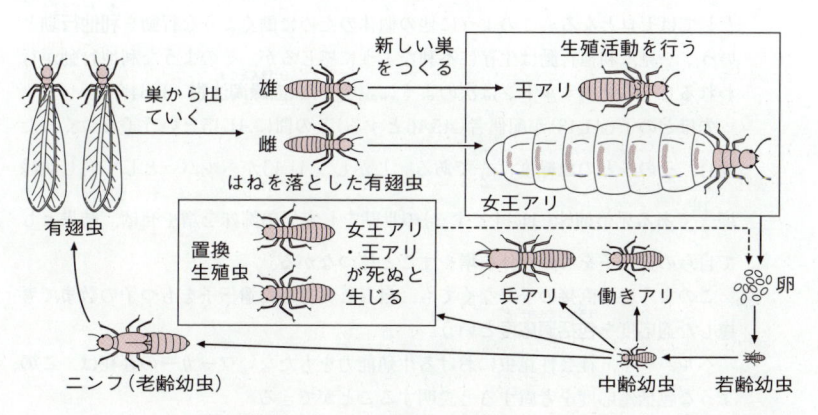

▲ 図99-3 ヤマトシロアリの分業(カースト制)

8 社会性昆虫では視覚や触覚，あるいは**フェロモン**(⇨p.460)などを用いた個体間のコミュニケーション手段が発達しています。

+α パワーアップ 血縁度と包括適応度

個体間で共通の祖先に由来する特定の遺伝子を共にもつ確率を**血縁度**という。母親の遺伝子型を$A1A2$，父親の遺伝子型を$A3A4$とすると，この両親から生まれる子は，母親から$A1$あるいは$A2$を$\frac{1}{2}$の確率で，父親から$A3$あるいは$A4$を$\frac{1}{2}$の確率で受け継ぐ。たとえば$A1A3$のような子が生じると，この子と母親は$A1$だけが共通しているので血縁度は$\frac{1}{2}$となる。同様に父親との血縁度も$\frac{1}{2}$である。

次にこの子の弟妹について考えよう。

$A1$が先ほどの子に伝わる確率が$\frac{1}{2}$，母親から同じ$A1$を弟妹がもらう確率も$\frac{1}{2}$なので，兄弟姉妹で母親由来の遺伝子が一致する確率は$\frac{1}{2}×\frac{1}{2}=\frac{1}{4}$となる。

同様に父親由来の遺伝子が兄弟姉妹で一致する確率も$\frac{1}{4}$である。

したがって，兄弟姉妹で両親の特定の遺伝子をともにもつ確率は$\frac{1}{4}+\frac{1}{4}=\frac{1}{2}$となり，血縁度も$\frac{1}{2}$となる。

個体が自らの子をどれだけ残せたかを表す指標を**適応度**といい，ある個体が一生の間に産む子のうちで繁殖可能な年齢になるまで成長した数で表す。

先ほど見たヘルパーや働きバチなどは，自らの子は残していないので，適応度としてはゼロとなる。このように他の個体のために働くような行動を**利他行動**という。一見，利他行動は生存に不利なように感じるが，そのような利他行動が行われるしくみをハミルトンは次のように説明した(**血縁淘汰説**：1964年)。

先ほどの子($A1A3$)が配偶者($A5A6$とする)との間に$A1A5$という子をつくった場合，その子との血縁度は$\frac{1}{2}$である。しかし，$A1A3$がヘルパーとして同じ血縁度$\frac{1}{2}$である兄弟姉妹($A1A4$とする)の世話をして兄弟姉妹を増やせば，結果として自らの遺伝子をもつ個体を増やすことにつながる。

このように，直接の子でなくても，自らと共通した遺伝子をもつ子の数まで考慮した適応度を**包括適応度**という。

ヘルパーや，社会性昆虫における生殖能力をもたないワーカーの存在は，このような包括適応度を考慮すると説明することができる。

+αパワーアップ ミツバチの血縁度

先ほど見た血縁度は2倍体(核相2n)の生物の場合である。

p.187で学習したように，ミツバチの雌は2倍体(核相2n)だが，雄は1倍体(核相n)であった。その場合の血縁度を調べてみよう。

$A1A2$の女王バチと$A3$の雄バチから生じた働きバチ(雌バチ)は，雄バチからは必ず$A3$をもらい，女王バチからは$A1$あるいは$A2$をもらう。この働きバチと姉妹である次代の女王バチ(雌バチ)もその半分の遺伝子は女王バチから$\frac{1}{2}$の確率で働きバチと同じ遺伝子をもらうので，$\frac{1}{2} \times \frac{1}{2} = \frac{1}{4}$。残りの半分は働きバチと同じ$A3$を必ず雄バチからもらうので，$\frac{1}{2} \times 1 = \frac{1}{2}$。よって働きバチとその姉妹の血縁度は$\frac{1}{4} + \frac{1}{2} = \frac{3}{4}$となる。もし働きバチが自らの子を産めばその子との血縁度は$\frac{1}{2}$であった。

つまり，働きバチは自分の子を産むよりも自分の姉妹を育てたほうが，自らの遺伝子を多く子孫に伝えることになる。1倍体の雄が生じるミツバチで利他行動が進化したのは，このように説明することができる。

9 一定の生活空間を占有し，そこへ侵入する個体を排除する行動が見られる場合があります。この占有した空間を**縄張り（テリトリー）**といいます。

たとえば，アユは川底の石に付着する藻などを食べる淡水魚ですが，この餌を確保するために縄張りをつくります。縄張りがないと，常に餌をめぐって競争しなければいけませんが，縄張りをもっていると，縄張り内の餌を独り占めできます。ただ，縄張りをもてば，その縄張りを守るために侵入者を追い払ったり見回ったりという労力も必要となります。つまり，縄張りをもつことによる不利益もあるのです。

10 次ページの図99-4は，異なる個体群密度において縄張りをつくるアユ（**縄張りアユ**という）と縄張りをつくらないアユ（**群れアユ**という）の割合を調査した結果をグラフにしたものです。

11 個体群密度が非常に高いと，それだけ侵入者も多くなるため餌を食べる時間が少なくなり，縄張りをもつことによる利益よりも不利益が上回ってしまいます。そのため，縄張りをつくらず，多くのアユが群れた状態になります。

また，あまりにも個体群密度が低ければ，縄張りをわざわざつくらなくても採食に困らないので，縄張りをもつことによる利点が乏しくなり，この場合も，群れアユのほうが多くなります。

このように，縄張りをもつことによる利益が不利益を上回るような状況の場合に縄張りをつくろうとします。

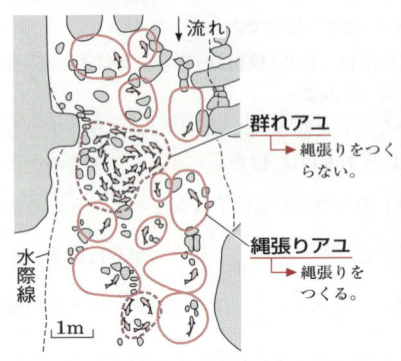

▲ 図99-4 アユの生息密度と縄張りの形成

12 縄張りの大きさについても同様です。大きな縄張りをもてば，それだけ多くの利益が得られます。でも，縄張りが大きくなると，縄張りを守るための労力も大きくなります。また，縄張りを大きくして得られる利益にも限界があります。餌を食べる量に限界があるからです。それらの関係を模式的に示したものが右のグラフです。利益と不利益の差が最大になるところが最適の縄張りの大きさといえます。

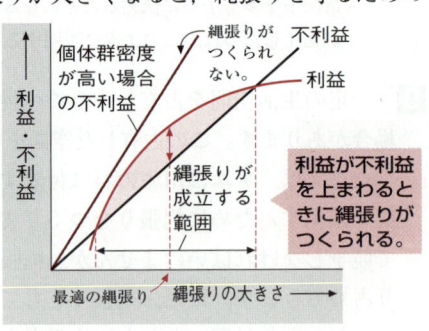

利益が不利益を上まわるときに縄張りがつくられる。

▲ 図99-5 縄張りの大きさと利益・不利益

13 アユの場合は餌を確保するための縄張りでしたが，鳥類などのように，配偶者や卵や子の保護のための縄張りをもつ場合もあります。

「採食縄張り」という。

「繁殖縄張り」という。

最強ポイント

【個体群内で争いを避けるしくみ】
① 順位制　② リーダー制　③ 共同繁殖　④ 縄張り

第100講 異種個体群間の関係

種類が違う生物どうしにもいろいろな関係があります。奪い合いや弱肉強食だけでなく，助け合ったりもします。

1 種間競争

1 生物は，他の生物といろいろな関係を保ちながら生きています。異なる種の個体群の集まりを**生物群集**といい，どのような場所で生活しているか，何を食べるか，また誰に食べられるかといった生態系における位置や役割を**生態的地位（ニッチ）**といいます。

> 西洋建築で彫刻や花などを飾れるようにした「壁の凹み」（niche）が語源。

2 種類の違う個体群の間でも，生息場所や食物の種類といった生活要求が同じ，つまり生態的地位が同じである場合は，限られた資源（生息場所や食物）をめぐって**競争**が起こります。これは**種間競争**です。

3 たとえば，ゾウリムシとヒメゾウリムシ（同じゾウリムシの仲間ですが種が違います）をそれぞれ別の容器で培養すると，第98講で学習したような成長曲線を描いて増殖します。ところが，これら2種類を同じ容器で培養すると，

> ヒメゾウリムシとゾウリムシの間で競争が起こり，ゾウリムシは負けて絶滅した。

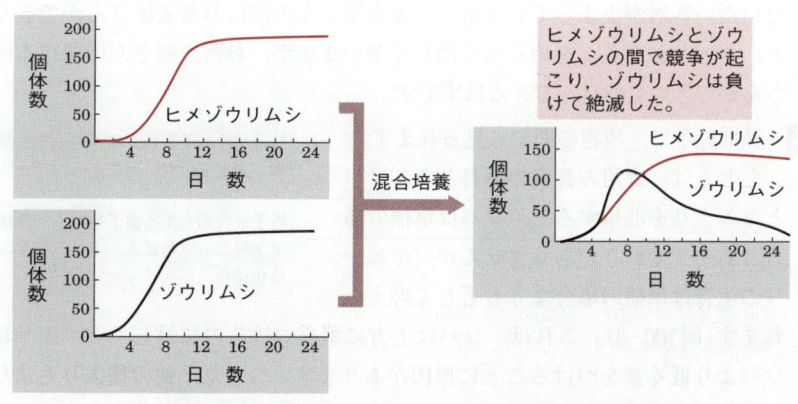

▲ 図100-1 ゾウリムシ・ヒメゾウリムシの単独培養と混合培養

ゾウリムシのほうが絶滅してしまいます。これは，ゾウリムシが，少し小形で増殖率の高いヒメゾウリムシとの餌をめぐる競争に負けてしまったからです。これを**競争的排除**といいます。

4 　同じゾウリムシの仲間でも，細胞内にクロレラが共生（細胞内共生）しているミドリゾウリムシというゾウリムシがいます。ミドリゾウリムシはクロレラに二酸化炭素などを供給し，クロレラは光合成で生じた産物をミドリゾウリムシに供給し，相利共生（⇨p.649）を行っています。このミドリゾウリムシとゾウリムシを同じ容器で培養しても，餌をめぐる競争が起こらないため，両者は共存します。

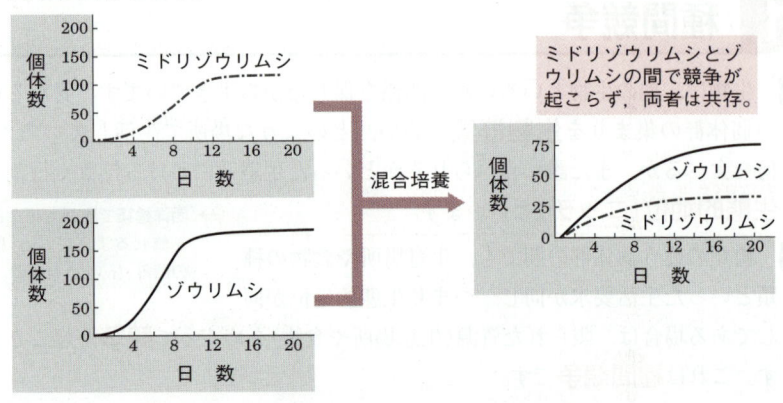

▲ 図100-2 ゾウリムシ・ミドリゾウリムシの単独培養と混合培養

5 　このように，生態的地位が異なれば種間競争は起こりませんが，生態的地位が重複するほど激しい種間競争が起こります。人間の社会でも同じですね。だいたい客層が決まっている町のお蕎麦屋さんの隣にお蕎麦屋さんができると，きっとお客さんをめぐって激しく争いますが，お蕎麦屋さんの隣に本屋さんができても仲良くできるはずです。

6 　種間競争は，植物の間でも見られます。
　　たとえば，食用の蕎麦の原料となるソバとヤエナリを混植すると，ソバは単植の場合とあまり変わりがありませんが，ヤエナリの生育は単植の場合よりも著しく抑えられます（図100-3）。これは，ソバは上方に葉をつけるのに対し，ヤエナリはソバより低く葉をつけることに原因があります。つまり，**他の種よりもより上方に葉を茂らせたほうが光をめぐる競争には有利なのです。**

ソバ：被子植物双子葉類タデ科の一年生草本。高さ60cm〜100cm。

ヤエナリ：種子を食用とする被子植物双子葉類マメ科の一年生草本。インド原産の帰化植物。

第100講　異種個体群間の関係

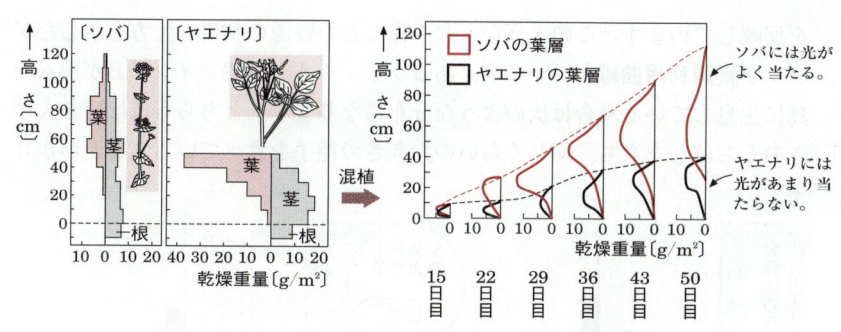

▲ 図100-3　ソバ・ヤエナリの単独栽培と混合栽培

[7]　クローバーとも呼ばれるシロツメクサとカモガヤを窒素肥料の乏しい土地で混植すると，シロツメクサが優占するようになります。これは，シロツメクサの根に共生している根粒菌が窒素固定（⇨p.177）を行うことができるからです。しかし，窒素肥料を施した土地で混植すると，背が高いカモガヤが優占するようになります。

（被子植物双子葉類マメ科の多年生草本。ヨーロッパ原産の帰化植物。）

（「オーチャードグラス」とも呼ばれる被子植物単子葉類イネ科の多年生草本。地中海〜西アジア原産の帰化植物。高さ50cm〜150cm。）

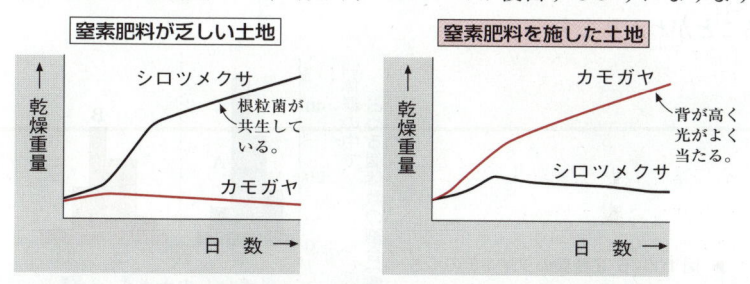

▲ 図100-4　シロツメクサとカモガヤの混合栽培

[8]　生態的地位が近いと激しい種間競争が起こり，ゾウリムシとヒメゾウリムシで見られるような競争的排除が起こるのでした。しかし自然界では似たような生活様式をもった多くの種であってもちゃんと共存していることも多いはずです。これはどのようなしくみによるのでしょうか。

[9]　ある種が単独で生活している場合の生態的地位を**基本ニッチ**（fundamental niche）といいます。たとえば，ガラパゴス諸島に生息するフィンチという鳥類のくちばしの大きさを調べます。くちばしの大きさによって食べる種子の大きさも異なるので，くちばしの大きさが食べる種子の大きさ

第9章　生態

641

を反映しています。このような，食べ物などの資源の利用の仕方を示したグラフを**資源利用曲線**といいます。あるフィンチAと別のフィンチBが別々の島に生息している場合は次のような分布になります。どちらもほぼ同じ大きさのくちばしをもち，同じくらいの大きさの種子を食べていることがわかります。

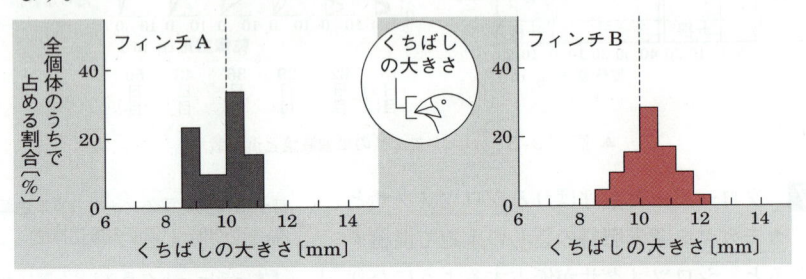

▲ 図100-5 2種類のフィンチのくちばしの大きさの分布（個別に生息）

10　この両者が同じ島に生息している場合があり，その島での両種のくちばしの大きさの分布は次のようになります。単独で生息している場合とは明らかにくちばしの大きさが異なります。すなわち食べている種子の大きさも異なることがわかります。

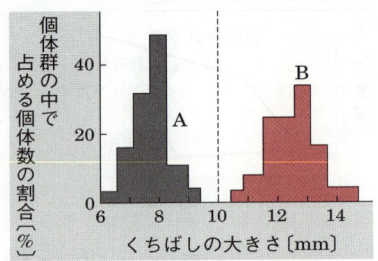

▶ 図100-6 2種類のフィンチのくちばしの大きさの分布（同じ島に生息）

11　これは同じ大きさの種子をめぐって種間競争が起こり，その結果食べる種子の大きさが重複しないように両種で分かれ，くちばしの大きさも変化したと考えられます。このように種間競争の結果，新たにできあがった生態的地位を**実現ニッチ**（realized niche）といいます。また，競争の結果形質に変化が生じるという現象を**形質置換**といいます。

12　このような現象はいろいろな生物間でも見られます。
　　たとえば，イワナとヤマメはどちらも川に棲む魚類ですが，イワナはより水温の低い上流側で，ヤマメは下流側で生息するため種間競争が回避できま

す。このように，**生息場所を少し変えて種間競争を回避することをすみわけ（棲み分け）**といいます。

13 同じ花の蜜を吸う昆虫どうしが，花を訪れる時間帯を変える場合があります。これも時間的な棲み分けの一種です。

14 ヒメウとカワウはいずれも河口のがけの上に巣をつくり，同じ海で餌をとる鳥です。しかし，ヒメウは主にイカナゴやニシンを食べるのに対し，カワウはヒラメやエビなどを食べます。これは食べ物の種類を変えて種間競争を回避しているのです。このように，**食べ物の種類を変えて種間競争を回避するしくみを食い分け**といいます。

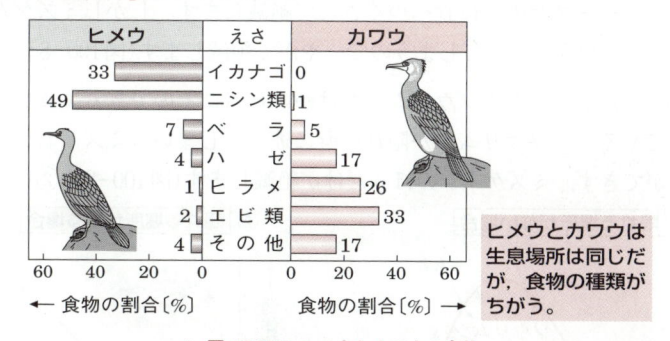

ヒメウ	えさ	カワウ
33	イカナゴ	0
49	ニシン類	1
7	ベ ラ	5
4	ハ ゼ	17
1	ヒラメ	26
2	エビ類	33
4	その他	17

← 食物の割合〔%〕　　食物の割合〔%〕 →

ヒメウとカワウは生息場所は同じだが，食物の種類がちがう。

▲ 図100-7 ヒメウとカワウの食物

最強ポイント

生態的地位（ニッチ）…生息場所や食う−食われるの関係における生態系での位置や役割のこと。生態的地位が同じであれば，**種間競争**を起こす。

- 基本ニッチ…単独で生活した場合の本来の生態的地位
- 実現ニッチ…他種との競争の結果できあがった生態的地位

2 被食者・捕食者の相互関係

1 食う-食われるの関係において,食うほうを**捕食者**,食われるほうを**被食者**といいます。たとえば,ライオンとシマウマにおいては,ライオンが捕食者,シマウマは被食者ですね。

2 ミズケムシはゾウリムシを捕食します。すなわち,ミズケムシが捕食者,ゾウリムシは被食者です。この両者を使って次のような実験をします。

> 原生動物繊毛虫類。単細胞生物。

まず,ゾウリムシを増殖させ,そこへミズケムシを入れます。すると,ゾウリムシはミズケムシに食べつくされて絶滅します。しかしミズケムシのほうも食べ物がなくなってしまうので,やがて絶滅します(図100-8の①)。

3 ところが,このときゾウリムシだけが隠れることのできるような場所を提供してやると,ゾウリムシが隠れ場所に逃げてしまい,ミズケムシは食べることができず,ミズケムシのほうだけが絶滅します(図100-8の②)。

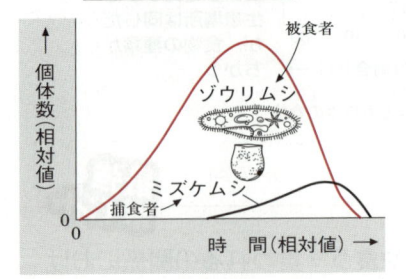

① 隠れる場所がない場合　　② 隠れる場所がある場合

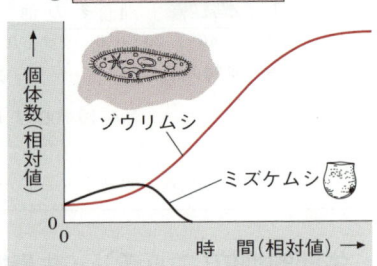

▲ 図100-8 ミズケムシとゾウリムシの混合培養

4 このように,閉鎖された単純な環境では,食う-食われるの関係にある両者あるいは一方が絶滅してしまいます。

5 しかし,レモンを食べるコウノシロハダニとこれを捕食するカブリダニを使い,被食者だけが通れる通路や被食者の移動を助けるような操作を行った実験をすると,**両者が周期的な変動をしました**。つまり,まず,被食者であるコウノシロハダニがふえ,これを食べて,捕食者であるカブリダニがふえます。するとコウノシロハダニが減少し,餌が少なくなるためカブリダニも減少します。捕食者が減少すれば被食者は逆にふえ…というサイクルになり,**被食者の増減に少し遅れて捕食者が増減します**。

第 **100** 講　異種個体群間の関係

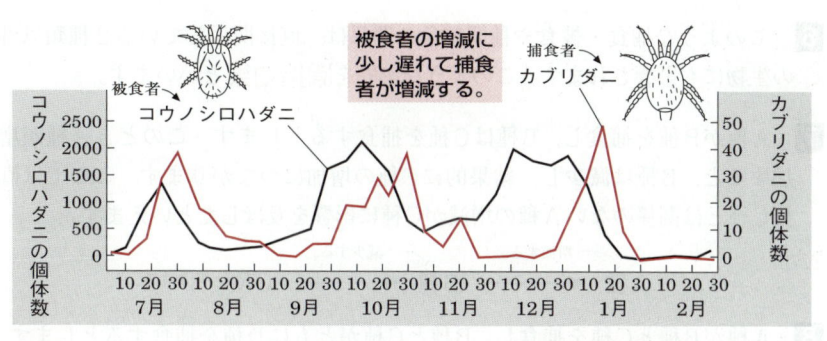

▲ 図 100-9　コウノシロハダニとカブリダニの周期的な変動

（グラフ注釈：被食者の増減に少し遅れて捕食者が増減する。　被食者　コウノシロハダニ　捕食者　カブリダニ）

+α パワーアップ　ロトカ・ボルテラ式と捕食者・被食者の個体数の変動

捕食者（N_1）と被食者（N_2）には，次のような関係式が成立する。
b_1 は捕食者の出生率に関する定数，d_1 は捕食者 1 個体あたりの死亡率，b_2 は被食者の 1 個体あたりの出生率，d_2 は被食者の死亡率に関する定数である。これを**ロトカ・ボルテラ式**という。

$$\frac{dN_1}{dt} = N_1(b_1 N_2 - d_1) \qquad \frac{dN_2}{dt} = N_2(b_2 - d_2 N_1)$$

捕食者（N_1）の増加は被食者（N_2）の増加率に負の効果，被食者（N_2）の増加は捕食者（N_1）の増加率に正の効果をもたらすので，この式から予想される捕食者と被食者の個体数の変動を示すと図 100-10 の左の図のようになり，縦軸に捕食者の数，横軸に被食者の数をとって示すと右の図のようになる。

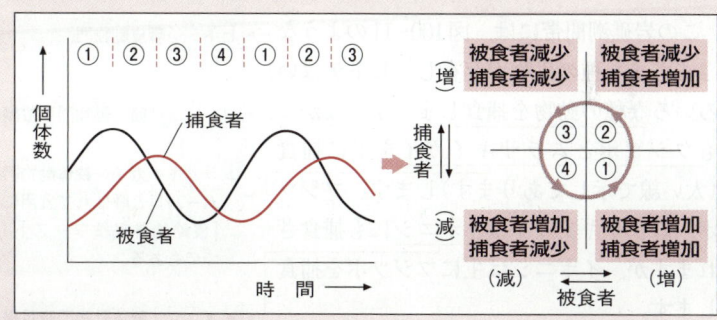

▲ 図 100-10　ロトカ・ボルテラ式による捕食者・被食者の変動

最強ポイント

被食者の増減に少し遅れて**捕食者**が増減する。⇨周期的変動

6 このような捕食・被食や種間競争の関係は，直接関係している2種類以外の生物にも影響されます。このような影響を**間接効果**といいます。

7 A種がB種を捕食し，B種はC種を捕食するとします。このときA種が増加すると，B種は減少し，結果的にC種の増加につながります。ここでは直接C種とは関係のないA種の増減がC種に影響を及ぼしたといえます。

```
            増加する。        減少する。
      A種 ←――――― B種 ←――――― C種  増加する。
```

8 A種がB種とC種を捕食し，B種とC種がともにD種を捕食するとします。4種のうちB種とC種は種間競争の関係にあります。このときB種がC種に対する競争に強かったとしても，A種がB種を多く捕食するとC種のほうが増加します。

　　B種とC種の競争にA種が影響を及ぼしていることになります。

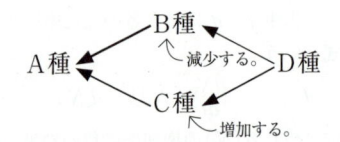

```
              B種
             ↗
      A種 ←―      減少する。 D種
             ↘
              C種
                 増加する。
```

9 もう少し具体的な例で見てみましょう。
　アメリカのある太平洋側の**岩礁潮間帯**で行われた実験です。（潮が満ちたときの海岸線と引いたときの海岸線との間の帯状の範囲。）

　この岩礁潮間帯には，図100-11のようなさまざまな種の生物が存在し，ヒトデはいろいろな種の動物を捕食しますが，なかでもフジツボとムラサキイガイを主に捕食（太い線で示してあります）します。フジツボ，ムラサキイガイはイボニシにも捕食されますが，イボニシは主にフジツボを捕食します。

　フジツボやムラサキイガイ，カメノテは固着性の動物で，主に水中のプランクトンを捕食します。固着性動物のなかで個体数が最も多いのはフジツボでした。ヒザラガイとカサガイは移動性で，岩礁に生えている藻類を摂食します。

- ヒトデ…棘皮動物門
- フジツボ…節足動物門甲殻綱
- ムラサキイガイ…軟体動物門二枚貝綱。ムール貝と呼ばれて食用にもするが，「侵略的外来種ワースト100」の1つでもある。
- イボニシ…軟体動物門腹足綱の巻き貝
- カメノテ…節足動物門甲殻綱
- ヒザラガイ…軟体動物門多板綱
- カサガイ…軟体動物門腹足綱

第100講　異種個体群間の関係

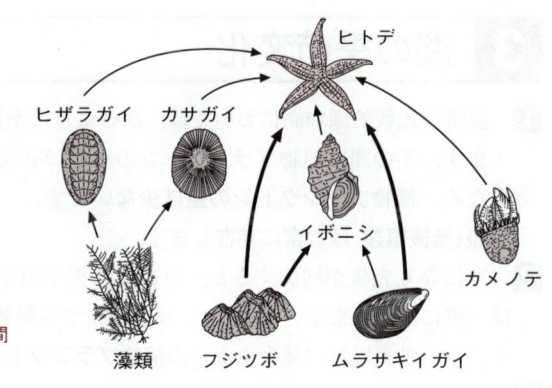

▶ 図100-11 ある潮間帯における生態系

10 この調査区から**ヒトデだけを人為的に除去する**という実験を行いました。すると，まず，ヒトデに捕食されなくなったフジツボが増加しましたが，増加したフジツボはイボニシに捕食されて減少し，その結果ムラサキイガイが増加して岩礁のほとんどを覆いつくしてしまうという結果になりました。そのため藻類は定着できなくなり激減し，藻類を摂食していたヒザラガイやカサガイも生存できなくなりました。

11 この結果は，競争力の強いフジツボやムラサキイガイをヒトデが捕食していることによって，カメノテやヒザラガイ，カサガイ，藻類など多様な種が共存できるようになっていたと考えられます。

12 この岩礁潮間帯におけるヒトデのように，個体数は少ないが生態系(⇨p.652)のバランスを維持するために重要な役割を果たしている生物を**キーストーン種**といいます。

> その場所から除去すると生息する生物の構成が大きく変わってしまう。

最強ポイント

間接効果…2種間の生物における捕食・被食や種間競争などの関係が，第三者の生物からの影響を受ける。

キーストーン種…個体数は少ないがその場所にすむ生物全体の構成に大きな影響を与える生物。

3 湖の季節変化

1 温帯の比較的深い湖においては，次のような季節変化が見られます。

まず，冬の間は植物プランクトンの増殖に必要な光量・水温が不足しているため，**植物プランクトンの量は少ない**です。一方，**窒素やリンなどの栄養塩類(無機塩類)は豊富**に存在します。

2 春になり光量が増加すると，豊富な栄養塩類を利用して**植物プランクトンは一気に増殖します**。すると，これを捕食する**動物プランクトンも増加します**。その後，栄養塩類が減少するため**植物プランクトンは減少します**。

3 夏の間は，十分な光量・水温があるにもかかわらず，**植物プランクトンはあまり増殖しません**。これは栄養塩類の量が少ないからです。

では，なぜ，夏になっても栄養塩類の量が少ないままなのでしょうか。

4 栄養塩類は主に生物の遺体の分解によって供給されます。生物が死んで湖の底のほうへ沈み，そこで分解者によって分解され，栄養塩類となります。

温かい水が上昇することで対流が起こり水が循環しますが，夏の間は上層部のほうが水温が高いため対流が起こらず，底の栄養塩類が上層部へ供給されないのです。

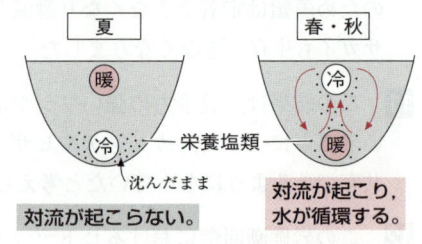

5 秋に上層部の水温が下がると対流が起こり，上層部へ栄養塩類が供給されるようになり，**植物プランクトンも増加します**。でも，すぐに光量が低下するため，**植物プランクトンの量は再び減少します**。

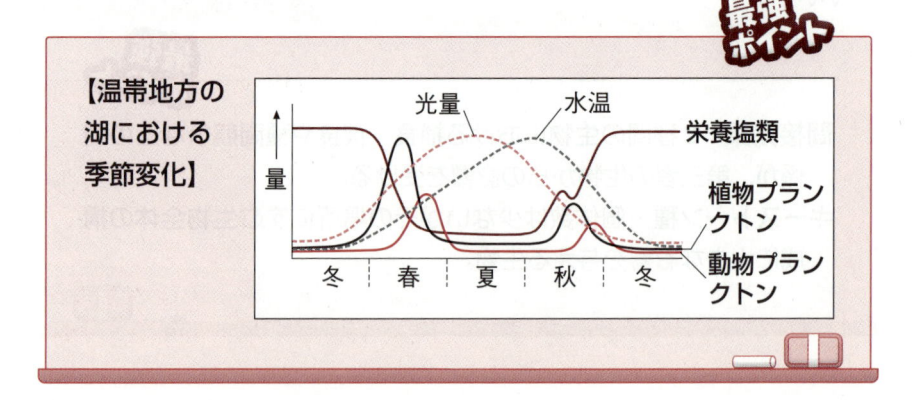

▲ 図100-12 季節と栄養塩類の循環

夏：暖（上）／冷（下） 対流が起こらない。沈んだまま
春・秋：冷（上）／暖（下） 対流が起こり，水が循環する。

【温帯地方の湖における季節変化】

冬・春・夏・秋・冬 における 光量，水温，栄養塩類，植物プランクトン，動物プランクトン の量の変化

4 共生と寄生

1 細菌が入り込むことによって植物の根に生じたこぶ(瘤)を**根粒**といいます。**マメ科植物**の根に入り込んだ**根粒菌**は窒素固定を行い,生じたアンモニウムイオンをマメ科植物に供給します。逆に,マメ科植物から光合成産物である炭水化物をもらっています。

> マメ科植物と共生しているときにのみ窒素固定を行う細菌。

このように,**2種の個体群の両方に利益があるような関係**を**相利共生**といいます。

2 **放線菌**という細菌は,**ハンノキ**の根に共生して根粒をつくり,窒素固定を行います。

> 被子植物,双子葉類の落葉樹。遷移(p.607)で学習する陽樹の代表例。

3 根粒は,細菌との共生でしたが,菌類(カビの仲間)との共生もあります。

植物の根に菌類が定着して形成された根の構造を**菌根**といい,菌根を形成する菌類を**菌根菌**といいます。菌根菌は糸状の菌糸を土壌中に張り巡らせ,植物の根の表面や中にまで菌糸を入り込ませています。

> 細胞内に樹枝状体(arbuscule)という養分授受構造を形成するアーバスキュラー菌根菌や,根の表皮や皮層の細胞間隙に侵入した菌糸が層状に発達する外生菌などがある。

4 これによって菌根菌は土壌中から吸収したリンや窒素などを植物に供給します。一方,植物は,光合成で生じた有機物を菌根菌に供給します。

このような共生関係は陸上植物の出現に際しても不可欠だったと考えられており,実際に,非常に多くの植物が菌根菌と相利共生をしています。

> 陸上植物の8〜9割は菌根菌と相利共生している。

いわゆるキノコ(担子菌)の多くも実は菌根菌です。たとえば,おなじみのマツタケはマツと相利共生する菌根菌なのです。

5 **アリ**は**アリマキ**から栄養源となる糖液をもらい,アリマキの天敵となるテントウムシからアリマキを保護します。これも**相利共生**です。

> 「アブラムシ」とも呼ばれる。節足動物門昆虫綱。単為生殖によって増殖する。

6 **ホンソメワケベラ**という魚は,**クエ**のような大形魚についている寄生虫を食べます。ホンソメワケベラにとっては餌を供給してもらい,クエにとっては寄生虫を掃除してもらっていることになります。これも相利共生です。

7 クマノミという魚は，**イソギンチャク**の触手の間に隠れて身を守ってもらいます。一方，イソギンチャクはクマノミの食べ残した餌を得ることができます。これも相利共生です。

> 刺胞動物である。

8 **地衣類**は，**藻類**と**菌類**の共同体で，藻類が光合成産物を菌類に供給し，菌類は水分や無機塩類などを供給しています。これも相利共生です。

> ウメノキゴケ・リトマスゴケ・サルオガセなどが代表例。

9 **カクレウオ**という魚は，天敵に襲われると**フジナマコ**の腸内に隠れて身を守ります。この場合，カクレウオにとってはフジナマコが存在することは利益がありますが，フジナマコにとってカクレウオが存在することは利益はありませんが大きな害もありません。

> 棘皮動物である。

このように，一方**だけ利益があり他方には利益も害もない**という関係を**片利共生**といいます。

10 サメのからだに付着する**コバンザメ**という魚がいます。コバンザメはサメのからだに付着することで，運搬してもらい，また保護されていることにもなります。しかし，サメにとっては利益も害もありません。これも片利共生です。

> 「コバンイタダキ」とも呼ばれる硬骨魚類で，サメの仲間ではない。頭部にある小判のような吸盤で，サメのからだに付着する。

11 ヒトの腸内に，**カイチュウやギョウチュウ**，**サナダムシ**などが侵入し，ヒトから栄養分を奪います。ヒトには害があり，カイチュウなどには利益があります。このように，**一方に利益があり，他方には害がある**ような関係を**寄生**といい，寄生するほうを**寄生者**，寄生されるほうを**宿主**といいます。

> 線形動物である。
>
> 扁形動物。条虫ともいう。

12 植物にも寄生の関係はあります。**ヤドリギ**は**ブナ**や**ミズナラ**などの落葉広葉樹の枝に，**ナンバンギセル**は**ススキ**の根に寄生します（⇨ p.179）。

13 **ギンリョウソウ**は**腐った落ち葉**などから栄養分を吸収します。このような場合は**死物寄生**あるいは**腐生**といいます。

+α パワーアップ 片害作用

アオカビは**ペニシリン**という抗生物質を分泌し，細菌の増殖を抑制する。細菌にとってはアオカビの存在は不利益である。しかし，アオカビにとって細菌が存在することが利益につながるわけではない。もちろん，害にもならない。このように，**一方には害があり，他方には利益も害もない**という関係を**片害作用**という。

セイタカアワダチソウは，根から分泌する化学物質によって他の植物の生育を抑制する。このような作用を**他感作用（アレロパシー）**という。この場合，他の植物にとっては，セイタカアワダチソウの存在は害になる。しかし，セイタカアワダチソウにとって他の植物が存在すること自体は利益にも害にもつながらない。これも片害作用である。

最強ポイント

関　係	A種	B種	例	
相利共生	＋	＋	アリとアリマキ	
			マメ科植物と根粒菌	⎫ 植物と細菌
			ハンノキと放線菌	⎭
			植物と菌根菌（菌類）	
			クエとホンソメワケベラ	
			地衣類（藻類と菌類）	
			イソギンチャクとクマノミ	
片利共生	＋	0	カクレウオ(A)とフジナマコ(B)	
			コバンザメ(A)とサメ(B)	
寄　生	＋	－	カイチュウ(A)とヒト(B)	
			ヤドリギ(A)とブナ・ミズナラ(B)	
			ナンバンギセル(A)とススキ(B)	

※＋は利益，－は害，0は利益も害もないことを示す。

第101講 生態系と物質生産

植物，動物，細菌，菌類，…いろいろな生物が周囲の環境と密接に関係しながら生態系を構成し生活しています。

1 食物連鎖

1 同種の生物の集まりが個体群，個体群の集まりが**生物群集**でした。この**生物群集**とこれをとりまく**非生物的な環境**をあわせて**生態系**といいます。

2 光・温度・水・酸素・二酸化炭素・無機塩類などが**非生物的環境**です。これら非生物的環境が生物群集に働きかけることを**作用**といいます。

逆に，生物群集の生命活動の結果，非生物的環境へ影響を及ぼすことを**環境形成作用**といいます。

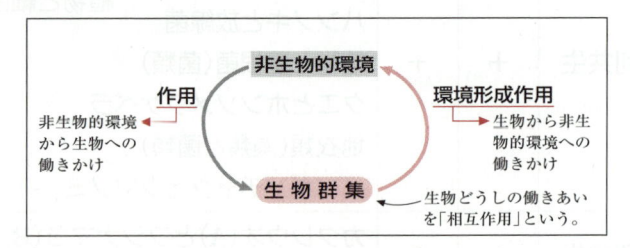

▲図101-1 作用と環境形成作用

3 生物群集を，その栄養のとり方から分けた段階を**栄養段階**といいます。栄養段階は，大きく3種類に分けることができます。

1つは，**自ら無機物から有機物をつくり出す**ことができる独立栄養生物で，これを**生産者**といいます。もちろん植物は生産者ですが，光合成細菌や化学合成細菌も生産者です。

これら**生産者がつくり出した有機物に，直接あるいは間接的に依存**している動物を**消費者**といいます。生産者を摂食する**植物食性動物**(植物性動物，草食動物)を**一次消費者**，一次消費者を捕食する**動物食性動物**(肉食動物)を**二次消費者**，二次消費者を捕食するのは**三次消費者**…となります。

4 さらに，消費者のなかで**動物や植物の遺体や排出物を無機物にまで分解し，非生物的環境に戻す働きのある生物**を**分解者**といいます。細菌や菌類，原生動物などが分解者として働きます。

> 「還元者」とも呼ばれる。

また，多細胞動物でも，ミミズやトビムシなどは分解者としての働きももちます。

5 このような，捕食・被食関係によるつながりを**食物連鎖**といいます。実際には，生産者も消費者も何種類もの生物が存在し，食物連鎖の関係も複雑に絡み合った網目状になっているはずです。これを**食物網**といいます。

6 森林における生態系の一例を見てみましょう。

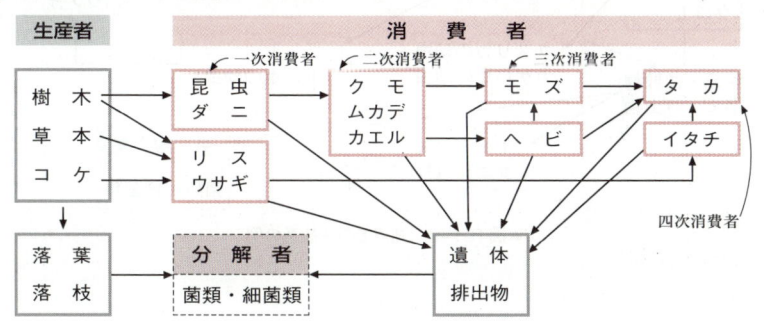

▲図101-2 森林での生態系の例

+α パワーアップ

腐食連鎖と寄生連鎖

森林の生態系では，実際に生きた植物体が食べられる割合は非常にわずかである。大部分は，地表面に落ちた落葉・落枝や動物の遺体などが土壌中の様々な分解者によって細かく砕かれ，分解されて利用される。このように，遺体から始まる連鎖を**腐食連鎖**あるいは**腐生連鎖**という。それに対し，生きた生物の捕食・被食による食物連鎖は特に**生食連鎖**という。

森林での腐食連鎖の例を示すと，次のようになる。

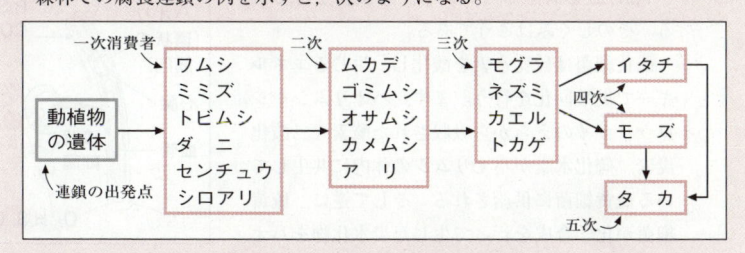

▲図101-3 森林での腐食連鎖の例

また，寄生によってつながった関係は**寄生連鎖**という。動物の体内に寄生虫が宿り，寄生虫の体内に原生動物や細菌が棲みついているといった場合は寄生連鎖になる。

7 湖沼における生態系の例を示すと，次のようになります。

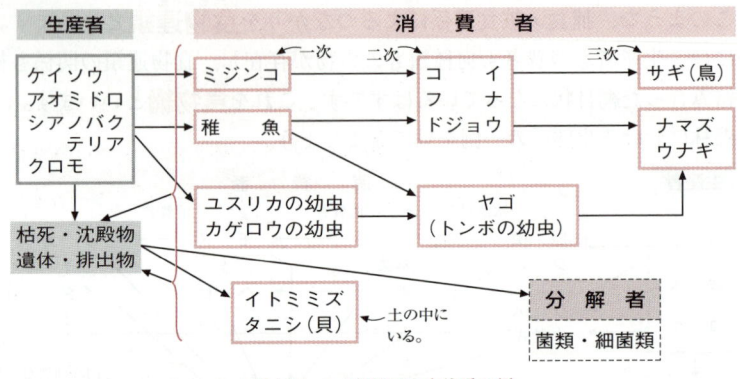

```
生産者                          消費者
                        一次    二次           三次
ケイソウ         → ミジンコ →   コイ      → サギ(鳥)
アオミドロ                      フナ
シアノバク                      ドジョウ
 テリア         → 稚 魚 →                  → ナマズ
クロモ                                       ウナギ

              → ユスリカの幼虫 → ヤゴ
                カゲロウの幼虫   (トンボの幼虫)
枯死・沈殿物
遺体・排出物
              → イトミミズ              → 分 解 者
                タニシ(貝)  土の中に       菌類・細菌類
                           いる。
```

▲図101-4　湖沼での生態系の例

+α パワーアップ　深海底の生態系

1977年，東太平洋の水深2600 mの深海底の熱水噴出孔の周囲で，イソギンチャク・カニ・ヒトデや貝類など，大量の生物群が発見された。これらの生物群は，どのようにして有機物を得ているのだろうか。

太陽の光が届かない深海では，植物の代わりに化学合成細菌が生産者として生態系を支えている。ハオリムシ(⇨p.780)やシロウリガイと呼ばれる特殊な動物は，体内に化学合成細菌の一種である**硫黄細菌**(⇨p.172)を共生させており，有機物を得ている。そのしくみはこうである。

硫黄細菌は硫化水素を酸化し，生じるエネルギーで炭酸同化を行う。まず，ハオリムシやシロウリガイのえらから吸収された酸素，二酸化炭素，硫化水素がハオリムシの体内に共生している硫黄細菌に供給される。そして逆に，硫黄細菌が化学合成を行って生じた炭水化物をハオリムシやシロウリガイが摂取しているのである。

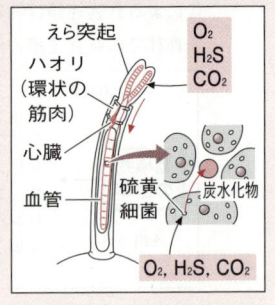

▲図101-5　ハオリムシと硫黄細菌

第101講　生態系と物質生産

最強ポイント

① **生態系**…**生物群集**と**非生物的環境**をあわせたもの。
② **作用**…**非生物的環境**が**生物群集**に及ぼす影響。
③ **環境形成作用**…**生物群集**が**非生物的環境**に及ぼす影響。
④ **栄養段階**…生物群集を，栄養のとり方によって分けた段階。
　⇨ ┌ **生産者**…**無機物**から**有機物**を合成できる独立栄養生物。
　　 └ **消費者**…生産者がつくった有機物に直接あるいは間接的に依存する生物（一次消費者，二次消費者，…, **分解者**）。
　　　　↳遺体や排出物を**無機物**にまで分解し，生産者が利用できる形に戻す生物。
⑤ **食物連鎖**…**捕食・被食**関係によるつながり。
⑥ **食物網**…食物連鎖が複雑に絡み合った網目状の関係。

2 生態ピラミッド

1　各栄養段階ごとに，個体数や生体量，生産力などを，生産者→一次消費者→二次消費者…と積み重ねていくと，ふつうはピラミッドのような形になります。

これを，個体数について描けば**個体数ピラミッド**，生体量について描けば**生体量ピラミッド**，生産力について描けば**生産力ピラミッド**といい，これらをすべてあわせて**生態ピラミッド**といいます。

2　生産者が植物プランクトンで，一次消費者が動物プランクトン，二次消費者が小魚，三次消費者が大形の魚類であれば，生産者の数が最も多く，一次消費者，二次消費者となるにつれて個体数が少なくなります。そのため，やはり個体数ピラミッドはピラミッド型になります。

しかし，生産者が樹木で，一次消費者が樹木の葉を食べる小形昆虫といった場合は，生産者のほうが数が少なく，**一次消費者のほうが数が多くなり**，個体数ピラミッドを描くと逆ピラミッド型になってしまいます。このような寄生連鎖の場合，個体数ピラミッドは**逆ピラミッド型**になります。

3 ある時点で単位面積上に存在している生物体の量を**生体量**あるいは**現存量**といいます。この生体量について描いたものが**生体量ピラミッド**です。生体量は，ふつう，重量で表します。

　個体数ピラミッドが逆ピラミッド型になった，樹木→小形昆虫のような場合でも，生体量ピラミッドはちゃんとピラミッド型になります。

　ただし，生産者が植物プランクトンの場合は，逆ピラミッド型になる場合があります。それは，**生産者の一世代が消費者の一世代にくらべて非常に短いため**，ある瞬間の時点での生体量が少なくなってしまうためです。

4 一定期間内で生産される有機物量について描いたものが**生産力ピラミッド**です。一定期間内で取り込まれるエネルギー量について描けば**エネルギーピラミッド**となります。

　生体量ピラミッドが逆ピラミッド型になってしまうような場合であっても，生産力ピラミッドやエネルギーピラミッドはピラミッド型になり，**逆ピラミッド型になることはありません**。つまり，ある瞬間での生体量がたとえ少なくても，その期間に何世代も増殖し，盛んに光合成を行って，消費者を養うのに十分な有機物合成は行っているのです。

5 この生産力ピラミッドの内訳を調べ，物質の収支を調べてみましょう。生産者が光合成によって合成した有機物量を**総生産量**といいます。

　一方，生産者は生きていくためには呼吸を行い，生じた有機物の一部を分解します。総生産量から呼吸量を引いた値を**純生産量**といいます。

　光合成量から呼吸量を差し引いた量を見かけの光合成量といいましたね。総生産量は光合成量，純生産量は見かけの光合成量と同じことです。

> **純生産量＝総生産量－呼吸量**

6 生じた有機物の一部は，枯葉・枯枝として失われます。これを**枯死量**（**死亡量**）といいます。

　また，一部は消費者に摂食されて失われます。これが**被食量**です。

　純生産量から枯死量，被食量を引いた値が，ある期間で増加蓄積する有機物ということになります。この値を**成長量**と呼びます。

> **成長量＝総生産量－呼吸量－枯死量－被食量**

7 たとえば，ある時点での生産者の生体量(現存量)が100 t だったとします。そして，1年間での成長量が20 t だったとすると，1年後の生体量は，100 t ＋20 t で120 t となります。森林はこのような蓄積を何十年も何百年も行っているので，膨大な生体量があるのです。

> **成長量＝一定期間後の生体量－一定期間前の生体量**

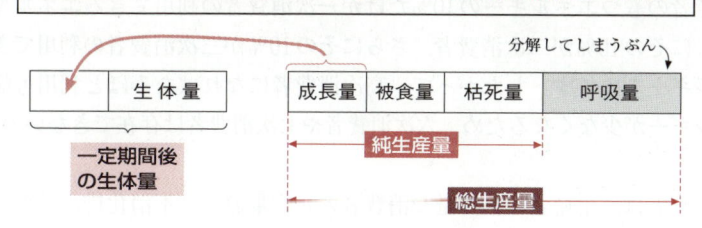

▲図101–6　生産者の生体量

8 消費者は，食べることによって有機物を取り込みます。食べた量を**摂食量**といいます(食べられる側から見れば被食量のことですね)。

しかし，食べたものがすべて消化され吸収されるわけではありません。一部は消化されないまま排出されます。この量を**不消化排出量**といいます。要はウンチの量のことです。

摂食量から不消化排出量を引いた値(食べた量からウンチ量を引いた値)を**同化量**と呼びます。

9 この同化量が生産者の総生産量に相当します。

消費者も，呼吸によって一部を分解します。同化量から呼吸量を引いた量を**純同化量**(あるいは**生産量**)といいます。

さらに，純同化量(生産量)から死亡量(死滅量)と被食量を引いた値が**消費者の成長量**です。

> **消費者の成長量＝摂食量－不消化排出量－呼吸量－死亡量－被食量**
> **　　　　　　　＝同化量　　　　　　－呼吸量－死亡量－被食量**

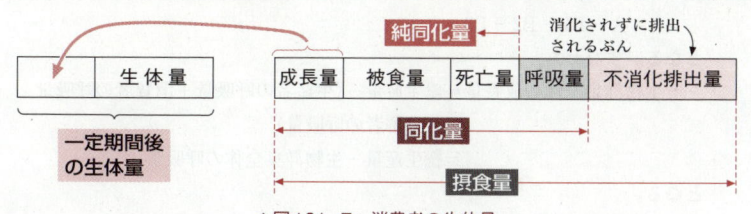

▲図101–7　消費者の生体量

10 このように，各栄養段階の生物が，取り込んだ有機物(エネルギー)の一部は呼吸量として消費してしまうので，次の栄養段階の生物が利用できる有機物(エネルギー)はどうしても減ってしまいます。そのため，**栄養段階はせいぜい5～6段階までしか存在できません。**

各栄養段階でのエネルギー効率はおよそ10%程度だといわれます。つまり，生産者のもつエネルギーの10%だけが一次消費者の利用できるエネルギーで，さらにその10%が二次消費者，さらにその10%が三次消費者の利用できるエネルギーなのです。したがって，高次消費者になればなるほど利用可能なエネルギーが少なくなるため，六次消費者や七次消費者は存在できないのです。

11 分解者は，生産者の枯死量や消費者の死亡量および不消化排出量をもらうことになります。これらは，分解者の呼吸で分解されます。

分解者の死亡量は再び分解者にわたされることになるので，生産者や消費者の死亡量，不消化排出量から分解者の呼吸量を引いたものが分解者の成長量にあたります。

+α パワーアップ 生物群集全体の成長量と群集の純生産量

いま，生産者と一次消費者，分解者だけからなる単純な生態系(二次消費者はいないことにする)について，生物群集全体の成長量を考えてみよう。

生物群集全体の成長量(X) = 生産者の成長量 + 消費者の成長量
　　　　　　　　　　　　　+ 分解者の成長量

ここで，

生産者の成長量 = 総生産量(A) − 呼吸量($B1$) − 枯死量($C1$) − 被食量(D)
消費者の成長量 = 摂食量(D) − 不消化排出量(E) − 呼吸量($B2$) − 死亡量($C2$)
分解者の成長量 = ($C1 + C2 + E$) − 呼吸量($B3$)

なので，これらを代入すると，

$X = (A − B1 − C1 − D) + (D − E − B2 − C2) + (C1 + C2 + E) − (B3)$
　$= A − B1 − B2 − B3$

となる。すなわち，

生物群集全体の成長量 = 総生産量 − (生産者の呼吸量 + 消費者の呼吸量
　　　　　　　　　　　+ 分解者の呼吸量)
　　　　　　　　　　= 総生産量 − 生物群集全体の呼吸量

となる。

（総生産量－生産者の呼吸量）を純生産量というのに対し，（総生産量－生物群集全体の呼吸量）のことを**群集の純生産量**という。
　生物群集全体の成長量は，群集の純生産量と同じことなのである。

最強ポイント

① **生態ピラミッド**…各栄養段階の個体数や生体量，生産力などを低次栄養段階から順に積み重ねたもの。**個体数ピラミッド**，**生体量ピラミッド**，**生産力ピラミッド**などがある。

- 個体数ピラミッド・生体量ピラミッド…**逆ピラミッド型**になる場合がある。
- 生産力ピラミッド…必ず**ピラミッド型**になる。

② 生産力ピラミッドの内訳（物質収支）

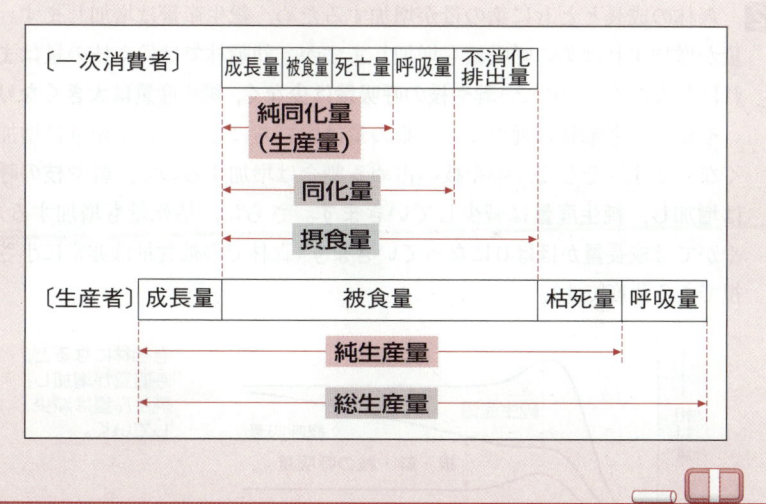

〔一次消費者〕	成長量	被食量	死亡量	呼吸量	不消化排出量
	←―純同化量（生産量）―→				
	←――――同化量――――→				
	←――――――摂食量――――――→				

〔生産者〕	成長量	被食量	枯死量	呼吸量
	←――――純生産量――――→			
	←―――――総生産量―――――→			

第102講 物質収支と物質循環

物質収支と遷移やバイオームとの関係，および，生態系の中の炭素や窒素の移動・移り変わりについて見てみましょう。

1 森林の年齢およびバイオームと物質収支

1 森林が幼齢林から老齢林へと変化するにつれて，物質収支がどのように変化するのか見てみましょう。

2 森林の成長とともに葉の量が増加するため，総生産量は増加します。葉の量が増加すれば葉の呼吸量も増加しますが，幼齢林では幹や枝の量はまだそれほど大きくないので，**幹や枝の呼吸量は少なく，純生産量は大きくなります**。

やがて，老齢林に近づくと，葉の量は頭打ちになり，総生産量は増加しなくなります。そして，幹や枝の占める割合は増加するので，**幹や枝の呼吸量は増加し，純生産量は減少していきます**。さらに，枯死量も増加するため，やがては**成長量がほぼ0になっていきます**（森林での被食量は非常に小さく無視できる程度です）。

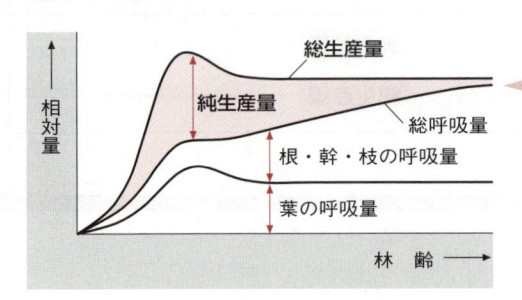

▲図102-1　森林の年齢と物質収支

老齢林になると，呼吸量が増加し，純生産量は減少していく。

3 成長量がほぼ0ということは，生体量がほとんど増加しなくなるということです。生体量が変化しないということは安定しているということで，すなわち**極相に達した**ということになります。

4 次の表102-1は，さまざまなバイオームについて，その面積，生体量，純生産量を示したものです。

バイオームの種類	面積 10^9ha （10億ha）	生体量(植物) 平均 t/ha	生体量(植物) 総量 10^9t	純生産量 平均 t/ha・年	純生産量 総量 10^9t/年	生体量(動物) 総量 10^6t
熱帯多雨林	1.7	450	765	22.0	37.4	330
雨緑樹林	0.75	350	260	16.0	12.0	90
照葉・硬葉樹林	0.5	350	175	13.0	6.5	50
夏緑樹林	0.7	300	210	12.0	8.4	110
針葉樹林	1.2	200	240	8.0	9.6	57
サバンナ	1.5	40	60	9.0	13.5	180
農耕地	1.4	10	14	6.5	9.1	6
陸地計(その他含む)	14.9	123	1837	7.73	115.0	1005
外洋	33.2	0.03	1.0	1.25	41.5	800
大陸棚	2.66	0.1	0.27	3.6	9.6	160
海洋計(その他含む)	36.1	0.1	3.9	1.52	55.0	997
地球合計	51.0	36	1841	3.33	170.0	2002

▲表102-1　いろいろなバイオームとその物質収支

5 熱帯多雨林は，生産者の量が膨大で，また，1年を通して気温も日照量も十分あるので，**総生産量は非常に大きくなります**。

しかし，**気温が高いということは，それだけ呼吸量も大きいということ**になります。したがって，**単位面積あたりの純生産量はそれほど大きくありません**（22.0 t /ha・年）。ただ，総面積が大きい（1.7×10^9ha）ので，純生産量の総量は，やはりかなり大きな値（37.4×10^9 t /年）になります。

6 外洋の純生産量の総量は非常に大きな値（41.5×10^9 t /年）になっています。しかし，これは総面積が桁違いに大きい（33.2×10^9ha）からで，**単位面積あたりの純生産量は陸上生態系にくらべれば非常に小さく**（1.25 t /ha・年）なっています。これは，生体量が非常に少ない（0.03 t /ha）からです。

7 海洋では，外洋より大陸棚の単位面積あたりの純生産量が大きいですね。これは，沿岸付近のほうが河川からの栄養塩類の流入などで富栄養となっているため，外洋にくらべると単位面積あたりの生体量が多い（0.1 t /ha）からです。

8 また，熱帯多雨林では，高温多湿のため分解者の活動が活発で，**土壌中の有機物はすぐに無機物に分解されてしまいます。**

逆に，針葉樹林では気温が低いため，**土壌中の有機物はなかなか分解されずに残っています。**

熱帯多雨林
- 土壌中の有機物の割合
- 土壌中の有機物の割合が少ない。
- 植物体中の有機物の割合

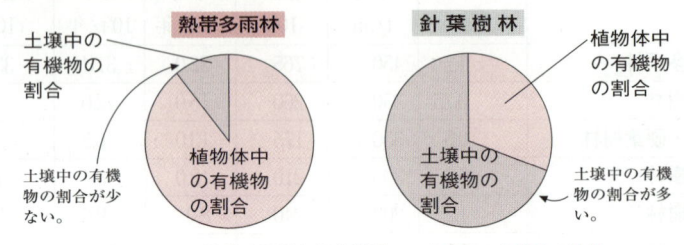

針葉樹林
- 植物体中の有機物の割合
- 土壌中の有機物の割合
- 土壌中の有機物の割合が多い。

▲図102-2 熱帯多雨林と針葉樹林での土壌中の有機物の比較

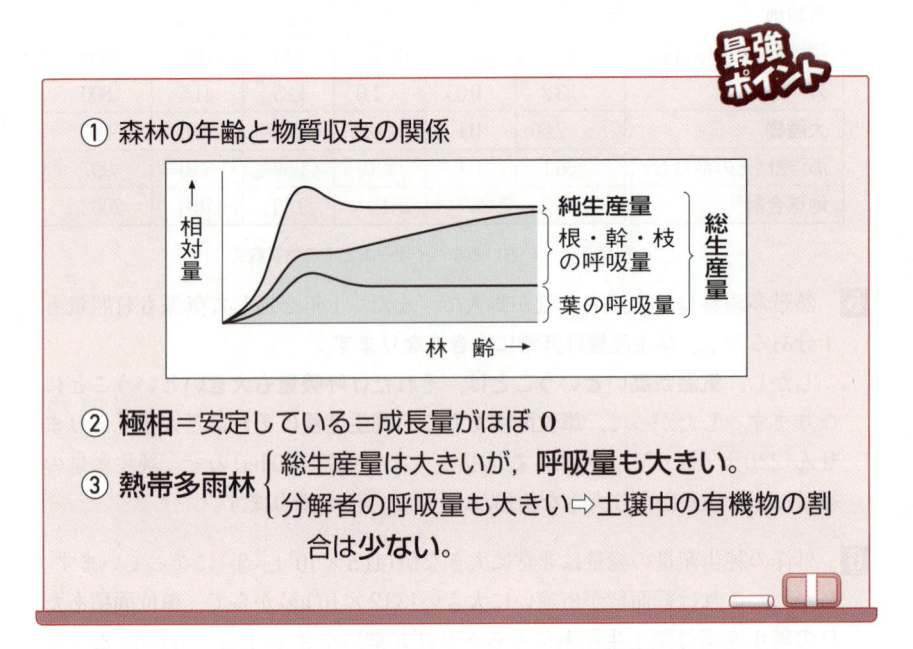

最強ポイント

① **森林の年齢と物質収支の関係**

（グラフ：縦軸 相対量，横軸 林齢→，純生産量・根・幹・枝の呼吸量・葉の呼吸量＝総生産量）

② **極相＝安定している＝成長量がほぼ 0**

③ **熱帯多雨林** ｛総生産量は大きいが，呼吸量も大きい。分解者の呼吸量も大きい⇒土壌中の有機物の割合は**少ない**。

2 物質循環

1 炭素は，空気中の**二酸化炭素**として存在し，これを**生産者が光合成**によって炭水化物に固定します。生じた炭水化物を一次消費者が捕食して取り込み，さらに二次消費者，三次消費者へと移ります。これらの炭素は，生産者や消費者の**呼吸**によって，再び空気中の二酸化炭素へと戻ります。

2 さらに，生産者や消費者の遺体が分解者によって分解され，やはり分解者の呼吸によって二酸化炭素として放出されます。これらの二酸化炭素が再び生産者に利用され，**炭素は生態系を循環する**ことになります。

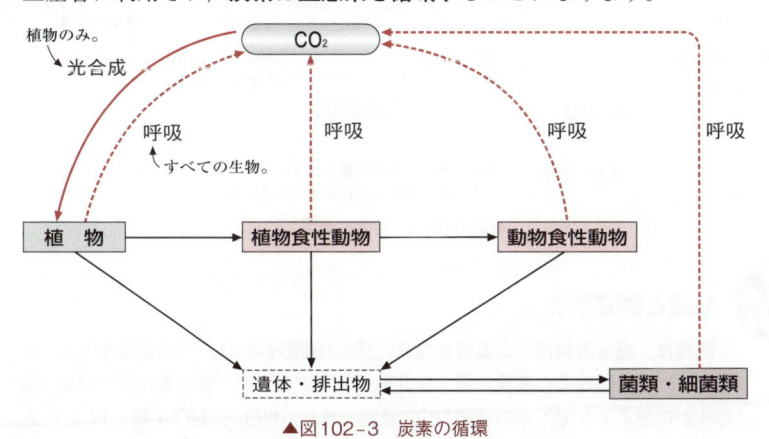

▲図102-3 炭素の循環

3 空気中の**窒素** N_2 は，雷（空中放電）などの自然現象によっても生態系に取り込まれますが，**窒素固定生物**（⇨p.177）によっても固定されます。

4 これらの生物の遺体は分解者によって分解され**アンモニウムイオン**（NH_4^+）となります。アンモニウムイオンは，**亜硝酸菌**によって酸化されて**亜硝酸イオン**（NO_2^-）に，亜硝酸イオンは**硝酸菌**によって酸化されて**硝酸イオン**（NO_3^-）になります。亜硝酸菌や硝酸菌は化学合成細菌でしたね（⇨p.172）。アンモニウムイオンから硝酸イオンまでの一連の作用を**硝化**といいます。

5 このようにして生じた硝酸イオンやアンモニウムイオンは，植物が根から吸収して，窒素同化（⇨p.174）に利用されます。

そして，植物がつくった有機窒素化合物は，摂食されて消費者に移ります。

6 植物や動物の遺体や排出物に含まれる有機窒素化合物は，分解者によって分解されてアンモニウムイオンになり，以下，**4**と同じ経路をたどります。

7 また，硝酸イオンは，脱窒素細菌による作用(**脱窒**)によって，再び空気中の窒素になります。

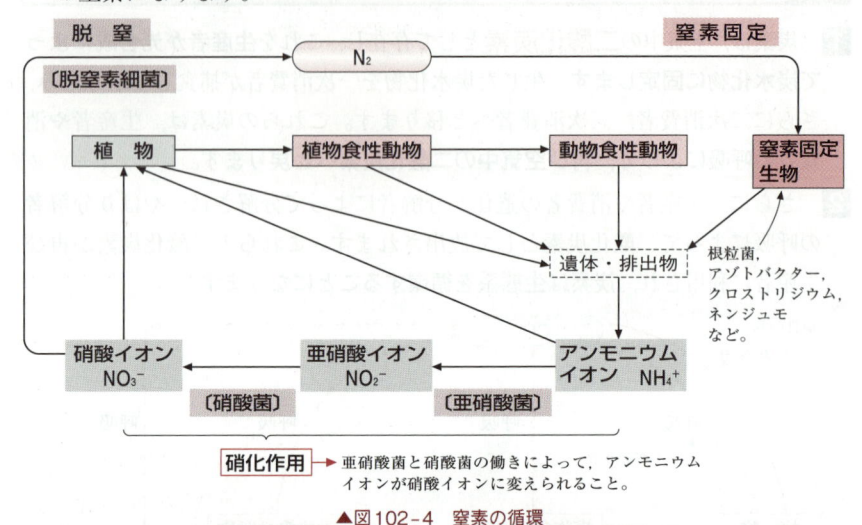

```
脱窒                                    窒素固定
〔脱窒素細菌〕        N₂
        植物 ──── 植物食性動物 ──── 動物食性動物        窒素固定
                                                        生物
                                                    根粒菌，
                            遺体・排出物            アゾトバクター，
                                                    クロストリジウム，
                                                    ネンジュモ
                                                    など。
硝酸イオン    亜硝酸イオン    アンモニウム
NO₃⁻         NO₂⁻           イオン NH₄⁺
        〔硝酸菌〕    〔亜硝酸菌〕
        硝化作用 → 亜硝酸菌と硝酸菌の働きによって，アンモニウム
                  イオンが硝酸イオンに変えられること。
```

▲図102-4　窒素の循環

+α パワーアップ　脱窒と硝酸呼吸

脱窒は，脱窒素細菌による特殊な異化反応(**硝酸呼吸**という)の結果生じる。呼吸では，電子伝達系の最後の電子受容体は酸素であるが，脱窒素細菌では電子受容体が硝酸イオンで，その結果 NO_3^- は還元され，NO_2^-，NO を経て N_2 となる。

8 このように，**炭素や窒素といった物質は生態系を循環します**。

それに対し，**エネルギーは循環しません**。生産者が取り込んだエネルギーの一部は，呼吸に伴う熱エネルギーという形で失われます。失われた熱エネルギーは他の生物には利用されることなく，宇宙空間に逃げていきます。

最強ポイント

① **炭素循環**…CO_2 が**光合成**で取り込まれ，**呼吸**で空気中に戻る。
② **窒素循環**…遊離の窒素が**窒素固定**で取り込まれ，**脱窒**で空気中に戻る。
③ 物質は循環するが，**エネルギーは循環しない**。

第103講 生態系の保全

生態系には復元力がありますが，近年の人間の活動は，その力では回復できない変化をもたらしています。

1 水質汚染①（自然浄化）

1 河川や湖沼・海に有機物が流入すると，一時的に水は濁ります。しかし，増加した好気性細菌によって，有機物は無機物まで分解され，再び水質は元の状態に戻ることができます。このような働きを**自然浄化**といいます。

2 河川に有機物が流入した場合の水質変化と，それに伴う生物相の変化を見てみましょう。

水質変化を示す指標として**BOD**という値が用いられます。BODとは，水中の有機物を好気性微生物が酸化分解するのに必要とする酸素量のことで，BODの値が大きければ有機物の量が多いことを示します。

> 生物化学的酸素要求量(Biochemical Oxygen Demand)の略。これに対し，水中の有機物を化学的に酸化するのに必要な酸素量はCOD(化学的酸素要求量, Chemical Oxygen Demand)という。

3 有機物の流入により，これを分解する**好気性細菌が増加**し，透明度が低下し，**藻類は減少**します。また，好気性細菌の増殖によって水中の酸素が使われるため，溶存酸素も減少します。

4 有機物が分解されるとアンモニアが生じるので，有機物の減少に伴い，**アンモニウムイオンが増加**します。また，細菌を捕食する原生動物やイトミミズ，ユスリカの幼虫のような**底生生物が増加**します。

> 水底で生活する生物群のこと。「ベントス」ともいう。イトミミズやユスリカの幼虫などは河川などの代表的な底生生物で，比較的汚れた水でも生活できる。水中を遊泳する生物は「遊泳生物(ネクトン)」，水中を浮遊する生物は「浮遊生物(プランクトン)」という。

5 やがて，下流に行くに従い，**細菌も減少**して透明度も上昇してきます。また，生じたアンモニウムイオンは，亜硝酸菌，硝酸菌によって酸化されて**硝酸イオン**になります。硝酸イオンは，植物に吸収されて窒素同化に利用される窒素源でしたね。

第9章 生態

665

6 透明度の上昇および硝酸イオンの増加によって**藻類が増加**し、その光合成によって**溶存酸素も増加**し、もとの水質へと回復します。

7 このように、生態系には自然浄化の働きがありますが、その能力を超えるほど大量の有機物が流入すると、**水中の酸素が欠乏**し、**好気的な微生物が死滅**してしまいます。すると、嫌気的な不完全な分解しか行われなくなり、有機物が蓄積し、悪臭のある汚染された水になってしまいます。

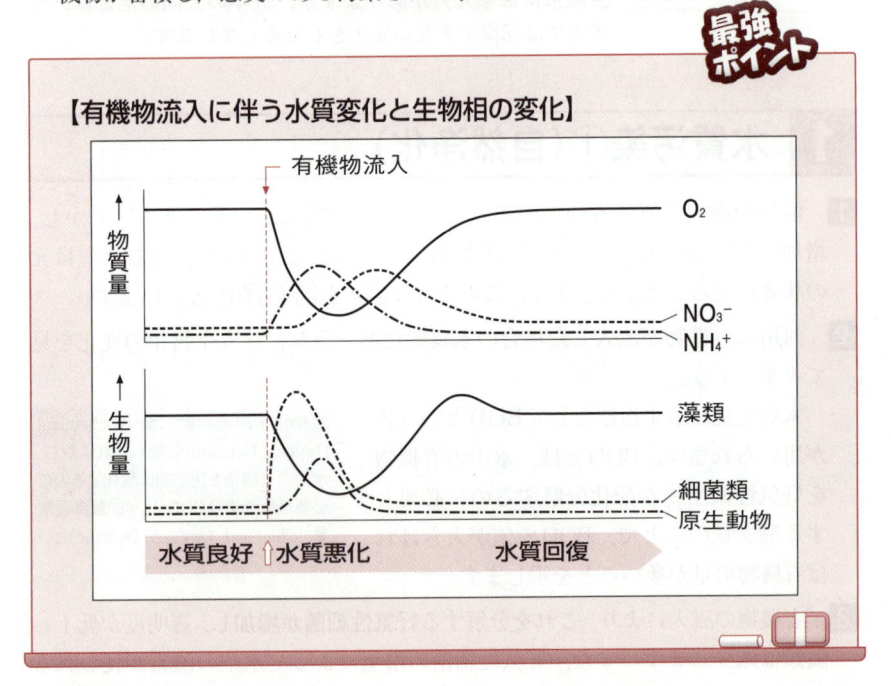

【有機物流入に伴う水質変化と生物相の変化】

（物質量のグラフ：有機物流入後、O_2 は減少してから回復、NO_3^- は増加してから減少、NH_4^+ は増加してから減少）

（生物量のグラフ：藻類、細菌類、原生動物の変化）

水質良好 ↑水質悪化 水質回復

2 水質汚染②（富栄養化，生物濃縮）

1 窒素やリンなどの栄養塩類が大量に流入して富栄養化が進行すると、特定の植物プランクトンの異常増殖を引き起こしてしまいます。

> おもに、ツノモ（渦鞭毛藻類）やケイソウ（ケイ藻類）が異常増殖したもの。

2 たとえば、海水の表面が赤褐色になる**赤潮**（あかしお）や湖沼の表面が青緑色になる**水の華**（はな）などは、いずれも**植物プランクトンの異常増殖によって生じた現象**です。

> 「アオコ（青粉）」ともいう。おもに、ミクロキスティスやアナベナ（シアノバクテリア）やミドリムシなどが異常増殖したもの。ミクロキスティスのことを「アオコ」と呼ぶ場合もある。

3 そのような現象が起こると，増殖したプランクトンが魚類のえらをふさいでしまったり，これらのプランクトンの遺体が分解されるときに大量の酸素が消費されて酸素欠乏を引き起こしたり，あるいはプランクトンが出す有毒物質などによって大量の魚介類が死滅するなどの被害が出ます。

4 また，体内で分解されにくく排出されにくい物質が流入すると，外部の環境や食物に含まれるよりも高い濃度で蓄積されてしまいます。このような現象を**生物濃縮**といいます。

5 生物濃縮の現象は，食物連鎖の過程を通じてさらに進むことになるので，**栄養段階の上位の生物ほど高濃度に蓄積してしまいます。**

生物中の残留DDTの濃度〔ppm〕
※1ppm＝100万分の1

どの栄養段階でも，食物中よりも高濃度に蓄積されている。

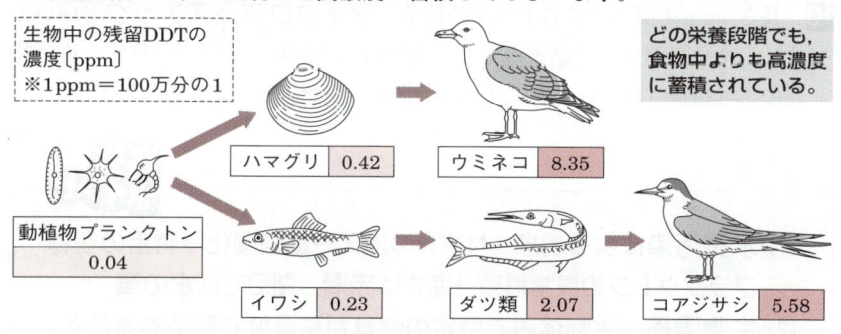

動植物プランクトン 0.04
ハマグリ 0.42
ウミネコ 8.35
イワシ 0.23
ダツ類 2.07
コアジサシ 5.58

▲ 図103-1 生物濃縮と食物連鎖

6 有機水銀やカドミウムなどの重金属や，DDTなど有機塩素系化合物の生物濃縮は，非常に深刻な問題となっています。

有機水銀…熊本県の水俣湾での水俣病などの被害がある。化学工場からの廃液で海水が汚染され，1950年頃から貝類や魚類の大量死，地元の魚介類を食べたネコが狂ったように踊りだすなどの症状を現し，ついにはヒトにも1万人以上の被害者（うち認定患者は約2300人）を出す深刻な被害を与えた。政府によって1968年に公害病と認定されるまで会社は廃液を流し続け，被害を拡大させてしまった。その後埋め立てや自然浄化により1997年に県は水俣湾の海産物に安全宣言を出している。
カドミウム…富山県神通川流域で，骨がもろくなったり萎縮する病気が発生し，患者さんが「痛い，痛い」とうめきながら死んでいくことから「イタイイタイ病」と名づけられた。やはり，工場からの廃液が無処理のまま流されており，廃液のカドミウムに汚染された米や飲料水が原因だった。
DDT…「ジクロロ・ジフェニル・トリクロロエタン」の略。殺虫剤として用いられていた。日本やアメリカでは使用禁止だが，発展途上国ではいまだに使用されている。

7 人工的な化学物質のなかには，動物体内に取り込まれると，体内にあるホルモンのもともとの働きを乱してしまうような物質があります。このような物質を**内分泌攪乱物質**といいます。

8 内分泌攪乱物質は，ホルモンの受容体と結合し，本来のホルモンと同様の作用を表したり，逆に，本来のホルモンが受容体に結合するのを妨げて，ホルモンの作用を阻害するなどしてしまいます。

9 有機スズ（トリブチルスズ）やダイオキシン類，DDT，PCBが内分泌攪乱物質として疑われています。

> 有機スズ…船底の塗料に使用されていた。イボニシという貝の雌に雄の生殖器ができるなどの異常を生じさせる働きが明らかになっている。
> ダイオキシン類…「ポリ塩化ジベンゾパラジオキシン」「ポリ塩化ジベンゾフラン」などを含む総称。ベトナム戦争でアメリカ軍が使用した枯葉剤(2,4-Dなど)の中に混入しており，それが原因と見られる胎児の奇形が多数報告されている。塩素を含むプラスチックごみの焼却過程でも発生するため放出を防ぐ対策が義務づけられている。「内分泌攪乱物質」としても作用するが，それ以前に，非常に毒性の強い物質で，発がん性もある。
> PCB…「ポリ塩化ビフェニル」の略。電気の絶縁油として使用されていた。

10 長さ5mm未満のプラスチックの粒子を**マイクロプラスチック**といいます。鳥や魚の消化管に詰まったり，成型時の添加物や表面に付着する汚染物質の害も指摘されています。代用品の開発や廃棄抑制などが急務です。

最強ポイント

① **水質汚染**による現象…NやPの流入→富栄養化→特定の植物プランクトンの異常増殖→海では**赤潮**，湖沼では**水の華**
② **生物濃縮**…生物体内で特定の物質が高濃度で蓄積すること。**分解されにくく排出されにくい物質が生物濃縮されやすい。**
　⇨食物連鎖の過程を通じて生物濃縮はさらに進む。
③ **内分泌攪乱物質**…ホルモンの作用を乱してしまう化学物質。
　例 有機スズ，ダイオキシン，DDT，PCB

---

3 大気汚染

1 自動車の排気ガスや工場排煙に含まれる窒素酸化物（NO_x）や硫黄酸化物（SO_x）が大気中の成分と反応し，硝酸や硫酸に変わります。これらが雨滴に溶け，通常よりも強い酸性を示す**酸性雨**となります。霧状の場合は酸性霧といいます。

> たとえば，二酸化窒素（NO_2）など。

> たとえば，二酸化硫黄（SO_2）など。

> 雨水は二酸化炭素が溶けているので，通常でもpH5.6程度の弱酸性になっている。pH5.6以下の雨を「酸性雨」という。

2 酸性雨や酸性霧は，コンクリートや大理石でできた建物や文化遺産への被害，さらには，湖沼や土壌の性質を変化させ，魚や森林へも被害をもたらします。

> 土壌が酸性化すると，有毒なアルミニウムイオンが溶け出すなどの影響を引き起こす。

3 また，大気中の窒素酸化物は，太陽の強い紫外線の作用により**光化学オキシダント**と呼ばれる，強い酸化力をもった物質に変化します。これは，目や呼吸器の粘膜を刺激する有害物質です。光化学オキシダントを含む大気を**光化学スモッグ**といいます。

4 冷蔵庫やエアコンの冷媒やスプレーの噴霧剤として使われてきた**フロン**は，それ自体は安定で，毒性をもたない物質ですが，上空で紫外線によって分解され，そのとき生じる塩素原子によって**オゾン**(O_3)が分解されていきます。

> 炭化水素の水素がフッ素あるいはフッ素と塩素に置き換わった有機化合物。

> 塩素原子1個で数万分子のオゾンを破壊する。

5 上空15～35km付近にはオゾンの多い大気の層(**オゾン層**)があり，有害な紫外線を吸収してくれる働きがあります。でも，その大切なオゾン層が破壊され，オゾンが非常に希薄になった部分が生じるようになりました。この部分を**オゾンホール**といいます。

> 南半球の冬～春に当たる8～9月ごろに発生し，11～12月ごろに消滅する。

オゾン層の破壊によって地表面に到達する紫外線が強まると，**DNAが損傷を受け，突然変異が誘発されます**。その結果，**皮膚がんや白内障の発生率が高まる**といわれています。

6 大気中の二酸化炭素やメタン・フロンは，**地球表面から放出される熱エネルギーを吸収し，大気圏外へ熱が逃げるのを防ぐ働きがあります**。これを**温室効果**といい，このような働きのある気体を**温室効果ガス**といいます。

> メタンは，水田やウシの消化管内に生息する嫌気性細菌によって発生する。単位質量当たりの温室効果は，二酸化炭素の23倍。

7 近年，この温室効果ガス，特に二酸化炭素濃度が増加し，平均気温は確実に上昇しています。これを**地球温暖化**といいます。このまま温暖化が進むと，海水の体積が膨張し，氷河や南極大陸の氷床が溶けて海水面が上昇し，海岸近くの都市は水没の危険にさらされます。

また，熱帯でしか生息しなかった蚊などが分布域を拡大させ，伝染病の感染地域を拡大させたり，異常気象によって大雨や干ばつが起こる，という心配もあります。

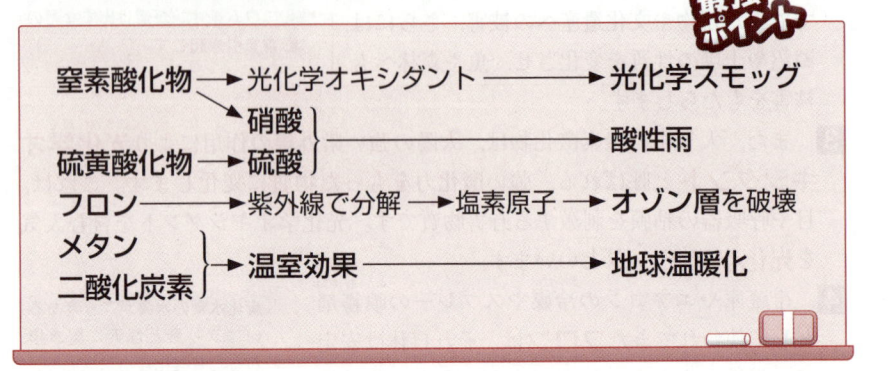

```
窒素酸化物 ─→ 光化学オキシダント ─────→ 光化学スモッグ
          ↘ 硝酸 ┐
硫黄酸化物 ─→ 硫酸 ┘─────────→ 酸性雨

フロン ────→ 紫外線で分解 ─→ 塩素原子 ─→ オゾン層を破壊

メタン      ┐
二酸化炭素  ┘→ 温室効果 ───────→ 地球温暖化
```

4 生物多様性

1 生物多様性には3つの段階(階層)があります。
  1 遺伝的多様性
  2 種多様性
  3 生態系多様性

2 私たちヒトが1人1人異なる遺伝情報をもっているように,同じ種に属する生物であっても,個体ごとに遺伝子構成は少しずつ異なっています。この同種内における遺伝情報の多様性を**遺伝的多様性**といいます。遺伝的多様性が大きい個体群は,環境に変化が生じても新たな環境に適応して生存できる個体が存在する可能性が高くなります。

3 1つの生態系にもじつに様々な種類の個体群が含まれています。ある生態系を構成する生物の種の多様性が**種多様性**です。種類が多いだけでなく,個々の種が相対的に占める割合(**優占度**)も重要です。たとえ種類が多くても**特定の種の優占度が偏って高い場合は,種多様性は高くない**ということになります。種多様性の高い生態系は,攪乱を受けても元の状態に戻る力(生態系の**復元力**)があり,安定していると考えられます。

4 地球上には様々な環境に対応した多様な生態系があります。森林,草原,海洋,湖沼などなど。さらに同じ森林でも熱帯多雨林,照葉樹林,夏緑樹林,

針葉樹林など，草原でも熱帯草原(サバンナ)や温帯草原(ステップ)などがあります。このようにさまざまな環境に対応した多様な生態系を**生態系多様性**といいます。ある地域に多様な生態系が存在することは，その地域の種多様性，遺伝的多様性をさらに高めることになります。

5 このような生物多様性は，火山噴火，台風，河川の氾濫といった自然現象，および森林の伐採，道路建設，宅地造成といった人間の活動によって変化することがあります。

　このような，生態系またはその一部を破壊して影響を与える現象を**攪乱**といいます。もちろん大規模な攪乱が生じると生態系のバランスが崩れ，生物多様性が大きく損なわれます。しかし，攪乱が起こらないと種間競争に強い特定の種だけが優占し，かえって生物多様性が低下してしまいます。中規模程度の攪乱が一定の頻度で起こるほうが，特定の種に偏ることなく多くの種がその生態系で共存し，生物多様性を増大させることができると考えられます。このような考えを**中規模攪乱説**といいます。

6 下図は，オーストラリアのヘロン島のサンゴ礁で調査された，サンゴの種類と生きているサンゴの被度を示したものです。

　サンゴ礁外側斜面は強い波浪によりサンゴ礁が破壊されることが多く，すなわち大規模な攪乱が起こりやすい場所で，そこでのサンゴの被度は小さく，種類数も少なくなっています。内側斜面はそのような波浪の被害が少ない，すなわち攪乱があまり起こらない場所です。サンゴの被度は大きいですが，競争に強い特定の種ばかりで，かえって種数は減少しています。

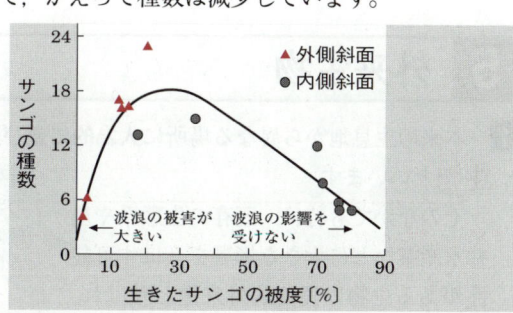

▶ 図 103-2 サンゴ礁における攪乱の規模とサンゴの種数

7 人家の近くにあり人間の生活活動の影響を受けた森林や田畑などの地域一帯を**里山**といいます。里山には雑多な種の樹木からなる**雑木林**が存在しま

す。雑木林では定期的に樹木を伐採して炭や薪をつくったり落ち葉を集めて肥料にしていたので，林床が明るくなり，極相の陰樹だけでなく陽樹や多くの草本植物も生育していました。植物の種多様性によって，動物も多様な種が生息できる食草や生活場所を得ることになります。

これも定期的に人手が入るという中規模の攪乱によって生物多様性が保たれる例です。しかし，近年では燃料や肥料を自給自足しなくなったため適度な伐採が行われず，雑木林の生物多様性は低下しています。

8 極相に達した森林にもギャップが生じることで陰生植物だけでなく陽生植物も生育することができるのでしたね(⇨p.610)。これも中規模な攪乱により生物多様性が維持される例だといえます。

> **最強ポイント**
> ① 多様性の3つのレベル…**遺伝的多様性・種多様性・生態系多様性**。
> ② **中規模攪乱説**…攪乱がなくても，大規模な攪乱が多く起こっても，生態系の多様性は低下する。

5 外来生物

1 本来の生息地から異なる場所に**人為的に運び込まれて定着した生物**を**外来生物**といいます。

そのなかでも特に，既存の生態系や農林水産業などに大きな影響を及ぼす可能性がある生物は**侵略的外来種**と呼ばれ，環境省が**特定外来生物**に指定した生物は**外来生物法**によって栽培・飼育や移動が規制されています。

> 「外来種」という呼び方もあるが，同種の生物でも外部からもち込まれて在来の個体群の遺伝的攪乱をもたらす場合もある(⇨p.675)ため主に「外来生物」という。

> 外来生物法では人間の移動や物流が盛んになり始めた明治時代以降に海外から導入された生物を主に対象とする。

2 日本における外来生物の例として次のようなものが挙げられます。
オオクチバス（ブラックバスの一種）や**ブルーギル**は北アメリカ原産の淡水魚ですが，非常に幅広い食性と強い繁殖力をもっています。いずれも意図的に日本にもち込まれ放流された外来種です。

> オオクチバス…コクチバス，フロリダバスとともに通称ブラックバスと呼ばれることが多い。1925年に芦ノ湖に放流されたのを最初に釣りの対象魚として放流されたりしてほぼ全国に生息域を広げた。特定外来生物。
> ブルーギル…水産庁水産研究所が食用研究対象として飼育して1966年に放流したのがきっかけ。その後，釣りの対象魚として各地に放流されて繁殖した。特定外来生物。

3 ハブを駆除する目的で**フイリマングース**が沖縄本島（1910年）や奄美大島（1979年）にもち込まれました。ところが，ハブは夜行性なのにフイリマングースは昼行性で，ほとんどハブを捕食することはありませんでした。むしろ固有種のアマミノクロウサギやヤンバルクイナが捕食されて個体数が激減し，フイリマングースが駆除の対象になるという事態となっています。

> ハブ…爬虫綱有鱗目の毒ヘビで非常に攻撃性が強い。
> フイリマングース…哺乳綱ネコ目。毛色は褐色だが黄色っぽい色が混ざっていて斑入りのように見えるのでこの名がある。特定外来生物。
> アマミノクロウサギ…哺乳綱ウサギ目。奄美大島と徳之島の固有種。絶滅危惧種。
> ヤンバルクイナ…鳥綱ツル目。沖縄島の固有種でほとんど飛ぶことができない代わりに足が発達しており地上生活をしている。絶滅危惧種。

4 海洋生物の外来生物も多くあります。
大型貨物船は，積み荷が少ないとき，船のバランスをとるために船底に海水を積み込んでいます。この海水を**バラスト水**といいます。このバラスト水には当然その海域の様々な生物も含まれています。この船が別の場所に航海し，そこでそのバラスト水を入れ換えると，バラスト水に含まれていた生物も他の地域に運ばれてしまうことになります。このようにして日本にもち込まれた外来生物として，ヨーロッパ原産の**ムラサキイガイ**や地中海原産のチチュウカイミドリガニなどがあります。

> ムラサキイガイ…p.646でも登場した二枚貝。
> チチュウカイミドリガニ…節足動物門甲殻綱。

5 これら以外にもアライグマ・タイワンザル・アフリカツメガエル・ウシガエル・カダヤシ・アメリカシロヒトリ・セイヨウオオマルハナバチ・セアカゴケグモ・アメリカザリガニ，植物では，セイタカアワダチソウ・セイヨウ

タンポポ・ブタクサ・シナダレスズメガヤ などなど，じつに多くの外来生物がいます。

> アライグマ…北アメリカ原産。哺乳綱食肉目。ペットとして輸入され飼育されていたものが脱走したり意図的に放されたのがきっかけ。
> タイワンザル…文字通り台湾原産のサル。特定外来生物。
> アフリカツメガエル…南アフリカ原産。後肢の内側の3本の指に爪状の角質層が発達しているため，この名がある。卵が大きく，発生の進行が速いので実験材料としてよく用いられる。
> ウシガエル…食用にされることから「食用ガエル」と呼ばれることもある。特定外来生物。さらに，ウシガエルの餌としてアメリカザリガニがもち込まれた。
> カダヤシ…外見はメダカに似ているがまったく異なる種。タップミノーとも呼ばれる。蚊の幼虫を捕食し「蚊を絶やす」ということで明確な根拠がないまま移入された。特定外来生物。
> アメリカシロヒトリ…北アメリカ原産のガ。サクラ，カキ，リンゴなどの樹木に害を及ぼす。1970〜1980年にかけて大発生し大きな被害が生じたが，近年は大規模な発生は減っている。
> セイヨウオオマルハナバチ…ヨーロッパ原産のミツバチの一種。温室トマトの受粉のために導入されたが，その温室から野外に分散した。花粉媒介昆虫ではあるが，舌が短く，花筒が長い花には，横に穴をあけて蜜を集めるため受粉に貢献しない（盗蜜という）。特定外来生物。
> セアカゴケグモ…オーストラリア原産の毒グモ。1995年に大阪府で初めて発見された。交尾後オスをメスが食べてしまうためメスが後家（widow）になるという意味でこの名がある。特定外来生物。
> アメリカザリガニ…節足動物門甲殻綱。ウシガエルの餌としてもち込まれたものが逃げ出して繁殖した。水生小動物を捕食するほか水草の被害も大きい。
> セイタカアワダチソウ…北アメリカが原産。双子葉植物綱キク科の多年生草本。切り花用の観賞植物として導入された。ススキなどと生態的地位が競合する。他感作用（アレロパシー。⇨p.651）を有する。
> セイヨウタンポポ…ヨーロッパ原産。双子葉植物綱キク科の多年生草本。3倍体で，単為生殖で種子をつけることができる。
> ブタクサ…北アメリカ原産。双子葉植物綱キク科の一年生草本。花粉がアレルゲンとなる。特定外来生物。
> シナダレスズメガヤ…南アフリカ原産。単子葉植物綱イネ科の多年生草本。緑化用としてもち込まれた。非常に種子生産量が多い。

6 逆に，日本から他の国にもち込まれ，外来生物として問題になっている生物もたくさんあります。たとえば，ニホンジカ，ヒトスジシマカ・イタドリ・ススキ・クズ・ワカメなどが他の国の生態系に大きな影響を与えてしまっています。

> ヒトスジシマカ…東アジア原産。黒っぽい体色で縞があり，背面に白い1本の線があるのでこの名がある。俗にやぶ蚊と呼ばれる身近な蚊。秋田県や岩手県が北限とされていたが，生息域がさらに北のほうへ広がっている。デング熱などの伝染病を媒介することでも知られる。
> イタドリ…双子葉植物綱タデ科の多年生草本（⇨p.607）。観賞用として移入されたイギリスではコンクリートやアスファルトを突き破るほどの繁殖力による被害が問題となっている。
> クズ…双子葉植物綱マメ科のつる性の多年生草本。塊根に含まれるデンプンを葛粉として利用し，葛切りや葛餅などの和菓子や料理のとろみ付けに用いられる。

7 新たに開発された都市など，自然の生態系が変化した地域では，競争種や天敵が少ないことが多く，繁殖力の強い外来生物が侵入しやすくなります。こうした外来生物によって固有の在来種が影響を受けます。

8 さらに，在来種と近縁な外来生物(あるいは交流のない離れた地域の個体群からもち込まれた同種の生物)が交雑することにより，固有種としての系統的な独自性が失われるといったことも起こっています。

たとえば，下北半島のニホンザルは世界で最北端に生息するサルとして天然記念物に指定されていますが，飼育されていたタイワンザルが野生化し，ニホンザルとの交雑が心配されています。また，日本古来のタンポポ(カントウタンポポやカンサイタンポポ)と外来植物であるセイヨウタンポポとの間で雑種化が進んでいます。

このように，本来その種がもっている遺伝的純系が失われることを**遺伝的攪乱**あるいは**遺伝子汚染**といいます。

近年では，このような雑種化以外にも，遺伝子組換え作物の拡散による遺伝的攪乱も危惧されています。

最強ポイント

① **外来生物**…本来の生息地から異なる場所に**人為的**に運び込まれて定着した生物。

② **外来生物法**…環境省が既存の生態系や産業などに大きな影響を及ぼすおそれの強い生物を**特定外来生物**に指定，飼育・栽培などを禁止。

③ **遺伝的攪乱(遺伝子汚染)**…近縁種が交雑することで本来その種(または地域の個体群)がもつ遺伝的純系が失われる。

6 生物多様性の低下

1 ある種を構成していた個体がすべて死に、その種が絶えてしまうことを**絶滅**といいます。絶滅は様々な原因で起こりますが、人間活動が原因となる場合、次のようなことが考えられます。

2 道路の建設や宅地開発により、生息地が小さく分かれてしまうことがあります。これを生息地の**分断化**といいます。分断化で生じたそれぞれの個体群は、元の個体群よりも個体数が少ない個体群となります。このような個体群を**局所個体群**といいます。

この分断化によって生じた局所個体群どうしの間で個体の行き来ができなくなることを**孤立化**といいます。

3 個体群を構成する個体数が少なくなると、性比の偏りが生じたり、近親交配が増えたりします。**近親交配が増えると、生存に不利な形質を現す遺伝子がホモ接合となり表現型として現れる可能性が高くなります。**その結果、出生率が低下したり死亡率が増加する現象を**近交弱勢**といいます。

> 対義語は「雑種強勢」。

4 出生率が低下すればさらに個体数が減少し、遺伝的多様性が低下します。遺伝的多様性が低下すれば環境変化などに適応できない可能性が高くなり、さらに個体数が減少して絶滅へと向かっていきます。このように、一度個体数が減少してしまうとさらに個体数が減少し、個体群の絶滅が加速されていきます。このような現象を**絶滅の渦**といいます。

+α パワーアップ アリー効果

個体群密度が増加すると、配偶者の確保が容易になったり遺伝的多様性が増し、適応度が増加するという現象を**アリー効果**という。アメリカの生態学者アリー(Allee)が提唱。たとえば、植物が1か所に集中して花を咲かせることによって受粉効率が上昇する、小さな魚が魚群を形成して天敵に対して防御する、などである。

逆に、個体群密度が一定以下になるとアリー効果がなくなり、絶滅へと向かうと考えられる。絶滅の危険性がある動物のために、人工的に飼育した動物を自然界に放す操作が行われたりしているが、放す個体数が少ないとあまり効果がないことになる。

第103講 生態系の保全

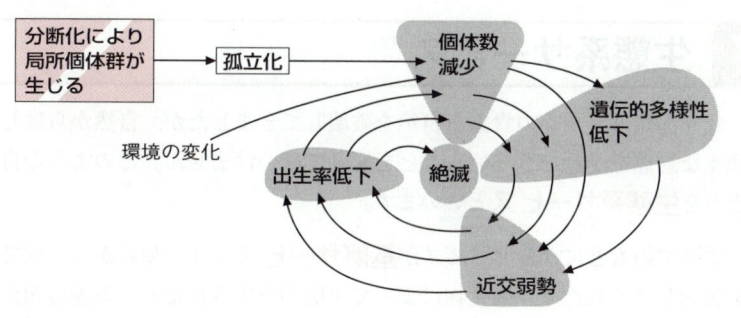

▲ 図103-3 絶滅の渦

5　熱帯多雨林は森林の約半分を占めており，地球上に生息する生物種の約半分の種が分布しているといわれます。この貴重な熱帯多雨林の大規模な伐採や焼畑，ダム建設によって，2000年から2010年の間に，毎年13万km^2もの森林が失われました(増加している地域もあるが中国，アメリカなど温帯中心)。

熱帯多雨林は莫大な量の炭素を保持しているので，熱帯多雨林を保護することは，大気中の二酸化炭素増加を抑制する効果もあると考えられます。

6　また，森林は，雨水を保持し，土壌の侵食を防ぐ働きもしています。そのため，森林を伐採すると，土壌から栄養塩類が流出してやせた土地になったり，少しの降雨でも土砂くずれを起こしたりという危険性も高まります。

7　その土地が農業生産性を失った状態になることを**砂漠化**といいます。気候変動による干ばつだけでなく，森林伐採による土壌の流出，不適切な農地化による塩害なども砂漠化を引き起こす原因となっています。

8　こうした大規模な開発や気候の変動などによって，多くの生物が絶滅の危機に瀕しています。それらの**絶滅危惧種**を絶滅の危険度ごとに挙げたリストを**レッドリスト**といい，レッドリストに生態・分布・絶滅の要因などのデータを加え掲載した本を**レッドデータブック**といいます。

日本では，トキ・コウノトリ・イヌワシ・ライチョウ・イリオモテヤマネコ・ヤマネ・オオサンショウウオなどがレッドリストに挙がっています。

最強ポイント

絶滅の渦…**個体数の減少**と**遺伝的多様性の低下**・**近交弱勢**が相乗的に繰り返され，加速的に個体数が減少していく。

7　生態系サービス

1　我々人類は，多くの貴重な自然を破壊してきましたが，自然からはじつに様々な恩恵を受けてきていることを忘れてはいけません。このような自然の恵みを**生態系サービス**といいます。

2　すべてのもとになるサービスが**基盤サービス**です。植物が光合成で酸素を供給してくれたり，微生物によって土壌が形成されたり，栄養塩類が循環したりというのが基盤サービスになります。

3　動物や植物が食料となったり，建築材料や繊維，衣料品，医薬品などといった必需品を供給するのが**供給サービス**です。

4　植物が生育していることで気温の変化が緩和されたり，洪水の発生を防いだり，微生物により水質が浄化されたり病害虫の蔓延（まんえん）を防いだりというのが**調節サービス**です。

5　きれいな花を見て安らいだり，森林浴でリラックスしたり，野外でのレジャー，さらには芸術や宗教にも自然は大きく関わっています。これが**文化的サービス**です。

6　こういった生態系サービスを持続的に得るためにはもちろん生物多様性が不可欠です。

　正しい生物学の知識をもとに，地球環境を視野に入れ，生物多様性の重要性を深く理解することが，このかけがえのない地球を守るために必要な人類最大の課題だといえます。

最強ポイント

生態系サービス…我々人類が生態系から受けている恩恵。

供給サービス	調節サービス	文化的サービス
基盤サービス		

第10章

進化と系統

第104講 生命の起源

今の地球上で無生物から生物が生じることはありませんが，地球上の最初の生物は，いつどのようにして生じたのでしょう。とても興味深い謎ですね。その謎に迫ります。

1 自然発生説の否定

1 古代ギリシャの**アリストテレス**は，「無生物に霊魂（れいこん）が宿ることで生物が生まれる」と説き，その証拠として，干上がった池に雨が降って水がたまると，泥の中からウナギが生まれたと述べています。このように，無生物から自然に生物が生じるという考え方を**自然発生説**といいます。

2 1642年，オランダの**ヘルモント**は，「汚れたシャツとコムギを置いておくと，21日目にネズミが生じた」と報告しています。今から考えると，あまりにもお粗末な実験ですね。

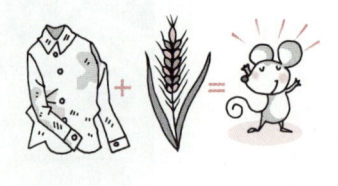

3 1668年，イタリアの**レディ**は，肉片をビンに入れて放置しておくとウジ（ハエの幼虫）が生じるが，肉片を入れたビンの口を金網で覆っておくとウジが生じないことを確かめ，「肉片からウジが生じるのではない」ことを証明しました。
　これは，金網で覆うか覆わないか以外は同じ条件の実験，すなわち**対照実験を行っている**という点で，優れた実験ですね。

4 このころ，**レーウェンフック**によって微生物が発見されると，「ハエのような目に見える生物は自然発生しないものの，目に見えないような微生物は自然発生する」と考えられるようになりました。

5 1745年，イギリスの**ニーダム**は，肉汁を煮沸していったん微生物を殺し，コルクの栓をしておいたのに肉汁に微生物が生じていたと報告し，「微生物は自然発生することが証明された」と主張しました。

6 これに対し，1765年，イタリアの**スパランツァーニ**は，コルクの栓では微生物が混入した可能性があるとし，肉汁をより完全に煮沸し，フラスコの口を炎で溶かして密閉すると，微生物が生じなかったと報告し，「微生物も自然発生しない」と主張しました。

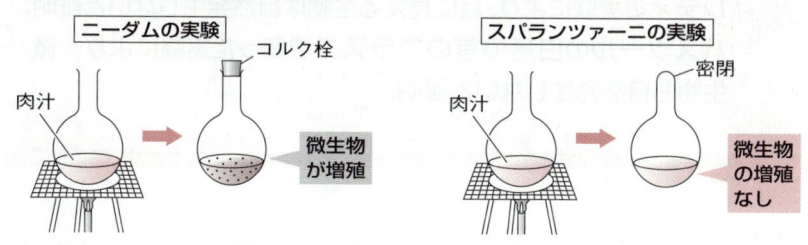

▲ 図104-1 ニーダムとスパランツァーニの実験

7 しかしニーダムは，自然発生には新鮮な空気が必要で，スパランツァーニの実験は，煮沸のし過ぎで肉汁が駄目になったこと，密閉によって空気が駄目になったことが原因で自然発生しなかったのだと反論しました。

8 この論争に決着をつけたのが，1862年のフランスの**パスツール**の実験です。

パスツールは，フラスコの首を細長く伸ばして**S字状**に曲げた器具（**白鳥の首のフラスコ**という）を考案して，これを使って実験し，新鮮な空気は通っているのに肉汁からは微生物が生じないことを確かめ，自然発生説を完全に否定しました。

（仏）1822～1895，自然発生説の否定以外にも，アルコール発酵の研究から滅菌技術の確立，狂犬病のワクチン創製など，多くの業績を残している近代微生物学，免疫学の創始者。

このとき肉汁に微生物が混入しなかったのは，細長くS字に曲げた部分にある水滴で空気中の微生物が引っかかってしまい，**フラスコ内まで微生物が進入できなかった**ためです。その証拠に，フラスコの細長い部分を切り落とすと，まもなく肉汁には微生物が増殖するようになります。つまり，煮沸し過ぎて肉汁が駄目になったという反論も否定できました。

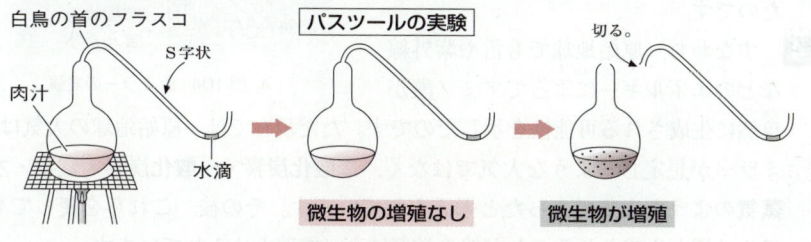

▲ 図104-2 パスツールの実験

> **自然発生説**…無生物から自然に生物が生じるという考え方。
> ⇨ **レディの実験**により，目に見える生物は自然発生しないと証明。
> ⇨ **パスツールの白鳥の首のフラスコ**を使った実験により，微生物も自然発生しないと証明。

2 生命の起源

1 確かに，自然発生説は誤りです。生物は生物からしか生じません。しかし，それでは，生物が存在していなかった原始地球上で，最初に現れた生物は，どのようにして生じたのでしょう。

2 生物が誕生する前に，まずは，生物のからだの材料となる有機物が必要となります。無機物から有機物が生じ，生命体が生じるまでの過程を**化学進化**といいます。

3 1953年，**ミラー**は，生物によらずに無機物から有機物が生成されることを実験で証明しようとしました。

原始大気の成分と考えた**アンモニア・メタン・水素・水蒸気**を図104-3のようなガラス容器に入れ，放電，冷却，加熱を繰り返したところ，アラニンやグリシンのようなアミノ酸が生じたのです。

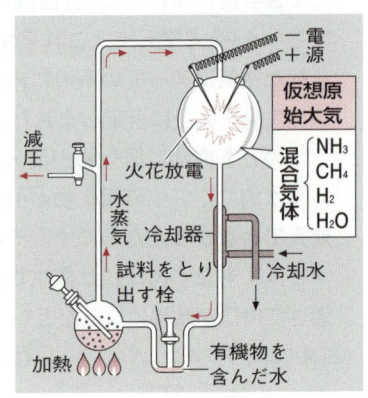

▲ 図104-3 ミラーの実験

4 すなわち，原始地球でも雷や紫外線などのエネルギーによってアミノ酸が自然に生成される可能性を示したのです。ただ現在では，原始地球の大気は，ミラーが想定したような大気ではなく，**二酸化炭素・一酸化炭素・窒素・水蒸気**のような大気であったと考えられています。その後，これらを使ってもアミノ酸が生成されることが他の学者によって確かめられています。

5 また，近年注目されているのが，海底にある**熱水噴出孔**(⇨p.173)から熱水とともに噴出する**メタン・硫化水素・水素・アンモニア**などが反応して有機物が蓄積されたとする考えです。

6 これ以外にも，隕石の中にアミノ酸や塩基が含まれていたという説もあります。

7 どの説が正しいのかはまだまだわかっていませんが，いずれにしても，原始地球に有機物が蓄積していったのは確かです。そして，それらを材料に生物が誕生したのです。

原始生命体が誕生するには，**外界と仕切られたまとまりが形成されること，その中で代謝が行われ，自己複製が行われるようになることが必要**です。

8 1936年，旧ソ連の**オパーリン**は，**コアセルベート**と呼ばれる液滴から原始生命が生じたという**コアセルベート説**を，その著書『**生命の起源**』の中で提唱しました。

コアセルベートというのは，タンパク質などの高分子化合物に水分子が吸着してコロイド粒子をつくり，さらにこれらが集まってできたものです。実際，コアセルベートをつくると，外界との境界を通して物質が出入りします。また，これに基質や酵素を与えると，コアセルベート内で化学反応が起こり，周囲から物質を取り込んで成長して，分裂するようなものも見られます。

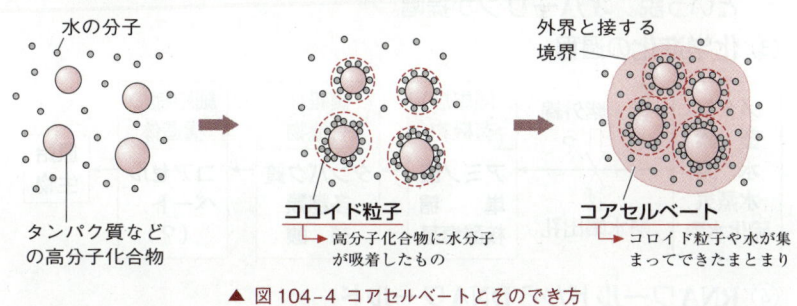

水の分子
タンパク質などの高分子化合物

コロイド粒子
→ 高分子化合物に水分子が吸着したもの

外界と接する境界
コアセルベート
→ コロイド粒子や水が集まってできたまとまり

▲ 図104-4 コアセルベートとそのでき方

9 現在の生物は，DNAが遺伝子の本体です。この遺伝情報をもつDNAを複製したりDNAからタンパク質を合成したりするためには酵素が必要ですが，その酵素もDNAから転写・翻訳されて生じたものです。でも，そのDNAを生じるには酵素が必要で…と，ちょうど卵が先かニワトリが先かというのと同じ問題が最初の生命体には付きまといます。

近年，この謎を解決する発見がなされました。RNAの中に酵素のような触媒作用をもつものが発見されたのです。つまり，**遺伝情報と酵素の働きを併せもったRNAが存在する**のです。

> 1981年，チェック(米)らが発見した。触媒作用をもつRNAを「リボザイム」と命名。

10 おそらくは，最初の生命体は，遺伝子の本体としてDNAではなくRNAをもち，そのRNAの触媒作用によってRNAを複製していたのだと考えられます。

やがて進化の過程で，RNAから，より多様な触媒作用をもつタンパク質が形成されるようになり，RNAよりも安定なDNAを遺伝子の本体とするようになったと考えられます。

生物の基本的な活動がRNAだけによって行われていた時代を**RNAワールド**といいます。現在のようにDNAが支配する時代は**DNAワールド**といいます。

現在，遺伝子の本体としてRNAを使用しているのは，一部のウイルス(**レトロウイルス**)だけです。

最強ポイント

① **ミラーの実験**…アンモニア・メタン・水素・水蒸気から，放電などによって有機物を合成。

② **コアセルベート説**…コアセルベートから原始生命が誕生したという説。オパーリンが提唱。

③ **化学進化の過程**

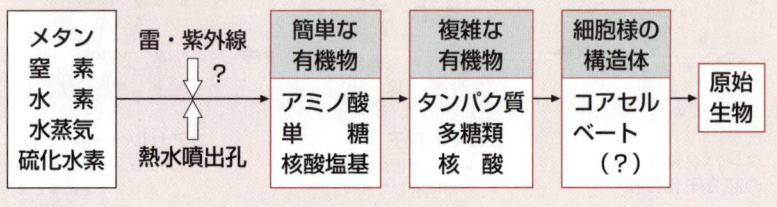

| メタン 窒素 水素 水蒸気 硫化水素 | → 雷・紫外線 ? ⇅ 熱水噴出孔 → | 簡単な有機物 アミノ酸 単糖 核酸塩基 | → | 複雑な有機物 タンパク質 多糖類 核酸 | → | 細胞様の構造体 コアセルベート (?) | → | 原始生物 |

④ **RNAワールドからDNAワールド**

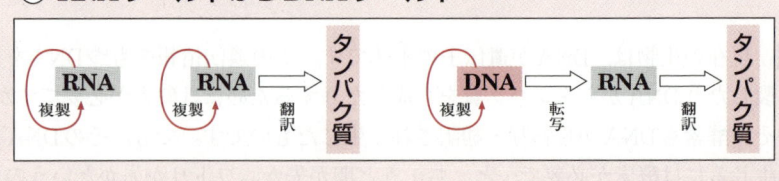

RNA →(複製) RNA →(翻訳) タンパク質

DNA →(複製) DNA →(転写) RNA →(翻訳) タンパク質

第105講 地質時代①

日本史や世界史と同じように，生命にも歴史があります。その歴史をその時代とともに見ていきましょう。

1 先カンブリア時代

1 地球が誕生したのは，今から**約46億年前**だと考えられています。

最古の岩石が形成されてから現在までを**地質時代**といい，**先カンブリア時代，古生代，中生代，新生代**に区分されます。

まずは，先カンブリア時代から見ていきましょう。

2 化学進化の過程を経て生命が誕生したのが今から**約38億年前**だと考えられています。

> 約40億年前とする説もある。

最初の生物は，核膜や種々の細胞小器官をもたない**原核生物**で，原始海洋に多量に溶け込んでいた有機物を**発酵**によって分解していたのでしょう。すなわち，**嫌気性の従属栄養生物**です。

> 独立栄養生物（化学合成を行う生物）が先に出現したという説もある。

3 これらの生物の増加によって，蓄積していた有機物が減少していったはずです。しかし，このころ，二酸化炭素から有機物を合成する**独立栄養生物**が誕生したと考えられています。おそらくは，**嫌気性光合成細菌**のような生物が誕生したのでしょう。

4 その後，**シアノバクテリア**が出現しました。

シアノバクテリアが海中の泥などの粒子を吸着して層状になったものを**ストロマトライト**といいます。27〜29億年前に形成されたと見られるストロマトライトの化石（石灰岩状）が大量に見つかっているので，遅くとも29億年前までにはシアノバクテリアは出現していたはずだと考えられます。

5 シアノバクテリアの光合成では，水を分解して酸素を発生します。それまで分子状の酸素が存在しなかった地球上に，いよいよ**分子状の酸素**が生じることになります。

最初は，生じた酸素の多くは水中に溶けていた鉄の酸化に使われて酸化鉄をつくるのに消費されてしまいましたが，やがて，水中や空気中にも酸素が蓄積し始めます。すると，この酸素を利用して有機物を分解する生物，つまり，**呼吸**を行う生物が出現しました。

> 20億～25億年前の地層から発掘される大規模な鉄鉱層は，このときに形成された酸化鉄が堆積してできたものである。

6　約20億年前に**真核生物**が誕生したと推定されています。

　細胞膜が陥入して核膜となり，**好気性細菌が共生してミトコンドリアが生**じたと考えられています。核膜の形成が先か，ミトコンドリアの形成が先かは明らかになっていません。このようにして，**従属栄養の真核生物**が誕生し，さらに，**シアノバクテリアの一種が共生して葉緑体となり，独立栄養の真核生物**も誕生することになります（⇨p.13「共生説」）。

7　**多細胞生物**が出現したのは，約10億年前と考えられています。

　オーストラリアの約6億年前の地層から，さまざまな海産の多細胞生物の化石が見つかっています。これらは，その発掘された地名から**エディアカラ生物群**と呼ばれています。現在のクラゲのような仲間の生物もいたようです。これらの生物の多くは，硬い殻をもっておらず，動物食性の動物は存在していなかったのではないかとも考えられています。

　今から**約5億4200万年前までが先カンブリア時代**です。

+α パワーアップ　スノーボール・アースとエディアカラ生物群の進化

　7億5000万年前～6億年前にかけて，極端に寒い氷河期があったことがわかっている。なんと，地球全体が氷に覆われていたという（**スノーボール・アース（全球凍結）仮説**）。氷の大地が広がると太陽光を反射してしまうためますます寒くなり，平均気温がマイナス50℃，海面は厚さ1kmもの氷に覆われていたと考えられている。

　この厳しい氷河期をも耐え抜いた一部の生物が，氷河期が終わって，エディアカラ生物群の生物たちへといっきに進化したのだろう。

第105講　地質時代①

> **最強ポイント**
>
> 先カンブリア時代…5億4200万年前まで。
>
> （38億年前）　　　（30億年前）　　（20億年前）（10億年前）
> 生命の誕生
> （単細胞）─────────────────────→ 多細胞生物
> （原核生物）──────────────────→ 真核生物
> （嫌気性生物）────────────→ 好気性生物
> （従属栄養生物）→ 光合成細菌 → シアノバクテリア

2　古代

1　約5億4200万年前から2億5100万年前までが**古生代**です。古生代は、さらに6つの時代（紀）に分けられます。

2　<u>カンブリア紀</u>（約5.42億年前～4.88億年前）には、動物の種類が爆発的に増加しました。これはカナダのロッキー山脈にあるバージェス山の頁岩に含まれる化石からわかってきたので、この時代の動物を**バージェス動物群**と呼び、この時代の多様な生物の出現を**カンブリア大爆発**といいます。

> イギリスのウェールズ州の旧名から付けられた名称。

> 頁岩はシェールとも呼ばれる堆積岩（泥岩）の種類で、本のページのように薄く層状に割れやすい性質をもつ。

3　バージェス動物群には、節足動物の<u>三葉虫</u>をはじめとする多種多様な生物が存在し、現在の動物のほとんどのグループ（門）がすでにこの時代に出現していました。カンブリア紀には脊椎動物の魚類も出現しましたが、まだ顎をもたない無顎類で、鰭もなかったと考えられています。

+α パワーアップ　バージェス動物群の動物たち

バージェス動物群では多様な生物が知られているが、突出した大形の動物食性動物で、食物連鎖の頂点にいたと考えられているのが**アノマロカリス**である。

これ以外にも，ハルキゲニア・ウィワクシア・オパビニアなど，不思議な形態の生物が存在していたようである。また，**ピカイア**は，現在のナメクジウオに似た生物である。同様の化石は中国雲南省の澄江からも発見され，この中には脊椎動物の魚類の化石(ミロクンミンギア)も含まれる。

バージェス動物群

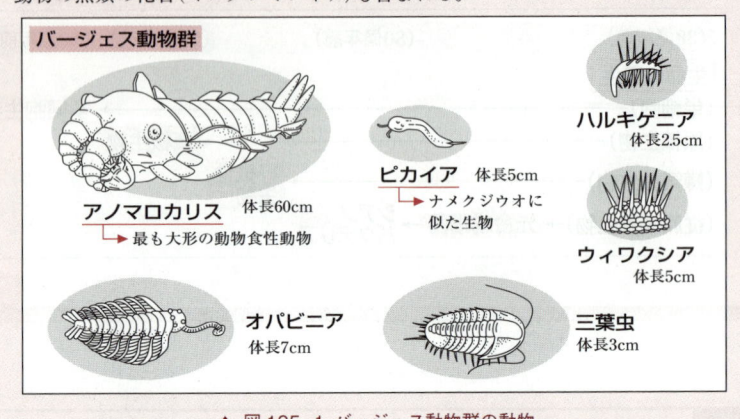

- アノマロカリス 体長60cm → 最も大形の動物食性動物
- ピカイア 体長5cm → ナメクジウオに似た生物
- ハルキゲニア 体長2.5cm
- ウィワクシア 体長5cm
- オパビニア 体長7cm
- 三葉虫 体長3cm

▲ 図105-1 バージェス動物群の動物

4 <u>オルドビス紀</u>(約4.88億年前～4.44億年前)には，空気中の酸素濃度の増加に伴い，上空に**オゾン層**が形成され始めました。そして，**オゾン層が生物に有害な紫外線を吸収**したため，地表面に到達する紫外線の量が減少してきました。このことが，後に陸上へ生物が進出する環境条件をつくっていくことになります。

> イギリスのウェールズ州に住んでいた古い人種の名前から付けられた名称。

オルドビス期末になると海水面の低下により海岸付近に湿地帯が広がりました。この湿地帯で，**緑藻の仲間から原始的なコケ植物が出現した**と考えられます。すなわち，いよいよ生物が陸上へ進出したのです。

5 <u>シルル紀</u>(約4.44億年前～4.16億年前)には，もともとえらを支える骨格(鰓弓)の3番目の鰓弓が変化して顎の骨となり，顎をもった仲間(**有顎類**)が登場します。この時代の無顎類や有顎類には，硬いよろいをまとったような魚類が多く，これを**甲冑魚**といいます。

> イギリスのウェールズ地方に住んでいた民族名から付けられた名称。

また，この時代には，**シダ植物が出現**します。

最初の陸上植物としての最古の化石は，約4.1億年前の地層から発見された

第105講　地質時代①

クックソニアという植物の化石です。これは，10cm程度の大きさで，葉も根も維管束ももたず，2つに枝分かれした茎の先端に胞子のうをもっており，シダ植物とコケ植物の共通の祖先だと考えられます。

その後，維管束を備えた**リニア**のような**シダ植物**が進化していきました。

+α パワーアップ　プシロフィトン

リニアなどを含めた仲間を**プシロフィトン**という。この仲間は，現生の**マツバラン**に近い植物だと考えられている。マツバランは原始的なシダ植物で，2またに枝分かれを繰り返した茎をもつ。

クックソニア	リニア	マツバラン
→シダ植物とコケ植物の共通の祖先	→シダ植物	→現生の，原始的なシダ植物

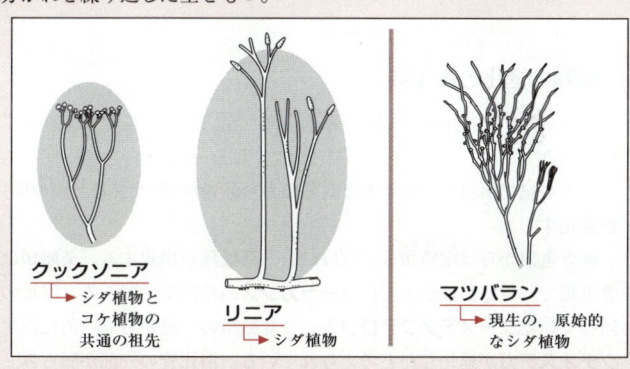

▲ 図105-2　プシロフィトン

6 デボン紀（約4.16億年前～3.59億年前）になると，シダ植物から**シダ種子植物**（ソテツシダ）が出現します。これは，シダ植物のような葉をもちながら，その先端に種子をつけており，**シダ植物と種子植物（裸子植物）の中間的な特徴**をもちます。

> イギリスのデボン州でこの地層が研究されたことから付けられた名称。

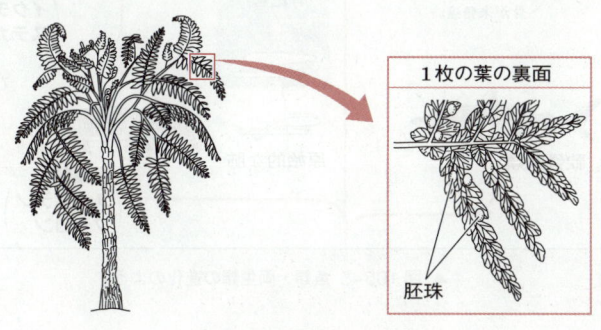

1枚の葉の裏面
胚珠

▲ 図105-3　ソテツシダ

第10章　進化と系統

7 脊椎動物では，有顎魚類のなかから**軟骨魚**と**硬骨魚**が進化し，さらに硬骨魚の一部から，発達した鰭を使って浅瀬を這い回ったり，消化管の一部が変化して生じた肺で呼吸するものなどが現れ，原始的な**両生類**へと進化します。

　また，デボン紀にはサソリやムカデの仲間などの**節足動物**も陸上進出し，**昆虫類**へと進化します。最初の昆虫は，翅をもたないトビムシのような仲間だったと考えられています。

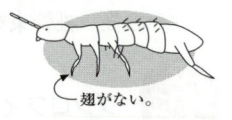

↑翅がない。

▲ 図 105-4 トビムシ

最も原始的な昆虫。体長は 3mm 以下で，複眼も翅もない。

+α パワーアップ 魚類の進化と両生類

　カンブリア紀で出現した魚類は無顎類だが，現在でもヤツメウナギなどは無顎類である。

　シルル紀で出現した原始的な有顎類から**軟骨魚類**（サメなどの仲間）と**硬骨魚類**が進化する。

　硬骨魚類からは**総鰭類**（ふさひれ類）と**条鰭類**が出現する。条鰭類は，現生の硬骨魚類で，総鰭類は現生では**シーラカンス**の仲間だけである。湿地の浅瀬を這い回っていた**ユーステノプテロン**という総鰭類の一種から原始的な両生類である**イクチオステガ**が進化したと考えられている。消化管の一部が膨らみ，これがやがて肺へと発達した。一方，両生類へと進化しなかった硬骨魚では，この消化管のふくらみがうきぶくろとして発達した。現生のハイギョ（肺魚）は，乾季になるとうきぶくろを使って空気呼吸を行う。

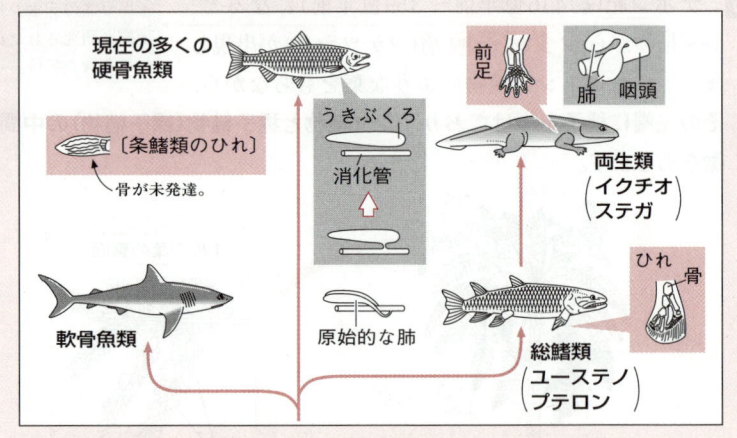

▲ 図 105-5 魚類・両生類の進化のようす

8 デボン紀の次は**石炭紀**です。石炭紀（約3.59億年前～2.99億年前）は温暖湿潤な気候で，**リンボク・ロボク・フウインボク**といった大形のシダ類が栄え，**木生シダの大森林**が形成されるようになります。

> ヨーロッパでは，この時代の地層に石炭が多く発掘されることから付けられた名称。

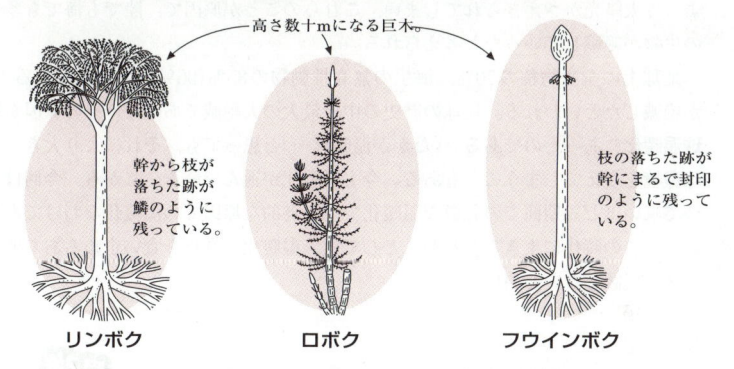

高さ数十mになる巨木。

リンボク — 幹から枝が落ちた跡が鱗のように残っている。

ロボク

フウインボク — 枝の落ちた跡が幹にまるで封印のように残っている。

▲ 図105-6 石炭紀に栄えた大形のシダ類

9 また，デボン紀で出現した両生類が繁栄し，石炭紀には**大形の昆虫類**なども栄えました。さらに，両生類の仲間から**爬虫類**が出現します。爬虫類は**胚膜**（⇨p.268）をもち，胚を乾燥や衝撃から防ぐことができ，陸上での発生が可能になったので，陸上での生活により適応していきます。

節足動物では，**翅**（はね）をもった**昆虫**が出現します。まだ鳥類は出現していないので，最初に空中に進出したのは昆虫類ということになります。昆虫類は，急速に種類をふやし，大形化していきます。9cmのゴキブリ，70cmもの大きさのトンボなどの化石が発見されています。

10 古生代の最後は**ペルム紀（二畳紀）**（約2.99億年前～2.51億年前）です。このペルム紀の終わりには非常に大きな環境変化があり，それまで栄えていた多くの生物が絶滅します。三葉虫も絶滅し，木生シダも衰退します。

> 旧ソ連のペルム地方で発達していることから付けられた名称。

+α パワーアップ　地球温暖化と生物の大絶滅

古生代の終わりには，とてつもなく激しい火山活動が起こった。激しい火山活動がなんと60万年も続き，そのため，大気中の二酸化炭素濃度が上昇し，温暖

化が進んだ。すると，海底に閉じ込められていたメタンCH_4がメタンガスとして放出された。そして，メタンによりさらに温暖化が進み，極域の氷も溶け，温められた海水は底へ沈まないため循環せず，また酸素も溶けにくくなり，海は酸欠状態になったようである。また，陸上でも巨大噴火で巻き上げられた火山灰によって太陽光がさえぎられてしまい，これらのことが原因で，陸でも海でも多くの生物が絶滅していったと考えられる。

　地球上の全生物種の70%，海生の無脊椎動物の85%（96%という説もある！）が絶滅したといわれる。地球の歴史の中で最大の大絶滅であった。その原因が**地球温暖化**にあったのである。「たかが温暖化…」と思っても，それにより大きく地球環境を変えてしまうこともある。今も温暖化が進んでいる。しかも，今回はかつて無いほど短期間での急激な温暖化で，人為的な原因での温暖化なわけであるから，この時代に生きるわれわれとしては，温暖化の進行を食い止めるあらゆる方法を実践しないといけない。

最強ポイント

【古生代の生物の変遷】

カンブリア紀…**バージェス動物群**出現

オルドビス紀…**植物の陸上進出**←地表に届く紫外線量減少　オゾン層形成

シルル紀………**魚類**繁栄，**シダ植物**出現

デボン紀………**両生類**出現，**裸子植物**出現

石炭紀…………**爬虫類**出現，**木生シダの大森林**

ペルム紀………**三葉虫絶滅**，**木生シダ衰退**

第106講 地質時代②

105講では先カンブリア時代から古生代まで，海で誕生した生命が陸上に進出するまでの歴史を見てきました。今度は，中生代と新生代です。

1 中生代

1 古生代末の大絶滅の時代が終わり，中生代となります。**約2億5100万年前から6600万年前までが中生代**です。

中生代の最初は<u>三畳紀</u>（約2.51億年前～2.00億年前）です。

> この時代の地層が3つに分けられることから付けられた名称。トリアス紀ともいう。

動物では，石炭紀で出現した<u>爬虫類</u>が繁栄していきます。爬虫類は，**胚膜を発達させたため，陸上での発生が可能**となりました。また，窒素排出物を**水に不溶性の尿酸**にし，角質化した鱗で覆われた体表を発達させ，乾燥した陸上での生活に適応していきました。爬虫類は陸上だけでなく，肢と胴の間に翼をもち空を滑空する翼竜や海に生息する魚竜なども出現し，分布を広げました。

さらに，三畳紀には**哺乳類**が出現します。最初の哺乳類は10cm程度の大きさで，夜行性で昆虫を食べていたと考えられています。そして，まだ**卵生**だったようです。今現在でも，カモノハシなどは卵生の哺乳類です。

2 次が<u>ジュラ紀</u>（約2.00億年前～1.46億年前）です。ジュラ紀には，デボン紀で出現した**裸子植物**が，それまで栄えていた木生シダに取って代わって繁栄していきます。爬虫類，中でも**恐竜類が最も全盛を極めた時期**です。

> アルプス北部のジュラ山脈から付けられた名称。

また，<u>鳥類</u>が出現したのもこの時期で，<u>シソチョウ（始祖鳥）</u>の化石がこの時代の地層から発掘されています。

> 鳥類は恐竜類の一種から進化したといわれる。羽毛をもった恐竜の化石も発見されている。中生代の終わりに恐竜類は絶滅したが，恐竜類は鳥類に姿を変えて現在でも繁栄しているともいえる。

693

3 植物プランクトンの遺体が海底に降り積もり，分解される前に土砂に埋もれ，熱と圧力を受けて変性したものが**石油**になりました。現在確認されている油田の6割は，非常に温暖であったジュラ紀と白亜紀の前半に繁殖した植物プランクトンに由来します。

4 中生代の最後は**白亜紀**(約1.46億年前～0.66億年前)です。 <- イギリス南部の石灰質岩石からなる地層から付けられた名称。

植物では，いよいよ**被子植物**が出現します。被子植物は花を咲かせ，昆虫に蜜を提供する代わりに花粉を運んでもらうことで受粉を確実にすることができます。さらに，胚珠が子房で包まれることで胚を乾燥から守ることができます。また，子房を発達させ果実を形成し，これを鳥類や哺乳類などに食べさせ，種子を運んでもらうということもできます。

5 異なる種の生物どうしが，影響しあいながら進化することを**共進化**といいます。

花とその蜜を吸う昆虫の間には共進化によって成立した関係が見られます。たとえばある種のランは，距と呼ばれる細長い管の奥に蜜をため，その蜜を吸うスズメガの口器は長くなっています。スズメガは蜜を吸うために口器を長くするように進化し，ランは長い距にすることで蜜を吸われるときにスズメガに花粉をより付着させ，他の花に運ばせることができるように進化しています。

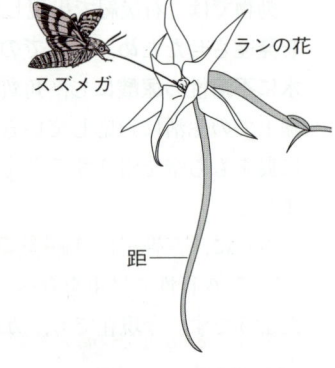

▲ 図106-1 共進化の例（ランとスズメガ）

このように，被子植物は，昆虫や鳥類・哺乳類をうまく利用し，他の生物と共生しながら進化しています。

6 哺乳類では，胎盤を発達させた**有胎盤類**が出現します。

白亜紀になっても恐竜類は栄えていましたが，**白亜紀の終わりに絶滅**します。また，中生代全般にわたって海中で繁栄していた**アンモナイトも絶滅**します。

+α パワーアップ 恐竜の絶滅と隕石

白亜紀末の地層から大量の**イリジウム**が発見されている。イリジウムは地球の地殻にはほとんど含まれていない微量元素なので，この時代に巨大隕石が落下したことを裏付けている。実際，直径約10kmの巨大隕石がメキシコ湾からユカタン半島にかけて衝突したようである。これにより，地球全体に大きな環境変化が起こり，大量絶滅が起こったと考えられる。ただ，隕石衝突以前から恐竜の絶滅は始まっていた。それは，寒冷化が進んでいたことによるものである。寒冷化によって勢力が衰えてきたところへ，巨大隕石の落下があり，とどめを刺されたのかもしれない。

最強ポイント

【中生代の生物の変遷】
- 三畳紀……**哺乳類**（卵生哺乳類）出現
- ジュラ紀…**シソチョウ**出現，恐竜繁栄，裸子植物繁栄
- 白亜紀……**被子植物**出現，**有胎盤類**出現，恐竜絶滅，アンモナイト絶滅

2 新生代

1 約6600万年前から現在までが新生代です。

新生代の最初は**古第三紀**（約0.66億年前～2300万年前）です。

古第三紀には，中生代の終わりから始まった寒冷化がさらに進みましたが，鳥類と哺乳類は体温を一定に保つしくみを発達させ，寒冷化にも適応できました。また，クジラやペンギンの仲間のように，海に進出した哺乳類や鳥類も出現します。このように，それまで爬虫類が占めていた生態的地位（ニッチ⇨p.639）の多くを鳥類と哺乳類が占めるようになり，**様々な環境に適応して繁栄**するようになったのです。

> 以前は，先カンブリア時代，古生代，中生代を第一紀，第二紀といい，それに続く時代なので第三紀，第四紀と呼ばれていた名残り。

2 被子植物は花をさかせ，蜜や果実をつくり，動物を誘引して，蜜や果実を提供する代わりに花粉を運んでもらったり種子を散布してもらったりします。そのため，たとえば，昆虫の口（吻）がそれぞれの花の蜜を吸いやすいように進化し，植物のほうも，より花粉を運んでもらえるような花の構造へと進化します。このような共進化が，被子植物の多様化に大きな役割を果たしたと考えられます。

+α パワーアップ　南極大陸の分離と寒冷化

南極大陸は，もともとはオーストラリア大陸とつながっていたが，約5300万年前からオーストラリア大陸は北上を始め，約3500万年前には完全に分離してしまう。この結果，南極大陸の周囲には冷たい海流が取り囲むように流れ，暖かい海流が流れ込まなくなり，南極大陸は氷に覆われた大陸へと変化した。地表が氷に覆われると太陽光を反射するため，ますます寒冷化が進む。そして，寒冷化した南極大陸が周囲の海を冷やし，それが世界中に流れて地球全体を冷やすことになっていったと考えられている。

3 次が**新第三紀**（約2300万年前〜260万年前）です。新第三紀には，寒冷化と乾燥化が進み，熱帯多雨林のような森林が減少し，草原が広がってきました。そして，森林を追われたサルの仲間がやがて**ヒトへと進化**することになります。

約700万年前には，人類の祖先である**サヘラントロプス**が出現します。また，約200万年前には**原人（ホモ属）**も出現します。

+α パワーアップ　ヒマラヤ山脈の形成と寒冷化

約2億年前には赤道よりも南にあった大陸の一部であったインドが分離し，5000万年前頃にユーラシア大陸に衝突した。これにより，両者の間にあった海がもち上げられ，ついには山脈となった。これが**ヒマラヤ山脈**である。

約500万年前にはヒマラヤ山脈は標高2000mを越える高さになり，約70万年前には現在とほぼ同じ高さになったようである。標高が高くなると，降った雪は溶けずに氷となり，**氷河**ができる。南極大陸が氷に覆われるようになって寒冷化がさらに進んだように，ヒマラヤ山脈に氷河が形成されたことで，さらに寒冷化が進む。逆に，氷河が小さくなると太陽光を反射しにくくなるので温暖化が進むのである。

また，自転軸のふらつきなどが原因で日射量が周期的に変化し，約9万年間で寒冷化し（**氷期**），約1万年かけて温暖化する（**間氷期**）ということが繰り返されていると考えられている。

第106講　地質時代②

4　約260万年前からが**第四紀**で，現在も第四紀です。第四紀には，寒冷化と乾燥化がさらに進みますが，約70万年前あたりから寒い時期(氷期)と比較的温かい時期(間氷期)が周期的に繰り返されるようになります。

5　現生人類の祖先が出現したのはアフリカで，約20万年前と考えられています。出現した直後からしばらくは氷期だったため，温暖なアフリカを出ることはなかったようですが，約12万年前の間氷期にアフリカを出て，中東，ヨーロッパ，アジア，オーストラリアへと分布を広げていきます。そして，約3万年前の氷期では南極や北極の氷床が拡大して海水面が下がり，ユーラシア大陸とアメリカ大陸が地続きとなり，アメリカ大陸へも進出します。

　現生人類に近い**旧人(ホモ・ネアンデルターレンシス)** は主にヨーロッパに分布していましたが，約3万年前に絶滅してしまいます。この氷期をも耐え抜いたのが我々現生人類の**新人(ホモ・サピエンス)** なのです。

6　約1万年前には，マンモスゾウなどの大形哺乳類が絶滅します。この原因としては，気候変動によるものという説と，人類活動が影響しているのではないかという説があります。

　現在は，最終氷期を終えたほんのつかの間の間氷期の時期にあたります。

7　この長い46億年の歴史を，1年間にたとえてみましょう。
　地球の誕生(約46億年前)を1月1日0時，現在を12月31日24時とします。
　生命の誕生が約40億年前(地球誕生から約6億年後)なので，1月1日の48日後の2月17日頃になります。
　真核生物の出現が約20億年前(約26億年後)なので約206日後，7月26日頃です。
　多細胞生物が出現した約10億年前はもう10月13日頃，古生代が始まるのが約5.42億年前なので12月31日の約43日前で，11月18日頃です。先カンブリア時代の長さがわかります。アノマロカリスなどが繁栄していたのもつい最近という感じですね。
　生物が陸上に進出したのを約4億年前とすると約32日前で，11月29日頃になります。11月の末になってようやく陸上に進出したのです。
　中生代が始まるのが約2.51億年前なので12月31日の約20日前の12月11日頃，新生代が始まるのが約0.66億年前で，12月31日の約5日前の12月26日

第10章　進化と系統

頃になります。クリスマスあたりで恐竜の絶滅などが起こったのですね。
　猿人が出現する700万年前は，年が明ける13時間前，12月31日の午前11時前頃です。新生代第四紀が始まる約260万年前は，年が明ける約5時間前で，12月31日の19時頃，現生人類の祖先が出現した約20万年前は12月31日の23時37分，ネアンデルタール人が絶滅した約3万年前は年が明ける3分26秒前，マンモスゾウが絶滅した約1万年前は年が明ける約1分8秒前！です。日本史で学習する約2000年の歴史は，年が明ける前の約13.7秒間ということになります。

【新生代の生物の変遷】
- 古第三紀…哺乳類繁栄
- 新第三紀…**最初の人類・原人出現**
- 第四紀…**旧人・新人(現生人類)出現，マンモスゾウ絶滅**

【生物進化のカレンダー】（地球誕生から現在までを1年にまとめたもの）

1/1	2/17	7/26	10/13	11/18	12/11	12/26	12/31
地球誕生	生命誕生	真核生物	多細胞生物	古生代	中生代	新生代	(現在)

第107講 ヒトの進化

新生代で出現したヒトとその進化や他の動物とくらべた特徴について，もう少しくわしく見てみましょう。

1 分類上のヒトの位置

1 ヒトは，**脊椎動物門・哺乳綱・霊長目**に属します。霊長目には，ヒト以外にも，チンパンジーやゴリラ・ニホンザルなども属します。

2 中生代の白亜紀に現れた原始食虫目（現在のツパイ（右図）に似た動物）の仲間から進化し，その中で樹上生活に適応したものが霊長目の祖先になったと考えられています。

▲ 図107-1 ツパイ
（現在，生きているもの。）

+α パワーアップ 霊長目の分類

霊長目は，次のように分類される。

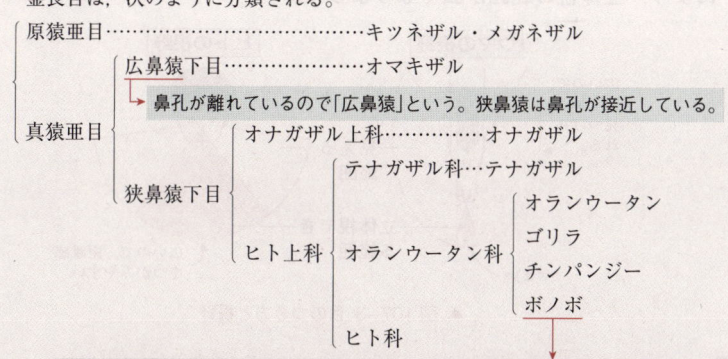

```
            原猿亜目 ……………………………… キツネザル・メガネザル
           ┌
           │         広鼻猿下目 ………………… オマキザル
           │        ┌ 鼻孔が離れているので「広鼻猿」という。狭鼻猿は鼻孔が接近している。
  真猿亜目 ┤        │
           │        │           オナガザル上科 …………… オナガザル
           │        │          ┌
           │ 狭鼻猿下目         │          テナガザル科 … テナガザル
           └        │          │         ┌
                    │          │         │              オランウータン
                    │  ヒト上科 ┤ オランウータン科 ┤ ゴリラ
                    │          │         │              チンパンジー
                    │          │         │              ボノボ
                    │          │         │
                    │          │         └ ヒト科
```

「ピグミーチンパンジー」ともいう。チンパンジー属の一種。チンパンジーよりも二足歩行が得意で，知能も優れているといわれている。1928年に発見され，その生態が調査されているが，野生のボノボは1万頭を切ったと見られている。

3 霊長目には，一部を除いていくつかの共通点があります。

まず，親指が他の指と向き合う構造になっています（**拇指対向性**という）。これにより，木の枝などをしっかりと握ることができます。

また，爪が**平爪**となっています。イヌやネコの指の爪は**かぎ爪**といいます。ツパイもかぎ爪をもちます。獲物を捕らえたり軽いからだで木の幹などをよじ登ったりするにはかぎ爪が有利ですが，木の枝をつかんだりするのには平爪のほうが有利です。

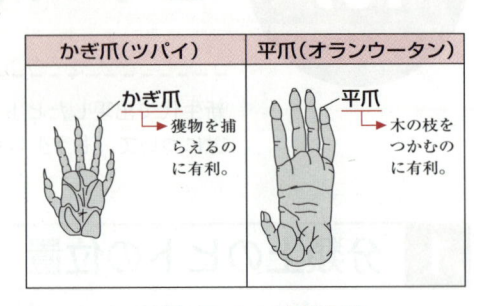

▲ 図107-2 かぎ爪と平爪

肩の稼動範囲も他の動物にくらべて非常に広いのが特徴です。これも，枝から枝へ飛び移って（ブラキエーション）生活するには必要な特徴です。

4 自分に近づく天敵を早く発見するためには，視野が広いほうが有利です。たとえば，ウサギやウマなどのように，両目が頭の横にあるほうが視野を広くすることができます。

でも，草原にくらべれば，樹上は安全です。むしろ，枝から枝へ飛び移って生活するには，しっかりとした距離感をつかむ必要があります。霊長目の目は頭の前面にあり，2つの目で同じ物体を見る構造になっています。これにより，**立体視の範囲が広くなりました**。

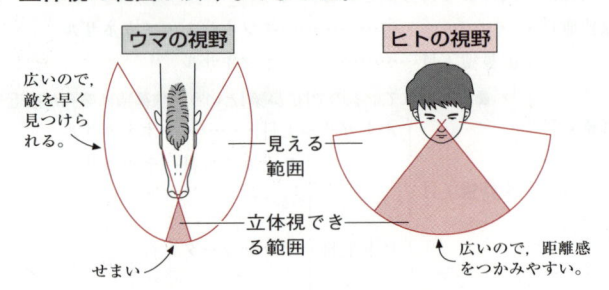

▲ 図107-3 目のつき方と視野

5 また，生活も夜行性から昼行性へと変わり，**色覚も発達**しました。

6 安全であれば子供の数が少なくても種を存続できますし，むしろ子供の数が多いと，樹上で赤ちゃんを抱いて育てることはできません。

第107講 ヒトの進化

霊長目は，原則的には **1匹ずつ子供をうみます**。その結果として，乳房の数も1対となったのでしょう（他の動物では乳房は5対ほどあります）。

7 新生代になると，両目が顔の前面にあり平爪（ひらづめ）をもったキツネザルやメガネザルのような**原猿類**が進化しました。その後，親指を他の指から独立して動かすことのできるオマキザルの仲間が進化し，さらに，親指が完全に他の指と向き合うことのできるオナガザルの仲間が進化しました。

約3000万年前に，テナガザル・オランウータン・ゴリラ・チンパンジー・ボノボなどの**類人猿**の祖先が現れたと考えられています。

類人猿では肩関節に関する骨格がさらに発達し，腕の自由度も増しました。

原猿類		真猿類		
		広鼻猿類	狭鼻猿類	
			オナガザル科	類人猿
〔キツネザル〕	〔メガネザル〕親指が他の指と独立していない。	〔オマキザル〕	〔オナガザル〕親指が完全に他の指と独立している。	〔チンパンジー〕

〔出現順〕

▲ 図107-4 霊長目の分類

最強ポイント

【霊長目の共通点】
① 親指が他の指と向き合う（**拇指対向性**）。
② 両方の眼窩（がんか）が前方を向き，**立体視**が可能である。
③ **平爪**をもつ。
④ 肩の関節の可動範囲が広い。
⑤ 1対の乳房をもち，1匹ずつ子供をうむ。

2 ヒト科の進化と特徴

1 ヒト科は，次のように分類されます。

```
            （属）       （種）
         ┌ アウストラロピテクス ……………………………… （猿人）
ヒト科 ┤       ┌ エレクトス ………………………………………… （原人）
         └ ホモ ┤ ネアンデルターレンシス ………………………… （旧人）
                └ サピエンス ………………………………………… （新人）
```

2 これらヒト科がどのようにして進化してきたのか見てみましょう。

霊長目のなかでも，類人猿の仲間は，尾がないこと，虫垂があること，直立姿勢の傾向があることなど，ヒトと共通の特徴をもっています。そのような類人猿の仲間からヒトが分岐したのは，今から約700万年前だと考えられています。

+αパワーアップ　最古の化石類人猿

ヒトと類人猿の共通の祖先とされる最古の化石類人猿は，1800万年前の**プロコンスル**だといわれる。プロコンスルにも尾がなく，ヒトと類人猿の共通の特徴をもっている。

約1500万年前に出現した**ラマピテクス**は，プロコンスルよりもさらに現在の類人猿に近い形態をもっている。

3 約400万年前に**アウストラロピテクス（猿人）**が出現しました。猿人は，**直立二足歩行**をしていたと考えられます。単に二本足で歩くのではなく「直立」二足歩行を行うことが類人猿とは異なり，ヒト科としての特徴だと考えられています。ゴリラやチンパンジーも二足歩行は行うことができますが，直立ではなく，こぶしを地面につけて歩行します（**ナックルウォーク**という）。

直立二足歩行をしていた証拠として，頭骨と脊椎のつなぎ目である**大後頭孔**が前方によっていること，**骨盤（腰骨）の幅が広い**こと，**脊椎がアーチ状ではなくS字状である**ことなどが挙げられます。また，犬歯も退化しており，歯列がU字状ではなく放物線を描くなどといった特徴も類人猿とは異なります。しかし，脳容積は類人猿とは大きくは異なりません。

第107講　ヒトの進化

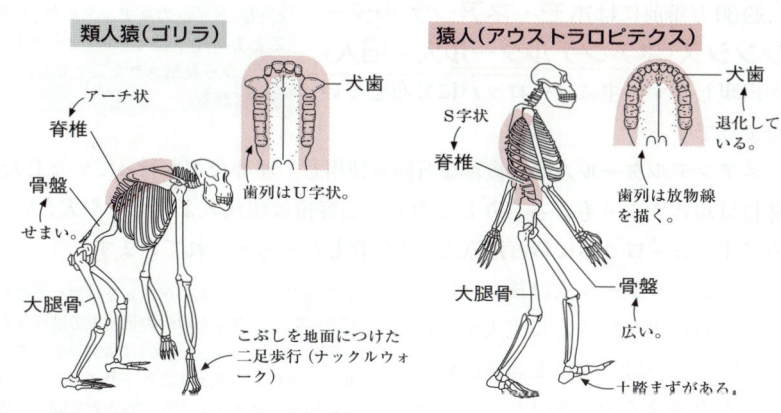

▲ 図107-5　類人猿（ゴリラ）と猿人（アウストラロピテクス）の骨格の違い

+α パワーアップ　最古の類人猿

　アウストラロピテクスの代表的なものとして，アウストラロピテクス・アファレンシス（**アファール猿人**）がいる。最も有名なアファール猿人は約320万年前の女性の化石で，「ルーシー」という愛称で呼ばれている。

　1992年には，アウストラロピテクスよりも古い猿人が発見（ホワイト（米），諏訪（日）による）され，**アルディピテクス・ラミダス（ラミダス猿人）** と命名された。ラミダス猿人は，約440万年前のものと推定され，直立二足歩行であったが樹上生活を送っていたと考えられている。

　また，2001年にはさらに古い（600万〜700万年前の）猿人（**サヘラントロプス・チャデンシス**）がチャドで発見され，類人猿とヒトの分岐した年代も500万年前よりもさらに以前であったと考えられるようになってきている。

4　約200万年前に**ホモ・エレクトス（原人）** が出現します。ホモ・エレクトスでは，脳容積も増大し，火や石器を使用していたようです。
　アフリカで出現した原人が，アフリカを出て，東南アジアなどに進出し，**ジャワ原人**や**北京原人**となります。

+α パワーアップ　ジャワ原人の末裔（まつえい）

　2003年に，ジャワ原人の末裔と考えられる化石（**ホモ・フロレシエンシス**）が，インドネシアのフローレス島で発見された。身長1m程度という小さな人類で，約18000年前に生存していたと考えられている。この当時，この地域にも，すでにホモ・サピエンスは進出していたはずなので，一時は共存していたことになる。

5 約30万年前には**ホモ・ネアンデルターレンシス（ネアンデルタール人：旧人）**が出現します。主にヨーロッパに分布していたようです。

> 最初，ドイツのネアンデル谷（谷のことをドイツ語でTal「タール」という）から発掘されたことから，こう呼ばれる。

ネアンデルタール人は，複雑な石器を使用し，埋葬(まいそう)なども行っていました。体格は現代人よりもがっしりしており，脳容積は現代人よりもやや大きいようです。ヨーロッパに移った原人から進化したと考えられています。

ネアンデルタール人は後からアフリカから進出してきた現生人類の祖先（ホモ・サピエンス）と競争関係になったと考えられ，約3万年前に絶滅しました。

> ネアンデルタール人のゲノムを解読した結果(2010年)，アフリカ以外の現生人の遺伝子の一部(少なくとも1～4％)はネアンデルタール人由来のものであることがわかった。現代人の祖先とネアンデルタール人との間で交雑が生じていたと考えられている。

6 約20万年前に，ようやく**ホモ・サピエンス（新人(しんじん)）**がアフリカで出現します。ホモ・サピエンスでは，**眼窩上隆起(がんかじょうりゅうき)**が小さくなり，顎(あご)も小さくなって，おとがいをもつなどの特徴があります。

> 眼窩は，眼球がおさまるくぼみのこと。目の上，まゆのあたりにあるでっぱりが眼窩上隆起で，硬いものをかむときの力を受け止め，頭骨を強固にする役割がある。硬いものをかまなくなった結果，眼窩上隆起も退化していく。

> 下あごの先端を「おとがい(頤)」という。歯列が短縮した結果，下あごの先端が取り残された形でおとがいが形成される。

類人猿
（チンパンジー）

猿人
（アウストラロピテクス）

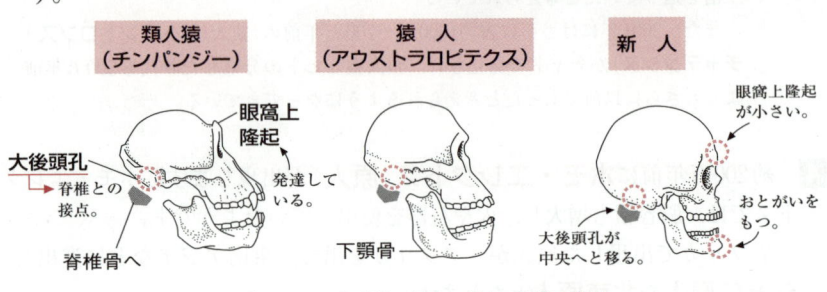

新人

- 大後頭孔 → 脊椎との接点。
- 脊椎骨へ
- 眼窩上隆起 発達している。
- 下顎骨
- 大後頭孔が中央へと移る。
- 眼窩上隆起が小さい。
- おとがいをもつ。

▲ 図107-6 類人猿・猿人・新人の頭骨の比較

7 ホモ・サピエンスはアフリカから全世界に広がりました。化石人類である**クロマニヨン人(じょうどうじん)**や**上洞人**も，現代人と同じホモ・サピエンスの一種です。

> 南フランスのクロマニヨン洞窟で発見された。ラスコーやアルタミラの洞窟壁画を残している。

> 北京郊外の周口店の洞窟で発見された。北京原人とはまったくの別種。

+α パワーアップ　現代人のルーツ

　原人から現代人への進化に関しては2つの説があった。1つは**多地域進化説（多地域並行進化仮説）**，もう1つは**単一起源説（単一進化説）**である。

　多地域進化説とは，アフリカで出現した原人がその後世界の各地域に進出して，それぞれ独自に進化して各地域の現代人になったという説である。すなわち，アジアに進出した北京原人が現代のアジア人へと進化し，ヨーロッパへと進出した原人からネアンデルタール人が進化し，さらに現在のヨーロッパ人へと進化したという説である。

　それに対して，単一起源説とは，アフリカに残った原人がアフリカで進化し，新人となってからアフリカを出て各地に進出し，現在の様々な人種になったという説である。この説に従うと，北京原人はアジア人の祖先ではないし，ネアンデルタール人もヨーロッパ人の祖先ではないことになる。近年行われたミトコンドリアDNAの解析結果は，単一起源説を裏付ける結果となった。

　ミトコンドリアのDNAは，母親だけから遺伝するので母系の系統を調べることができる。1987年に，**アラン・ウィルソン**らは，世界各国147人のミトコンドリアDNAを分析し，その系統関係を推定した。その結果，現代人の祖先は，約20万年前にアフリカに住んでいたただ1人の女性にたどりついた。この女性は，**ミトコンドリア・イブ**と名づけられた。現代人は，黒人も白人も黄色人種も，すべて同じルーツをもった同一の種なのである。

⑧　直立二足歩行を行うには，頭を真下から支える必要があります。そのため，**大後頭孔の位置が斜めから中央へと変化します**（⇨図107-6）。また，**脊椎がS字状に湾曲する**ことで，頭を支えるクッションの役目をし，歩くときの上体のバランスが取れるようになったと考えられます。さらに，上半身をしっかり支えるために，**骨盤の幅が広くなります**。

　重い頭部をしっかり支えることができるようになったことで，**大脳の発達**も促されたと考えられます。

　また，直立二足歩行を行うようになったことで，後肢（足）は歩くためのものとなり，足の親指は他の指と対向しなくなります。そして，足の裏に**土踏まずが形成**され，歩行に伴う衝撃がやわらげられるようになります。

⑨　また，前肢（腕）はからだを支える役目から開放されて短くなり，自由になった前肢（手）で，**道具を使用**するようになります。これが，さらに大脳の発達を促したと考えられます。

道具を使って食べ物の調理を行うようになると，それまでより硬いものをかまなくなります。その結果，**咀嚼筋**や**眼窩上隆起**，**犬歯が退化**し，**あごも小さくなり**，やがて**おとがいが形成**されるようになります。おとがいをもつのは新人だけです（⇨図107-6）。

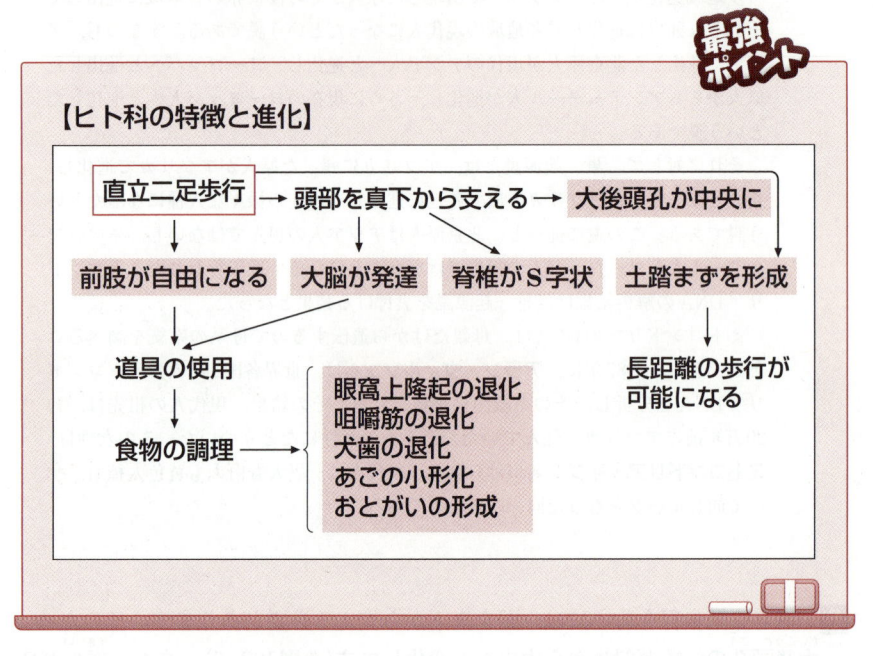

【ヒト科の特徴と進化】

直立二足歩行 → 頭部を真下から支える → 大後頭孔が中央に

- 前肢が自由になる
- 大脳が発達
- 脊椎がS字状
- 土踏まずを形成

↓
道具の使用
↓
食物の調理 → 　眼窩上隆起の退化
　　　　　　　咀嚼筋の退化
　　　　　　　犬歯の退化
　　　　　　　あごの小形化
　　　　　　　おとがいの形成

長距離の歩行が可能になる

第108講 進化の証拠①

過去に長い年月をかけて起こった進化の現象は目の前で見ることはできません。では，どのような証拠から進化が起こったといえるのでしょう。

1 古生物学上の証拠

1 大昔の生物のようすは，化石から知ることができます。

たとえば，三葉虫（サンヨウチュウ）は，古生代の最初（カンブリア紀）に出現し，古生代の最後（ペルム紀）に絶滅しています。ということは，もしある地層で三葉虫の化石が発掘されたら，その地層は古生代のものだということができますね。

このように，時代を決める手がかりになる化石を**示準化石（標準化石）**といいます。

示準化石になるには，その生物が**特定の時代にのみ生息していたこと**，**化石が数多く産出されること**，**化石が世界各地のいろいろな場所から発掘されること**が必要となります。

2 フズリナは石炭紀～ペルム紀の，フデイシ（筆石）は古生代のカンブリア紀～石炭紀の示準化石です。

原生動物，有孔虫綱の一種。「紡錘虫」ともいう。石灰質の殻をもっていたので，石灰岩中の化石として多く発見される。

半索動物（原索動物動に近い仲間）の一種。群体をつくり，その形が羽ペンに似ているところから付けられた名前。

フズリナ
→古生代の石炭紀～ペルム紀

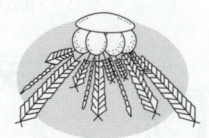

フデイシ
→古生代のカンブリア紀～石炭紀

▲ 図108-1 古生代の示準化石

アンモナイトは**中生代**の示準化石です。

軟体動物門，頭足綱の一種。現存のオウムガイと共通の祖先から分岐したと考えられている。

また，カヘイセキ(貨幣石)は新生代古第三紀，ビカリアは新生代新第三紀の示準化石，マンモスゾウは新生代第四紀の示準化石です。

> 原生生物，有孔虫綱の一種。「ヌンムリテス」ともいう。形が貨幣に似ているのでこの名前が付けられた。

> 軟体動物の腹足綱，巻貝の一種。ピカイア(バージェス動物群で登場した原索動物)ではない！

アンモナイト　→中生代

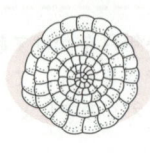

カヘイセキ　→新生代古第三紀

ビカリア　→新生代新第三紀

▲ 図108-2 中生代・新生代の示準化石

3 サンゴは古生代カンブリア紀に出現しましたが，今現在でも存在します。したがって，サンゴの化石が発掘されてもその時代は特定できません。

しかし，サンゴは暖かい浅い海でしか生息できないため，今現在が寒冷な場所であっても，その当時は暖かかったのだと推定できます。このように，その当時の環境を知る手がかりになる化石を示相化石といいます。

4 このような化石を，年代を追って並べることができれば，進化の過程を知ることができます。

たとえば，約5500万年前に出現したウマの祖先であるヒラコテリウムは体高30cm程度でした。それがメソヒップス，メリキップス，プリオヒップスと進化するにつれて大形化し，第四紀に出現したエクウス(現在のウマ)では150cmほどになりました。

また，ヒラコテリウムの前肢の指は4本ですが，やがて3本指，そして両端の指が退化して1本指(中指のみ)に変化していることがわかります。

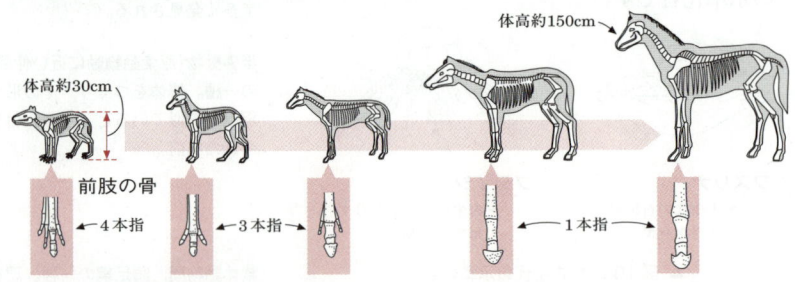

体高約30cm　前肢の骨　←4本指→　←3本指→　体高約150cm　←1本指→

〔ヒラコテリウム〕　〔メソヒップス〕　〔メリキップス〕　〔プリオヒップス〕　〔エクウス〕(現在のウマ)

▲ 図108-3 化石から見るウマの進化

第108講 進化の証拠①

これが一番わかりやすい進化の証拠ですね。

このように，進化の過程を調べることができる化石を**系列化石**といいます。ウマ以外では，アンモナイトも優れた系列化石として知られています。

5 ウマのように，段階を追って化石が発見されることはまれです。しかし，現在の生物の中間的な特徴をもった生物の化石が発掘されれば，そのような中間型の生物を経て現在の生物が進化したのだろうと考えることができます。その代表例が**シソチョウ**です。

シソチョウには，**羽毛をもった翼**があり，鳥の特徴をもちますが，**くちばしには歯があり，翼の先には爪をもった指があり，尾には先端まで骨があります**。現在の鳥のくちばしには歯はありませんし，翼に爪をもった指も生えていません。また，羽毛で覆われた尾はありますが，内部に骨はありません。また，現在の鳥には翼の筋肉を支える竜骨が発達していますが，シソチョウにはありません。これらの違いは，シソチョウにはまだ爬虫類の特徴が残っているということです。

このような<u>シソチョウが存在したということは，爬虫類から鳥類が進化したという証拠になります</u>。

> シソチョウ（始祖鳥）は，その名前の通り，現生の鳥類の祖先と考えられていたが，その後の研究から，現生の鳥類の直接の祖先ではないと考えられるようになった。

鳥類の特徴
羽毛をもった翼がある。

爬虫類の特徴
爪をもった指がある。
歯がある。
竜骨がない。
尾骨が発達している。

〔シソチョウ〕

歯がない。
尾が短い。
竜骨が発達している。

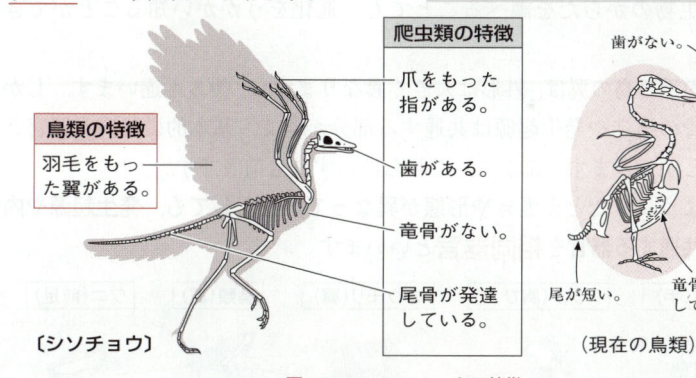

（現在の鳥類）

▲ 図108-4 シソチョウの特徴

6 古生代デボン紀に出現した**ソテツシダ**（⇨p.689）の化石も中間型生物の化石です。ソテツシダは，シダそっくりの形態をした葉をもちますが，葉の先端に胚珠があり，種子を形成します。つまり，**シダの名残を残した種子植物**なのです。このような生物が存在したということは，シダ植物から種子植物が進化したという証拠になります。

第10章 進化と系統

> 最強ポイント
>
> ① 示準化石と示相化石
> - **示準化石**…その地層の時代を知る手がかりになる化石。
>   - 例 三葉虫（古生代），アンモナイト（中生代）
> - **示相化石**…その当時の環境を知る手がかりになる化石。
>   - 例 サンゴ（暖かい浅い海）
>
> ② 古生物学上の進化の証拠
> - **系列化石**…進化の過程を調べることができる化石。
>   - 例 ウマの肢の指の数の減少，ウマのからだの大形化
> - **中間型生物の化石**…中間型生物を経て，現生の生物が進化。
>   - 例 シソチョウ，ソテツシダ

2 形態学上の証拠

1 現生生物のからだを調べることでも，進化をうかがい知ることができます。

2 ヒトの手と鳥の翼は，外形は大きく異なりますし，働きも違います。しかし，内部の骨の構造や発生起源は共通する部分が多く，基本的には同じ器官とみなすことができます。確かに，これらはいずれも前肢です。

このように，たとえ**働きや形態が異なっていたとしても，発生起源や内部構造が共通する器官**を**相同器官**といいます。

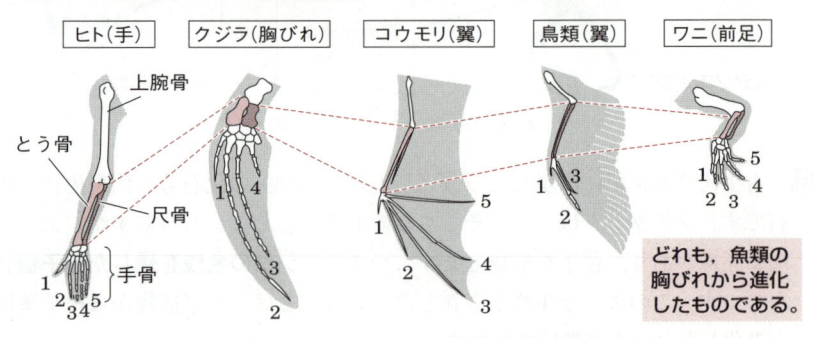

どれも，魚類の胸びれから進化したものである。

▲ 図108-5 相同器官の例（脊椎動物の前肢と翼）

第108講 進化の証拠①

3 エンドウの巻きひげとサボテンのトゲも形態は大きく異なりますが，いずれも葉の変形です。これらも相同器官です。

また，ブドウの巻きひげやジャガイモのイモやカラタチのトゲはいずれも茎の変形で，やはり相同器官です。

4 では，なぜ，発生起源や内部構造が同じでも働きや形態が異なるようになったのかというと，祖先がもっていた共通の器官がそれぞれの生物の**生活環境に適応して別の方向に進化した結果**と考えられます。

このように，同一系統の生物が異なった環境にそれぞれ適応して分化する現象を**適応放散**といいます。

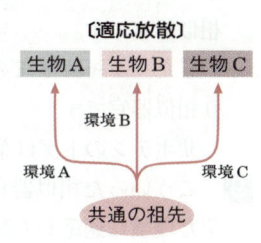

〔適応放散〕
生物A 生物B 生物C
　↑　　↑　　↑
環境A 環境B 環境C
　　共通の祖先

▲ 図108-6 適応放散

5 オーストラリア大陸には同じ有袋類でありながら，カンガルー・コアラをはじめ，フクロモモンガ・フクロアリクイ・フクロモグラなど，さまざまな形態や習性の動物が生息しています。これも，同じ有袋類の祖先から適応放散の結果生じたと考えられています。

6 逆に，鳥の翼と昆虫の翅は，どちらも空を飛ぶという働きは同じで形態も似ています。しかし，鳥の翼は前肢の変化したもので内部には骨がありますが，昆虫の翅は表皮が変化したもので，もちろん内部に骨などありません。

このように，**形態や働きは似ていても，発生起源や内部構造は異なる器官**を**相似器官**といいます。

7 イカやタコの眼(⇨p.427)とヒトの眼は，どちらも水晶体や虹彩をもつカメラ眼で，形態や機能は似ていますが，イカの眼は眼杯などを形成せず直接外

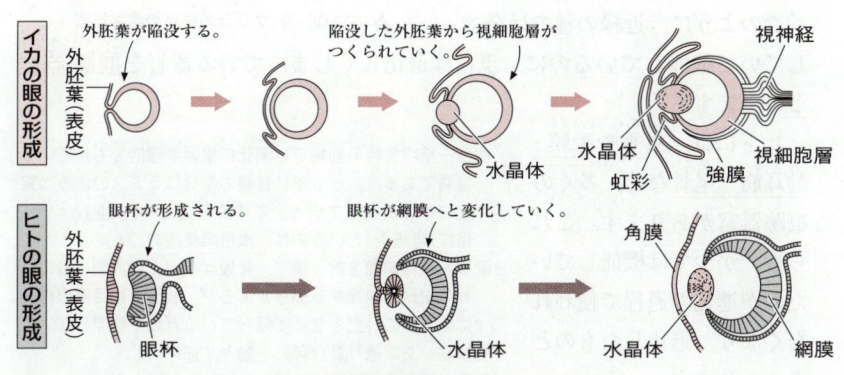

イカの眼の形成：外胚葉が陥没する。→ 外胚葉（表皮）→ 陥没した外胚葉から視細胞層がつくられていく。→ 水晶体 → 視神経・水晶体・虹彩・強膜・視細胞層

ヒトの眼の形成：眼杯が形成される。→ 外胚葉（表皮）・眼杯 → 眼杯が網膜へと変化していく。→ 水晶体 → 角膜・水晶体・網膜

▲ 図108-7 相似器官の例（イカの眼とヒトの眼）

第10章 進化と系統

胚葉が陥没して形成され、盲斑も無いなど、ヒトの眼とは発生のしかたや網膜の構造に違いがあります。これも相似器官といえます。

⑧ 同様に、エンドウの巻きひげとブドウの巻きひげも、形態も働きも似ていますが、エンドウの巻きひげは葉の変形、ブドウの巻きひげは茎の変形で、相似器官です。

また、ジャガイモのイモは茎の変形、サツマイモのイモは根の変形でやはり相似器官です。

サボテンのトゲは葉の変形、カラタチのトゲは茎の変形で相似器官です。

⑨ こういった相似器官は、異なる起源のものが**似た環境に適応した結果、類似の形態をもつように進化した**と考えることができます。

このように、系統が異なる異種の生物が似た環境に適応して、類似の形態や機能をもつように進化する現象を**収束進化**(収斂、適応集中)といいます。

〔収束進化〕
類似の形態や機能をもつように進化

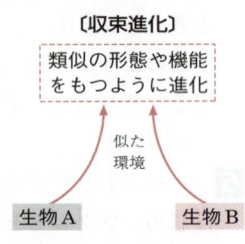

似た環境

生物A　生物B

▲ 図108-8 収束進化

⑩ 有袋類のフクロモグラと有胎盤類(真獣類)のモグラは異なる系統の動物ですが、形態や習性は似ています。これは、収束進化の結果と考えられます。

⑪ クジラの後肢は、外形的には見えず機能もしていませんが、からだの中には後肢の骨が残っています。これは、かつてはクジラにも後肢が生えていて四足だったことを物語っています。

退化した後肢の骨をもつ。

骨盤
大腿骨
けい骨
後肢の骨

▲ 図108-9 クジラの後肢の痕跡器官

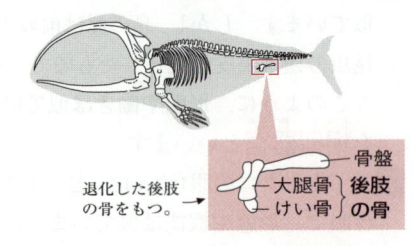

このように、近縁の種では発達していて機能しているのに、現在は退化してしまっている器官を**痕跡器官**といいます。

ヒトには、**虫垂や瞬膜・動耳筋・尾骨**など、多くの痕跡器官があります。これらも、かつては機能していたのが進化の過程で使われなくなり、退化したものと考えられます。

虫垂…植物食性の動物では消化に重要な機能をもっている盲腸であるが、ヒトでは盲腸の半分はミミズのような突起にまで退化している。この突起部分を「虫垂」という。俗に「盲腸炎」というのは、虫垂の炎症のこと。
瞬膜…眼球前面を被う膜で、普段はまぶたの裏側に納められて眼球を保護する働きがあるが、ヒトでは目頭の部分に半月状のひだとなって残っているだけで機能しない。
動耳筋…文字通り耳(耳殻)を動かす筋肉。
尾骨…尾の骨(尾椎)の名残り。「尾てい骨」ともいう。

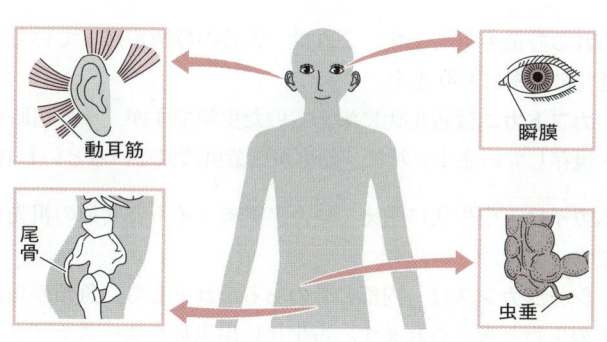

▲ 図108-10 ヒトの痕跡器官

> **最強ポイント**
>
> ① **相同器官**…形態や機能が異なっていても，内部構造や発生起源が同じ器官。例 鳥の翼とヒトの手
> ② **相似器官**…形態や機能は似ているが，内部構造や発生起源が異なる器官。例 鳥の翼と昆虫の翅
> ③ **痕跡器官**…近縁種では機能しているが，退化して機能していない器官。例 クジラの後肢，ヒトの虫垂・瞬膜・動耳筋・尾骨

3 生きている化石

1 大昔の化石生物に近い特徴を保ったまま現存している生物を**生きている化石（遺存種）**といいます。生きている化石は，**進化途上の中間型の特徴を示すことが多く**，やはり進化の証拠となります。

2 たとえば，**カモノハシ**は，乳腺があり母乳で子を育てる，全身が毛で覆われているなど哺乳類の特徴をもちますが，卵生で，総排出口をもつなど爬虫類や両生

> 哺乳類では不消化排出物（大便）を排出する孔（肛門）と窒素排出物（小便）を排出する孔（尿道口）は別にあるが，爬虫類もカモノハシも同じ孔から排出する。この開口部を「総排出口」という。

類に見られる特徴ももちます。これは，大昔の特徴が残っているもので，哺乳類の進化の証拠になります。

また，**カブトガニ**は古生代に栄えていた生物ですが，その当時からあまり変化せず現存しています。特に，幼生が三葉虫に似ているといわれます。

3 **オウムガイ**は，中生代に栄えていたアンモナイトと共通の祖先から分岐した生物です。

また，**シーラカンス**は，内部に骨のあるひれをもち，魚類から両生類への進化途上の生物と考えられます。古生代に出現したユーステノプテロンを彷彿とさせますね。

オウムガイ → アンモナイトと共通の祖先から分岐した生物。

シーラカンス → 魚類から両生類への進化の途上の生物。

中生代に栄えた。（アンモナイト）

古生代に出現した。（ユーステノプテロン）

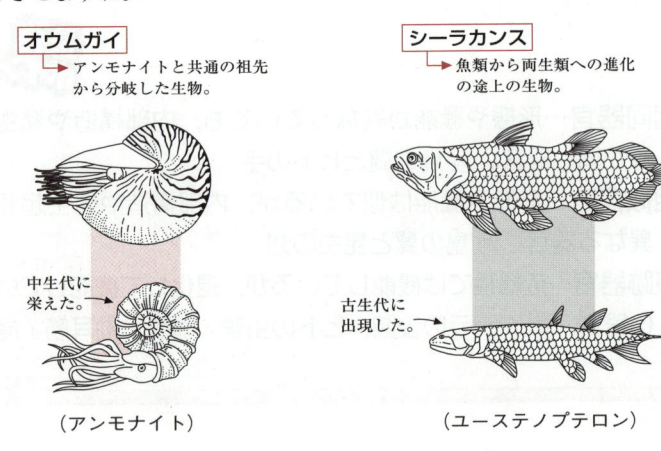

▲ 図108-11 生きている化石の例

4 イチョウやソテツは裸子植物でありながら，雄性配偶子は精子であり，シダ植物の名残を残す生きている化石です。

最強ポイント

生きている化石…大昔の生物に近い特徴を保ったまま現存している生物。

例 カモノハシ（中間型の生物）

⇒ { **卵生**，**総排出口**をもつ…爬虫類や両生類の特徴
  母乳で子を育てる，**体毛**をもつ…哺乳類の特徴

第109講 進化の証拠 ②

これまで化石を中心に見てきましたが，進化の証拠は，意外なところにもあります。

1 発生学上の証拠

1 脊椎動物の発生過程の各段階を比較すると，親の形態が大きく異なる動物間でも，**発生の初期の形態は非常によく似ています**。これは，脊椎動物がすべて共通の祖先から進化したことを示唆します。

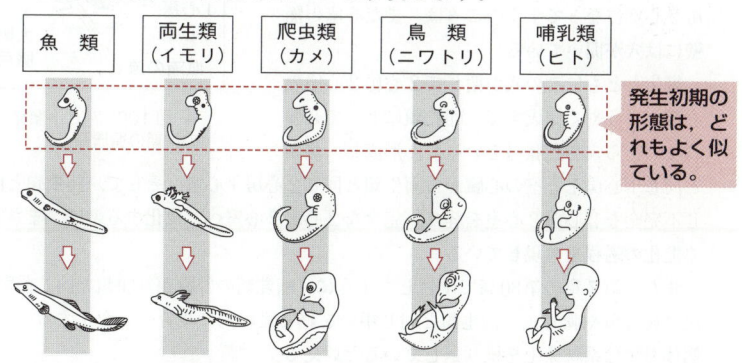

魚類／両生類（イモリ）／爬虫類（カメ）／鳥類（ニワトリ）／哺乳類（ヒト）

発生初期の形態は，どれもよく似ている。

▲ 図 109-1 脊椎動物の発生の比較

2 鳥類の主な窒素排出物は尿酸です。しかし，発生のごく初期には**アンモニア**を排出し，次に**尿素**を排出し，その後は**尿酸**を排出するように変化します。これは，鳥類が最初はアンモニアを排出するような魚類から，尿素を排出するような両生類を経て進化したことをうかがわせます。

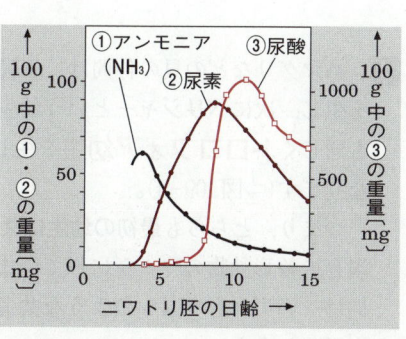

①アンモニア（NH_3）　②尿素　③尿酸

▲ 図 109-2 ニワトリ胚の窒素排出物の変化

第 10 章　進化と系統

3 このように，個体の発生過程の間に進化の過程がすみやかに繰り返されるのではないかという考え方を**発生反復説**(生物発生原則)といい，**ヘッケル**によって提唱されました(1866年)。

ヘッケルは，これを「**個体発生は系統発生を繰り返す**」と表現しました。

→ 受精卵からの発生過程のこと。

→ その生物がたどってきた進化の過程のこと。

+α パワーアップ ヒトの心臓の形成に見られる進化の過程

ヒトの胎児の初期(4週目くらい)には，えら穴があり，それに対応する**大動脈弓**という血管が存在する。そして，心臓も最初は**1心房1心室**である。その後，**2心房1心室**となり，8週目くらいで**2心房2心室**になる。しかし，2心房2心室になってすぐのころは，まだ心室の隔壁には穴が開いている。

誕生とともにこの穴が閉じて2心房2心室の心臓がようやく完成する。哺乳類にとって必要のないえら穴や動脈弓をいったん形成し，魚類と同じ1心房1心室の心臓から両生類と同じ2心房1心室，そして，爬虫類と同じ不完全な2心房2心室を経て，完全な2心房2心室へと変化するのは，まさしく進化の過程を再現している。

また，第7章の第80講で学習したように，哺乳類の腎臓が無顎類と同じ前腎，次に硬骨魚や軟骨魚，両生類と同じ中腎を経て最終的に後腎へと変化するのも，個体発生は系統発生を繰り返しているといえる。

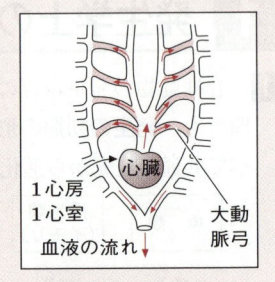

▲ 図109-3 ヒト胎児の初期の循環系

4 ハマグリなどの貝の仲間は，原腸胚期に続いて**トロコフォア**という幼生を生じ，次に**ベリジャー**という幼生を経て成体に発生します。ゴカイの仲間も同じく**トロコフォア幼生**を生じ，次にローベンという幼生を経て成体になります(⇨図109-4)。

つまり，どちらも**最初の幼生は共通する**のです。このトロコフォア幼生は，現存の輪形動物のワムシに似ています。このことは，貝の仲間とゴカイの仲間は，いずれもワムシのような共通の祖先から進化して分岐したということを示唆します。

第109講　進化の証拠②

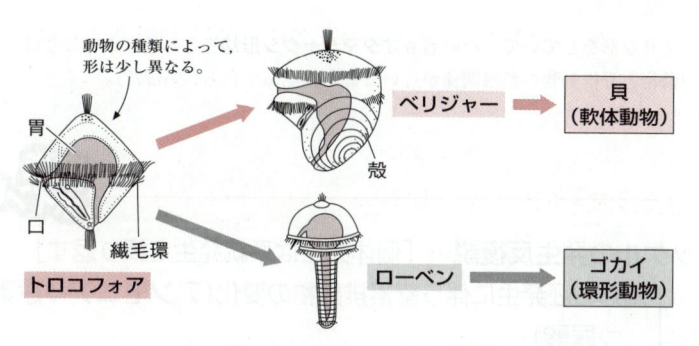

▲ 図109-4 貝とゴカイの初期発生

+α パワーアップ　いろいろな動物の初期発生

節足動物の甲殻類はいずれも**ノープリウス**という幼生を生じる。その後，**ゾエア幼生，ミシス幼生**を経て成体になるのがエビの仲間，ゾエア幼生から**メガロパ幼生**を経て成体になるのがカニの仲間である。また，ノープリウス幼生からすぐに成体になるのがフジツボやカメノテである。

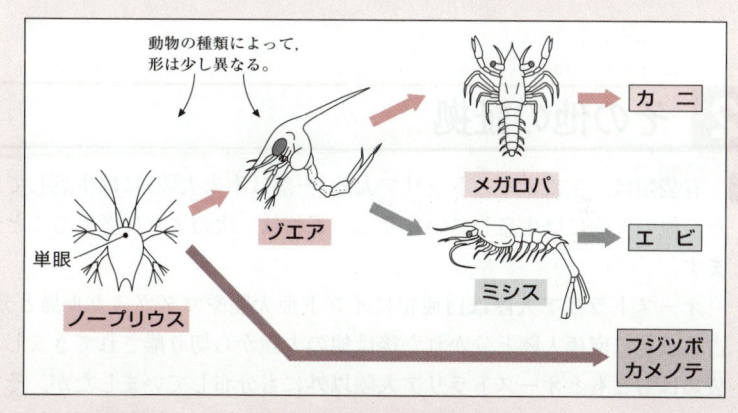

▲ 図109-5 甲殻類の初期発生

棘皮動物のナマコとヒトデは，成体をくらべるとやや異なった形態をしている。しかし，ナマコの幼生である**アウリクラリア**とヒトデの幼生である**ビピンナリア**とは非常によく似ている。このことは，やはり，ナマコとヒトデの類縁関係が近いことを示唆している。また，これらの幼生は半索動物の一種であるギボシムシと共通点が多いことから，半索動物と棘皮動物の類縁関係が近いことが示唆される（⇨ p.776）。

原索動物の仲間であるホヤの幼生は両生類の幼生であるオタマジャクシにそっ

第10章　進化と系統

くりな形をしていて，その名も**オタマジャクシ形幼生**という。このことは，原索動物と脊椎動物の類縁関係が近いことを物語っている（⇨p.777）。

> **ヘッケルの発生反復説**…「個体発生は系統発生を繰り返す」
> 例 ┌ 鳥類の胚発生に伴う窒素排出物の変化（アンモニア⇨尿素⇨尿酸）
>   ├ 発生に伴うヒトの心臓の構造の変化（1心房1心室⇨2心房1心室⇨2心房2心室）
>   └ 幼生の類似性（貝とゴカイの幼生…**トロコフォア幼生**）

2 その他の証拠

1 有袋類は，主にオーストラリア大陸（一部は南米大陸）には生息していますが，他の大陸には生息していません。これは，次のように考えることができます。

オーストラリア大陸は白亜紀にインド亜大陸やマダガスカル島と分かれ，古第三紀に南極大陸と分かれた後は他の大陸から切り離されてきました。有袋類はもともとオーストラリア大陸以外にも分布していましたが，それらの地域ではやがて有胎盤類（真獣類）が出現して繁栄し，有袋類は絶滅しました。しかし，オーストラリア大陸だけは，有胎盤類が移入してくる前に隔離されたため，有袋類が繁栄し，現在でも有袋類が生存しているのです。

2 このように，ある特定の区域にのみ分布する生物種を**固有種**といいます。

南米のガラパゴス諸島には，多くの固有種が存在します。これは，ガラパゴス諸島が長期間他の地域と隔離されていたため，そこに棲む生物が独自の進化をしたと考えることができます。

3 生体分子の比較からも進化をうかがい知ることができます。

　地球上のすべての生物は，遺伝情報としてDNAを用います。mRNAの遺伝暗号とアミノ酸の対応もすべての生物で共通します。また，エネルギー通貨としてATPを用いることもすべての生物で共通します。これらは，すべての生物が共通の祖先から進化してきたことを示す証拠です。

4 また，近縁な種であるほど，タンパク質のアミノ酸配列やDNAの塩基配列は非常に似ています。逆に，古い時代に分岐したと考えられる生物間では，アミノ酸配列や塩基配列にも大きな違いが見られます。

　これも，進化の過程で塩基配列が変化してきた，と考えるとうまく説明できます。

5 生物間の類縁関係を，木の枝のように示した図を**系統樹**といいます。

　塩基配列やアミノ酸配列を比較することで，系統樹を描くことができます。一定時間あたりで変異が生じる割合はどの生物でもほぼ一定だと考えて，これを一種の時計（**分子時計**）として利用すれば，それぞれの生物が共通の祖先から分岐した年数を推定することができます。

6 たとえば，ヘモグロビンのα鎖のアミノ酸配列を調べ，生物間での違いの数を調べると，次のようになります。

	ウシ	イヌ	ウサギ
ウシ		28	25
イヌ			28
ウサギ			

▲ 表109-1　生物間でのヘモグロビンα鎖のアミノ酸配列の違い

7 共通の祖先のアミノ酸がABCDEだったとします。このうちのAがFに変化した生物（FBCDE）とCがGに変化した生物（ABGDE）について違いを調べると，2か所に違いがあることになります。でも，共通の祖先から変異したのは2個ではなく1個ずつです。つまり，2種間での違いの数の$\frac{1}{2}$が，共通の祖先から変異した数と考えることができます。

8 上の表109-1を見ると，最も違いが少ないのがウシとウサギで，アミノ酸の違いは25です。つまり，ウシとウサギの共通の祖先からそれぞれ25÷2＝12.5個ずつ変異が起こったと考えます。

ウシやウサギとイヌの間でのアミノ酸の違いは28なので，この3種のなかではイヌが最も早く共通の祖先から分岐し，その後，ウシとウサギの共通の祖先からそれぞれが分岐したと考えることができます。また，これら3種の共通の祖先から，それぞれ28÷2＝14個ずつ変異が生じたと考えます。その結果，右のような系統樹を描くことができます。

```
   イヌ    ウシ  ウサギ
              12.5  12.5
       14          14
       共通の
       祖先
```

違いが大きいほど，早く分岐したと考えられる。

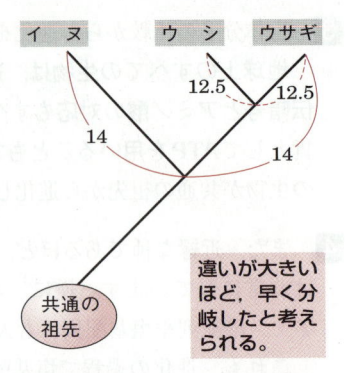

▲ 図109-6 分子時計を使った系統樹の例

9 ただし，同じアミノ酸に繰り返し変異が生じていないという仮定が必要ですし，変異が起こった結果，環境に適応しにくくなって淘汰されやすくなるようなこともない（中立的な変異である）といった前提も必要になります。

最強ポイント

【進化のその他の証拠】
　地理上の証拠…オーストラリア大陸の**有袋類**の存在
　生体分子の比較による証拠…**遺伝暗号・ATP**の共通性，
　　　　　　　　　　　　　塩基配列やアミノ酸配列の類似性

第110講 進化のしくみ①

進化のしくみはまだ完全には解明されていません。いろいろな進化論と，現代の進化の考え方を学習しましょう。

1 進化論〜用不用説〜

1 生物はすべて神様がつくったものという「創造説」が長い間信じられていました。そのため，生物が少しずつ姿を変えてきたということはなかなか理解されませんでした。

2 1809年，フランスの**ラマルク**は，著書『**動物哲学**』の中で，次のように進化について説明しました。これを**用不用説**といいます。

> 正式な名前は，「ジャン・バプティスト・ピエール・アントワーヌ・ド・モネー・ド・ラマルク」という。

〔用不用説〕
　よく使用した器官は発達し，使用しなかった器官は退化する。このようにして得た形質（これを獲得形質という）が子孫に伝わって進化する。

3 創造説によれば，キリンは高い所の葉を食べられるように神様が長い首にしたということになりますが，ラマルクは，高い所の葉を食べようとして首を伸ばすことで首が長くなり，それが遺伝して今日のような長い首のキリンになったと考えたわけです。

　逆に，モグラは暗い地中で生活し，目をあまり使わなかったので，目が退化したということになります。

4 これに対し，その当時の大学者であったフランスの**キュビエ**は，化石となって発掘される生物は過去に何度も起こった天変地異によって絶滅した生物で，その後再び神様が新しい生物をつくったのだという**天変地異説**を提唱しました。

第10章　進化と系統

フランスの学会で最も権威を振るっていたキュビエの反対にあい，ラマルクの「生物が進化する」という説は受け入れられませんでした。

5 また，現在の遺伝学では，**獲得形質は遺伝しない**とされています。

> ① **用不用説**…**ラマルク**　著書；『動物哲学』
> ⇒使う器官は発達し，使わない器官は退化する。この獲得形質が遺伝して進化する。
> ② 現在では，獲得形質の遺伝は認められていない。

2　進化論〜自然選択説〜

1 **ダーウィン**は，ビーグル号という調査船に乗船し，22歳だった1831年から5年間南アメリカ，オーストラリア，アフリカなどを巡り，いろいろな生物の観察を行い，進化について考えました。特に，ガラパゴス諸島での調査が大きな影響を与えたようです。

ガラパゴス諸島に生息するゾウガメやフィンチ（ヒワという鳥の仲間）を調査し，ゾウガメの甲羅やフィンチのくちばしが，島によって少しずつ異なることなどを発見しました。ダーウィンは，これを，もともと同じだった生物が，海によって隔てられた様々な環境の島に適応していくうちに変化したのではないかと考えました。

	オオガラパゴスフィンチ	コガラパゴスフィンチ	サボテンフィンチ	オオダーウィンフィンチ	ムシクイフィンチ
くちばし	太い		細長い		細長い
食物	固い木の実	小さな種子	サボテンの蜜	大きな昆虫	小さな昆虫

▲ 図110-1　ガラパゴス諸島のフィンチと食物

2 帰国後，ダーウィンは，イエバトの品種改良に注目しました。人為的な選択によって，さまざまな品種のハトがつくり出されることにヒントを得て，自然界でも**選択によって新しい種が生じる**のではないかと考えました。

3 自然界での「選択」はどのようにして起こるのか。その問題にヒントを与えたのは，マルサスという社会学者でした。

マルサスは『人口論』という著書で，「人口は級数的にふえるが，食料は直線的にしかふえない。人口がふえすぎると，必ず食料不足による飢餓が生じる。激しい闘争によって人口がふえすぎないようにコントロールされている」と主張しました。

ダーウィンは，野生生物でも食べ物などをめぐって生存競争が起こり，環境に適応できない個体は生存できなくなる。すなわち，「環境」が「選択」を行っていると考えました。

4 そして，いよいよ，1859年『**種の起源**』の著書を著し，その中で，次のようにして進化が起こると説明しました。これを**自然選択説**といいます。

〔**自然選択説**〕
① 同じ親からうまれた子の間にも多くの変異がある。
② 集団内では生きるための競争（生存競争）が起こる。
③ この結果，環境に適した形質をもつ個体だけが生き残る（適者生存）。
④ 生き残った有利な形質が次の世代に伝えられる。
⑤ 以上のことが繰り返されて進化する。

---

5 自然選択の結果，ある集団が環境に適応した形質をもつ集団に変化することを**適応進化**といいます。また，自然選択を引き起こす要因を**選択圧**といいます。たとえば，河原に生育する植物に広い葉と細い葉という種内変異があったとします。洪水が起こると，水の抵抗が小さい細い葉のほうが有利に働き，洪水によって細い葉をもつ集団が生じたような場合，洪水が起こるという選択圧が働いたと考えます。

6 自然選択による適応進化の結果生じたと考えられる現象に**擬態**があります。周囲の環境や，捕食者の獲物にならない（毒をもつなどの特徴をもった）他の種類の生物とよく似た色や形になることが擬態です。

⁺α パワーアップ 擬態

擬態にもいくつかのタイプがある。葉や枝など，周囲の環境に似せて，捕食者からの捕食を免れるような擬態を**隠蔽的擬態**，有毒な他の種に似せて，捕食者からの捕食を免れるような擬態を**標識的擬態**という。**コノハチョウ**が枯れ葉に擬態したり，**ナナフシ**が木の枝に擬態したり，**ヒラメ**が海底の砂に擬態したりするのが隠蔽的擬態である。標識的擬態には**ベイツ型擬態**と**ミュラー型擬態**がある。たとえば**アサギマダラ**というチョウ（蝶）は体内に毒をもっているため，それを食べた鳥は，次にこのチョウを見つけても食べなくなる。このアサギマダラに擬態しているのが**カバシタアゲハ**というチョウである。アサギマダラを食べたことのある鳥は，非常に似ているカバシタアゲハも食べなくなる。このように自らは毒性をもたないが，他の有毒種に擬態するのがベイツ型擬態である。危険なアシナガバチに**トラカミキリ**というカミキリムシが擬態している。これもベイツ型擬態である。自分は強くないが，パンチパーマをかけて眉を剃ってタトゥーをして怖〜い人に見せかけるようなもの。

一方ミュラー型擬態は，互いに毒性のあるものどうしが互いに似た特徴をもつもの。スズメバチにもいろいろな種があるが，それぞれ腹部が黄色と黒の縞模様になっているのがミュラー型擬態。他に**攻撃型擬態**（**ペッカム型擬態**）というのもある。**ハナカマキリ**が花に擬態して待ち伏せし，被食者に近づいて食べてしまうというのがその例。**ニセクロスジギンポ**という魚は**ホンソメワケベラ**（⇨p.649）に擬態し，大形魚に近づいて，大形魚の鱗や皮膚を食べてしまう。これもペッカム型擬態になる。「警察ですよ」「弁護士ですよ」と偽って安心させ振り込み詐欺を行うのもペッカム型擬態。

このような擬態を見ると，適応進化のすごさを感じることができる。

⁺α パワーアップ 進化論を唱えた学者ウォーレス

ダーウィンよりもひと足先に，ダーウィンと同様の考え方に気がついた学者がいた。イギリスの**ウォーレス**である。インドネシアなどを探査し，多くの新種を含む膨大な数の標本を集めた彼は，自分の考え方について，ダーウィンに意見を求める手紙を書いた。それを受け取ったダーウィンは，自分の論文とウォーレスの論文を同時に学会に発表し，同時に『種の起源』の執筆を急いだ。学会には同時に発表したものの，書物の出版によって，世の中には「ダーウィンの進化論」ということが定着したのである。

鳥の雄の立派な羽と進化

クジャクの雄の羽はなぜあんなに立派にきれいに進化したのだろうか。「生存に有利か？」といえば，そうでもない。むしろ，あんなに大きな羽は天敵から逃げたりするのには不利に働くはずである。そこで考えられたのが，**性選択**という考え方である。つまり，雌が立派な羽をもった雄を交尾相手として選んだ結果というのである。いくらけんかが強くても，天敵からの逃げ足が速くても，雌と交尾できなければその形質は子孫に伝えられない。

これを証明するために，1982年，**アンダーソン**という学者がコクホウジャクという鳥を使って実験をした。この鳥も長い尾羽をもち，これを雌に誇示する。この鳥の尾羽を約半分の長さに切ったグループⅠとその切った尾羽を接着剤で継ぎ足ししたグループⅡをつくり，雄1羽あたりの配偶雌の数と餌を捕獲した回数を調べると，下の図110-2のようになった。つまり，尾羽が長いと餌を捕獲する回数が減ってしまい生存には不利だが，雌は尾羽が長い雄を選んだのである。実際には，尾羽が長いことによる性選択が採餌率の低下による生存率の低下を下回らない範囲で尾羽が長くなるよう進化するのだろう。

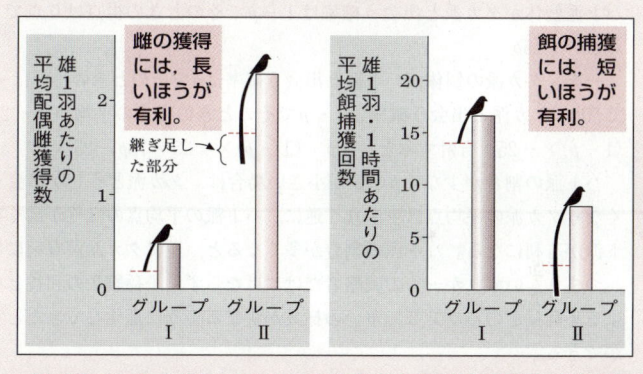

▲ 図110-2 コクホウジャクの雄の尾羽の長さと配偶雌の獲得数・餌捕獲回数

ゲーム理論

他個体との競争に勝ち残った個体が生き残っていく…とすると，ますます強い個体ばかりが残り，その中での争いはさらに熾烈なものとなっていく…。

本当にそうなのだろうか。

ニワトリやキジに見られるつつき合いを観察すると，最後まで徹底的につつき合うのではなく，ある程度つつき合うと，途中で争いをやめて事態を収拾してしまう。また，南米産のマイコドリはつつき合いではなく，ダンスの見せびらかし

で収拾してしまう。

このような行動の進化を，単純化したモデルで説明しようとする考え方（**ゲーム理論：ドーキンス**）がある。それは次のようなものである。

自分が勝つかあるいは重傷を負って負けるまで争いを止めず，徹底的に戦う個体をタカ派個体，争いは避け，威嚇の声や姿勢を示すだけで平和的に争いを収拾する個体をハト派個体とする。そして，これらが対戦した場合に得られる繁殖上の利益に得点をつける。争いに勝てば自分の子孫が残せるので＋50点，負けた場合は0点，争いで重傷を負ってしまうと－100点とする。また，ハト派どうしで威嚇しあうと争いが長引くので，その間の時間浪費として－10点とする。

タカ派どうしが出会うと，勝った個体は＋50点，負けた個体は重傷を負ってしまうので－100点で，平均すると－25点。

ハト派どうしが出会うと，勝った個体は＋50－10＝＋40点，負けた個体は0－10＝－10点，平均すると＋15点となる。

タカ派とハト派が出会うと，タカ派が勝ち＋50点，負けたハト派は0点となる。

ある個体群内におけるハト派の割合をp，タカ派の割合を$1-p$とする。ハト派の個体がハト派と出会う確率はpでそのときの得点の平均は＋15点なので$15p$，ハト派個体がタカ派と出会う確率は$1-p$でそのときの得点は0点で0，合計すると，＋$15p$。

一方，タカ派の個体がハト派と出会う確率はpでそのときの得点は＋50点なので$50p$，タカ派と出会う確率は$1-p$でそのときの得点の平均点は－25点なので$(1-p) \times -25$，合計すると，$50p + (1-p) \times -25 = 75p - 25$。

ハト派の割合が少なくpの値が小さい場合は，タカ派どうしが出会う確率が高くなりタカ派の平均点は下がり，逆に，ハト派の平均点のほうが高くなるのでハト派が有利になる。ハト派の割合が多くなると，逆にタカ派が有利になる。

つまり，いずれか一方の戦略者だけにはならず，子孫繁栄の利益と危険などによる不利益とのバランスで争いの様式が決まるように進化してきたと考えることができる。

最強ポイント

自然選択説…ダーウィン　著書；『種の起源』
⇨多くの変異個体の中で生存競争が起こり，環境に適したものが生き残り，その有利な形質が伝えられて進化する。

第111講 進化のしくみ②

ダーウィンやラマルク以外の進化論，そして，現代の進化論について学習しましょう。

1 その他の進化論

1 **ワグナー**は，進化が起こるためには，新しい形質をもった集団が海や山脈などによって，もとの集団から**隔離される必要がある**と考えました。これを**隔離説（地理的隔離説）**といいます（1868年）。

2 **ロマーニズ**（ロマネス）は，**生殖器官や生殖時期の違いにより交配できなくなることで種が分化する**という**生殖的隔離説**を提唱しました（1885年）。

3 **アイマー**や**コープ**は，ウマが進化に伴って大形化したり，アイルランドオオツノジカの角が大形化してきたことから，**生物の進化には一定の方向性があり，それは環境とは関係なく，生物体の内的な要因によるものである**と唱えました（1885年）。これを**定向進化説**といいます。

4 **ワイズマン**は，生物体を体細胞と生殖細胞に分け，**生殖細胞に起こった変異だけが遺伝し，これが自然選択を受ける**とする**生殖質連続説**を唱えました（1893年）。

5 **ド・フリース**は，長年に渡るオオマツヨイグサの観察から，次世代に遺伝する変異，すなわち突然変異を発見し，**進化は突然変異によって起こる**という**突然変異説**を提唱しました（1901年）。

6 **木村資生**は，分子レベルで見られる突然変異の大部分は，生存に有利でも不利でもない，すなわち自然選択に対して中立であるという**中立説**を提唱しました（1968年）。

これによると，**中立的な突然変異が蓄積し，これが進化につながる**と考えられます。

7 このように，様々な考え方が提唱されていますが，どれかの説だけで進化を完全に説明することはできません。では，現代ではどのように考えられているのでしょうか。次の章で見ていきましょう。

+αパワーアップ

断続平衡説（だんぞくへいこう）

ダーウィンの考え方に従うと，少しずつ小さな変化が起こっていることになるので，中間型のさらに中間型といった生物が過去には存在したはずである。しかし，実際にはそのような化石はあまり発見されない。

たとえば，キリンの祖先はオカピと呼ばれる生物と考えられているが，オカピの首は長くない。ダーウィンの考え方が正しければ，現在のキリンとオカピの中間の長さの首の生物や，さらにその中間の長さの首の生物がいたはずである。しかし，残念ながらそのような化石は発見されていない。こういったことに注目して，**エルグリッド**や**グールド**は，進化は少しずつ起こるのではなく，変化するときは急激に変化し，その後変化しない安定な状態が続き，しばらくするとまた急に変化すると考えた。これを**断続平衡説**という。

最強ポイント

【様々な進化論】
① **定向進化説**；アイマー，コープ
② **地理的隔離説**；ワグナー
③ **生殖的隔離説**；ロマーニズ（ロマネス）
④ **生殖質連続説**；ワイズマン
⑤ **突然変異説**；ド・フリース
⑥ **中立説**；木村資生

2 現代の進化論

1 現代の進化説の主流は，**進化の総合説**と呼ばれ，地理的隔離で分断された集団でそれぞれ突然変異が生じ，自然選択を経て異なる種へ進化していくというように複数の要因によって進化が起こると考えられています。

2 また，**集団遺伝**という考え方を用いて進化を説明しようとします。

ある集団内にあるすべての対立遺伝子を**遺伝子プール**といいます。次のような条件の成り立つ集団においては，遺伝子プール内の対立遺伝子の頻度は，代を重ねても変化しません。これを**ハーディ・ワインベルグの法則**といいます。

> ハーディはイギリスの数学者，ワインベルグはドイツの医者。共同研究ではなく，1908年に別々に発表された。

〔ハーディ・ワインベルグの法則が成り立つ条件〕
① 多数の個体からなる大きな集団であること。
② すべての個体が自由に交配して子孫を残すことができること。
③ 新たな突然変異が生じないこと。
④ 個体によって生存力や繁殖力に差がなく，自然選択が働かないこと。
⑤ 他の集団との間で，個体の移出や移入がないこと。

+α パワーアップ ハーディ・ワインベルグの法則と遺伝子頻度

ある集団がもっている1組の対立遺伝子A, aに注目したとする。A, aの遺伝子頻度をp, q(ただし，$p+q=1$)とする。この集団内で自由な交配が行われると，右のようになり，生じた集団の遺伝子型とその比は$AA:Aa:aa=p^2:2pq:q^2$となる。この集団のA, aの遺伝子頻度(p', q')を求めると，

	pA	qa
pA	p^2AA	$pqAa$
qa	$pqAa$	q^2aa

$$p' = \frac{2p^2+2pq}{2(p^2+2pq+q^2)} = \frac{2p(p+q)}{2(p+q)^2} = p$$

$$q' = \frac{2q^2+2pq}{2(p^2+2pq+q^2)} = \frac{2q(p+q)}{2(p+q)^2} = q$$

$p+q=1$

となり，確かに最初の頻度と同じで，変化していない。

3 逆にいえば，前ページの条件が成り立たなくなると，遺伝子プール内の遺伝子頻度が変わり，進化が起こるといえます。

4 また，個体数の減少や個体群の分離によって個体数の少ない小さな集団が生じると，偶然，もとの集団と遺伝子頻度が大きく異なる集団が生じることがあり，これを**びん首効果**といいます。このように，ある集団内の遺伝子頻度が，偶然が原因で変化するような現象を**遺伝的浮動(ふどう)**といいます。

→ アメリカのライトによって提唱された（1921年）。

5 種の形成に至らない小さな変化を**小進化**，生殖的隔離が成立して新しい種が形成されたり大きな形質の変化を伴う進化を**大進化**といいます。

【最強ポイント】

【現代の進化論；総合説】
① **地理的隔離**が起こり，もとの集団と隔離される。
② 集団内に新たな**突然変異**が生じる。
③ **遺伝的浮動**により，偶然，遺伝子頻度が変化する。
④ 生じた新たな形質が**自然選択**される。
⑤ 長い年月の後，新しい集団と元の集団との間には**生殖的隔離**が生じ，**新たな種が分化**する。

---

3 遺伝子頻度を求める計算問題

定番計算例題 7　遺伝子頻度①

ある植物の花色の遺伝子について調べると，Aは赤色，aは白色で，遺伝子型がAaの場合は桃色になることがわかった。100個体の集団で赤色が30個体，桃色は50個体，白色は20個体であった。この集団におけるA，aの遺伝子頻度を求めよ。ただし，ハーディ・ワインベルグの法則に従っているものとする。

> 第111講　進化のしくみ②

解説　赤色の遺伝子型はAA，桃色はAa，白色はaaである。どの個体もAあるいはaについて2個ずつ遺伝子をもつので，この集団の遺伝子の総数は$100 \times 2 = 200$個です。

Aの遺伝子はAAには2個，Aaには1個あるので，Aの遺伝子の数は$30 \times 2 + 50 \times 1 = 110$個です。したがって，$A$の遺伝子頻度を$p$とすると，

$$p = \frac{110}{200} = 0.55$$

同様に，aの遺伝子頻度をqとすると，

$$q = \frac{50 \times 1 + 20 \times 2}{200} = 0.45$$

このように，一見幼稚なようですが，遺伝子の数を単純に計算すれば，遺伝子頻度が求められます。

答　Aの遺伝子頻度…**0.55**　　aの遺伝子頻度…**0.45**

定番計算例題 8　遺伝子頻度②

ある植物の花に黄（遺伝子Yで発現）と白（y）があり，黄が優性である。ある100個体からなる集団では64個体が黄花，36個体が白花であった。この集団におけるY, yの遺伝子頻度を求めよ。ただし，ハーディ・ワインベルグの法則に従っているものとする。

解説　黄花にはYYとYyの両方があるので，64個体中何個体がYYなのかわかりません。そこで，Y, yの遺伝子頻度をp, q（ただし，$p + q = 1$）とします。この集団も自由な交配で生じたはずなので，理論的には，$YY : Yy : yy = p^2 : 2pq : q^2$となっているはずです。白花の割合が$\frac{36}{100} = 0.36$なので，$q^2 = 0.36$。平方根をとって，$q = 0.6$。（$q$は負ではないので）

また，$p + q = 1$なので，$p = 1 - 0.6 = 0.4$と求められます。

答　Yの遺伝子頻度…**0.4**　　yの遺伝子頻度…**0.6**

+α パワーアップ 遺伝子重複と進化

遺伝子に突然変異が生じると，本来の働きが失われてしまい生存に不利になるはず。そのような疑問を解決する現象が**遺伝子重複**である。

減数分裂第一分裂前期で相同染色体どうしが対合し，乗換えが起こるのであったが，このとき相同染色体どうしがきちんと整列せず，乗換えによって染色体に不均等に分配されることがある。このような現象を**不等交差**という。

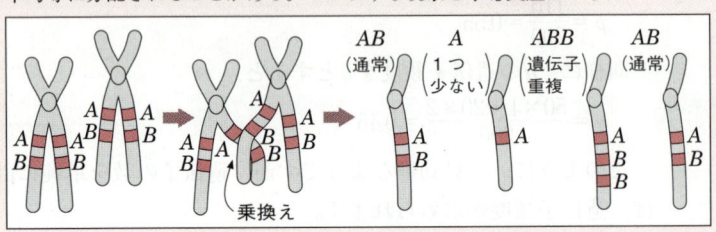

▲ 図111-1 不等交差による遺伝子重複

この結果，ある特定の遺伝子が欠失した染色体や同じ遺伝子を2つもつ染色体が生じることがある。このようにして同一ゲノム内で同じ遺伝子を複数もつようになることを**遺伝子重複**という。

遺伝子重複が生じると，そのうちの1つに突然変異が生じて本来の機能が変化しても，もう1つの遺伝子があることで本来の機能を保つことができる。本来の遺伝子の働きが維持されているので突然変異が生じた遺伝子も個体の生存に不利に働かず，自然選択で除かれずに集団内に広まることができる。

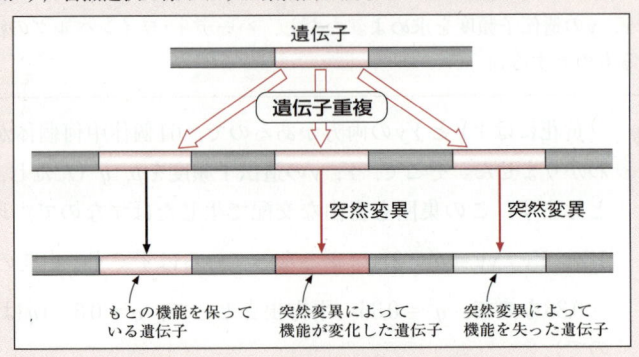

▲ 図111-2 遺伝子重複と突然変異

このような遺伝子重複によって生じたと考えられる遺伝子にヘモグロビンを構成する**グロビン遺伝子**がある。ヘモグロビンはα**グロビン**（α鎖）とβ**グロビン**（β鎖）が2本ずつ結合したものだが，もともと1つであったグロビン遺伝子に遺伝子重複が起こり，さらに変異が蓄積してαグロビンとβグロビンになったと考えら

れている。さらにその中には胎児のときに発現する遺伝子と成人で発現する遺伝子が含まれており、これによって成人とは異なる**胎児ヘモグロビン**を生じることができる（⇨p.474）。

発生と遺伝子発現の関係で学習した***Hox*遺伝子群**（⇨p.368）も遺伝子重複によって生じたと考えられる。

ショウジョウバエのホメオティック遺伝子群は同じ染色体上に1列に並んでいるだけだが、多くの脊椎動物では同様の配列が4組存在した*Hox*遺伝子群をもっている。

哺乳類の*Hox*遺伝子

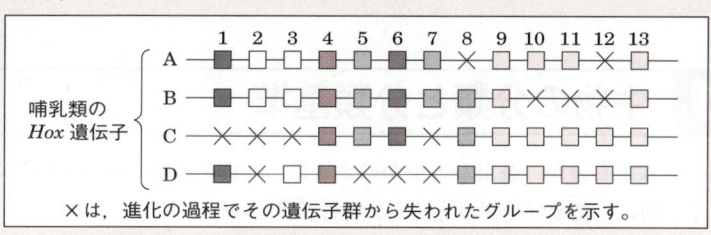

	1	2	3	4	5	6	7	8	9	10	11	12	13
A	■	□	□	■	■	■	■	×	□	□	×	□	×
B	■	□	□	■	■	■	■	×	□	□	×	□	□
C	×	×	■	■	■	■	□	□	□	□	□	□	□
D	■	×	□	■	×	×	□	□	□	□	□	□	□

×は、進化の過程でその遺伝子群から失われたグループを示す。

▲ 図111-3 4つの染色体に存在する哺乳類の*Hox*遺伝子群

ナメクジウオのような原索動物では*Hox*遺伝子群は1組だが、進化の過程で遺伝子重複が起こり2組に、そしてさらに遺伝子重複が起こって脊椎動物では4組になったと考えられる。

しかし、チョウザメの仲間を除く多くの硬骨魚類は7組の*Hox*遺伝子群をもっている。これは4組から遺伝子重複が起こり8組となり、その後遺伝子欠失により7組となったものと考えられている。

最強ポイント

【遺伝子頻度の求め方】2パターン
① 各遺伝子型の比率がわかっている⇨単純に遺伝子の数を計算
② わかっていない遺伝子型の比率がある
　　　　　　　　　⇨ $p^2 : 2pq : q^2$ をもとに計算

第112講 分類の基準と原核生物の2ドメイン

現在190万以上の種が命名されていますが,実際には発見されていない生物がその10倍以上いるといわれています。

1 生物の分類と分類基準

1 無毒か有毒か,益虫か害虫かのように,人間の生活の何かの目的のために便宜的に生物を分類する方法を**人為分類**といいます。

それに対し,自然の類縁関係に基づいた分類を**自然分類**といい,特に,その生物がたどってきた進化の道筋(系統)に基づいた分類を**系統分類**といいます。

2 分類の基本的な単位を「**種**」といいます。種は,共通した形態的・生理的な特徴をもち,自然状態で交配して生殖能力をもった子孫が残せるという特徴をもつ集団です。

> 種が異なっても,近縁であれば雑種第一代は生じることがある。たとえば,ヒョウとライオンを交雑させて「レオポン」,ロバとウマを交雑させて「ラバ」という雑種は生まれる。しかし,これらはいずれも不妊である。同じ種と呼ぶためには,「生殖能力をもった子がつくれる」というのが必要。

3 近縁な種をまとめて**属**,近縁な属をまとめて**科**,以下同様に**目**,**綱**,**門**,**界**,**ドメイン**というように,上位の**分類段階**を設けます。

> それぞれの中間的な単位(目と科の間に「亜目」,さらに亜目と科の間に「上科」など)をおく場合もある。

4 たとえば,ヒトという種は,真核生物ドメイン,動物界,脊椎動物門,哺乳綱,霊長目,ヒト科,ヒト属に属します。

また,ヤマザクラという種は,真核生物ドメイン,植物界,種子植物門,双子葉綱,バラ目,バラ科,サクラ属に属します。

5 万国共通の生物名を**学名**といい,**属名**と**種小名**をラテン語あるいはラテン語化した言葉で書くという**二名法**を用い,最後に命名者の名前を書きます(⇨表112-1)。これは,**リンネ**によって提唱され(1753年),3世紀後の今も使われ続けています。

> 『自然の体系』を執筆。

第112講　分類の基準と原核生物の2ドメイン

学　　名			和　名
〔属名〕	〔種小名〕	〔命名者〕	
Canis	*familialis*	Linne	イヌ
Homo	*sapiens*	Linne	ヒト
Nipponia	*nippon*	Temminck	トキ
Prunus	*yedoensis*	Matsumura	ソメイヨシノ

▲ 表112-1　学名の例

6 界の分け方については，古典的には動物界と植物界の2つに分ける**二界説**でしたが，**ヘッケル**は原生生物界を設けて3つに分ける**三界説**(1866年)を，**コープランド**は菌界を新たに設けた**四界説**(1938年)を提唱しました。

7 1969年，**ホイタッカー（ホイッタカー）**は，原核生物を独立させて5つの界に分ける**五界説**を提唱しました。さらに，1982年，**マーグリス**（マーギュリス）はホイタッカーの五界説を少し修正した五界説を提唱しました。
　このように，いろいろな考え方がありますが，ここではマーグリスの五界説によって分類します。

8 原核生物が属する生物群を**原核生物界**，独立栄養で発生過程で胚を生じる生物群を**植物界**，従属栄養で体外消化を行い胞子を形成し鞭毛が生じない

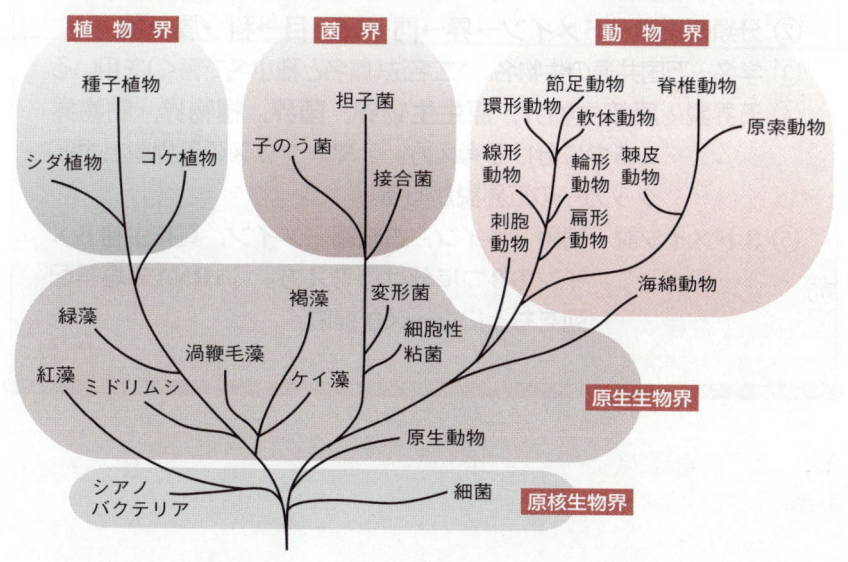

▲ 図112-1　マーグリスの五界説による生物の系統樹

第10章　進化と系統

生物群を**菌界**，従属栄養で体内消化を行う生物群を**動物界**，そのいずれにも属さず，単細胞生物や，組織が発達せず発生過程で胚を生じない多細胞生物などからなる生物群を**原生生物界**とします。

9 アメリカの**ウーズ**は，rRNAの解析に基づき，原核生物を**細菌**(Bacteria)と**古細菌**(Archaea)という2つのグループに分け，界のさらに上のグループとして，**ドメイン**(Domain；領域，上界，超界)を設け，生物を**細菌・古細菌・真核生物**(Eucarya)の3つに分けるという**三ドメイン説**を提唱しました(1990年)。

　細菌には大腸菌・枯草菌などの一般的な細菌とシアノバクテリアが含まれます。古細菌には，メタン菌や100℃以上でも生育する超好熱菌，塩田などの高濃度の塩環境で生育する高度好塩菌などが含まれます。進化系統的には，細菌よりも古細菌のほうが真核生物に近いとされています。

最強ポイント

① 生物の分類
- 人為分類…人間生活の何かの目的での分類。
- 自然分類…自然の類縁関係に基づいて分類(進化の道筋に基づいた分類は特に系統分類という)。

② 分類の段階…**ドメイン→界→門→綱→目→科→属→種**

③ 学名…万国共通の生物名。⇨**二名法**(属名と種小名で書く)を用いる。

④ 五界説…**原核生物界，原生生物界，菌界，植物界，動物界**の5つに分ける考え方。⇨マーグリスの五界説とホイタッカーの五界説がある。

⑤ 3ドメイン説…**細菌ドメイン，古細菌ドメイン，真核生物ドメイン**の3つに分ける考え方。⇨**rRNA**の塩基配列をもとにウーズが提唱。

2 細菌(バクテリア)ドメイン

1 まず,細菌の仲間から見ていきましょう。

細菌は,核膜に囲まれた核をもたず,環状DNAをもちます。リボソームはありますが,真核生物のリボソームにくらべると小形です。また,鞭毛をもつものもいますが,真核生物の鞭毛とはまったく異なる構造です。分裂で増殖しますが,接合も行います。

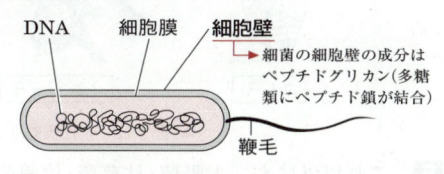

▲ 図112-2 細菌のからだのつくり

→ 細菌の細胞壁の成分はペプチドグリカン(多糖類にペプチド鎖が結合)

2 乳酸発酵(⇨p.124)を行う乳酸菌,光合成細菌(⇨p.170)である紅色硫黄細菌・緑色硫黄細菌,化学合成(⇨p.172)を行う亜硝酸菌・硝酸菌・硫黄細菌,窒素固定(⇨p.177)を行う根粒菌・アゾトバクター・クロストリジウムなどは細菌の仲間です。どれも,今までの単元で学習してきた細菌ですね。

3 また,原核生物で唯一酸素発生型の光合成を行うのがシアノバクテリアの仲間です。

シアノバクテリアには葉緑体はありませんが**チラコイド膜**はあり,クロロフィルa以外に多量の**フィコシアニン**と少量の**フィコエリトリン**という光合成色素をもち,**水を分解**して酸素を発生する光合成を行います。

また,有性生殖は行わず,鞭毛ももちません。

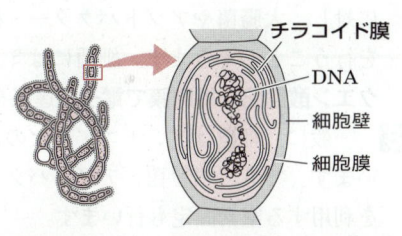

▲ 図112-3 シアノバクテリアのからだのつくり

4 代表的なシアノバクテリアとしては,ユレモ・ネンジュモなどがあります。他にはアナベナ・ミクロキスティス・スイゼンジノリなどもシアノバクテリアの一種です。ネンジュモやアナベナは窒素固定を行います。

富栄養化した淡水で見られる水の華(⇨p.666)の主な原因となる。

熊本市の水前寺の池で発見されたので,この名が付けられた。食用にする。

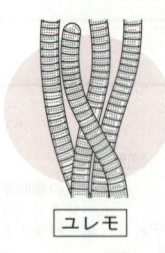

ユレモ	ネンジュモ

異質細胞 → 窒素固定に関与するニトロゲナーゼという酵素は酸素によって不活性化してしまうため，光合成を行って酸素を生じる細胞とは隔離された異質細胞（異形細胞）で窒素固定を行っている。

▲ 図112-4 代表的なシアノバクテリア

5 これ以外にも，大腸菌・枯草菌・放線菌・結核菌・肺炎双球菌・赤痢菌・コレラ菌・破傷風菌・チフス菌・ペスト菌・腸炎ビブリオ菌・ウェルシュ菌・ボツリヌス菌・レジオネラ菌など，多くの種類の細菌がいます。

> 枯草菌…納豆菌も枯草菌の一種。
> 放線菌…抗生物質の一種であるストレプトマイシンを生成する細菌。

> 食中毒の原因となる細菌。

> 入浴施設などで肺炎の原因となることがある。

6 一般に，細菌は従属栄養ですが，光合成細菌や化学合成細菌のように独立栄養の細菌もいます。光合成細菌は，葉緑体はもちませんが**チラコイド様の膜**があり，ここに**バクテリオクロロフィル**をもっていて光を吸収し，水の代わりに**硫化水素を分解**して光合成するのでしたね。

7 乳酸菌やクロストリジウムは嫌気性の細菌で，発酵しかできません。それに対し，大腸菌やアゾトバクター・枯草菌といった細菌は酸素を用いた呼吸を行うことができます。細菌にはミトコンドリアはありませんが，**細胞質でクエン酸回路，細胞膜で電子伝達系**を行います。

8 一般に，細菌はアンモニアなどの無機窒素化合物を吸収して窒素同化を行います。でも，根粒菌・アゾトバクター・クロストリジウムは空気中の窒素を利用する窒素固定も行います。

最強ポイント

細菌（バクテリア）ドメイン…核膜に囲まれた核をもたない細胞からなる。

例 大腸菌・乳酸菌・枯草菌・紅色硫黄細菌・緑色硫黄細菌・亜硝酸菌・硝酸菌・硫黄細菌・アゾトバクター・クロストリジウム・根粒菌・シアノバクテリア（ユレモ・ネンジュモ）

3 古細菌（アーキア）ドメイン

1 細菌（バクテリア）と同じく，核膜をもたない原核細胞からなる生物群で，名称も似ていますが，系統的には細菌とはまったく異なる系統に属するのが，**古細菌（アーキア）** というグループです。

> ギリシャ語のArchae（太古，始原）から名付けられた。

2 ふつうの生物が生存できないような極限環境で生育するものも多くいます。死海のような非常に塩分濃度が高い環境に生育する**高度好塩菌**や，90℃に達するような温泉や熱水噴出孔（⇨p.173）などの場所で生育する**超好熱菌**などがいます。

> アラビア半島北西分に位置する塩湖，海水の塩分濃度は約3％だが，死海は約30％もある。もちろん魚類などは生息できず，死海と呼ばれるが，このような環境でも古細菌は生存できる。

> PCR法（⇨p.382）で用いる耐熱性のDNAポリメラーゼは，このような好熱菌のものを用いる。

3 穏やかな環境に生育している古細菌もいます。その1つがエネルギー獲得のために特殊な代謝を行い，最終的にメタンを排出する**メタン菌**（メタン生成菌）です。

> $CO_2 + 4H_2$
> $\rightarrow CH_4 + 2H_2O$

メタン菌は泥湿地やウシ・シロアリの消化管内という嫌気的環境で生育しています。そのため泥湿地だけでなく，ウシのげっぷとしてメタンが発生し，これが地球温暖化にも影響しているといわれます。

> 水田からの発生も多い。

4 古細菌は，核膜をもたない原核生物という点では細菌に似ていますが，細胞壁の成分，イントロンの有無，DNAのヒストンとの結合の有無などの点で，むしろ真核生物に近いとされています。おそらくは細菌と古細菌とが別々の系統として生じ，その後，古細菌の中から真核生物へと進化したと考えられます。

ただ，ミトコンドリアや葉緑体は細菌（好気性細菌やシアノバクテリア）が共生して生じたものなので，これらの細胞小器官のDNAは細菌に近い特徴をもちます。

```
細菌              真核生物           古細菌
(バクテリア)      植物  動物・菌類    (アーキア)
```

シアノバクテリア
の共生

約24億年前

好気性細菌
の共生

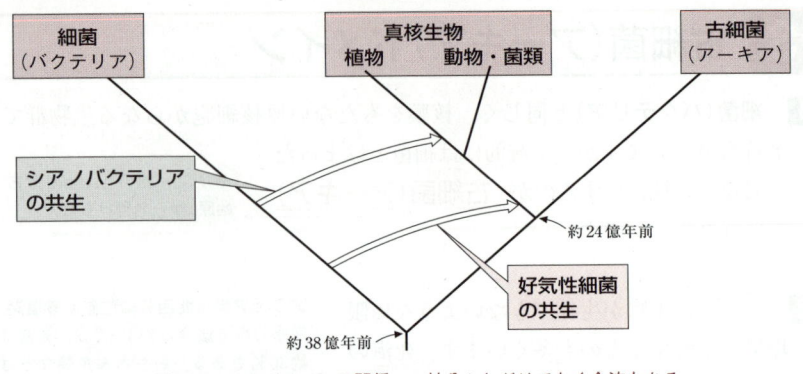

約38億年前

▲ 図112-5　3ドメインの関係——枝分かれだけでなく合流もある

5　まず真核生物の遺伝子には最終的に翻訳されない領域（イントロン）があることを学習しました（⇨p.345）。その結果，スプライシングという現象があるのでしたね。しかし細菌の遺伝子にはイントロンがなく，スプライシングも行われません。一方，**古細菌には，イントロンをもつものがあり，その場合はスプライシングも行われます**。また，真核生物では，DNAはヒストンというタンパク質と結合しています（⇨p.359）が，細菌ではDNAはヒストンと結合していません。**古細菌のなかにはDNAがヒストンと結合しているものがあります。**

6　真核生物の植物や菌類には細胞壁があります。細菌にも古細菌にも細胞壁はありますが，構造に違いがあります。細菌の細胞壁には，炭水化物とタンパク質の複合体からなる**ペプチドグリカン**という構造が見られます。しかし真核生物の細胞壁にも古細菌の細胞壁にも，そのようなペプチドグリカンという構造は見られません。

7　しかし，核膜をもたない**原核細胞からなる**のは細菌と古細菌に共通しますし，**DNAが環状である**ことも細菌と古細菌に共通します。真核生物のDNAは直鎖状です。また，膜のリン脂質が，細菌や真核生物では脂肪酸とグリセリンの間がエステル結合しており，これを**エステル脂質**といいます。しかし古細菌の膜のリン脂質は，脂肪酸ではなく枝分かれのあるアルコールで，グリセリンとの間の結合がエーテル結合しており，これを**エーテル脂質**といいます。

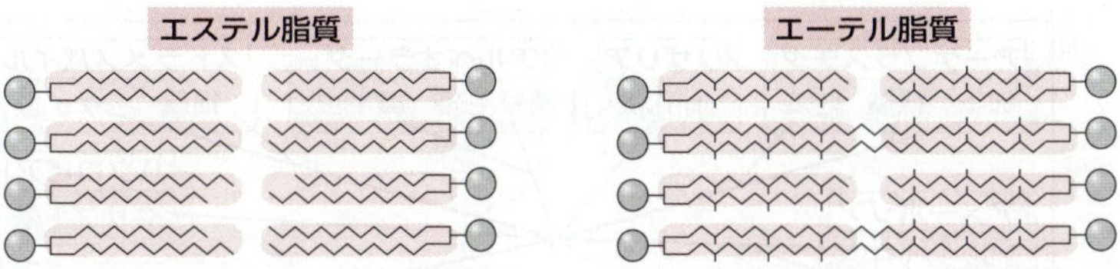

第112講 分類の基準と原核生物の2ドメイン

エステル脂質　　　　　　　　　　エーテル脂質

▲ 図112-6 細菌・真核生物の膜(エステル脂質)と古細菌の膜(エーテル脂質)

8 3つのドメインの特徴について、表でまとめてみましょう。

	細 菌	古細菌	真核生物
核 膜	なし	なし	あり
細胞壁の ペプチドグリカン	あり	なし	なし
膜のリン脂質	エステル脂質	エーテル脂質	エステル脂質
ヒストン	なし	あり	あり
イントロン	なし	あり	あり
DNA	環状	環状	直鎖状

▲ 表112-2 細菌ドメイン、古細菌ドメイン、真核生物ドメインの特徴

+α パワーアップ 真核生物の分類

ドメインについては3ドメイン説を学習するものの、その下位の段階である界については5界説に従った名称で学習する。大学入試レベルではそれでよいのだが、近年の研究では真核生物を8つのグループ(界)に分ける考え方が提唱されており、大学レベルではこちらのほうを学ぶことが多い。

アーケプラスチダ、リザリア、アルベオラータ、ストラメノパイル、ハクロビア、エクスカバータ、オピストコンタ、アメーボゾアという8つのグループである。今覚える必要はまったくないが、植物(植物界に分類)および紅藻、緑藻(原生生物界に分類)はアーケプラスチダに分類され、原生生物界(くわしくは第113講で学習)では、このほか、有孔虫はリザリアに、ゾウリムシや渦鞭毛藻はアルベオラータに、褐藻やケイ藻はストラメノパイルに、ミドリムシはエクスカバータに、アメーバや細胞性粘菌はアメーボゾアに分類される。そして動物(動物界)と菌類(菌界)はオピストコンタに分類される(図112-7)。

従来系統関係がよくわからなかった原生生物の系統関係が明らかになってきたため、原生生物にまとめられていた生物がいろいろなグループに分かれて分類されるようになってきた。そしてこの考え方に従うと、ヒトとカビは同じオピストコンタに属し、類縁関係が意外に近いということになる!

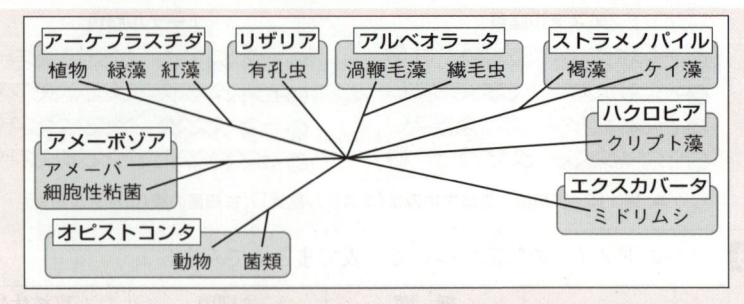

▲ 図112-7 真核生物ドメインを構成する8つのグループ

　この分け方では，同じように葉緑体をもち光合成を行う緑藻・紅藻と褐藻，ミドリムシが異なるグループに属することになる。進化の過程でシアノバクテリアが細胞内共生して葉緑体となり，これをもつ真核生物から緑藻や紅藻が生じ，緑藻の一種から植物が生じた。そして，この葉緑体をもった生物をさらに細胞内共生させるという**二次共生**が起こったことがわかっている。緑藻をさらに細胞内共生させてミドリムシが，紅藻をさらに細胞内共生させて褐藻やケイ藻が生じたと考えられている。葉緑体は二重膜で囲まれていると学習するが，それは緑藻や植物，紅藻の葉緑体で，**二次共生で生じた葉緑体は四重膜をもつ**ことになる（ミドリムシではそのうちの2枚が融合して三重膜になった葉緑体をもつ）。

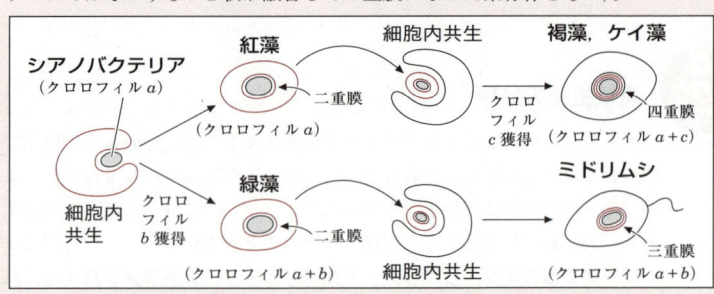

▲ 図112-8 藻類の細胞内共生（二次共生）

> **最強ポイント**
>
> **古細菌（アーキア）ドメイン**…核膜はないが，ヒストンやイントロンをもつ。
> 例 高度好塩菌，超好熱菌，メタン菌

第113講 真核生物ドメイン①
（原生生物界）

真核生物ドメインは，五界説に従って4つの界に分けて学習します。まずは原生生物界。いろいろな生物のよせ集めです。どんな生物がこの界に属しているのでしょうか。

1 原生生物界（プロチスタ界）

1 真核生物であり，単細胞あるいは発生過程で胚を生じない多細胞生物で，菌界・植物界・動物界のどれにも属さない生物群を**原生生物界**といいます。

原生生物界には，従属栄養の原生動物，卵菌，変形菌，細胞性粘菌と，独立栄養のケイ藻，渦鞭毛藻，ミドリムシ，紅藻，褐藻，緑藻などが属します。

2 従属栄養で単細胞の生物群が**原生動物**です。

原生動物には，仮足で運動するアメーバ・有孔虫・タイヨウチュウなどの**根足虫類（肉質虫類）**，繊毛で運動するゾウリムシやラッパムシ・ツリガネムシ・ミズケムシなどの**繊毛虫類**，鞭毛で運動するえり鞭毛虫（⇨p.763）やトリパノソーマなどの**鞭毛虫類**，他の細胞内に寄生し，胞子を形成するマラリア病原虫のような**胞子虫類**の4つのグループがあります。

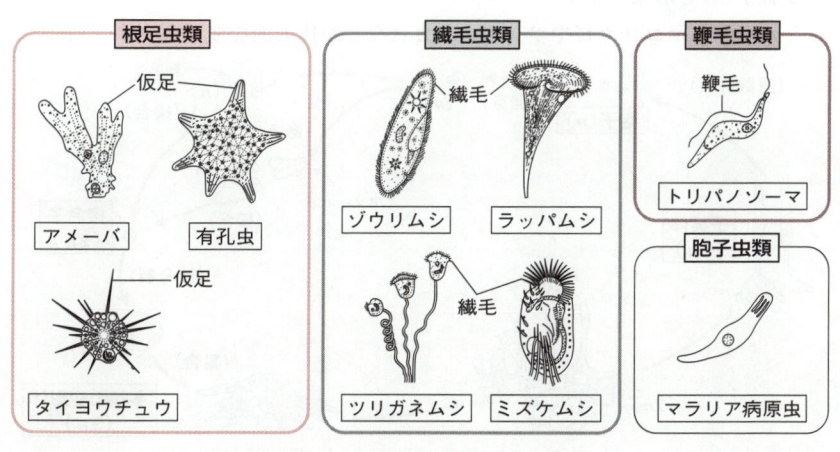

▲ 図113-1 原生動物の4つのグループ

+α パワーアップ　マラリア病原虫の増殖と媒介

マラリアを発症するマラリア病原虫は，ハマダラカによって媒介される。そのしくみは次の通りである。

ハマダラカの消化管内で有性生殖を行って増殖したマラリア病原虫は，**スポロゾイト**と呼ばれる胞子が殻の中で分裂して生じたものとして唾腺に集まる。このカがヒトを吸血する際に，唾液とともに大量のマラリア病原虫がヒトの体内に送り込まれる。ヒトの体内に入った病原虫は，肝臓細胞に入り，肝細胞中で成熟増殖した後，肝細胞を破壊して赤血球に侵入する。そして，赤血球内で複分裂（⇨p.184）を行い，48時間あるいは72時間間隔で赤血球を破壊して血液中に出る。それにより，周期的な発熱が繰り返される。

そして，別のハマダラカがこのヒトを吸血すると，病原虫も吸血したカの体内に入り，このサイクルが繰り返される。

3 従属栄養で，多細胞で固着し細胞壁をもつ時期と，運動性があり細胞壁をもたない時期があるのが**粘菌類**です。粘菌類は，さらに，**変形菌類**と**細胞性粘菌類**とに分類されます。　「真正粘菌類」とも呼ばれる。

4 変形菌では，**子実体**から生じた**胞子**(n)が発芽し，鞭毛をもった，あるいはアメーバ状の単細胞(n)となります。これらが接合して**接合子**($2n$)となり，細胞質分裂を伴わない核分裂を繰り返して多核の**変形体**($2n$)を形成します。変形体は細菌などを食べて生活します。やがて，餌が減少したり，乾燥したりして環境が悪化すると，変形体は子実体となり，減数分裂して再び胞子(n)を形成します。

ムラサキホコリカビやツノホコリカビなどが代表的な変形菌です。

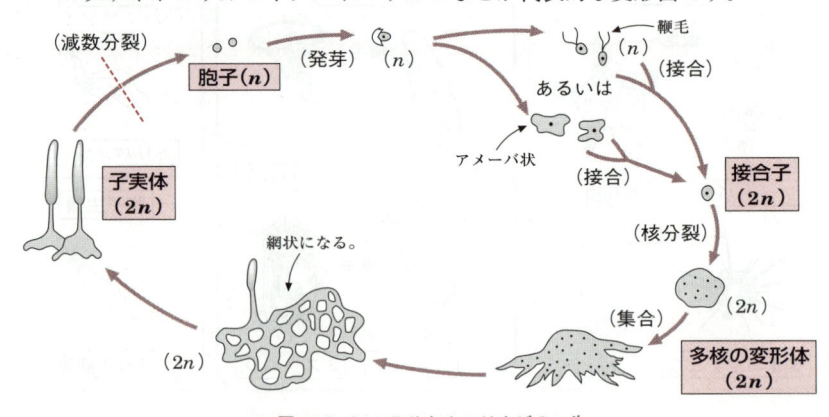

▲ 図113-2 ムラサキホコリカビの一生

第113講 真核生物ドメイン①(原生生物界)

5 細胞性粘菌では，子実体から生じた胞子(n)が発芽するところまでは変形菌と同じですが，その後，鞭毛をもたないアメーバ状の単細胞(n)の状態となり，細菌などを摂食して生活します。これらの細胞どうしが接合して耐久性のある接合子となりますが，減数分裂して単相のアメーバ体が生じます。やがてこれらの単細胞が集合し変形体(**偽変形体**；n)を形成しますが，細胞どうしは融合しません。変形体は，移動して子実体(n)を形成します。
　タマホコリカビが代表的な細胞性粘菌です。

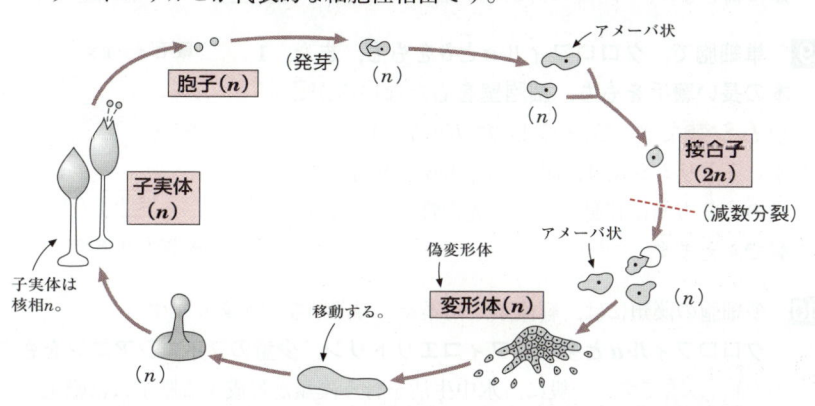

▲ 図113-3 タマホコリカビの一生

6 従属栄養で，多核である菌糸の先端に鞭毛をもった胞子(遊走子)を生じるのが**卵菌類**です。ミズカビが代表例です。

7 単細胞で光合成を行う藻類には，ケイ藻類，渦鞭毛藻類，ミドリムシ類などがあります。

　単細胞で，鞭毛はなく，クロロフィルaとcをもち，珪酸質の殻をもつ生物群が**ケイ藻類**です。ケイ藻類は，お弁当箱のふたと本体のように組み合わさった殻をもち，分裂でふえるときには新しい殻を内側につくるので，分裂に伴って小さくなります。そのため，ある程度小さくなると減数分裂によって配偶子を形成し，殻から抜け出して接合して**接合子**を形成します。そして，この接合子のまわりに新しい殻を形成して大きさも回復します。この仲間には，ハネケイソウやツノケイソウなど非常に多くの種がいます。最も代表的な光合成を行うプランクトンの一種です。

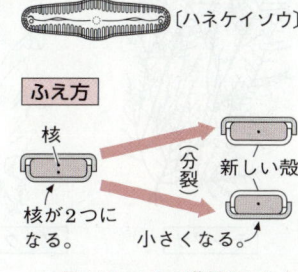

▲ 図113-4 ケイ藻類のふえ方

8 単細胞で，クロロフィルaとcをもち，2本の鞭毛（べんもう）をもつのが**渦鞭毛藻類**（うずべんもうそうるい）です。渦を巻いて進むのでこの名前が付けられました。分裂でふえます。渦鞭毛藻類は，海が富栄養化して生じる赤潮の主な原因となるプランクトンです。ツノモ・ムシモや発光するヤコウチュウ，サンゴと共生する褐虫藻などが渦鞭毛藻類に属します。 ▶ 図113-5 渦鞭毛藻類の代表例

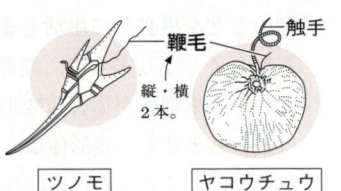

鞭毛／触手／縦・横2本。／ツノモ／ヤコウチュウ

9 単細胞で，クロロフィルaとbをもち，また，1本の長い鞭毛をもち，細胞壁をもたないのが**ミドリムシ類**です。**ユーグレナ**（*Euglena*）ともいいます。ミドリムシ類は，眼点（⇨p.426）と感光点をもち，光のくる方向に移動する正の光走性を示します。分裂でふえます。

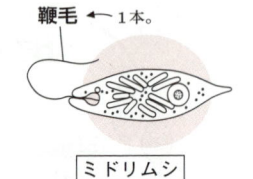

鞭毛←1本。／ミドリムシ
▲ 図113-6 ミドリムシ

10 多細胞の藻類には，紅藻類，褐藻類，緑藻類などがあります。
　クロロフィルaと多量のフィコエリトリン，少量のフィコシアニンをもつのが**紅藻類**（こうそうるい）です。一般に，水中生活を行う藻類が形成する胞子には鞭毛があり，**遊走子**（ゆうそうし）と呼ばれますが，紅藻の胞子には鞭毛がありません。また，配偶子にも鞭毛がありません。すなわち，**生活環のどの時期にも鞭毛をもつ細胞が現れない**という特徴をもちます。テングサ・アサクサノリ・トサカノリ・ツノマタ・フノリなどが紅藻類です。

テングサ…寒天の原料となる。
アサクサノリ…食用の海苔の原料。
トサカノリ…海藻サラダとして食用にする。
ツノマタ…壁材料の糊の原料。海藻コンニャクとして食用にもする。
フノリ…布地用の糊の原料。

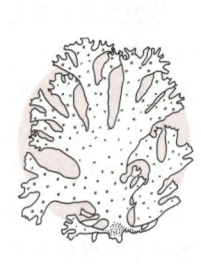

テングサ／アサクサノリ／トサカノリ／ツノマタ
▲ 図113-7 紅藻類の代表例

第113講 真核生物ドメイン①（原生生物界）

+α パワーアップ　アサクサノリのふえ方

アサクサノリの本体は配偶体(n)で，これから海苔をつくる。配偶体に卵細胞と精子（ただし，鞭毛をもたない不動精子）が生じて受精し，生じた受精卵は分裂して果胞子($2n$)と呼ばれるものになる。この果胞子が貝殻にもぐりこんで胞子体に相当する糸状体($2n$)となり，減数分裂を経て次の配偶体を生じる。

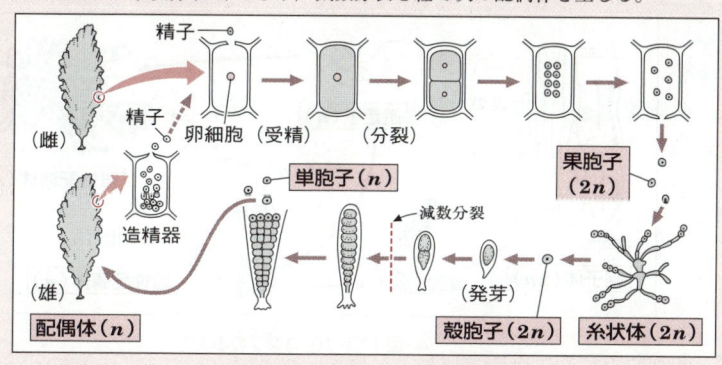

▲ 図113-8 アサクサノリのふえ方

11 多細胞で，クロロフィルaとcをもち，カロテノイドの一種としてフコキサンチンという補助色素をもつのが**褐藻類**です。褐藻類は，ヨード（ヨウ素）を多く含みます。

コンブやワカメ・ホンダワラ・ヒジキ・モズク・アカモク・ヒバマタなどが褐藻類です。

コンブ　ワカメ　ホンダワラ　ヒバマタ

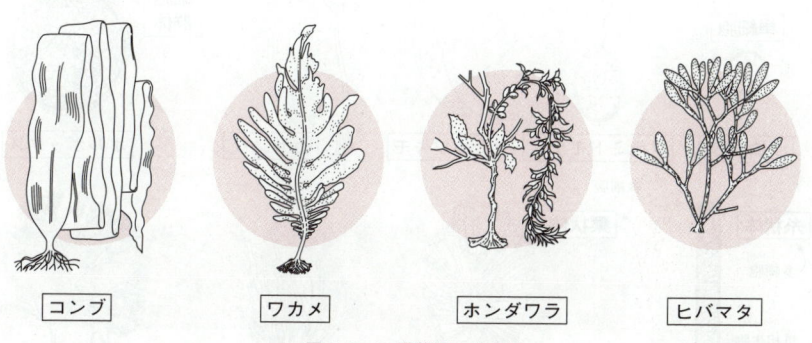

▲ 図113-9 褐藻類の代表例

第10章 進化と系統

+α パワーアップ コンブのふえ方

コンブの本体は胞子体($2n$)である。ここで減数分裂が行われて遊走子(n)が生じる。そして，遊走子から雌性配偶体(n)と雄性配偶体(n)が生じ，これらに生じた卵細胞と精子が受精して受精卵となり，これが体細胞分裂を繰り返して胞子体($2n$)に戻る。

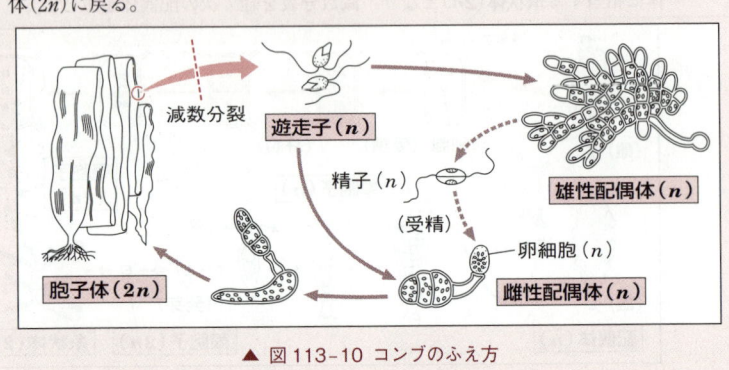

▲ 図113-10 コンブのふえ方

12　単細胞や細胞群体あるいは多細胞で，クロロフィルaとbをもつのが緑藻類と車軸藻類です。陸上植物(コケ植物，シダ植物，種子植物)はすべてクロロフィルaとbをもち，また細胞分裂の際に細胞板(⇨p.80)が形成されるといった特徴から，車軸藻類の仲間から進化したと考えられています。

13　緑藻類としては，単細胞のクロレラ・クラミドモナス・ミカヅキモ・カサ

単細胞：クロレラ　クラミドモナス　ミカヅキモ　カサノリ
細胞群体：ボルボックス
糸状体（多細胞，単相生物）：アオミドロ
葉状体（多細胞）：アオサ　アオノリ　ミル

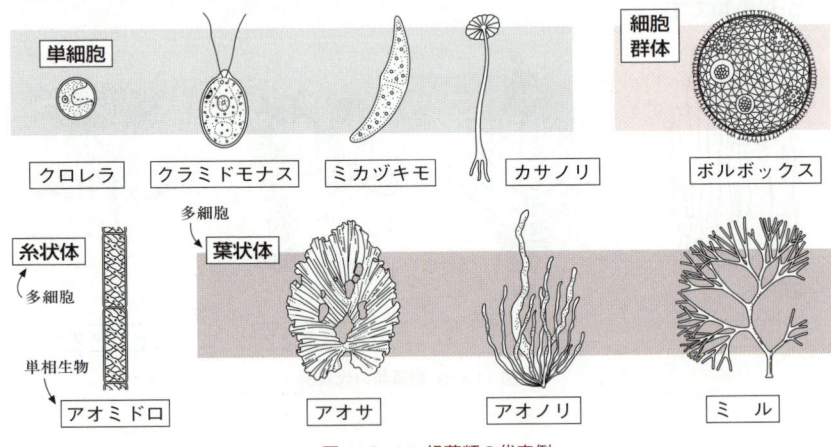

▲ 図113-11 緑藻類の代表例

第113講　真核生物ドメイン①（原生生物界）

ノリ，細胞群体（⇨p.63）をつくるユードリナ・パンドリナ・ボルボックス，糸状体のアオミドロ，葉状体のアオサ・アオノリ・ミルなどがあります。

14 車軸藻類には<u>シャジクモやフラスコモ（フラスモ）</u>があります。いずれも**単相生物**です。**造卵器，造精器**を形成して卵と精子をつくって受精するという点で，より進化しているといえます。つまり，緑藻から車軸藻を経て陸上植物が進化したと考えられます。

> 大きな節間細胞をもつので，原形質流動の観察などによく用いられる。

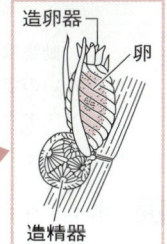

▶ 図113-12　シャジクモ

+α パワーアップ　鞭毛の数や形と生物の分類

鞭毛の本数や形も分類においては重要である。両方に羽のある**両羽形**，片方にだけ羽をもつ**片羽形**，羽をもたない**尾形**の3種類がある。

シアノバクテリアや紅藻は鞭毛なし，褐藻やケイ藻類の鞭毛は両羽形と尾形，渦鞭毛藻の鞭毛は両羽形と片羽形，ミドリムシ類は片羽形，緑藻や陸上植物，動物の鞭毛は尾形である。

ミドリムシ類も緑藻もクロロフィルaとbをもつが，鞭毛の形から，陸上植物はミドリムシ類ではなく緑藻から進化したと考えられる。

また，光合成産物も陸上植物や緑藻類はデンプンだが，ミドリムシ類では**パラミロン**という多糖類である。ちなみに，褐藻やケイ藻，渦鞭毛藻では**ラミナリン**という多糖類がつくられる。

鞭毛なし	両羽形＋尾形	両羽形＋片羽形	片羽形	尾　形
シアノバクテリア　紅藻類	褐藻類　ケイ藻類	渦鞭毛藻類	ミドリムシ類	緑藻類　車軸藻類　コケ植物　維管束植物　動物

▲ 図113-13　鞭毛の形と生物

第10章　進化と系統

+α パワーアップ 核相と生物

多細胞生物の生活史のなかで，複相の多細胞のからだと単相の多細胞のからだの両方が現れる生物を**単複相生物**という。それに対して複相の多細胞のからだが生じない生物を**単相生物**，単相の多細胞のからだが生じない生物を**複相生物**という。

動物は複相生物で，アオミドロやシャジクモは単相の多細胞のからだしか生じないので単相生物である。植物や藻類の大多数は単複相生物であるが，ホンダワラ・アカモク・ヒバマタ（以上褐藻），ミル（緑藻）は複相生物である。

15 ホイタッカーの五界説では，単細胞の真核生物を原生生物界と考えています。そのため，多細胞である紅藻，褐藻，緑藻，車軸藻は植物界に，卵菌，変形菌，細胞性粘菌は菌界に分類します（単細胞の緑藻は原生生物界に入ります）。

最強ポイント

原生生物界…真核生物であり，単細胞あるいは発生過程で胚を生じない多細胞生物で，菌界・植物界・動物界のうちのどれにも属さない生物群。

- 従属栄養
  - 原生動物（アメーバ・ゾウリムシ・トリパノソーマ・マラリア病原虫）
  - 変形菌（ムラサキホコリカビ）
  - 細胞性粘菌（タマホコリカビ）
  - 卵菌（ミズカビ）
- 独立栄養
  - ケイ藻（ハネケイソウ）：クロロフィルaとc
  - 渦鞭毛藻（ツノモ）：クロロフィルaとc
  - ミドリムシ（ミドリムシ）：クロロフィルaとb
  - 紅藻（テングサ・アサクサノリ）：クロロフィルa
  - 褐藻（コンブ・ワカメ）：クロロフィルaとc
  - 緑藻（アオサ・アオノリ）：クロロフィルaとb
  - 車軸藻（シャジクモ）：クロロフィルaとb

第114講 真核生物ドメイン②
（菌界・植物界）

カビやキノコの仲間である菌界，そして，植物界の生物について見てみましょう。

1 菌 界

1 真核生物ですが，従属栄養で体外消化を行い，胞子を形成する生物群を**菌界**といいます。担子菌，子のう菌，接合菌，グロムス菌，ツボカビ類の5種類が菌界に属します。

2 隔壁のない多核の菌糸からなるカビが**接合菌類**です。胞子でふえますが，有性生殖も行います。クモノスカビやケカビなどがその代表例です。

> 菌糸が広がる状態がクモの巣のようであることからつけられた名称。紹興酒の醸造に用いられる。

＋α パワーアップ　接合菌類の有性生殖

接合菌類は隔壁のない菌糸(n)からなる多核のからだをもっており，有性生殖を行うときには，2つの菌が接近し，菌糸の一部に隔壁が生じて配偶子のうを形成する。そして，両者の配偶子のうの細胞質が融合して耐乾性の強い**接合胞子のう**を形成する。環境がよくなると接合胞子のうの核どうしが融合して$2n$となり，減数分裂によって胞子(n)を生じる。

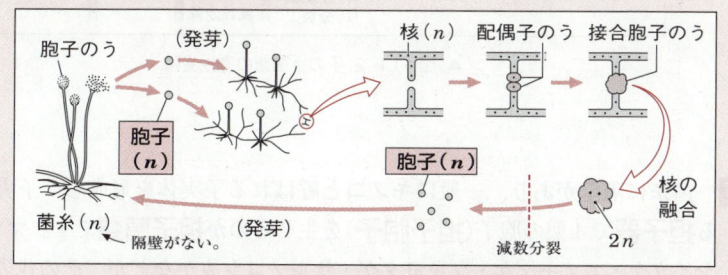

▲ 図114-1　接合菌類の有性生殖

3 <u>子のう</u>という袋の中に8個の胞子（**子のう胞子**）を形成してふえるのが**子のう菌類**です。<u>アカパンカビ</u>・<u>アオカビ</u>・<u>コウジカビ</u>・<u>馬鹿苗病菌</u>・酵母菌などがいます。

> ビードルとテータムが実験に用い，一遺伝子一酵素説を提唱したことで有名。

> アオカビは抗生物質のペニシリンを生産するカビ，コウジカビは日本酒の醸造に使用されるカビ。いずれも，不完全菌類に分類される場合もある。

> ジベレリン（⇨p.567）の発見につながったカビとして有名。

酵母菌は単細胞で，出芽でもふえます。

+α パワーアップ　子のう菌類のふえ方

子のう菌は，隔壁のある菌糸（n）からなり，ふだんは，菌糸の先端に体細胞分裂によって**分生子**という胞子を形成し，無性生殖を行う。

また，有性生殖を行うときには，まず，異なった接合型の菌糸が接合し，2つの核をもった菌糸（$n+n$）を生じる。そして，1核の菌糸と2核の菌糸がもつれ合ってコップ状の子実体（**子のう果**）を形成する。すると，2核の菌糸の先端に袋状の子のうが生じ，この中で2つの核が融合して接合子（$2n$）ができる。その後，接合子が減数分裂して4個の核（n）となり，さらにそれぞれが1回体細胞分裂を行って，8個の胞子（子のう胞子）になる。子のう胞子が発芽して，隔壁のある菌糸となる。

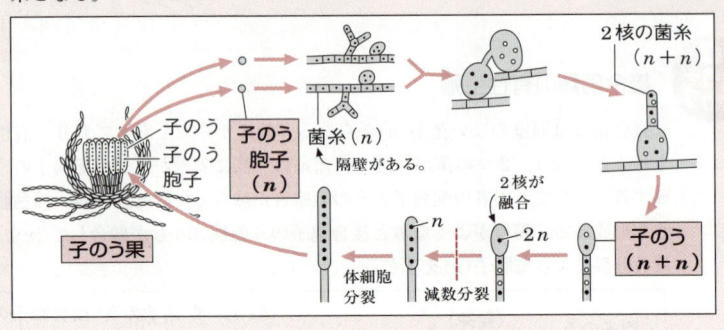

▲ 図114-2　子のう菌類の有性生殖

4 菌糸に隔壁があり，一般に**キノコ**と呼ばれる子実体を形成し，子実体にある<u>担子器</u>で4個の胞子（**担子胞子**）を生じるのが**担子菌類**です。マツタケ・シイタケ・エノキダケ・ツキヨタケ・サルノコシカケなどが，その代表例です。

第114講 真核生物ドメイン②(菌界・植物界)

+α パワーアップ 担子胞子のでき方

担子菌類では，接合型の異なる菌糸(n)が接合して生じた2核性の菌糸が集まって**子実体**を形成する。そして，子実体のかさの裏側のひだに沿って担子器が形成され，ここで2核が融合して**接合子**となる。接合子は減数分裂して，くびれるようにして4個の**担子胞子**となる。

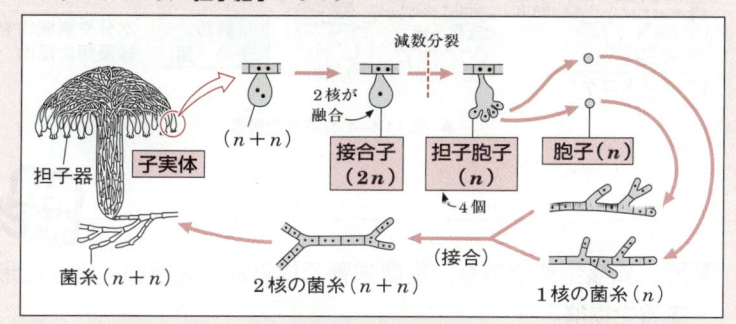

▲ 図114-3 担子菌類の一生

5 菌根菌の一種である**アーバスキュラー菌根菌**(⇨p.649)の仲間を**グロムス菌類**といいます。200種類ほどの小さなグループですが，ほとんどの陸上植物と共生関係にあり，植物が陸上に適応するのに重要な役割を果たしたと考えられています。

6 菌界の中で最も古く分化したと考えられているのが**ツボカビ類**です。他の菌界に属する生物はいずれも鞭毛をもたない胞子を形成しますが，ツボカビ類は，鞭毛をもつ胞子(遊走子)を形成します。

アメリカなどで両生類の減少や絶滅を引き起こしているとして問題になった**カエルツボカビ症**は，カエルの体表に感染するツボカビによるものです。

7 主に**子のう菌と緑藻あるいはシアノバクテリアとが相利共生**(⇨p.649)した**共生体**を**地衣類**といいます。地衣類では，子のう菌が水分や無機物を提供し，緑藻やシアノバクテリアは光合成を行って有機物を提供します。

地衣類は，環境に対する抵抗性が強く，遷移の初期に出現し(⇨p.607)，高山，極地などにも分布します。

サルオガセ・ウメノキゴケ・<u>リトマスゴケ</u>・ハナゴケ・<u>イワタケ</u>などは地衣類としての名称です。

リトマス試験紙の製造に使われる。
食用にする。

第10章 進化と系統

光合成を行って，有機物を菌類に提供。

〔相利共生〕

単細胞の緑藻類

菌類（子のう菌）

水分や無機物を，緑藻類に提供。

↑緑藻を菌糸がとりまいている状態。

（断面）

ウメノキゴケ

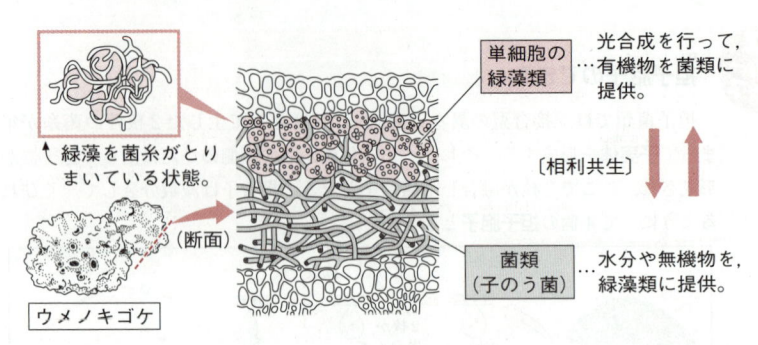

▲ 図114-4 地衣類の構造

最強ポイント

菌界…真核生物であり，従属栄養で体外消化を行い，胞子を形成する生物群。

- **接合菌**（クモノスカビ・ケカビ）
- **子のう菌**（アカパンカビ・酵母菌）
- **担子菌**（マツタケ・サルノコシカケ）
- **グロムス菌**（アーバスキュラー菌根菌）
- **ツボカビ類**（カエルツボカビ）

※**地衣類**…子のう菌と緑藻やシアノバクテリアの共生体。
　　　例 サルオガセ・ウメノキゴケ・リトマスゴケ

第114講 真核生物ドメイン②（菌界・植物界）

2　植物界

1　真核生物であり，独立栄養で，発生過程で胚を生じる生物群を**植物界**といいます。マーギュリスの五界説では，**コケ植物**と**シダ植物**，**種子植物**だけが植物界に属します。いずれも，**クロロフィルaとb**をもちます。

2　維管束をもたないのが**コケ植物**です。

もっとも代表的なスギゴケの一生は，次の通りです。

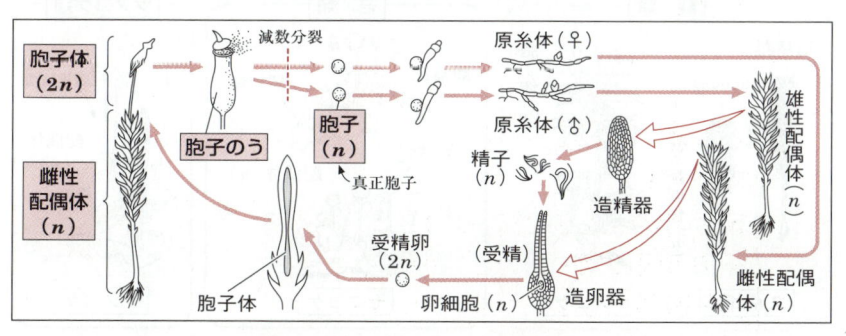

▲ 図114-5 スギゴケ（コケ植物）の一生

一般に，胞子を形成する多細胞のからだを**胞子体**，配偶子を形成する多細胞のからだを**配偶体**といいます。

スギゴケの一生の中で最も発達しているからだ（本体という）は配偶体で，**雄株**と**雌株**があります。ともに，核相はnです。雄株の先端には**造精器**があり，ここで体細胞分裂によって**精子**（n）が生じ，これが泳ぎだし，雌株の先端の**造卵器**の中にある**卵細胞**（n）に到達して受精します。受精卵（$2n$）は，雌株のからだの上で体細胞分裂を繰り返し，胞子体（$2n$）になります。胞子体の先端には胞子を形成する袋状の組織があり，これを**胞子のう**といいます。胞子のうの中で減数分裂が行われて核相nの**胞子**（真正胞子）がつくられます。これが体細胞分裂して**原糸体**（n）と呼ばれる1列の細胞からなる糸状の構造が生じ，さらに発達して雄株，雌株となります。

胞子体の細胞には葉緑体がなく光合成も行えないので，配偶体である雌株が光合成で合成した有機物に依存しています。これを，**胞子体が配偶体に寄生している**と表現します。

3 コケ植物門は，スギゴケ・ミズゴケなどの**蘚類**(蘚綱)とゼニゴケなどの**苔類**(苔綱)，**ツノゴケ類**(ツノゴケ綱)の3つに分けられます。

　蘚類の配偶体は雌雄異株で，茎状体と葉状体，仮根からなり，茎状体には**道束**と呼ばれる水分の通路があります(道管や仮道管ではありません)。

　苔類の配偶体も雌雄異株で，葉状体と仮根からなります。配偶体上に**杯状体**と呼ばれる杯状のものが生じ，この中に生じる**無性芽**による無性生殖も行われます。

　ツノゴケ類の配偶体は雌雄同株です。

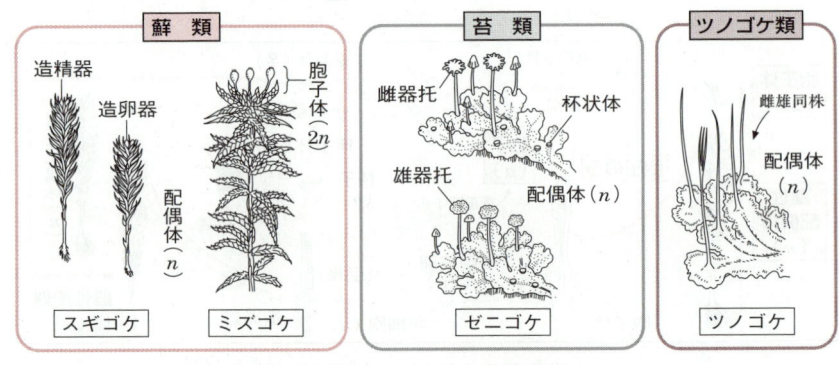

▲ 図114-6 コケ植物の代表例

4 維管束があり，種子を形成しないのが**シダ植物**です。

　シダの一生は次の通りです。

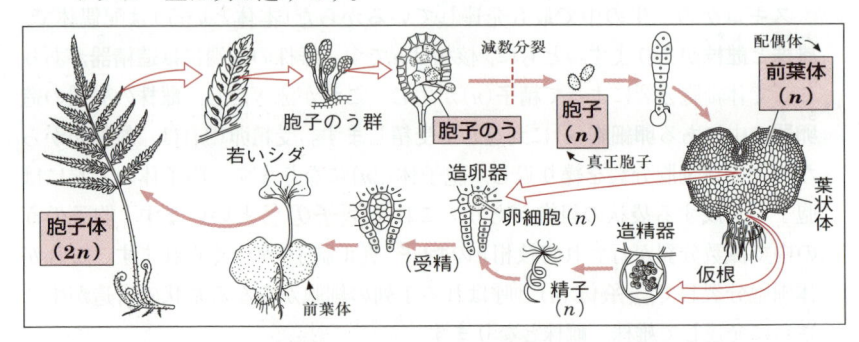

▲ 図114-7 ワラビ(シダ植物)の一生

　シダ植物の本体である胞子体($2n$)の葉の裏に胞子のうがあり，ここで減数分裂が行われて核相nの**胞子**(真正胞子)が形成されます。胞子が体細胞分裂を繰り返し，ハート形の**前葉体**(n)と呼ばれる配偶体になります。前葉体の

第114講　真核生物ドメイン②(菌界・植物界)

裏側には**造卵器**と**造精器**があり，ここに生じた**卵細胞**と**精子**が受精して受精卵となり，これが体細胞分裂を繰り返して胞子体になります。前葉体は1cm以下の大きさで，維管束もなく，**葉状体**と**仮根**からなりますが，葉緑体をもち光合成を行うことはできます。すなわち，**本体の胞子体とは独立して生活**することができます。

5 このように，植物では一般に，**減数分裂**によって**胞子**(真正胞子)が生じ，これが**体細胞分裂**すると**配偶体**になり，ここに**配偶子**が生じます。そして，配偶子どうしの受精によって生じた受精卵が体細胞分裂すると**胞子体**になります。

植物界の生活環の一般形は，次のように示すことができます。

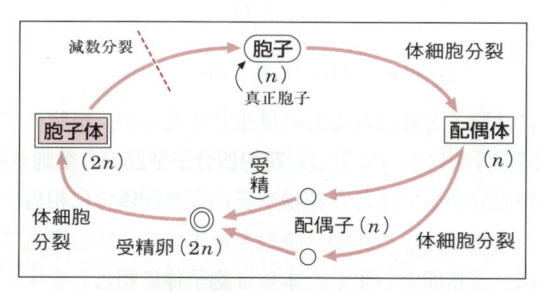

▲ 図114-8 植物の生活環

6 ワラビ・ゼンマイ・スギナ・トクサ・ヘゴ・ヒカゲノカズラ・マツバラン・サンショウモ・クラマゴケなどが，シダ植物の代表例です。

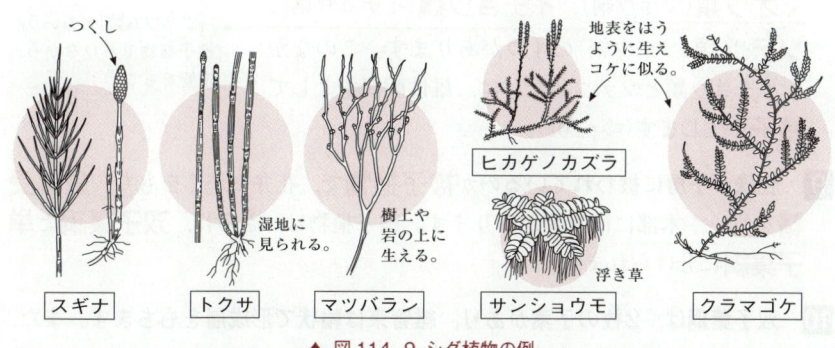

▲ 図114-9 シダ植物の例

7 種子を形成するのが**種子植物**で，**裸子植物亜門と被子植物亜門**に分けられます。

> シダ植物と種子植物をあわせて「維管束植物門」とする場合や，被子植物と裸子植物を門とする場合もある。

種子植物の一生を模式的に示すと，次のようになります。

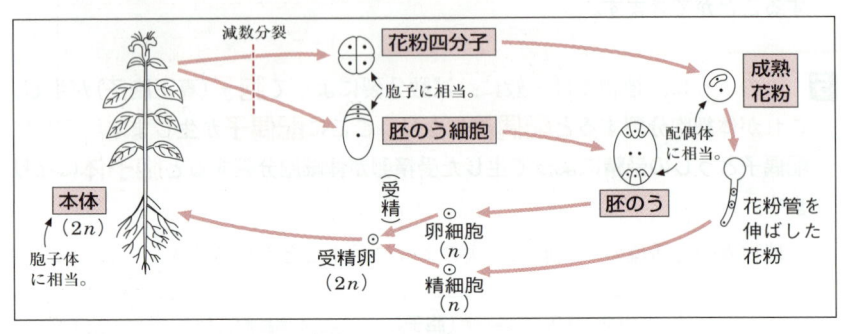

▲ 図114-10 種子植物の一生

種子植物には胞子と呼ばれるものは生じませんが，植物の生活環の一般形に従うと，減数分裂によって生じた**花粉四分子や胚のう細胞が胞子に相当**し，これらが体細胞分裂して生じた**花粉や胚のうが配偶体に相当**することになります。また，花粉四分子や胚のう細胞を形成する袋状の構造である**葯や胚珠が胞子のう**に，受精卵から生じた**本体は胞子体に相当**します。種子植物の配偶体は単独で生活することはできず，**胞子体に寄生している**と表現されます。

8 胚珠が子房に被われていないのが**裸子植物**で，花弁やがくもありません。マツ・スギ・ヒノキ・モミなどの**マツ類**（マツ綱），**マオウ類**（マオウ綱），**イチョウ類**（イチョウ綱），**ソテツ類**（ソテツ綱）の4つがあります。このなかでイチョウ類とソテツ類だけは，雄性配偶子として**精子**を生じます（⇨p.201）。

> 球果類（球果綱）ともいう。
>
> 「グネツム類」ともいう。裸子植物でありながら，道管をもつ。

9 胚珠が子房に被われているのが**被子植物**で，花弁やがくをもち，**重複受精**を行い，木部には道管があります。被子植物は，さらに，**双子葉綱**と**単子葉綱**に分けられます。

10 双子葉綱は，2枚の子葉があり，維管束は輪状で形成層をもちます。また，葉脈は網状脈で主根と側根をもちます。サクラ・アブラナ・エンドウ・アサガオ・キク・モウセンゴケなどは双子葉綱です。

第114講　真核生物ドメイン②(菌界・植物界)

11 単子葉綱は，子葉に相当する幼葉鞘を1枚もち，維管束は散在し，形成層をもちません。また，葉脈は平行脈でひげ根をもちます。イネ・ムギ・ユリ・タマネギ・トウモロコシ・ムラサキツユクサ・カナダモなどは単子葉綱です。

双子葉綱		単子葉綱	
葉脈 網状脈	主根 側根	葉脈 平行脈	ひげ根

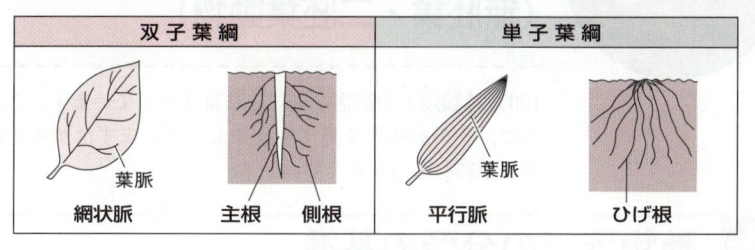

▲ 図114-11　双子葉綱と単子葉綱の特徴

最強ポイント

植物界…真核生物であり，独立栄養で，発生過程で胚を生じる生物群。
- **コケ植物**…維管束なし。例 スギゴケ・ゼニゴケ・ツノゴケ
- **シダ植物**…維管束あり，種子形成なし。例 ワラビ・ゼンマイ・スギナ・マツバラン・サンショウモ・クラマゴケ
- **種子植物**…維管束あり，種子形成。
  - **裸子植物**…胚珠が子房に被われない。例 マツ・スギ・イチョウ・ソテツ
  - **被子植物**…胚珠が子房に被われる，重複受精。
    - **双子葉類**…維管束が輪状，形成層あり，網状脈，主根と側根。例 サクラ・アサガオ・モウセンゴケ
    - **単子葉類**…維管束が散在，形成層なし，平行脈，ひげ根。例 イネ・ユリ・ムラサキツユクサ・カナダモ

第10章　進化と系統

第115講 真核生物ドメイン③
（無胚葉・二胚葉動物）

130万種類以上の動物が地球上には生息しています。ここからは、その動物界を見ていきましょう。まずはからだの構造が単純なものからです。

1 動物界での分類の基準

1 真核生物であり、細胞壁をもたず従属栄養で、体内消化を行う生物群を**動物界**といいます。

2 動物界の生物は、胚葉の分化の程度によって大きく3つに分けます。
胚葉の分化が見られない**無胚葉性の動物**、外胚葉と内胚葉の2つの胚葉の分化が見られる**二胚葉性の動物**、外胚葉、内胚葉、中胚葉の3つの胚葉が分化する**三胚葉性の動物**の3つです。

3 「発生」(第34・35講)で学習したように、原腸胚期になると胚葉が分化します。したがって、胚葉が分化しない無胚葉性の動物は、発生段階でいうとまだ原腸胚期に達していない、と考えることができます。そこで、**無胚葉性の動物は胞胚段階の動物**、胚葉が分化した二胚葉性の動物は原腸胚段階の動物と考えることができます。

4 三胚葉性の動物は、口のでき方によって、さらに2種類に分類します。
発生過程で生じた**原口がそのまま口になる動物**を**旧口動物**、原口は肛門のほうになり後から新しく口が生じる動物を**新口動物**といいます。

5 旧口動物に属する動物の多くは、らせん卵割(⇨p.217)を行います。また、新口動物に属する動物は放射卵割(通常の卵割)を行います。

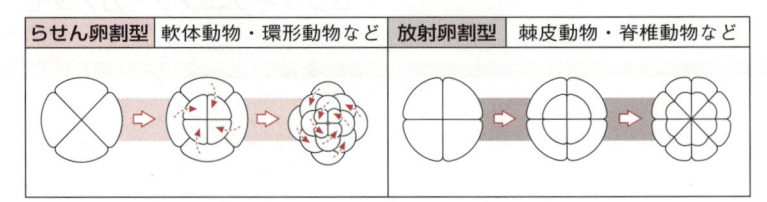

らせん卵割型	軟体動物・環形動物など	放射卵割型	棘皮動物・脊椎動物など

▲ 図115-1 初期発生時の卵割のしかた

第115講 真核生物ドメイン③(無胚葉・二胚葉動物)

6 旧口動物はさらに，外骨格をもち成長過程で脱皮を行う**脱皮動物**と，脱皮を行わず，発生過程で**トロコフォア幼生**あるいはそれに類似する幼生を生じる**冠輪動物**に大別されます。

+αパワーアップ

三胚葉性の動物は，中胚葉のでき方によっても2種類に分類できます。胞胚腔内に生じた**端細胞**という細胞から中胚葉が生じる動物群を**端細胞幹**，原腸壁の一部がふくらみ，そこから中胚葉を生じる動物群を**原腸体腔幹**といいます。
旧口動物は端細胞幹，新口動物は原腸体腔幹です。

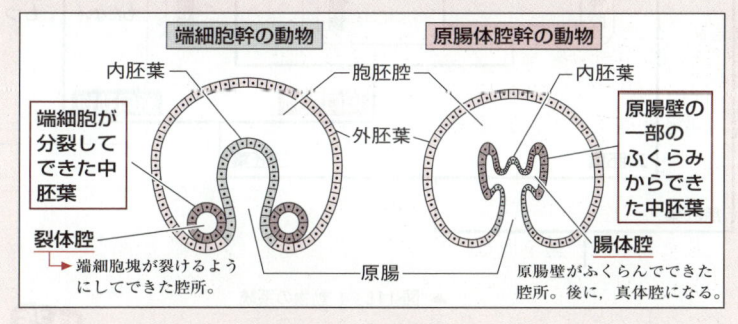

```
       端細胞幹の動物                  原腸体腔幹の動物
内胚葉              胞胚腔                        内胚葉
端細胞が                                                    原腸壁の
分裂して            外胚葉                                  一部の
できた中                                                    ふくらみ
胚葉                                                        からでき
                                                            た中胚葉
裂体腔                                              腸体腔
→端細胞塊が裂けるよう        原腸    原腸壁がふくらんでできた
 にしてできた腔所。                  腔所。後に，真体腔になる。
```

▲ 図115-2 中胚葉のでき方

7 また，体腔のでき方によっても三胚葉性の動物を3種類に分けることができます。体腔をもたない「**無体腔類**」と，体腔をもつ「**偽体腔類**」，「**真体腔類**」の3種類です。体腔というのは，体壁と消化管の間の隙間のことです。

発生初期に生じる**胞胚腔からそのまま生じ，いろいろな胚葉の細胞で囲まれている体腔**を**偽体腔**といい，偽体腔をもつ動物群を**偽体腔類**といいます。

一方，**中胚葉に囲まれた体腔**を**真体腔**といい，真体腔をもつ動物群を**真体腔類**といいます。

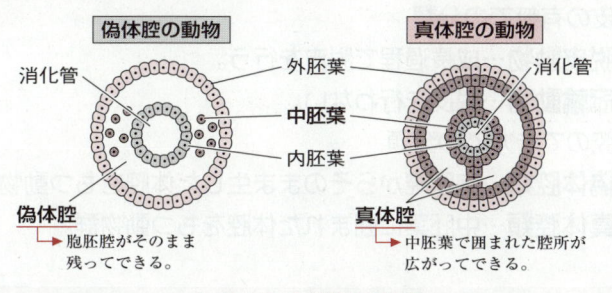

```
       偽体腔の動物                      真体腔の動物
消化管                  外胚葉                      消化管
                        中胚葉
                        内胚葉
偽体腔                                      真体腔
→胞胚腔がそのまま                      →中胚葉で囲まれた腔所が
 残ってできる。                          広がってできる。
```

▲ 図115-3 体腔のでき方

8 以上のことを考慮して描いたのが，図115-4のような系統樹です。

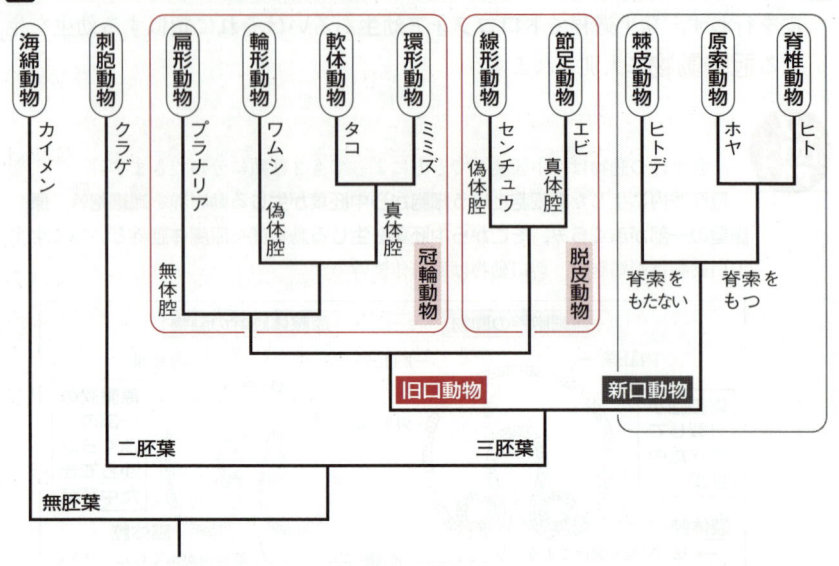

▲ 図115-4 動物の系統

> **最強ポイント**
>
> ① 胚葉の分化の程度での分類
>   - **無胚葉性**（胞胚段階）
>   - **二胚葉性**（原腸胚段階）
>   - **三胚葉性**
>
> ② 口のでき方での分類
>   - **旧口動物**…原口がそのまま口になる動物群。
>   - **新口動物**…原口は肛門側になり，後から新しく口が生じる動物群。
>
> ③ 脱皮の有無での分類
>   - **脱皮動物**…成長過程で脱皮を行う。
>   - **冠輪動物**…脱皮を行わない。
>
> ④ 体腔のでき方での分類
>   - **偽体腔類**…胞胚腔からそのまま生じた体腔をもつ動物群。
>   - **真体腔類**…中胚葉に囲まれた体腔をもつ動物群。

第115講　真核生物ドメイン③（無胚葉・二胚葉動物）

2 無胚葉性，二胚葉性の動物

1 **海綿動物門**は，胚葉が分化しない**無胚葉性**の動物です。そのため進化の早い段階で他の動物群と分かれたと考えられ，**側生動物**と呼ばれます。

海綿動物は固着生活で，下の図115-5のような構造をしています。**体壁は内外2層からなり，内部の隙間を胃腔**といいます。

胃腔側にある内層には**えり細胞**と呼ばれる細胞が1列に並び，この細胞にある鞭毛の働きで，入水孔から体内へと水の流れができます。そして，水とともに入って来た微生物を捕らえ，外層と内層の間に存在する**変形細胞（原生細胞）**がこれを消化します。このえり細胞と類似しているのが原生生物の単細胞生物である**えり鞭毛虫類**で，すべての動物はこのえり鞭毛虫類から進化したと考えられています。

外層と内層の間には**骨片**もあります。でも，**海綿動物には，神経系も排出系も筋肉などもありません**。

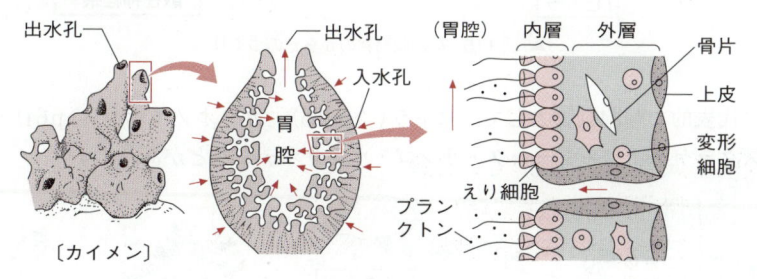

▲ 図115-5 海綿動物のからだのつくり

2 代表的な海綿動物として，イソカイメンやムラサキカイメンなどのほか，カイロウドウケツ・ホッスガイなどもあります。

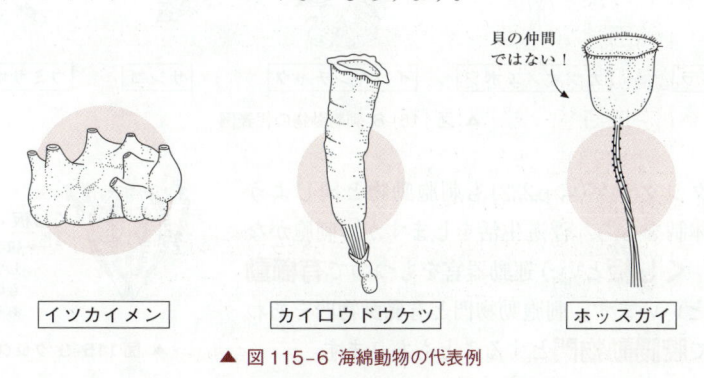

▲ 図115-6 海綿動物の代表例

3 刺胞動物門は二胚葉性で，体制は原腸胚に相当し，外胚葉と内胚葉は分化しますが中胚葉は分化しません。

刺胞動物のからだは放射相称で，口はありますが肛門はありません（口が肛門を兼ねます）。

原腸に由来する腔腸という空所からなる胃水管系と呼ばれる器官系をもちます。神経系はありますが中枢神経のない散在神経系(⇨p.414)です。

また，口の周囲に触手があり，触手には刺胞というカプセル状の器官をもつ刺細胞が並んでいて，接触したものに刺胞を発射して毒液を注入します。

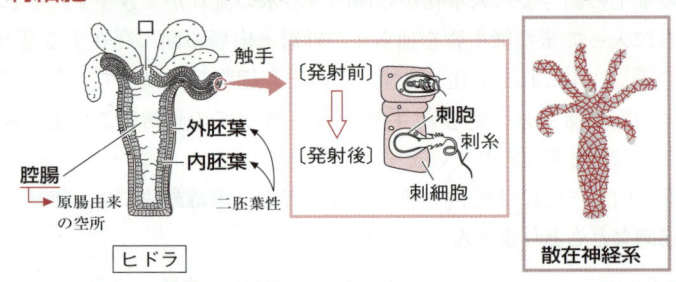

▲ 図115-7 刺胞動物のからだのつくり

4 代表的な刺胞動物として，ヒドラ(⇨p.185)・カツオノエボシ(⇨p.64)・ミズクラゲ・イソギンチャク・サンゴ・ウミサボテンなどがあります。

▲ 図115-8 刺胞動物の代表例

5 クシクラゲ(⇨p.232)も刺胞動物と同じような体制をもち，浮遊生活をしますが，刺胞がなく，くし板という運動器官をもつので有櫛動物といいます。刺胞動物門と有櫛動物門をあわせて腔腸動物門とすることもあります。

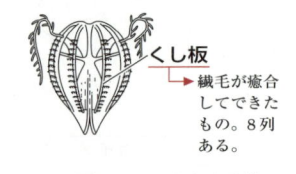

▲ 図115-9 クシクラゲ

くし板 ▶ 繊毛が癒合してできたもの。8列ある。

第115講　真核生物ドメイン③（無胚葉・二胚葉動物）

+αパワーアップ 刺胞動物の分類とミズクラゲの一生

刺胞動物門には，ヒドラなどの**ヒドロ虫綱**，ミズクラゲなどの仲間である**鉢虫綱（鉢クラゲ綱）**，イソギンチャクやサンゴ・ウミサボテンなどの**花虫綱**がある。クラゲの仲間は固着生活をする時期（**ポリプ型**という）と浮遊生活をする時期とがあるが，イソギンチャク・サンゴなどは浮遊生活は行わず固着生活だけをする。

ミズクラゲは，次のような生活環をもつ。

まず，浮遊生活を行う雌雄の成体から生じた配偶子どうしが受精して受精卵ができる。そして，受精卵から発生が進むと遊泳生活を行う**プラヌラ**という幼生が生じる。やがて，これが固着して**スキフラ幼生**となり，多くのくびれが生じて**ストロビラ幼生**となる。さらにくびれが深くなって，1枚ずつ離れて**エフィラ幼生**が生じ，これが成体へと成長する。

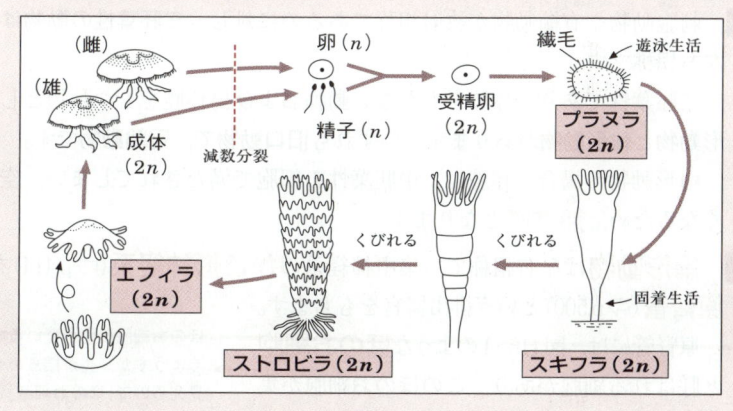

▲ 図115-10 ミズクラゲの一生

最強ポイント

海綿動物…**無胚葉性**。**えり細胞**をもつ。
　　　　　例 イソカイメン・カイロウドウケツ・ホッスガイ
刺胞動物…**二胚葉性**。散在神経系。胃水管系をもつ。刺胞をもつ触手がある。
　　　　　例 ヒドラ・ミズクラゲ・イソギンチャク・サンゴ

第116講 真核生物ドメイン④
(旧口動物)

今度は，三胚葉性の動物のうち，原口がそのまま口になる旧口動物について学習します。

1 冠輪動物（無体腔類・偽体腔類）

1 刺胞動物や有櫛動物が放射相称であるのに対し，三胚葉性の動物は一般に左右相称です。

三胚葉性であり，体腔をもたない動物および偽体腔をもつ動物としては**扁形動物**と**輪形動物**があります。いずれも**旧口動物**で，**冠輪動物**です。

扁形動物の場合の体腔は，中胚葉性の細胞で満たされてしまい，空洞でなくなるため，**無体腔**となります。

2 **扁形動物**は左右相称で，集中神経系の**かご形神経系**(⇨p.414)をもち，**原腎管**(⇨p.500)という排出器官をもちます。

原腎管には，図116-1のような**ほのお細胞**と呼ばれる細胞があり，このほのお細胞が集めた老廃物が原腎管を通って体外に排出されます。扁形動物には，血管系はありません。

> ほのお細胞に生えている繊毛が動くようすが，炎が揺らめくように見えるので「ほのお細胞」という。

3 代表的な扁形動物には，**プラナリア**・**コウガイビル**・**サナダムシ**・**ジストマ**・**カンテツ**などがあります。

> 「ナミウズムシ」ともいう。再生(⇨p.261)の実験によく用いられる。

> 環形動物のヒル(⇨p.769)とは別の生物。

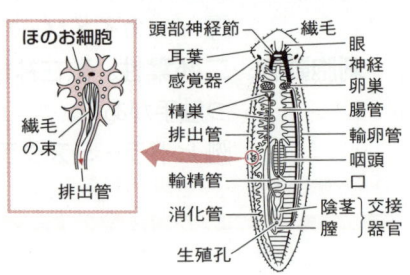

4 プラナリアは，右の図116-1のような構造をしています。眼は杯状眼(⇨p.426)，口や消化管はありますが肛門はありません（口が肛門を兼ねます）。

▶ 図116-1 プラナリアのからだのつくり

第116講　真核生物ドメイン④(旧口動物)

5　サナダムシ・ジストマ・カンテツは寄生生活を行います。このうち，サナダムシでは栄養分を体表から吸収するため，消化管は退化しています。

プラナリア　コウガイビル　サナダムシ　ジストマ　カンテツ

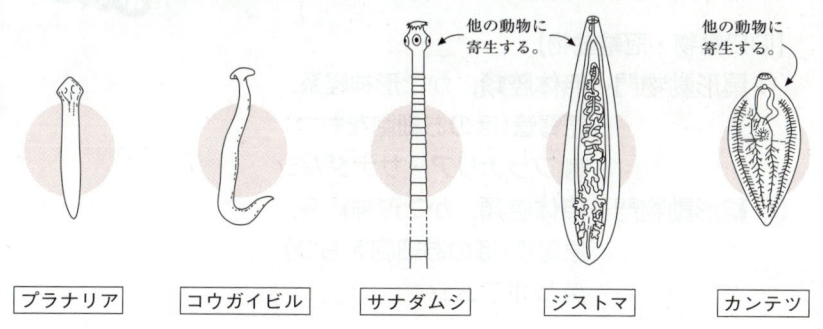

▲ 図116-2 扁形動物の代表例とからだのつくり

+α パワーアップ　扁形動物門の分類

扁形動物門は，プラナリアやコウガイビルなどの仲間である**ウズムシ綱**，カンテツやジストマなどの**吸虫綱**，サナダムシなどの**条虫綱**に分けられる。

6　**輪形動物門**は，旧口動物で，偽体腔をもちます。

輪形動物には，ワムシなどの仲間が属します。

輪形動物の排出器官は，一般には扁形動物と同じく**原腎管**です。神経系も**かご形神経系**をもちます。また，口と肛門をもった消化管もあります。血管系はありません。

繊毛環・神経節・原腎管・そしゃく器・卵巣・胃・排出腔・肛門・卵

ツボワムシ

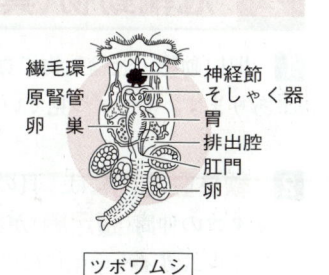

▲ 図116-3 輪形動物のからだのつくり

+α パワーアップ　ヒモ形動物門

偽体腔類としては，輪形動物門以外に，**ヒモ形動物門**がある。ヒモ形動物には口や肛門をもった消化管があり，排出器官は原腎管で，はしご形神経系，閉鎖血管系をもつ。文字通り紐(ひも)のような形で，代表例としてもヒモムシなどがある。

最近の研究では，ヒモ形動物は偽体腔ではなく真体腔をもち，環形動物に近いという説もある。

頭部神経節・原腎管・腸管・卵巣・背血管・肛門

▶ 図116-4 ヒモムシのからだのつくり

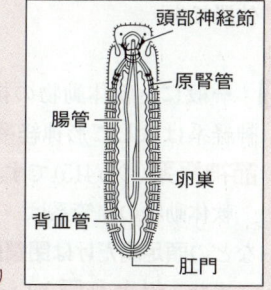

第10章　進化と系統

> **最強ポイント**
>
> 【旧口動物・冠輪動物】
> ① **扁形動物門**…**無体腔類**，かご形神経系，
>   　　　　　　原腎管（ほのお細胞をもつ）
>   　　　　　　例 プラナリア・サナダムシ
> ② **輪形動物門**…**偽体腔類**，かご形神経系，
>   　　　　　　原腎管（ほのお細胞をもつ）
>   　　　　　　例 ツボワムシ

2 冠輪動物（真体腔類）～軟体動物，環形動物

1 旧口動物・冠輪動物で真体腔をもつものには，**軟体動物門**，**環形動物門**があります。1つずつ見ていきましょう。

2 **軟体動物門**には，貝の仲間（**腹足綱**，**二枚貝綱**（**斧足綱**）など）とイカやタコの仲間（**頭足綱**）があります（図116-5）。生きている化石として知られるオウムガイや中生代に栄えたアンモナイトも頭足綱です。

　貝の仲間としては，ハマグリ・アサリ・サザエ・アワビ・カタツムリ（マイマイともいう）などの他，ナメクジ・アメフラシ・ウミウシなどもいます。

　ナメクジ・アメフラシ・ウミウシには貝殻はありませんが，これらも貝の仲間です。

3 　一般に，軟体動物の排出器官は**腎管**で，神経系ははしご形神経系の一種である**神経節神経系**（⇨p.415）です。

> 特に，「ボヤヌス器」と呼ぶ（頭足綱の排出器官は「腎のう」という）。

　軟体動物の血管系は一般的には**開放血管系**（⇨p.519）ですが，イカ・タコなどの頭足綱だけは閉鎖血管系です。

　また，**外とう膜**という，内臓を保護する膜をもちます。

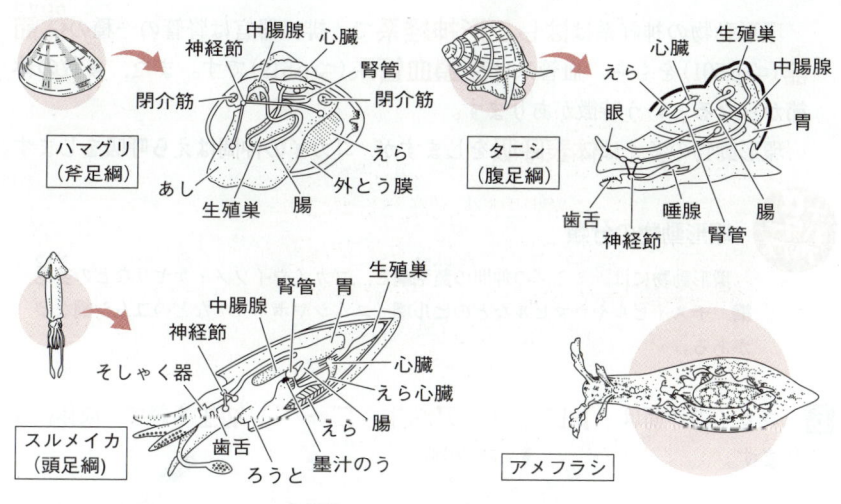

第116講　真核生物ドメイン④（旧口動物）

▲ 図116-5　軟体動物のからだのつくりと代表例

4 貝の仲間は，**トロコフォア幼生，ベリジャー幼生**を経て成体になります。

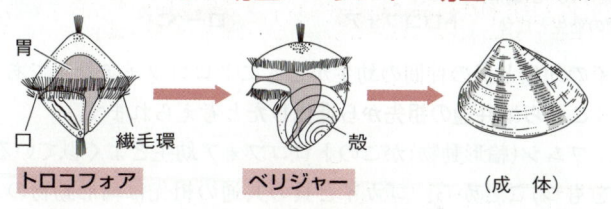

▲ 図116-6　貝の幼生と成体

5 ミミズやゴカイ・ヒルの仲間を**環形動物門**といいます。

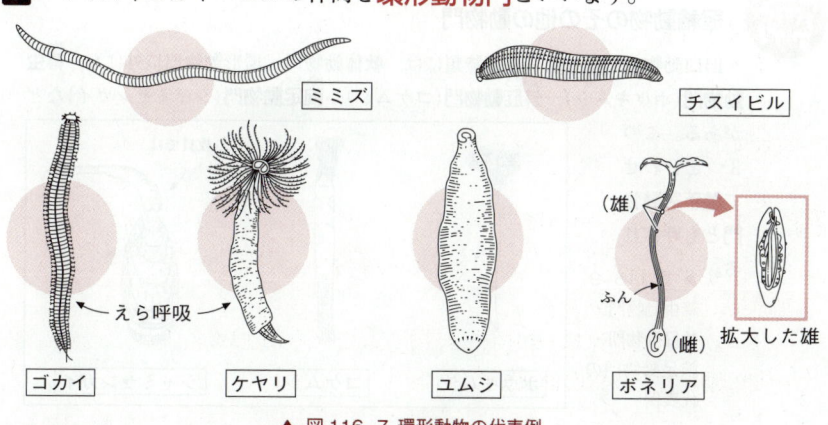

▲ 図116-7　環形動物の代表例

第10章　進化と系統

環形動物の神経系は**はしご形神経系**で，排出器官は腎管の一種の**体節器**(⇨p.501)をもち，血管系は**閉鎖血管系**(⇨p.519)です。また，**多数の体節からなる**という特徴があります。

環形動物の多くは**体表呼吸**をしますが，ゴカイの仲間はえら呼吸をします。

+α パワーアップ　環形動物の分類

環形動物には，ミミズの仲間の**貧毛綱**と，ゴカイやイソメ・ケヤリなどの**多毛綱**，チスイビルやウマビルなどの**ヒル綱**，ユムシやボネリアなどの**ユムシ綱**などがある。

6 ゴカイの仲間は，**トロコフォア幼生**，**ローベン幼生**を経て，成体になります。

▶ 図116-8 環形動物の幼生と成体

トロコフォア　→　ローベン　→　（成体）

胃／貝の仲間と同じ。／口／繊毛環

7 ゴカイの幼生と貝の仲間の幼生がともにトロコフォア幼生であるということから，これらは**共通の祖先から進化した**と考えられます。

また，ワムシ（輪形動物）がこのトロコフォア幼生とよく似ている（どちらも原腎管をもつ）ことから，ゴカイと貝の共通の祖先は輪形動物のような生物だったのではないかと推測されます。

+α パワーアップ　冠輪動物のその他の動物門

旧口動物の冠輪動物・真体腔類には，軟体動物門・環形動物門以外にも，**箒虫動物門**（ホウキムシ），**外肛動物門**（コケムシ），**腕足動物門**（シャミセンガイ）などがある。この3つを合わせて**触手冠動物門**とも呼ばれる。

▶ 図116-9 箒虫動物門・外肛動物門・腕足動物門の代表例

ホウキムシ　コケムシ　シャミセンガイ（二枚貝ではない。）

第116講　真核生物ドメイン④(旧口動物)

> **最強ポイント**
>
> 【旧口動物・冠輪動物・真体腔類の動物】
> ① **軟体動物門**…**神経節神経系**(はしご形神経系の一種)，**ボヤヌス器**(腎管の一種)，**開放血管系**(頭足綱は閉鎖血管系)，**外とう膜**をもつ。
> 　　貝の仲間はトロコフォア幼生を生じる。
> 　　例　ハマグリ・カタツムリ・ナメクジ・ウミウシ・
> 　　　　イカ・タコ・オウムガイ
> ② **環形動物門**…**はしご形神経系**，**体節器**(腎管の一種)，**閉鎖血管系**，多数の**体節**をもつ。
> 　　ゴカイの仲間はトロコフォア幼生を生じる。
> 　　例　ミミズ・ゴカイ・ヒル

3 脱皮動物〜線形動物，節足動物

1　カイチュウやギョウチュウ，センチュウなどの仲間が**線形動物門**です。文字通り細い線のような形をしています。地球上に約50万種いると推定されており，これは昆虫類(推定500万種)やクモ類(同60万種)に次ぐ種数です。

2　体腔は**偽体腔**で，排出器官は**側線管**と呼ばれます。**体節はありません。**

3　カイチュウやギョウチュウは寄生虫で，魚介類を通して感染する寄生虫のアニサキス，イヌやネコに寄生するフィラリアも線形動物です。センチュウのなかには寄生するものもいますが，主に土壌中に生息し寄生生活をしないものもいます。またセンチュウの一種 (*Caenorhabditis elegans*) は発生の研究材料としてよく用いられています。またがん患者の尿に特有のにおいをかぎ分けることが知られ，がんの早期発見にセンチュウを用いる研究なども行われています。

ヒトなどの宿主の消化管から体内のさまざまな器官へ動き回ることから「回虫」と呼ばれる。

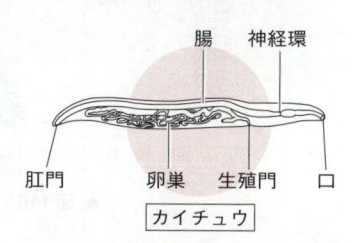

▲ 図116-10　線形動物のからだの構造
(肛門・卵巣・生殖門・口・腸・神経環　カイチュウ)

4 地球上で最も多くの種類を誇るのが**節足動物門**です。現在知られているだけでも100万種類以上といわれています。節足動物門には，**甲殻綱**，**多足綱**，**クモ綱**，**昆虫綱**があります。

5 節足動物は，いずれも体腔は**真体腔**，神経系は**はしご形神経系**，血管系は**開放血管系**です。排出器官は，甲殻綱では**腎管**，それ以外はマルピーギ管（⇨p.501）をもちます。

> 特に，「触角腺（緑腺）」という。

また，甲殻綱は水生なので**甲殻綱はえら呼吸**，それ以外は**気管呼吸**を行います。特に，クモ綱は**書肺**と呼ばれる呼吸器官をもちます。

節足動物は，すべて多数の体節をもちます。

6 甲殻綱は，エビ・カニ・ミジンコ・カメノテ・フジツボなどの仲間です。甲殻綱の動物は，すべて，**ノープリウス幼生**（⇨p.717）を生じます。

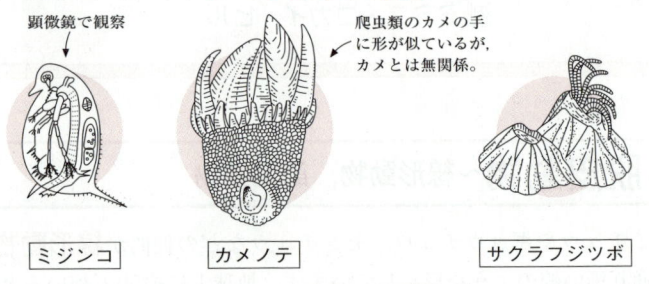

ミジンコ（顕微鏡で観察）　カメノテ（爬虫類のカメの手に形が似ているが，カメとは無関係。）　サクラフジツボ

▲ 図116-11 節足動物門甲殻綱の例

7 多足綱は，ムカデ・ヤスデ・ゲジなどの仲間です。文字通り，多数の肢があるのが特徴です。

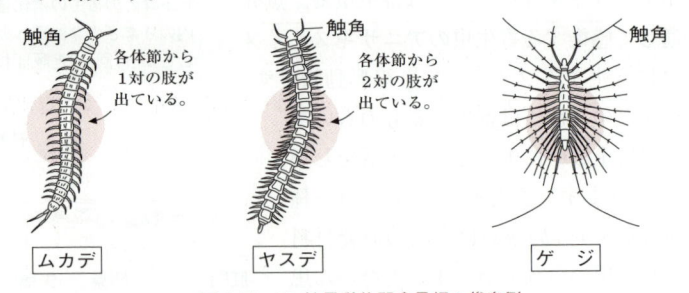

ムカデ（触角／各体節から1対の肢が出ている。）　ヤスデ（触角／各体節から2対の肢が出ている。）　ゲジ（触角）

▲ 図116-12 節足動物門多足綱の代表例

8 クモ綱（クモ形綱）は，ジョロウグモ・サソリ・ダニなどの仲間です。**頭胸部**と**腹部**からなり，頭胸部に**4対の肢**をもちます。翅はありません。

第116講 真核生物ドメイン④(旧口動物)

9 昆虫綱には，バッタ(直翅目)・チョウ(鱗翅目)・トンボ(トンボ目)・ハチ(膜翅目)・ハエ(双翅目)・シミ(シミ目)・ノミ(ノミ目)など多くの種類が属します。昆虫綱だけで，80万種類以上が知られています。

昆虫綱のからだは頭部・胸部・腹部の3つからなり，一般に，胸部に2対の翅と3対の肢をもちます。

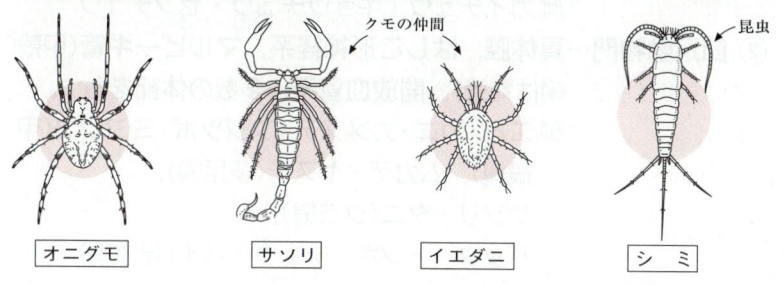

オニグモ　　サソリ　　イエダニ　　シミ

クモの仲間　　　　　昆虫

▲ 図116-13 節足動物門クモ綱・昆虫綱の代表例

+α パワーアップ　昆虫綱の翅と変態

昆虫綱のなかには，シミ目やノミ目のように翅がないものや，双翅目のように翅を1対しかもたない(もう1対は平均棍という平衡を保つ器官に変形している)ものもいる。

また，チョウやハチのように，**幼虫→蛹→成虫**と変態する(これを**完全変態**という)もの，バッタやトンボのように蛹の時期がなく，**幼虫→成虫**と変態する(**不完全変態**という)もの，シミのように変態しないものがある。

+α パワーアップ　脱皮動物のその他の動物門

旧口動物の脱皮動物には，線形動物門・節足動物門以外にも，**緩歩動物門**(クマムシ)，**有爪動物門**(カギムシ)，などがある。

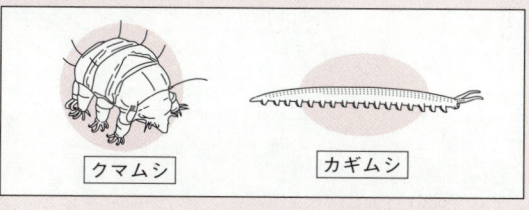

クマムシ　　カギムシ

▲ 図116-14 緩歩動物門・有爪動物門の代表例

第10章 進化と系統

【旧口動物・脱皮動物】
① **線形動物門**…**偽体腔**，体節なし。
　　　　　　　例 カイチュウ・ギョウチュウ・センチュウ
② **節足動物門**…**真体腔**，**はしご形神経系**，**マルピーギ管**（甲殻綱は腎管），**開放血管系**，多数の**体節**をもつ。
　　　　　　　例 エビ・カニ・カメノテ・フジツボ・ミジンコ（甲殻綱），ムカデ・ヤスデ（多足綱），
　　　　　　　　サソリ・ダニ（クモ綱），
　　　　　　　　バッタ・トンボ・チョウ・ハチ（昆虫綱）

第117講 真核生物ドメイン⑤
（新口動物）

ついに最後です。ここでは，ウニやカエルなどのように，原口は肛門側になり，後から新しく口が生じる新口動物について学習します。

1 新口動物・真体腔類の動物①～棘皮動物，原索動物

1 ウニ・ヒトデ・ナマコなどの仲間が**棘皮動物門**で，すべて海産です。いずれも5方向に放射相称という体制をもつのが特徴です。専門の呼吸系や排出系，循環系をもたず，それらの機能をすべて**水管系**という特殊な器官系で代用します。

> 水管系の内部には，体液と外界の海水が含まれる。また，ナマコでは呼吸器官として「水肺」と呼ばれる構造が発達している。

また，**管足**と呼ばれる運動器官をもつのも共通点です。

ウニの幼生がプルテウス幼生であるのは，「発生」で学習したとおりです。

神経系は，水管系と平行して放射状にとりまいており，**放射状神経系**（⇨p.415）といいます。

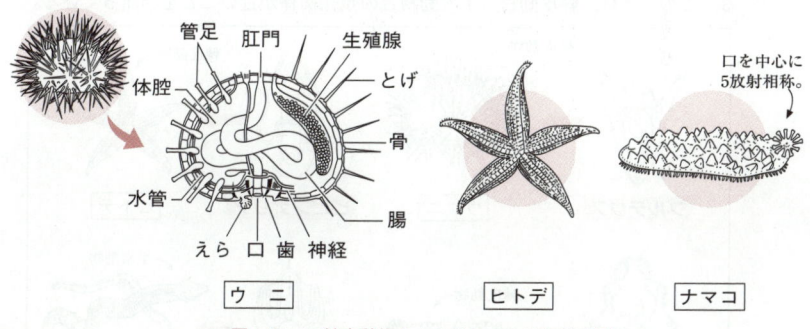

▲ 図117-1 棘皮動物のからだのつくりと代表例

＋α パワーアップ 棘皮動物門の分類と変わった名前の仲間たち

棘皮動物門には，ウニの仲間の**ウニ綱**，ヒトデの仲間の**ヒトデ綱**，ナマコの仲

間の**ナマコ綱**，ウミユリの仲間の**ウミユリ綱**などがある。
　ウニの仲間には，タコノマクラ・カシパン・ブンブクチャガマなど面白い名前のウニもいる。
　ウミユリ綱には，ウミユリやウミシダといった動物もいる。いずれも被子植物やシダ植物ではなく棘皮動物である。

扁平でとげが非常に短い。
植物ではない。

カシパン　タコノマクラ　ウミユリ　ウミシダ

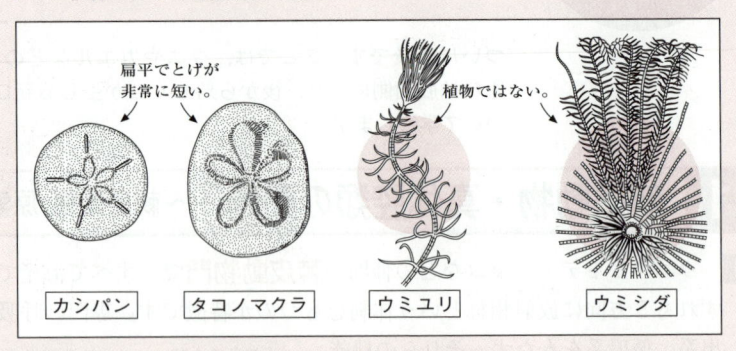

▲ 図117-2　いろいろな棘皮動物

+α パワーアップ 棘皮動物と半索動物の関係

　ナマコの幼生は**アウリクラリア**，ヒトデの幼生は**ビピンナリア**という。これらは，ギボシムシという半索動物（⇨p.780）の幼生である**トルナリア**とよく似ている。このことは，棘皮動物と半索動物との類縁関係が近いことを物語っている。

プルテウス → ウニ（棘皮動物）　ビピンナリア → ヒトデ（棘皮動物）

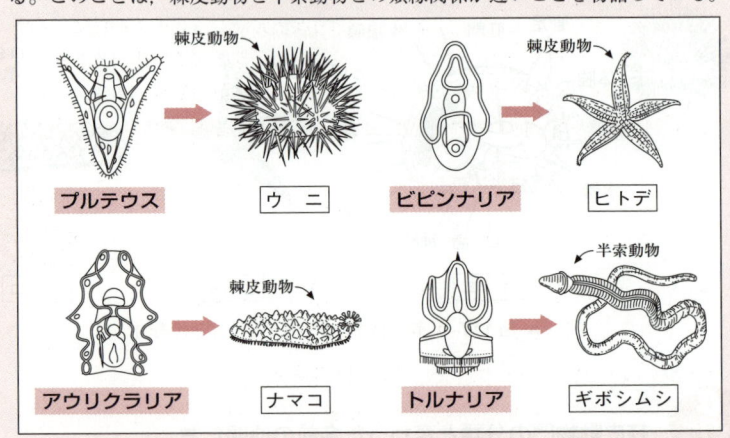

アウリクラリア → ナマコ（棘皮動物）　トルナリア → ギボシムシ（半索動物）

▲ 図117-3　棘皮動物と半索動物の幼生

第117講　真核生物ドメイン⑤（新口動物）

2 ホヤやナメクジウオの仲間が**原索動物**です。発生過程で脊索を生じるという点で脊椎動物に近縁だと考えられます。

> 原索動物と脊椎動物を合わせて「脊索動物」と呼ぶ。

ホヤの幼生やナメクジウオは**管状神経系**をもちますが，これも脊椎動物と共通します。

また，ホヤの幼生は両生類の幼生とそっくりで，名前も**オタマジャクシ形幼生**といいます。これも脊椎動物との類縁関係の近さを物語りますね。

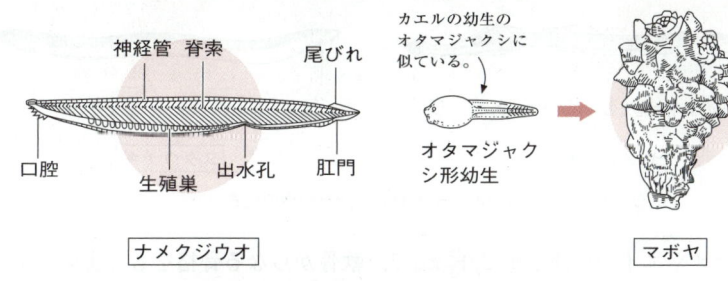

▲ 図117-4　原索動物のからだのつくりと代表例

+α パワーアップ　原索動物の分類

原索動物（脊索動物門原索動物亜門）は，ホヤの仲間の**尾索綱**，ナメクジウオの仲間の**頭索綱**の2つに分けられる。

尾索綱の成体では，幼生のときにあった**脊索や神経管が退化してしまい**，成体は固着生活をする。また，血管系は**開放血管系**である。ホヤ以外に，透明なからだをもち一生浮遊生活をするサルパやウミタルも尾索綱の仲間である。

頭索綱では終生**脊索が残る**。また，血管系は**閉鎖血管系**である。

尾索綱，頭索綱のいずれも排出器官は**腎管**である。

最強ポイント

棘皮動物…5方向に放射相称，水管系，管足
　　　　　例　ウニ・ヒトデ・ナマコ
原索動物…脊索を生じる，管状神経系
　　　　　例　ホヤ・ナメクジウオ

2 新口動物・真体腔類の動物② ～脊椎動物

1 いよいよ**脊椎動物**です。脊椎動物は脊索動物門脊椎動物亜門に属し，**無顎綱**，**軟骨魚綱**，**硬骨魚綱**，**両生綱**，**爬虫綱**，**鳥綱**，**哺乳綱**があります。

2 **無顎綱**は，文字通り顎をもたない脊椎動物です。ヤツメウナギやヌタウナギが代表例です。いずれもふつうのウナギとは別の生物です。

眼のように見えるえら穴が7個ある。　　眼はうもれているため，見えない。

| ヤツメウナギ | | ヌタウナギ |

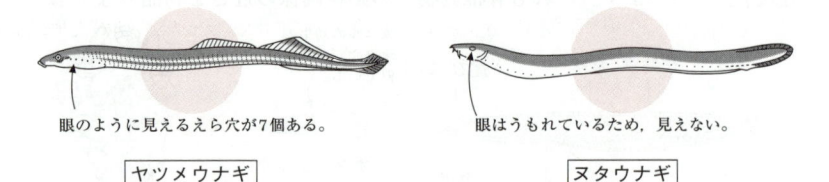

▲ 図117-5 脊椎動物門無顎綱の代表例

3 サメやエイの仲間が**軟骨魚綱**で，軟骨からなる骨格をもちます。主な窒素排出物は**尿素**(⇨p.503)です。

4 コイ・ウナギ・マグロ・ウツボ・タツノオトシゴなどは**硬骨魚綱**です。硬骨魚綱の動物はえら呼吸で，心臓は **1心房1心室**，窒素排出物は**アンモニア**，体表は鱗で覆われています。

5 イモリやカエル・サンショウウオなどは**両生綱**です。イモリやサンショウウオなどの**有尾目**，カエルなどの**無尾目**，アシナシイモリなどの**無足目**などに分けられます。

　両生綱の幼生はオタマジャクシで，水中生活を行い**えら呼吸**，変態して成体になると陸上生活を行い**肺呼吸**をしますが，直接体表でガス交換を行う**体表呼吸**も盛んです。

　窒素排出物は，**オタマジャクシではアンモニア**，**成体では尿素**です。心臓は **2心房1心室**です。

6 **爬虫綱**は，トカゲ・ヤモリ・ヘビなどの**トカゲ目**，スッポン・ウミガメなどの**カメ目**，ワニの仲間の**ワニ目**などに分けられます。

　爬虫綱の体表は角質の鱗で覆われて脱水を防ぐことができますが，体表呼吸が行えないので**肺呼吸**だけを行います。

　また，陸上に殻のある卵を産み，**胚は羊膜に包まれて**発生します。

　主な窒素排出物は**尿酸**，心臓は **2心房1心室**ですが，心室に不完全ながら隔壁がある不完全な2心房2心室です。

7 爬虫綱以外にも，鳥綱，哺乳綱にも胚発生の過程で胚膜(⇨p.268)が形成され，胚は羊膜に包まれて発生します。そこで，これらをまとめて**羊膜類**といいます。

8 **鳥綱**の体表は，羽毛で覆われており，翼をもちます。一般に飛行しますが，ダチョウ・キウイ・エミュー・ペンギンなど，飛べない鳥もいます。

鳥綱は陸上に殻のある卵を産み，羊膜に包まれて発生します。

主な窒素排出物は**尿酸**で，心臓は**2心房2心室**です。また，鳥綱と哺乳綱は体温を一定に保つことのできる**恒温動物**です。

| ダチョウ | キウイ | エミュー |

▲ 図 117-6 飛べない鳥

9 **哺乳綱**には，カモノハシやハリモグラなどの**単孔目**，カンガルーやコアラなどの**有袋目**そして，**真獣類**(**有胎盤類**)があります。

真獣類には，コウモリ(**翼手目**)，ジュゴン(**海牛目**)，ウシ・ブタ・ヒツジ・カバ・クジラ・イルカ(**クジラ偶蹄目**)，ウマ・サイ(**奇蹄目**)，イヌ・ネコ(**食肉目**)，ネズミ・リス(**齧歯目**)，ヒト(**霊長目**)などがあります。

> 以前は，イルカ・クジラをクジラ目，カバやウシなどは偶蹄目としていたが，DNAの塩基配列の比較から，イルカやクジラはカバに近いことがわかり，それらをまとめて「クジラ偶蹄目」とするようになった。

10 単孔目には**胎盤**がなく，**卵生**で乳腺はありますが乳頭はありません。また，**総排出口**(糞・尿・生殖細胞を体外に放出する孔。魚綱，両生綱，爬虫綱，鳥綱，哺乳綱の単孔目で見られる)をもつなど，両生綱・爬虫綱との共通の祖先の名残があります。

有袋目の胎盤は不完全で，子は未熟な状態でうまれ，雌の下腹部にある育児のうで育てられます。

11 哺乳綱の動物は，**体毛をもち，乳で子を育てる**という共通点があり，単孔目以外は胎生で，卵ではなく子をうみます。心臓は**2心房2心室**です。

> **+α パワーアップ**
> ### 新口動物・真体腔類のその他の動物門
> 新口動物・真体腔類の動物には，棘皮動物門，脊索動物門以外に，**半索動物門**（ギボシムシ；以前は原索動物に分類されていた），**毛顎動物門**(ヤムシ)，**有鬚動物門**(ヒゲムシ・ハオリムシ)がある。有鬚動物のハオリムシ(⇨p.654)は，深海で化学合成細菌と共生して生きている動物である。
> 近年では，分子生物学的なデータから，有鬚動物は環形動物の多毛綱に近いと考えられている。

最強ポイント

脊椎動物…脊索を生じる，脊椎をもつ，管状神経系

	無顎綱	硬骨魚綱	軟骨魚綱	両生綱	爬虫綱	鳥綱	哺乳綱
心臓	1心房1心室			2心房1心室	2心房2心室		
排出物	アンモニア	尿素		アンモニア/尿素	尿酸		尿素
体温	変温				恒温		
発生	卵生						胎生
羊膜	なし				あり		
例	ヤツメウナギ	コイ	サメ	イモリ	ヤモリ	ペンギン	コウモリ

最強講義もこれで最後です。大森徹の講義はいかがでしたか。記憶や理解があいまいな部分は2度3度と読み直してみてください。1度目には気がつかなかった新しい発見があるはずです。
　この講義で，生物の点数がアップするのはもちろん，生物が好きになって，生物に興味がわいて，生物のすばらしさを少しでも感じてくれたら，著者として最高の喜びです。機会があったら「生」の授業も受けに来てください。
　最後に私の好きな言葉を書いておきます。
　　　『念じ続ければ必ず夢は叶う』
　夢に向かって前進し続けてください！

索引 | 用語・人物名

太数字は中心的に説明してあるページを示す。

あ

アーキア	21,739
アーケプラスチダ	741
rRNA	10,36,206,326
Rh式血液型	498
RNA	10,36,106,214,326
RNA干渉	360
RNAヌクレアーゼ	111
RNAプライマー	331
RNA分解酵素	362
RNAポリメラーゼ	112,342,356
RNAワールド	684
R型菌	336
RQ	136
RuBP	146,153,164,166
RuBPカルボキシラーゼ／オキシゲナーゼ	166
IAA	559
I帯	439
iPS細胞	381
IPSP	400
アイマー	727
アウリクラリア	717,776
アオコ	666
青錐体細胞	418
赤潮	666
赤錐体細胞	418
アガロースゲル	383
アクアポリン	46
アクチビン	240
アクチン	16,439
アクチンフィラメント	16,69,80,439,440
アクリジン色素	371
アグレ	46
亜高山帯	621
亜高木層	605
浅島誠	240
アジソン病	534
亜硝酸	371
亜硝酸イオン	174
亜硝酸還元酵素	111
アスパラギン	28,29
アスパラギン酸	28,29,138,176
アスピレーター	134
アセチル化	359
アセチルガラクトースアミン	281
アセチルCoA	128,138
アセチルコリン	399,413,441
アセトアルデヒド	125,513
暖かさの指数	619
圧点	435
アデニル酸	98
アデニル酸キナーゼ	112,445
アデニル酸シクラーゼ	529
アデニン	34,36,98,101,324,327,342
アデノシン	35,98,325
アデノシン一リン酸	98
アデノシン三リン酸	98
アデノシン二リン酸	98
アトピー性皮膚炎	495
アドレナリン	412,534,538,540
アナフィラキシー	495
アニマルキャップ	238,240
亜熱帯多雨林	616,621
アブシシン酸	572,586
あぶみ骨	430
アベナ屈曲テスト	557
アベリー	337
アポ酵素	107
アポトーシス	259,490
アポリプレッサー	357
アミノアシルtRNA合成酵素	112,343
アミノ基	27,176
アミノ基転移酵素	112,175
アミノ基末端	30
アミノ酸	27,28,29,174
アミノ酸活性化酵素	112,343
アミノ酸配列	719
アミラーゼ	105,110,577
アミロース	40
アミロプラスト	13,562
アミロペクチン	40
アメーバ運動	17
アメーボゾア	741
アラニン	28,29,138,176
アラビノースオペロン	358
アリー効果	676
アリストテレス	680
アルカプトン尿症	353
アルカロイド	19
アルギナーゼ	111,504
アルギニン	28,29,111,351,504
アルギニン要求株	351
アルコール発酵	125
アルビノ	254,353
α鎖	31,719,732
αチューブリン	16
αヘリックス	31
アルブミン	33,464,513
アルベオラータ	741
アレルギー	495
アレルゲン	495
アレロパシー	651
アレンの規則	541
アロステリック酵素	122
アロステリック部位	122
アンギオテンシノーゲン	544
アンギオテンシン	544
暗順応	421
アンダーソン	725
暗帯	439
アンチコドン	343
アンチセンス鎖	342
安定型	630
アンテナペディア突然変異体	367
アントシアン	19
アンドロゲン	535
暗発芽種子	578
アンモニア	503
アンモニウムイオン	174

い

ES細胞	267
E型カドヘリン	44,226
EPSP	399
硫黄	28,170
イオン結合	29
異化	98,124
鋳型鎖	342
緯割	218,221
維管束系	74
維管束鞘細胞	164
閾値	393
生きている化石	713
異形細胞	178
異型接合体	277
異形配偶子	182
異形配偶子接合	182
池田成一郎	201
胃腔	763
異質細胞	178,738
異質二重膜	11
胃水管系	764
異数性	372
異数体	372
イソロイシン	28,29
遺存種	713
一遺伝子一酵素説	352
一遺伝子一ポリペプチド説	353,354
一遺伝子雑種	276
一塩基多型	375
一次応答	485
一次間充織	219
一次構造	30
一次細胞壁	20
一次消費者	652
一次精母細胞	203
一次遷移	605
一次同化	179
位置情報	257,265
一次卵母細胞	205,206,212
一年生植物	603,604
一倍体	372
1-メチルアデニン	206
一様分布	626
一夫多妻	634
遺伝	272
遺伝暗号	342,346
遺伝暗号表	347,348
遺伝学的地図	310
遺伝子	83,272
遺伝子型	277
遺伝子記号	277
遺伝子組換え	379
遺伝子クローニング	382
遺伝子重複	732
遺伝子刷込み	359
遺伝子突然変異	371,373
遺伝子ノックダウン	360
遺伝子頻度	729

遺伝子プール	729
遺伝情報	83
遺伝地図	310
遺伝的汚染	675
遺伝的攪乱	675
遺伝的多様性	670
遺伝的浮動	730
遺伝的変異	371
イヌリン	508
イネ科型	601
イネ馬鹿苗病	567
イリジウム	695
インゲンホウス	148
飲作用	60
陰樹	608
陰樹林	607
飲食作用	60
インスリン	412,534,538
陰生植物	160
インターロイキン	480,483
インテグリン	68
インドール酢酸	559
イントロン	345
隠蔽的擬態	724
陰葉	160,608

う

ウィルキンズ	328
ウイルス	339
ウイルスフリー	376
ウィルソン	705
ウィルヒョー	23
ウィルムット	255
ウーズ	736
ウェント	557
ウォーレス	724
右心室	520
右心房	520
渦鞭毛藻類	746
うずまき管	429,430
うずまき細管	430
ウズムシ綱	767
ウラシル	34,36,324,342
ウリジン	35,325,363
雨緑樹林	616,661
ウルトラバイソラック ス突然変異体	367
ウレアーゼ	110
運動神経	402,407
運動野	403,410

え

永久組織	71
永久胞胚	246
エイズ	493
H抗原	498
H鎖	483
H帯	439
Hd3aタンパク質	593
H$^+$ポンプ	46
鋭敏化	457
エイブリー	337
栄養核	62,184
栄養器官	75
栄養生殖	186
栄養成長	202,587
栄養体生殖	186
栄養段階	652,658
栄養胞子	185
栄養膜	267
栄養要求性突然変異株	351
エウスタキオ管	429
AIDS	493
AMP	98,101,362
A型血清	497
A細胞	534,538
A帯	439
ATP	98,101,124,132, 144,326,444
ADP	98,101,445
ATPアーゼ	109,110,440
ATP合成酵素	130
ATP転換率	133
エーテル脂質	740
ABO式血液型	280,281,496
ABCモデル	368
腋生	274
エキソサイトーシス	61
エキソン	345
液胞	19
エクジソン	363
エクスカバータ	741
エコーロケーション	453
SRY	313
S-S結合	29,31,483
Sox2	230
S型菌	336
S期	78
エステル脂質	740
エストラジオール	38,535
エストロゲン	364,535,549
エタノール	125
エチレン	573
柄つき針	87
Xist	318
XO型	312
X線	371
X線回折	328
X染色体	311,317
XY型	311
エディアカラ生物群	686
N-アセチルガラクトースアミン	281
NAA	559
Na$^+$チャネル	45,391,396
NAD$^+$	107,109,111,124,129
NADH	124,129,131
NADP$^+$	109,144,150
NADPH	144,146,166
Na$^+$ポンプ	46,47
N型カドヘリン	44,226
NK細胞	482
N末端	30,344
エネルギー効率	133,658
エネルギー代謝	98
エネルギー転換率	133
エネルギーピラミッド	656
エピトープ	487
エフィラ	765
FAD	109,113,129,135
FADH$_2$	113,129
FMN	131
FM音	453
FGF	258
F$_2$	276
FTタンパク質	593
F$_1$	274
エマーソン	152
エマーソン効果	152
mRNA	36,206,326,342,361
MHC分子	482,490
M期	78
Mb	135
MPF	206
えら	526
えり細胞	763
エリトロクルオリン	470
エルグリッド	728

L鎖	483
塩化セシウム	25
塩基	34,324
塩基性アミノ酸	29
塩基性色素	10
塩基配列	324,719
円形ダンス	461
エングルマン	149
遠視	423
炎症	480
猿人	702
遠心性	402
遠心分離機	24
延髄	402,405,409,521
遠赤色光吸収型	579,593
エンテロキナーゼ	110,517
エンドリイトーンス	60
エンドルフィン	399
塩類細胞	545
塩類腺	547

お

黄体	535,549
黄体形成ホルモン	549
黄体形成ホルモン放出ホルモン	549
黄体ホルモン	535,549
横断面	223
黄斑	416,419
横紋筋	66,438
横紋筋線維	66
おおい膜	430
オーガナイザー	236
オーキシン	376,559,567,568
オーダーメイド医療	375
岡崎フラグメント	330
オキサロ酢酸	128,138,164,166,168,176
オキシダーゼ	111
オキシトシン	531
押しつぶし法	87
雄ヘテロ型	312
オゾン層	669,688
オゾンホール	669
オタマジャクシ	224
オタマジャクシ形幼生	777
オチョア	346
おとがい	704
斧足綱	768

オパーリン	683	化学屈性	553	活動電流	395	還元型メチレンブルー	
お花畑	622	化学合成	102,172	滑面小胞体	18		135
オピストコンタ	741	化学合成細菌	172	果糖	39	感光点	62,426
オプシン	418	化学進化	682	仮道管	72	幹細胞	261,267
オペラント条件づけ	459	化学浸透圧説	130	カドヘリン	44,69	肝細胞	512
オペレーター	355,357	化学走性	450	カドミウム	667	環状AMP	101
オペロン	355	化学的酸素要求量	665	果皮	196	緩衝液	383
オペロン説	356	化学的消化	514	花粉	758	環状除皮	591
オルドビス紀	688	鍵刺激	451	花粉管	190,194	管状神経系	415,777
オルニチン		かぎ爪	700	花粉管核	190	環状DNA	332
	29,111,351,504	可逆反応	113	花粉管細胞	190	肝小葉	512
温室効果	669	核	10	過分極	391	乾性遷移	607
温室効果ガス	669	核移植	251,255	花粉四分子	190,758	間接効果	646
温帯草原	617	核相	81	花粉培養	377	汗腺	70
温点	435	拡散	48	花粉母細胞	190	完全強縮	447
温度覚	409	核酸	34,324	可変部	484	完全培地	351
温度傾性	553	核酸ワクチン	494	果胞子	747	完全変態	264,773
科	734	角質層	70,477	鎌状赤血球貧血症		完全連鎖	302
		学習	456		373,374	肝臓	444,504,512,518
か		学習曲線	458	CAM植物	168	乾燥荒原	618
カースト	635	核小体	10,80,254	カメラ眼	427	管足	775
カーボニックアンヒド		核相	81	ガモフ	346	桿体細胞	417
ラーゼ	111,475	獲得免疫	481	ガラクトシダーゼ	355	寒地荒原	618
界	734	核分裂	191,192	ガラクトース		眼点	62,426
階級維持フェロモン	461	核膜	10,80		39,110,281	間脳	402,404
海牛目	779	角膜	241,416	カラザ	269	間脳視床下部	
塊茎	186	核膜孔	10	ガラス体	416		413,536,538,540,549
外肛動物門	770	学名	734	夏緑樹林	617,621,661	眼杯	241
開口分泌	61	Kaguya	189	カルシトニン	533	間氷期	696
外呼吸	525	攪乱	671	カルス	376	カンブリア紀	687
塊根	186	隔離説	727	カルビン	153	カンブリア大爆発	687
介在神経	408,457	かご形神経系	414,766	カルビン・ベンソン回路		眼胞	241
介在ニューロン	457	仮根	757		146,154,164,168,171	緩歩動物門	773
外耳	429	過酸化水素	104	カルボキシ基	27,176	γ線	371
開始コドン	349,350	果実	196	カルボキシ基末端	30	顔面神経	413
概日リズム	455	加水分解酵素	110	カロテノイド		肝門脈	518,524
階層構造	605	ガストリン	535		12,141,147,293,747	冠輪動物	761,766
解糖	125	カスパリー線	582	カロテン	141		
解糖系	125,126	花成ホルモン	592	感覚細胞	430	**き**	
外とう膜	768	仮足	62	感覚上皮	65	キーストーン種	647
カイネチン	570	花托	197	感覚神経	402,407	記憶細胞	490
外胚葉	220,222,226,230	カタラーゼ		感覚点	435	記憶B細胞	485
灰白質	403,408		19,104,109,111,114	感覚ニューロン	389	記憶ヘルパーT細胞	485
外部環境	537	割球	213	感覚野	403,409	偽果	197
外分泌腺	528	活性化因子	358	眼窩上隆起	704	機械組織	71
開放血管系	519,768,772	活性化エネルギー	103	間期	78	機械的消化	514
海綿状組織	75	活性酢酸	128,138	環境形成作用	652	器官	70
海綿動物	763	活性酸素	19	環境収容力	623	気管	525,526
外来生物	672	活性中心	106	環境抵抗	623	器官系	70
外来生物法	672	活性部位	106	環境変異	370	気管支	525
解離	86	褐藻類	747	環形動物	769	気孔	75,585
花芽	587	活動電位	390	還元	111	キサントフィル	141

基質	106	求心性	402	筋紡錘	407,436	グルタミン酸生成酵素	
基質特異性	106	吸水力	54				112,175
基質濃度	116	吸虫綱	767	**く**		クレアチニン	506
寄生	650	9+2構造	16	グアニン	34,36,324,327	クレアチン	132,444
寄生者	650	休眠打破	569	グアノシン	35,325,362	クレアチンキナーゼ	
寄生連鎖	654	嗅葉	406	食い分け	643		112,132,444
擬態	723,724	丘陵帯	621	グールド	728	クレアチンリン酸	
偽体腔	761,767,771	キュビエ	721	クエン酸	128		112,132,444
北里柴三郎	494	胸管	518	クエン酸回路		クレチン症	533
拮抗阻害	119	供給サービス	678		127,128,135	クローディン	68
基底状態	143	強光阻害	166	クエン酸ナトリウム 468		クローン	252
基底層	477	凝集原	496	区画法	627	グロビン	469
基底膜	430	凝集素	496	茎	75	グロビン遺伝子	732
奇蹄目	779	凝集反応	496	くし板	764	グロブリン	464
きぬた骨	430	凝集力	583	クジラ偶蹄目	779	クロマチン繊維	359
キネシン	16	共進化	694	クチクラ化	20	グロムス菌類	753
基盤サービス	678	共生説	13	クチクラ蒸散	586	クロロフィル	12,141
偽変形体	745	胸腺	481,524	クチクラ層	71,586	クロロフィル a	
基本細胞	65	競争	639	クチン	20		141,142,143,746
基本組織系	74	競争的阻害	119	屈筋反射	408	クロロフィル c	141,746
基本転写因子	360	競争的排除	640	屈性	552	クロロフィル b	
基本ニッチ	641	強端黄卵	216,269	クッパー細胞	512		141,142,746
木村資生	727	共同繁殖	634	クプラ	433	群生相	625
キメラ	381	強膜	416	組換え	301	群体	63,64
キメラ抗体	494	恐竜類	693	組換え価	301,310		
キモグラフ	446	極核	192	クライマックス	608	**け**	
キモトリプシノーゲン		局所個体群	676	クラインフェルター症		経割	218,221
	517	局所生体染色法	233		313,372	形質	272
キモトリプシン 110,517		極性	261	クラウゼ小体	435	形質置換	642
気門	526	極性移動	560,562	グラナ	12,143	形質転換	336,338
逆位	371	極性化活性域	257	グランザイム	490	傾性	553
逆転写	344,380	極相	608,660	グリア細胞	67	形成層	71,76
逆転写酵素	112,379	極相種	608	クリアランス	510	形成体	236
キャップ	362	極相林	608	グリコーゲン 40,444,513		形成中心	199
ギャップ	610,612	極体	207	グリシン	28,29	形態形成	364
ギャップ遺伝子群	366	棘皮動物	775	クリスタリン	33	形態形成物質	257
ギャップ結合	69	極帽	79	クリステ	11	茎頂培養	376
ギャップ更新	610	極葉	249	グリセリン	37	茎頂分裂組織	71
キャノン	537	拒絶反応	490	グリセルアルデヒドリ		系統	277
キャリア	45	魚類	406,437,502,778	ン酸	126,146	系統樹	719
キャンベル	255	キラーT細胞	489	クリック	328	系統発生	716
吸エネルギー反応	98	菌界	736,751	グリフィス	336	系統分類	734
嗅覚	436	筋芽細胞	66	クリプトクロム	596	警報フェロモン	461
球形のう	434	筋原繊維	439	グルカゴン		系列化石	709
旧口動物	766	近交弱勢	676		30,412,534,538	ケーゲル	558
嗅細胞	436	菌根	649	グルコース		K^+チャネル	45,391
休止期	256	筋細胞	438		39,46,47,110,124	ゲーム理論	725
吸収曲線	142	近視	423	グルタミン	28,29,175	血液	66,464
吸収上皮	65	筋小胞体	438,441	グルタミン合成酵素		血液凝固	467
吸収スペクトル	142	筋節	439		112,175	血縁度	636
臭上皮	436	筋繊維	66,438	グルタミン酸		血縁淘汰説	636
旧人	697,704	筋組織	66		28,29,138,175	穴眼	427

血管系	522	限定要因	155	甲状腺刺激ホルモン		呼吸根	616
血球	464	原尿	506		531,536	呼吸色素	469
血球芽細胞	465	顕微鏡	22	甲状腺刺激ホルモン放		呼吸樹	527
月経	550	顕微鏡図譜	22	出ホルモン	531,536	呼吸商	136,139
結合組織	65,230	原皮質	403	後腎	501	呼吸速度	159,160
欠失	371,373,374	腱紡錘	436	後成説	231	呼吸量	660
齧歯目	779			構成的発現	364	黒色素胞刺激ホルモン	
血しょう	464	**こ**		酵素	103		531
血小板	465,466	コアセルベート説	683	構造遺伝子	355	黒色素胞刺激ホルモン	
血小板因子	467	綱	734	紅藻類	746	抑制ホルモン	531
血清	255,467	抗A血清	497	酵素-基質複合体		コケ植物	755
血清療法	493,494	高エネルギー結合	101		106,116	古細菌	21,346,736
血糖	537	高エネルギーリン酸結		酵素と基質の親和性	117	古細菌ドメイン	739
血餅	467	合	99,101,132	抗体	481,483	鼓室	429
解毒作用	512	好塩基球	495	抗体産生細胞	483	鼓室階	430
ケトグルタル酸		恒温動物	779	好中球	466,479	互助遺伝子	297
	128,138,175	光化学オキシダント	669	腔腸	764	枯死量	656
ゲノム	83	光化学系Ⅰ	144,153	高張液	25,49	古生代	687
ゲノムインプリンティ		光化学系Ⅱ	144,153	腔腸動物	764	個体群	623
ング	189,259	光化学スモッグ	669	後天性免疫不全症候群		個体群の成長	623
ケラチン	17,33,69,477	光化学反応	143		493	個体群密度	623
原猿類	701	光学顕微鏡	9	後頭葉	403	古第三紀	695
限界暗期	587	甲殻類	772	高度好塩菌	739	個体数ピラミッド	655
限界原形質分離	53	厚角組織	72	河野友charisma	189	5′末端	327,344
原核細胞	20	交感神経		交配	274	五炭糖	34,39,324
原核生物	8,20,345,685		402,411,412,538,540	抗B血清	497	骨格筋	66,438
原核生物界	735	後期	79,91	興奮	390	骨形成因子	237
原基分布図	234	攻撃型擬態	724	興奮性シナプス後電位		骨細胞	65
原形質吐出	51	抗原	482		399	骨質	65
原形質復帰	57,58	荒地	607,618	興奮性ニューロン	400	骨髄	465
原形質分離	52	抗原抗体反応	484	興奮の伝達	399	骨組織	65
原形質流動	13,17	膠原繊維	65	興奮の伝導	396	骨片	219,763
原形質連絡	69	抗原提示	482,489	厚壁組織	72	骨迷路	429
原口	219	光合成	102	孔辺細胞	71,585	固定	86
原口背唇部	236	光合成曲線	156	酵母	125	固定的動作パターン	451
原索動物門	777	光合成色素	141,143,170	高木限界	622	古典的条件づけ	458
原糸体	755	光合成速度	159,160	高木層	605	孤独相	625
原条	270	硬骨魚	690	肛門	222	コドン	343,347
原人	696,703	硬骨魚綱	778	後葉	531	コハク酸	111,113,128
原腎管	500,766	硬骨組織	65	広葉型	600	コハク酸脱水素酵素	
減数分裂		後根	407	硬葉樹林	617,661		109,111,113,135
	90,203,205,211	虹彩	263,416,420	光リン酸化反応	144	コハク酸ナトリウム	134
限性遺伝	318	交雑	274	コエンザイム	109	コヒーシン	96
原生細胞	763	高山荒原	622	コーダル	366	古皮質	403
原生生物界	736,743	高山草原	622	コーディン	237,240	糊粉層	577
原生動物	743	高山帯	621	コープ	727	鼓膜	429,430
現存量	656	鉱質コルチコイド		コープランド	735	鼓膜器	437
原腸	219,222		38,506,534,544	五界説	735	固有種	718
原腸体腔幹	761	光周性	587	個眼	428	コラーゲン	65,68
原腸胚期	219,222	恒常性	537	呼吸	102,124,126	コラーナ	347
検定交雑	287	甲状腺	533,536	呼吸器	525	孤立化	670
検定交配	287			呼吸基質	136	コリンエステラーゼ	400

コルク化	20	細胞系譜	260	散在神経系	414,764	軸決定遺伝子	365
ゴルジ体	18,204	細胞口	62	三次構造	31	軸索	388
コルチ器	430	細胞肛門	62	三次消費者	652	ジグザグダンス	451
コルヒチン	19,372,377	細胞呼吸	525	三畳紀	693	軸索末端	400
コルメラ細胞	562	細胞骨格	16,68	酸性アミノ酸	29	刺激伝導系	521
コルメラ始原細胞	199	細胞質	10	酸性雨	668	始原生殖細胞	203,205
コレステロール	38	細胞質基質	9,125,171	酸成長説	564	資源利用曲線	642
コレンス	273	細胞質分裂	80	酸素解離曲線	471	師孔	73
コロニー	336,635	細胞質流動	17	酸素ヘモグロビン	470	視交叉	424
根圧	583	細胞周期	88,255	三大肥料	41	試行錯誤	458
婚姻色	451	細胞小器官	11	3′末端	327,344	視交叉上核	455
根冠	76	細胞性粘菌	745	山地帯	621	自己受容器	407,436
混交林	607	細胞性免疫	489,495	三点交雑	305	自己受容反射	408
痕跡器官	712	細胞説	23	三ドメイン説	736	自己免疫疾患	492
根足虫類	743	細胞接着	68	三倍体	372	刺細胞	764
根端分裂組織	71,77,236	細胞選別	44	三胚葉	220,222	死細胞	72
昆虫類	428,690,773	細胞体	388	三胚葉性	760,766	視細胞	417,426
近藤寿人	230	細胞内共生	742			4細胞期	218,221
根毛	71,77,582	細胞内共生説	13	**し**		脂質	37
根粒	649	細胞内消化	18,514	シアノバクテリア		子実体	744,753
根粒菌	649	細胞内浸透圧	50,52		13,21,177,685,737	示準化石	707
婚礼ダンス	460	細胞板	80	cAMP	101,529	視床	404,409
さ		細胞分画法	24	Ca^{2+}チャネル	400,441	視床下部	404
		細胞壁	20	GABA	399	耳小骨	429,430
サーカディアンリズム		細胞膜	43	Ca^{2+}ポンプ	442	糸状体	747,749
	455	細胞融合	378	CF音	453	視神経	416
鰓弓	688	酢酸オルセイン		GFP	381	システイン	28,29
再吸収	506,544		10,86,310	CoQ	109,131	システミン	574
細菌	21,736	酢酸カーミン	10,86,310	CO_2補償点	159,160	ジスルフィド結合	29
細菌ドメイン	737	柵状組織	75,161	COD	665	雌性ホルモン	535
最終収量一定の法則	625	挿し木	186	C_3植物	164	耳石	434
最少培地	351	左心室	520	Gタンパク質	529	自然浄化	665
再生	261	左心房	520	G_2期	78	自然選択説	723
再生芽	261,262	ザックス	149	cDNA	380	自然発生説	23,680
臍帯	269	雑種第一代	274	C末端	30	自然分類	734
臍帯血	267	雑種第二代	276	C_4回路	165,166	自然免疫	479
最適温度	104,114	サットン	304	C_4植物	164,166	示相化石	708
最適pH	105,115	里山	671	G_1期	78	シダ種子植物	689
サイトーシス	60	砂漠	618	ジェンナー	494	シダ植物	689,756
サイトカイニン		砂漠化	677	紫外線	253,432	シチジン	35,325
	376,570,571	サバンナ	616,661	耳殻	429	しつがい腱反射	407
サイトカイン	483	サブユニット	31,473	自家受精	370	失活	32,105
細尿管	505,544	作用	652	自家受粉	273	湿原	611
細胞	22	作用曲線	142	自家不和合性	298	実現ニッチ	642
細胞液	19	作用スペクトル	142	師管	72,73	湿性遷移	611
細胞外基質	68	サルコメア	439	耳管	429	ジデオキシ法	385
細胞外消化	514	酸化	111	弛緩期	446	ジデオキシリボース	385
細胞外浸透圧	50	サンガー法	385	色素顆粒	17	ジデオキシリボヌクレ	
細胞外マトリクス	68	三界説	735	色素細胞	426	オシド三リン酸	386
細胞学的地図	310	酸化還元酵素	111	色素体	13,321	シトクロム	131
細胞間物質	65	酸化的リン酸化	131	子宮	266	シトクロムオキシダー	
細胞群体	63	酸化マンガン(Ⅳ)	104	糸球体	505	ゼ	131

シトシン		柔毛間腔	269	松果体	455	白子症	353
	34,36,324,327,359	重力屈性	552,561	条鰭類	690	自律神経	402,411
シトルリン	29,351,504	重力走性	450	条件遺伝子	290	シルル紀	688
シナプス	399	縦裂面	79,91	条件刺激	458	人為単為発生	189
シナプス可塑性	458	16細胞期	218,243	条件反射	458	人為分類	734
シナプス小胞	399	樹冠	605	蒸散	583	腎う	505,506
子のう	752	種間競争	639	硝酸イオン	174	心黄卵	216
子のう果	752	宿主	650	硝酸還元酵素	111	真果	197
子のう菌類	752	珠孔	193	硝酸呼吸	664	シンガー	43
子のう胞子	752	シュゴシン	96	小進化	730	真核細胞	9
師板	73	主根	759	常染色体	311	真核生物	8,345,686,741
師部	74	種子	196	条虫綱	767	進化の総合説	729
死物寄生	650	主色素	143	小腸	47,515,518	腎管	501,768,772
ジフテリア	494	種子植物	758	しょう尿膜	268	心筋	66,438
ジベレリン	567,577,580	樹状細胞	465,479,489	小脳	402,404	神経管	224,226
刺胞	764	樹状突起	388	小配偶子	182	神経冠細胞	226
脂肪	37,110,136,138	種小名	734	消費者	652	神経筋接合部	399
脂肪酸	37,110	受精	182,209,211,266	上皮組織	65,230	神経筋標本	446
刺胞動物	764	受精丘	209	小胞体	18	神経溝	224
子房壁	196	受精膜	209,210,219	しょう膜	268	神経膠細胞	67
視野	425,700	受精卵	182,194,209	静脈	520,522	神経細胞	67,388
社会性昆虫	635	種多様性	670	静脈血	523	神経褶	223
弱端黄卵	216	出芽	185	照葉樹林	617,621,661	神経鞘	388
若齢型	630	受動輸送	46	剰余生産量	601	神経節	412
ジャコブ	356	種内競争	634	常緑樹	618	神経節神経系	415,768
車軸藻類	748	種の起源	723	女王物質	461	神経繊維	388
ジャスモン酸	574	珠孔	196	初期原腸胚	234	神経組織	67
シャペロン	32	種皮	196	初期神経胚	234	神経堤細胞	226
シャルガフ	327	受粉	190,194,298	除去酵素	111	神経伝達物質	399
シャルガフの規則	327	シュペーマン		食作用		神経胚期	223
種	734		234,236,250		60,338,466,479,482	神経板	223
終期	80,91	主要組織適合遺伝子複		触手冠動物門	770	神経分泌細胞	528,532
集合管	46,544	合体	482	植生	598	神経分泌物質	528
集合フェロモン	460	受容体	529	食虫植物	179	信号刺激	451
シュウ酸鉄(Ⅲ)	150,151	シュライデン	23	触点	435	進行帯	258
終止暗号	349	ジュラ紀	693	食肉目	779	人工多能性幹細胞	381
収縮期	446	シュワン	23	触媒	103	新口動物	775
収縮胞	62,500	シュワン細胞	67,388	植物界	735,755	腎細管	505
重症筋無力症	492	順位制	634	植物極	205,245	心室	520
従性遺伝	319	春化	595	植物細胞	9,52	真獣類	779
従属栄養	178	循環系	70	植物ホルモン	563,567	腎小体	505
従属栄養生物	178,685	純系	277,377	食胞	62,514	新人	697,704
収束進化	712	純系説	371	食物網	653	親水性	43
柔組織	71	純生産量	656,658,660	食物連鎖	653	新生児溶血症	499
集団遺伝	729	瞬膜	712	助細胞	192,195	新生代	695
集中神経系	414	子葉	196	処女生殖	187	真性中心柱	77
集中分布	626	消化	514	触覚	409	真正胞子	185
柔突起	518	硝化	173,663	触角器	437	腎節	224,228
十二指腸	516	消化管	224,229,230,515	触角腺	501	心臓	228,520,716
重複	371	小核	62,184	ショ糖	39	腎臓	501,505
重複受精	194	消化系	70,515	書肺	526	心臓の自動性	521
柔毛	70,518	消化腺	515	ジョンストン器官	437	真体腔	761,768,772,775

新第三紀	696	スポロゾイド	744	正中面	223	接着結合	69
腎単位	505	住木諭介	567	成長運動	552	ZO型	312
伸長成長	71	棲み分け	643	成長曲線	623	Z染色体	312
浸透	48	刷込み	456	成長ホルモン	531,538	ZW型	312
浸透圧	48,548			成長量	656	ZPA	257
浸透圧の大きさ	49	**せ**		正の屈性	552	Z膜	439
真皮	70,230,244,477	正円窓	431	正の走性	450	絶滅	676
新皮質	403	精核	209	正の光走性	426	絶滅危惧種	677
心房	520	生活環	187	性フェロモン	460	絶滅の渦	676
針葉樹林	617,621,661	生活形	603	生物化学的酸素要求量		セネビエ	149
侵略的外来種	672	生活形スペクトル	604		665	セパラーゼ	96
森林	615	正逆交雑	315	生物群系	615	ゼリー層	209
森林限界	622	性決定	311	生物群集	639	セリン	28,29
		制限酵素	111,379	生物検定法	558	セルラーゼ	110,378,565
す		精原細胞	203	生物時計	454	セルロース	20,40,80,110
随意筋	66,438	生細胞	73	生物濃縮	667	セルロース繊維	568
水管系	527,775	精細胞	190,194,201,203	性ホルモン	38	セロトニン	399,457
水孔	75,586	生産構造	600	生命の起源	683	遷移	605
水酸化カリウム	139	生産構造図	600	生命表	628	繊維芽細胞	65
水酸化ナトリウム	139	生産者	652	生理食塩水	52	繊維性結合組織	65
髄鞘	388	生産量	657	生理的栄養塩類溶液	52	繊維組織	72
水晶体	241,263,416,422	生産力ピラミッド	656	生理的食塩水	52	全割	216
すい臓	534,538	精子	182,201,203	セカンドメッセンジャ		全か無かの法則	393
水素結合	31,36,327	静止中心	199	ー	530	先カンブリア時代	685
水素受容体	111	静止電位	390	赤外線	432	前期	78,90,91
錐体細胞	417,418	成熟花粉	190	赤芽球	465	全球凍結仮説	686
垂直分布	620	成熟促進因子	206	赤芽細胞症	499	先駆種	608
水肺	775	星状体	78,209	脊索	224,227,236,777	線形動物	771
水平分布	620	生殖	182	赤色光吸収型	579,593	前根	407
スーパーマウス	381	生殖核	62,184	脊髄	226,402,405,407	腺上皮	65
スキフラ	765	生殖器官	75	脊髄神経	402	染色	86
スクラーゼ	110,516	生殖細胞	182	脊髄髄質	405,408,409	染色体	10,79,81,84,93,96
スクロース	25,39,48,110	生殖質連続説	727	脊髄反射	407	染色体説	304
スタール	332	生殖成長	202,587	脊髄皮質	405,408,409	染色体地図	305,307,308
ステップ	617	生殖腺刺激ホルモン	531	石炭紀	691	染色体突然変異	371
ステロイド	37,38	生殖的隔離説	727	脊椎動物	778	染色体不分離	372
ステロイド系		生食連鎖	653	赤道面	79,246	前腎	501
	364,529,574	生成物	106	赤緑色覚異常	314	センス鎖	342
ステロイド骨格	38	性染色体	311	セグメントポラリティ		前成説	231
ストラメノパイル	741	性選択	725	ー遺伝子群	366	先体	204
ストリゴラクトン	571	精巣	535	セクレチン	535	先体突起	209
ストロビラ	765	生存曲線	628	舌咽神経	413	先体反応	210
ストロマ	12,143,145	生態	652	赤血球	465	先体胞	204
ストロマトライト	685	生態系サービス	678	接合	182	選択圧	723
ストロン	186	生態系多様性	671	接合菌類	751	選択的遺伝子発現	
SNP	375	生体触媒	104	接合子	182,744,745		252,363
スノーボール・アース		生態的地位	639	節後神経	412	選択的スプライシング	
仮説	686	生態ピラミッド	655	接触屈性	553		354
スパランツァーニ	681	生態分布	619	接触傾性	553	選択的透過性	45
スプライシング	345	生体膜	43	摂食量	657	選択透過性	45
滑り説	442	生体量	656	節前神経	412	仙椎神経	413
スベリン	20	生体量ピラミッド	656	節足動物	690,772	前庭	429,434

前庭階	430	組織液	464	対立遺伝子	274	単収縮	446
前庭窓	430	組織系	74	対立形質	274	単収縮曲線	446
ぜん動運動	515	組織適合抗原	490	苔類	756	単純脂質	37
全透性	45,48	ソシュール	149	ダウン症	372	単子葉類	76,197,759
前頭葉	403	疎水結合	27,29,31	唾液アミラーゼ	115	炭水化物	39,136
セントラルドグマ	344	疎水性	43	唾液腺染色体	309	単相	81
全能性	250	ソテツ類	758	他感作用	651	単相生物	750
潜伏期	446	ソニックヘッジホッグ		多細胞生物	686	断続平衡説	728
繊毛	16,62,449		258	多精拒否	210,212	炭素の循環	663
繊毛虫類	743	粗面小胞体	18	唾腺	515	担体	45,46
前葉	531			唾腺染色体	309,363	単糖類	39
前葉体	756	**た**		多足綱	772	タンパク質	27,136,138
蘚類	756	ダーウィン	555,722,724	多地域進化説	705	タンパク質キナーゼ	530
		ターナー症	313,372	脱アミノ	138,176	タンパク質の立体構造	
そ		第一極体	205,207	脱水素酵素	111,124,134		30
相加的遺伝子	295	第一分裂	90,212	脱炭酸酵素	111	単複相生物	750
相観	599	第一卵割	218,221,248	脱窒	664	団粒構造	606
雑木林	671	体液性免疫	482	脱窒素細菌	664		
総鰭類	690	ダイオキシン	668	脱慣れ	456	**ち**	
造血幹細胞	267,465	大核	62,184	脱皮動物	761,771	地衣類	607,753
草原	607,612,616	体腔	224,228	脱分化	262,263,376	チェイス	340
相似器官	427,711	対合	90	脱分極	390	チェック	684
桑実胚期	219,221	大後頭孔	702,705	多糖類	40,68	チェルマク	273
走出枝	186	対合面	91	タネナシスイカ	372	遅延型アレルギー	495
双子葉類	75,197,758	体細胞分裂	78,84,191	タネナシブドウ	568	置換	373
走性	450	体細胞分裂の観察	86	WOX5	199	地球温暖化	669,692
造精器	755,757	胎児	269	W染色体	312	致死遺伝子	283
総生産量	656	体軸幹細胞	230	WUS	199	地質時代	685
相同器官	710	胎児ヘモグロビン		多分裂	184	地上植物	603
相同染色体	81,83,90		474,733	単為結実	569	遅滞遺伝	320,361
挿入	373,374	代謝	98	単為生殖	187	地中植物	603,604
総排出口	713,779	大静脈	523	単一起源説	705	窒素固定	177
層別刈取法	600	大進化	730	単為発生	187	窒素同化	102,174
相変異	625	体性幹細胞	267	胆液	513	窒素の循環	664
相補的DNA	380	体性神経	402	胆液酸	38	知能行動	459
相補的な関係	35,327	体節	224,227	端黄卵	215,216	地表植物	603
草本層	605	体節器	501,770	単眼	428	地表層	605
造卵器	755,757	大腸	515	単球	479	チマーゼ	108
相利共生	649	大動脈	523	単孔目	779	チミジン	35,325
藻類	742	大動脈弓	716	端細胞幹	761	チミン	34,36,324,327
ゾエア	717	体内環境	537	単細胞生物	62	チャイラヒャン	593
属	734	体内時計	454	炭酸脱水酵素		着床	266
側芽	186,565	第二極体	205		109,111,475	着生植物	616
側根	759	第二分裂	91,211	炭酸同化	102	チャネル	45,46,391
側鎖	27	第二卵割	248	担子器	752	中央細胞	192
即時型アレルギー	495	ダイニン	16	担子菌類	752	中間径フィラメント	
側線	437	大脳	402,404	短日植物	587,588		17,69
側線管	771	大配偶子	182	短日処理	590	中間雑種	279
側頭葉	403	胎盤	267,269,474	担子胞子	753	中期	79,90,91
側板	224,228	体表呼吸	770	胆汁	513	中規模攪乱説	671
属名	734	太陽コンパス	454	胆汁酸	38,513	中耳	429
組織	65	第四紀	697	胆汁色素	513	中腎	501

中心核	195
中心小体	15,204
中心体	15
中心柱	77
中心粒	15,204
虫垂	712
抽水植物	611
中枢神経系	402
中性赤	233
中性アミノ酸	29
中性植物	587,588
中生代	693
中脳	402,404
中胚葉	220,222,227,230
中胚葉誘導	239
チューブリン	15
中片	204
中葉	531
中立説	727
超音波	433,453
頂芽	565
頂芽優勢	565,571
腸管	224,229
腸間膜	228
鳥綱	779
超好熱菌	739
聴細胞	430
長日植物	587,588
頂生	274
調整卵	233
調節遺伝子	355,360
調節サービス	678
調節タンパク質	360
調節的発現	364
調節卵	233
頂端分裂組織	71
頂堤	258
跳躍伝導	398
鳥類	269,406,502, 693,710
直立二足歩行	702,705
貯蔵組織	72
チラコイド	12,143
チラコイド膜	737
地理的隔離説	727
チロキシン	29,260,529, 533,536,540
チロシン	28,29,353
沈降線	486
チン小帯	416,422
沈水植物	611

つ

追加排出	506
痛覚	409,435
痛点	435
通道組織	72
接ぎ木	186
つち骨	430
ツベルクリン	490
ツベルクリン反応	495
ツンドラ	618
ツンベルク管	134

て

定位	452
tRNA	36,326,342
DELLAタンパク質	569
TS細胞	267
DNA	10,35,81,326
DNA型鑑定	384
DNA合成期	78
DNA合成準備期	78
DNAヌクレアーゼ	111
DNAの複製	329
DNAプライマー	382
DNA分解酵素	338
DNAヘリカーゼ	329
DNAポリメラーゼ	112,329,382,385
DNAリガーゼ	112,330,379
DNA量の変化	84,92,191,193,214
DNAワールド	684
TLR	480
T管	441
T細胞	481,482
T細胞レセプター	482
TCR	482
DDT	667
Tbx6	230
TPP	109
低温要求種子	581
定向進化説	727
低山帯	621
ディシェベルド	239
定常部	484
低地帯	621
低張液	25,49
ディフェンシン	478
低木層	605
低木林	607
ティンバーゲン	451
テータム	352
テーラーメイド医療	375
デオキシアデノシン	35,325
デオキシグアノシン	325
デオキシシチジン	325
デオキシリボース	34,324
デオキシリボ核酸	35,326
デカルボキシラーゼ	111
適応進化	723
適応度	636
適応放散	711
適応免疫	481
適刺激	435
テストステロン	38,535
デスモソーム	69
テタニー症	533
デヒドロゲナーゼ	111
デボン紀	689
テリトリー	637
テロメア	331
テロメラーゼ	331
転移RNA	36,326,342
電位依存性K$^+$チャネル	391
転移酵素	112
電気泳動法	383
電気走性	450
転座	371
電子顕微鏡	9
電子受容体	150
電子伝達系	129,130,131,144
転写	342
転写調節因子	360,530
転写調節配列	360
転写調節領域	360
伝達物質依存性イオンチャネル	399
点突然変異	373
天然痘	494
デンプン	40,110
天変地異説	721
伝令RNA	36,326,342

と

等黄卵	215
同化	98
同化色素	141
同化組織	72
等割	215
同化量	657
道管	72
動眼神経	413
同義遺伝子	294
頭胸部	772
同型接合体	277
同形配偶子	182
同形配偶子接合	182
動原体	79,96
瞳孔	420
瞳孔括約筋	420
瞳孔散大筋	420
瞳孔反射	420
糖鎖	281,498
頭索綱	777
動耳筋	712
糖質コルチコイド	38,534,538,540
同質二重膜	10
頭褶胚期	270
透析	108
道束	756
頭足綱	768
糖タンパク質	68
等張液	25,49
同調分裂	214
頭頂葉	403
糖尿病	509,539
動物界	736,760
動物極	205,238,245
動物細胞	9,50
動物哲学	721
洞房結節	521
動脈	520,522
動脈血	523
透明帯	212
ドーキンス	726
ドーパミン	399
特定外来生物	672
独立栄養	178
独立栄養生物	178,685
独立の法則	285,299
とさか	297
土壌	605,606
突然変異	371
突然変異説	727
利根川進	488
ド・フリース	273,371,727
ドメイン	734,736

トランスアミナーゼ 112,175	に		ぬ		肺 525	
トランスジェニック生物 381	ニーダム 680		ヌクレオシド 35,325		胚 196	
トリアス紀 693	二遺伝子雑種 276,285		ヌクレオシド三リン酸 385		灰色三日月環 247	
ドリー 255	ニーレンバーグ 346		ヌクレオソーム 359		バイオアッセイ 558	
トリプシノーゲン 110,517	二界説 735		ヌクレオチド 34,324,326		バイオーム 615,620,661	
トリプシン 105,110,114,516	二価染色体 90,96				バイオテクノロジー 376	
	肉質虫類 743				パイオニア種 608	
トリプトファン 28,29	ニコチン 19		ね		胚球 196	
トリプトファン合成酵素 357	ニコルソン 43		ネクトン 665		配偶子 182,190	
	二酸化マンガン 104		ネクローシス 259		配偶体 755,757,758	
トリプレット 343	二次応答 485		熱水噴出孔 173,683		配偶体型 298	
トリプレット説 346	二次間充織 219		熱帯草原 616		背根 407	
ドリューシュ 232	二次共生 742		熱帯多雨林 615,661		胚軸 196	
トルナリア 776	二次構造 31		ネフロン 505		胚珠 192,758	
トル様受容体 480	二次細胞壁 20		粘菌類 744		排出器官 500	
トレオニン 28,29	二次消費者 652		粘膜 478		排出系 70	
トロコフォア 716,769,770	二次精母細胞 203		年齢ピラミッド 630		杯状眼 426	
	二次遷移 605,612				杯状体 756	
トロポニン 440,442	二次同化 179		の		肺静脈 523,525	
トロポミオシン 440,442	二次胚 236		脳 402		倍数性 372	
トロンビン 111,467	二重乗換え 306		脳下垂体 531		倍数体 372	
トロンボプラスチン 467	二重らせん構造 35,36,326,328		脳下垂体後葉 531		胚性幹細胞 267	
			脳下垂体前葉 206,531,536,549		肺動脈 523,525	
な	二畳紀 691				胚乳 196,200,577	
	二次卵母細胞 205,211		脳下垂体中葉 531		胚乳核 194,195	
内呼吸 525	日周性 454		脳幹 405		胚のう 192,200,758	
内耳 429	ニッチ 639		濃縮率 507		胚のう細胞 192,200,758	
内臓筋 66,438	二糖類 39		脳神経 402		胚のう母細胞 192	
内胚葉 220,222,229,230	ニトロゲナーゼ 111,177,178		能動輸送 46,47,560		胚培養 377	
内皮 76,582			脳胞 226,241		胚盤 216	
内部環境 537	二倍体 372		ノーダル遺伝子 239		胚盤胞期 266	
内部細胞塊 267	二胚葉性 760,764		ノーダルタンパク質 239		胚盤葉 269	
内分泌攪乱物質 667	二分裂 184		ノープリウス 717,772		背腹軸の決定 248	
内分泌腺 528	二枚貝綱 768		芒 295		ハイブリドーマ 378	
ナイル青 233	二名法 734		ノギン 237,240		胚柄 196	
流れ走性 450	乳化作用 516		ノックアウトマウス 381		肺胞 525	
ナチュラルキラー細胞 482	乳酸 124,444		乗換え 95,96,300		胚膜 268	
	乳酸脱水素酵素 107,111		ノルアドレナリン 399,413		排卵 266,549	
ナックルウォーク 702	乳酸発酵 124				ハウスキーピング遺伝子 364	
ナトリウムポンプ 46,389	乳糖 39		は		馬鹿苗病 567	
	乳び管 518		葉 75		白亜紀 694	
ナノス 321,365	ニューロン 67,388		ハーシー 340		麦芽糖 39	
ナフタレン酢酸 559	尿 506,545		バージェス動物群 687		白質 403,408	
慣れ 456	尿酸 503		バー小体 318		白色体 13	
縄張り 637	尿素 45,57,110,111,503,504		ハーディ・ワインベルグの法則 729		ハクスリー 442	
軟骨魚 690					白鳥の首のフラスコ 681	
軟骨魚綱 778	尿素回路 504		バーナリゼーション 595		バクテリア 21	
軟骨質 65	尿のう 268		パーフォリン 490		バクテリアドメイン 737	
軟骨組織 65	2,4-D 559		パール 557		バクテリオクロロフィル 141,170,738	
軟体動物 768	認知 459				バクテリオファージ 338	

ハクロビア	741			ヒスタミン	480,495,522	ピンホール眼	427

は

はしご形神経系 415,770,772
パスカル 49
パスツール 681
バセドー病 492,533
バソプレシン 506,531,544
パチーニ小体 435
鉢クラゲ綱 765
8細胞期 218,221,246
8の字ダンス 461
鉢虫綱 765
爬虫類 502,691,693,778
発エネルギー反応 98
白血球 338,466
発酵 102,124
発光器官 449
発生運命 231
発生反復説 716
発電器官 449
発電板 449
花の形態形成 368
花虫綱 765
パネット 299
パフ 363
パブロフ 458
パラトルモン 533
パラミロン 749
バリン 28,29,137
パルミチン酸 137
ハレム 634
盤割 216
半規管 429,433
半寄生 179
反響定位 453
半月弁 521
伴細胞 73
半索動物 776,780
反射 407,451
反射弓 407
半数体 372,377
伴性遺伝 314
反足細胞 192
半地中植物 603
ハンチバック 366
半透性 45,48
反応速度 116,118
半胚 231
パンパス 617
反復配列 384
半保存的複製 329,333

ひ

ヒアルロン酸 68
P 274
P_R型 579,593
PEG 378
PEP 166
PEPカルボキシラーゼ 166
BSE 105
P_{FR}型 579,593
BMP 237,240
BOD 665
B型血清 497
B細胞(すい臓) 534,538
B細胞(リンパ球) 481,483
B細胞レセプター 483
PCR法 382
PGA 126,138,146, 153,164,166
BCG 490
PCB 668
ビードル 352
非鋳型鎖 342
ビオチン 351
尾芽胚期 224
光屈性 552,555
光呼吸 166
光受容体 596
光走性 450
光阻害 147
光中断 590
光定位運動 596
光発芽種子 578
光飽和 159
光飽和点 159,160
光捕集反応 143
光補償点 159,160,161
非拮抗阻害 120
非競争的阻害 120
ひげ根 759
ビコイド 321,365
尾骨 712
尾索綱 777
非自己 480
被子植物 194,694,758
微柔毛 518
微小管 15,16
被食者 644
被食量 656
ヒス束 522

ヒスチジン 28,29
ヒストン 10,81,359
ヒストンテール 359
非生物的環境 652
皮層 76,582
脾臓 466,524
肥大成長 71,566
ビタミンA 418
ビタミンB群 109
左鎖骨下静脈 518
必須アミノ酸 29
ビット 432
被度 598
ヒト科 702
ヒドロ虫綱 765
ビビンナリア 717,776
皮膚 70,230,435,477
被覆遺伝子 296
肥満細胞 495
ヒモ形動物 767
表割 216
氷晶 696
表現型 277
標識再捕法 627
標識の擬態 724
標準化石 707
表層回転 239
表層粒 209,212
標徴種 598
標的器官 529
表皮 70,224,226, 230,244,477
表皮系 74
表皮組織 71
日和見感染 493
平瀬作五郎 201
平爪 700
ピリミジン核 325
ピリミジン系 35
ビリルビン 513
ヒル(人名) 150,151
ヒルジン 468
ヒル反応 150
ピルビン酸 124,127, 128,138,164,176
ピルビン酸脱炭酸酵素 109
貧栄養湖 611
びん首効果 730
PINタンパク質 562
頻度 598

ふ

ファイトアレキシン 574
ファイトマー 202
ファゴソーム 60
ファゴリソソーム 60
ファン・ヘルモント 148
VegT 239
フィードバック調節 123,536
フィコエリトリン 141,737,746
フィコシアニン 141,737,746
フィコビリン 141
Vg-1 239
フィッシェル 292
フィトクロム 579,592,596
フィブリノーゲン 111,464,467,513
フィブリン 111,467
フィブロネクチン 68
斑入り葉 322
フィルヒョー 23
富栄養湖 611
フェニルアラニン 28,29,353
フェニルケトン尿症 353
フェロモン 460
不応期 396
フォークト 233
フォトトロピン 560,585,596
フォトプシン 418
ふ化 219
付加 373
不完全強縮 447
不完全変態 264,773
不完全優性 279
不完全連鎖 302
複眼 428
副交感神経 402,411,412,538
複合脂質 37
副甲状腺 533
腹根 407
副腎 534
副腎髄質 534,538,540
副腎皮質 534,540

副腎皮質刺激ホルモン	531,538	プリン系	35	平衡細胞	199,562	変形体	744
副腎皮質刺激ホルモン放出ホルモン	538	ブルインスマ・長谷川説	558	平衡受容器	433	扁形動物	766
複製起点	332	プルキンエ繊維	522	平衡石	434	変性	32
複相	81	フルクトース	39,110,126	平衡胞	437	ヘンゼン結節	270
複相生物	750	フルクトースビスリン酸	126,146	平行脈	759	ベンソン	151
腹足綱	768	フルクトースリン酸	112	閉鎖血管系	519,768,770	ベントス	665
複対立遺伝子	280,282	プルテウス幼生	220	HLA	490	鞭毛	16,62,204,449,749
腹部	772	フレームシフト突然変異	374	平地帯	621	鞭毛虫類	743
複分裂	184	プレーリー	617	ベイツ型擬態	724	片利共生	650
腹膜	228	プログラム細胞死	259	ペインター	309		
フコキサンチン	141,747	プロゲステロン	38,535,549	ペースメーカー	521	**ほ**	
不消化排出量	657	プロスタグランジン	480,522	βカテニン	239	哺育細胞	206,365
腐植層	606	プロチスタ界	743	β-ガラクトシダーゼ	355	ボイセン・イエンセン	556
腐植土層	606	プロテオグリカン	68	β鎖	31,732	ホイタッカー	735
腐食連鎖	653	プロトプラスト	378	β酸化	138	膨圧	53,55,586
プシロフィトン	689	プロトロンビン	467,513	βシート	31	膨圧運動	554
不随意筋	66,438	ブロモウラシル	371	βチューブリン	16	包括適応度	636
浮水植物	611	プロモーター	355	ベーツソン	299	箒虫動物門	770
腐生	650	プロラクチン	531	ベーリング	494	方形区法	598
不整中心柱	77	フロリゲン	592	壁圧	55	抱合	513
腐生連鎖	653	プロリン	28,29	ベクター	380	ぼうこう	506
フック	22	フロン	669	ペクチナーゼ	110,378	胞子	182,744,755,757,758
不定根	566	分化	64	ペクチン	20,80,110	傍糸球体装置	544
不等割	215	分解者	653	へその緒	269	胞子生殖	185
不等交差	732	分化全能性	250	ベッカム型擬態	724	胞子体	755,757,758
不透性	45	文化的サービス	678	ヘッケル	716,735	胞子体型	298
ブドウ糖	39	分極	390	ヘテロ接合体	277	胞子虫類	743
負の屈性	552	分散的複製	334	ヘパリン	468,513	房室結節	522
負の走性	450	分子時計	719	ペプシノーゲン	478,517	房室弁	521
負の光走性	426	分生子	185,752	ペプシン	23,105,110,478,516	胞子のう	755,756
負のフィードバック	536	分生胞子	185	ペプチダーゼ	110,516	放射状神経系	415,775
部分割	217	分節遺伝子	366	ペプチドグリカン	740	放射神経	206
不変部	484	分断化	676	ペプチド結合	30,343	放射中心柱	77
フマル酸	111,113,128	分泌顆粒	18,61	ペプトン	110	放射卵割	217,760
浮葉植物	611	分泌小胞	61	ヘム	469	紡錘糸	78
プライド	634	分泌添加	506	ヘモグロビン	32,373,374,466,469,719	紡錘体	78
プライマー	330,382,385	分離の法則	276	ヘモシアニン	469	胞胚期	219,221,361
ブラウン	22	分裂	184	ベリジャー	716,769	胞胚腔	219,221
ブラキエーション	700	分裂期	78	ペルオキシソーム	19	ボーマンのう	505
フラジェリン	480	分裂準備期	78	ベルクマンの規則	542	母岩	606
ブラシノステロイド	574	分裂組織	71	ベルナール	537	補欠分子族	108
プラスミド	379			ヘルパー	635	補酵素	107,108
プラヌラ	765	**へ**		ヘルパーT細胞	489	補酵素Q	131
フラビンモノヌクレオチド	131	ペアルール遺伝子群	366	ペルム紀	691	保護上皮	65
プランクトン	665	平滑筋	66,438,443	ヘルモント	680	拇指対向性	700
ブリーストリー	148	平滑筋繊維	66	変異曲線	370	補助因子	108
プリオン	105			辺縁皮質	403	捕食者	644
プリズム幼生	220			片害作用	651	補助色素	143
プリン核	325			変形細胞	763	ホスホエノールピルビン酸	164,166
				ベンケイソウ型代謝	168	ホスホグリコール酸	166

ホスホグリセリン酸		マスタードガス	371	無機触媒	104	目	734
	126,138,146,153,	マスト細胞	495	無機物	98,178	木生シダ	691
	164,166	末梢神経系	402	無糸分裂	78	木部	74,582
ホスホフルクトキナーゼ		マトリックス	11,127	無条件反射	458	モザイク卵	233
	112,122	マトリックス多糖類	564	無髄神経繊維	389,398	モスキート音	432
母性効果遺伝子	365	マメ科植物	649	娘核	80	木化	20
補足遺伝子	289	繭	292	娘細胞	80,91	モノー	356
保存的複製	334	マラー	371	無性芽	756	モノグリセリド	110,516
*Hox*遺伝子群	368,733	マラリア	374	無性生殖	184	モノクローナル抗体	378
哺乳類	212,502,693,779	マルサス	723	無足目	778	モルフォゲン	257
ほのお細胞	500,766	マルターゼ	110,516	無体腔	766	門	734
ほふく茎	186	マルトース	39,110	無胚乳種子	197	門脈	524
ホメオスタシス	537	マルピーギ管	501,772	無胚葉性	760,763	**や**	
ホメオティック遺伝子群	367	マングローブ林	616	無尾目	778	薬培養	377
ホメオティック突然変異	367	マンゴルド	236	群れ	632	ヤヌスグリーン	12
		慢性関節リウマチ	492	**め**		藪田貞治郎	567
ホメオドメイン	368	**み**		眼	416	山中伸弥	981
ホメオボックス	368	ミエリン鞘	388	明順応	421	夜盲症	418
ホモ・エレクトス	703	ミオグラフ	446	迷走神経	413	**ゆ**	
ホモ・サピエンス		ミオグロビン	32,473	明帯	439	有機酸	174
	697,704	ミオシン	17,439	メガロパ	717	有機水銀	667
ホモジェネート	24	ミオシンフィラメント		雌ヘテロ型	312	有機スズ	668
ホモ接合体	277		439,440	メセルソン	332	有機窒素化合物	174
ホモ属	696	味覚芽	436	メタ個体群	627	有機物	98,178
ボヤヌス器	501	見かけの光合成速度		メタノール	45	雄原核	190
ポリアクリルアミドゲル	383		159,160	メチオニン	28,29,350	雄原細胞	190
ポリAテール	362	ミクログラフィア	22	メチルアデニン	206	有櫛動物	764
ポリエチレングリコール	378	ミクロソーム分画	24	メチル化	189,359	有糸分裂	78
ポリプ型	765	三毛猫	317	メチルグリーン・ピロニン液	10	有鬚動物門	780
ポリペプチド	30,110	味細胞	436	メチレンブルー	134	有色体	13
ポリメラーゼ連鎖反応法	382	ミシス	717	メラニン	353,479	有髄神経繊維	389,398
保留走性	450	水の華	666	メラノサイト	479	ユースタキー管	429
ホルモン	529	道しるべフェロモン	460	免疫寛容	491	優性遺伝子	274
ホロ酵素	107	ミッチェル	130	免疫記憶	485,493	優性形質	274
本能行動	451	密着結合	68	免疫グロブリン	483	有性生殖	184
ポンプ	45,46	密度効果	624	メンデル	272,308	優性の法則	274
ボンベイ型	498	密度勾配遠心法	25,333	**も**		雄性配偶子	191,322
翻訳	343	ミトコンドリア	11,13,	毛顎動物門	780	雄性ホルモン	535
			127,130,204,321	毛細血管	522	優占種	598
ま		ミトコンドリア・イブ		毛細リンパ管	518	優占度	599,670
マーグリス	14,735		705	網状脈	759	遊走子	186,745,746
マイクロプラスチック		緑錐体細胞	418	盲斑	416,417	有爪動物門	773
	668	未分化	376	毛胞	62	有胎盤類	694,779
マイスナー小体	435	脈絡膜	416	網膜	241,264,416,417	有袋目	779
膜動輸送	60	ミュラー型擬態	724	毛様筋	422	誘導	236
膜迷路	429	ミラー	682	毛様体	416	誘導の連鎖	241
マクロファージ		味蕾	436	モーガン	305,307	有胚乳種子	197
	465,466,479,189	**む**		モーガン単位	307	有尾目	778
		無顎類	502,778	モータータンパク質	16	輸送体	45
		むかご	186			輸尿管	506

輪卵管	266	裸地	607	リボース	34,36,98,101,324	レーウェンフック	22,680

よ

		ラマルク	721	リボ核酸	36,326	レグヘモグロビン	178
蛹化	363	ラミナリン	749	リボザイム	106,684	レセプター	529
幼芽	196	卵	182,205	リボソーム	15,18,342	レチナール	418
葉芽	587	卵円窓	430	リボソームRNA		劣性遺伝子	274
溶菌	339	卵黄	215,268		36,326	劣性形質	274
溶血	51	卵黄栓	222	硫化水素	170,172	劣性致死遺伝子	283
溶血反応	499	卵黄のう	268	流動モザイクモデル	43	レッドデータブック	677
幼根	196	卵黄膜	209	両生類		レッドドロップ	152
幼若型	630	卵核	209	221,247,502,690,778		レッドリスト	677
陽樹	608	卵殻	269	緑藻類	748	レディ	680
陽樹林	607	卵割	213	リンガー	52	レニン	544
葉状体	749,757	卵割腔	218,221	リンガー液	52,413	レプリケーター	332
幼生	224	卵割の様式	215	リンカーDNA	359	レプリコン	332
陽生植物	160	卵管膨大部	266	臨界期	456	連合野	403
ヨウ素	41	卵丘	212	林冠	605	連鎖	299
葉枕	554	卵菌類	745	鱗茎	186	連鎖群	304
葉肉細胞	164,168	卵形のう	434	輪形動物	767	連鎖地図	310
用不用説	721	ランゲルハンス細胞 479		リンゴ酸	128,164,168		
羊膜	268	ランゲルハンス島		リン酸	34,98,101,326	## ろ	
羊膜類	779	534,538		リン酸カルシウム	65		
葉面積指数	601	卵原細胞	205	リン酸転移	132	ロイシン	28,29
陽葉	160,608	卵細胞	192,200	リン脂質	38,43	ロイブ	189
幼葉鞘	197	卵軸	245	リンネ	734	老化型	631
葉緑体	12,143,149,321	卵巣	266,535	林床	605	老齢型	631
翼手目	779	ランダム分布	626	リンパ液	430,464	ローベン	716,770
抑制遺伝子	292	卵白	269	リンパ球	464,466	ローレンツ	456
抑制因子	358	ランビエ絞輪	389,398	リンパ系	524	ろ過	506
抑制性シナプス後電位		卵母細胞	361	リンパしょう	464	六炭糖	39
400		卵膜	209	リンパ節	466,524	ロジスティック式	624
抑制性ニューロン	400			リンパ腺	524	ロゼット葉	603
四次構造	31	## り		鱗片葉	186	ロトカ・ボルテラ式	645
予定運命	231	リーダー制	634			ロドプシン	417,418,421
予定運命図	234	リーディング鎖	330	## る		ろ胞	535,549
ヨハンセン	370	リガンド依存性イオン				ろ胞細胞	206
予防接種	493	チャネル	399	ルアー	195	ろ胞刺激ホルモン	549
四界説	735	リグニン	20	類人猿	701	ろ胞刺激ホルモン放出	
四倍体	372	リザリア	741	ルー	231	ホルモン	549
		リシン	28,29,359	ルーベン	151	ろ胞ホルモン	
## ら		離層	565,572,573	ルシフェラーゼ	111	206,364,535,549	
ライオニゼーション 317		リソソーム	18,60,514	ルシフェリン	449	ロマーニズ	727
ライト	730	リゾチーム	109,269,478	ルチン	141		
ラウンケル	603	利他行動	636	ルビスコ	146,166	## わ	
ラギング鎖	330	立体視	700	ルフィーニ小体	435		
ラクターゼ	110,516	立毛筋	70,540			ワーカー	635
ラクトース	39,110	リパーゼ	110,516	## れ		ワイズマン	727
ラクトース分解酵素 355		リプレッサー	355,357			矮性植物	568
落葉樹	618	リブロース二リン酸		励起状態	143	Y染色体	311
落葉分解層	606	146		齢構成	630	ワクチン	493,494
裸子植物	200,693,758	リブロースビスリン酸		霊長目	699,779	ワグナー	727
らせん卵割	217,321,760	146,153,164,166		冷点	435,540	ワトソン	328
				齢ピラミッド	630	腕足動物門	770
				レーウィ	413		

索引 生物名

＊ウイルスもここで扱った。

ア

- アーバスキュラー菌根菌　571,649,753
- アウストラロピテクス　702
- アオカビ　186,651,752
- アオサ　183,748
- アオノリ　183,748
- アオミドロ　149,183,748
- アカウミガメ　314
- アカゲザル　498
- アカザ　588,600
- アカパンカビ　351,752
- アカマツ　607
- アカモク　747
- アグロバクテリウム　380
- アコウ　616
- アサ　588
- アサガオ　282,553,587,588,758
- アサギマダラ　724
- アズサノリ　746,747
- アシ　611
- アシナシイモリ　778
- 亜硝酸菌　172,174,663,737
- アゾトバクター　177,737
- アナベナ　177,666,737
- アニサキス　771
- アノマロカリス　688
- アヒル　259,456
- アファール猿人　703
- アブラナ　137,588,758
- アブラムシ　188,461,649
- アフリカツメガエル　251,674
- アマミノクロウサギ　673
- アメーバ　63,741,743
- アメフラシ　456,769
- アメリカザリガニ　674
- アメリカシロヒトリ　629,674
- アヤメ　588
- アユ　637
- アライグマ　674
- アリ　460,649
- アリマキ　188,649
- アルディピテクス・ラミダス　703
- アワ　166
- アンモナイト　694,707,709,768
- 硫黄細菌　172,654,737
- イカ　711
- イクチオステガ　690
- イソギンチャク　650,764
- イソメ　770
- イタドリ　607,674
- イチジク　578
- イチョウ　201,714,758
- 一酸化炭素細菌　172
- イトヨ　451
- イヌ　458,735,779
- イヌサフラン　19,377
- イヌワシ　677
- イネ　197,295,577,581,588,593,759
- イボニシ　646,668
- イモリ　233,236,241,250,262,778
- イリオモテヤマネコ　677
- イルカ　433,453,779
- イワタケ　753
- イワナ　642
- インゲンマメ　370
- ウイルス　477
- ウィワクシア　688
- ウキクサ　588,611
- ウシガエル　674
- 渦鞭毛藻　741,746
- ウズムシ　261
- ウツボ　778
- ウツボカズラ　179
- ウナギ　546,778
- ウニ　209,218,232,243,245,527,775
- ウマ　708,727,779
- ウマビル　770
- ウミウシ　768
- ウミガメ　547,778
- ウミサボテン　764
- ウミシダ　776
- ウミタル　777
- ウミユリ　776
- ウメノキゴケ　754
- HIV　493
- エゾマツ　617
- エナガ　635
- エノコログサ　604,607
- エビ　437,717,772
- えり鞭毛虫　743,763

- エンドウ　197,273,284,308,711,758
- オウムガイ　427,714,768
- オオカミ　634
- オオクチバス　673
- オオサンショウウオ　677
- オオツノジカ　727
- オオヒゲマワリ　64
- オオマツヨイグサ　371,727
- オオムギ　577,588
- オカピ　728
- オジギソウ　553
- オシロイバナ　321
- オナモミ　588,600
- オニユリ　186
- オパビニア　688
- オランウータン　699,700,701
- オランダイチゴ　186,198,588,603
- オリーブ　617
- オレタチ　378
- オワンクラゲ　381

カ

- カ　437,674,744
- ガ　450
- カーネーション　588
- カイウサギ　290
- カイコガ　292,312,318,460
- カイチュウ　650,771
- カイメン　763
- カイロウドウケツ　763
- カエル　206,211,260,406,415,778
- カキ　197
- カギムシ　773
- カクレウオ　650
- カサガイ　646
- カサノリ　748
- カシ　608,617
- カシパン　776
- ガジュマル　616
- カタツムリ　450,768
- カダヤシ　674
- カツオノエボシ　64,764
- 褐藻　741
- 甲冑魚　688
- 褐虫藻　746
- カナダモ　759

- カナリアソウ　555
- カニ　717,772
- カバシタアゲハ　724
- カブトガニ　714
- カブリダニ　644
- カヘイセキ　708
- カボチャ　296,578
- ガマ　611
- カミツキガメ　314
- カメノテ　646,717,772
- カモガヤ　641
- カモノハシ　713,779
- カラタチ　711
- カラマツ　617
- カワウ　643
- カンガルー　711,779
- カンテツ　767
- キイロショウジョウバエ　305,309,311,363,371
- キク　588,758
- ギボシムシ　717,776,780
- キャベツ　377,588
- 球果類　758
- キュウリ　588
- ギョウチュウ　650,771
- 魚竜　693
- キリン　721,728
- 菌根菌　649
- キンセンカ　588
- ギンリョウソウ　179,650
- クサヨシ　555
- クシイモリ　234
- クシクラゲ　232,764
- クジャク　725
- クジラ　710,712,779
- クズ　674
- クスノキ　608,617
- クックソニア　688
- グッピー　318
- クヌギ　607
- クマノミ　650
- クマムシ　773
- クモ　428,773
- クモノスカビ　751
- クラマゴケ　757
- クラミドモナス　64,183,748
- クロストリジウム　177,737
- クロマツ　607
- クロマニヨン人　704
- クロモ　611

797

クロレラ		サボテン	168,619,711	セイヨウタンポポ		ツパイ	699,700
	151,152,153,613,748	ザリガニ	501		588,674,675	ツバキ	608,617
ケアシガニ	547	サルオガセ	753	セグロカモメ	452	ツボカビ	753
ケイソウ	666,741,745	サルパ	777	ゼニゴケ	756	ツボワムシ	767
ケイトウ	578	サンゴ	64,671,708,764	セロリ	578	ツリガネムシ	743
ケカビ	751	サンショウウオ	238,778	センチュウ	260,771	T2ファージ	339
ゲジ	772	サンショウモ	757	ゼンマイ	757	鉄細菌	172
結核菌	490,738	三葉虫	687,688,707	ゾウガメ	722	テナガザル	699,701
ケヤリ	769	シイ	608,617	ゾウリムシ	63,183,185,	テングサ	557,746
嫌気性光合成細菌	685	C.エレガンス	260		450,500,639,644,743	天狗巣病菌	571
コアラ	711,779	シーラカンス	690,714	側生動物	763	トウゴマ	137
コウガイビル	766,767	シカ	634	ソテツ	201,616,714,758	トウヒ	617
好気性細菌	13	ジストマ	767	ソテツシダ	689,709	トウモロコシ	
光合成細菌	170	シソ	578,588	ソバ	588,640		166,588,759
硬骨魚	548	シソチョウ	693,709	ソメイヨシノ	735	トキ	677,735
コウジカビ	752	シナダレスズメガヤ	674	ソラマメ	81	トクサ	757
紅色硫黄細菌		シビレエイ	449			トサカノリ	746
	170,177,737	シミ	773	**タ**		トドマツ	617
コウノシロハダニ	644	ジャガイモ	186,711	ダイコン	587,588	トノサマバッタ	625
コウノトリ	677	シャジクモ	749	ダイズ	588	トビムシ	690
酵母菌	125,185	シャミセンガイ	770	大腸菌	332,355,379,738	トマト	588
コウモリ		ジャワ原人	703	タイヨウチュウ	743	トラカミキリ	724
	433,453,710,779	硝化菌	173	タイワンザル	674,675	トリパノソーマ	185,743
ゴカイ	769,770	硝酸菌	172,174,663,737	ダケカンバ	607	トンボ	428
ゴキブリ	264,460	ショウジョウバエ		タコ	427,768		
コクホウジャク	725		364,733	タコノマクラ	776	**ナ**	
コケ	618	上洞人	704	ダチョウ	779	ナス	588
コケムシ	770	ジョロウグモ	772	タツノオトシゴ	778	ナズナ	294,588
コケモモ	603,622	シラカンバ	607	ダニ	772	ナナフシ	724
コスモス	587,588	シラビソ	617	タニシ	769	ナマコ	527,717,775,776
枯草菌	738	シロアリ	461,635	タバコ	19,578,588	ナメクジ	768
コナラ	607	シロイヌナズナ		タブノキ	608,617	ナメクジウオ	
コノハチョウ	724		368,578,593	タマネギ	186,578,759		415,733,777
コバンザメ	650	シロウリガイ	654	タマホコリカビ	745	軟骨魚	548
ゴボウ	578	シロツメクサ	603,641	ダリア	588	ナンバンギセル	179,650
ゴマ	137	スイートピー	289,299	タンポポ	603,675	ニセクロスジギンポ	724
コマクサ	622	スイカ	372,578	チーク	616	ニホンザル	634,675,699
コムギ	581,588,595	スイゼンジノリ	737	地衣類	607,618,753	乳酸菌	124,737
コメツガ	617	水素細菌	172	チガヤ	166,601	ニワトリ	244,257,297,
ゴリラ	699,701	スイレン	611	チカラシバ	601		312,634,725
コルクガシ	617	スギ	758	チスイビル	769	ヌタウナギ	778
コンブ	186,747,748	スギゴケ	755,756	チチュウカイミドリガ		ネアンデルタール人	704
根粒菌	177,237	スギナ	757	ニ	673	ネコ	317,779
		スジイモリ	234	チフス菌	738	ネズミ	458,779
サ		ススキ		チューリップ	186,553	ネンジュモ	177,737
細胞性粘菌	741,744		166,601,602,607,650	腸炎ビブリオ菌	738	ノミ	773
サケ	450	スズメ	694	チョウザメ	733		
サソリ	773	スルメイカ	769	チンパンジー	699,701	**ハ**	
サツマイモ	186,588	セアカゴケグモ	674	ツノガイ	249	肺炎双球菌	336,738
サトウキビ	166	セイタカアワダチソウ		ツノケイソウ	745	バイオハクラン	378
サナダムシ	650,767		607,651,674	ツノゴケ	756	パイナップル	163
サバクトビバッタ	625	セイヨウオオマルハナ		ツノホコリカビ	744	ハイマツ	603,622
サヘラントロプス・チャ		バチ	674	ツノマタ	746	ハエジゴク	179
デンシス	696,703			ツノモ	666,746	ハオリムシ	654,78

馬鹿苗病菌	567,752	フクロモモンガ	711	マツバボタン	166	ヤ	
ハクサイ	377,588	フジツボ	646,717,772	マツバラン	689,757	ヤエナリ	640
ハクラン	377	フジナマコ	650	マツヨイグサ	578,603	ヤグルマソウ	588
ハゲイトウ	166	フズリナ	707	マボヤ	777	ヤコウチュウ	746
破傷風菌	493,738	ブタクサ	588,604,674	マムシ	432	ヤスデ	772
ハチ	501	フタバガキ	616	マラリア病原虫		ヤッコソウ	179
ハツカネズミ	290	フデイシ	707		185,374,744	ヤツメウナギ	778
バッタ	312	ブドウ	568,588,711	マルバアサガオ	279	ヤドリギ	179,578,650
ハト	632,723	ブナ	617	マレーグマ	542	ヤマトシロアリ	635
ハナカマキリ	724	フノリ	746	マンモスゾウ	708	ヤマネ	677
ハナゴケ	753	フラスコモ	749	ミカヅキモ	748	ヤマノイモ	186
バナナ	573	プラナリア	185,261,415,	ミクロキスティス		ヤマメ	642
ハネケイソウ	745		426,450,500,766,767		666,737	ヤムシ	780
ハブ	673	ブリオヒップス	708	ミシシッピーワニ	314	ヤモリ	778
ハマグリ	415,769	ブルーギル	673	ミジンコ	772	ヤンバルクイナ	673
ハマダラカ	744	プロコンスル	702	ミズクラゲ	764,765	有孔虫	741,743
ハリモグラ	779	ブンブクチャガマ	776	ミズケムシ	644,743	ユーグレナ	746
ハルキゲニア	688	北京原人	703	ミズゴケ	756	ユーステノプテロン	
パンドリナ	64,749	ヘゴ	616,757	ミズナラ	617		690,714
ハンノキ	177,607,649	ベゴニア	588	ミゾソバ	600	ユードリナ	64,749
ピカイア	688	ヘビ	406,778	ミツバチ		ユキノシタ	186
ヒカゲノカズラ	757	ヘリカメムシ	312		187,432,461,630,635	ユスリカ	309,363
ビカリア	708	変形菌	744	ミドリイソガザミ	547	ユムシ	769
ヒゲムシ	780	ベンケイソウ	168	ミドリゾウリムシ	640	ユリ	604,759
ヒザラガイ	646	ホウキムシ	770	ミドリムシ	63,426,	ユレモ	177,737
ヒジキ	747	放線菌	177,649,738		450,741,743,746	翼竜	693
ヒツジ	255,319,779	ホウレンソウ	587,588	ミノガ	312	ヨシ	611
ヒツジグサ	611	ホシムクドリ	454	ミミズ			
ヒトスジシマカ	674	ホタル	449		415,426,450,501,769	ラ	
ヒトデ	206,415,450,646,	ホッキョクギツネ	541	ミヤマウスユキソウ	622		
	717,775,776	ホッキョクグマ	542	ミル	183,748	ライオン	634
ヒドラ	185,415,630,764	ホッスガイ	763	ムカデ	772	ライチョウ	677
ヒネ	378	ボネリア	769	ムギ	759	ラッパムシ	743
ヒノキ	758	ボノボ	699,701	ムクゲ	588	ラマ	475
ヒバマタ	747	ポマト	378	ムササビ	454	ラマピテクス	702
ヒマワリ	602	ホモ・ネアンデルター		ムシモ	746	ラミダス猿人	703
ヒメウ	643	レンシス	697,704	ムラサキイガイ	646,673	ラン	694
ヒメジョオン	588	ホモ・フロレシエンシ		ムラサキカイメン	763	リトマスゴケ	753
ヒメゾウリムシ	639	ス	703	ムラサキツユクサ		リニア	689
ヒモムシ	767	ホヤ	64,777		87,759	緑色硫黄細菌	
ヒユ	166	ボルボックス	64,748	ムラサキホコリカビ	744		170,177,737
ヒヨス	588	ホンソメワケベラ		ミヤマウスユキソウ 622		リンゴ	198
ヒラコテリウム	708		649,724	メソヒップス	708	リンボク	691
ヒラメ	724	ホンダワラ	747	メダカ	312,450	レタス	578,588
ヒル	468,769			メタン菌	739	レトロウイルス	379,684
ヒルギ	616	マ		メヒシバ	166,607	ロボク	691
ビロウ	616	マイコドリ	725	メリキップス	708		
フィラリア	771	マイマイ	768	メンフクロウ	452	ワ	
フイリマングース	673	マウス	381,406	モウセンゴケ	179,758	ワカメ	747
フィンチ	642,722	マオウ	758	モズガニ	547	ワタ	572
フウインボク	691	マカラスムギ	556,564	モズク	747	ワタリバッタ	625
フェネック	541	巻き貝	437,768	モノアラガイ	320	ワニ	710,778
フクロアリクイ	711	マツ	649,758	モミ	758	ワムシ	500,613,767
フクロモグラ	711	マツタケ	649	モンシロチョウ	432	ワラビ	756

【著者紹介】

大森徹（おおもり・とおる）

　いまや，生物受験生で知らぬ者はいない超有名人気講師。毎週首都圏・関西などの校舎を講義に飛び回り，映像授業『サテネット21』も長年担当。わかりやすくポイントを押さえた解説は天下一品で，生物に悩んでいた数多くの受験生を生物好きに，そして得意にさせる救世主として支持は厚い。

　新しい物好きで，新しい文房具があるとすぐ買ってしまう文房具オタク。授業にもさまざまな小道具が登場する。趣味は，愛犬・愛猫と一緒に愛娘のマリンバを聴きながら寝ること。

　無駄をさせない，無理をさせない，楽しく学ぶ，がモットーで，この本でも膨大な知識・情報を無理なく学べるよう，随所に工夫がこらしてある。

〈主な著作〉
『大学入試の得点源　生物基礎［要点］』『大学入試の得点源　生物［要点］』『共通テストはこれだけ！生物基礎』『大森徹の最強問題集159問生物［生物基礎・生物］』（いずれも文英堂），『計算・グラフ問題の解法』『遺伝問題の解法』『生物（生物基礎・生物）基礎問題精講』（旺文社），『理系標準問題集生物』（駿台文庫）

大森徹オフィシャルサイト
http://www.toorugoukaku.com/

● 図　　版　　甲斐　美奈子
● イラスト　　よしのぶ　もとこ

シグマベスト

**大森徹の最強講義117講
生物［生物基礎・生物］**

本書の内容を無断で複写（コピー）・複製・転載することは，著作者および出版社の権利の侵害となり，著作権法違反となりますので，転載等を希望される場合は前もって小社あて承諾を求めてください。

Ⓒ大森　徹　2015　Printed in Japan

著　者　大森　徹
発行者　益井英郎
印刷所　図書印刷株式会社
発行所　株式会社 文英堂

〒601-8121　京都市南区上鳥羽大物町28
〒162-0832　東京都新宿区岩戸町17
（代表）03-3269-4231

● 落丁・乱丁はおとりかえします。

B

大森徹の
最強講義
117講

生物 ［生物基礎・生物］